Eletrônica

M262e Malvino, Albert.
            Eletrônica / Albert Malvino, David J. Bates ; tradução:
       Antonio Pertence Jr. – 8. ed. – Porto Alegre : AMGH, 2016.
            xv, 608 p. em várias paginações : il. ; 28 cm. – v. 1.

            ISBN 978-85-8055-576-9

            1. Engenharia elétrica. 2. Eletrônica. I. Bates, David J.
       II. Título

                                                        CDU 621.38

Catalogação na publicação: Poliana Sanchez de Araujo – CRB10/2094

ALBERT MALVINO | DAVID BATES

Eletrônica

VOLUME I

8ª EDIÇÃO

Tradução:

Antonio Pertence Jr

Engenheiro Eletrônico e de Telecomunicação (PUC-MG)
Mestre em Engenharia Mecânica (UFMG)
Especialista em Processamento de Sinais pela Ryerson University, Canadá
Membro da Sociedade Brasileira de Eletromagnetismo
Professor da Universidade FUMEC

McGraw Hill Education

bookman

AMGH Editora Ltda.

2016

Obra originalmente publicada sob o título *Electronic Principles*, 8th Edition
ISBN 9780073373881 / 0073373885

Original edition copyright ©2015, McGraw-Hill Global Education Holdings, LLC. All rights reserved.

Portuguese language translation copyright ©2016, AMGH Editora Ltda., a Grupo A Educação S.A. company. All rights reserved.

Tradutor da 7ª edição: *Romeu Abdo*

Gerente editorial: *Arysinha Jacques Affonso*

Colaboraram nesta edição:

Editora: *Denise Weber Nowaczyk*

Capa: *Maurício Pamplona* (arte sobre capa original)

Imagem da capa: *Alex Yeung/Shutterstock*

Leitura final: *Amanda Jansson Breitsameter*

Editoração: *Clic Editoração Eletrônica Ltda.*

Reservados todos os direitos de publicação, em língua portuguesa, à
AMGH EDITORA LTDA., uma parceria entre GRUPO A EDUCAÇÃO S.A. e McGRAW-HILL EDUCATION
Av. Jerônimo de Ornelas, 670 – Santana
90040-340 – Porto Alegre – RS
Fone: (51) 3027-7000   Fax: (51) 3027-7070

Unidade São Paulo
Av. Embaixador Macedo Soares, 10.735 – Pavilhão 5 – Cond. Espace Center
Vila Anastácio – 05095-035 – São Paulo – SP
Fone: (11) 3665-1100   Fax: (11) 3667-1333

SAC 0800 703-3444 – www.grupoa.com.br

É proibida a duplicação ou reprodução deste volume, no todo ou em parte, sob quaisquer formas ou por quaisquer meios (eletrônico, mecânico, gravação, fotocópia, distribuição na Web e outros), sem permissão expressa da Editora.

IMPRESSO NO BRASIL
PRINTED IN BRAZIL

Dedicatória

O livro *Eletrônica*, 8ª ed., é dedicado a todos os estudantes que estão se esforçando para aprender os fundamentos e princípios da eletrônica.

Albert P. Malvino atuou como técnico de eletrônica quando serviu na Marinha dos Estados Unidos de 1950 a 1954. Ele se formou na *University of Santa Clara Summa Cum Laude* em 1959 com graduação em Engenharia Elétrica. Durante os cinco anos seguintes, trabalhou como engenheiro eletrônico nos Laboratórios Microwave e na Hewlett-Packard enquanto obtinha seu mestrado (*MSEE - Master of Science in Electrical Engineering*) na *San Jose State University* em 1964. Ele ensinou no *Foothill College* pelos quatro anos seguintes e foi reconhecido como membro da *National Science Foundation* em 1968. Após obter o Ph.D. em Engenharia Elétrica pela *Stanford University* em 1970, Dr. Malvino iniciou uma carreira de escritor em tempo integral. Ele escreveu 10 livros-texto que foram traduzidos para 20 línguas estrangeiras em mais de 108 edições. Dr. Malvino foi consultor e criou circuitos microcontroladores para o SPD-Smart™ Windows. Além disto, ele desenvolveu um software educacional para técnicos e engenheiros em eletrônica. Ele também atuou na Diretoria da Research Frontiers Incorporated. Seu endereço eletrônico é www.malvino.com.

David J. Bates é professor adjunto no Departamento de Tecnologias Eletrônicas no *Western Wisconsin Technical College* localizado em La Crosse, Wisconsin. Juntamente com o trabalho como técnico em manutenção eletrônica e técnico em engenharia elétrica, ele tem mais de 30 anos de experiência como professor.

Suas credenciais incluem graduação em Tecnologia Eletrônica Industrial, em Educação Industrial e mestrado (*M.S. Master of Science degree*) em Educação Vocacional/Técnica. Certificados incluem um certificado A+ como técnico de Hardwares, bem como certificado em Técnica Eletrônica (*CET Certified Electronics Technician*) pela ETA-I *(Electronics Technicians Association International)* e pela ISCET *(International Society of Certified Electronics Technicians)*. Atualmente, David J. Bates é administrador de certificações para a ETA-I e ISCET e atuou como membro da Junta Diretora da ISCET, atuando também como perito em eletrônica básica para a NCEE *(National Coalition for Electronics Education)*.

David J. Bates é também co-autor de *Basic Electricity*, um manual técnico-laboratorial elaborado por Zbar, Rockmaker e Bates.

Agradecimentos

A produção da oitava edição do livro *Eletrônica* envolve o esforço combinados de um time de profissionais.

Agradeço a todos da McGraw-Hill Higher Education que contribuíram para esta edição, especialmente a Raghu Srinivasan, Vincent Bradshaw, Jessica Portz e Vivek Khandelwal. Um agradecimento especial também a Pat Hoppe cujo critério, revisão cuidadosa e um enorme trabalho relacionados aos arquivos do MultiSim foi uma contribuição significativa para este livro. Agradeço a todos cujos comentários e sugestões foram extremamente valiosos no desenvolvimento desta edição. Isto inclui a todos que dispenderam seu tempo para responder e levantar dados para o desenvolvimento do manuscrito e aqueles que cuidadosamente revisaram novamente o material. Cada inspeção e revisão foi cuidadosamente examinada e contribuiu enormemente para esta edição. Valiosas contribuições foram obtidas de professores de eletrônica dos Estados Unidos e de revisores internacionais. Ainda, as revisões e contribuições de organizações certificadoras da área da eletrônica, incluindo a Cert*TEC*, a ETA International, a ISCET e a NCEE, foram muito positivas. Aqui está uma lista dos revisores que ajudaram a fazer esta edição compreensiva e relevante.

Revisores desta edição

Reza Chitsazzadeh
Community College of Allegheny County

Walter Craig
Southern University and A&M College

Abraham Falsafi
BridgeValley Community & Technical College

Robert Folmar
Brevard Community College

Robert Hudson
Southern University at Shreveport Louisiana

John Poelma
Mississippi Gulf Coast Community College

Chueh Ting
New Mexico State University

John Veitch
SUNY Adirondack

KG Bhole
University of Mumbai

Pete Rattigan
*President
International Society of Certified Electronics Technicians*

Steve Gelman
President of National Coalition for Electronics Education

Prefácio

A oitava edição de *Eletrônica* continua sua tradição como uma introdução clara e aprofundada aos circuitos e dispositivos semicondutores eletrônicos. Este livro é destinado aos estudantes que estão iniciando o estudo de eletrônica linear. Os pré-requisitos são disciplinas que tenham abordado circuitos CA/CC, álgebra e um pouco de trigonometria.

Este livro aborda as características essenciais dos dispositivos semicondutores, além de testes e circuitos práticos nos quais eles são encontrados. Por meio de conceitos explicados de forma clara, coloquial e fáceis de ler, o texto estabelece a base necessária para a compreensão do funcionamento e verificação de defeitos dos sistemas eletrônicos. Todos os capítulos contêm exemplos práticos de circuitos, aplicações e exercícios.

Novidades desta edição

A revisão proposta da oitava edição teve como base o retorno de professores de eletrônica, profissionais da área e organizações certificadoras, juntamente com uma extensa pesquisa, e inclui os seguintes aprimoramentos e modificações:

- Material adicional sobre características das luzes LED
- Novas seções sobre LEDs de alta intensidade e como estes dispositivos são controlados para fornecer iluminação eficiente
- Introdução aos reguladores de tensão de três terminais como parte de um bloco funcional de sistema de alimentação previamente no texto
- Rearranjo e condensação de seis para quatro capítulos sobre o transistor de junção bipolar (TJB)
- Introdução aos Sistemas Eletrônicos
- Mais conteúdo sobre amplificadores de múltiplos estágios relacionados a blocos de circuito que formam um sistema
- Material adicional sobre "MOSFET's de potência", incluindo:
  - Estruturas e características dos MOSFET's de potência
  - Exigências técnicas para interface e acionamento de MOSFET's
  - Chaves para cargas
  - Circuitos de Meia-Ponte e Ponte-Completa em H
  - Introdução à modulação de largura de pulso (PWM) para o controle da velocidade de motores
- Mais conteúdo sobre Amplificadores Classe D, incluindo a aplicação do amplificador Classe D na forma de circuito integrado monolítico
- Atualizações sobre Chaveamento de Fontes de Alimentação

Material para o professor

O professor interessado em acessar material exclusivo deste livro deve acessar o site do Grupo A em loja.grupoa.com.br, buscar pela página do livro, clicar em "Material para o professor" e cadastrar-se. Lá esarão disponíveis os seguintes recursos (em inglês):

- Manual do professor, com soluções dos problemas do livro
- Apresentações em Power Point para todos os capítulos
- Test banks com questões de revisão adicionais para cada capítulo
- Arquivos de circuitos do Multisim

Sumário

Volume I

Capítulo 1 Introdução 2

- **1-1** Os três tipos de fórmula 4
- **1-2** Aproximações 6
- **1-3** Fontes de tensão 7
- **1-4** Fontes de corrente 10
- **1-5** Teorema de Thevenin 13
- **1-6** Teorema de Norton 16
- **1-7** Análise de defeito 20

Capítulo 2 Semicondutores 28

- **2-1** Condutores 30
- **2-2** Semicondutores 31
- **2-3** Cristais de silício 32
- **2-4** Semicondutores intrínsecos 35
- **2-5** Dois tipos de fluxos 36
- **2-6** Dopagem de um semicondutor 36
- **2-7** Dois tipos de semicondutores extrínsecos 37
- **2-8** Diodo não polarizado 38
- **2-9** Polarização direta 40
- **2-10** Polarização reversa 41
- **2-11** Ruptura 43
- **2-12** Níveis de energia 43
- **2-13** Barreira de potencial e temperatura 46
- **2-14** Diodo polarizado reversamente 47

Capítulo 3 Teoria dos diodos 56

- **3-1** Ideias básicas 58
- **3-2** Diodo ideal 61
- **3-3** Segunda aproximação 64
- **3-4** Terceira aproximação 66
- **3-5** Análise de defeito 69
- **3-6** Interpretação das folhas de dados 71
- **3-7** Como calcular a resistência de corpo 74
- **3-8** Resistência CC do diodo 75
- **3-9** Retas de carga 76
- **3-10** Diodos para montagem em superfície 77
- **3-11** Introdução aos sistemas eletrônicos 78

Capítulo 4 Circuitos com diodos 86

- 4-1 Retificador de meia onda 88
- 4-2 Transformador 91
- 4-3 Retificador de onda completa com tomada central 93
- 4-4 Retificador de onda completa em ponte 97
- 4-5 O filtro de entrada com indutor 101
- 4-6 Filtro de entrada com capacitor 103
- 4-7 Tensão de pico inversa e corrente de surto 110
- 4-8 Outros tópicos de uma fonte de alimentação 112
- 4-9 Análise de defeito 116
- 4-10 Circuitos ceifadores e limitadores 118
- 4-11 Circuitos grampeadores 123
- 4-12 Circuitos multiplicadores de tensão 125

Capítulo 5 Diodos para aplicações especiais 140

- 5-1 Diodo Zener 142
- 5-2 Regulador Zener com carga 145
- 5-3 Segunda aproximação do diodo Zener 150
- 5-4 Ponto de saída do regulador Zener 154
- 5-5 Interpretação das folhas de dados 156
- 5-6 Análise de defeito 159
- 5-7 Retas de carga 162
- 5-8 Diodos emissores de luz 162
- 5-9 Outros dispositivos optoeletrônicos 170
- 5-10 Diodo Schottky 172
- 5-11 Varactor 175
- 5-12 Outros diodos 177

Capítulo 6 Transistores de junção bipolar 188

- 6-1 Transistor não polarizado 190
- 6-2 Transistor polarizado 191
- 6-3 Correntes no transistor 193
- 6-4 Conexão EC 195
- 6-5 Curva da base 196
- 6-6 Curvas do coletor 198
- 6-7 Aproximações para o transistor 203
- 6-8 Interpretação das folhas de dados 207
- 6-9 Transistor para montagem em superfície 212
- 6-10 Variações no ganho de corrente 214
- 6-11 Reta de carga 215
- 6-12 Ponto de operação 220
- 6-13 Identificando a saturação 222
- 6-14 Transistor como chave 225
- 6-15 Análise de defeito 227

Capítulo 7 Circuito de polarização do transistor 240

- 7-1 Polarização do emissor 242
- 7-2 Circuitos de alimentação para o LED 245
- 7-3 Analisando falhas em circuitos de polarização do emissor 248
- 7-4 Mais sobre dispositivos optoeletrônicos 250
- 7-5 Polarização por divisor de tensão 253
- 7-6 Análise precisa para o PDT 255

7-7	A reta de carga e o ponto Q para o PDT 258		7-9	Outros tipos de polarização 264
7-8	Polarização do emissor com fonte dupla 260		7-10	Análise de defeito 266
			7-11	Transistores *PNP* 268

Capítulo 8 Modelos CA   280

8-1	Amplificador com polarização da base 282		8-7	Análise de um amplificador 298
8-2	Amplificador com polarização do emissor 287		8-8	Valores CA nas folhas de dados 303
8-3	Operação em pequeno sinal 290		8-9	Ganho de tensão 305
8-4	Beta CA 292		8-10	Efeito de carga da impedância de entrada 308
8-5	Resistência CA do diodo emissor 293		8-11	Amplificador com realimentação parcial 311
8-6	Dois modelos para transistor 297		8-12	Análise de defeito 315

Capítulo 9 Amplificadores CC, BC e de múltiplos estágios   326

9-1	Amplificadores com estágios em cascata 328		9-5	EC em cascata com CC 342
9-2	Dois estágios com realimentação 331		9-6	Conexões Darlington 344
			9-7	Regulação de tensão 347
9-3	Amplificador CC 334		9-8	Amplificador em base comum 350
9-4	Impedância de saída 339		9-9	Análise de falhas em amplificadores multiestágios 355

Capítulo 10 Amplificadores de potência   366

10-1	Classificação dos amplificadores 368		10-6	Polarização dos amplificadores classe B/AB 389
10-2	Duas retas de carga 370		10-7	Acionador classe B/AB 391
10-3	Operação classe A 375		10-8	Operação classe C 393
10-4	Operação classe B 382		10-9	Fórmulas para o classe C 396
10-5	Classe B com seguidor de emissor simétrico (*push-pull*) 383		10-10	Potência nominal do transistor 401

Capítulo 11 JFETs   414

11-1	Ideias básicas 416		11-7	Amplificadores com JFET 438
11-2	Curvas do dreno 418		11-8	JFET como chave analógica 444
11-3	Curva de transcondutância 420		11-9	Outras aplicações para o JFET 447
11-4	Polarização na região ôhmica 422		11-10	Interpretação das folhas de dados 455
11-5	Polarização na região ativa 425			
11-6	Transcondutância 436		11-11	Teste do JFET 458

Capítulo 12 MOSFETs 470

- 12-1 MOSFET no modo de depleção 472
- 12-2 Curvas do MOSFET-D 472
- 12-3 Amplificadores com MOSFET no modo de depleção 474
- 12-4 MOSFET no modo de crescimento (intensificação) 476
- 12-5 Região ôhmica 478
- 12-6 Chaveamento digital 485
- 12-7 CMOS 489
- 12-8 FETs de potência 491
- 12-9 MOSFETs como comutadores de fonte para carga 498
- 12-10 Ponte H de MOSFETs 502
- 12-11 Amplificadores com MOSFET-E 508
- 12-12 Teste do MOSFET 512

Capítulo 13 Tiristores 524

- 13-1 Diodo de quatro camadas 526
- 13-2 Retificador controlado de silício 530
- 13-3 Barra de proteção com SCR 538
- 13-4 Controle de fase com SCR 541
- 13-5 Tiristores bidirecionais 545
- 13-6 IGBTs 551
- 13-7 Outros tiristores 556
- 13-8 Análise de defeito 559

Apêndice A A1

Apêndice B Demonstrações matemáticas B1

Apêndice C Lista de tabelas selecionadas C1

Apêndice D Sistema Trainer analógico/digital D1

Apêndice E MultiSim (Conteúdo online)

Glossário G1

Respostas Problemas com numeração ímpar R1

Índice I1

Volume II

Capítulo 14 Efeitos de frequência 568

- 14-1 Resposta em frequência de um amplificador 570
- 14-2 Ganho de potência em decibel 575
- 14-3 Ganho de tensão em decibel 579
- 14-4 Casamento de impedância 581
- 14-5 Decibéis acima de uma referência 584
- 14-6 Gráficos de Bode 586
- 14-7 Mais gráficos de Bode 590
- 14-8 Efeito Miller 596
- 14-9 Relação tempo de subida-largura de banda 599
- 14-10 Análise de frequência de estágios TJB 602
- 14-11 Análise de frequência em estágios FET 609
- 14-12 Efeitos de frequência em circuitos com dispositivos de montagem em superfície (SMDs) 615

Capítulo 15 Amplificadores diferenciais 624

- 15-1 Amplificador diferencial 626
- 15-2 Análise CC de um amp-dif 629
- 15-3 Análise CA de um amp-dif 634
- 15-4 Características de entrada de um amp-op 640
- 15-5 Ganho em modo comum 647
- 15-6 Circuitos integrados 651
- 15-7 Espelho de corrente 654
- 15-8 Amp-dif com carga 656

Capítulo 16 Amplificadores operacionais 666

- 16-1 Introdução aos amp-ops 668
- 16-2 Amp-op 741 670
- 16-3 Amplificador inversor 680
- 16-4 Amplificador não inversor 686
- 16-5 Duas aplicações de amp-ops 691
- 16-6 CIs Lineares 695
- 16-7 Amp-ops como dispositivos de montagem em superfície 701

Capítulo 17 Realimentação negativa 710

- 17-1 Quatro tipos de realimentação negativa 712
- 17-2 Ganho de tensão de um VCVS 714
- 17-3 Outras equações para VCVS 716
- 17-4 Amplificador ICVS 721
- 17-5 Amplificador VCIS 723
- 17-6 Amplificador ICIS 725
- 17-7 Largura de banda 727

Capítulo 18 Circuitos lineares com amp-op 740

- 18-1 Circuitos amplificadores inversores 742
- 18-2 Circuitos amplificadores não inversores 744
- 18-3 Circuitos inversores/não inversores 748
- 18-4 Amplificadores diferenciais 753
- 18-5 Amplificadores de instrumentação 759
- 18-6 Circuitos amplificadores somadores 763
- 18-7 Reforçadores (*boosters*) de corrente 768
- 18-8 Fontes de corrente controladas por tensão 770
- 18-9 Controle automático de ganho 775
- 18-10 Operação com fonte simples 777

Capítulo 19 Filtros ativos 788

- 19-1 Respostas ideais 790
- 19-2 Respostas aproximadas 793
- 21-3 Filtros passivos 805
- 19-4 Estágios de primeira ordem 809
- 19-5 Filtros passa-baixas VCVS de segunda ordem e ganho unitário 813
- 19-6 Filtros de ordem maior 819
- 19-7 Filtros passa-baixas VCVS de componentes iguais 822
- 19-8 Filtros passa-altas VCVS 826
- 19-9 Filtros passa-faixa MFB 829
- 19-10 Filtros rejeita-faixa 833
- 19-11 Filtros passa-todas 835
- 19-12 Filtros biquadrático e de variável de estado 840

Capítulo 20 Circuitos não lineares com amp-op 850

- 20-1 Comparadores com referência zero 852
- 20-2 Comparadores com referência diferente de zero 859
- 20-3 Comparadores com histerese 864
- 20-4 Comparador de janela 869
- 20-5 Integrador 870
- 20-6 Conversão de forma de onda 873
- 20-7 Geração de forma de onda 877
- 20-8 Outro gerador de onda triangular 880
- 20-9 Circuitos com diodo ativo 881
- 20-10 Diferenciador 885
- 20-11 Amplificador classe D 887

Capítulo 21 Osciladores 902

- 21-1 Teoria da oscilação senoidal 904
- 21-2 Oscilador em ponte de Wien 905
- 21-3 Outros osciladores *RC* 910
- 21-4 Oscilador Colpitts 912
- 21-5 Outros osciladores *LC* 917
- 21-6 Cristais de quartzo 920
- 21-7 Temporizador 555 924
- 21-8 Operação astável do temporizador 555 931
- 21-9 Aplicações de circuitos com 555 935
- 21-10 PLL 942
- 21-11 CIs geradores de função 945

Capítulo 22 Fontes de alimentação reguladas 958

- 22-1 Características de fonte de alimentação 960
- 22-2 Reguladores *shunt* 962
- 22-3 Reguladores série 968
- 22-4 Reguladores lineares monolíticos 978
- 22-5 Reforçadores de corrente 985
- 22-6 Conversores CC-CC 986
- 22-7 Reguladores chaveados 988

Apêndice A A1

Apêndice B Demonstrações matemáticas B1

Apêdice C Aplicando o Equivalente de Thevenin para o Conversor R/2R D/A C1

Apêndice D Lista de tabelas selecionadas D1

Apêndice E MultiSim (Conteúdo online)

Glossário G1

Respostas Problemas com numeração ímpar R1

Índice I1

Eletrônica

1 Introdução

- Os tópicos deste capítulo incluem fórmulas de fontes de tensão, fontes de corrente, dois teoremas de circuitos e análise de defeitos. Será feita uma revisão e apresentaremos novas ideias que facilitarão sua compreensão dos dispositivos semicondutores e para servir de sustentação para o restante do livro.

Objetivos de aprendizagem

Após o estudo deste capítulo você deverá ser capaz de:

- Nomear os três tipos de fórmula e explicar por que são verdadeiras.
- Explicar por que as aproximações são sempre usadas no lugar das fórmulas exatas.
- Definir uma fonte de tensão ideal e uma fonte de corrente ideal.
- Descrever como reconhecer uma fonte de tensão estável e uma fonte de corrente estável.
- Escrever o teorema de Thevenin e aplicá-lo em um circuito.
- Escrever o teorema de Norton e aplicá-lo em um circuito.
- Listar duas características de um dispositivo aberto e duas de um dispositivo em curto-circuito.

Sumário

- **1-1** Os três tipos de fórmula
- **1-2** Aproximações
- **1-3** Fontes de tensão
- **1-4** Fontes de corrente
- **1-5** Teorema de Thevenin
- **1-6** Teorema de Norton
- **1-7** Análise de defeito

Termos-chave

aproximação ideal (primeira)
corrente de Norton
definição
dispositivo aberto
dispositivo em curto-circuito
fonte de corrente quase ideal
fórmula
fórmula derivada
junção com solda fria
lei
ponte de solda
princípio da dualidade
resistência de Norton
resistência de Thevenin
segunda aproximação
tensão da fonte quase ideal
tensão de Thevenin
teorema
terceira aproximação

1-1 Os três tipos de fórmula

Fórmula é um método que relaciona valores. O método pode ser uma equação, uma desigualdade ou outra descrição matemática. Você verá muitas fórmulas neste livro. A menos que saiba qual delas é a certa, poderá ficar confuso à medida que vão se acumulando. Felizmente, existem apenas três tipos de fórmulas que vão aparecer neste livro. Conhecê-las tornará seu estudo de eletrônica mais lógico e satisfatório.

Definição

Quando você estuda eletricidade e eletrônica, precisa memorizar palavras novas como *corrente, tensão* e *resistência*. Porém, uma explicação verbal não é suficiente, porque sua ideia de corrente precisa ser matematicamente idêntica ao restante das pessoas. O único modo de obter essa identidade é com uma fórmula de **definição**, inventada para um conceito novo.

A seguir há um exemplo de fórmula de definição. Nos seus estudos anteriores, você aprendeu que capacitância é igual à carga de uma placa dividida pela tensão entre as placas. A fórmula se apresenta como:

$$C = \frac{Q}{V}$$

Essa é uma fórmula de definição, que informa o que é a capacitância C e como calculá-la. Historicamente, alguns pesquisadores combinaram essa definição como fórmula, tornando-a amplamente aceita.

Aqui está um exemplo de como criar uma nova fórmula de definição. Suponha que estamos pesquisando a capacidade de leitura e necessitamos de um modo para medir a velocidade de leitura. Inesperadamente, deveríamos decidir por definir *velocidade de leitura* como o número de palavras lidas num minuto. Se o número de palavras for P e o número de minutos M, poderíamos compor a fórmula assim:

$$L = \frac{P}{M}$$

Nessa equação, L é a velocidade medida em palavras por minuto.

Para formalizar poderíamos usar letras gregas: ω para palavras, μ para minutos e σ para velocidade. Nossa definição ficaria assim:

$$\sigma = \frac{\omega}{\mu}$$

Essa equação continua indicando que velocidade é igual a palavras divididas por minutos. Quando você vir uma equação como essa e souber que é uma definição, ela não terá o impacto e o mistério que inicialmente teria.

Em resumo, as *fórmulas por definição são aquelas que os pesquisadores criam*. Elas são fundamentadas em observações científicas e formam a base para o estudo da eletrônica. São simplesmente aceitas como fatos, o que é feito a todo instante na ciência. Uma fórmula por definição é verdadeira no mesmo sentido que um conceito é verdadeiro. Cada uma representa algo que queremos comentar. Quando se sabe quais fórmulas são definições é mais fácil entender eletrônica. As fórmulas de definições são pontos de partida, tudo o que se precisa fazer é entendê-las e memorizá-las.

Lei

Uma **lei** é diferente, ela resume o relacionamento que já existe na natureza. Veja um exemplo de lei:

$$f = K\frac{Q_1 Q_2}{d^2}$$

> **É ÚTIL SABER**
>
> Para todas as finalidades práticas, fórmula é um conjunto de instruções escritas em linguagem matemática. A fórmula descreve como calcular uma quantidade ou um parâmetro em particular.

onde f = força

K = constante de proporcionalidade (constante de Coulomb), 9×10^9

Q_1 = primeira carga

Q_2 = segunda carga

d = distância entre as cargas

Essa é a lei de Coulomb. Ela diz que a força de atração ou repulsão entre duas cargas é inversamente proporcional ao quadrado da distância entre elas.

Esta é uma equação importante para os fundamentos da eletricidade. Mas de onde ela vem? E por que é verdadeira? Inicialmente, todas as variáveis dessa lei existiam antes de sua descoberta. Por meio de experimentos, Coulomb foi capaz de provar que a força era diretamente proporcional à cada carga e inversamente proporcional ao quadrado da distância entre as cargas. A lei de Coulomb é um exemplo de relação existente na natureza. Sabemos que os pesquisadores anteriores foram capazes de medir f, Q_1, Q_2 e d; Coulomb descobriu a lei que relaciona seus valores e escreveu uma fórmula para isso.

Antes de descobrir a lei, alguém pode ter a intuição de que tal relação existe. Após uma série de experimentos, o pesquisador escreve uma fórmula que resume a descoberta. Quando um número suficiente de experimentos confirmam tal descoberta, a fórmula torna-se uma lei. *Uma lei é verdadeira porque pode ser comprovada por meio de experimentos.*

Fórmula derivada

Dada uma equação como esta:

$$y = 3x$$

podemos somar 5 de ambos os lados para obter:

$$y + 5 = 3x + 5$$

A equação nova é verdadeira porque ambos os lados ainda são iguais. Existem várias outras operações como subtração, multiplicação, divisão, fatoração e substituição, que mantêm a igualdade dos dois lados da equação. Por essa razão, podemos derivar várias fórmulas novas usando a matemática.

Fórmula derivada *é a que podemos obter a partir de outras fórmulas.* Isso quer dizer que começando com uma ou mais fórmulas e usando matemática chega-se a uma fórmula nova que não era do nosso conjunto de fórmulas original. Uma fórmula derivada é verdadeira, porque a matemática preserva a igualdade dos dois lados de cada equação entre a fórmula inicial e a fórmula derivada.

Por exemplo, Ohm estava fazendo experimentos com condutores. Ele descobriu que a razão da tensão para a corrente era uma constante. Ele deu o nome a essa constante de *resistência* e escreveu a seguinte fórmula:

$$R = \frac{V}{I}$$

Essa é a forma original da lei de Ohm. Rearranjando-a obtemos:

$$I = \frac{V}{R}$$

Isso é uma fórmula derivada da original. Na verdade, ela é a forma original da lei de Ohm expressa matematicamente de outra maneira.

Aqui está outro exemplo. A fórmula por definição para capacitância é:

$$C = \frac{Q}{V}$$

Podemos multiplicar os dois lados por *V* para obter a seguinte equação nova:

$$Q = CV$$

Essa é outra fórmula derivada. Ela indica que a carga em um capacitor é igual à sua capacitância vezes a tensão aplicada nele.

O que lembrar

Por que uma fórmula é verdadeira? Há três respostas possíveis. Para formar um conhecimento sólido em eletrônica, classifique cada fórmula nova em uma destas três categorias:

> Definição: Uma fórmula inventada para um conceito novo.
> Lei: Uma fórmula para uma relação natural.
> Fórmula derivada: Uma fórmula produzida por manipulação matemática de outra fórmula ou fórmulas.

1-2 Aproximações

Usamos aproximações o tempo todo no nosso cotidiano. Se alguém pergunta quantos anos você tem, você pode responder 21 (ideal). Ou pode dizer 21, quase 22 (segunda aproximação). Ou ainda pode dizer 21 anos e 9 meses (terceira aproximação). Ou, se quiser ser mais preciso, 21 anos, 9 meses, 2 dias, 6 horas, 23 minutos e 42 segundos (exato).

Isso ilustra os diferentes níveis de aproximação: uma aproximação ideal, uma segunda aproximação, uma terceira aproximação e uma resposta exata. A aproximação a ser usada depende da situação. O mesmo é válido para trabalhar em eletrônica. Em análise de circuito, precisamos escolher uma aproximação que seja conveniente à situação.

Aproximação ideal

Você sabia que um fio de 22 AWG com 30,48 cm e que está a 25,4 mm de um chassi tem uma resistência de 0,016 Ω, uma indutância de 0,24 µH e uma capacitância de 3,3 pF? Se for preciso incluir os efeitos de resistência, indutância e capacitância no cálculo da corrente, será necessário muito tempo nos cálculos. Essa é a razão por que muitas pessoas ignoram os efeitos da resistência, indutância e capacitância em muitas situações onde os fios são conectados.

A **aproximação ideal**, algumas vezes chamada de **primeira aproximação**, é o tratamento mais simples de um circuito equivalente para um dispositivo. Por exemplo, a aproximação ideal para um pedaço de fio é a de um condutor com resistência zero. Essa aproximação ideal é adequada para o trabalho de rotina em eletrônica.

Uma exceção ocorre em alta frequência, em que precisamos considerar o efeito de indutância e de capacitância do fio. Suponha que um fio de 25,4 mm tenha uma indutância de 0,24 µH e uma capacitância de 3,3 pF. Com uma frequência de 10 MHz, a resistência indutiva é de 15,1 Ω e a reatância capacitiva é de 4,82 kΩ. Como você vê, um projetista de circuito não pode tratar um pedaço de fio como ideal. Dependendo do restante do circuito, as reatâncias indutiva e capacitiva na conexão de um fio podem ser importantes.

Como padrão, podemos idealizar um pedaço de fio para frequências abaixo de 1 MHz. Esta é uma regra prática. Mas não significa que você pode desprezar os efeitos da fiação. Geralmente, mantemos os fios conectados com o menor comprimento possível porque, em algum ponto na escala da frequência esses fios começarão a alterar a performance do circuito.

Quando se faz análise de um defeito, a aproximação ideal é normalmente adequada porque você está procurando por grandes desvios com base em valores normais de tensões e correntes. Neste livro vamos idealizar dispositivos a semicondutor reduzindo-o a circuitos equivalentes simples. Com aproximações ideais, é mais fácil analisar e entender como funcionam os circuitos a semicondutor.

Segunda aproximação

A aproximação ideal de uma bateria para uma luz de flash é uma fonte de tensão de 1,5 V. A **segunda aproximação** adiciona um ou mais componentes à aproximação ideal. Por exemplo, a segunda aproximação de uma bateria para uma luz de flash é uma fonte de tensão de 1,5 V e uma resistência de 1 Ω em série. Essa resistência em série é chamada de *resistência interna* ou *resistência da fonte*. Se a resistência da carga for menor do que 10 Ω, a tensão na carga será notavelmente menor do que 1,5 V devido à queda de tensão na resistência da fonte. Nesse caso, uma maior precisão no cálculo necessita incluir a resistência da fonte.

Terceira aproximação e além

A **terceira aproximação** inclui outros componentes no circuito equivalente do dispositivo. O Capítulo 3 dará um exemplo da terceira aproximação quando estudarmos os diodos semicondutores.

Aproximações maiores são possíveis com muitos componentes no circuito equivalente de um dispositivo. Cálculos manuais usando aproximações maiores podem tornar-se muito difíceis e consumir muito tempo. Por isso, programas de simulação de circuito usando computadores são sempre utilizados. Por exemplo, o MultiSim da Electronics Workbench (EWB) e o PSpice são programas de computador disponíveis comercialmente, que usam aproximações de nível maior para analisar circuitos com semicondutor. Vários circuitos e exemplos neste livro podem ser analisados e demonstrados por meio desse tipo de programa.

Conclusão

O nível de aproximação a ser usado depende do que você está fazendo. Se estiver analisando defeitos, a aproximação ideal é em geral adequada. Para muitas situações, a segunda aproximação é a melhor escolha, porque é fácil de usar e não requer um computador. Para aproximações de maior nível devemos usar um programa de computador como o MultiSim.

1-3 Fontes de tensão

Uma *fonte de tensão CC ideal* produz uma tensão constante na carga. O exemplo mais simples de uma fonte de tensão CC ideal é o de bateria perfeita, aquela cuja resistência interna é zero. A Figura 1-1*a* mostra uma fonte de tensão ideal conectada a uma resistência de carga variável de 1 Ω a 1 MΩ. O voltímetro indica 10 V, exatamente o mesmo valor da fonte de tensão.

A Figura 1-1*b* mostra um gráfico da tensão na carga em função da resistência da carga. Como você pode ver, a tensão na carga permanece fixa em 10 V quando a resistência na carga varia de 1 Ω a 1 MΩ. Em outras palavras, uma fonte de tensão CC ideal produz uma tensão na carga constante, independentemente do menor ou maior valor da resistência da carga. Com uma fonte de tensão ideal somente a corrente na carga muda quando a resistência varia.

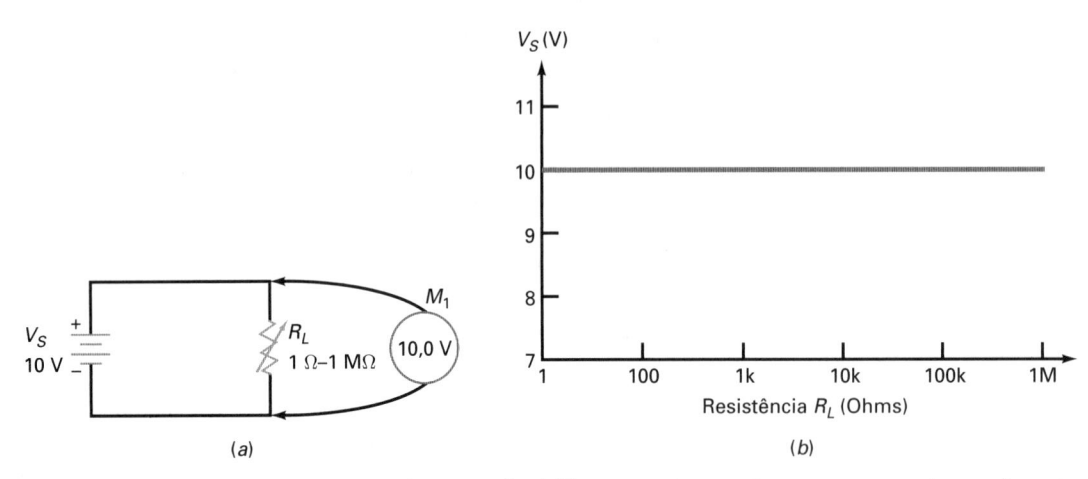

Figura 1-1 (a) Fonte de tensão ideal e resistência da carga variável; (b) a tensão da carga é constante para todos os valores de resistência da carga.

Segunda aproximação

Uma fonte de tensão ideal é um dispositivo teórico; ele não existe na natureza. Por quê? Quando a resistência da carga aproxima-se do zero, a corrente na carga aproxima-se do infinito. A fonte de tensão real não pode produzir uma corrente infinita porque a fonte de tensão real possui sempre uma resistência interna. A segunda aproximação de uma fonte de tensão CC inclui a resistência interna.

A Figura 1-2a ilustra esta ideia. A resistência da fonte R_S de 1 Ω está agora em série com a bateria ideal. O voltímetro indica 5 V quando o R_L é de 1 Ω. Por quê? Porque a corrente na carga é 10 V dividido por 2 Ω, ou seja 5 A. Quando uma corrente de 5 A circula pela resistência da fonte de 1 Ω, produz uma queda de tensão interna de 5 V. É por isso que a tensão na carga é apenas a metade da tensão ideal, com a outra metade da queda na resistência interna.

A Figura 1-2b mostra o gráfico da tensão *versus* resistência da carga. Neste caso, a tensão na carga não se aproxima do valor ideal enquanto a resistência da carga for muito maior do que a resistência da fonte. Mas o que significa *muito maior*? Em outras palavras, até que ponto podemos ignorar a resistência da fonte?

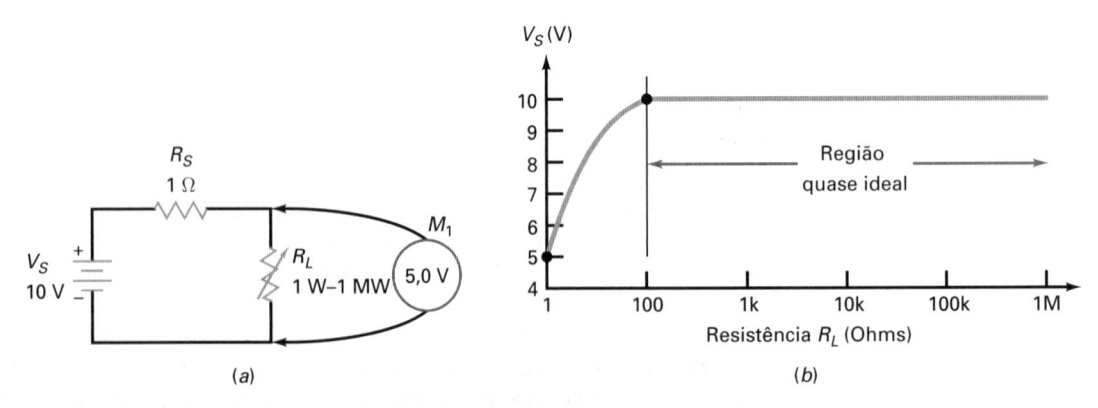

Figura 1-2 (a) A segunda aproximação inclui a resistência da fonte; (b) a tensão na carga é constante para valores maiores de resistência da carga.

Figura 1-3 каса

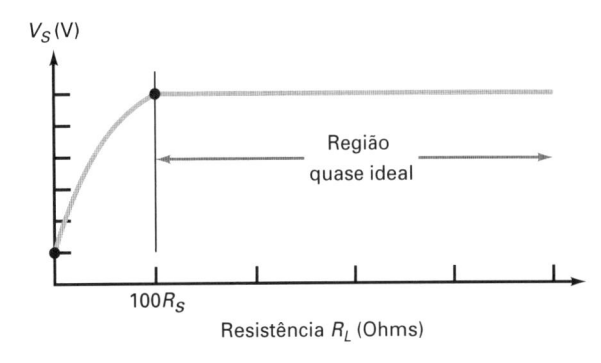

Figura 1-3 A região quase ideal ocorre quando a resistência da carga é suficientemente maior.

Tensão da fonte quase ideal

Agora é a vez de usar uma nova definição. Portanto, vamos inventar uma. Podemos ignorar a resistência da fonte quando ela for pelo menos 100 vezes menor do que a resistência da carga. Qualquer fonte que satisfaça a essa condição será uma *fonte de tensão quase ideal*. Por definição,

Fonte de tensão quase ideal: $R_S < 0{,}01 R_L$ (1-1)

Essa fórmula define o que queremos dizer por *fonte de tensão quase ideal*. O limite da desigualdade (onde < é mudado para =) nos dá a seguinte equação:

$$R_S = 0{,}01\, R_L$$

Resolvendo essa equação em função da resistência da carga, obtemos a resistência mínima da carga que podemos usar e ainda manter a fonte quase ideal:

$R_{L\,(\text{mín})} = 100 R_S$ (1-2)

Em palavras, a resistência mínima da carga é igual a 100 vezes a resistência da fonte.

A Equação (1-2) é uma derivação. Começamos com a definição de uma fonte de tensão quase ideal e rearranjamos para obter a resistência da carga mínima permitida para uma fonte de tensão quase ideal. Desde que a resistência da carga seja superior a 100 R_S, a fonte de tensão será quase ideal. Quando a resistência da carga for igual a esse valor de pior caso, o erro do cálculo, ignorando a resistência da fonte, será de 1%, baixo o suficiente para ser ignorado na segunda aproximação.

A Figura 1-3 resume visualmente uma fonte de tensão quase ideal. A resistência da carga tem de ser maior do que $100 R_S$ para que a tensão da fonte seja quase ideal.

É ÚTIL SABER

Uma fonte de alimentação bem regulada é um bom exemplo de fonte de tensão quase ideal.

Exemplo 1-1

A definição de uma fonte de tensão quase ideal pode ser aplicada a uma fonte de tensão CA, assim como numa fonte CC. Suponha que uma fonte de tensão CA tenha uma resistência interna de 50 Ω. Para que valor de resistência da carga ela será uma fonte quase ideal?

SOLUÇÃO Multiplique por 100 para obter a resistência da carga mínima:

$$R_L = 100 R_S = 100(50\,\Omega) = 5\,\text{k}\Omega$$

Enquanto a resistência da carga for maior do que 5 kΩ, a tensão da fonte CA será quase ideal e poderemos ignorar a resistência interna da fonte.

Um ponto final. O uso da segunda aproximação para uma fonte de tensão CA será válida somente em baixas frequências. *Em altas frequências, devemos adicionar fatores como indutância do terminal e capacitância parasita.* Trataremos dos efeitos da alta frequência em um capítulo posterior.

PROBLEMA PRÁTICO 1-1 Se a resistência da fonte CA no Exemplo 1-1 for de 600 Ω, para que valor da resistência de carga a fonte ainda será considerada quase ideal?

1-4 Fontes de corrente

Uma fonte de tensão CC produz uma tensão constante na carga para diferentes valores de resistências da carga. Uma *fonte de corrente CC* é diferente. Ela produz uma corrente constante na carga para diferentes valores de resistências da carga. Exemplo de uma fonte CC é uma bateria com uma resistência interna de alto valor (Figura 1-4a). Neste circuito, a resistência da fonte é de 1 MΩ e a corrente na carga é de:

$$I_L = \frac{V_S}{R_S + R_L}$$

Quando R_L for de 1 Ω na Figura 1-4a, a corrente na carga será:

$$I_L = \frac{10\text{ V}}{1\text{ M}\Omega + 1\Omega} = 10\ \mu\text{A}$$

Nesse cálculo, o valor baixo da resistência de carga tem um efeito insignificante na corrente da carga.

A Figura 1-4b mostra o efeito da variação da resistência de carga de 1 Ω a 1M Ω. Nesse caso, a corrente na carga permanece constante em 10 μA por uma larga faixa de valores de resistência. Somente ocorre uma modificação notável na corrente da carga quando a resistência da carga for maior que 10 kΩ.

É ÚTIL SABER

Nos terminais de saída de uma fonte de corrente constante, a tensão na carga V_L é diretamente proporcional à resistência de carga.

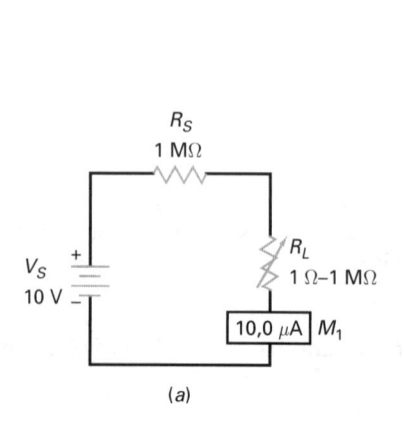

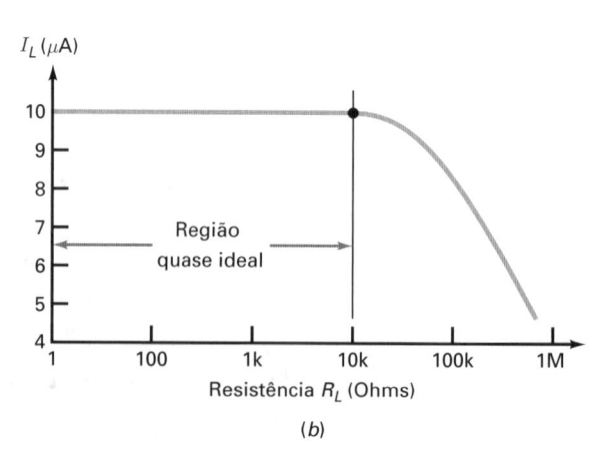

Figura 1-4 (a) Fonte de corrente simulada com uma fonte de tensão CC e uma resistência de alto valor; (b) a corrente na carga é constante para baixos valores de resistências da carga.

Fonte de corrente quase ideal

Apresentamos outra definição que será muito útil, especialmente nos circuitos com semicondutores. Vamos ignorar a resistência de uma fonte de corrente quando ela for pelo menos 100 vezes maior do que a resistência da carga. Qualquer fonte que satisfaça essa condição será considerada *fonte de corrente quase ideal*. Por definição:

Fonte de corrente quase ideal: $R_S > 100R_L$ (1-3)

O limite superior é o pior caso. Neste ponto:

$$R_S = 100R_L$$

Resolvendo a resistência da carga, obtemos o valor da resistência máxima que podemos utilizar e ainda obtemos uma fonte de corrente quase ideal:

$$R_{L(\text{máx})} = 0{,}01R_S \quad (1\text{-}4)$$

Em palavras: A resistência da carga máxima é igual 1/100 da resistência da fonte.

A Equação (1-4) é uma derivação porque começamos com a definição de uma fonte de corrente quase ideal e rearranjamos para obter o valor da resistência de carga máxima. Quando a resistência da carga for igual ao valor do pior caso, o erro no cálculo será de 1%, baixo o suficiente para ser desprezado numa segunda aproximação.

A Figura 1-5 mostra a região quase ideal. Enquanto a resistência da carga for menor que $0{,}01R_S$, a corrente da fonte será quase ideal.

Símbolo esquemático

A Figura 1-6a é o símbolo esquemático de uma fonte de corrente ideal, pois tem uma resistência interna infinita. Essa aproximação ideal não existe na natureza, mas ela existe matematicamente. Portanto, podemos usar a fonte de corrente ideal para uma análise rápida, como no caso de verificação de defeitos.

A Figura 1-6a representa uma definição visual: este é o símbolo de uma fonte de corrente. Quando vir este símbolo, significa que o dispositivo produz uma corrente constante I_S. Isso pode ajudá-lo a pensar que uma fonte de corrente é como uma bomba que empurra determinada quantidade de coulombs por segundo. É por isso que você ouvirá expressões como "Uma fonte força a passagem de uma corrente de 5 mA por uma carga de 1 kΩ".

A Figura 1-6b mostra a segunda aproximação. A resistência interna está em paralelo com uma fonte de corrente ideal, e não em série, como é o caso de uma fonte de tensão ideal. Ainda neste capítulo vamos estudar o teorema de Norton. Você verá então por que a resistência interna deve estar em paralelo com a resistência da fonte. A Tabela 1-1 ajuda a entender as diferenças entre uma fonte de tensão e uma fonte de corrente.

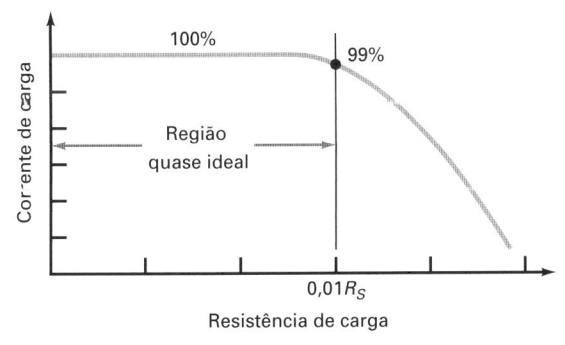

Figura 1-5 A região quase ideal ocorre quando o valor da resistência de carga for baixo o suficiente.

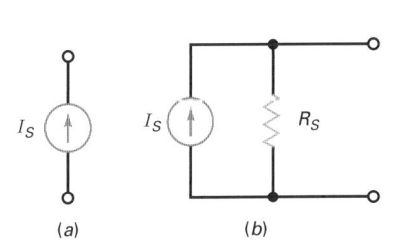

Figura 1-6 (a) Símbolo esquemático de uma fonte de corrente; (b) segunda aproximação de uma fonte de corrente.

Tabela 1-1	Propriedades da fonte de tensão e da fonte de corrente	
Grandeza	Fonte de tensão	Fonte de corrente
R_S	Valor tipicamente baixo	Valor tipicamente alto
R_L	Maior que $100R_S$	Menor que $0{,}01R_S$
V_L	Constante	Depende de R_L
I_L	Depende de R_L	Constante

Exemplo 1-2

Uma fonte de corrente de 2 mA tem uma resistência interna de 10 MΩ. Para que faixa de valores da resistência de carga a fonte de corrente é considerada quase ideal?

SOLUÇÃO Como se trata de uma fonte de corrente, a resistência de carga deve ser menor comparada com a resistência da fonte. Com a regra do 100:1, a resistência da carga máxima é de:

$$R_{L(\text{máx})} = 0{,}01(10\ \text{M}\Omega) = 100\ \text{k}\Omega.$$

A faixa quase ideal para a fonte de corrente é com uma resistência de carga de 0 a 100 kΩ.

A Figura 1-7 resume a solução. Na Figura 1-7a, uma fonte de corrente de 2 mA está em paralelo com um potenciômetro de 1 a 10 MΩ. O amperímetro mede uma corrente na carga de 2 mA. Quando a resistência de carga varia de 1 Ω a 1 MΩ, conforme mostra a Figura 1-7b, a fonte permanece quase ideal até 100 kΩ. Neste ponto, a corrente na carga cai cerca de 1% de seu valor ideal. Dito de forma diferente, 99% da corrente da carga passa através da resistência de carga. O outro 1% passa através da resistência da fonte. Como a resistência de carga continua a aumentar, a corrente na carga continua a diminuir.

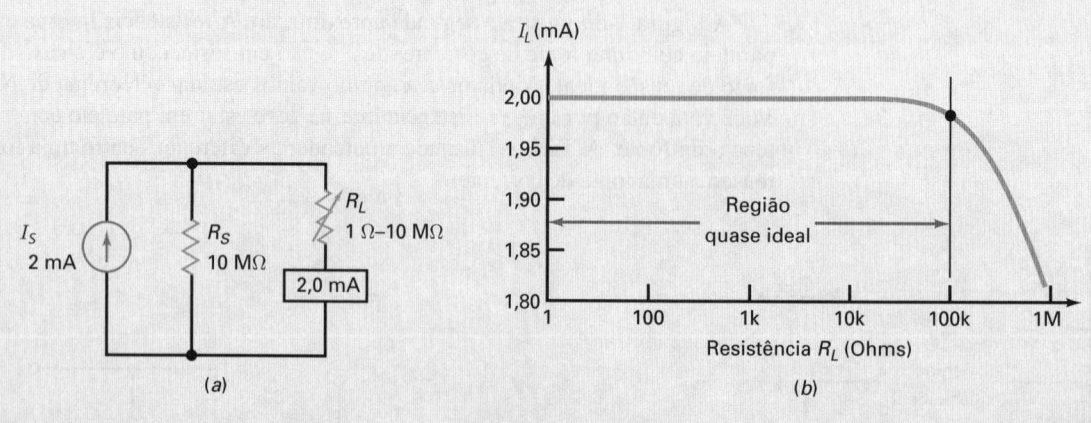

Figura 1-7 Solução.

PROBLEMA PRÁTICO 1-2 Qual é o valor da tensão na carga da Figura 1-7a quando a resistência de carga for igual a 10 kΩ?

Exemplo de aplicação 1-3

Quando analisamos circuitos com transistores, eles são vistos como uma fonte de corrente. Em um circuito bem projetado, o transistor age como uma fonte de corrente quase ideal, de modo que podemos desprezar sua resistência interna. Assim, podemos calcular a tensão na carga. Por exemplo, se um transistor está forçando a passagem de uma corrente de 2 mA por uma resistência de carga de 10 kΩ, a tensão na carga é de 20 V.

1-5 Teorema de Thevenin

De vez em quando, em engenharia, alguém tem uma ideia que nos transporta para um nível elevado de conhecimento. O engenheiro francês M. L. Thevenin teve uma dessas ideias quando derivou o teorema do circuito, que recebeu o nome de Teorema de Thevenin.

Definição da Tensão e Resistência de Thevenin

Teorema é uma declaração que pode ser provada matematicamente, por isso, não é uma definição ou uma lei. Portanto, ele é classificado como uma derivação. Revise as ideias seguintes sobre o Teorema de Thevenin de cursos anteriores. Na Figura 1-8a, a **tensão de Thevenin** V_{TH} é definida como a tensão entre os terminais da carga quando o resistor de carga for aberto. Por essa razão, a tensão de Thevenin é algumas vezes chamada de *tensão em circuito aberto*. Como definição:

$$\text{tensão de Thevenin: } V_{TH} = V_{OC} \tag{1-5}$$

A **resistência de Thevenin** é definida como a resistência que um ohmímetro mede entre os terminais da carga da Figura 1-8a quando todas as fontes são reduzidas a zero e o resistor de carga é aberto. Como definição:

$$\text{resistência de Thevenin: } V_{TH} = R_{OC} \tag{1-6}$$

Com essas duas definições, Thevenin foi capaz de derivar o famoso teorema.

Existe um ponto sutil de como encontrar a resistência de Thevenin. Reduzir uma fonte a zero tem diferentes significados para as fontes de tensão e corrente. Quando reduzimos uma fonte de tensão a zero, estamos efetivamente substituindo-a por um curto-circuito, porque esta é a única maneira de garantir que a tensão seja zero quando circula uma corrente pela fonte de tensão. Quando reduzimos uma fonte de corrente a zero, estamos efetivamente substituindo-a por um circuito aberto porque esta é a única maneira de garantir que a corrente seja zero quando existe uma tensão nesta fonte de corrente. Resumindo:

Para zerar uma fonte de tensão, substitua-a por um curto-circuito.
Para zerar uma fonte de corrente, substitua-a por um circuito aberto.

Derivação

O que é o Teorema de Thevenin? Observe a Figura 1-8a. Essa caixa preta pode conter qualquer circuito com fontes CC e resistências lineares. (Uma *resistência linear* não muda com o aumento da tensão.) Thevenin foi capaz de provar que não importa a complexidade do circuito dentro da caixa preta da Figura 1-8a, ele

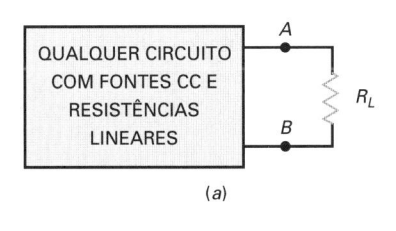

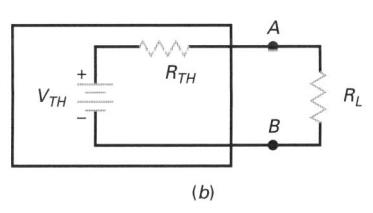

Figura 1-8 (a) A caixa preta tem um circuito linear embutido; (b) circuito equivalente de Thevenin.

produzirá exatamente a mesma corrente da carga conforme o circuito simples da Figura 1-8b. Como derivação:

$$I_L = \frac{V_{TH}}{R_{TH} + R_L} \tag{1-7}$$

Vamos pensar nesta ideia. O Teorema de Thevenin é uma ferramenta poderosa. Engenheiros e técnicos utilizam-no constantemente. Provavelmente, a eletrônica não estaria no estado atual sem este teorema. Ele não apenas simplificou os cálculos, mas permitiu explicar o funcionamento do circuito, o que seria praticamente impossível somente com as equações de Kirchhoff.

Exemplo 1-4

|||MultiSim

Quais os valores da tensão e da resistência de Thevenin na Figura 1-9a?

SOLUÇÃO Primeiro calcule a tensão de Thevenin. Para isso, você deve abrir o resistor de carga. Abrir a resistência de carga é o mesmo que retirá-la do circuito, conforme mostra a Figura 1-9b. Como circula uma corrente de 8 mA pelo resistor de 6 kΩ em série com 3 kΩ, teremos 24 V aplicados ao resistor de 3 kΩ. Como não circula corrente pelo resistor de 4 kΩ, aparecerá 24 V nos terminais AB. Portanto:

$$V_{TH} = 24 \text{ V}$$

Segundo, obtenha a resistência de Thevenin. Reduzir uma fonte CC a zero é equivalente a substituí-la por um curto-circuito, conforme mostra a Figura 1-9 c. Se conectássemos um ohmímetro entre os terminais AB da Figura 1-9c, o que ele indicaria?

Ele indicaria 6 kΩ. Por quê? Porque examinando a parte de trás dos terminais AB com a bateria em curto, o ohmímetro indicaria 4 kΩ em série com dois resistores de 3 kΩ e 6 kΩ em paralelo. Podemos escrever:

$$R_{TH} = 4 \text{ k}\Omega + \frac{3 \text{ k}\Omega \times 6 \Omega}{3 \text{ k}\Omega + 6 \text{ k}\Omega} = 6 \text{ k}\Omega$$

Associando os resistores de 3 kΩ e 6 kΩ em paralelo, obtemos um resistor equivalente de 2 kΩ que, somado com o resistor de 4 kΩ, obtemos 6 kΩ.

Agora necessitamos de uma nova definição. Conexões em paralelo são tão comuns que a maioria das pessoas usa uma notação particular para elas. A partir de agora, usaremos a seguinte notação:

|| = em paralelo com

Sempre que você vir dois traços verticais em uma equação, eles significarão *em paralelo com*. Na indústria, você verá a seguinte equação para a resistência de Thevenin:

$$R_{TH} = 4 \text{ k}\Omega + (3 \text{ k}\Omega \parallel 6 \text{ k}\Omega) = 6 \text{ k}\Omega$$

Muitos engenheiros e técnicos sabem que traços na vertical significam *em paralelo com*. De modo que eles usam a fórmula do produto pela soma ou o método do recíproco para calcular a resistência equivalente de 3 kΩ e 6 kΩ automaticamente.

A Figura 1-10 mostra o circuito de Thevenin com um resistor de carga. Compare este circuito simples com o circuito original da Figura 1-9a. Você

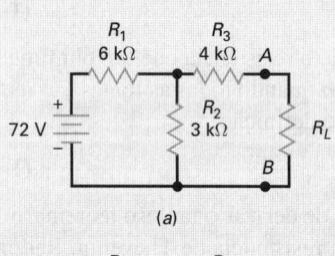

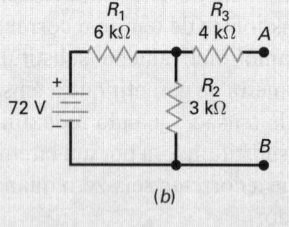

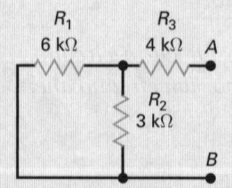

Figura 1-9 (a) Circuito original; (b) resistor de carga aberto para obter a tensão de Thevenin; (c) fonte reduzida a zero para obter a resistência de Thevenin.

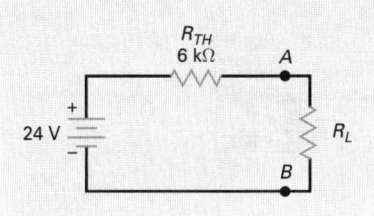

Figura 1-10 Circuito de Thevenin para a Figura 1-9a.

percebe como é mais fácil calcular a corrente da carga para diferentes valores de resistências da carga? Se não, o exemplo a seguir o ajudará a entender.

PROBLEMA PRÁTICO 1-4 Usando o teorema de Thevenin, qual é a corrente na carga na Figura 1-9a para os seguintes valores de R_L: 2 kΩ, 6 kΩ e 18 kΩ?

Se você realmente quiser apreciar a importância do Teorema de Thevenin, tente calcular essas correntes usando o circuito original da Figura 1-9a e nenhum outro método.

Exemplo de aplicação 1-5

Breadboard ou *protoboard* ou *matriz de contato* é uma placa para montagem de protótipos de circuitos sem que seja necessário soldar suas conexões, o que facilita o teste de funcionalidade de um projeto. Suponha que você tem um circuito como o da Figura 1-11a para ser montado na matriz de contato. Como poderíamos medir a tensão e a resistência de Thevenin?

SOLUÇÃO Comece substituindo o resistor da carga por um multímetro, como mostra a Figura 1-11b. Depois de ter ajustado o multímetro para medir a tensão, ele indicará 9 V. Esta é a tensão equivalente de Thevenin. A seguir, substitua a fonte CC por um curto-circuito, conforme a Figura 1-11c. Ajuste o multímetro para ler resistência e ele indicará 1,5 kΩ. Essa é a resistência equivalente de Thevenin.

Existe alguma fonte de erro nas medidas indicadas? Sim, uma coisa que você deve estar atento é para a impedância de entrada do multímetro quando estiver medindo tensão. Porque essa impedância de entrada está conectada nos terminais a ser medidos, uma pequena corrente circula pelo multímetro. Por exemplo, se você usar um multímetro de bobina móvel, sua sensibilidade típica é de 20 kΩ por volt. Numa escala de 10 V, a resistência de entrada do voltímetro será de 200 kΩ. Ela será uma carga para o circuito e diminuirá a tensão da carga de 9 para 8,93 V.

Como regra, a impedância de entrada do voltímetro deveria ser, pelo menos, cem vezes maior do que a resistência equivalente de Thevenin. Então, o erro acrescentado na carga será menor que 1%. *Para evitar o erro na carga, use um transistor de efeito de campo (FET) na entrada ou um multímetro digital (DMM) em vez de um multímetro de bobina móvel.* A impedância de entrada desses instrumentos é no mínimo de 10 MΩ, o que geralmente elimina o erro na carga. O erro de tensão na carga também pode ser produzido quando fazemos medições com o osciloscópio. É exatamente por isso que em circuitos de alta impedância utilizamos pontas de prova de 10×.

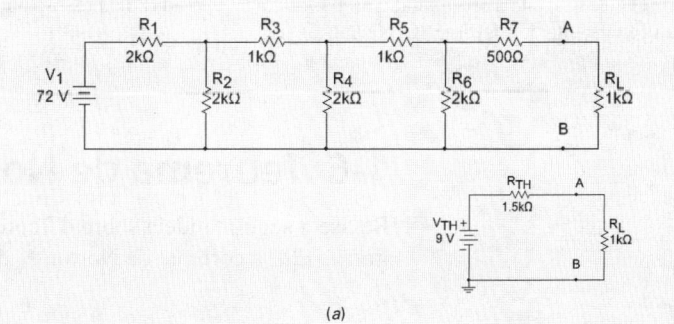

Figura 1-11 (a) Circuito a ser montado no *protoboard*; (b) medição da tensão equivalente de Thevenin; (c) medição da resistência equivalente de Thevenin.

(a)

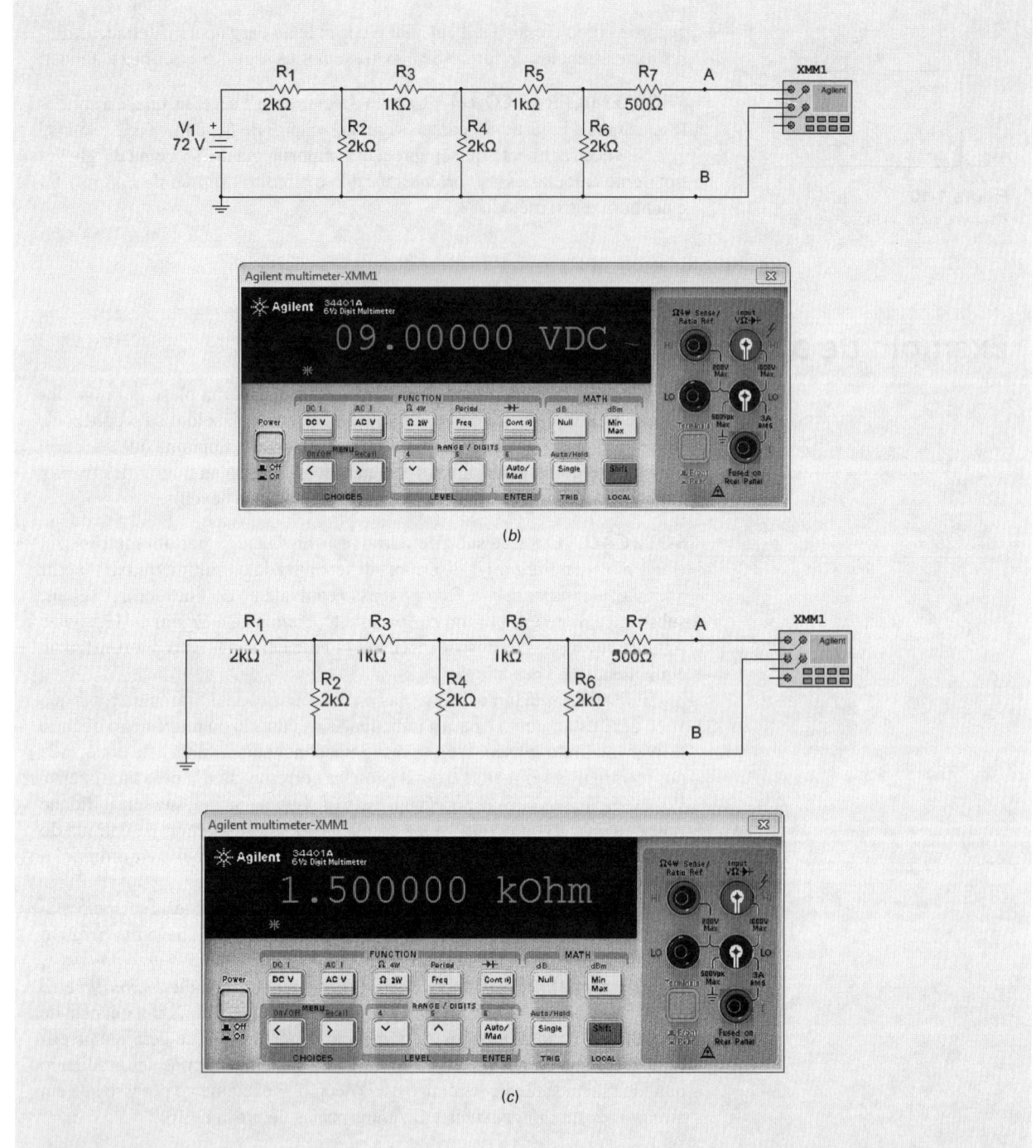

Figura 1-11 (a) Circuito a ser montado no *protoboard*; (b) medição da tensão equivalente de Thevenin; (c) medição da resistência equivalente de Thevenin. (Continuação)

1-6 Teorema de Norton

Revise a seguinte ideia sobre o Teorema de Norton de cursos anteriores. Na Figura 1-12a, a corrente de Norton I_N é definida como a corrente na carga quando o resistor de carga for curto-circuitado. Por isso, a **corrente de Norton** é algumas vezes chamada de *corrente de curto-circuito*. Como definição:

Corrente de Norton: $I_N = I_{SC}$ (1-8)

A **resistência equivalente de Norton** é aquela que um ohmímetro mede nos terminais da carga quando todas as fontes são reduzidas a zero e a resistência da carga é aberta. Como definição:

Resistência de Norton: $R_N = R_{OC}$ (1-9)

Como a resistência equivalente de Thevenin também é igual a R_{OC}, podemos escrever:

$$R_N = R_{TH}$$ (1-10)

Essa derivação diz que a resistência equivalente de Norton é igual à resistência equivalente de Thevenin. Se calcularmos a resistência equivalente de Thevenin com 10 kΩ, saberemos imediatamente que a resistência equivalente de Norton é igual a 10 kΩ.

Ideia básica

Qual é o Teorema de Norton? Veja na Figura 1-12a. A caixa preta pode conter qualquer circuito com fontes CC e resistências lineares. Norton provou que o circuito dentro da caixa preta da Figura 1-12a pode produzir exatamente a mesma tensão da carga como a do circuito simples da Figura 1-12b. Como uma derivação, o teorema de Norton torna-se:

$$V_L = I_N(R_N \parallel R_L)$$ (1-11)

Em palavras: a tensão na carga é igual à corrente equivalente de Norton vezes a resistência equivalente de Norton em paralelo com a resistência da carga.

Anteriormente, dissemos que a resistência equivalente de Norton é igual à resistência equivalente de Thevenin. Mas observe que há uma diferença na posição dos resistores: a resistência equivalente de Thevenin está sempre em série com a fonte de tensão; a resistência equivalente de Norton está sempre em paralelo com a fonte de corrente.

Observação: Se você usar o fluxo de elétrons, tenha em mente o seguinte: na indústria, a seta dentro da fonte de corrente é quase sempre desenhada na direção da corrente convencional. Uma exceção é a fonte de corrente desenhada com uma seta tracejada em vez de uma seta sólida. Nesse caso, os elétrons são forçados pela fonte na direção da seta tracejada.

Obtenção do teorema de Norton

O teorema de Norton pode ser obtido pelo **princípio da dualidade**. Ele declara que, para qualquer teorema aplicado à análise de circuitos elétricos, existe um

> **É ÚTIL SABER**
>
> Assim como no caso do Teorema de Thevenin, o Teorema de Norton também pode ser aplicado em circuitos contendo indutores, capacitores e resistores. Para circuitos CA, a corrente de Norton I_N é usualmente formulada como números complexos na forma polar, enquanto a impedância de Norton Z_N é em geral expressa em números complexos na forma retangular.

Figura 1-12 (a) O circuito dentro da caixa preta é linear; (b) circuito equivalente de Norton.

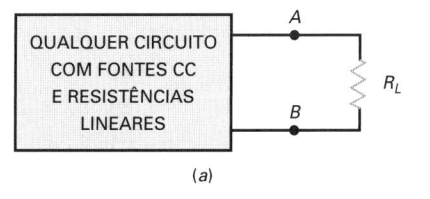

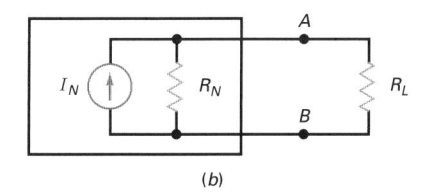

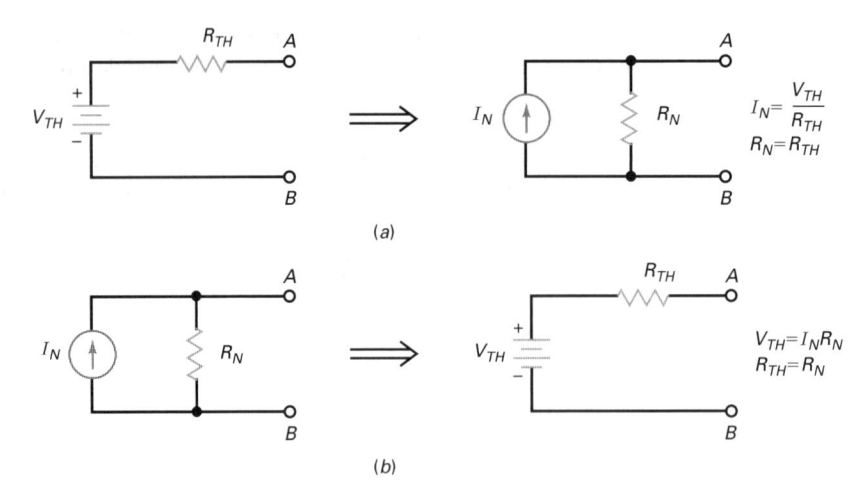

Figura 1-13 Princípio da dualidade: o Teorema de Thevenin pode ser convertido no Teorema de Norton e vice-versa. (a) Convertendo para o Teorema de Norton; (b) convertendo para o Teorema de Thevenin.

teorema dual (oposto) no qual um substitui os valores originais com os valores duais (trocados) do outro. Veja uma lista simplificada de valores duais:

Tensão ⟷ Corrente
Fonte de tensão ⟷ Fonte de corrente
Série ⟷ Paralelo
Resistência em série ⟷ Resistência em paralelo

A Figura 1-13 mostra o princípio da dualidade aplicado aos circuitos equivalentes de Thevenin e de Norton. Significa que podemos usar ambos os circuitos ou cálculos. Como veremos mais tarde, ambos os circuitos equivalentes são utilizados. Algumas vezes é mais fácil usar o circuito equivalente de Thevenin. Em outros casos, o teorema de Norton se aplica melhor. A escolha depende de problemas específicos. A Tabela 1-2 mostra os passos para a obtenção de valores de Thevenin e de Norton.

Tabela 1-2	Valores de Thevenin e de Norton	
Processo	**Thevenin**	**Norton**
Passo 1	Abrir o resistor da carga.	Curto-circuitar resistor da carga.
Passo 2	Calcular ou medir a tensão com o circuito aberto. Essa é a tensão de Thevenin.	Calcular ou medir a corrente de curto-circuito. Essa é a corrente de Norton.
Passo 3	Curto-circuitar as fontes de corrente e abrir as fontes de tensão.	Curto-circuitar as fontes de tensão e abrir as fontes de corrente.
Passo 4	Calcular ou medir a resistência com o circuito aberto. Essa é a resistência de Thevenin.	Calcular ou medir a resistência com o circuito aberto. Essa é a resistência de Norton.

Relações entre os circuitos equivalentes de Thevenin e Norton

Já sabemos que as resistências equivalentes de Thevenin e de Norton são iguais em valores, diferentes nas posições do circuito: a resistência de Thevenin fica em série com fonte de tensão, e a resistência de Norton fica em paralelo com a fonte de corrente.

Podemos derivar duas outras relações, como segue. Podemos converter qualquer circuito equivalente de Thevenin em qualquer circuito equivalente de Norton, conforme mostra a Figura 1-13a. A prova é direta. Fechando em curto-circuito os terminais AB do circuito equivalente de Thevenin, obtemos a corrente de Norton:

$$I_N = \frac{V_{TH}}{R_{TH}} \tag{1-12}$$

Essa derivação informa que a corrente de Norton é igual à tensão de Thevenin dividida pela resistência de Thevenin.

De modo similar, podemos converter o circuito equivalente de Norton no circuito equivalente de Thevenin, conforme mostra a Figura 1-13b. A tensão com circuito aberto é:

$$V_{TH} = I_N R_N \tag{1-13}$$

Essa derivação informa que a tensão de Thevenin é igual à corrente de Norton vezes a resistência de Norton.

A Figura 1-13 resume as equações para a conversão de um circuito equivalente no outro.

Exemplo 1-6

Suponha que tenhamos reduzido um circuito complexo no circuito equivalente de Thevenin mostrado na Figura 1-14a. Como podemos convertê-lo em um circuito equivalente de Norton?

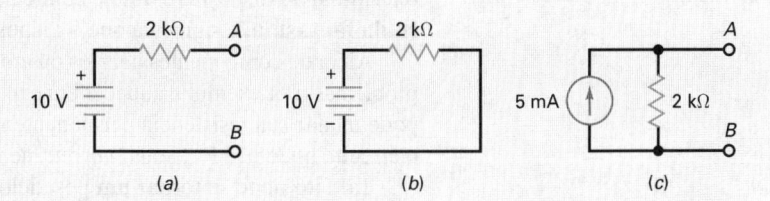

Figura 1-14 Cálculo da corrente de Norton.

SOLUÇÃO Use a Equação (1-12) para obter:

$$I_N = \frac{10\text{ V}}{2\text{ k}\Omega} = 5\text{ mA}$$

A Figura 1-14c mostra o circuito equivalente de Norton.

A maioria dos engenheiros e técnicos esquece a Equação (1-12) assim que sai da escola. Mas sempre lembram-se de como resolver o mesmo problema usando a lei de Ohm. Veja o que eles fazem. Observe a Figura. 1-14a e veja que há um curto-circuito nos terminais AB, como mostra a Figura. 1-14b. A corrente de curto-circuito é igual à corrente de Norton:

$$I_N = \frac{10\text{ V}}{2\text{ k}\Omega} = 5\text{ mA}$$

Esse resultado é o mesmo, mas calculado com a lei de Ohm aplicada ao circuito equivalente de Thevenin. A Figura 1-15 resume a ideia. Esse lembrete ajuda a calcular a corrente de Norton, dado o circuito equivalente de Thevenin.

$$I_N = \frac{V_{TH}}{R_{TH}}$$

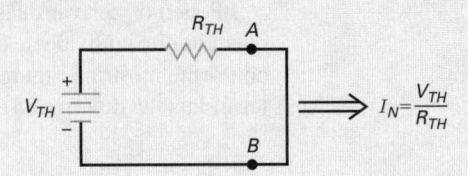

Figura 1-15 Lembrete para calcular a corrente de Norton.

PROBLEMA PRÁTICO 1-6 Se a resistência de Thevenin da Figura 1-14a for de 5 kΩ, determine o valor da corrente de Norton.

1-7 Análise de defeito

Análise de defeitos significa descobrir por que um circuito não está funcionando como deveria. Os defeitos mais comuns são dispositivos abertos ou em curto. Dispositivos como transistores podem abrir ou entrar em curto de várias maneiras diferentes. Uma forma de queimar qualquer transistor é exceder seu valor de potência máxima.

Resistores podem abrir quando dissipar uma potência excessiva. Mas podemos fazer que um resistor entre em curto-circuito indiretamente como descrito. Durante a montagem e a soldagem nos circuitos impressos, uma solda malfeita pode conectar duas ilhas vizinhas fechando-as em curto. Conhecido como **ponte de solda**, isto curto-circuita efetivamente qualquer dispositivo entre as duas linhas de condução. Por outro lado, uma solda pobre não conecta efetivamente a ilha com o terminal do dispositivo. Isso é conhecido como **ponto de solda fria** ou **ponto de solda fantasma,** e significa que o dispositivo está aberto.

Além de componentes abertos ou em curtos-circuitos, é possível ocorrer outros problemas. Por exemplo, aquecer em excesso, mesmo temporariamente, um resistor pode mudar sua resistência permanentemente. Se o valor da resistência for crítico, o circuito pode não funcionar corretamente após esse choque térmico no resistor.

Tal fato pode se tornar um pesadelo para o técnico de manutenção: o defeito intermitente. Esse tipo de defeito é muito difícil de ser isolado porque hora aparece, hora não. Ele pode ser uma solda fria, ou uma solda fantasma, que alternadamente estabelece ou abre um contato, ou um conector que se separa do cabo, ou ainda um defeito similar que executa uma operação de liga/desliga.

Um dispositivo aberto

Lembre-se sempre destes dois fatos sobre um **dispositivo aberto**:

A corrente através de um dispositivo aberto é zero.
A tensão nos terminais do dispositivo é desconhecida.

A primeira declaração é verdadeira porque um dispositivo aberto tem uma resistência infinita. Não pode existir uma corrente em uma resistência infinita. A segunda declaração é verdadeira em virtude da lei de Ohm:

$V = IR = (0)(\infty)$

Nessa equação, zero vezes infinito é matematicamente indeterminado. Você deve descobrir o valor de tensão verificando o restante do circuito.

Um dispositivo em curto-circuito

Um dispositivo em curto-circuito é exatamente o oposto. Lembre-se sempre destas duas declarações sobre um **dispositivo em curto-circuito**:

A tensão nos terminais de um dispositivo em curto-circuito é zero.
A corrente através do dispositivo é desconhecida.

A primeira declaração é verdadeira porque um dispositivo em curto-circuito tem uma resistência de valor zero. Não pode existir tensão nos terminais de uma resistência de valor zero. A segunda declaração é verdadeira em virtude da lei de Ohm.

$$I = \frac{V}{R} = \frac{0}{0}$$

Zero dividido por zero não tem significado matematicamente. Você observará pelo circuito que valor a corrente pode ter analisando o restante do circuito.

Procedimento

Em geral, medimos uma tensão em relação ao terra. Com base nessa medição e em nosso conhecimento de eletricidade básica, podemos encontrar o defeito. Após isolarmos um componente que suspeitamos, podemos dessoldar ou desconectar o componente e usar um ohmímetro ou outro instrumento qualquer para confirmação do seu defeito.

Valores normais

Na Figura 1-16 um divisor de tensão quase ideal consiste de R_1 e R_2 alimentando os resistores R_3 e R_4 em série. Antes de verificarmos um defeito neste circuito, devemos saber quais são os valores normais da tensão. A primeira coisa a fazer é, portanto, calcular os valores de V_A e V_B. O primeiro é a tensão entre o ponto A e o terra. O segundo é a tensão entre o ponto B e o terra. Como R_1 e R_2 são muito menores que R_3 e R_4 (10 Ω comparado com 100 kΩ), a tensão quase ideal no ponto A é aproximadamente +6 V. Além disso, visto que R_3 e R_4 são iguais, a tensão no ponto B é aproximadamente +3 V. Quando esse circuito está funcionando sem defeito, medimos 6 V entre o ponto A e o terra, e 3 V entre o ponto B e o terra. Esses dois valores estão indicados na Tabela 1-3.

R_1 aberto

Se o resistor R_1 abrir, o que vai acontecer com as tensões? Como não há corrente circulando pelo resistor R_1, não pode haver corrente circulando por R_2. Pela lei de Ohm a tensão no resistor R_2 é zero. Logo, $V_A = 0$ e $V_B = 0$, conforme mostra a Tabela 1-3 para R_1 aberto.

R_2 aberto

Se o resistor R_2 abrir, o que vai acontecer com as tensões? Como não há corrente circulando pelo resistor R_2, a tensão no ponto A sobe tendendo a igualar à tensão da fonte. Como R_1 é muito menor que R_3 e R_4, a tensão no ponto A é de aproximadamente 12 V. Como R_3 e R_4 são iguais, a tensão no ponto B torna-se 6 V. É por isso que V_A é igual a 12 V e V_B é igual a 6 V, conforme mostra a Tabela 1-3 para o resistor R_2 aberto.

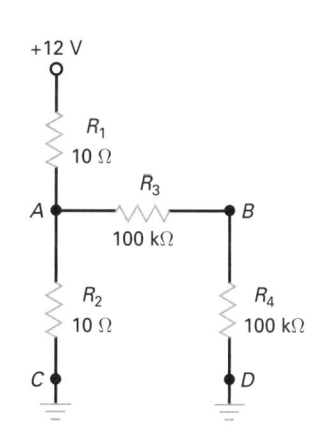

Figura 1-16 Divisor de tensão e carga utilizado para estudo da verificação de defeitos.

Tabela 1-3	Defeitos e pistas	
Defeito	V_A	V_B
Circuito OK	6 V	3 V
R_1 aberto	0 V	0 V
R_2 aberto	12 V	6 V
R_3 aberto	6 V	0 V
R_4 aberto	6 V	6 V
C aberto	12 V	6 V
D aberto	6 V	6 V
R_1 em curto	12 V	6 V
R_2 em curto	0 V	0 V
R_3 em curto	6 V	6 V
R_4 em curto	6 V	0 V

Outros defeitos

Se o terra no ponto C abrir, não há corrente pelo resistor R_2. Isso é equivalente a abrir o R_2. Desse modo o defeito apresenta os valores de tensão de $V_A = 12$ V, $V_B = 6$ V na Tabela 1-3.

Você deve investigar todas as outras possibilidades de defeitos restantes na Tabela 1-3, para certificar-se de que entendeu por que a tensão apresenta esses valores para cada defeito.

Exemplo 1-7

Na Figura 1-16, a tensão medida em $V_A = 0$V e $V_B = 0$V. Qual é o defeito?

SOLUÇÃO Na Tabela 1-3, existem dois defeitos possíveis: R_1 aberto ou R_2 em curto. Ambos os defeitos produzem uma tensão de zero V nos pontos A e B. Para isolarmos o componente com defeito, podemos desconectar R_1 e medir sua resistência. Se a medição indicar resistor aberto, o defeito foi encontrado. Se a medição indicar o valor correto, R_2 está com defeito.

PROBLEMA PRÁTICO 1-7 Qual deve ser o defeito se você medir $V_A = 12$ V e $V_B = 6$ V na Figura 1-16?

Resumo

SEÇÃO 1-1 OS TRÊS TIPOS DE FÓRMULA

Definição é uma fórmula inventada para um conceito novo. *Lei* é uma fórmula para uma relação existente na natureza. *Derivação* é uma fórmula produzida com o auxílio da matemática.

SEÇÃO 1-2 APROXIMAÇÕES

Aproximações são muito utilizadas na indústria. A aproximação ideal é utilizada para verificação de defeitos. A segunda aproximação é utilizada para os cálculos preliminares na análise de um circuito. Aproximações com níveis altos de precisão são utilizadas com computadores.

SEÇÃO 1-3 FONTES DE TENSÃO

Uma fonte de tensão ideal não tem resistência interna. A segunda aproximação de uma fonte de tensão tem uma resistência interna em série com a fonte. Uma fonte de tensão quase ideal é definida como aquela que apresenta uma resistência interna com valor de um centésimo da resistência da carga.

SEÇÃO 1-4 FONTES DE CORRENTE

A fonte de corrente ideal tem uma resistência interna infinita. A segunda aproximação de uma fonte de corrente tem uma resistência interna em paralelo com a fonte. A *fonte de corrente quase ideal* é aquela que apresenta uma resistência interna com um valor de 100 vezes a resistência da carga.

SEÇÃO 1-5 TEOREMA DE THEVENIN

A *tensão de Thevenin* é definida como a tensão medida com a carga aberta. A *resistência de Thevenin* é a resistência que um ohmímetro mediria com a carga aberta e todas as fontes reduzidas a zero. Thevenin provou que o circuito equivalente de Thevenin produz a mesma corrente de carga que qualquer outro circuito com fontes e resistências lineares.

SEÇÃO 1-6 TEOREMA DE NORTON

A resistência de Norton é igual à resistência de Thevenin. A corrente de Norton é igual à corrente da carga quando a carga for curto-circuitada. Norton provou que um circuito equivalente de Norton produz a mesma tensão da carga que qualquer outro circuito com fontes e resistências lineares.

SEÇÃO 1-7 ANÁLISE DE DEFEITO

Os defeitos mais comuns são componentes em curto-circuito ou abertos e defeitos intermitentes. A tensão em um componente em curto é sempre zero. A corrente através de um componente em curto pode ser avaliada examinando-se o restante do circuito. A corrente em um componente aberto é sempre zero; e a tensão deve ser avaliada analisando-se o restante do circuito. Um defeito intermitente é aquele que ora acontece ora não, e requer paciência e raciocínio lógico para se isolar o defeito.

Definições

(1-1) Fonte de tensão quase ideal: $R_S < 0{,}01 R_L$

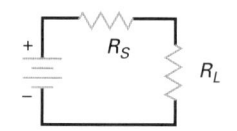

(1-3) Fonte de corrente quase ideal: $R_L > 100 R_L$

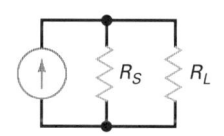

(1-5) Tensão de Thevenin: $V_{TH} = V_{OC}$

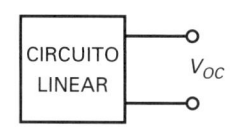

(1-6) Resistência de Thevenin: $R_{TH} = R_{OC}$

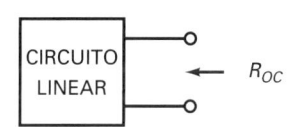

(1-8) Corrente de Norton: $I_N = I_{SC}$

(1-9) Resistência de Norton: $R_N = R_{OC}$

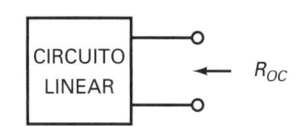

Derivações

(1-2) Fonte de tensão quase ideal: $R_{L(\text{mín})} = 100 R_S$

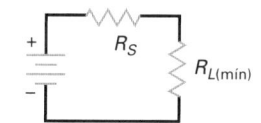

(1-4) Fonte de corrente quase ideal: $R_{L(\text{máx})} = 0{,}01 R_S$

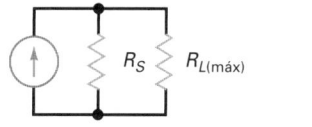

(1-7) Teorema de Thevenin:

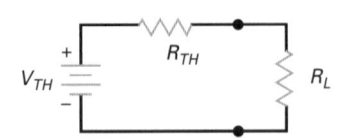

$$I_L = \frac{V_{TH}}{R_{TH} + R_L}$$

(1-10) Resistência de Norton:

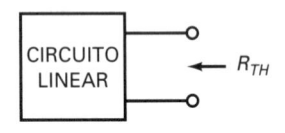

$$R_N = R_{TH}$$

(1-11) Teorema de Norton:

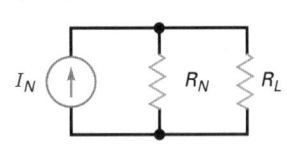

$$V_L = I_N(R_N \| R_L)$$

(1-12) Corrente de Norton:

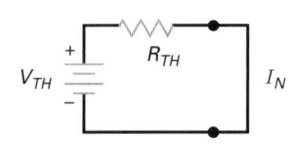

$$I_N = \frac{V_{TH}}{R_{TH}}$$

(1-13) Tensão de Thevenin:

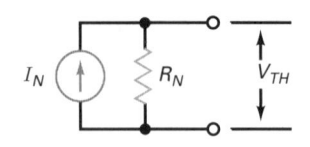

$$V_{TH} = I_N R_N$$

Exercícios

1. **Uma fonte de tensão ideal tem**
   a. Resistência interna zero
   b. Resistência interna infinita
   c. Uma tensão que depende da carga
   d. Uma corrente que depende da carga

2. **Uma fonte de tensão real tem**
   a. Resistência interna zero
   b. Resistência interna infinita
   c. Uma resistência interna baixa
   d. Uma resistência interna alta

3. **Se a resistência de carga for de 100 Ω, uma fonte de tensão quase ideal terá uma resistência de**
   a. Menor que 1 Ω
   b. Menos de 10 Ω
   c. Mais de 10 kΩ
   d. Menos de 10 kΩ

4. **Uma fonte de corrente ideal tem**
   a. Resistência interna zero
   b. Resistência interna infinita
   c. Uma tensão que depende da carga
   d. Uma corrente que depende da carga

5. **Uma fonte de corrente real tem**
   a. Resistência interna zero
   b. Resistência interna infinita
   c. Uma resistência interna baixa
   d. Uma resistência interna alta

6. **Se a resistência de carga for de 100 Ω, uma fonte de corrente quase ideal terá uma resistência de**
   a. Menor que 1 Ω
   b. Maior que 1 Ω
   c. Menor que 10 kΩ
   d. Maior que 10 kΩ

7. **A tensão de Thevenin é a mesma**
   a. Tensão com a carga em curto
   b. Tensão com a carga aberta
   c. Tensão da fonte ideal
   d. Tensão de Norton

8. **A resistência de Thevenin é igual em valor à**
   a. Resistência da carga
   b. Resistência da metade da carga
   c. Resistência interna de um circuito de Norton
   d. Resistência com a carga aberta

9. **Para obter a tensão de Thevenin, você deve**
   a. Curto-circuitar o resistor da carga
   b. Abrir o resistor da carga
   c. Curto-circuitar a fonte de tensão
   d. Abrir a fonte de tensão

10. **Para obter a corrente de Norton, você deve**
    a. Curto-circuitar o resistor da carga
    b. Abrir o resistor da carga
    c. Curto-circuitar a fonte de tensão
    d. Abrir a fonte de corrente

11. **A corrente de Norton é chamada também de corrente**
    a. Com a carga em curto
    b. Com a carga aberta
    c. De Thevenin
    d. De tensão de Thevenin

12. **Uma ponte de solda**
    a. Pode produzir um curto
    b. Pode produzir uma interrupção
    c. É útil em alguns circuitos
    d. Tem sempre uma alta resistência

13. **Uma junção de solda fria**
    a. Tem sempre baixa resistência
    b. Mostra uma técnica de boa soldagem
    c. Geralmente produz uma interrupção
    d. Provocará um curto-circuito

14. **Um resistor aberto tem**
    a. Uma corrente infinita que circula por ele
    b. Uma tensão zero
    c. Uma tensão infinita
    d. Uma corrente zero que circula por ele

15. **Um resistor em curto tem**
    a. Uma corrente infinita que circula por ele
    b. Uma tensão zero
    c. Uma tensão infinita
    d. Uma corrente zero que circula por ele

16. **Uma fonte de tensão ideal e uma resistência interna são exemplos de**
    a. Aproximação ideal
    b. Segunda aproximação
    c. Terceira aproximação
    d. Modelo exato

17. **Tratar uma conexão de um fio como um condutor com resistência zero é um exemplo de**
    a. Aproximação ideal
    b. Segunda aproximação
    c. Terceira aproximação
    d. Modelo exato

18. A tensão na saída de uma fonte de tensão ideal
a. É zero
b. É constante
c. Depende do valor da resistência da carga
d. Depende da resistência interna

19. A corrente de saída de uma fonte de corrente ideal
a. É zero
b. É constante
c. Depende do valor da resistência da carga
d. Depende da resistência interna

20. O teorema de Thevenin substitui um circuito complexo alimentando uma carga por uma
a. Fonte de tensão ideal e uma resistência em paralelo
b. Fonte de corrente ideal e um resistor em paralelo
c. Fonte de tensão ideal e um resistor em série
d. Fonte de corrente ideal e um resistor em série

21. O teorema de Norton substitui um circuito complexo alimentando uma carga por uma
a. Fonte de tensão ideal e um resistor em paralelo
b. Fonte de corrente ideal e um resistor em paralelo
c. Fonte de tensão ideal e um resistor em série
d. Fonte de corrente ideal e um resistor em série

22. Um modo de curto-circuitar um dispositivo é
a. Com uma solda fria
b. Com uma ponte de solda
c. Desconectando-o
d. Abrindo-o

23. As derivações são
a. Descobertas
b. Invenções
c. Produzidas matematicamente
d. Sempre chamadas de teorema

Problemas

SEÇÃO 1-3 FONTES DE TENSÃO

1-1 Dada uma fonte de tensão ideal de 12 V e uma resistência interna de 0,1 Ω, qual será o valor da resistência de carga para que a fonte de tensão seja quase ideal?

1-2 Uma resistência de carga pode variar de 270 Ω a 100 kΩ. Qual dever ser o valor da resistência interna da fonte de tensão que a alimenta?

1-3 A resistência interna de um gerador de função é de 50 Ω. Para que valores de resistência da carga o gerador pode ser considerado quase ideal?

1-4 Uma bateria de carro tem uma resistência interna de 0,04 Ω. Para que valores de resistência da carga a bateria pode ser considerada quase ideal?

1-5 A resistência interna de uma fonte de tensão é igual a 0,05 Ω. Qual é a queda de tensão na resistência interna quando a corrente que circula por ela é igual a 2 A?

1-6 Na Figura 1-17, a tensão ideal é de 9 V e a resistência interna é de 0,4 Ω. Se a resistência de carga for zero, qual é o valor da corrente da carga?

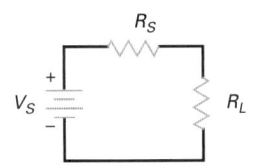

Figura 1-17

SEÇÃO 1-4 FONTES DE CORRENTE

1-7 Suponha que uma fonte de corrente tenha uma corrente ideal de 10 mA e uma resistência interna de 10 MΩ. Para que valores de resistências de carga a fonte de corrente pode ser considerada quase ideal?

1-8 Uma resistência de carga pode variar de 270 Ω a 100 kΩ. Se uma fonte de corrente quase ideal alimenta esta resistência de carga, qual deve ser sua resistência interna?

1-9 Uma fonte de corrente tem uma resistência interna de 100 kΩ. Qual é o maior valor de resistência de carga para que ela seja considerada quase ideal?

1-10 Na Figura 1-18, a corrente ideal é de 20 mA e a resistência interna de 200 kΩ. Se a resistência de carga for igual a zero, qual será o valor da corrente de carga?

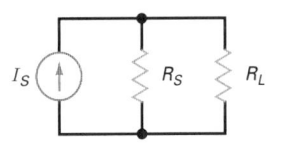

Figura 1-18

1-11 Na Figura 1-18, a corrente ideal é de 5 mA e a resistência interna de 250 kΩ. Se a resistência de carga for de 10 kΩ, qual será a corrente de carga? Ela pode ser considerada quase ideal?

SEÇÃO 1-5 TEOREMA DE THEVENIN

1-12 Qual é o valor da tensão de Thevenin na Figura 1-19? E o valor da resistência de Thevenin?

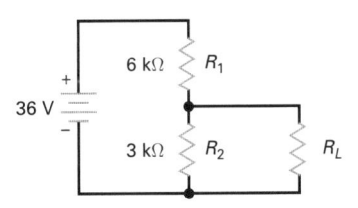

Figura 1-19

1-13 Use o Teorema de Thevenin para calcular a corrente de carga na Figura 1-19 para cada valor de resistência de carga a seguir: 0, 1 kΩ, 2 kΩ, 3 kΩ, 4 kΩ, 5 kΩ e 6 kΩ.

1-14 A fonte de tensão da Figura 1-19 foi diminuída para 18 V. O que acontecerá com a tensão de Thevenin? E com a resistência de Thevenin?

1-15 Se todas as resistências na Figura 1-19 tiverem seus valores dobrados, o que acontecerá com a tensão de Thevenin? E com a resistência de Thevenin?

SEÇÃO 1-6 TEOREMA DE NORTON

1-16 Um circuito tem uma tensão de Thevenin de 12 V e uma resistência de Thevenin de 3 kΩ. Mostre o circuito equivalente de Norton.

1-17 Um circuito tem uma corrente de Norton de 10 mA e uma resistência de Norton de 10 kΩ. Mostre o circuito equivalente de Thevenin.

1-18 Qual é o circuito equivalente de Norton para a Figura 1-19?

SEÇÃO 1-7 ANÁLISE DE DEFEITO

1-19 Suponha que a tensão na carga da Figura 1-19 seja de 36 V. O que está errado com o resistor R_1?

1-20 A tensão na carga da Figura 1-19 é zero. A bateria e a resistência de carga estão OK. Imagine dois defeitos possíveis para este circuito.

1-21 Se a tensão na carga for zero na Figura 1-19 e todos os resistores estiverem normais, que defeito pode estar ocorrendo?

1-22 Na Figura 1-19, R_L é substituído por um voltímetro para medir a tensão em R_2. Qual deve ser o valor da resistência interna do voltímetro para evitar o efeito de carga?

Raciocínio crítico

1-23 Suponha que os terminais da carga de uma fonte de tensão sejam temporariamente curto-circuitados. Se a fonte ideal for de 12 V e a corrente de curto-circuito da carga for de 150 A, qual deve ser o valor da resistência interna da fonte?

1-24 Na Figura 1-17, a fonte de tensão ideal é de 10 V e a resistência de carga de 75 Ω. Se a tensão na carga for igual a 9 V, qual deve ser o valor da resistência interna? Ela pode ser considerada quase ideal?

1-25 Se alguém lhe entregar uma caixa preta com resistor de 2 kΩ conectado nos terminais externos, como você pode medir a tensão de Thevenin?

1-26 A caixa preta do problema anterior tem um *dial* que permite reduzir a tensão interna e a corrente da fonte a zero. Como você pode fazer para medir a resistência de Thevenin?

1-27 Volte ao Problema 1-13 e resolva-o sem usar o Teorema de Thevenin. Após, comente sobre o que você aprendeu a respeito do Teorema de Thevenin.

1-28 Suponha que você esteja em um laboratório observando um circuito como o da Figura 1-20. Alguém o desafia a encontrar o circuito equivalente de Thevenin alimentando o resistor da carga. Descreva um procedimento experimental para medir a tensão e a resistência de Thevenin.

1-29 Projete uma fonte de corrente hipotética usando uma bateria e um resistor. A fonte de corrente deve ter as seguintes especificações: ela deve ser quase ideal para uma corrente de 1 mA, para qualquer resistência de carga entre 0 e 1 kΩ.

1-30 Projete um divisor de tensão (similar ao da Figura 1-19) que tenha estas especificações: a tensão da fonte ideal de 30 V, a tensão com a carga aberta de 15 V, a resistência de Thevenin igual ou menor que 2 kΩ.

1-31 Projete um divisor de tensão como o da Figura 1-19 de modo que ele possa ser considerado quase ideal com 10 V para todas as resistências de carga maior que 1 MΩ. Use uma tensão ideal de 30 V.

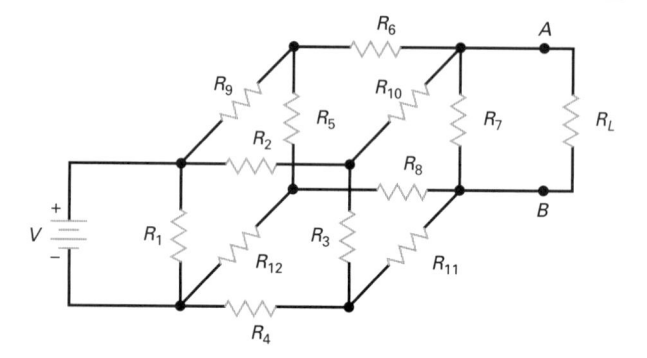

Figura 1-20

1-32 Supondo que alguém lhe desse uma pilha e um multímetro digital e nenhum outro componente a mais, descreva um método experimental para encontrar o circuito equivalente de Thevenin da pilha.

1-33 Você tem uma pilha, um multímetro digital e uma caixa com diferentes valores de resistores. Descreva um método que usa um dos resistores para encontrar a resistência equivalente de Thevenin da pilha.

1-34 Calcule a corrente da carga na Figura 1-21 para cada valor das seguintes resistências de carga: 0, 1 kΩ, 2 kΩ, 3 kΩ, 4 kΩ, 5 kΩ e 6 kΩ.

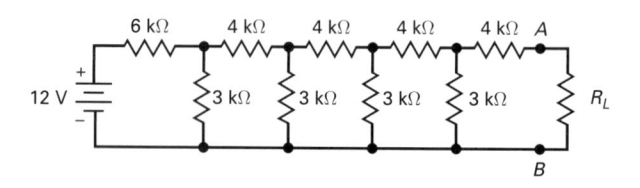

Figura 1-21

Análise de defeito

1-35 Usando a Figura 1-22 e a respectiva tabela de defeitos, encontre os defeitos do circuito para as condições de 1 a 8. Os defeitos são para resistores abertos, resistores em curtos, terra aberto ou sem tensão de alimentação.

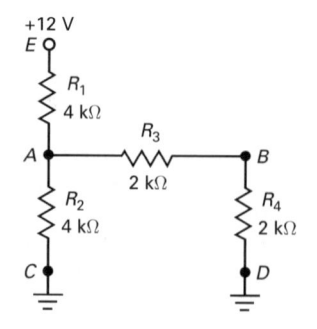

Figura 1-22 Verificação de defeitos

Condição	V_A	V_B	V_E	Condição	V_A	V_B	V_E
Normal	4 V	2 V	12 V	Defeito 5	6 V	3 V	12 V
Defeito 1	12 V	6 V	12 V	Defeito 6	6 V	6 V	12 V
Defeito 2	0 V	0 V	12 V	Defeito 7	0 V	0 V	0 V
Defeito 3	6 V	0 V	12 V	Defeito 8	3 V	0 V	12 V
Defeito 4	3 V	3 V	12 V				

Questões de entrevista

Em uma entrevista para emprego, o entrevistador pode rapidamente dizer se seu conhecimento é superficial ou se você realmente entende de eletrônica. Os entrevistadores nem sempre fazem perguntas didáticas. Algumas vezes, omitem informações para ver como você se sai. Quando você está sendo entrevistado para um emprego, o entrevistador pode formular questões como as seguintes:

1. Qual é a diferença entre fonte de tensão e fonte de corrente?
2. Quando é que você deve incluir a resistência da fonte nos seus cálculos de corrente?
3. Se um dispositivo funciona como uma fonte de corrente, o que você pode dizer a respeito da resistência de carga?
4. O que significa para você uma fonte quase ideal?
5. Temos o protótipo de um circuito montado no *protoboard*. Diga-me que medições podemos fazer para obter a tensão e a resistência de Thevenin?
6. Qual é a vantagem de uma fonte de tensão com 50 Ω comparada com uma fonte de tensão de 600 Ω?
7. Quais são a resistência de Thevenin e "cold cranking" de uma bateria de carro?
8. Alguém lhe diz que uma fonte de tensão está muito carregada. O que você acha que isso significa?
9. Qual é a aproximação que os técnicos utilizam em geral quando estão verificando defeitos inicialmente? Por quê?
10. Quando estamos verificando defeitos em um sistema eletrônico, você mede uma tensão CC de 9,5 V num ponto de teste onde o diagrama esquemático informa que deveria ser de 10 V. O que você deduz dessa leitura? Por quê?
11. Apresente algumas razões para a utilização dos circuitos equivalentes de Thevenin e de Norton.
12. Qual é a importância prática dos Teoremas de Thevenin e Norton no seu trabalho?

Respostas dos exercícios

1. a
2. c
3. a
4. b
5. d
6. d
7. b
8. c
9. b
10. a
11. a
12. a
13. c
14. d
15. b
16. b
17. a
18. b
10. b
20. c
21. b
22. b
23. c

Respostas dos problemas práticos

1-1 60 kΩ

1-2 V_L = 20 V

1-4 3 mA quando R_L = 2 kΩ; 2 mA R_L = 6 kΩ; 1 mA R_L = 18 kΩ

1-6 I_N = 2 mA

1-7 R_2 aberto, o ponto C aberto, ou R_1 em curto-circuito.

2 Semicondutores

Para entender como os diodos, transistores e circuitos integrados funcionam, você precisa primeiro estudar os semicondutores: materiais que não são nem condutores nem isolantes. Semicondutores contêm alguns elétrons livres, mas o que os torna diferentes é principalmente a presença de lacunas. Neste capítulo, você vai aprender sobre semicondutores, lacunas e outros assuntos relacionados.

Sumário

- **2-1** Condutores
- **2-2** Semicondutores
- **2-3** Cristais de silício
- **2-4** Semicondutores intrínsecos
- **2-5** Dois tipos de fluxos
- **2-6** Dopagem de um semicondutor
- **2-7** Dois tipos de semicondutores extrínsecos
- **2-8** Diodo não polarizado
- **2-9** Polarização direta
- **2-10** Polarização reversa
- **2-11** Ruptura
- **2-12** Níveis de energia
- **2-13** Barreira de potencial e temperatura
- **2-14** Diodo polarizado reversamente

Objetivos de aprendizagem

Após o estudo deste capítulo, você deverá ser capaz de:

- Identificar os níveis atômicos, as características dos bons condutores e semicondutores.
- Descrever a estrutura de um cristal de silício.
- Listar os dois tipos de portadores e nomear os tipos de impurezas que dão origem a cada portador majoritário.
- Explicar as condições que existem na junção *pn* de um diodo não polarizado, um diodo polarizado diretamente e um diodo polarizado reversamente.
- Descrever os tipos de rupturas de corrente provocados pela tensão reversa excessiva aplicada a um diodo.

Termos-chave

- *banda de condução*
- *barreira de potencial*
- *camada de depleção*
- *corrente de fuga da superfície*
- *corrente de saturação*
- *diodo*
- *diodo de junção*
- *dopagem*
- *efeito de avalanche*
- *elétron livre*
- *energia térmica*
- *junção pn*
- *lacuna*
- *ligação covalente*
- *polarização direta*
- *polarização reversa*
- *portadores majoritários*
- *portadores minoritários*
- *recombinação*
- *semicondutor*
- *semicondutor extrínseco*
- *semicondutor intrínseco*
- *semicondutor tipo n*
- *semicondutor tipo p*
- *silício*
- *temperatura ambiente*
- *temperatura da junção*
- *tensão de ruptura*

2-1 Condutores

O cobre é um bom condutor. A razão é evidente quando observamos sua estrutura atômica (Figura 2-1). O núcleo do átomo de cobre contém 29 prótons (cargas positivas). Quando um átomo de cobre tem uma carga neutra, 29 elétrons (cargas negativas) circulam o núcleo como os planetas em torno do Sol. Os elétrons viajam em *órbitas* distintas (também chamadas de *camadas*). Existem 2 elétrons na primeira órbita, 8 elétrons na segunda, 18 na terceira e 1 na órbita externa.

Órbitas estáveis

O núcleo positivo da Figura 2-1 atrai os elétrons planetários. A razão que impede esses elétrons de se chocarem com o núcleo é a força centrífuga (externa) criada pelo seu movimento circular. A força centrífuga é exatamente igual à força de atração do núcleo, de modo que a órbita fica estável. A ideia é similar ao satélite que orbita a Terra. Com uma alta velocidade e com o valor certo, um satélite pode permanecer numa órbita estável na Terra.

Quanto maior a órbita de um elétron, menor a atração do núcleo. Em uma órbita externa um elétron circula mais lentamente, produzindo uma força centrífuga menor. O elétron mais externo na Figura 2-1 circula o núcleo muito lentamente e quase não sente sua atração.

Núcleo

Em eletrônica, tudo o que importa é a órbita mais externa, também chamada de *órbita de valência*. Essa órbita controla as propriedades elétricas do átomo. Para enfatizar a importância da órbita de valência, definimos o *núcleo* de um átomo como núcleo dos prótons com todas as órbitas internas. Para um átomo de cobre, seu núcleo envolve os 29 prótons mais seus 28 elétrons das órbitas interiores.

O núcleo de um átomo de cobre tem uma carga líquida de +1 porque ele contém 29 prótons e 28 elétrons nas órbitas interiores. A Figura 2-2 ajuda a visualizar o núcleo e sua órbita de valência. O elétron de valência está na maior órbita em torno do núcleo e tem uma carga líquida de +1. Por isso, a atração sentida pelo elétron de valência é muito baixa.

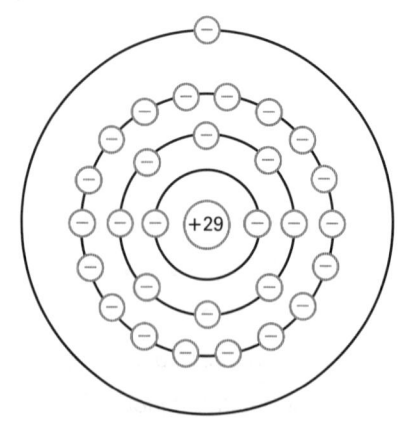

Figura 2-1 Átomo de cobre.

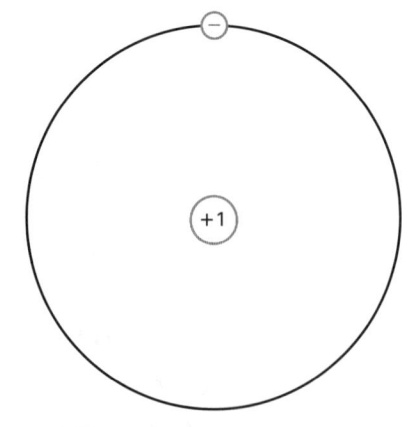

Figura 2-2 Diagrama do núcleo de um átomo de cobre.

Elétron livre

Como a atração entre o núcleo e o elétron de valência é muito fraca, uma força externa pode deslocar facilmente este elétron do átomo de cobre. É por isso que sempre chamamos o elétron de valência de **elétron livre**. É por isso também que o cobre é um bom condutor. O menor valor de tensão pode fazer os elétrons livres se deslocarem de um átomo para o próximo. Os melhores condutores são prata, cobre e ouro. Todos têm um diagrama do núcleo como o da Figura 2-2.

Exemplo 2-1

Suponha que uma força externa retire o elétron de valência da Figura 2-2 do átomo de cobre. Qual é a carga líquida desse átomo de cobre? Qual é a carga líquida se outro elétron externo entrar nesta órbita de valência da Figura 2-2?

SOLUÇÃO Quando o elétron de valência é retirado, a carga líquida do átomo torna-se +1. Sempre que um átomo perde um de seus elétrons ele fica positivamente carregado. Chamamos um átomo positivamente carregado de *íon positivo*.

Quando outro elétron externo passa a circular na órbita de valência da Figura 2-2, a carga líquida desse átomo torna-se -1. Sempre que um átomo adquire um elétron adicional na sua órbita de valência, chamamos este átomo negativamente carregado de *íon negativo*.

2-2 Semicondutores

Os melhores condutores (prata, cobre e ouro) possuem um elétron de valência, enquanto os melhores isolantes possuem oito elétrons de valência. O **semicondutor** é um elemento com propriedades elétricas entre as do condutor e as do isolante. Como você pode estar pensando, os melhores semicondutores possuem quatro elétrons de valência.

Germânio

O germânio é um exemplo de semicondutor. Ele tem quatro elétrons na órbita de valência. Há muitos anos o germânio era o único material disponível para a fabricação de dispositivos semicondutores. Mas esses dispositivos de germânio tinham uma falha fatal (sua corrente reversa era excessiva, estudaremos esse assunto posteriormente) que os engenheiros não conseguiram superar. Eventualmente, outro semicondutor chamado de **silício** tornou-se mais utilizado e fez o germânio tornasar-se obsoleto na maioria das aplicações eletrônicas.

Silício

Assim como o oxigênio, o silício é um elemento abundante na natureza. Mas, inicialmente, existia determinado problema no seu polimento que impedia seu uso na fabricação de dispositivos semicondutores. Uma vez solucionado esse problema, as vantagens do silício (serão estudadas posteriormente) fizeram dele a melhor escolha para a fabricação de semicondutores. Sem ele, a eletrônica moderna, as comunicações e os computadores seriam impossíveis.

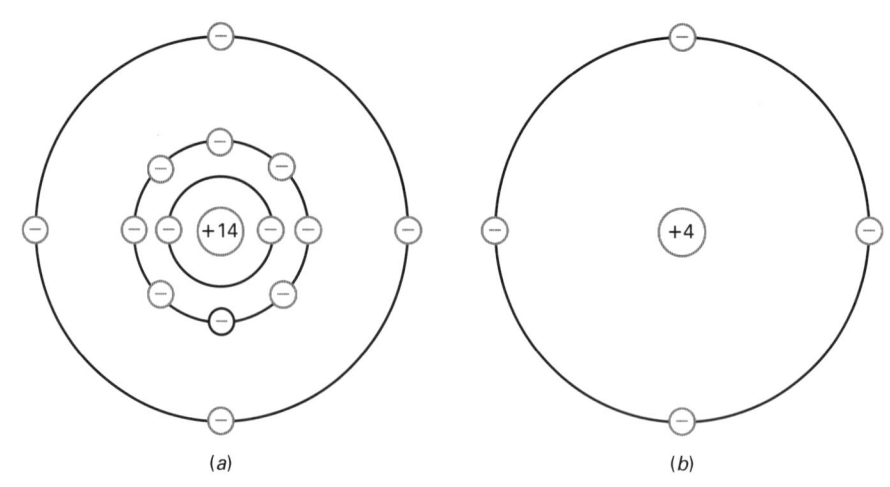

Figura 2-3 (a) Átomo de silício; (b) diagrama do núcleo.

Um átomo isolado de silício tem 14 prótons e 14 elétrons. Conforme mostra a Figura 2-3a, a primeira órbita contém 2 elétrons, e a segunda, 8 elétrons. Os 4 elétrons restantes estão na órbita de valência. Na Figura 2-3a o núcleo tem uma carga líquida de +4, porque ele contém 14 prótons no núcleo e 10 elétrons nas duas primeiras órbitas.

A Figura 2-3b mostra o diagrama do núcleo de um átomo de silício. Os 4 elétrons de valência informam que o silício é um semicondutor.

É ÚTIL SABER

Outro elemento semicondutor comum é o carbono (C), usado principalmente na produção de resistores.

Exemplo 2-2

Qual é a carga líquida do átomo de silício na Figura 2-3b, se ele perder um de seus elétrons de valência? E se ele ganhar um elétron adicional na órbita de valência?

SOLUÇÃO Se ele perder um elétron, ele se torna um íon positivo com uma carga de +1. Se ele ganhar um elétron adicional, ele se torna um íon negativo com carga de −1.

2-3 Cristais de silício

Quando os átomos de silício combinam-se para formar um sólido, eles se organizam num padrão ordenado chamado de *cristal*. Cada átomo de silício compartilha seus elétrons com quatro átomos vizinhos de tal modo que passam a existir oito elétrons na sua órbita de valência. Por exemplo, a Figura 2-4a mostra um átomo central com quatro vizinhos. Os círculos sombreados representam os núcleos de silício. Embora o átomo central tenha originariamente quatro elétrons na sua órbita de valência, ele agora passa a ter oito elétrons.

Ligações covalentes

Cada átomo vizinho compartilha um elétron com o átomo central. Desse modo, ele passa a ter quatro elétrons adicionais, ficando com um total de oito elétrons na

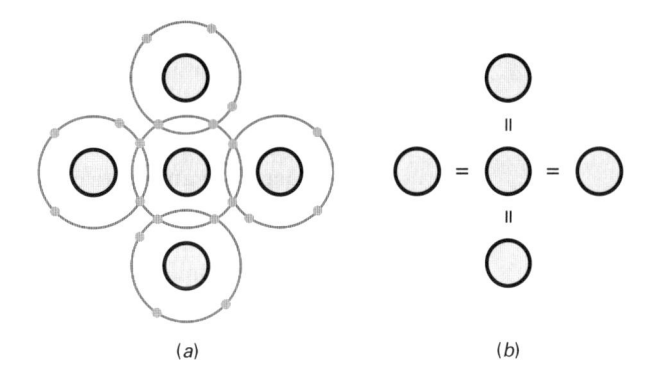

Figura 2-4 (a) O átomo de cristal tem quatro vizinhos; (b) ligações covalentes.

órbita de valência. Os elétrons não pertencem mais a nenhum átomo isolado. Cada átomo central e seus vizinhos compartilham seus elétrons. A mesma ideia é válida para todos os outros átomos de silício. Em outras palavras, cada átomo dentro do cristal de silício tem quatro vizinhos.

Na Figura 2-4a, cada núcleo tem uma carga de +4. Observe o átomo central e o outro à sua direita. Esses dois núcleos atraem o par de elétrons entre eles com forças iguais e opostas. A atração nas direções opostas é o que mantém os átomos de silício ligados. A ideia é parecida com dois grupos de pessoas num cabo de força. Enquanto os dois grupos puxam com forças iguais e opostas, eles permanecem ligados.

Como cada elétron compartilhado na Figura 2-4a está sendo puxado no sentido oposto, o elétron torna-se uma ligação entre os núcleos opostos. Chamamos este tipo de ligação química de **ligação covalente**. A Figura 2-4b é o modo mais simples de mostrar o conceito de ligações covalentes. Em um cristal de silício, existem bilhões de átomos de silício, cada um com oito elétrons de valência. Os elétrons de valência são ligações covalentes que mantêm a estrutura do cristal que forma o sólido.

Saturação da valência

Cada átomo em um cristal de silício tem oito elétrons na sua órbita de valência. Esses oito elétrons produzem uma estabilidade química que resulta num corpo sólido de material de silício. Não sabemos ainda, com certeza, por que as órbitas externas dos elementos possuem esta predisposição quando completam oito elétrons. Quando não há oito elétrons naturalmente num elemento, parece existir uma tendência para o elemento combinar e compartilhar elétrons com outros átomos de modo que se tenham oito elétrons na órbita mais externa.

Existem equações avançadas na física que explicam parcialmente por que os oito elétrons produzem uma estabilidade química nos diferentes materiais, mas não sabemos a razão do número oito ser tão especial. É como aquelas leis: a lei da gravidade, a lei de Coulomb e outras que observamos, mas não podem ser totalmente explicadas.

Quando a órbita de valência tem oito elétrons, ela fica *saturada*, pois nenhum outro elétron pode se manter fixo nesta órbita. Dito como uma lei:

Saturação da valência: $n = 8$ (2-1)

Em palavras, a *órbita de valência não pode manter mais de oito elétrons*. Além disso, os oito elétrons de valência são chamados de *elétrons de ligação* porque são fortemente atraídos pelos átomos. Em virtude dos elétrons de ligação, o cristal de silício é um isolante quase perfeito na temperatura ambiente, 25°C, aproximadamente.

Lacuna

A **temperatura ambiente** é a temperatura do ar em um ambiente. Quando o ambiente está acima de zero absoluto (–273 °C), o aquecimento deste ambiente provoca uma agitação no cristal de silício. Quanto maior a temperatura ambiente, maior a vibração mecânica. Quando pegamos num objeto aquecido, sentimos o efeito da vibração dos átomos.

Em um cristal de silício, as vibrações dos átomos podem ocasionalmente deslocar um elétron da órbita de valência. Quando isso acontece, o elétron liberado ganha energia suficiente para mudar para outra órbita mais externa, conforme mostra a Figura 2-5a. Nessa órbita o elétron torna-se um elétron livre.

Mas isso não é tudo. A saída do elétron cria um vazio na órbita de valência chamado de **lacuna** (veja na Figura 2-5a). A lacuna comporta-se como uma carga positiva, pois a perda de um elétron produz um íon positivo. A lacuna vai atrair e capturar outro elétron imediatamente mais próximo. A existência de lacunas é a diferença crítica entre os condutores e os semicondutores. As lacunas permitem aos semicondutores fazer muitas coisas impossíveis de conseguir com os condutores.

Na temperatura ambiente, a energia térmica produz apenas alguns elétrons livres. Para aumentar o número de lacunas e de elétrons livres, é preciso fazer um processo de *dopagem* do cristal. Falaremos mais sobre isso numa seção posterior.

Recombinação e tempo de vida

Em um cristal de silício puro, a **energia térmica** (calor) cria um número igual de elétrons livres e lacunas. Os elétrons livres têm um movimento aleatório através do cristal. Ocasionalmente, um elétron livre se aproxima de uma lacuna, é atraído por ela e "cai". A **recombinação** é o desaparecimento de um elétron e uma lacuna (veja na Figura 2-5b).

O tempo entre a criação e o desaparecimento de um elétron livre é chamado de *tempo de vida*. Ele varia de alguns nanossegundos até vários microssegundos, dependendo da perfeição do cristal e de outros fatores.

Ideias principais

A qualquer instante, os seguintes acontecimentos ocorrem dentro de um cristal de silício:

1. Alguns elétrons livres e lacunas são gerados pela energia térmica.
2. Outros elétrons livres e lacunas se recombinam.
3. Alguns elétrons livres e lacunas existentes temporariamente esperam pela recombinação.

> **É ÚTIL SABER**
>
> A lacuna e o elétron possuem, cada um, uma carga de $0{,}16 \times 10^{-18}$ C, mas com polaridade oposta.

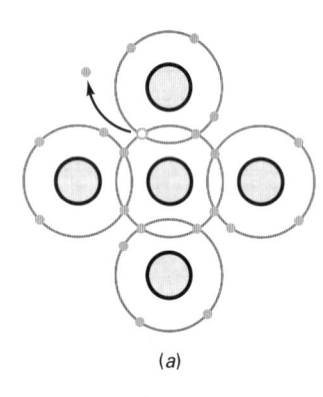

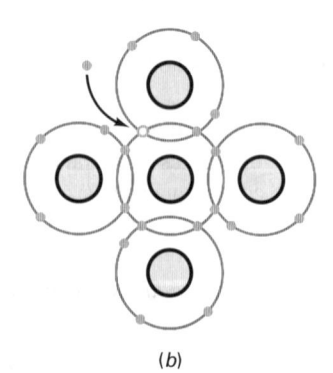

Figura 2-5 (a) A energia térmica produz elétron e lacuna; (b) recombinação do elétron e da lacuna.

Exemplo 2-3

Se um cristal de silício puro tem 1 milhão de elétrons livres, quantas lacunas existem? O que acontece com o número de elétrons livres e lacunas se a temperatura ambiente aumentar?

SOLUÇÃO Observe a Figura 2-5a. Quando a energia térmica gera um elétron livre, automaticamente aparece uma lacuna ao mesmo tempo. Portanto,

> um cristal de silício puro sempre tem o mesmo número de lacunas e elétrons livres. Se existe 1 milhão de elétrons livres, então existe 1 milhão de lacunas.
>
> Um aumento na temperatura faz aumentar as vibrações nos níveis atômicos, o que significa que mais elétrons livres são gerados. Mas não importa o que acontece com a temperatura, um cristal de silício puro tem o mesmo número de elétrons livres e lacunas.

2-4 Semicondutores intrínsecos

O **semicondutor intrínseco** é um semicondutor puro. O cristal de silício é um semicondutor intrínseco se cada átomo no cristal for um átomo de silício. Na temperatura ambiente, um cristal de silício age como um isolante porque tem apenas alguns elétrons livres e lacunas produzidas pela energia térmica.

Fluxo de elétrons livres

A Figura 2-6 mostra parte de um cristal de silício entre placas metálicas carregadas. Suponha que a energia térmica tenha produzido um elétron livre e uma lacuna. O elétron livre está em uma órbita mais externa do lado direito do cristal. Como a placa está carregada negativamente, o elétron livre é repelido para o lado esquerdo. Esse elétron livre pode mover-se de uma órbita externa para a próxima até alcançar a placa positiva.

Fluxo de lacunas

Observe a lacuna no lado esquerdo da Figura 2-6. Ela atrai o elétron de valência do ponto A. Isso faz o elétron de valência mover-se para a lacuna.

Quando o elétron de valência do ponto *A* move-se para a esquerda, ele cria uma lacuna no ponto *A*. O efeito é o mesmo que mover a lacuna original para a direita. A nova lacuna no ponto *A* pode atrair e capturar outro elétron de valência. Desse modo, os elétrons de valência podem viajar ao longo do caminho mostrado pelas setas. Isso significa que a lacuna pode mover-se no sentido oposto, ao longo do caminho *A-B-C-D-E-F*, funcionando do mesmo modo que uma carga positiva.

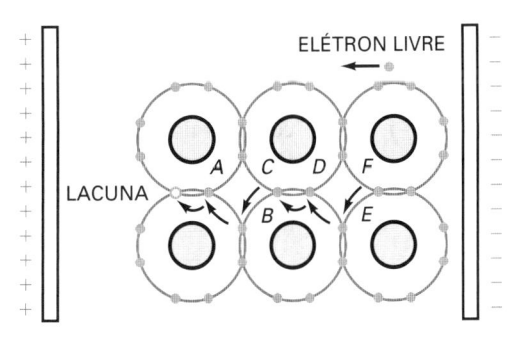

Figura 2-6 Fluxo de lacunas através de um semicondutor.

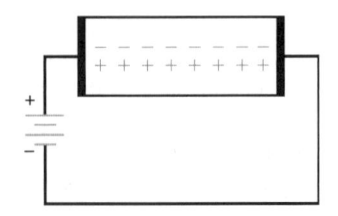

Figura 2-7 O semicondutor intrínseco tem o número de elétrons livres igual ao número de lacunas.

2-5 Dois tipos de fluxos

A Figura 2-7 mostra um semicondutor intrínseco. Ele tem o mesmo número de elétrons livres e lacunas. Por isso, *a energia térmica produz elétrons livres e lacunas aos pares*. A tensão aplicada forçará os elétrons livres a circular para o lado esquerdo e as lacunas, para o lado direito. Quando os elétrons livres alcançam o lado final esquerdo do cristal, eles passam para o fio externo e circulam para o terminal positivo da bateria.

Por outro lado, os elétrons livres do terminal negativo da bateria circulam para o final direito do cristal. Nesse ponto, eles entram no cristal e recombinam-se com as lacunas até alcançarem o final direito do cristal. Desse modo, um fluxo estável de elétrons livres e lacunas ocorre dentro do semicondutor. Observe que não existe fluxo de lacunas fora do semicondutor.

Na Figura 2-7, *os elétrons livres e as lacunas movem-se em direções opostas*. De agora em diante, visualizaremos a corrente em um semicondutor com um efeito combinado de dois tipos de fluxo: o fluxo de elétrons livres em uma direção e o fluxo de lacunas em outra. Elétrons livres e lacunas são sempre chamados de *portadores de carga,* porque transportam uma carga de um lugar para o outro.

2-6 Dopagem de um semicondutor

Uma forma de aumentar a condutividade de um semicondutor é pelo processo de **dopagem**. Isso significa uma adição de átomos de impureza ao cristal intrínseco a fim de alterar sua condutividade elétrica. Um semicondutor dopado é chamado de **semicondutor extrínseco**.

Aumentando os elétrons livres

Como um fabricante dopa um cristal de silício? O primeiro passo é fundir um cristal de silício puro. Assim quebram-se as ligações covalentes e o silício muda do estado sólido para o líquido. Para aumentarmos o número de elétrons, *adicionamos átomos pentavalentes* ao silício fundido. Átomos pentavalentes possuem cinco elétrons na órbita de valência. Exemplos de átomos pentavalentes são arsênico, antimônio e fósforo. Esses materiais *doarão um elétron adicional* para o cristal de silício. Eles são conhecidos como *doadores de impureza*.

A Figura 2-8a mostra como o cristal de silício dopado fica após seu resfriamento e volta para sua estrutura sólida de cristal. Um átomo pentavalente fica no centro, rodeado por quatro átomos de silício. Como antes, os átomos vizinhos compartilham um elétron com o átomo central, mas desta vez, existe um elétron adicional na parte esquerda superior. Lembre-se de que cada átomo pentavalente tem cinco elétrons de valência. Como somente oito elétrons podem ficar fixos na órbita de valência, o elétron adicional permanece em uma órbita mais externa. Em outras palavras, ele é um elétron livre.

Cada átomo pentavalente ou átomo doador em um cristal de silício produz um elétron livre. É assim que um fabricante controla a condutividade de um semicondutor dopado. Quanto mais impureza é adicionada, maior é a condutividade. Desse modo, um semicondutor pode ser levemente ou fortemente dopado. Um semicondutor levemente dopado tem uma alta resistência, enquanto um semicondutor fortemente dopado tem uma resistência de baixo valor.

Aumentando o número de lacunas

Como podemos dopar um cristal de silício puro para obter um excesso de lacunas? Usando uma *impureza trivalente,* aquela cujo átomo tem apenas três elétrons de valência. Exemplos deste tipo de átomos são alumínio, boro e gálio.

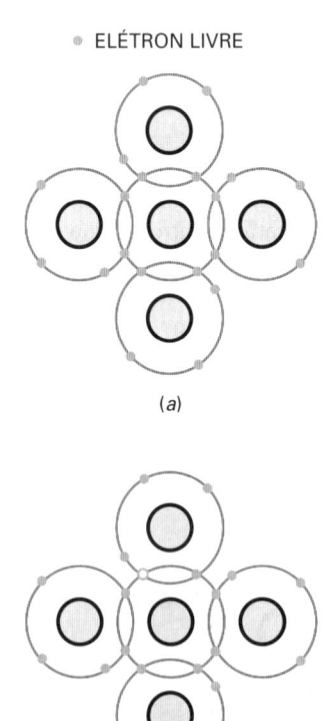

Figura 2-8 (a) Dopagem para obter mais elétrons livres; (b) dopagem para obter mais lacunas.

A Figura 2-8b mostra um átomo trivalente no centro. Ele é rodeado por quatro átomos de silício, cada um compartilhando um de seus elétrons de valência. Como o átomo trivalente tem originalmente apenas três elétrons de valência e cada átomo vizinho compartilha com um elétron, apenas sete elétrons ficam na órbita de valência. Isso significa que existe uma lacuna na órbita de valência de cada átomo trivalente. Um átomo trivalente é chamado de *átomo aceitador*, porque cada lacuna que existe pode receber um elétron livre durante a recombinação.

Pontos a serem lembrados

Antes do processo de dopagem de um semicondutor, o fabricante deve produzir um cristal de silício puro. Depois, controlando a quantidade de impureza, ele pode controlar precisamente as propriedades do semicondutor. Historicamente, os cristais de germânio puro eram mais fáceis de serem produzidos do que cristais de silício puro. É por isso que os primeiros dispositivos semicondutores eram feitos de germânio. Eventualmente, as técnicas de fabricação evoluíram e os cristais de silício puro tornaram-se mais disponíveis comercialmente. Por causa de suas vantagens, o silício tornou-se o mais popular e mais utilizado material semicondutor.

Exemplo 2-4

Um semicondutor dopado tem 10 bilhões de átomos de silício e 15 milhões de átomos pentavalentes. Se a temperatura ambiente for de 25°C, quantos elétrons livres e lacunas existem neste semicondutor?

SOLUÇÃO Cada átomo pentavalente contribui com um elétron livre. Portanto o semicondutor tem 15 milhões de elétrons produzidos por dopagem. Quase não haverá lacunas em comparação, pois as únicas lacunas no semicondutor são aquelas geradas pela energia térmica.

PROBLEMA PRÁTICO 2-4 Como no Exemplo 2-4, se 5 milhões de átomos trivalentes forem adicionados no lugar dos átomos pentavalentes, quantas lacunas existem no semicondutor?

2-7 Dois tipos de semicondutores extrínsecos

Um semicondutor pode ser dopado para ter um excesso de elétrons livres ou excesso de lacunas. Por isso, existem dois tipos de semicondutores dopados.

Semicondutores tipo *n*

O silício que foi dopado com impureza pentavalente é chamado de **semicondutor tipo *n***, onde *n* quer dizer negativo. A Figura 2-9 mostra um semicondutor tipo *n*. Como o número de elétrons livres excede o número de lacunas num semicondutor tipo *n*, os elétrons livres são chamados de **portadores majoritários** e as lacunas, de **portadores minoritários**.

Devido à aplicação de uma tensão, os *elétrons livres movem-se para a esquerda* e as *lacunas movem-se para a direita*. Quando uma lacuna alcança o final do lado direito do cristal, um dos elétrons livres do circuito externo passa para o semicondutor e recombina com a lacuna.

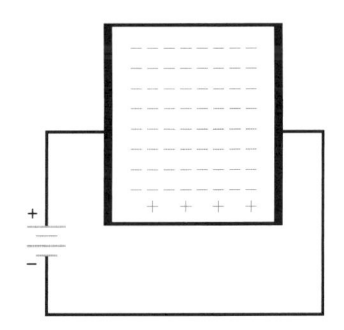

Figura 2-9 O semicondutor tipo *n* tem muitos elétrons livres.

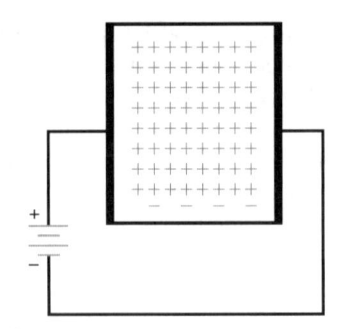

Figura 2-10 O semicondutor tipo *p* tem muitas lacunas.

Os elétrons livres mostrados na Figura 2-9 circulam para o lado final à esquerda do cristal, onde eles passam para o fio condutor em direção ao terminal positivo da bateria.

Semicondutores tipo *p*

O silício que foi dopado com impureza trivalente é chamado de **semicondutor tipo *p***, onde *p* significa positivo. A Figura 2-10 mostra um semicondutor tipo *p*. Como o número de lacunas excede o número de elétrons livres num semicondutor tipo *p*, as lacunas são chamadas de portadores majoritários e os elétrons livres, de portadores minoritários.

Com a aplicação de uma tensão, os *elétrons livres movem-se para a esquerda* e as *lacunas movem-se para a direita*. Na Figura 2-10, as lacunas que chegam ao final direito do cristal recombinam com os elétrons livres do circuito externo.

Existe também um fluxo de portadores minoritários na Figura 2-10. Os elétrons livres dentro do semicondutor circulam da direita para a esquerda. Como existem poucos portadores minoritários, eles quase não afetam o circuito.

2-8 Diodo não polarizado

Por si só, um semicondutor tipo *n* é usado como um resistor de carbono; o mesmo pode ser dito para um semicondutor tipo *p*. Mas quando um fabricante dopa um cristal de modo que metade dele é do tipo *p* e a outra metade do tipo *n*, algo novo começa a acontecer.

A borda entre o tipo *p* e o tipo *n* é chamada de **junção *pn***. A junção *pn* é a base para todo tipo de invenções, inclusive dos diodos, transistores e circuitos integrados. Entendendo a junção *pn*, você será capaz de entender todos os outros dispositivos semicondutores.

Diodo não polarizado

Conforme foi estudamos nas seções anteriores, cada átomo trivalente em um cristal de silício produz uma lacuna. Por essa razão, podemos visualizar um semicondutor tipo *p* como mostra o lado esquerdo na Figura 2-11. Cada sinal negativo dentro do círculo é um átomo trivalente, e cada sinal positivo, uma lacuna na sua órbita de valência.

De modo similar, podemos visualizar os átomos pentavalentes e os elétrons livres de um semicondutor tipo *n* conforme mostra o lado direito na Figura 2-11. Cada círculo com um sinal positivo representa um átomo pentavalente, e cada sinal de menos é o elétron livre que ele contribui para o semicondutor. Observe que cada pedaço de material semicondutor é *eletricamente neutro, pois o número de sinais positivos é igual ao número de sinais negativos*.

Um fabricante pode produzir cristal simples com um material tipo *p* de um lado, e outro tipo *n* do outro lado, conforme mostra a Figura 2-12. A junção é a borda onde as regiões do tipo *p* e do tipo *n* se encontram, e o **diodo de junção** é

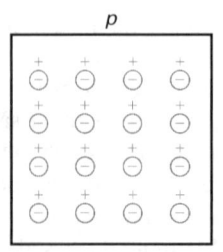

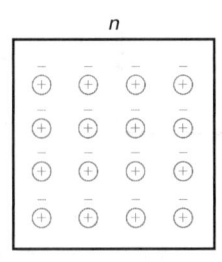

Figura 2-11 Dois tipos de semicondutores.

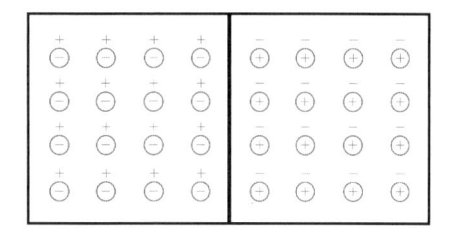

Figura 2-12 A junção *pn*.

outro nome dado para um cristal *pn*. A palavra **diodo** é uma contração de dois eletrodos, onde *di* significa "dois".

Camada de depleção

Em virtude da repulsão, os elétrons livres do lado *n* na Figura 2-12 tendem a se difundir (espalhar) em todas as direções. Alguns elétrons livres se difundem através da junção. Quando um elétron livre entra na região *p*, ele passa a ser um portador minoritário. Com tantas lacunas em seu redor, esse portador minoritário tem um tempo de vida muito curto. Logo que entra na região *p*, o elétron livre recombina com uma lacuna. Quando isso acontece, a *lacuna desaparece* e o *elétron livre passa a ser um elétron de valência*.

Cada vez que um elétron difunde-se na junção, ele cria um par de íons. Quando um elétron deixa o lado *n*, ele deixa para trás um átomo pentavalente que perde uma carga negativa; ele se torna um íon positivo. Após a migração, o elétron "cai" numa lacuna do lado *p*; isso faz que um íon negativo fora do átomo trivalente o capture.

A Figura 2-13*a* mostra esses íons em cada um dos lados da junção. Os círculos com sinais positivos são os íons positivos e os círculos com sinais negativos são os íons negativos. Os íons ficam fixos na estrutura do cristal em virtude da ligação covalente, e não podem se mover entre os átomos como elétrons livres e lacunas.

Cada par de íons positivos e negativos na junção é chamado de *dipolo*. A criação de um dipolo significa que um elétron livre e uma lacuna ficam fora de circulação. À medida que o número de dipolos aumenta, a região próxima da junção torna-se vazia de portadores de carga. Chamamos a região vazia de portadores de carga de **camada de depleção** (veja a Figura 2-13*b*).

Barreira de potencial

Cada dipolo tem um campo elétrico entre os íons positivo e negativo. Portanto, se um elétron livre adicional entrar na camada de depleção, o campo elétrico tenta empurrar este elétron de volta para a região *n*. A intensidade do campo elétrico aumenta cada vez que um elétron cruza a junção até atingir o equilíbrio. Para uma primeira aproximação, significa que o campo elétrico eventualmente interrompe a difusão de elétrons através da junção.

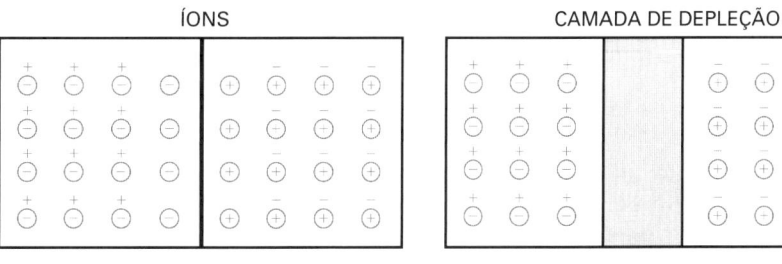

Figura 2-13 (*a*) Criação de íons na junção; (*b*) camada de depleção.

Na Figura 2-13a, o campo elétrico entre os íons é equivalente a uma diferença de potencial chamada de **barreira de potencial**. Na temperatura de 25°C, a barreira de potencial é de 0,3 V aproximadamente para os diodos de germânio, e de 0,7 V para os diodos de silício.

2-9 Polarização direta

A Figura 2-14 mostra uma fonte CC aplicada a um diodo. O terminal negativo da fonte está conectado a um material tipo n e o terminal positivo está conectado a um material tipo p. Essa conexão produz o que chamamos de **polarização direta**.

Fluxo de elétrons livres

Na Figura 2-14 a bateria empurra as lacunas e os elétrons livres em direção à junção. Se a tensão da bateria for menor que a barreira de potencial, os elétrons livres não possuem energia suficiente para penetrar na camada de depleção. Quando eles penetram na camada de depleção, os íons empurram os elétrons livres de volta para a região n, por isso não há corrente pelo diodo.

Quando a tensão CC da fonte for maior que a barreira de potencial, a bateria empurra novamente as lacunas e os elétrons livres em direção à junção. Dessa vez, os elétrons livres têm energia suficiente para passar pela camada de depleção e recombinar com as lacunas. Se você visualizar todas as lacunas na região p movendo-se para a direita e todos os elétrons livres movendo-se para a esquerda, você terá a ideia básica. Em algum lugar na vizinhança da junção, essas cargas se recombinam. Como os elétrons livres entram continuamente no final esquerdo do diodo e as lacunas são geradas continuamente no lado esquerdo, existe uma corrente contínua através do diodo.

Fluxo de um elétron

Vamos seguir um elétron através do circuito completo. Após o elétron livre deixar o terminal negativo da bateria, ele entra pelo lado final direito do diodo. Ele viaja através da região n até alcançar a junção. Quando a tensão da bateria for maior do que 0,7 V o elétron livre possui energia suficiente para penetrar a camada de depleção. Assim que o elétron livre entra na região p ele recombina-se com uma lacuna.

Em outras palavras, o elétron livre torna-se um elétron de valência. Como um elétron de valência, ele continua a viagem para o lado esquerdo, passando de uma lacuna para a próxima até alcançar o lado final esquerdo do diodo. Quando ele deixa o lado final esquerdo do diodo, uma nova lacuna aparece e o processo é reiniciado. Como existem bilhões de elétrons fazendo a mesma jornada, obtemos uma corrente contínua através do diodo. Um resistor em série é usado para limitar o valor da corrente direta.

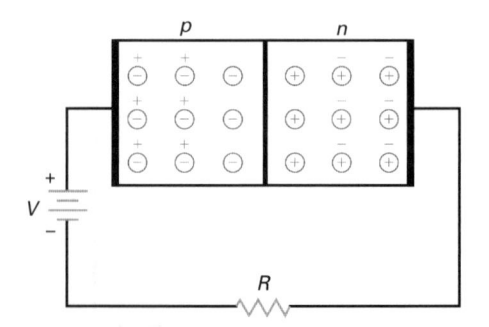

||| MultiSim **Figura 2-14** Polarização direta.

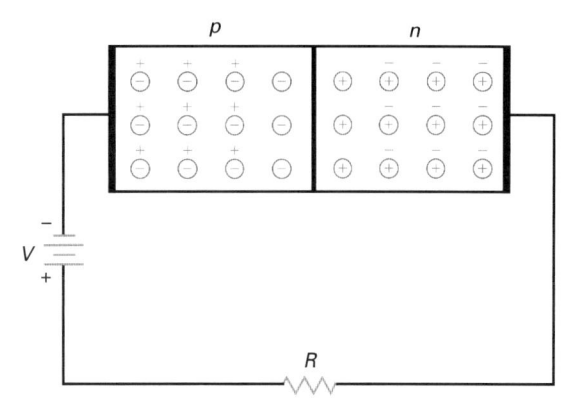

Figura 2-15 Polarização reversa.

O que lembrar

A corrente circula com facilidade em um diodo polarizado diretamente. Assim que a tensão aplicada for maior do que a barreira de potencial, existirá uma corrente alta no circuito. Em outras palavras, se a tensão da fonte for maior do que 0,7 V, num diodo de silício haverá uma corrente contínua no sentido direto.

2-10 Polarização reversa

Invertendo a fonte de tensão CC, obteremos o circuito mostrado na Figura 2-15. Desta vez, o terminal negativo da bateria está conectado do lado p, e o terminal negativo da bateria do lado n. Essa conexão produz o que é chamado de **polarização reversa**.

Largura da camada de depleção

O terminal negativo da bateria atrai as lacunas, e o terminal positivo da bateria atrai os elétrons livres. Por isso, lacunas e elétrons livres afastam-se da junção. Então, a camada de depleção fica mais larga.

Até quanto a camada de depleção pode se alargar na Figura 2-16a? Quando as lacunas e os elétrons se afastam da junção, os novos íons gerados aumentam a diferença de potencial através da camada de depleção. Quanto mais larga a camada de depleção, maior é a diferença de potencial. A camada de depleção pára de aumentar quando sua diferença de potencial iguala-se ao valor da tensão reversa aplicada. Quando isso ocorre, elétrons e lacunas param de se movimentar afastando-se da junção.

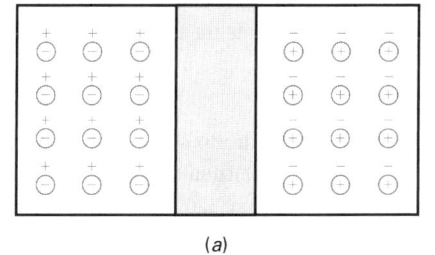

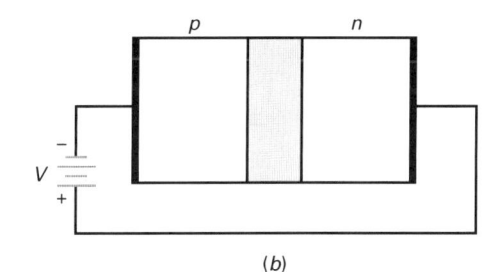

Figura 2-16 (a) Camada de depleção; (b) aumentar a polarização reversa aumenta a largura da camada de depleção.

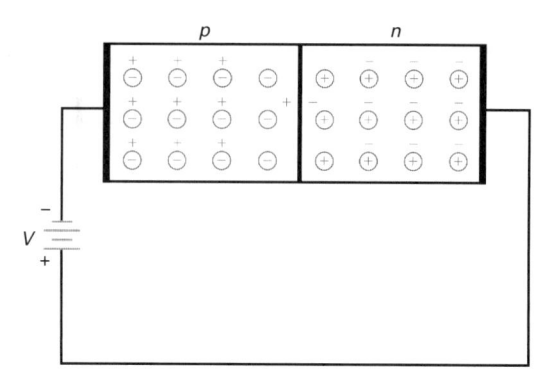

Figura 2-17 Produção de elétron livre e lacuna pela energia térmica na camada de depleção dá origem a uma corrente de saturação de portadores reversos.

Algumas vezes a camada de depleção é mostrada como uma região sombreada conforme pode ser visto na Figura 2-16b. A largura dessa região sombreada é proporcional ao valor da tensão reversa. *Com o aumento da tensão reversa, a camada de depleção torna-se mais larga.*

Corrente de portadores minoritários

Existe alguma corrente no diodo inversamente polarizado, depois de a camada de depleção ter-se estabilizado? Sim. Há uma pequena corrente com a polarização reversa. Lembre-se de que a energia térmica gera continuamente pares de elétrons livres e lacunas. Isso significa que existem alguns portadores minoritários em ambos os lados da junção. Muitos deles se recombinam com os portadores majoritários, mas aqueles que estão dentro da camada de depleção podem estar em número suficiente para conseguir cruzar a junção. Quando isso acontece, circula uma pequena corrente no circuito externo.

A Figura 2-17 ilustra essa ideia. Suponha que a energia térmica tenha gerado um elétron livre e uma lacuna próxima da junção. A camada de depleção empurra o elétron livre para a direita, forçando um outro elétron a deixar o lado final direito do cristal. A lacuna na camada de depleção é empurrada para a esquerda. Esta lacuna adicional no lado *p* permite que outro elétron entre pelo lado final esquerdo do cristal e "caia" uma lacuna. Como a energia térmica produz continuamente pares de elétron-lacuna dentro da camada de depleção, uma pequena corrente contínua circula no circuito externo.

A corrente reversa causada termicamente pelos portadores minoritários é chamada de **corrente de saturação**. Nas equações, a corrente de saturação é simbolizada por I_S. A palavra *saturação* significa que não podemos ter uma corrente de portadores minoritários maior do que a produzida pela energia térmica. Em outras palavras, *aumentar a tensão reversa não aumentará o número de portadores minoritários gerados termicamente.*

Corrente de fuga da superfície

Além da corrente de portadores minoritários produzida termicamente, há outra corrente em um diodo polarizado reversamente? Sim. Uma pequena corrente circula pela superfície do cristal. Conhecida como **corrente de fuga da superfície**, ela é causada pelas impurezas da superfície e imperfeições na estrutura do cristal.

O que lembrar

A corrente inversa em um diodo consiste em uma corrente de portadores minoritários e em uma corrente de fuga da superfície. Em muitas aplicações, a corrente inversa num diodo de silício é tão pequena que nem mesmo é notada. A principal ideia a lembrar é que *a corrente é aproximadamente zero em um diodo de silício reversamente polarizado.*

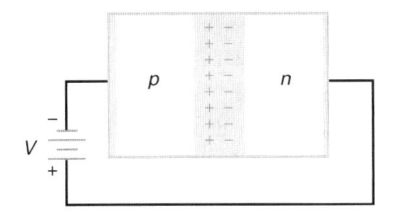

Figura 2-18 A avalanche produz muitos elétrons livres e lacunas na camada de depleção.

É ÚTIL SABER

Exceder a tensão de ruptura de um diodo não significa necessariamente que ele será danificado. Enquanto o produto da tensão reversa pela corrente reversa não exceder a faixa de potência do diodo, ele será totalmente recuperado.

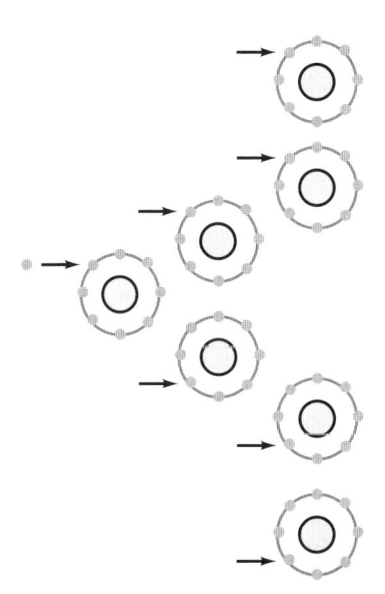

Figura 2-19 O processo da avalanche é uma progressão geométrica: 1, 2, 4, 8,...

2-11 Ruptura

Os diodos têm um valor de tensão máxima nominal. Existe um limite de tensão que podemos aplicar num diodo reversamente polarizado sem que ele se danifique. Se continuarmos a aumentar a tensão reversa, eventualmente atingiremos a **tensão de ruptura** do diodo. Para muitos diodos, a tensão de ruptura é de até 50 V. A tensão de ruptura é indicada nas *folhas de dados* do diodo. Uma folha de dados (*data sheet*) do diodo, elaborada pelo fabricante, apresenta informações importantes e aplicações diversas do dispositivo.

Uma vez atingida a tensão de ruptura, uma grande quantidade de portadores minoritários aparece de repente na camada de depleção e o diodo conduz intensamente.

De onde vêm esses portadores? Eles são produzidos pelo **efeito de avalanche** (veja a Figura 2-18), que ocorre quando a tensão inversa tem um valor muito alto. Em geral, existe uma pequena corrente inversa de portadores minoritários. Quando a tensão inversa aumenta, ela força os portadores minoritários a se moverem mais rapidamente. Esses portadores minoritários colidem com os átomos do cristal. Quando os portadores minoritários possuem energia suficiente podem colidir com elétrons de valência perdidos, produzindo elétrons livres. Os novos portadores minoritários se juntam aos portadores minoritários, que colidem com outros átomos. O processo é geométrico, porque um elétron livre libera um elétron de valência obtendo-se dois elétrons livres. Estes dois elétrons livres então liberam mais dois elétrons obtendo-se quatro elétrons livres. O processo continua até que a corrente inversa torna-se intensa.

A Figura 2-19 mostra uma visualização ampliada da camada de depleção. A polarização reversa força o elétron livre a mover-se para a direita. Com esse movimento, o elétron é acelerado. Quanto maior a polarização reversa, mais rápido o elétron se move. Se o elétron com alta velocidade tiver energia suficiente, ele pode arrancar o elétron de valência do primeiro átomo na órbita mais externa. Isso resulta em dois elétrons livres. Esses dois elétrons são acelerados e vão deslocar mais dois outros elétrons. Desse modo, o número de portadores minoritários pode tornar-se muito alto e o diodo conduzir intensamente.

A tensão de ruptura de um diodo depende do nível de dopagem do diodo. Com diodos retificadores (do tipo mais comum), a tensão de ruptura é em geral maior do que 50 V. A Tabela 2-1 ilustra a diferença entre o diodo diretamente e reversamente polarizado.

2-12 Níveis de energia

Para uma boa aproximação, podemos identificar a energia total de um elétron com a medida de sua órbita, isto é, podemos pensar em cada raio da Figura 2-20*a* como equivalente ao nível de energia da Figura 2-20*b*. Elétrons nas órbitas menores estão no primeiro nível de energia; elétrons na segunda órbita estão no segundo nível de energia e assim por diante.

Níveis mais altos de energia na órbita mais externa

Como o elétron é atraído pelo núcleo, uma energia adicional é necessária para elevar um elétron para uma órbita mais externa. Quando o elétron se move da primeira órbita para a segunda, ele ganha energia potencial em relação ao núcleo. Uma das forças externas, capaz de elevar um elétron a níveis de energias mais altos, pode ser calor, luz ou tensão.

Por exemplo, suponha que uma força externa eleva o elétron da primeira para a segunda órbita na Figura 2-20*a*. Este elétron adquire mais energia potencial porque está mais afastado do núcleo (Figura 2-20*b*). É como um corpo acima do nível

Tabela 2-1 — Polarizações do diodo

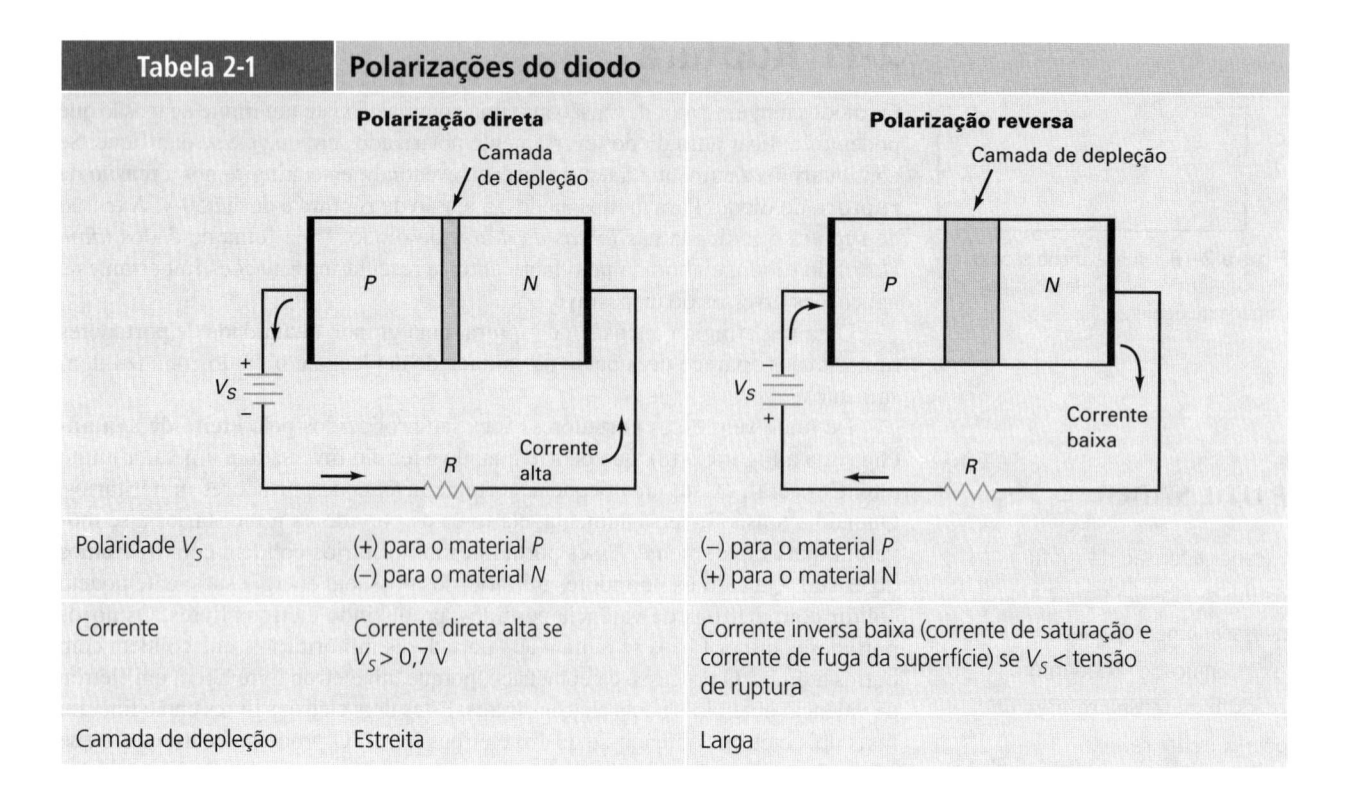

	Polarização direta	Polarização reversa
Polaridade V_S	(+) para o material P (−) para o material N	(−) para o material P (+) para o material N
Corrente	Corrente direta alta se $V_S > 0{,}7$ V	Corrente inversa baixa (corrente de saturação e corrente de fuga da superfície) se $V_S <$ tensão de ruptura
Camada de depleção	Estreita	Larga

do mar: quanto maior a altura do corpo, maior sua energia potencial com relação ao nível do mar. Se solto, o carpo cai e realiza um trabalho quando toca o solo.

Queda do elétron irradia luz

Depois de o elétron ter sido movido para uma órbita mais externa, ele pode retornar para um nível de energia mais baixo. Se isso ocorrer, devolverá sua energia adicional em forma de calor, luz ou outra radiação.

Em um *diodo emissor de luz* (*LED*), a tensão aplicada eleva os elétrons para níveis de energia mais altos. Quando esses elétrons voltam para os níveis de energia mais baixos, eles emitem luz. Dependendo do material utilizado, a luz irradiada pode ter uma variedade de cores, incluindo vermelha, verde, laranja ou azul. Alguns LEDs produzem uma radiação infravermelha (invisível), muito útil em sistemas de alarme contra assalto.

Bandas de energia

Quando um átomo de silício está isolado, a órbita de um elétron é influenciada somente pela carga do átomo isolado. Isso resulta no nível de energia como a linha da Figura 2-20b. Mas quando o átomo de silício é parte de um cristal, a órbita de cada elétron é também influenciada pelas cargas de vários outros átomos de silício. Como cada elétron tem uma única posição no cristal, dois elétrons não vêem exatamente os mesmos padrões de cargas ao seu redor. Por isso, a órbita de cada elétron é diferente; dizendo de outro modo, o nível de energia de cada elétron é diferente.

A Figura 2-21 mostra o que acontece com os níveis de energia. Todos os elétrons na primeira órbita têm níveis de energia ligeiramente diferentes porque nenhum vê exatamente a mesma carga naquele ambiente. Como existem bilhões de elétrons na primeira órbita, os níveis de energia ligeiramente diferentes formam uma faixa ou *banda* de energia. De modo semelhante, os bilhões de elétrons na segunda órbita, todos com níveis de energia ligeiramente diferentes, formam a segunda banda de energia — o mesmo acontece com as outras bandas.

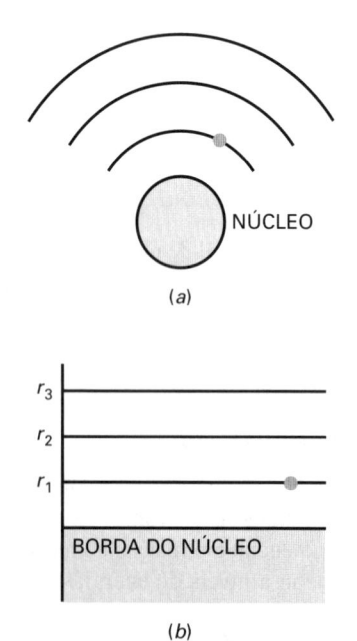

Figura 2-20 O nível de energia é proporcional à medida da órbita. (a) Órbitas; (b) níveis de energia.

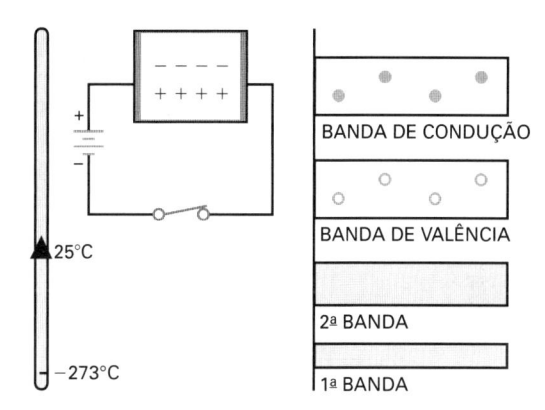

Figura 2-21 O semicondutor intrínseco e suas bandas de energia.

Como você deve lembrar, a energia térmica produz alguns elétrons livres e lacunas. As lacunas permanecem na banda de valência, mas os elétrons livres vão para a próxima banda com maior energia, chamada de **banda de condução**. É por isto que a Figura 2-21 mostra uma banda de condução com alguns elétrons livres e uma banda de valência com algumas lacunas. Quando a chave é fechada, há uma pequena corrente no semicondutor puro. Os elétrons livres se movem através da banda de condução e as lacunas se movem através da banda de valência.

Bandas de energia tipo *n*

A Figura 2-22 mostra as bandas de energia para um semicondutor tipo *n*. Como você pode prever, os portadores majoritários são os elétrons livres na banda de condução, e os portadores minoritários são as lacunas na banda de valência. Quando a chave na Figura 2-22 é fechada, os portadores majoritários circulam para a esquerda e os portadores minoritários circulam para a direita.

Bandas de energia tipo *p*

A Figura 2-23 mostra as bandas de energia para um semicondutor tipo *p*. Aqui você vê uma inversão de papel. Agora, os portadores majoritários são as lacunas na banda de valência e os portadores minoritários são os elétrons livres na banda de condução. Quando a chave na Figura 2-23 é fechada, os portadores majoritários circulam para a direita e os portadores minoritários circulam para a esquerda.

> **É ÚTIL SABER**
>
> Para os dois tipos de semicondutores *n* e *p*, um aumento na temperatura produz um aumento idêntico no número de portadores de corrente minoritários e majoritários.

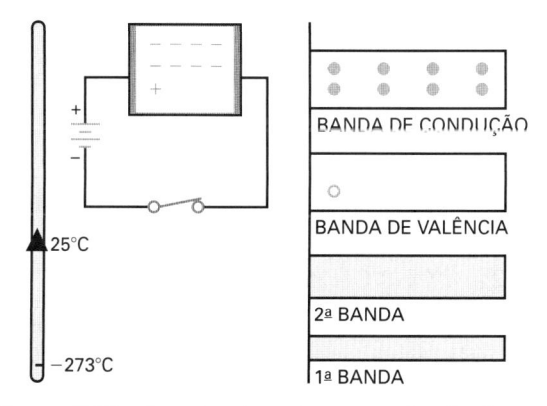

Figura 2-22 O semicondutor tipo *n* e suas bandas de energia.

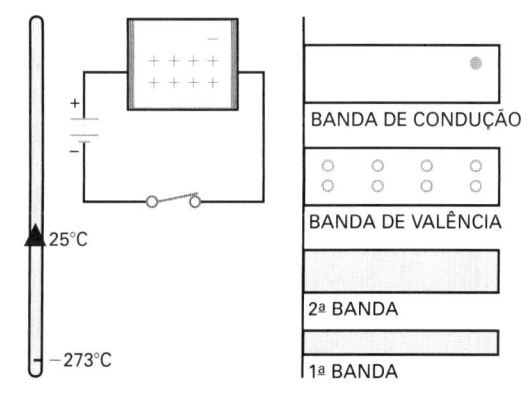

Figura 2-23 O semicondutor tipo *p* e suas bandas de energia.

2-13 Barreira de potencial e temperatura

A **temperatura da junção** é a temperatura do diodo na junção *pn*. A *temperatura ambiente* é diferente. É a temperatura do ar fora do diodo, o ar que envolve o diodo. Quando o diodo está conduzindo, a temperatura da junção é mais alta que a temperatura ambiente por causa do calor gerado pela recombinação.

A barreira de potencial depende da temperatura da junção. Um aumento na temperatura da junção gera mais elétrons livres e lacunas nas regiões dopadas. Como essas cargas se difundem na camada de depleção, elas ficam mais estreitas. Isso significa que existe uma *menor barreira de potencial com a temperatura da junção mais alta*.

Antes de continuarmos, precisamos definir um símbolo:

$$\Delta = \text{variação em} \qquad (2\text{-}2)$$

A letra grega Δ (delta) significa "variação em". Por exemplo, ΔV significa uma variação na tensão e ΔT, uma variação na temperatura. A razão $\Delta V / \Delta T$ significa uma variação na tensão dividida por uma variação na temperatura.

Agora podemos estabelecer uma regra para estimar a variação na barreira de potencial: *A barreira de potencial de um diodo de silício diminui de 2mV para cada grau Celsius de aumento.*

Como uma derivação:

$$\frac{\Delta V}{\Delta T} = -2\,\text{mV}/^\circ\text{C} \qquad (2\text{-}3)$$

Rearranjando:

$$\Delta V = (-2\,\text{mV}/^\circ\text{C})\,\Delta T \qquad (2\text{-}4)$$

Com ela podemos calcular a barreira de potencial com qualquer temperatura da junção.

Exemplo 2-5

Supondo uma barreira de potencial de 0,7 V com uma temperatura ambiente de 25°C, qual é a barreira de potencial de um diodo de silício quando a temperatura da junção for de 100°C? E a 0°C?

SOLUÇÃO Quando a temperatura da junção for de 100°C, a variação na barreira de potencial é:

$$\Delta V = (-2\,\text{mV}/^\circ\text{C})\,\Delta T = (-2\,\text{mV}/^\circ\text{C})(100^\circ\text{C} - 25^\circ\text{C}) = -150\,\text{mV}$$

Isso nos diz que a barreira de potencial diminui 150 mV do seu valor na temperatura ambiente. Logo, ela é igual a:

$$V_B = 0{,}7\,\text{V} - 0{,}15\,\text{V} = 0{,}55\,\text{V}$$

Quando a temperatura da junção for de 0°C, a variação na barreira de potencial será:

$$\Delta V = (-2\,\text{mV}/^\circ\text{C})\,\Delta T = (-2\,\text{mV}/^\circ\text{C})(0^\circ\text{C} - 25^\circ\text{C}) = 50\,\text{mV}$$

Isso informa que a barreira de potencial aumenta de 50 mV de seu valor na temperatura ambiente. Logo, ela é igual a:

$$V_B = 0{,}7\,\text{V} + 0{,}05\,\text{V} = 0{,}75\,\text{V}$$

> **PROBLEMA PRÁTICO 2-5** Qual deve ser o valor da barreira de potencial no Exemplo 2-5 quando a temperatura da junção for de 50°C?

2-14 Diodo polarizado reversamente

Vamos estudar algumas ideias mais avançadas a respeito do diodo polarizado reversamente. Para começar, a camada de depleção varia na largura quando a tensão reversa varia. Vamos ver qual é a implicação disso.

Corrente de transiente

Quando a tensão inversa aumenta, lacunas e elétrons se afastam da junção. Como os elétrons livres e as lacunas se afastam da junção, eles deixam íons positivos e negativos para trás. Portanto, a camada de depleção fica mais larga. Quanto maior a polarização reversa, mais larga a camada de depleção se torna. Enquanto a camada de depleção está se ajustando para sua nova largura, uma corrente circula no circuito externo. Essa corrente de transiente cai a zero quando a camada de depleção pára de crescer.

O tempo que a corrente de transiente circula depende da constante de tempo RC do circuito externo. Isso acontece normalmente numa questão de nanossegundos. Por isso, podemos ignorar os efeitos da corrente de transiente para frequências abaixo de 10 MHz.

Corrente de saturação reversa

Conforme discutido anteriormente, na polarização direta a largura da barreira de potencial ou camada de depleção do diodo diminui permitindo, assim, a passagem de elétrons livres através da junção do diodo. Na polarização reversa ocorre o efeito oposto: a barreira de potencial aumenta afastando os portadores de carga livres (elétrons e lacunas) para longe da junção do diodo.

Suponhamos que um aumento de energia térmica crie uma lacuna e um elétron livre dentro da camada de depleção de um diodo polarizado reversamente, conforme mostrado na Fig. 2-24. O elétron livre em A e a lacuna em B podem agora contribuir para uma corrente reversa. Por causa da polarização reversa, o elétron livre move-se para a direita, forçando efetivamente um elétron para fora do lado direito do diodo. De modo similar, a lacuna move-se para a esquerda. Essa lacuna do lado p admite a entrada de um elétron no lado final esquerdo do cristal.

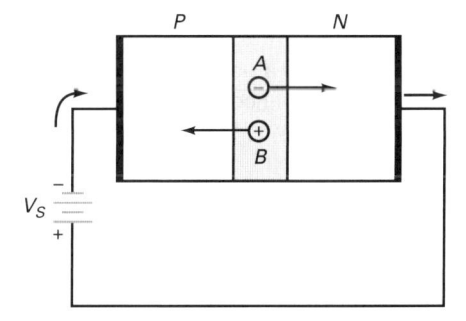

Figura 2-24 A energia térmica produz elétrons livres e lacunas dentro da camada de depleção.

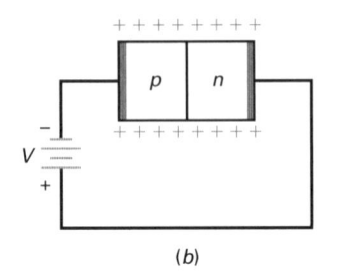

Figura 2-25 (a) Átomos na superfície de um cristal não têm outros átomos vizinhos; (b) a superfície tem lacunas.

Quanto maior a temperatura na junção, maior a corrente de saturação. Uma aproximação útil para não esquecer disso é: I_S dobra para cada 10°C. Como uma fórmula derivada,

Porcentagem $\Delta I_S = 100\%$ para cada aumento de 10°C (2-5)

Em outras palavras, a variação na corrente de saturação é de 100% para cada 10°C de aumento na temperatura. Se a variação na temperatura for menos que 10°C, podemos usar esta regra equivalente:

Porcentagem $\Delta I_S = 7\%$ por °C (2-6)

Em palavras: a variação na corrente de saturação é de 7% para cada grau Celsius de aumento. Esta solução de 7% é uma aproximação melhor do que a regra de 10°C.

Silício *versus* germânio

Em um átomo de silício, a distância entre a banda de valência e a banda de condução é chamada de faixa de energia. Quando a energia térmica produz elétrons livres e lacunas, ela precisa fornecer aos elétrons de valência energia suficiente para saltar para a banda de condução. Quanto maior a faixa de energia, maior a dificuldade para a energia térmica produzir pares elétron-lacuna. Felizmente, o silício tem uma larga faixa de energia. Isso significa que a energia térmica não produz muitos pares elétron-lacuna na temperatura ambiente.

Em um átomo de germânio, a banda de valência é muito próxima da banda de condução. Em outras palavras, o germânio tem uma faixa de energia muito menor do que a do silício. Por essa razão, a energia térmica produz muito mais pares elétron-lacuna nos dispositivos com germânio. Essa é a imperfeição fatal mencionada anteriormente. A corrente inversa excessiva dos dispositivos de germânio impede seu uso em larga escala nos computadores modernos, consumidores eletrônicos e circuitos de comunicação.

Corrente de fuga da superfície

Já estudamos brevemente a corrente de fuga da superfície na Seção 2-10. Lembre-se de que ela é uma corrente inversa na superfície do cristal. Aqui está uma explicação da existência da corrente de fuga da superfície. Suponha que átomos na parte de cima e na parte de baixo da Figura 2-25a estão sobre a superfície do cristal. Como esses átomos não têm vizinhos, eles têm apenas seis elétrons na órbita de valência, implicando que existem duas lacunas em cada átomo da superfície. Visualize as lacunas ao longo da superfície do cristal mostrado na Figura 2-25b. Você pode ver que a superfície de um cristal é como um semicondutor tipo *p*. Por isso, os elétrons podem entrar pelo lado final esquerdo do cristal, circular pelas lacunas da superfície e deixar o final direito do cristal. Desse modo, obtemos uma pequena corrente inversa ao longo da superfície.

A corrente de fuga da superfície é diretamente proporcional à tensão inversa. Por exemplo, se a tensão reversa dobrar, a corrente de fuga da superfície I_{SL} dobra. Podemos definir a resistência de fuga da superfície como:

$$R_{SL} = \frac{V_R}{I_{SL}} \quad (2\text{-}7)$$

Exemplo 2-6

Um diodo de silício tem uma corrente de saturação de 5 nA a 25°C. Qual é o valor da corrente de saturação a 100°C?

SOLUÇÃO A variação na temperatura é:

$\Delta T = 100°C - 25°C = 75°C$

Com a Equação (2-5), existem sete valores que dobram a cada 10°C entre 25°C e 95°C:

$I_S = (2^7)(5 \text{ nA}) = 640 \text{ nA}$

Com a Equação (2-6), há um adicional de 5°C entre 95°C e 100°C

$I_S = (1,07^5)(640 \text{ nA}) = 898 \text{ nA}$

PROBLEMA PRÁTICO 2-6 Usando o mesmo diodo como o do Exemplo 2-6, qual deve ser a corrente de saturação a 80°C?

Exemplo 2-7

Se a corrente de fuga da superfície for de 2 nA para uma tensão inversa de 25 V, qual é a corrente de fuga da superfície para uma tensão inversa de 35 V?

SOLUÇÃO Existem dois modos diferentes para resolver este problema. Primeiro, calcule a resistência de fuga da superfície:

$$R_{SL} = \frac{25 \text{ V}}{2 \text{ nA}} = 12,5(10^9)\Omega$$

Depois calcule a corrente de fuga da superfície com 35 V, como segue:

$$I_{SL} = \frac{35 \text{ V}}{12,5(10^9)\Omega} = 2,8 \text{ nA}$$

Aqui temos o segundo modo. Como a corrente de fuga da superfície é diretamente proporcional à tensão reversa:

$$I_{SL} = \frac{35 \text{ V}}{25 \text{ V}} 2 \text{ nA} = 2,8 \text{ nA}$$

PROBLEMA PRÁTICO 2-7 No Exemplo 2-7, qual é a corrente de fuga da superfície para uma tensão reversa de 100 V?

Resumo

SEÇÃO 2-1 CONDUTORES

Um átomo neutro de cobre tem apenas um elétron na sua órbita mais externa. Como esse simples elétron pode ser deslocado facilmente do seu átomo, ele é chamado de *elétron livre*. O cobre é um bom condutor, porque o menor valor de tensão faz os elétrons livres circularem de um átomo para o próximo.

SEÇÃO 2-2 SEMICONDUTORES

O silício é o material semicondutor mais utilizado. Um átomo isolado de silício tem quatro elétrons na órbita mais externa, ou órbita de valência. O número de elétrons na órbita de valência é a chave para a condutividade. Os condutores possuem um elétron de valência, os semicondutores possuem quatro elétrons de valência e os isolantes, oito elétrons de valência.

SEÇÃO 2-3 CRISTAIS DE SILÍCIO

Cada átomo de silício em um cristal tem seus quatro elétrons de valência mais quatro elétrons que são compartilhados com seus átomos vizinhos. Na temperatura ambiente, um cristal puro de silício tem apenas poucos elétrons livres e lacunas produzidos termicamente. O tempo entre a criação e a recombinação de um elétron livre e uma lacuna é chamado de *tempo de vida*.

SEÇÃO 2-4 SEMICONDUTORES INTRÍNSECOS

Um semicondutor intrínseco é um semicondutor puro. Quando uma tensão externa é aplicada a um semicondutor intrínseco, os elétrons livres circulam na direção do terminal positivo da bateria e as lacunas na direção do terminal negativo da bateria.

SEÇÃO 2-5 DOIS TIPOS DE FLUXOS

Existem dois tipos de fluxos de portadores em um semicondutor intrínseco. Primeiro há um fluxo de elétrons livres através das órbitas mais externas (banda de condução). Segundo, há um fluxo de lacunas através das órbitas mais internas (banda de valência)

SEÇÃO 2-6 DOPAGEM DE UM SEMICONDUTOR

A dopagem aumenta a condutividade de um semicondutor. Um semicondutor dopado é chamado de *semicondutor extrínseco*. Quando um semicondutor intrínseco é dopado com átomos pentavalentes (doadores), ele tem mais elétrons livres que lacunas. Quando um semicondutor intrínseco é dopado com átomos trivalentes (aceitadores), ele tem mais lacunas que elétrons livres.

SEÇÃO 2-7 DOIS TIPOS DE SEMICONDUTORES EXTRÍNSECOS

Em um semicondutor tipo *n* os elétrons livres são portadores majoritários e as lacunas, portadores minoritários. Em um semicondutor tipo *p* as lacunas são portadores majoritários e os elétrons livres, portadores minoritários.

SEÇÃO 2-8 DIODO NÃO POLARIZADO

Um diodo não polarizado tem uma camada de depleção na junção *pn*. Os íons nessa camada de depleção produzem uma barreira de potencial. Na temperatura ambiente, esta barreira de potencial é de 0,7 V aproximadamente para um diodo de silício e de 0,3 V para um diodo germânio.

SEÇÃO 2-9 POLARIZAÇÃO DIRETA

Quando uma tensão externa se opõe à barreira de potencial, o diodo fica polarizado diretamente. Se a tensão aplicada for maior que a barreira de potencial, a corrente é alta. Em outras palavras, a corrente circula facilmente quando um diodo é polarizado diretamente.

SEÇÃO 2-10 POLARIZAÇÃO REVERSA

Quando uma tensão externa está no mesmo sentido da barreira de potencial, o diodo torna-se reversamente polarizado. A largura da camada de depleção aumenta quando a tensão reversa aumenta. A corrente é aproximadamente zero.

SEÇÃO 2-11 RUPTURA

Uma tensão reversa muito alta pode produzir um efeito de avalanche ou Zener. Portanto, a corrente de ruptura alta destrói o diodo. Em geral, os diodos nunca operam na região de ruptura. A única exceção é para o diodo Zener, um diodo de aplicação especial que será estudado num próximo capítulo.

SEÇÃO 2-12 NÍVEIS DE ENERGIA

Quanto mais externa a órbita, maior o nível de energia de um elétron. Se aumentar a força externa, o elétron passará para um nível de energia mais alto; o elétron devolverá essa energia quando voltar para sua órbita original.

SEÇÃO 2-13 BARREIRA DE POTENCIAL E TEMPERATURA

Quando a temperatura da junção aumenta, a camada de depleção torna-se mais estreita e a barreira de potencial diminui. Ela diminuirá aproximadamente 2 mV para cada grau Celsius de aumento.

SEÇÃO 2-14 DIODO POLARIZADO REVERSAMENTE

Existem três componentes na corrente reversa de um diodo. Primeiro, uma corrente de transiente que ocorre quando a tensão reversa varia. Segundo, uma corrente de portadores minoritários, chamada também de *corrente de saturação*, porque ela é independente da tensão reversa. Terceiro, uma corrente de fuga da superfície. Ela aumenta quando a tensão reversa aumenta.

Definições

(2-2) Δ = variação em

(2-7) $R_{SL} = \dfrac{V_R}{I_{SL}}$

Leis

(2-1) Saturação da valência: $n = 8$

Derivações

(2-3) $\dfrac{\Delta V}{\Delta T} = -2 \text{ mV/°C}$

(2-4) $\Delta V = (-2\text{mV/°C})\Delta T$

(2-5) Por cento ΔI_S = 100% para um aumento de 10°C

(2-6) Por cento ΔI_S = 7% por °C

Exercícios

1. O núcleo de um átomo de cobre contém quantos elétrons?
   a. 1
   b. 4
   c. 18
   d. 29

2. A carga líquida de um átomo neutro de cobre é
   a. 0
   b. +1
   c. -1
   d. +4

3. Suponha que seja retirado um elétron de valência de um átomo de cobre. A carga líquida deste átomo fica sendo de
   a. 0
   b. +1
   c. −1
   d. +4

4. Com que intensidade um elétron de valência de um átomo de cobre é atraído pelo núcleo?
   a. Nenhuma
   b. Fraca
   c. Forte
   d. Impossível dizer

5. Um átomo de silício tem quantos elétrons de valência?
   a. 0
   b. 1
   c. 2
   d. 4

6. Qual é o semicondutor mais utilizado?
   a. Cobre
   b. Germânio
   c. Silício
   d. Nenhum dos citados

7. Quantos prótons tem o núcleo de um átomo de silício?
   a. 4
   b. 14
   c. 29
   d. 32

8. Os átomos de silício combinam-se formando um padrão ordenado chamado de
   a. Ligação covalente
   b. Cristal
   c. Semicondutor
   d. Órbita de valência

9. Um semicondutor intrínseco tem algumas lacunas na temperatura ambiente. O que causa essas lacunas?
   a. Dopagem
   b. Elétrons livres
   c. Energia térmica
   d. Elétrons de valência

10. Quando um elétron é retirado para uma órbita de nível maior, seu nível de energia em relação ao núcleo
    a. Aumenta
    b. Diminui
    c. Permanece o mesmo
    d. Depende do tipo de átomo

11. O desaparecimento de um elétron e de uma lacuna é chamado de
    a. Ligação covalente
    b. Tempo de vida
    c. Recombinação
    d. Energia térmica

12. Na temperatura ambiente, um cristal de silício intrínseco age aproximadamente como
    a. Uma bateria
    b. Um condutor
    c. Um isolante
    d. Um pedaço de fio de cobre

13. O tempo entre a geração de uma lacuna e seu desaparecimento é chamado de
    a. Dopagem
    b. Tempo de vida
    c. Recombinação
    d. Valência

14. O elétron de valência de um condutor pode ser chamado também de
    a. Elétron de ligação
    b. Elétron livre
    c. Núcleo
    d. Próton

15. Quantos tipos de fluxo de corrente tem um condutor?
    a. 1
    b. 2
    c. 3
    d. 4

16. Quantos tipos de fluxo de corrente tem um semicondutor?
    a. 1
    b. 2
    c. 3
    d. 4

17. Quando uma tensão é aplicada a um semicondutor, as lacunas circulam
    a. Afastando-se do potencial negativo
    b. Em direção ao potencial positivo
    c. No circuito externo
    d. Nenhuma das citadas

18. Para um material semicondutor sua órbita de valência fica saturada quando ela contiver
    a. 1 elétron
    b. Íons (+) e (-) iguais
    c. 4 elétrons
    d. 8 elétrons

19. Em um semicondutor intrínseco, o número de lacunas
    a. É igual ao número de elétrons livres
    b. É maior do que o número de elétrons livres
    c. É menor do que o número de elétrons livres
    d. Nenhuma das citadas

20. A temperatura de zero absoluto é igual a
    a. -273°C
    b. 0°C
    c. 25°C
    d. 50°C

21. Na temperatura de zero absoluto, um semicondutor intrínseco tem
    a. Alguns poucos elétrons livres
    b. Muitas lacunas
    c. Muitos elétrons livres
    d. Nem lacunas nem elétrons livres

22. Na temperatura ambiente, um semicondutor intrínseco tem
    a. Poucos elétrons livres e lacunas
    b. Muitas lacunas
    c. Muitos elétrons livres
    d. Nenhuma lacuna

23. O número de elétrons livres e lacunas num semicondutor intrínseco diminui quando a temperatura
    a. Diminui
    b. Aumenta
    c. Permanece a mesma
    d. Nenhuma das citadas

24. O fluxo de elétrons de valência para a direita significa que lacunas estão fluindo para
    a. Esquerda
    b. Direita
    c. Ambos os lados
    d. Nenhuma das citadas

25. Lacunas agem como
    a. Átomos
    b. Cristais
    c. Cargas negativas
    d. Cargas positivas

26. Quantos elétrons de valência tem um átomo trivalente?
    a. 1
    b. 3
    c. 4
    d. 5

27. Quantos elétrons de valência tem um átomo aceitador?
    a. 1
    b. 3
    c. 4
    d. 5

28. Se você quiser produzir um semicondutor tipo *n*, qual destes você utilizaria?
    a. Átomos aceitadores
    b. Átomos doadores
    c. Impureza pentavalente
    d. Silício

29. Em qual tipo de semicondutor os elétrons são portadores minoritários?
    a. Extrínseco
    b. Intrínseco
    c. Tipo *n*
    d. Tipo *p*

30. Quantos elétrons livres tem um semicondutor tipo *p*?
    a. Muitos
    b. Nenhum
    c. Apenas aqueles produzidos pela energia térmica
    d. O mesmo número das lacunas

31. A prata é o melhor condutor. Quantos elétrons de valência você acha que ela tem?
    a. 1
    b. 4
    c. 18
    d. 29

32. Suponha que um semicondutor intrínseco tenha 1 bilhão de elétrons livres na temperatura ambiente. Se a temperatura cair para 0°C, quantas lacunas existem?
    a. Menos de 1 bilhão
    b. 1 bilhão
    c. Mais de 1 bilhão
    d. Impossível dizer

33. Uma fonte de tensão externa é aplicada a um semicondutor tipo *p*. Se o lado esquerdo do cristal for positivo, para que lado os portadores majoritários circularão?
    a. Esquerda
    b. Direita
    c. Nenhum
    d. Impossível dizer

34. Qual das seguintes opções não pertence ao grupo
    a. Condutor
    b. Semicondutor
    c. Quatro elétrons de valência
    d. Estrutura do cristal

35. Qual das seguintes opções é aproximadamente igual à temperatura ambiente?
    a. 0°C
    b. 25°C
    c. 50°C
    d. 75°C

36. Quantos elétrons livres existem na órbita de valência de um átomo de silício que faz parte de um cristal?
    a. 1
    b. 4
    c. 8
    d. 14

37. Íons negativos são átomos que
    a. Ganharam um próton
    b. Perderam um próton
    c. Ganharam um elétron
    d. Perderam um elétron

38. Qual das seguintes opções descreve um semicondutor tipo *n*?
    a. Neutro
    b. Positivamente carregado
    c. Negativamente carregado
    d. Tem muitas lacunas

39. Um semicondutor tipo *p* contém lacunas e
    a. Íons positivos
    b. Íons negativos
    c. Átomos pentavalentes
    d. Átomos doadores

40. Qual das seguintes opções descreve um semicondutor tipo *p*?
    a. Neutro
    b. Positivamente carregado
    c. Negativamente carregado
    d. Tem muitos elétrons livres

41. A corrente de saturação de um diodo de silício inversamente polarizado quando comparado com o diodo de germânio é
    a. Igual em altas temperaturas
    b. Menor
    c. Igual em baixas temperaturas
    d. Maior

42. O que causa a camada de depleção?
    a. Dopagem
    b. Recombinação
    c. Barreira de potencial
    d. Íons

43. Qual é a barreira de potencial de um diodo de silício em temperatura ambiente?
    a. 0,3 V
    b. 0,7 V

c. 1 V
d. 2 mV por grau Celsius

44. **Quando comparamos a faixa de energia de um átomo de germânio com um átomo de silício, a faixa de energia do átomo de silício é**
    a. Aproximadamente a mesma
    b. Menor
    c. Maior
    d. Imprevisível

45. **A corrente inversa em um diodo de silício é geralmente**
    a. Muito baixa
    b. Muito alta
    c. Zero
    d. Na região de ruptura

46. **Quando mantemos a temperatura constante, um diodo de silício tem sua tensão de polarização reversa aumentada. A corrente de saturação do diodo**
    a. Aumentará
    b. Diminuirá
    c. Permanecerá a mesma
    d. Será igual à corrente de fuga da superfície

47. **A tensão que provoca a avalanche é chamada de**
    a. Barreira de potencial
    b. Camada de depleção
    c. Tensão de joelho
    d. Tensão de ruptura

48. **A colina de energia de um diodo de junção *pn* diminuirá quando ele for**
    a. Diretamente polarizado
    b. Inicialmente formado
    c. Polarizado reversamente
    d. Não polarizado

49. **Quando a tensão inversa diminuir de 10 V para 5 V, a camada de depleção**
    a. Torna-se menor
    b. Torna-se maior
    c. Não será afetada
    d. Atingirá a ruptura

50. **Quando um diodo está polarizado diretamente, a recombinação dos elétrons livres e lacunas podem produzir**
    a. Calor
    b. Luz
    c. Radiação
    d. Todas citadas

51. **Uma tensão inversa de 10 V é aplicada no diodo. Qual é a tensão na camada de depleção?**
    a. 0 V
    b. 0,7 V
    c. 10 V
    d. Nenhuma das citadas

52. **A faixa de energia em um átomo de silício é a distância entre a banda de valência e**
    a. O núcleo
    b. A banda de condução
    c. O núcleo do átomo
    d. Os íons positivos

53. **A corrente de saturação inversa dobra quando a temperatura da junção aumenta**
    a. 1°C
    b. 2°C
    c. 4°C
    d. 10°C

54. **A corrente de fuga da superfície quando a tensão inversa aumenta**
    a. 7%
    b. 100%
    c. 200%
    d. 2mV

Problemas

2-1 Qual é carga líquida de um átomo de cobre se ele ganha dois elétrons?

2-2 Qual é a carga líquida de um átomo de silício se ele ganha três elétrons de valência?

2-3 Classifique cada um dos seguintes como condutor ou semicondutor:
   a. Germânio
   b. Prata
   c. Silício
   d. Ouro

2-4 Se um cristal de silício puro tiver 500 mil lacunas na sua estrutura, quantos elétrons livres ele tem?

2-5 Um diodo está polarizado diretamente. Se a corrente for de 5 mA no lado *n*, qual é a corrente em cada um dos seguintes:
   a. Lado *p*
   b. Conexão externa do fio
   c. Junção

2-6 Classifique cada um dos seguintes semicondutores como tipo *n* ou tipo *p*:
   a. Dopado com átomos aceitadores
   b. Cristal com impurezas pentavalentes
   c. Os portadores minoritários são as lacunas
   d. Átomos doadores foram adicionados ao cristal
   e. Portadores minoritários são os elétrons

2-7 Um projetista usará um diodo de silício onde a temperatura varia na faixa de 0° a 75°C. Quais são os valores mínimo e máximo da barreira de potencial?

2-8 Se um diodo de silício tiver uma corrente de saturação de 10 nA de 25° a 75°C, quais são os valores mínimo e máximo da corrente de saturação?

2-9 Um diodo tem uma corrente de fuga da superfície de 10 nA quando a tensão reversa é de 10 V. Qual é a corrente de fuga da superfície se a tensão reversa aumentar para 100 V?

Raciocínio crítico

2-10 Um diodo de silício tem uma corrente reversa de 5 μA a 25°C e 100 μA a 100°C. Quais são os valores da corrente de saturação e da corrente de fuga da superfície a 25°C?

2-11 Dispositivos com junções *pn* são utilizados na produção de computadores. A velocidade dos computadores depende da rapidez com que o diodo pode conduzir e cortar. Baseando-se no que você aprendeu acerca da polarização reversa, o que podemos fazer para aumentar a velocidade do computador?

Questões de entrevista

Uma equipe de especialistas em eletrônica criou estas questões. Em muitos casos, o texto fornece informações suficientes para responder a todas as questões. Ocasionalmente, você pode ir à procura de um termo que não lhe é familiar. Se isto acontecer, procure o termo em um dicionário técnico. Além disso, uma questão pode parecer que não foi comentada neste livro. Nesse caso, você pode pesquisar em alguma biblioteca.

1. Por que o cobre é um bom condutor de eletricidade?
2. Como um semicondutor difere de um condutor? Faça esboços na sua explicação.
3. Informe tudo que sabe a respeito das lacunas e como elas diferem dos elétrons livres. Inclua alguns desenhos.
4. Apresente alguma ideia básica da dopagem de semicondutores. Apresente também alguns rascunhos que dão suporte à sua explicação.
5. Mostre, por meio de desenhos e explicando a ação, por que existe uma corrente em um diodo polarizado diretamente.
6. Por que existe uma corrente muito baixa em um diodo polarizado reversamente?
7. Um diodo semicondutor polarizado reversamente atingirá a ruptura sob certas condições. Descreva a avalanche com detalhes suficientes para que se possa compreendê-la.
8. Por que um diodo emissor de luz produz luz? Fale sobre isso.
9. As lacunas circulam em um condutor? Por que sim ou por que não? O que ocorre com as lacunas quando alcançam o extremo de um semicondutor?
10. O que é a corrente de fuga da superfície?
11. Por que a recombinação é importante num diodo?
12. Como difere um silício extrínseco de um silício intrínseco e por que esta diferença é importante?
13. Com suas próprias palavras descreva a ação que ocorre quando a junção *pn* é criada inicialmente. Sua explicação deve incluir a formação da camada de depleção.
14. Em um diodo de junção *pn*, qual dos portadores de cargas circula? Lacunas ou elétrons livres?

Respostas dos exercícios

1. d
2. a
3. b
4. b
5. d
6. c
7. b
8. b
9. c
10. a
11. c
12. c
13. b
14. b
15. a
16. b
17. d
18. d
19. a
20. a
21. d
22. a
23. a
24. a
25. d
26. b
27. b
28. b
29. d
30. c
31. a
32. a
33. b
34. a
35. b
36. c
37. c
38. a
39. b
40. a
41. b
42. b
43. b
44. c
45. a
46. c
47. d
48. a
49. a
50. d
51. c
52. b
53. d
54. b

Respostas dos problemas práticos

2-4 Aproximadamente 5 milhões de lacunas

2-5 $V_B = 0{,}65$ V

2-6 $I_S = 224$ nA

2-7 $I_{SL} = 8$ nA

3 Teoria dos diodos

Este capítulo prossegue nosso estudo sobre diodos. Após a discussão sobre a curva do diodo, vamos ver suas aproximações. Precisamos das aproximações porque a análise exata em muitas situações é tediosa e leva muito tempo. Por exemplo, uma aproximação ideal é geralmente adequada para a análise de defeito e a segunda aproximação nos dá soluções rápidas e fáceis na maioria dos casos. Além disso, podemos usar a terceira aproximação para uma melhor precisão ou soluções por computador para quase todas as respostas exatas.

Objetivos de aprendizagem

Após o estudo deste capítulo, você deverá ser capaz de:

- Desenhar o símbolo de um diodo e nomear seu catodo e anodo.
- Desenhar a curva de um diodo e nomear todos os seus pontos e áreas significantes.
- Descrever o diodo ideal.
- Descrever a segunda aproximação.
- Descrever a terceira aproximação.
- Listar quatro características básicas mostradas em uma folha de dados.
- Descrever como testar um diodo usando um multímetro digital e um multímetro analógico.
- Descrever a relação entre componentes, circuitos e sistemas.

Sumário

- **3-1** Ideias básicas
- **3-2** Diodo ideal
- **3-3** Segunda aproximação
- **3-4** Terceira aproximação
- **3-5** Análise de defeito
- **3-6** Interpretação das folhas de dados
- **3-7** Como calcular a resistência de corpo
- **3-8** Resistência CC do diodo
- **3-9** Retas de carga
- **3-10** Diodos para montagem em superfície
- **3-11** Introdução aos sistemas eletrônicos

Termos-chave

- anodo
- catodo
- corrente direta máxima
- diodo ideal
- dispositivo linear
- dispositivo não linear
- faixa de potência
- resistência de corpo
- resistência ôhmica
- reta de carga
- tensão do joelho
- sistemas eletrônicos

3-1 Ideias básicas

Um resistor comum é um **dispositivo linear** porque o gráfico da sua corrente *versus* a tensão é uma reta. Um diodo é diferente. Ele é um **dispositivo não linear** porque o gráfico de sua corrente *versus* tensão não é uma reta. A razão está na sua barreira de potencial. Quando a tensão em um diodo é menor que a barreira de potencial, a corrente no diodo é baixa. Quando a tensão no diodo excede a barreira de potencial, a corrente no diodo aumenta rapidamente.

Símbolo esquemático e os tipos de encapsulamento

A Figura 3-1a mostra o símbolo esquemático de um diodo. O lado *p* é chamado de **anodo**, e o lado *n* é o **catodo**. O símbolo do diodo parece uma seta que aponta do lado *p* para o lado *n*, ou seja, do anodo para o catodo. A Figura 3-1b mostra alguns dos muitos tipos de encapsulamentos típicos de diodo. Muitos, mas nem todos, os diodos têm o terminal do *catodo* (K) identificado por uma faixa colorida.

Circuito básico com diodo

A Figura 3-1c mostra um circuito com diodo. Neste circuito o diodo está polarizado diretamente. Como sabemos? Porque o terminal positivo da bateria alimenta o lado *p* através de um resistor e o terminal negativo da bateria está conectado do lado *n*. Com essa conexão, o circuito está tentando empurrar as lacunas e os elétrons livres em direção à junção.

Em circuitos mais complexos pode ser difícil saber se o diodo está polarizado diretamente. Aqui está uma regra. Faça a si mesmo a seguinte pergunta: o circuito externo está forçando uma corrente no *sentido fácil* de circulação? Se a resposta for sim, o diodo está polarizado diretamente.

O que quer dizer uma corrente no sentido fácil de circulação? Se usarmos a corrente convencional, o sentido fácil é o mesmo da direção da seta do diodo. Se você preferir a corrente de elétrons, o sentido fácil é o oposto.

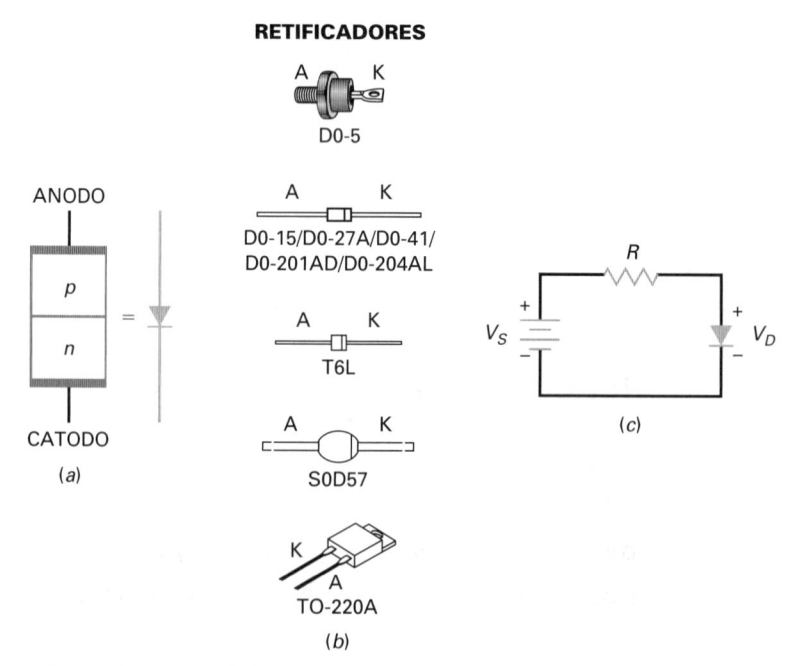

Figura 3-1 Diodo. (a) Símbolo esquemático; (b) tipos de encapsulamento; (c) polarização direta.

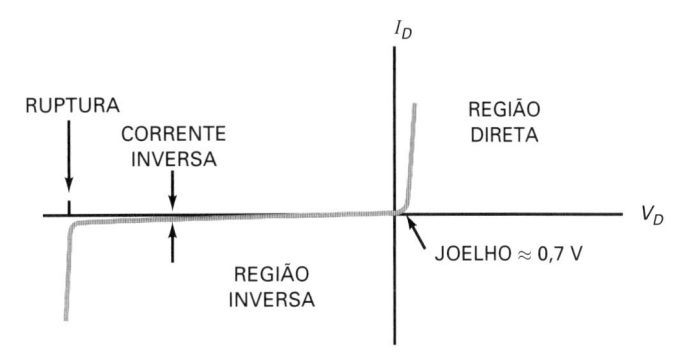

Figura 3-2 A curva do diodo.

Quando o diodo faz parte de um circuito complexo, podemos usar também o Teorema de Thevenin para determinar se ele está diretamente polarizado. Por exemplo, suponha que fizemos a redução de um circuito complexo com o teorema de Thevenin para obter a Figura 3-1c. Desse modo, podemos ver que ele está diretamente polarizado.

A região direta

A Figura 3-1c é um circuito que você pode montar no laboratório. Depois de conectado esse circuito, você pode medir a corrente e a tensão no diodo. É possível também inverter a polaridade da fonte CC e medir a corrente e a tensão na polarização inversa. Se você plotar a corrente no diodo *versus* a tensão no diodo, obterá um gráfico parecido com o da Figura 3-2.

Ele é um resumo visual das ideias estudadas no capítulo anterior. Por exemplo, quando o diodo está polarizado diretamente, não há uma corrente significante enquanto a tensão no diodo não for maior do que a barreira de potencial. Por outro lado, quando o diodo está polarizado reversamente não há corrente inversa no diodo enquanto a tensão no diodo não atingir a tensão de ruptura. Depois, a avalanche produz uma corrente inversa alta destruindo o diodo.

Tensão de joelho

Na região direta, a tensão na qual a corrente começa a aumentar rapidamente é chamada de **tensão de joelho** do diodo. A tensão de joelho é igual à barreira de potencial. A análise de circuitos com diodo geralmente se resume em determinar se a tensão no diodo é maior ou menor do que a tensão de joelho. Se for maior, o diodo conduz intensamente. Se for menor, o diodo conduz fracamente. Definimos a tensão de joelho de um diodo de silício como:

$$V_K \approx 0{,}7 \text{ V} \tag{3-1}$$

(*Observação*: O símbolo ≈ significa "aproximadamente igual a").

Embora os diodos de germânio sejam raramente usados nos projetos novos, você pode ainda encontrar diodos de germânio em circuitos especiais ou em equipamentos antigos. Por essa razão, lembre-se de que a tensão de joelho de um diodo de germânio é de aproximadamente 0,3 V. Esse baixo valor da tensão de joelho é uma vantagem e esclarece o porquê do uso do diodo de germânio em certas aplicações.

Resistência de corpo

Acima da tensão de joelho, a corrente no diodo aumenta rapidamente. Isso significa que pequenos aumentos na tensão do diodo causam grandes aumentos na corrente do diodo. Uma vez vencida a barreira de potencial, tudo o que impede a

---

É ÚTIL SABER

Diodos para aplicações especiais, como o diodo Schottky, substituíram o diodo de germânio em aplicações modernas que requerem baixa tensão de joelho.

passagem da corrente é a **resistência ôhmica** das regiões *p* e *n*. Em outras palavras, se as regiões *p* e *n* fossem dois pedaços separados de semicondutores, cada um teria uma resistência que poderia ser medida com um ohmímetro, a mesma que um resistor comum.

A soma das resistências ôhmicas é chamada de **resistência de corpo** do diodo. Ela é definida como:

$$R_B = R_P + R_N \tag{3-2}$$

A resistência de corpo depende do tamanho das regiões *p* e *n*, e de quão dopadas elas são. De modo geral, a resistência de corpo é menor de 1 Ω.

Corrente CC direta máxima

Se a corrente em um diodo for muito alta, o calor excessivo pode destruí-lo. Por essa razão, um fabricante especifica nas folhas de dados a corrente máxima que um diodo pode conduzir com segurança sem diminuir sua vida útil ou degradar suas características.

A **corrente direta máxima** é um dos valores máximos fornecido nas folhas de dados. Ela pode ser listada como $I_{máx}$, $I_{F(máx)}$, I_0 etc. dependendo do fabricante. Por exemplo, um diodo 1N456 tem uma corrente direta de 135 mA. Isso significa que ele pode conduzir seguramente uma corrente contínua direta de 135 mA.

Dissipação de potência

Você pode calcular a dissipação de potência de um diodo do mesmo modo que faz para um resistor. Ela é igual ao produto da tensão pela corrente do diodo. Veja a fórmula:

$$P_D = V_D I_D \tag{3-3}$$

O valor da **potência nominal** é a potência máxima que um diodo pode dissipar seguramente sem diminuir sua vida útil ou degradar suas propriedades. Em símbolos, sua definição é:

$$P_{máx} = V_{máx} I_{máx} \tag{3-4}$$

onde $V_{máx}$ é a tensão correspondente a $I_{máx}$. Por exemplo, se um diodo tem uma tensão e uma corrente máximas de 1 V e 2 A, seu valor de potência é 2 W.

Exemplo 3-1 ||| MultiSim

O diodo da Figura 3-3 está polarizado diretamente ou reversamente?

SOLUÇÃO A tensão no resistor R_2 é positiva. Portanto, o circuito está tentando forçar uma corrente no sentido fácil de circulação. Se isso não estiver claro, visualize o circuito equivalente de Thevenin alimentando o diodo, como mostra a Figura 3-3*b*. A fim de determinar o equivalente de Thevenin, lembre-se que $V_{TH} = \frac{R_2}{R_1 + R_2}(V_S)$ e $R_{TH} = \frac{R_1}{R_2}$. Neste circuito em série, podemos ver que a fonte CC está tentando forçar uma corrente no sentido fácil de condução. Portanto, o diodo está diretamente polarizado.

No caso de dúvida, reduza o circuito até chegar a um circuito equivalente em série. Então, ele mostrará claramente se a fonte CC está tentando forçar a corrente no sentido fácil ou não.

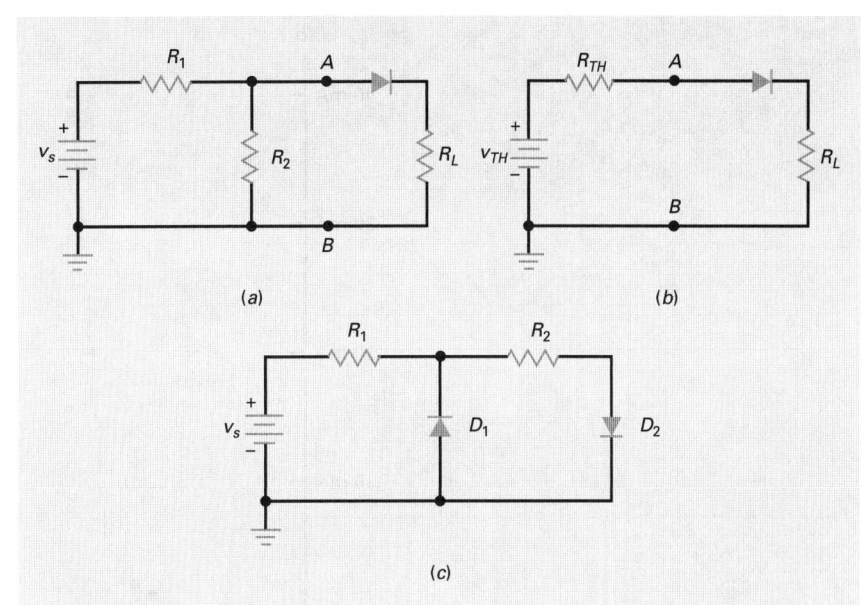

Figura 3-3

PROBLEMA PRÁTICO 3-1 Os diodos da Figura 3-3c estão polarizados direta ou reversamente?

Exemplo 3-2

Um diodo tem uma potência nominal de 5 W. Se a tensão no diodo for de 1,2 V e a corrente de 1,75 A, qual a dissipação de potência? O diodo queimará?

SOLUÇÃO

$P_D = (1,2 \text{ V})(1,75 \text{ A}) = 2,1 \text{ W}$

Esse valor é menor do que a potência nominal do diodo na folha de dados, logo, não queimará.

PROBLEMA PRÁTICO 3-2 Em relação ao Exemplo 3-2, qual a dissipação de potência se a tensão no diodo for de 1,1V e a corrente de 2 A?

3-2 Diodo ideal

A Figura 3-4 mostra um gráfico detalhado da região direta de um diodo. Vemos aqui a corrente no diodo I_D *versus* a tensão no diodo V_D. Observe que a corrente é aproximadamente zero até que a tensão no diodo se aproxima do valor da barreira de potencial. Nas proximidades de 0,6 V a 0,7 V, a corrente no diodo aumenta. Quando a tensão no diodo é maior do que 0,8 V, a corrente é significante e o gráfico é quase linear.

Dependendo de como o diodo foi dopado em seu tamanho físico, ele pode diferir de outros diodos no seu valor de corrente direta máxima, potência e outras características. Se for preciso uma solução exata, podemos usar o gráfico deste diodo particular. Embora os pontos de corrente e de tensão possam ser diferentes de um diodo para outro, o gráfico de qualquer diodo é similar ao da Figura 3-4. Todos os diodos de silício têm uma tensão de joelho de aproximadamente 0,7 V.

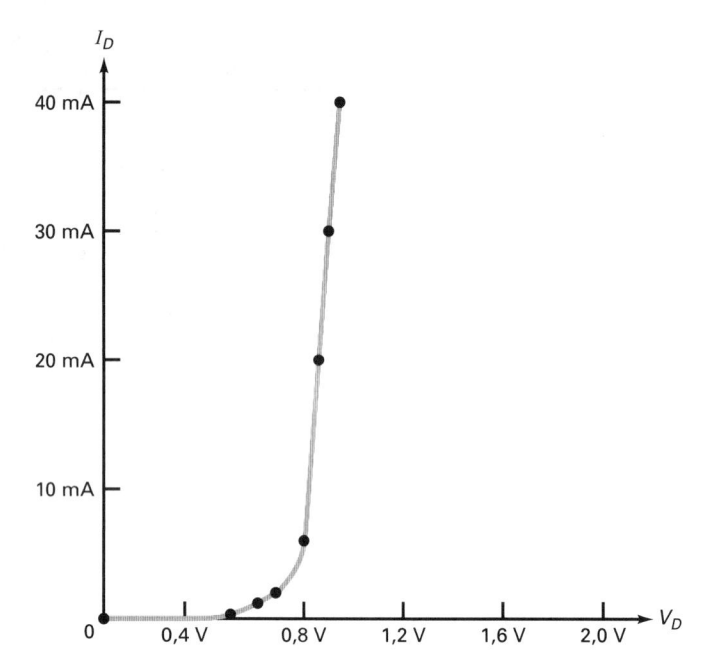

Figura 3-4 Gráfico da corrente direta.

A maioria das vezes, não será necessário uma solução exata, por isso, podemos e devemos usar as aproximações para um diodo. Começaremos com a aproximação mais simples, chamada de **diodo ideal**. Em termos bem básicos, o que faz um diodo? Ele conduz bem no sentido direto e muito mal no sentido inverso. Idealmente, um diodo funciona como um perfeito condutor (resistência zero) quando polarizado diretamente e como um perfeito isolante (resistência infinita) quando polarizado reversamente.

A Figura 3-5a mostra o gráfico corrente-tensão de um diodo ideal. Ele repete o que acabamos de dizer: resistência zero quando polarizado diretamente e resistência infinita quando polarizado reversamente. Um dispositivo como este é impossível de ser fabricado, mas é o que todo fabricante gostaria de produzir, se pudesse.

Existe algum dispositivo que funciona como um diodo ideal? Sim. Uma chave comum tem resistência zero quando fechada e uma resistência infinita quando aberta. Logo, um diodo ideal age como uma chave que fecha quando polarizado diretamente e abre-se quando polarizado reversamente. A Figura 3-5b resume a ideia desta chave.

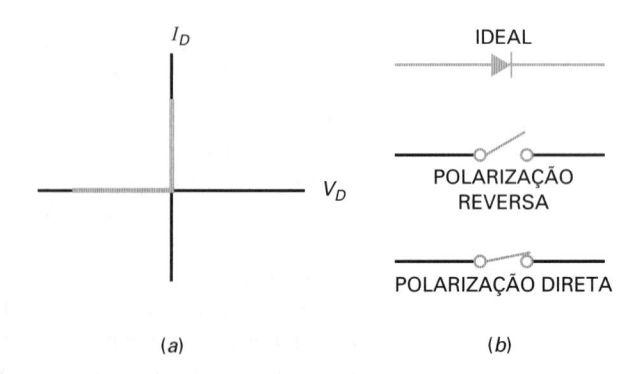

Figura 3-5 (a) A curva do diodo ideal; (b) o diodo ideal funciona como uma chave.

Exemplo 3-3

Use o diodo ideal para calcular a tensão e a corrente na carga na Figura 3-6a.

SOLUÇÃO Como o diodo está polarizado diretamente, ele é equivalente a uma chave fechada. Visualize o diodo como uma chave fechada. Depois, você pode notar que toda a atenção da fonte aparece no resistor de carga.

$V_L = 10\ V$

Com a lei de Ohm, a corrente na carga é:

$$I_L = \frac{10\ V}{1\ k\Omega} = 10\ mA$$

PROBLEMA PRÁTICO 3-3 Na Figura 3-6a, calcule a corrente ideal na carga se a fonte de tensão for de 5V.

Exemplo 3-4

Calcule a tensão e a corrente na carga na Figura 3-6b usando um diodo ideal.

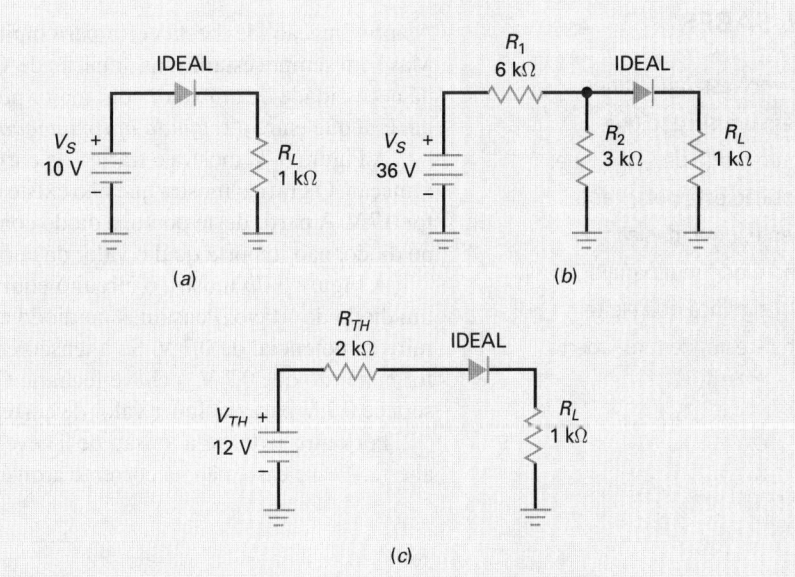

Figura 3-6

SOLUÇÃO Uma forma de resolver este problema é aplicando o teorema de Thevenin no circuito à esquerda do diodo. Olhando do diodo para trás em direção à fonte, podemos ver um divisor de tensão com 6 kΩ e 3 kΩ. A tensão equivalente de Thevenin é de 12 V e a resistência equivalente de Thevenin é de 2 kΩ. A Figura 3-6c mostra o circuito equivalente de Thevenin alimentando o diodo.

Agora que temos um circuito em série, podemos ver que o diodo está polarizado diretamente. Visualize o diodo como uma chave fechada. Então, os cálculos restantes são:

$$I_L = \frac{12\ V}{3\ k\Omega} = 4\ mA$$

e

$$V_L = (4\ mA)(1\ k\Omega) = 4\ V$$

Você não precisa usar o teorema de Thevenin; pode analisar a Figura 3-6*b* visualizando o diodo como uma chave fechada. Haverá um resistor de 3 kΩ em paralelo com outro de 1 kΩ, equivalente a 750 Ω. Usando a lei de Ohm, você pode calcular a queda de tensão de 32 V em um resistor de 6 kΩ. O restante da análise produz a mesma tensão na carga e corrente na carga.

PROBLEMA PRÁTICO 3-4 Usando a Figura 3-6*b*, mude a tensão da fonte de 36V para 18V, e resolva para a tensão e corrente da carga usando um diodo ideal.

3-3 Segunda aproximação

É ÚTIL SABER

Quando você está analisando defeito em um circuito que contém um diodo de silício, que por suposição está polarizado diretamente, uma medição da tensão no diodo muito maior do que 0,7 V significa que ele tem uma falha e está, de fato, aberto.

A aproximação ideal está certa para muitas situações de verificação de defeitos. Mas nem sempre estamos na situação de verificação de defeitos. Em alguns casos, há necessidade de um valor com maior precisão para a corrente e a tensão na carga. É aí que entra a *segunda aproximação*.

A Figura 3-7*a* mostra o tráfico da corrente *versus* tensão para a segunda aproximação. O gráfico mostra que não existe corrente enquanto a tensão no diodo não for 0,7 V. A partir deste ponto, o diodo conduz. Depois disso, apenas 0,7 V aparece no diodo, não importa qual o valor da corrente.

A Figura 3-7*b* mostra o circuito equivalente para a segunda aproximação de um diodo de silício. Pensamos no diodo como uma chave em série com uma barreira de potencial de 0,7 V. Se a tensão equivalente de Thevenin diante do diodo for maior do que 0,7 V, a chave fechará. Quando em condução, a tensão no diodo será de 0,7 V para qualquer valor de corrente direta.

Por outro lado, se a tensão de Thevenin for menor que 0,7 V, a chave estará aberta. Nesse caso, não há corrente através do diodo.

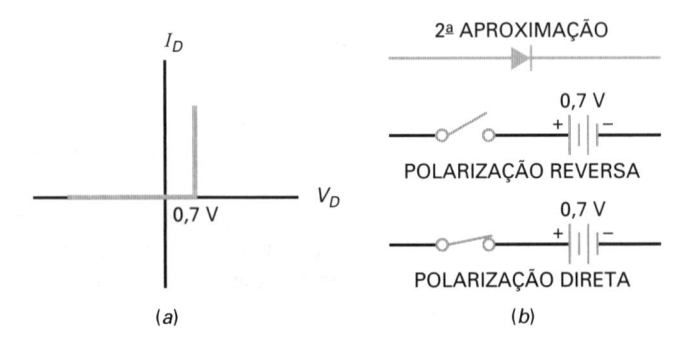

Figura 3-7 (*a*) A curva do diodo para a segunda aproximação; (*b*) circuito equivalente para a segunda aproximação.

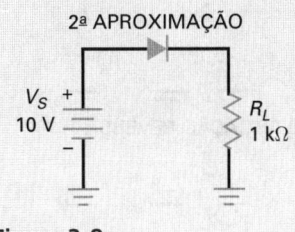

Figura 3-8

Exemplo 3-5

Use a segunda aproximação para calcular a tensão e corrente na carga e a potência no diodo na Figura 3-8.

SOLUÇÃO Como o diodo está polarizado diretamente, ele é equivalente a uma bateria de 0,7 V. Isso significa que a tensão na carga é igual à tensão da fonte menos a queda no diodo:

$$V_L = 10\text{ V} - 0{,}7\text{ V} = 9{,}3\text{ V}$$

Com a lei de Ohm, a corrente na carga é:

$$I_L = \frac{9{,}3\text{ V}}{1\text{ k}\Omega} = 9{,}3\text{ mA}$$

A potência no diodo é:

$$P_D = (0{,}7\text{ V})(9{,}3\text{ mA}) = 6{,}51\text{ mW}$$

PROBLEMA PRÁTICO 3-5 Usando a Figura 3-8, mude a fonte de tensão para 5 V e calcule a nova tensão na carga, corrente e potência no diodo.

Exemplo 3-6

Calcule a tensão e a corrente na carga e a potência no diodo na Figura 3-9a usando a segunda aproximação.

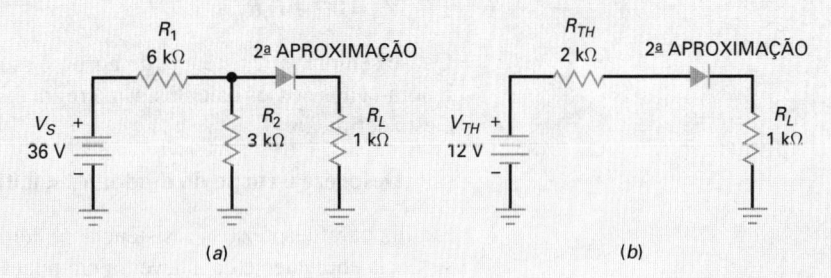

Figura 3-9 (a) Circuito original; (b) circuito simplificado com o teorema de Thevenin.

SOLUÇÃO Novamente, usaremos o circuito equivalente de Thevenin à esquerda do diodo. Como antes, a tensão de Thevenin é de 12 V e a resistência de Thevenin é de 2 kΩ. A Figura 3-9b mostra o circuito simplificado.

Como a tensão no diodo é de 0,7 V, a corrente na carga é:

$$I_L = \frac{12\text{ V} - 0{,}7\text{ V}}{3\text{ k}\Omega} = 3{,}77\text{ mA}$$

A tensão na carga é:

$$V_L = (3{,}77\text{ mA})(1\text{ k}\Omega) = 3{,}77\text{ V}$$

e a potência no diodo é:

$$P_D = (0{,}7\text{ V})(3{,}77\text{ mA}) = 2{,}64\text{ mW}$$

PROBLEMA PRÁTICO 3-6 Repita o Exemplo 3-6 usando 18 V para a fonte de alimentação.

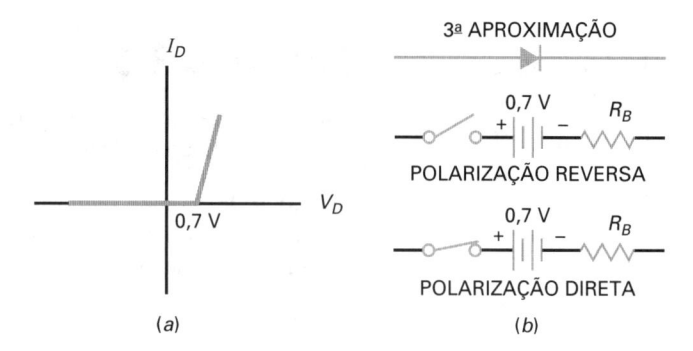

Figura 3-10 (a) Curva do diodo para a terceira aproximação; (b) circuito equivalente para a terceira aproximação.

3-4 Terceira aproximação

Na *terceira aproximação* de um diodo, incluímos a resistência de corpo R_B. A Figura 3-10a mostra o efeito que R_B tem sobre a curva do diodo. Após o diodo de silício entrar em condução, a tensão aumenta linearmente com o aumento da corrente. Quanto maior a corrente, maior a tensão no diodo por causa da queda de tensão na resistência de massa.

O circuito equivalente para a terceira aproximação é uma chave em série como uma barreira de potencial de 0,7 V e uma resistência R_B (veja a Figura 3-10b). Quando a tensão no diodo for maior que 0,7 V, o diodo conduz. Durante a condução a queda de tensão no diodo é:

$$V_D = 0{,}7 + I_D R_B \tag{3-5}$$

Quase sempre, a resistência de corpo é menor que 1 Ω e podemos seguramente ignorá-la nos nossos cálculos. Uma regra útil para desprezar a resistência de corpo é esta definição:

Despreze o corpo do diodo: $R_B < 0{,}01\, R_{TH}$ (3-6)

Ela diz para desprezar a resistência de corpo quando for menor que 1/100 da resistência equivalente de Thevenin em relação ao diodo. Quando essa condição for satisfeita, o erro será menor que 1%. A terceira aproximação é raramente utilizada pelos técnicos, porque o projetista de circuitos geralmente satisfaz à Equação (3-6).

Exemplo de aplicação 3-7

O diodo 1N4001 da Figura 3-11a tem uma resistência de corpo de 0,23 Ω. Qual é a tensão e a corrente na carga e potência no diodo?

SOLUÇÃO Substituindo o diodo por sua terceira aproximação obtém-se a Figura 3-11b. A resistência de corpo é baixa o suficiente para ser ignorada, porque ela é menor do que 1/100 da resistência da carga. Nesse caso, podemos usar a segunda aproximação para resolver o problema. Isso já foi feito no Exemplo 3-6, onde encontramos a tensão, a corrente na carga e a potência no diodo como 9,3 V, 9,3 mA e 6,51 mW.

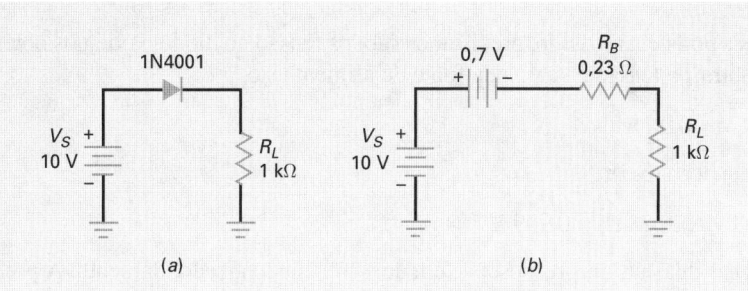

Figura 3-11

Exemplo de aplicação 3-8

||| MultiSim

Repita o exemplo anterior para uma resistência de carga de 10 Ω.

SOLUÇÃO A Figura 3-12a mostra o circuito equivalente. A resistência total é:

$R_T = 0{,}23\ \Omega + 10\ \Omega = 10{,}23\ \Omega$

A tensão total em R_T é:

$V_T = 10\ \text{V} - 0{,}7\ \text{V} = 9{,}3\ \text{V}$

Portanto, a corrente na carga é:

$$I_L = \frac{9{,}3\ \text{V}}{10{,}23\ \Omega} = 0{,}909\ \text{A}$$

A tensão na carga é:

$V_L = (0{,}909\ \text{A})(10\ \Omega) = 9{,}09\ \text{V}$

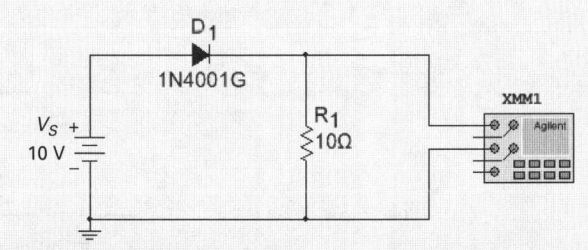

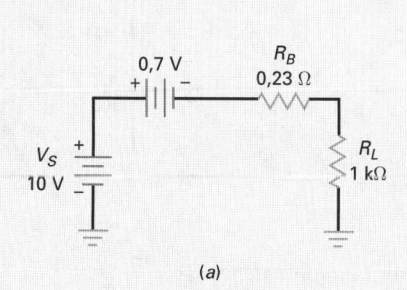

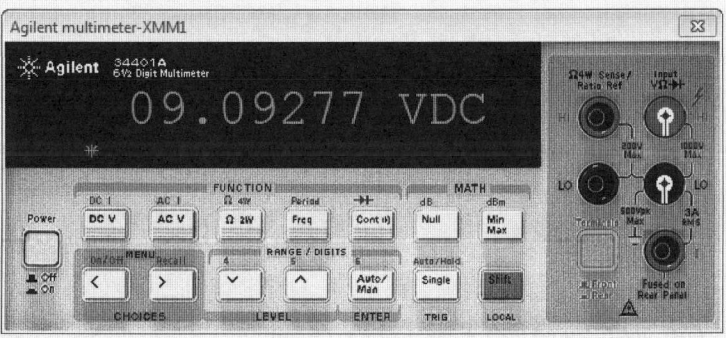

Figura 3-12

Para calcularmos a potência no diodo, precisamos saber a tensão no diodo. Podemos obter isso de dois modos. O primeiro deles é subtrair a tensão na carga da fonte de alimentação:

$$V_D = 10\text{ V} - 9{,}09\text{ V} = 0{,}91\text{ V}$$

Ou podemos usar a Equação (3-5):

$$V_D = 0{,}7\text{ V} + (0{,}909\text{ A})(0{,}23\text{ }\Omega) = 0{,}909\text{ V}$$

A pequena diferença nas duas últimas respostas é em decorrência do arredondamento. A potência no diodo é:

$$P_D = (0{,}909\text{ V})(0{,}909\text{ A}) = 0{,}826\text{ W}$$

Dois outros pontos. Primeiro, o diodo 1N4001 tem uma corrente direta máxima de 1 A e uma potência de 1 W, portanto, o diodo está sendo utilizado no seu limite com uma resistência de carga de 10 Ω. Segundo, a tensão calculada na carga com a terceira aproximação é de 9,09 V e está muito próxima da tensão calculada pelo MultiSim de 9,08 V (veja a Figura 3-12b).

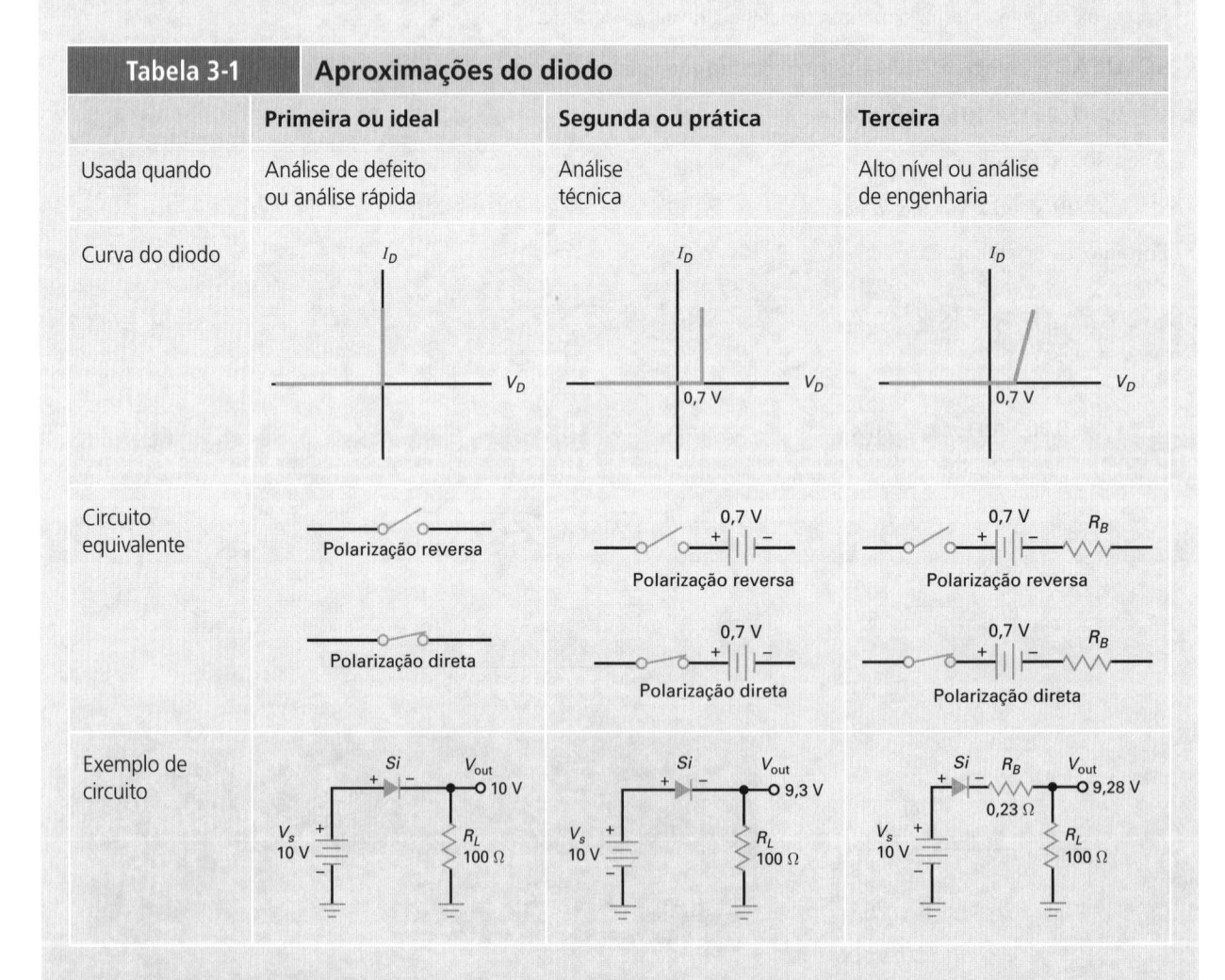

Tabela 3-1 — Aproximações do diodo

	Primeira ou ideal	Segunda ou prática	Terceira
Usada quando	Análise de defeito ou análise rápida	Análise técnica	Alto nível ou análise de engenharia
Curva do diodo	(gráfico I_D vs V_D)	(gráfico I_D vs V_D com 0,7 V)	(gráfico I_D vs V_D com 0,7 V e inclinação)
Circuito equivalente	Polarização reversa (chave aberta); Polarização direta (chave fechada)	Polarização reversa (chave aberta + 0,7 V); Polarização direta (chave fechada + 0,7 V)	Polarização reversa (chave aberta + 0,7 V + R_B); Polarização direta (chave fechada + 0,7 V + R_B)
Exemplo de circuito	V_s = 10 V, Si, R_L = 100 Ω, V_{out} = 10 V	V_s = 10 V, Si, R_L = 100 Ω, V_{out} = 9,3 V	V_s = 10 V, Si, R_B = 0,23 Ω, R_L = 100 Ω, V_{out} = 9,28 V

PROBLEMA PRÁTICO 3-8 Repita o Exemplo 3-8 usando 5 V como o valor da fonte de tensão.

3-5 Análise de defeito

Você pode rapidamente verificar a condição de um diodo com um ohmímetro calibrado na faixa de resistência alta ou média. Meça a resistência CC do diodo nos dois sentidos de condução; depois inverta os terminais e meça a resistência CC novamente. A corrente direta vai depender da faixa que está sendo usada no ohmímetro, ou seja, você obterá diferentes leituras com diferentes faixas de medição.

O principal a ser observado, contudo, é uma razão com valor alto da resistência reversa em relação à direta. Para diodos de silício típicos usados em eletrônica, a razão deve ser maior que 1000:1. Lembre-se de usar a faixa de resistência alta suficiente para evitar a possibilidade de queimar o diodo. Normalmente, as faixas de R × 100 ou R × 1K fornecem medições adequadas e seguras.

O uso de um ohmímetro para verificar diodos é um exemplo de teste de passa não passa. Você não está realmente interessado no valor exato da resistência CC do diodo; tudo o que quer saber é se o diodo apresenta uma resistência baixa no sentido direto e uma resistência alta no sentido inverso. Os defeitos dos diodos podem ser: resistência extremamente baixa nos dois sentidos de condução (diodo em curto); resistência alta nos dois sentidos de condução (diodo aberto); uma resistência até certo ponto baixa no sentido reverso (chamada de *diodo com fuga*).

Quando calibrados para medir resistência, a maioria dos multímetros digitais não tem uma tensão suficiente capaz de testar corretamente os diodos de junção *pn*. Contudo, a maioria deles tem uma faixa especial para o teste de diodo. Quando o instrumento está calibrado para essa faixa, ele fornece uma corrente constante de aproximadamente 1 mA para qualquer dispositivo conectado a seus terminais. Quando polarizado diretamente, o multímetro mostrará a tensão direta da junção *pn* V_F apresentada na Figura 3-13a. A tensão direta será geralmente de 0,5 V a 0,7 V para diodos de junção *pn* de silício. Quando o diodo for polarizado reversamente com os terminais de teste, o medidor indicará uma sobrefaixa como "OL" ou "1" no mostrador (Figura 3-13b). Um diodo em curto deveria mostrar uma tensão de menos de 0,5 V nos dois sentidos de condução. Um diodo aberto poderia ser indicado por uma sobreleitura no mostrador nos dois sentidos. Um diodo com fuga poderia mostrar uma tensão menor que 2,0 V nos dois sentidos.

(a)

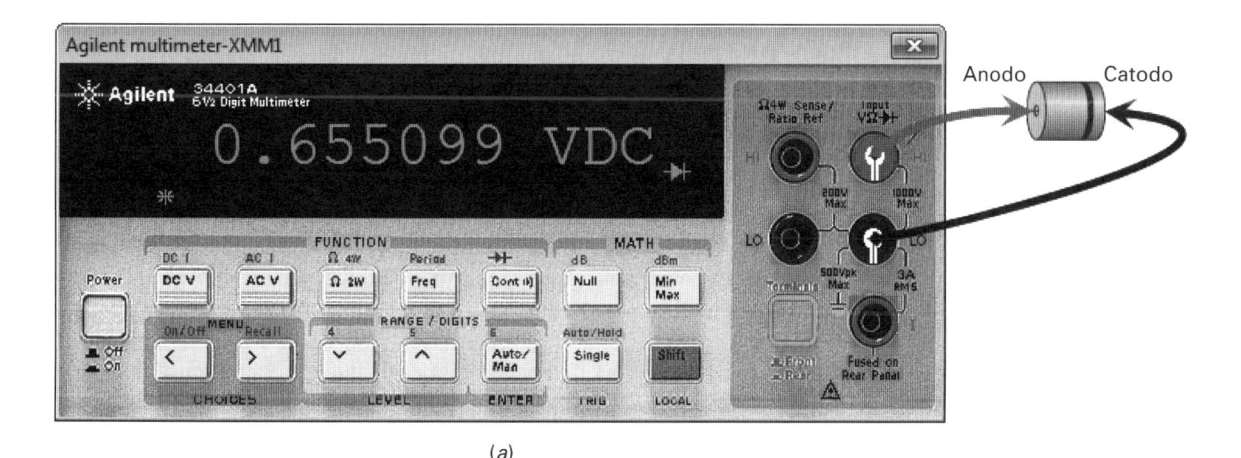

Figura 3-13 (a) Teste do diodo diretamente polarizado com multímetro digital.

(b)

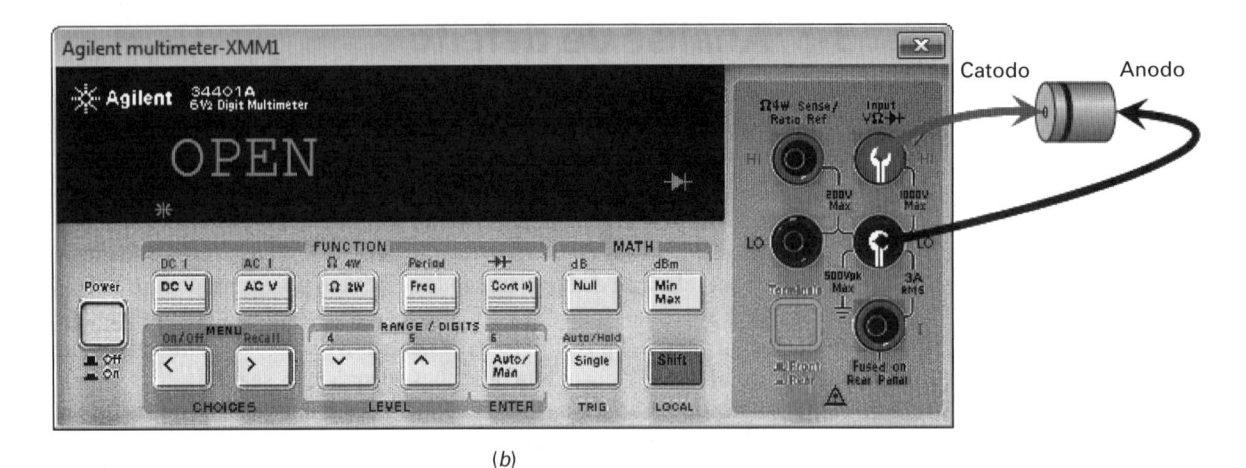

Figura 3-13b (b) Teste do diodo reversamente polarizado com o multímetro digital.

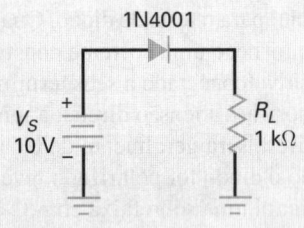

Figura 3-14 Circuito para verificação de defeitos.

Exemplo 3-9

A Figura 3-14 mostra o circuito analisado anteriormente. Suponha que algo queime o diodo. Que tipo de sinal ele apresentaria?

SOLUÇÃO Quando um diodo queima, ele se torna um circuito aberto. Nesse caso, a corrente cai a zero. Portanto, se você medir a tensão na carga, o voltímetro indicará zero.

Exemplo 3-10

Suponha que o circuito da Figura 3-14 não esteja funcionando. Se a carga não estiver em curto-circuito, qual pode ser o defeito?

SOLUÇÃO Vários defeitos são possíveis. Primeiro, o diodo pode estar aberto. Segundo, a fonte de alimentação pode ser 0 V. Terceiro, uma das conexões dos condutores pode estar aberta.

Como você encontraria o defeito? Meça a tensão para isolar o componente com defeito. Depois desconecte aquele componente sob suspeita e teste sua resistência. Por exemplo, você poderia medir a tensão da fonte em primeiro lugar e a tensão na carga em segundo. Se a tensão da fonte estiver certa mas não houver tensão na carga, o diodo pode estar aberto. Um teste com um ohmímetro ou um multímetro digital poderia esclarecer a dúvida. Se o diodo passar no teste do ohmímetro ou do multímetro, verifique as conexões, pois não há mais nada que justifique a falta de tensão na carga, sabendo-se que existe tensão na fonte de alimentação.

Se não existir tensão na saída da fonte, ela pode estar com defeito ou alguma conexão entre a fonte e o diodo está aberta. Defeitos nas fontes de alimentação são comuns. Na maioria das vezes quando constatamos que um equipamento eletrônico não está funcionando, o defeito está na fonte de alimentação. É por isso que muitos técnicos começam a análise de defeito medindo as tensões da fonte de alimentação.

3-6 Interpretação das folhas de dados

Uma folha de dados ou folha de especificação lista os parâmetros importantes e as características de funcionamento para os dispositivos a semicondutores. Além disso, informações essenciais, como tipo de encapsulamento, pinagem, procedimentos para testes e aplicações típicas, podem ser obtidas pelas folhas de dados do componente. Os fabricantes de semicondutores geralmente fornecem essas informações nos catálogos de dados ou em seus sites. Elas também podem ser obtidas na Internet nas empresas especializadas em referências cruzadas ou em substituição de componentes.

A maioria das informações contidas nas folhas de dados do fabricante não é clara e é usada apenas pelos projetistas de circuitos. Por essa razão, vamos discutir apenas aquelas que descrevem os dados contidos neste livro.

É ÚTIL SABER

Sites de busca como o Google podem ajudá-lo a encontrar rapidamente especificações de semicondutores.

Tensão de ruptura reversa

Vamos começar com a folha de dados do 1N4001, um diodo retificador utilizado nas fontes de alimentação (circuitos que convertem a tensão CA em CC). A Figura 3-15 mostra uma folha de dados para a série de diodos 1N4001 a 1N4007: sete diodos que têm as mesmas características de condução direta, mas diferem nas suas carcterísticas de condução reversa. Estamos interessados no 1N4001, um dos membros dessa família de diodos. A primeira informação dos Valores Nominais Máximos é:

	Símbolo	1N4001
Tensão de Pico Reverso Repetitivo	V_{RRM}	50 V

A tensão de ruptura para este diodo é de 50 V. A ruptura ocorre porque há um efeito de avalanche no diodo quando um número muito grande de portadores aparece repentinamente na camada de depleção. Com um diodo como o 1N4001, a ruptura é geralmente destrutiva.

Com o diodo 1N4001, uma tensão reversa de 50 V representa um nível destrutivo que um projetista em geral evita sobre todas as condições de operação. É por isso que o projetista inclui um *fator de segurança*. Não existe uma regra para o valor desse fator de segurança; ele depende de vários outros fatores do projeto. Um projeto muito seguro pode usar um fator 2, o que significa que nunca permitirá que a tensão reversa seja maior que 25 V no diodo 1N4001. Um projeto menos cauteloso pode permitir que a tensão no 1N4001 seja de no máximo 40 V.

Algumas folhas de dados denominam a tensão de ruptura reversa como *PIV*, *PRV* ou *BV*.

Corrente máxima direta

Um outro dado de interesse é a corrente direta retificada média, apresentada na folha de dados como:

	Símbolo	Valor
Corrente Direta Retificada Média @ $T_A = 75°C$	$I_{F(VA)}$	1 A

Esse dado informa-nos que o diodo 1N4001 pode conduzir uma corrente de até 1 A no sentido de condução direta quando utilizado como um retificador. Você aprenderá mais sobre corrente direta retificada média no próximo capítulo. Por hora, é preciso saber que 1 A é o valor de corrente direta que o diodo queima por causa da dissipação de potência excessiva. Algumas folhas de dados listam a corrente média como I_0.

FAIRCHILD
SEMICONDUCTOR®

May 2009

1N4001 - 1N4007
General Purpose Rectifiers

Features
- Low forward voltage drop.
- High surge current capability.

DO-41
COLOR BAND DENOTES CATHODE

Absolute Maximum Ratings * $T_A = 25°C$ unless otherwise noted

Symbol	Parameter	Value							Units
		4001	4002	4003	4004	4005	4006	4007	
V_{RRM}	Peak Repetitive Reverse Voltage	50	100	200	400	600	800	1000	V
$I_{F(AV)}$	Average Rectified Forward Current .375 " lead length @ $T_A = 75°C$	1.0							A
I_{FSM}	Non-Repetitive Peak Forward Surge Current 8.3ms Single Half-Sine-Wave	30							A
I^2t	Rating for Fusing (t<8.3ms)	3.7							A^2sec
T_{STG}	Storage Temperature Range	-55 to +175							°C
T_J	Operating Junction Temperature	-55 to +175							°C

* These ratings are limiting values above which the serviceability of any semiconductor device may by impaired.

Thermal Characteristics

Symbol	Parameter	Value	Units
P_D	Power Dissipation	3.0	W
$R_{\theta JA}$	Thermal Resistance, Junction to Ambient	50	°C/W

Electrical Characteristics $T_A = 25°C$ unless otherwise noted

Symbol	Parameter	Value	Units
V_F	Forward Voltage @ 1.0A	1.1	V
I_{rr}	Maximum Full Load Reverse Current, Full Cycle $T_A = 75°C$	30	µA
I_R	Reverse Current @ Rated V_R $T_A = 25°C$ $T_A = 100°C$	5.0 50	µA µA
C_T	Total Capacitance $V_R = 4.0V$, f = 1.0MHz	15	pF

© 2009 Fairchild Semiconductor Corporation
1N4001 - 1N4007 Rev. C2

(a)

www.fairchildsemi.com

Figura 3-15 Folha de dados para os diodos 1N4001 a 1N4007[1]. (Copyright Fairchild Semiconductor Corporation. Usado com permissão.)

---

[1] N. de R.T.: As folhas de dados normalmente estão disponíveis em língua inglesa. É recomendável conhecimento de inglês técnico.

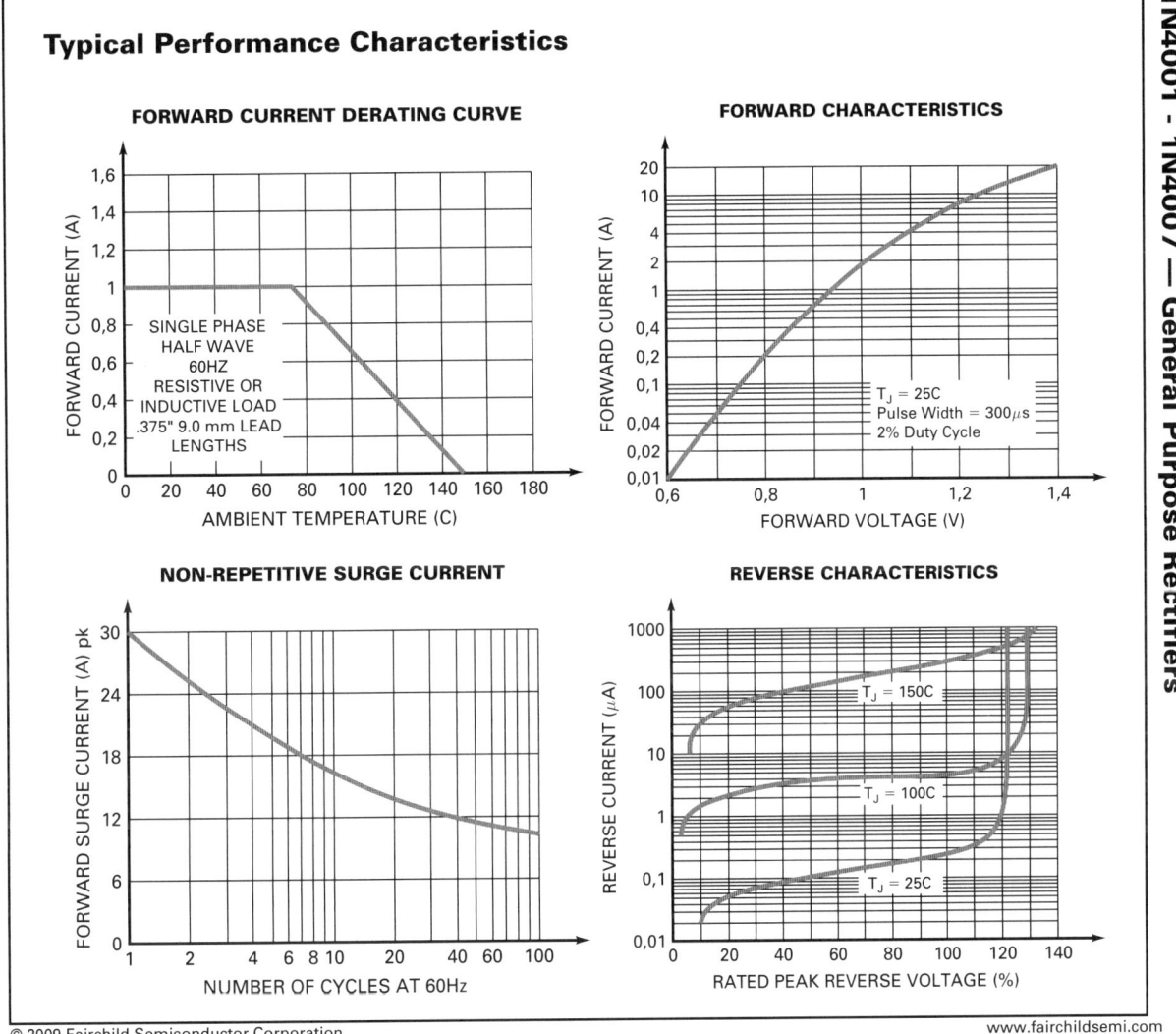

Figura 3-16 Folha de dados para os diodos 1N4001 a 1N4007. (Copyright Fairchild Semiconductor Corporation. Usado com permissão). (Continuação)

Novamente, um projetista se preocupa com o valor de 1 A como o valor nominal máximo absoluto para o 1N4001, um valor de corrente direta que nunca deve ser aproximado. É por isso que um fator de segurança deve ser incluído – possivelmente um fator de 2. Em outras palavras, um projeto seguro deve garantir que a corrente direta seja menor que 0,5 A em qualquer condição de operação. Estudos de defeitos de dispositivos mostram que o tempo de vida de um dispositivo diminui com valores próximos dos nominais máximos. É por isso que alguns projetistas usam um fator de segurança de até 10:1. Um projeto realmente cauteloso deve manter a corrente direta máxima para um 1N4001 com valor de 0,1 A ou menos.

Queda de tensão direta

A respeito das "Características Elétricas" na Figura 3-15, o primeiro dado mostrado nas folhas de dados fornece o seguinte:

Características e Condições	Símbolo	Valor Máximo
Queda de Tensão Direta $(i_F) = 1,0\ A, T_A = 25°C$	V_F	1,1 V

Conforme mostra a Figura 3-15 no gráfico "Características Diretas", o 1N4001 tem uma queda de tensão direta típica de 0,93 V quando a corrente direta for de 1 A, se a temperatura da junção for de 25°C. Se você testar milhares de diodos 1N4001, encontrará alguns que apresentarão um valor de 1,1 V de queda direta com uma corrente de 1 A.

Corrente reversa máxima

Outra informação nas folhas de dados que vale a pena estudar é:

Características e Condições	Símbolo	Valor Máximo
Corrente Reversa Máxima	I_R	
$T_A = 25°C$		10 µA
$TA_j = 100°C$		50 µA

Essa é a corrente reversa com uma tensão CC nominal (50 V para o 1N4001). A 25°C, o 1N4001 tem uma corrente reversa de 500 µA a 100°C. Lembre-se de que essa corrente reversa inclui a corrente de saturação produzida termicamente e a corrente de fuga da superfície. Por esses números você pode ver que a temperatura é importante. Um projeto que requer uma corrente reversa de menos de 5,0 µA trabalhará bem na temperatura de 25°C com um diodo típico 1N4001, mas não funcionará bem em uma produção em massa, se a temperatura da junção atingir o valor de 100°C.

3-7 Como calcular a resistência de corpo

Quando você está tentando analisar um circuito de precisão com diodo, precisa saber o valor da resistência de corpo do diodo. As folhas de dados dos fabricantes não fornecem o valor da resistência de corpo do diodo separadamente, mas informações suficientes que nos permitem calcular seu valor. Aqui está uma fórmula derivada para isto:

$$R_B = \frac{V_2 - V_1}{I_2 - I_1} \tag{3-7}$$

onde V_1 e I_1 são a tensão e a corrente em algum ponto no joelho ou acima; V_2 e I_2 são a tensão e a corrente em algum ponto bem acima do joelho na curva do diodo.

Por exemplo, a folha de dados de um diodo 1N4001 fornece uma tensão direta de 0,93 V para uma corrente de 1 A. Como ele é um diodo de silício, tem uma tensão de joelho de 0,7 V, aproximadamente, e uma corrente de, aproximadamente zero. Portanto, os valores a serem usados são $V_2 = 0,93$ V, $I_2 = 1$ A, $V_1 = 0,7$ V e $I_1 = 0$. Substituindo esses valores na equação, obtemos uma resistência de corpo de:

$$R_B = \frac{V_2 - V_1}{I_2 - I_1} = \frac{0,93\ V - 0,7\ V}{1\ A - 0\ A} = \frac{0,23\ V}{1\ A} = 0,23\ \Omega$$

A propósito, a curva do diodo é um gráfico de corrente *versus* tensão. A resistência de corpo é igual ao inverso da inclinação acima da curva do joelho. Quanto maior a inclinação da curva do diodo, menor a resistência de corpo. Em outras palavras, quanto mais vertical for a curva do diodo acima do joelho, menor a resistência de corpo.

3-8 Resistência CC do diodo

Se você dividir a tensão total no diodo pela corrente total no diodo, obterá sua *resistência CC*. No sentido de condução direta, essa resistência CC é simbolizada por R_F; no sentido de condução reversa, ela é designada por R_R.

Resistência direta

Como o diodo é um dispositivo não linear, sua resistência CC varia conforme a corrente que circula por ele. Por exemplo, aqui estão alguns pares de corrente e tensão diretas para um diodo 1N914: 10 mA com 0,65 V; 30 mA com 0,75 V; e 50 mA com 0,85 V. No primeiro ponto, a resistência CC é:

$$R_F = \frac{0,65 \text{ V}}{10 \text{ mA}} = 65 \ \Omega$$

No segundo ponto:

$$R_F = \frac{0,75 \text{ mV}}{30 \text{ mA}} = 25 \ \Omega$$

E no terceiro ponto:

$$R_F = \frac{0,85 \text{ mV}}{50 \text{ mA}} = 17 \ \Omega$$

Observe como a resistência CC diminui com o aumento da corrente. Em qualquer caso, a resistência direta é baixa comparada com resistência reversa.

Resistência reversa

De modo similar, aqui estão dois pares de correntes e tensões reversas para um 1N914: 25 nA com 20 V; 5 μA com 75 V. No primeiro ponto, a resistência CC é:

$$R_F = \frac{20 \text{ V}}{25 \text{ nA}} = 800 \text{ M}\Omega$$

No segundo ponto:

$$R_R = \frac{75 \text{ V}}{5 \ \mu\text{A}} = 15 \text{ M}\Omega$$

Observe como a resistência CC diminui à medida que nos aproximamos da tensão de ruptura (75 V).

Resistência CC *versus* resistência de corpo

A resistência CC de um diodo é diferente da resistência de corpo. A resistência CC de um diodo é igual à resistência de corpo *mais* o efeito da barreira de potencial. Em outras palavras, a resistência CC de um diodo é a resistência total, enquanto a resistência de corpo é a resistência somente das regiões *p* e *n*. Por isso, a resistência de um diodo é sempre maior que a resistência de corpo.

3-9 Retas de carga

Essa seção trata das **retas de carga**, um recurso usado para calcular o valor exato da corrente e da tensão no diodo. As retas de carga são úteis para os transistores, de modo que uma explanação detalhada será dada em um estudo posterior sobre transistor.

Equação para a reta de carga

Como podemos calcular os valores exatos de corrente e tensão na Figura 3.16a? A corrente no resistor é:

$$I_D = \frac{V_S - V_D}{R_S} \tag{3-8}$$

Como esse é um circuito em série, sua corrente é a mesma do diodo.

Um exemplo

Se a tensão da fonte for de 2 V e a resistência for de 100 Ω, como mostra a Figura 3-16b, então a Equação (3.8) será:

$$I_D = \frac{2 - V_D}{100} \tag{3-9}$$

A Equação (3-9) é uma relação linear entre a corrente e a tensão. Se representarmos graficamente essa equação, obteremos uma reta. Por exemplo, suponha que V_D seja igual a zero. Então:

$$I_D = \frac{2\,V - 0\,V}{100\,\Omega} = 20\,mA$$

Traçando esse ponto (I_D = 20 mA, V_D = 0), obtemos o ponto sobre o eixo vertical da Figura 3.17. Esse ponto é chamado de *saturação*, porque representa a corrente máxima com 2 V aplicados numa resistência de 100 Ω.

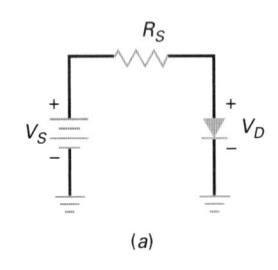

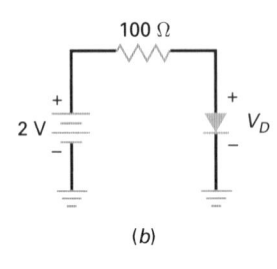

Figura 3-16 Análise com a reta de carga.

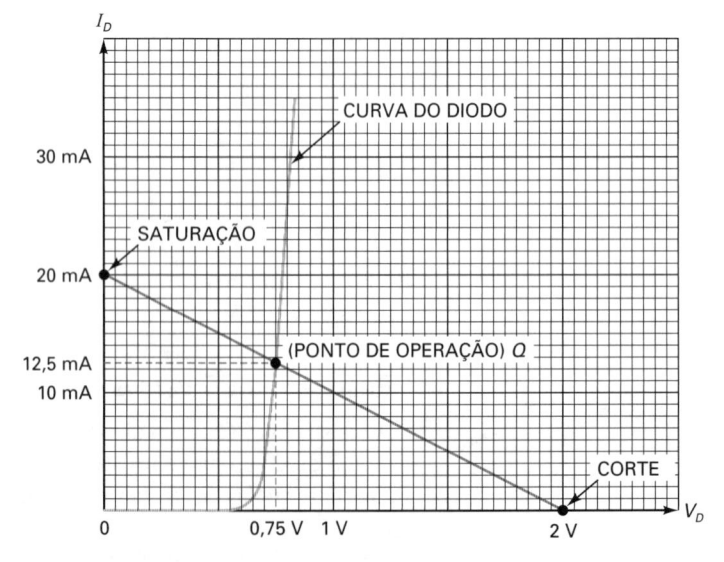

Figura 3-17 O ponto Q é a intersecção da curva do diodo com a reta de carga.

Veja como obter outro ponto. Faça V_D igual a 2 V. Portanto, a Equação (3-9) nos dá:

$$I_D = \frac{2\text{ V} - 2\text{ V}}{100\ \Omega} = 0$$

Quando representamos graficamente esse ponto ($I_D = 0$, $V_D = 2$ V), obtemos o ponto mostrado sobre o eixo horizontal (Figura 3-17). Esse ponto é chamado de *corte* porque representa o valor da corrente mínima.

Pela escolha de outros valores de tensões, podemos calcular e traçar pontos adicionais. Pelo fato de a Equação (3-9) ser linear, todos os pontos repousarão sobre a reta mostrada na Figura 3-17. A reta é chamada de *reta de carga*.

Ponto Q

A Figura 3-17 mostra a reta de carga e a curva do diodo. O ponto de interseção conhecido como ponto Q representa uma solução simultânea entre a curva do diodo e a reta de carga. Em outras palavras, o ponto Q é o único ponto no gráfico que trabalha para os dois, diodo e circuito. Pela leitura das coordenadas do ponto Q, obtemos uma corrente de 12,5 mA e uma tensão no diodo de 0,75 V.

O ponto Q definido anteriormente não tem relação com o ponto Q de uma bobina. Neste presente estudo Q é uma abreviação de *quiescente*, que significa "em repouso" (quieto). O ponto quiescenete ou ponto Q de circuitos com semicondutor será estudado em capítulos posteriores.

3-10 Diodos para montagem em superfície

Os diodos para montagem em superfície (SM) podem ser encontrados em qualquer circuito onde for necessária a aplicação de um diodo. Os diodos SM são pequenos, eficientes e relativamente fáceis de testar, de serem dessoldados e substituídos na placa de circuito impresso. Embora existam vários tipos de encapsulamento, dois são básicos e predominam industrialmente: SM (*surface mount* – montagem em superfície) e SOT (*small outline transistor* – transistor de perfil baixo).

O encapsulamento SM tem dois terminais dobrados em L e uma faixa colorida em um dos lados do corpo para indicar o terminal do catodo. A Figura 3-18 mostra um conjunto típico de medidas. O comprimento e a largura do encapsulamento SM são relacionados com a faixa de corrente do dispositivo. Quanto maior a área da superfície maior a faixa de corrente. De modo que um diodo SM na faixa de 1 A deve ter uma superfície dada por 0,181 polegada (4,597 mm) por 0,115 polegada (2,921 mm). Um outro diodo na faixa de 3 A, por outro lado, deve medir 0,260 polegada (6,604 mm) por 0,236 polegada (5,994 mm). A espessura desses diodos tende a permanecer com cerca de 0,103 polegada (2,162 mm) para todas as faixas de correntes.

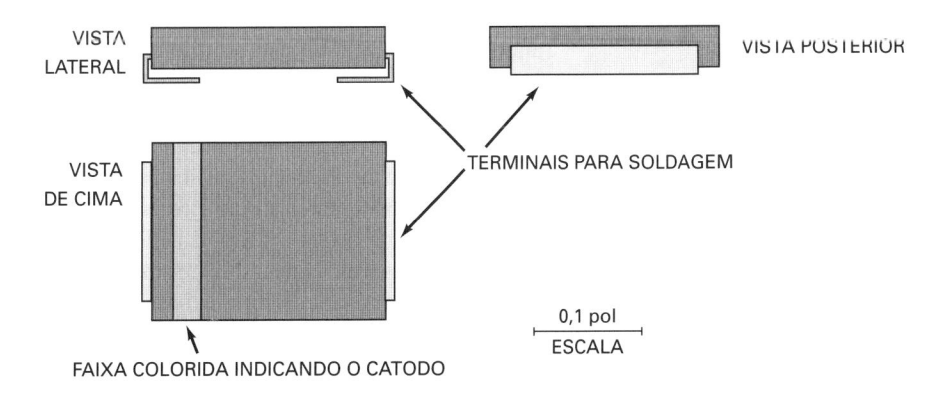

Figura 3-18 Os dois terminais de encapsulamento SM, usados para diodos SM.

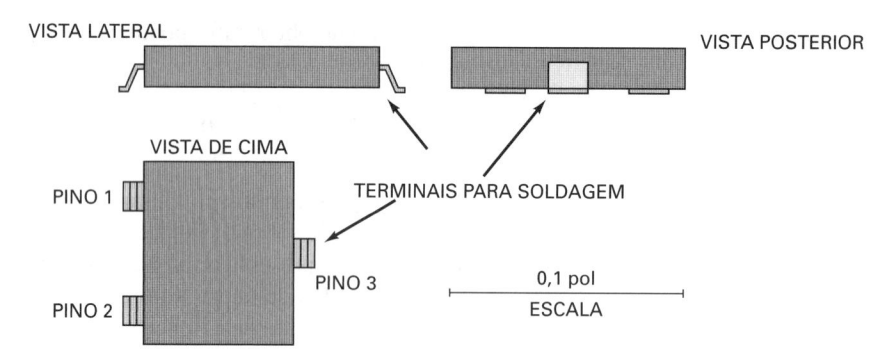

Figura 3-19 O encapsulamento SOT-23 de um transistor de três terminais normalmente usado para diodos de montagem em superfície.

Aumentando-se a área da superfície de um diodo SM sua capacidade de dissipar calor aumenta. Além disso, o aumento correspondente à largura dos terminais de montagem aumenta a condutância térmica para um virtual dissipador de calor, quando são soldadas a junção, ilhas de montagem e a própria placa de circuito impresso.

O encapsulamento SOT-23 tem três terminais dobrados em forma de asa (como na Figura 3-19). Os terminais são numerados no sentido anti-horário visto de cima, sendo que o pino 3 fica sozinho de um lado. Contudo, não há marca-padrão indicando qual dos dois terminais são usados como catodo ou anodo. Para determinar as conexões internas do diodo, você pode procurar por uma faixa impressa na placa de circuito, diagrama esquemático ou consultar a folhas de dados do fabricante. Alguns tipos de encapsulamento SOT incluem dois diodos, os quais têm um terminal como anodo comum ou catodo comum.

Diodos com encapsulamento SOT-23 são pequenos, com dimensões não maiores que 0,1 polegada (2,54 mm). Essas pequenas medidas dificultam a dissipação do calor de modo que esses diodos são geralmente fabricados para faixas de 1 A ou menos. Essas medidas pequenas também tornam impraticável a identificação por códigos. Como muitos dispositivos minúsculos SM, você deve determinar a pinagem com base em outras marcas na placa de circuito e no diagrama esquemático.

3-11 Introdução aos sistemas eletrônicos

No seu estudo de Princípios de Eletrônica, você conhecerá uma grande quantidade de dispositivos ou componentes eletrônicos semicondutores. Cada um desses dispositivos terão propriedades e características únicas. O conhecimento da função de cada um desses componentes é muito importante. Mas, isso é apenas o começo.

Esses componentes eletrônicos normalmente não operam por conta própria, ou seja, é necessário adicionar outros dispositivos, como resistores, capacitores, indutores e outros componentes semicondutores, que são interconectados para formarem um circuito eletrônico. Esses circuitos eletrônicos normalmente são classificados em subconjuntos, como circuitos analógicos e circuitos digitais. Existem, também, classificações específicas quanto à função do circuito, como amplificadores, retificadores, conversores e outras. Os circuitos analógicos operam com grandezas que variam de forma contínua no tempo e, por isso, são denominados

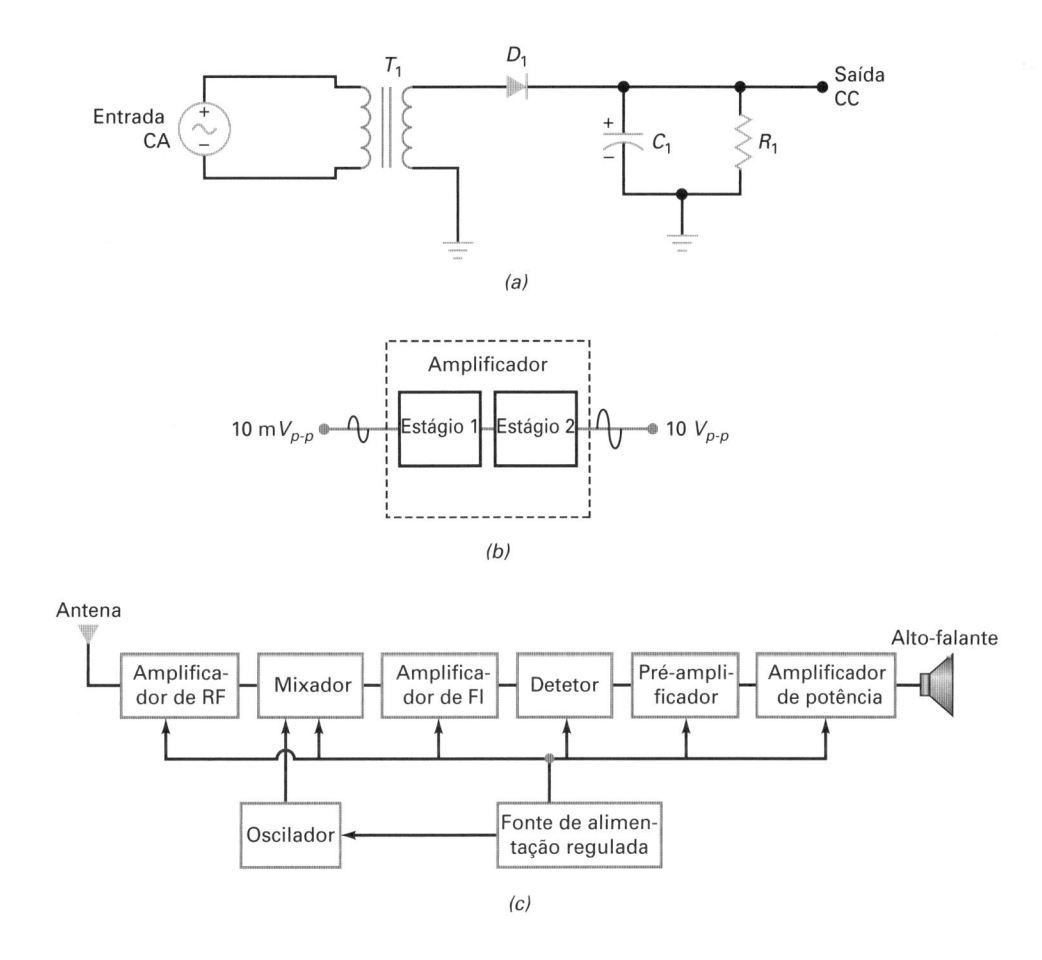

Figura 3-20 (a) Circuito retificador básico; (b) bloco funcional de um amplificador; (c) diagrama em blocos de um receptor de comunicação.

circuitos eletrônicos lineares. Já os circuitos digitais geralmente operam com apenas dois níveis de tensões distintas, nível alto e nível baixo, representados por estados lógicos "1" e "0", respectivamente. Um circuito retificador básico, utilizando transformador, diodo, resistor e capacitor é mostrado na Fig. 3-20a.

O que ocorre quando diferentes tipos de circuitos são interconectados? Combinando vários circuitos podemos criar os chamados blocos funcionais. Esses blocos podem ter vários estágios e são projetados com o objetivo de receberem vários sinais de entrada e produzirem uma resposta ou saída desejada. Como exemplo, na Fig. 3-20b, temos um amplificador com dois estágios para amplificar um sinal de entrada de apenas 10mVpp para se obter um sinal de saída de 10Vpp.

Os blocos eletrônicos funcionais podem ser interconectados? Perfeitamente! É quando o estudo da eletrônica se torna bastante dinâmico e diversificado. Esses blocos eletrônicos funcionais são interconectados para criarem **sistemas eletrônicos**. Sistemas eletrônicos podem ser encontrados em uma grande variedade de áreas, como automação e controle industrial, comunicação eletrônica, tecnologia da informação, sistemas de segurança e outras. A Fig. 3-20c apresenta um diagrama de blocos funcionais de um receptor de comunicação eletrônica básico. Esse tipo de diagrama é muito útil quando analisamos defeitos ou falhas em sistemas eletrônicos.

Resumo

SEÇÃO 3-1 IDEIAS BÁSICAS
Um diodo é um dispositivo não linear. A tensão de joelho, aproximadamente de 0,7 V para um diodo de silício é onde a curva direta vira para cima. A resistência de corpo é a resistência ôhmica das regiões p e n. Os diodos têm valores de corrente direta máxima e faixas de potência.

SEÇÃO 3-2 DIODO IDEAL
Esta é a primeira aproximação de um diodo. O circuito equivalente é uma chave que fecha quando a polarização é direta e abre quando a polarização é reversa.

SEÇÃO 3-3 SEGUNDA APROXIMAÇÃO
Nesta aproximação, visualizamos o diodo de silício como uma chave em série com uma tensão de joelho de 0,7 V. Se a tensão equivalente de Thevenin que chega ao diodo for maior que 0,7 V, a chave fecha.

SEÇÃO 3-4 TERCEIRA APROXIMAÇÃO
Raramente usamos esta aproximação porque a resistência de corpo é geralmente baixa o suficiente para ser desprezada. Nesta aproximação visualizamos o diodo como uma chave em série com uma tensão de joelho e uma resistência de corpo.

SEÇÃO 3-5 ANÁLISE DE DEFEITO
Ao suspeitar que um diodo está com defeito, retire-o do circuito e use um ohmímetro para medir sua resistência nos dois sentidos de condução. Você deve obter uma resistência alta num sentido e uma resistência baixa no outro sentido, com uma razão de pelo menos 1.000:1. Lembre-se de usar a faixa de resistência do multímetro com valor alto suficiente quando testar um diodo, para evitar possíveis danos no diodo. Um multímetro digital indicará no mostrador um valor ente 0,5 V e 0,7 V e uma indicação de faixa de leitura ultrapassada quando ele estiver polarizado reversamente.

SEÇÃO 3-6 INTERPRETAÇÃO DAS FOLHAS DE DADOS
As folhas de dados são úteis para um projetista de circuito e pode ser útil para o técnico de manutenção para escolher e substituir um dispositivo, que algumas vezes se torna necessário. As folhas de dados de diferentes fabricantes contêm informações similares, mas são usados símbolos diferentes para indicar condições de funcionamentos diferentes. As folhas de dados do diodo podem listar as seguintes informações: tensão de ruptura (V_R, V_{RRM}, V_{RWM}, PIV, PRV, BV), correntes diretas máximas ($I_{F(max)}$, $I_{F(av)}$, I_0), quedas de tensão direta ($V_{F(max)}$, I_F) e corrente reversa máxima ($I_{R(max)}$, I_{RRM}).

SEÇÃO 3-7 COMO CALCULAR A RESISTÊNCIA DE CORPO
Você precisa de dois pontos na região direta com a terceira aproximação. Um ponto pode ser 0,7 V com uma corrente igual a zero. O segundo ponto é obtido da folha de dados com uma corrente direta de valor alto onde são dadas a tensão e a corrente.

SEÇÃO 3-8 RESISTÊNCIA CC DO DIODO
A resistência CC é igual à tensão no diodo dividida pela corrente no diodo em algum ponto de operação. Esta resistência é aquela que um ohmímetro mediria. A resistência CC tem uma aplicação limitada, com exceção de informar que seu valor é baixo no sentido direto de condução e um valor alto no sentido reverso de condução.

SEÇÃO 3-9 RETAS DE CARGA
A corrente e a tensão num circuito com diodo precisa satisfazer a duas condições: a curva do diodo e a lei de Ohm para o resistor de carga. Existem duas exigências separadas que graficamente transferem para a interseção da curva do diodo e a reta de carga.

SEÇÃO 3-10 DIODOS PARA MONTAGEM EM SUPERFÍCIE
Os diodos para montagem em superfície são sempre encontrados nas placas de circuitos eletrônicos modernos. Esses diodos são de dimensões muito reduzidas, eficientes e tipicamente encontrados com encapsulamento SM (montagem em superfície) ou SOT (*small outline transistor*).

SEÇÃO 3-11 INTRODUÇÃO AOS SISTEMAS ELETRÔNICOS
Dispositivos semicondutores são combinados para formarem circuitos. Circuitos são agrupados para formarem blocos funcionais. Blocos funcionais são interconectados para formarem sistemas eletrônicos.

Definições

(3-1) Tensão do joelho para o diodo de silício:

$V_K \approx 0{,}7$ V

(3-2) Resistência de corpo:

$R_B = R_P + R_N$

(3-4) Dissipação de potência máxima

$P_{máx} = V_{máx} I_{máx}$

(3-6) Desprezando a resistência de corpo

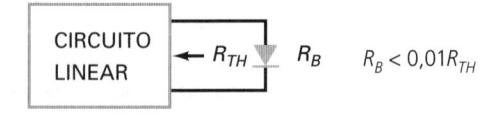

$R_B < 0{,}01 R_{TH}$

Derivações

(3-3) Dissipação de potência do diodo:

$$P_D = V_D I_D$$

(3-5) Terceira aproximação:

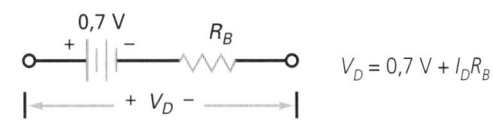

$$V_D = 0{,}7\ \text{V} + I_D R_B$$

(3-7) Resistência de corpo:

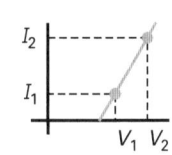

$$R_B = \frac{V_2 - V_1}{I_2 - I_1}$$

Exercícios

1. Quando o gráfico de corrente *versus* tensão é uma reta, o dispositivo é referido como
   a. Ativo
   b. Linear
   c. Não linear
   d. Passivo

2. Que tipo de dispositivo é o resistor?
   a. Unilateral
   b. Linear
   c. Não linear
   d. Bipolar

3. Que tipo de dispositivo é o diodo?
   a. Bilateral
   b. Linear
   c. Não linear
   d. Unilateral

4. Como está polarizado um diodo que não está conduzindo?
   a. Diretamente
   b. Inversamente
   c. Pobremente
   d. Reversamente

5. Quando a corrente em um diodo é alta, sua polarização é
   a. Direta
   b. Inversa
   c. Pobre
   d. Reversa

6. A tensão do joelho de um diodo é aproximadamente igual à
   a. Tensão aplicada
   b. Barreira de potencial
   c. Tensão de ruptura
   d. Tensão direta

7. A corrente reversa consiste na corrente de portadores minoritários e na
   a. Corrente de avalanche
   b. Corrente direta
   c. Corrente de fuga da superfície
   d. Corrente Zener

8. Que valor de tensão existe em um diodo de silício polarizado diretamente quando analisado com a segunda aproximação?
   a. 0
   b. 0,3 V
   c. 0,7 V
   d. 1 V

9. Que valor de corrente existe em um diodo de silício polarizado reversamente quando analisado com a segunda aproximação?
   a. 0
   b. 1 mA
   c. 300 mA
   d. Nenhuma das anteriores

10. Que valor de tensão existe em um diodo de silício polarizado diretamente quando analisado com a aproximação de um diodo ideal?
    a. 0
    b. 0,7 V
    c. Mais que 0,7 V
    d. 1 V

11. A resistência de corpo de um diodo 1N4001 é
    a. 0
    b. 0,23 Ω
    c. 10 Ω
    d. 1 kΩ

12. Se a resistência de corpo de um diodo é zero, seu gráfico acima do joelho é
    a. Horizontal
    b. Vertical
    c. Inclinado a 45°
    d. Nenhuma das anteriores

13. O diodo ideal é geralmente adequado quando
    a. Estamos verificando defeitos
    b. Estamos fazendo cálculo preciso
    c. A tensão da fonte é baixa
    d. A resistência da carga é baixa

14. A segunda aproximação funciona bem quando
    a. Estamos verificando defeitos
    b. A resistência da carga é alta
    c. A tensão da fonte é alta
    d. Todas as anteriores

15. A única vez que você precisa usar a terceira aproximação é quando
    a. A resistência da carga é baixa
    b. A tensão da fonte é alta
    c. Estamos verificando defeitos
    d. Nenhuma das anteriores

16. MultiSim Qual é o valor da corrente na carga na Figura 3-21 com um diodo ideal?
    a. 0
    b. 11,3 mA
    c. 12 mA
    d. 5 mA

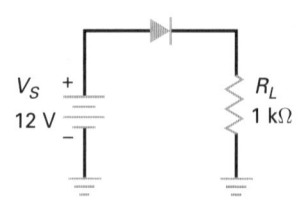

Figura 3-21

17. ⦁‖⦁ MultiSim Qual é o valor da corrente na carga na Figura 3-21 com a segunda aproximação?
   a. 0
   b. 11,3 mA
   c. 12 mA
   d. 25 mA

18. ⦁‖⦁ MultiSim Qual é o valor da corrente na carga na Figura 3-21 com a terceira aproximação?
   a. 0
   b. 11,3 mA
   c. 12 mA
   d. 25 mA

19. ⦁‖⦁ MultiSim Se o diodo está aberto na Figura 3-21, a tensão na carga é
   a. 0
   b. 11,3 V
   c. 12 V
   d. -15 V

20. ⦁‖⦁ MultiSim Se o resistor estiver aterrado na Figura 3-21, a tensão medida com um multímetro digital entre a parte de cima do resistor e o terra é próxima de
   a. 0
   b. 12 V
   c. 20 V
   d. –15 V

21. ⦁‖⦁ MultiSim A tensão na carga mede 12 V na Figura 3-21. O defeito pode ser
   a. Um diodo em curto
   b. Um diodo aberto
   c. Resistor da carga aberto
   d. Tensão da fonte muito alta

22. Usando a terceira aproximação na Figura 3-21, qual é o valor que R_L precisa ter antes que a resistência de corpo do diodo possa ser considerada?
   a. 1 Ω
   b. 10 Ω
   c. 23 Ω
   d. 100 Ω

Problemas

SEÇÃO 3-1 IDEIAS BÁSICAS

3-1 Um diodo está em série com um resistor de 220 Ω. Se a tensão no resistor for de 6 V, qual é o valor da corrente no diodo?

3-2 Um diodo tem uma tensão de 0,7 V e uma corrente de 100 mA. Qual é o valor da potência do diodo?

3-3 Dois diodos estão em série. O primeiro diodo tem uma tensão de 0,75 V e o segundo tem uma tensão de 0,8 V. Se a corrente no primeiro diodo for de 400 mA, qual é o valor da corrente no segundo diodo?

SEÇÃO 3-2 DIODO IDEAL

3-4 Na Figura 3-22a, calcule a corrente, a tensão e a potência na carga, a potência no diodo e a potência total.

3-5 Se dobrarmos o valor do resistor na Figura 22a, qual é o valor da corrente na carga?

3-6 Na Figura 3-22b, calcule a corrente, a tensão e a potência na carga, a potência no diodo e a potência total.

3-7 Se dobrarmos o valor do resistor na Figura 22b, qual é o valor da corrente na carga?

3-8 Se a polaridade do diodo for invertida na Figura 3-22b, qual é a corrente no diodo? E a tensão no diodo?

SEÇÃO 3-3 SEGUNDA APROXIMAÇÃO

3-9 Na Figura 3-22a, calcule a corrente, a tensão e a potência na carga, a potência no diodo e a potência total.

3-10 Se dobrarmos o valor do resistor na Figura 22a, qual será o valor da corrente na carga?

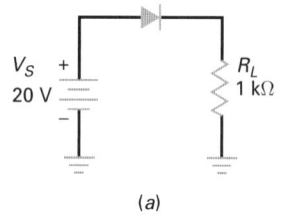

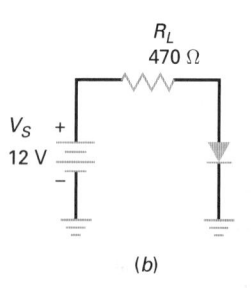

Figura 3-22

3-11 Na Figura 3-22b, calcule a corrente na carga, a tensão na carga, a potência na carga, a potência no diodo e a potência total.

3-12 Se dobrarmos o valor do resistor na Figura 22a, qual é o valor da corrente na carga?

3-13 Se a polaridade do diodo for invertida na Figura 3-22b, qual será a corrente no diodo? E a tensão no diodo?

SEÇÃO 3-4 TERCEIRA APROXIMAÇÃO

3-14 Na Figura 3-22a, calcule a corrente, a tensão e a potência na carga, a potência no diodo e a potência total. ($R_B = 0{,}23\ \Omega$)

3-15 Se dobrarmos o valor do resistor na Figura 3-22a, qual será o valor da corrente na carga? ($R_B = 0{,}23\ \Omega$)

3-16 Na Figura 3-22b, calcule a corrente, a tensão e a potência na carga, a potência no diodo e a potência total. ($R_B = 0{,}23\ \Omega$)

3-17 Se dobrarmos o valor do resistor na Figura 22b, qual será o valor da corrente na carga? ($R_B = 0{,}23\ \Omega$)

3-18 Se a polaridade do diodo for invertida na Figura 3-22b, qual será a corrente no diodo? E a tensão no diodo?

SEÇÃO 3-5 ANÁLISE DE DEFEITO

3-19 Suponha que a tensão no diodo da Figura 3-22a seja de 5 V. O diodo está aberto ou em curto?

3-20 Alguma coisa causou um curto-circuito em R, na Figura 323a. Qual será o valor da tensão no diodo? O que acontecerá ao diodo?

3-21 Você mede 0 V no diodo da Figura 323a. A seguir verifica a tensão da fonte e certifica-se de que ela mede +5 V em relação ao terra. O que pode estar errado com o circuito?

3-22 Na Figura 3-23b, você mede um potencial de +3 V na conexão entre R_1 e R_2 (lembre-se de que potencial é sempre medido em relação ao terra). A seguir você mede 0 V na conexão do diodo com o resistor de 5 kΩ. Cite alguns dos possíveis defeitos.

3-23 Ao testar um diodo direta e reversamente, um multímetro digital indica 0,7 V e 1,8 V. Este diodo está bom?

SEÇÃO 3-7 INTERPRETAÇÃO DAS FOLHAS DE DADOS

3-24 Que diodo da série 1N4000 você escolheria para suportar uma tensão de pico repetitiva reversa de 300 V?

3-25 Uma folha de dados mostra uma faixa em uma das extremidades de um diodo. Qual é o nome dado para o terminal indicado pela faixa? A seta do símbolo no diagrama esquemático aponta para esta faixa ou para o sentido oposto?

3-26 A água ferve a uma temperatura de 100°C. Se você colocar um diodo 1N4001 em uma vasilha com água fervente, ele será danificado ou não? Justifique sua resposta.

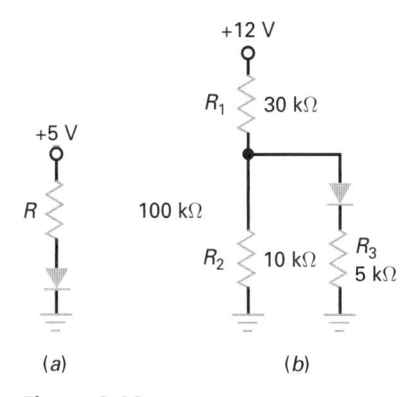

Figura 3-23

Raciocínio crítico

3-27 Aqui temos uma lista de alguns diodos e suas especificações de pior caso.

Diodo	I_F	I_R
1N914	10 mA com 1 V	25 nA com 20 V
1N4001	1 A com 1,1 V	10 μA com 50 V
1N1185	10 A com 0,95 V	4,6 mA com 100 V

Calcule as resistências direta e reversa para cada um desses diodos.

3-28 Na Figura 3-23a, qual deve ser o valor de R para que a corrente seja de aproximadamente 20 mA?

3-29 Que valor deve ter R_2, na Figura 3-23b para que a corrente no diodo seja de 0,25 mA?

3-30 Um diodo de silício tem uma corrente direta de 500 mA com 1 V. Use a terceira aproximação para calcular sua resistência de corpo.

3-31 Dado um diodo de silício com uma corrente reversa de 5 mA a 25°C e 100μA a 100°C, calcule a corrente de fuga da superfície.

3-32 A fonte de alimentação foi desligada e o terminal superior do resistor R_1 foi aterrado na Figura 3-23b. Agora use um ohmímetro para medir as resistências direta e reversa do diodo. As duas medidas são idênticas. O que o ohmímetro mediu?

3-33 Alguns sistemas como alarme contra assalto e computadores utilizam uma bateria para o caso de falta de energia. Descreva como funciona o circuito da Figura 3-24.

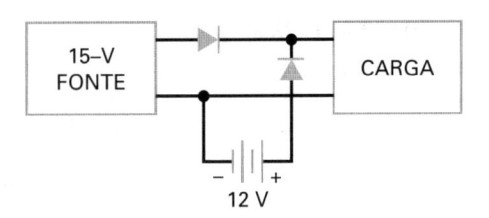

Figura 3-24

Questões de entrevista

Para as questões a seguir, sempre que possível, faça diagramas dos circuitos, gráficos, ou alguma figura que ajude a ilustrar suas respostas. Se você puder combinar palavras e ilustrações para suas explicações, estará mais apto a entender sobre aquilo que está falando. Além disto, se tiver privacidade, finja que está em uma entrevista e fale em voz alta. Essa prática facilitará quando estiver realmente sendo entrevistado.

1. Você já ouviu falar a respeito de um diodo ideal? Se sim, diga o que é e quando você o usaria?
2. Uma das aproximações para um diodo é a segunda aproximação. Diga o que é o circuito equivalente e quando um diodo de silício entra em condução.
3. Desenhe a curva de um diodo e explique suas diferentes partes.
4. Um circuito em teste no laboratório queima o diodo sempre que é substituído por outro. Se tiver uma folha de dados deste diodo, que valores será preciso verificar?
5. Em termos bem elementares, descreva o que um diodo faz quando está polarizado diretamente e quando está polarizado reversamente.
6. Qual é a diferença entre a tensão de joelho típica de um diodo de germânio e de um diodo de silício.
7. Qual poderia ser uma boa técnica que um energético eletrônico utilizaria para determinar a corrente que circula por um diodo sem interromper a corrente do circuito?
8. Se você suspeita que existe um defeito em um diodo na placa de circuito, quais são os passos que utilizaria para determinar se ele está realmente defeituoso?
9. Para um diodo ser utilizado com segurança, quantas vezes sua resistência reversa deve ser maior do que sua resistência direta?
10. De que modo você conectaria um diodo para evitar a descarga de uma segunda bateria em um carrinho de brinquedo e ainda permitir sua carga pelo alternador?
11. Quais os instrumentos que você pode utilizar para testar um diodo em um circuito ou fora do circuito?
12. Descreva o funcionamento de um diodo em detalhes. Inclua os portadores majoritários e minoritários na sua descrição.

Respostas dos exercícios

1. b
2. b
3. c
4. d
5. a
6. b
7. c
8. c
9. a
10. a
11. b
12. b
13. a
14. d
15. a
16. c
17. b
18. b
19. a
20. b
21. a
22. c

Respostas dos problemas práticos

3-1 D_1 está reversamente polarizado; e D_2 está diretamente polarizado

3-2 $P_D = 2{,}2$ W

3-3 $I_L = 5$ mA

3-4 VL = 2V; $I_L = 2$ mA

3-5 $V_L = 4{,}3$ V; $I_L = 4{,}3$ mA; $P_D = 3{,}01$ mW

3-6 $I_L = 1{,}77$ mA; $V_L = 1{,}77$ V; $P_D = 1{,}24$ mW

3-8 $R_T = 10{,}23$; $I_L = 420$ mA; $V_L = 4{,}2$ V; $P_D = 335$ mW

4 Circuitos com diodos

A maioria dos sistemas eletrônicos, como os aparelhos de televisão, DVD e CD e computadores, precisa de uma fonte de alimentação CC para funcionar corretamente. Como a energia elétrica disponível é em tensão alternada, a primeira providência que devemos tomar é converter a tensão da rede elétrica CA em uma tensão CC. A parte do sistema eletrônico que produz a tensão CC é chamada de fonte de alimentação. Dentro da fonte de alimentação estão os circuitos que fazem a corrente circular em apenas um sentido, eles são chamados de **retificadores**. Este capítulo trata de circuitos, retificadores, filtros, ceifadores, grampeadores, limitadores e multiplicadores de tensão.

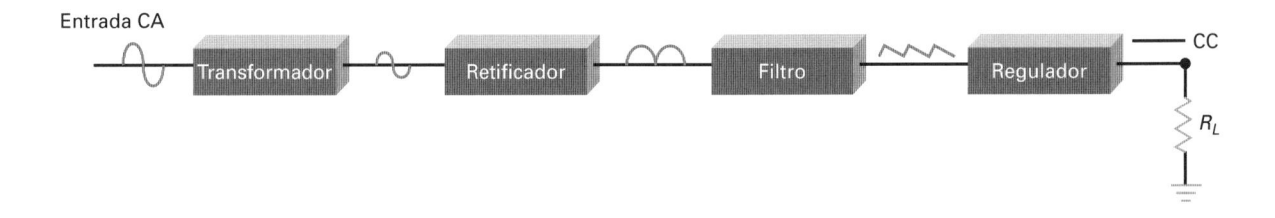

Sumário

4-1 Retificador de meia onda
4-2 Transformador
4-3 Retificador de onda completa com tomada central
4-4 Retificador de onda completa em ponte
4-5 O filtro de entrada com indutor
4-6 Filtro de entrada com capacitor
4-7 Tensão de pico inversa e corrente de surto
4-8 Outros tópicos de uma fonte de alimentação
4-9 Análise de defeito
4-10 Circuitos ceifadores e limitadores
4-11 Circuitos grampeadores
4-12 Circuitos multiplicadores de tensão

Objetivos de aprendizagem

Após o estudo deste capítulo, você deverá ser capaz de:

- Desenhar o diagrama de um circuito retificador de meia onda e explicar como ele funciona.
- Descrever as regras do transformador de entrada nas fontes de alimentação.
- Desenhar o diagrama de um circuito retificador de onda completa com tomada central e explicar seu funcionamento.
- Desenhar o diagrama de um circuito retificador de onda completa em ponte e explicar como ele funciona.
- Analisar um circuito retificador com filtro de entrada e sua corrente de surto.
- Listar três especificações importantes encontradas nas folhas de dados de um retificador.
- Explicar como funciona um circuito ceifador e desenhar suas formas de onda.
- Explicar como funciona um circuito grampeador e desenhar suas formas de onda.
- Descrever como funcionam os multiplicadores de tensão.

Termos-chave

capacitor polarizado
ceifador
CI regulador de tensão
circuito integrado
corrente de carga unidirecional
corrente de surto
detector de pico
filtro
filtro de entrada com indutor
filtro de entrada com capacitor
filtro passivo
fonte de alimentação
grampeador
multiplicador de tensão
ondulação
ponte retificadora
regulador chaveado
resistor de surto
retificador
retificador de meia onda
retificador de onda completa em ponte
tensão de pico inversa
valor CC de um sinal

4-1 Retificador de meia onda

A Figura 4-1a a mostra um circuito **retificador de meia onda**. A fonte CA produz uma tensão senoidal. Supondo um diodo ideal, o semiciclo positivo da tensão da fonte irá polarizar o diodo diretamente. Como ele é uma chave fechada, conforme mostra a Figura 4-1b, o semiciclo positivo da fonte CA aparecerá no resistor de carga. No semiciclo negativo, o diodo está polarizado reversamente. Nesse caso, o diodo ideal será uma chave aberta, conforme mostra a Figura 4-1c, e não aparecerá tensão no resistor de carga.

Formas de onda ideal

A Figura 4-2a mostra uma representação gráfica da forma de onda da tensão de entrada. Ela é uma onda senoidal com um valor instantâneo de V_{in} e um valor de pico de $V_{p(in)}$. Uma senóide pura como esta tem um valor médio igual a zero sobre um ciclo porque cada tensão instantânea tem um valor igual oposto ao último semiciclo. Se você medir esta tensão com um voltímetro CC, obterá uma leitura zero, porque um voltímetro CC indica o valor médio.

No retificador de meia onda da Figura 4-2b o diodo estará conduzindo durante os semiciclos positivos, mas não conduzirá durante os semiciclos negativos. É por isso que os semiciclos negativos foram cortados na Figura 4-2c. Esta forma de onda é chamada de *sinal de meia onda*. Esta tensão de meia onda produz uma **corrente unidirecional na carga**, ou seja, ela circula somente em um sentido. Se o diodo estivesse polarizado reversamente, ele se tornaria diretamente polarizado quando a tensão de entrada ficasse negativa. Como resultado, os pulsos de saída seriam negativos. Isto está mostrado na Figura 4-2d. Observe como os picos negativos estão deslocados em relação aos picos positivos e seguem as oscilações negativas do sinal de entrada.

Um sinal de meia onda como o da Figura 4-2c é uma tensão CC pulsante que aumenta até um valor máximo, diminui a zero e permanece em zero durante o semiciclo negativo. Esse tipo de tensão CC não é o que necessitamos para os

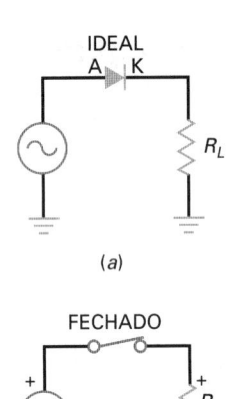

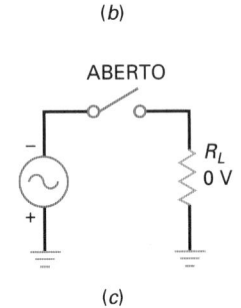

Figura 4-1 (a) O retificador de meia onda ideal; (b) no semiciclo positivo; (c) no semiciclo negativo.

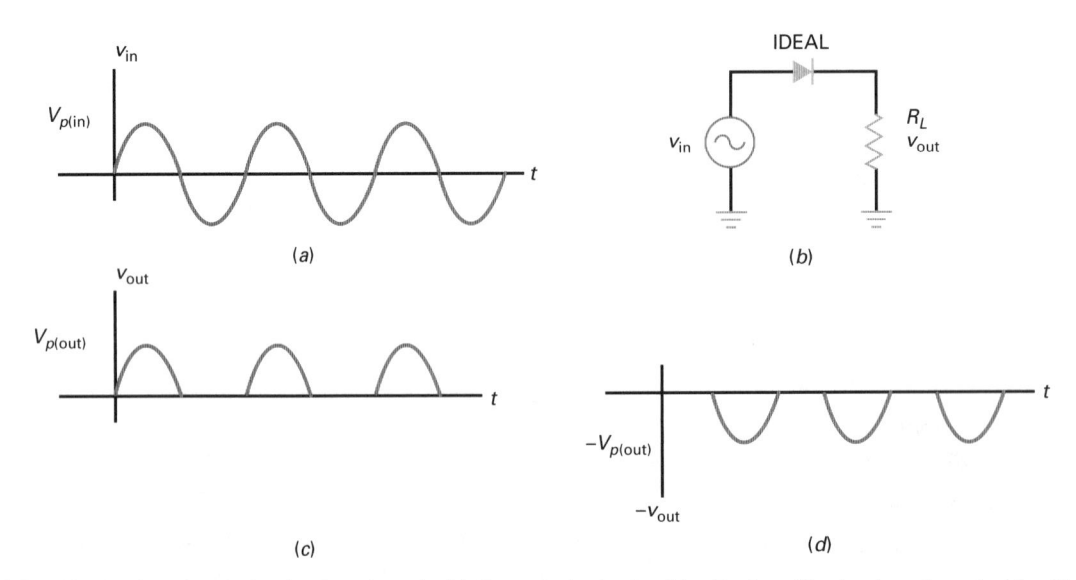

Figura 4-2 (a) Entrada para o retificador de meia onda; (b) diagrama do circuito; (c) saída do retificador de meia onda; (d) saída de um retificador negativo de meia onda.

É ÚTIL SABER

O valor rms de um sinal de meia onda pode ser determinado com a seguinte fórmula:

$V_{rms} = 1{,}57\, V_{méd}$

onde $V_{méd} = V_{cc} = 0{,}318\, V_p$.

Outra fórmula que pode ser aplicada é:

$V_{rms} = \dfrac{V_p}{\sqrt{2}}$

Para qualquer forma de onda, o valor rms corresponde ao valor CC que produz o mesmo efeito térmico.

---

equipamentos eletrônicos. O que precisamos é de uma tensão constante, a mesma que obtemos de uma bateria. Para obtermos esse tipo de tensão, precisamos **filtrar** o sinal de meia onda (discutido mais adiante neste capítulo).

Quando estiver verificando defeitos, você pode usar o diodo ideal para analisar um retificador de meia onda. É conveniente lembrar que a tensão de pico na saída é igual à tensão de pico da entrada:

$$\text{Meia onda ideal: } V_{p(\text{out})} = V_{(\text{in})} \tag{4-1}$$

Valor CC de um sinal de meia onda

O **valor CC de um sinal** é o mesmo valor médio. Se você medir um sinal com o voltímetro CC, a leitura será igual ao valor médio. Nos cursos básicos, o valor CC de um sinal de meia onda é uma fórmula derivada. Esta fórmula é:

$$\text{Meia onda ideal: } V_{CC} = \dfrac{V_p}{\pi} \tag{4-2}$$

A prova dessa fórmula derivada requer cálculo, porque precisamos encontrar o valor médio sobre um ciclo.

Como $1/\pi \approx 0{,}318$, você pode ver a Equação (4-2) escrita como:

$$V_{CC} \approx 0{,}318\, V_p$$

Quando a equação é escrita dessa forma, você pode ver que a tensão CC ou o valor médio é igual a 31,8% do valor de pico. Por exemplo, se a tensão de pico de um sinal de meia onda for 100 V, a tensão CC ou o valor médio será de 31,8 V.

Frequência de saída

A frequência de saída é a mesma de entrada. Isso faz sentido quando comparamos a Figura 4-2c com a Figura 4-2a. Cada ciclo da tensão de entrada produz um ciclo da tensão de saída. Portanto, podemos escrever:

$$\text{Meia onda: } f_{\text{out}} = f_{\text{in}} \tag{4-3}$$

Veremos o uso dessa fórmula derivada depois com os filtros.

Segunda aproximação

Não obtemos uma tensão de meia onda perfeita no resistor de carga. Por causa da barreira de potencial, o diodo não conduz enquanto a fonte de tensão não alcança 0,7 V aproximadamente. Quando a tensão de pico da fonte for maior que 0,7 V, a tensão na carga lembra um sinal de meia onda. Por exemplo, se a tensão de pico da fonte for de 100 V, a tensão na carga será muito próxima da tensão de meia onda perfeita. Se a tensão de pico da fonte for de 5 V, a tensão na carga terá apenas 4,3 V. Se for necessária uma resposta melhor, use esta fórmula derivada:

$$2^{\text{a}}\text{ aprox. meia onda: } V_{p(\text{out})} = V_{p(\text{in})} - 0{,}7\text{ V} \tag{4-4}$$

Aproximações mais precisas

A maioria dos projetistas certifica-se de que a resistência de corpo é muito menor do que a resistência equivalente de Thevenin em relação ao diodo. Por isso, podemos ignorar a resistência de corpo em quase todos os casos. Se for necessária uma maior precisão, use a segunda aproximação. Você pode usar um computador com um programa simulador como o MultiSim.

Exemplo de aplicação 4-1 ||| MultiSim

A Figura 4-3 mostra um retificador de meia onda que você pode montar na bancada ou na tela do simulador MultiSim. Um osciloscópio está ligado no resistor de 1 kΩ. Ajuste a entrada vertical do osciloscópio no modo CC. Ele mostra a tensão de meia onda na carga. Temos também um multímetro no resistor de 1 kΩ para ler a tensão CC na carga. Calcule os valores teóricos da tensão de pico e da tensão média na carga. A seguir, compare os valores indicados no osciloscópio e no multímetro.

SOLUÇÃO A Figura 4-3 mostra uma fonte CA de 10 V e 60 Hz. Os diagramas esquemáticos mostram em geral as tensões da fonte como valores eficazes ou rms. Lembre-se de que o *valor eficaz* é o valor de uma tensão CC que produz o mesmo efeito térmico que uma fonte de tensão CC.

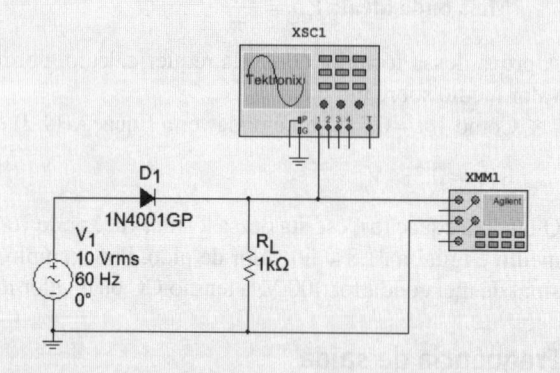

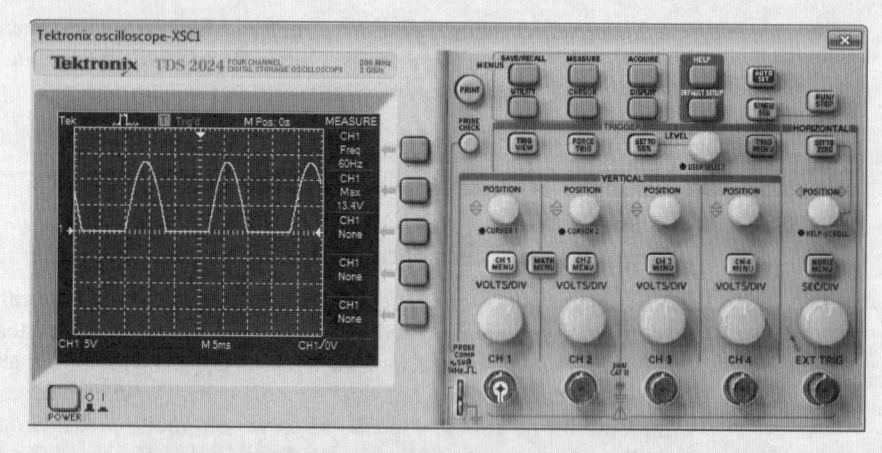

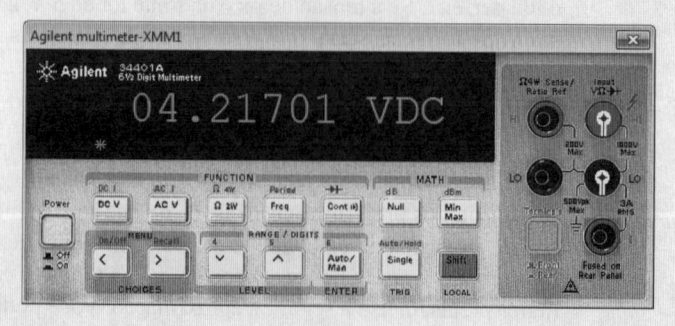

Figura 4-3 Exemplo de um retificador de meia onda no laboratório.

Como a tensão da fonte é de 10 V rms, o primeiro cálculo a ser feito é o valor de pico da fonte CA. Você sabe por cursos anteriores que o valor rms de um sinal senoidal é igual a:

$$V_{rms} = 0{,}707\, V_p$$

Portanto, a tensão de pico da fonte na Figura 4-3 é:

$$V_p = \frac{V_{rms}}{0{,}707} = \frac{10\text{ V}}{0{,}707} = 14{,}1\text{ V}$$

Com um diodo ideal, a tensão de pico na carga é:

$$V_{p(out)} = V_{p(in)} = 14{,}1\text{ V}$$

A tensão CC da carga é:

$$V_{CC} = \frac{V_P}{\pi} = \frac{14{,}1\text{ V}}{\pi} = 4{,}49\text{ V}$$

Com a segunda aproximação, obtemos um valor da tensão de pico na carga de:

$$V_{p(out)} = V_{p(in)} - 0{,}7\text{ V} = 14{,}1\text{ V} - 0{,}7\text{ V} = 13{,}4\text{ V}$$

e a tensão CC da carga é de:

$$V_{CC} = \frac{V_p}{\pi} = \frac{13{,}4\text{ V}}{\pi} = 4{,}27\text{ V}$$

A Figura 4-3 mostra os valores que um osciloscópio e um multímetro indicariam. O canal 1 do osciloscópio está calibrado para 5 V por divisão (5 V/Div). O sinal de meia onda tem um valor de pico entre 13 V e 14 V, que está de acordo com o resultado da segunda aproximação. O multímetro também está de acordo com os valores teóricos, porque indica aproximadamente 4,22 V.

PROBLEMA PRÁTICO 4-1 Usando a Figura 4-3, mude a fonte de tensão CA para 15 V. Calcule a tensão CC V_{cc} na fonte usando a segunda aproximação.

4-2 Transformador

No Brasil, as concessionárias de energia elétrica fornecem tensões nominais de linha de 127 V rms em algumas regiões e 220 V rms em outras regiões com frequência de 60 Hz. A tensão real medida nas tomadas pode variar cerca de 5% dependendo da localidade e de outros fatores. A tensão de linha é muito alta para a maioria dos circuitos usada nos equipamentos eletrônicos. É por isso que usamos geralmente um transformador no circuito da fonte de alimentação de quase todos os equipamentos eletrônicos. O transformador abaixa a tensão da linha para um nível seguro, mais adequado para o uso com diodos, transistores e outros dispositivos a semicondutores.

Ideia básica

Os cursos anteriores ensinaram com detalhes o funcionamento do transformador. Tudo o que necessitamos neste capítulo é uma breve revisão. A Figura 4-4 mostra um transformador. Nela você vê a tensão na linha aplicada ao enrolamento primário do transformador. Em geral, a tomada de força tem um terceiro pino para aterrar o equipamento. Por causa da relação de espiras N_1/N_2, a tensão no secundário é rebaixada quando N_1 for maior que N_2.

Ponto de fase

Lembre-se do significado do ponto de fase mostrado na parte superior dos enrolamentos. Os pontos nos terminais têm as mesmas fases instantâneas. Em outras palavras, quando um semiciclo positivo aparece no enrolamento primário, outro

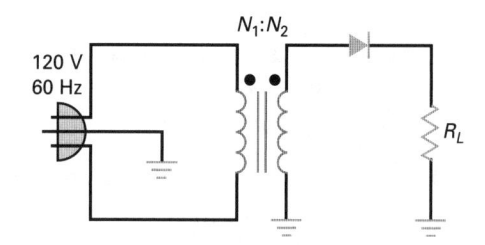

Figura 4-4 O retificador de meia onda com transformador.

semiciclo positivo aparece no enrolamento secundário. Se o ponto no lado do secundário fosse no ponto do terra, a tensão no secundário seria 180° fora de fase em relação à tensão no lado do primário.

No semiciclo positivo da tensão no primário, o enrolamento secundário tem uma onda senoidal com o semiciclo positivo e o diodo está polarizado diretamente. No semiciclo negativo da tensão no primário, o enrolamento secundário tem um semiciclo negativo e o diodo está reversamente polarizado. Supondo um diodo ideal, obteremos meia onda na tensão do primário.

Relação de espiras

Lembrando de cursos anteriores, obtemos a seguinte fórmula derivada:

$$V_2 = \frac{V_1}{N_1/N_2} \tag{4-5}$$

Ela indica que a tensão no secundário é igual à tensão no primário dividida pela relação de espiras. Algumas vezes você verá esta fórmula equivalente como:

$$V_2 = \frac{N_2}{N_1} V_1$$

Ela informa que a tensão no secundário é igual à tensão no primário multiplicada pelo inverso da relação de espiras.

Você pode usar essas fórmulas para valores de tensão rms, de pico e instantânea. A maioria das vezes, usaremos a Equação (4-5) com valores rms, porque as tensões das fontes são quase sempre especificadas com valores rms.

Os termos *elevador* e *abaixador* também são encontrados quando lidamos com transformadores. Esses termos são sempre relacionados com a tensão do secundário dividida pela tensão do primário. Isso significa que o transformador elevador produzirá uma tensão no secundário maior que a do primário, e um transformador abaixador produzirá uma tensão no secundário menor que a do primário.

Exemplo 4-2

Quais são os valores da tensão de pico e da tensão CC na carga na Figura 4-5?

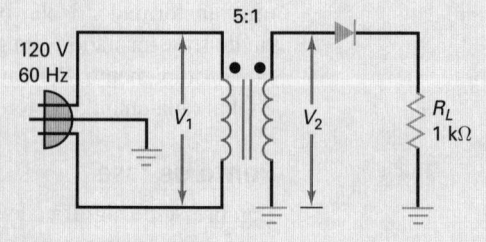

Figura 4-5 Exemplo de transformador.

SOLUÇÃO O transformador tem uma relação de espiras de 5:1. Isso significa que a tensão rms no secundário é um quinto da tensão do primário:

$$V_2 = \frac{120\text{ V}}{5} = 24\text{ V}$$

e a tensão de pico no secundário é:

$$V_p = \frac{24\text{ V}}{0,707} = 34\text{ V}$$

Com um diodo ideal, a tensão de pico na carga é:

$$V_{p(\text{out})} = 34\text{ V}$$

A tensão CC na carga é:

$$V_{\text{CC}} = \frac{V_p}{\pi} = \frac{34\text{ V}}{\pi} = 10,8\text{ V}$$

Com a segunda aproximação, a tensão de pico na carga é:

$$V_{p(\text{out})} = 34\text{ V} - 0,7\text{ V} = 33,3\text{ V}$$

e a tensão CC na carga é:

$$V_{\text{CC}} = \frac{V_p}{\pi} = \frac{33,3\text{ V}}{\pi} = 10,6\text{ V}$$

PROBLEMA PRÁTICO 4-2 Usando a Figura 4-5, mude a relação de espiras do transformador para 2:1 e calcule a tensão CC na carga com tratamento ideal.

4-3 Retificador de onda completa com tomada central

A Figura 4-6a mostra um circuito **retificador de onda completa com tomada central**. Observe que o ponto central do enrolamento secundário está aterrado. O retificador de onda completa é equivalente a dois retificadores de meia onda. Por causa da tomada central, cada um dos retificadores tem uma tensão de entrada igual à metade da tensão do secundário. O diodo D_1 conduz durante o semiciclo positivo, e o diodo D_2 conduz durante o semiciclo negativo. O resultado é que a corrente retificada circula durante os dois semiciclos. O retificador de onda completa funciona como dois retificadores de meia onda, um em seguida do outro.

A Figura 4-6b mostra o circuito equivalente para o semiciclo positivo. Como você pode ver, D_1 está polarizado diretamente. Ele produz uma tensão positiva na carga conforme está indicado pela polaridade mais-menos no resistor de carga. A Figura 4-6c mostra o circuito equivalente para o semiciclo negativo. Desta vez, D_2 está polarizado diretamente. Como você pode observar, ele também produz uma tensão positiva na carga.

Durante os dois semiciclos, a tensão na carga tem as mesmas polaridades e a corrente na carga circula no mesmo sentido. O circuito é chamado de *retificador de onda completa,* porque mudou a tensão CA na entrada para uma tensão CC pulsante na saída mostrada na Fig. 4-6d. Esta forma de onda tem algumas propriedades interessantes que veremos agora.

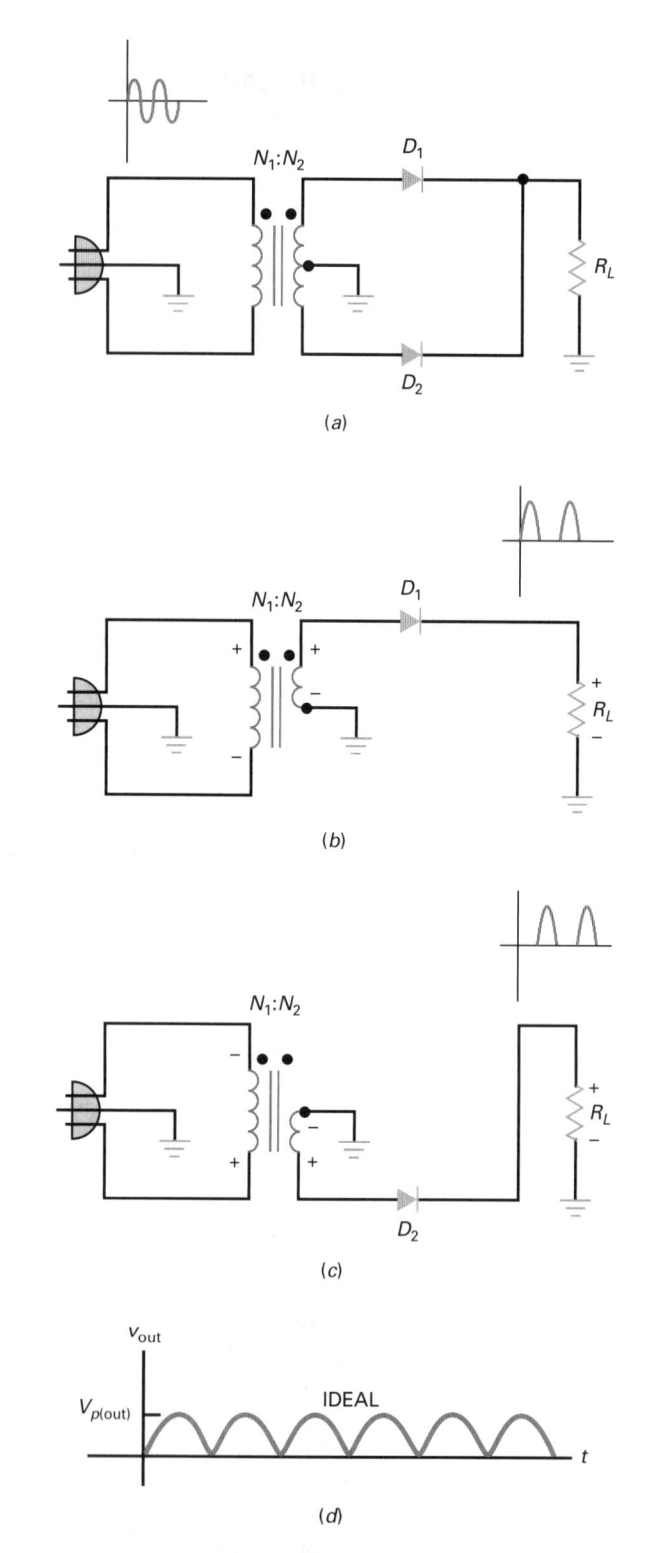

Figura 4-6 (a) Retificador de onda completa; (b) circuito equivalente para o semiciclo positivo; (c) circuito equivalente para o semciclo negativo; (d) onda completa de saída.

É ÚTIL SABER

O valor rms de um sinal de onda completa é $V_{rms} = 0{,}707\, V_p$ que é o mesmo valor de V_{rms} para uma onda senoidal pura.

Valor médio ou CC

Como o sinal de onda completa tem dois semiciclos positivos igual ao sinal de meia onda, o valor médio ou CC é o dobro, dado por:

$$\text{Onda completa: } V_{CC} = \frac{2V_p}{\pi} \tag{4-6}$$

Visto que $2/\pi = 0{,}636$, a Equação (4-6) pode ser escrita como:

$$V_{CC} \approx 0{,}636 V_p$$

Desse modo, você pode ver que o valor médio ou CC é igual a 63,6% do valor de pico. Por exemplo, se o valor de pico de um sinal de onda completa for de 100 V, o valor da tensão média ou CC é igual a 63,6 V.

A frequência de saída

Com um retificador de meia onda, a frequência de saída é igual à frequência de entrada. Entretanto, com um retificador de onda completa, acontece algo incomum. A tensão CA de linha tem uma frequência de 60 Hz. Portanto, o período de entrada é igual a:

$$T_{in} = \frac{1}{f} = \frac{1}{60\,\text{Hz}} = 16{,}7\,\text{ms}$$

Devido à retificação de onda completa, o período de um sinal de onda completa é a metade do período de entrada:

$$T_{out} = 0{,}5(16{,}7\,\text{ms}) = 8{,}33\,\text{ms}$$

(Se você tiver alguma dúvida sobre isso, compare a Figura 4-6d com a Figura 4-2c.) Quando calculamos a frequência de saída obtemos:

$$f_{out} = \frac{1}{T_{out}} = \frac{1}{8{,}33\,\text{ms}} = 120\,\text{Hz}$$

A frequência de um sinal de onda completa é o dobro da frequência de entrada. Isso faz sentido. Uma saída em onda completa tem o dobro de ciclos que um sinal senoidal de entrada. O retificador de onda completa inverte cada semiciclo negativo, de modo que obtemos o dobro de semiciclos positivos. O efeito é que a frequência dobra. Como uma fórmula derivada:

$$\text{Onda completa: } f_{out} = 2f_{in} \tag{4-7}$$

Segunda aproximação

Como o retificador de onda completa corresponde a dois retificadores de meia onda, um em seguida do outro, podemos usar a segunda aproximação como foi visto anteriormente. A ideia é subtrair 0,7 V da tensão de pico na saída com um tratamento ideal. O exemplo a seguir ilustra essa ideia.

Exemplo de aplicação 4-3

A Figura 4-7 mostra um diodo retificador construído na bancada ou no monitor do computador com MultiSim. O canal 1 do osciloscópio mostra a tensão no primário (a onda senoidal) e o canal 2 mostra a tensão na carga (sinal de onda completa). Ajuste o canal 1 como entrada positiva do sinal. A maioria dos osciloscópios necessita de uma ponta de prova de 10× para medir o alto nível da tensão de entrada. Calcule as tensões de pico na entrada e na saída. Depois compare os valores teóricos com os valores medidos.

SOLUÇÃO
A tensão de pico no primário é:

$$V_{p(1)} = \frac{V_{rms}}{0,707} = \frac{120\text{ V}}{0,707} = 170\text{ V}$$

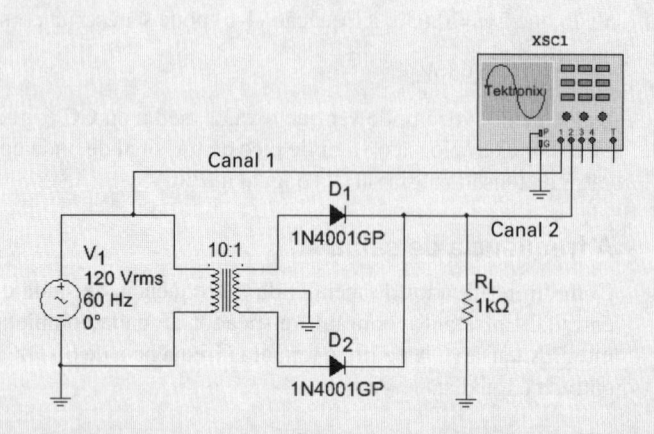

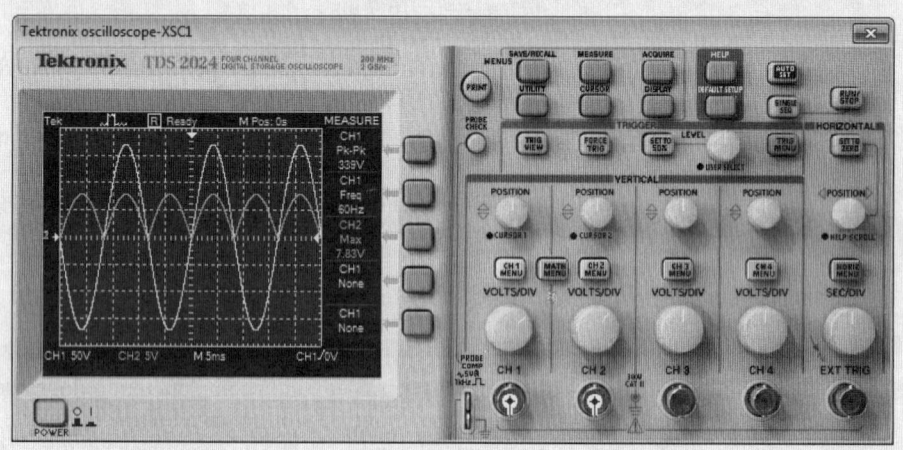

Figura 4-7 Exemplo do retificador de onda completa com tomada central no laboratório.

Como o transformador abaixador é de 10:1, a tensão no secundário é:

$$V_{p(2)} = \frac{V_{p(1)}}{N_1/N_2} = \frac{170\text{ V}}{10} = 17\text{ V}$$

O retificador de onda completa funciona como dois retificadores de meia onda. Em virtude da tomada central, a tensão de entrada de cada retificador de meia onda é apenas a metade da tensão do secundário:

$V_{p(in)} = 0{,}5(17\text{ V}) = 8{,}5\text{ V}$

Idealmente, a tensão na saída é:

$V_{p(out)} = 8{,}5\text{ V}$

Usando a segunda aproximação:

$V_{p(out)} = 8{,}5\text{ V} - 0{,}7\text{ V} = 7{,}8\text{ V}$

Agora, vamos comparar os valores teóricos com os valores medidos. O canal 1 está calibrado para 100 V/Div. Como o sinal senoidal de entrada indica aproximadamente 1,7 divisão, seu valor de pico é de 170 V aproximadamente.

O canal 2 está calibrado para 5 V/Div. Como o sinal de onda completa na saída indica aproximadamente 1,4 Div, seu valor de pico é de cerca de 7 V. Ambas as leituras de entrada e saída estão de acordo razoavelmente com os valores teóricos.

Novamente, observe que a segunda aproximação melhora um pouco a resposta. Se você estivesse verificando defeitos, essa melhora não teria muito valor. Se alguma coisa estivesse errada com o circuito, as chances de saída em onda completa seria drasticamente diferente do valor ideal que é 8,5 V.

PROBLEMA PRÁTICO 4-3 Usando a Figura 4-7, mude a relação de espiras do transformador para 5:1 e calcule a tensão de pico de entrada V_p e a tensão de pico na saída V_p usando a segunda aproximação.

Exemplo de aplicação 4-4

|| MultiSim

Se um dos diodos na Figura 4-7 abrisse, o que aconteceria com as diferentes tensões?

SOLUÇÃO Se um dos diodos abrisse, o circuito se tornaria um retificador de meia onda. Nesse caso, metade da tensão do secundário ainda seria de 8,5 V, mas a tensão na carga seria um sinal de meia onda em vez de um sinal de onda completa. Essa tensão de meia onda ainda teria um valor de pico de 8,5 V (idealmente) ou 7,8 V (segunda aproximação).

4-4 Retificador de onda completa em ponte

A Figura 4-8a mostra um circuito **retificador de onda completa em ponte**. Ele é similar ao circuito retificador de onda completa com tomada central, porque produz uma onda completa na tensão de saída. Os diodos D_1 e D_2 conduzem durante o semiciclo positivo, e D_3 e D_4 conduzem durante o semiciclo negativo. Como resultado, a corrente retificada na carga circula durante os dois semiciclos.

A Figura 4-8b mostra o circuito equivalente para o semiciclo positivo. Como você pode ver, D_1 e D_2 estão polarizados diretamente. Isso produz uma tensão positiva na carga conforme indica a polaridade mais-menos no resistor de carga. Como um lembrete, visualize D_2 em curto. O circuito restante corresponde a um retificador de meia onda que já nos é familiar.

A Figura 4-8c mostra o circuito equivalente para o semiciclo equivalente. Desta vez, D_3 e D_4 estão polarizados diretamente. Isso produz uma tensão positiva na carga. Se você visualizar D_3 em curto, o circuito corresponde a um retificador de meia onda. Logo, o retificador em ponte funciona como dois retificadores de meia onda em seguida.

Durante os dois semiciclos, a tensão na carga tem a mesma polaridade e a corrente na carga tem o mesmo sentido. O circuito mudou a tensão CA de entrada para uma tensão CC pulsante na saída, mostrada na Figura 4-8d. Observe a vantagem deste tipo de retificador de onda completa comparado com o de tomada central da seção anterior: *a tensão total do secundário pode ser usada.*

A Figura 4-8e mostra a ponte retificadora encapsulada que contém todos os quatro diodos.

Valor médio e frequência de saída

Pelo fato de a ponte retificadora produzir uma onda completa na saída, as equações de valor médio e frequência de saída são as mesmas dadas para o retificador de onda completa:

$$V_{CC} = \frac{2V_p}{\pi}$$

É ÚTIL SABER

Quando uma ponte retificadora, comparada com retificador de onda completa com tomada central é usada, o mesmo valor de tensão CC na saída pode ser obtido com um transformador tendo uma relação de espiras maior N_1/N_2. Isso significa que, com uma ponte retificadora, é necessário um menor número de espiras no transformador. Portanto, o transformador usado com uma ponte retificadora em comparação com o retificador de onda completa com tomada central será menor, mais leve e de menor custo. Somente esse benefício já torna mais vantajoso usar quatro diodos em vez de dois, em um retificador convencional de onda completa com tomada central.

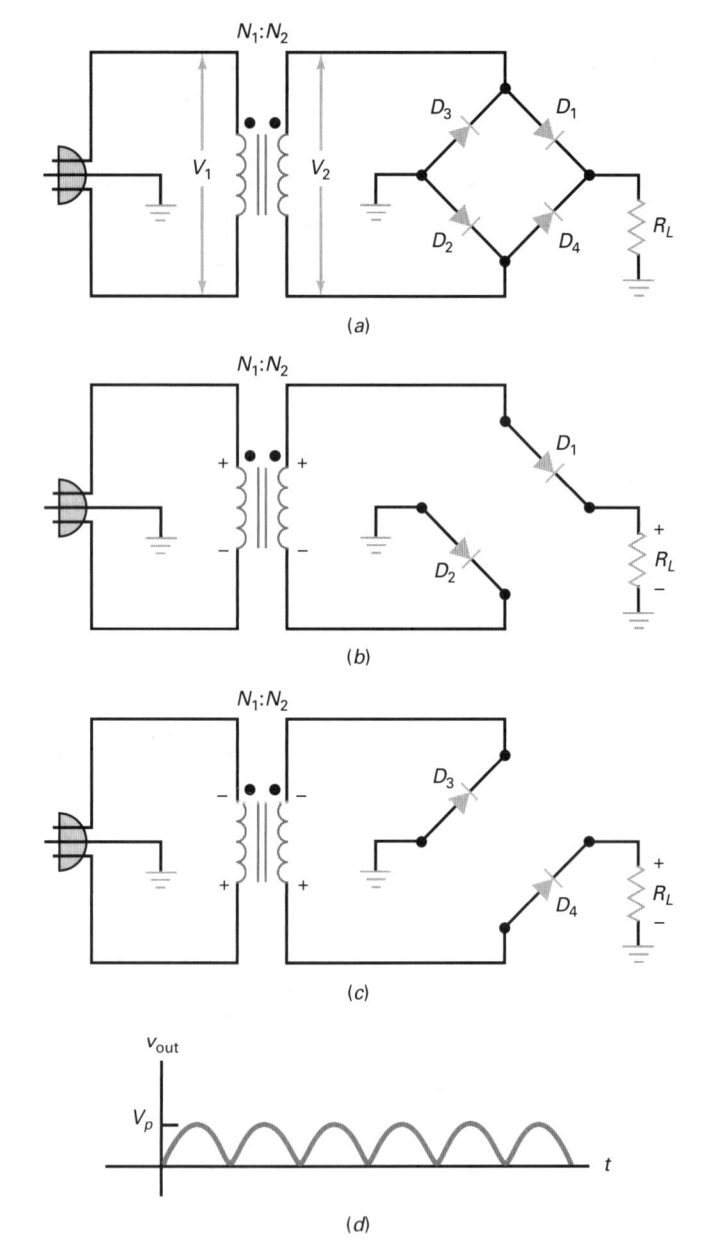

Figura 4-8 (a) Ponte retificadora; (b) circuito equivalente para semiciclo positivo; (c) circuito equivalente para semiciclo negativo; (d) onda completa na saída; (e) ponte retificadora encapsulada.

e

$$f_{out} = 2f_{in}$$

O valor médio é 63,6% do valor de pico, e a frequência de saída é de 120 Hz, para uma linha com frequência de 60 Hz.

Uma vantagem da ponte retificadora é que a tensão total do secundário é usada como entrada para o circuito retificador. Dado o mesmo transformador, obtemos o dobro da tensão de pico e o dobro da tensão média com um retificador em ponte comparada com um retificador de onda completa com tomada central.

Dobrando a tensão de saída CC, compensamos o uso de dois diodos extras. Como uma regra, você verá *o circuito retificador em ponte sendo mais usado do que o circuito retificador de onda completa com tomada central.*

Figura 4-8 (a) Ponte retificadora; (b) circuito equivalente para semiciclo positivo; (c) circuito equivalente para semiciclo negativo; (d) onda completa na saída; (e) ponte retificadora encapsulada. (Continuação)

©Brian Moeskau/Brian Moeskau Fotografia

A propósito, o retificador de onda completa com tomada central foi usado por muitos anos antes de se começar a usar o retificador de onda completa em ponte. Por essa razão, quando falamos em *retificador de onda completa* estamos nos referindo ao retificador de onda completa com tomada central, embora o retificador em ponte também seja em onda completa. Para distinguir o retificador de onda completa do retificador em ponte, alguns autores se referem ao primeiro como *retificador de onda completa convencional*, *retificador de onda completa com dois diodos* ou *retificador de onda completa com tomada central* (também chamado de *retificador de onda completa com center-tap*).

Segunda aproximação e outras perdas

Visto que o retificador em ponte tem dois diodos conduzindo em série, a tensão de pico na saída é dada por:

Retificador em ponte: $V_{p(\text{out})} = V_{p(\text{in})} - 1,4 \text{ V}$ (4-8)

Como você pode ver, devemos subtrair as quedas nos dois diodos do valor de pico para obter valores mais precisos da tensão de pico na carga. O resumo na Tabela 4-1 compara os três tipos de retificadores e suas propriedades.

Tabela 4-1	Retificadores sem filtro*		
	Meia onda	Onda completa com tomada central	Em ponte
Número de diodos	1	2	4
Entrada do retificador	$V_{p(2)}$	$0,5V_{p(2)}$	$V_{p(2)}$
Pico de saída (ideal)	$V_{p(2)}$	$0,5V_{p(2)}$	$V_{p(2)}$
Pico de saída (2ª aprox.)	$V_{p(2)} - 0,7 \text{ V}$	$0,5V_{p(2)} - 0,7 \text{ V}$	$V_{p(2)} - 1,4 \text{ V}$
Saída CC	$V_{p(\text{out})}/\pi$	$V_{p(\text{out})}/\pi$	$2V_{p(\text{out})}/\pi$
Frequência da ondulação	f_{in}	$2f_{\text{in}}$	$2f_{\text{in}}$

*$V_{p(2)}$ = tensão de pico no secundário; $V_{p(\text{out})}$ = tensão de pico na saída

Exemplo de aplicação 4-5 ⦀MultiSim

Calcule as tensões de pico na entrada e na saída na Figura 4-9. Depois compare os valores teóricos com os valores medidos.

Observe que o circuito usa retificador em ponte encapsulado.

SOLUÇÃO   As tensões de pico no primário e no secundário são as mesmas como no Exemplo 4-3:

$V_{p(1)} = 170 \text{ V}$

$V_{p(2)} = 17 \text{ V}$

Com um retificador em ponte, a tensão total do secundário é usada como entrada para o retificador. Idealmente, a tensão de pico na saída é:

$V_{p(\text{out})} = 17 \text{ V}$

Para uma segunda aproximação:

$V_{p(\text{out})} = 17 \text{ V} - 1{,}4 \text{ V} = 15{,}6 \text{ V}$

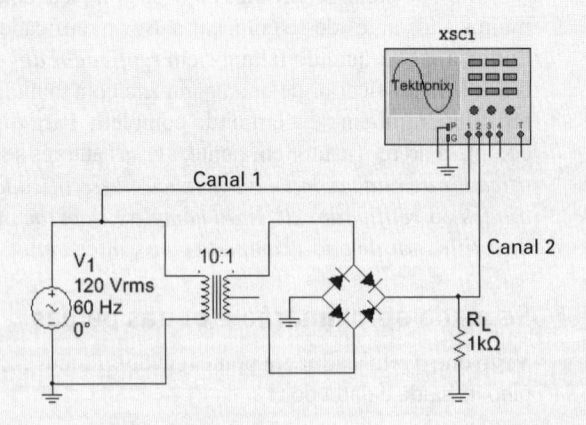

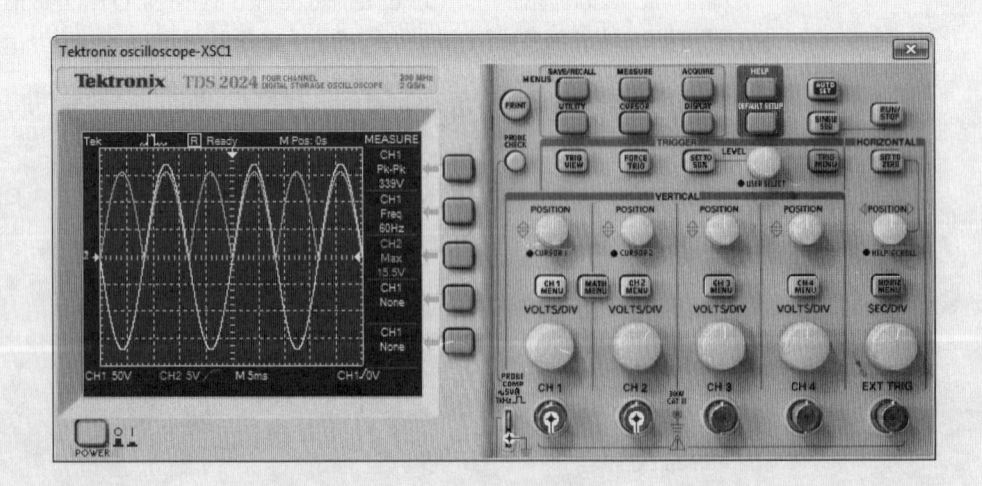

Figura 4-9   Exemplo de um circuito retificador em ponte no laboratório.

Agora vamos comparar os valores teóricos com os valores medidos. O canal 1 está calibrado para 50 V/Div. Como a onda senoidal de entrada indica aproximadamente 3,4 Div, seu valor de pico é de aproximadamente 170 V. O canal 2 está calibrado para 5 V/Div. Como a meia onda na saída indica aproximadamente 3,2 Div, seu valor de pico é de aproximadamente 16 V. As duas leituras de entrada e de saída são aproximadamente as mesmas dos valores teóricos.

PROBLEMA PRÁTICO 4-5 Como no Exemplo 4-5, calcule os valores da tensão de pico $V_{p(out)}$ usando o tratamento ideal e a segunda aproximação para um transformador com relação de espiras de 5:1.

4-5 O filtro de entrada com indutor

Até certo tempo atrás, o filtro de entrada com bobina era muito usado para filtrar a saída de um retificador. Embora não seja muito usado atualmente por causa do seu custo, volume e peso, este tipo de filtro tem um valor didático e facilita o entendimento de outros filtros.

Ideia básica

Observe a Figura 4-10a. Este tipo de filtro é chamado de **filtro de entrada com indutor (bobina ou choque)**. A fonte CA produz uma corrente no indutor, capacitor e resistor. A corrente CA em cada componente depende da reatância indutiva, reatância capacitiva e da resistência. O indutor tem uma reatância dada por:

$$X_L = 2\pi f L$$

O capacitor tem uma reatância dada por:

$$X_C = \frac{1}{2\pi f C}$$

Como você aprendeu em cursos anteriores, o reator (ou indutor ou bobina ou ainda choque) tem uma característica física primária de se opor à variação da corrente. Por isto, o filtro de entrada com choque idealmente reduz a corrente CA no resistor de carga a zero. Para uma segunda aproximação, ela reduz a corrente CA na carga para um valor muito baixo. Vamos ver por quê.

A primeira exigência para um bom projeto do filtro de entrada com indutor é ter o valor de X_C na frequência de entrada muito menor que R_L. Quando essa condição é satisfeita, podemos ignorar a resistência de carga e usar o circuito equivalente da Figura 4-10b. A segunda exigência para um bom projeto do filtro de entrada com bobina é ter o valor de X_L muito maior que X_C na frequência de entrada. Quando essa condição é satisfeita, a tensão de saída CA se aproxima de zero. Por outro lado, como a bobina se aproxima de um curto-circuito na frequência de 0 Hz e o capacitor se aproxima de um circuito aberto na frequência de 0 Hz, a corrente pode passar para a resistência da carga com um mínimo de perda.

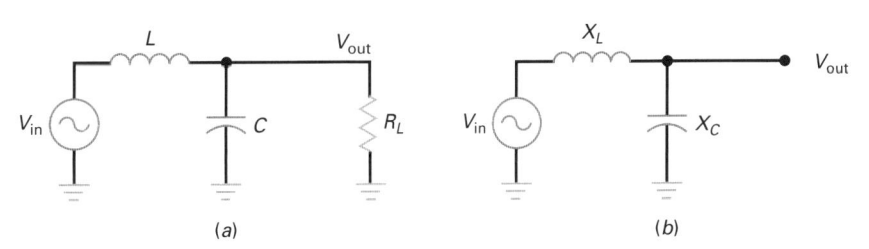

Figura 4-10 (a) Filtro de entrada com indutor; (b) circuito equivalente CA.

Na Figura 4-10b, o circuito funciona como um divisor de tensão reativo. Onde X_L é muito maior que X_C, quase toda a tensão CA fica na bobina. Neste caso, a tensão na saída é igual a:

$$V_{out} \approx \frac{X_C}{X_L} V_{in} \tag{4-9}$$

Por exemplo, se $X_L = 10 \text{ k}\Omega$, $X_C = 100 \text{ }\Omega$ e $V_{in.} = 15 \text{ V}$, a tensão CA na saída é:

$$V_{out} \approx \frac{100 \text{ }\Omega}{10 \text{ k}\Omega} 15 \text{ V} = 0,15 \text{ V}$$

Neste exemplo, o filtro de entrada com bobina reduz a tensão CA por um fator de 100.

Filtrando a saída de um retificador

A Figura 4-11 a mostra um filtro de entrada com bobina entre um retificador e uma carga. O retificador pode ser de meia onda, onda completa com tomada central ou onda completa em ponte. Que efeito o filtro de entrada com bobina tem sobre a tensão na carga? O modo mais fácil de resolver este problema é usando o teorema da superposição. Lembre-se de que esse teorema informa: se você tem duas ou mais fontes, pode analisar o circuito para cada fonte separadamente e depois somar as tensões individuais para obter a tensão total.

A saída do retificador tem dois componentes diferentes: uma tensão CC (o valor médio) e uma tensão CA (a parte flutuante), conforme mostra a Figura 4-11b.

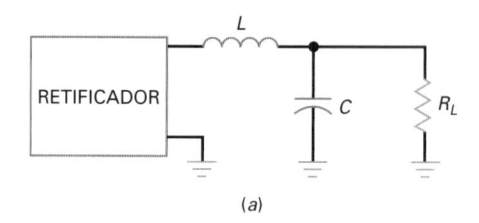

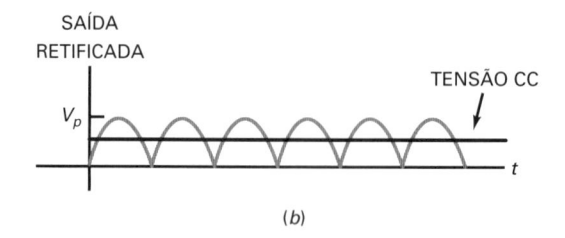

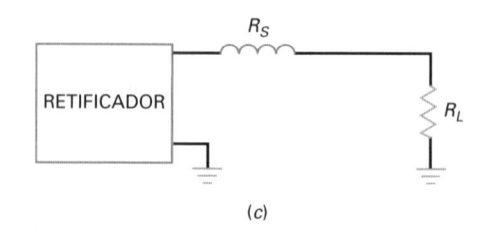

Figura 4-11 (a) Retificador com filtro de entrada com bobina; (b) a forma de onda da saída do retificador tem componentes CC e CA; (c) circuito equivalente CC; (d) a forma de onda da saída filtrada é uma corrente direta com uma pequena ondulação.

Cada uma delas age como fontes separadas. Tão logo a tensão CA é concebida, X_L é muito maior do que X_C e isto resulta numa tensão CA muito baixa no resistor de carga. Muito embora a componente CA não seja uma onda senoidal pura, a Equação (4-9) é ainda uma boa aproximação para a tensão CA na carga.

O circuito age tão logo a tensão CC é concebida conforme mostra a Figura 4-11c. Com frequência de 0 Hz, a reatância indutiva é zero e a reatância capacitiva é infinita. Resta apenas a resistência em série com o indutor. Se R_S é muito menor que R_L, a maior parte da componente CC aparecerá no resistor de carga.

É assim que o filtro de entrada com bobina funciona: quase todo o componente CC passa para o resistor de carga e quase todo o componente CA é bloqueado. Desse modo, obtemos uma tensão CC quase perfeita, uma tensão que é quase constante, como a tensão na saída de uma bateria. A Figura 4-11d mostra a forma de onda filtrada para um sinal de onda completa. A única diferença para uma tensão CC perfeita é a pequena tensão CA na carga mostrada na Fig. 4-11d. Esse pequeno valor de tensão CA na carga é chamado de **ondulação**. Com um osciloscópio podemos medir seu valor de pico a pico. Para medir o valor da ondulação (ou "ripple"), ajuste a entrada do osciloscópio no modo CA ao invés do modo CC. Isso permitirá que você veja a componente CA da forma de onda e ao mesmo tempo bloqueará a componente CC do sinal.

Principal desvantagem

A **fonte de alimentação** é um circuito dentro dos equipamentos eletrônicos que converte a tensão CA de entrada em uma tensão CC quase perfeita na saída. Isso inclui um retificador e um filtro. A tendência atual é uma fonte de alimentação com baixa tensão e alta corrente. Por causa da frequência da rede elétrica ser de apenas 60 Hz, precisamos usar indutâncias maiores para obter reatância suficiente para uma filtragem adequada. Mas indutores maiores precisam de enrolamentos maiores, que criam um sério problema para o projeto quando a corrente da carga é alta. Em outras palavras, a maior parte da tensão CC fica na resistência do indutor. Além disso, a massa dos indutores não é adequada para os circuitos semicondutores modernos, em que a ênfase do projeto é para os projetos mais leves.

Reguladores chaveados

Existe uma aplicação importante para o filtro de entrada com indutor. O **regulador chaveado** é um tipo especial de fonte de alimentação utilizada em computadores, monitores e uma grande variedade de equipamentos. A frequência usada em um regulador chaveado é muito maior que 60 Hz. Tipicamente, a frequência a ser filtrada é acima de 20 kHz. Em frequências muito altas, podemos usar indutores muito menores para projetos eficientes de filtro de entrada com indutor. Vamos estudar os detalhes em um capítulo posterior.

4-6 Filtro de entrada com capacitor

O filtro de entrada com indutor produz uma tensão CC de saída igual ao valor médio de um retificador de tensão. O **filtro de entrada com capacitor** produz uma tensão CC de saída igual ao valor de pico da tensão retificada. Este tipo de filtro é muito mais usado nas fontes de alimentação.

Ideia básica

A Figura 4-12a mostra uma fonte CA, um diodo e um capacitor. O segredo para entender o filtro de entrada com capacitor é compreender o que este circuito simples faz durante o primeiro quarto do ciclo.

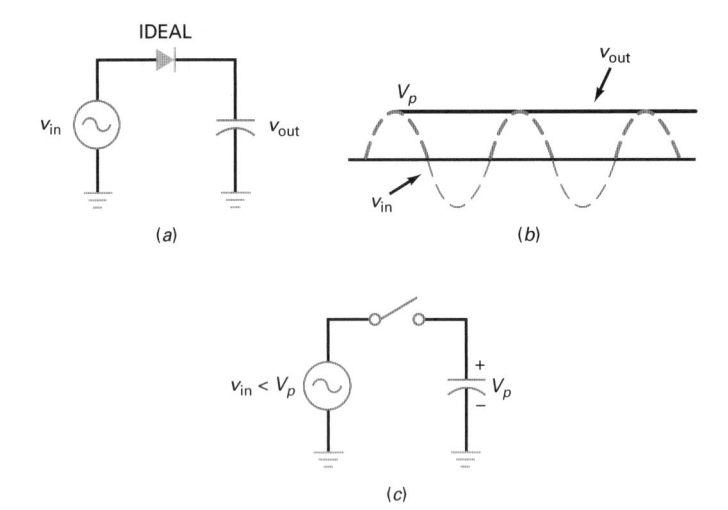

Figura 4-12 (a) Filtro de entrada com capacitor sem carga; (b) tensão CC pura na saída; (c) o capacitor permanece carregado quando o diodo é desligado.

Inicialmente o capacitor está descarregado. Durante o primeiro quarto de ciclo da Figura 4-12b, o diodo está diretamente polarizado. Como ele idealmente funciona com uma chave fechada, o capacitor carrega e sua tensão torna-se igual à da fonte em cada instante do primeiro quarto de ciclo. A carga continua até que a entrada alcance seu valor máximo. Nesse ponto a tensão no capacitor é igual a V_p.

Após a tensão de entrada alcançar o valor de pico, ela começa a descarregar. Assim que a tensão de entrada torna-se menor que V_p, o diodo desliga. Nesse caso, ele funciona como uma chave aberta na Figura 4-12c. Durante os ciclos restantes, o capacitor permanece totalmente carregado e o diodo permanece aberto. É por isso que a tensão de saída da Figura 4-12b é constante e igual a V_p.

Idealmente, tudo que o filtro de entrada com capacitor faz é carregar o capacitor com o valor de pico da tensão de entrada durante o primeiro quarto do ciclo. Essa tensão de pico é constante, a tensão CC perfeita que necessitamos para os equipamentos eletrônicos. Existe apenas um problema: não há resistor de carga.

Efeito do resistor de carga

Para o capacitor ser aplicado como filtro de entrada, precisamos conectar um resistor de carga em paralelo com o capacitor, conforme mostra a Figura 4-13a. Enquanto a constante de tempo $R_L C$ for muito maior que o período, o capacitor permanecerá quase que totalmente carregado e a tensão na carga será aproximadamente igual a V_p. A única diferença de uma tensão CC perfeita é a pequena ondulação vista na Figura 4-13b. Quanto menor o valor de pico a pico desta ondulação mais perfeita será a tensão CC na saída.

Entre os picos, o diodo está desligado e o capacitor descarrega pelo resistor da carga. Em outras palavras, o capacitor fornece corrente para a carga. Como o capacitor descarrega apenas um pouco entre os picos, a ondulação pico a pico é pequena. Quando chega o próximo pico, o diodo conduz brevemente e descarrega o capacitor do valor de pico. A chave da questão é: que valor deve ter o capacitor para um funcionamento adequado? Antes do estudo do valor do capacitor, considere o que acontece com outros circuitos retificadores.

Filtrando uma onda completa

Se conectarmos um retificador de onda completa com tomada central ou em ponte a um filtro de entrada com capacitor, a ondulação de pico a pico é cortada ao meio. A Figura 4-13c mostra por quê. Quando uma tensão em onda completa é aplicada

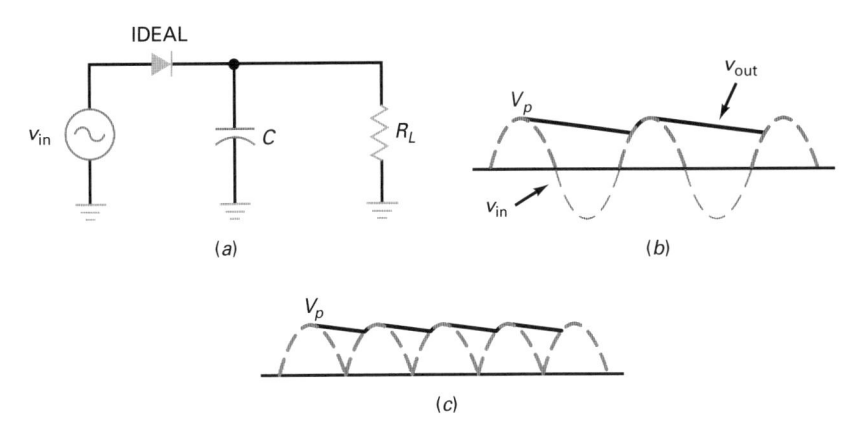

Figura 4-13 (a) Filtro de entrada com capacitor com carga; (b) a corrente de saída é contínua com uma pequena ondulação; (c) a saída com retificador de onda completa tem uma menor ondulação.

ao circuito RC, o capacitor descarrega apenas até a metade. Portanto, a ondulação de pico a pico é a metade daquele valor em relação ao retificador de meia onda.

Fórmula da ondulação

Aqui está uma fórmula derivada que utilizaremos para estimar o valor de pico a pico da ondulação de qualquer filtro de entrada com capacitor:

$$V_R = \frac{I}{fC} \tag{4-10}$$

onde V_R = ondulação de pico a pico
I = corrente CC na carga
f = frequência da ondulação
C = capacitância

Essa fórmula é uma aproximação, não é uma fórmula derivada exata. Podemos usá-la para estimar o valor de pico a pico da ondulação. Quando for necessária precisão maior, uma solução é usar um computador com um programa de simulação como o MultiSim.

Por exemplo, se a corrente CC na carga for de 10 mA e a capacitância for de 200 µF, a tensão de ondulação com o retificador de onda completa e um filtro de entrada com capacitor será:

$$V_R = \frac{10 \text{ mA}}{(120 \text{ Hz})(200 \text{ }\mu\text{F})} = 0,417 \text{ V pp}$$

Ao usar esta fórmula derivada, lembre-se de dois detalhes. Primeiro, a ondulação é um valor de tensão de pico a pico. Ela é útil porque normalmente medimos a tensão de ondulação com um osciloscópio. Segundo, a fórmula funciona com retificador de meia onda ou retificador de onda completa. Use 60 Hz para o retificador de meia onda e 120 Hz para o retificador de onda completa.

Você deveria usar um osciloscópio para medir a ondulação, se tiver um disponível. Do contrário, utilize um voltímetro CA, embora existirá um erro significante na indicação da medida. Muitos voltímetros CA são fabricados para indicar valores rms de uma onda senoidal. Como a ondulação não é uma onda senoidal, podem ocorrer erros de até 25%, dependendo do projeto do voltímetro CA. Mas isso não será problema quando estiver verificando defeitos, visto que você estará procurando por variações com valor muito maior na ondulação.

> **É ÚTIL SABER**
>
> Podemos usar outra fórmula mais precisa para determinar a ondulação de saída de qualquer filtro de entrada com capacitor. Ou seja:
> $V_R = V_{p(out)}(1 - \epsilon^{-t/R_LC})$
> onde t representa o período de descarga do capacitor de filtro C. Para um retificador de meia onda, t pode ser aproximadamente 16,67 ms, ao passo que para um retificador de onda completa, t vale 8,33 ms.

Se você usar um voltímetro CA para medir a ondulação, poderá converter o valor de pico a pico dado pela Equação (4-10) em um valor rms usando a seguinte fórmula para um valor senoidal:

$$V_{rms} = \frac{V_{pp}}{2\sqrt{2}}$$

Dividindo por 2, convertemos o valor de pico a pico para um valor de pico e dividindo por $\sqrt{2}$ obtemos o valor rms de uma onda senoidal com o mesmo valor de pico a pico como a tensão de ondulação.

Tensão CC exata na carga

É difícil calcular o valor exato da tensão CC na carga em um retificador de onda completa com um filtro de entrada com capacitor. Para começarmos, temos duas quedas de tensão dos diodos para serem subtraídas da tensão de pico. Além das quedas nos diodos, uma queda de tensão adicional ocorre: a corrente nos diodos é alta quando recarregam o capacitor, pois eles conduzem por um tempo muito curto durante cada ciclo. Essa corrente breve, mas de alto valor, circula pelo enrolamento do transformador e pelas resistências de corpo dos diodos. No nosso exemplo, vamos calcular as duas, saída ideal ou saída com a segunda aproximação do diodo, lembrando que na realidade a tensão é ligeiramente menor.

Exemplo 4-6

Qual é a tensão CC na carga e a ondulação na Figura 4-14?

SOLUÇÃO   O valor rms no secundário do transformador é:

$$V_2 = \frac{120\text{ V}}{5} = 24\text{ V}$$

A tensão de pico no secundário é:

$$V_p = \frac{24\text{ V}}{0,707} = 34\text{ V}$$

Supondo um diodo ideal e que a ondulação seja baixa, a tensão CC na carga será:

$$V_L = 34\text{ V}$$

Para calcularmos a ondulação, precisamos primeiro obter a corrente CC na carga.

$$I_L = \frac{V_L}{R_L} = \frac{34\text{ V}}{5\text{ k}\Omega} = 6,8\text{ mA}$$

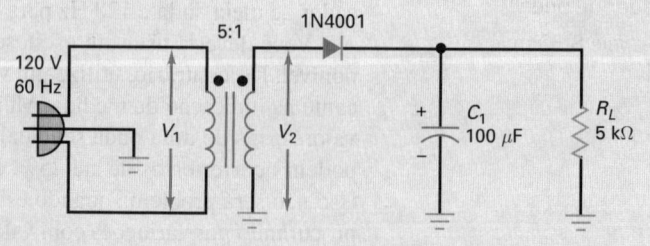

Figura 4-14   O retificador de meia onda com filtro de entrada com capacitor.

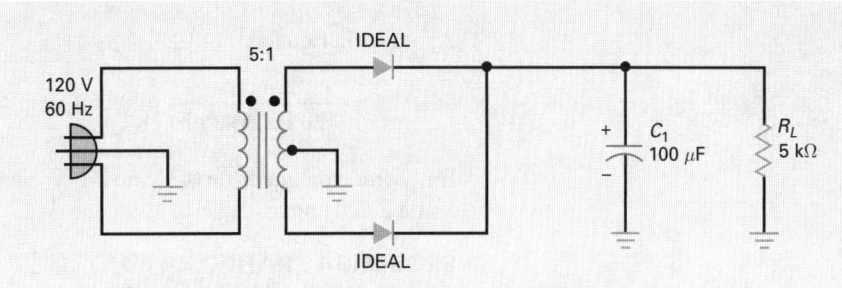

Figura 4-15 O retificador de onda completa com filtro de entrada com capacitor.

Agora podemos usar a Equação (4-10) para obter:

$$V_R = \frac{6,8\,\text{mA}}{(60\,\text{Hz})(100\,\mu\text{F})} = 1,13\,\text{V pp} \approx 1,1\,\text{V pp}$$

Fizemos o arredondamento no valor da tensão de ondulação para dois dígitos significativos, porque é uma aproximação e não temos precisão nas medidas realizadas com um osciloscópio.

Aqui está como melhorar um pouco a resposta: existe uma queda de 0,7 V em um diodo de silício quando conduzindo diretamente. Portanto a tensão de pico na carga será próxima de 33,3 V em vez de 34 V. A ondulação também diminui ligeiramente a tensão CC na carga. De modo que a tensão CC real na carga será mais próxima de 33 V do que 34 V. Mas essa diferença é mínima. As respostas ideais são geralmente adequadas para as verificações de defeitos e análise preliminares.

Um ponto final a respeito do circuito. O sinal positivo no capacitor de filtro indica que ele é um **capacitor polarizado**, o que quer dizer que o lado com sinal positivo tem de estar conectado na saída positiva do retificador. Na Figura 4-15, o terminal positivo do capacitor está corretamente conectado ao positivo da fonte. Você precisa observar com atenção no corpo do capacitor quando estiver montando ou verificando defeitos no circuito para saber se o capacitor é polarizado ou não. Se a polaridade dos diodos retificadores for invertida e, então, um circuito de fonte de alimentação negativa for criado, esteja certo de conectar o lado negativo do capacitor ao ponto negativo da tensão de saída e o lado positivo do capacitor ao terra do circuito.

As fontes de alimentação sempre utilizam capacitores polarizados eletrolíticos, porque esses tipos de capacitores podem fornecer altos valores de capacitância com encapsulamentos de pequenas dimensões. Conforme estudo de cursos anteriores, os *capacitores eletrolíticos precisam ser conectados com a polaridade correta* para produzir a película de óxido (isolante). Se um capacitor eletrolítico for conectado com a polaridade invertida, *ele aquecerá e poderá explodir*.

Exemplo 4-7 ||| MultiSim

Qual é a tensão CC e a ondulação na carga na Figura 4-15?

SOLUÇÃO Como o transformador tem uma relação de espiras de 5:1, ele é um abaixador como no exemplo anterior, a tensão de pico no secundário ainda é de 34 V. Metade dessa tensão é a entrada de cada seção retificadora de meia onda. Supondo o diodo ideal e uma pequena ondulação, a tensão CC na carga será:

$$V_L = 17\,\text{V}$$

A corrente CC na carga é:

$$I_L = \frac{17\,\text{V}}{5\,\text{k}\Omega} = 3,4\,\text{mA}$$

Agora, pela Equação (4-10):

$$V_R = \frac{3,4 \text{ mA}}{(120 \text{ Hz})(100 \ \mu\text{F})} = 0,283 \text{ V pp} \approx 0,28 \text{ V pp}$$

Em virtude da queda de 0,7 V no diodo em condução, a tensão real na carga ainda é mais próxima de 16 V do que de 17 V.

PROBLEMA PRÁTICO 4-7 Usando a Figura 4-15, mude R_L para 2 kΩ e calcule o novo valor da tensão CC ideal na carga e a ondulação.

Exemplo 4-8
||| MultiSim

Qual é o valor da tensão na carga e a ondulação na Figura 4-16? Compare as respostas com aquelas dos dois exemplos anteriores.

SOLUÇÃO Como o transformador é abaixador 5:1, conforme o exemplo anterior, a tensão de pico do secundário ainda é de 34 V. Supondo um diodo ideal e uma pequena ondulação, a tensão CC na carga será:

$$V_L = 34 \text{ v}$$

A corrente CC na carga é:

$$I_L = \frac{34 \text{ V}}{5 \text{ k}\Omega} = 6,8 \text{ mA}$$

Agora a Equação (4-10) fornece:

$$V_R = \frac{6,8 \text{ mA}}{(120 \text{ Hz})(100 \ \mu\text{F})} = 0,566 \text{ V pp} \approx 0,57 \text{ V pp}$$

Devido à queda de 1,4 V nos dois diodos em condução e a ondulação, a tensão CC real na carga será mais próxima de 32 V do que 34 V.

Já calculamos a tensão CC na carga e a ondulação para os três tipos diferentes de retificadores. Aqui estão os resultados:

Meia onda: 34 V e 1,13 V
Onda completa com tomada central: 17 V e 0,288 V
Onda completa com tomada em ponte: 34 V e 0,566 V

Para um dado transformador, o retificador em ponte é melhor do que o retificador de meia onda porque sua ondulação é menor, e é melhor do que o retificador de onda completa com tomada central porque produz o dobro da tensão de saída. Dos três, *o retificador em ponte tem-se mostrado o mais comum.*

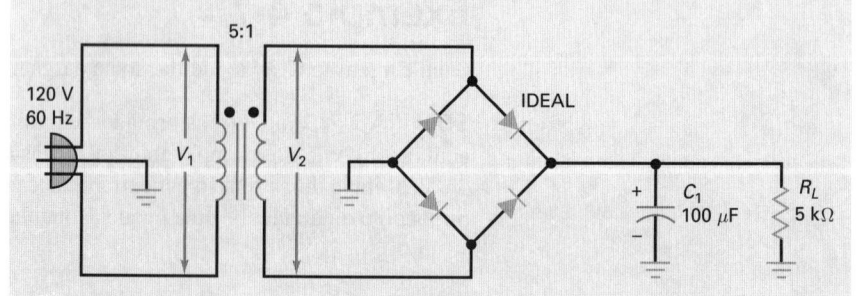

Figura 4-16 O retificador em ponte e o filtro de entrada com capacitor.

Exemplo de aplicação 4-9

|||MultiSim

A Figura 4-17 mostra os valores medidos com um MultiSim. Calcule o valor teórico da tensão na carga e a ondulação e os compare com os valores medidos.

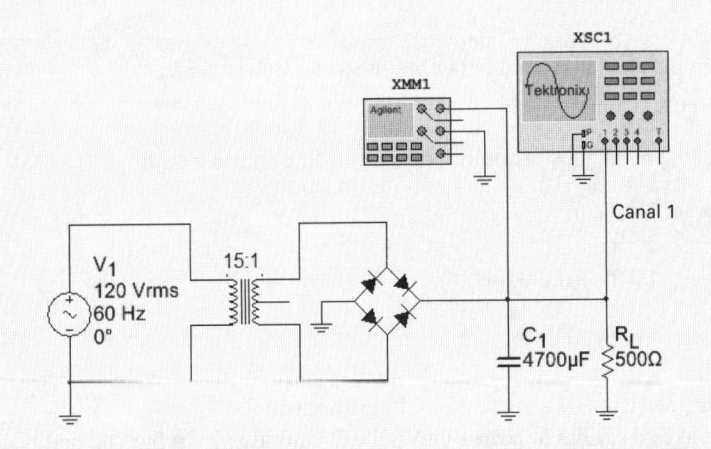

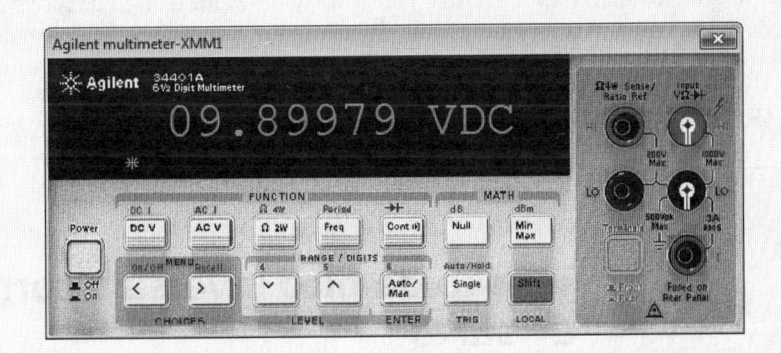

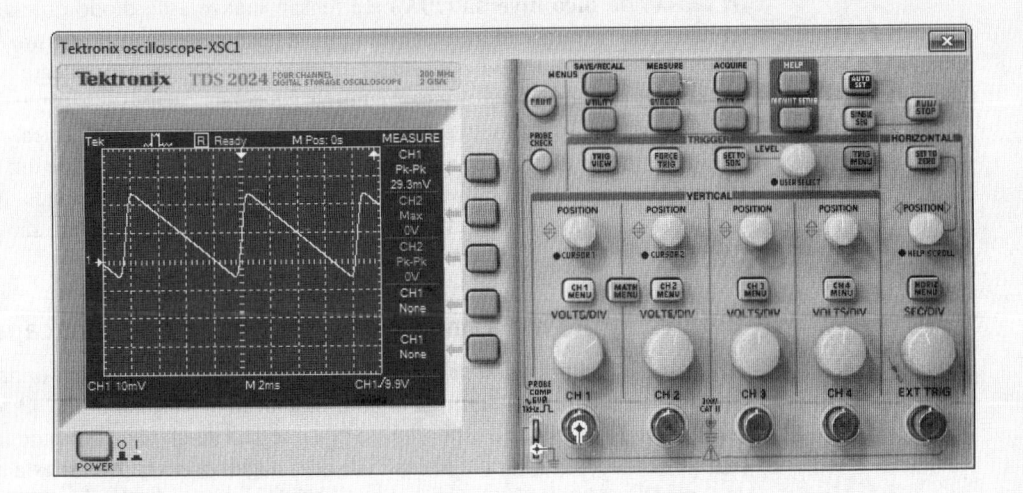

Figura 4-17 Exemplo de um retificador em ponte e o filtro de entrada com capacitor no laboratório.

SOLUÇÃO O transformador é abaixador 15:1, então a tensão rms no secundário é:

$$V_2 = \frac{120\,V}{15} = 8\,V$$

e tensão de pico no secundário é:

$$V_p = \frac{8\,V}{0,707} = 11,3\,V$$

Vamos usar a segunda aproximação dos diodos para obter a tensão CC na carga:

$$V_L = 11,3\,V - 1,4\,V = 9,9\,V$$

Para calcularmos a ondulação, precisamos primeiro obter a corrente CC na carga:

$$I_L = \frac{9,9\,V}{500\,\Omega} = 19,8\,mA$$

Agora podemos usar a Equação (4-10) para obter:

$$V_R = \frac{19,8\,mA}{(120\,Hz)(4700\,\mu F)} = 35\,mV\,pp$$

Na Figura 4-17, um multímetro indica uma tensão CC na carga de 9,9 V.

O canal 1 do osciloscópio está calibrado para 10 mV/Div. O valor de pico a pico da ondulação é de aproximadamente 2,9 Div e a ondulação medida é 29,3 mV. Isto é menor do que o valor teórico de 35 mV, que enfatiza o ponto anterior. A Equação 4-10 é usada para *estimar* o valor da ondulação. Se precisar de uma maior precisão, use o computador com um programa de simulação.

PROBLEMA PRÁTICO 4-9 Mude o valor do capacitor na Figura 4-17 para 1.000 μF. Calcule o novo valor de V_R.

4-7 Tensão de pico inversa e corrente de surto

A **tensão de pico inversa (PIV)** é a tensão máxima no diodo quando não está conduzindo no retificador. *Esta tensão deve ser menor do que a tensão de ruptura do diodo; caso contrário, o diodo será danificado.* O pior caso ocorre com o filtro de entrada com capacitor.

Conforme estudado anteriormente, as folhas de dados dos fabricantes adotam vários símbolos diferentes para indicar a tensão reversa nominal de um diodo. Algumas vezes esses símbolos indicam condições de medição diferentes. Alguns dos símbolos na folha de dados para a tensão nominal reversa máxima são PIV, PRV, V_B, V_{BR}, V_R, V_{RRM}, V_{RWM} e $V_{R(máx)}$.

Retificador de meia onda com filtro de entrada com capacitor

A Figura 4-18a mostra a parte crítica de um retificador de meia onda. Esta é a parte do circuito que determina o valor da tensão reversa no diodo. O restante do circuito não tem efeito e está omitido por questão de clareza. No pior caso, a tensão de pico do secundário é a tensão de pico negativa e o capacitor está totalmente carregado com a tensão de V_P. Aplique a lei das tensões de Kirchhoff, e poderá ver imediatamente que a tensão de pico inverso no diodo em corte é:

$$\mathbf{PIV} = 2\,V_p \tag{4-11}$$

Por exemplo, se a tensão de pico do secundário for de 15 V, a tensão de pico inversa será de 30 V. Enquanto a tensão de ruptura do diodo for maior que este valor, o diodo não queimará.

Retificador de onda completa com tomada central e filtro de entrada com capacitor

A Figura 4-18b mostra a parte essencial de um retificador de onda completa necessária para calcular a tensão de pico inversa. Novamente, a tensão no secundário é a tensão de pico negativo. Neste caso, o diodo debaixo funciona como um curto (chave fechada) e o diodo de cima está aberto. A lei de Kirchhoff informa que:

$$\text{PIV} = V_p \qquad (4\text{-}12)$$

Retificador em ponte com filtro de entrada capacitivo

A Figura 4-18c mostra uma parte do circuito retificador em ponte. Isso é tudo o que você precisa para calcular a tensão de pico inversa. Visto que o diodo superior está conduzindo e o diodo inferior está em corte, a tensão de pico inversa no diodo inferior é:

$$\text{PIV} = V_p \qquad (4\text{-}13)$$

Outra vantagem do retificador em ponte é que ele tem a menor tensão de pico inversa para uma dada tensão na carga. Para produzir a mesma tensão na carga, o retificador de onda completa com tomada central necessitaria de uma tensão do secundário com o dobro de valor.

Resistor de surto

Antes de ligar um circuito retificador com filtro de entrada com capacitor em uma rede de alimentação, o capacitor pode estar descarregado. No primeiro instante que for aplicada a energia elétrica da rede, o capacitor funciona como um curto-circuito. Portanto, a corrente inicial de carga do capacitor terá um valor alto. Tudo o que existe no caminho de carga do capacitor é a resistência do secundário do transformador e a resistência de corpo dos diodos. O primeiro fluxo intenso de corrente quando a energia é ligada é chamado de **corrente de surto**.

Em geral os projetistas de fontes de alimentação escolhem um diodo com um valor de corrente nominal que suporta esta corrente de surto. Uma solução para a corrente de surto é o valor do capacitor de filtro. Ocasionalmente, um projetista pode optar por usar um **resistor de surto**, em vez de escolher outro diodo.

A Figura 4-19 ilustra essa ideia. Um resistor de baixo valor ôhmico é inserido entre a ponte retificadora e o capacitor de filtro. Sem o resistor, a corrente de surto pode queimar os diodos. Incluindo um resistor de surto, o projetista reduz a corrente de surto a um nível seguro. Os resistores de surto não são muito utilizados e são mencionados apenas nos casos em que você encontra uma fonte de alimentação já projetada com eles.

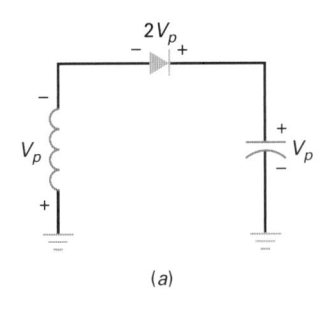

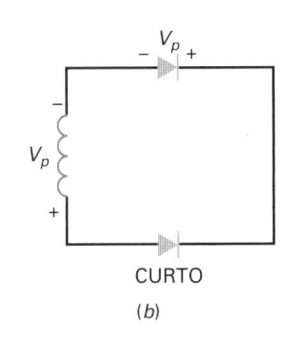

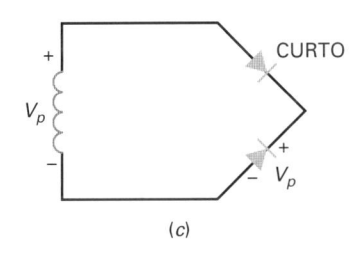

Figura 4-18 (a) Tensão de pico inversa no retificador de meia onda; (b) tensão de pico inversa no retificador de onda completa; (c) tensão de pico inversa no retificador de onda completa em ponte

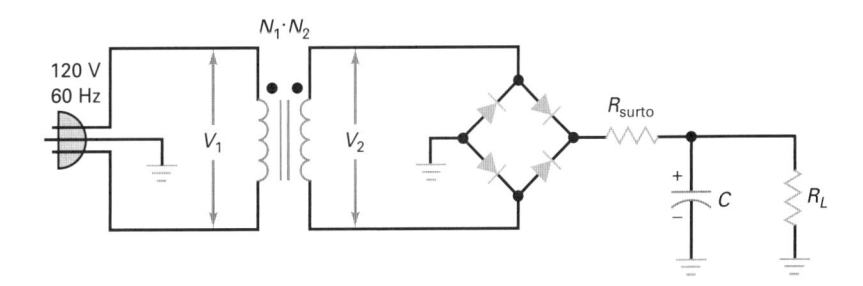

Figura 4-19 O resistor de surto limita a corrente de surto.

Exemplo 4-10

Qual é o valor da tensão inversa de pico na Figura 4-19 se a relação de espiras for de 8:1? Um diodo 1N4001 tem uma tensão de ruptura de 50 V. É seguro usá-lo neste circuito?

SOLUÇÃO A tensão rms no secundário é:

$$V_2 = \frac{120\ V}{8} = 15\ V$$

A tensão de pico no secundário é:

$$V_p = \frac{15\ V}{0,707} = 21,2\ V$$

A tensão de pico inversa é:

$$PIV = 21,2\ V$$

O diodo 1N4001 é mais do que adequado, visto que a tensão inversa de pico é muito menor que a tensão de ruptura de 50 V.

PROBLEMA PRÁTICO 4-10 Usando a Figura 4-19, mude a relação de espiras para 2:1. Que diodo da série 1N4000 você usaria?

4-8 Outros tópicos de uma fonte de alimentação

Você tem uma ideia básica de como funcionam os circuitos de uma fonte de alimentação. Nas seções anteriores vimos como uma fonte de tensão CA é retificada e filtrada para se obter uma tensão CC. No entanto, existem algumas ideias adicionais que precisa saber.

Transformadores comerciais

O uso da relação de espiras nos transformadores se aplica somente aos transformadores ideais. Os transformadores com núcleo de ferro são diferentes. Em outras palavras, os transformadores que compramos nas lojas de materiais eletrônicos não são ideais, porque os enrolamentos têm resistências que produzem perdas de potência. Além disto, o núcleo de ferro laminado apresenta uma corrente de Eddy, que produz mais perda de potência. Por causa dessas perdas de potência indesejáveis, a relação de espiras é apenas uma aproximação. De fato, as folhas de dados dos transformadores raramente listam a relação de espiras. Geralmente, o máximo que conseguimos são a tensão do primário, a tensão do secundário e a corrente nominal.

Por exemplo, a Figura 4-20a mostra um transformador industrial F-25X cuja folha de dados fornece apenas as seguintes especificações: uma tensão no primário de 115 V CA, uma tensão no secundário de 12,6 V CA para uma corrente de secundário de 1,5 A. Se a corrente do secundário for menor que 1,5 A na Figura 4-20a, a tensão no secundário será maior que 12,6 V CA por causa das baixas perdas de potência nos enrolamentos e no núcleo laminado.

Se for necessário sabermos a corrente no primário, podemos estimar o valor da relação de espiras de um transformador real usando esta fórmula derivada:

$$\frac{N_1}{N_2} = \frac{V_1}{V_2} \qquad (4\text{-}14)$$

É ÚTIL SABER

Quando um transformador está sem carga, a tensão no secundário tem um valor que é de 5% a 10% maior que o valor nominal.

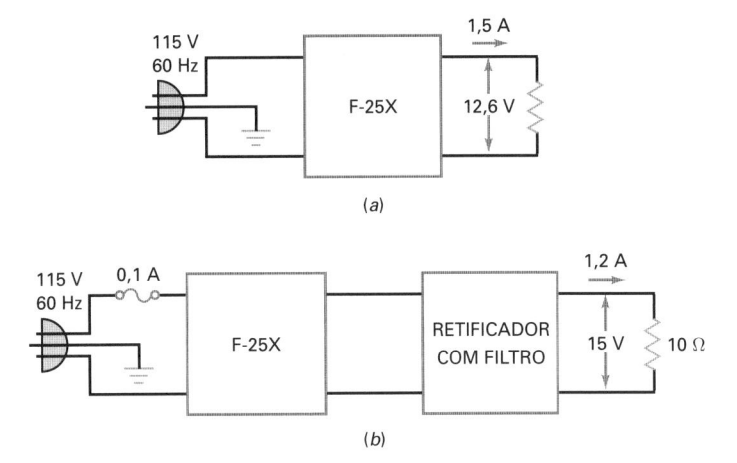

Figura 4-20 (a) Valores nominais de um transformador real; (b) cálculo do valor do fusível.

Por exemplo, o transformador F-25X tem $V_1 = 115$ V e $V_2 = 12{,}6$ V. A relação de espiras com a corrente nominal na carga de 1,5 A é:

$$\frac{N_1}{N_2} = \frac{115}{12{,}6} = 9{,}13$$

Esse valor é uma aproximação porque a relação de espiras calculada diminui quando a corrente da carga diminui.

Cálculo do valor do fusível

Quando estiver verificando defeitos, pode ser preciso calcular a corrente no primário para determinar se um fusível está adequado ou não. O modo mais fácil de fazer isso, com uma relação de espiras real, é supor que a potência de entrada seja igual à potência de saída: $P_{in} = P_{out}$. Por exemplo, a Figura 4-20b mostra um transformador com fusível alimentando um retificador com filtro. O fusível de 0,1 A é adequado?

Veja como estimar a corrente do primário quando estiver verificando defeitos. A potência de saída é igual à potência CC na carga:

$$P_{out} = VI = (15 \text{ V})(1{,}2 \text{ A}) = 18 \text{ W}$$

Despreze as perdas de potência no retificador e no transformador. Como a potência de entrada deve ser igual à potência de saída:

$$P_{in} = 18 \text{ W}$$

Como P_{in} é igual $V_1 I_1$, podemos resolver para a corrente do primário:

$$I_1 = \frac{18 \text{ W}}{115 \text{ V}} = 0{,}156 \text{ A}$$

Esse valor é apenas uma aproximação porque ignoramos as perdas de potência do transformador e do retificador. A corrente real no primário será maior cerca de 5% a 20% por causa dessas perdas adicionais. Nesse caso, o fusível é inadequado. Ele deveria ser pelo menos de 0,25 A.

Fusíveis retardados

Suponha que o capacitor de um filtro esteja sendo usado na Figura 4-20b. Se um fusível comum de 0,25 A for usado na Figura 4-20b, ele queimará quando você ligar a energia. A razão é a corrente de surto, descrita anteriormente. A maioria das fontes de alimentação utiliza um fusível retardado, aquele que pode suportar uma sobrecarga na corrente. Por exemplo, um fusível retardado de 0,25 A suporta

2 A por 0,1 s
1,5 A por 1 s
1 A por 2 s

e assim por diante. Com um fusível retardado, o circuito tem tempo para carregar o capacitor. Depois a corrente primária cai para seu valor normal com o fusível ainda intacto.

Cálculo da corrente do diodo

Para um retificador de meia onda com ou sem filtro, a corrente média que circula pelo diodo é igual à corrente CC na carga porque só existe um caminho para a circulação de corrente. Como uma fórmula de derivação:

Meia onda: $I_{diodo} = I_{CC}$ (4-15)

Por outro lado, a corrente média no diodo de um retificador de onda completa é igual à metade da corrente CC na carga, como uma fórmula de derivação, porque existem dois diodos no circuito, cada um compartilhando a corrente com a carga. De modo similar, cada diodo em uma ponte retificadora tem de sustentar uma corrente média que é a metade da corrente CC na carga. Como uma fórmula de derivação:

Onda completa: $I_{diodo} = 0{,}5 I_{CC}$ (4-16)

A Tabela 4-2 compara as propriedades dos retificadores com filtro de entrada.

Interpretação das folhas de dados

Verifique a folha de dados do diodo 1N4001 do Capítulo 3, Figura 3-16. A tensão de pico inversa repetitiva máxima, V_{RRM} = na folha de dados, é o mesmo valor da tensão de pico inversa estudada anteriormente. A folha de dados informa que o diodo 1N4001 pode suportar uma tensão de 50 V no sentido reverso.

A corrente direta retificada média – $I_{F(méd.)}$, $I_{(máx)}$ ou I_0 – é uma corrente CC ou corrente média que circula no diodo. Para um retificador de meia onda, a corrente no diodo é igual à corrente CC na carga. Para um retificador de onda completa com tomada central ou em ponte, é igual à metade da corrente CC na carga. A folha de dados informa que o diodo 1N4001 pode conduzir uma corrente de 1 A, o que significa que a corrente CC na carga pode ser de 2 A em um retificador de onda completa. Observe também a corrente de surto nominal I_{FSM}. A folha de dados informa que o diodo 1N4001 pode suportar 30 A durante o primeiro ciclo quando a fonte for ligada.

Tabela 4-2	Retificadores com filtro com capacitor de entrada*		
	Meia onda	Onda completa com tomada central	Onda completa em ponte
Número de diodos	1	2	4
Retificador	$V_{p(2)}$	$0{,}5 V_{p(2)}$	$V_{p(2)}$
V_{cc} saída ideal	$V_{p(2)}$	$0{,}5 V_{p(2)}$	$V_{p(2)}$
V_{cc} saída 2ª aproximação	$V_{p(2)} - 0{,}7$ V	$0{,}5 V_p - 0{,}7$ V	$V_{p(2)} - 1{,}4$ V
Frequência de ondulação	f_{in}	$2f_{in}$	$2f_{in}$
PIV	$2V_{p(2)}$	$V_{p(2)}$	$V_{p(2)}$
Corrente no diodo	I_{CC}	$0{,}5 I_{CC}$	$0{,}5 I_{CC}$

*$V_{p(2)}$ = tensão de pico no secundário; $V_{p(out)}$ = tensão de pico na saída; I_{CC} = corrente CC na carga.

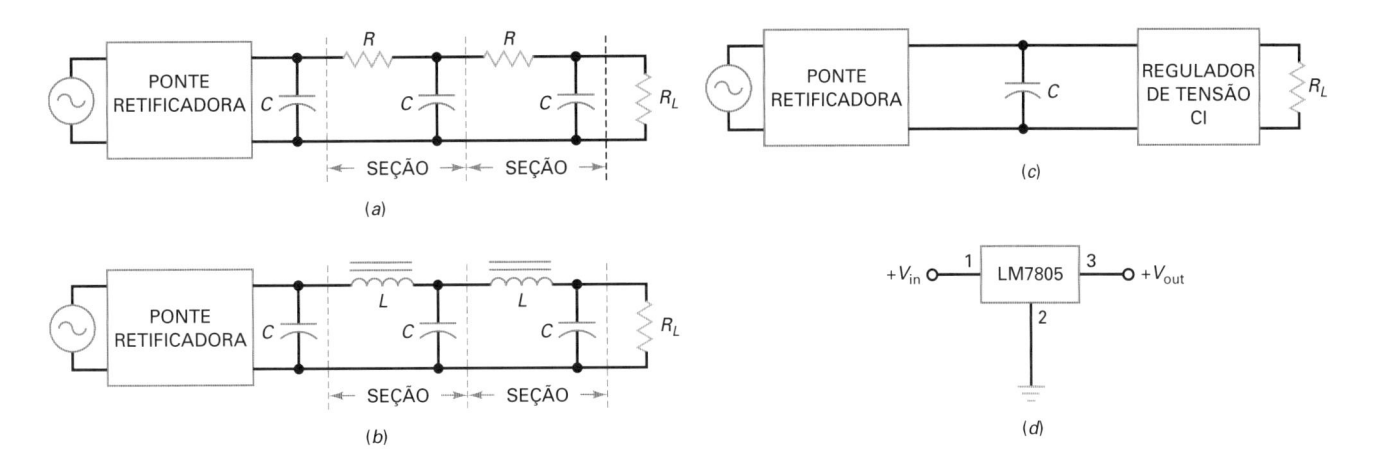

Figura 4-21 (a) O filtro RC; (b) o filtro LC; (c) filtro de um regulador de tensão; (d) regulador de tensão de três terminais.

Filtros RC

Antes de 1970, os **filtros passivos** (componentes R, L e C) eram sempre conectados entre o retificador e a resistência de carga. Hoje, raramente se vêem filtros passivos nos circuitos de fonte de alimentação com semicondutores, mas devem existir aplicações especiais, como amplificadores de potência de áudio, em que esses filtros são ainda aplicados.

A Figura 4-21a mostra um retificador em ponte e um filtro de entrada com capacitor. Geralmente um projetista estabelece uma ondulação de pico a pico de até 10% no capacitor de filtro. A razão para não tentar obter ondulações menores é o fato de o capacitor de filtro ter um valor alto de capacitância e um tamanho maior. Então são conectadas seções RC entre o capacitor de filtro e o resistor de carga.

As seções RC são exemplos de filtros passivos, aqueles que usam apenas componentes R, L ou C. Em um projeto podemos propositalmente escolher um valor de R muito maior do que X_C na frequência de ondulação. Portanto, a ondulação é reduzida antes de chegar no resistor de carga. Tipicamente, R é pelo menos 10% maior que X_C. Isso significa que cada seção atenua (reduz) a ondulação por um fator de pelo menos 10. A desvantagem de um filtro RC é a queda de tensão CC em cada R. Por isso, o filtro RC é conveniente apenas para cargas leves (aquelas com baixo valor de corrente ou valor alto de resistência).

Filtro LC

Quando a corrente na carga é de valor alto, os filtros LC da Figura 4-21b são melhores que os filtros RC. Novamente a ideia é forçar uma queda na ondulação nos componentes em série, neste caso, os indutores. Fazendo X_L muito maior que X_C, podemos reduzir a ondulação a níveis bem baixos. A queda de tensão CC nos indutores é muito menor que a queda nas seções RC porque a resistência do enrolamento é muito menor.

Os filtros LC foram muito utilizados. Agora, eles se tornaram obsoletos nas fontes de alimentação típicas por causa das dimensões físicas e custo dos indutores. Para fontes de alimentação de baixa tensão, os filtros LC estão sendo substituídos por **circuitos integrados (CI)**. Eles são dispositivos com diodos, transistores, resistores e outros componentes miniaturizados e encapsulados para executar uma função específica.

A Figura 4-21c ilustra esta ideia. O **CI regulador de tensão**, um tipo de circuito integrado, fica entre o capacitor de filtro e o resistor de carga. Este dispositivo não só

É ÚTIL SABER

Um indutor aplicado como filtro, conectado entre dois capacitores, é sempre chamado de filtro pi (π).

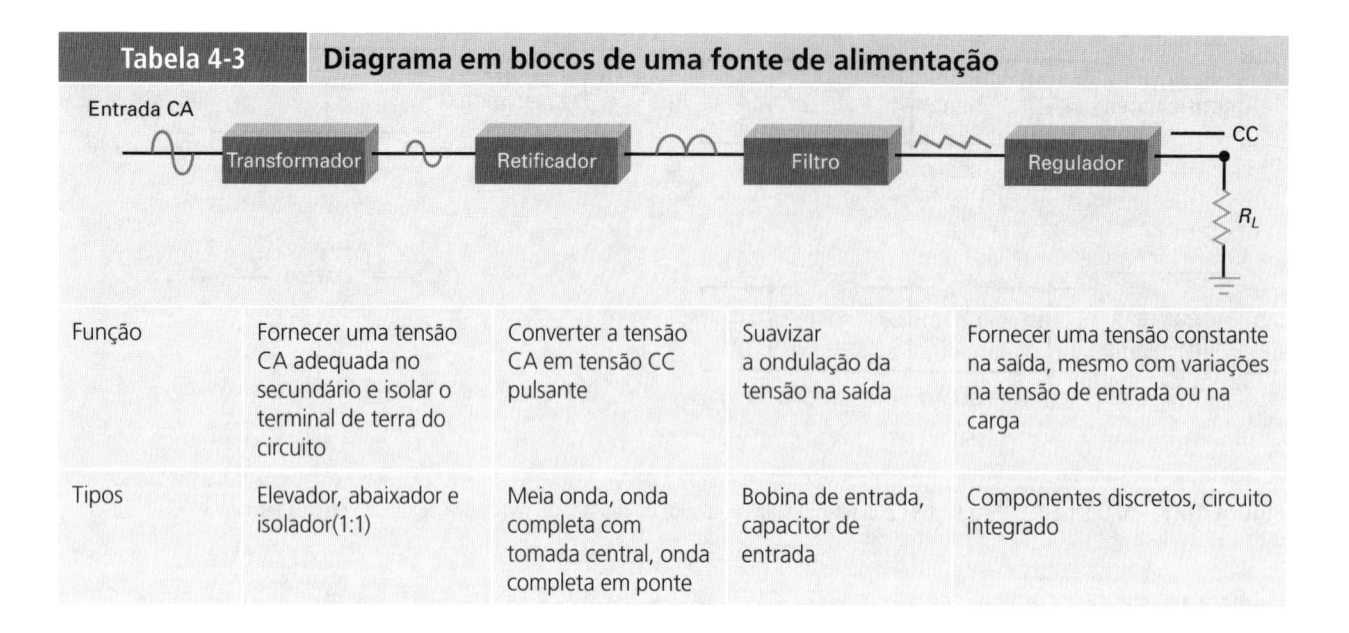

Tabela 4-3 — Diagrama em blocos de uma fonte de alimentação

	Transformador	Retificador	Filtro	Regulador
Função	Fornecer uma tensão CA adequada no secundário e isolar o terminal de terra do circuito	Converter a tensão CA em tensão CC pulsante	Suavizar a ondulação da tensão na saída	Fornecer uma tensão constante na saída, mesmo com variações na tensão de entrada ou na carga
Tipos	Elevador, abaixador e isolador(1:1)	Meia onda, onda completa com tomada central, onda completa em ponte	Bobina de entrada, capacitor de entrada	Componentes discretos, circuito integrado

reduz a ondulação, como também mantém a tensão CC de saída constante. Estudaremos este tipo de CI regulador de tensão em um capítulo posterior. A Fig. 4-21d mostra um exemplo de um regulador de tensão de três terminais. O CI LM7805 fornece na saída uma tensão positiva fixa de 5V desde que a tensão aplicada na entrada do CI seja pelo menos 2 a 3 volts maior do que a tensão de saída. Outros reguladores da série 78XX podem fornecer tensões diferentes, como 9V, 12V, 15V, dentre outras. A série 79XX constitui-se de reguladores de valores negativos de tensão de saída. Em virtude de seu baixo custo, os CIs reguladores de tensão são agora usados como método--padrão para a redução da ondulação.

A Tabela 4-3 mostra uma fonte de alimentação completa na forma de diagrama de blocos funcionais.

4-9 Análise de defeito

A maioria dos equipamentos eletrônicos tem uma fonte de alimentação que geralmente é um retificador com filtro de entrada com capacitor seguido de um regulador de tensão (que será estudado posteriormente). Essa fonte de alimentação produz uma tensão CC que é adequada para o correto funcionamento de circuitos com transistores e outros dispositivos. Se um equipamento eletrônico não estiver funcionando corretamente, inicie sua verificação de defeitos pela fonte de alimentação. Frequentemente, *uma falha no equipamento é provocada por defeitos na fonte de alimentação.*

Procedimento

Suponha que você esteja verificando defeitos no circuito da Figura 4-22. Você pode começar medindo a tensão CC na carga. Ela deve ter um valor aproximadamente igual ao valor de pico da tensão no secundário; do contrário, haverá duas causas possíveis.

Primeira, se não há tensão na carga, você pode medir a tensão no secundário do transformador com um multímetro analógico ou digital calibrado para CA. O valor indicado é uma tensão rms no enrolamento secundário. Calcule o valor de pico. Você pode estimar o valor de pico adicionando 40% ao valor rms. Se esse valor for aceitável, os diodos podem estar com defeito. Se não existir tensão no secundário, o fusível pode ter queimado ou o transformador está com defeito.

Segunda, se existe tensão CC na carga, mas ela é menor que o valor calculado, ligue um osciloscópio para ver a forma de onda da tensão CC na carga e meça sua

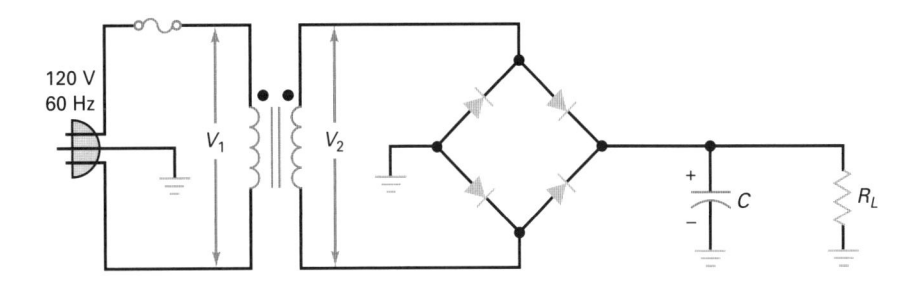

Figura 4-22 Verificação de defeitos.

tensão de ondulação. Um valor de pico a pico da tensão de ondulação em torno de 10% da tensão ideal na carga é aceitável. A ondulação pode ter esse valor mais ou menos, dependendo do projeto. Além disto, a frequência de ondulação deve ser de 120 Hz para um retificador de onda completa. Se a frequência de ondulação for de 60 Hz, um dos diodos pode estar aberto.

Defeitos comuns

Aqui estão os defeitos mais comuns que aparecem nos retificadores de onda completa com filtro de entrada com capacitor:

1. Se o fusível queimar, não deverá existir tensão em nenhum outro ponto do circuito.
2. Se o capacitor de filtro abrir, a tensão CC na carga será baixa, pois a saída será um sinal de onda completa sem filtro.
3. Se um dos diodos abrir, a tensão CC na carga será baixa, pois o retificação será apenas em meia onda. Além disso, a frequência da ondulação será de 60 Hz em vez de 120 Hz. Se todos os diodos abrirem, não haverá tensão na saída.
4. Se a carga entrar em curto, o fusível queimará. Possivelmente um ou mais diodos queimarão ou o transformador pode queimar.
5. Algumas vezes um capacitor de filtro pode apresentar fuga de corrente com o tempo e isto reduz a tensão CC na carga.
6. Ocasionalmente, o enrolamento do transformador entra em curto e reduz a tensão CC na carga. Nesse caso, o transformador sempre aquece demasiadamente e você mal pode tocá-lo.
7. Além desses defeitos, você pode ter ainda defeitos na solda da ponte, solda fria nas ilhas, mau contato nas conexões etc.

A Tabela 4-4 lista esses problemas e seus sintomas.

Tabela 4-4	Defeitos típicos para os retificadores em ponte com filtro com capacitor					
	V_1	V_2	$V_{L(CC)}$	V_R	$f_{ondulação}$	Forma de onda na saída
Fusível queimado	Zero	Zero	Zero	Zero	Zero	Sem saída
Capacitor aberto	OK	OK	Baixa	Alta	120 Hz	Sinal de onda completa
Um diodo aberto	OK	Ok	Zero	Alta	60 Hz	Ondulação de meia onda
Todos os diodos abertos	OK	OK	Zero	Zero	Zero	Sem saída
Carga em curto	Zero	Zero	Zero	Zero	Zero	Sem saída
Capacitor com fuga	Ok	Ok	Baixa	Alta	120 Hz	Sinal baixo na saída
Enrolamentos em curto	OK	Baixa	Baixa	OK	120 Hz	Sinal baixo na saída

Exemplo 4-11

Quando o circuito da Figura 4-23 funciona corretamente, a tensão rms no secundário é de 12,7 V, a tensão CC na carga é de 18 V e a tensão pico a pico da ondulação é de 318 mV. Se o capacitor de filtro abrir, o que acontecerá com a tensão CC na carga?

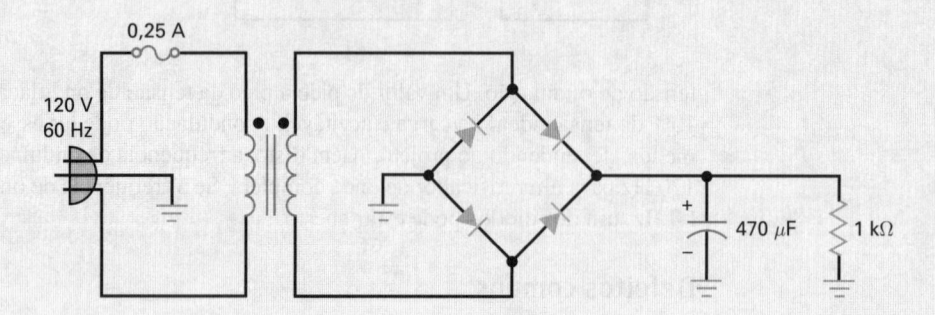

Figura 4-23

SOLUÇÃO Com o capacitor de filtro aberto o circuito passa a se comportar como um retificador em ponte. Por não haver filtro, um osciloscópio na carga mostrará um sinal de onda completa com uma tensão de pico de 18 V. O valor médio é de 63,6% de 18 V, ou seja 11,4 V.

Exemplo 4-12

Suponha que o resistor de carga na Figura 4-23 esteja em curto. Descreva os sintomas deste defeito.

SOLUÇÃO Um curto-circuito no resistor de carga aumentará a corrente para um valor muito alto. Isso provocará a queima do fusível. Além disto, é possível que queime um ou mais diodos antes de o fusível fundir. Frequentemente, quando um diodo entra em curto, ele faz os outros diodos retificadores também entrarem em curto. Como o fusível abre, todos os valores de tensão medidos serão zero. Quando você verificar o fusível visualmente ou com um ohmímetro, constatará que ele está aberto.

Com a energia desligada, você pode testar os diodos com um ohmímetro para conferir se há algum queimado. Você deve medir também o resistor de carga com um ohmímetro. Se a medida for zero ou apresentar um valor muito baixo, é preciso verificar mais defeitos.

O defeito pode ser uma ponte de solda no circuito do resistor de carga, uma fiação incorreta ou várias outras possibilidades. Os fusíveis ocasionalmente queimam sem que exista um curto permanente na carga. Nesse caso, *quando um fusível queimar, teste os diodos para verificar possíveis defeitos e a resistência de carga para um possível curto-circuito.*

Um exercício de análise de defeito, no final desse capítulo, contém oito defeitos diferentes, incluindo diodos abertos, capacitores de filtro abertos, cargas em curto-circuito, fusíveis queimados e conexões de terras abertas.

4-10 Circuitos ceifadores e limitadores

Os diodos utilizados em fontes de alimentação de baixa frequência são *diodos retificadores*. Esses diodos são otimizados para funcionar em 60 Hz e têm faixa de potência nominal acima de 0,5 W. O diodo retificador típico tem uma corrente direta na faixa de ampères. A não ser para sua utilização em fontes de alimentação, os diodos retificadores encontram poucas aplicações, porque muitos circuitos dentro dos equipamentos eletrônicos operam em frequências muito altas.

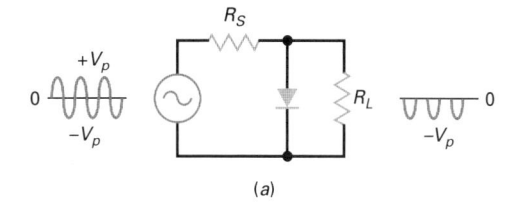

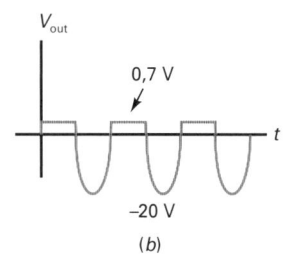

Figura 4-24 (a) Ceifador positivo; (b) forma de onda de saída.

Diodos de pequeno sinal

Nesta seção utilizaremos *diodos de pequeno sinal*. Esses diodos são otimizados para operarem em altas frequências e têm faixa de potência nominal abaixo de 0,5 W. O diodo de pequeno sinal típico tem uma corrente na faixa de miliampères. Esta é a menor e mais brilhante construção que permite ao diodo operar em altas frequências.

Ceifador positivo

Um **ceifador** é um circuito que retira as partes negativas ou positivas de uma forma de onda. Este tipo de tratamento é útil para se moldar um sinal, proteção de circuito e comunicações. A Figura 4-24a mostra um circuito *ceifador positivo*. O circuito retira todas as partes positivas do sinal de entrada. É por isso que o sinal de saída tem apenas semiciclos negativos.

Veja a seguir como funciona este circuito. Durante o semiciclo positivo o diodo conduz e funciona como um curto-circuito nos terminais de saída. Idealmente, a tensão de saída é zero. No semiciclo negativo o diodo está aberto. Neste caso o semiciclo negativo aparece na saída. Por uma escolha do projeto, o resistor série é muito menor que o resistor de carga. É por isso que a saída apresenta picos negativos V_p, como na Figura 4-24a.

Para uma segunda aproximação, a tensão no diodo é de 0,7 V quando está conduzindo. Portanto, o nível cortado não é em zero, mas em 0,7 V. Por exemplo, se o sinal de entrada for de 20 V de pico, a saída do circuito ceifador será como está mostrado na Figura 4-24b.

Definição das condições

Os diodos de pequeno sinal têm a área da junção menor que a área de um diodo retificador, pois eles são otimizados para operarem em altas frequências. Como consequência, eles apresentam uma resistência de corpo maior. A folha de dados de um diodo de pequeno sinal como o 1N914 informa que a corrente direta é de 10 mA com 1 V. Portanto, a resistência de corpo é:

$$R_B = \frac{1\text{ V} - 0,7\text{ V}}{10\text{ mA}} = 30\ \Omega$$

Por que a resistência de corpo é tão importante? Porque o circuito ceifador não funciona corretamente a não ser que a resistência em série R_S tenha um valor

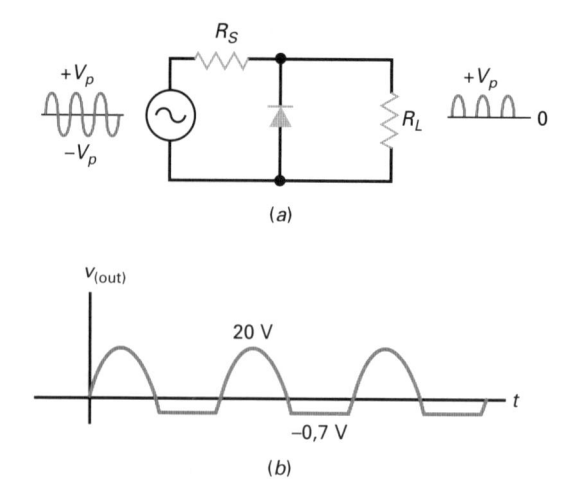

Figura 4-25 (a) Ceifador negativo; (b) forma de onda de saída.

muito maior que a resistência de corpo. Além disso, um ceifador também não funcionará bem se a resistência em série R_S não for muito menor que a resistência de carga. Para um ceifador funcionar corretamente, utilizaremos esta definição:

Ceifador quase ideal: $100R_B < R_S < 0{,}01R_L$ (4-17)

Essa definição informa que a resistência em série é 100 vezes maior que a resistência de corpo e 100 vezes menor que a resistência de carga. Quando um circuito ceifador satisfaz a essas condições, dizemos que ele é um *ceifador quase ideal*. Por exemplo, se o diodo tiver uma resistência de corpo de 30 Ω, a resistência em série deve ser de 3 kΩ e a resistência de carga deve ser de pelo menos 300 kΩ.

Ceifador negativo

Se invertermos a polaridade do diodo, conforme mostra a Figura 4-25a, obteremos um *ceifador negativo*. Como se espera, ele retira as partes negativas do sinal. Idealmente, a forma de onda de saída não tem nada mais que semiciclos positivos.

As partes cortadas não são perfeitas. Por causa da tensão de condução (*tensão de offset*), um outro termo para *barreira de potencial*), o nível cortado é de 0,7. Se o sinal de entrada for de 20 V de pico, o sinal de saída será semelhante ao mostrado na Figura 4-25b.

Limitador ou grampo de diodo

O ceifador é útil para moldar uma forma de onda, mas o mesmo circuito pode ser usado de modo totalmente diferente. Dê uma olhada na Figura 4-26a. A entrada normal para este circuito é um sinal de apenas 15 mV de pico. Portanto, a saída normal é o mesmo sinal de entrada, pois nenhum dos diodos estão em condução durante o ciclo.

Qual é a vantagem deste circuito se os diodos não conduzem? Sempre que tiver um circuito sensível, aquele que não pode ter uma tensão de entrada alta, você pode usar um *limitador* positivo-negativo para proteger a entrada, como mostra a Figura 4-26b. Se o sinal de entrada tentar aumentar acima de 0,7 V, a saída fica limitada a 0,7 V. Por outro lado, se o sinal de entrada tentar aumentar de −0,7 V, a saída fica limitada a −0,7 V. Num circuito como este, o funcionamento normal significa que o sinal de entrada é sempre menor que 0,7 V em qualquer polaridade.

Um exemplo de um circuito sensível é o *amp op*, um CI que será estudado em capítulo posterior. A tensão típica de entrada do amp op é abaixo de 15 mV. Tensões acima de 15 mV são raras e acima de 0,7 V são anormais. Um limitador

> **É ÚTIL SABER**
>
> O grampo negativo de diodos é sempre usado nas entradas dos circuitos de portas lógicas TTL.

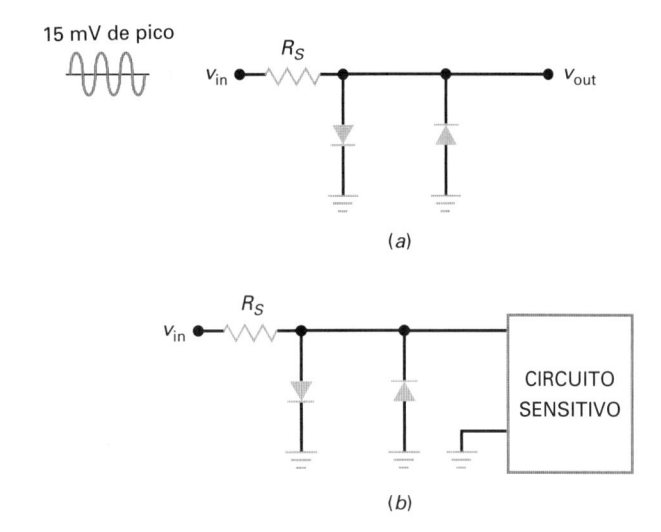

Figura 4-26 (a) Grampo de diodo. (b) proteção de um circuito sensitivo.

na entrada do amp op evitará que valores excessivos de tensão de entrada sejam aplicados acidentalmente.

Um exemplo mais familiar do circuito sensitivo é o medidor de bobina móvel. Se um circuito limitador for incluído no medidor de bobina móvel, ele ficará protegido contra entradas excessivas de tensão e de corrente.

O limitador da Figura 4-26a é chamado também de *grampo de diodo*. O termo sugere um grampeador ou limitador de uma faixa de tensão específica. Com um grampo de diodos, eles ficam em corte durante o funcionamento normal. Os diodos entram em condução somente quando ocorrer uma anormalidade, um sinal muito alto.

Ceifadores polarizados

O nível de referência (o mesmo que nível de corte) de um circuito ceifador positivo é idealmente zero, ou 0,7 V para uma segunda aproximação. O que podemos fazer para mudar o nível de referência?

Em eletrônica, *polarizar* significa aplicar uma tensão externa para mudar o nível de referência de um circuito. A Figura 4-27a é um exemplo de como usar a polarização para mudar o nível de referência de um circuito ceifador. Pela adição de uma fonte de alimentação CC em série com o diodo, podemos mudar o nível de corte. O novo valor da tensão V deve ser menor que V_p para um funcionamento

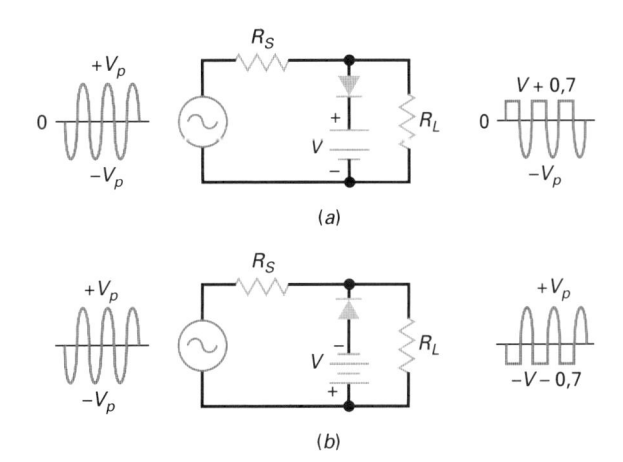

Figura 4-27 (a) Ceifador positivo polarizado; (b) ceifador negativo polarizado.

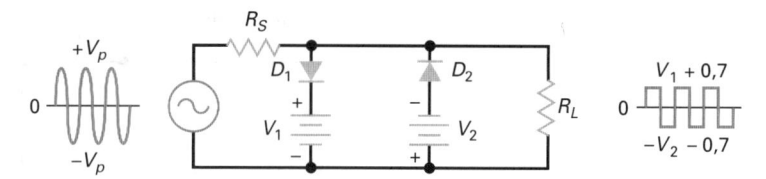

Figura 4-28 Ceifador positivo-negativo polarizado.

normal. Com um diodo ideal, a condução começa assim que a entrada for maior que V. Para uma segunda aproximação, a condução começa quando a tensão de entrada for maior que $V + 0{,}7$ V.

A Figura 4-27b mostra como polarizar um ceifador negativo. Observe que o diodo e a bateria estão invertidos. Por isso o nível de referência muda de $-V - 0{,}7$ V. A forma de onda de saída é cortada negativamente no nível de polarização.

Ceifadores combinados

Podemos combinar dois ceifadores polarizados conforme mostra a Figura 4-28. O diodo D_1 corta as partes acima do nível de polarização positiva e o diodo 2 corta as partes abaixo do nível de polarização. Quando a tensão de entrada for muito alta comparada com os níveis de polarização, o sinal de saída será uma forma de *onda quadrada*, como mostra a Figura 4-28. Esse é outro exemplo de como é possível dar forma a um sinal com os circuitos ceifadores.

Variações

Utilizar baterias para acertar o nível de polarização é impraticável. Um modo de aproximar o valor é adicionar mais diodos em série, porque cada um produz uma polarização de 0,7 V. Por exemplo, a Figura 4-29a mostra três diodos em série num ceifador positivo. Como cada diodo tem uma tensão de condução (tensão de offset) de 0,7 V, três diodos produzirão um nível de corte de aproximadamente +2,1 V. A aplicação não precisa ser um ceifador (como formador de onda). Podemos utilizar o mesmo circuito como um grampo de diodos (limitador) para proteger um circuito sensitivo que não pode ser alimentado com uma tensão acima de 2,1 V.

A Figura 4-29b mostra outra forma de polarizar um ceifador sem baterias. Dessa vez estamos usando um divisor de tensão (R_1 e R_2) para ajustar o nível de polarização. O nível de polarização é dado por:

$$V_{bias} = \frac{R_2}{R_1 + R_2} V_{CC} \qquad (4\text{-}18)$$

Nesse caso, a tensão de saída é cortada ou limitada quando a entrada é maior que $V_{bias} + 0{,}7$ V.

A Figura 4-29c mostra um grampo de diodo polarizado. Ele pode ser utilizado para proteger circuitos sensíveis contra entradas de tensão elevadas. O nível de polarização está indicado como + 5 V. Ele pode ter qualquer nível de polarização que desejarmos. Com um circuito como este, uma tensão de + 100 V que pode vir a ser destrutiva, nunca alcançará a carga porque o diodo limita a tensão de saída a um valor máximo de + 5,7 V.

Algumas vezes uma variação como a da Figura 4-29d é usada para retirar a tensão de condução do diodo D_1. O diodo D_2 está ligeiramente polarizado no sentido de condução direta, de modo que ele tem cerca de 0,7 V nos seus terminais. O valor 0,7 V é aplicado no resistor de 1 kΩ em série com D_1 e 100 KΩ. Isso significa que o diodo D_1 está no limiar de condução. Portanto, quando um sinal for aplicado, o diodo D_1 conduz próximo de 0 V.

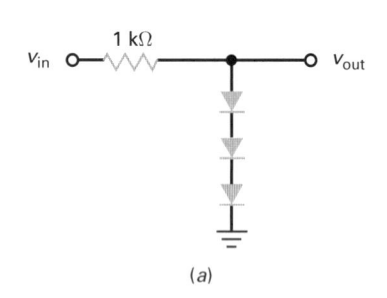

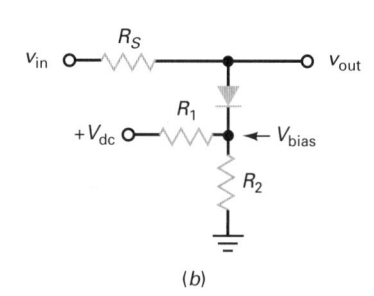

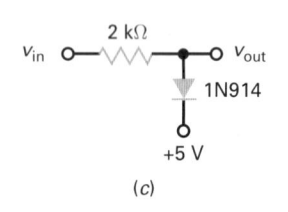

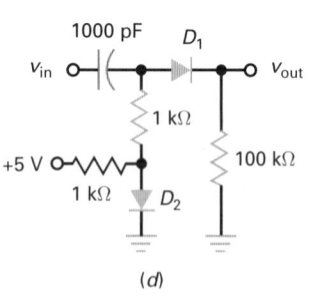

Figura 4-29 (a) Ceifador com três tensões de condução; (b) ceifador com polarização por divisor de tensão; (c) grampo de diodo para proteger acima de 5,7 V; (d) o diodo D_2 polariza D_1 para retirar sua tensão de condução (offset).

4-11 Circuitos grampeadores

O grampo de diodo, que estudamos na seção anterior, protege os circuitos sensíveis. O circuito **grampeador** é diferente, portanto não faça confusão com nomes similares. Um circuito grampeador adiciona uma tensão CC ao sinal.

Grampeador positivo

A Figura 4-30a mostra a ideia básica de um grampeador positivo. Quando um grampeador positivo tiver um sinal senoidal na entrada, ele adiciona uma tensão CC à senóide. Dito de modo diferente, o grampeador positivo desloca o nível de referência do sinal CA (normalmente zero) para o nível CC. Isso significa que cada ponto da onda senoidal é deslocado para cima, conforme mostra a forma de onda de saída.

A Figura 4-30b apresenta uma forma equivalente de visualizar o efeito de um grampeador positivo. Uma fonte de alimentação CA é aplicada à entrada do grampeador. A tensão equivalente de Thevenin para a saída do grampeador é a superposição da fonte CC com a fonte CA. O sinal CA tem uma tensão CC (V_p) somada com ele. É por isso que a senóide total na Figura 4-30a foi deslocada para cima, de modo que ela tem um pico positivo de $2V_p$ e um pico negativo de zero.

A Figura 4-31a mostra um grampeador positivo. Idealmente, aqui está como ele funciona. O capacitor está inicialmente descarregado. No primeiro semiciclo negativo da tensão de entrada, o diodo conduz na (Figura 4-31b). No pico negativo da fonte CA, o capacitor fica totalmente carregado e sua tensão é de V_p com a polaridade mostrada.

Ligeiramente acima do pico negativo, o diodo entra em corte (Figura 4-31c). A constante de tempo $R_L C$ é feita deliberadamente muito maior que o período T do sinal. Definimos *muito maior* como pelo menos 100 vezes maior.

Grampeador quase ideal: $R_L C > 100T$ (4-19)

Por essa razão, o capacitor permanece quase que totalmente carregado durante o tempo que o diodo está em corte. Para uma primeira aproximação, o capacitor funciona como uma bateria com o valor V_p volts. É por isso que a tensão de saída na Figura 4-31a é um sinal grampeado positivamente. Qualquer grampeador que satisfaça à Equação (4-19) é chamado de *grampeador quase ideal*.

> **É ÚTIL SABER**
>
> Circuitos grampeadores são usualmente utilizados com circuitos integrados para deslocar o nível CC de um sinal em uma direção positiva ou negativa na escala vertical.

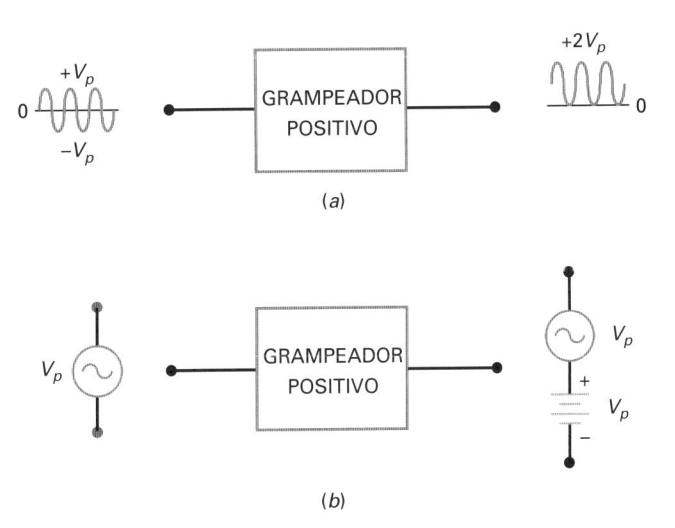

Figura 4-30 (a) O grampeador positivo desloca a forma de onda para cima; (b) o grampeador positivo adiciona um componente CC ao sinal.

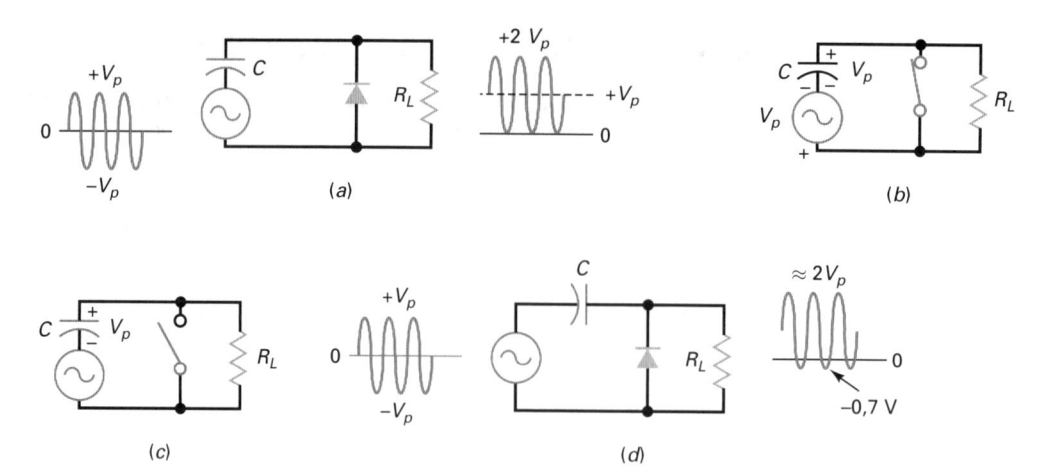

Figura 4-31 (a) O grampeador positivo ideal; (b) no pico positivo; (c) acima do pico positivo; (d) o grampo não é perfeito.

A ideia é similar ao modo como funciona o retificador de meia onda com filtro de entrada com capacitor. No primeiro quarto do ciclo o capacitor carrega totalmente. Depois o capacitor mantém quase toda a carga durante os ciclos seguintes. A pequena carga perdida entre os ciclos é reposta na condução do diodo.

Na Figura 4-31c, o capacitor carregado parece uma bateria com uma tensão com valor V_p. Essa é a tensão CC que está sendo somada ao sinal. Depois do primeiro quarto de ciclo, a tensão de saída é uma senóide grampeada positivamente com um nível de referência igual a zero; isto é, ela fica assentada sobre o nível de 0 V.

A Figura 4-31d mostra o circuito como ele é usualmente desenhado. Como a queda no diodo é de 0,7 V quando está conduzindo, a tensão no capacitor não chega a alcançar o valor V_p. Por isso, o grampo não é perfeito e os picos negativos apresentam um nível de -0,7 V.

Grampeador negativo

O que acontecerá se invertermos o diodo na Figura 4-31d? Obteremos um grampeador negativo como na Figura 4-32. Conforme você pode ver, a tensão no capacitor inverte e o circuito torna-se um grampeador negativo. Novamente, o grampo não é perfeito, pois os picos positivos possuem um nível de referência de 0,7 V em vez de 0 V.

Como um lembrete, observe que a seta do diodo aponta para o sentido do deslocamento. Na Figura 4-32, a seta do diodo aponta para baixo, o mesmo sentido de deslocamento da forma de onda senoidal. Isso significa que ele é um circuito grampeador negativo. Na Figura 4-31a, a seta do diodo aponta para cima, a forma de onda se desloca para cima e temos um grampeador positivo.

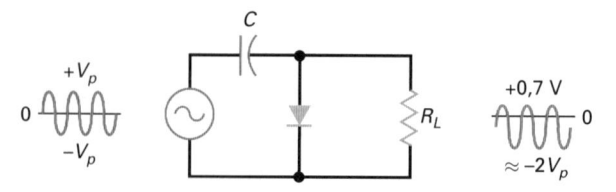

Figura 4-32 O grampeador negativo.

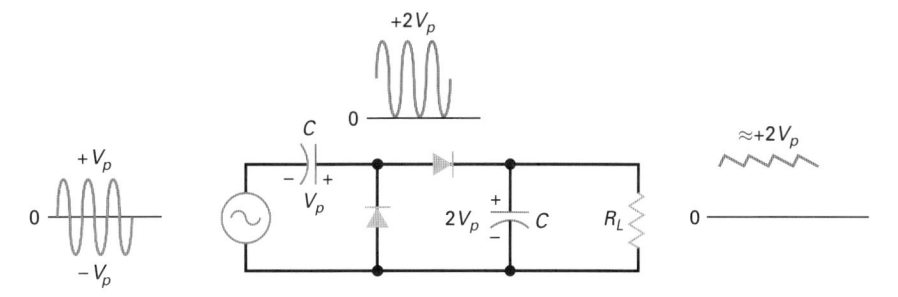

Figura 4-33 Detetor de pico a pico.

Tanto o grampeador positivo como o negativo são muito utilizados. Por exemplo, os receptores de televisão usam um grampeador para mudar o nível de referência do sinal de vídeo. Os grampeadores são usados também em radares e circuitos de comunicação.

Um ponto final. As imperfeições apresentadas nos sinais dos circuitos ceifadores e grampeadores não são problemas. Após o estudo dos amp ops, veremos novamente os circuitos ceifadores e grampeadores. Nessa ocasião, você verá como é fácil eliminar o problema da barreira de potencial. Em outras palavras, vamos procurar por circuitos quase perfeitos.

Detector de pico a pico

Um retificador de meia onda com filtro de entrada com capacitor produz uma tensão CC na saída que é aproximadamente igual ao valor de pico do sinal de entrada. Quando o mesmo circuito usa um diodo de pequeno sinal, ele é chamado de **detector de pico**. Tipicamente um detector de pico opera em frequências muito mais altas que 60 Hz. A saída do detector de pico é útil para medições, processamento de sinais e comunicações.

Se você conectar um grampeador e um detector de pico em cascata, obterá um *detector de pico a pico* (Figura 4-33). Como se pode ver, a saída de um grampeador é usada para detectar o pico do sinal de entrada. Visto que a onda senoidal é grampeada positivamente, a entrada do detector de pico tem um valor de pico de $2V_p$.

Como sempre, a constante de tempo RC deve ser muito maior que o período do sinal. Satisfazendo a essa condição, você obtém um bom funcionamento do grampeador e do detector de pico. A ondulação na saída será portanto pequena.

Uma aplicação é na medição de sinais não senoidal. Um voltímetro CA comum é calibrado para indicar valores rms de um sinal CA. Se você tentar medir um sinal não senoidal, obterá uma leitura incorreta com um voltímetro comum. Contudo, se a saída de um detector de pico a pico for usada como entrada para um voltímetro CC, ele indicará o valor de pico a pico da tensão. Se o sinal não senoidal oscilar de –20 a +50 V, a leitura será de 70 V.

4-12 Circuitos multiplicadores de tensão

Um detector de pico a pico usa um diodo de pequeno sinal e opera em altas frequências. Se usarmos diodos retificadores para operar com 60 Hz, podemos produzir um novo tipo de fonte de alimentação chamado de *dobrador de tensão*.

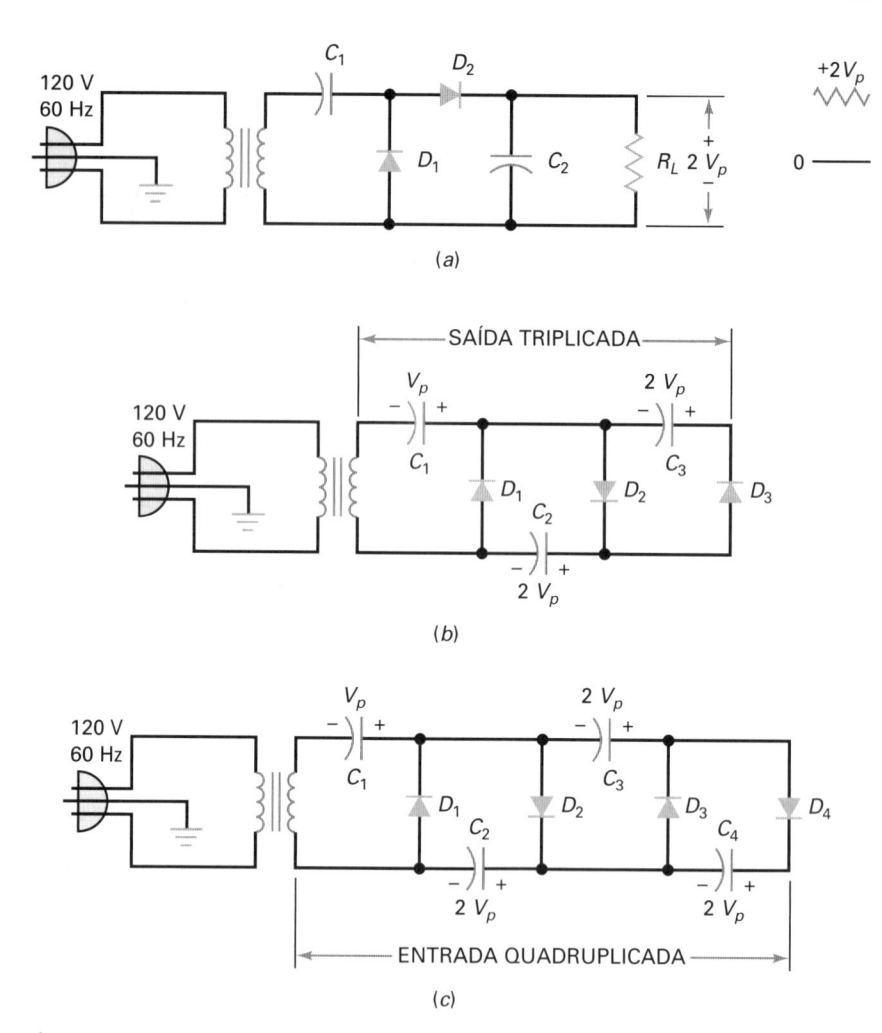

Figura 4-34 Multiplicadores de tensão com carga em flutuação. (a) Dobrador; (b) triplicador; (c) quadruplicador.

Dobrador de tensão

A Figura 4-34a é um *dobrador de tensão*. A configuração é a mesma do detector de pico a pico, exceto que usamos diodos retificadores e operamos com frequência de 60 Hz. A seção de grampo adiciona uma componente CC à tensão do secundário. O detector de pico produz uma tensão CC de saída que é 2 vezes a tensão do secundário.

Para que usar um dobrador de tensão quando podemos mudar a relação de espiras de um transformador para obter um valor maior de tensão na saída? A resposta é que não precisamos usar um dobrador de tensão para baixos valores. A única vez que você enfrenta esse problema é quando tenta produzir tensões CC de saída muito altas.

Por exemplo, a tensão de uma rede é 120 V rms ou 170 V pico. Se você tentar produzir 3.400 V CC, será preciso um transformador elevador com relação de espiras de 1:20. Aqui é onde o problema começa. Tensões de secundário de valores altos só são obtidas com transformadores volumosos. Em algum momento um projetista pode decidir que seria mais simples usar um dobrador de tensão e um transformador pequeno.

Triplicador de tensão

Conectando outra seção podemos obter um circuito *triplicador de tensão* na Figura 4-34b. As duas primeiras seções funcionam como um dobrador. No pico do semiciclo negativo, D_3 está diretamente polarizado. Isso carrega C_3 com 2 V_p com a polaridade mostrada na Figura 4-34b. A saída triplicada aparece nos terminais entre C_1 e C_3. A resistência de carga pode ser conectada na saída do triplicador de tensão. Enquanto a constante de tempo tiver um valor suficientemente alto, a saída será aproximadamente igual a 3 V_p.

Quadruplicador de tensão

A Figura 4-34c é um *quadruplicador de tensão* com quatro seções em *cascata* (uma após a outra). As três primeiras seções formam um triplicador e a quarta faz do circuito total um quadruplicador. O primeiro capacitor se carrega com V_p. Todos os outros se carregam com 2 V_p. A saída do quadruplicador é entre os terminais de C_2 e C_4. Podemos conectar uma resistência de carga na saída do quadruplicador para obter uma tensão de 4 V_p.

Teoricamente, podemos adicionar seções indefinidamente, mas a ondulação fica pior a cada nova seção. Ondulações maiores é outra razão que explica por que os **multiplicadores de tensão** (dobradores, triplicadores e quadruplicadores) não são usados nas fontes de alimentação de baixa tensão. Como dito anteriormente, os multiplicadores de tensão são quase sempre utilizados para produzir altas tensões, da ordem de centenas ou milhares de volts. Os multiplicadores de tensão são a escolha natural para casos em que se necessite de altas tensões e baixas correntes em como os dispositivos de tubo de raios catódicos (CRT) utilizados nos receptores de televisão, osciloscópios e monitores de computador.

Variações

Todos os multiplicadores de tensão mostrados na Figura 4-34 usam uma resistência de carga que está em *flutuação*. Isso significa que nenhum dos terminais de carga está aterrado. As Figuras 4-35 *a, b* e *c* mostra as variações dos multiplicadores de tensão. A Figura 4-35a simplesmente acrescenta os terminais de terra à Figura 4-34a. Por outro lado, as Figuras 4-35 *b* e *c* foram redesenhadas do triplicador (Figura 4-34b) e quadruplicador (Figura 4-34c). Em algumas aplicações, você poderá ver projetos que usam cargas em flutuação (assim como o tubo de raios catódicos); em outros, você poderá ver projetos que usam cargas aterradas.

Dobrador de tensão de onda completa

A Figura 4-35d mostra um dobrador de tensão de onda completa. No semiciclo positivo da fonte, o capacitor de cima C_1 carrega até a tensão de pico com a polaridade mostrada. No próximo semiciclo, o capacitor de baixo C_2 carrega com a tensão de pico com a polaridade indicada. Para uma carga leve, a tensão final na saída é de aproximadamente 2 V_p.

Os multiplicadores de tensão estudados anteriormente são projetos de meia onda; isto é, a frequência da ondulação na saída é 60 Hz. Por outro lado, o circuito da Figura 4-35d é chamado de *dobrador de tensão de onda completa,* porque um dos capacitores de saída está sendo carregado durante cada semiciclo. Por isso, a ondulação de saída é de 120 Hz. Essa frequência de ondulação é uma vantagem, porque é mais fácil de ser filtrada. Outra vantagem do dobrador de onda completa é que a PIV nominal dos diodos necessita apenas ser maior que V_p.

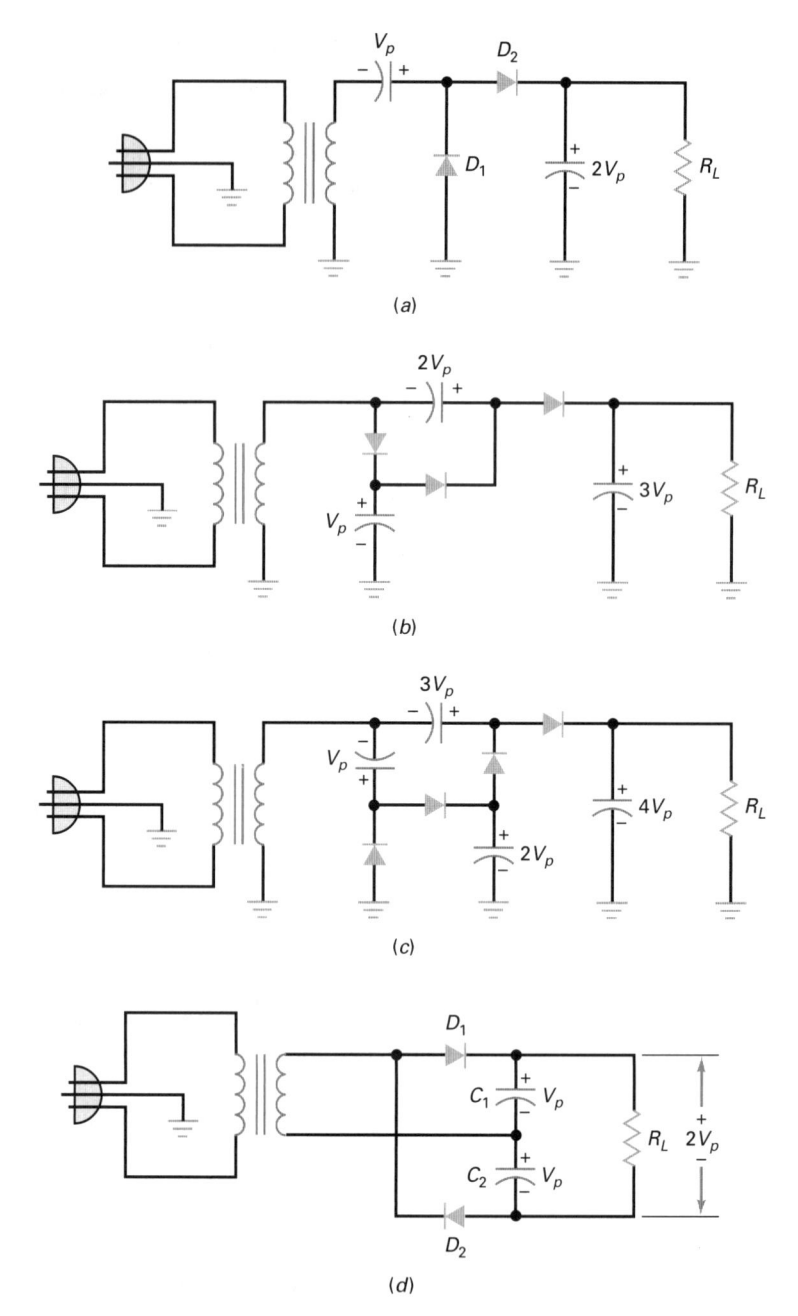

Figura 4-35 Multiplicadores de tensão com cargas alternadas, exceto para o dobrador de onda completa. (a) Dobrador; (b) triplicador; (c) quadruplicador, (d) dobrador de onda completa.

Resumo

SEÇÃO 4-1 RETIFICADOR DE MEIA ONDA

O retificador de meia onda tem um diodo em série com um resistor de carga. A tensão na carga é uma saída em meia onda. A tensão média ou CC na saída de um retificador de meia onda é igual a 31,8% da tensão de pico.

SEÇÃO 4-2 TRANSFORMADOR

O transformador na entrada é em geral um abaixador que diminui a tensão e aumenta a corrente. A tensão no secundário é igual à tensão no primário dividida pela relação de espiras.

SEÇÃO 4-3 RETIFICADOR DE ONDA COMPLETA COM TOMADA CENTRAL

O retificador de onda completa tem um transformador com tomada central com dois diodos e um resistor de carga. A tensão na carga é um sinal em onda completa cujo valor de pico é a metade da tensão do secundário. A tensão média ou CC na saída de um retificador de onda completa é igual a 63,6% da tensão de pico, e a frequência de ondulação é igual a 120 Hz em vez de 60 Hz.

SEÇÃO 4-4 RETIFICADOR DE ONDA COMPLETA EM PONTE

O retificador em ponte tem quatro diodos. A tensão na carga é um sinal em onda completa com um valor de pico igual, à tensão de pico do secundário. A tensão média ou CC na saída de um retificador de onda completa é igual a 63,6% da tensão de pico e a frequência de ondulação é igual a 120 Hz.

SEÇÃO 4-5 O FILTRO DE ENTRADA COM INDUTOR

O filtro de entrada com bobina é um divisor de tensão *LC* em que a reatância indutiva é muito maior que a reatância capacitiva. Este tipo de filtro permite que o valor médio do sinal retificado passe para o resistor de carga.

SEÇÃO 4-6 FILTRO DE ENTRADA COM CAPACITOR

Este tipo de filtro permite que o valor de pico do sinal retificado passe para o resistor de carga. Com um capacitor de alto valor, a ondulação é pequena, tipicamente abaixo de 10% da tensão CC. O filtro de entrada com capacitor é o mais utilizado nas fontes de alimentação.

SEÇÃO 4-7 TENSÃO DE PICO INVERSA E CORRENTE DE SURTO

A tensão de pico inversa é a tensão máxima que aparece no diodo em corte de um circuito retificador. Esta tensão precisa ser menor que a tensão de ruptura do diodo. A corrente de surto é uma corrente de curta duração com alto valor, que existe quando a fonte é ligada pela primeira vez. Ela é de curta duração e de alto valor porque o capacitor de filtro deve carregar com o valor de pico durante o primeiro ciclo ou, no máximo, durante os primeiros ciclos.

SEÇÃO 4-8 OUTROS TÓPICOS DE UMA FONTE DE ALIMENTAÇÃO

Os transformadores reais especificam geralmente a tensão no secundário e uma corrente nominal. Para calcular a corrente no primário, você pode supor que a potência de entrada seja igual à potência de saída. Os fusíveis retardados são tipicamente usados para proteger contra a corrente de surto. A corrente média no diodo em um retificador de meia onda é igual à corrente CC da carga. Em um retificador de onda completa a corrente média em qualquer diodo é a metade da corrente CC da carga. Os filtros *LC* e *RC* podem ser ocasionalmente utilizados para filtrar a saída retificada.

SEÇÃO 4-9 ANÁLISE DE DEFEITO

Algumas das medições que podem ser feitas com um filtro de entrada com capacitor é a tensão CC na saída, a tensão no primário, a tensão no secundário e a tensão de ondulação. Por meio delas você pode geralmente deduzir onde está o defeito. Diodos abertos reduzem a tensão de saída para zero. Um capacitor de filtro aberto reduz a saída para um valor de tensão média de um sinal retificado.

SEÇÃO 4-10 CIRCUITOS CEIFADORES E LIMITADORES

Um ceifador dá forma a um sinal. Ele corta partes positivas ou negativas do sinal. Os limitadores ou grampos de diodo protegem circuitos sensíveis contra valores altos de tensão na entrada.

SEÇÃO 4-11 CIRCUITOS GRAMPEADORES

O grampeador desloca um sinal positivamente ou negativamente adicionando uma tensão CC ao sinal. O detector de pico a pico produz uma tensão na carga igual ao valor pico a pico.

SEÇÃO 4-12 CIRCUITOS MULTIPLICADORES DE TENSÃO

O dobrador de tensão é um detector de pico a pico redesenhado. Ele usa diodos retificadores no lugar de diodos para pequeno sinal. Ele produz uma saída igual a duas vezes o valor de pico do sinal retificado. Os dobradores e quadruplicadores multiplicam a tensão de pico de entrada por um fator de 3 e 4. Fontes de alimentação com tensão muito alta são as principais aplicações dos multiplicadores de tensão.

Definições

(4-14) Relação de espiras:

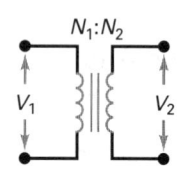

$$\frac{N_1}{N_2} = \frac{V_1}{V_2}$$

(4-19) Grampeador quase ideal:

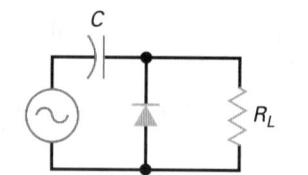

$R_L C > 100T$

(4-17) Ceifador quase ideal:

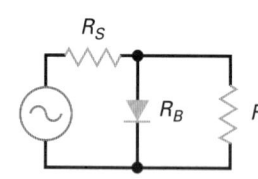

$100 R_B < R_S < 0{,}01 R_L$

Derivações

(4-1) Meia onda ideal:

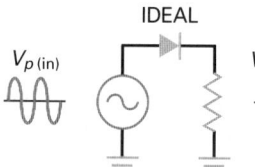

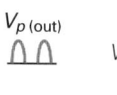

$V_{p(\text{out})} = V_{p(\text{in})}$

(4-5) Transformador ideal:

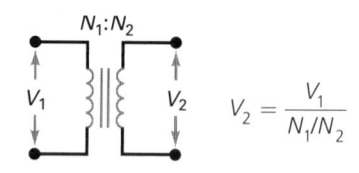

$$V_2 = \frac{V_1}{N_1/N_2}$$

(4-2) Meia onda:

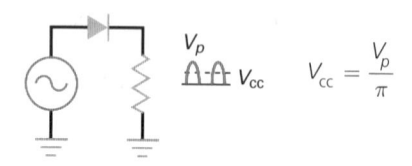

$$V_{CC} = \frac{V_p}{\pi}$$

(4-6) Onda completa com tomada central:

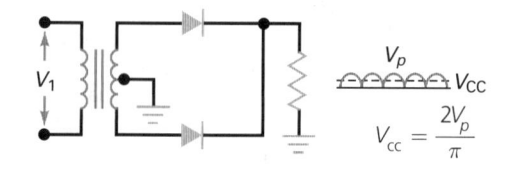

$$V_{CC} = \frac{2V_p}{\pi}$$

(4-3) Meia onda:

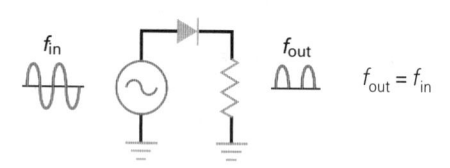

$f_{\text{out}} = f_{\text{in}}$

(4-7) Onda completa com tomada central:

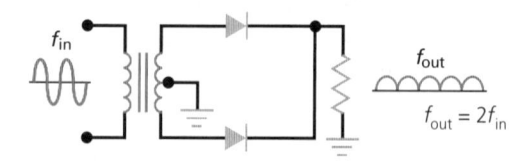

$f_{\text{out}} = 2 f_{\text{in}}$

(4-4) 2ª Aprox. meia onda:

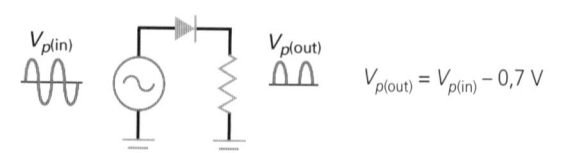

$V_{p(\text{out})} = V_{p(\text{in})} - 0{,}7\text{ V}$

(4-8) Retificador em ponte:

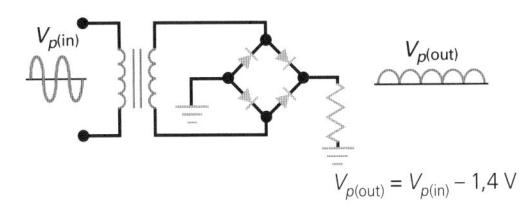

$V_{p(out)} = V_{p(in)} - 1{,}4 \text{ V}$

(4-9) Filtro de entrada com bobina:

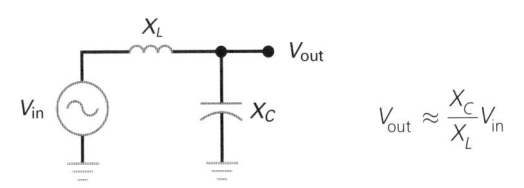

$V_{out} \approx \dfrac{X_C}{X_L} V_{in}$

(4-10) Ondulação pico a pico:

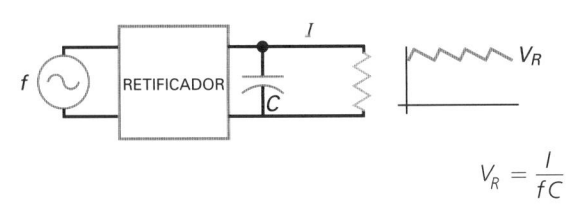

$V_R = \dfrac{I}{fC}$

(4-11) Meia onda:

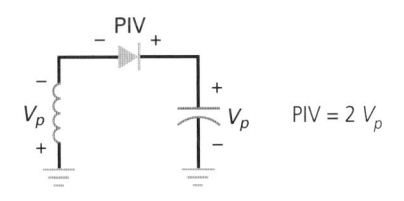

$PIV = 2 V_p$

(4-12) Onda completa:

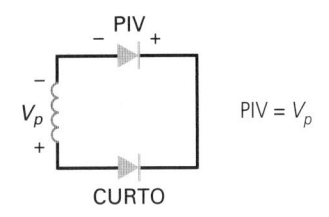

$PIV = V_p$

(4-13) Ponte:

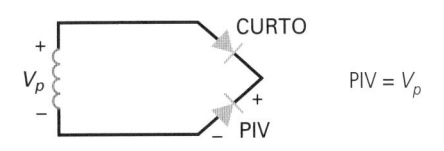

$PIV = V_p$

(4-15) Meia onda:

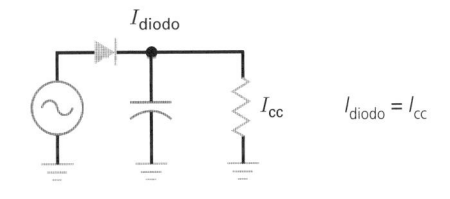

$I_{diodo} = I_{cc}$

(4-16) Onda completa em ponte:

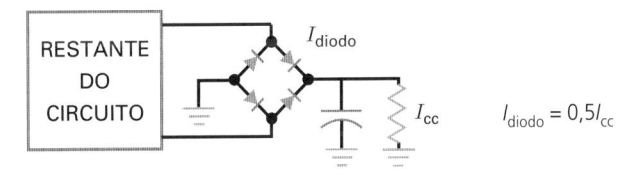

$I_{diodo} = 0{,}5 I_{cc}$

(4-18) Ceifador polarizado:

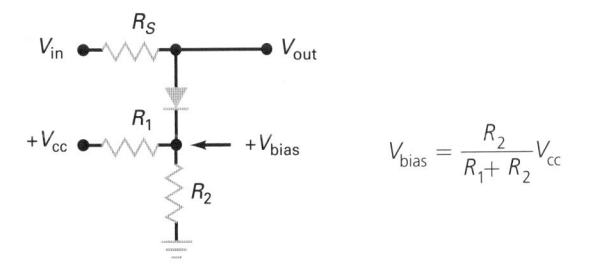

$V_{bias} = \dfrac{R_2}{R_1 + R_2} V_{cc}$

Exercícios

1. Se N1/N2 = 4 e a tensão no primário for de 120 V, qual é o valor da tensão no secundário?
   a. 0 V
   b. 30 V
   c. 60 V
   d. 480 V

2. Em um transformador abaixador, qual valor é maior?
   a. Tensão no primário
   b. Tensão no secundário
   c. Nenhum destes
   d. Não é possível responder

3. Um transformador tem uma relação de espiras de 2:1. Qual é a tensão de pico no secundário se a tensão aplicada no primário é de 115 V rms?
   a. 57,5 V
   b. 81,3 V
   c. 230 V
   d. 325 V

4. Em um retificador de meia onda, com tensão no resistor de carga, a corrente na carga circula em que parte do ciclo?
   a. 0°
   b. 90°
   c. 180°
   d. 360°

5. Suponha que a tensão de uma rede, que alimenta um retificador de meia onda, varie de 105 V a 125 V. Com um transformador abaixador com 5:1, a tensão de pico mínima na carga é mais próxima de
   a. 21 V
   b. 25 V
   c. 29,7 V
   d. 35,4 V

6. A tensão de saída de um retificador em ponte é um
   a. Sinal de meia onda
   b. Sinal de onda completa
   c. Sinal retificado em ponte
   d. Sinal senoidal

7. Se a tensão da rede for 115 V rms, a relação de espiras de 5:1 significa que a tensão rms no secundário é mais próxima de
   a. 15 V
   b. 23 V
   c. 30 V
   d. 35 V

8. Qual é a tensão de pico na carga de um retificador de onda completa se a tensão no secundário for de 20 V rms?
   a. 0 V
   b. 0,7 V
   c. 14,1 V
   d. 28,3 V

9. Precisamos de uma tensão de pico de 40 V na carga de um retificador em ponte. Qual é o valor rms aproximado da tensão no secundário?
   a. 0 V
   b. 14,4 V
   c. 28,3 V
   d. 56,6 V

10. Em um retificador de onda completa, com tensão no resistor de carga, a corrente na carga circula em que parte do ciclo?
    a. 0°
    b. 90°
    c. 180°
    d. 360°

11. Qual é a tensão de pico na carga de um retificador em ponte se a tensão no secundário for de 12,6 V rms? (Use a 2ª aproximação.)
    a. 7,5 V
    b. 16,4 V
    c. 17,8 V
    d. 19,2 V

12. Se a frequência da rede for de 60 Hz, a frequência de saída de um retificador de meia onda é
    a. 30 Hz
    b. 60 Hz
    c. 120 Hz
    d. 240 Hz

13. Se a frequência da rede for de 60 Hz, a frequência na saída do retificador de onda completa é
    a. 30 Hz
    b. 60 Hz
    c. 120 Hz
    d. 240 Hz

14. Com a mesma tensão do secundário e mesmo filtro, que retificador apresenta maior valor de ondulação?
    a. Retificador de meia onda
    b. Retificador de onda completa
    c. Retificador em ponte
    d. Impossível responder

15. Com a mesma tensão do secundário e mesmo filtro, que retificador apresenta menor valor de tensão CC na carga?
    a. Retificador de meia onda
    b. Retificador de onda completa
    c. Retificador em ponte
    d. Impossível responder

16. Se a corrente filtrada em uma carga for de 10 mA, qual dos seguintes retificadores apresenta uma corrente no diodo de 10 mA?
    a. Retificador de meia onda
    b. Retificador de onda completa
    c. Retificador em ponte
    d. Impossível responder

17. Se a corrente na carga for de 5 mA e a capacitância do filtro for de 1.000 µF, qual é o valor de pico a pico da ondulação na saída de um retificador em ponte?
    a. 21,3 pV
    b. 56,3 nV
    c. 21,3 mV
    d. 41,7 mV

18. Cada diodo em um retificador em ponte tem uma corrente CC máxima nominal de 2 A. Isso significa que a corrente CC na carga pode ter um valor máximo de
    a. 1 A
    b. 2 A
    c. 4 A
    d. 8 A

19. Qual é a PIV em cada diodo em uma ponte retificadora com uma tensão no secundário de 20 V rms?
    a. 14,1 V
    b. 20 V
    c. 28,3 V
    d. 34 V

20. Se a tensão no secundário aumenta em um retificador em ponte com filtro de entrada com capacitor, a tensão na carga irá
    a. Diminuir
    b. Permanecer a mesma
    c. Aumentar
    d. Nenhuma destas

21. Se a capacitância de um filtro aumenta, a ondulação irá
    a. Diminuir
    b. Permanecer a mesma
    c. Aumentar
    d. Nenhuma destas

22. Um circuito que retira as partes positivas e negativas de uma forma de onda é chamado de
   a. Grampeador
   b. Ceifador
   c. Grampo de diodo
   d. Limitador

23. Um circuito que adiciona uma tensão CC positiva ou negativa a uma onda senoidal de entrada é chamado de
   a. Grampeador
   b. Ceifador
   c. Grampo de diodo
   d. Limitador

24. Para um circuito grampeador funcionar corretamente, sua constante de tempo $R_L C$ deve ser
   a. Igual ao período T do sinal
   b. > 10 vezes o período T do sinal
   c. > 100 vezes o período T do sinal
   d. < 10 vezes o período T do sinal

25. Os multiplicadores de tensão são circuitos que podem ser melhor utilizados para produzir
   a. Baixa tensão e baixa corrente
   b. Baixa tensão e alta corrente
   c. Alta tensão e baixa corrente
   d. Alta tensão e alta corrente

Problemas

SEÇÃO 4-1 RETIFICADOR DE MEIA ONDA

4-1 ‖ MultiSim Qual é o valor da tensão de pico na saída na Figura 4-36a se o diodo for ideal? E o valor médio? E o valor CC? Faça um esboço da forma de onda na saída.

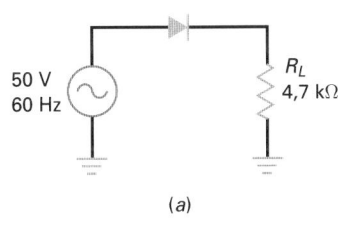

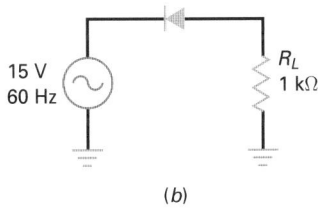

Figura 4-36

4-2 ‖ MultiSim Repita o problema anterior para a Figura 4-36b.

4-3 ‖ MultiSim Qual é o valor da tensão de pico na saída na Figura 4-36a usando a segunda aproximação para o diodo? E o valor médio? E o valor CC? Faça um esboço da forma de onda na saída.

4-4 ‖ MultiSim Repita o problema anterior para a Figura 4-36b.

SEÇÃO 4-2 TRANSFORMADOR

4-5 Se um transformador tiver uma relação de espiras de 6:1, qual é o valor rms da tensão no secundário? E a tensão de pico no secundário? Suponha que a tensão no primário seja de 120 V rms.

4-6 Se um transformador tiver uma relação de espiras de 1:12, qual é o valor rms da tensão no secundário? E a tensão de pico no secundário? Suponha que a tensão no primário seja de 120 V rms.

4-7 Calcule a tensão de pico na saída e a tensão CC na saída na Figura 4-37 usando um diodo ideal.

4-8 Calcule a tensão de pico na saída e a tensão CC na saída na Figura 4-37 usando a segunda aproximação.

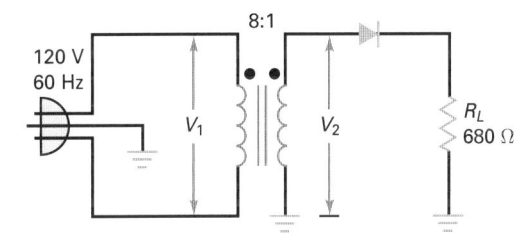

Figura 4-37

SEÇÃO 4-3 RETIFICADOR DE ONDA COMPLETA COM TOMADA CENTRAL

4-9 Um transformador com tomada central com 120 V na entrada tem uma relação de espiras de 4:1. Qual é a tensão rms na metade superior do enrolamento secundário? E a tensão de pico? Qual é tensão rms na metade inferior do enrolamento secundário?

4-10 ‖ MultiSim Qual é a tensão de pico na saída na Figura 4-38 se o diodo for ideal? E a tensão média? E o valor CC? Faça um esboço da forma de onda na saída.

4-11 ‖ MultiSim Repita o problema anterior usando a segunda aproximação.

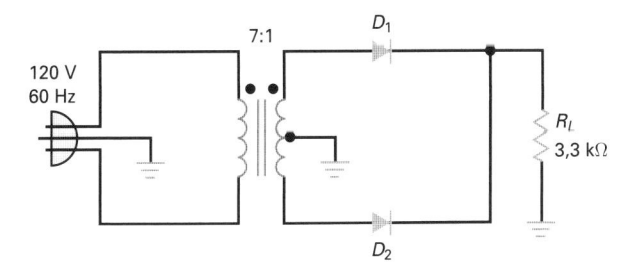

Figura 4-38

SEÇÃO 4-4 RETIFICADOR DE ONDA COMPLETA EM PONTE

4-12 **MultiSim** Na Figura 4-39, qual é a tensão de pico na saída se o diodo for ideal? E a tensão média? E o valor CC? Faça um esboço da forma de onda na saída.

4-13 **MultiSim** Repita o problema anterior usando a segunda aproximação.

4-14 Se a tensão da rede na Figura 4-39 varia de 105 a 125 V rms, qual a tensão CC mínima na saída? E a máxima?

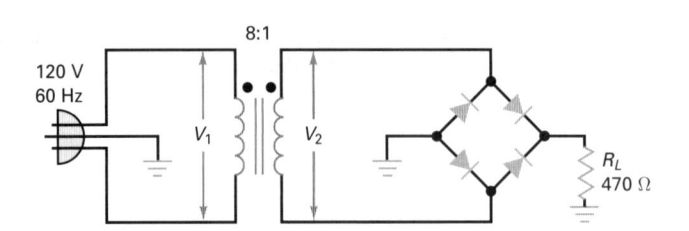

Figura 4-39

SEÇÃO 4-5 FILTRO DE ENTRADA COM BOBINA

4-15 Um sinal de meia onda com 20 V de pico é aplicado na entrada de um filtro com bobina. Se o $X_L = 1$ kΩ e $X_C = 25$ Ω, qual é o valor aproximado da tensão de pico a pico da ondulação no capacitor?

4-16 Um sinal de onda completa com 14 V de pico é aplicado na entrada de um filtro com bobina. Se o $X_L = 2$ kΩ e $X_C = 50$ Ω, qual é o valor aproximado da tensão de pico a pico da ondulação no capacitor?

SEÇÃO 4-6 FILTRO DE ENTRADA COM CAPACITOR

4-17 Qual é a tensão CC na saída e a ondulação na Figura 4-40a? Faça o esboço da forma de onda na saída.

4-18 Na Figura 4-40b, calcule a tensão CC na saída e a ondulação.

4-19 O que acontece com a ondulação na Figura 4-40a se o valor da capacitância for reduzido pela metade?

4-20 Na Figura 4-40b, o que acontece com a ondulação se a resistência for reduzida para 500 Ω?

4-21 Qual é a tensão CC na saída e a ondulação na Figura 4-41? E a ondulação? Faça o esboço da forma de onda na saída.

4-22 Se a tensão da rede diminuir para 105 V na Figura 4-41, qual é a tensão CC na saída?

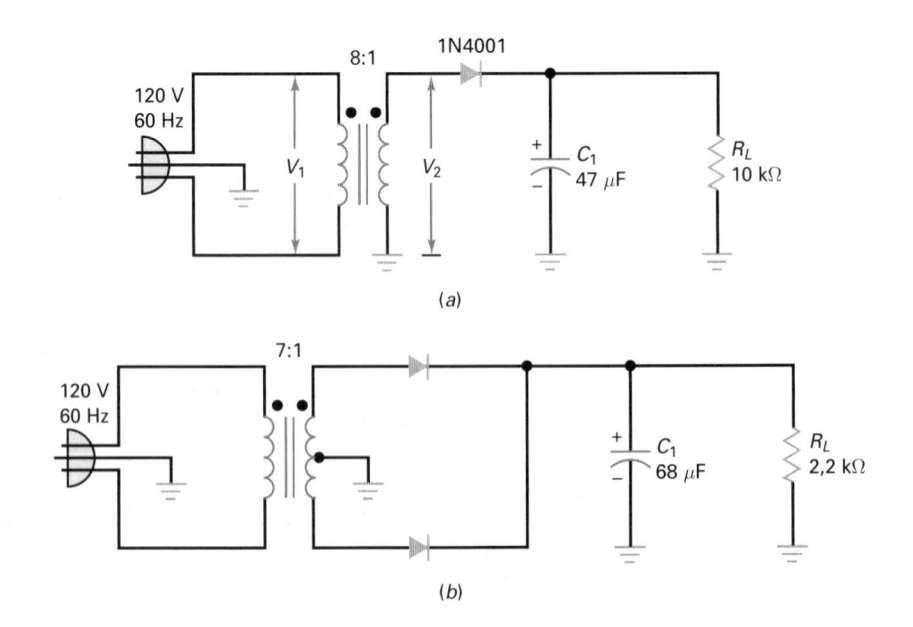

Figura 4-40

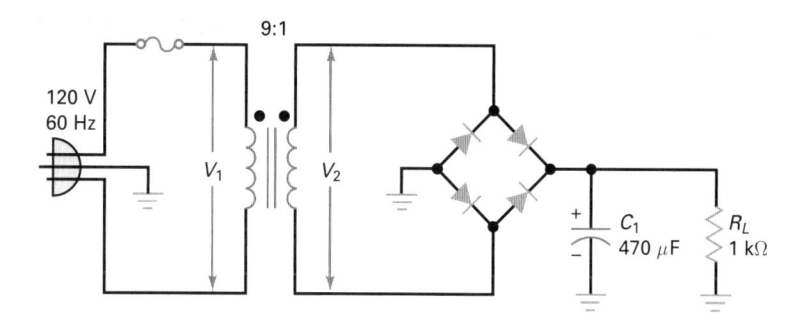

Figura 4-41

SEÇÃO 4-7 TENSÃO DE PICO INVERSA E CORRENTE DE SURTO

4-23 Qual é o valor da PIV na Figura 4-41?

4-24 Se a relação de espiras mudar para 3:1, na Figura 4-41, qual é a tensão de pico inversa?

SEÇÃO 4-8 OUTROS TÓPICOS DE UMA FONTE DE ALIMENTAÇÃO

4-25 Um transformador F-25X substitui o transformador da Figura 4-41. Qual é o valor aproximado da tensão de pico no enrolamento secundário? E a tensão CC aproximada na saída? O transformador está funcionando na sua faixa de corrente de saída? A tensão CC na saída será maior ou menor que a normal?

4-26 Qual é o valor da corrente no primário na Figura 4-41?

4-27 Qual é a corrente média que circula em cada diodo na Figura 4-40b?

4-28 Qual é a corrente média que circula em cada diodo na Figura 4-41?

SEÇÃO 4-9 ANÁLISE DE DEFEITO

4-29 Se o capacitor de filtro na Figura 4-41 estiver aberto, qual é o valor da tensão CC na saída?

4-30 Se apenas um diodo na Figura 4-41 estiver aberto, qual é o valor da tensão CC na saída?

4-31 Se alguém montar o circuito da Figura 4-41 com um capacitor eletrolítico invertido, que tipo de problema é possível acontecer?

4-32 Se a resistência de carga na Figura 4-41 abrir, que mudança ocorrerá na tensão CC de saída?

SEÇÃO 4-10 CIRCUITOS CEIFADORES E LIMITADORES

4-33 Na Figura 4-42a esboce a forma de onda na saída. Qual é a tensão positiva máxima? E a tensão negativa máxima?

4-34 Repita o problema anterior para a Figura 4-42b.

4-35 O grampo de diodo da Figura 4-42c protege um circuito sensitivo. Quais são os níveis de limite?

4-36 Na Figura 4-42d, qual é a tensão positiva máxima na saída? E a tensão negativa máxima na saída? Esboce a forma de onda na saída.

4-37 Se a onda senoidal na Figura 4-42d for de 20 mV apenas, o circuito funcionará como um grampo de diodo em vez de um ceifador. Neste caso, qual é a faixa de proteção da tensão de saída?

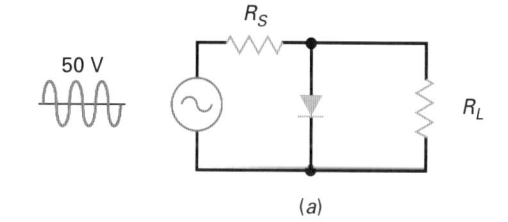

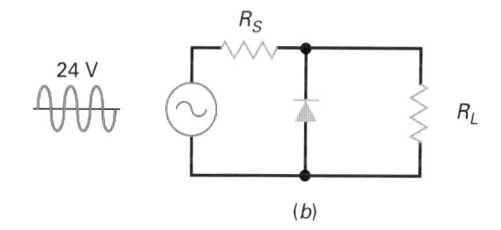

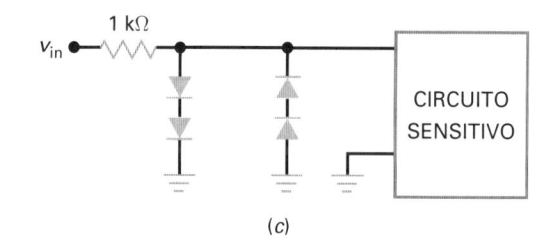

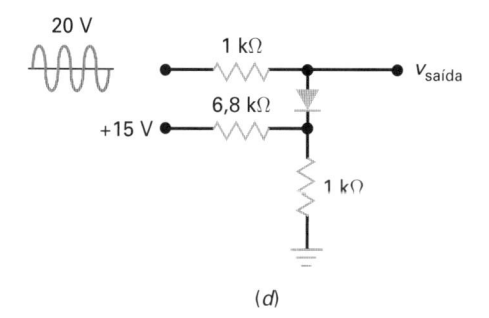

Figura 4-42

SEÇÃO 4-11 CIRCUITOS GRAMPEADORES

4-38 Na Figura 4-43a, esboce a forma de onda na saída. Qual é a tensão positiva máxima? E a tensão negativa máxima?

4-39 Repita o problema anterior para a Figura 4-43b.

4-40 Esboce a forma de onda na saída do grampeador e a saída final na Figura 4-43c. Qual é a tensão CC na saída com um diodo ideal? E com a segunda aproximação?

SEÇÃO 4-12 CIRCUITOS MULTIPLICADORES DE TENSÃO

4-41 Calcule a tensão CC na saída na Figura 4-44a.

4-42 Qual é o valor da tensão de saída do triplicador na Figura 4-44b?

4-43 Qual é o valor da tensão de saída do quadruplicador na Figura 4-44c?

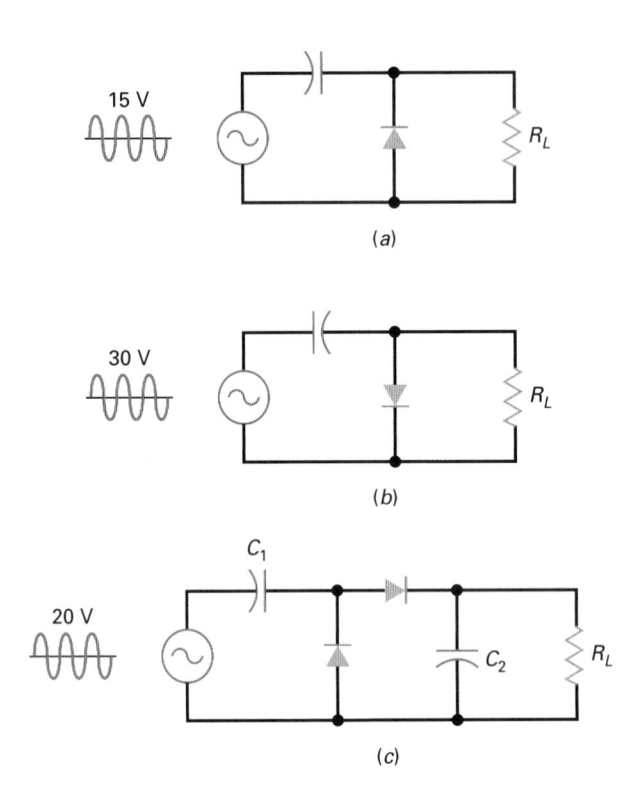

Figura 4-43

Raciocínio crítico

4-44 Se um dos diodos na Figura 4-41 entrar em curto, qual será o resultado provável?

4-45 A fonte de alimentação da Figura 4-45 tem duas tensões de saída. Quais são os seus valores aproximados?

4-46 Um resistor de surto de 4,7 Ω é adicionado à Figura 4-45. Qual é o valor máximo possível para a corrente de surto?

4-47 Uma tensão de onda completa tem um valor de pico de 15 V. Alguém lhe fornece um livro com tabela de trigonometria, para você poder procurar valores de uma onda senoidal em intervalos de 1°. Descreva como se poderia provar que o valor médio de um sinal em onda completa é 63,6% do valor de pico.

4-48 Para a chave na posição mostrada na Figura 4-46, qual é o valor de tensão de saída? Se a chave for mudada para outra posição qual é a tensão na saída?

4-49 Se V_{in} for de 40 V rms na Figura 4-47 e a constante de tempo RC for muito maior comparada com o período da fonte de tensão, qual é o valor de V_{out}? Por quê?

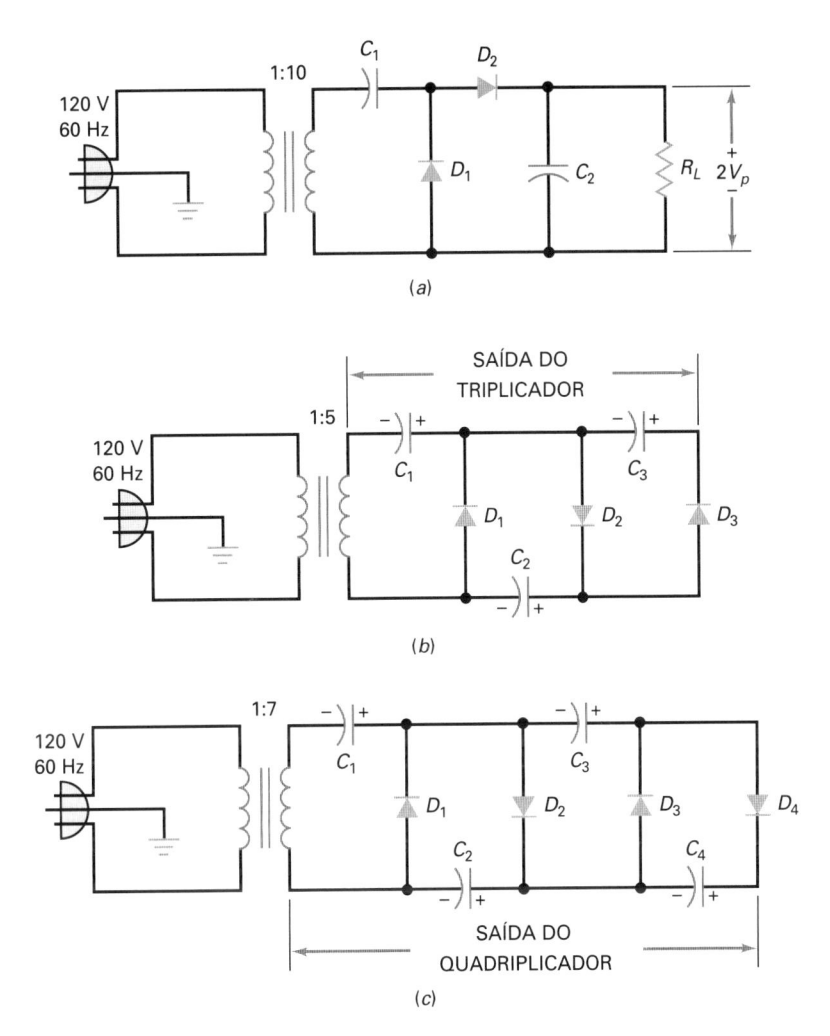

Figura 4-44

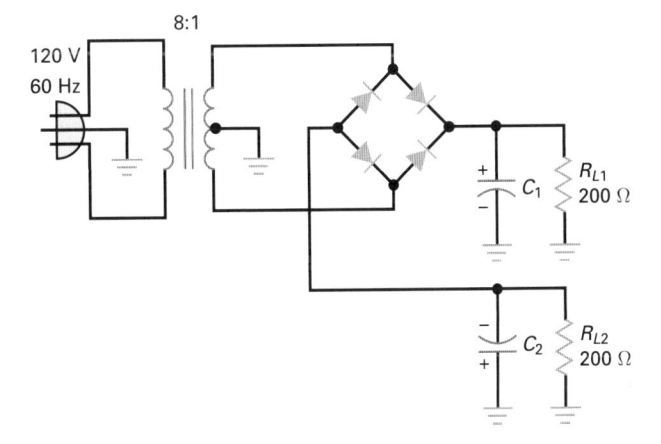

Figura 4-45

Figura 4-46

Figura 4-47

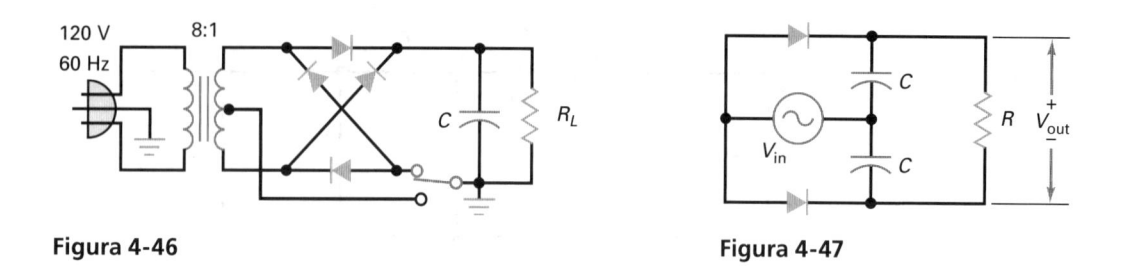

Análise de defeito

4-50 A Figura 4-48 mostra um circuito retificador em ponte com valores normais deste circuito e oito defeitos – T1 a T8. Calcule todos os oito defeitos.

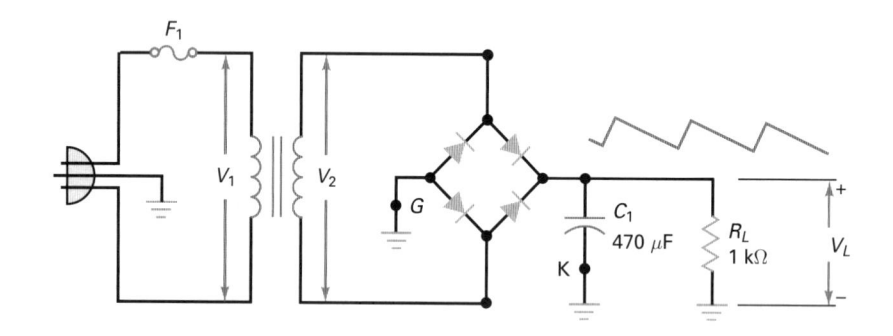

ANÁLISE DE DEFEITOS								
	V_1	V_2	V_L	V_R	f	R_L	C_1	F_1
ok	115	12,7	18	0,3	120	1 k	ok	ok
D1	115	12,7	11,4	18	120	1 k	∞	ok
D2	115	12,7	17,7	0,6	60	1 k	Ok	ok
D3	0	0	0	0	0	0	ok	∞
D4	115	12,7	0	0	0	1 k	ok	ok
D5	0	0	0	0	0	1 k	ok	∞
D6	115	12,7	18	0	0	∞	ok	ok
D7	115	0	0	0	0	1 k	ok	ok
D8	0	0	0	0	0	1 k	0	∞

Figura 4-48 Verificação de defeitos.

Questões de entrevista

1. Aqui está um lápis e um papel. Explique como um retificador em ponte com um filtro de entrada com capacitor funciona. Na sua explicação, apresente um diagrama esquemático e fórmulas de onda nos diferentes pontos do circuito.
2. Suponha que exista um retificador em ponte com um filtro de entrada com capacitor na bancada. Ele não funciona. Diga como você verificaria o defeito. Indique os tipos de instrumentos que usaria e como isolaria os defeitos?
3. Corrente ou tensão excessiva pode queimar o diodo em uma fonte de alimentação. Desenhe um retificador em ponte com um filtro de entrada com capacitor e explique como a corrente ou a tensão podem queimar um diodo. Faça o mesmo para o caso de uma tensão reversa excessiva.
4. Diga o tudo que sabe a respeito dos ceifadores, grampeadores e grampos de diodo. Apresente formas de ondas típicas, níveis de corte, níveis de grampo e níveis de proteção.
5. Como um detector de pico a pico funciona? De que modo um dobrador de tensão é similar a um detector de pico a pico e de que modo ele difere de um detector de pico a pico?
6. Qual é a vantagem de usar um retificador em ponte numa fonte de alimentação comparada com o uso de retificador de meia onda ou onda completa com tomada central? Por que o retificador em ponte é mais eficiente do que os outros?
7. Em que fonte de alimentação é preferível a aplicação de um filtro tipo *LC* em vez do tipo *RC*? Por quê?
8. Qual é a relação entre o retificador de meia onda e um retificador de onda completa?
9. Em que circunstância é apropriado o uso de um multiplicador de tensão como parte de uma fonte de alimentação?
10. Supõe-se que uma fonte de alimentação CC tenha 5 V. Você mede exatamente 5 V na saída desta fonte usando um voltímetro CC. É possível que a fonte de alimentação tenha um defeito? Se sim, você poderia verificá-lo?
11. Por que eu usaria um multiplicador de tensão em vez de um transformador com uma relação de espiras alta e um retificador comum?
12. Liste as vantagens e desvantagens do filtro *RC* e do filtro *LC*.
13. Ao verificar o defeito em uma fonte de alimentação, você encontra um resistor queimado. Uma medição mostra que o resistor está aberto. Você pode substituir o resistor e ligar a fonte? Se não, o que faria a seguir?
14. Para um retificador em ponte, liste três falhas possíveis e que sintomas cada uma pode ter.

Respostas dos exercícios

1. b
2. a
3. b
4. c
5. c
6. b
7. b
8. c
9. c
10. d
11. b
12. b
13. c
14. a
15. b
16. a
17. d
18. c
19. c
20. c
21. a
22. b
23. a
24. c
25. c

Respostas dos problemas práticos

4-1 $V_{cc} = 6,53$ V
4-2 $V_{cc} = 27$ V
4-3 $V_{p(out)} = 12$ V; $V_{p(out)} = 11,3$ V
4-5 $V_{p(out)}$ ideal = 34 V; 2ª aprox. = 32,6 V
4-7 $V_L = 0,71\ V_{pp}$
4-9 $V_R = 0,165\ V_{pp}$
4-10 1N4002 ou 1N4003 para um fator seguro de 2

5 Diodos para aplicações especiais

Diodos retificadores são os tipos mais comuns. Eles são usados nas fontes de alimentação para converter a tensão CA em CC. Mas retificação não é tudo o que um diodo pode fazer. Estudaremos agora os diodos usados em outras aplicações. O capítulo começa com o diodo Zener, que é otimizado para se fazer uso de suas propriedades de ruptura. Os diodos Zener são muito importantes porque são os principais componentes na regulação de tensão. Este capítulo trata também dos diodos optoeletrônicos, incluindo diodos emissores de luz (LED), Schottky, varactores e outros.

Sumário

5-1 Diodo Zener
5-2 Regulador Zener com carga
5-3 Segunda aproximação do diodo Zener
5-4 Ponto de saída do regulador Zener
5-5 Interpretação das folhas de dados
5-6 Análise de defeito
5-7 Retas de carga
5-8 Diodos emissores de luz
5-9 Outros dispositivos optoeletrônicos
5-10 Diodo Schottky
5-11 Varactor
5-12 Outros diodos

Objetivos de aprendizagem

Após o estudo deste capítulo, você deverá ser capaz de:

- Mostrar como são usados os diodos Zener e calcular os diversos valores relacionados com sua operação.
- Listar os vários dispositivos optoeletrônicos e descrever como cada um deles funciona.
- Citar duas vantagens que os diodos Schottky apresentam sobre os diodos comuns.
- Explicar como funciona o varactor.
- Citar a principal aplicação do varistor.
- Listar quatro parâmetros de interesse para o técnico encontrados nas folhas de dados do diodo Zener.
- Listar e descrever o funcionamento básico de outros diodos semicondutores.

Termos-chave

acoplador ótico
anodo comum
catodo comum
coeficiente de temperatura
diodo de retaguarda
diodo emissor de luz (LED)
diodo laser
diodo PIN
diodo regulador de corrente
diodo Schottky
diodo túnel
diodo Zener
display de sete segmentos
efeito Zener
eficiência luminosa
eletroluminescência
fator de degradação
fotodiodo
intensidade luminosa
optoeletrônica
pré-regulador
região de fuga
região de resistência negativa
regulador Zener
resistência Zener
varactor
varistor

5-1 Diodo Zener

Os diodos de pequeno sinal e retificadores nunca são operados intencionalmente na região de ruptura porque isso os danifica. Um **diodo Zener** é diferente. Ele é um diodo de silício que o fabricante otimizou para operar na região de ruptura. O diodo Zener é o elemento principal dos reguladores de tensão, circuitos que mantêm a tensão na carga quase constante, independentemente da alta variação na tensão de linha e na resistência de carga.

Gráfico I-V

A Figura 5-1*a* mostra o símbolo esquemático de um diodo Zener; a Figura 5-1*b* é um símbolo alternativo. Em qualquer um desses símbolos, a linha lembra a letra *z*, de Zener. Variando o nível de dopagem de um diodo de silício, um fabricante pode produzir diodos Zener com tensões de ruptura de cerca de 2 V a valores acima de 1000 V. Esses diodos podem operar em qualquer uma das três regiões: direta, de fuga e de ruptura.

A Figura 5-1*c* mostra o gráfico I-V de um diodo Zener. Na região direta, ele começa a conduzir próximo de 0,7 V, exatamente como um diodo de silício comum. Na **região de fuga** (entre zero e a ruptura), a corrente nele é baixa e reversa. Em um diodo Zener, a ruptura apresenta a curva do joelho muito acentuada, seguida de uma linha quase vertical na corrente. Observe que a tensão é quase constante, aproximadamente igual a V_Z sobre a maior parte da região de ruptura. As folhas de dados geralmente especificam o valor de V_Z para uma corrente particular de teste I_{ZT}.

A Figura 5-1*c* mostra também a corrente reversa máxima I_{ZM}. Enquanto a corrente reversa for menor que I_{ZM}, o diodo operará dentro de uma faixa segura. Se a corrente for maior que I_{ZM}, o diodo será danificado. Para prevenir uma corrente reversa máxima, *um resistor de limitação* deve ser usado (estudado posteriormente).

Resistência Zener

Na terceira aproximação de um diodo de silício, a tensão direta no diodo é igual à tensão de joelho mais a queda de tensão adicional na resistência de corpo.

> **É ÚTIL SABER**
>
> Como nos diodos convencionais, o fabricante faz uma marca com uma faixa num extremo do diodo Zener para a identificação do terminal do catodo.

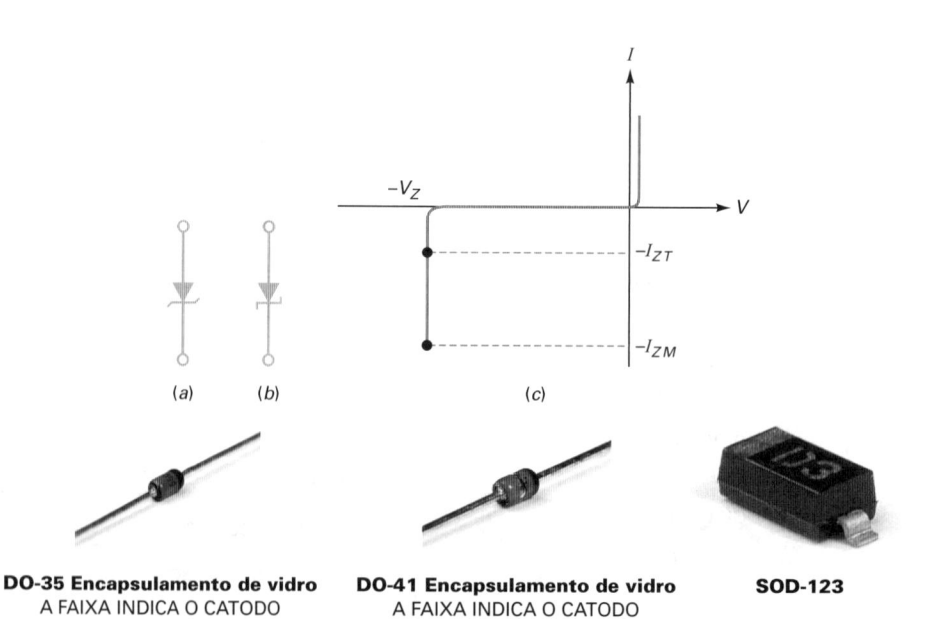

Figura 5-1 O diodo Zener. (*a*) Símbolo esquemático; (*b*) símbolo alternativo; (*c*) gráfico da tensão *versus* corrente; (*d*) diodos Zener típicos.

(*a*) (*b*) (*c*)

DO-35 Encapsulamento de vidro
A FAIXA INDICA O CATODO

DO-41 Encapsulamento de vidro
A FAIXA INDICA O CATODO

SOD-123

(*d*)

Fotos © de Brian Moeskau/Brien Moeskau

De modo similar, na região de ruptura a tensão reversa no diodo é igual à tensão de ruptura mais a queda de tensão adicional da resistência de corpo. Na região reversa, a resistência de corpo é referida como **resistência Zener**. Essa resistência é igual ao inverso da inclinação na região de ruptura. Em outras palavras, quanto mais vertical a região de ruptura menor a resistência Zener.

Na Figura 5-1c, a resistência Zener significa que um aumento na corrente reversa produz um ligeiro aumento na tensão reversa. O aumento na tensão é muito pequeno, tipicamente de apenas décimos de volt. Esse ligeiro aumento pode ser importante para o projetista, mas não para o técnico de manutenção e para as análises preliminares. A não ser quando indicado, em nossos estudos desprezaremos a resistência Zener. A Figura 5-1(d) mostra alguns diodos típicos.

Regulador Zener

O diodo Zener às vezes é chamado também de *diodo regulador de tensão*, porque ele mantém uma tensão na saída constante, embora a corrente nele varie. Para uma operação normal, você deve polarizar o diodo Zener reversamente, conforme mostra a Figura 5-2a. Além disso, para obter uma operação na ruptura, a tensão da fonte V_S deve ser maior que a tensão de ruptura Zener V_Z. Um resistor R_S em série é sempre usado para limitar a corrente de Zener num valor abaixo de sua corrente máxima nominal. Caso contrário, o diodo Zener queimaria como qualquer outro dispositivo submetido a uma dissipação de potência muito alta.

A Figura 5-2b mostra um modo alternativo de desenhar o circuito com os pontos do terra. Se um circuito é aterrado, você pode medir as tensões em relação ao terra.

Por exemplo, suponha que você deseje saber a tensão no resistor em série da Figura 5-2b. Aqui está um método para saber o valor da tensão quando tiver um circuito montado. Primeiro, meça a tensão do lado esquerdo de R_s em relação ao terra. Segundo, meça a tensão do lado direito de R_s para o terra. Terceiro, subtraia esses dois valores de tensão para obter a tensão em R_s. Se você tiver um voltímetro analógico ou um multímetro digital, poderá conectá-lo diretamente ao resistor série.

A Figura 5-2c mostra a saída de uma fonte de alimentação conectada a um resistor em série e a um diodo Zener. Esse circuito é usado quando se quer uma tensão CC na saída menor que a saída da fonte de alimentação. Um circuito como esse é chamado de *regulador de tensão Zener*, ou simplesmente **regulador Zener**.

Aplicando novamente a Lei de Ohm

Na Figura 5-2, a tensão no resistor série ou resistor de limitação de corrente é igual à diferença entre a tensão da fonte e a tensão no Zener. Logo, a corrente através do resistor é:

$$I_S = \frac{V_S - V_Z}{R_S} \tag{5-1}$$

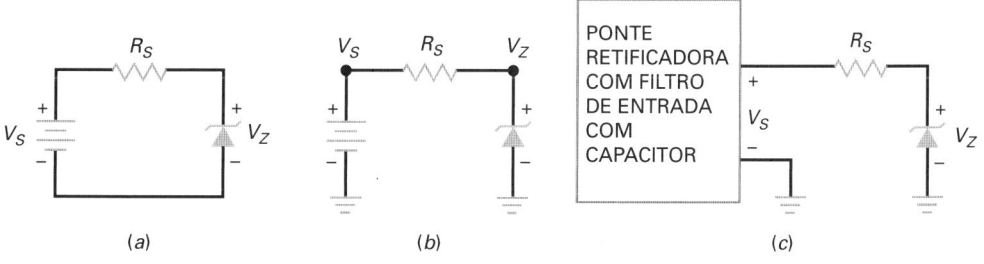

Figura 5-2 O regulador Zener. (a) Circuito básico; (b) o mesmo circuito com o terra; (c) uma fonte de alimentação alimentando o regulador.

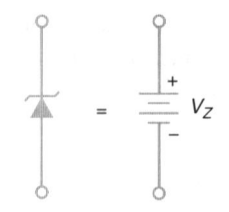

Figura 5-3 Aproximação ideal de um diodo Zener.

Uma vez obtido o valor da corrente no resistor em série, você também obterá o valor da corrente no Zener. Isto ocorre porque a Figura 5-2 é um circuito em série. Observe que I_S deve ser menor que I_{ZM}.

Diodo Zener ideal

Para um procedimento de verificação de defeitos e uma análise preliminar, podemos aproximar a região de ruptura como uma reta. Portanto, a tensão é constante mesmo que a corrente varie, o que equivale a desprezar a resistência do Zener. A Figura 5-3 mostra a aproximação ideal de um diodo Zener. Isso significa que o diodo Zener está operando na região de ruptura idealmente como uma bateria. Num circuito, isso significa que você pode substituir mentalmente um diodo Zener por uma fonte de tensão de V_Z, desde que o diodo opere na região de ruptura.

Exemplo 5-1

Suponha que o diodo Zener da Figura 5-4a tenha uma tensão de ruptura de 10 V. Quais são os valores máximo e mínimo da corrente no Zener?

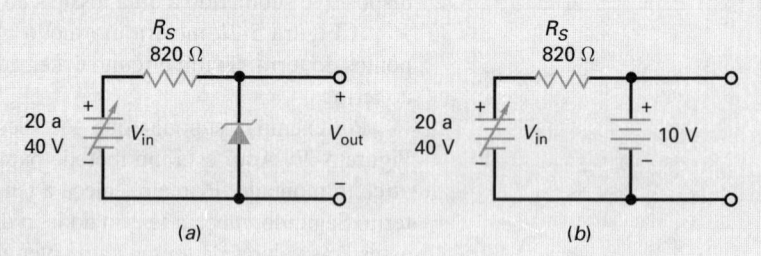

Figura 5-4 Exemplo.

SOLUÇÃO A tensão aplicada pode variar de 20 V a 40 V. Idealmente, um diodo Zener age como uma bateria, conforme mostra a Figura 5-4b. Portanto, a tensão na saída é de 10 V para qualquer tensão entre 20 V e 40 V.

A corrente mínima ocorre quando a tensão na fonte é mínima. Visualize 20 V do lado esquerdo do resistor e 10 V do lado direito. Logo, você pode ver que a tensão no resistor é de 20 V –10 V, ou seja, 10 V. Finalmente, usamos a lei de Ohm:

$$I_S = \frac{10\ V}{820\ \Omega} = 12{,}2\ mA$$

A corrente máxima ocorre quando a tensão na fonte é de 40V. Nesse caso, a tensão no resistor é de 30 V, que nos dá uma corrente de

$$I_S = \frac{30\ V}{820\ \Omega} = 36{,}6\ mA$$

Em um regulador como o da Figura 5.4a, a tensão de saída é mantida constante em 10 V, independentemente da variação da tensão da fonte de 20 V a 40 V. A tensão maior da fonte produz mais corrente no Zener, mas a tensão não se mantém estável em 10 V. (Se a resistência Zener for incluída, a tensão na saída aumentará ligeiramente quando a tensão na fonte aumentar.)

PROBLEMA PRÁTICO 5-1 Usando a Figura 5-4, qual é o valor da corrente Zener I_S se V_{in} = 30 V?

5-2 Regulador Zener com carga

A Figura 5-5*a* mostra um regulador Zener *com carga* e a Figura 5-5*b* mostra o mesmo circuito com o terra. O diodo Zener opera na região de ruptura e mantém a tensão na carga constante. Mesmo que haja uma variação na tensão de entrada ou na resistência da carga, a tensão na carga permanecerá constante e igual à tensão Zener.

Operação na ruptura

Como você pode garantir que o diodo Zener da Figura 5-5 está operando na região de ruptura? Por causa do divisor de tensão, a tensão de Thevenin para o diodo é:

$$V_{TH} = \frac{R_L}{R_S + R_L} V_S \tag{5-2}$$

Essa é a tensão que existe quando o diodo Zener é desconectado do circuito. Essa tensão de Thevenin deve ser maior que a tensão Zener; caso contrário, não ocorrerá a ruptura.

Corrente em série

A não ser quando indicado, em todas as discussões futuras consideraremos que o diodo Zener está operando na região de ruptura. Na Figura 5-5, a corrente no resistor em série é dada por:

$$I_S = \frac{V_S - V_Z}{R_S} \tag{5-3}$$

Essa é a lei de Ohm aplicada no resistor de limitação de corrente. Ela é a mesma, haja ou não um resistor de carga. Em outras palavras, se você desconectar o resistor de carga, a corrente no resistor em série ainda será igual à tensão no resistor dividida pela resistência.

Corrente na carga

Idealmente, a tensão na carga é igual à tensão no Zener, porque a resistência de carga está em paralelo com o diodo Zener. Em forma de equação temos:

$$V_L = V_Z \tag{5-4}$$

Isso nos permite usar a lei de Ohm para calcular a corrente na carga:

$$I_L = \frac{V_L}{R_L} \tag{5-5}$$

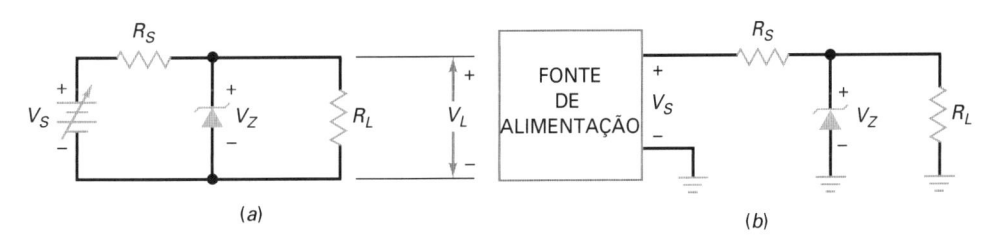

Figura 5-5 O regulador Zener com carga. (*a*) Circuito básico; (*b*) circuito prático.

Corrente no Zener

Pela lei de Kirchhoff para corrente:

$$I_S = I_Z + I_L$$

O diodo Zener e o resistor de carga estão em paralelo. A soma de suas correntes é igual à corrente total, que é a mesma corrente no resistor em série.

Podemos rearranjar a equação anterior para obter esta importante fórmula:

$$I_Z = I_S - I_L \tag{5.6}$$

Ela informa que a corrente no Zener já não é mais igual à corrente no resistor em série, como no caso do regulador Zener sem carga. Por causa do resistor em série, a corrente no Zener agora é igual à corrente no resistor em série menos a corrente na carga.

A Tabela 5-1 resume os passos para a análise de um regulador Zener com carga. Comece com a corrente no resistor em série, em seguida com a tensão na carga, depois a corrente na carga e, finalmente, com a corrente no Zener.

Efeito Zener

Quando a tensão de ruptura for maior que 6 V, a ruptura se dará por efeito avalanche, estudado no Capítulo 2. A ideia básica é que os portadores minoritários são acelerados com velocidades altas o suficiente para deslocar outros portadores minoritários, produzindo uma corrente ou efeito avalanche que resulta em uma corrente reversa alta.

O efeito Zener é diferente. Quando um diodo foi dopado fortemente, a camada de depleção torna-se muito estreita. Por isso, o campo elétrico na camada de depleção (tensão dividida por distância) é muito intenso. Quando a intensidade do campo for de aproximadamente 300.000 V/cm, o campo será suficiente para empurrar os elétrons externos de suas órbitas de valência. A criação de elétrons livres, deste modo, é chamada de **efeito Zener** (também conhecido como *emissão de campo intenso*). Isso é distintamente diferente do efeito de avalanche, que depende da alta velocidade dos portadores minoritários para deslocar os elétrons de valência.

Quando a tensão de ruptura é abaixo de 4 V, ocorre apenas o efeito Zener. Quando ela está acima de 6 V ocorre apenas o efeito avalanche. Quando ela for entre 4 V e 6 V, os dois efeitos estarão presentes.

O efeito Zener foi descoberto antes do efeito avalanche, portanto, todos os diodos usados na região de ruptura são conhecidos como diodos Zener. Embora você possa ocasionalmente ouvir o termo *diodo de avalanche*, o nome *diodo Zener* é, em geral, usado para todos os diodos de ruptura.

É ÚTIL SABER

Para uma tensão Zener entre 3 V e 8 V aproximadamente, o coeficiente de temperatura é também fortemente afetado pela corrente reversa no diodo. O coeficiente de temperatura torna-se mais positivo com o aumento da corrente.

Tabela 5-1	Analisando um regulador Zener com carga	
	Processo	**Comentário**
Passo 1	Calcule a corrente no resistor em série Equação (5-3)	Aplique a lei de Ohm em R_S
Passo 2	Calcule a tensão na carga Equação (5-4)	A tensão na carga é a mesma tensão no Zener
Passo 3	Calcule a corrente na carga Equação (5-5)	Aplique a lei de Ohm em R_L
Passo 4	Calcule a corrente no Zener Equação (5-6)	Aplique a lei da corrente no diodo Zener

Coeficientes de temperatura

Quando a temperatura ambiente muda, a tensão Zener muda ligeiramente. Nas folhas de dados, o efeito da temperatura é fornecido pelo **coeficiente de temperatura**, que é definido como a variação na tensão de ruptura por grau Celsius. O coeficiente de temperatura é negativo para tensões abaixo de 4 V (efeito Zener). Por exemplo, um diodo Zener com uma tensão de ruptura de 3,9 V pode ter um coeficiente de temperatura de –1,4 mV/°C. Se a temperatura aumentar 1°C, a tensão de ruptura diminuirá 1,4 mV.

Por outro lado, o coeficiente de temperatura é positivo para tensões de ruptura acima de 6 V (efeito avalanche). Por exemplo, um diodo Zener com uma tensão de ruptura de 6,2 V pode ter um coeficiente de temperatura de 2 mV/°C. Se a temperatura aumentar 1°C, a tensão de ruptura aumentará 2 mV.

Entre 4 V e 6 V, o coeficiente de temperatura muda de negativo para positivo. Em outras palavras, existem diodos com tensões de ruptura entre 4 V e 6 V que têm *coeficientes de temperatura zero*. Isso é importante em algumas aplicações quando se deseja uma tensão Zener estável sobre uma larga faixa de variação na temperatura.

É ÚTIL SABER

Em aplicações que requerem uma tensão de referência muito estável, um diodo Zener é conectado em série com um ou mais diodos semicondutores cujas quedas de tensão variam com a temperatura em sentidos opostos das variações em V_Z. O resultado é que V_Z permanece muito estável mesmo que a temperatura possa variar em uma faixa maior.

Exemplo 5-2

O diodo Zener está operando na região de ruptura na Figura 5-6a?

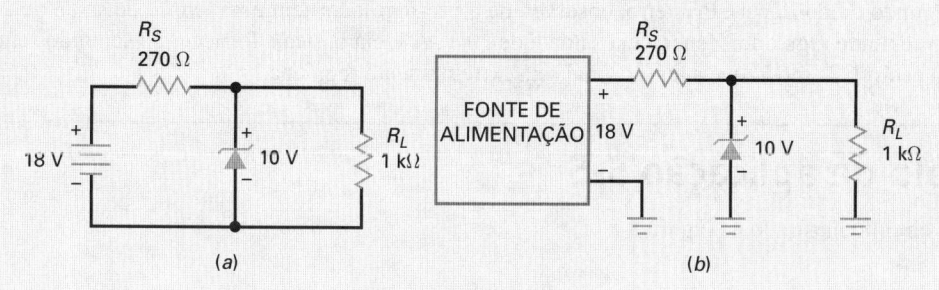

Figura 5-6 Exemplo.

SOLUÇÃO Com a Equação (5-2):

$$V_{TH} = \frac{1\ k\Omega}{270\ \Omega + 1\ k\Omega}(18\ V) = 14,2\ V$$

Como esta tensão equivalente de Thevenin é maior que a tensão Zener, o diodo Zener está operando na região de ruptura.

Exemplo 5-3

Qual é o valor da corrente Zener na Figura 5-6b?

SOLUÇÃO Você obtém a tensão nos dois lados do resistor em série. Subtraia as tensões e verá que 8 V estão aplicados no resistor em série. Portanto, a lei de Ohm fornece:

$$I_S = \frac{8\ V}{270\ \Omega} = 29,6\ mA$$

Como a tensão na carga é de 10 V, a corrente na carga é:

$$I_L = \frac{10\text{ V}}{1\text{ k}\Omega} = 10\text{ mA}$$

A corrente no Zener é a diferença entre as duas correntes:

$$I_Z = 29{,}6\text{ mA} - 10\text{ mA} = 19{,}6\text{ mA}$$

PROBLEMA PRÁTICO 5-3 Usando a Figura 5-6b, mude a tensão da fonte de alimentação para 15 V e calcule I_S, I_L e I_Z.

Exemplo de aplicação 5-4

O que faz o circuito da Figura 5-7?

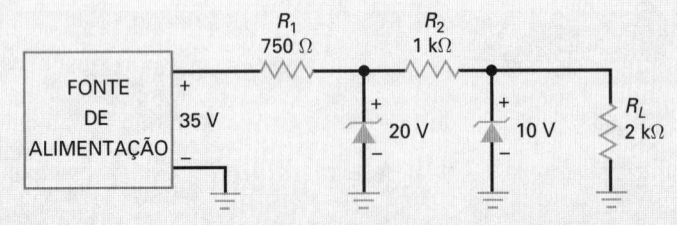

Figura 5-7 Pré-regulador.

SOLUÇÃO Este é um exemplo de circuito **pré-regulador** (o primeiro diodo Zener) acionando outro regulador Zener, (o segundo diodo Zener). Primeiro, observe que o pré-regulador tem uma tensão de saída de 20 V. Essa é a entrada do segundo regulador Zener, cuja saída é de 10 V. A ideia básica é fornecer ao segundo regulador uma entrada bem estável, de modo que a tensão final seja extremamente regulada.

Exemplo de aplicação 5-5

O que faz o circuito mostrado na Figura 5-8?

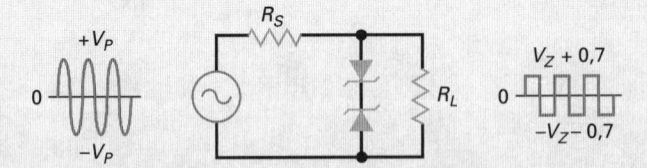

Figura 5-8 Diodos Zener utilizados para dar a forma de onda desejada.

SOLUÇÃO Na maioria das aplicações, os diodos Zener são utilizados como reguladores de tensão permanecendo na região de ruptura. Mas existem exceções. Algumas vezes, os diodos Zener podem ser utilizados em circuitos formadores de onda como na Figura 5-8.

Observe a conexão em anti-série dos dois diodos Zener. No semiciclo positivo, o diodo superior conduz e o diodo inferior opera na região de ruptura. Portanto, a saída é ceifada conforme mostrado. Os níveis de ceifamento são iguais à tensão Zener (tensão de ruptura do diodo) mais 0,7 V (tensão do diodo diretamente polarizado).

No semiciclo negativo, a ação é invertida. O diodo inferior conduz e o diodo superior opera na região de ruptura. Desse modo, a tensão na saída tem a aparência de uma onda quadrada. Quanto maior a amplitude do sinal senoidal de entrada, melhor é a aparência de uma onda quadrada na saída.

PROBLEMA PRÁTICO 5-5 Na Figura 5-8, o valor de V_Z para cada diodo é de 3,3 V. Qual será o valor da tensão em R_L?

Exemplo de aplicação 5-6

Descreva brevemente o funcionamento de cada circuito na Figura 5-9.

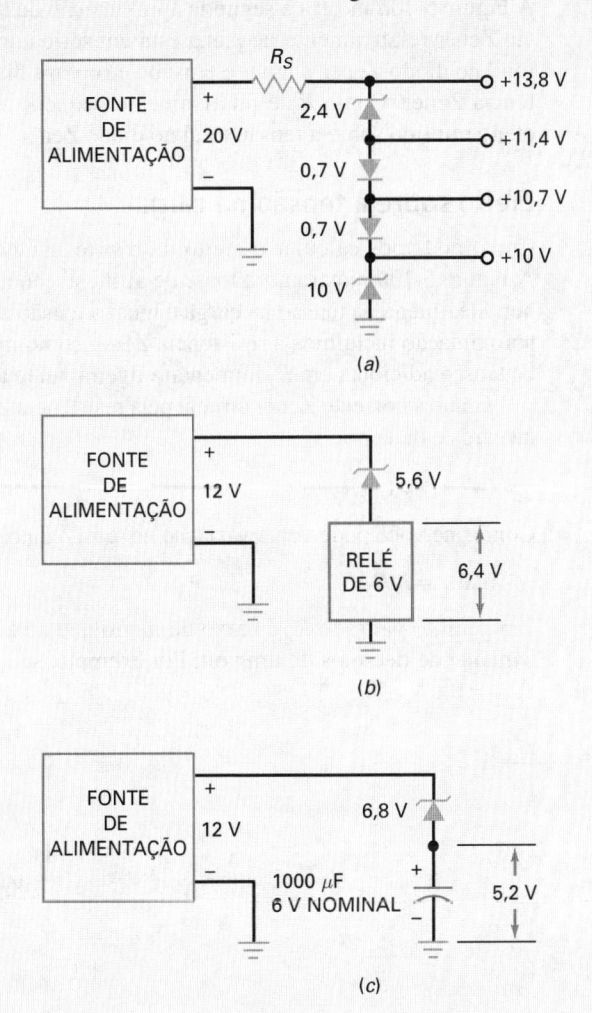

Figura 5-9 Aplicações dos diodos Zener. (a) Produção de tensões de saídas não padronizadas; (b) alimentando um relé de 6 V por meio de uma fonte de alimentação de 12 V; (c) carregando um capacitor de 6 V por meio de uma fonte de alimentação de 12 V.

SOLUÇÃO A Figura 5-9a mostra um diodo Zener e diodos de silício comuns que podem produzir várias tensões CC de saída, por meio de uma fonte de alimentação de 20 V. O diodo debaixo produz uma saída de 10 V. Cada diodo de silício comum está polarizado diretamente, fornecendo saídas de 10,7 V e 11,4 V. O diodo de cima tem uma tensão de ruptura 2,4 V, fornecendo uma saída de 13,4 V. Com outras combinações de diodo Zener e diodos de silício comuns, um circuito como este pode produzir diferentes valores de tensão CC na saída.

Se você tentar conectar um relé de 6 V em uma fonte de alimentação de 12 V, ele provavelmente será danificado. É necessário provocar uma queda de tensão. A Figura 5-9b mostra um modo de se obter isto. Conectando-se um diodo Zener de 5,6 V em série com o relé, ele será alimentado com apenas 6,4 V, que geralmente está dentro da tolerância da tensão nominal do relé.

Capacitores eletrolíticos de maiores valores de capacitância geralmente são de baixa tensão nominal. Por exemplo, um capacitor eletrolítico de 1000 μF pode ter uma tensão nominal de apenas 6 V. Isso significa que a tensão máxima no capacitor deve ser menor que 6 V. A Figura 5-9c mostra um recurso em que um capacitor eletrolítico de 6 V está sendo carregado por uma fonte de alimentação de 12 V. Novamente, a ideia é usar um diodo Zener para provocar uma queda de tensão. Nesse caso, a queda no diodo Zener é 6,8 V, deixando apenas 5,2 V para o capacitor. Desse modo, o capacitor eletrolítico pode filtrar a saída da fonte de alimentação e ainda permanecer dentro da sua tensão nominal.

5-3 Segunda aproximação do diodo Zener

A Figura 5-10a mostra a segunda aproximação de um diodo Zener. Uma resistência Zener relativamente pequena está em série com uma bateria ideal. A tensão total no diodo Zener é igual à tensão de ruptura mais a queda de tensão da resistência Zener. Como R_Z é relativamente pequeno num diodo Zener, ele tem um efeito mínimo sobre a tensão total no diodo Zener.

Efeito sobre a tensão na carga

Como podemos calcular o efeito da resistência Zener sobre a tensão na carga? A Figura 5-10b mostra uma fonte de alimentação alimentando um regulador Zener. Idealmente, a tensão na carga é igual à tensão de ruptura V_Z. Mas na segunda aproximação incluímos a resistência Zener como mostra a Figura 5-10c. A queda de tensão adicional em R_Z aumentará ligeiramente a tensão na carga.

Como a corrente Zener circula pela resistência Zener na Figura 5-10c, a tensão na carga é dada por:

$$V_L = V_Z + I_Z R_Z$$

Conforme você pode ver, a variação na tensão da carga para o caso ideal é:

$$\Delta V_L = I_Z R_Z \tag{5-7}$$

Em geral, o valor de R_Z é baixo de modo que a variação na tensão é baixa, tipicamente de décimos de um volt. Por exemplo, se $I_Z = 10$ mA e $R_Z = 10\ \Omega$, então $\Delta V_L = 0{,}1$ V.

> **É ÚTIL SABER**
>
> Os diodos Zener com tensões de ruptura próximo de 7 V têm o menor valor de impedância Zener.

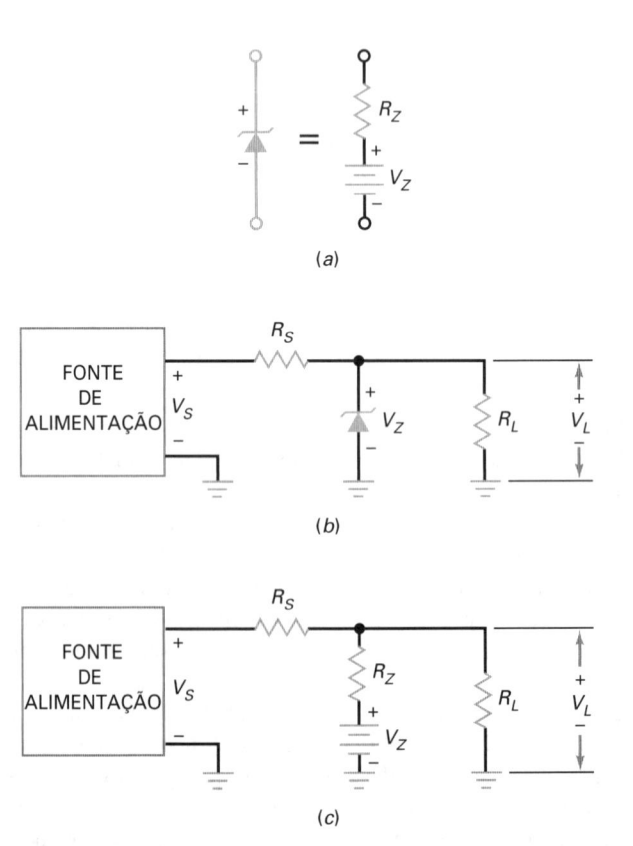

Figura 5-10 Segunda aproximação de um diodo Zener. (a) Circuito equivalente; (b) fonte de alimentação com regulador Zener; (c) análise incluindo a resistência Zener.

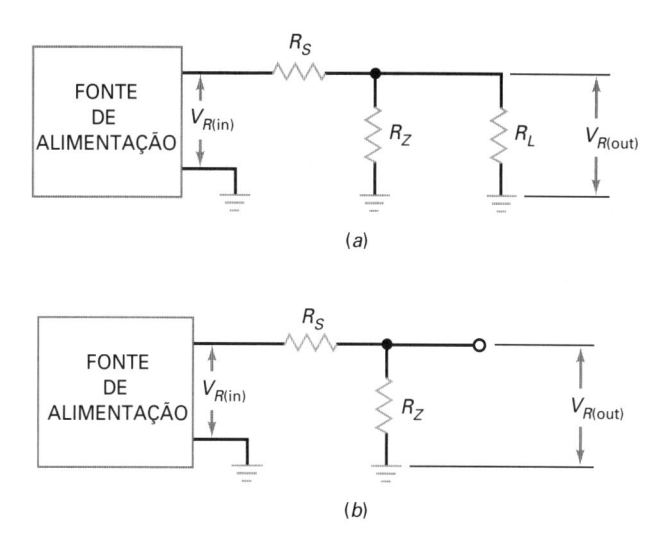

Figura 5-11 O regulador Zener reduz a ondulação. (a) Circuito equivalente CA completo; (b) circuito equivalente CA simplificado.

Efeito na ondulação

Assim que a ondulação existir, podemos usar o circuito equivalente mostrado na Figura 5-11a. Em outras palavras, as únicas componentes que afetam a ondulação são as três resistências mostradas. Podemos simplificá-las ainda mais. Em um projeto típico, R_Z é muito maior que R_L. Portanto, as duas únicas componentes que apresentam um efeito significante sobre a ondulação são a resistência em série e a resistência Zener mostrada na Figura 5-11b.

Como a Figura 5-11b é um divisor de tensão, podemos escrever a seguinte equação para a ondulação na saída:

$$V_{R(\text{out})} = \frac{R_Z}{R_S + R_Z} V_{R(\text{in})}$$

Os cálculos para a ondulação não são críticos; isto é, eles não precisam ser exatos. Como R_S é sempre muito maior que R_Z em um projeto típico, podemos usar esta aproximação para todas as verificações de defeitos e análises preliminares:

$$V_{R(\text{out})} \approx \frac{R_Z}{R_S} V_{R(\text{in})} \tag{5-8}$$

Exemplo 5-7

O diodo Zener na Figura 5-12 tem uma tensão de ruptura de 10 V e uma resistência Zener de 8,5 Ω. Use a segunda aproximação para calcular a tensão na carga quando a corrente no Zener for de 20 mA.

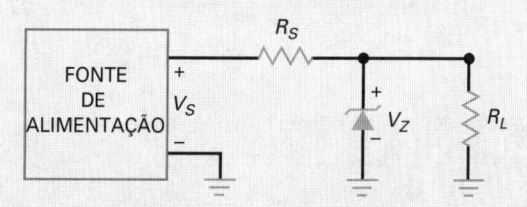

Figura 5-12 Regulador Zener com carga.

SOLUÇÃO A variação na tensão da carga é igual à corrente Zener multiplicada pela resistência Zener:

$$\Delta V_L = I_Z R_Z = (20 \text{ mA})(8,5 \text{ }\Omega) = 0,17 \text{ V}$$

Em uma segunda aproximação, a tensão na carga é:

$$V_L = 10 \text{ V} + 0,17 \text{ V} = 10,17 \text{ V}$$

PROBLEMA PRÁTICO 5-7 Use a segunda aproximação para calcular a tensão na carga na Figura 5-12 quando $I_Z = 12$ mA.

Exemplo 5-8

Na Figura 5-12, $R_S = 270$ Ω, $R_Z = 8,5$ Ω e $V_{R(in)} = 2$ V. Qual é o valor aproximado da tensão de ondulação na carga?

SOLUÇÃO A ondulação na carga é aproximadamente igual à divisão de R_Z por R_S, multiplicada pela ondulação na entrada:

$$V_{R(out)} \approx \frac{8,5 \text{ }\Omega}{270 \text{ }\Omega} 2 \text{ V} = 63 \text{ mV}$$

PROBLEMA PRÁTICO 5-8 Usando a Figura 5-12, qual é o valor aproximado da tensão de ondulação na carga se $V_{R(in)} = 3$ V?

Exemplo de aplicação 5-9

O regulador Zener na Figura 5-13 tem $V_Z = 10$ V, $R_S = 270$ Ω e $R_Z = 8,5$ Ω, os mesmos valores usados no Exemplo 5-7 e 5-8. Descreva as medições feitas na análise do circuito com o MultiSim.

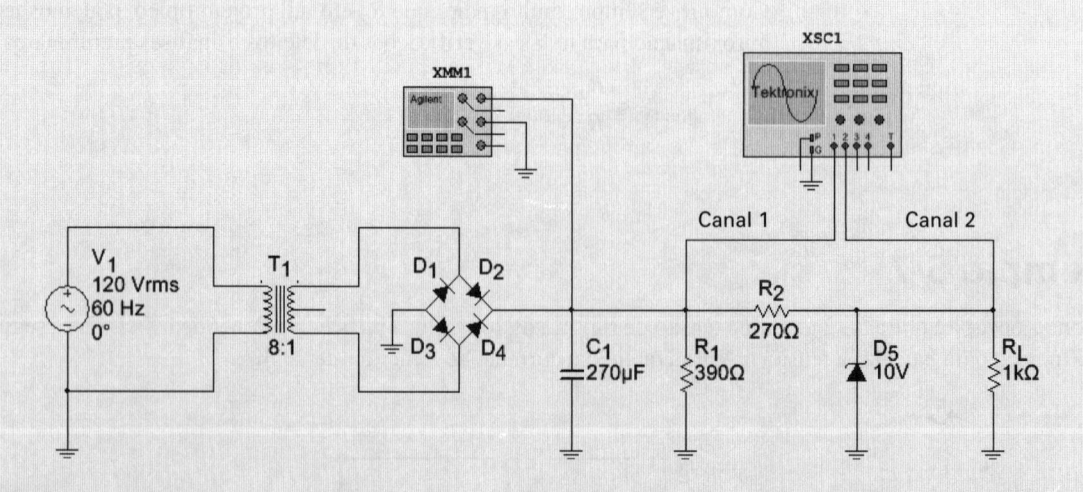

MultiSim **Figura 5-13** Análise de um regulador Zener com o MultiSim.

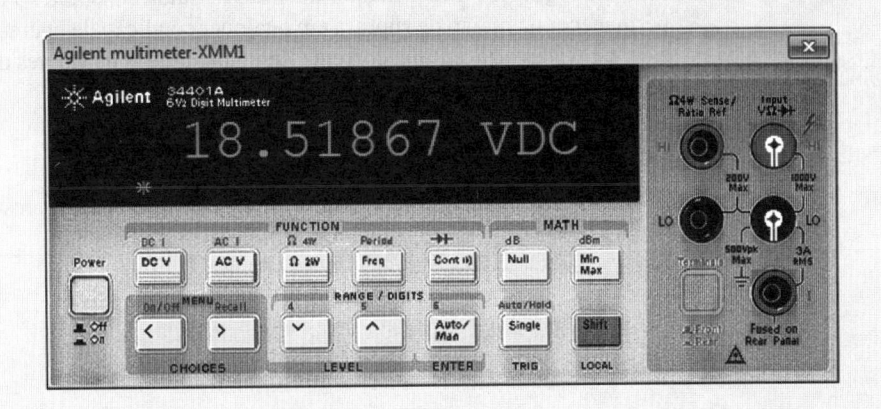

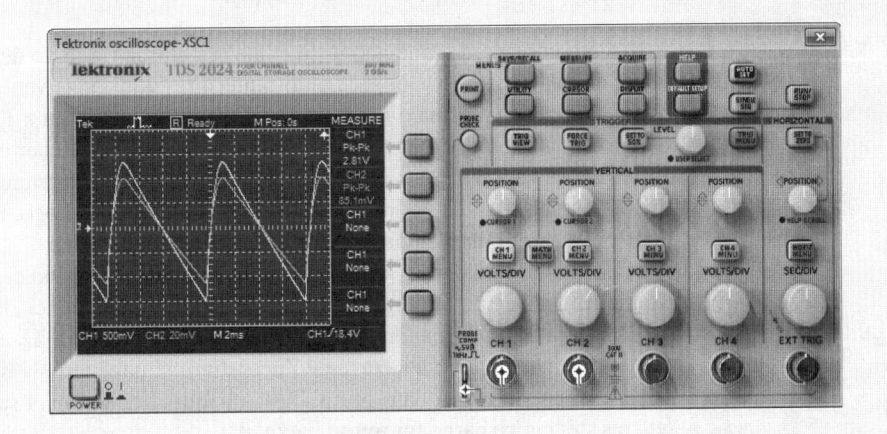

Figura 5-13 (continuação)

SOLUÇÃO Se calcularmos a tensão na Figura 5-13 usando os métodos estudados anteriormente, obteremos os seguintes resultados. Com um transformador com relação de transformação de 8:1, a tensão de pico no secundário é de 21,2 V. Subtraia as quedas de tensão nos dois diodos e obterá uma tensão de 19,8 V no capacitor de filtro. A corrente no resistor de 390 Ω é de 51 mA e a corrente no resistor R_S é de 36 mA. O capacitor tem que fornecer a soma dessas duas correntes, ou seja, 87 mA. Com a Equação 4-10, essa corrente resulta em uma ondulação no capacitor de 2,7 V pp aproximadamente. Com ela, podemos calcular a ondulação na saída do regulador Zener, que é de aproximadamente 85 mV pico a pico.

Como a ondulação é alta, a tensão no capacitor oscila do maior valor de 19,8 V ao menor de 17,1 V. Se você tirar a média desses dois valores, obterá 18,5 V como tensão CC aproximada no capacitor de filtro. Esse baixo valor de tensão CC significa que as ondulações na entrada e na saída calculadas anteriormente também serão menores. Como nos capítulos estudados anteriormente, cálculos como esse são apenas estimados, porque a análise deve incluir os efeitos de ordens superiores.

Agora, vamos ver as medições no MultiSim, que nos darão respostas quase exatas. A leitura no multímetro indica 18,78 V, muito próximo do valor estimado de 18,5 V. O canal 1 do osciloscópio mostra a ondulação no capacitor. Esse valor é de aproximadamente 2 V pp, razoavelmente menor que o estimado 2,7 V pp, mas ainda está próximo do valor esperado. Por fim, a ondulação na saída do regulador Zener é de aproximadamente 85 mV pp (canal 2).

5-4 Ponto de saída do regulador Zener

Para um regulador Zener manter a tensão de saída constante, o diodo Zener deve permanecer na região de ruptura em qualquer condição de operação. Isso equivale a dizer que deve haver uma corrente Zener para todos os valores de tensão da fonte de alimentação e para todas as correntes de carga.

Condições de pior caso

A Figura 5-14a mostra um regulador Zener. Ele tem as seguintes correntes:

$$I_S = \frac{V_S - V_Z}{R_S} = \frac{20\text{ V} - 10\text{ V}}{200\text{ }\Omega} = 50\text{ mA}$$

$$I_L = \frac{V_L}{R_L} = \frac{10\text{ V}}{1\text{ k}\Omega} = 10\text{ mA}$$

e

$$I_Z = I_S - I_L = 50\text{ mA} - 10\text{ mA} = 40\text{ mA}$$

Agora considere o que acontece quando a tensão da fonte de alimentação diminui de 20 V para 12 V. Nos cálculos anteriores você pode ver que I_S diminuirá, I_L permanecerá a mesma e I_Z diminuirá. Quando V_S for igual a 12 V, I_S será igual a 10 mA e $I_Z = 0$. Com essa tensão baixa na fonte, o diodo Zener está prestes a sair da região de ruptura. Se a fonte diminuir ainda mais, a regulação será perdida. Em outras palavras, a tensão na carga será menos de 10 V. Logo, a baixa tensão na fonte pode fazer que o circuito Zener falhe como regulador.

Outro modo de perder a regulação é quando a corrente na carga é muito alta. Na Figura 5-14a, considere o que acontece quando a resistência na carga diminui de 1 kΩ para 200 Ω. Quando a resistência na carga for de 200 Ω, a corrente na carga aumenta para 50 mA e a corrente Zener diminui para zero. Novamente, o diodo Zener está prestes a sair da ruptura. Portanto, um circuito Zener sairá de regulação se a resistência na carga for muito baixa.

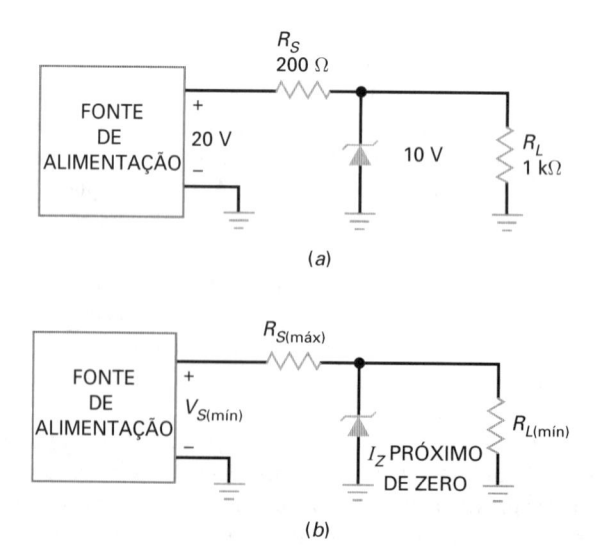

Figura 5-14 O regulador Zener. (a) Operação normal; (b) condições de pior caso para o ponto de saída do regulador.

Finalmente, considere o que acontece quando R_S aumenta de 200 Ω para 1 kΩ. Nesse caso, a corrente em série diminui de 50 mA para 10 mA. Logo, uma resistência em série de alto valor pode levar o circuito para fora de regulação.

A Figura 5-14b resume as ideias anteriores mostrando as condições de pior caso. Quando a corrente no Zener for próxima de zero, a regulação Zener aproxima-se do ponto de saída ou condição de falha na regulação. Analisando o circuito nas condições de pior caso, é possível derivar as seguintes equações:

$$R_{S(\text{máx})} = \left(\frac{V_{S(\text{mín})}}{V_Z} - 1\right) R_{L(\text{mín})} \tag{5-9}$$

Uma forma alternativa para esta equação é também muito útil:

$$R_{S(\text{máx})} = \frac{V_{S(\text{mín})} - V_Z}{I_{L(\text{máx})}} \tag{5-10}$$

Essas duas equações são úteis porque você pode testar um regulador Zener para saber se ele irá falhar em alguma condição de operação.

Exemplo 5-10

Um regulador Zener tem uma tensão de entrada que pode variar de 22 V a 30 V. Se a tensão na saída do regulador for de 12 V e a resistência na carga variar de 140 Ω a 10 kΩ, qual será o valor máximo permitido para a resistência em série?

SOLUÇÃO Use a Equação 5-9 para calcular a resistência em série máxima como segue:

$$R_{S(\text{máx})} = \left(\frac{22\,\text{V}}{12\,\text{V}} - 1\right) 140\,\Omega = 117\,\Omega$$

Enquanto a resistência em série for menor do que 117 Ω, o regulador Zener funcionará adequadamente sobre todas as condições de operação.

PROBLEMA PRÁTICO 5-10 Usando o Exemplo 5-10, qual é a resistência em série máxima permitida se a tensão na saída for regulada em 15 V?

Exemplo 5-11

Um regulador Zener tem uma tensão de entrada na faixa de 15 V a 20 V e uma corrente na carga na faixa de 5 mA a 20 mA. Se a tensão no Zener for de 6,8 V, qual é o valor da resistência em série máxima permitida?

SOLUÇÃO Use a Equação (5-10) para calcular a resistência em série máxima como segue:

$$R_{S(\text{máx})} = \frac{15\,\text{V} - 6,8\,\text{V}}{20\,\text{mA}} = 410\,\Omega$$

Se a resistência em série for menor que 410 Ω, o regulador Zener funcionará adequadamente sobre quaisquer condições.

PROBLEMA PRÁTICO 5-11 Repita o Exemplo 5-11 usando uma tensão Zener de 5,1 V.

5-5 Interpretação das folhas de dados

A Figura 5-15 mostra as folhas de dados para os diodos Zener da série 1N5221B e 1N4728A. Consulte essas folhas de dados durante os estudos a seguir. Repetindo, a maioria das informações contidas nas folhas de dados é própria para os projetistas, mas existem alguns poucos itens que os técnicos em manutenção também precisam saber.

Potência máxima

A dissipação de potência num diodo Zener é igual ao produto de sua tensão por sua corrente:

$$P_Z = V_Z I_Z \tag{5-11}$$

Por exemplo, se $V_Z = 12$ V e $I_Z = 10$ mA, então:

$$P_Z = (12\text{ V})(10\text{ mA}) = 120\text{ mW}$$

Enquanto P_Z for menor que a potência nominal, o diodo Zener poderá operar na região de ruptura sem ser danificado. Os diodos Zener podem ser encontrados comercialmente com potências na faixa de ¼ até mais que 50 W.

Por exemplo, as folhas de dados para o diodo da série 1N5221B informam que a potência nominal máxima é de 500 mW. Um projeto seguro inclui um fator de segurança para manter a dissipação de potência bem abaixo de seu valor máximo, 500 mW. Conforme mencionado anteriormente, um fator de segurança igual a 2 ou mais é usado pelos projetistas mais precavidos.

Corrente máxima

As folhas de dados geralmente incluem a *corrente máxima* que um diodo Zener pode conduzir sem exceder sua potência máxima. Se o valor não for listado, a corrente máxima pode ser obtida como segue:

$$I_{ZM} = \frac{P_{ZM}}{V_Z} \tag{5-12}$$

onde I_{ZM} = corrente máxima nominal do Zener
P_{ZM} = potência nominal
V_Z = tensão Zener

Por exemplo, o diodo 1N4742A tem uma tensão Zener de 12 V e uma potência nominal de 1 W. Portanto, sua corrente máxima é:

$$I_{ZM} = \frac{1\text{ W}}{12\text{ V}} = 83,3\text{ mA}$$

Ao satisfazer à corrente nominal, você automaticamente satisfaz à potência nominal. Por exemplo, se você mantiver a corrente Zener máxima abaixo de 83,3 mA, também manterá a potência máxima de dissipação abaixo de 1 W. Se você usar o fator de segurança 2, não precisa se preocupar com um projeto de ventilação para o diodo. O valor de I_{ZM}, tanto calculado quanto listado, é o valor nominal da corrente contínua. Valores de correntes de pico reversas e não repetitivas, normalmente, são fornecidas pelos fabricantes e incluem observações sobre as condições nas quais o dispositivo foi testado.

Tolerância

A maioria dos diodos Zener apresenta um sufixo como A, B, C ou D para identificar a tolerância da tensão Zener. Pelo fato de essa notação não ser padronizada, procure saber se há alguma nota especial incluída nas folhas de dados do diodo Zener que identifique a tolerância específica. Por exemplo, as folhas de dados do diodo da série 1N4728A indica sua tolerância como igual a ± 5%, assim como a série 1N5221B também tem uma tolerância de ± 5%. O sufixo C representa ± 2%, o D, ± 1%, e quando não há sufixo ± 20%.

FAIRCHILD
SEMICONDUCTOR®

Tolerance = 5%

July 2013

1N5221B - 1N5263B
Zener Diodes

DO-35 Glass case
COLOR BAND DENOTES CATHODE

Absolute Maximum Ratings

Symbol	Parameter	Value	Units
P_D	Power Dissipation	500	mW
	Derate above 50°C	4.0	mW/°C
T_{STG}	Storage Temperature Range	-65 to +200	°C
T_J	Operating Junction Temperature Range	-65 to +200	°C
	Lead Temperature (1/16 inch from case for 10 s)	+230	°C

Electrical Characteristics

Values are at T_A = 25°C unless otherwise noted.

Device	V_Z (V) @ I_Z [2]			Z_Z (Ω) @ I_Z (mA)		Z_{ZK} (Ω) @ I_{ZK} (mA)		I_R (µA) @ V_R (V)		T_C (%/°C)
	Min.	Typ.	Max.							
1N5221B	2.28	2.4	2.52	30	20	1,200	0.25	100	1.0	-0.085
1N5222B	2.375	2.5	2.625	30	20	1,250	0.25	100	1.0	-0.085
1N5223B	2.565	2.7	2.835	30	20	1,300	0.25	75	1.0	-0.080
1N5224B	2.66	2.8	2.94	30	20	1,400	0.25	75	1.0	-0.080
1N5225B	2.85	3	3.15	29	20	1,600	0.25	50	1.0	-0.075
1N5226B	3.135	3.3	3.465	28	20	1,600	0.25	25	1.0	-0.07
1N5227B	3.42	3.6	3.78	24	20	1,700	0.25	15	1.0	-0.065
1N5228B	3.705	3.9	4.095	23	20	1,900	0.25	10	1.0	-0.06
1N5229B	4.085	4.3	4.515	22	20	2,000	0.25	5.0	1.0	+/-0.055
1N5230B	4.465	4.7	4.935	19	20	1,900	0.25	2.0	1.0	+/-0.03
1N5231B	4.845	5.1	5.355	17	20	1,600	0.25	5.0	2.0	+/-0.03
1N5232B	5.32	5.6	5.88	11	20	1,600	0.25	5.0	3.0	0.038
1N5233B	5.7	6	6.3	7.0	20	1,600	0.25	5.0	3.5	0.038
1N5234B	5.89	6.2	6.51	7.0	20	1,000	0.25	5.0	4.0	0.045
1N5235B	6.46	6.8	7.14	5.0	20	750	0.25	3.0	5.0	0.05
1N5236B	7.125	7.5	7.875	6.0	20	500	0.25	3.0	6.0	0.058
1N5237B	7.79	8.2	8.61	8.0	20	500	0.25	3.0	6.5	0.062
1N5238B	8.265	8.7	9.135	8.0	20	600	0.25	3.0	6.5	0.065
1N5239B	8.645	9.1	9.555	10	20	600	0.25	3.0	7.0	0.068
1N5240B	9.5	10	10.5	17	20	600	0.25	3.0	8.0	0.075
1N5241B	10.45	11	11.55	22	20	600	0.25	2.0	8.4	0.076
1N5242B	11.4	12	12.6	30	20	600	0.25	1.0	9.1	0.077
1N5243B	12.35	13	13.65	13	9.5	600	0.25	0.5	9.9	0.079
1N5244B	13.3	14	14.7	15	9.0	600	0.25	0.1	10	0.080
1N5245B	14.25	15	15.75	16	8.5	600	0.25	0.1	11	0.082
1N5246B	15.2	16	16.8	17	7.8	600	0.25	0.1	12	0.083
1N5247B	16.15	17	17.85	19	7.4	600	0.25	0.1	13	0.084
1N5248B	17.1	18	18.9	21	7.0	600	0.25	0.1	14	0.085
1N5249B	18.05	19	19.95	23	6.6	600	0.25	0.1	14	0.085
1N5250B	19	20	21	25	6.2	600	0.25	0.1	15	0.086

V_F Forward Voltage = 1.2V Max. @ I_F = 200mA

Note:

1. These ratings are limiting values above which the serviceability of any semiconductor device may be impaired.
   Non-recurrent square wave Pulse Width = 8.3 ms, T_A = 50°C

2. Zener Voltage (V_Z)
   The zener voltage is measured with the device junction in the thermal equilibrium at the lead temperature (T_L) at 30°C ± 1°C and 3/8" lead length.

© 2007 Fairchild Semiconductor Corporation
1N5221B - 1N5263B Rev. 1.2.0

www.fairchildsemi.com

Figura 5-15 (a) Folhas de dados do diodo Zener "Partial". (Copyright de Fairchild Semiconductor. Usado com permissão.)

FAIRCHILD SEMICONDUCTOR®

April 2009

1N4728A - 1N4758A
Zener Diodes

Tolerance = 5%

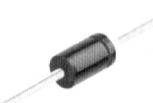

DO-41 Glass case
COLOR BAND DENOTES CATHODE

Absolute Maximum Ratings * $T_a = 25°C$ unless otherwise noted

Symbol	Parameter	Value	Units
P_D	Power Dissipation @ $T_L \leq 50°C$, Lead Length = 3/8"	1.0	W
	Derate above 50°C	6.67	mW/°C
T_J, T_{STG}	Operating and Storage Temperature Range	-65 to +200	°C

* These ratings are limiting values above which the serviceability of the diode may be impaired.

Electrical Characteristics $T_a = 25°C$ unless otherwise noted

Device	V_Z (V) @ I_Z (Note 1)			Test Current I_Z (mA)	Max. Zener Impedance			Leakage Current		Non-Repetitive Peak Reverse Current
	Min.	Typ.	Max.		Z_Z @ I_Z (Ω)	Z_{ZK} @ I_{ZK} (Ω)	I_{ZK} (mA)	I_R (μA)	V_R (V)	I_{ZSM} (mA) (Note 2)
1N4728A	3.135	3.3	3.465	76	10	400	1	100	1	1380
1N4729A	3.42	3.6	3.78	69	10	400	1	100	1	1260
1N4730A	3.705	3.9	4.095	64	9	400	1	50	1	1190
1N4731A	4.085	4.3	4.515	58	9	400	1	10	1	1070
1N4732A	4.465	4.7	4.935	53	8	500	1	10	1	970
1N4733A	4.845	5.1	5.355	49	7	550	1	10	1	890
1N4734A	5.32	5.6	5.88	45	5	600	1	10	2	810
1N4735A	5.89	6.2	6.51	41	2	700	1	10	3	730
1N4736A	6.46	6.8	7.14	37	3.5	700	1	10	4	660
1N4737A	7.125	7.5	7.875	34	4	700	0.5	10	5	605
1N4738A	7.79	8.2	8.61	31	4.5	700	0.5	10	6	550
1N4739A	8.645	9.1	9.555	28	5	700	0.5	10	7	500
1N4740A	9.5	10	10.5	25	7	700	0.25	10	7.6	454
1N4741A	10.45	11	11.55	23	8	700	0.25	5	8.4	414
1N4742A	11.4	12	12.6	21	9	700	0.25	5	9.1	380
1N4743A	12.35	13	13.65	19	10	700	0.25	5	9.9	344
1N4744A	14.25	15	15.75	17	14	700	0.25	5	11.4	304
1N4745A	15.2	16	16.8	15.5	16	700	0.25	5	12.2	285
1N4746A	17.1	18	18.9	14	20	750	0.25	5	13.7	250
1N4747A	19	20	21	12.5	22	750	0.25	5	15.2	225
1N4748A	20.9	22	23.1	11.5	23	750	0.25	5	16.7	205
1N4749A	22.8	24	25.2	10.5	25	750	0.25	5	18.2	190
1N4750A	25.65	27	28.35	9.5	35	750	0.25	5	20.6	170
1N4751A	28.5	30	31.5	8.5	40	1000	0.25	5	22.8	150
1N4752A	31.35	33	34.65	7.5	45	1000	0.25	5	25.1	135
1N4753A	34.2	36	37.8	7	50	1000	0.25	5	27.4	125
1N4754A	37.05	39	40.95	6.5	60	1000	0.25	5	29.7	115
1N4755A	40.85	43	45.15	6	70	1500	0.25	5	32.7	110
1N4756A	44.65	47	49.35	5.5	80	1500	0.25	5	35.8	95
1N4757A	48.45	51	53.55	5	95	1500	0.25	5	38.8	90
1N4758A	53.2	56	58.8	4.5	110	2000	0.25	5	42.6	80

Notes:
1. Zener Voltage (V_Z)
   The zener voltage is measured with the device junction in the thermal equilibrium at the lead temperature (T_L) at 30°C ± 1°C and 3/8" lead length.
2. 2 Square wave Reverse Surge at 8.3 msec soak time.

© 2009 Fairchild Semiconductor Corporation
1N4728A - 1N4758A Rev. H3

www.fairchildsemi.com

Figura 5-15 (b) Folhas de dados do diodo Zener "Partial". (Copyright de Fairchild Semiconductor. Usado com permissão.) (Continuação)

Resistência Zener

A resistência Zener (também conhecida como *impedância Zener*) pode ser designada por R_{ZT} ou Z_{ZT}. Por exemplo, o diodo da série 1N5237B tem uma resistência Zener de 8,0 Ω medida para uma corrente de teste de 20,0 mA. Enquanto a corrente Zener estiver acima do joelho da curva Zener, você pode usar 8,0 Ω como um valor aproximado da resistência Zener. Mas observe que a resistência Zener aumenta no joelho da curva (1000 Ω). A ideia principal é a seguinte: o diodo deve operar com a, ou próximo da, corrente de teste, se possível o tempo todo. Com isso, você sabe que a resistência Zener é relativamente baixa.

As folhas de dados contêm muitas informações adicionais, mas são dirigidas principalmente para os projetistas. Se você está envolvido num projeto, deve ler as informações contidas nas folhas de dados atenciosamente, incluindo as notas que especificam os valores medidos.

Degradação

O **fator de degradação** (*derating factor*) mostrado nas folhas de dados informa em quanto será reduzida a potência de dissipação de um dispositivo. Por exemplo, a série 1N4728A tem uma potência nominal de 1 W para uma temperatura de 50°C. O fator de degradação é dado como 6,67 mW/°C. Isso significa que você tem de subtrair 6,67 mW para cada grau Celsius acima de 50°C. Mesmo que você não esteja numa atividade de projeto, deve estar ciente do efeito da temperatura. Se já sabe que a temperatura de operação está acima de 50°C, o projetista deve reduzir a potência nominal do diodo Zener.

5-6 Análise de defeito

A Figura 5-16 mostra um regulador Zener. Quando o circuito está funcionando corretamente, a tensão entre o ponto A e o terra é de +18 V, a tensão entre o ponto B e o terra é de +10 V e a tensão entre o ponto C e o terra é de +10 V.

Indicação única

Agora vamos estudar o que pode dar errado com o circuito. Quando um circuito não está funcionando corretamente, o técnico em manutenção usualmente começa medindo os valores de tensão. Essas medições fornecem pistas que o ajudam a isolar o defeito. Por exemplo, suponha os seguintes valores de tensão medidos:

$$V_A = +18\text{ V} \qquad V_B = +10\text{ V} \qquad V_C = 0$$

Aqui está o que passa pela mente de um técnico em manutenção depois de ter encontrado esses valores medidos:

> *Será que o resistor de carga abriu? Não. Se abrisse, a tensão na carga seria de 10 V. Será que o resistor da carga entrou em curto? Não. Se entrasse em curto, a tensão nos pontos B e C seria 0 V. Tudo bem, será que o fio conectado entre B e C abriu? Sim, deve ser isto.*

Este tipo de defeito produz uma única indicação. O único modo de você obter essas medidas de tensão é quando a conexão entre os pontos *B* e *C* abrem.

Indicações indefinidas

Nem todos os defeitos produzem uma única indicação. Algumas vezes, dois ou mais defeitos produzem o mesmo conjunto de medidas de tensão. Suponha que o técnico em manutenção obtenha as seguintes medidas de tensão:

$$V_A = +18\text{ V} \qquad V_B = 0 \qquad V_C = 0$$

Que defeito você acha que ocorreu? Pense sobre isso por alguns minutos. Quando tiver uma resposta, continue sua leitura.

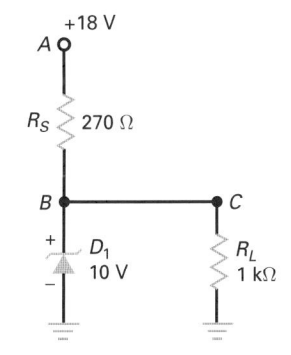

Figura 5-16 Verificação de defeito em um regulador Zener.

Aqui está uma maneira que o técnico em manutenção pode fazer para encontrar o defeito. A ideia é a seguinte:

Obtive uma tensão em A, mas não há tensão em B nem em C. Será que o resistor em série abriu? Se isso ocorresse, não haveria tensão nem em B nem em C, mas ainda haveria +18 V entre o ponto A e o terra. Sim, o resistor em série provavelmente está aberto.

Nesse momento, o técnico desconecta o resistor em série e mede sua resistência com um ohmímetro. Existe a possibilidade de ele estar aberto. Mas suponha que sua medida esteja correta. Então, o técnico continua a pensar do seguinte modo:

Está estranho. Bem, haverá outro modo de obter +18 V no ponto A e 0 V em B e C? Será que o diodo Zener está em curto? Ou será que o resistor está em curto? Ou haverá uma ponte de solda entre B ou C e o terra? Qualquer um desses defeitos pode produzir as mesmas indicações.

Agora, o técnico em manutenção tem mais possibilidades de defeitos para verificar. Eventualmente, encontrará o defeito.

Quando os componentes queimam, eles em geral abrem, mas nem sempre isso acontece. Alguns dispositivos semicondutores podem entrar em curto-circuito internamente, nesse caso apresentam uma resistência zero. Podemos citar outros modos de obter curto-circuitos, como uma ponte de solda entre duas trilhas (ou filetes) nos condutores das placas de circuitos impressos, uma ilha com excesso de solda (bola de solda) pode estar interconectando dois filetes etc. Por isso, você deve incluir mais perguntas a respeito de componentes em curto, assim como de componentes abertos.

Tabela de defeitos

A Tabela 5-2 mostra os possíveis defeitos para o regulador Zener da Figura 5-16. Ao medir as tensões, lembre-se disto: um componente em curto é equivalente a uma resistência de 0 Ω, e um componente aberto é equivalente a uma resistência de valor infinito. Se tiver problema nos cálculos com os valores 0 e ∞, use 0,001 Ω e 1000 MΩ. Em outras palavras, use um valor de resistência muito baixo para um curto e um valor de resistência muito alto para uma resistência aberta.

Na Figura 5-16, o resistor em série R_S pode estar em curto ou aberto. Vamos designar esses defeitos como R_{SC} e R_{SA}. De modo similar, o diodo Zener pode estar em curto ou aberto, simbolizado por D_{1C} ou D_{1A}. Assim como o resistor de carga pode estar aberto ou em curto, R_{LC} e R_{LA}. Finalmente, o fio conectado entre B e C pode estar aberto, designado por BC_A.

Tabela 5-2	Defeitos e indicações no regulador Zener			
Defeito	VA,V	VB,V	VC,V	Comentários
Nenhum	18	10	10	Não há defeito.
R_{SC}	18	18	18	D_1 e R_L podem estar abertos.
R_{SA}	18	0	0	
D_{1C}	18	0	0	R_S pode estar aberto.
D_{1A}	18	14,2	14,2	
R_{LC}	18	0	0	R_S pode estar aberto.
R_{LA}	18	10	10	
BC_A	18	10	0	
Sem alimentação	0	0	0	Verifique a fonte de alimentação.

Na Tabela 5-2, a segunda linha mostra as tensões quando o problema for R_{SC}, resistor em série em curto. Quando o resistor em série estiver em curto na Figura 5-16, aparece 18 V em B e C. Isso danifica o diodo Zener e possivelmente o resistor de carga. Para esse defeito, um voltímetro mede 18 V nos pontos A, B e C. Esse defeito e suas tensões estão exibidas na Tabela 5-2.

Se o resistor em série abrir na Figura 5-16, não haverá tensão no ponto B. Nesse caso, a tensão será 0 V em B e C, conforme mostra a Tabela 5-2. Continuando desta maneira, podemos obter os outros valores na Tabela 5-2.

Na Tabela 5-2, os comentários indicam os defeitos que podem ocorrer como um resultado direto de curtos-circuitos originais. Por exemplo, um curto em R_S danificará o diodo Zener e possivelmente abrirá o resistor de carga. Isso depende da potência nominal do resistor de carga. Um curto em R_S significa que os 18 V da fonte aparecerão no resistor de carga 1 kΩ. Isso produz uma potência de 0,324 W. Se o resistor de carga for de potência nominal de apenas 0,25 W, ele pode abrir.

Alguns defeitos na Tabela 5-2 produzem tensões únicas e outros produzem tensões ambíguas. Por exemplo, as tensões para R_{SC}, D_{IA} e B_{CA} e Sem alimentação são únicas. Se você medir essas tensões únicas, pode identificar o defeito sem interrupções no circuito para fazer medições com o ohmímetro.

Por outro lado, todos os outros defeitos na Tabela 5-2 produzem tensões ambíguas. Isso significa que dois ou mais defeitos podem produzir o mesmo conjunto de tensões. Se você medir um conjunto de tensões ambíguas, vai precisar de interromper o circuito e medir a resistência de componentes suspeitos. Por exemplo, suponha que você meça 18 V no ponto A, 0 V em B e 0 V em C. O problema que pode produzir essas tensões são R_{SA}, D_{1C} e R_{LS}.

Os diodos Zener podem ser testados de vários modos. O multímetro digital, calibrado na faixa de diodo, permite que o diodo seja testado para saber se está aberto ou em curto. Uma leitura normal será de aproximadamente 0,7 V no sentido de polarização direta, e uma indicação de sobreleitura quando aberto na polarização reversa. Esse teste, contudo, não indica se o diodo tem a tensão de ruptura V_Z adequada.

O traçador de curva de semicondutor, da Figura 5-17, mostrará na tela as características direta e reversa do diodo Zener com precisão. Se não houver um traçador de curva disponível, um teste simples é medir a queda de tensão no diodo Zener quando ele está conectado ao circuito. A queda de tensão deve ser próxima de seu valor nominal.

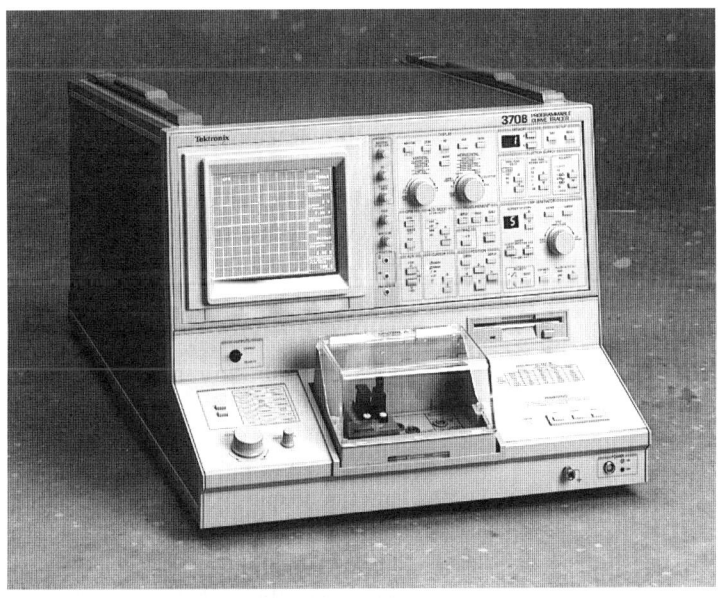

Figura 5-17 Traçador de curva.

Copyright © Tektronix, Impresso com permissão. Todos os direitos reservados.

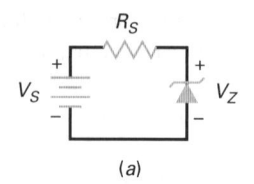

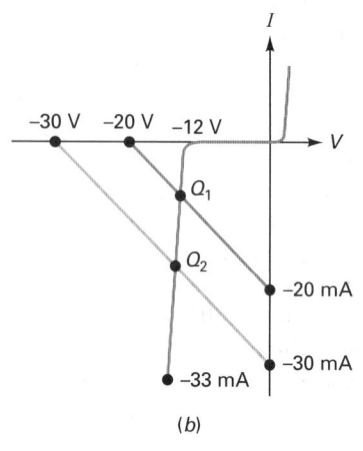

Figura 5-18 (a) Circuito regulador Zener; (b) retas de carga.

5-7 Retas de carga

A corrente no diodo Zener da Figura 5.18a é dada por:

$$I_Z = \frac{V_S - V_Z}{R_S}$$

Suponha que $V_S = 20$ V e $R_S = 1$ kΩ. Logo, a equação anterior se reduz a:

$$I_Z = \frac{20 - V_Z}{1000}$$

Obtemos o ponto de saturação (intercepto vertical) fazendo V_Z igual a zero e resolvendo em função de I_Z para obter 20 mA. De modo idêntico, para obter o ponto de corte (intercepto horizontal), fazemos I_Z igual a zero e resolvemos em função de V_Z para obter 20 V.

Alternativamente, você pode obter os dois extremos da reta de carga como segue. Visualize a Figura 5-18a com $V_S = 20$ V e $R_S = 1$ kΩ. Com o diodo Zener em curto a corrente máxima no diodo é de 20 mA. Com o diodo aberto, a tensão máxima no diodo é de 20 V.

Suponha que o diodo Zener tenha uma tensão de ruptura de 12 V. Então, seu gráfico tem a aparência mostrada na Figura 5-18b. Quando traçamos a reta de carga para $V_S = 20$ V e $R_S = 1$ kΩ, obtemos a reta de carga superior com os pontos de interseção de Q_1. A tensão no diodo Zener será ligeiramente maior que a tensão de joelho na ruptura por causa da leve inclinação na curva do diodo.

Para entender como funciona a regulação de tensão, suponha que a tensão da fonte varie para 30 V. Então, a corrente no Zener varia para:

$$I_Z = \frac{30 - V_Z}{1000}$$

Isso implica que os extremos da reta de carga sejam 30 mA e 30 V, conforme mostra a Figura 5-18b. O novo ponto de interseção é Q_2. Compare Q_2 com Q_1 e veja que passa uma corrente maior pelo diodo Zener, mas a tensão é ainda próxima da tensão Zener. Portanto, mesmo que a tensão na fonte varie de 20 V para 30 V, a tensão Zener é ainda aproximadamente igual a 12 V. Essa é a ideia básica da regulação de tensão: a tensão de saída permanece quase constante mesmo com uma variação considerável da tensão de entrada.

5-8 Diodos emissores de luz

A **optoeletrônica** é a tecnologia que combina a ótica com a eletrônica. Esse campo inclui vários dispositivos baseados na ação de uma junção *pn*. Alguns exemplos de dispositivos optoeletrônicos são: **diodos emissores de luz** (LEDs), fotodiodos, acopladores óticos e diodos laser. Nossa discussão começa com o LED.

Diodo emissor de luz

Os LEDs substituíram as lâmpadas incandescentes em muitas aplicações devido a vários fatores: baixo consumo de energia, tamanho reduzido, resposta rápida a chaveamentos e longo ciclo de vida. A Figura 5-19 mostra as partes de um LED de baixa potência padrão. Assim como num diodo comum, o LED tem um anodo e um catodo que necessitam ser adequadamente polarizados para que opere corretamente. Do lado de fora de um LED com encapsulamento plástico típico, existe um corte plano o qual indica o lado do catodo. O material semicondutor utilizado na fabricação do LED é que irá determinar suas características essenciais.

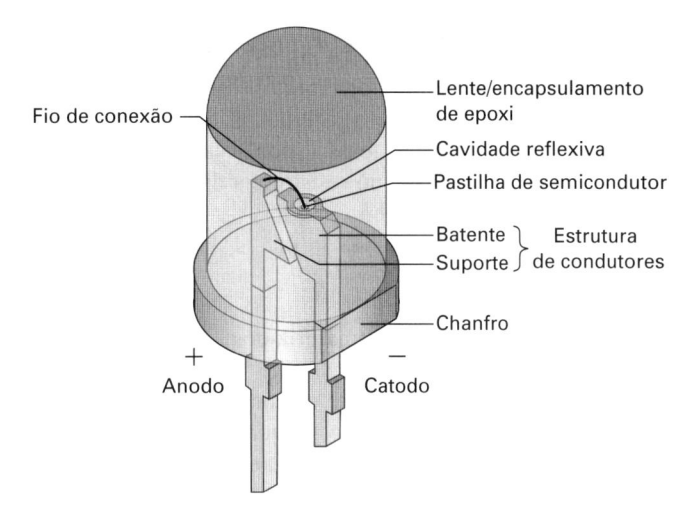

Figura 5-19 Partes constituintes de um LED.

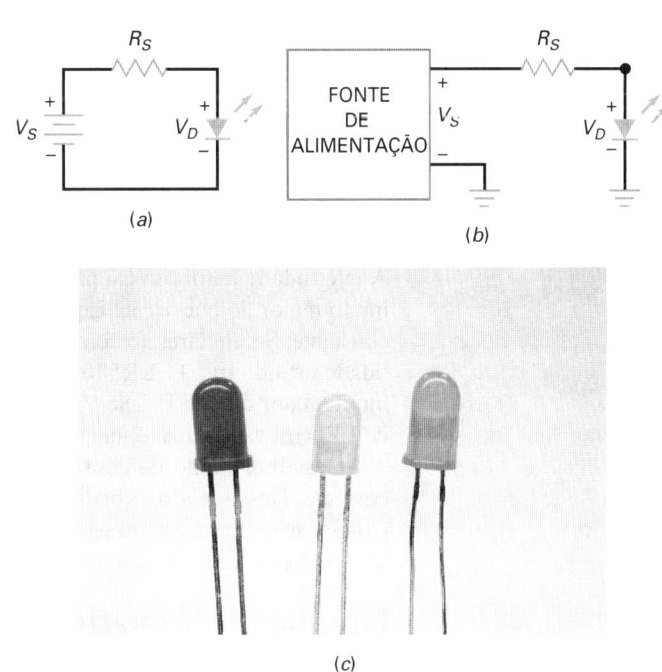

Figura 5-20 LED como indicador. (a) Circuito básico; (b) circuito prático; (c) LEDs típicos.

A Figura 5-20a mostra uma fonte conectada a um resistor em série com um LED. As setas para fora simbolizam a luz irradiada. Em um LED polarizado diretamente, os elétrons livres atravessam a junção *pn* e se recombinam com as lacunas. À medida que esses elétrons passam de um nível maior de energia para um menor, eles irradiam energia na forma de fótons. Nos diodos comuns, essa energia é irradiada sob a forma de calor; em um LED, essa energia é irradiada sob a forma de luz. Este efeito é conhecido como **eletroluminescência**.

A cor da luz, que corresponde ao comprimento de onda da energia dos fótons, é determinada principalmente pelo *gap* nas bandas de energia (espaço entre as bandas de energia) dos materiais semicondutores que são usados. Usando elementos como o gálio, arsênio e fósforo, um fabricante pode produzir LEDs que irradiam luz vermelha, verde, amarela, azul, laranja, branca ou infravermelha (invisível). LEDs que produzem radiação visível são úteis como indicadores em aplicações como painéis de instrumentação, roteadores de Internet e assim por diante. O LED infravermelho encontra aplicações em sistemas de segurança, controles remotos, sistemas de controle industriais e outras áreas que necessitam de radiação invisível.

Tensão e corrente no LED

O resistor da Figura 5-20b é um típico resistor de limitação de corrente, usado para evitar que a corrente exceda ao valor máximo nominal do diodo. Como o resistor tem uma tensão nodal V_S no lado esquerdo e uma tensão nodal V_D no lado direito, a tensão no resistor é a diferença entre essas duas tensões. Com a lei de Ohm, a corrente em série é:

$$I_S = \frac{V_S - V_D}{R_S} \tag{5-13}$$

Para a maioria dos LEDs disponíveis comercialmente, a queda de tensão típica é de 1,5 V a 2,5 V para correntes entre 10 mA e 50 mA. A queda de tensão exata depende da corrente no LED, da cor, da tolerância, juntamente com outros fatores. A não ser quando indicado em contrário, usaremos uma queda de tensão nominal de 2 V quando estivermos verificando defeitos ou analisando circuitos com LED neste livro. A Figura 5-20c mostra LEDs de baixa potência típicos com encapsulamentos construídos para ajudar a irradiar a cor respectiva.

Brilho do LED

O brilho de um LED depende da corrente. A intensidade da luz emitida é muitas vezes especificada como sua **intensidade luminosa** I_V e é especificada em candelas (cd). Os LEDs de baixa potência geralmente têm suas especificações dadas em milicandelas (mcd). Por exemplo, um TLDR5400 é um LED vermelho com uma queda de tensão direta de 1,8 V e uma especificação de I_V de 70 mcd para 20 mA. A intensidade luminosa cai para 3 mcd para uma corrente de 1 mA. Quando V_S é muito maior do que V_D na Equação (5-13), o brilho do LED é aproximadamente constante. Se um circuito como o da Figura 5-20b for produzido em grande quantidade usando um TLDR5400, o brilho do LED será quase constante se V_S for muito maior do que V_D. Se V_S for apenas ligeiramente maior do que V_D, o brilho do LED irá variar visivelmente de um circuito para outro.

O melhor modo de controlar o brilho é alimentando-o com uma fonte de corrente. Desse modo, o brilho será constante porque a corrente será constante. Quando estudarmos os transistores (eles funcionam como fonte de corrente), mostraremos como aplicar um transistor para alimentar um LED.

Especificações e características de LEDs

Uma folha de dados parcial de um LED padrão TLDR5400 de 5 mm e T-1 ¾ é mostrado na Figura 5-21. Esse tipo de LED tem terminais que atravessam a placa de circuito impresso e podem ser usados em muitas aplicações.

A tabela de Especificações Máximas Absolutas (*Absolute Maximum Ratings*) informa que a corrente máxima direta (*DC forward current*) do LED, I_F, é 50 mA e sua tensão reversa máxima (*reverse voltage*) é apenas 6 V. Para ampliar a vida útil deste dispositivo, certifique-se de usar um fator de segurança apropriado. A especificação de potência máxima (*power dissipation*) deste LED é 100 mW para uma temperatura ambiente de 25ºC e deve ser reduzida em temperaturas maiores.

A tabela de Características Ópticas e Elétricas (*Optical and Electrical Characteristcs*) indica que este LED tem uma intensidade luminosa (*luminous intensity*) típica, I_V, de 70 mcd para 20 mA e esta cai para 3 mcd para 1 mA. Também é especificado nesta tabela que o comprimento de onda (*wavelenght*) dominante do LED vermelho é 648 nanômetros e que a intensidade luminosa cai aproximadamente 50% quando vista em um ângulo de 30º. O gráfico da Intensidade Luminosa Relativa em função da Corrente Direta mostra como a intensidade luminosa é afetada pela corrente direta do LED. O gráfico da Intensidade Luminosa Relativa em função do Comprimento de Onda mostra visualmente como a intensidade luminosa alcança um pico em um comprimento de onda de aproximadamente 650 nanômetros.

VISHAY

www.vishay.com

TLDR5400

Vishay Semiconductors

High Intensity LED, Ø 5 mm Tinted Diffused Package

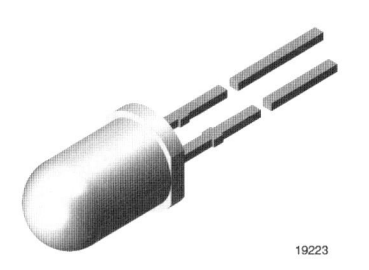

APPLICATIONS
- Bright ambient lighting conditions
- Battery powered equipment
- Indoor and outdoor information displays
- Portable equipment
- Telecommunication indicators
- General use

ABSOLUTE MAXIMUM RATINGS (T_{amb} = 25 °C, unless otherwise specified)
TLDR5400

PARAMETER	TEST CONDITION	SYMBOL	VALUE	UNIT
Reverse voltage [1]		V_R	6	V
DC forward current		I_F	50	mA
Surge forward current	$t_p \leq 10$ μs	I_{FSM}	1	A
Power dissipation		P_V	100	mW
Junction temperature		T_j	100	°C
Operating temperature range		T_{amb}	- 40 to + 100	°C

Note
[1] Driving the LED in reverse direction is suitable for a short term application

OPTICAL AND ELECTRICAL CHARACTERISTICS (T_{amb} = 25 °C, unless otherwise specified)
TLDR5400, RED

PARAMETER	TEST CONDITION	SYMBOL	MIN.	TYP.	MAX.	UNIT
Luminous intensity	I_F = 20 mA	I_V	35	70	-	mcd
Luminous intensity	I_F = 1 mA	I_V	-	3	-	mcd
Dominant wavelength	I_F = 20 mA	λ_d	-	648	-	nm
Peak wavelength	I_F = 20 mA	λ_p	-	650	-	nm
Spectral line half width		$\Delta\lambda$	-	20	-	nm
Angle of half intensity	I_F = 20 mA	φ	-	± 30	-	deg
Forward voltage	I_F = 20 mA	V_F	-	1.8	2.2	V
Reverse current	V_R = 6 V	I_R	-	-	10	μA
Junction capacitance	V_R = 0 V, f = 1 MHz	C_j	-	30	-	pF

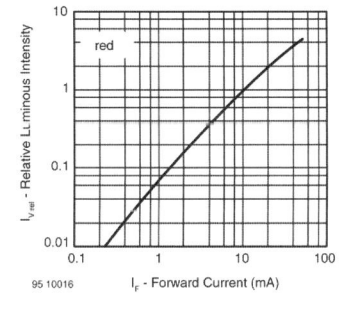

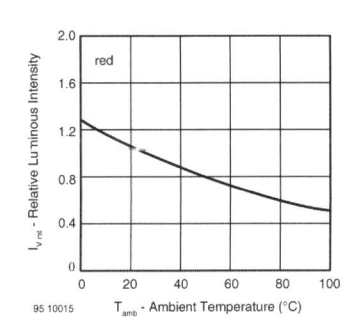

Fig. 6 - Relative Luminous Intensity vs. Forward Current

Fig. 4 - Relative Intensity vs. Wavelength

Fig. 8 - Relative Luminous Intensity vs. Ambient Temperature

Rev. 1.8, 29-Apr-13

Document Number: 83003

Figura 5-21 Folha de dados parcial do TLDR5400. Cortesia da Vishay Intertechnology.

O que acontece quando a temperatura ambiente do LED aumenta ou diminui? O gráfico da Intensidade Luminosa Relativa em função da Temperatura Ambiente mostra que um aumento na temperatura ambiente tem um efeito negativo significativo na emissão de luz do LED. Isso passa a ser importante quando os LEDs são usados em aplicações com amplas variações de temperatura.

Exemplo de aplicação 5-12

A Figura 5-22a mostra um aparelho para teste da polaridade de uma tensão. Ele pode ser usado para testar uma tensão CC de polaridade desconhecida. Quando a tensão CC é positiva, o LED amarelo acende, quando a tensão CC é negativa, o LED vermelho acende. Qual é o valor aproximado da corrente no LED se a tensão CC de entrada for de 50 V e a resistência em série for de 2,2 kΩ?

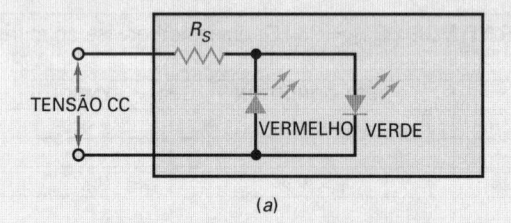

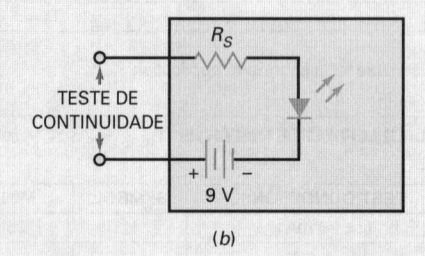

Figura 5-22 (a) Indicador de polaridade; (b) teste de continuidade.

SOLUÇÃO Usaremos uma tensão direta de 2 V aproximadamente para os dois LEDs. Com a Equação 5-13:

$$I_S = \frac{50\text{ V} - 2\text{ V}}{2,2\text{ k}\Omega} = 21,8\text{ mA}$$

Exemplo de aplicação 5-13 ||| MultiSim

A Figura 5-22b mostra um circuito de teste de continuidade. Após desligar toda a energia no circuito em teste, você pode usar o circuito para testar a continuidade dos cabos conectores e chaves. Qual é o valor da corrente no LED se a resistência em série for de 470 Ω?

SOLUÇÃO Quando os terminais de entrada forem curto-circuitados (continuidade), a bateria interna de 9 V produzirá uma corrente no LED de:

$$I_S = \frac{9\text{ V} - 2\text{ V}}{470\text{ }\Omega} = 14,9\text{ mA}$$

PROBLEMA PRÁTICO 5-13 Usando a Figura 5-22b, que valor deve ter o resistor em série para produzir uma corrente no LED de 21 mA?

Exemplo de aplicação 5-14

Os LEDs são muito usados para indicar a existência de tensões CA. A Figura 5-23 mostra uma fonte de tensão CA acionando um indicador com LED. Quando existir uma tensão CA, haverá uma corrente no LED nos semiciclos positivos. Nos semiciclos negativos, o diodo retificador conduz e protege o LED de valores muito altos de tensão reversa. Se a fonte de tensão CA for de 20 V rms e a resistência em série de 680Ω, qual será a corrente média no LED? Calcule também a potência de dissipação aproximada no resistor em série.

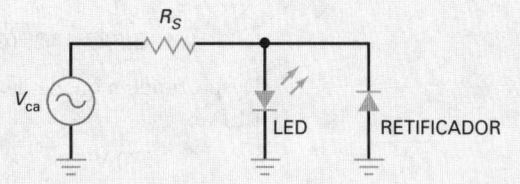

Figura 5-23 Indicador de tensão CA baixa.

SOLUÇÃO A corrente no LED é um sinal de meia onda retificado. A tensão de pico na fonte é de 1,414 V $\times$ 20 V, que é aproximadamente 28 V. Desprezando a queda de tensão no LED, a corrente de pico aproximada é:

$$I_S = \frac{28\,V}{680\,\Omega} = 41,2\text{ mA}$$

A corrente média de meia onda no LED é:

$$I_S = \frac{41,2\,V}{\pi} = 13,1\text{ mA}$$

Despreze as quedas nos diodos na Figura 5-23; isto equivale a dizer que não existe um curto para o terra no lado direito do resistor em série. Assim, a potência de dissipação no resistor em série é igual à tensão da fonte ao quadrado dividida pela resistência:

$$P = \frac{(20\,V)^2}{680\,\Omega} = 0,588\text{ W}$$

À medida que a tensão na fonte na Figura 5-23 aumenta, a potência de dissipação no resistor em série pode aumentar para vários watts. Isso é uma desvantagem porque um resistor para dissipar uma potência muito alta é volumoso e impróprio para muitas aplicações.

PROBLEMA PRÁTICO 5-14 Se a tensão CA de entrada na Figura 5-23 for de 120 V e a resistência em série, de 2 kΩ, calcule a corrente média no LED e o valor aproximado da potência de dissipação no resistor em série.

Exemplo de aplicação 5-15

O circuito da Figura 5-24 mostra um indicador de LED para uma rede CA. A ideia é basicamente a mesma como na Figura 5-23, exceto que usa um capacitor no lugar de um resistor. Se a capacitância for 0,68 μF, qual será o valor da corrente média no LED?

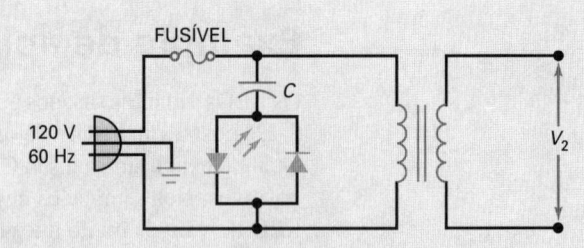

Figura 5-24 Indicador de tensão CA alta.

SOLUÇÃO Calcule a reatância capacitiva:

$$X_C = \frac{1}{2\pi fC} = \frac{1}{2\pi(60\text{ Hz})(0{,}68\ \mu\text{F})} = 3{,}9\text{ k}\Omega$$

Desprezando a queda de tensão no LED, a corrente de pico aproximada no LED é:

$$I_S = \frac{170\text{ V}}{3{,}9\text{ k}\Omega} = 43{,}6\text{ mA}$$

A corrente média no LED é:

$$I_S = \frac{43{,}6\text{ mA}}{\pi} = 13{,}9\text{ mA}$$

Que vantagem tem um capacitor em série comparado com um resistor em série? Como a tensão e a corrente em um capacitor estão defasadas de 90°, não há dissipação de potência no capacitor. Se um resistor de 3,9 kΩ fosse usado em vez de um capacitor, ele teria uma potência de dissipação de 3,69 W aproximadamente. Muitos projetistas preferem utilizar um capacitor, visto que ele é menor e não produz calor idealmente.

Exemplo de aplicação 5-16

O que faz o circuito mostrado na Figura 5-25?

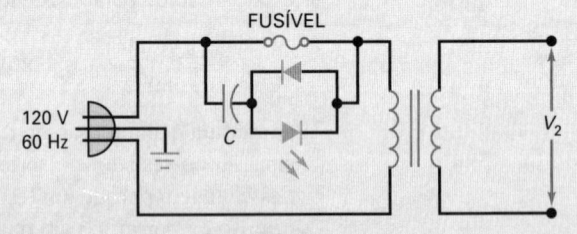

Figura 5-25 Indicador de fusível queimado.

SOLUÇÃO Ele é um *indicador de fusível queimado*. Se o fusível estiver OK, o LED não acenderá, porque existe uma tensão de 0 V aproximadamente no LED indicador. Por outro lado, se o fusível abrir, uma parte da tensão da rede aparecerá no LED indicador e ele acenderá.

LEDs de alta potência

Os níveis de potência de dissipação típicos dos LEDs discutidos até aqui estão numa faixa baixa de miliwatts. Como um exemplo, o LED TLDR5400 tem uma especificação de potência máxima de 100 mW e, geralmente, opera em 20 mA com uma queda de tensão direta típica de 1,8 V. Isto resulta em uma dissipação de potência de 36 mW.

Capítulo 5 • Diodos para aplicações especiais

Figura 5-26 Emissor de alta potência LUXEON TX.
Cortesia da Philips Lumileds

Os LEDs de alta potência agora estão disponíveis com especificações de potência contínua de 1 W ou mais. Estes LEDs de potência podem operar com uma corrente de centenas de mA até mais de 1 A. Uma crescente variedade de aplicações está sendo desenvolvida inclusive para o interior e exterior de automóveis, incluindo faróis, iluminação de ambientes internos e externos, juntamente com imagem digital e iluminação posterior de displays.

A Figura 5-26 mostra um exemplo de um emissor LED de alta potência que tem o benefício de uma alta luminância para aplicações direcionais, como luminárias embutidas e iluminação de áreas internas. LEDs, como esse, usam tamanhos de pastilhas de semicondutor muito maiores para lidar com grandes entradas de potência. Devido aos dispositivos necessitarem dissipar mais de 1 W de potência, é crítico o uso de técnicas de montagem em dissipadores de calor. De outra forma, o LED seria danificado em um curto intervalo de tempo.

A eficiência de uma fonte de luz é um fator essencial na maioria das aplicações. Devido ao LED produzir tanto luz quanto calor, é importante entender quanta energia elétrica é utilizada para produzir a saída de luz. Um termo utilizado para definir isso é eficiência luminosa. A **eficiência luminosa** de uma fonte é a razão entre o fluxo luminoso de saída (lm) e a potência elétrica (W) dada em lm/W. A Figura 5-27 mostra uma tabela parcial para emissores de LED de alta potência LUXEON TX fornecendo suas características típicas de desempenho. Observe que as características de desempenho são especificadas para 350 mA, 700 mA e 1.000 mA. Com uma corrente de teste de 700 mA o emissor LIT2-3070000000000 tem um fluxo luminoso típico de saída de 245 lm. Para esse nível de corrente direta, a queda de tensão direta típica é 2,80 V. Portanto, a quantidade de potência dissipada é $P_D = I_F \times V_F = 700$ mA $\times$ 2,80 V = 1,96 W. O valor da eficiência para esse emissor poderia ser determinado da seguinte forma:

$$\text{Eficiência} = \frac{\text{lm}}{\text{W}} = \frac{245 \text{ lm}}{1,96 \text{ W}} = 125 \text{ lm/W}$$

Como uma forma de comparação, a eficiência luminosa de uma lâmpada típica é 16 lm/W e uma lâmpada fluorescente compacta tem uma especificação típica de 60 lm/W. Quando se olha para a eficiência global desses tipos de LEDs é importante notar que circuitos eletrônicos, denominado acionadores, são necessários para controlar a corrente do LED e a saída de luz. Visto que estes acionadores também consomem potência elétrica, a eficiência do sistema global é reduzida.

Product Selection Guide for LUXEON TX Emitters, Junction Temperature = 85°C

Table 1.

Base Part Number	Nominal ANSI CCT	Min CRI	Min Luminous Flux (lm)	Typical Luminous Flux (lm)			Typical Forward Voltage (V)			Typical Efficacy (lm/W)		
		700 mA	700 mA	350 mA	700 mA	1000 mA	350 mA	700 mA	1000 mA	350 mA	700 mA	1000 mA
LIT2-3070000000000	3000K	70	230	135	245	327	2.71	2.80	2.86	142	125	114
LIT2-4070000000000	4000K	70	250	147	269	360	2.71	2.80	2.86	155	137	126
LIT2-5070000000000	5000K	70	260	151	275	369	2.71	2.80	2.86	159	140	129
LIT2-5770000000000	5700K	70	260	151	275	369	2.71	2.80	2.86	159	140	129
LIT2-6570000000000	6500K	70	260	151	275	369	2.71	2.80	2.86	159	140	129
LIT2-2780000000000	2700K	80	200	118	216	289	2.71	2.80	2.86	124	110	101
LIT2-3080000000000	3000K	80	210	124	227	304	2.71	2.80	2.86	131	116	106
LIT2-3580000000000	3500K	80	220	130	238	319	2.71	2.80	2.86	137	121	112
LIT2-4080000000000	4000K	80	230	136	247	331	2.71	2.80	2.86	143	126	116
LIT2-5080000000000	5000K	80	230	135	247	332	2.71	2.80	2.86	142	126	116

Notes for Table 1:
1. Philips Lumileds maintains a tolerance of ± 6.5% on luminous flux and ± 2 on CRI measurements.

Figura 5-27 Folha de dados parcial para emissores LUXEON TX.

Figura 5-28 Display de sete segmentos. (*a*) Diagrama de disposição dos segmentos; (*b*) diagrama elétrico; (*c*) display real com ponto decimal. Cortesia da Fairchild Semiconductor.

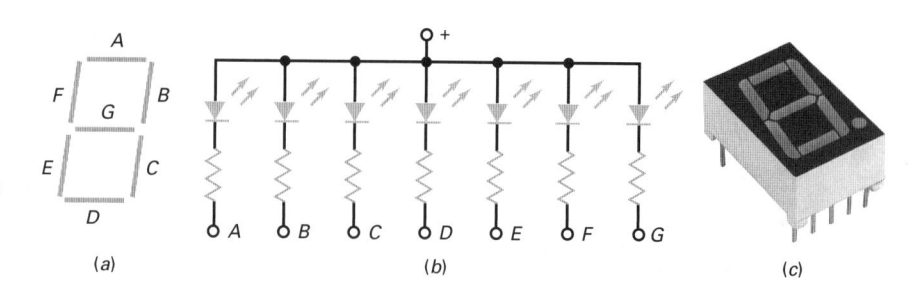

5-9 Outros dispositivos optoeletrônicos

Além dos LEDs padrão de baixa e alta potências, existem muitos outros dispositivos optoeletrônicos que se baseiam na ação fotônica de uma junção *pn*. Esses dispositivos são usados para fornecer, detectar e controlar a luz em uma enorme variedade de aplicações eletrônicas.

Indicador de sete segmentos

A Figura 5-28*a* mostra um *indicador de sete segmentos* (também chamado de *display de sete segmentos*). Ele contém sete LEDs com formato retangular (de *A* a *G*). Cada LED é chamado de *segmento,* porque ele faz parte do caractere que está sendo indicado na sua face. A Figura 5-20*b* mostra um diagrama elétrico do display de sete segmentos. São incluídos resistores em série externos para limitar as correntes a níveis seguros. Aterrando um ou mais dos resistores, podemos formar quaisquer dígitos de zero a 9. Por exemplo, aterrando *A*, *B* e *C*, obtemos o 7. Aterrando *A*, *B*, *C*, *D* e *G*, formamos o dígito 3.

Um indicador de sete segmentos pode mostrar letras maiúsculas também, como *A*, *C*, *E* e *F*, além das letras minúsculas *b* e *d*. Os equipamentos de treinamento com microprocessadores usam sempre os indicadores de sete segmentos, que mostram todos os dígitos de zero a 9 mais as letras *A*, *b*, *C*, *D*, *E* e *F*.

O display de sete segmentos da Figura 5-28*b* é chamado de *anodo comum,* porque todos os anodos estão conectados juntos. Também está disponível no comércio o tipo *catodo comum,* onde todos os catodos são conectados juntos. A Figura 5-28*c* mostra um display real de sete segmentos com pinos para fixação em um soquete ou para ser soldado diretamente na placa de circuito impresso. Observe o segmento extra do ponto usado como ponto decimal (para nós aqui no Brasil equivale à vírgula decimal).

Fotodiodo

Conforme foi discutido anteriormente, uma das componentes da corrente reversa em um diodo é o fluxo de portadores minoritários. Esses portadores existem, porque a energia térmica mantém os elétrons de valência desalojados de suas órbitas, produzindo assim elétrons livres e lacunas no processo. A vida média dos portadores minoritários é curta, mas, enquanto eles existirem, podem contribuir para a permanência da corrente reversa.

Quando a energia luminosa bombardeia uma junção *pn*, ela pode deslocar elétrons de valência. Quanto mais intensa for a luz incidente na junção, maior será a corrente reversa num diodo. O **fotodiodo** é otimizado para ter uma alta sensibilidade à luz incidente. Nesse diodo, uma janela deixa passar a luz através do encapsulamento da junção. A luz penetrante produz elétrons livres e lacunas. Quanto maior a intensidade luminosa, maior o número de portadores minoritários e maior a corrente reversa.

A Figura 5-29 mostra o símbolo elétrico de um fotodiodo. As duas setas representam a luz penetrante. Uma observação importante é que a fonte e o resistor polarizam o fotodiodo reversamente. À medida que a intensidade luminosa aumenta, a corrente reversa aumenta. Para os diodos típicos, a corrente reversa é da ordem de décimos de microampère.

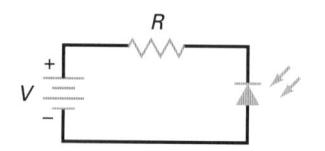

Figura 5-29 A luz que entra no fotodiodo aumenta a corrente reversa.

> **É ÚTIL SABER**
>
> A principal desvantagem dos LEDs é que eles drenam uma corrente considerável em comparação com outros tipos de displays. Em muitos casos, os LEDs são acionados de forma pulsada (liga/desliga) em uma frequência rápida para a nossa visão, em vez de serem alimentados com uma corrente constante. Nesse caso, para os nossos olhos, os LEDs se mostram como continuamente acesos, entretanto, consomem menos potência do que se estivessem constantemente ligados.

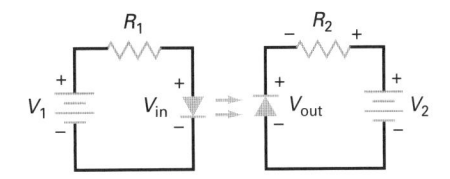

Figura 5-30 O acoplador ótico combina um LED com um fotodiodo.

É ÚTIL SABER

Uma especificação importante para o acoplador ótico é sua taxa de transferência/corrente, que é a razão da corrente de saída do dispositivo (fototransistor) em função de sua corrente de entrada (LED).

Acoplador ótico

Um acoplador ótico (também chamado *isolador ótico* ou *isolador com acoplamento ótico*) combina um LED com um fotodiodo num encapsulamento único. A Figura 5-30 mostra um acoplador ótico. Ele tem um LED no lado da entrada e um fotodiodo no lado da saída. A fonte de tensão da esquerda e o resistor em série estabelecem uma corrente através do LED. Portanto, a luz do LED incide sobre o fotodiodo, e isso estabelece uma corrente reversa no circuito de saída. Essa corrente reversa produz uma tensão no resistor de saída. A tensão na saída é igual à tensão da fonte de saída menos a tensão no resistor.

Quando a tensão na entrada varia, a intensidade de luz está em flutuação. Isso significa que a tensão na saída varia seguindo a variação da tensão na entrada. É por isso que a combinação de um LED com um fotodiodo é chamada de **acoplador ótico**. Esse dispositivo pode acoplar um sinal de entrada para um circuito de saída. Outros tipos de acopladores utilizam fototransistor, fototiristor e outros dispositivos óticos no lado do circuito de saída. Esses dispositivos serão estudados em capítulos posteriores.

A principal vantagem de um acoplador ótico é o isolamento elétrico entre os circuitos de entrada e de saída. Com um acoplador ótico, o único contato entre a entrada e a saída é o feixe de luz. Por isso, é possível obter um isolamento resistivo entre os dois circuitos da ordem de megaohms. Um isolamento desse tipo é útil em aplicações de alta tensão nas quais os potenciais dos dois circuitos podem diferir em vários milhares de volts.

Diodo laser

Em um LED, os elétrons livres irradiam luz quando saem de um nível de energia mais alto para outro mais baixo. Os elétrons livres mudam de nível randomica e continuamente, resultando em ondas de luz que têm todas as fases entre 0 e 360°. A luz que tem muitas fases diferentes é chamada de *luz não coerente*. Um LED produz luz não coerente.

O **diodo laser** é diferente. Ele produz uma *luz coerente*. Isso significa que todas as ondas de luz estão *em fase uma com a outra*. A ideia básica de um diodo laser é usar uma câmera ressonante espelhada que reforça a emissão de ondas de luz em uma frequência simples de mesma fase. Devido à ressonância, um diodo laser produz um feixe estreito de luz que é muito intenso, focado e puro.

Os diodos laser também são conhecidos como *laser semicondutor*. Esses diodos podem produzir luz visível (vermelho, verde ou azul) e luz invisível (infravermelho). Os diodos são usados em uma extensa variedade de aplicações. Eles são utilizados em telecomunicações, comunicação de dados, emissoras de acesso, indústria, espaço aéreo, teste e medições médicas e indústria de defesa. Eles são também utilizados em impressoras laser e produtos de consumo que requerem alta capacidade ótica nos sistemas de disco, assim como aparelhos de disco compacto (CD) e de disco de vídeo digital (DVD). Nas emissoras de comunicação, eles são usados com cabos de fibra ótica para aumentar a velocidade de acesso à Internet.

Um *cabo de fibra ótica* é análogo a um cabo de fio trançado, exceto que os fios trançados são de fibras de vidro finas e flexíveis ou de plástico, que transmitem feixes de luz em vez de elétrons livres. A vantagem é que um número muito maior de informações pode ser enviado através dos cabos de fibra ótica do que por um cabo de cobre.

Novas aplicações estão sendo encontradas à medida que as ondas de luz laser vêm diminuindo no espectro visível com diodos laser visíveis (Visible Laser Diode, VLD). Estão sendo usados também os diodos próximos do infravermelho em máquinas de sistema de visão, sensores e sistemas de segurança.

5-10 Diodo Schottky

Quando a frequência aumenta, o funcionamento dos diodos de pequeno sinal começa a falhar. Eles já não são capazes de entrar em corte com a rapidez suficiente para produzir um sinal de meia onda bem definido. A solução para este problema é o *diodo Schottky*. Antes de descrever este diodo de função especial, vamos dar uma olhada no problema que ocorre com os diodos de pequeno sinal comum.

Cargas armazenadas

A Figura 5-31a mostra um diodo de pequeno sinal e a Figura 5-31b ilustra suas bandas de energia. Como se pode notar, os elétrons da banda de condução se difundem na junção e viajam para a região *p* antes de se recombinarem (caminho *A*). De modo idêntico, as lacunas cruzam a junção indo para a região *n* antes que ocorra a recombinação, (caminho *B*). Quanto maior o tempo de vida, mais tempo será preciso para que as cargas possam viajar antes que ocorra a recombinação.

Por exemplo, se o tempo de vida for igual à 1 μs, os elétrons livres e as lacunas continuam a existir por um tempo médio de 1 μs antes que a recombinação aconteça. Isto permite que os elétrons livres penetrem profundamente na região *p*, onde eles permanecem armazenados temporariamente na banda de nível de energia mais alta.

Quanto maior a corrente direta, maior o número de cargas que cruzam a junção. Quanto maior o tempo de vida, mais profunda é a penetração dessas cargas e mais tempo elas permanecem nas bandas de níveis baixos e altos de energia. Os elétrons livres armazenados temporariamente na banda de energia mais alta e as lacunas na banda de energia mais baixa são chamados de *cargas armazenadas*.

Cargas armazenadas produzem corrente reversa

Quando você tenta chavear um diodo da condução para o corte, as cargas armazenadas criam um problema. Por quê? Porque se você imediatamente polarizar o diodo reversamente, as cargas armazenadas circularão no sentido inverso por um certo tempo. Quanto maior o tempo de vida, mais tempo as cargas contribuem para a corrente reversa.

Por exemplo, suponha que um diodo diretamente polarizado tenha sua polarização invertida repentinamente, como mostra a Figura 5-32a. Então uma corrente

> **É ÚTIL SABER**
>
> Os diodos Schottky são dispositivos para correntes relativamente altas, capazes de chavear rapidamente enquanto fornecem correntes diretas por volta de até 50 A! Vale também dizer que os diodos Schottky têm normalmente os mais baixos valores de tensão de ruptura nominal comparados com o diodo de junção *pn* retificador convencional.

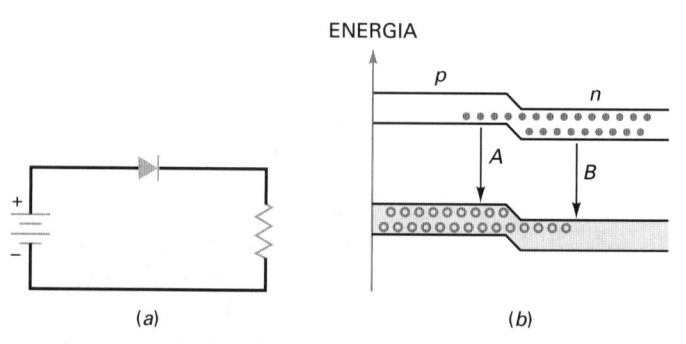

Figura 5-31 Carga armazenada. (*a*) A polarização direta cria cargas armazenadas; (*b*) cargas armazenadas nas bandas de energia alta e baixa.

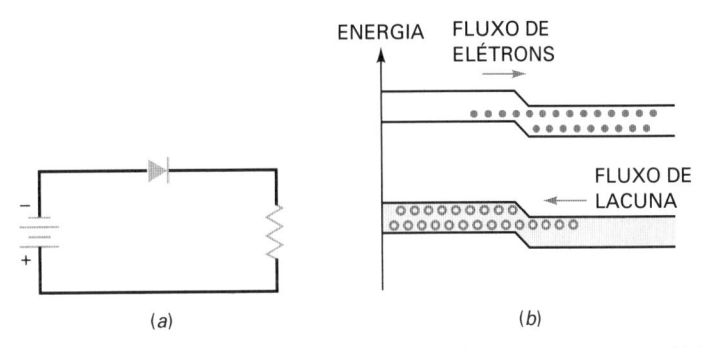

Figura 5-32 As cargas armazenadas dão origem a uma breve corrente reversa. (a) Inversão repentina da fonte de alimentação; (b) fluxo de cargas armazenadas no sentido inverso.

reversa alta pode existir por um tempo devido às cargas armazenadas, como na Figura 5-32b. Até que as duas cargas armazenadas cruzem a junção ou se recombinem, a corrente reversa continuará a circular.

O tempo de recuperação reversa

O tempo necessário para cortar um diodo diretamente polarizado é chamado de *tempo de recuperação reversa* t_{rr}. As condições para a medição de t_{rr} variam de um fabricante para outro. Como regra, t_{rr} é o tempo necessário para que a corrente reversa caia para 10% da corrente direta.

Por exemplo, o 1N4148 tem um t_{rr} de 4 ns. Se esse diodo tiver uma corrente direta de 10 mA e repentinamente for reversamente polarizado, serão necessários cerca de 4 ns para que a corrente reversa diminua para 1 mA. O tempo de recuperação reversa é tão pequeno num diodo de sinal que você nem nota seu efeito em frequências abaixo ou até 10 MHz. Você só deve levar o t_{rr} em consideração quando trabalhar com frequências superiores a 10 MHz.

Retificação deficiente em altas frequências

Que efeito tem o tempo de recuperação reversa em uma retificação? Dê uma olhada no retificador de meia onda da Figura 5-33a. Em baixas frequências, a saída é um sinal de meia onda retificada. Quando a frequência aumenta na faixa de megahertz, o sinal de saída começa a se desviar da forma de meia onda, conforme mostra a Figura 5.33b. Uma pequena condução reversa (chamada de *cauda*) é notável próximo do início do semiciclo inverso.

O problema é que o tempo de recuperação reversa está agora tomando uma parte significativa do período, permitindo uma condução durante a primeira parte do semiciclo negativo. Por exemplo, se t_{rr} = 4 ns e o período for de 50 ns, a parte inicial do semiciclo reverso terá uma "cauda" conforme mostra a Figura 5-33b. À medida que a frequência continua a aumentar, o retificador torna-se inútil.

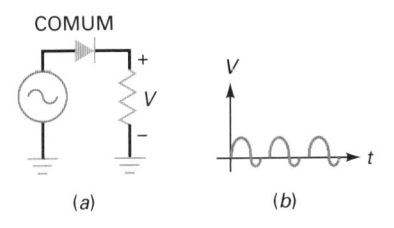

Figura 5-33 Em altas frequências as cargas armazenadas degradam o funcionamento do retificador. (a) Circuito retificador com diodo de pequeno sinal comum; (b) em altas frequências aparece uma "cauda" nos semiciclos negativos.

Eliminando as cargas armazenadas

A solução para o problema da "cauda" é um dispositivo com função especial chamado de **diodo Schottky**. Esse tipo de diodo usa um metal como ouro, prata ou platina em um dos lados da junção e um cristal de silício dopado (tipicamente do tipo *n*) do outro lado. Em virtude de haver metal em um dos lados da junção, o diodo Schottky não tem a camada de depleção. A falta da camada de depleção significa que não há *cargas armazenadas na junção*.

Quando um diodo Schottky não está polarizado, os elétrons livres do lado *n* estão em órbitas menores do que os elétrons livres do lado do metal. Essa diferença nos tamanhos das órbitas é chamada de *barreira Schottky*, aproximadamente de 0,25 V. Quando o diodo está diretamente polarizado, os elétrons livres do lado *n* podem ganhar energia suficiente para passar para uma órbita maior. Por isso, os elétrons livres podem cruzar a junção e entrar no metal, produzindo uma corrente alta direta. Como o metal não possui lacunas, não há carga armazenada nem tempo de recuperação reversa.

Diodo de portador quente

O diodo Schottky é chamado também de *diodo de portador quente*. Esse nome é dado devido ao seguinte fato: a polarização direta aumenta o nível de energia dos elétrons do lado *n* para um nível mais elevado que os elétrons do lado do metal na junção. O aumento na energia deu origem ao nome *portador quente* para os elétrons do lado *n*. Tão logo esses elétrons com alta energia cruzam a junção, eles "caem" no metal, que tem uma banda de condução com nível de energia mais baixo.

Corte rápido

A ausência da carga armazenada significa que o diodo Schottky pode entrar em corte mais rápido do que um diodo comum. Na realidade, um diodo Schottky pode retificar facilmente com frequência de 300 MHz. Quando usado num circuito como o da Figura 5-34a, o diodo Schottky produz um sinal de meia onda perfeito como o da Figura 5-34b mesmo com frequências acima de 300 mHz.

A Figura 5-34a mostra o símbolo esquemático de um diodo Schottky. Observe o lado do catodo. Ele tem a forma da letra *S* retangular que lembra o nome Schottky. É deste modo que você pode memorizar o símbolo esquemático.

Aplicações

A principal aplicação dos diodos Schottky é nos computadores digitais. A velocidade de operação dos computadores depende da rapidez que seus diodos e transistores podem sair da condução para o corte. É aí que o diodo Schottky entra. Pelo fato de ele não possuir carga armazenada, o diodo Schottky tornou-se o principal elemento de baixa potência da família TTL Schottky, um grupo de dispositivos digitais muito usados.

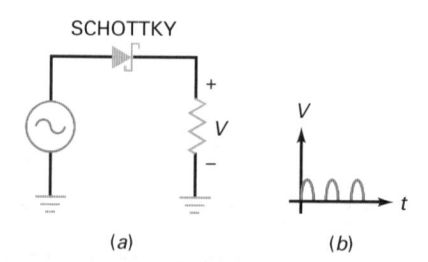

Figura 5-34 O diodo Schottky elimina a cauda nas altas frequências. (a) Circuito com diodo Schottky; (b) sinal de meia onda com 300 MHz.

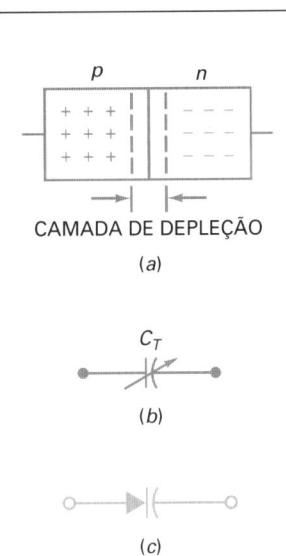

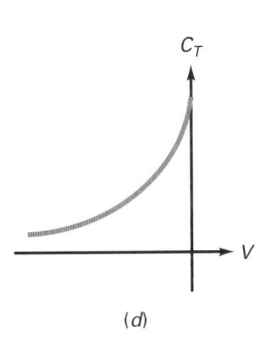

Figura 5-35 O varactor. (a) As regiões dopadas são como placas de um capacitor separadas por um dielétrico; (b) circuito equivalente CA; (c) símbolo esquemático; (d) gráfico da capacitância *versus* tensão reversa.

Um ponto final. Como um diodo Schottky tem uma barreira de potencial de apenas 0,25 V, ele pode ocasionalmente ser utilizado em pontes retificadoras para baixos valores de tensão, pois você subtrai apenas 0,25 V em vez de 0,7 V de cada diodo, quando usar a segunda aproximação. Em uma fonte de alimentação de baixa tensão, essa queda menor na tensão é uma vantagem.

5-11 Varactor

O **varactor** (também chamado de *capacitância variável com tensão, varicape, epicape* e *diodo de sintonia*) é muito utilizado nos receptores de televisão, receptores de FM e outros equipamentos de comunicação, pois pode ser usado para sintonia eletrônica.

Ideia básica

Na Figura 5-35a, a camada de depleção está entre a região *p* e a região *n*. Estas regiões são como placas de um capacitor, e a camada de depleção é como um dielétrico. Quando um diodo é polarizado reversamente, a largura da camada de depleção aumenta com a tensão reversa. Como a camada de depleção fica mais larga com o aumento da tensão reversa, a capacitância diminui. A ideia é que a capacitância pode ser controlada pela tensão reversa.

Circuito equivalente e símbolo

A Figura 5-35b mostra o circuito equivalente CA para um diodo reversamente polarizado. Em outras palavras, assim que um sinal CA for aplicado, o varactor funciona como um capacitor variável. A Figura 5-35c mostra o símbolo esquemático para um varactor. A inclusão de um capacitor em série com o diodo é para lembrar que o varactor é um dispositivo que foi otimizado para apresentar uma propriedade de capacitância variável.

A capacitância diminui com as tensões reversas

A Figura 5-35d mostra como a capacitância varia com a tensão reversa. Este gráfico mostra que a capacitância diminui quando a tensão reversa aumenta. A ideia realmente importante aqui é que a tensão reversa controla a capacitância.

Como um varactor é utilizado? Ele é conectado em paralelo com um indutor para formar um circuito ressonante paralelo. Esse circuito tem apenas uma frequência na qual a impedância máxima ocorre. A frequência é chamada de *frequência de ressonância*. Se a tensão CC reversa no varactor mudar, a frequência de ressonância também muda. Esse é o princípio por trás da sintonia eletrônica de uma estação de rádio, um canal de TV e outros.

Características do varactor

Pelo fato de a capacitância ser controlada pela tensão, os varactores substituem os capacitores mecanicamente sintonizados na maioria das aplicações, tais como os receptores de televisão e rádios de automóveis. As folhas de dados dos varactores fornecem um valor de referência de capacitância medida com uma tensão reversa específica, tipicamente de –3 V a –4 V. A Figura 5-36 mostra uma folha de dados parcial do diodo varactor MV209. Ele fornece uma capacitância de referência C_J de 29 pF com –3 V.

Além do valor de referência de capacitância, as folhas de dados normalmente fornecem uma faixa de sintonia C_R associada com uma faixa de tensão. Por exemplo, junto com o valor de referência de 29 pF, a folha de dados do MV209 mostra uma razão de capacitância mínima de 5:1 para uma faixa de tensão de –3 V a –25 V. Isso significa que a capacitância, ou a razão de sintonia, diminui de 29 pF para 6 pF quando a tensão varia de –3 V a –25 V.

	C_t, Capacitor do Diodo V_R = 3,0 Vcc, f = 1,0 MHz pF			Q, Figura de Mérito V_R = 3,0 Vcc f = 50 MHz	C_R, Capacitância Nominal C_3/C_{25} f = 1,0 MHz (Nota 1)	
Dispositivo	Mín	Nom	Máx	Mín	Mín	Máx
MMBV109LT1, MV209	26	29	32	200	5,0	6,5

1. C_R é o valor nominal de C_t medida em 3 Vcc e dividida por C_t medida em 25 Vcc

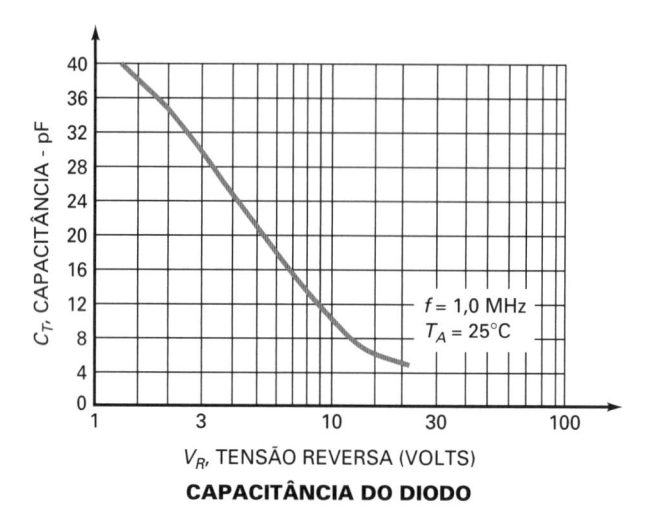

Figura 5-36 Folha de dados parcial do MV209. (Direitos autorais da LLC. Usado com permissão.)

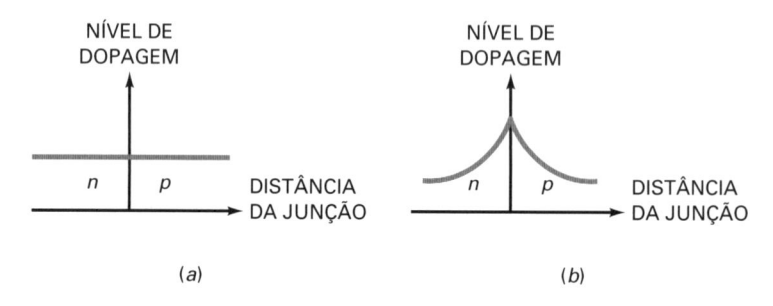

Figura 5-37 Perfil de dopagem. (a) Junção abrupta; (b) junção hiperabrupta.

A faixa de sintonia de um varactor depende do nível de dopagem. Por exemplo, a Figura 5-37a mostra o perfil da dopagem para um diodo de junção abrupta (o tipo comum de diodo). O perfil mostra que a dopagem é uniforme nos dois lados da junção. A faixa de sintonia de um diodo com junção abrupta é entre 3:1 e 4:1.

Para obter faixas de sintonia maiores, alguns varactores têm uma junção hiperabrupta, cujo perfil de dopagem é mostrado na Figura 5-37b. Esse perfil revela que o nível de dopagem aumenta à medida que nos aproximamos da junção. A dopagem mais forte produz uma camada de depleção mais estreita e uma capacitância maior. Além disso, variando a tensão reversa, obtemos efeitos mais pronunciados na capacitância. Um varactor hiperabrupto tem uma faixa de sintonia de 10:1, suficiente para sintonizar uma emissora de rádio em AM por toda sua faixa de frequência (535 kHz a 1.605 kHz). (Observação: É preciso uma faixa de 10:1, pois a frequência de ressonância é inversamente proporcional à raiz quadrada da capacitância.)

Exemplo de aplicação 5-17

O que faz o circuito mostrado na Figura 5-38a?

SOLUÇÃO O transistor é um dispositivo semicondutor que funciona como uma fonte de corrente. Na Figura 5-38a, o transistor força uma quantidade fixa de corrente no circuito tanque ressonante LC. Uma tensão CC negativa polariza reversamente o varactor. Variando a tensão CC de controle, podemos variar a frequência ressonante do circuito LC.

Assim que o sinal CA é aplicado, podemos usar o circuito equivalente mostrado na Figura 5-38b. O capacitor de acoplamento age como um curto-circuito. Uma fonte de corrente CA aciona o circuito tanque ressonante LC. O varactor age como uma capacitância variável, o que significa que podemos mudar a frequência de ressonância mudando a tensão CC de controle. Essa é a ideia básica por trás da sintonia dos receptores de rádio e televisão.

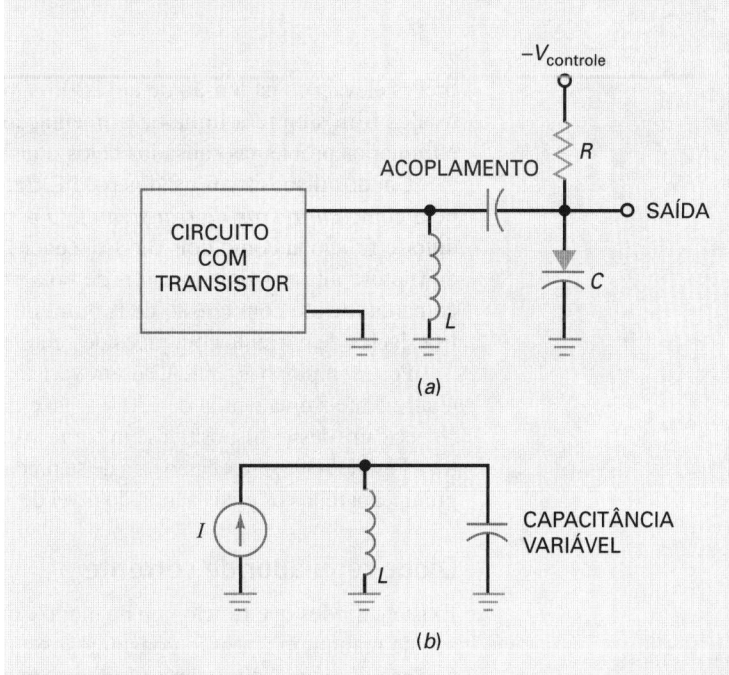

Figura 5-38 Os varactores podem sintonizar circuitos ressonantes. (a) O transistor (fonte de corrente) aciona um circuito tanque sintonizado LC; (b) circuito equivalente CA.

5-12 Outros diodos

Além dos diodos de aplicações especiais estudados anteriormente, existem alguns outros que você deve conhecer. Pelo fato de serem tão especializados, daremos apenas algumas descrições breves.

Varistores

Descargas atmosféricas, defeitos nas linhas de transmissão e transientes podem provocar interferências (poluição) nas linhas de alimentação, sobrepondo quedas, picos e outros transientes sobre a rede normal de 127 V rms. *Quedas* são quedas de tensão severas que duram cerca de microssegundos ou menos. Os *picos* são

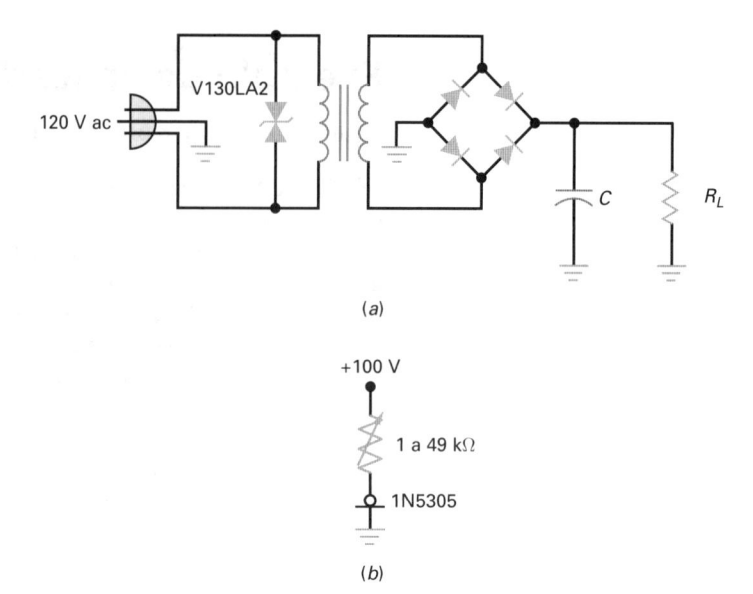

Figura 5-39 (a) O varistor protege o primário de transientes CA na rede de entrada; (b) diodo regulador de corrente.

breves elevações na tensão de até 2000 V ou mais. Em alguns equipamentos são usados filtros entre a linha de alimentação e o primário do transformador para eliminar os problemas causados pelos transientes na linha CA.

Um dos dispositivos usados para filtrar a linha é o **varistor** (conhecido também como *supressor de transiente*). O dispositivo é feito de material semicondutor e funciona como dois diodos Zener ligados em anti-série com uma tensão de ruptura alta nos dois sentidos de polarização. Os varistores estão disponíveis comercialmente com tensão de ruptura de 10 V a 1.000 V. Eles podem suportar transientes de corrente com picos de centenas ou milhares de ampères.

Por exemplo, o V130LA2 é um varistor com uma tensão de ruptura de 184 V (equivalente a uma tensão de 130 V rms) e uma corrente de pico nominal de 400 A. Conecte um desses dispositivos em paralelo com o enrolamento primário, como mostra a Figura 5-39a, e você não terá de se preocupar com os picos de tensão. O varistor grampeará todos os picos acima do nível de 184 V e protegerá seu equipamento.

Diodo regulador de corrente

Existem diodos que funcionam de modo exatamente oposto aos diodos Zener. Em vez de manterem a tensão constante, esses diodos mantêm a corrente constante. Conhecidos como **diodos reguladores de corrente** (ou *diodos de corrente constante*), esses dispositivos mantêm a corrente que circula por eles fixa quando a tensão varia. Por exemplo, o 1N5305 é um diodo de corrente constante com uma corrente típica de 2 mA sobre uma faixa de tensão de 2 V até 100 V. A Figura 5-39b mostra o símbolo esquemático de um diodo regulador de corrente. Na Figura 5-39b, o diodo vai manter a corrente na carga constante com 2 mA, mesmo que a resistência de carga varie de 1 kΩ a 49 kΩ.

Diodos de recuperação em degrau

O **diodo de recuperação em degrau** tem um perfil de dopagem incomum mostrado na Figura 5-40a. Esse gráfico indica que a densidade de portadores diminui na proximidade da junção. A distribuição não usual de portadores provoca um fenômeno chamado de *interrupção reversa*.

A Figura 5-40b mostra o símbolo esquemático para o diodo de recuperação em degrau. Durante o semiciclo positivo, o diodo conduz como qualquer outro diodo de silício. Porém durante o semiciclo negativo, a corrente reversa continua

Figura 5-40 Diodo de recuperação em degrau. (*a*) O perfil de dopagem mostra uma dopagem menor próxima da junção; (*b*) circuito retificando um sinal de entrada CA; (*c*) a interrupção produz um degrau de tensão positiva rica em harmônicos.

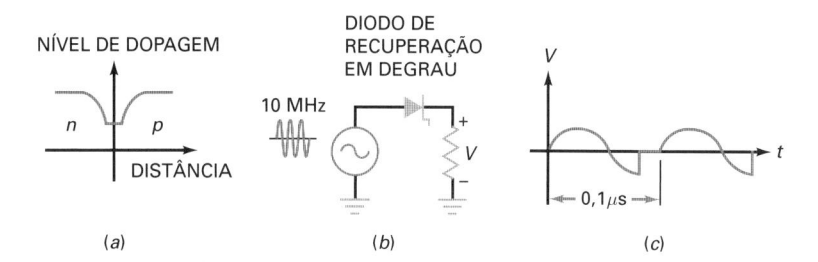

a existir por instantes devido às cargas armazenadas, e então repentinamente a corrente cai para zero.

A Figura 5-40*c* mostra a tensão na saída. É como se o diodo conduzisse uma corrente reversa por um tempo e repentinamente abrisse. É por isso que o diodo de recuperação em degrau é conhecido também como *diodo de estalo*. O degrau repentino na corrente é rico em harmônicos e pode ser filtrado para produzir uma senóide com frequência maior. (*Harmônicos* são múltiplos da frequência de entrada como $2f_{in}$, $3f_{in}$, $4f_{in}$). Por isso, os diodos de recuperação em degrau são utilizados nos multiplicadores de frequência, circuitos cuja frequência de saída é um múltiplo da frequência de entrada.

Diodos de retaguarda (back diodes)

Os diodos Zener têm normalmente tensões de ruptura acima de 2 V. Aumentando o nível de dopagem, podemos obter efeitos Zener para ocorrer próximo de zero. A condução direta ainda ocorre em torno de 0,7 V, mas agora a condução reversa (ruptura) começa em –0,1 V aproximadamente.

Um diodo com um gráfico como o da Figura 5-41*a* é chamado de **diodo de retaguarda**, porque ele conduz melhor reversa do que diretamente polarizado. A Figura 5-41*b* mostra uma onda senoidal com um pico de 0,5 V acionando um diodo de retaguarda e um resistor de carga. (Observe que o símbolo do Zener é usado para o diodo de retaguarda.) A tensão de 0,5 V não é suficiente para fazer o diodo conduzir no sentido direto, mas é suficiente para a ruptura do diodo no sentido reverso. Por essa razão, a saída é um sinal de meia onda com um pico de 0,4 V, como mostra a Figura 5-41*b*.

Os diodos de retaguarda são ocasionalmente usados para retificar sinais fracos, cujos picos de amplitudes estão entre 0,1 V e 0,7 V.

Diodo túnel

Aumentando o nível de dopagem de um diodo de retaguarda, podemos obter uma ruptura em 0 V. Além disso, uma dopagem forte distorce a curva direta, como mostra a Figura 5-42*a*. O diodo que apresenta um gráfico como este é chamado de **diodo túnel**.

A Figura 5-42*b* mostra o símbolo esquemático para um diodo túnel. Esse tipo de diodo exibe um fenômeno conhecido como **região de resistência negativa**. Isso significa que um aumento na tensão direta produz uma diminuição na corren-

Figura 5-41 Diodo de retaguarda. (*a*) A ruptura ocorre em –0,1 V; (*b*) circuito retificando um sinal CA fraco.

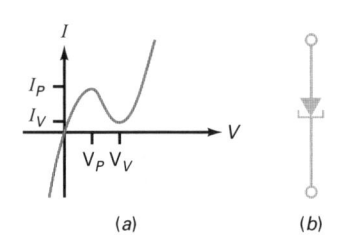

Figura 5-42 O diodo túnel. (a) A ruptura ocorre em 0 V; (b) símbolo esquemático.

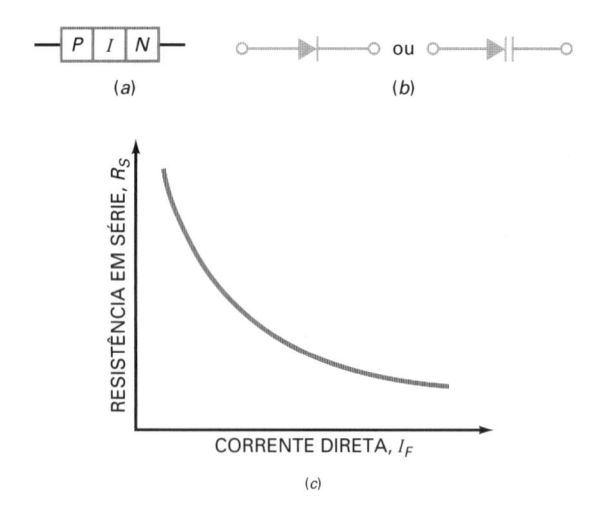

Figura 5-43 Diodo PIN. (a) Construção; (b) símbolo esquemático; (c) resistência em série.

te direta, pelo menos numa parte do gráfico entre V_P e V_V. A resistência negativa dos diodos túneis é útil nos circuitos de alta frequência chamados de *osciladores*. Esses circuitos são capazes de gerar um sinal senoidal, similar àqueles produzidos em um gerador CA. Mas diferente do gerador CA que converte energia mecânica em um sinal senoidal, um oscilador converte energia CC em um sinal senoidal. Capítulos posteriores mostrarão como montar circuitos osciladores.

Tabela 5-3 — Dispositivos de função especial

Dispositivo	Ideia Principal	Aplicação
Diodo Zener	Opera na região de ruptura	Regulador de tensão
LED	Emite luz não coerente	Sinalização de AC ou CC
Indicador de sete segmentos	Pode mostrar números	Instrumentos de medição
Fotodiodo	Portadores minoritários produzem luz	Detectores de luz
Acoplador ótico	LED e fotodiodo combinados	Isoladores de entrada/saída
Diodo laser	Emite luz coerente	Aparelhos de DVD/CD, emissoras de comunicação
Diodo Schottky	Não possui cargas armazenadas	Retificadores de altas frequências (300 MHz)
Varactor	Age como capacitância variável	Receptores de sintonia e TV
Varistor	Ruptura nos dois sentidos	Protetores de picos na rede
Diodo regulador de corrente	Mantém a corrente constante	Reguladores de corrente
Diodo de recuperação em degrau	Interrompe durante a condução reversa	Multiplicadores de frequência
Diodo de retaguarda	Conduz melhor na polarização reversa	Retificadores de sinal fraco
Diodo túnel	Possui uma região de resistência negativa	Osciladores de alta frequência
Diodo PIN	Resistência controlada	Comunicações, microondas

Diodo PIN

O **diodo PIN** é um dispositivo semicondutor que opera como um resistor variável nas frequências de RF e microondas. A Figura 5-43a mostra a sua construção. Ele consiste em um material semicondutor intrínseco (puro) colocado como um sanduíche entre os materiais tipo *p* e tipo *n*. A Figura 5-43b mostra o símbolo esquemático para o diodo PIN.

Quando o diodo está polarizado diretamente ele age como uma resistência controlada por corrente. A Figura 5-43c mostra como a resistência em série R_S do diodo PIN diminui com o aumento na sua corrente direta. Quando polarizado reversamente, o diodo PIN age como um capacitor fixo. O diodo PIN é muito usado nos circuitos moduladores de RF e microondas.

Tabela de dispositivos

A Tabela 5-1 lista todos os dispositivos de função especial deste capítulo. O diodo Zener é utilizado na regulação de tensão, o LED na sinalização de CA ou CC, o mostrador de sete seguimentos na medição de instrumentos e assim por diante. Você deve estudar a tabela e relembrar as ideias que ela contém.

Resumo

SEÇÃO 5-1 DIODO ZENER

Este é um diodo especial utilizado para operar na região de ruptura. Sua principal aplicação é como regulador de tensão-circuitos que mantém a tensão na carga constante. Idealmente, o diodo Zener polarizado reversamente funciona como uma bateria perfeita. Para uma segunda aproximação, ele possui uma resistência de corpo que produz uma pequena tensão adicional.

SEÇÃO 5-2 REGULADOR ZENER COM CARGA

Quando um diodo Zener está em paralelo com um resistor de carga, a corrente através do resistor de limitação de corrente é igual à soma da corrente Zener e da corrente na carga. O processo para analisar o regulador Zener consiste em calcular a corrente no resistor em série, a corrente na carga e a corrente no Zener (nessa ordem).

SEÇÃO 5-3 SEGUNDA APROXIMAÇÃO DO DIODO ZENER

Na segunda aproximação visualizamos um diodo Zener como uma bateria de V_Z e uma resistência em série de R_Z. A corrente de R_Z produz uma tensão adicional no diodo, mas esta tensão é geralmente pequena. Você necessita da resistência Zener para calcular a redução na ondulação.

SEÇÃO 5-4 PONTO DE SAÍDA DO REGULADOR ZENER

Um regulador Zener sairá de regulação se ele sair da ruptura. As condições de pior caso ocorrem para tensão mínima da fonte, resistência em série máxima e resistência de carga mínima. Para o regulador Zener funcionar adequadamente em todas as condições de operação, deve existir corrente Zener nas condições de pior caso.

SEÇÃO 5-5 INTERPRETAÇÃO DAS FOLHAS DE DADOS

Os parâmetros mais importantes de uma folha de dados dos diodos Zener são a tensão Zener, a potência nominal máxima, a corrente nominal máxima e a tolerância. Os projetistas necessitam também da resistência Zener, do fator de degradação e de alguns outros itens.

SEÇÃO 5-6 ANÁLISE DE DEFEITO

A verificação de defeitos é uma arte e uma ciência. Por isso, você pode aprender apenas alguns pontos em um livro. O resto deve ser aprendido com a experiência direta nos circuitos com defeitos. Como a verificação de defeitos é uma arte, você deve ter sempre em mente a pergunta "e se?", e procurar seu próprio meio de solucionar o problema.

SEÇÃO 5-7 RETAS DE CARGA

A intersecção da reta de carga com o gráfico do diodo Zener nos fornece o ponto *Q* quando a tensão da fonte muda, uma reta de carga diferente aparece com um ponto *Q*, embora os dois pontos *Q* possam ter correntes diferentes, as tensões são quase idênticas. Isso é uma demonstração visual da regulação de tensão.

SEÇÃO 5-8 DIODOS EMISSORES DE LUZ (LEDS)

O LED é amplamente utilizado como indicador em instrumentos, calculadoras e outros equipamentos eletrônicos. LEDs de alta intensidade fornecem uma eficiência luminosa muito alta (lms/W) e estão encontrando utilidade em muitas outras aplicações.

SEÇÃO 5-9 OUTROS DISPOSITIVOS OPTOELETRÔNICOS

Combinando-se sete LEDs em um encapsulamento, obtemos um mostrador de sete segmentos. Outro dispositivo optoeletrônico muito importante é o acoplador ótico, que nos permite acoplar um sinal entre dois circuitos isolados.

SEÇÃO 5-10 DIODO SCHOTTKY

O tempo de recuperação reversa é o tempo necessário para que um diodo em condução seja repentinamente chaveado para o corte. Esse tempo pode ser de apenas alguns nanossegundos, mas isso coloca um limite quanto à alta frequência num circuito retificador. O diodo Schottky é um diodo especial com um tempo de recuperação reversa quase zero. Por isso, o diodo Schottky é muito útil em altas frequências, em que são necessários tempos de chaveamento muito curtos.

SEÇÃO 5-11 VARACTOR

A largura da camada de depleção aumenta com a tensão reversa. É por isso que a capacitância de um varactor pode ser controlada pela tensão reversa. Uma aplicação comum é na sintonia por controle remoto de aparelhos de rádio e televisão.

SEÇÃO 5-12 OUTROS DIODOS

Os varistores são aplicados como supressores de transiente. Os diodos de corrente constante mantêm a corrente constante mesmo com variações na tensão. Os diodos de recuperação em degrau interrompem a corrente e produzem um degrau na tensão que é rico em harmônicos. Os diodos de retaguarda conduzem melhor no sentido reverso do que no direto. Os diodos túnel exibem uma região de resistência negativa, que pode ser usada nos osciladores de alta frequência. Os diodos PIN usam a corrente de controle na polarização direta para variar sua resistência nos circuitos de comunicação RF e microondas.

Derivações

(5-3) Corrente em série:

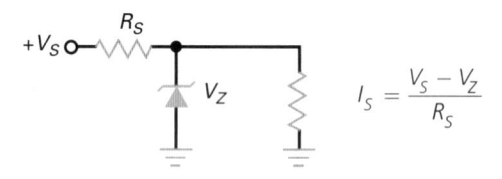

$$I_S = \frac{V_S - V_Z}{R_S}$$

(5-4) Tensão na carga:

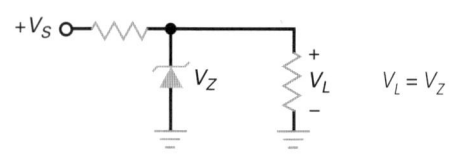

$$V_L = V_Z$$

(5-5) Corrente na carga:

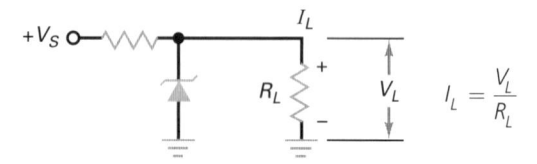

$$I_L = \frac{V_L}{R_L}$$

(5-6) Corrente Zener:

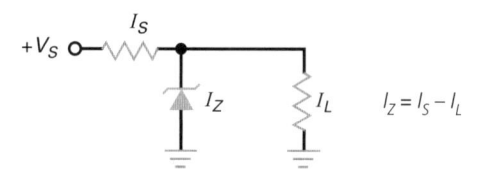

$$I_Z = I_S - I_L$$

(5-7) Variação na tensão da carga:

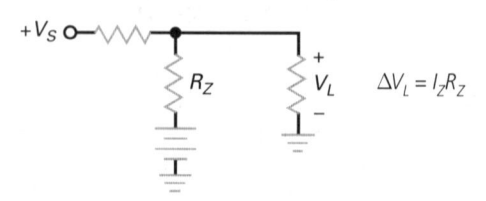

$$\Delta V_L = I_Z R_Z$$

(5-8) Ondulação na saída:

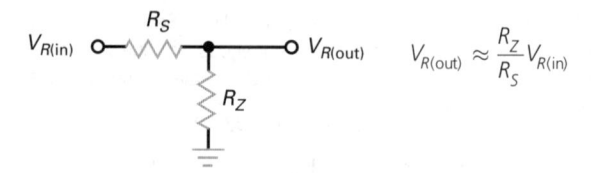

$$V_{R(out)} \approx \frac{R_Z}{R_S} V_{R(in)}$$

(5-9) Resistência série máxima:

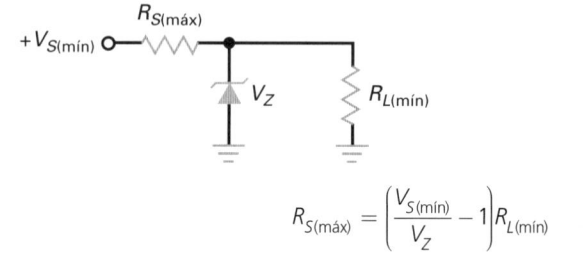

$$R_{S(máx)} = \left(\frac{V_{S(mín)}}{V_Z} - 1\right) R_{L(mín)}$$

(5-10) Resistência série máxima

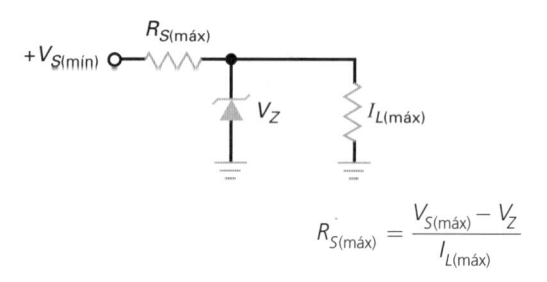

$$R_{S(máx)} = \frac{V_{S(máx)} - V_Z}{I_{L(máx)}}$$

(5-13) Corrente no LED:

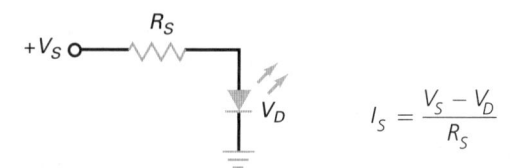

$$I_S = \frac{V_S - V_D}{R_S}$$

Exercícios

1. **Qual é a verdade sobre a tensão de ruptura no diodo Zener?**
   a. Ela aumenta quando a corrente aumenta
   b. Ela danifica o diodo
   c. Ela é igual à corrente multiplicada pela resistência
   d. Ela é aproximadamente constante

2. **Qual das seguintes afirmações descreve melhor um diodo Zener?**
   a. É um diodo retificador
   b. É um dispositivo de tensão constante
   c. É um dispositivo de corrente constante
   d. Ele opera na região direta

3. **Um diodo Zener**
   a. É uma bateria
   b. Tem uma tensão constante na região de ruptura
   c. Tem uma barreira de potencial de 1 V
   d. É diretamente polarizado

4. **A tensão na resistência Zener é geralmente**
   a. Baixa
   b. Alta
   c. Medida em volts
   d. Subtraída da tensão de ruptura

5. **Se a resistência em série diminui num regulador Zener sem carga, a corrente**
   a. Diminui
   b. Mantém-se a mesma
   c. Aumenta
   d. É igual à tensão dividida pela resistência

6. **Na segunda aproximação, a tensão total no diodo Zener é a soma da tensão de ruptura e da tensão**
   a. Na fonte
   b. No resistor série
   c. Na resistência Zener
   d. No diodo Zener

7. **A tensão na carga é aproximadamente constante quando um diodo Zener está**
   a. Diretamente polarizado
   b. Reversamente polarizado
   c. Operando na região de ruptura
   d. Não polarizado

8. **Num regulador Zener com carga, qual corrente é a maior?**
   a. A corrente no resistor em série
   b. A corrente no Zener
   c. A corrente na carga
   d. Nenhuma dessas

9. **Se a resistência de carga diminui em um regulador Zener, a corrente Zener**
   a. Diminui
   b. Permanece a mesma
   c. Aumenta
   d. É igual à tensão na fonte dividida pela resistência série

10. **Se a resistência de carga diminui em um regulador Zener, a corrente em série**
    a. Diminui
    b. Permanece a mesma
    c. Aumenta
    d. É igual à tensão na fonte dividida pela resistência em série

11. **Quando a tensão da fonte aumenta num regulador Zener, qual das correntes permanece aproximadamente constante?**
    a. A corrente no resistor em série
    b. A corrente no Zener
    c. A corrente na carga
    d. A corrente total

12. **Se o diodo Zener em um regulador Zener foi conectado com a polaridade trocada, a tensão na carga ficará próxima de**
    a. 0,7 V
    b. 0 V
    c. 14 V
    d. 18 V

13. **Quando um diodo Zener está operando acima de sua temperatura dada pela potência nominal**
    a. Ele se danificará imediatamente
    b. Você precisa diminuir sua potência nominal
    c. Você precisa aumentar sua potência nominal
    d. Ele não será afetado

14. **Qual das seguintes opções não indicam a tensão de ruptura de um diodo Zener?**
    a. Queda de tensão em um circuito
    b. Traçador de curva
    c. Circuito de teste de polarização reversa
    d. Multímetro digital

15. **Em altas frequências, os diodos comuns não funcionam adequadamente por causa da**
    a. Polarização direta
    b. Polarização reversa
    c. Ruptura
    d. Cargas armazenadas

16. **A capacitância de um diodo varactor aumenta quando a tensão reversa nele**
    a. Diminui
    b. Aumenta
    c. Atinge a ruptura
    d. Armazena carga

17. **A ruptura não destrói um diodo Zener, desde que a corrente Zener seja menor que a**
    a. Tensão de ruptura
    b. Corrente de teste do Zener
    c. Corrente nominal máxima do Zener
    d. Barreira de potencial

18. **Quando comparado com o diodo retificado de silício, um LED tem uma**
    a. Tensão direta baixa e tensão de ruptura baixa
    b. Tensão direta baixa e tensão de ruptura alta
    c. Tensão direta alta e tensão de ruptura baixa
    d. Tensão direta alta e tensão de ruptura alta

19. **Para mostrar o dígito 0 em um display de sete segmentos**
    a. O segmento C deve estar desligado
    b. O segmento G deve estar desligado
    c. O segmento F deve estar ligado
    d. Todos os segmentos devem estar acesos

20. **Se a temperatura ambiente de um LED de alta intensidade aumenta, sua saída de fluxo luminoso**
    a. Aumenta
    b. Diminui
    c. Inverte
    d. Permanece constante

21. **Quando a intensidade de luz em um fotodiodo diminui, a corrente reversa dos portadores minoritários**
    a. Diminui
    b. Aumenta
    c. Não é afetada
    d. Inverte de sentido

22. O dispositivo associado à capacitância controlada pela tensão é um
    a. Diodo emissor de luz
    b. Fotodiodo
    c. Diodo varactor
    d. Diodo Zener

23. Se a largura da camada de depleção aumenta, a capacitância
    a. Diminui
    b. Permanece a mesma
    c. Aumenta
    d. É variável

24. Quando a tensão reversa diminui, a capacitância
    a. Diminui
    b. Permanece a mesma
    c. Aumenta
    d. Tem mais largura de faixa

25. O diodo varactor
    a. É geralmente diretamente polarizado
    b. É geralmente reversamente polarizado
    c. É geralmente não polarizado
    d. Opera na região de ruptura

26. O dispositivo que usamos para retificar um sinal CA fraco é um
    a. Diodo Zener
    b. Diodo emissor de luz
    c. Varistor
    d. Diodo de retaguarda

27. Qual dos seguintes dispositivos apresenta uma região de resistência negativa?
    a. Diodo túnel
    b. Diodo de recuperação em degrau
    c. Diodo Schottky
    d. Acoplador ótico

28. Um indicador de fusível queimado utiliza um
    a. Diodo Zener
    b. Diodo de corrente constante
    c. Diodo emissor de luz
    d. Diodo PIN

29. Para isolar a saída de um circuito de uma entrada, qual dos seguintes dispositivos é usado?
    a. Diodo de retaguarda
    b. Acoplador ótico
    c. Display de sete seguimentos
    d. Diodo túnel

30. O diodo com uma queda de tensão direta de 0,25 V aproximadamente é o
    a. Diodo de recuperação em degrau
    b. Diodo Schottky
    c. Diodo de retaguarda
    d. Diodo de corrente constante

31. Para uma operação típica, você precisa usar a polarização reversa em um
    a. Diodo Zener
    b. Fotodiodo
    c. Varactor
    d. Todos acima

32. Quando a corrente direta em um diodo PIN diminui, sua resistência
    a. Aumenta
    b. Diminui
    c. Permanece constante
    d. Não pode ser determinada

Problemas

SEÇÃO 5-1 DIODO ZENER

5-1 **MultiSim** Um regulador Zener tem uma fonte de tensão de 24 V, uma resistência em série de 470 Ω e uma tensão Zener de 15 V. Qual é a corrente Zener?

5-2 Se a tensão da fonte no Problema 5-1 variar de 24 V para 40 V, qual será a corrente máxima no Zener?

5-3 Se o resistor em série do Problema 5-1 tiver uma tolerância de ±5%, qual será a corrente máxima no Zener?

SEÇÃO 5-2 REGULADOR ZENER COM CARGA

5-4 **MultiSim** Se o diodo Zener for desconectado na Figura 5-44, qual é a tensão na carga?

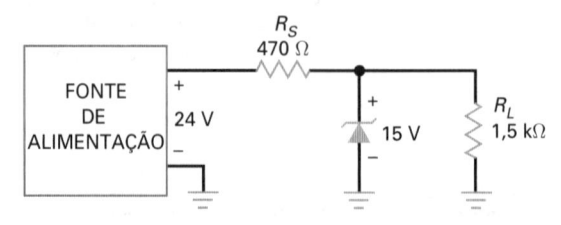

Figura 5-44

5-5 **MultiSim** Calcule as três correntes na Figura 5-44.

5-6 Supondo uma tolerância de ± 5% nos dois resistores da Figura 5-44, qual será a corrente máxima no Zener?

5-7 Suponha que a tensão de alimentação da Figura 5-44 varia de 24 V para 40 V. Qual será a corrente máxima no Zener?

5-8 O diodo Zener da Figura 5-44 foi substituído por um 1N4742A. Qual é a tensão na carga e a corrente no Zener?

5-9 Desenhe o diagrama elétrico de um regulador Zener com uma fonte de alimentação de 20 V, uma resistência em série de 330 Ω, uma tensão Zener de 15 V e uma resistência de carga de 15 kΩ. Qual é a tensão na carga e a corrente no Zener?

SEÇÃO 5-3 SEGUNDA APROXIMAÇÃO DO DIODO ZENER

5-10 O diodo Zener da Figura 5-44 tem uma resistência Zener de 14 Ω. Se a fonte de alimentação tiver uma ondulação de 1 V pp qual será a ondulação no resistor de carga?

5-11 Durante o dia a tensão em uma rede CA varia. Isso faz que a saída não regulada de 24 V de uma fonte de alimentação varie de 21,5 V a 25 V. Se a resistência Zener for de 14 Ω, qual é a variação na tensão com a faixa descrita?

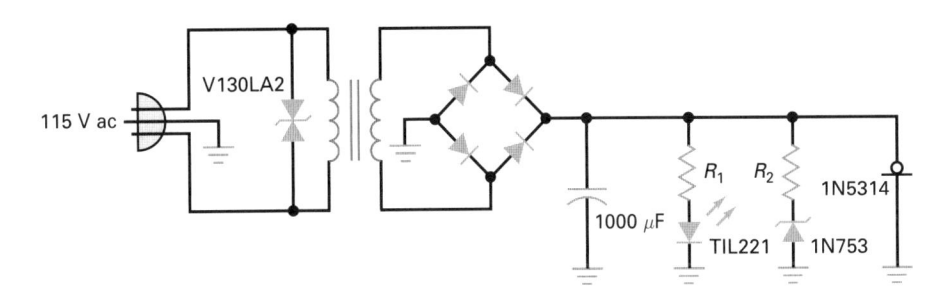

Figura 5-45

SEÇÃO 5-4 PONTO DE SAÍDA DO REGULADOR ZENER

5-12 Suponha que a tensão de alimentação na Figura 5-44 diminua de 24 V para 0 V. Em algum ponto, o diodo Zener sairá de regulação. Calcule a tensão da fonte onde a regulação será perdida.

5-13 Na Figura 5-44, a tensão não regulada na saída da fonte de alimentação pode variar de 20 V a 26 V e a resistência da carga pode variar de 500 Ω a 1,5 kΩ. O regulador Zener sairá de regulação sob estas condições? Se sim, que valor deve ter o resistor em série?

5-14 A tensão não regulada na Figura 5-44 pode variar de 18 V a 25 V e a corrente na carga pode variar de 1 a 25 mA. O regulador Zener sairá de regulação sob essas condições? Se sim, qual deve ser o valor máximo de R_S?

5-15 Qual é a resistência mínima da carga que pode ser utilizada na Figura 5-44 sem que o regulador Zener saia de regulação?

SEÇÃO 5-5 A INTERPRETAÇÃO DAS FOLHAS DE DADOS

5-16 Um diodo Zener tem uma tensão de 10 V e uma corrente de 20 mA. Qual é a dissipação de potência?

5-17 O diodo 1N5250B tem uma corrente de 5 mA circulando por ele. Qual é a potência?

5-18 Qual é a potência de dissipação no resistor e no diodo Zener da Figura 5-44?

5-19 O diodo Zener da Figura 5-44 é um 1N4744A. Qual é a tensão Zener mínima? E a máxima?

5-20 Se a temperatura no diodo Zener 1N4736A aumentar para 100°C, qual é a novo valor de potência nominal do diodo?

SEÇÃO 5-6 ANÁLISE DE DEFEITO

5-21 Na Figura 5-44, qual é a tensão na carga para cada uma das seguintes condições?
   a. Diodo Zener em curto
   b. Diodo Zener aberto
   c. Resistor em série aberto
   d. Resistor da carga em curto

5-22 Se você medir aproximadamente 18,3 V para a tensão na carga da Figura 5-44, que defeito pode existir?

5.23 Você mede 24 V na carga da Figura 5-44. Um ohmímetro indica que o diodo Zener está aberto. Antes de substituir o diodo Zener, que mais deve ser verificado?

5.24 Na Figura 5-45, o LED não acende. Qual dos seguintes problemas é possível?
   a. V130LA2 está aberto
   b. O terra entre os dois diodos do lado esquerdo da ponte está aberto
   c. O capacitor de filtro está aberto
   d. O capacitor de filtro está em curto
   e. O diodo 1N5314 está aberto
   f. O diodo 1N5314 está em curto

SEÇÃO 5-8 DIODOS EMISSORES DE LUZ

5-25 **MultiSim** Qual é a corrente no LED da Figura 5-46?

5-26 Se a tensão de alimentação na Figura 5-46 aumentar para 40 V, qual será a corrente no LED?

5-27 Se o resistor na Figura 5-46 for aumentado para 1 kΩ, qual será a corrente no LED?

5-28 O resistor na Figura 5-46 é aumentado até que a corrente no LED se iguale a 13 mA. Qual será o valor dessa resistência?

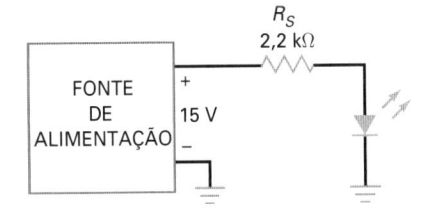

Figura 5-46

Raciocínio crítico

5-29 O diodo Zener da Figura 5-44 tem uma resistência Zener de 14 Ω. Qual será a tensão na carga se você incluir R_z nos seus cálculos?

5-30 O diodo Zener da Figura 5-44 é um 1N4744A. Se a resistência da carga mudar de 1 kΩ para 10 kΩ, qual será a tensão mínima na carga? E a tensão máxima na carga? (Use a segunda aproximação.)

5-31 Projete um regulador Zener que contemple as seguintes especificações: tensão na carga de 6,8 V, tensão na fonte de 20 V e uma corrente na carga de 30 mA.

5-32 TIL312 é um display de sete segmentos. Cada segmento tem uma queda de tensão entre 1,5 V e 2 V com 20 mA. A tensão de alimentação é de ±5 V. Projete um circuito para este display controlado por chaves liga/desliga que drene uma corrente máxima de 140 mA.

5-33 A tensão no secundário da Figura 5-45 é de 12,6 V rms quando a tensão da rede é de 115 V rms. Durante o dia a rede varia de ± 10%. Os resistores têm tolerância de ±5%. O 1N4733A tem uma tolerância de ±5% e uma resistência Zener de 7 Ω. Se R_2 for igual a 560 Ω, qual é o valor máximo possível da corrente no Zener em qualquer instante do dia?

5-34 Na Figura 5-45, a tensão no secundário é de 12,6 V rms e a queda nos diodos é de 0,7 V cada um. O 1N5314 é um diodo de corrente constante de 4,7 mA. A corrente no LED é de 15,6 mA e a corrente no Zener é de 21,7 mA. O capacitor de filtro tem uma tolerância de ±20%. Qual é a tensão de pico a pico máxima?

3-35 A Figura 5-47 mostra uma parte do sistema de luz de uma bicicleta. Os diodos são Schottky. Use a segunda aproximação para calcular a tensão no capacitor de filtro.

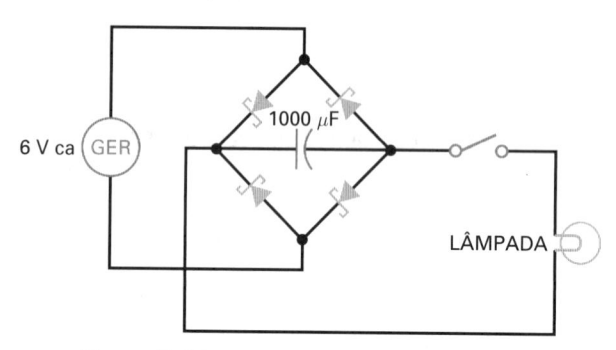

Figura 5-47

Análise de defeito

A tabela de verificação de defeitos mostrada na Figura 5-48 lista os valores de tensão em cada ponto respectivo do circuito e a condição do diodo D_1 para os defeitos de T_1 a T_8. A primeira linha mostra os valores da condição normal de funcionamento do circuito.

5-36 Encontre os defeitos 1 a 4 na Figura 5-48.
5-37 Encontre os defeitos 5 a 8 na Figura 5-48.

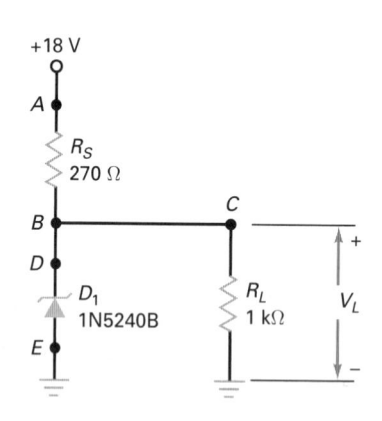

	V_A	V_B	V_C	V_D	D_1
OK	18	10,3	10,3	10,3	OK
T1	18	0	0	0	OK
T2	18	14,2	14,2	0	OK
T3	18	14,2	14,2	14,2	∞
T4	18	18	18	18	∞
T5	0	0	0	0	OK
T6	18	10,5	10,5	10,5	OK
T7	18	14,2	14,2	14,2	OK
T8	18	0	0	0	0

Figura 5-48 Verificação de defeito.

Questões de entrevista

1. Desenhe o circuito de um regulador Zener, depois explique como ele funciona e qual sua função.
2. Tenho uma fonte de alimentação que produz uma saída de 25 V CC. Quero três saídas reguladas de 15 V, 15,7 V e 16,4 V. Mostre um circuito que produza essas saídas.
3. Tenho um regulador Zener que sai de regulação durante o dia. A tensão CA da rede nesta área varia de 105 V rms a 125 V rms. Além disso, a resistência da carga do regulador Zener varia de 100 Ω a 1 kΩ. Apresente algumas possíveis razões que justifique o regulador Zener sair de regulação durante o dia.
4. Esta manhã estava conectando um LED em uma placa de protoboard. Após conectá-lo e ligar a energia, o LED não acendeu. Depois de testá-lo descobri que estava aberto. Tentei conectar outro LED e obtive o mesmo resultado. Apresente algumas razões possíveis por que isso aconteceu.
5. Dizem que um varactor pode ser usado para sintonizar um aparelho de televisão. Apresente a ideia básica de como ele sintoniza um circuito ressonante.
6. Por que um acoplador ótico pode ser usado em um circuito eletrônico?
7. Dado um LED com encapsulamento de plástico padrão, cite dois modos diferentes para identificar o catodo.
8. Explique as diferenças, se existe, entre um diodo retificador e um diodo Schottky.
9. Desenhe um circuito como o da Figura 5-4a, exceto que a fonte CC foi substituída por uma fonte CA com um valor de pico de 40 V. Desenhe o gráfico da tensão de saída para uma tensão Zener de 10 V.

Respostas dos exercícios

1. d
2. b
3. b
4. a
5. a
6. c
7. c
8. a
9. c
10. b
11. c
12. a
13. b
14. d
15. d
16. a
17. c
18. c
19. b
20. b
21. a
22. c
23. c
24. c
25. b
26. d
27. a
28. c
29. b
30. b
31. d
32. a

Respostas dos problemas práticos

5-1 I_S = 24,4 mA

5-3 I_S = 18,5 mA
I_L = 10 mA
I_Z = 8,5 mA

5-5 V_{RL} = 8 Vpp onda quadrada

5-7 V_L = 10,1 V

5-8 $V_{R(out)}$ = 94 mVpp

5-10 $R_{S(máx)}$ = 65 Ω

5-11 $R_{S(máx)}$ = 495 Ω

5-13 R_S = 330 Ω

5-14 I_S = 27 mA
P = 7,2 W

6 Transistores de junção bipolar

- Em 1951, William Schockley inventou o primeiro **transistor de junção**, um dispositivo semicondutor que pode amplificar (aumentar) um sinal eletrônico como um sinal de rádio ou de televisão. O transistor deu origem a muitas outras invenções incluindo os **circuitos integrados (CIs)**, pequenos dispositivos que contêm milhares de transistores. Graças ao CI, os modernos computadores e outros milagres eletrônicos tornaram-se possíveis.

  Este capítulo é uma introdução ao **transistor de junção bipolar (TJB)**, um tipo que usa elétrons livres e lacunas. A palavra *bipolar* é uma abreviação para "duas polaridades". Este capítulo também irá explorar como o TJB pode ser adequadamente aplicado para funcionar como chave.

Sumário

- **6-1** Transistor não polarizado
- **6-2** Transistor polarizado
- **6-3** Correntes no transistor
- **6-4** Conexão EC
- **6-5** Curva da base
- **6-6** Curvas do coletor
- **6-7** Aproximações para o transistor
- **6-8** Interpretação das folhas de dados
- **6-9** Transistor para montagem em superfície
- **6-10** Variações no ganho de corrente
- **6-11** Reta de carga
- **6-12** Ponto de operação
- **6-13** Identificando a saturação
- **6-14** Transistor como chave
- **6-15** Análise de defeito

Objetivos de aprendizagem

Após o estudo deste capítulo você deverá ser capaz de:

- Demonstrar seu conhecimento sobre as relações de corrente entre base, emissor e coletor de um transistor de junção bipolar.
- Desenhar o diagrama do circuito em EC e citar os nomes de cada terminal, tensão e resistência.
- Desenhar uma curva hipotética da base e uma família de curvas do coletor, designando seus dois eixos.
- Denominar as três regiões de operação de um transistor de junção bipolar na curva de coletor.
- Calcular os respectivos valores de corrente e tensão do transistor em EC utilizando a aproximação ideal e segunda aproximação do transistor.
- Citar vários parâmetros nominais do transistor de junção bipolar que são utilizados pelo técnico.
- Explicar por que a polarização da base não funciona bem nos circuitos de amplificação.
- Identificar o ponto de saturação e o ponto de corte para um dado circuito com polarização da base.
- Calcular o ponto Q para um dado circuito com polarização da base.

Termos-chave

- alfa CC
- base
- beta CC
- circuito de amplificação
- circuito de chaveamento
- circuito de dois estados
- circuito integrado (CI)
- coletor
- diodo coletor
- diodo emissor
- dissipador de calor
- emissor
- emissor comum (EC)
- ganho de corrente
- parâmetros h
- polarização da base
- ponto de corte
- ponto de saturação
- ponto quiescente
- região ativa
- região de corte
- região de ruptura
- região de saturação
- resistência térmica
- reta de carga
- saturação leve
- transistor de junção
- transistor de junção bipolar (TJB)
- transistores de montagem em superfície
- transistores de pequeno sinal
- transistores de potência

É ÚTIL SABER

Em uma tarde de 23 de dezembro de 1947, Walter H. Brattain e John Bardeen demonstraram a ação de amplificação do *primeiro transistor* nos laboratórios da Bell Telephone Laboratories. O primeiro transistor foi chamado de *transistor de ponto de contato*, o antecessor do transistor de junção inventado por Schockley.

É ÚTIL SABER

O transistor na Figura 6-1 é algumas vezes referido como *transistor de junção bipolar* ou *TJB*. Contudo, muitas pessoas na indústria eletrônica ainda usam apenas a palavra *transistor*, significando um transistor de junção bipolar.

6-1 Transistor não polarizado

Um transistor tem três regiões dopadas, conforme mostrado na Figura 6-1. A região inferior é chamada de **emissor**, a região do meio é a **base** e a região superior é o **coletor**. Em um transistor real, a região da base é muito mais estreita comparada com as regiões do coletor e do emissor. O transistor da Figura 6-1 é um *dispositivo npn* porque existe uma região *p* entre duas regiões *n*. Lembre-se de que os portadores majoritários são elétrons livres em um material tipo *n* e as lacunas em um material tipo *p*.

Os transistores podem ser produzidos também como dispositivos *pnp*. Um transistor *pnp* tem uma região *n* entre duas regiões *p*. Para evitar confusão entre os transistores *npn* e *pnp*, nosso primeiro estudo se concentrará no transistor *npn*.

Níveis de dopagem

Na Figura 6-1, o emissor é fortemente dopado. Por outro lado, a base é fracamente dopada. O nível de dopagem do coletor é intermediário, entre a forte dopagem do emissor e a fraca dopagem da base. O coletor é fisicamente a região mais larga das três.

Os diodos emissor e coletor

O transistor da Figura 6-1 tem duas junções: uma entre o emissor e a base e outra entre o coletor e a base. Por isso o transistor é similar a dois diodos virados costa com costa. O diodo debaixo é chamado de *diodo-base emissor* ou simplesmente **diodo emissor**. O diodo de cima é chamado de *diodo-base coletor* ou **diodo coletor**.

Antes e depois da difusão

A Figura 6-11 mostra as regiões do transistor antes de acontecer a difusão. Devido à força de repulsão que cada elétron sofre dos demais, os elétrons livres presentes na região *n* se espalharão em todas as direções. Conforme estudado no Capítulo 2, os elétrons livres na região *n* se difundem através da junção e se recombinam com as lacunas na região *p*. Visualize os elétrons livres em cada região *n* cruzando a junção e recombinando-se com as lacunas.

O resultado é duas camadas de depleção, conforme mostrado na Figura 6-2a. Para cada uma dessas camadas de depleção, a barreira de potencial é cerca de 0,7 V na temperatura de 25°C para um transistor de silício. (0,3 V a 25°C para um

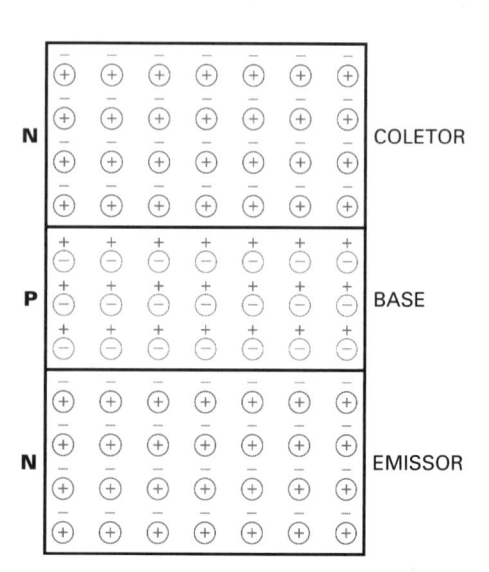

Figura 6-1 A estrutura de um transistor.

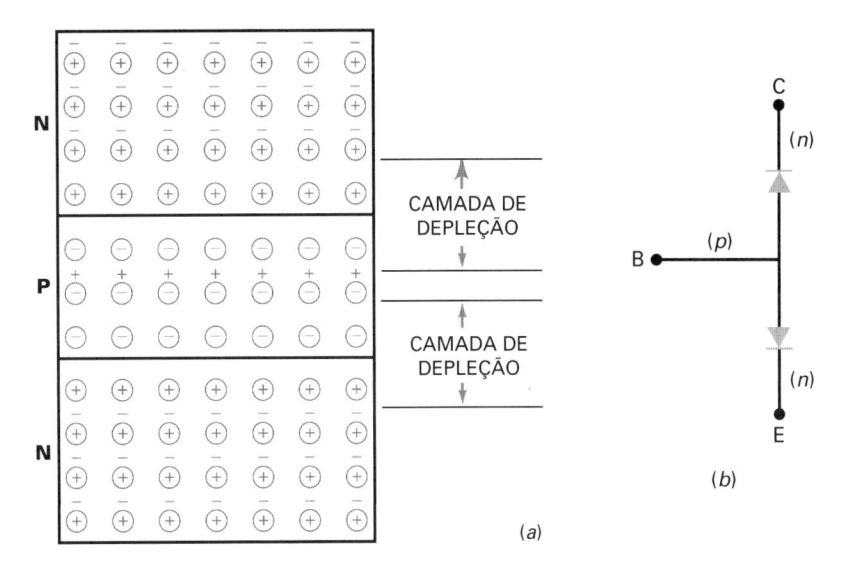

Figura 6-2 Transistor não polarizado. (a) Camadas de depleção; (b) circuito equivalente com diodos.

transistor de germânio). Como antes, vamos enfatizar os dispositivos de silício, porque eles são mais usados do que os de germânio.

6-2 Transistor polarizado

Um transistor não polarizado pode ser visto como dois diodos um de costa para o outro, como mostrado na Figura 6-2b. Cada diodo tem uma barreira de potencial de aproximadamente 0,7 V. Mantenha o circuito equivalente em mente quando for testar um transistor *npn* com um multímetro digital (DMM – Digital Multimeter). Quando você conecta uma fonte de tensão externa no transistor, obtém circulação de corrente em diferentes partes do transistor.

Elétrons do emissor

A Figura 6-3 mostra um transistor polarizado. O sinal de menos representa os elétrons livres. O emissor fortemente dopado tem a seguinte função: emitir ou injetar elétrons livres na base. A base fracamente dopada tem também uma função bem definida: passar os elétrons injetados pelo emissor para o coletor. O coletor tem esse nome porque coleta ou captura a maior parte dos elétrons da base.

A Figura 6-3 mostra o modo usual de polarizar um transistor. A fonte da esquerda V_{BB} na Figura 6-3 polariza diretamente o diodo emissor e a fonte da direita

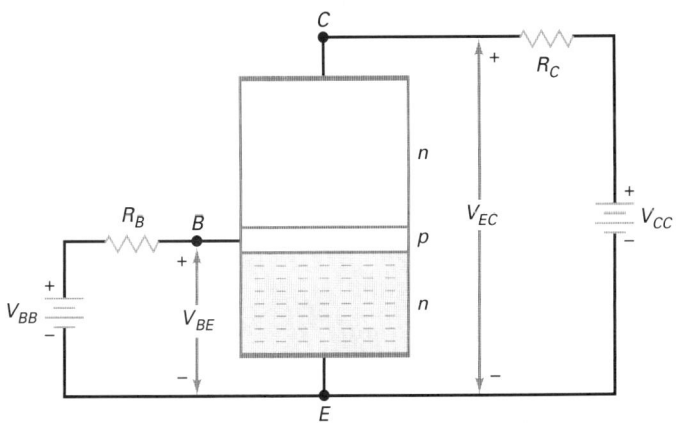

Figura 6-3 Transistor polarizado.

É ÚTIL SABER

Em um transistor, a camada de depleção do diodo emissor é mais estreita que a camada de depleção do diodo coletor. A razão pode ser atribuída aos diferentes níveis de dopagem das regiões do emissor e do coletor. Com uma dopagem muito forte na região do emissor, o material *n* tem uma penetração mínima em virtude da disponibilidade de um número maior de elétrons livres. Contudo, no lado do coletor a disponibilidade de elétrons livres é menor e a camada de depleção deve penetrar mais profundamente a fim de ajustar a barreira de potencial.

V_{CC} polariza reversamente o diodo coletor. Embora sejam possíveis outros métodos de polarização, o diodo emissor polarizado diretamente e o diodo coletor polarizado reversamente são os que produzem os melhores resultados.

Elétrons na base

No instante em que a polarização direta é aplicada no diodo emissor na Figura 6-3, os elétrons no emissor ainda não penetraram na região da base. Se V_{BB} for maior que a barreira de potencial base-emissor na Figura 6-3, os elétrons do emissor entrarão na região da base, conforme mostrado na Figura 6-4. Teoricamente esses elétrons livres podem circular em qualquer um dos dois sentidos. Primeiro, eles podem circular para a esquerda e sair pela base, passando através de R_B e indo para o terminal positivo da fonte. Segundo, os elétrons livres podem circular para o coletor.

Que caminho tomará a maioria dos elétrons livres? A maioria deles seguirá para o coletor. Por quê? Por duas razões: a base é *fracamente dopada* e *muito estreita*. Uma dopagem fraca significa que os elétrons livres têm um tempo de vida maior na região da base. A região da base muito estreita significa que os elétrons livres têm uma distância curta para chegar ao coletor. Por essas duas razões, quase todos os elétrons injetados pelo emissor passam da base para o coletor.

Apenas um pouco de elétrons livres se recombinarão com as lacunas na base fracamente dopada na Figura 6-4. Depois como elétrons de valência, eles circularão pelo resistor da base para o lado positivo da fonte V_{BB}.

Elétrons no coletor

A maioria dos elétrons livres vai para o coletor, conforme mostra a Figura 6-5. Uma vez dentro do coletor, eles são atraídos pela fonte de tensão V_{CC}. Por isso, os elétrons livres circulam através do coletor e de R_C até alcançarem o terminal positivo da fonte de tensão do coletor.

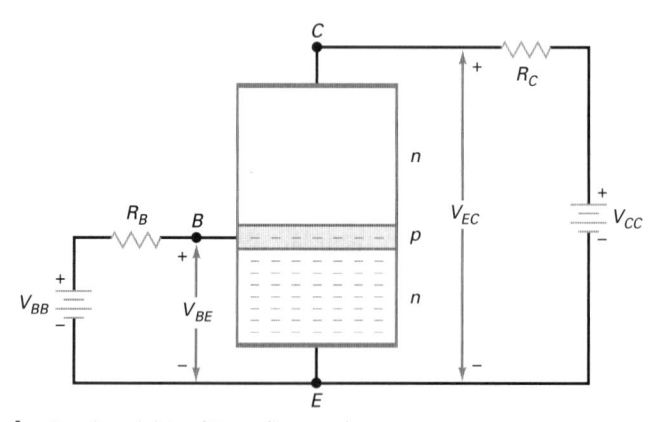

Figura 6-4 O emissor injeta elétrons livres na base.

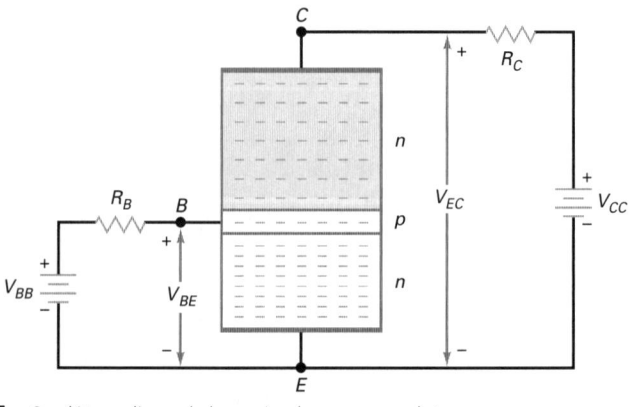

Figura 6-5 Os elétrons livres da base circulam para o coletor.

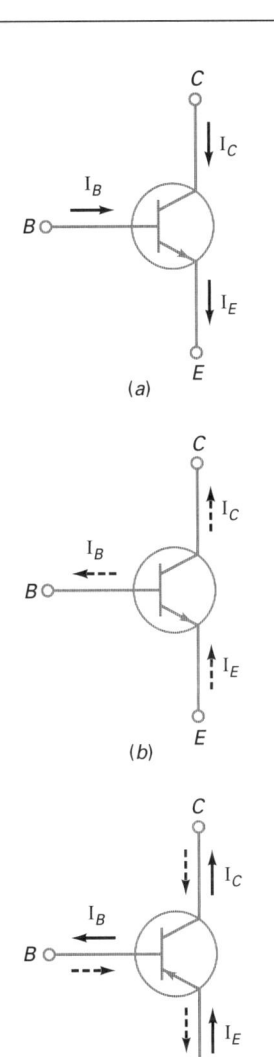

Figura 6-6 As três correntes no transistor. (a) Fluxo convencional; (b) fluxo de elétrons; (c) correntes no pnp.

Veja um resumo do que está acontecendo: na Figura 6-5, V_{BB} polariza diretamente o diodo emissor, forçando os elétrons livres do emissor a entrar na base. A base estreita e fracamente dopada dá à quase todos os elétrons tempo de vida suficiente para se difundirem no coletor. Esses elétrons circulam pelo coletor, através de R_C, e entram no terminal positivo da fonte de tensão V_{CC}.

6-3 Correntes no transistor

A Figura 6-6a mostra o símbolo esquemático para um transistor *npn*. Se você preferir o fluxo de corrente convencional, use a Figura 6-6a; se preferir o fluxo de corrente de elétron, use a Figura 6-6b. Na Figura 6-6, existem três correntes diferentes num transistor: a corrente no emissor I_E, a corrente na base I_B e a corrente no coletor I_C.

Como comparar as correntes

Como o emissor é uma fonte de elétrons, ele tem a maior corrente. Como quase todos os elétrons circulam para o coletor, a corrente no coletor é aproximadamente igual à corrente no emissor, ela é quase igual à corrente do emissor. A corrente na base é muito menor se comparada com essas outras correntes, *quase sempre menor que 1% da corrente do coletor.*

Relação das correntes

Lembre-se da lei das correntes de Kirchhoff. Ela afirma que a soma de todas as correntes que entram num nó ou junção é igual à soma das correntes que saem desse nó ou junção. Quando aplicada num transistor, a lei das correntes de Kirchhoff fornece-nos esta importante relação:

$$I_E = I_C + I_B \tag{6-1}$$

Essa equação informa que a corrente do emissor é igual à soma da corrente do coletor e da corrente da base. Como a corrente da base é baixa, a corrente do coletor é aproximadamente igual à corrente do emissor:

$$I_C \approx I_E$$

e a corrente da base é muito menor que a corrente do coletor:

$$I_B \ll I_C$$

(Observação: $\ll$ significa *muito menor que*).

A Figura 6-6c mostra o símbolo esquemático para um transistor *pnp* e suas correntes. Observe que as correntes estão em sentidos opostos em relação ao transistor *npn*. Observe novamente que a Equação (6-1) continua verdadeira para as correntes do transistor.

Alfa

O **alfa CC** (simbolizado por α_{cc}) é definido como a corrente CC do coletor dividida pela corrente CC do emissor:

$$\alpha_{cc} = \frac{I_C}{I_E} \tag{6-2}$$

Como a corrente do coletor é quase igual à corrente do emissor, o α_{cc} é ligeiramente menor que 1. Por exemplo, em um transistor de baixa potência o α_{cc} é tipicamente maior que 0,99. Mesmo num transistor da alta potência, α_{cc} é tipicamente maior que 0,95.

Beta

O **beta CC** (simbolizado por β_{cc}) de um transistor é definido como a razão da corrente CC do coletor para a corrente CC da base:

$$\beta_{cc} = \frac{I_C}{I_B} \tag{6-3}$$

O beta CC é conhecido também como o **ganho de corrente** porque uma baixa corrente da base controla uma corrente muito maior do coletor.

O ganho de corrente é a principal vantagem de um transistor e tem encontrado todos os tipos de aplicação. Para os transistores de baixa potência (abaixo de 1 W), o ganho de corrente é tipicamente de 100 a 300. Os transistores de alta potência (de mais de 1 W) têm geralmente ganhos de 20 a 100.

Duas fórmulas derivadas

A Equação (6-3) pode ser rearranjada em duas fórmulas equivalentes. Primeira, quando você conhece os valores de β_{cc} e I_B, pode calcular a corrente do coletor com esta fórmula derivada:

$$I_C = \beta_{cc} I_B \tag{6-4}$$

Segundo, quando você conhece o valor de β_{cc} e I_C, pode calcular a corrente da base com esta fórmula derivada:

$$I_B = \frac{I_C}{\beta_{cc}} \tag{6-5}$$

Exemplo 6-1

Um transistor tem uma corrente do coletor de 10 mA e uma corrente da base de 40 μA. Qual é o ganho de corrente do transistor?

SOLUÇÃO Divida a corrente do coletor pela corrente da base para obter:

$$\beta_{cc} = \frac{10 \text{ mA}}{40 \text{ μA}} = 250$$

PROBLEMA PRÁTICO 6-1 Qual é o ganho de corrente do transistor no Exemplo 6-1 se sua corrente na base é de 50 μA?

Exemplo 6-2

Um transistor tem um ganho de corrente de 175. Se a corrente da base for de 0,1 mA, qual será a corrente do coletor?

SOLUÇÃO Multiplique o ganho de corrente pela corrente da base para obter:

$$I_C = 175(0{,}1 \text{ mA}) = 17{,}5 \text{ mA}$$

PROBLEMA PRÁTICO 6-2 Calcule I_C no Exemplo 6-2 se $\beta cc = 100$.

Exemplo 6-3

Um transistor tem uma corrente do coletor de 2 mA. Se o ganho de corrente for de 135, qual será a corrente na base?

SOLUÇÃO Divida a corrente do coletor pelo ganho de corrente para obter:

$$I_B = \frac{2 \text{ mA}}{135} = 14,8 \text{ }\mu\text{A}$$

PROBLEMA PRÁTICO 6-3 Se I_C = 10 mA no Exemplo 6-3, calcule a corrente na base do transistor.

6-4 Conexão EC

Existem três modos utilizados para conectar um transistor: em EC (emissor comum), CC (coletor comum) ou BC (base comum). As conexões CC e BC serão estudadas em capítulos posteriores. Neste capítulo, vamos nos concentrar na conexão EC já que é a mais utilizada.

Emissor comum

Na Figura 6-7a, o lado comum ou o terra de cada fonte de tensão está conectado ao emissor. Por isso, o circuito é tratado por conexão em **emissor comum (EC)**. O circuito tem duas malhas. A da esquerda é a malha da base e a da direita é a malha do coletor.

> **É ÚTIL SABER**
>
> Algumas vezes, a malha da base de um transistor é denominada malha de entrada e a malha do coletor é denominada malha de saída. Em uma configuração EC, a malha de entrada controla a malha de saída.

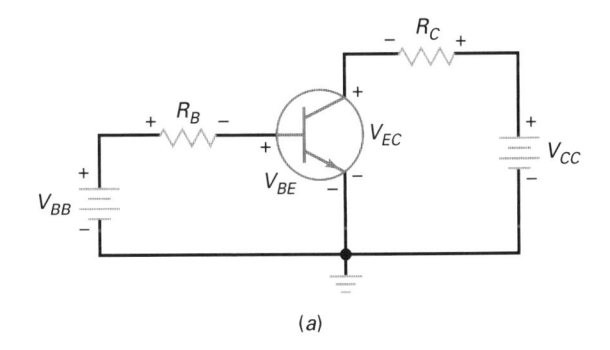

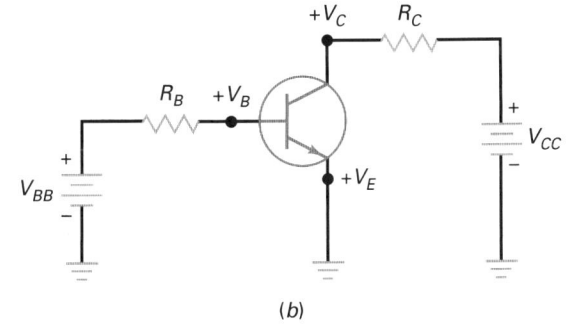

Figura 6-7 A conexão EC. (a) Circuito básico; (b) circuito com o terra.

> **É ÚTIL SABER**
>
> O termo "transistor" foi utilizado pela primeira vez pelo cientista John Pierce quando trabalhava nos laboratórios da Bell nos Estados Unidos. Este novo componente foi criado para ser o substituto da válvula amplificadora. A válvula tinha características de "transcondutância", enquanto o novo componente tinha características de "transresistência".

Na malha da base, a fonte V_{BB} polariza o diodo emissor diretamente com R_B como resistência de limitação de corrente. Variando V_{BB} ou R_B, podemos variar a corrente da base. Variando a corrente da base podemos variar a corrente do coletor. Em outras palavras, *a corrente da base controla a corrente do coletor*. Isso é importante. Significa que uma corrente baixa controla uma corrente alta (coletor).

Na malha do coletor, uma fonte de tensão V_{CC} polariza reversamente o diodo coletor com R_C. A fonte de tensão V_{CC} deve polarizar o diodo coletor como mostrado; caso contrário o transistor não funcionará corretamente. Dito de outra forma, o coletor deve ser positivo na Figura 6-7a para que possa coletar os elétrons livres injetados na base.

Na Figura 6-7a, a corrente da base circulando na malha da esquerda produz uma tensão no resistor da base R_B com a polaridade mostrada. De modo similar, a corrente que circula no coletor na malha da direita produz uma tensão no resistor do coletor R_C com a polaridade mostrada.

Subscrito duplo

A notação com subscrito duplo é usada em circuitos com transistor. Quando os subscritos são iguais, a tensão representa uma fonte (V_{BB} e V_{CC}). Quando os subscritos são diferentes, a tensão é entre dois pontos do circuito (V_{BE} e V_{EC}).

Por exemplo, os subscritos de V_{BB} são os mesmos, o que significa que V_{BB} é a fonte de tensão da base. De modo similar, V_{CC} é a fonte de tensão do coletor. Por outro lado, V_{BE} é a tensão entre os pontos B e E, entre a base e o emissor. Do mesmo modo, V_{EC} é a tensão entre os pontos C e E, entre o coletor e o emissor. Quando medimos tensões com índices subscritos duplos, a ponta de prova positiva é colocada no ponto do circuito indicado pelo primeiro subscrito e a ponta de terra (comum) é colocada no ponto do circuito indicado pelo segundo subscrito.

Subscritos simples

A notação com subscritos simples é utilizada para tensões nodais, isto é, a tensão entre o terminal indicado pelo subscrito e o terra. Por exemplo, se redesenharmos a Figura 6-7a com o terminal terra, obtemos a Figura 6-7b. A tensão V_B é a tensão entre a base e o terra, a tensão V_E é a tensão entre o emissor e o terra. (Neste circuito, V_E é zero.)

Você pode calcular a tensão com subscrito duplo de diferentes subscritos simples, subtraindo suas tensões. Aqui estão três exemplos.

$$V_{EC} = V_C - V_E$$
$$V_{BC} = V_C - V_B$$
$$V_{BE} = V_B - V_E$$

É assim que você pode calcular as tensões com subscritos duplos de qualquer circuito com transistor: Visto que V_E é zero neste circuito nesta conexão EC (Figura 6-7b), a tensão fica simplificada para:

$$V_{EC} = V_C$$
$$V_{BC} = V_C - V_B$$
$$V_{BE} = V_B$$

6-5 Curva da base

Qual a aparência do gráfico de I_B *versus* V_{BE}? Ele se parece com a curva de um diodo comum, conforme mostra a Figura 6-8a. E por que não? Ela é a polarização direta do diodo emissor, portanto devemos esperar ver o gráfico da corrente *versus* tensão. O que isso quer dizer é que podemos usar qualquer uma das discutidas anteriormente.

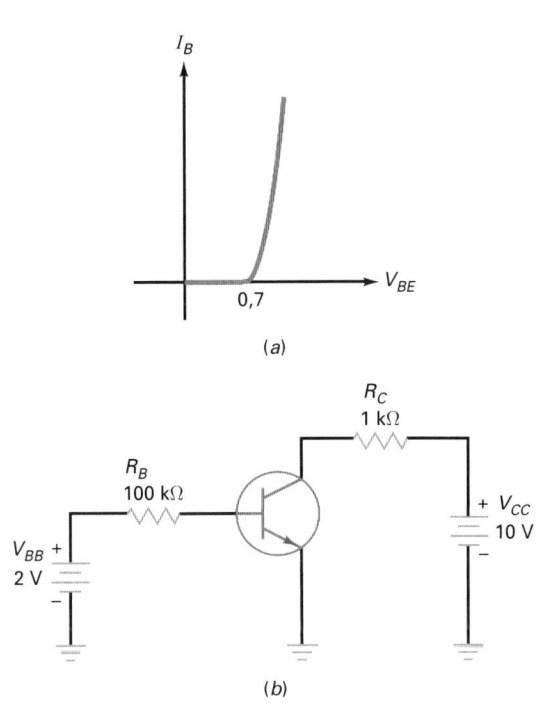

Figura 6-8 (a) A curva do diodo; (b) exemplo.

Aplicando a lei de Ohm no resistor da base na Figura 6-7b, obtemos esta fórmula derivada:

$$I_B = \frac{V_{BB} - V_{BE}}{R_B} \tag{6-6}$$

Se você usar um diodo ideal, $V_{BE} = 0$. Com a segunda aproximação, $V_{BE} = 0{,}7$ V.

Na maioria das vezes, você achará a segunda aproximação a melhor escolha entre a rapidez ao usar o diodo ideal e a precisão de uma maior aproximação. Tudo o que precisa lembrar para a segunda aproximação é de que $V_{BE} = 0{,}7$ V, conforme mostrado na Figura 6-8a.

Exemplo 6-4

|||MultiSim

Use a segunda aproximação para calcular a corrente na base na Figura 6-8b. Qual a tensão no resistor da base? E a corrente no coletor se $\beta_{cc} = 200$?

SOLUÇÃO A fonte de alimentação da base de 2 V polariza o diodo emissor diretamente pela resistência de limitação de corrente de 100 kΩ. Como a tensão no diodo emissor é de 0,7 V, a tensão no resistor da base:

$$V_{BB} - V_{BE} = 2\text{ V} - 0{,}7\text{ V} = 1{,}3\text{ V}$$

A corrente no resistor da base é:

$$I_B = \frac{V_{BB} - V_{BE}}{R_B} = \frac{1{,}3\text{ V}}{100\text{k}\Omega} = 13\ \mu\text{A}$$

Como o ganho de corrente é de 200, a corrente no coletor é:

$I_C = \beta_{cc} I_B = (200)(13 \, \mu A) = 2,6 \, mA$

PROBLEMA PRÁTICO 6-4 Repita o Exemplo 6-4 usando uma fonte de alimentação da base $V_{BB} = 4$ V.

6-6 Curvas do coletor

Na Figura 6-9a, já sabemos como calcular a corrente na base. Como V_{BB} polariza diretamente o diodo emissor, tudo o que precisamos fazer é calcular a corrente no resistor da base R_B. Agora, vamos voltar nossa atenção para a malha do coletor.

Podemos variar V_{BB} e V_{CC} na Figura 6-9a para produzir diferentes valores de tensões e correntes no transistor. Fazendo medições em I_C e V_{EC}, podemos obter os dados para traçar o gráfico de I_C versus V_{EC}.

Por exemplo, suponha que você varie V_{BB} até obter $I_B = 10$ μA. Com esse valor de corrente da base fixo, podemos agora variar e medir I_C e V_{EC}. Traçando os dados, obtemos o gráfico mostrado na Figura 6-9b. (Obs.: Este gráfico é do transistor 2N3904, muito usado com transistor de baixa potência. Com outros transistores, os números podem variar, porém a forma da curva será similar.)

Quando V_{EC} for zero, o diodo coletor não estará reversamente polarizado. É por isso que o gráfico mostra uma corrente no coletor de zero quando V_{EC} é zero. Quando V_{EC} aumentar a partir de zero, a corrente no coletor aumentará verticalmente como na Figura 6-9b. Quando V_{EC} é de alguns décimos de Volt, a corrente no coletor fica *quase constante* e igual a 1 mA.

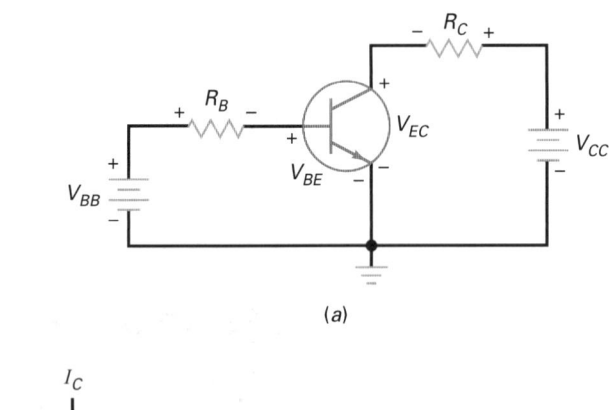

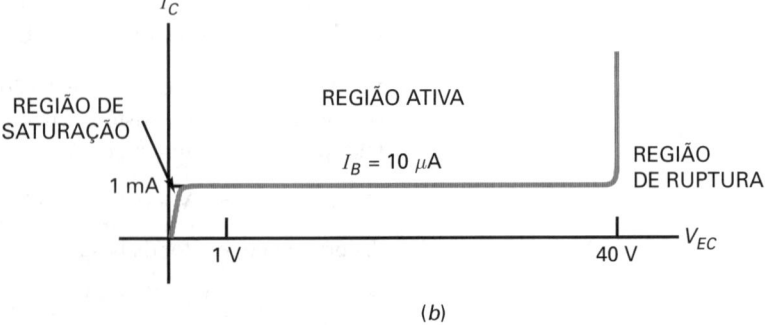

Figura 6-9 (a) Circuito básico de um transistor; (b) a curva do coletor.

A região de corrente constante na Figura 6-9b foi relatada anteriormente no nosso estudo do funcionamento do transistor. Depois de o diodo coletor tornar-se reversamente polarizado, ele captura todos os elétrons que chegam à camada de depleção. Aumentar V_{EC} não pode aumentar mais a corrente no coletor. Por quê? Porque o coletor só pode capturar aqueles elétrons livres que o emissor injetou na base. O número dos elétrons injetados depende apenas do circuito da base e não do circuito do coletor. É por isso que a Figura 6-9b mostra uma corrente constante no coletor entre um V_{EC} de menos de 1 V a um V_{EC} de mais de 40 V.

Se V_{EC} for maior que 40 V, o diodo coletor atingirá a ruptura e o funcionamento normal do transistor não mais acontecerá. O transistor não é projetado para funcionar na região de ruptura. Por essa razão, um dos valores nominais máximos que devemos observar em uma folha de dados de um transistor é sua tensão de ruptura $V_{EC(máx)}$. Se o transistor atingir a ruptura, ele será danificado.

Tensão e potência do coletor

A lei das tensões de Kirchhoff afirma que a soma das tensões numa malha fechada é igual a zero. Quando aplicada no circuito do coletor da Figura 6-9a, a lei das tensões de Kirchhoff fornece esta importante fórmula derivada:

$$V_{EC} = V_{CC} - I_C R_C \qquad (6\text{-}7)$$

Ela informa que a tensão entre o emissor e o coletor é igual à tensão na fonte de alimentação menos a tensão no resistor do coletor.

Na Figura 6-9a, o transistor dissipa uma potência de aproximadamente:

$$P_D = V_{EC} I_C \qquad (6\text{-}8)$$

Essa equação informa que a potência do transistor é igual à tensão coletor-emissor multiplicada pela corrente do coletor. A potência é a causa do aumento da temperatura na junção do diodo coletor. Quanto maior a potência, maior a temperatura na junção.

Os transistores queimam quando a temperatura na junção está entre 150°C e 200°C. Uma das principais informações fornecidas pelas folhas de dados é a potência nominal máxima $P_{D(máx)}$. A dissipação de potência máxima dada pela Equação (6-8) deve ser menor que $P_{D(máx)}$. Caso contrário, o transistor será danificado.

Regiões de operação

A curva da Figura 6-9b tem regiões diferentes onde as ações de um transistor mudam. Primeira, existe a região do meio, onde V_{EC} está entre 1 V e 40 V. Ela representa a operação normal do transistor. Nessa região, o diodo emissor está diretamente polarizado e o diodo coletor está reversamente polarizado. Além disso, o coletor está capturando quase todos os elétrons que o emissor está injetando na base. É por isso que a variação na tensão do coletor não afeta a corrente do coletor. Essa região é chamada de **região ativa**. Graficamente, a região ativa é a parte horizontal da curva. Em outras palavras, a corrente no coletor é *constante* nesta região.

Outra região de operação é a **região de ruptura**. O transistor nunca deve operar nessa região porque ele será danificado. Ao contrário do diodo Zener, que foi otimizado para funcionar na região de ruptura, um transistor não foi projetado para operar na região de ruptura.

Terceiro, existe a parte onde a curva começa a aumentar, onde V_{EC} está entre, 0 V e alguns décimos de um volt. A parte inclinada da curva é chamada de **região de saturação**. Nessa região, o diodo coletor tem uma tensão positiva insuficiente para que o coletor possa capturar todos os elétrons livres injetados na base. Nessa região, a corrente na base I_B é maior que a normal e o ganho de corrente β_{cc} é menor que o normal.

É ÚTIL SABER

Quando as curvas do coletor são mostradas em um traçador de curvas, como na Figura 6-10, na realidade, elas têm uma ligeira inclinação para cima à medida que V_{EC} aumenta. Essa inclinação é o resultado do ligeiro aumento que ocorre na região da base à medida que V_{EC} aumenta. (Como V_{EC} aumenta, a camada de depleção CB torna-se mais larga, estreitando, por tanto, a base.) Com uma região da base estreita, existem menos lacunas disponíveis para a recombinação. Como cada curva representa uma corrente na base constante, o efeito aparece como um aumento na corrente do coletor.

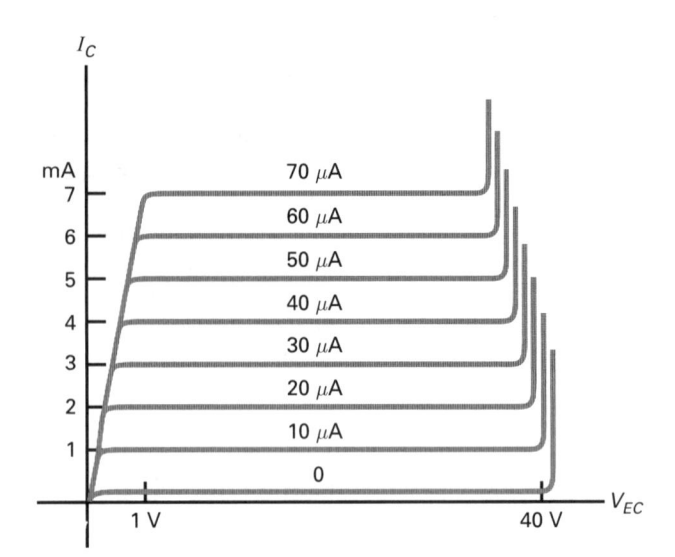

Figura 6-10 Família de curvas do coletor.

Mais curvas

Se medirmos I_C e V_{EC} para $I_B = 20$ μA, podemos traçar a segunda curva da Figura 6-10. A curva é similar à primeira, exceto que a corrente do coletor é de 2 mA na região ativa. Novamente, a corrente de coletor é constante na região ativa.

Quando traçamos várias curvas para diferentes correntes de base, obtemos um conjunto (ou uma família) de curvas do coletor como o da Figura 6-10. Outro modo de obter essa família de curvas é com um *traçador de curvas* (um instrumento de teste que pode mostrar no vídeo I_C *versus* V_{EC} de um transistor). Na região ativa da Figura 6-10, cada corrente do coletor é 100 vezes maior que sua corrente de base correspondente. Por exemplo, a curva superior tem uma corrente de coletor de 7 mA e a corrente da base é de 70 μA. Isso estabelece um ganho de corrente de:

$$\beta_{cc} = \frac{I_C}{I_B} = \frac{7 \text{ mA}}{70 \mu A} = 100$$

Se você verificar qualquer outra curva, obterá o mesmo resultado: um ganho de corrente de 100.

Com outros transistores, o ganho de corrente pode ser diferente de 100, mas as formas das curvas serão similares. Todos os transistores têm uma região ativa, uma região de saturação e uma região de ruptura. A região ativa é a mais importante, porque há a possibilidade de uma amplificação (um aumento) dos sinais na região ativa.

Região de corte

A Figura 6-10 tem uma curva inesperada, a primeira curva debaixo. Observe que a corrente da base é zero, mas ainda existe uma corrente do coletor. Num traçador de curvas, essa corrente é normalmente tão baixa que não podemos notá-la. Fizemos uma representação exagerada na curva inferior com um valor muito maior. Essa curva inferior é chamada de *região de corte* do transistor, e a baixa corrente do coletor é chamada de *corrente de corte do coletor.*

Por que existe uma corrente no coletor se não existe corrente na base? Porque o diodo coletor tem uma corrente reversa de portadores minoritários e uma corrente de fuga da superfície. Em um circuito bem projetado, a corrente de corte do coletor é baixa o suficiente para ser desprezada. Por exemplo, o 2N3904 tem uma corrente de corte do coletor de 50 nA. Se a corrente real do coletor for de 1 mA, desprezando a corrente de corte do coletor de 50 nA o erro de cálculo produzido será menos de 5%.

Recapitulando

Um transistor tem quatro regiões de operação distintas: *ativa, corte, saturação* e *ruptura*. Os transistores operam na região ativa quando são usados como amplificadores de sinais fracos. A região ativa é algumas vezes chamada de *região linear* porque variações no sinal de entrada produzem variações no sinal de saída. As regiões de saturação e corte são usadas nos circuitos digitais e circuitos de computador, referidos como **circuitos de chaveamento**.

Exemplo 6-5

O transistor da Figura 6-11a tem $\beta cc = 300$. Calcule I_B, I_C, V_{EC} e P_D.

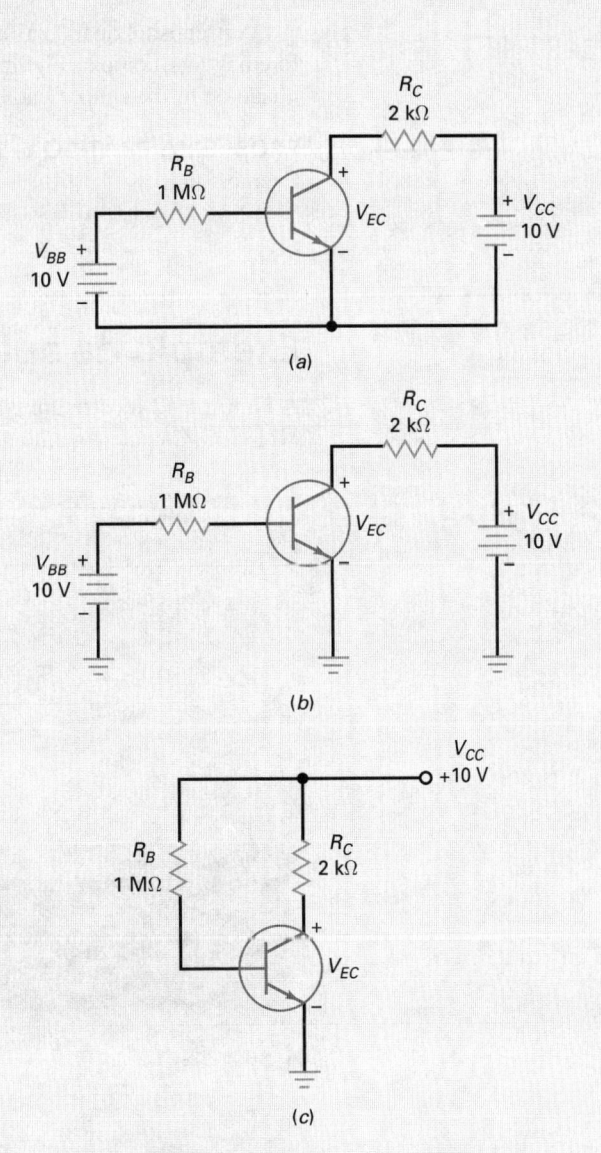

Figura 6-11 Circuito com transistor. (a) Diagrama elétrico básico; (b) circuito com o terra; (c) diagrama elétrico simplificado.

SOLUÇÃO A Figura 6-11b mostra o mesmo circuito com o terra. A corrente na base é dada por:

$$I_B = \frac{V_{BB} - V_{BE}}{R_B} = \frac{10\text{ V} - 0,7\text{ V}}{1\text{ M}\Omega} = 9,3\ \mu\text{A}$$

A corrente no coletor é:

$$I_C = \beta_{cc}I_B = (300)(9,3\ \mu\text{A}) = 2,79\text{ mA}$$

tensão coletor-emissor é:

$$V_{EC} = V_{CC} - I_C R_C = 10\text{ V} - (2,79\text{ mA})(2\text{ k}\Omega) = 4,42\text{ V}$$

A potência de dissipação do coletor é:

$$P_D = V_{EC}I_C = (4,42\text{ V})(2,79\text{ mA}) = 12,3\text{ mW}$$

A propósito, quando as duas fontes de alimentação da base e do coletor forem iguais, como na Figura 6-11b, você verá este circuito geralmente desenhado de forma simplificada como na Figura 6-11c.

PROBLEMA PRÁTICO 6-5 Mude o valor de R_B para 680 kΩ e repita o Exemplo 6-5.

Exemplo de aplicação 6-6   ‖‖ MultiSim

A Figura 6-12 mostra um circuito com transistor montado num simulador MultiSim. Calcule o ganho de corrente do 2N4424.

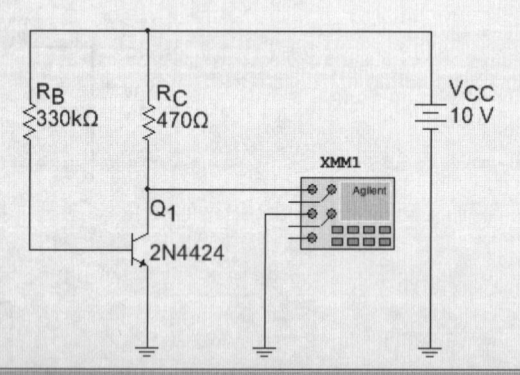

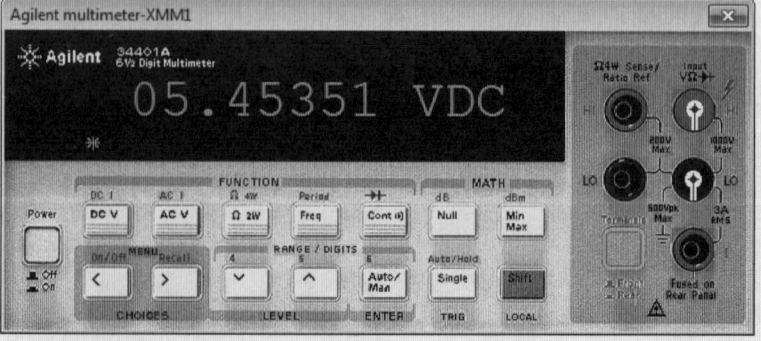

Figura 6-12 Circuito com o MultiSim para calcular o ganho de corrente do 2N4424.

> **SOLUÇÃO** Primeiro, calcule a corrente na base como a seguir:
>
> $$I_B = \frac{10\text{ V} - 0,7\text{ V}}{330\text{ k}\Omega} = 28,2\ \mu\text{A}$$
>
> A seguir, precisamos saber o valor da corrente no coletor. Como o multímetro indica uma tensão coletor-emissor de 5,45 V (arredondando três casas), a tensão no resistor do coletor é:
>
> $$V_C = 10\text{ V} - 5,45\text{ V} = 4,55\text{ V}$$
>
> Como a corrente no coletor circula pelo resistor do coletor, podemos usar a lei de Ohm para obter a corrente no coletor:
>
> $$I_C = \frac{4,55\text{ V}}{470\ \Omega} = 9,68\text{ mA}$$
>
> Agora, podemos calcular o ganho de corrente:
>
> $$\beta_{cc} = \frac{9,68\text{ mA}}{28,2\ \mu\text{A}} = 343$$
>
> O 2N4424 é um exemplo de transistor com alto ganho de corrente. A faixa típica de β_{cc} para os transistores de pequeno sinal é de 100 a 300.
>
> **PROBLEMA PRÁTICO 6-6** Usando o MultiSim, mude o resistor da base na Figura 6-12 para 560 kΩ e calcule o ganho de corrente do 2N4424.

6-7 Aproximações para o transistor

A Figura 6-13a mostra um transistor. A tensão V_{BE} aparece no diodo emissor e a tensão V_{EC} aparece nos terminais coletor-emissor. Qual o circuito equivalente para este transistor?

Aproximação ideal

A Figura 6-13b mostra a aproximação ideal de um transistor. Visualizamos o diodo emissor como um diodo ideal. Nesse caso $V_{BE} = 0$. Isso nos permite calcular a corrente na base rápida e facilmente. Esse circuito equivalente é sempre útil para verificar defeitos quando tudo que precisamos é de uma aproximação preliminar da corrente na base.

Conforme mostrado na Figura 6-13b, o lado do coletor do transistor age como uma fonte de corrente que força uma corrente no coletor com valor de $\beta_{cc}I_B$ pelo resistor do coletor. Portanto, após o cálculo da corrente na base, você pode multiplicá-la pelo ganho de corrente para obter a corrente no coletor.

Segunda aproximação

A Figura 6-13c mostra a segunda aproximação de um transistor. Ela é mais comumente usada porque pode melhorar a análise significativamente quando a fonte de alimentação da base é de baixo valor.

Desta vez vamos usar a segunda aproximação de um diodo no cálculo da corrente na base. Para os transistores de silício, significa que $V_{BE} = 0,7$ V. (Para transistores de germânio, $V_{BE} = 0,3$ V.) Com a segunda aproximação, as correntes da base e do coletor serão ligeiramente menores que seus valores ideais.

É ÚTIL SABER

Um transistor bipolar é frequentemente usado como uma fonte de corrente.

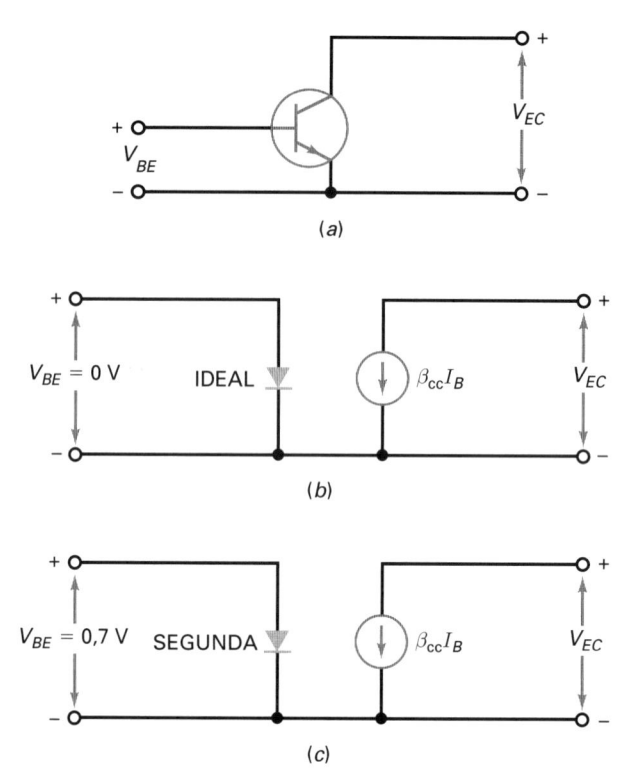

Figura 6-13 Aproximações do transistor. (a) Dispositivo original; (b) a aproximação ideal; (c) a segunda aproximação.

Aproximações mais precisas

A resistência de corpo do diodo emissor torna-se importante apenas quando aplicadas em alta potência em cujas aplicações estas correntes são altas. O efeito da resistência de corpo no diodo emissor aumenta V_{BE} acima de 0,7 V. Por exemplo, em circuitos de alta potência, o valor de V_{BE} no diodo base-emissor pode ser maior que 1 V.

Do mesmo modo, a resistência de corpo do diodo coletor pode ter um efeito notável em alguns projetos. Além das resistências de corpo do emissor e do coletor, um transistor tem muitos outros efeitos de ordem superior que torna os cálculos manuais tediosos e demorados. Por essa razão, os cálculos além da segunda aproximação devem usar um computador para as soluções.

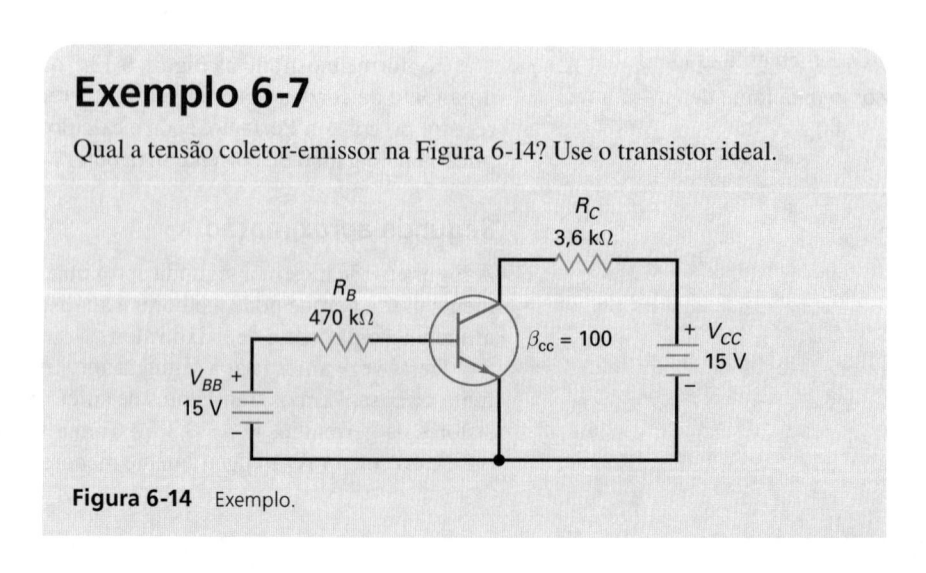

Exemplo 6-7

Qual a tensão coletor-emissor na Figura 6-14? Use o transistor ideal.

Figura 6-14 Exemplo.

SOLUÇÃO Um diodo ideal significa que:

$$V_{BE} = 0$$

Logo, a tensão total em R_B é de 15 V. A lei de Ohm nos informa que:

$$I_B = \frac{15\text{ V}}{470\text{ k}\Omega} = 31,9\ \mu\text{A}$$

A corrente no coletor é igual ao ganho de corrente multiplicado pela corrente na base:

$$I_C = 100(31,9\ \mu\text{A}) = 3,19\text{ mA}$$

A seguir, calculamos a tensão coletor-emissor. Ela é igual à fonte de alimentação do coletor menos a queda de tensão no resistor do coletor:

$$V_{EC} = 15\text{ V} - (3,19\text{ mA})(3,6\text{ k}\Omega) = 3,52\text{ V}$$

Em um circuito com o da Figura 6-14, não é muito importante saber o valor da corrente no emissor, portanto muitas pessoas não calculam este valor. Mas como estamos exemplificando, vamos calcular a corrente no emissor. Ela é igual à soma da corrente no coletor e da corrente na base:

$$I_E = 3,19\text{ mA} + 31,9\ \mu\text{A} = 3,22\text{ mA}$$

Esse valor é extremamente próximo do valor da corrente no coletor, que é outra razão para não se preocupar com o seu cálculo. Muitas pessoas diriam que a corrente no emissor é de aproximadamente 3,19 mA, o valor da corrente no coletor.

Exemplo 6-8

Qual a tensão coletor-emissor na Figura 6-14 se for usada a segunda aproximação?

SOLUÇÃO Na Figura 6-14, aqui está como você calcularia os valores das correntes e das tensões, usando a segunda aproximação. A tensão no diodo emissor é:

$$V_{BE} = 0,7\text{ V}$$

Portanto a tensão total em R_B é de 14,3 V, a diferença entre 15 V e 0,7 V. A corrente na base é:

$$I_B = \frac{14,3\text{ V}}{470\text{ k}\Omega} = 30,4\ \mu\text{A}$$

A corrente no coletor é igual ao ganho de corrente multiplicado pela corrente na base:

$$I_C = 100(30,4\ \mu\text{A}) = 3,04\text{ mA}$$

A tensão coletor-emissor é igual a:

$$V_{EC} = 15\text{ V} - (3,04\text{ mA})(3,6\text{ k}\Omega) = 4,06\text{ V}$$

Uma resposta melhor do que a resposta no caso ideal é de cerca de meio volt: 4,06 V comparada com 3,52 V. Esse meio volt é importante? Depende se você está verificando defeitos, projetando e assim por diante.

Exemplo 6-9

Suponha que tenha medido o valor de V_{BE} de 1 V. Qual a tensão coletor-emissor na Figura 6-14?

SOLUÇÃO A tensão total em R_B é de 14 V, que é a diferença entre 15 V e 1 V. A lei de Ohm nos informa que a corrente na base é

$$I_B = \frac{14\,V}{470\,k\Omega} = 29,8\,\mu A$$

A corrente no coletor é igual ao ganho de corrente multiplicado pela corrente na base:

$$I_C = 100(29,8\,\mu A) = 2,98\,mA$$

A tensão coletor-emissor é igual a:

$$V_{EC} = 15V - (2,98mA)(3,6\,k\Omega) = 4,27V$$

Exemplo 6-10

Qual a tensão coletor-emissor nos três exemplos anteriores se a tensão de alimentação da base for de 5 V?

SOLUÇÃO Com o diodo ideal:

$$I_B = \frac{5\,V}{470\,k\Omega} = 10,6\,\mu A$$

$$I_C = 100(10,6\,\mu A) = 1,06\,mA$$

$$V_{CE} = 15\,V - (1,06\,mA)(3,6\,k\Omega) = 11,2\,V$$

Com a segunda aproximação:

$$I_B = \frac{4,3\,V}{470\,k\Omega} = 9,15\,\mu A$$

$$I_C = 100(9,15\,\mu A) = 0,915\,mA$$

$$V_{CE} = 15\,V - (0,915\,mA)(3,6\,k\Omega) = 11,7\,V$$

Com o valor medido de V_{BE}:

$$I_B = \frac{4\,V}{470\,k\Omega} = 8,51\,\mu A$$

$$I_C = 100(8,51\,\mu A) = 0,851\,mA$$

$$V_{CE} = 15\,V - (0,851\,mA)(3,6\,k\Omega) = 11,9\,V$$

Este exemplo nos permite comparar as três aproximações para o caso da fonte de alimentação da base de baixo valor. Como você pode ver, todas as respostas estão dentro de um volt uma da outra. Essa é a primeira dica para qual aproximação deve ser usada. Se você estiver verificando defeitos neste circuito, a análise ideal será provavelmente a adequada. Mas se você estiver projetando o circuito, use uma solução por computador devido à precisão. A Tabela 6-1 ilustra a diferença entre a aproximação ideal e a segunda aproximação no transistor.

PROBLEMA PRÁTICO 6-10 Repita o Exemplo 6-10 usando uma fonte de alimentação de 7 V.

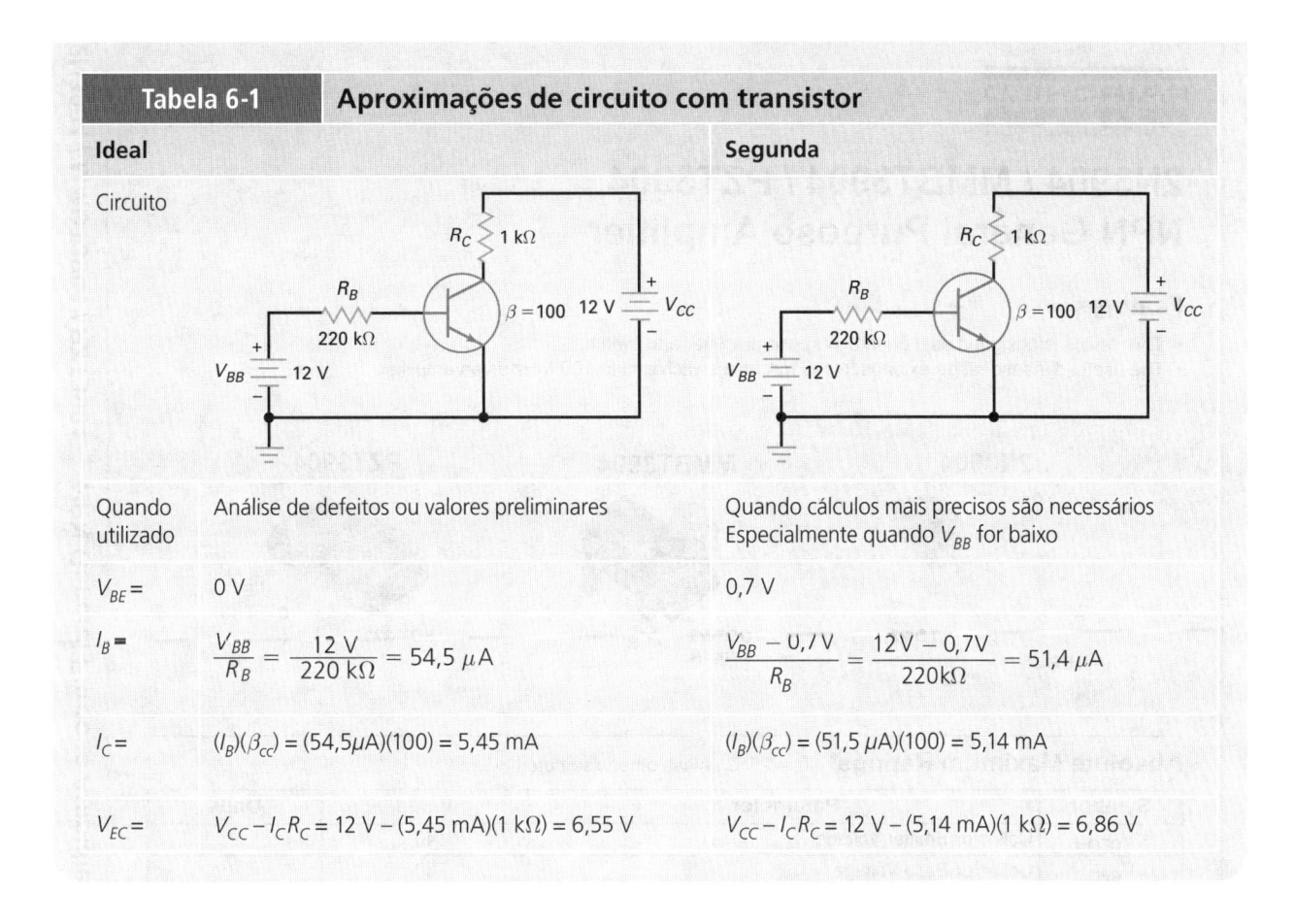

Tabela 6-1	Aproximações de circuito com transistor	
	Ideal	**Segunda**
Circuito	(circuito com $R_C = 1\,k\Omega$, $R_B = 220\,k\Omega$, $\beta = 100$, $V_{CC} = 12\,V$, $V_{BB} = 12\,V$)	(circuito com $R_C = 1\,k\Omega$, $R_B = 220\,k\Omega$, $\beta = 100$, $V_{CC} = 12\,V$, $V_{BB} = 12\,V$)
Quando utilizado	Análise de defeitos ou valores preliminares	Quando cálculos mais precisos são necessários Especialmente quando V_{BB} for baixo
$V_{BE} =$	0 V	0,7 V
$I_B =$	$\dfrac{V_{BB}}{R_B} = \dfrac{12\,V}{220\,k\Omega} = 54{,}5\,\mu A$	$\dfrac{V_{BB} - 0{,}7\,V}{R_B} = \dfrac{12\,V - 0{,}7\,V}{220\,k\Omega} = 51{,}4\,\mu A$
$I_C =$	$(I_B)(\beta_{cc}) = (54{,}5\,\mu A)(100) = 5{,}45\,mA$	$(I_B)(\beta_{cc}) = (51{,}5\,\mu A)(100) = 5{,}14\,mA$
$V_{EC} =$	$V_{CC} - I_C R_C = 12\,V - (5{,}45\,mA)(1\,k\Omega) = 6{,}55\,V$	$V_{CC} - I_C R_C = 12\,V - (5{,}14\,mA)(1\,k\Omega) = 6{,}86\,V$

6-8 Interpretação das folhas de dados

Os **transistores de pequeno sinal** podem dissipar menos de 1 watt; **transistores de potência** podem dissipar mais de um watt. Quando você consultar uma folha de dados para esses dois tipos de transistores, deve começar com os valores nominais máximos, porque eles são os limites das correntes, tensões e outros parâmetros do transistor.

Valores nominais de ruptura

Na folha de dados mostrada na Figura 6-15, são dados os valores nominais máximos do 2N3904:

V_{CEO} 60 V
B_{CBO} 40 V
V_{EBO} 6 V

Essas tensões nominais são as tensões reversas de ruptura e V_{CEO} é a tensão entre o coletor e o emissor com a base aberta. O segundo valor nominal é V_{CBO}, que representa a tensão do coletor para a base com o emissor aberto. Do mesmo modo, V_{EBO} é a tensão reversa máxima do emissor para a base com o coletor aberto. Como sempre, um projeto seguro nunca permite que a tensão se aproxime dos valores nominais máximos. Se você se lembra, aproximar a tensão dos valores nominais máximos pode diminuir a vida útil de alguns dispositivos.

FAIRCHILD
SEMICONDUCTOR®

October 2011

2N3904 / MMBT3904 / PZT3904
NPN General Purpose Amplifier

Features
- This device is designed as a general purpose amplifier and switch.
- The useful dynamic range extends to 100 mA as a switch and to 100 MHz as an amplifier.

2N3904 — TO-92 — E B C

MMBT3904 — SOT-23 Mark:1A — C, E, B

PZT3904 — SOT-223 — C, E, C, B

Absolute Maximum Ratings* $T_a = 25°C$ unless otherwise noted

Symbol	Parameter	Value	Units
V_{CEO}	Collector-Emitter Voltage	40	V
V_{CBO}	Collector-Base Voltage	60	V
V_{EBO}	Emitter-Base Voltage	6.0	V
I_C	Collector Current - Continuous	200	mA
T_J, T_{stg}	Operating and Storage Junction Temperature Range	-55 to +150	°C

* These ratings are limiting values above which the serviceability of any semiconductor device may be impaired.

NOTES:
1) These ratings are based on a maximum junction temperature of 150 degrees C.
2) These are steady state limits. The factory should be consulted on applications involving pulsed or low duty cycle operations.

Thermal Characteristics $T_a = 25°C$ unless otherwise noted

Symbol	Parameter	Max. 2N3904	Max. *MMBT3904	Max. **PZT3904	Units
P_D	Total Device Dissipation Derate above 25°C	625 5.0	350 2.8	1,000 8.0	mW mW/°C
$R_{\theta JC}$	Thermal Resistance, Junction to Case	83.3			°C/W
$R_{\theta JA}$	Thermal Resistance, Junction to Ambient	200	357	125	°C/W

* Device mounted on FR-4 PCB 1.6" X 1.6" X 0.06".
** Device mounted on FR-4 PCB 36 mm X 18 mm X 1.5 mm; mounting pad for the collector lead min. 6 cm^2.

© 2011 Fairchild Semiconductor Corporation
2N3904 / MMBT3904 / PZT3904 Rev. B0

www.fairchildsemi.com

Figura 6-15 (a) Folha de dados do transistor 2N3904. (© Fairchild Semiconductor. Usado com permissão.)

Electrical Characteristics $T_a = 25°C$ unless otherwise noted

Symbol	Parameter	Test Condition	Min.	Max.	Units
OFF CHARACTERISTICS					
$V_{(BR)CEO}$	Collector-Emitter Breakdown Voltage	$I_C = 1.0mA, I_B = 0$	40		V
$V_{(BR)CBO}$	Collector-Base Breakdown Voltage	$I_C = 10\mu A, I_E = 0$	60		V
$V_{(BR)EBO}$	Emitter-Base Breakdown Voltage	$I_E = 10\mu A, I_C = 0$	6.0		V
I_{BL}	Base Cutoff Current	$V_{CE} = 30V, V_{EB} = 3V$		50	nA
I_{CEX}	Collector Cutoff Current	$V_{CE} = 30V, V_{EB} = 3V$		50	nA
ON CHARACTERISTICS*					
h_{FE}	DC Current Gain	$I_C = 0.1mA, V_{CE} = 1.0V$ $I_C = 1.0mA, V_{CE} = 1.0V$ $I_C = 10mA, V_{CE} = 1.0V$ $I_C = 50mA, V_{CE} = 1.0V$ $I_C = 100mA, V_{CE} = 1.0V$	40 70 100 60 30	300	
$V_{CE(sat)}$	Collector-Emitter Saturation Voltage	$I_C = 10mA, I_B = 1.0mA$ $I_C = 50mA, I_B = 5.0mA$		0.2 0.3	V V
$V_{BE(sat)}$	Base-Emitter Saturation Voltage	$I_C = 10mA, I_B = 1.0mA$ $I_C = 50mA, I_B = 5.0mA$	0.65	0.85 0.95	V V
SMALL SIGNAL CHARACTERISTICS					
f_T	Current Gain - Bandwidth Product	$I_C = 10mA, V_{CE} = 20V,$ $f = 100MHz$	300		MHz
C_{obo}	Output Capacitance	$V_{CB} = 5.0V, I_E = 0,$ $f = 1.0MHz$		4.0	pF
C_{ibo}	Input Capacitance	$V_{EB} = 0.5V, I_C = 0,$ $f = 1.0MHz$		8.0	pF
NF	Noise Figure	$I_C = 100\mu A, V_{CE} = 5.0V,$ $R_S = 1.0k\Omega,$ $f = 10Hz$ to $15.7kHz$		5.0	dB
SWITCHING CHARACTERISTICS					
t_d	Delay Time	$V_{CC} = 3.0V, V_{BE} = 0.5V$ $I_C = 10mA, I_{B1} = 1.0mA$		35	ns
t_r	Rise Time			35	ns
t_s	Storage Time	$V_{CC} = 3.0V, I_C = 10mA,$ $I_{B1} = I_{B2} = 1.0mA$		200	ns
t_f	Fall Time			50	ns

* Pulse Test: Pulse Width $\leq 300\mu s$, Duty Cycle $\leq 2.0\%$

Ordering Information

Part Number	Marking	Package	Packing Method	Pack Qty
2N3904BU	2N3904	TO-92	BULK	10000
2N3904TA	2N3904	TO-92	AMMO	2000
2N3904TAR	2N3904	TO-92	AMMO	2000
2N3904TF	2N3904	TO-92	TAPE REEL	2000
2N3904TFR	2N3904	TO-92	TAPE REEL	2000
MMBT3904	1A	SOT-23	TAPE REEL	3000
MMBT3904_D87Z	1A	SOT-23	TAPE REEL	10000
PZT3904	3904	SOT-223	TAPE REEL	2500

Figura 6-15(b) Folha de dados do transistor 2N3904. (© Fairchild Semiconductor. Usado com permissão.) (Continuação)

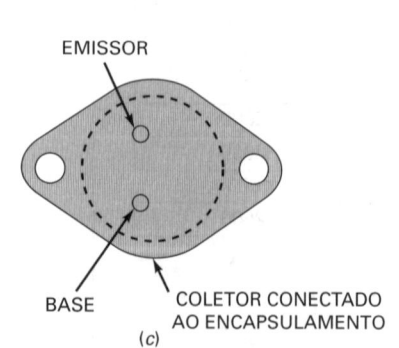

Corrente e potência máxima

Estão listados também nas folhas de dados estes outros valores:

I_C 200 mA
P_D 625 mW

Aqui, I_C é a corrente CC nominal máxima do coletor. Isso significa que o 2N3904 pode conduzir uma corrente direta de até 200 mA, desde que não exceda a potência nominal. O próximo valor nominal, P_D, é a potência nominal máxima do dispositivo. Essa potência nominal máxima depende do que você está tentando fazer para manter o transistor frio. Se o transistor não estiver sendo ventilado e não tiver um dissipador de calor, sua temperatura no encapsulamento T_C será bem mais alta que a temperatura ambiente T_A.

Em muitas aplicações um transistor de pequeno sinal como o 2N3904 não é ventilado e não tem um dissipador de calor. Nesse caso, o 2N3904 tem uma potência nominal de 625 mW quando a temperatura ambiente T_A é de 25° C.

A temperatura do encapsulamento T_C é a temperatura na carcaça ou invólucro em muitas aplicações, a temperatura do encapsulamento será maior do que 25°C por que o calor interno do transistor aumenta a temperatura do encapsulamento.

O único modo de manter a temperatura do encapsulamento a 25°C quando a temperatura ambiente for de 25°C é usando um ventilador ou um dissipador de calor maior. Se o ventilador ou dissipador de calor maior for usado, é possível reduzir a temperatura do encapsulamento para 25°C. Para essa condição, a potência nominal pode ser aumentada para 1,5 W.

Fatores de degradação

Qual é a importância do fator de degradação? O fator de degradação do 2N3904 é dado como 5 mW/°C. Isso significa que você deve reduzir a potência nominal de 625 mW por 5 mW para cada grau acima de 25°C.

Dissipadores de calor

Uma forma de aumentar a potência nominal de um transistor é retirando o calor interno mais rapidamente. Essa é a função de um **dissipador de calor** (uma massa metálica). Se aumentarmos a superfície do encapsulamento do transistor, permitiremos que o calor seja trocado com o meio ambiente mais facilmente. Por exemplo, a Figura 6-16a mostra um tipo de dissipador. Quando ele está em contato com o encapsulamento do transistor, o calor é irradiado mais rapidamente, em virtude da superfície maior do encapsulamento.

A Figura 6-16b mostra um outro sistema. Ele é o esboço de um transistor de potência com placa metálica para dissipação do calor. Uma placa metálica estabelece um meio para esfriar o transistor. Essa placa metálica pode ser parafusada ao chassi do equipamento eletrônico. Como o chassi é uma massa dissipadora, o calor gerado no transistor pode ser facilmente passado para o chassi.

Transistores de potências mais elevadas como o da Figura 6-16c têm o coletor conectado no encapsulamento retirando o calor com facilidade. O encapsulamento do transistor é então parafusado no chassi. Para evitar que o coletor entre em curto-circuito com chassi aterrado, uma arruela fina de mica e uma pasta condutora térmica são colocadas entre o encapsulamento do transistor e o chassi. A ideia principal aqui é que o calor seja retirado do transistor o mais rápido possível, o que significa que o transistor tem uma potência nominal maior com a mesma temperatura ambiente. Algumas vezes o transistor é fixado em um dissipador maior com aletas; que são mais eficientes na remoção do calor do transistor. Na Fig. 6-16c, o desenho do encapsulamento mostra os terminais de base e emissor vistos por baixo do dispositivo (os terminais apontam para você). Note que os terminais de base e emissor estão deslocados em relação ao centro do encapsulamento.

Não importa o tipo de dissipador utilizado, o objetivo é diminuir a temperatura do encapsulamento pois isto diminuirá a temperatura interna da junção do transistor. As folhas de dados incluem outros valores chamados de **resistência térmica**. Isso permite ao projetista calcular a temperatura do encapsulamento para diferentes dissipadores.

Figura 6-16 (a) Dissipador de calor de pressão circular; (b) transistor de potência com placa metálica; (c) transistor de potência com coletor conectado no encapsulamento.

Ganho de corrente

Em um outro sistema de análise chamado **parâmetros h**, o h_{FE} em vez de β_{cc} é definido como símbolo para o ganho de corrente. Esses dois parâmetros são iguais:

$$\beta_{cc} = h_{FE} \tag{6-9}$$

Lembre-se dessa relação porque as folhas de dados usam o símbolo h_{FE} para o ganho de corrente.

Na seção denominada "Características", a folha de dados do 2N3904 fornece os valores de h_{FE}, como se segue:

I_C, mA	h_{FE} mín.	h_{FE} máx.
0,1	40	-
1	70	-
10	100	300
50	60	-
100	30	-

O 2N3904 funciona melhor quando a corrente do coletor está próxima de 10 mA. Com esse valor de corrente, o ganho mínimo de corrente é de 100 e o ganho máximo de corrente é 300. O que isso significa? Significa que se você produzir um circuito em grande escala usando o 2N3904 com uma corrente de coletor de 10 mA, alguns dos transistores poderão ter um ganho de corrente abaixo de 100 e outros poderão ter um ganho de corrente acima de 300. A maioria dos transistores terá um ganho de corrente no meio dessa faixa.

Observe como o ganho de corrente diminui para as correntes de coletor que são menores ou maiores que 10 mA. Com 0,1 mA, o ganho de corrente mínimo é de 40. Com 100 mA, o ganho de corrente mínimo é de 30. As folhas de dados mostram apenas o ganho de corrente mínimo para correntes diferentes de 10 mA, porque os valores mínimos representam o pior caso. Os projetistas geralmente usam o pior caso nos projetos, indicando que eles imaginam como o circuito operará quando as características do transistor, tal como o ganho de corrente, estiverem no seu pior caso.

Exemplo 6-11

Um transistor 2N3904 tem um V_{EC} = 10 V e I_C = 20 mA. Qual é a potência dissipada? Que nível de dissipação de potência é seguro se a temperatura ambiente for de 25°C?

SOLUÇÃO Multiplique V_{EC} por I_c para obter:

$$P_D = (10 \text{ V})(20 \text{ mA}) = 200 \text{ mW}$$

Isso é seguro? Se a temperatura ambiente for de 25°C, o transistor terá uma potência nominal de 625 mW. Isso significa que o transistor estará perfeitamente dentro da sua faixa nominal de potência.

Como você já sabe, um bom projeto inclui um fator de segurança para garantir uma operação de maior vida útil do transistor. Os fatores de segurança de 2 ou mais são comuns. Um fator de segurança de 2 significa que o projetista permite no máximo metade de 625 mW, ou seja, 312 mW. Portanto, uma potência de apenas 200 mW é muito segura, desde que a temperatura ambiente permaneça em 25°C.

Exemplo 6-12

Até que ponto é seguro para o nível de dissipação de potência se a temperatura ambiente for de 100°C na Figura 6-11?

SOLUÇÃO Primeiro, calcule quantos graus a nova temperatura ambiente deve ser maior em relação à temperatura de referência de 25°C. Faça isso como se segue:

$$100°C - 25°C = 75°C$$

Algumas vezes, você verá isso escrito como:

$$\Delta T = 75°C$$

onde Δ representa "diferença de". Leia a equação como a diferença de temperatura é igual a 75°C.

Agora, multiplique o fator de degradação pela diferença de temperatura para obter:

$$(5 \text{ mW/°C})(75°C) = 375 \text{ mW}$$

Você verá isso escrito quase sempre como:

$$\Delta P = 375 \text{ mW}$$

onde ΔP representa a diferença de potência. Finalmente, você subtrai a diferença de potência da potência nominal em 25°C:

$$P_{D(\text{máx})} = 625 \text{ mW} - 375 \text{ mW} = 250 \text{ mW}$$

Essa é a potência nominal do transistor quando a temperatura ambiente for de 100°C.

Até que ponto esse projeto é seguro? O transistor ainda funciona bem porque sua potência é de 200 mW comparada com a potência nominal de 250 mW. Mas já não temos o fator de segurança de 2. Se a temperatura ambiente aumentasse ainda mais, ou se a dissipação de potência fosse aumentada, o transistor poderia estar perigosamente próximo de sua queima. Por isso, o projetista deve refazer o projeto do circuito a fim de restaurar o fator de segurança de 2. Isso significa mudar os valores do circuito para obter uma dissipação de potência que seja a metade de 250 mW ou 125 mW.

PROBLEMA PRÁTICO 6-12 Utilizando um fator seguro de 2, você poderia usar com segurança o 2N3904 se a temperatura ambiente fosse 75°C?

6-9 Transistor para montagem em superfície

Os transistores para montagem em superfície são encontrados geralmente em encapsulamentos simples de três terminais, tipo asa de gaivota. O encapsulamento SOT-23 é o menor deles e é usado para transistores na faixa nominal de miliwatt. O encapsulamento SOT-223 é maior e é usado quando a potência nominal é de cerca de 1 W.

A Figura 6-17 mostra um encapsulamento típico SOT-23. Visto de cima, os terminais são numerados no sentido anti-horário, com o número 3 do lado onde existe apenas um terminal. As designações dos terminais são bem normalizadas para transistores bipolares: 1 é a base, 2 é o emissor e 3 é o coletor.

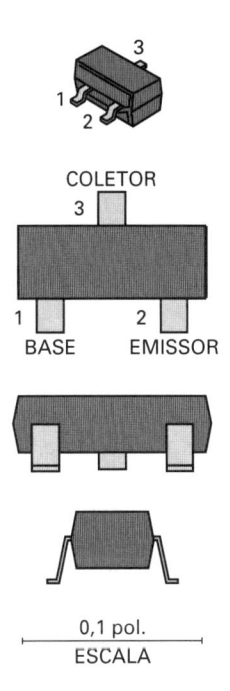

Figura 6-17 O encapsulamento SOT 23 é apropriado para transistores MSD com potência na faixa de 1 W.

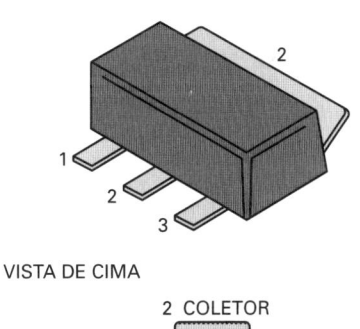

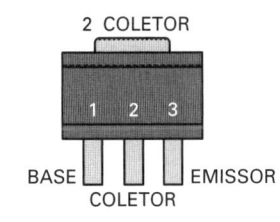

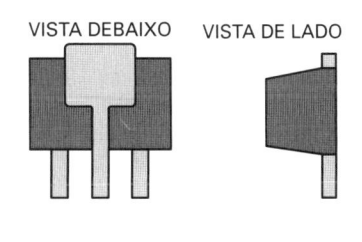

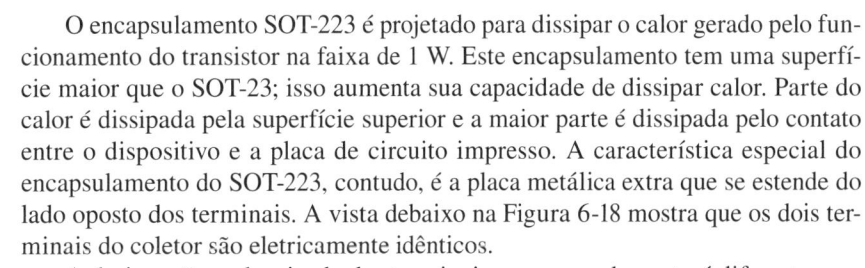

Figura 6-18 O encapsulamento SOT 223 foi projetado para dissipar o calor gerado pelo funcionamento do transistor na faixa de 1 W.

O encapsulamento SOT-223 é projetado para dissipar o calor gerado pelo funcionamento do transistor na faixa de 1 W. Este encapsulamento tem uma superfície maior que o SOT-23; isso aumenta sua capacidade de dissipar calor. Parte do calor é dissipada pela superfície superior e a maior parte é dissipada pelo contato entre o dispositivo e a placa de circuito impresso. A característica especial do encapsulamento do SOT-223, contudo, é a placa metálica extra que se estende do lado oposto dos terminais. A vista debaixo na Figura 6-18 mostra que os dois terminais do coletor são eletricamente idênticos.

A designação padronizada dos terminais no encapsulamento é diferente para o SOT-23 e SOT-223. Os três terminais localizados em uma borda são numerados em sequência, da esquerda para a direita com a vista de cima. O terminal 1 é a base, o 2 é o coletor (eletricamente idêntico à placa metálica na borda oposta) e o 3 é o emissor. Observando novamente a Figura 6-15, observe que o transistor 2N3904 vem em dois tipos de encapsulamento para montagem em superfície (*surface-mount*). O transistor MMBT3904 tem encapsulamento SOT-23 com uma dissipação máxima de potência de 350mW; o transistor PZT3904 tem encapsulamento SOT-223 com uma dissipação nominal de potência de 1000 mW (ou 1 W).

Os encapsulamentos SOT-23 são muito pequenos para ter uma identificação padrão de código impressa neles. Geralmente, o único modo de determinar a identificação padrão é observando o número impresso na placa de circuito e depois consultando a lista de componentes do circuito. Os encapsulamentos SOT-223 são suficientemente maiores para ter o código de identificação impresso neles, mas os códigos são raramente vistos. O procedimento típico para aprender mais sobre as configurações de um transistor com encapsulamento SOT-223 é o mesmo usado para os pequenos SOT-23.

Ocasionalmente, um circuito usa o encapsulamento SOIC que abriga múltiplos transistores. O encapsulamento SOIC lembra o encapsulamento em linha dupla de terminais (*dual-inline*) comumente usado para os CIs e na tecnologia antiga dos circuitos impressos. Os terminais do SOIC, contudo, têm a forma de asa de gaivota requerida pela tecnologia SM.

6-10 Variações no ganho de corrente

É ÚTIL SABER

O símbolo h_{FE} representa a taxa de transferência de corrente direta na configuração em emissor comum. O símbolo h_{FE} é um símbolo do parâmetro híbrido (h). O sistema de parâmetros h é o mais comum em uso atualmente para a especificação dos parâmetros do transistor.

O ganho de corrente β_{cc} de um transistor depende de três fatores: do transistor, da corrente no coletor e da temperatura. Por exemplo, quando você substitui um transistor por outro do mesmo tipo, o ganho de corrente geralmente muda. Do mesmo modo, se a corrente no coletor ou a temperatura mudar, o ganho de corrente muda.

Pior caso e melhor caso

Um exemplo concreto, a folha de dados do 2N3904 fornece um h_{FE} mínimo de 100 e um máximo de 300 quando a temperatura for de 25°C e a corrente no coletor de 10 mA. Se produzirmos milhares de circuitos do mesmo tipo com o 2N3904, alguns dos transistores terão um ganho de corrente tão baixo quanto 100 (pior caso), e outros terão um ganho de corrente tão alto quanto 300 (melhor caso).

A Figura 6-19 mostra o gráfico de um 2N3904 para o pior caso (h_{FE} mínimo). Observe no meio da curva o ganho de corrente na temperatura ambiente de 25°C. Quando a corrente no coletor é de 10 mA, o ganho de corrente é 100, o pior caso de um 2N3904. (No melhor caso, poucos transistores 2N3904 apresentam um ganho de corrente 300 com 10 mA e 25°C.)

Efeito da corrente e da temperatura

Quando a temperatura for de 25°C (meio da curva), o ganho de corrente é 50 com 0,1 mA. Com o aumento da corrente de 0,1 mA para 10 mA, h_{FE} aumenta para um máximo de 100. Depois ele diminui para menos de 20 a 200.

Observe também o efeito da temperatura. Quando a temperatura diminui, o ganho de corrente é menor (a parte debaixo da curva). Por outro lado, quando a temperatura aumenta, h_{FE} aumenta por quase toda a faixa de corrente (a parte de cima da curva).

Ideia principal

Como você pode ver, a substituição do transistor muda a corrente no coletor, ou variações na temperatura podem produzir uma ampla variação em h_{FE} ou β_{cc}. A uma dada temperatura, é possível uma variação de 3:1 quando o transistor é substituído. Quando a temperatura varia, é possível uma variação adicional de 3:1. Quando a corrente varia, é possível uma variação de mais de 3:1. Em resumo, o 2N3904 pode ter um ganho de corrente de menos de 10 a mais de 300. Por isso, qualquer projeto que dependa de um valor preciso no ganho de corrente falhará se for produzido em massa.

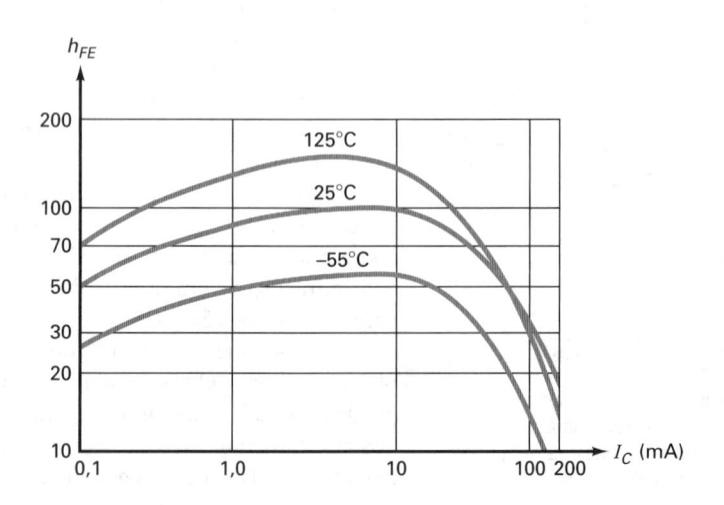

Figura 6-19 Variação no ganho de corrente.

6-11 Reta de carga

Para que um transistor funcione como um amplificador ou como uma chave, ele precisa ter suas condições CC ajustadas adequadamente no circuito. Isto é denominado polarização do transistor. Existem vários métodos de polarização, cada um deles com vantagens e desvantagens. Vamos tratar inicialmente do estudo da polarização de base do transistor.

Polarização da base

O circuito na Figura 6-20a é um exemplo de **polarização da base**, o que significa ajustar um *valor fixo da corrente na base*. Por exemplo, se $R_B = 1$ MΩ, a corrente na base é 14,3 µA (segunda aproximação). Mesmo que o transistor seja substituído e a temperatura varie, a corrente na base permanecerá fixa em aproximadamente 14, 3 µA sobre todas as condições de operação.

Se $\beta_{cc} = 100$ na Figura 6-20a, a corrente no coletor será aproximadamente 1,43 mA e a tensão coletor-emissor será:

$$V_{EC} = V_{CC} - I_C R_C = 15 \text{ V} - (1,43 \text{ mA})(3 \text{ k}\Omega) = 10,7 \text{ V}$$

Portanto, o ponto Q ou quiescente na Figura 6-20a é

$$I_C = 1,43 \text{ mA} \qquad \text{e} \qquad V_{EC} = 10, 7 \text{ V}$$

Solução gráfica

Podemos encontrar também o ponto Q usando uma solução gráfica baseada na **reta de carga**, do transistor, um gráfico de I_C versus V_{EC}. Na Figura 6-20a, a tensão coletor-emissor é dada por:

$$V_{EC} = V_{CC} - I_C R_C$$

Resolvendo para I_C, obtemos:

$$I_C = \frac{V_{CC} - V_{EC}}{R_C} \tag{6-10}$$

Se traçarmos o gráfico desta equação (I_C versus V_{EC}), obteremos uma reta. Essa reta é chamada de *reta de carga* por que ela representa o efeito da carga sobre I_C e V_{EC}.

Por exemplo, substituindo os valores da Figura 6-20a na Equação (6-10) obtemos:

$$I_C = \frac{15 \text{ V} - V_{EC}}{3 \text{ k}\Omega}$$

(a)

(b)

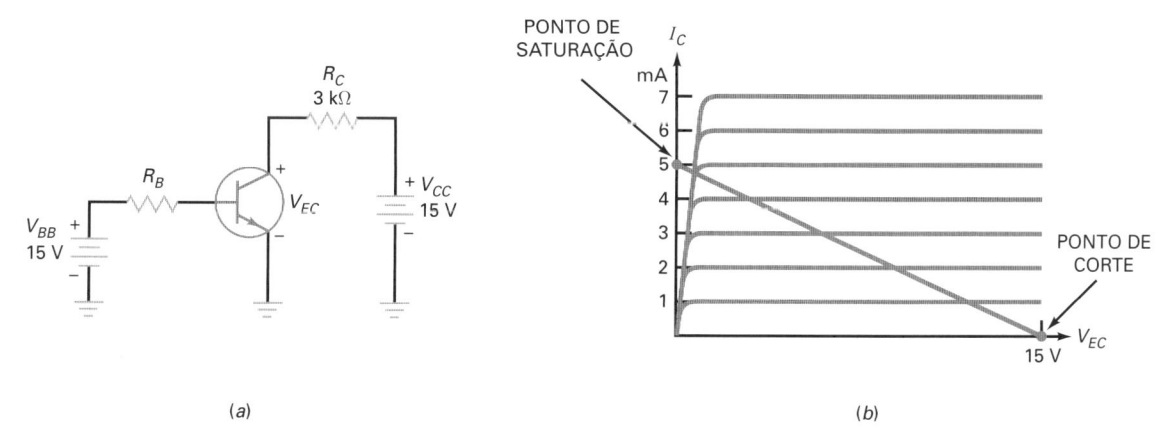

Figura 6-20 Polarização da base (a) circuito; (b) reta de carga.

Essa é uma equação linear; isto é, seu gráfico é uma reta. (*Observação: uma equação linear* é aquela que pode ser reduzida numa forma padronizada de $y = mx + b$). Se traçarmos o gráfico da equação na parte de cima da curva do coletor, obteremos a Figura 6-20*b*.

Os pontos finais da reta de carga são facílimos de serem encontrados. Quando $V_{EC} = 0$ na equação na reta de carga (equação anterior):

$$I_C = \frac{15\text{ V}}{3\text{ k}\Omega} = 5\text{ mA}$$

Com os valores $I_C = 5$ mA e $V_{EC} = 0$, traçamos o ponto superior da reta de carga na Figura 6-20*b*.

Quando $I_C = 0$, obtemos a equação da reta de carga:

$$0 = \frac{15\text{ V} - V_{EC}}{3\text{ k}\Omega}$$

ou

$$V_{EC} = 15\text{ V}$$

Com as coordenadas $I_C = 0$ e $V_{EC} = 15$ V traçamos o ponto inferior da reta de carga na Figura 6-20*b*.

Resumo visual de todos os pontos de operação

Por que a reta de carga é tão utilizada? Porque ela contém todos os pontos possíveis de operação do circuito. Dito de forma diferente, quando a resistência da base varia de zero ao infinito, ela faz com que I_B varie, que faz I_C e V_{EC} variarem sobre suas faixas por completo. Se você traçar os valores de I_C e V_{EC} para todos os possíveis valores de *IB*, obterá a reta de carga. Logo, a reta de carga é um resumo visual de *todos os pontos de operações possíveis do transistor*.

Ponto de saturação

Quando a resistência da base é muito baixa, a corrente no coletor é alta e a tensão coletor-emissor cai para aproximadamente zero. Nesse caso, o transistor vai para *saturação*. Isso significa que a corrente no coletor aumentou para seu valor máximo possível.

O **ponto de saturação** é o ponto na Figura 6-20*b* onde a reta de carga intercepta a região de saturação das curvas do coletor. Pelo fato de a tensão V_{EC} na saturação ser muito baixa, o ponto de saturação quase encosta no ponto superior da reta de carga. Daqui em diante, consideraremos o ponto de saturação o ponto superior da reta de carga, tendo sempre em mente que existe um ligeiro erro.

O ponto de saturação informa qual é a máxima corrente do coletor possível para este circuito. Por exemplo, o transistor na Figura 6-21*a* vai para saturação quando a corrente no coletor é aproximadamente 5 mA. Com essa corrente, V_{EC} diminui para zero aproximadamente.

Existe um modo fácil de calcular a corrente no ponto de saturação. Visualize um curto-circuito entre o coletor e o emissor para obter a Figura 6-21*b*. Então, V_{EC} cai a zero. Toda a tensão de 15 V da fonte do coletor aparecerá no resistor de 3 kΩ. Logo, a corrente é:

$$I_C = \frac{15\text{ V}}{3\text{ k}\Omega} = 5\text{ mA}$$

Você pode aplicar este método de "curto-circuito mental" para qualquer circuito com polarização da base.

Veja a fórmula para a corrente de saturação nos circuitos com polarização da base:

$$I_{C(\text{sat})} = \frac{V_{CC}}{R_C} \tag{6-11}$$

É ÚTIL SABER

Quando um transistor está saturado, um aumento na corrente da base produz uma corrente maior no coletor.

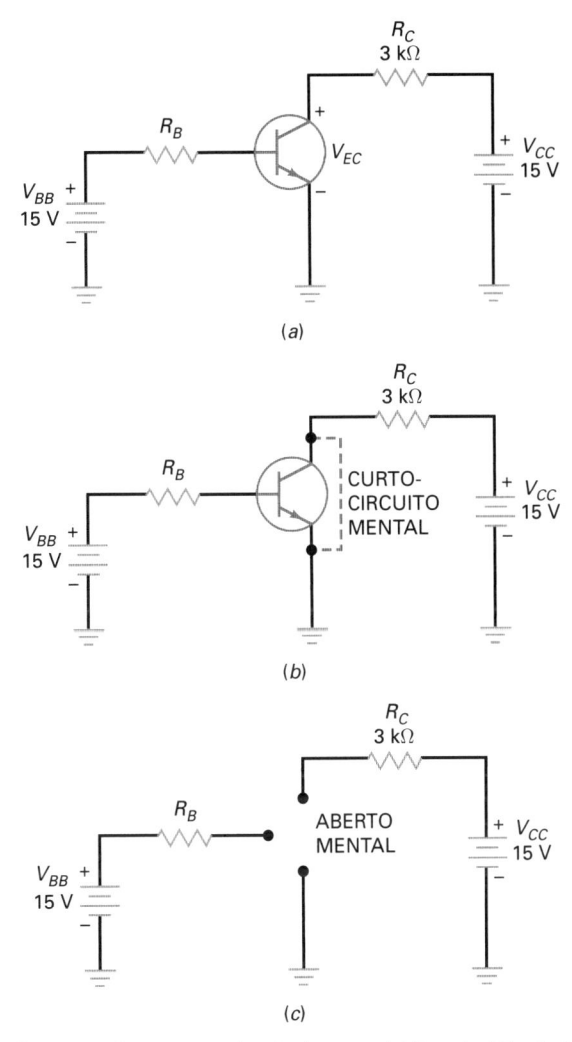

Figura 6-21 Encontrando os pontos da reta de carga. (a) Circuito; (b) calculando a corrente de saturação do coletor; (c) calculando a tensão de corte V_{EC}.

Ela diz que o valor máximo da corrente no coletor é igual à tensão de alimentação do coletor dividida pela resistência do coletor. Ela é apenas a Lei de Ohm aplicada ao resistor do coletor. A Figura 6-21b é um recurso visual desta equação.

Ponto de corte

O **ponto de corte** é o ponto onde a reta de carga intercepta a região de corte das curvas do coletor na Figura 6-20b. Como a corrente do coletor no corte é muito pequena, o ponto de corte quase encosta no ponto inferior da reta de carga. De agora em diante, consideraremos o ponto de corte o ponto inferior da reta de carga.

O ponto de corte informa qual é a tensão coletor-emissor máxima possível para o circuito. Na Figura 6-21a, a tensão coletor-emissor máxima possível é de aproximadamente 15 V, o valor da fonte de alimentação do coletor.

Existe um processo simples de encontrar a tensão de corte. Visualize o transistor na Figura 6-21a como uma chave aberta entre o coletor e o emissor (veja na Figura 6-21c). Como não há corrente no resistor do coletor por causa dessa condição de aberto, toda a tensão de 15 V da alimentação do coletor aparecerá no terminal do coletor. Logo, a tensão entre o coletor e o terra será igual a 15 V:

$$V_{EC(\text{corte})} = V_{cc} \tag{6-12}$$

> **É ÚTIL SABER**
>
> Um transistor está em corte quando sua corrente no coletor é zero.

Exemplo 6-13

Quais são os valores da corrente de saturação e da tensão de corte na Figura 6-22a?

SOLUÇÃO Visualize um curto entre o coletor e o emissor. Então:

$$I_{C(\text{sat})} = \frac{30 \text{ V}}{3 \text{ k}\Omega} = 10 \text{ mA}$$

A seguir, visualize os terminais coletor-emissor abertos. Neste caso:

$$V_{EC(\text{corte})} = 30 \text{ V}$$

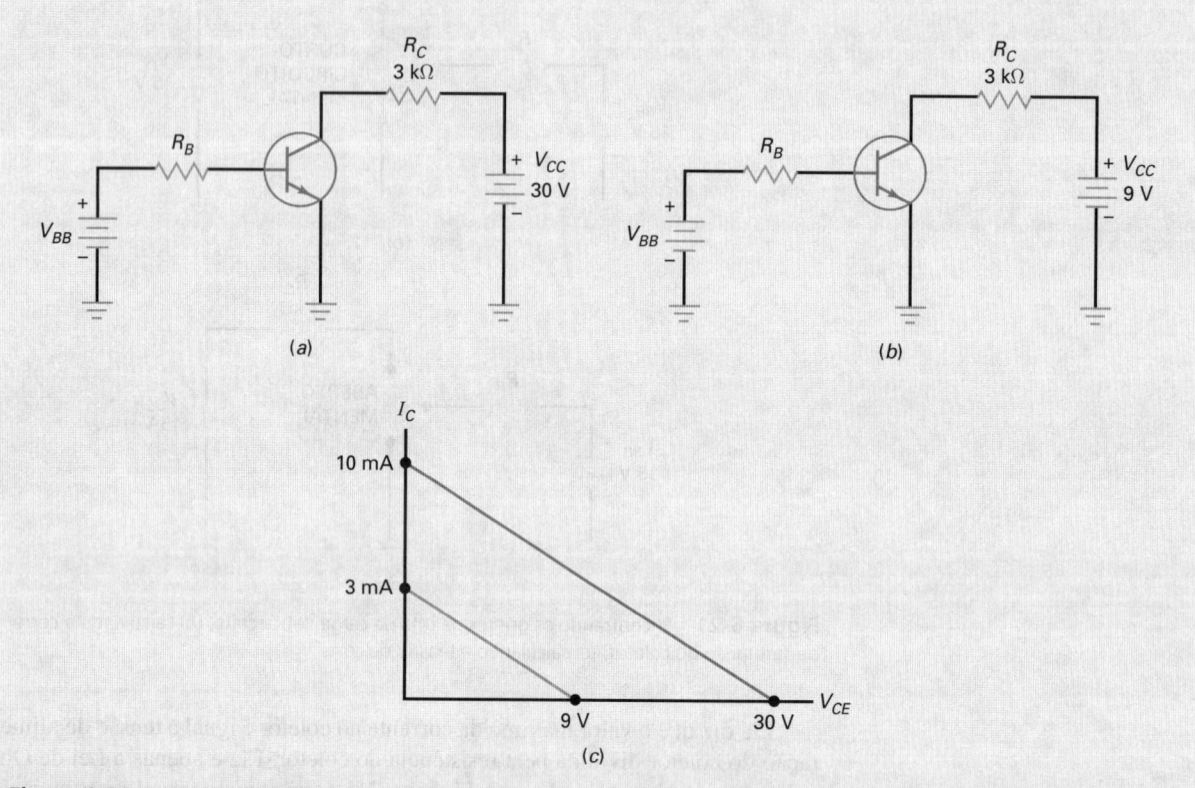

Figura 6-22 As retas de carga quando as resistências do coletor são iguais. (a) Com a fonte do coletor de 30 V; (b) com a fonte do coletor de 9 V; (c) as retas de carga têm as mesmas inclinações.

Exemplo 6-14

Calcule os valores de saturação e corte na Figura 6-22b. Desenhe as retas de carga para este e para o exemplo anterior.

SOLUÇÃO Com um curto-circuito mental entre o coletor e o emissor:

$$I_{C(\text{sat})} = \frac{9 \text{ V}}{3 \text{ k}\Omega} = 3 \text{ mA}$$

Com um aberto mental entre o coletor e o emissor:

$$V_{EC(\text{corte})} = 9 \text{ V}$$

A Figura 6-22c mostra as duas retas de carga. Mudando-se a tensão da alimentação do coletor enquanto mantemos a mesma resistência do coletor, são produzidas duas retas de carga com a mesma inclinação, mas com diferentes valores de saturação e de corte.

PROBLEMA PRÁTICO 6-14 Calcule a corrente de saturação e a tensão de corte na Figura 6-22b se o resistor de coletor for de 2 kΩ e V_{EC} de 12 V.

Exemplo 6-15

MultiSim

Quais são os valores da corrente de saturação e da tensão de corte na Figura 6-23a?

SOLUÇÃO A corrente de saturação é:

$$I_{C(sat)} = \frac{15\text{ V}}{1\text{ k}\Omega} = 15\text{ mA}$$

A tensão de corte é:

$$V_{EC(corte)} = 15\text{ V}$$

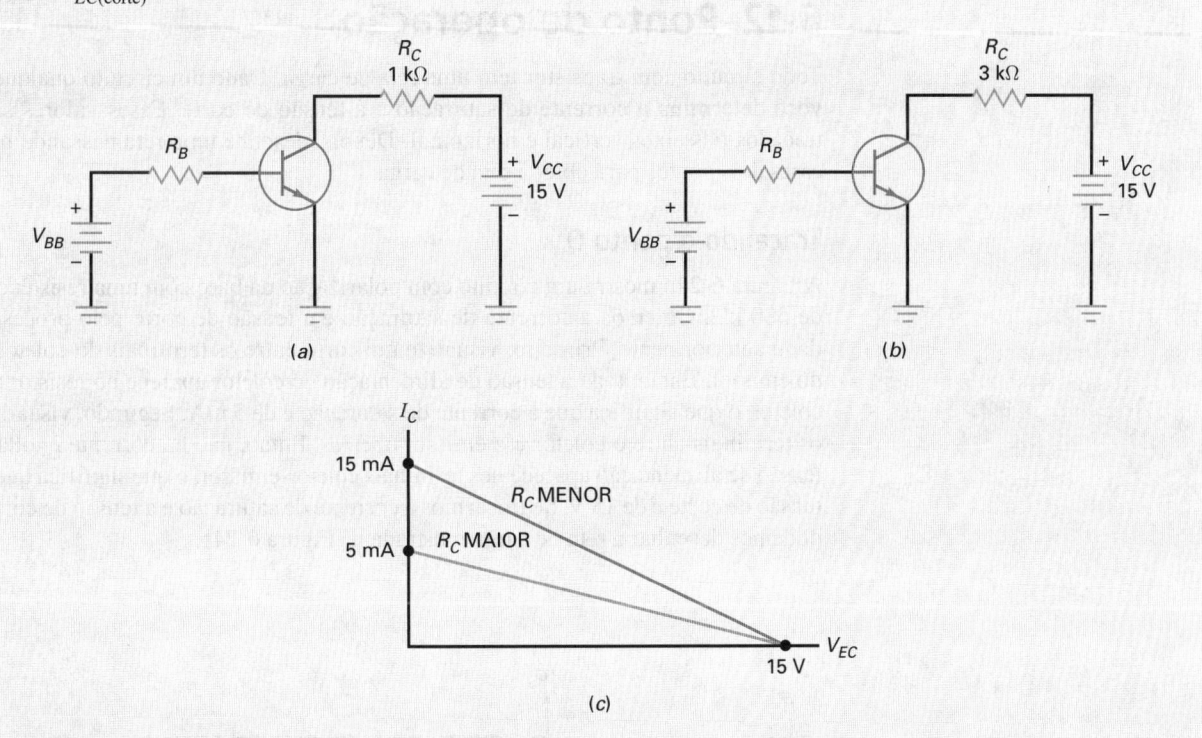

Figura 6-23 As retas de carga quando as tensões do coletor são iguais. (a) Com a resistência de carga de 1 kΩ; (b) com a resistência do coletor de 3 kΩ; (c) diminuindo R_C retas, a inclinação aumenta.

Exemplo 6-16

Calcule os valores de saturação e corte para a Figura 6-23b, compare as retas de carga deste e do exemplo anterior.

SOLUÇÃO Os cálculos são como os seguintes:

$$I_{C(sat)} = \frac{15\text{ V}}{3\text{ k}\Omega} = 5\text{ mA}$$

e

$$V_{EC(\text{corte})} = 15 \text{ V}$$

A Figura 6-23c mostra duas retas de carga. Ao mudarmos o resistor do coletor, mantendo a mesma tensão de alimentação do coletor, obtemos retas de carga com inclinações diferentes, mas com os mesmos valores de corte. Observe também que uma resistência do coletor menor produz uma inclinação maior (próxima do eixo vertical). Isso ocorre porque a inclinação da reta é igual ao inverso da resistência do coletor:

$$\text{Inclinação} = \frac{1}{R_C}$$

PROBLEMA PRÁTICO 6-16 Usando a Figura 6-23b, o que ocorre com a reta de carga do circuito se o resistor do coletor for mudado para 5 kΩ?

6-12 Ponto de operação

Todo circuito com transistor tem uma reta de carga. Dado um circuito qualquer, você determina a corrente de saturação e a tensão de corte. Esses valores são traçados nos eixos vertical e horizontal. Depois, desenhe uma reta passando por esses dois pontos para obter a reta de carga.

Traçando o ponto Q

A Figura 6-24a mostra um circuito com polarização da base com uma resistência de 500 kΩ. Obtemos a corrente de saturação e a tensão de corte pelo processo dado anteriormente. Primeiro, visualize um curto entre os terminais do coletor e do emissor. Então, toda a tensão de alimentação do coletor aparece no resistor do coletor, o que significa que a corrente de saturação é de 5 mA. Segundo, visualize os terminais entre o coletor e o emissor abertos. Então, não há corrente e toda a tensão de alimentação aparece nos terminais coletor-emissor, o que significa que a tensão de corte é de 15 V. Se traçarmos a corrente de saturação e a tensão de corte, podemos desenhar a reta de carga mostrada na Figura 6-24b.

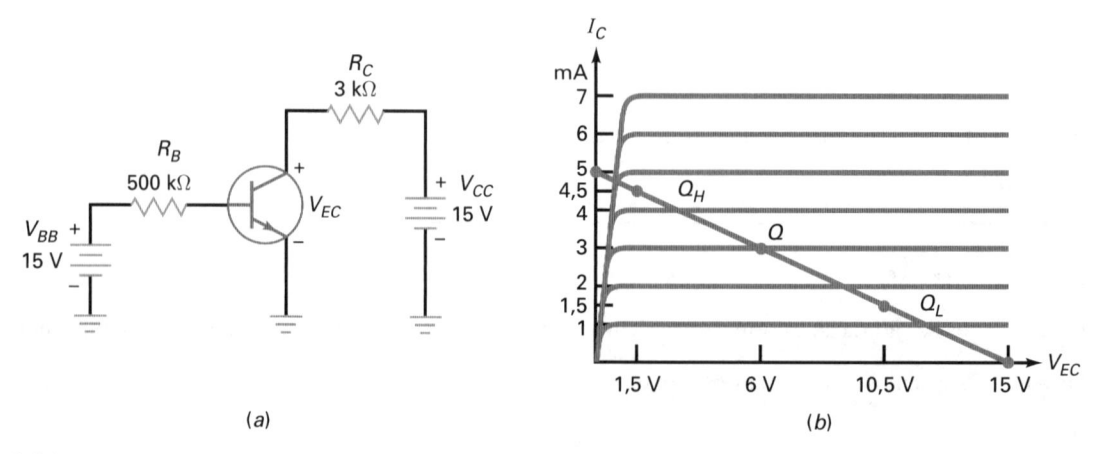

Figura 6-24 Calculando o ponto Q. (a) Circuito; (b) mudar o ganho de corrente muda o ponto Q.

Vamos manter um tratamento simples, por enquanto, considerando um transistor ideal. Isso significa que toda a tensão de alimentação da base aparecerá no resistor da base. Logo, a corrente na base será:

$$I_B = \frac{15\text{ V}}{500\text{ k}\Omega} = 30\ \mu\text{A}$$

Não podemos continuar a não ser que tenhamos o valor do ganho de corrente. Suponha que o ganho de corrente do transistor seja de 100. Então, a corrente no coletor é de:

$$I_C = 100(30\ m\text{A}) = 3\text{ mA}$$

Essa corrente circulando pelo resistor de 3 kΩ produz uma queda de tensão de 9 V no resistor do coletor. Quando você subtrair esse valor da tensão de alimentação do coletor, obterá a tensão nos terminais do transistor. Aqui estão os cálculos:

$$V_{EC} = 15\text{ V} - (3\text{ mA})(3\text{ k}\Omega) = 6\text{ V}$$

Ao traçarmos o ponto de 3 mA e de 6 V (a corrente e a tensão do coletor), obtemos o ponto de operação mostrado na reta de carga da Figura 6-24b. O ponto de operação é denominado ponto Q porque ele é sempre chamado de **ponto quiescente** (*quiescente* significa quieto, estável ou em repouso).

Por que o ponto Q varia

Havíamos suposto que o ganho de corrente era de 100. O que aconteceria se o ganho de corrente fosse de 50? E se fosse de 150? Para começar, a corrente da base seria a mesma, porque o ganho de corrente não tem efeito sobre a corrente da base. Idealmente, a corrente da base seria de 30μA. Quando o ganho for de 50:

$$I_C = 50(30\ \mu\text{A}) = 1{,}5\text{ mA}$$

e a tensão coletor-emissor:

$$V_{EC} = 15\text{ V} - (1{,}5\text{ mA})(3\text{ k}\Omega) = 10{,}5\text{ V}$$

Traçando os valores, obtemos o ponto inferior Q_L mostrado na Figura 6-24b.
Se o ganho de corrente for de 150, então:

$$I_C = 150(30\ \mu\text{A}) = 4{,}5\text{ mA}$$

e a tensão coletor-emissor será:

$$V_{EC} = 15\text{ V} - (4{,}5\text{ mA})(3\text{ k}\Omega) = 1{,}5\text{ V}$$

Traçando estes valores, obtemos o ponto superior Q_H mostrado na Figura 6-24b.
Os três pontos Q na Figura 6-24b ilustra a alta sensibilidade do ponto de operação de um transistor com polarização da base com as variações em β_{cc}. Quando o ganho de corrente varia de 50 a 150 a corrente no coletor varia de 1,5 mA a 4,5 mA. Se as variações no ganho de corrente fossem muito maiores, o ponto de operação poderia ir facilmente para a saturação ou corte. Nesse caso, um circuito amplificador ficaria inútil por causa da perda do ganho de corrente no extremo da região ativa.

Fórmulas

As fórmulas para o cálculo do ponto Q são dadas a seguir:

$$I_B = \frac{V_{BB} - V_{BE}}{R_B} \tag{6-13}$$

$$I_C = b_{cc} I_B \tag{6-14}$$

$$V_{EC} = V_{CC} - I_C R_C \tag{6-15}$$

> **É ÚTIL SABER**
>
> Pelo fato de os valores de I_C e V_{EC} serem dependentes dos valores de beta em um circuito de base polarizado, ele é chamado de circuito *dependente do beta*.

Exemplo 6-17 ⦿ MultiSim

Suponha que a resistência da base na Figura 6-24a aumente para 1 MΩ. O que acontece com a tensão coletor-emissor se β_{cc} for de 100?

SOLUÇÃO Idealmente, a corrente na base diminuiria para 15 μA, a corrente no coletor diminuiria para 1,5 mA e a tensão coletor-emissor aumentaria para:

$$V_{EC} = 15 \text{ V} - (1,5 \text{ mA})(3 \text{ k}\Omega) = 10,5 \text{ V}$$

Numa segunda aproximação, a corrente na base diminuiria para 14,3 μA e a corrente no coletor diminuiria para 1,43 mA. A tensão coletor-emissor aumentaria para:

$$V_{EC} = 15 \text{ V} - (1,43 \text{ mA})(3 \text{ k}\Omega) = 10,7 \text{ V}$$

PROBLEMA PRÁTICO 6-17 Se o valor de β_{cc} no Exemplo 6-17 mudar para 150 devido a uma variação na temperatura, calcule o novo valor de V_{EC}.

6-13 Identificando a saturação

Existem dois tipos básicos de circuitos com transistor: **amplificador** e **chaveamento**. Nos circuitos amplificadores, o ponto Q deve permanecer na região ativa sob todas as condições de operação. Se isso não ocorrer, o sinal de saída será distorcido no pico onde ocorre a saturação ou corte. Nos circuitos de chaveamento, o ponto Q geralmente fica entre a saturação e o corte. Como funcionam os circuitos de chaveamento, o que eles fazem e por que são usados estudaremos mais tarde.

Respostas impossíveis

Suponha que o transistor na Figura 6-25a tenha uma tensão de ruptura maior que 20 V. Então sabemos que ele não está operando na região de ruptura. Além disso, podemos dizer de imediato que o transistor não está operando na região de corte por causa das tensões de polarização. O que não está imediatamente visível, contudo, é se o transistor está operando na região ativa ou na região de saturação. Ele deve estar operando em uma dessas regiões. Mas qual?

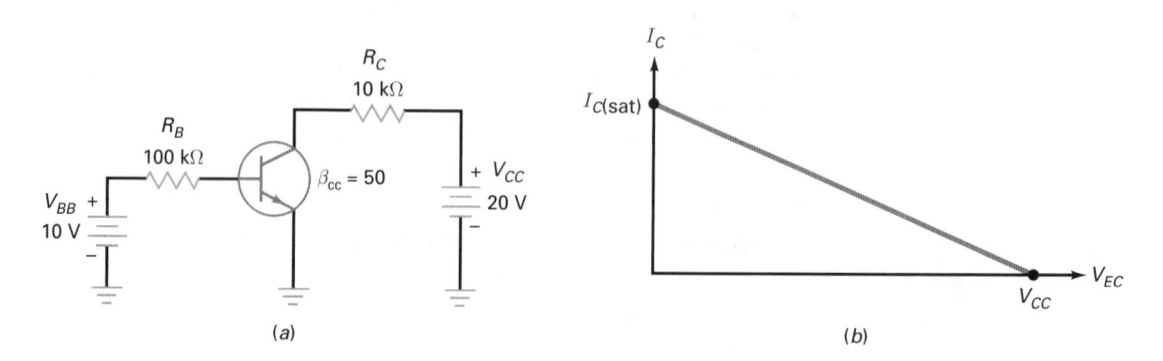

Figura 6-25 (a) Circuito com polarização da base; (b) reta de carga.

Os técnicos em manutenção e os projetistas usam sempre o seguinte método para determinar se um transistor está operando na região ativa ou na região de saturação. Veja os passos usados neste método:

1. Suponha que o transistor esteja operando na região ativa.
2. Faça os cálculos das correntes e tensões.
3. Se aparecer um resultado impossível em algum cálculo, a suposição é falsa.

Uma resposta impossível significa que o transistor está saturado. Caso contrário, o transistor estará operando na região ativa.

Método da corrente de saturação

Por exemplo, a Figura 6-25a mostra um circuito com polarização da base. Comece calculando a corrente de saturação:

$$I_{C(sat)} = \frac{20 \text{ V}}{10 \text{ k}\Omega} = 2 \text{ mA}$$

A corrente na base é idealmente de 0,1 mA. Supondo um ganho de corrente de 50 conforme mostrado, a corrente no coletor é:

$$I_C = 50(0,1 \text{ mA}) = 5 \text{ mA}$$

A resposta é impossível porque a corrente no coletor não pode ser maior que a corrente de saturação. Logo, o transistor não pode estar operando na região ativa; ele deve estar operando na região de saturação.

Método da tensão no coletor

Suponha que você queira calcular V_{EC} na Figura 6-25a. Então proceda assim: a corrente da base é idealmente 0,1 mA. Supondo um ganho de corrente de 50 conforme mostrado, a corrente no coletor é:

$$I_C = 50(0,1 \text{ mA}) = 5 \text{ mA}$$

e a tensão coletor-emissor é:

$$V_{EC} = 20 \text{ V} - (5 \text{ mA})(10 \text{ k}\Omega) = -30 \text{ V}$$

Esse resultado é impossível porque a tensão coletor-emissor não pode ser negativa. Então o transistor não pode estar operando na região ativa; ele deve estar operando na região de saturação.

Ganho de corrente é menor na região de saturação

Quando você está obtendo o ganho de corrente, ele é geralmente para a região ativa. Por exemplo, o ganho de corrente na Figura 6-25a é de 50. Isso significa que a corrente do coletor será 50 vezes a corrente da base, considerando-se que o transistor esteja operando na região ativa.

Quando um transistor está saturado, o ganho de corrente é menor do que o ganho de corrente na região ativa. Você pode calcular o ganho de corrente saturado conforme se segue:

$$\beta_{cc(sat)} = \frac{I_{C(sat)}}{I_B}$$

Na Figura 6-25a, o ganho de corrente saturado é:

$$\beta_{cc(sat)} = \frac{2 \text{ mA}}{0,1 \text{ mA}} = 20$$

Saturação forte

Um projetista que deseje que um transistor opere na região de saturação escolhe sempre uma resistência da base que produza um ganho de corrente saturado de 10. Isso é chamado de **saturação forte**, porque existe corrente da base mais do que suficiente para saturar o transistor. Por exemplo, a resistência da base de 50 kΩ na Figura 6-25a produzirá um ganho de corrente de:

$$\beta_{cc} = \frac{2 \text{ mA}}{0,2 \text{ mA}} = 10$$

Para o transistor da Figura 6-25a, ele usa apenas

$$I_B = \frac{2 \text{ mA}}{50} = 0,04 \text{ mA}$$

para saturar o transistor. Logo, a corrente da base de 0,2 mA aciona o transistor com uma saturação forte.

Por que um projetista usa a saturação forte? Lembre-se de que o ganho de corrente varia com a corrente do coletor, variação na temperatura e substituição do transistor. Para ter certeza de que o transistor não sairá da saturação com baixas correntes do coletor, baixas temperaturas etc. o projetista usa a saturação forte para garantir a saturação do transistor sob qualquer condição de operação.

De agora em diante, *saturação forte* se referirá a qualquer projeto que faça com que o ganho de corrente saturado seja de aproximadamente 10. Já a **saturação leve** se referirá a qualquer projeto que faça com que o transistor seja levemente saturado, isto é, no qual o ganho de corrente saturado é apenas um pouco menor do que o ganho de corrente na região ativa.

Identificando a saturação forte de imediato

Veja como você pode dizer rapidamente se o transistor está na saturação forte. Na maioria das vezes, a tensão de alimentação da base e a tensão de alimentação do coletor são iguais: $V_{BB} = V_{CC}$. Quando for esse o caso, o projetista usa uma regra de 10:1, que informa que a resistência da base é aproximadamente 10 vezes maior que a resistência do coletor.

O circuito mostrado na Figura 6-26a foi projetado usando-se a regra de 10:1. Logo, se você vir um circuito com uma razão de 10:1 (R_B para R_C), pode supor que ele está saturado.

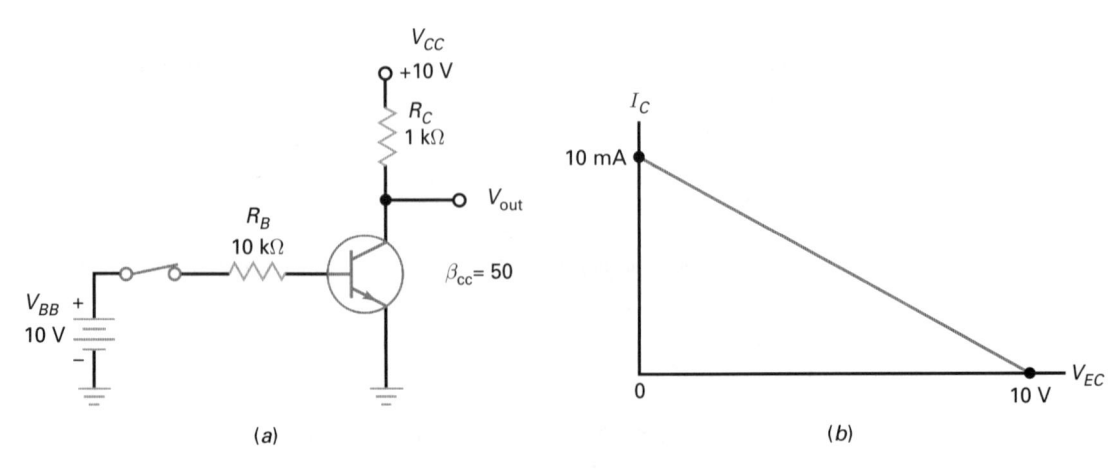

Figura 6-26 (a) Saturação forte; (b) reta de carga.

Exemplo 6-18

Suponha que a resistência da base na Figura 6-25a aumente para 1 MΩ. O transistor continua saturado?

SOLUÇÃO Suponha que o transistor esteja operando na região ativa e observe se há alguma contradição. Idealmente, a corrente na base é 10 V dividido por 1 MΩ, ou seja, 10 μA. A corrente no coletor é 50 vezes 10 μA, ou seja, 0,5 mA. Essa corrente produz uma queda de 5 V no resistor do coletor. Subtraindo 5 dos 20 V, obtemos

$$V_{EC} = 15 \text{ V}$$

Não há contradição aqui. Se o transistor estivesse saturado, obteríamos um número negativo no cálculo, ou mesmo 0 V. Como obtivemos 15 V, sabemos que o transistor está operando na região ativa.

Exemplo 6-19

Suponha que a resistência do coletor da Figura 6-25a diminua para 5 kΩ. O transistor ainda permanece na região de saturação?

SOLUÇÃO Suponha que o transistor esteja operando na região ativa; observe se há alguma contradição. Podemos usar o mesmo método do Exemplo 6-18, mas, para variar, vamos tentar o segundo método.

Comece calculando o valor da corrente de saturação do coletor. Visualize um curto entre o coletor e o emissor. Então, observe que há 20 V no resistor de 5 kΩ. Isso faz com que a corrente de saturação do coletor seja de

$$I_{C(sat)} = 4 \text{ mA}$$

A corrente na base é idealmente de 10 V dividido por 100 kΩ, ou seja, de 0,1 mA. A corrente no coletor é 50 vezes 0,1 mA, ou seja, 5 mA.

Existe uma contradição aqui. A corrente no coletor não pode ser maior que 4 mA porque o transistor satura quando $I_C = 4$ mA. A única coisa que pode mudar esse ponto é o ganho de corrente. A corrente da base ainda é de 0,1 mA, mas o ganho de corrente diminui para:

$$\beta_{cc(sat)} = \frac{4 \text{ mA}}{0,1 \text{ mA}} = 40$$

Isso reforça a ideia discutida anteriormente. Um transistor tem dois ganhos de corrente, um na região ativa e outro na região de saturação. O segundo é igual ou menor que o primeiro.

PROBLEMA PRÁTICO 6-19 Se a resistência do coletor na Figura 6-25a for de 4,7 kΩ, que valor de resistor da base será necessário para produzir uma saturação forte utilizando a regra dos 10:1?

6-14 Transistor como chave

A polarização da base é útil em *circuitos digitais* porque esses circuitos geralmente são projetados para operar na região de saturação e no corte. Por isso, eles têm uma tensão de saída baixa ou uma tensão de saída alta. Em outras palavras, nenhum dos pontos Q entre saturação e corte é usado. Por essa razão, as variações no ponto Q não são importantes, pois o transistor permanece na saturação ou no corte quando o ganho de corrente varia.

Aqui está um exemplo do uso de um circuito com polarização da base para chavear entre a saturação e o corte. A Figura 6-26a mostra um exemplo de um transistor com uma saturação forte. Portanto, a tensão de saída é de aproximadamente 0 V. Isso significa que o ponto Q está no ponto superior da reta de carga (Figura 6-26b).

Quando a chave abre, a corrente da base cai a zero. Por isso, a corrente do coletor cai a zero. Sem corrente no resistor de 1 kΩ, toda a tensão de alimentação do coletor aparece entre os terminais coletor-emissor do transistor. Portanto, a tensão na saída aumenta para +10 V. Agora o ponto Q está na parte debaixo da reta de carga (veja na Figura 6-26b).

O circuito pode ter apenas duas tensões de saída: 0 ou +10 V. É assim que identificamos um circuito digital. Ele tem apenas dois níveis de tensão de saída: baixo ou alto. Os valores exatos dos dois níveis de tensão não são importantes. Tudo o que importa é que você pode distinguir os níveis como baixo ou alto.

Os circuitos digitais são sempre chamados de *circuitos de chaveamento* porque seu ponto Q funciona entre dois pontos da reta de carga. Na maioria dos projetos, os dois pontos são; saturação e corte. Um outro nome também usado é **circuito de dois estados**, referindo-se aos dois níveis de tensão de saída, baixo e alto.

Exemplo 6-20

A tensão de alimentação do coletor da Figura 6-26a diminui para 5 V. Quais são os dois valores da tensão de saída? Se a tensão de saturação $V_{EC(sat)}$ for de 0,15 V e a corrente de fuga do coletor I_{CEO} for de 50 nA, quais serão os dois valores da tensão de saída?

SOLUÇÃO O transistor funciona como chave entre a saturação e o corte. Idealmente, os dois valores da tensão de saída são 0 e 5 V. A primeira tensão é a de saturação do transistor, e a segunda é a tensão de corte do transistor.

Se você incluir os efeitos da tensão de saturação e da corrente de fuga do coletor, a tensão de saída será 0,15 V e 5 V. A primeira tensão é a de saturação do transistor, que é dada por 0,15 V. A segunda é a tensão entre o coletor e o emissor com 50 nA circulando pelo resistor de 1 kΩ:

$$V_{EC} = 5 \text{ V} - (50 \text{ nA})(1 \text{ k}\Omega) = 4{,}99995 \text{ V}$$

que é próximo de 5 V.

A não ser que você seja um projetista, será uma perda de tempo incluir a tensão de saturação e a corrente de fuga nos seus cálculos de circuito de chaveamento. Nos circuitos de chaveamento, tudo o que você precisa é de dois valores distintos de tensão: um baixo e outro alto. Não importa se o nível de tensão baixo é de 0, 0,1 ou 0,15 V etc. Assim como não importa se o nível de tensão alto é de 5, 4,9 ou 4,5 V. Tudo o que normalmente conta na análise do circuito de chaveamento é que você pode identificar os níveis baixo e alto de tensão.

PROBLEMA PRÁTICO 6-20 Se o circuito da Figura 6-26a tem 12 V aplicados na sua alimentação do coletor, quais são os dois valores de tensão chaveados na saída? ($V_{EC(sat)} = 0{,}15$ V e $I_{CEO} = 50$ nA)

6-15 Análise de defeito

A Figura 6-27 mostra um circuito em emissor comum com os pontos de terra. Uma fonte de alimentação da base com 15 V polariza o diodo emissor diretamente por meio de uma resistência de 470 kΩ. Uma fonte de alimentação de 15 V polariza o diodo coletor reversamente com uma resistência de 1 kΩ. Vamos usar a aproximação ideal para calcular a tensão coletor-emissor. Os cálculos estão a seguir:

$$I_B = \frac{15\,V}{470\,k\Omega} = 31{,}9\,\mu A$$

$$I_C = 100(31{,}9\,\mu A) = 3{,}19\,mA$$

$$V_{CE} = 15\,V - (3{,}19\,mA)(1\,k\Omega) = 11{,}8\,V$$

Defeitos comuns

Se você estiver verificando defeito em um circuito como o da Figura 6-27, uma das primeiras coisas a medir é a tensão coletor-emissor. O valor deve estar próximo de 11,8 V. Por que não usamos a segunda ou a terceira aproximação para obter uma resposta mais precisa? Porque os resistores geralmente têm uma tolerância de pelo menos ±5%, o que faz com que a tensão coletor-emissor seja diferente de seus cálculos, independentemente da aproximação que você esteja usando.

De fato, quando ocorrem defeitos, em geral são grandes problemas como curtos ou circuito aberto. Os curtos-circuitos podem ocorrer quando um componente queima. Defeitos como esses produzem grandes variações nas correntes e tensões. Por exemplo, um dos defeitos mais comuns é quando falta tensão de alimentação no coletor. Isso pode acontecer de vários modos diferentes, tal como um defeito na própria fonte de alimentação, um terminal aberto entre a fonte de alimentação e o resistor do coletor, um resistor do coletor aberto etc. Em qualquer desses casos, a tensão no coletor da Figura 6-27 será aproximadamente zero porque não há tensão de alimentação no coletor.

Um outro defeito possível é um resistor de base aberto, o que faz com que a corrente de base caia a zero. Isso força a corrente do coletor a também cair a zero e a tensão coletor-emissor aumentar para 15 V, o valor da tensão de alimentação do coletor. Um transistor aberto tem o mesmo efeito.

Como pensam os técnicos ao analisarem defeito

O ponto é o seguinte: defeitos típicos provocam muitas diferenças nos valores das correntes e nas tensões do transistor. Os técnicos ao verificarem defeitos raramente se preocupam com diferenças de décimos de um volt. Eles estão em busca de tensões que são radicalmente diferentes dos valores ideais. É por isso que o transistor ideal é usado como ponto de partida na verificação de defeitos. Além do

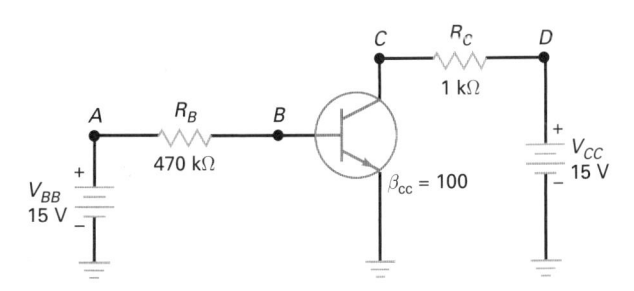

Figura 6-27 Analisando defeitos em um circuito.

Tabela 6-2			Defeitos e sintomas
Defeito	V_B, V	V_C, V	Comentários
Nenhum	0,7	12	Não tem defeito
R_{BC}	15	15	Transistor queimado
R_{BA}	0	15	Não há corrente na base ou no coletor
R_{CC}	0,7	15	
R_{CA}	0,7	0	
Sem V_{BB}	0	15	Verifique o terminal da fonte
Sem V_{CC}	0,7	0	Verifique o terminal da fonte

mais, isso explica por que os técnicos em manutenção não usam nem mesmo as calculadoras para calcular a tensão coletor-emissor.

Se eles não usam calculadoras, o que fazem? Eles estimam mentalmente o valor da tensão coletor-emissor. Aqui está o pensamento de um técnico experiente em verificação de defeitos enquanto estima o valor da tensão coletor-emissor da Figura 6-27.

A tensão no resistor da base é cerca de 15 V. A resistência da base de 1 MΩ deveria produzir uma corrente da base de aproximadamente 15 μA. Como 470 kΩ é próximo da metade de 1 MΩ, a corrente da base deve ser o dobro, cerca de 30 μA. Um ganho de corrente de 100 dá uma corrente de coletor de cerca de 3 mA. Quando essa corrente circular pelo resistor de 1 kΩ, ela produzirá uma queda de tensão de 3 V. Subtraindo 3 V de 15 V temos 12 V nos terminais coletor-emissor. Logo, V_{EC} deveria medir próximo de 12 V ou há alguma coisa errada no circuito.

Tabela de defeitos

Conforme estudado no Capítulo 5, um componente em curto é equivalente a uma resistência zero, enquanto um componente aberto é equivalente a uma resistência infinita. Por exemplo, o resistor da base R_B pode estar em curto ou aberto. Vamos chamar essas declarações de R_{BC} e R_{BA}. De modo similar, o resistor do coletor pode estar em curto ou aberto, que vamos chamar de R_{CC} e R_{CA}.

A Tabela 6.2 mostra alguns defeitos que podem ocorrer num circuito como o da Figura 6-27. As tensões foram calculadas usando-se a segunda aproximação. Quando o circuito estiver operando normalmente, você deve medir uma tensão no coletor com cerca de 12 V. Se o resistor da base estivesse em curto, a tensão na base seria de +15 V. Essa tensão alta poderia destruir o diodo emissor. O diodo coletor provavelmente abriria, forçando a tensão no coletor a ir para 15 V. O defeito R_{BC} e suas tensões estão na Tabela 6-2.

Se o resistor da base estivesse aberto, não haveria tensão na base ou na corrente. Além do mais, a corrente no coletor seria zero e a tensão no coletor aumentaria para 15 V. O defeito R_{BA} e suas tensões estão na Tabela 6-2. Continuando assim, podemos obter os dados restantes da Tabela.

Um transistor pode apresentar vários tipos de defeitos. Como ele contém dois diodos, excedendo qualquer uma das tensões de ruptura, corrente máxima

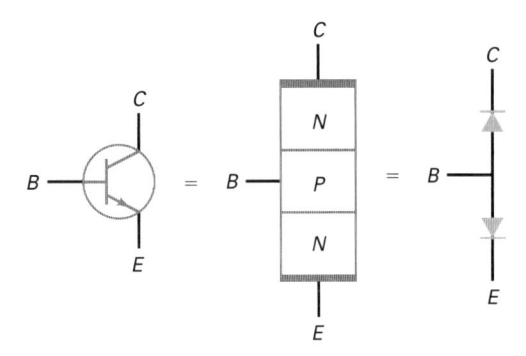

Figura 6-28 Transistor *NPN*.

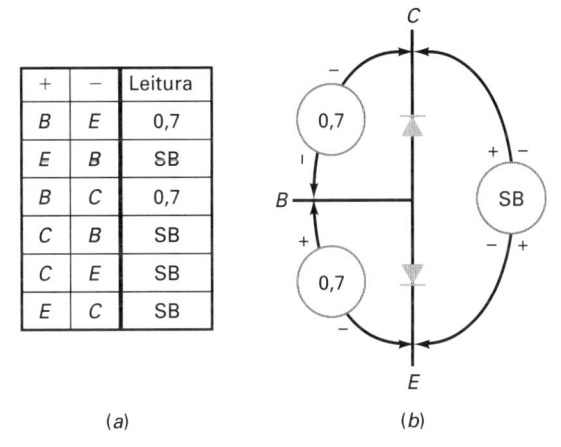

Figura 6-29 Leitura do multímetro com um *NPN*. (a) Polaridades das conexões; (b) leitura da junção *pn*.

ou potência nominal, podemos danificar um ou ambos os diodos. Os problemas podem incluir curtos, interrupções, valor alto de corrente de fuga, β_{cc} reduzido e outros problemas.

Teste com o transistor fora do circuito

Uma forma comum de testar transistores é com um multímetro calibrado para testar diodo. A Figura 6-28 mostra como um transistor *npn* se assemelha com dois diodos um virado para o outro. Cada junção *pn* pode ser testada com polarização direta e reversa. Podemos testar também do coletor para o emissor que deve resultar em uma indicação sobre leitura com um multímetro digital conectado com qualquer polaridade. Como um transistor tem três terminais, existem seis conexões possíveis com diferentes polaridades para um multímetro digital. Elas estão na Figura 6-29a. Observe que apenas duas polaridades resultam em uma leitura de 0,7 V aproximadamente. É importante notar aqui também que o terminal da base é a única conexão comum para as duas leituras de 0,7 V e ela requer uma conexão com polaridade (+). Ela também está na Figura 6-29b.

Um transistor *pnp* pode ser testado usando a mesma técnica. Como mostrado na Figura 6-30, o transistor *pnp* também se assemelha a dois diodos um virado para o outro. Novamente, usando-se multímetro digital calibrado para medir diodo, as Figuras 6-31a e 6-31b mostram o resultado para um transistor normal.

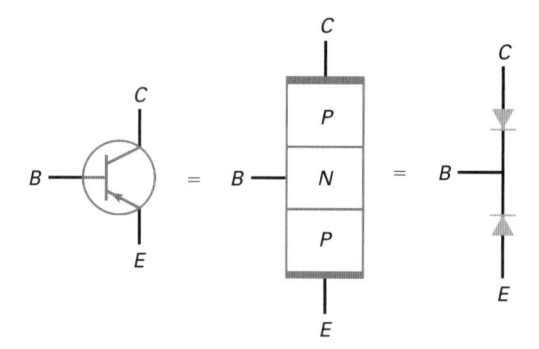

Figura 6-30 Transistor *PNP*.

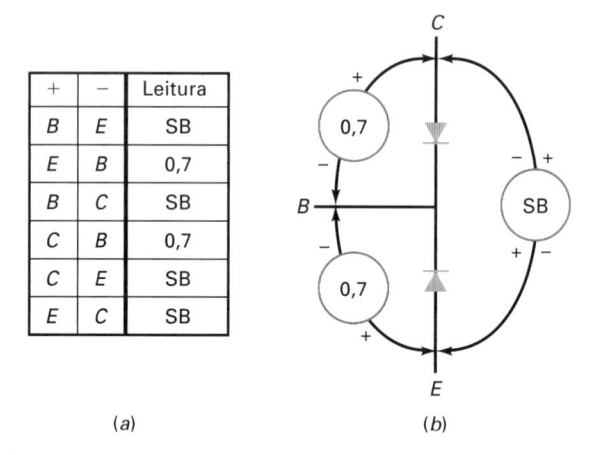

+	−	Leitura
B	E	SB
E	B	0,7
B	C	SB
C	B	0,7
C	E	SB
E	C	SB

(a)　　　　(b)

Figura 6-31 Leitura de um *PNP* com multímetro: (a) polaridade das conexões; (b) leituras da junção *pn*.

Vários multímetros digitais têm uma função de teste especial para β_{cc} ou h_{FE}. Encaixando os terminais do transistor no soquete adequado, o ganho de corrente é mostrado no display. Esse ganho de corrente é para uma dada corrente na base especificada ou uma corrente no coletor e uma tensão V_{EC}. Você pode verificar no manual do multímetro digital para esta condição de teste específica.

Outro modo de testar transistores é com um ohmímetro. Comece medindo a resistência entre o coletor e o emissor. A leitura deve ser de valor alto nos dois sentidos porque os diodos coletor e emissor estão ligados em anti-série. Um dos defeitos mais comuns é quando o coletor-emissor entra em curto provocado por exceder a potência nominal. Se você ler um valor de zero a alguns milhares de ohms nos dois sentidos, o transistor está em curto e deve ser substituído.

Mesmo que o transistor passe nos testes do ohmímetro, ele ainda pode ter algum defeito. Afinal de contas, o ohmímetro testa apenas cada uma das junções do transistor sob as condições CC. Você pode usar um traçador de curvas para observar alguns defeitos sutis, tal como corrente de fuga muito alta, baixo valor de β_{cc} ou tensão de ruptura abaixo do valor nominal. Um transistor em teste num traçador de curvas é apresentado na Figura 6-32. Existem também testadores de transistor comerciais que checam a corrente de fuga, β_{cc} e outros parâmetros.

Figura 6-32 Traçador de curvas do transistor.

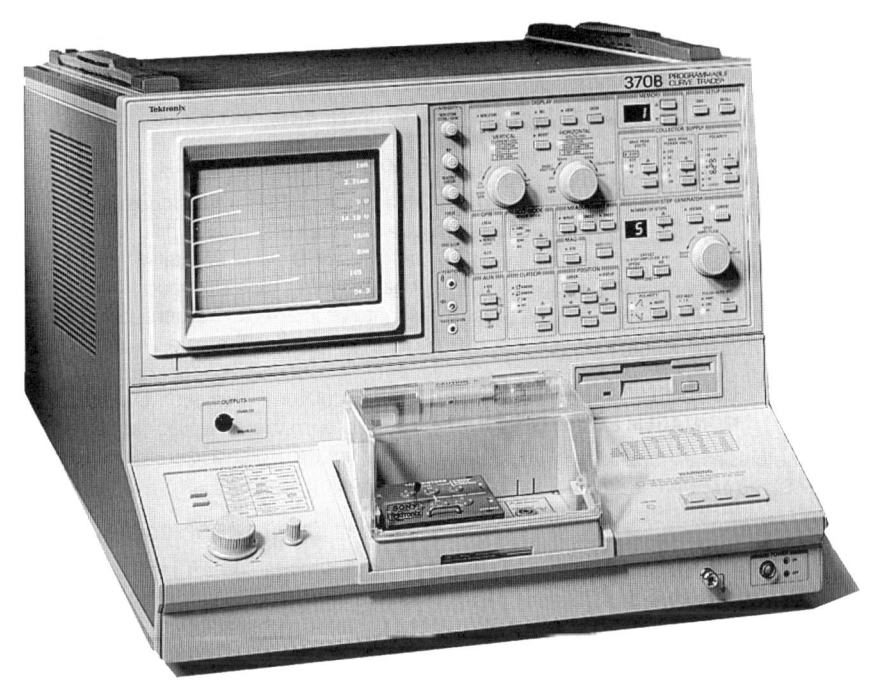

Copyright ©Tektronix, Inc. Reimpresso com permissão. Todos os direitos reservados.

Resumo

SEÇÃO 6-1 TRANSISTOR NÃO POLARIZADO

Um transistor tem três regiões dopadas: um emissor, uma base e um coletor. Existe uma junção *pn* entre a base e o emissor; essa parte do transistor é chamada de diodo emissor. Existe uma outra junção *pn* entre a base e o coletor. Essa parte é chamada de diodo coletor.

SEÇÃO 6-2 TRANSISTOR POLARIZADO

Para uma operação normal, você polariza o diodo emissor diretamente e o diodo coletor reversamente. Sob essas condições, o emissor injeta elétrons livres na base. A maioria desses elétrons livres passa da base para o coletor. Por isso, a corrente do coletor é aproximadamente igual à corrente do emissor. A corrente da base é muito menor, tipicamente menor que 5% da corrente do emissor.

SEÇÃO 6-3 CORRENTES NO TRANSISTOR

A razão da corrente do coletor dividida pela corrente da base é chamada de ganho de corrente, simbolizada por β_{cc} ou h_{FE}. Para os transistores de potência, esse valor é tipicamente de 100 a 300. A corrente do emissor é a maior das três correntes, a corrente do coletor é quase igual à corrente do emissor, e a corrente da base é muito menor.

SEÇÃO 6-4 CONEXÃO EC

O emissor é aterrado ou conectado em comum num circuito em EC. A parte base-emissor de um transistor age aproximadamente como um diodo comum. A parte base-coletor age como uma fonte de corrente que é igual à β_{cc} multiplicado pela corrente na base. O transistor tem uma região ativa, uma região de saturação, uma região de corte e uma região de ruptura. A região ativa é usada nos amplificadores lineares. A saturação e o corte são usados nos circuitos digitais.

SEÇÃO 6-5 CURVA DA BASE

O gráfico da corrente da base *versus* tensão base-emissor tem a mesma aparência do gráfico de um diodo comum. Por isso, podemos usar uma das três aproximações para calcular a corrente na base. A maioria das vezes, a aproximação ideal e a segunda aproximação são suficientes para isto.

SEÇÃO 6-6 CURVAS DO COLETOR

As quatro regiões de operação distintas de um transistor são: a região ativa, a região de saturação, a região de corte e a região de ruptura. Quando usado como amplificador, ele opera na região ativa. Quando usado em circuitos digitais, ele opera nas regiões de saturação e corte. A região de ruptura é geralmente evitada porque o transistor corre um risco muito alto de ser danificado.

SEÇÃO 6-7 APROXIMAÇÕES PARA O TRANSISTOR

Respostas exatas são perdas de tempo na maioria dos trabalhos em eletrônica. Grande parte das pessoas usa as aproximações porque as respostas são adequadas para a maioria das aplicações. O transistor ideal é usado para uma verificação de defeitos inicial. A terceira aproximação é necessária para projetos precisos. A segunda aproximação satisfaz uma verificação tanto de defeitos quanto de projetos.

SEÇÃO 6-8 INTERPRETAÇÃO DAS FOLHAS DE DADOS

Os transistores têm valores nominais máximos para tensões, correntes e potências. Os transistores de pequeno sinal podem dissipar no máximo 1 W ou menos. Os transistores de potência dissipam mais de 1 W. A temperatura pode mudar os valores das características do transistor. A potência máxima diminui com o aumento da temperatura. Além disso, o ganho de corrente varia muito com a temperatura.

SEÇÃO 6-9 TRANSISTOR PARA MONTAGEM EM SUPERFÍCIE

Os transistores para montagem em superfície (SMTs) são encontrados com vários tipos de encapsulamento. Um encapsulamento comum é o tipo asa de gaivota com três terminais simples. Alguns SMTs têm um tipo de encapsulamento que pode dissipar mais de 1 W de potência. Outros dispositivos de montagem em superfície podem conter múltiplos transistores.

SEÇÃO 6-10 VARIAÇÕES NO GANHO DE CORRENTE

O ganho de corrente de um transistor é um parâmetro sem muita precisão. Devido às tolerâncias de fabricação, o ganho de corrente de um transistor pode variar numa faixa de até 3:1 quando você muda de um transistor para outro do mesmo tipo. Variações na temperatura e na corrente do coletor produzem variações no ganho CC.

SEÇÃO 6-11 RETA DE CARGA

A reta de carga CC contém todos os pontos de operação CC possíveis de um circuito com transistor. O ponto de interseção superior da reta de carga é chamado saturação e o ponto de interseção inferior é chamado corte. O principal passo para encontrar a corrente de saturação é visualizar um curto entre o coletor e o emissor. O principal passo para encontrar a tensão de corte é visualizar um circuito aberto entre o coletor e o emissor.

SEÇÃO 6-12 PONTO DE OPERAÇÃO

O ponto de operação de um transistor é sobre a reta de carga CC. A localização exata desse ponto é determinada pela corrente do coletor e pela tensão coletor-emissor. Com a polarização da base, o ponto Q muda se houver qualquer variação nos valores do circuito.

SEÇÃO 6-13 IDENTIFICANDO A SATURAÇÃO

A ideia é supor que o transistor *npn* está operando na região ativa. Se isso levar a uma contradição (como um valor negativo de tensão coletor-emissor, corrente de coletor maior que a corrente de saturação etc.), então se torna claro que o transistor está operando na região de saturação. Outro modo de identificar a saturação é pela comparação da resistência da base com a resistência do coletor. Se a razão dessas resistências for próxima de 10:1, o transistor provavelmente estará saturado.

SEÇÃO 6-14 TRANSISTOR COMO CHAVE

A polarização da base é usada quando se deseja que o transistor funcione como chave. A ação de chaveamento é entre o corte e a saturação. Esse tipo de operação é usado nos circuitos digitais. Outro nome para os circuitos de chaveamento é circuitos de dois estados.

SEÇÃO 6-15 ANÁLISE DE DEFEITO

Você pode usar um multímetro digital para testar um transistor. Obtém-se melhor resultado com o transistor desconectado do circuito. Quando o transistor ainda está no circuito com a alimentação ligada, você pode medir seus valores de tensão; essas tensões são os indícios para os possíveis defeitos.

Definições

(6-2) Alpha CC:

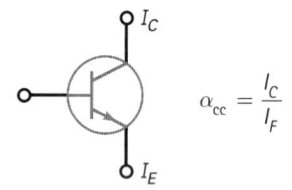

$$\alpha_{cc} = \frac{I_C}{I_E}$$

(6-3) Beta CC (ganho de corrente):

$$\beta_{cc} = \frac{I_C}{I_B}$$

Derivações

(6-1) Corrente no emissor:

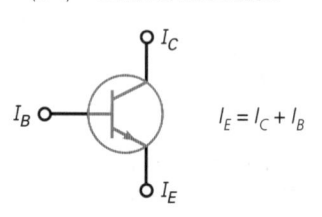

$$I_E = I_C + I_B$$

(6-4) Corrente no coletor:

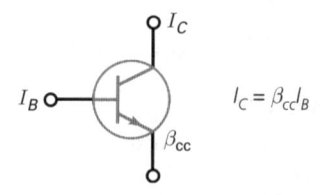

$$I_C = \beta_{cc} I_B$$

Capítulo 6 • Transistores de junção bipolar

(6-5) Corrente na base:

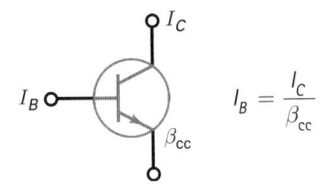

$$I_B = \frac{I_C}{\beta_{cc}}$$

(6-6) Corrente na base:

$$I_B = \frac{V_{BB} - V_{BE}}{R_B}$$

(6-7) Tensão coletor-emissor:

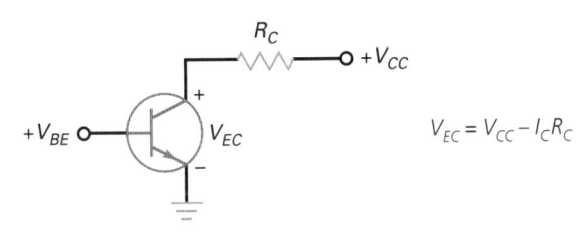

$$V_{EC} = V_{CC} - I_C R_C$$

(6-8) Dissipação de potência EC:

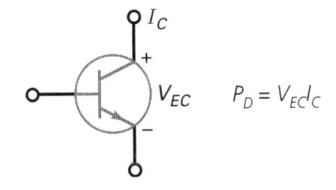

$$P_D = V_{EC} I_C$$

(6-9) Ganho de corrente:

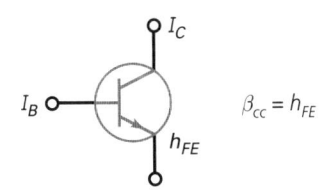

$$\beta_{cc} = h_{FE}$$

(6-10) Análises da reta de carga:

$$I_C = \frac{V_{CC} - V_{EC}}{R_C}$$

(6-11) Corrente de saturação (polarização da base):

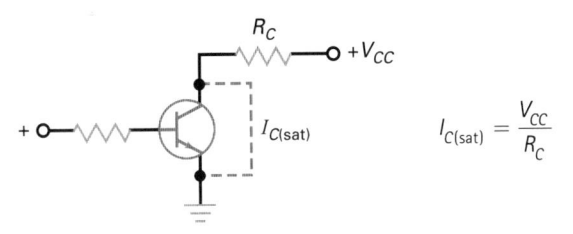

$$I_{C(sat)} = \frac{V_{CC}}{R_C}$$

(6-12) Tensão de corte (polarização da base)

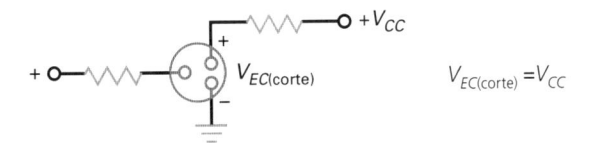

$$V_{EC(corte)} = V_{CC}$$

(6-13) Corrente da base:

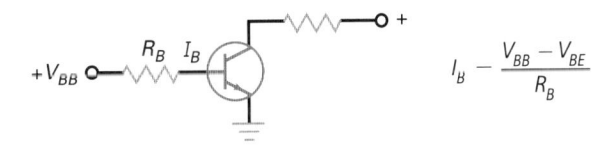

$$I_B = \frac{V_{BB} - V_{BE}}{R_B}$$

(6-14) Ganho de corrente:

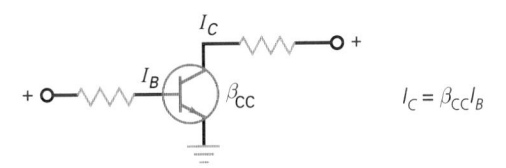

$$I_C = \beta_{cc} I_B$$

(6-15) Tensão coletor-emissor:

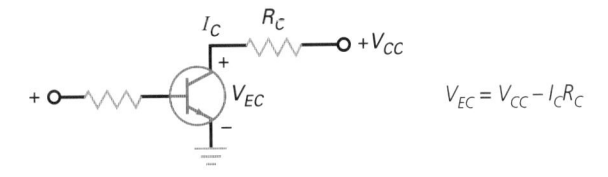

$$V_{EC} = V_{CC} - I_C R_C$$

Exercícios

1. **Quantas junções *pn* existem em um transistor?**
   a. 1
   b. 2
   c. 3
   d. 4

2. **Num transistor *npn*, os portadores majoritários no emissor são**
   a. Elétrons livres
   b. Lacunas
   c. Nenhuma das respostas acima
   d. As duas respostas

3. **A barreira de potencial de cada camada de depleção de silício é**
   a. 0
   b. 0,3 V
   c. 0,7 V
   d. 1 V

4. **O diodo emissor em geral**
   a. É diretamente polarizado
   b. É reversamente polarizado
   c. É não condutor
   d. Opera na região de ruptura

5. **Para uma operação normal do transistor, o diodo coletor deve**
   a. Ser diretamente polarizado
   b. Ser reversamente polarizado
   c. Ser não condutor
   d. Operar na região de ruptura

6. **A base de um transistor *npn* é estreita e**
   a. Fortemente dopada
   b. Levemente dopada
   c. Metálica
   d. Dopada com um material pentavalente

7. **A maioria dos elétrons na base de um transistor *npn* circula**
   a. Saindo do terminal externo da base
   b. Entrando pelo coletor
   c. Entrando pelo emissor
   d. Entrando pela fonte de tensão da base

8. **O beta de um transistor é a razão da**
   a. Corrente do coletor para a corrente do emissor
   b. Corrente do coletor para a corrente da base
   c. Corrente da base para a corrente do coletor
   d. Corrente do emissor para a corrente do coletor

9. **Aumentando-se a tensão de alimentação do coletor, aumentará**
   a. A corrente da base
   b. A corrente do coletor
   c. A corrente do emissor
   d. Nenhuma das respostas acima

10. **O fato de existir muitos elétrons livres na região do emissor de um transistor significa que o emissor é**
    a. Levemente dopado
    b. Fortemente dopado
    c. Não dopado
    d. Nenhuma das respostas acima

11. **Em um transistor *pnp*, os portadores majoritários no emissor são**
    a. Elétrons livres
    b. Lacunas
    c. Nenhum desses
    d. As duas primeiras respostas

12. **Qual é o fato mais importante sobre a corrente no coletor?**
    a. Ela é medida em miliampère
    b. Ela é igual à corrente da base dividida pelo ganho de corrente
    c. Ela é baixa
    d. Ela é aproximadamente igual à corrente do emissor

13. **Se o ganho de corrente for de 100 e a corrente do coletor for de 10 mA, a corrente da base será**
    a. 10 µA
    b. 100 µA
    c. 1 A
    d. 10 A

14. **A tensão base-emissor geralmente é**
    a. Menor que a tensão de alimentação da base
    b. Igual à tensão de alimentação da base
    c. Maior que a tensão de alimentação da base
    d. Não podemos responder

15. **A tensão coletor-emissor geralmente é**
    a. Menor que a tensão de alimentação do coletor
    b. Igual à tensão de alimentação do coletor
    c. Maior que a tensão de alimentação do coletor
    d. Não podemos responder

16. **A potência dissipada por um transistor é aproximadamente igual à corrente do coletor multiplicada pela**
    a. Tensão base-emissor
    b. Tensão coletor-emissor
    c. Tensão de alimentação da base
    d. 0,7 V

17. **Um transistor age como um diodo e uma**
    a. Fonte de tensão
    b. Fonte de corrente
    c. Resistência
    d. Fonte de alimentação

18. **Na região ativa, a corrente do coletor não varia significativamente com**
    a. A tensão de alimentação da base
    b. A corrente da base
    c. O ganho de corrente
    d. Resistência do coletor

19. **A tensão base-emissor para a segunda aproximação é de**
    a. 0
    b. 0,3 V
    c. 0,7 V
    d. 1 V

20. **Se o resistor da base estiver aberto, qual será a corrente no coletor?**
    a. 0
    b. 1 mA
    c. 2 mA
    d. 10 mA

21. **Quando comparamos a potência de dissipação de um transistor 2N3904 com o PZT3904, versão para montagem em superfície, o 2N3904**
    a. Pode dissipar menos potência
    b. Pode dissipar mais potência
    c. Pode dissipar a mesma potência
    d. Não há comparação

22. **O ganho de corrente de um transistor é definido como a razão da corrente do coletor pela**
    a. Corrente da base
    b. Corrente do emissor
    c. Corrente da fonte
    d. Corrente do coletor

23. **O gráfico do ganho de corrente *versus* corrente do coletor indica que o ganho de corrente**
    a. É constante
    b. Varia ligeiramente

c. Varia significativamente

d. E igual à corrente do coletor dividida pela corrente da base

24. **Quando a corrente do coletor aumenta, o ganho de corrente**

    a. Diminui
    b. Permanece o mesmo
    c. Aumenta
    d. Nenhuma das respostas acima

25. **Quando a temperatura aumenta, o ganho de corrente**

    a. Diminui
    b. Permanece o mesmo
    c. Aumenta
    d. Pode ocorrer qualquer uma destas situações

26. **Quando o resistor da base diminui, a tensão do coletor provavelmente**

    a. Diminuirá
    b. Permanecerá a mesma
    c. Aumentará
    d. Todas as respostas acima

27. **Se o valor do resistor da base for muito baixo, o transistor operará na**

    a. Região de corte
    b. Região ativa
    c. Região de saturação
    d. Região de ruptura

28. **Três pontos Q diferentes são mostrados na reta de carga. O ponto Q superior representa**

    a. O ganho de corrente mínimo
    b. O ganho de corrente intermediário
    c. O ganho de corrente máximo
    d. O ponto de corte

29. **Se um transistor operar no meio da reta de carga, uma diminuição na resistência da base fará o ponto Q se mover**

    a. Para baixo
    b. Para cima
    c. Ficará no mesmo lugar
    d. Para fora da reta de carga

30. **Se a tensão de alimentação da base for desconectada, a tensão coletor-emissor será igual a**

    a. 0 V
    b. 6 V
    c. 10,5 V
    d. Tensão de alimentação do coletor

31. **Se o resistor da base for curto-circuitado, o transistor provavelmente será**

    a. Saturado
    b. Cortado
    c. Danificado
    d. Nenhuma dessas

32. **A corrente no coletor é de 1,5 mA. Se o ganho de corrente for de 50, a corrente na base é**

    a. 3 μA
    b. 30 μA
    c. 150 μA
    d. 3 mA

33. **A corrente na base é de 50 μA. Se o ganho de corrente for de 100, o valor da corrente no coletor é mais próxima de**

    a. 50 μA
    b. 500 μA
    c. 2 mA
    d. 5 mA

34. **Quando o ponto Q move-se ao longo da reta de carga, V_{EC} diminui quando a corrente do coletor**

    a. Diminui
    b. Permanece a mesma
    c. Aumenta
    d. Nenhuma das respostas acima

35. **Quando não há corrente na base de um transistor funcionando como chave, a tensão de saída do transistor é**

    a. Baixa
    b. Alta
    c. Invariável
    d. Desconhecida

Problemas

SEÇÃO 6-3 CORRENTES NO TRANSISTOR

6-1 Um transistor tem uma corrente de emissor de 10 mA e a corrente do coletor é de 9,95 mA. Qual é a corrente da base?

6-2 A corrente do coletor é de 10 mA e a corrente da base é de 0,1 mA. Qual é o ganho de corrente?

6-3 Um transistor tem um ganho de corrente de 150 e uma corrente na base de 30 μA. Qual é a corrente no coletor?

6-4 Se a corrente no coletor for de 100 mA e o ganho de corrente for de 65, qual é a corrente no emissor?

SEÇÃO 6-5 CURVA DA BASE

6-5 **MultiSim** Qual é o valor da corrente da base na Figura 6-33?

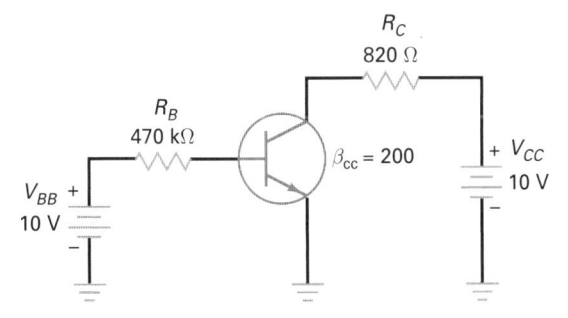

Figura 6-33

6-6 **MultiSim** Se o ganho de corrente diminuir de 200 para 100 na Figura 6-33, qual será o valor da corrente na base?

6-7 Se o resistor de 470 kΩ da Figura 6-33 tiver uma tolerância de ±5%, qual será a corrente máxima na base?

SEÇÃO 6-6 CURVAS DO COLETOR

6-8 ⫼⫼⫼MultiSim Um circuito com transistor similar ao da Figura 6-33 tem uma fonte de tensão do coletor de 20 V, uma resistência do coletor de 1,5 kΩ e uma corrente do coletor de 6 mA. Qual é a tensão coletor-emissor?

6-9 Se um transistor tiver uma corrente de coletor de 100 mA e uma tensão coletor-emissor de 3,5 V, qual será a potência dissipada?

SEÇÃO 6-7 APROXIMAÇÕES PARA O TRANSISTOR

6-10 Quais são os valores da tensão coletor-emissor e da potência dissipada na Figura 6-33? (Dê as respostas para um transistor ideal e para a segunda aproximação.)

6-11 A Figura 6-34a mostra um modo mais simples de diagramar o circuito. Ele funciona do mesmo modo já discutido anteriormente. Qual é a tensão coletor-emissor? Qual é a potência dissipada no transistor? (Dê suas respostas para um transistor ideal e para a segunda aproximação.)

6-12 Quando as fontes de alimentação da base e do coletor são iguais, o circuito pode ser diagramado conforme mostrado na Figura 6-34b. Qual é a tensão coletor-emissor neste circuito? E a potência do transistor? (Dê suas respostas para um transistor ideal e para a segunda aproximação.)

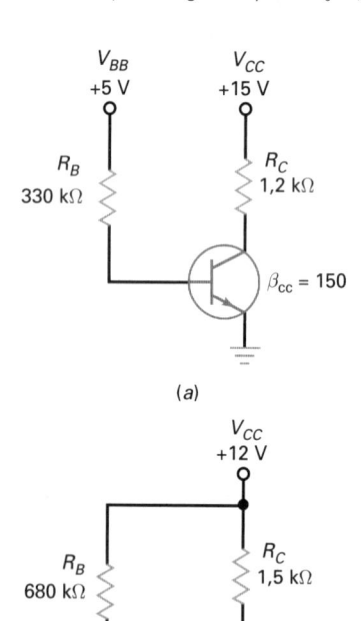

SEÇÃO 6-8 INTERPRETAÇÃO DAS FOLHAS DE DADOS

6-13 Qual é a faixa de temperatura para armazenagem do transistor 2N3904?

6-14 Qual é o valor mínimo de h_{FE} para um transistor 2N3904 para uma corrente de coletor de 1 mA e uma tensão coletor-emissor de 1 V?

6-15 Um transistor tem uma potência nominal de 1 W. Se a tensão coletor-emissor for de 10 V e a corrente do coletor for de 120 mA, o que ocorrerá com o transistor?

6-16 Um transistor 2N3904 tem uma dissipação de potência de 625 mW sem um dissipador de calor. Se a temperatura ambiente for de 65°C, o que ocorrerá com a potência nominal?

SEÇÃO 6-10 VARIAÇÕES NO GANHO DE CORRENTE

6-17 Baseando-se na Figura 6-19, qual é o ganho de corrente de um 2N3904 quando a corrente do coletor é de 100 mA e a temperatura da junção é de 125°C?

6-18 Baseando-se na Figura 6-19, a temperatura na junção é de 125°C e a corrente no coletor é de 1,0 mA. Qual é o ganho de corrente?

SEÇÃO 6-11 RETA DE CARGA

6-19 Desenhe a reta de carga para a Figura 6-35a. Qual é a corrente no coletor no ponto de saturação? E a tensão coletor-emissor no ponto de corte?

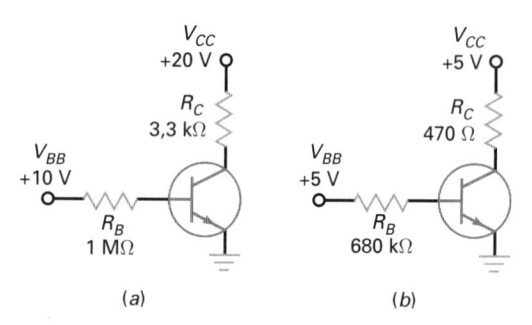

Figura 6-35

6-20 Se a tensão de alimentação do coletor for reduzida para 25 V na Figura 6-35a, o que ocorrerá com a reta de carga?

6-21 Se a resistência do coletor for aumentada para 4,7 kΩ na Figura 6-35a, o que acontecerá com a reta de carga?

6-22 Se a resistência da base na Figura 6-35a for dobrada, o que ocorrerá com a reta de carga?

6-23 Desenhe a reta de carga para a Figura 6-35b. Qual é a corrente no coletor no ponto de saturação? E a tensão coletor-emissor no ponto de corte?

6-24 Se a tensão de alimentação do coletor for dobrada na Figura 6-35b, o que ocorrerá com a reta de carga?

6-25 Se a resistência do coletor aumentar para 1 kΩ na Figura 6-35b, o que acontecerá com a reta de carga?

Figura 6-34

SEÇÃO 6-12 PONTO DE OPERAÇÃO

6-26 Na Figura 6.35a, qual será a tensão entre o coletor e o terra se o ganho de corrente for de 200?

6-27 Qual ganho de corrente varia de 25 a 300 na Figura 6-35a. Qual é a tensão mínima do coletor para o terra? E a máxima?

6-28 O resistor na Figura 6-35a tem uma tolerância de ±5%. A tensão de alimentação tem uma tolerância de ±10%. Se o ganho de corrente variar de 50 a 150, qual será a tensão mínima possível do coletor para o terra? E a máxima?

6-29 Na Figura 6-35b, qual é a tensão entre o coletor e o terra se o ganho de corrente for de 150?

6-30 O ganho de corrente varia de 100 a 300 na Figura 6-35b. Qual é a tensão mínima do coletor para o terra? E a máxima?

6-31 Os resistores na Figura 6.35b têm uma tolerância de ±5%. As tensões nas fontes têm uma tolerância de ±10%. Se o ganho de corrente variar de 50 a 150, qual será a tensão mínima possível do coletor para o terra? E a máxima?

SEÇÃO 6-13 IDENTIFICANDO A SATURAÇÃO

6-32 Na Figura 6.35a, use os valores do circuito indicados, a não ser quando indicado o contrário. Determine se o transistor está saturado para cada uma destas variações:
  a. $R_B = 33$ kΩ e $h_{FE} = 100$
  b. $V_{BB} = 5$ V e $h_{FE} = 200$
  c. $R_C = 10$ kΩ e $h_{FE} = 50$
  d. $V_{cc} = 10$ V e $h_{FE} = 100$

6-33 Na Figura 6-35b, use os valores do circuito a não ser quando indicado o contrário. Determine se o transistor está saturado em cada uma destas variações:
  a. $R_B = 51$ kΩ e $h_{FE} = 100$
  b. $V_{BB} = 10$ V e $h_{FE} = 500$
  c. $R_C = 10$ kΩ e $h_{FE} = 100$
  d. $V_{CC} = 10$ V e $h_{FE} = 100$

SEÇÃO 6-14 TRANSISTOR COMO CHAVE

6-34 O resistor de 680 kΩ na Figura 6.35b é substituído por outro de 4,7 kΩ e uma chave em série. Suponha um transistor ideal, qual é a tensão no coletor se a chave estiver aberta? Qual é a tensão no coletor se a chave estiver fechada?

SEÇÃO 6-15 ANÁLISE DE DEFEITO

6-35 **MultiSim** Na Figura 6-33, a tensão coletor-emissor aumenta, diminui ou permanece a mesma para cada um dos seguintes defeitos?
  a. 470 kΩ está em curto
  b. 470 kΩ está aberto
  c. 820 Ω está em curto
  d. 820 Ω está aberto
  e. Sem fonte de alimentação da base
  f. Sem fonte de alimentação do coletor

Raciocínio crítico

6-36 Qual é o valor de alfa CC de um transistor que tem um ganho de corrente de 200?

6-37 Qual é o ganho de corrente de um transistor com um alfa CC de 0,994?

6-38 Projete um circuito em EC que tenha as seguintes especificações: $V_{BB} = 5$ V, $V_{cc} = 15$ V, $h_{FE} = 120$, $I_C = 10$ mA e $V_{EC} = 7,5$ V.

6-39 Na Figura 6-33, qual é o valor do resistor da base necessário para que $V_{EC} = 6,7$ V?

6-40 Um 2N3904 tem uma potência nominal de 350 mW à temperatura ambiente (25°C). Se a tensão coletor-emissor for de 10 V, qual é a corrente máxima na qual o transistor pode funcionar numa temperatura ambiente de 50°C?

6-41 Suponha que um LED seja conectado em série com o resistor de 820 Ω na Figura 6-33. Qual é a corrente no LED?

6-42 Qual é a tensão de saturação coletor-emissor de um 2N3904 quando a corrente do coletor for de 50 mA? Use a folha de dados.

Questões de entrevista

1. Desenhe um transistor *npn* mostrando as regiões *n* e *p*. Depois polarize o transistor corretamente e explique como ele funciona.
2. Desenhe uma família de curvas do coletor. Depois, usando estas curvas, mostre onde estão as quatro regiões de operações do transistor.
3. Desenhe dois circuitos equivalentes (ideal e segunda aproximação) que representem um transistor que está operando na região ativa. A seguir, explique quando e como você usaria estes circuitos para calcular as correntes e tensões do transistor.
4. Desenhe um circuito com transistor conectado em *EC*. Agora, que tipos de defeitos você pode obter com um circuito como este e que medições podem ser feitas para isolar cada problema?
5. Ao examinar um diagrama esquemático que mostra os transistores *npn* e *pnp*, como você pode identificar cada tipo? O que você pode dizer sobre o sentido do fluxo de elétrons (ou fluxo convencional)?
6. Cite o nome do instrumento que pode mostrar a família de curva de coletor, I_C versus V_{EC}, para um transistor.
7. Qual é a fórmula para a potência de dissipação do transistor? Sabendo desta relação, onde na reta de carga você espera que a potência de dissipação seja máxima?
8. Quais são as três correntes em um transistor e como elas se relacionam?
9. Desenhe um transistor *npn* e um *pnp*. Denomine todas as correntes e mostre os sentidos que elas circulam.
10. Os transistores podem ser conectados com qualquer uma das seguintes configurações: emissor comum, coletor comum e base comum. Qual é a configuração mais comum?
11. Desenhe um circuito de polarização da base. Depois explique como calcular a tensão coletor-emissor. Por que este circuito, se produzido em massa, pode falhar caso seja necessário um valor preciso do ganho de corrente?
12. Desenhe outro circuito com polarização da base. Desenhe a reta de carga do circuito e descreva como calcular os pontos de saturação e corte. Discorra sobre o efeito que uma variação no ganho de corrente representa na posição do ponto Q.
13. Diga como você poderia fazer para testar um transistor fora de um circuito. Que tipo de teste você pode fazer com um transistor que está num circuito e com a energia ligada?
14. Qual é o efeito da temperatura sobre o ganho de corrente?

Respostas dos exercícios

1. b	13. b	25. d
2. a	14. a	26. c
3. c	15. a	27. c
4. a	16. b	28. c
5. b	17. b	29. b
6. b	18. d	30. d
7. b	19. c	31. c
8. b	20. a	32. b
9. d	21. a	33. d
10. b	22. a	34. c
11. b	23. b	35. b
12. d	24. d	

Respostas dos problemas práticos

6-1 $\beta_{cc}=200$

6-2 $I_C = 10$ mA

6-3 $I_B = 74,1$ mA

6-4 $V_B = 0,7$ V
$I_B = 33$ μA
$I_C = 6,6$ mA

6-5 $I_B = 13,7$ μA
$I_C = 4,11$ mA
$V_{EC} = 1,78$ V
$P_D = 7,32$ mW

6-6 $I_B = 16,6$ μA
$I_C = 5,89$ mA
$\beta_{cc} = 355$

6-10 Ideal: $I_B = 14,9$ μA
$I_C = 1,49$ mA
$V_{EC} = 9,6$ V
Segunda: $I_B = 13,4$ μA
$I_C = 1,34$ mA
$V_{EC} = 10,2$ V

6-12 $P_{D(máx)} = 375$ mW. Não está dentro do fator seguro de 2.

6-14 $I_{C(sat)} = 6$ mA
$V_{EC(corte)} = 12$ V

6-16 $I_{C(sat)} = 3$ mA
A inclinação deve diminuir.

6-17 $V_{EC} = 8,25$ V

6-19 $R_B = 47$ kΩ

6-20 $V_{EC} = 11,999$ V e $0,15$ V

7 Circuito de polarização do transistor

- Um **protótipo** é um circuito básico projetado que pode ser modificado para a obtenção de circuitos mais avançados. A polarização da base é um protótipo usado no projeto de circuitos de chaveamento. A polarização do emissor é um protótipo usado no projeto de circuitos amplificadores. Neste capítulo vamos enfatizar a polarização do emissor e os circuitos práticos que podem ser derivados dele.

Objetivos de aprendizagem

Após o estudo deste capítulo, você deverá ser capaz de:

- Desenhar um circuito com polarização do emissor e explicar por que ele funciona bem em circuitos amplificadores.
- Desenhar o diagrama de um circuito de polarização por divisor de tensão.
- Calcular a corrente e a tensão na base, a corrente e a tensão no emissor, a tensão no coletor e a tensão coletor-emissor de um circuito PDT com transistor *npn*.
- Determinar como desenhar a reta de carga e calcular o ponto Q para um dado circuito PDT.
- Projetar um circuito PDT usando as regras de projeto.
- Desenhar um circuito de polarização do emissor com fonte simétrica e calcular V_{RE}, I_E, V_C e V_{EC}.
- Comparar os diferentes tipos de polarização e descrever a performance de cada.
- Calcular o ponto Q de um circuito PDT com transistor *pnp*.
- Verificar defeitos em circuitos de polarização com transistor.

Sumário

- **7-1** Polarização do emissor
- **7-2** Circuitos de alimentação para o LED
- **7-3** Analisando falhas em circuitos de polarização do emissor
- **7-4** Mais sobre dispositivos optoeletrônicos
- **7-5** Polarização por divisor de tensão
- **7-6** Análise precisa para o PDT
- **7-7** A reta de carga e o ponto Q para o PDT
- **7-8** Polarização do emissor com fonte dupla
- **7-9** Outros tipos de polarização
- **7-10** Análise de defeito
- **7-11** Transistores *PNP*

Termos-chave

- autopolarização
- divisor de tensão estável
- divisor de tensão firme
- estágio
- fator de correção
- fototransistor
- polarização do emissor
- polarização do emissor com fonte dupla
- polarização por divisão de tensão
- polarização por realimentação do coletor
- polarização por realimentação do emissor
- protótipo
- reduzir

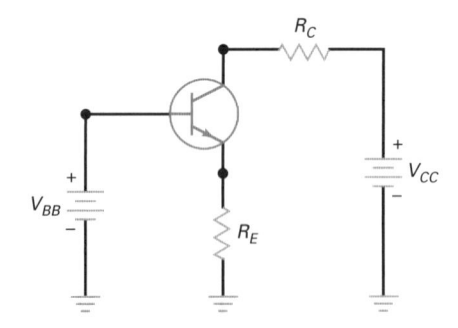

7-1 Polarização do emissor

Os circuitos digitais são os tipos usados nos computadores. Nessa área, a polarização da base e os circuitos derivados da polarização da base são úteis. Mas na amplificação, precisamos de circuitos cujos pontos Q sejam imunes às variações do ganho de corrente.

A Figura 7-1 mostra uma **polarização do emissor**. Como você pode ver, o resistor da base foi deslocado para o circuito emissor. Essa alteração modifica completamente o funcionamento do circuito. O ponto Q nesse novo circuito é agora estável. Quando o ganho de corrente muda de 50 para 150, o ponto Q quase não se desloca ao longo da reta de carga.

Ideia básica

A tensão de alimentação da base agora está aplicada diretamente na base. Portanto, um técnico em verificação de defeitos verá que V_{BB} está aplicada entre a base e o terra. O emissor não está mais aterrado. Agora, o emissor está num potencial acima do terra e tem uma tensão dada por:

$$V_E = V_{BB} - V_{BE} \tag{7-1}$$

Se V_{BB} for maior que 20 vezes o valor de V_{BE}, a aproximação ideal será mais precisa. Se V_{BB} for menor que 20 vezes o valor de V_{BE}, você pode querer utilizar a segunda aproximação. Caso contrário, seu erro será de mais de 5%.

Calculando o ponto Q

Vamos analisar o circuito de polarização do emissor da Figura 7-2. A tensão de alimentação da base é de apenas 5 V, assim usamos a segunda aproximação. A tensão entre a base e o terra é de 5 V. Daqui para a frente, vamos nos referir à tensão base-terra como *tensão da base*, ou V_B. A tensão entre os terminais base-emissor é de 0,7 V. Vamos nos referir a essa tensão como *tensão base-emissor*, ou V_{BE}.

A tensão entre o emissor e o terra é chamada de *tensão do emissor*. Ela é igual a

$$V_E = 5\text{ V} - 0,7\text{ V} = 4,3\text{ V}$$

Figura 7-1 Polarização do emissor.

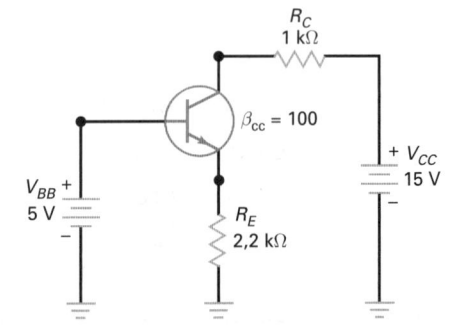

Figura 7-2 Calculando o ponto Q.

Essa tensão está aplicada no resistor do emissor, assim podemos usar a lei de Ohm para calcular a corrente no emissor:

$$I_E = \frac{4,3\text{ V}}{2,2\text{ k}\Omega} = 1,95\text{ mA}$$

Isso significa que a corrente do coletor é de 1,95 mA com uma boa aproximação. Quando essa corrente do coletor circular através do resistor do coletor, ela produzirá uma queda de tensão de 1,95 V. Subtraindo esse valor da tensão de alimentação do coletor, obtemos a tensão entre o coletor e o terra:

$$V_C = 15\text{ V} - (1{,}95\text{ mA})(1\text{ k}\Omega) = 13{,}1\text{ V}$$

De agora em diante, vamos nos referir à tensão coletor para o terra como *tensão do coletor*.

Essa é a tensão que um técnico em manutenção mediria quando estivesse testando o circuito. Uma ponta do voltímetro seria conectada no coletor e outra no terminal de terra. Se desejar obter a tensão coletor-emissor, você deve subtrair a tensão no emissor da tensão no coletor como segue:

$$V_{CE} = 13{,}1\text{ V} - 4{,}3\text{ V} = 8{,}8\text{ V}$$

Logo, o circuito de polarização do emissor na Figura 7-10 tem um ponto Q com estas coordenadas:

$$I_C = 1{,}95\text{ mA e } V_{CE} = 8{,}8\text{ V}$$

A tensão coletor-emissor é a usada para desenhar as retas de carga e para interpretar as folhas de dados. Como fórmula:

$$V_{CE} = V_C - V_E \tag{7-2}$$

Circuito livre da variação no ganho de corrente

Eis a razão da preferência pela polarização do emissor. O ponto Q de um circuito com polarização do emissor é imune às variações no ganho de corrente. A prova reside no processo usado para analisar o circuito. Aqui estão os passos usados anteriormente:

1. Obtenha a tensão no emissor.
2. Calcule a corrente no emissor.
3. Calcule a tensão no coletor.
4. Subtraia a tensão no emissor da tensão no coletor para obter V_{CE}.

Em nenhum momento foi preciso usar o ganho de corrente no processo anterior. Como não usamos o ganho de corrente para calcular a corrente no emissor, coletor etc., o valor exato não mais importa.

Movendo o resistor da base para o circuito emissor, forçamos a tensão base-terra a ser igual à tensão de alimentação da base. Antes, quase toda a tensão de alimentação estava no resistor da base, estabelecendo uma *corrente da base fixa*. Agora, toda essa tensão de alimentação menos 0,7 V está aplicada no resistor do emissor, estabelecendo uma *corrente de emissor fixa*.

Menor efeito do ganho de corrente

O ganho de corrente tem um efeito menor sobre a corrente de coletor. Sob todas as condições de operação, as três correntes estão relacionadas por

$$I_E = I_C + I_B$$

a qual pode ser rearranjada como:

$$I_E = I_C + \frac{I_C}{\beta_{CC}}$$

> **É ÚTIL SABER**
>
> Pelo fato dos valores de I_C e V_{CE} não serem afetados pelo valor de beta no circuito de polarização do emissor, este tipo de circuito é dito *independente de beta*.

Solucione isso para a corrente do coletor e obterá

$$I_C = \frac{\beta_{CC}}{\beta_{CC}+1} I_E \tag{7-3}$$

O fator que multiplica I_E é chamado de *fator de correção*. Ele lhe informa quanto I_C difere de I_E. Quando o ganho de corrente for 100, o fator de correção será:

$$\frac{\beta_{CC}}{\beta_{CC}+1} = \frac{100}{100+1} = 0,99$$

Isso implica que a corrente do coletor seja igual a 99% da corrente do emissor. Portanto, obtemos apenas 1% de erro quando desprezamos o fator de correção e consideramos que a corrente do coletor seja igual à corrente do emissor.

Exemplo 7-1 ||| MultiSim

Qual é a tensão entre o coletor e o terra no MultiSim Figura 7-3? E entre o coletor e o emissor?

SOLUÇÃO A tensão na base é de 5 V. A tensão no emissor é de 0,7 V abaixo desse valor, ou seja,

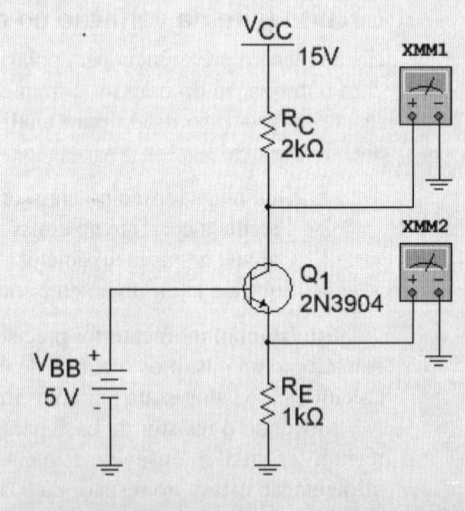

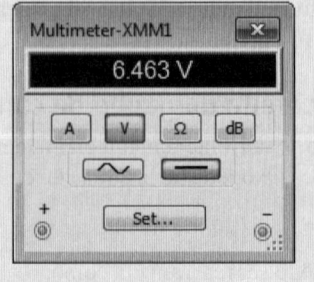

$$V_E = 5\text{ V} - 0,7\text{ V} = 4,3\text{ V}$$

||| MultiSim **Figura 7-3** Medição de valores.

Essa tensão é medida na resistência do emissor, que é agora de 1 kΩ. Portanto, a corrente no emissor é de 4,3 V divididos por 1 kΩ, ou:

$$I_E = \frac{43\,V}{1\,k\Omega} = 4,3\,mA$$

A corrente no coletor é aproximadamente igual a 4,3 mA. Quando essa corrente circula pela resistência do coletor (agora de 2 kΩ), ela produz uma tensão de:

$$I_C R_C = (4,3\,mA)(2\,k\Omega) = 8,6\,V$$

Quando você subtrair essa tensão da tensão da fonte de alimentação do coletor, obterá:

$$V_C = 15\,V - 8,6\,V = 6,4\,V$$

Esse valor de tensão é muito próximo do medido pelo instrumento do MultiSim. Lembre-se de que essa é a tensão entre o coletor e o terra. Esse é o valor que você mediria se estivesse verificando defeitos.

A não ser que você tenha um voltímetro com alta resistência de entrada e um terminal de terra em flutuação, você não deve tentar conectar um voltímetro entre o coletor e o emissor, porque isso pode curto-circuitar o emissor com o terra. Se você quiser saber o valor de V_{CE}, deve medir a tensão coletor-terra, depois medir a tensão emissor-terra e então subtraí-las. Neste caso,

$$V_{CE} = 6,4\,V - 4,3\,V = 2,1\,V$$

PROBLEMA PRÁTICO 7-1 **MultiSim** Diminua o valor da fonte de alimentação da base na Figura 7-3 para 3 V. Calcule e meça o novo valor de V_{CE}.

7-2 Circuitos de alimentação para o LED

Você deve ter aprendido que os circuitos de polarização da base estabelecem um valor fixo para a corrente da base, enquanto os circuitos de polarização do emissor estabelecem um valor fixo para a corrente do emissor. Em virtude do problema com o ganho de corrente, os circuitos com polarização da base são normalmente projetados para chavear entre a saturação e o corte, enquanto os circuitos com polarização do emissor são geralmente projetados para operar na região ativa.

Nesta seção, estudaremos dois circuitos que podem ser usados como acionadores de LED. O primeiro circuito usa a polarização da base e o segundo, a polarização do emissor. Isso lhe dará a oportunidade de observar como funciona cada circuito em uma mesma aplicação.

Acionador de LED com polarização da base

A corrente da base na Figura 7-4a é zero, o que significa que o transistor está em corte. Quando a chave na Figura 7-4a fecha, o transistor vai para a saturação forte. Visualize um curto entre os terminais coletor-emissor. Então, a tensão de alimentação do coletor (15 V) alimenta o LED com o resistor de 1,5 kΩ. Se desprezarmos a queda de tensão do LED, a corrente no coletor será idealmente de 10 mA. Mas se admitirmos uma queda de 2 V no LED, então a tensão no resistor de 1,5 kΩ será de 13 V e a corrente no coletor será 13 V dividido por 1,5 kΩ, ou seja, 8,67 mA.

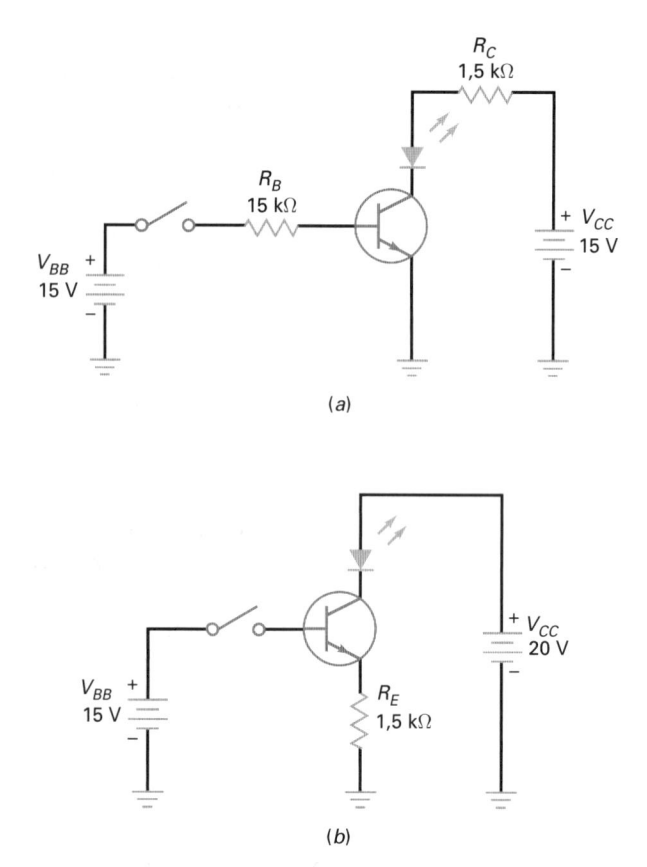

Figura 7-4 (a) Polarização da base; (b) polarização do emissor.

Não há nada de errado com esse circuito. Ele executa a função de um bom acionador de LED, porque está projetado para saturação forte, em que o ganho de corrente não importa. Se você quiser mudar a corrente no LED desse circuito, pode alterar tanto a resistência do coletor quanto a tensão de alimentação do coletor. A resistência da base é projetada como 10 vezes maior que a resistência do coletor porque desejamos uma forte saturação quando a chave for fechada.

Acionador de LED com polarização do emissor

Na Figura 7-4b a corrente do emissor é zero, o que significa que ele está no corte. Quando a chave na Figura 7-4b fecha, o transistor vai para a região ativa. Idealmente, a tensão no emissor é de 15 V. Isso implica que obtemos uma corrente de emissor de 10 mA. Dessa vez, a queda de tensão no LED não tem efeito. Não importa se o exato valor da queda de tensão no LED é de 1,8 V, 2 V ou 2,5 V. Isso é uma vantagem do projeto da polarização do emissor sobre o projeto da polarização da base. A corrente no LED independe da queda de tensão no LED. Uma outra vantagem é que o circuito não necessita de um resistor no coletor.

O circuito de polarização do emissor na Figura 7-4b opera na região ativa quando a chave é fechada. Para mudar a corrente no LED, você deve variar a tensão de alimentação da base ou a resistência do emissor. Por exemplo, se você variar a tensão de alimentação da base, a corrente no LED variará numa proporção direta.

Exemplo de aplicação 7-2

Queremos que a corrente no LED seja de 25 mA quando a chave for fechada na Figura 7-4b. Como podemos realizar isso?

SOLUÇÃO Uma solução seria aumentar a tensão de alimentação da base. Queremos que uma corrente de 25 mA circule através da resistência de 1,5 kΩ. A lei de Ohm informa que a tensão no emissor deve ser:

$$V_E = (25 \text{ mA})(1,5 \text{ k}\Omega) = 37,5 \text{ V}$$

Idealmente, $V_{BB} = 37,5$ V. Para uma segunda aproximação, $V_{BB} = 38,2$ V. Um valor um pouco maior que os valores típicos das fontes de alimentação. Mas a solução é aceitável se numa aplicação particular tivéssemos disponível esse valor alto de tensão.

Uma tensão de alimentação de 15 V é comum em circuitos eletrônicos. Portanto, uma melhor solução na maioria das aplicações seria diminuir a resistência do emissor. Idealmente, a tensão no emissor é igual a 15 V e desejamos uma corrente de 25 mA através do resistor do emissor. Pela lei de Ohm, obtemos

$$R_E = \frac{15 \text{ V}}{25 \text{ mA}} = 600 \text{ }\Omega$$

O valor padrão mais próximo com uma tolerância de 5% é de 620 Ω. Se usarmos a segunda aproximação, a resistência será de:

$$R_E = \frac{14,3 \text{ V}}{25 \text{ mA}} = 572 \text{ }\Omega$$

O valor padrão mais próximo é de 560 Ω.

PROBLEMA PRÁTICO 7-2 Na Figura 7-4b, qual é o valor de R_E necessário para que a corrente no LED seja de 21 mA?

Exemplo de aplicação 7-3

O que faz o circuito mostrado na Figura 7-5?

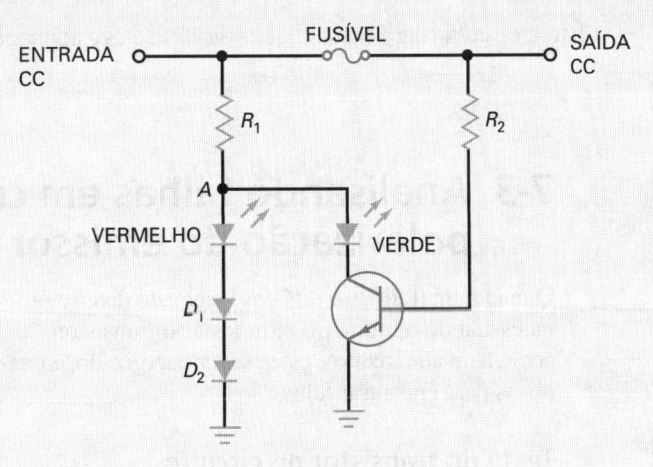

Figura 7-5 Circuito de acionamento do LED com polarização da base.

SOLUÇÃO Ele é um circuito indicador de fusível queimado para uma fonte de alimentação. Quando o fusível está em condição normal de funcionamento, o transistor funciona em saturação com polarização da base. Isso aciona o LED verde para indicar que está tudo OK. A tensão entre o ponto A e o terra é aproximadamente de 2 V. Esse valor de tensão não é suficiente para acionar o LED vermelho. Os dois diodos em série (D_1 e D_2) evitam que o LED vermelho acenda porque eles precisam de 1,4 V para conduzir.

Quando o fusível queimar, o transistor funciona no corte, desligando o LED verde. Logo, a tensão no ponto A aumenta. Agora a tensão é suficiente para acionar os dois diodos em série e o LED vermelho para indicar que o fusível queimou. A Tabela 7-1 compara as diferenças entre as polarizações da base e do emissor.

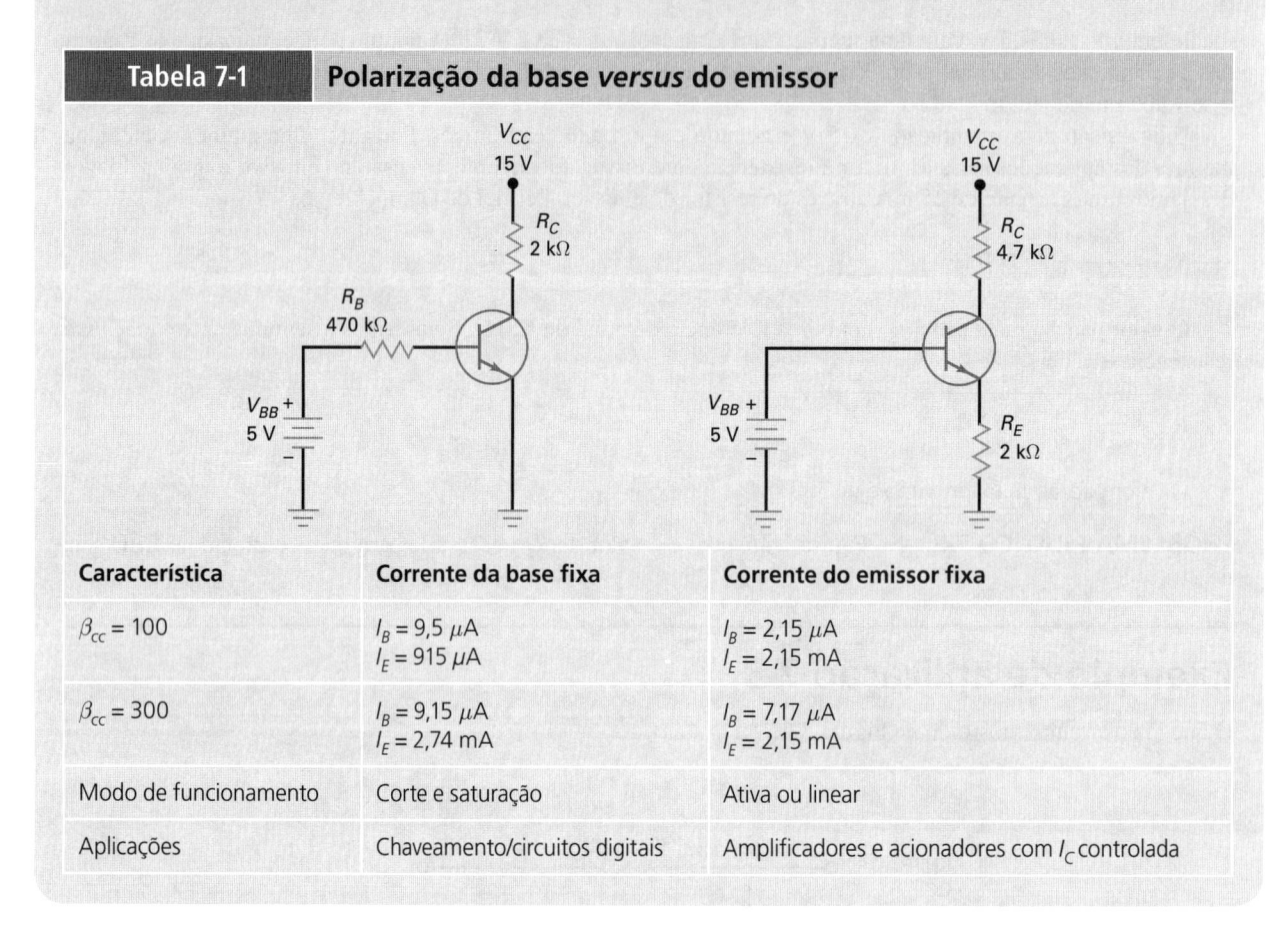

Tabela 7-1 Polarização da base *versus* do emissor

Característica	Corrente da base fixa	Corrente do emissor fixa
$\beta_{cc} = 100$	$I_B = 9,5\ \mu A$ $I_E = 915\ \mu A$	$I_B = 2,15\ \mu A$ $I_E = 2,15\ mA$
$\beta_{cc} = 300$	$I_B = 9,15\ \mu A$ $I_E = 2,74\ mA$	$I_B = 7,17\ \mu A$ $I_E = 2,15\ mA$
Modo de funcionamento	Corte e saturação	Ativa ou linear
Aplicações	Chaveamento/circuitos digitais	Amplificadores e acionadores com I_C controlada

7-3 Analisando falhas em circuitos de polarização do emissor

Quando um transistor está desconectado do circuito, você pode utilizar um DMM na escala de ohmímetro para testar o transistor. Porém, quando o transistor está conectado ao circuito e este estiver energizado, é possível medir as tensões e obter pistas para encontrar falhas.

Teste do transistor no circuito

O teste mais simples no circuito são as medições das tensões no transistor em relação ao terra. Por exemplo, medir a tensão no coletor V_C e a tensão no emissor V_E é um bom começo. A diferença $V_C - V_E$ deve ser maior que 1 V, mas menor que V_{CC}. Se a leitura for menor que 1 V, em um circuito amplificador, o transistor pode estar em curto. Se a leitura for igual a V_{CC}, o transistor pode estar aberto.

O teste descrito anteriormente mostra em geral se existe algum problema com o circuito em CC. Muitos técnicos incluem um teste de V_{BE}, feito conforme segue: meça a tensão na base V_B e a tensão no emissor V_E. A diferença dessas leituras é V_{BE}, que deve estar entre 0,6 V e 0,7 V para os transistores operando com pequeno sinal na região ativa. Para os transistores de potência, V_{BE} pode ser de 1 V ou mais, por causa da resistência de corpo do diodo emissor. Se a leitura em V_{BE} estiver abaixo de 0,6 V, o diodo emissor não está com a polarização direta adequada. O problema pode ser no transistor ou em algum componente da polarização.

Outros técnicos incluem o teste de corte, executado como se segue: curto-circuite os terminais base-emissor com uma ponte de fio. Isso elimina a polarização direta do diodo emissor e força o transistor para o corte. A tensão coletor-terra deve ser igual à tensão de alimentação do coletor. Se isso não ocorrer, alguma coisa está errada com o transistor ou com o circuito.

Tome cuidado ao executar este teste. Se outro dispositivo ou circuito estiver conectado diretamente no terminal do coletor, verifique se um aumento na tensão coletor-terra não irá danificá-lo.

Tabela de defeitos

Conforme discutido na eletrônica básica, um componente em curto é equivalente a uma resistência zero, e um componente aberto é equivalente a uma resistência infinita. Por exemplo, o resistor do emissor pode estar em curto ou aberto. Vamos designar esse defeito por R_{EC} e R_{EA}, respectivamente. De modo similar, o resistor do coletor pode estar em curto ou aberto, que simbolizamos como R_{CC} e R_{CA}, respectivamente.

Quando um transistor está com defeito, muita coisa pode acontecer. Por exemplo, um ou ambos os diodos podem estar internamente em curto ou aberto. Vamos limitar o número de possibilidades citando aqueles defeitos mais comuns: coletor-emissor em curto (*CEC*) indica os três terminais em curto (base, coletor e emissor) juntos, e o coletor-emissor aberto (*CEA*) representa os três terminais abertos. A base-emissor aberto (*BEA*) indica o diodo base-emissor aberto e coletor-base aberto (*CBA*) indica o diodo coletor-base aberto.

A Tabela 7-2 mostra alguns dos problemas que podem ocorrer num circuito como o da Figura 7-6. As tensões foram calculadas com base na segunda aproximação. Quando o circuito opera normalmente, você deve medir uma tensão de base de 2 V, uma tensão de emissor de 1,3 V e uma tensão de coletor de aproximadamente 10,3 V. Se o resistor do emissor estivesse em curto, a tensão no diodo emissor seria de +2 V. Esse alto valor de tensão danificaria o transistor, produzindo provavelmente uma abertura entre o coletor e o emissor. Esse defeito R_{EC} e sua tensão estão na Tabela 7-2.

Se o resistor do emissor estivesse aberto não haveria corrente no emissor. Além disso, a corrente no coletor seria zero e a tensão no coletor seria de 15 V. Esse defeito R_{EA} e suas tensões são mostrados na Tabela 7-2. Continuando a análise, podemos obter os sintomas restantes conforme cada defeito é apresentado na Tabela 7-2.

Observe quando não existe a alimentação V_{CC}. Esse defeito merece um comentário. Você pode achar inicialmente que a tensão no coletor é zero, pois não há tensão de alimentação no coletor. Mas não é isso que você mede com um voltímetro. Quando você liga o voltímetro entre o coletor e o terra, a base continua alimentando o circuito com uma pequena corrente direta através do diodo coletor que fica polarizado em série com o voltímetro. Como a base tem uma tensão definida de 2 V, a tensão no coletor é de 0,7 V, abaixo do potencial da base. Portanto, o voltímetro indicaria um valor de 1,3 V entre o coletor e o terra. Em outras palavras, o voltímetro fecha o circuito com o terra porque o voltímetro funciona como uma resistência de alto valor em série com o diodo coletor.

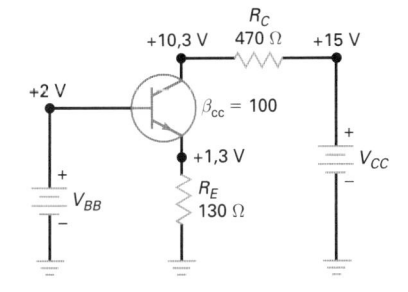

Figura 7-6 Testes no circuito.

Tabela 7-2 Problemas e sintomas				
Defeito	V_B, V	V_E, V	V_C, V	Comentários
Nenhum	2	1,3	10,3	Sem defeito
R_{EC}	2	0	15	Transistor queimado (CEA)
R_{EA}	2	1,3	15	Sem corrente de base ou de coletor
R_{CC}	2	1,3	15	
R_{CA}	2	1,3	1,3	
Sem V_{BB}	0	0	15	Verifique a fonte e os terminais
Sem V_{CC}	2	1,3	1,3	Verifique a fonte e os terminais
CEC	2	2	2	Todos os terminais do transistor em curto
CEA	2	0	15	Todos os terminais do transistor abertos
BEA	2	0	15	Diodo base-emissor aberto
CBA	2	1,3	15	Diodo coletor-base aberto

7-4 Mais sobre dispositivos optoeletrônicos

Conforme mencionado anteriormente, um transistor com a base aberta tem uma pequena corrente de coletor que consiste nos portadores minoritários produzidos termicamente e pela fuga da superfície. Expondo a junção do coletor à luz, um fabricante pode produzir um **fototransistor**, um transistor que é mais sensível à luz do que um fotodiodo.

Ideia básica sobre um fototransistor

A Figura 7-7a mostra um transistor com a base aberta. Conforme mencionado antes, existe uma pequena corrente no coletor nesse circuito. Despreze o componente de fuga da superfície e concentre-se nos portadores produzidos pela temperatura no diodo coletor. Visualize a corrente reversa produzida por esses portadores como uma fonte de corrente ideal em paralelo com a junção coletor-base de um transistor ideal (Figura 7-7b).

Como o terminal da base está aberto, toda a corrente reversa é forçada para a base do transistor. A corrente resultante no coletor é:

$$I_{CEA} = \beta_{CC} I_R$$

onde I_R é a corrente reversa dos portadores minoritários. Ela informa que a corrente do coletor é maior do que a corrente reversa original por um fator de β_{CC}.

A corrente do coletor é sensível tanto à luz como à temperatura. Num fototransistor, a luz passa pela janela e atinge a junção coletor-base. À medida que a luz aumenta, I_R aumenta e, consequentemente, I_{CEA} aumenta.

Fototransistor *versus* fotodiodo

A principal diferença entre um fototransistor e um fotodiodo é o ganho de corrente β_{CC}. A mesma quantidade de luz atingindo os dois dispositivos, faz com que a corrente no fototransistor seja β_{CC} maior que a corrente no fotodiodo. A sensibilidade maior de um fototransistor é a grande vantagem sobre um fotodiodo.

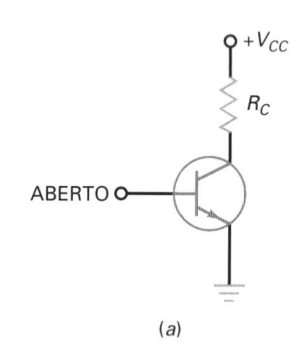

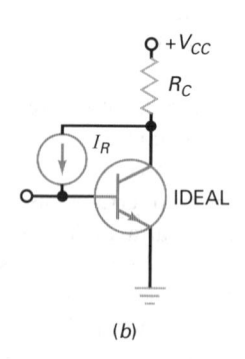

Figura 7-7 (a) Transistor com a base aberta; (b) circuito equivalente.

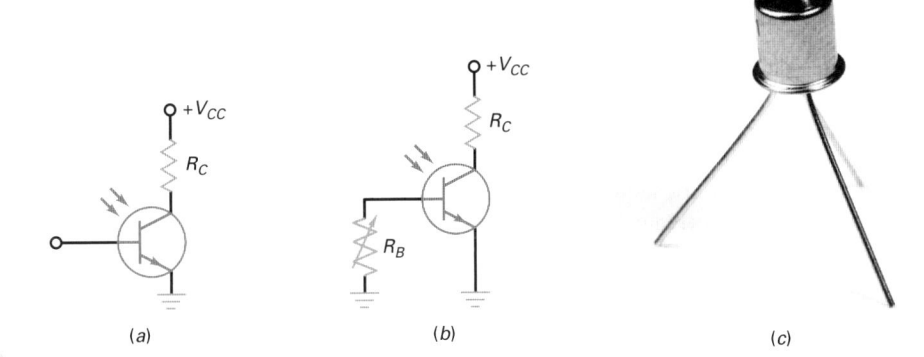

Figura 7-8 Fototransistor. (a) Com a base aberta obtém-se a máxima sensibilidade; (b) Um potenciômetro na base varia a sensibilidade; (c) fototransistor típico.

Fotografia de ©Brian Moeskau/Brian Moeskau

A Figura 7-8a mostra o símbolo para diagramas de um fototransistor. Observe a base aberta. Esse é o modo usual de operar um fototransistor. Você pode controlar a sensibilidade com um resistor variável (potenciômetro) na base (Figura 7-8b), mas a base é geralmente deixada aberta para que se obtenha a máxima sensibilidade à luz.

O preço pago pelo aumento de sensibilidade é uma redução na velocidade de chaveamento. O fototransistor é mais sensível que o fotodiodo, mas ele não pode conduzir e cortar mais rápido. O fotodiodo tem correntes de saída típicas da ordem de microampères e pode chavear em nanossegundos. O fototransistor tem correntes de saída típicas da ordem de miliampères, mas conduz e corta em microssegundos. Um fototransistor típico pode ser visto na Figura 7-8c.

Acoplador ótico

A Figura 7-9a mostra um LED acionando um fototransistor. Ele é um acoplador ótico muito mais sensível que o LED com um fotodiodo discutido anteriormente. A ideia é direta. Qualquer variação em V_S produz uma variação na corrente do LED, que faz variar a corrente no fototransistor. Por sua vez, isso produz uma variação na tensão dos terminais coletor-emissor. Portanto, um sinal de tensão é acoplado do circuito de entrada para o circuito de saída.

Novamente, a grande vantagem de um acoplador ótico é o isolamento elétrico entre os circuitos de entrada e de saída. Dito de outra forma, o ponto comum do circuito de entrada é diferente do ponto comum do circuito de saída. Por isso, não existe um ponto de contato elétrico entre os dois circuitos. Isso significa que você pode aterrar um dos circuitos e deixar o outro em flutuação. Por exemplo, o circuito de entrada pode ser ligado à massa do equipamento, enquanto o comum do lado da saída é aterrado. A Figura 7-9b mostra um *CI* acoplador ótico típico.

É ÚTIL SABER

O acoplador ótico foi na verdade projetado como um substituto em estado sólido para um relé mecânico. Funcionalmente, o acoplador ótico é similar aos seus antigos correspondentes mecânicos porque ele oferece um alto grau de isolamento entre seus terminais de entrada e saída. Algumas das vantagens de usar um acoplador ótico em lugar de um mecânico são: maior velocidade de operação, não há faíscas dos contatos, tamanho reduzido, não há partes móveis para entravar e compatibilidade com circuitos microprocessadores digitais.

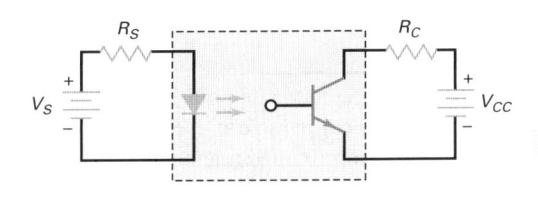

Figura 7-9 (a) Acoplador ótico com LED e fototransistor; (b) CI acoplador ótico.

Fotografia de ©Brian Moeskau/Brian Moeskau

Exemplo de aplicação 7-4

O que o circuito da Figura 7-10 faz?

O acoplador ótico 4N24 da Figura 7-10*a* proporciona um isolamento da linha de alimentação e detecta o cruzamento por zero da linha de alimentação. O gráfico na Figura 7.10*b* mostra a corrente do coletor relacionada com a corrente do LED. Veja como você pode calcular a tensão de pico de saída do acoplador ótico:

A ponte retificadora produz uma corrente em onda completa que circula pelo LED. Desprezando as quedas nos diodos, a corrente de pico no LED é:

$$I_{LED} = \frac{1{,}414(115\ V)}{16\ k\Omega} = 10{,}2\ mA$$

O valor da corrente saturada no fototransistor é:

$$I_{C(sat)} = \frac{20\ V}{10\ k\Omega} = 2\ mA$$

A Figura 7-10*b* mostra as curvas estáticas da corrente no fototransistor *versus* a corrente no LED de três acopladores óticos diferentes. Com (a curva de cima) uma corrente no LED do 4N24 de 10,2 mA produz uma corrente no coletor de aproximadamente 15 mA quando a resistência de carga for zero. Na Figura 7-10*a*, a corrente no fototransistor nunca atingirá o valor de 15 mA, porque o fototransistor satura com 2 mA. Em outras palavras, existe corrente mais que suficiente no LED para produzir saturação. Como a corrente de pico no LED é de 10,2 mA, o fototransistor fica saturado durante a maior parte do ciclo. Nesse período, a tensão na saída é de aproximadamente zero, conforme mostrado na Figura 7-10*c*.

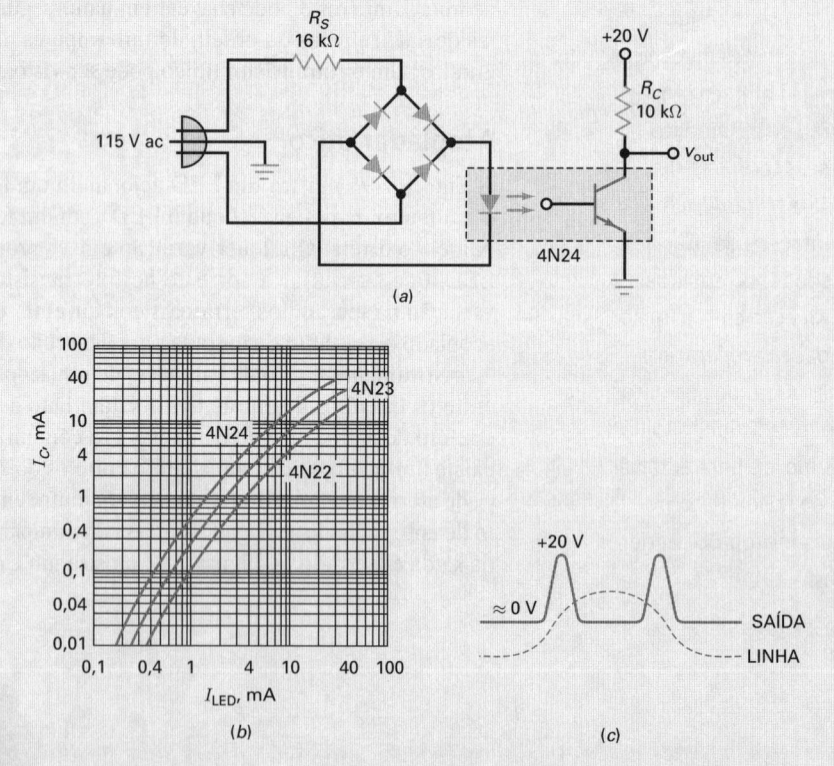

Figura 7-10 (*a*) Detector de cruzamento por zero; (*b*) curvas do acoplador ótico; (*c*) detector de saída.

O cruzamento por zero ocorre quando a tensão na linha muda de polaridade, do negativo para o positivo, ou vice-versa. Num cruzamento por zero, a corrente no LED cai para zero. Nesse instante, o fototransistor torna-se um circuito aberto e a tensão de saída aumenta para 20 V aproximadamente, conforme indicado na Figura 7-10*c*. Como você pode notar, a tensão na saída é próxima de zero a maior parte do ciclo. Nos cruzamentos por zero, ela aumenta rapidamente para 20 V e depois diminui para zero.

Um circuito como o da Figura 7-10*a* é útil porque ele não requer um transformador para fornecer um isolamento da linha. O acoplador ótico cuida disso. Além disso, o circuito detecta as passagens por zero, que é uma aplicação desejável quando você quer sincronizar algum outro circuito com a frequência da linha.

7-5 Polarização por divisor de tensão

A Figura 7-11a mostra o circuito de polarização mais usado. Observe que o circuito da base é formado por um divisor de tensão (R_1 e R_2). Por isso, o circuito é chamado de **polarização por divisor de tensão (PDT)**.

Análise simplificada

Para verificação de defeitos e análises preliminares, use o seguinte método. Em qualquer circuito PDT bem projetado, a corrente na base é muito menor que a corrente no divisor de tensão. Como a corrente na base tem um efeito desprezível no divisor de tensão, podemos mentalmente abrir a conexão entre o divisor de tensão e a base para obter o circuito equivalente na Figura 7-11b. Neste circuito a tensão no divisor de tensão é

$$V_{BB} = \frac{R_2}{R_1 + R_2} V_{CC}$$

Idealmente, essa é a tensão de alimentação da base conforme mostra a Figura 7-11c.

Como você pode ver, a polarização pelo divisor de tensão é na verdade uma polarização do emissor disfarçada. Em outras palavras, a Figura 7-11c é um circuito equivalente para a Figura 7-11a. É por isso que o PDT estabelece um valor fixo na corrente do emissor, resultando em um ponto Q estável que é independente do ganho de corrente.

Existe um erro nessa aproximação simplificada e vamos estudá-lo nesta seção. O ponto crucial é: em qualquer circuito bem projetado o erro em uso na Figura 7-11c é muito pequeno. Em outras palavras, um projetista escolhe deliberadamente os valores do circuito de modo que a Figura 7-11a funcione como o da Figura 7-11c.

Conclusão

Após calcularmos V_{BB}, o resto da análise é semelhante ao estudado anteriormente para a polarização do emissor no Capítulo 7. Aqui está um resumo das equações que você pode usar para analisar o PDT:

$$V_{BB} = \frac{R_2}{R_1 + R_2} V_{CC} \tag{7-4}$$

$$V_E = V_{BB} - V_{BE} \tag{7-5}$$

$$I_E = \frac{V_E}{R_E} \tag{7-6}$$

$$I_C \approx I_E \tag{7-7}$$

$$V_C = V_{CC} - I_C R_C \tag{7-8}$$

$$V_{CE} = V_C - V_E \tag{7-9}$$

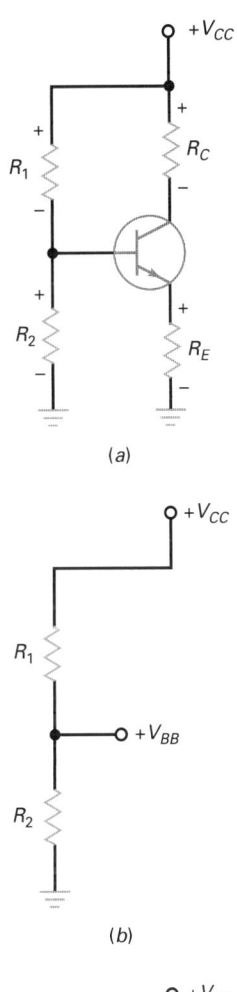

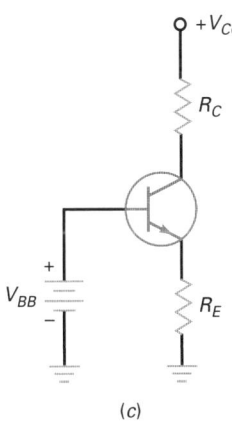

Figura 7-11 Polarização por divisor de tensão. (a) Circuito; (b) divisor de tensão; (c) circuito simplificado.

Essas equações são baseadas nas leis de Ohm e de Kierchhoff. Aqui estão os passos da análise:

1. Calcule a tensão na base V_{BB} na saída do divisor de tensão.
2. Subtraia 0,7 V para obter a tensão no emissor (se for germânio, use 0,3 V).
3. Divida a resistência do emissor para obter a corrente no emissor.
4. Suponha que a corrente no coletor seja aproximadamente igual a da corrente no emissor.

É ÚTIL SABER

Como $V_E \cong I_C R_E$, a Equação (8-6) também pode ser mostrada como
$V_{CE} = V_{CC} - I_C R_C - I_C R_E$ ou
$V_{CE} = V_{CC} - I_C(R_C + R_E)$

5. Calcule a tensão do coletor para o terra subtraindo a tensão no resistor do coletor da tensão da fonte do coletor.
6. Calcule a tensão coletor-emissor subtraindo a tensão no emissor da tensão no coletor.

Como esses seis passos são lógicos, eles são fáceis de serem lembrados. Após algumas análises de circuitos PDT, este processo se torna automático.

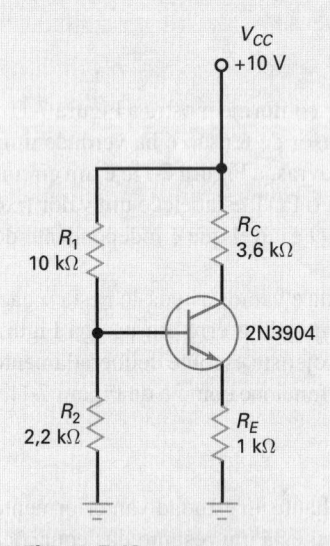

Figura 7-12 Exemplo.

Exemplo 7-5

Qual é a tensão coletor-emissor na Figura 7-12?

SOLUÇÃO O divisor de tensão produz uma tensão de saída sem carga de:

$$V_{BB} = \frac{2,2\,k\Omega}{10\,k\Omega + 2,2\,k\Omega} 10\,V = 1,8\,V$$

Subtraia 0,7 V deste valor para obter:

$$V_E = 1,8\,V - 0,7 = 1,1\,V$$

A corrente no emissor é:

$$I_E = \frac{1,1\,V}{1\,k\Omega} = 1,1\,mA$$

Como a corrente no coletor é quase igual à corrente no emissor, podemos calcular a tensão do coletor para o terra do seguinte modo:

$$V_C = 10\,V - (1,1\,mA)(3,6\,kW) = 6,04\,V$$

A tensão coletor-emissor é:

$$V_{CE} = 6,04 - 1,1\,V = 4,94\,V$$

Veja um ponto importante: os cálculos nesta análise preliminar não dependem das variações no transistor, corrente no coletor ou temperatura. É por isso que o ponto Q é estável.

PROBLEMA PRÁTICO 7-5 Mude a tensão de alimentação na Figura 7-12 de 10 V para 15 V e calcule V_{CE}.

Exemplo 7-6

Compare os valores obtidos na Figura 7-13 que mostra uma análise no MultiSim do mesmo circuito analisado no exemplo anterior.

SOLUÇÃO Isso realmente confirma a questão. Aqui temos respostas quase idênticas usando a análise de circuito por computador. Como você pode ver, o voltímetro indica 6,03 V (com arredondamento de 2 casas). Compare com o valor de 6,04 no exemplo anterior e então poderá compreender. Uma análise simplificada produziu essencialmente o mesmo resultado que uma análise por computador.

Você pode esperar esse tipo de similitude sempre que um circuito PDT for bem projetado. Por tudo isso, o ponto principal do PDT é agir como uma polarização do emissor para eliminar virtualmente os efeitos de variações no transistor, corrente no coletor ou temperatura.

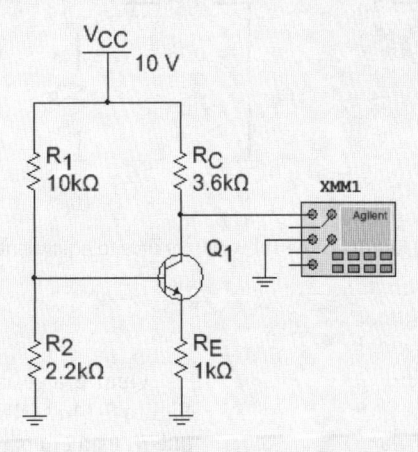

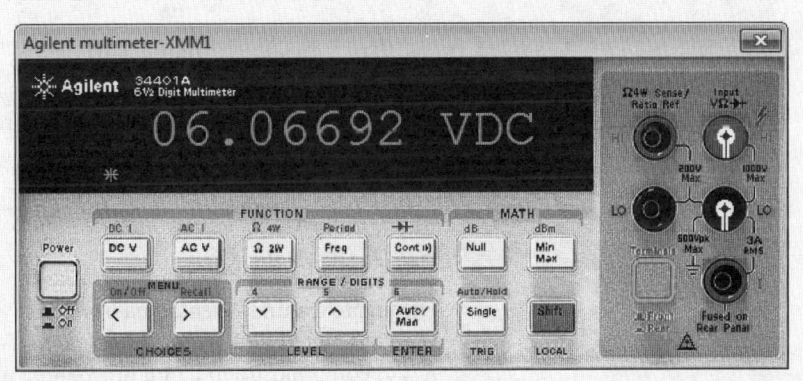

MultiSim Figura 7-13 Exemplo MultiSim.

PROBLEMA PRÁTICO 7-6 Usando o MultiSim, mude a tensão da fonte na Figura 7-13 para 15 V e meça V_{CE}. Compare o valor medido com a resposta do Problema Prático 7-5.

7-6 Análise precisa para o PDT

O que é um circuito PDT bem projetado? É aquele que tem *o divisor de tensão estável para a resistência de entrada da base*. O significado da última sentença precisa ser estudado.

Resistência da fonte

Numa fonte de tensão estável, a sua resistência pode ser ignorada, caso ela seja, pelo menos, cem vezes menor do que a resistência da carga.

Fonte de tensão estável: $R_S < 0{,}01\, R_L$

Quando essa condição for satisfeita, a tensão na carga estará dentro de 1% do valor da tensão ideal. Agora, vamos estender essa ideia para o divisor de tensão.

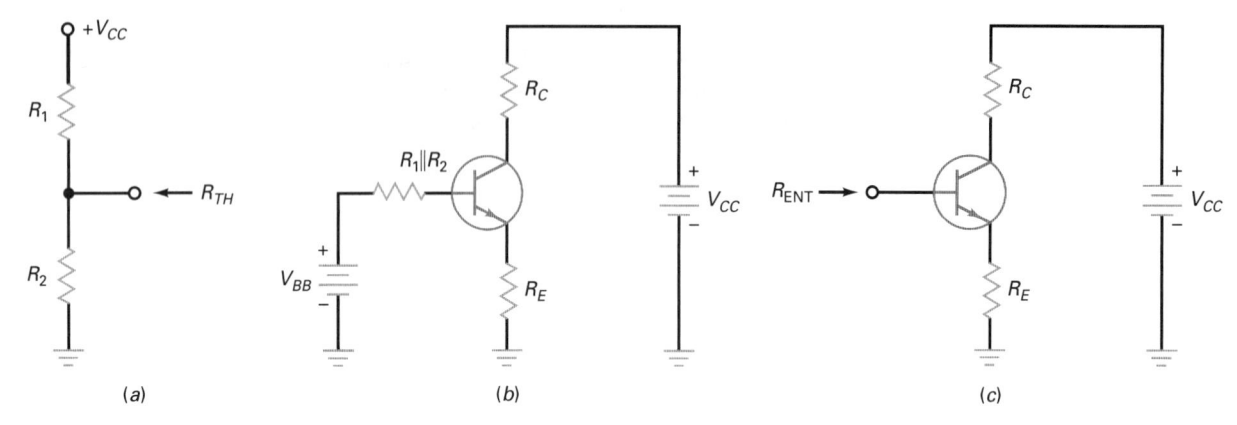

Figura 7-14 (a) Resistência de Thevenin; (b) circuito equivalente; (c) resistência de entrada da base.

Qual é a resistência equivalente de Thevenin para o divisor de tensão na Figura 7-14a? Olhando para trás do divisor de tensão com V_{CC} aterrado, vemos que R_1 está em paralelo com R_2. Na fórmula de equação:

$$R_{TH} = R_1 \| R_2$$

Em virtude dessa resistência, a tensão na saída do divisor de tensão não é ideal. Uma análise mais precisa inclui a resistência de Thevenin, conforme mostrado na Figura 7-14b. A corrente circulando nessa resistência de Thevenin reduz a tensão na base de seu valor ideal de V_{BB}.

Resistência da carga

De quanto diminui a tensão na base? O divisor de tensão tem de fornecer a corrente da base na Figura 7-14b. Ou seja, o divisor de tensão vê a resistência da carga de R_{ENT}, como mostrado na Figura 7-14c. Para o divisor de tensão ser estável para a base, a regra de 100:1:

$$R_S < 0{,}01 R_L$$

passa a ser:

$$R_1 \| R_2 < 0{,}01 R_{IN} \qquad (7\text{-}10)$$

Um circuito PDT bem projetado seguirá essa condição.

Divisor de tensão estável

Se o transistor na Figura 7-14c tiver um ganho de corrente de 100, sua corrente no coletor será 100 vezes maior que a corrente na base. Isso implica que a corrente no emissor também é 100 vezes maior que a corrente na base. Quando visto do lado da base do transistor, a resistência do emissor R_E torna-se 100 vezes maior. Como uma fórmula derivada:

$$R_{IN} = \beta_{cc} R_E \qquad (7\text{-}11)$$

Portanto, a Equação (7-10) pode ser escrita como:

Divisor de tensão estável: $R_1 \| R_2 < 0{,}01 \beta_{cc} R_E \qquad (7\text{-}12)$

Sempre que possível um projetista escolhe os valores do circuito que satisfaçam esta regra de 100:1 porque produzirá um ponto Q muito estável.

Divisor de tensão firme

Algumas vezes um projeto estável resulta em valores de R_1 e R_2 tão baixos que surgem outros problemas (estudados mais tarde). Nesse caso, muitos projetistas acomodam esta regra usando:

Divisor de tensão firme: $R_1 \| R_2 < 0{,}1\beta_{cc}R_E$ (7-13)

Chamamos divisor de tensão que satisfaça a regra de 10:1 de **divisor de tensão firme**. No pior caso usar um divisor de tensão firme significa que a corrente no coletor será aproximadamente 10% menor que o valor estável. Isso é aceitável em muitas aplicações porque o circuito PDT ainda tem um ponto Q razoavelmente estável.

Aproximação mais precisa

Se você quiser um valor mais preciso para a corrente do emissor, use a seguinte derivação:

$$I_E = \frac{V_{BB} - V_{BE}}{R_E + (R_1 \| R_2)/\beta_{cc}}$$ (7-14)

Isso difere do valor estável porque $(R_1 \| R_2)/\beta_{cc}$ está no denominador. Como este termo se aproxima de zero, a equação fica simplificada para o valor estável.

A Equação (7-14) melhora a análise, mas ela é uma fórmula mais complexa. Se você tiver um computador e necessitar de uma análise mais precisa obtida por essa análise estável, utilize o MultiSim ou um circuito simulador equivalente.

Exemplo 7-7

O divisor de tensão na Figura 7-15 é estável? Calcule o valor mais preciso da corrente no emissor usando a Equação (7-14).

SOLUÇÃO Verifique se está usando a regra de 100:1:

Divisor de tensão estável: $R_1 \| R_2 < 0{,}01\beta_{cc}R_E$

A resistência de Thevenin para o divisor de tensão é:

$$R_1 \| R_2 = 10\,k\Omega \| 2{,}2\,k\Omega = \frac{(10\,k\Omega)(2{,}2\,k\Omega)}{10\,k\Omega + 2{,}2\,k\Omega} = 1{,}8\,k\Omega$$

A resistência de entrada da base é:

$$\beta_{cc}R_E = (200)(1\,k\Omega) = 200\,k\Omega$$

e um centésimo deste valor é:

$$0{,}01\beta_{cc}R_E = 2\,k\Omega$$

Como 1,8 kΩ é menor que 2 kΩ, o divisor de tensão é estável.

Com a Equação (7-14), a corrente no emissor é

$$I_E = \frac{1{,}8\,V - 0{,}7\,V}{1\,k\Omega + (1{,}8\,k\Omega)/200} = \frac{1{,}1\,V}{1\,k\Omega + 9\,\Omega} = 1{,}09\,mA$$

Este valor é extremamente próximo de 1,1 mA, o valor que obtivemos com a análise simplificada.

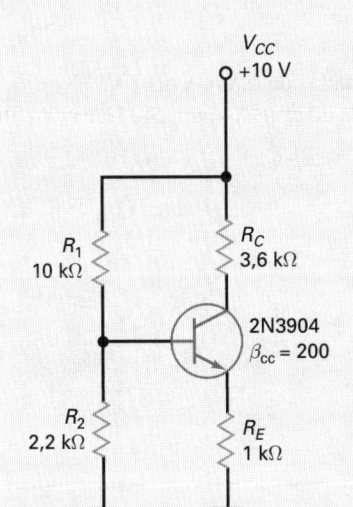

Figura 7-15 Exemplo.

O principal é: você não tem que usar a Equação (7-14) para calcular a corrente no emissor quando o divisor de tensão for estável. Mesmo quando o divisor de tensão for firme o uso da Equação (7-14) irá melhorar o cálculo para a corrente do emissor apenas de 10%. A não ser quando indicado, a partir de agora em todas as análises de circuitos PDT usaremos o método simplificado.

7-7 A reta de carga e o ponto Q para o PDT

Em virtude do divisor de tensão estável da Figura 7-16, a tensão no emissor se mantém constante em 1,1 V no estudo a seguir.

Ponto Q

O ponto Q foi calculado na Seção 7-5. Ele tem uma corrente de coletor de 1,1 mA e uma tensão coletor-emissor de 4,94 V. Esses valores são plotados para se obter o ponto Q mostrado na Figura 7-16. Como a polarização por divisor de tensão é derivada da polarização do emissor, o ponto Q é virtualmente imune às variações no ganho de corrente. Uma forma de mover o ponto Q na Figura 7-16 é variando o resistor do emissor.

Por exemplo, se a resistência do emissor mudar para 2,2 kΩ, a corrente no coletor diminuirá para:

$$I_E = \frac{1,1 \text{ V}}{2,2 \text{ k}\Omega} = 0,5 \text{ mA}$$

As tensões mudam como se segue:

$$V_C = 10 \text{ V} - (0,5 \text{ mA})(3,6 \text{ k}\Omega) = 8,2 \text{ V}$$

e

$$V_{CE} = 8,2 \text{ V} - 1,1 \text{ V} = 7,1 \text{ V}$$

Logo, o novo ponto Q será Q_L e terá as coordenadas de 0,5 mA e 7,1 V.

Por outro lado, se diminuirmos a resistência do emissor para 510 Ω, a corrente no emissor aumentará para:

$$I_E = \frac{1,1 \text{ V}}{510 \text{ }\Omega} = 2,15 \text{ mA}$$

e as tensões mudam para:

$$V_C = 10 \text{ V} - (2,15 \text{ mA})(3,6 \text{ k}\Omega) = 2,6 \text{ V}$$

e

$$V_{CE} = 2,26 \text{ V} - 1,1 \text{ V} = 1,16 \text{ V}$$

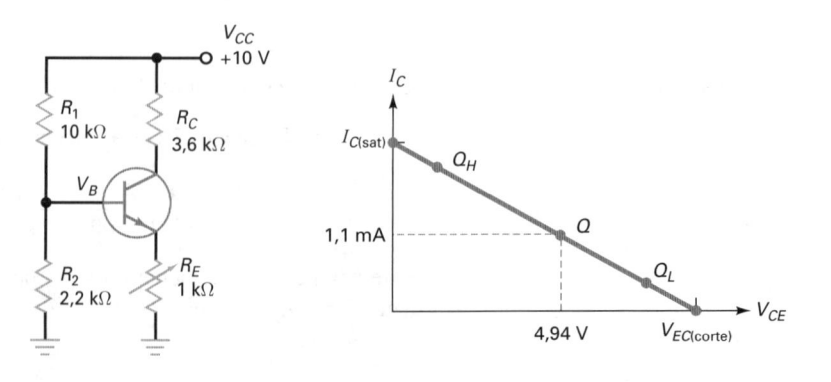

Figura 7-16 Cálculo do ponto Q.

Neste caso, o ponto Q se desloca para uma nova posição em Q_H com as coordenadas de 2,15 mA e 1,16 V.

O ponto Q no meio da reta de carga

V_{CC}, R_1, R_2 e R_C controlam a corrente de saturação e a tensão de corte. Uma variação em qualquer uma dessas variáveis irá mudar $I_{C(sat)}$ e/ou $V_{EC(corte)}$. Desde que o projetista tenha estabelecido os valores das variáveis anteriores, *a resistência do emissor* varia para ajustar o ponto Q em qualquer posição ao longo da reta de carga. Se R_E for muito alta, o ponto Q se move para o ponto de corte. Se R_E for muito baixa, o ponto Q se move para a saturação. Alguns projetistas ajustam o ponto Q no centro da reta de carga. Quando analisamos ou projetamos amplificadores transistorizados, o ponto Q da reta de carga CC deve ser ajustado no ponto médio da reta para obtermos o máximo valor do sinal de saída.

Regras para o projeto PDT

A Figura 7-17 mostra um circuito PDT. Este circuito será usado para demonstrar uma regra simplificada de projeto para estabelecer um ponto Q estável. Esta técnica de projeto é aceitável para muitos circuitos, mas ela é apenas uma regra. Outras técnicas de projeto podem ser usadas.

Antes de começar o projeto, é importante determinar as exigências do circuito ou especificações. O circuito é polarizado normalmente para que o valor de V_{EC} fique no ponto médio com um valor de corrente especificado. Você também precisa saber o valor de V_{CC} e a faixa de β_{cc} para o transistor que será usado. Além disso, verifique se o circuito não excederá os valores limites de dissipação de potência do transistor.

Comece fazendo com que a tensão no emissor seja aproximadamente um décimo da tensão de alimentação:

$$V_E = 0{,}1\, V_{CC}$$

A seguir, calcule o valor de R_E para ajustar um valor especificado para a corrente do coletor:

$$R_E = \frac{V_E}{I_E}$$

Como o ponto Q precisa estar aproximadamente no meio da reta de carga CC, cerca de 0,5 V_{CC} ficará nos terminais coletor-emissor. O restante 0,4 V_{CC} ficará no resistor do coletor, portanto:

$$R_C = 4\, R_E$$

A seguir, projete um divisor de tensão estável usando a regra 100:1:

$$R_{TH} \leq 0{,}01\, \beta_{cc}\, R_E$$

Geralmente, R_2 é menor do que R_1. Portanto, a equação do divisor de tensão estável pode ser simplificada para:

$$R_2 \leq 0{,}01\, \beta_{cc}\, R_E$$

Você pode escolher também um projeto de divisor de tensão firme usando a regra de 10:1;

$$R_2 \leq 0{,}1\, \beta_{cc}\, R_E$$

Nesses dois casos, use a faixa mínima de β_{cc} para a corrente especificada do coletor.

Finalmente, calcule R_1 usando a proporção:

$$R_1 = \frac{V_1}{V_2} R_2$$

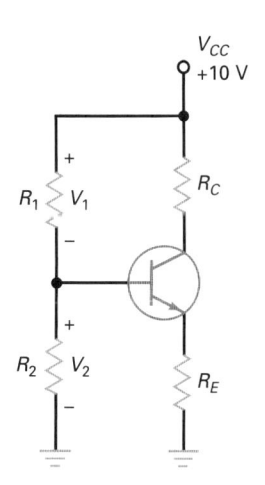

Figura 7-17 Projeto para um PDT.

É ÚTIL SABER

Centralizar o ponto Q de um transistor na reta de carga é importante por que permite a máxima tensão CA de saída do amplificador. Centralizar o ponto Q na reta de carga CC é algumas vezes mencionado como *polarização de ponto médio*.

Exemplo de aplicação 7-8

Para o circuito mostrado na Figura 7-17 projete os valores dos resistores que tenham as seguintes especificações:

$V_{CC} = 10$ V $\qquad V_{EC}$ @ ponto médio

$I_C = 10$ mA $\qquad \beta_{cc}$ N3904 = 100-300

SOLUÇÃO Primeiro, estabeleça a tensão no emissor por:

$V_E = 0,1\ V_{CC}$

$V_E = (0,1)(10\ \text{V}) = 1$ V

O resistor do emissor é calculado por:

$$R_E = \frac{V_E}{I_E}$$

$$R_E = \frac{1\ \text{V}}{10\ \text{mA}} = 100\ \Omega$$

O resistor do coletor é:

$R_C = 4\ R_E$

$R_C = (4)(100\ \Omega) = 400\ \Omega$ (use 390 Ω)

A seguir, escolha um divisor de tensão estável ou firme. O valor de R_2 para o estável é calculado por:

$R_2 \leq 0,01\ \beta_{cc}\ R_E$

$R_2 \leq (0,01)(100)(100\ \Omega) = 100\ \Omega$

Agora, o valor de R_1 é:

$$R_1 = \frac{V_1}{V_2} R_2$$

$V_2 = V_E + 0,7\ \text{V} = 1\ \text{V} + 0,7 = 1,7\ \text{V}$

$V_1 = V_{CC} - V_2 = 10\ \text{V} - 1,7 = 8,3\ \text{V}$

$$R_1 = \left(\frac{8,3\ \text{V}}{1,7\ \text{V}}\right)(100\ \Omega) = 488\ \Omega\ (\text{use } 490\ \Omega)$$

PROBLEMA PRÁTICO 7-8 Usando as regras de projeto do PDT, o circuito projetado na Figura 7-17 tem estas especificações:

$V_{CC} = 10$ V $\qquad V_{EC}$ @ ponto médio $\qquad$ divisor de tensão estável

$I_C = 1$ mA $\qquad \beta_{CC} = 70\text{-}200$

7-8 Polarização do emissor com fonte dupla

Alguns equipamentos eletrônicos têm uma fonte de alimentação que produz duas tensões positiva e negativa. Por exemplo, a Figura 7-18 mostra um circuito com transistor com duas fontes de alimentação: + 10 e –2 V. A alimentação negativa polariza diretamente o diodo emissor. A fonte positiva polariza reversamente o diodo coletor. Esse circuito é derivado da polarização do emissor. Por essa razão, ele é denominado **polarização do emissor com fonte dupla (PEFD)**.

Figura 7-18 Polarização do emissor com fonte dupla.

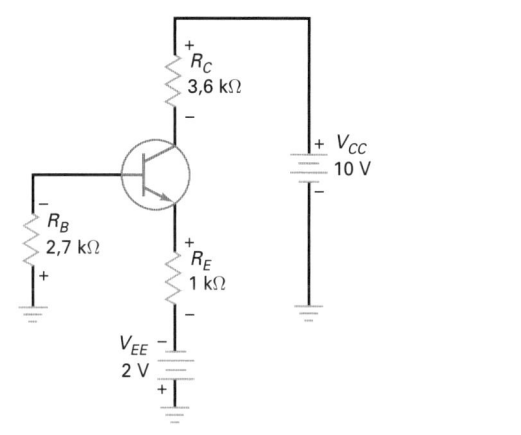

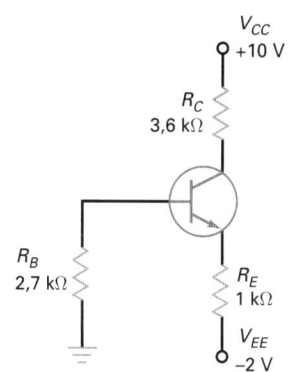

Figura 7-19 Circuito PEFD redesenhado.

Análise

A primeira coisa a ser feita é redesenhar o circuito como ele geralmente aparece nos diagramas esquemáticos. Isso significa apagar o símbolo da bateria, como mostrado na Figura 7-19. Isso é necessário nos diagramas esquemáticos por que geralmente não há símbolos de bateria nos diagramas mais complexos. Todas as informações ainda estão no diagrama, exceto que estão de forma condensada. Ou seja, a fonte de alimentação negativa de –2 V está aplicada na parte debaixo do resistor de 1 kΩ e a fonte de alimentação positiva de +10 V está aplicada na parte de cima do resistor de 3,6 kΩ.

Quando esse tipo de circuito é projetado corretamente, a corrente na base será baixa o suficiente para ser desprezada. Isso equivale a dizer que a tensão na base é de aproximadamente 0 V, como mostrado na Figura 7-20.

A tensão no diodo emissor é de 0,7 V e é por isso que aparece – 0,7 V mostrado no nó do emissor. Se isso não estiver claro, dê uma parada e faça um estudo a respeito. Existe uma queda de 0,7 V do mais para o menos indo da base para o emissor. Se a tensão na base for 0 V, a tensão no emissor deve ser – 0,7 V.

Na Figura 7-20, o resistor do emissor é novamente a chave para ajustar a corrente do emissor. Para calculá-la, aplique a lei de Ohm no resistor do emissor como se segue: a parte de cima do resistor do emissor tem uma tensão de – 0,7 V e a parte debaixo –2 V. Logo, a tensão no resistor do emissor é igual a diferença entre estes dois valores de tensão. Para obter a resposta certa, subtraia o valor mais negativo do valor mais positivo. Neste caso, o valor mais negativo é –2 V, logo:

$$V_{RE} = -0.7 \text{ V} - (-2 \text{ V}) = 1.3 \text{ V}$$

Uma vez encontrada a tensão no resistor do emissor, calcule a corrente no emissor com a lei de Ohm:

$$I_E = \frac{1.3 \text{ V}}{1 \text{ k}\Omega} = 1.3 \text{ mA}$$

Essa corrente circula pelo resistor de 3,6 kΩ e produz uma queda de tensão que subtraímos de + 10 V como segue:

$$V_C = 10 \text{ V} - (1.3 \text{ mA})(3.6 \text{ k}\Omega) = 5.32 \text{ V}$$

A tensão coletor-emissor é a diferença entre a tensão no coletor e a tensão no emissor:

$$V_{EC} = 5.32 \text{ V} - (-0.7 \text{ V}) = 6.02 \text{ V}$$

É ÚTIL SABER

Quando os transistores são polarizados usando divisor de tensão bem projetado ou as configurações da polarização do emissor, eles são classificados como circuitos independentes do beta por que os valores de I_C e V_{CE} não são afetados pelas variações de beta nos transistores.

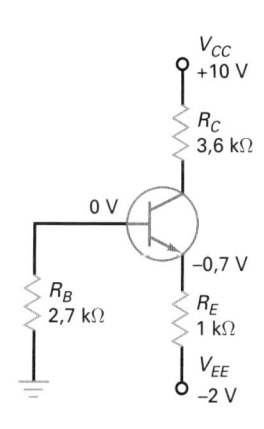

Figura 7-20 A tensão na base é idealmente zero.

Quando a polarização do emissor com fonte dupla é bem projetada ela é similar à polarização por divisor de tensão e satisfaz a regra de 100:1:

$$R_B < 0{,}01\beta_{cc}R_E \tag{7-15}$$

Neste caso, as equações simplificadas para a análise são:

$$V_B \approx 0 \tag{7-16}$$

$$I_E = \frac{V_{EE} - 0{,}7\text{ V}}{R_E} \tag{7-17}$$

$$V_C = V_{CC} - I_C R_C \tag{7-18}$$

$$V_{EC} = V_C + 0{,}7\text{ V} \tag{7-19}$$

Tensão na base

Uma fonte de erro em um método simplificado é o valor baixo de tensão no resistor da base na Figura 7-20. Como o valor baixo de corrente da base circula por esta resistência, existe uma tensão negativa entre a base e o terra. Em um circuito bem projetado, a tensão na base é menor que –0,1 V. Se um projetista tiver um compromisso de usar uma resistência da base de valor alto, a tensão pode ser mais negativa que –0,1 V. Se você estiver verificando defeitos em um circuito como esse, a tensão entre a base o terra deve produzir uma leitura baixa; caso contrário, alguma coisa estará errada com o circuito.

Exemplo 7-9

MultiSim

Qual é a tensão no coletor na Figura 7-20 se o resistor do emissor for aumentado para 1,8 kΩ?

SOLUÇÃO A tensão no resistor do emissor ainda é de 1,3 V. A corrente no emissor é:

$$I_E = \frac{1{,}3\text{ V}}{1{,}8\text{ k}\Omega} = 0{,}722\text{ mA}$$

A tensão no coletor é:

$$V_C = 15\text{ V} - (0{,}722\text{ mA})(3{,}6\text{ k}\Omega) = 7{,}4\text{ V}$$

PROBLEMA PRÁTICO 7-9 Mude o resistor do emissor na Figura 7-20 para 2 kΩ e calcule o valor de V_{EC}.

Exemplo 7-10

Um **estágio** é um transistor conectado com componentes passivos. A Figura 7-21 mostra um circuito de três estágios utilizando a polarização do emissor com fonte dupla. Quais são as tensões do coletor para o terra de cada estágio na Figura 7-21?

SOLUÇÃO Para começar, despreze os capacitores por que eles agem como circuitos abertos para tensões e correntes CC. Então, estamos com três transistores isolados, cada um sendo alimentado pela polarização do emissor com fonte dupla.

O primeiro estágio tem uma corrente de emissor de:

$$I_E = \frac{15\text{ V} - 0{,}7\text{ V}}{20\text{ k}\Omega} = \frac{14{,}3\text{ V}}{20\text{ k}\Omega} = 0{,}715\text{ mA}$$

e uma tensão no coletor de:

$$V_C = 15\text{ V} - (0{,}715\text{ mA})(10\text{ k}\Omega) = 7{,}85\text{ V}$$

Como os outros estágios têm os mesmos valores de circuito, cada um tem a tensão do coletor para o terra de aproximadamente 7,85 V.

A Tabela 7-3 mostra os quatro tipos principais de circuitos de polarização.

PROBLEMA PRÁTICO 7-10 Mude as tensões de alimentação na Figura 7-21 para +12 V e −12 V. Depois, calcule V_{EC} para cada transistor.

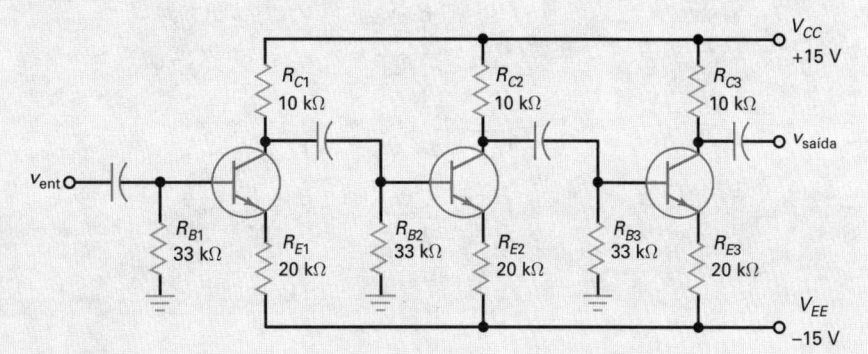

Figura 7-21 Circuito com três estágios.

Tabela 7-3 — Principais circuitos de polarização

Tipo	Circuito	Cálculos	Característica	Aplicação
Polarização da base		$I_B = \dfrac{V_{BB} - 0{,}7\ V}{R_B}$ $I_C = \beta I_B$ $V_{EC} = V_{CC} - I_C R_C$	Poucos componentes; dependente de β; corrente da base fixa	Chaveamento; digital
Polarização do emissor		$V_E = V_{BB} - 0{,}7\ V$ $I_E = \dfrac{V_E}{R_E}$ $V_C = V_C - I_C R_C$ $V_{EC} = V_C - V_E$	Corrente do emissor fixa; Independente de β	Acionamento de I_C; amplificador
Polarização por divisor de tensão		$V_B = \dfrac{R_2}{R_1 + R_2} V_{CC}$ $V_E = V_B - 0{,}7\ V$ $I_E = \dfrac{V_E}{R_E}$ $V_C = V_{CC} - I_C R_C$ $V_{EC} = V_C - V_E$	Necessidade de mais resistores; independente de β; Necessidade de uma fonte apenas	Amplificador

Tabela 7-3 Principais circuitos de polarização (continuação)

Tipo	Circuito	Cálculos	Característica	Aplicação
Polarização do emissor com fonte dupla	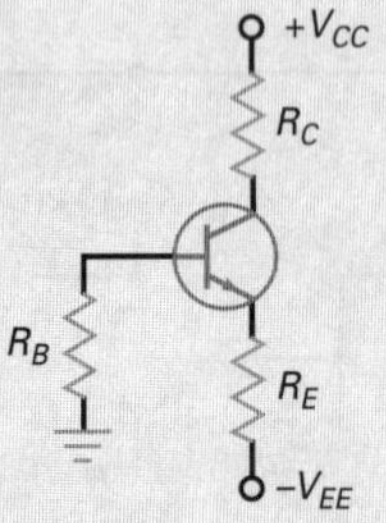 (circuito com $+V_{CC}$, R_C, R_B, R_E, $-V_{EE}$)	$V_B \approx 0\,V$ $V_E = V_B - 0{,}7\,V$ $V_{RE} = V_{EE} - 0{,}7\,V$ $I_E = \dfrac{V_{RE}}{R_E}$ $V_C = V_{CC} - I_C R_C$ $V_{EC} = V_C - V_E$	Necessidade de fonte dupla; independente de β	Amplificador

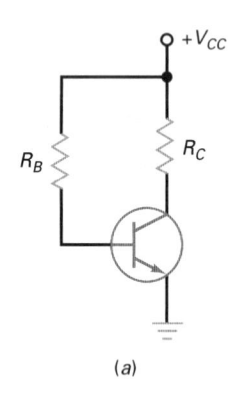

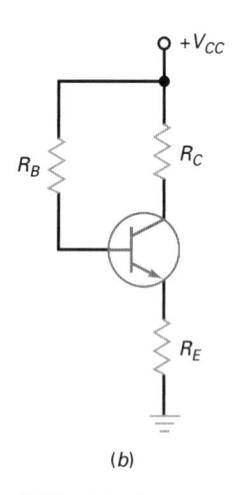

7-9 Outros tipos de polarização

Nesta seção, estudaremos outros tipos de polarização. Uma análise detalhada não é necessária porque eles raramente são usados em projetos novos. Mas você deve saber da existência dessas polarizações no caso de encontrá-las em alguns diagramas esquemáticos.

Polarização por realimentação do emissor

Lembre-se de nosso estudo de polarização da base (Figura 7-22a). Esse circuito é o pior deles se for considerado o caso de obter um ponto Q fixo. Por quê? Porque como a corrente na base é fixa, a corrente no coletor varia quando o ganho de corrente varia. Em um circuito como este, o ponto Q se move por toda a reta de carga com a substituição do transistor e a variação da temperatura.

Historicamente, a primeira tentativa de estabilização do ponto Q foi com **polarização por realimentação do emissor**, conforme mostrado na Figura 7-22b. Observe que um resistor do emissor foi adicionado no circuito. A ideia básica é esta: se I_C aumenta, V_E aumenta, causando um aumento em V_B. Com V_B maior significa menor tensão em R_B. Isso resulta uma I_B menor, que se opõe ao aumento original em I_C. Isso é chamado de *realimentação* porque a variação na tensão do emissor está sendo realimentada para o circuito da base. Além disso, a realimentação é chamada *negativa* porque ela está se opondo à variação original na corrente do coletor.

A polarização por realimentação do emissor nunca se tornou popular. O ponto Q ainda se movimenta muito na reta de carga para a maioria das aplicações de produção em massa. Aqui estão as equações para a análise da polarização por realimentação do emissor:

$$I_E = \frac{V_{CC} + V_{BE}}{R_E + R_B/\beta_{cc}} \tag{7-20}$$

$$V_E = I_E R_E \tag{7-21}$$

$$V_B = V_E + 0{,}7\,V \tag{7-22}$$

$$V_C = V_{CC} - I_C R_C \tag{7-23}$$

Figura 7-22 (a) Polarização da base; (b) polarização por realimentação do emissor.

A intenção da polarização por realimentação do emissor é **reduzir** o efeito das variações em β_{cc}, isto é, R_E deve ser muito maior que R_B/β_{cc}. Se essa condição

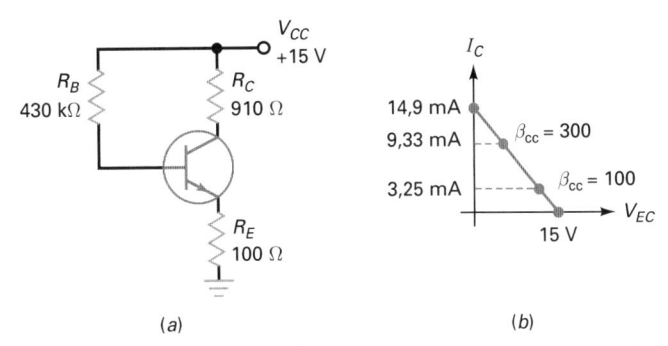

Figura 7-23 (a) Exemplo de uma polarização por realimentação do emissor; (b) o ponto Q é sensível às variações no ganho de corrente.

for satisfeita, a Equação (7-20) será imune às variações em β_{cc}. Nos circuitos práticos, contudo, um projetista não pode escolher um valor alto de R_E suficiente para alagar os efeitos de β_{cc} sem fazer com que o transistor entre em corte.

A Figura 7-23a mostra um exemplo de um circuito com polarização por realimentação do emissor. A Figura 7-23b mostra a reta de carga e o ponto Q para dois valores diferentes de ganho de corrente. Como você pode ver, uma variação de 3:1 no ganho de corrente produz uma variação alta na corrente do coletor. O circuito não é muito melhor que a polarização da base.

Polarização por realimentação do coletor

A Figura 7-24a mostra a **polarização por realimentação do coletor** (chamada também de **autopolarização**). Historicamente, isso foi uma outra tentativa de estabilização do ponto Q. Novamente, a ideia é realimentar uma tensão na base na tentativa de neutralizar uma variação na corrente do coletor. Por exemplo, suponha que a corrente no coletor aumente. Isso diminui a tensão no coletor, que faz dimi-

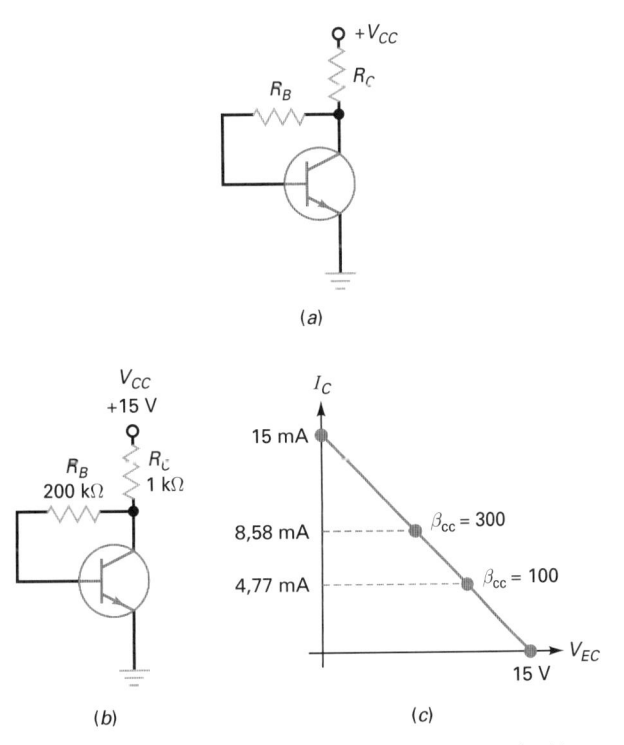

Figura 7-24 (a) Polarização por realimentação do coletor; (b) exemplo; (c) o ponto Q é menos sensível a variações no ganho de corrente.

nuir a tensão no resistor da base. Por sua vez, diminui a corrente da base, que se opõe ao aumento inicial na corrente do coletor.

Assim como na polarização por realimentação do emissor, a polarização por realimentação do coletor usa a realimentação negativa na tentativa de reduzir uma variação na corrente do coletor. Aqui estão as equações para a análise da polarização por realimentação do coletor:

$$I_E = \frac{V_{CC} + V_{BE}}{R_E + R_B / \beta_{cc}} \tag{7-24}$$

$$V_E = 0,7 \text{ V} \tag{7-25}$$

$$V_C = V_{CC} - I_C R_C \tag{7-26}$$

Geralmente o ponto Q é projetado para operar no centro da reta de carga fazendo com que a resistência da base seja de:

$$R_B = \beta_{cc} R_C \tag{7-27}$$

A Figura 7-24b mostra um exemplo de polarização por realimentação do coletor. A Figura 7-24c mostra a reta de carga e os pontos Q para dois valores diferentes de ganhos de corrente. Como você pode ver, uma variação no ganho de corrente de 3:1 produz uma variação menor na corrente no coletor do que na polarização por realimentação do emissor (veja a Figura 7-23b).

A polarização por realimentação do coletor é mais eficaz do que a polarização por realimentação do emissor quanto à estabilização do ponto Q. Embora o circuito ainda seja sensível a variações no ganho de corrente, ele é usado na prática por sua simplicidade.

Polarização com realimentação do coletor e do emissor

A polarização com realimentação do emissor e a polarização com realimentação do coletor foram os primeiros passos em busca de uma estabilização para os circuitos com transistores. Embora a ideia da realimentação negativa fosse muito boa, esses circuitos não trouxeram os resultados esperados porque não há realimentação negativa suficiente para seu perfeito funcionamento. Essa é a razão do próximo passo na polarização, que é o circuito mostrado na Figura 7-25. A ideia básica é usar as duas realimentações do emissor e do coletor para tentar melhorar o funcionamento.

Porém, mais nem sempre significa melhor. Combinar esses dois tipos de realimentação num circuito único ajuda, mas ainda não funciona bem para uma produção em massa. Se você encontrar um circuito como esse, aqui estão as equações para sua análise:

$$I_E = \frac{V_{CC} + V_{BE}}{R_C + R_E + R_B / \beta_{cc}} \tag{7-28}$$

$$V_E = I_E R_E \tag{7-29}$$

$$V_B = V_E + 0,7 \text{ V} \tag{7-30}$$

$$V_C = V_{CC} - I_C R_C \tag{7-31}$$

Figura 7-25 Polarização por realimentação do coletor-emissor.

7-10 Análise de defeito

Vamos estudar a verificação de defeitos da polarização por divisor de tensão porque esse método é o mais utilizado. A Figura 7-26 mostra o circuito PDT analisado anteriormente. A Tabela 7-4 lista os valores de tensão para o circuito quando é simulado pelo MultiSim. O voltímetro utilizado para as medições tem uma impedância de 10 MΩ.

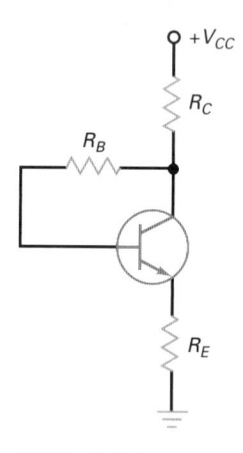

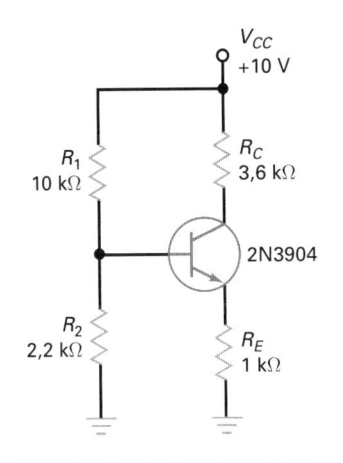

Figura 7-26 Análise de defeito PDT.

Tabela 7-4				Defeitos e sintomas
Defeito	VB	VE	VC	Comentário
Nenhum	1,79	1,12	6	Sem defeito
R_{1C}	10	9,17	9,2	Transistor saturado
R_{1A}	0	0	10	Transistor em corte
R_{2C}	0	0	10	Transistor em corte
R_{2A}	3,38	2,68	2,73	Reduz a polarização por realimentação do emissor
R_{EC}	0,71	0	0,06	Transistor saturado
R_{EA}	1,8	1,37	10	Os 10 MΩ do voltímetro reduz V_E
R_{CC}	1,79	1,12	10	Resistor do coletor em curto
R_{CA}	1,07	0,4	0,43	Corrente da base alta
C_{CEC}	2,06	2,06	2,06	Todos os terminais do transistor em curto
C_{CEA}	1,8	0	10	Todos os terminais do transistor abertos
Sem V_{CC}	0	0	0	Verifique os terminais da fonte de alimentação

Defeito único

Muitas vezes um componente aberto ou em curto produz um valor único de tensão. Por exemplo, o único modo de se obter 10 V na base do transistor na Figura 7-26 é quando R_1 entrar em curto. Nenhum outro componente aberto ou em curto poderá produzir o mesmo resultado. A maioria dos valores da Tabela 7-4 produz um conjunto de medidas únicas de modo que você pode identificá-las sem a necessidade de interromper o circuito para fazer mais testes.

Defeitos ambíguos

Dois defeitos na Tabela 7-4 não produzem tensão única: R_{1A} e R_{2C}. Esses dois defeitos apresentam os mesmos valores de tensão de 0, 0 e 10 V. Com defeitos ambíguos como este, o técnico precisa desconectar um dos componentes suspeitos e utilizar um ohmímetro ou outro instrumento para testá-lo. Por exemplo, podemos desconectar R_1 e medir sua resistência com um ohmímetro. Se ele estiver aberto, o defeito foi localizado. Se ele estiver OK, então R_2 está em curto.

Voltímetro como carga

Se você utilizar um voltímetro, estará inserindo uma nova resistência no circuito. Esta resistência irá drenar uma corrente do circuito. Se o circuito tiver uma resistência alta, a tensão que está sendo medida será menor que a normal.

Por exemplo, suponha que o resistor do emissor esteja aberto na Figura 7-26. A tensão na base será de 1,8 V. Como não deve existir corrente no emissor com a resistência do emissor aberta, a tensão não medida entre o emissor e o terra também deveria ser de 1,8 V. Quando você mede V_E com um voltímetro de 10 MΩ, estará conectando uma resistência de 10 MΩ entre o emissor e o terra. Isso faz circular uma corrente baixa no emissor, que produzirá uma tensão no diodo emissor. É por isso que V_E = 1,37 V e não 1,8 V para R_{EA} na Tabela 7-4.

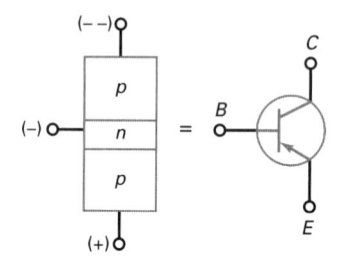

Figura 7-27 Transistor *pnp*.

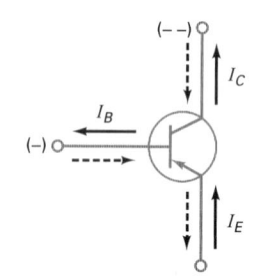

Figura 7-28 Correntes no *pnp*.

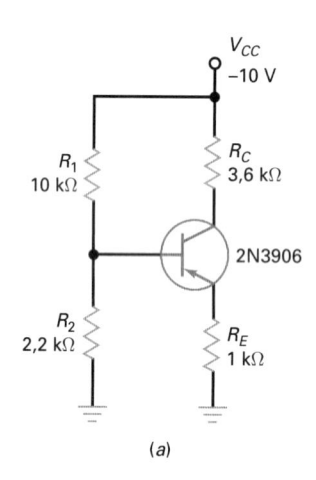

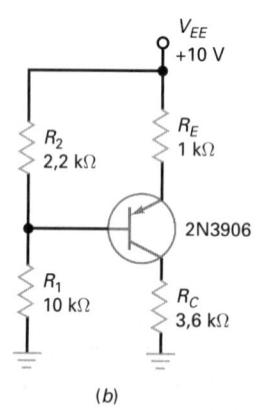

Figura 7-29 Circuito com transistor *pnp*. (*a*) Fonte negativa; (*b*) fonte positiva.

7-11 Transistores *PNP*

Até agora nos concentramos nos circuitos de polarização utilizando transistores *npn*. Muitos circuitos utilizam também os transistores *pnp*. Este tipo de transistor é sempre usado quando o equipamento eletrônico tem uma fonte de alimentação negativa. Além disso, os transistores *pnp* são usados como complementos para os transistores *npn* quando temos uma fonte de alimentação simétrica (positiva e negativa) disponível.

A Figura 7-27 mostra a estrutura de um transistor *pnp* junto com seu símbolo esquemático. Pelo fato das regiões dopadas serem de polaridades opostas, é preciso pensar a respeito. Especificamente, os portadores majoritários no emissor são as lacunas em lugar dos elétrons livres. Exatamente como foi feito com o transistor *npn*, para polarizarmos adequadamente um transistor *pnp*, a junção base-emissor do mesmo deverá ser polarizada diretamente e a junção base-coletor deverá ser polarizada reversamente. Isto está mostrado na Fig. 7-27.

Ideias básicas

Resumidamente, aqui está o que ocorre com os níveis atômicos: o emissor injeta lacunas na base. A maior parte das lacunas circula para o coletor. Por isso, a corrente no coletor é quase igual à corrente no emissor. A Figura 7-28 mostra as três correntes do transistor. As setas com linha cheia representam a corrente convencional e as setas tracejadas representam o fluxo de elétrons.

Fonte de alimentação negativa

A Figura 7-29*a* mostra a polarização por divisão de tensão com um transistor *pnp* e uma fonte de alimentação negativa de – 10 V. O 2N3906 é o complementar do 2N3904; isto é, suas características têm os mesmos valores absolutos como os do 2N3904, mas todas as correntes e tensões têm polaridades opostas. Compare este circuito *pnp* com o circuito *npn* na Figura 7-26. As únicas diferenças são a tensão de alimentação e os transistores.

O principal é: sempre que você tiver um circuito com transistores *npn*, poderá usar o mesmo circuito com uma fonte de alimentação negativa e transistores *pnp*.

Pelo fato do uso da fonte de alimentação negativa produzir valores negativos no circuito, precisamos tomar cuidado ao calcular os valores do circuito. Os passos na determinação do ponto Q na Figura 7-29*a* são como se segue:

$$V_B = \frac{R_2}{R_1 + R_2} V_{CC} = \frac{2{,}2\,\text{k}\Omega}{10\,\text{k}\Omega + 2{,}2\,\text{k}\Omega}(-10\,\text{V}) = -1{,}8\,\text{V}$$

Com um transistor *pnp*, a junção base-emissor será polarizada diretamente quando V_E for de 0,7 V acima de V_B. Logo,

$$V_E = V_B + 0{,}7\,\text{V}$$
$$V_E = -1{,}8\,\text{V} + 0{,}7\,\text{V}$$
$$V_E = -1{,}1\,\text{V}$$

A seguir, determine as correntes no emissor e no coletor:

$$I_E = \frac{V_E}{R_E} = \frac{-1{,}1\,\text{V}}{1\,\text{k}\Omega} = 1{,}1\,\text{mA}$$

$$I_C \approx I_E = 1{,}1\,\text{mA}$$

Agora, calcule os valores de tensão no coletor e coletor-emissor:

$$V_C = -V_{CC} + I_C R_C$$
$$V_C = -10\,\text{V} + (1{,}1\,\text{mA})(3{,}6\,\text{k}\Omega)$$
$$V_C = -6{,}04\,\text{V}$$
$$V_{EC} = V_C - V_E$$
$$V_{EC} = -6{,}04\,\text{V} - (-1{,}1\,\text{V}) = -4{,}94\,\text{V}$$

Fonte de alimentação positiva

As fontes de alimentação positiva são mais usadas em circuitos com transistor que as fontes de alimentação negativa. Por isso, você quase sempre verá o desenho do transistor *pnp* invertido, como mostrado na Figura 7-29b. Aqui está como funciona o circuito: a tensão em R_2 está aplicada no diodo emissor em série com o resistor do emissor. Isso fornece uma corrente no emissor. A corrente no coletor circula por R_C produzindo uma tensão coletor-terra. Para verificação de defeitos, você pode calcular V_C, V_B e V_E como se segue:

1. Calcule a tensão em R_2.
2. Subtraia 0,7 V para obter a tensão no resistor do emissor.
3. Calcule a corrente no emissor.
4. Calcule a tensão do coletor para o terra.
5. Calcule a tensão da base para o terra.
6. Calcule a tensão do emissor para o terra.

Exemplo 7-11 ||| MultiSim

Calcule as três tensões no transistor *pnp* na Figura 7-29b.

SOLUÇÃO Comece calculando a tensão em R_2. Ela pode ser calculada usando a equação do divisor de tensão:

$$V_2 = \frac{R_2}{R_1 + R_2} V_{EE}$$

Alternativamente, podemos calcular a tensão de diferentes modos: obtenha a corrente no divisor de tensão e multiplique-a por R_2. O cálculo fica assim:

$$I = \frac{10\ \text{V}}{12,2\ \text{k}\Omega} = 0,82\ \text{mA}$$

e

$$V_2 = (0,82\ \text{mA})(2,2\ \text{k}\Omega) = 1,8\ \text{V}$$

A seguir, subtraia 0,7 V da tensão anterior para obter a tensão no resistor do emissor:

$$1,8\ \text{V} - 0,7\ \text{V} = 1,1\ \text{V}$$

Depois, calcule a corrente no emissor:

$$I_E = \frac{1,1\ \text{V}}{1\ \text{k}\Omega} = 1,1\ \text{mA}$$

Quando a corrente no coletor circular pelo resistor do coletor, ele produzirá uma tensão do coletor para o terra de:

$$V_C = (1,1\ \text{mA})(3,6\ \text{k}\Omega) = 3,96\ \text{V}$$

A tensão entre a base e o terra:

$$V_B = 10\ \text{V} - 1,8\ \text{V} = 8,2\ \text{V}$$

A tensão entre o emissor e o terra é:

$$V_E = 10\ \text{V} - 1,1\ \text{V} = 8,9\ \text{V}$$

PROBLEMA PRÁTICO 7-11 Para os dois circuitos na Figura 7-29a e b, mude a tensão da fonte de alimentação de 10 V para 12 V e calcule V_B, V_E, V_C e V_{EC}.

Resumo

SEÇÃO 7-1 POLARIZAÇÃO DO EMISSOR
A polarização do emissor é praticamente livre das variações no ganho de corrente. O processo de análise da polarização do emissor é feito calculando-se a tensão no emissor, a corrente no emissor, a tensão no coletor e a tensão coletor-emissor. Tudo o que você precisa para isso é da lei de Ohm.

SEÇÃO 7-2 CIRCUITOS DE ALIMENTAÇÃO PARA O LED
O acionador de LED com a polarização da base usa um transistor na saturação e no corte para controlar a corrente no LED. Um acionador de LED com a polarização do emissor usa um transistor na região ativa e no corte para controlar a corrente no LED.

SEÇÃO 7-3 ANALISANDO FALHAS EM CIRCUITOS DE POLARIZAÇÃO DO EMISSOR
Você pode usar um multímetro digital para testar um transistor. Obtém-se melhor resultado com o transistor desconectado do circuito. Quando o transistor ainda está no circuito com a alimentação ligada, você pode medir seus valores de tensão; essas tensões são os indícios para os possíveis defeitos.

SEÇÃO 7-4 MAIS SOBRE DISPOSITIVOS OPTOELETRÔNICOS
Por causa da existência de β_{cc} o fototransistor é mais sensível à luz que o fotodiodo. Combinado com um LED, o fototransistor nos fornece um acoplador ótico mais sensível. A desvantagem com um fototransistor é que ele responde mais lentamente às variações da intensidade luminosa que um fotodiodo.

SEÇÃO 7-5 POLARIZAÇÃO POR DIVISOR DE TENSÃO
O circuito mais famoso baseado no protótipo da polarização do emissor é chamado polarização por divisor de tensão. Você pode identificá-lo pelo divisor de tensão no circuito da base.

SEÇÃO 7-6 ANÁLISE PRECISA PARA O PDT
A ideia básica é fazer a corrente da base muito menor que a corrente através do divisor de tensão. Quando essa condição é satisfeita, o divisor de tensão mantém a tensão na base quase constante e igual à saída de um divisor de tensão sem carga. Isso produz um ponto Q estável sobre quaisquer condições de operação.

SEÇÃO 7-7 A RETA DE CARGA E O PONTO Q PARA O PDT
A reta de carga é desenhada entre a saturação e o corte. O ponto Q repousa sobre a reta de carga com a posição exata determinada pela polarização. Uma variação alta no ganho de corrente quase não afeta o ponto Q, porque esse tipo de polarização estabelece um valor constante na corrente do emissor.

SEÇÃO 7-8 POLARIZAÇÃO DO EMISSOR COM FONTE DUPLA
Esse projeto usa uma fonte simétrica: uma fonte formada por duas outras, sendo uma positiva e uma negativa. A ideia é estabelecer um valor constante para a corrente do emissor. O circuito é uma variação do protótipo da polarização do emissor discutido anteriormente.

SEÇÃO 7-9 OUTROS TIPOS DE POLARIZAÇÃO
Essa seção introduz a realimentação negativa, um fenômeno que ocorre quando um aumento numa variável de saída produz uma diminuição numa variável de entrada. Essa foi uma ideia brilhante que nos levou à polarização por divisor de tensão. Os outros tipos de polarização não podem usar a realimentação negativa, portanto, elas não alcançam o nível de funcionamento da polarização por divisor de tensão.

SEÇÃO 7-10 ANÁLISE DE DEFEITO
A verificação de defeitos é uma arte. Por isso ela não pode ser reduzida a um conjunto de regras. Você aprende a verificar defeitos por meio de experiências.

SEÇÃO 7-11 TRANSISTORES PNP
Estes dispositivos pnp têm todas as correntes e tensões invertidas do seu correlativo npn. Eles podem ser usados com fonte de alimentação negativa; mais comumente são usados com fonte de alimentação positiva em uma configuração invertida.

Derivações

(7-1) Tensão do emissor:

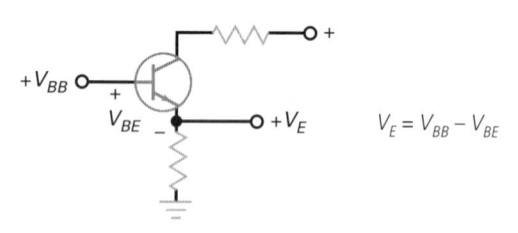

$$V_E = V_{BB} - V_{BE}$$

(7-2) Tensão coletor-emissor:

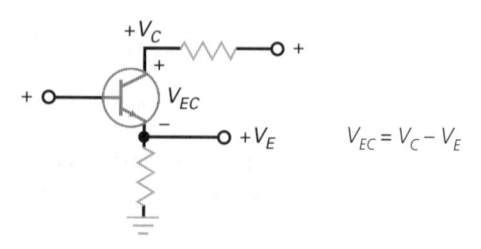

$$V_{EC} = V_C - V_E$$

(7-3) I_C imune a β_{cc}

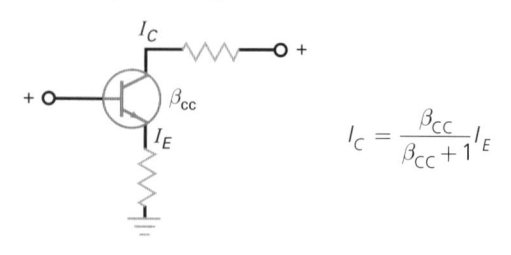

$$I_C = \frac{\beta_{CC}}{\beta_{CC}+1} I_E$$

Variações para o PDT

(7-4) Tensão na base:

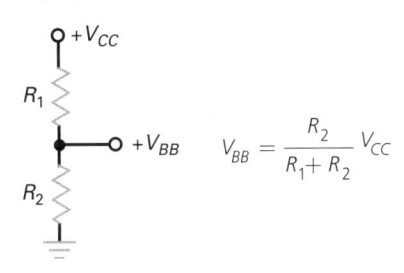

$$V_{BB} = \frac{R_2}{R_1 + R_2} V_{CC}$$

(7-5) Tensão no emissor:

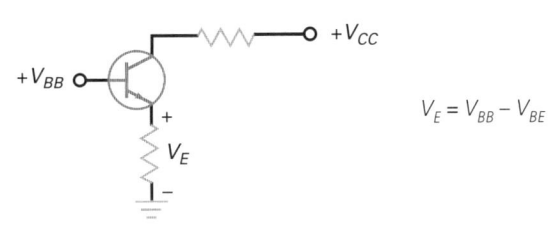

$$V_E = V_{BB} - V_{BE}$$

(7-6) Corrente no emissor:

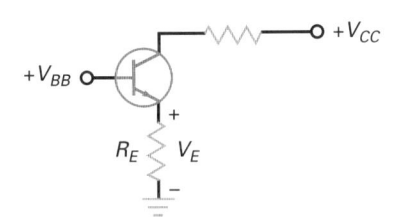

$$I_E = \frac{V_E}{R_E}$$

(7-7) Corrente no coletor:

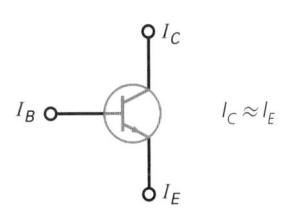

$$I_C \approx I_E$$

(7-8) Tensão no coletor:

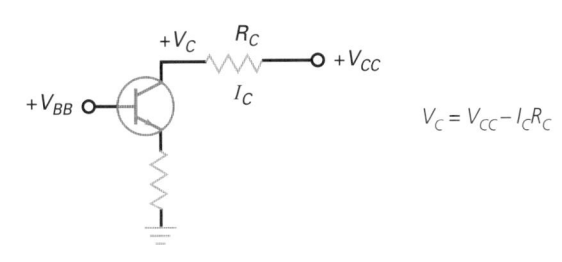

$$V_C = V_{CC} - I_C R_C$$

(7-9) Tensão coletor-emissor:

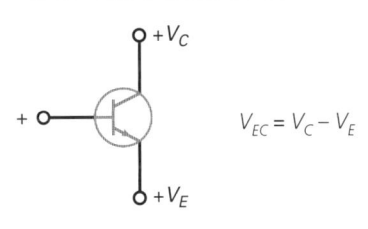

$$V_{EC} = V_C - V_E$$

Derivações para PEFD

(7-10) Tensão na base:

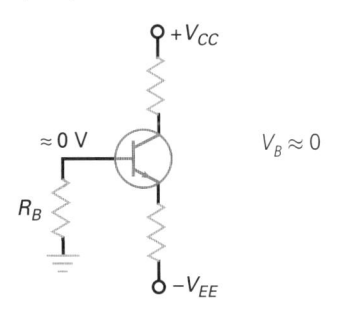

$$V_B \approx 0$$

(7-11) Corrente no emissor:

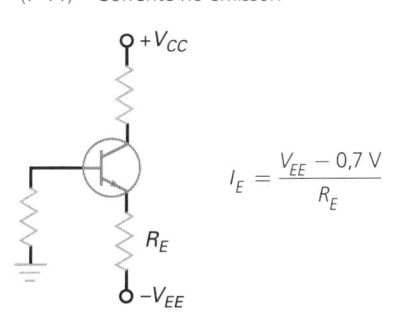

$$I_E = \frac{V_{EE} - 0,7\ V}{R_E}$$

(7-12) Tensão no coletor (PEFS):

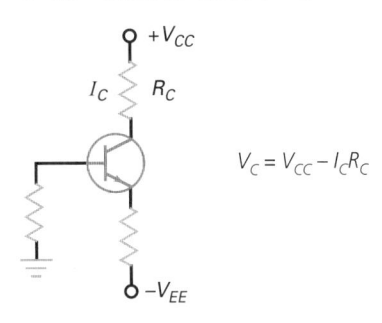

$$V_C = V_{CC} - I_C R_C$$

(7-13) Tensão coletor-emissor (PEFS):

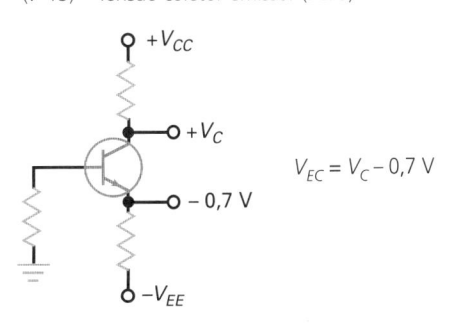

$$V_{EC} = V_C - 0,7\ V$$

Exercícios

1. Um circuito com uma corrente fixa no emissor é chamado
   a. Polarização da base
   b. Polarização do emissor
   c. Polarização do transistor
   d. Polarização de duas fontes

2. O primeiro passo para a análise de um circuito com polarização do emissor é calcular
   a. A corrente da base
   b. A tensão no emissor
   c. A corrente no emissor
   d. A corrente no coletor

3. Se o ganho de corrente for desconhecido num circuito de polarização do emissor, você não poderá calcular a
   a. Tensão do emissor
   b. Corrente do emissor
   c. Corrente do coletor
   d. Corrente da base

4. Se o resistor do emissor estiver aberto, a tensão no coletor será
   a. Baixa
   b. Alta
   c. A mesma
   d. Desconhecida

5. Se o resistor do coletor estiver aberto, a tensão no coletor será
   a. Baixa
   b. Alta
   c. A mesma
   d. Desconhecida

6. Quando o ganho de corrente aumenta de 50 para 300 num circuito de polarização do emissor, a corrente do coletor
   a. Permanece quase a mesma
   b. Diminui por um fator de 6
   c. Aumenta por um fator de 6
   d. É zero

7. Se a resistência do emissor diminui, a tensão no coletor
   a. Diminui
   b. Permanece a mesma
   c. Aumenta
   d. Provoca a ruptura do transistor

8. Se a resistência do emissor diminui
   a. O ponto Q move-se para cima
   b. A corrente do coletor diminui
   c. O ponto Q permanece onde está
   d. O ganho de corrente aumenta

9. A maior vantagem de um fototransistor quando comparado com um fotodiodo é sua
   a. Resposta a altas frequências
   b. Operação CA
   c. Maior sensibilidade
   d. Durabilidade

10. Para a polarização do emissor, a tensão no resistor do emissor é a mesma tensão entre o emissor e
    a. A base
    b. O coletor
    c. O emissor
    d. O terra

11. Para a polarização do emissor, a tensão no emissor é 0,7 V abaixo da
    a. Tensão na base
    b. Tensão no emissor
    c. Tensão no coletor
    d. Tensão no terra

12. Com uma polarização por divisor de tensão, a tensão na base é
    a. Menor que a tensão de alimentação da base
    b. Igual à tensão de alimentação da base
    c. Maior que a tensão de alimentação da base
    d. Maior que a tensão de alimentação do coletor

13. O PDT é notável porque
    a. A tensão no coletor é instável
    b. A corrente no emissor varia
    c. A corrente na base é alta
    d. O ponto Q é estável

14. Com o PDT, um aumento na resistência do emissor irá
    a. Diminuir a tensão no emissor
    b. Diminuir a tensão no coletor
    c. Aumentar a tensão no emissor
    d. Diminuir a corrente no emissor

15. O PDT tem um ponto Q estável como
    a. A polarização da base
    b. A polarização do emissor
    c. A polarização por realimentação do coletor
    d. A polarização por realimentação do emissor

16. O PDT necessita de
    a. Apenas três resistores
    b. Apenas uma fonte de alimentação
    c. Resistores de precisão
    d. Mais resistores para poder trabalhar melhor

17. O PDT normalmente opera na região
    a. Ativa
    b. De corte
    c. De saturação
    d. De ruptura

18. A tensão no coletor de um circuito PDT não é sensível a variações
    a. Na fonte de alimentação
    b. Na resistência do emissor
    c. No ganho de corrente
    d. Na resistência do coletor

19. Se a resistência do emissor diminuir em um circuito PDT, a tensão no coletor
    a. Diminuirá
    b. Permanecerá a mesma
    c. Aumentará
    d. Duplicará

20. A polarização da base está associada
    a. Aos amplificadores
    b. Aos circuitos de chaveamento
    c. Ao ponto Q estável
    d. A corrente do emissor fixa

21. Se a resistência do emissor for reduzida à metade em um circuito PDT, a corrente no coletor irá
    a. Duplicar
    b. Cair para a metade
    c. Permanecer a mesma
    d. Aumentar

22. Se a resistência do coletor diminuir em um circuito PDT, a tensão no coletor irá
    a. Diminuir
    b. Permanecer a mesma
    c. Aumentar
    d. Duplicar

23. O ponto Q num circuito PDT é
    a. Muito sensível às variações no ganho de corrente
    b. Pouco sensível às variações no ganho de corrente

c. Totalmente insensível às variações no ganho de corrente
d. Muito afetado pelas variações na temperatura

24. **A tensão na base de uma polarização do emissor com fonte dupla (PEFD) é**
    a. 0,7 V
    b. Muito alta
    c. Próxima de zero
    d. 1,3 V

25. **Se a resistência do emissor dobrar de valor em um PEFD, a corrente no coletor**
    a. Cairá pela metade
    b. Permanecerá a mesma
    c. Duplicará
    d. Aumentará

26. **Se um pingo de solda curto-circuitar o resistor do emissor em um PEFD, a tensão no coletor**
    a. Cairá a zero
    b. Será igual à tensão de alimentação do coletor
    c. Permanecerá a mesma
    d. Duplicará

27. **Se a resistência do emissor diminuir em um PEFD, a tensão no coletor**
    a. Diminuirá
    b. Permanecerá a mesma
    c. Aumentará
    d. Será igual à tensão de alimentação do coletor

28. **Se o resistor do emissor abrir em um PEFD, a tensão no coletor**
    a. Diminuirá
    b. Permanecerá a mesma
    c. Aumentará ligeiramente
    d. Será igual à tensão de alimentação do coletor

29. **Num circuito com PEFD, a corrente da base deve ser muito**
    a. Baixa
    b. Alta
    c. Instável
    d. Estável

30. **O ponto Q em um PEFD não depende**
    a. Da resistência do emissor
    b. Da resistência do coletor
    c. Do ganho de corrente
    d. Da tensão do emissor

31. **Os portadores majoritários no emissor de um transistor PNP são**
    a. Lacunas
    b. Elétrons livres
    c. Átomos trivalentes
    d. Átomos pentavalentes

32. **O ganho de corrente de um transistor PNP é**
    a. O valor negativo do ganho de corrente do *npn*
    b. A corrente do coletor dividida pela corrente do emissor
    c. Próxima de zero
    d. A razão da corrente do coletor pela corrente da base

33. **Qual é o maior valor de corrente em um transistor *pnp*?**
    a. A corrente da base
    b. A corrente do emissor
    c. A corrente do coletor
    d. Nenhuma dessas

34. **As correntes de um transistor *pnp* são**
    a. Geralmente menores que as correntes do *npn*
    b. Opostas às correntes do *npn*
    c. Geralmente maiores que as correntes do *npn*
    d. Negativas

35. **Numa polarização por divisor de tensão com um transistor pnp, você deve usar**
    a. Uma fonte de alimentação negativa
    b. Uma fonte de alimentação positiva
    c. Resistores
    d. Terra

36. **Em um circuito PEFD com transistor PNP usando uma fonte V_{CC} negativa, a tensão no emissor é**
    a. Igual à tensão na base
    b. 0,7 V maior que a tensão na base
    c. 0,7 V menor que a tensão na base
    d. Igual à tensão no coletor

37. **Em um circuito PDT bem projetado, a corrente na base é**
    a. Muito maior que a corrente do divisor de tensão
    b. Igual à corrente do emissor
    c. Muito menor que a corrente do divisor de tensão
    d. Igual à corrente do coletor

38. **Em um circuito PDT, a resistência de entrada da base R_{in} é**
    a. Igual a $\beta_{cc} R_E$
    b. Normalmente menor do que R_{TH}
    c. Igual a $\beta_{cc} R_C$
    d. Independente de β_{cc}

39. **Em um circuito PEFD, a tensão na base é aproximadamente zero quando**
    a. O resistor da base é muito alto
    b. O transistor é saturado
    c. β_{cc} é muito baixo
    d. $R_B < 0,01\ \beta_{cc} R_E$

Problemas

SEÇÃO 7-1 POLARIZAÇÃO DO EMISSOR

7-1 **MultiSim** Qual é a tensão no coletor na Figura 7-30a? E a tensão no emissor?

7-8 **MultiSim** Se V_{BB} = 1,8 V na Figura 7-30c, qual é a corrente no LED? E o valor aproximado de V_C?

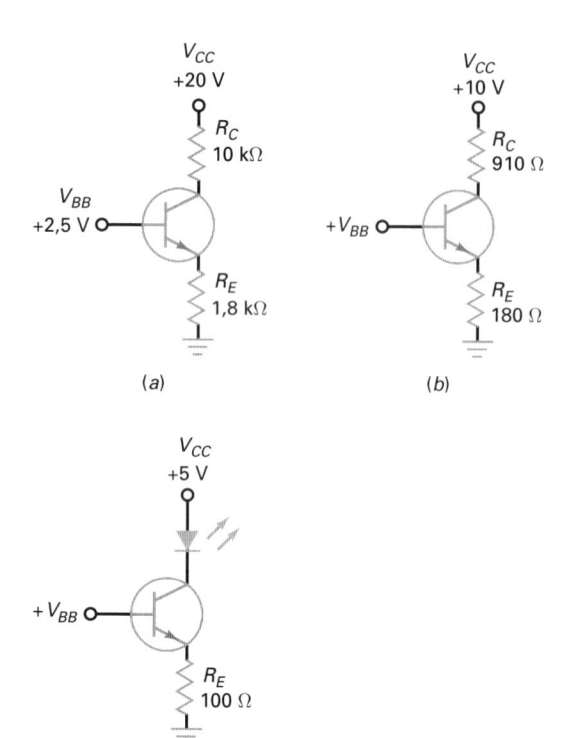

Figura 7-30

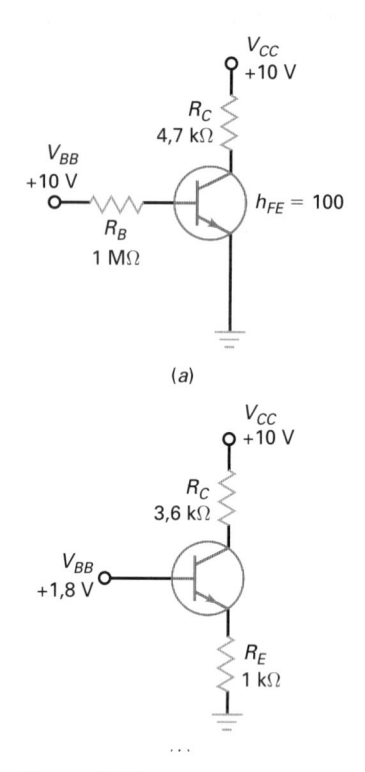

Figura 7-31

7-2 **MultiSim** Se o valor do resistor do emissor for dobrado na Figura 7-30a, qual é a tensão coletor-emissor?

7-3 **MultiSim** Se o valor da fonte de alimentação diminuir para 15 V na Figura 7-30a, qual é a tensão no coletor?

7-4 **MultiSim** Qual é a tensão no coletor na Figura 7-30b se V_{BB} = 2 V?

7-5 **MultiSim** Se o valor do resistor do emissor for dobrado na Figura 7-30b, qual é a tensão coletor-emissor para uma tensão na base de 2,3 V?

7-6 **MultiSim** Se a tensão de alimentação no coletor aumentar para 15 V na Figura 7-30b, qual é a tensão do coletor-emissor para V_{BB} = 1,8 V?

SEÇÃO 7-2 CIRCUITOS DE ALIMENTAÇÃO PARA O LED

7-7 **MultiSim** Se a tensão de alimentação da base for de 2 V na Figura 7-30c, qual é a corrente no LED?

SEÇÃO 7-3 ANALISANDO FALHAS EM CIRCUITOS DE POLARIZAÇÃO DO EMISSOR

7-9 Um voltímetro indica uma tensão de 10 V no coletor da Figura 7-31a. Quais são alguns possíveis defeitos que causam esse alto valor na leitura?

7-10 Se o terra do emissor na Figura 7-31a abrir, qual será a leitura no voltímetro para a tensão na base? E para a tensão no coletor?

7-11 Um voltímetro CC mede um valor muito baixo de tensão no coletor na Figura 7-31a. Cite alguns dos possíveis defeitos.

7-12 Um voltímetro indica uma leitura de 10 V no coletor da Figura 7-31b. Cite alguns possíveis defeitos que podem causar esse valor alto na leitura.

7-13 Se o resistor do emissor estiver aberto na Figura 7-31b, qual será a leitura no voltímetro para a tensão da base? E para a tensão do coletor?

7-14 Um voltímetro CC indica uma leitura de 1,1 V no coletor na Figura 7-31b. Cite alguns possíveis defeitos.

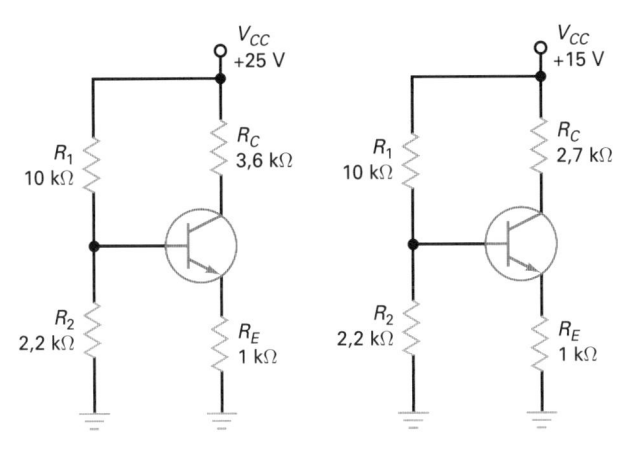

Capítulo 7 • Circuito de polarização do transistor **275**

Figura 7-32 V_{CC} +25 V; R_1 10 kΩ; R_C 3,6 kΩ; R_2 2,2 kΩ; R_E 1 kΩ

Figura 7-33 V_{CC} +15 V; R_1 10 kΩ; R_C 2,7 kΩ; R_2 2,2 kΩ; R_E 1 kΩ

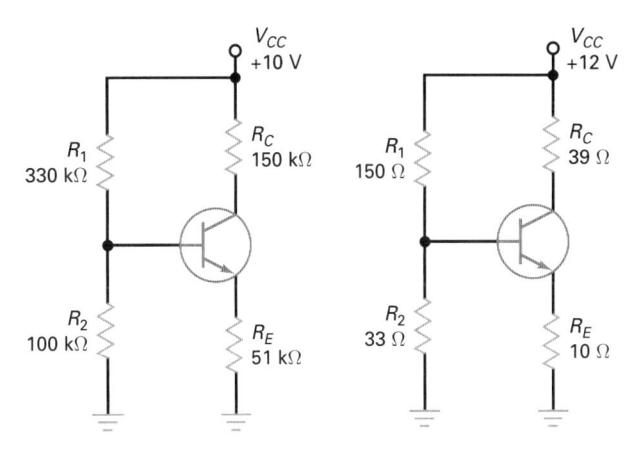

Figura 7-34 V_{CC} +10 V; R_1 330 kΩ; R_C 150 kΩ; R_2 100 kΩ; R_E 51 kΩ

Figura 7-35 V_{CC} +12 V; R_1 150 Ω; R_C 39 Ω; R_2 33 Ω; R_E 10 Ω

SEÇÃO 7-5 POLARIZAÇÃO POR DIVISOR DE TENSÃO

7-15 ‖ MultiSim Qual é a tensão no emissor da Figura 7-32? E a tensão no coletor?

7-16 ‖ MultiSim Qual é a tensão no emissor da Figura 7-33? E a tensão no coletor?

7-17 ‖ MultiSim Qual é a tensão no emissor da Figura 7-34? E a tensão no coletor?

7-18 ‖ MultiSim Qual é a tensão no emissor da Figura 7-35? E a tensão no coletor?

7-19 Todos os resistores na Figura 7-34 têm tolerâncias de ±5%. Qual é o menor valor possível para a corrente do coletor? E o maior?

7-20 A fonte de alimentação da Figura 7-35 tem uma tolerância de ±10%. Qual é o menor valor possível para a tensão do coletor? E o maior possível?

SEÇÃO 7-7 A RETA DE CARGA E O PONTO Q PARA O PDT

7-21 Determine o ponto Q na Figura 7-32.

7-22 Determine o ponto Q na Figura 7-33.

7-23 Determine o ponto Q na Figura 7-34.

7-24 Determine o ponto Q na Figura 7-35.

7-25 Todos os resistores da Figura 7-34 têm uma tolerância de ±5%. Qual é o menor valor da corrente do coletor? E o maior?

7-26 A fonte de alimentação da Figura 7-35 tem uma tolerância de ±10%. Qual é o menor valor possível para a corrente no coletor? E o maior?

SEÇÃO 7-8 POLARIZAÇÃO DO EMISSOR COM FONTE DUPLA

7-27 Qual é a corrente do emissor na Figura 7-36? E a tensão no coletor?

7-28 Se todas as resistências da Figura 7-36 forem dobradas, qual será a corrente no emissor? E a tensão no coletor?

7-29 Todos os resistores da Figura 7-36 têm tolerância de ±5%. Qual é o menor valor possível para a tensão no coletor? E o maior?

SEÇÃO 7-9 OUTROS TIPOS DE POLARIZAÇÃO

7-30 Na Figura 7-35, a tensão no coletor aumenta, diminui ou permanece a mesma para pequenas variações em cada um dos seguintes casos?
a. R_1 aumenta
b. R_2 diminui
c. R_E aumenta
d. R_C diminui
e. V_{CC} aumenta
f. β_{cc} diminui

7-31 Na Figura 7-37, a tensão no coletor aumenta, diminui ou permanece a mesma para pequenos aumentos em cada um dos seguintes casos?
a. R_1
b. R_2
c. R_E
d. R_C
e. V_{CC}
f. β_{cc}

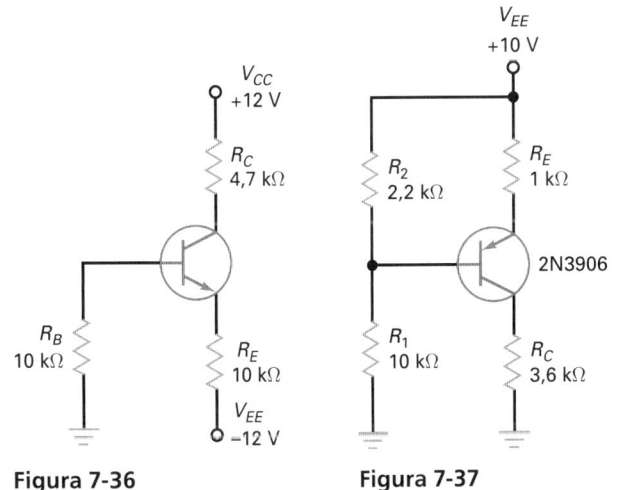

Figura 7-36 V_{CC} +12 V; R_C 4,7 kΩ; R_B 10 kΩ; R_E 10 kΩ; V_{EE} −12 V

Figura 7-37 V_{EE} +10 V; R_2 2,2 kΩ; R_E 1 kΩ; 2N3906; R_1 10 kΩ; R_C 3,6 kΩ

SEÇÃO 7-10 ANÁLISE DE DEFEITO

7-32 Qual é o valor aproximado da tensão no coletor da Figura 7-35 para cada um dos seguintes defeitos?
a. R_1 aberto
b. R_2 aberto
c. R_E aberto
d. R_C aberto
e. Coletor-emissor aberto

7-33 Qual é o valor aproximado da tensão no coletor da Figura 7-37 para cada um dos seguintes defeitos?
a. R_1 aberto
b. R_2 aberto
c. R_E aberto
d. R_C aberto
e. Coletor-emissor aberto

SEÇÃO 7-11 TRANSISTORES *PNP*

7-34 Qual é a tensão no coletor na Figura 7-37?

7-35 Qual é a tensão no coletor-emissor na Figura 7-37?

7-36 Qual é a corrente de saturação do coletor na Figura 7-37? E a tensão de corte coletor-emissor?

7-37 Qual é a tensão no emissor na Figura 7-38? E a tensão no coletor?

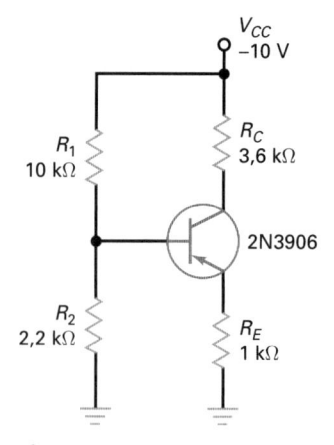

Figura 7-38

Raciocínio crítico

7-38 Alguém montou um circuito como o da Figura 7-35, exceto para as modificações no divisor de tensão, conforme segue: $R_1 = 150$ kΩ e $R_2 = 33$ kΩ. A pessoa que montou não entende por que a tensão na base é apenas de 0,8 V em vez de 2,16 V (a saída ideal do divisor de tensão). Você pode explicar o que está acontecendo?

7-39 Alguém montou o circuito da Figura 7-35 com um 2N3904. O que você tem a dizer sobre isso?

7-40 Um estudante quer medir a tensão coletor-emissor na Figura 7-35 e para isso conectou um voltímetro entre o coletor e o emissor. Que valor deve ser indicado?

7-41 Você pode variar qualquer valor no circuito da Figura 7-35. Cite todos os modos possíveis de danificar o transistor.

7-42 A fonte de alimentação na Figura 7-35 deve fornecer corrente para o circuito com transistor. Cite todos os modos para determinar esta corrente.

7-43 Calcule a tensão no coletor para cada transistor na Figura 7-39. (Sugestão: Os capacitores agem como circuitos abertos em CC).

7-44 O circuito na Figura 7-40a utiliza diodos de silício. Qual é o valor da corrente no emissor? E a tensão no coletor?

7-45 Qual é o valor da tensão de saída na Figura 7-40b?

7-46 Qual é a corrente no LED da Figura 7-41a?

7-47 Qual é a corrente no LED da Figura 7-41b?

7-48 Desejamos projetar um divisor de tensão como o da Figura 7-34 de modo que ele seja estável. Mude os valores de R_1 e R_2 conforme a necessidade sem mudar o ponto Q.

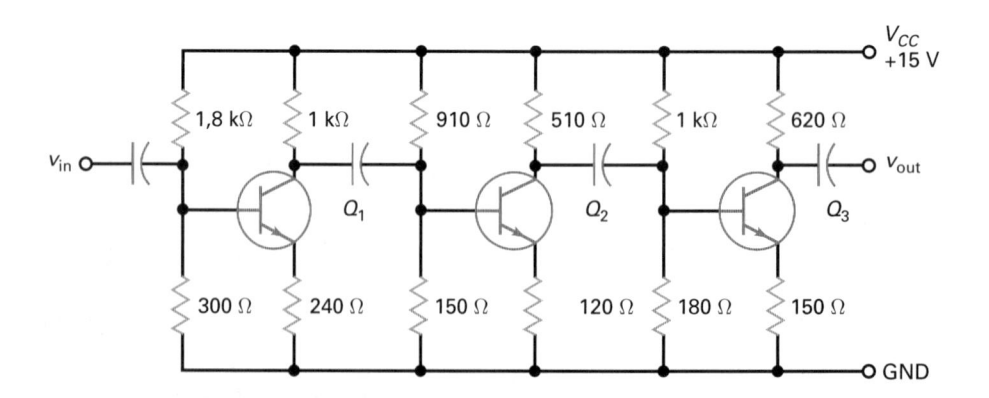

Figura 7-39

Capítulo 7 • Circuito de polarização do transistor **277**

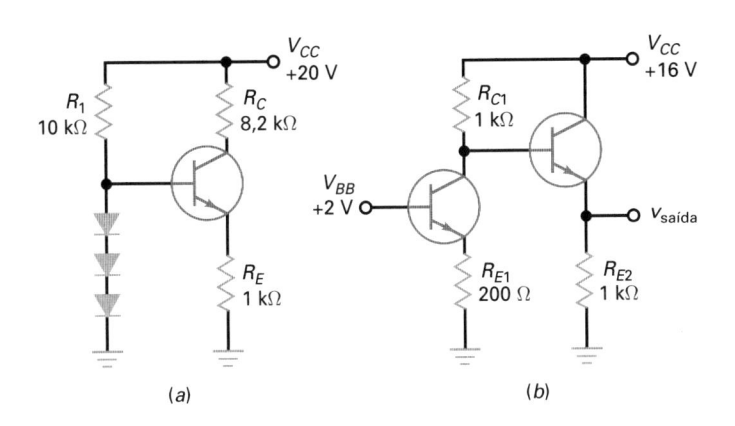

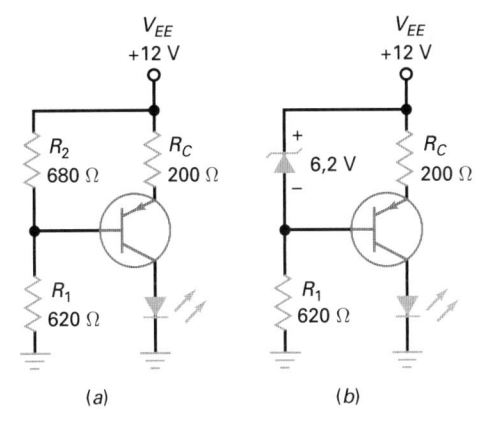

Figura 7-40

(a)

(b)

Figura 7-41

(a)

(b)

Análise de defeito

Utilize a Figura 7-42 para os problemas restantes.

7-49 Determine o defeito 1.
7-50 Determine o defeito 2.
7-51 Determine os defeitos 3 e 4.

7-52 Determine os defeitos 5 e 6.
7-53 Determine os defeitos 7 e 8.
7-54 Determine os defeitos 9 e 10.
7-55 Determine os defeitos 11 e 12.

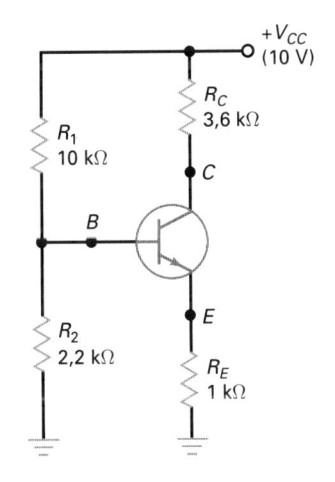

Defeito	V_B (V)	V_E (V)	V_C (V)	R_2 (Ω)
OK	1,8	1,1	6	OK
D 1	10	9,3	9,4	OK
D 2	0,7	0	0,1	OK
D 3	1,8	1,1	10	OK
D 4	2,1	2,1	2,1	OK
D 5	0	0	10	OK
D 6	3,4	2,7	2,8	∞
D 7	1,83	1,212	10	OK
D 8	0	0	10	0
D 9	1,1	0,4	0,5	OK
D 10	1,1	0,4	10	OK
D 11	0	0	0	OK
D 12	1,83	0	10	OK

MEDIÇÕES

Figura 7-42

Questões de entrevista

1. Desenhe um circuito PDT. Depois, descreva todos os passos para calcular a tensão coletor-emissor. Por que o ponto Q neste circuito é muito estável?
2. Desenhe um circuito PEFS e explique como ele funciona. O que acontece com a corrente do coletor quando o transistor é substituído ou quando a temperatura varia?
3. Descreva outro tipo de polarização. O que você pode me dizer sobre o ponto Q neste caso?
4. Quais são os dois tipos de polarização com realimentação e por que eles foram desenvolvidos?
5. Qual é o principal tipo de polarização usado para os transistores bipolares em circuitos discretos?
6. Um transistor que está sendo usado em um circuito de chaveamento poderia ser polarizado na região ativa? Se não, quais são os dois pontos importantes da reta de carga nos circuitos de chaveamento?
7. Em um circuito PDT, a corrente na base não é baixa comparada com a corrente do divisor de tensão. Qual é a deficiência neste circuito? O que deveria ser mudado para corrigi-lo?
8. Qual é a configuração de polarização de transistor mais comumente usada? Por quê?
9. Desenhe um circuito PDT utilizando um transistor *npn*. Mostre o sentido das correntes no divisor na base, no emissor e no coletor.
10. O que está errado com um circuito PDT em que R_1 e R_2 são cem vezes maiores que R_E?

Respostas dos exercícios

1. b
2. b
3. d
4. b
5. a
6. a
7. c
8. a
9. c
10. d
11. a
12. a
13. d
14. b
15. b
16. b
17. a
18. c
19. a
20. b
21. a
22. c
23. c
24. c
25. a
26. b
27. a
28. d
29. a
30. c
31. a
32. d
33. b
34. b
35. c
36. b
37. c
38. a
39. d

Respostas dos problemas práticos

7-1 $V_{EC} = 8{,}1$ V

7-2 $R_E = 680\ \Omega$

7-5 $V_B = 2{,}7$ V;
$V_E = 2$ mA;
$V_C = 7{,}78$ V;
$V_{EC} = 5{,}78$ V

7-6 $V_{EC} = 5{,}85$ V
Muito próximo do valor previsto

7-8 $R_E = 1$ kΩ;
$R_C = 4$ kΩ;
$R_2 = 700\ \Omega$ (680);
$R_1 = 3{,}4$ kΩ (3,3k)

7-9 $V_{EC} = 6{,}96$ V

7-10 $V_{EC} = 7{,}05$ V

7-11 Para 7-29a;

$V_B = 2{,}16$ V;
$V_E = -1{,}46$ V;
$V_C = -6{,}73$ V;
$V_{EC} = -5{,}27$ V

Para 7-29b;

$V_B = 9{,}84$ V;
$V_E = 10{,}54$ V;
$V_C = 5{,}27$ V;
$V_{EC} = -5{,}27$ V

8 Modelos CA

Depois que um transistor foi polarizado com o ponto Q próximo do centro da reta de carga, podemos acoplar uma tensão CA de baixo valor na base. Isso produzirá uma tensão CA no coletor. A tensão CA no coletor tem a mesma forma de onda da tensão CA na base, porém maior. Em outras palavras, a tensão CA no coletor é uma versão *amplificada* da tensão CA na base.

Este capítulo mostra como calcular o ganho de tensão e os valores de tensões CA do circuito. Isso é importante na análise de defeito porque podemos medir as tensões CA para ver se estão razoavelmente corretas conforme os valores teóricos. Este capítulo estuda também a impedância de entrada, amplificadores com estágios em cascata e a realimentação negativa.

Sumário

8-1 Amplificador com polarização da base
8-2 Amplificador com polarização do emissor
8-3 Operação em pequeno sinal
8-4 Beta CA
8-5 Resistência CA do diodo emissor
8-6 Dois modelos para transistor
8-7 Análise de um amplificador
8-8 Valores CA nas folhas de dados
8-9 Ganho de tensão
8-10 Efeito de carga da impedância de entrada
8-11 Amplificador com realimentação parcial
8-12 Análise de defeito

Objetivos de aprendizagem

Após os estudos deste capítulo você deverá ser capaz de:

- Desenhar um circuito amplificador com transistor e explicar como ele funciona.
- Descrever o que se supõe que os capacitores de acoplamento e de desvio façam.
- Dar exemplos de curto para CA e terra para CA.
- Usar o teorema da superposição para desenhar circuitos equivalentes CA e CC.
- Definir a operação com pequeno sinal e explicar porque ele é desejável.
- Desenhar um amplificador que utiliza um PDT. Depois desenhar seu circuito equivalente.
- Discorrer sobre as principais características de um amplificador EC.
- Mostrar como calcular e prever o ganho de tensão de um amplificador EC.
- Explicar como um amplificador com realimentação parcial funciona e listar três de suas vantagens.
- Descrever dois defeitos relacionados com o capacitor que ocorrem no amplificador EC.
- Verificar defeitos em amplificadores EC.

Termos-chave

amplificador BC
amplificador CC
amplificador com realimentação parcial
amplificador EC
amplificadores de pequeno sinal
capacitor de acoplamento
capacitor de desvio (bypass)
circuito equivalente CA
circuito equivalente CC
curto para CA
distorção
ganho de corrente CA
ganho de tensão
modelo Ebers-Moll
modelo T
modelo π
realimentação CA do emissor
realimentação parcial
resistência CA do coletor
resistência CA do emissor
resistor de realimentação
teorema da superposição
terra CA

8-1 Amplificador com polarização da base

Nesta seção vamos estudar um amplificador com polarização da base. Embora não seja aplicado para produção em massa, ele tem um valor didático porque sua ideia básica pode ser usada para a montagem de amplificadores mais complexos.

Capacitor de acoplamento

A Figura 8-1a mostra uma fonte de tensão CA conectada a um capacitor e um resistor. Como a impedância do capacitor é inversamente proporcional à frequência, o capacitor efetivamente bloqueia o sinal CC e transmite o sinal CA. Quando a frequência for suficientemente alta, a reatância capacitiva será muito menor que a resistência. Nesse caso, quase toda a tensão CA alcança o resistor. Quando usado desse modo, o capacitor é chamado de **capacitor de acoplamento** porque ele acopla ou transmite o sinal CA para o resistor. Capacitores de acoplamento são importantes porque nos permitem acoplar um sinal CA em um amplificador sem alterar seu ponto Q.

Para um capacitor de acoplamento funcionar adequadamente, sua reatância deve ser muito menor que a resistência na *frequência mais baixa da fonte CA*. Por exemplo, se a frequência da fonte CA variar de 20 Hz a 20 kHz, o pior caso ocorre com a frequência de 20 Hz. Um projetista escolherá um capacitor cuja reatância a 20 Hz seja muito menor que a resistência.

Quanto menor? Como definição:

Para um acoplamento bem projetado: $X_C < 0{,}1R$ (8-1)

Em outras palavras: A reatância deve ser pelo menos 10 vezes menor que a resistência na menor frequência de operação.

Quando a regra dos 10:1 for satisfeita, a Figura 8-1a pode ser substituída pelo seu circuito equivalente na Figura 8-1b. Por quê? O valor da impedância na Figura 8-1a é dado por:

$$Z = \sqrt{R^2 + X_C^2}$$

Quando fazemos a substituição do pior caso nela, obtemos:

$$Z = \sqrt{R^2 + (0{,}1R)^2} = \sqrt{R^2 + 0{,}01R^2} = \sqrt{1{,}01R^2} = 1{,}005R$$

Como a impedância está com um valor de meio por cento de R na menor frequência, a corrente na Figura 8-1a é apenas meio por cento da corrente na Figura 8-1b. Como qualquer circuito bem projetado é o que satisfaz a regra de 10:1, podemos aproximar os capacitores de acoplamento como um **curto para CA** (Figura 8-1b).

Um ponto final a respeito dos capacitores de acoplamento: como a tensão CC tem uma frequência zero, a reatância de um capacitor de acoplamento é infinita com frequência zero. Portanto, utilizaremos estas duas aproximações para um capacitor:

1. Para uma análise CC, o capacitor é como uma chave aberta.
2. Para uma análise CA, o capacitor é como uma chave fechada.

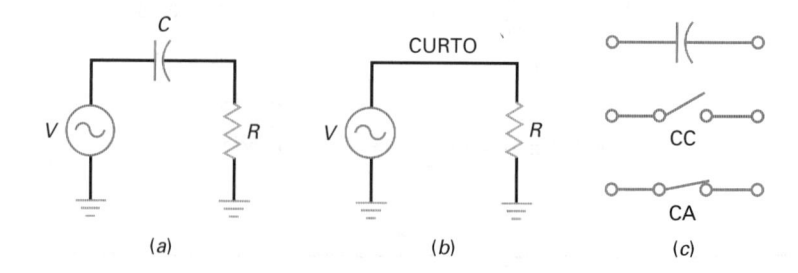

Figura 8-1 (a) Capacitor de acoplamento; (b) capacitor é um curto para CA; (c) aberto para CC e fechado para CA.

A Figura 8-1c resume estas duas ideias importantes. A não ser que seja informado, todos os circuitos que analisaremos de agora em diante estará de acordo com a regra de 10:1, de modo que podemos visualizar um capacitor de acoplamento como mostrado na Figura 8-1c.

Exemplo 8-1

Usando a Figura 8-1a, se $R = 2$ kΩ e a faixa de frequência é de 20 Hz a 20 kHz, calcule o valor de C necessário para que ele funcione como um capacitor de acoplamento.

SOLUÇÃO Seguindo a regra de 10:1, X_C deve ser dez vezes menor que R na menor frequência.
Portanto,

$$X_C < 0{,}1\, R \text{ em } 20 \text{ Hz}$$

$$X_C < 200\, \Omega \text{ em } 20 \text{ Hz}$$

Como $C = \dfrac{1}{2\pi f X_C}$

E rearranjando, $C = \dfrac{1}{2\pi f X_C} = \dfrac{1}{(2\pi)(20 \text{ Hz})(200\, \Omega)}$

$$C = 39{,}8\, \mu\text{F}$$

PROBLEMA PRÁTICO 8-1 Usando o Exemplo 8-1, calcule o valor de C quando a menor frequência for de 1 kHz e R de 1,6 kΩ.

Circuito CC

A Figura 8-2a mostra um circuito com polarização da base. A tensão CC na base é de 0,7 V. Como 30 V é muito maior que 0,7 V, a corrente na base é aproximadamente 30 V dividido por 1 MΩ, ou:

$$I_B = 30\, \mu\text{A}$$

Com um ganho de corrente de 100, a corrente no coletor é:

$$I_C = 3 \text{mA}$$

e a tensão no coletor é:

$$V_C = 30 \text{ V} - (3 \text{ mA})(5 \text{ k}\Omega) = 15 \text{ V}$$

Logo o ponto Q está localizado em 3 mA e 15 V.

Circuito amplificador

A Figura 8-2b mostra como conectar os componentes para se montar um amplificador. Primeiro um capacitor de acoplamento é ligado entre a fonte CA e a base. Como o capacitor de acoplamento está aberto para a corrente contínua, a corrente CC na base é a mesma com ou sem o capacitor e a fonte CA. Do mesmo modo, um capacitor de acoplamento é ligado entre o coletor e o resistor de carga de 100 kΩ. Como esse capacitor está aberto para corrente contínua, a tensão CC no coletor

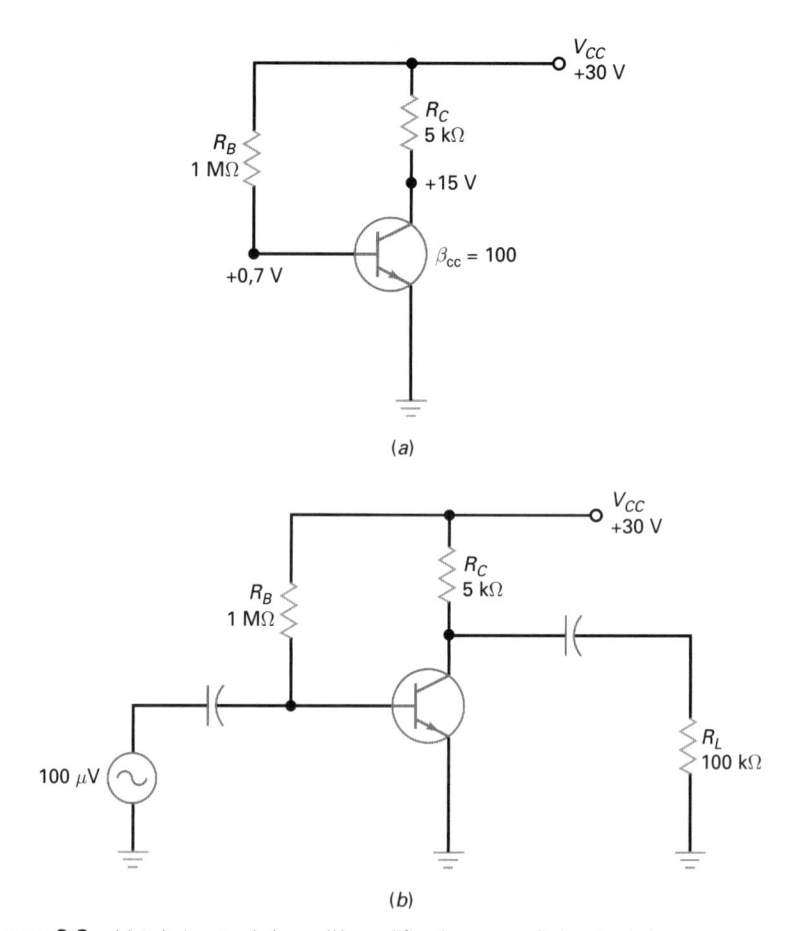

Figura 8-2 (a) Polarização da base; (b) amplificador com polarização da base.

é a mesma com ou sem o capacitor e o resistor de carga. A ideia principal é que o capacitor de acoplamento evita que a fonte CA e o resistor de carga mudem a localização do ponto Q.

Na Figura 8-2b, a fonte CA é de 100 μV. Como o capacitor de acoplamento é um curto para CA, toda a tensão CA da fonte aparece entre a base e o terra. Essa tensão CA produz uma corrente CA na base que é somada à corrente CC já existente na base. Em outras palavras, a corrente total na base terá uma componente CC e uma CA.

A Figura 8-3a ilustra essa ideia. Uma componente CA é superposta a uma componente CC. No semiciclo positivo, a corrente CA na base é somada aos 30 μA da corrente CC, e no semiciclo negativo ela é subtraída.

A corrente CA na base produz uma variação amplificada na corrente do coletor em virtude do ganho de corrente. Na Figura 8-3b, a corrente no coletor tem um componente CC de 3 mA. A corrente CA do coletor será superposta a ela. Como a corrente do coletor amplificada circula pelo resistor do coletor, ele produz uma variação de tensão no resistor do coletor. Quando a tensão é subtraída da tensão de alimentação, obtemos a tensão no coletor mostrada na Figura 8-3c.

Novamente, um componente CA é superposto a um componente CC. A tensão no coletor varia senoidalmente acima e abaixo de +15 V. Além disso, a tensão CA no coletor é *invertida*, 180° defasada em relação à tensão de entrada. Por quê? No semiciclo positivo da corrente CA na base, a corrente no coletor aumenta, produzindo uma tensão maior no resistor do coletor. Isso significa que existe uma tensão menor entre o coletor e o terra. Do mesmo modo, no semici-

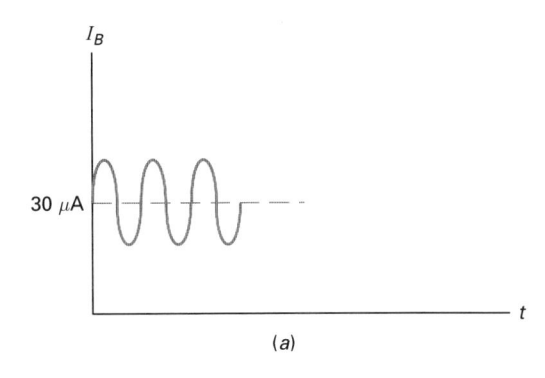

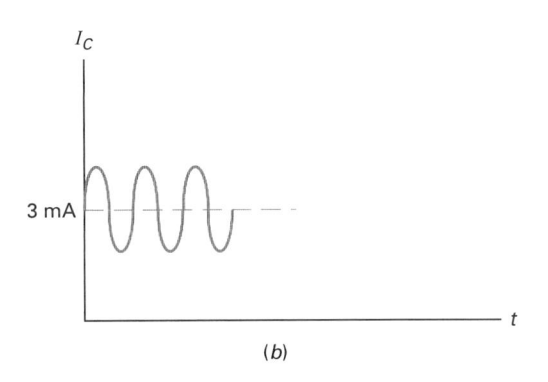

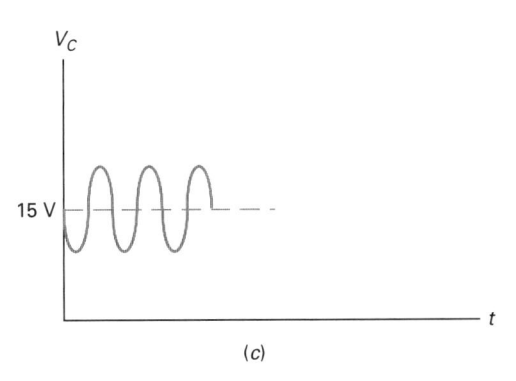

Figura 8-3 Componentes CC e CA. (a) Corrente na base; (b) corrente no coletor; (c) tensão no coletor.

clo negativo, a corrente no coletor diminui. Como existe uma tensão menor no resistor do coletor, a tensão no coletor aumenta.

Formas de onda da tensão

A Figura 8-4 mostra as formas de onda de um amplificador com polarização da base. A fonte de tensão CA é uma tensão senoidal baixa. Ela é acoplada na base, onde é superposta à componente CC de +0,7 V. A variação na tensão da base produz uma variação senoidal na corrente da base, na corrente do coletor e na tensão do coletor. A tensão total do coletor é uma onda senoidal invertida superposta à tensão de +15 V.

Observe a função do capacitor de acoplamento. Como ele está aberto para a corrente contínua, bloqueia a componente CC da tensão no coletor. Como ele é um curto para a corrente alternada, ele acopla a tensão CA do coletor no resistor de carga. É por isso que a tensão na carga é um sinal CA puro com um valor médio zero.

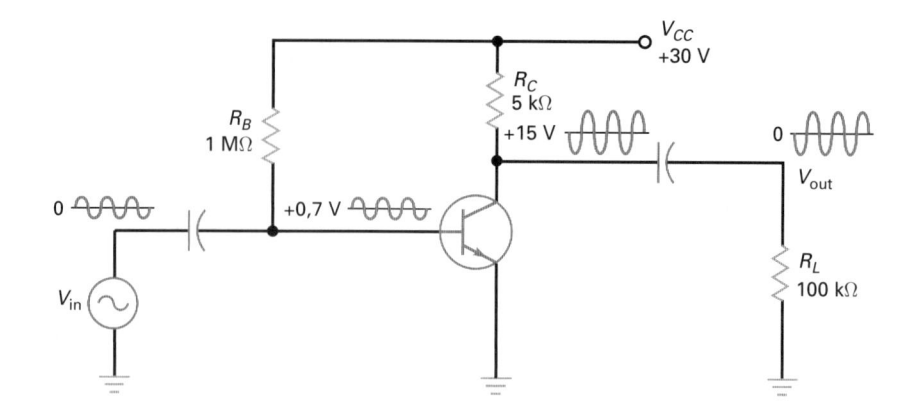

Figura 8-4 Amplificador com polarização da base e formas de onda.

Ganho de tensão

O **ganho de tensão** de um amplificador é definido como a tensão de saída dividida pela tensão de entrada. Como definição:

$$A_V = \frac{v_{\text{saída}}}{v_{\text{ent}}} \tag{8-2}$$

Por exemplo, se medirmos a tensão CA na carga de 50 mV com uma tensão CA na entrada de 100 μV, o ganho de tensão é:

$$A_V = \frac{50 \text{ mV}}{100 \mu\text{V}} = 500$$

Isso quer dizer que a tensão CA na saída é 500 vezes maior que a tensão CA na entrada.

Cálculo da tensão de saída

Podemos multiplicar os dois lados da Equação (8-2) por v_{in}. Para obter essa derivação na fórmula:

$$v_{\text{out}} = A_v v_{\text{in}} \tag{8-3}$$

Isso é útil quando quiser calcular o valor de v_{in}, sendo dados os valores de A_v e de v_{out}.

Por exemplo, o símbolo em forma de triângulo mostrado na Figura 8-5a é usado para indicar um amplificador em um projeto qualquer. Como foi dado que a tensão de entrada é de 2 mV e o ganho de tensão é de 200, podemos calcular a tensão na saída como:

$$V_{\text{out}} = (200)(2 \text{ mV}) = 400 \text{ mV}$$

Cálculo da tensão de entrada

Podemos dividir os dois lados da Equação (8-3) para obter a derivação na fórmula:

$$v_{\text{in}} = \frac{v_{\text{out}}}{A_V} \tag{8-4}$$

Ela é útil quando quiser calcular o valor de v_{in} sendo dados os valores de v_{out} e A_V. Por exemplo, a tensão na saída é de 2,5 V na Figura 8-5b. Com um ganho de tensão de 350, a tensão na entrada é:

$$v_{\text{in}} = \frac{2,5 \text{ V}}{350} = 7,14 \text{ mV}$$

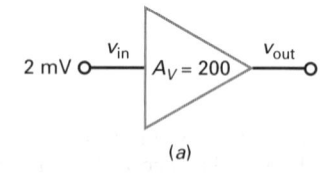

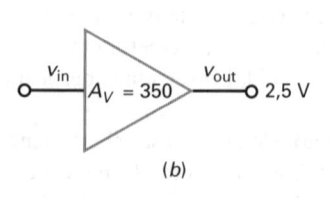

Figura 8-5 (a) Cálculo da tensão na saída; (b) cálculo da tensão na entrada.

8-2 Amplificador com polarização do emissor

O amplificador com polarização da base tem um ponto Q instável. Por isso ele não é muito utilizado como amplificador. No lugar dele, o amplificador com polarização de emissor (tanto o PDT como o PEFD), com o ponto Q estável é preferido.

Capacitor de desvio (*bypass*)

Um **capacitor de desvio** (também chamado de **capacitor de *bypass***) é similar ao capacitor de acoplamento porque parece uma chave aberta para corrente contínua e um curto para corrente alternada. Mas ele não é utilizado para acoplar um sinal entre dois pontos. Em vez disso é utilizado para criar um **terra CA**.

A Figura 8-6a mostra uma fonte de tensão CA conectada a um resistor e um capacitor. A resistência R representa a resistência equivalente de Thevenin vista pelo capacitor. Quando a frequência for alta suficiente, a reatância capacitiva será muito menor que a resistência. Nesse caso, quase toda a tensão aparecerá no resistor. Dito de outro modo, o ponto E está efetivamente aterrado.

Quando utilizado deste jeito, o capacitor é chamado de *capacitor de desvio* por que desvia o ponto E para o terra. Um capacitor de desvio é importante porque nos permite criar um terra para CA sem alterar a posição do ponto Q.

Para um capacitor de desvio funcionar corretamente, sua reatância deve ser muito menor que resistência na *menor frequência* da fonte CA. A definição para um capacitor de desvio que apresente um bom funcionamento é idêntica à do capacitor de acoplamento:

Para um desvio bem projetado: $X_C < 0{,}1R$ (8-5)

Quando essa regra for satisfeita, a Figura 8-6a pode ser substituída pelo circuito equivalente da Figura 8-6b.

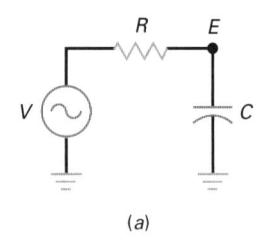

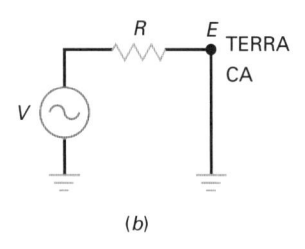

Figura 8-6 (a) Capacitor de desvio (*bypass*); (b) o ponto E é um ponto de terra CA.

Exemplo 8-2

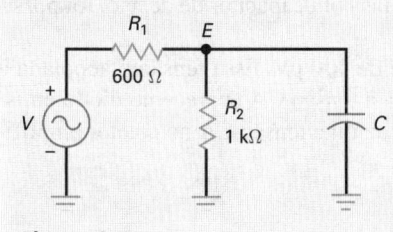

Figura 8-7

Na Figura 8-7, a frequência de entrada de V é de 1 kHz. Qual é o valor necessário para C curto-circuitar o ponto E com o terra?

SOLUÇÃO Primeiro, calcule a resistência de Thevenin quando vista pelo capacitor C.

$$R_{TH} = R_1 \| R_2$$
$$R_{TH} = 600\ \Omega \,\|\, 1\ \text{k}\Omega = 375\ \Omega$$

A seguir, X_C deve ser dez vezes menor que R_{TH}. Portanto, $X_C < 37{,}5\ \Omega$ na frequência de 1 kHz. Agora calculamos C por

$$C = \frac{1}{2\pi f X_C} = \frac{1}{(2\pi)(1\ \text{kHz})(37{,}5\ \Omega)}$$
$$C = 4{,}2\ \mu\text{F}$$

PROBLEMA PRÁTICO 8-2 Na Figura 8-7, calcule o valor necessário de C se R é de 50 Ω.

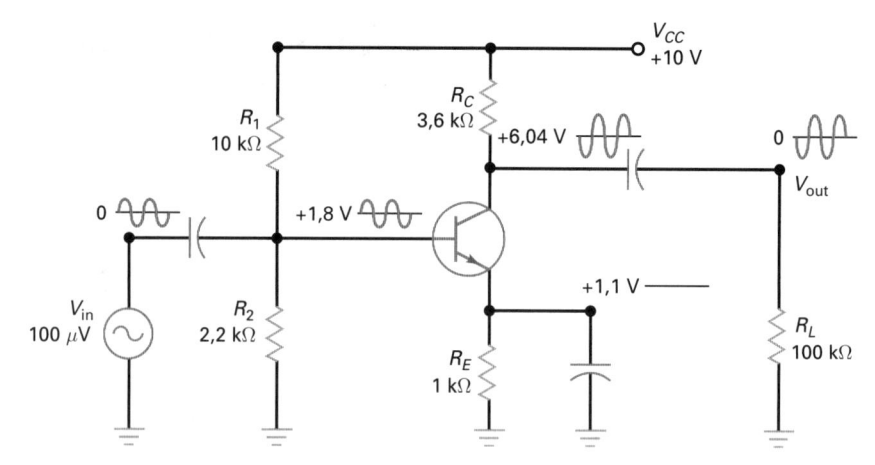

Figura 8-8 Amplificador PDT com formas de onda.

Amplificador PDT

A Figura 8-8 mostra um amplificador com polarização por divisor de tensão (PDT) para calcular as tensões e correntes CC, imagine todos os capacitores abertos. Então, o circuito com transistor fica simplificado transformando-se no circuito PDT analisado no capítulo anterior. Os valores CC ou quiescentes para estes circuitos são:

$$V_B = 1{,}8 \text{ V}$$

$$V_E = 1{,}1 \text{ V}$$

$$V_C = 6{,}04 \text{ V}$$

$$I_C = 1{,}1 \text{ mA}$$

Como antes, usamos um capacitor de acoplamento entre a fonte e a base e outro capacitor de acoplamento entre o coletor e a resistência da carga. Foi preciso também usar um capacitor de desvio entre o emissor e o terra. Sem esse capacitor, a corrente CA na base seria muito menor. Mas com capacitor de desvio, foi possível obter um ganho de tensão muito maior.

Na Figura 8-8, a fonte de tensão CA é de 100 μV. Essa tensão é acoplada à base. Por causa do capacitor de desvio, toda a tensão CA aparece no diodo emissor-base. A corrente CA na base então produz uma tensão CA no coletor amplificado, conforme descrito anteriormente.

Formas de ondas para PDT

Observe as formas de onda da tensão na Figura 8-8. A fonte de tensão CA é uma tensão senoidal baixa com um valor médio de zero. A tensão na base é uma tensão CA superposta a uma tensão CC de +18 V. A tensão no coletor é uma tensão CA amplificada e invertida superposta a uma tensão CC de +6,04 V. A tensão na carga é a mesma tensão no coletor, exceto que seu valor médio é zero.

Observe também a tensão no emissor. Ela é uma tensão CC pura de +1,1 V. Não há tensão CA no emissor porque o emissor está aterrado para CA, um resultado direto do uso de um capacitor de desvio. É importante lembrar disso porque ele é muito usado na verificação de defeitos. Se o capacitor de desvio abrir, uma tensão CA aparece entre o emissor e o terra. Esse sintoma levaria imediatamente a suspeitar do capacitor de desvio aberto como um defeito único.

É ÚTIL SABER

Na Figura 8-8, a tensão no emissor é muito estável em 1,1 V por causa do capacitor de desvio no emissor. Portanto, quaisquer variações na tensão da base aparecerão diretamente na junção BE do transistor. Por exemplo, suponha que v_{in} = 10 mV pp. No pico positivo de v_{in}, a tensão CA na base é igual a 1,805 V e V_{BE} é igual a 1,805 V – 1,1 V = 0,705 V. No pico de tensão negativo de v_{in}, a tensão CA na base diminui para 1,975 V e então V_{BE} é igual a 1,975 V – 1,1 V = 0,695 V. As variações CA em V_{BE} (0,705 para 0,695 V) produzem as variações CA em I_C e V_{EC}.

Circuitos discretos *versus* integrados

O amplificador PDT na Figura 8-8 é a forma padrão para se montar um amplificador com transistor discreto. *Discreto* significa que todos os componentes como resistores, capacitores e transistores são montados separadamente e conectados para se obter o circuito final. Um *circuito discreto* é diferente de um *circuito integrado (CI)*, em que todos os componentes são criados e conectados simultaneamente em uma *pastilha* (chip), uma fração de material semicondutor. Nos capítulos posteriores estudaremos o *amp. op*, um amplificador CI que produz ganhos de tensão de mais de 100.000.

Circuito PEFD

A Figura 8-9 mostra um amplificador com polarização do emissor com fonte dupla (PEFD). Já analisamos a parte CC do circuito no Capítulo 7 e calculamos suas tensões quiescentes:

$V_B \approx 0$ V

$V_E = -0,7$ V

$V_C = 5,32$ V

$I_C = 1,3$ mA

A Figura 8-9 mostra dois capacitores de acoplamento e um capacitor de desvio do emissor. O funcionamento CA do circuito é similar ao do amplificador PDT. O sinal é acoplado à base. O sinal é amplificado para se obter a tensão no coletor. O sinal amplificado é então acoplado à carga.

Observe as formas de onda. A fonte de tensão CA é uma senóide com baixo valor de tensão. A tensão na base tem uma pequena componente CA sobreposta à uma componente CC de aproximadamente 0 V. A tensão total do coletor é uma senóide invertida sobreposta à tensão no coletor de +5,32 V. A tensão na carga tem o mesmo sinal sem a componente CC.

Novamente, observe a tensão CC pura no emissor, um resultado direto da aplicação do capacitor de desvio. Se o capacitor de desvio abrir, uma tensão CA aparece no emissor. Isso reduziria muito o ganho de tensão. Portanto, quando for verificar defeitos em um amplificador com capacitores de desvio, lembre-se de que terra CA deve ter um valor de zero volt para CA.

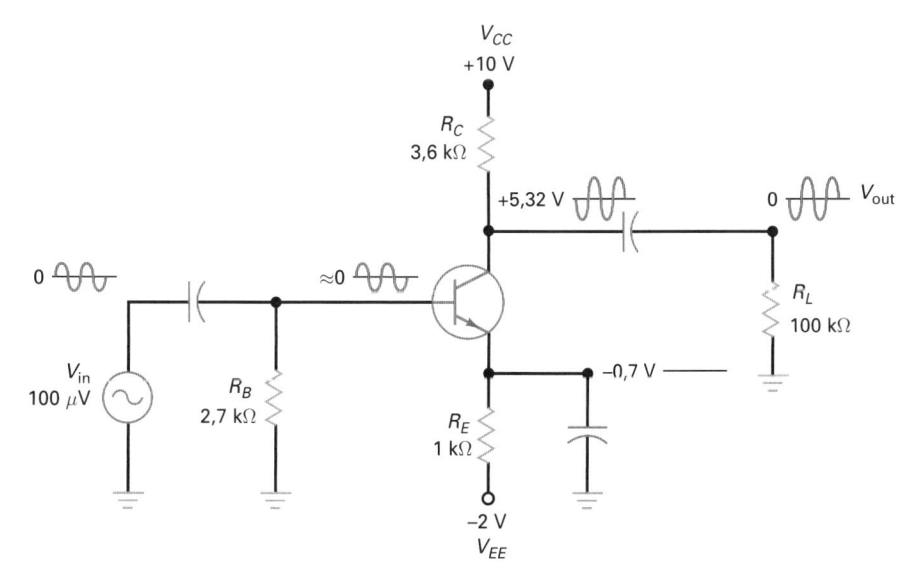

Figura 8-9 Amplificador com PEFD e formas de onda.

8-3 Operação em pequeno sinal

A Figura 8-10 mostra o gráfico da corrente *versus* tensão para o diodo emissor. Quando acoplamos um sinal CA na base de um transistor aparece uma tensão CA no diodo base-emissor. Isso produz uma variação senoidal em V_{BE} mostrada na Figura 8-10.

Ponto de operação instantâneo

Quando uma tensão aumenta para seu valor de pico positivo, o ponto de operação move-se instantaneamente de Q para o ponto superior mostrado na Figura 8-10. Por outro lado, quando a tensão senoidal diminui para seu valor de pico negativo, o ponto de operação move-se instantaneamente para o ponto Q inferior.

A tensão total base-emissor da Figura 8-10 é uma tensão CA tendo como zero uma tensão CC. O valor da tensão CA determina até onde o ponto Q se afasta do ponto central. Altos valores da tensão CA na base produzem altas variações, enquanto baixos valores de tensão CA na base produzem baixas variações CA.

Distorção

A tensão CA na base produz uma corrente CA na corrente do emissor, conforme mostra na Figura 8-10. Essa corrente CA no emissor tem a mesma frequência da tensão CA na base. Por exemplo, se o gerador CA que aciona a base tiver uma frequência de 1 kHz, a corrente CA no emissor terá uma frequência de 1 kHz. A corrente CA no emissor também tem aproximadamente a mesma forma da tensão CA na base. Se a tensão CA na base for senoidal, a corrente CA no coletor será aproximadamente senoidal.

A corrente CA do emissor não é uma réplica perfeita da tensão CA na base por causa da curvatura do gráfico. Como o gráfico é curvado para cima, o semiciclo positivo da corrente no emissor é esticado (alongado) enquanto o semiciclo negativo é comprimido. Esse alongamento e a compressão de semiciclos alternados são chamados de distorção. Ela é indesejável nos amplificadores de alta fidelidade porque muda o som da voz e da música.

Redução da distorção

Uma forma de reduzir a distorção na Figura 8-10 é mantendo a tensão CA na base com um valor baixo. Quando você reduz o valor de pico da tensão na base, reduz o movimento do ponto de operação instantâneo. Quanto menor for a excursão ou a variação, menor será a curvatura que aparece no gráfico. Se o sinal for suficientemente baixo, o gráfico terá uma aparência linear.

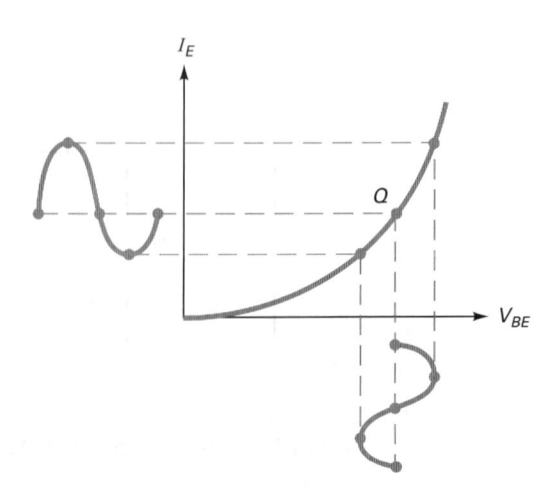

Figura 8-10 Distorção quando o sinal aplicado é alto.

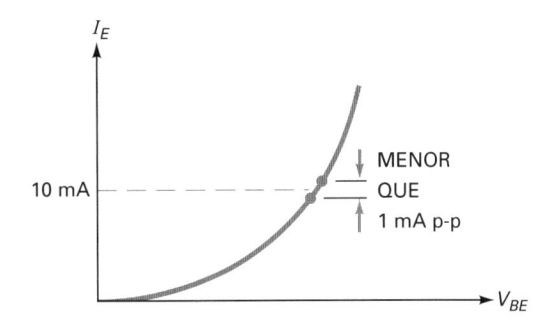

Figura 8-11 Definição de operação em pequeno sinal.

Por que isso é importante? Porque não haverá distorção se o sinal for pequeno. Quando o sinal é pequeno, as variações na corrente CA do emissor são quase diretamente proporcionais às variações na tensão CA na base porque o gráfico tem aparência quase linear. Em outras palavras, se a tensão CA na base for uma onda senoidal suficientemente pequena, a corrente CA no emissor também será uma onda senoidal pequena, sem apresentar o alongamento e a compressão em cada semiciclo.

A regra dos 10%

A corrente total no emissor mostrada na Figura 8-10 consiste em uma componente CC e uma componente CA, que podem ser escritas como:

$$I_E = I_{EQ} + i_e$$

onde I_E = corrente total no emissor
I_{EQ} = corrente CC no emissor
i_e = corrente CA no emissor

Para minimizar a distorção, o valor de pico a pico de i_e deve ser menor comparado com I_{EQ}. Nossa definição de operação em pequeno sinal é:

Pequeno sinal: $i_{e(pp)} < 0{,}1 I_{EQ}$ (8-6)

Essa equação diz que o sinal CA será considerado pequeno quando a corrente CA de pico a pico no emissor for menor que 10% da corrente CC do emissor. Por exemplo, se a corrente no emissor for de 10 mA, como mostra a Figura 8-11, a corrente de pico a pico no emissor deve ser menor que 1 mA para que a operação seja considerada em pequeno sinal.

De agora em diante, vamos nos referir aos amplificadores que satisfaçam à regra dos 10% como **amplificadores de pequeno sinal**. Esse tipo de amplificador é usado nas entradas dos receptores de rádio e televisão, pois o sinal que entra pela antena é muito fraco. Quando acoplado ao amplificador com transistor, o sinal fraco produz variações muito pequenas na corrente do emissor, muito menor que os 10% exigidos pela regra.

Exemplo 8-3

Utilizando a Figura 8-9, calcule o maior valor de pequeno sinal para a corrente no emissor.

SOLUÇÃO Primeiro, calcule a corrente do emissor no ponto Q, I_{EQ}.

$$I_{EQ} = \frac{V_{EE} - V_{BE}}{R_E} \qquad I_{EQ} = \frac{2\text{V} - 0{,}7\text{V}}{1\,\text{k}\Omega} \qquad I_{EQ} = 1{,}3\,\text{mA}$$

Depois encontre a corrente no emissor para pequeno sinal $i_{e(pp)}$

$i_{e(pp)} < 0{,}1\, I_{EQ}$

$i_{e(pp)} = (0{,}1)(1{,}3\ \text{mA})$

$i_{e(pp)} = 130\ \mu\text{A}$

PROBLEMA PRÁTICO 8-3 Usando a Figura 8-9, mude o valor de R_E para 1,5 kΩ e calcule o maior valor da corrente no emissor para operar em pequeno sinal.

8-4 Beta CA

O ganho de corrente em todos os nossos estudos até agora foi o ganho de corrente CC. Ele foi definido como se segue:

$$\beta_{cc} = \frac{I_C}{I_B} \tag{8-7}$$

As correntes nessa fórmula são as correntes no ponto Q na Figura 8-12. Por causa da curvatura no gráfico de I_C versus I_B, o ganho de corrente CC depende da posição do ponto Q.

Definição

O **ganho de corrente CA** é diferente. Ele é definido como:

$$\beta = \frac{i_c}{i_b} \tag{8-8}$$

Em outras palavras, o ganho de corrente CA é igual à corrente CA no coletor dividida pela corrente CA na base. Na Figura 8-12, o sinal CA usa apenas uma pequena parte do gráfico nos dois lados do ponto Q. Por isso, o valor do ganho de corrente CA é diferente do ganho de corrente CC sendo que este utiliza quase todo o gráfico.

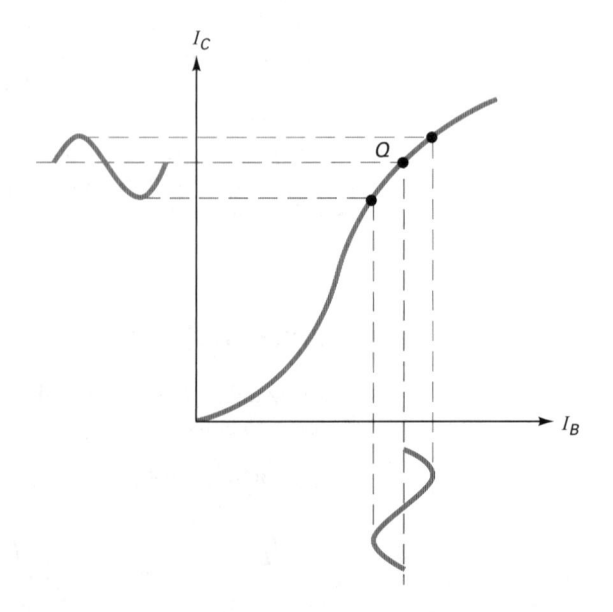

Figura 8-12 O ganho de corrente CA é igual à taxa de variação.

Graficamente, β é igual à inclinação da curva no ponto Q na Figura 8-12. Se fosse preciso polarizar o transistor com um ponto Q diferente, a inclinação da curva mudaria, o que significa que b mudaria. Em outras palavras, o valor de b depende do valor da corrente do coletor.

Nas folhas de dados, β_{cc} é listado como h_{FE} e β é mostrado como h_{fe}. Observe que os subscritos com letras maiúsculas são usados para o ganho de corrente CC e os subscritos com letras minúsculas, para o ganho de corrente CA. Os dois ganhos de corrente são comparáveis em valor, não diferindo muito. Por essa razão, se você tiver o valor de um deles, poderá utilizar o mesmo valor para o outro em análises preliminares.

Notação

Para manter os valores CC diferentes dos valores CA, é uma prática padrão usar letras com subscritos em maiúsculas para grandezas CC. Por exemplo, temos usado:

I_E, I_C e I_B para as correntes CC

V_E, V_C e V_B para as tensões CC

V_{BE}, V_{EC} e V_{CB} para as tensões CC entre os terminais

Para grandezas CA, usaremos letras com subscritos em minúsculas como a seguir:

i_e, i_c e i_b para as correntes CA

v_e, v_c e v_b para as tensões CA

v_{be}, v_{ce} e v_{cb} para a tensões CA entre os terminais

Vale a pena mencionar também o uso da letra maiúscula R para resistência CC e a minúscula r para resistência CA

8-5 Resistência CA do diodo emissor

A Figura 8-13 mostra um gráfico da corrente *versus* tensão para o diodo emissor. Quando existe uma tensão CA de baixo valor no diodo emissor, ela produz a corrente CA no emissor como mostrado. A medida desta corrente CA depende da posição do ponto Q. Em virtude da curvatura, quando o ponto Q está na posição superior do gráfico, obtemos uma corrente CA de pico a pico no emissor maior

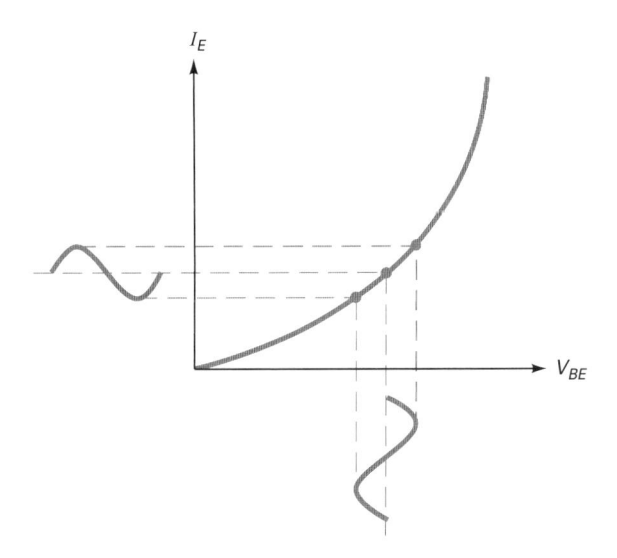

Figura 8-13 Resistência CA do diodo emissor.

Definição

Conforme estudado na Seção 8-3, a corrente total no emissor tem uma componente CC e um componente CA. Em símbolos:

$$I_E = I_{EQ} + i_e$$

onde I_{EQ} é a corrente CC do emissor e i_e é a corrente CA no emissor.

De modo idêntico, a tensão base-emissor total na Figura 8-13 tem uma componente CA e uma componente CC. Esta equação pode ser escrita como:

$$V_{BE} = V_{BEQ} + v_{be}$$

onde V_{BEQ} é a tensão CC na base-emissor e v_{be} é a tensão CA na base-emissor.

Na Figura 8-13, a variação senoidal em V_{BE} produz uma variação senoidal em I_E. O valor de pico a pico de i_e depende da posição do ponto Q. Por causa da curvatura no gráfico, um valor fixo de v_{be} produz uma i_e maior com o ponto Q na posição superior da curva. Dito de outra forma, a resistência CA do diodo emissor diminui quando a corrente CC do diodo emissor aumenta.

A **resistência CA do emissor** do diodo emissor é definida como:

$$r'_e = \frac{v_{be}}{i_e} \tag{8-9}$$

Essa equação informa que a resistência CA do diodo emissor é igual à tensão CA base-emissor dividida pela corrente CA no emissor. O sinal (') que aparece em r'_e é uma forma padrão de indicar que esta resistência é dentro do transistor.

Por exemplo, a Figura 8-14 mostra uma tensão CA base-emissor de 5 mV pp. No ponto Q indicado, ela produz uma corrente CA no emissor de 100 μA pp. A resistência CA do diodo emissor é:

$$r'_e = \frac{5\,mV}{100\,\mu A} = 50\,\Omega$$

Como outro exemplo, suponha que o ponto Q superior na Figura 8-14 tenha v_{be} = 5mV e i_e = 200 mA. Então, a resistência CA diminui para:

$$r'_e = \frac{5\,mV}{200\,\mu A} = 25\,\Omega$$

O ponto principal é: a resistência CA do emissor sempre diminui quando a corrente CC no emissor aumenta, porque v_{be} é essencialmente um valor constante.

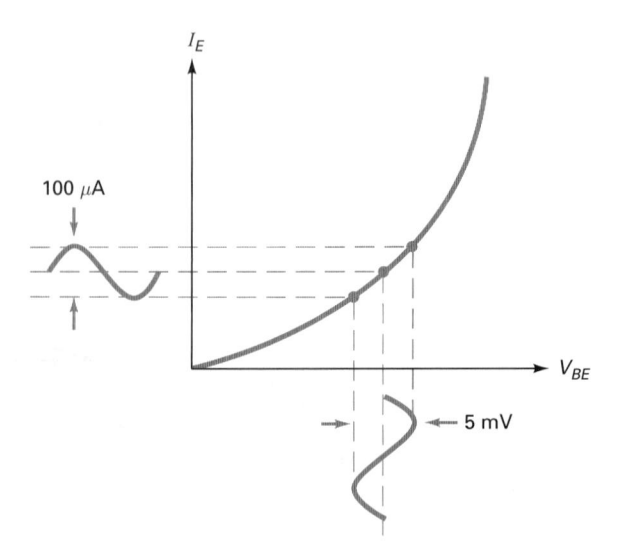

Figura 8-14 Cálculo de r'_e.

Fórmula para a resistência CA do emissor

Com a física de estado sólido e cálculo, é possível derivar a seguinte fórmula notável para a resistência CA do emissor:

$$r'_e = \frac{25\,\text{mV}}{I_E} \tag{8-10}$$

Essa fórmula diz que a resistência CA do diodo emissor é igual a 25 mV dividido pela corrente CC do emissor.

Essa fórmula é notável por sua simplicidade e pelo fato de se aplicar a todos os tipos de transistores. Ela é muito usada na indústria para calcular um valor preliminar para a resistência CA do diodo emissor. Essa fórmula derivada supõe que a operação seja em pequeno sinal, temperatura ambiente e uma junção base-emissor abrupta retangular. Como os transistores comerciais têm junções graduais e não retangular, deve existir algum desvio da Equação (8-10). Na prática quase todos os transistores comerciais têm uma resistência CA do emissor entre 25 mV/I_E e 50 mV/I_E.

A razão de r'_e ser importante é porque ele determina o ganho de tensão. Quanto menor for seu valor, maior o ganho de tensão. A Seção 8-9 mostrará como usar o r'_e para calcular o ganho de tensão de um amplificador com transistor.

Exemplo 8-4

Qual é o valor de r'_e no amplificador com polarização da base na Figura 8-15a?

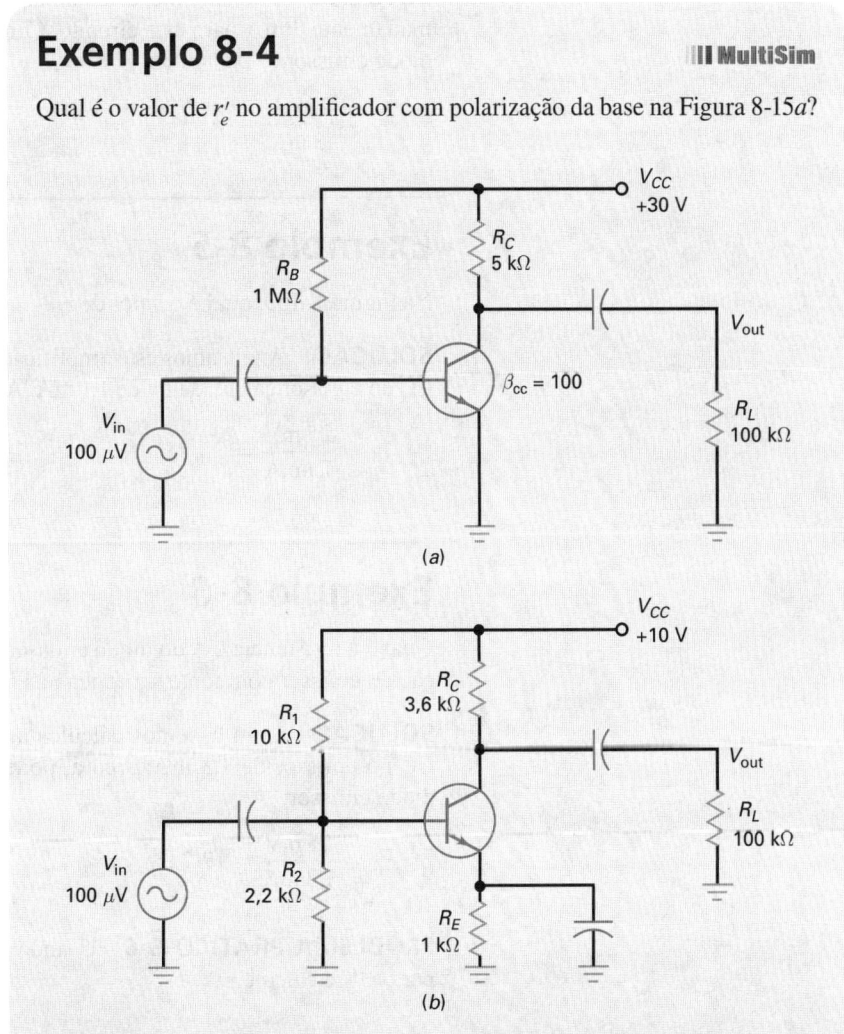

Figura 8-15 (a) Amplificador com polarização da base; (b) amplificador PDT; (c) amplificador PEFD.

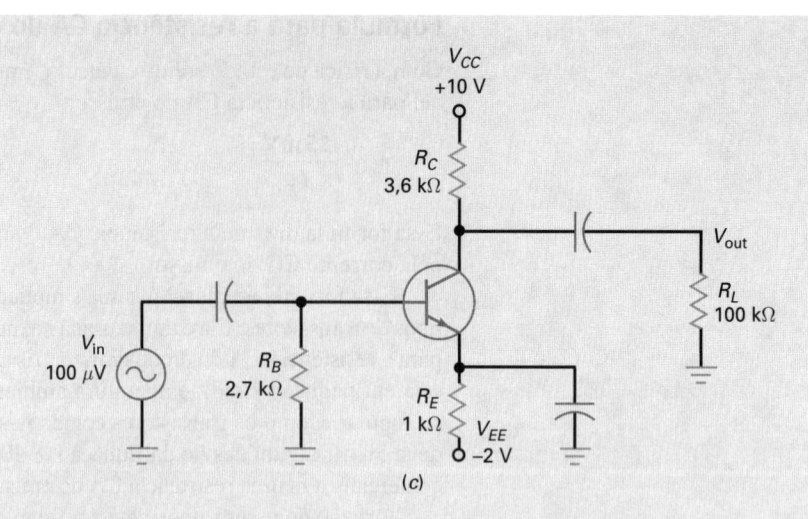

Figura 8-15 (a) Amplificador com polarização da base; (b) amplificador PDT; (c) amplificador PEFD. (Continuação)

SOLUÇÃO Inicialmente, calculamos a corrente CC no emissor de aproximadamente 3 mA para este circuito. Com a Equação (8-10) a resistência do diodo emissor é:

$$r'_e = \frac{25 \text{ mV}}{3 \text{ mA}} = 8,33 \, \Omega$$

Exemplo 8-5 ‖ MultiSim

Na Figura 8-15b, qual é o valor de r'_e?

SOLUÇÃO Analisamos este amplificador PDT anteriormente e a corrente CC do emissor calculada foi de 1,1 mA. A resistência CA do diodo emissor é:

$$r'_e = \frac{25 \text{ mV}}{1,1 \text{ mA}} = 22,7 \, \Omega$$

Exemplo 8-6 ‖ MultiSim

Qual é a resistência CA do diodo emissor para o amplificador com polarização do emissor com fonte simétrica na Figura 8-15c?

SOLUÇÃO Com base nos cálculos anteriores, obtivemos uma corrente CC no emissor de 1,3 mA. Agora, podemos calcular a resistência CA do diodo emissor:

$$r'_e = \frac{25 \text{ mV}}{1,3 \text{ mA}} = 19,2 \, \Omega$$

PROBLEMA PRÁTICO 8-6 Usando a Figura 8-15c, mude a fonte V_{EE} para –3V e calcule r'_e.

8-6 Dois modelos para transistor

Para analisar o funcionamento de um amplificador com transistor, precisamos de um circuito equivalente para um transistor. Em outras palavras, precisamos de um modelo que simule seu comportamento quando um sinal CA estiver presente.

O Modelo T

Um dos primeiros modelos CA foi o **modelo Ebers-Moll** mostrado na Figura 8-16. Quando um pequeno sinal CA é aplicado, o diodo emissor de um transistor age como uma resistência CA r'_e e o diodo coletor como uma fonte de corrente i_c. Como o modelo Ebers-Moll parece um T virado de lado, o circuito equivalente é chamado de **modelo T**.

Quando analisarmos um amplificador com transistor, poderemos substituir cada transistor pelo seu modelo T. Depois calcularemos o valor de r'_e e outros valores CA como o ganho de tensão. Os detalhes serão estudados no próximo capítulo.

Quando um sinal CA na entrada aciona um amplificador com transistor, existe uma tensão CA base-emissor v_{be} no diodo emissor, como mostra a Figura 8-17a. Ela produz uma corrente CA na base i_b. A fonte de tensão CA tem que fornecer esta corrente CA na base, de modo que o amplificador com transistor possa funcionar corretamente. Dito de modo diferente, a fonte de tensão CA percebe a impedância de entrada da base como uma carga.

A Figura 8-17b ilustra essa ideia. Olhando para a base do transistor, a fonte de tensão CA vê uma impedância de entrada $z_{in(base)}$. Em baixas frequências essa impedância é puramente resistiva e definida como:

$$z_{in(base)} = \frac{v_{be}}{i_b} \tag{8-11}$$

Aplicando a lei de Ohm no diodo emissor na Figura 8-17a, podemos escrever:

$$v_{be} = i_e r'_e$$

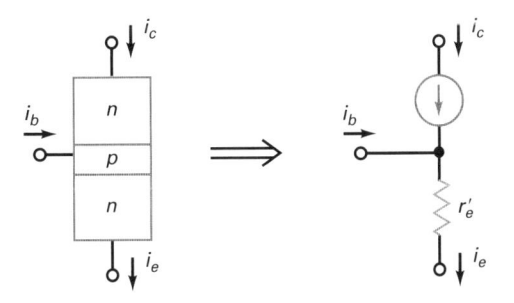

Figura 8-16 Modelo para o transistor.

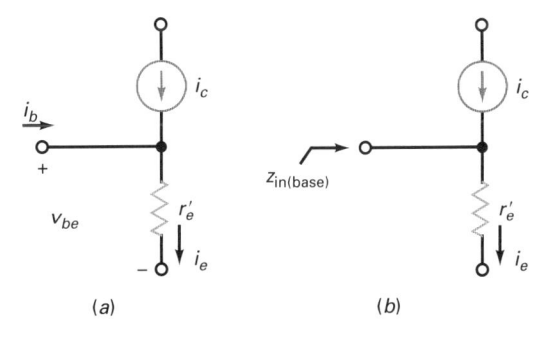

Figura 8-17 Definição da impedância de entrada da base.

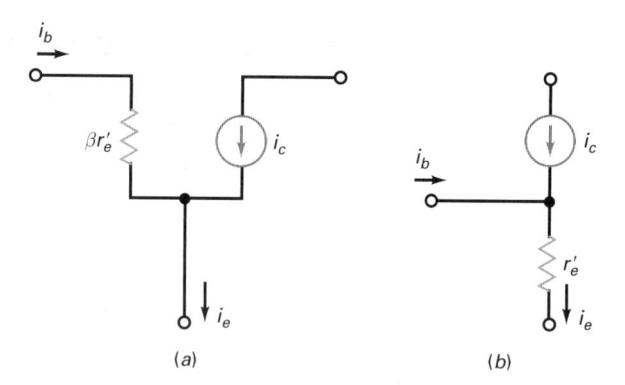

Figura 8-18 Modelo π de um transistor.

Substitua a equação anterior para obter:

$$z_{\text{in(base)}} = \frac{v_{be}}{i_b} = \frac{i_e r'_e}{i_b}$$

Como $i_e \approx i_c$, a equação anterior fica simplificada para:

$$z_{\text{in(base)}} = \beta r'_e \quad (8\text{-}12)$$

Essa equação nos informa que a impedância de entrada da base é igual ao ganho de corrente CA multiplicada pela resistência CA do diodo emissor.

O modelo π

A Figura 8-18a mostra o **modelo π** de um transistor. Ele é uma representação visual da Equação (8-12). O modelo π é mais fácil de ser usado do que o modelo T (Figura 8-18b) porque a impedância de entrada não está evidente quando você olha para o modelo T. Por outro lado, o modelo π mostra claramente que uma impedância de entrada de $\beta r'_e$ irá servir de carga para a fonte de tensão CA que aciona a base.

Como os modelos π e T são circuitos equivalentes CA para um transistor, podemos usar um ou outro quando analisarmos um amplificador. A maior parte do tempo, usaremos o modelo π. Com alguns circuitos, o modelo T fornece mais detalhes quanto ao funcionamento do circuito. Os dois modelos são muito utilizados na indústria.

É ÚTIL SABER

Há outros circuitos equivalentes (modelos) para o transistor, até mais precisos que os mostrados nas Figuras 8-16, 8-17 e 8-18. Um circuito equivalente altamente de maior precisão inclui a resistência de espalhamento de base r'_b e a resistência interna r'_c da fonte de corrente do coletor. Este modelo é usado quando forem necessárias respostas exatas.

8-7 Análise de um amplificador

A análise de um amplificador é complexa porque as duas fontes CC e ac estão no mesmo circuito. Para analisarmos amplificadores, precisamos calcular o efeito das fontes CC e depois os efeitos das fontes CA. Quando usamos o teorema da superposição nesta análise, o efeito de cada fonte agindo sozinha ajuda a obter o efeito total de todas as fontes agindo simultaneamente.

Circuito equivalente CC

O modo mais simples para analisarmos um transistor é dividir a análise em duas partes: uma análise CC e uma análise CA. Na análise CC, calculamos as tensões e correntes CC. Para tanto, mentalizamos todos os capacitores abertos. O circuito que restar é o **circuito equivalente CC**.

Com o circuito equivalente CC, você pode calcular as correntes e tensões no transistor conforme necessário. Se você estiver verificando defeitos, respostas aproximadas são adequadas. A corrente mais importante na análise CC é a corrente CC do emissor. Ela é necessária para calcularmos r'_e para a análise CA.

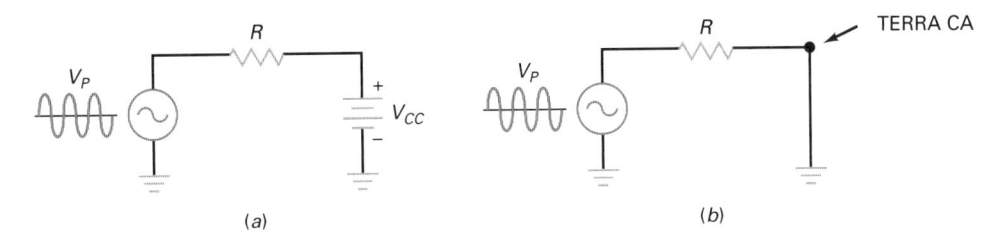

Figura 8-19 A fonte de tensão CC é um curto para CA.

Efeito CA de uma fonte de tensão CC

A Figura 8-19a mostra um circuito CA e uma fonte CC. Qual é a corrente CA em um circuito como esse? Quando a corrente CA é aplicada, a fonte de tensão CC funciona como um curto para CA, conforme mostrado na Figura 8-19b. Por quê? Porque a fonte de tensão CC tem uma tensão constante em seus terminais. Logo, qualquer corrente CA circulando por ela não pode produzir uma tensão CA. Se não pode existir uma tensão CA, a fonte de tensão CC é equivalente a um curto para CA.

Outro modo de entender é lembrar do **teorema da superposição** estudado nos cursos básicos de eletrônica. Aplicando a superposição na Figura 8-19a podemos calcular o efeito de cada fonte agindo separadamente enquanto a outra é reduzida a zero. Reduzir a fonte de tensão CC a zero, é equivalente a curto-circuitá-la. Portanto, para calcular o efeito da fonte CA na Figura 8-19a, podemos curto-circuitar a fonte de tensão CC.

De agora em diante, vamos curto-circuitar todas as fontes de tensão CC quando estivermos analisando a operação CA de um amplificador. Isso significa que cada fonte de tensão CC age como um terra para CA, conforme mostra a Figura 8-19b.

Circuito equivalente CA

Após a análise do circuito equivalente CC, o próximo passo é analisar o **circuito equivalente CA**. Ele é o circuito que resta após você mentalizar todos os capacitores e fontes de tensão CC em curto. O transistor pode ser substituído por qualquer um dos modelos, π ou T.

Amplificador com polarização da base

A Figura 8-20a é um amplificador com polarização da base. Após mentalizarmos todos os capacitores abertos e analisar o circuito equivalente CC, estamos prontos para a análise CA. Para obtermos o circuito equivalente CA, imaginamos todos os capacitores e fontes de tensão CC em curto. Depois, o ponto denominado $+V_{CC}$ é um terra para CA.

A Figura 8-20b mostra o circuito equivalente CA. Como você pode ver, o transistor foi substituído pelo seu modelo π. No circuito base, a tensão CA de entrada aparece em R_B em paralelo com $\beta r'_e$. No circuito coletor, a fonte de corrente força uma corrente CA de i_c através de R_C em paralelo com R_L.

Amplificador PDT

A Figura 8-21a é um amplificador PDT, e a Figura 8-21b é seu circuito equivalente CA. Como você pode ver, todos os capacitores foram substituídos por um curto, os pontos da fonte CC tornaram-se um terra para CA e o transistor foi substituído por seu modelo π. No circuito base, a tensão de entrada CA aparece em R_1 em paralelo com R_2 em paralelo com $\beta r'_e$. No circuito do coletor, a fonte de corrente força uma corrente CA i_c através de R_C em paralelo com R_L.

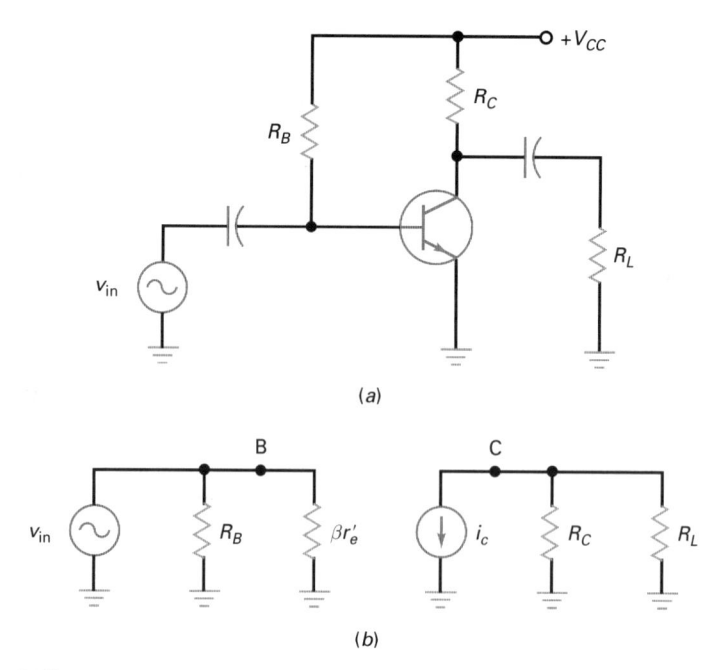

Figura 8-20 (a) Amplificador com polarização da base; (b) circuito equivalente CA.

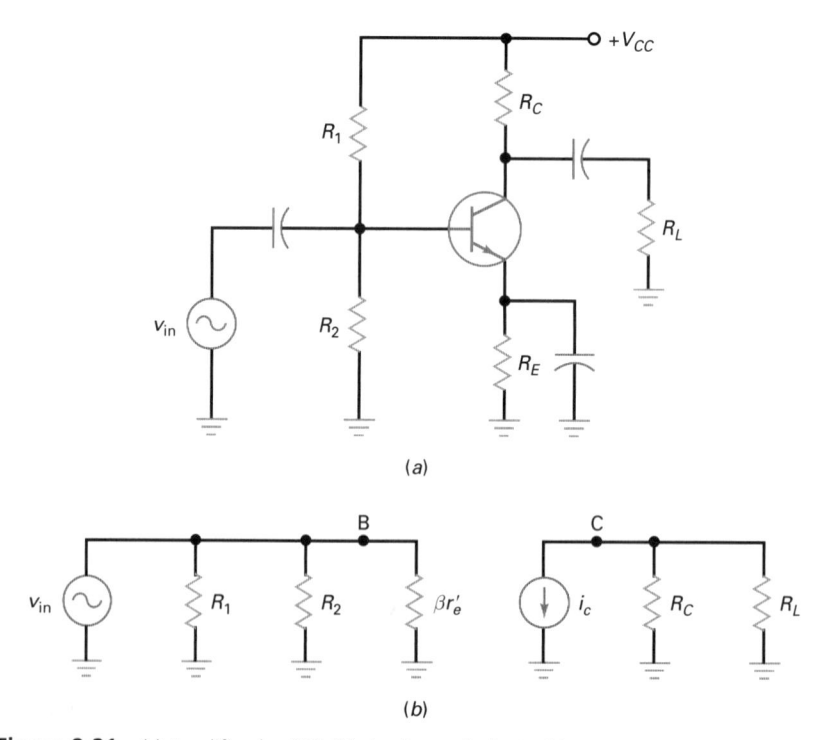

Figura 8-21 (a) Amplificador PDT; (b) circuito equivalente CA.

Amplificador PEFD

Nosso último exemplo é o circuito com polarização do emissor com fonte simétrica na Figura 8-22a. Após a análise do circuito equivalente CC, pode-se desenhar o circuito equivalente CA na Figura 8-22b. Novamente, os capacitores estão em curto, a fonte de tensão CC torna-se um terra para CA e o transistor é substituído

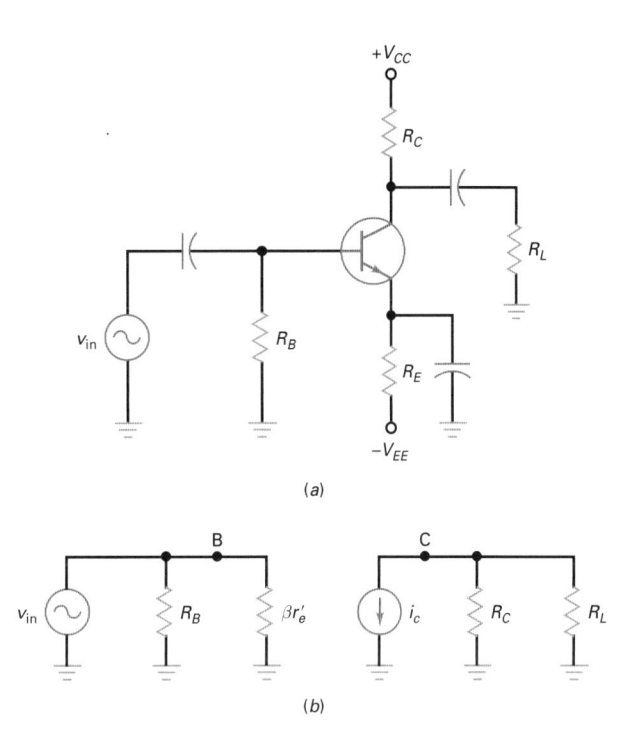

Figura 8-22 (a) Amplificador PEFD; (b) circuito equivalente CA.

por seu modelo π. No circuito base, a tensão de entrada CA aparece em R_B em paralelo com $\beta r'_e$. No circuito coletor, a fonte de corrente força uma corrente CA i_c através de R_C em paralelo com R_L.

Amplificadores EC

Os três amplificadores diferentes nas Figuras 8-20, 8-21 e 8-22 são exemplos de um **amplificador (EC) em emissor comum**. Você pode reconhecer imediatamente um amplificador EC porque seu emissor está em um terra CA. Com um amplificador EC o sinal CA é acoplado na base, e o sinal amplificado aparece no coletor. O aterramento CA do emissor é comum tanto para o sinal de entrada quanto para o sinal de saída do amplificador.

São possíveis também outros dois amplificadores básicos com transistor. O amplificador **base comum (BC)** e o **amplificador coletor comum (CC)**. O amplificador BC tem sua base para o terra CA e o amplificador CC tem seu coletor para o terra CA. Eles são utilizados em algumas aplicações, porém não são tão populares quanto o amplificador EC. Os capítulos posteriores estudarão os amplificadores BC e CC.

Ideias principais

O método anterior de análise funciona para todos os amplificadores. Começamos com o circuito equivalente CC. Depois calculamos as fontes e correntes CC e analisamos o circuito equivalente CA. Os principais passos para se obter o circuito equivalente CA são:

1. Curto-circuitar todos os capacitores de acoplamento e de desvio.
2. Visualizar todas as fontes CC como terra para CA.
3. Substituir o transistor pelo seu modelo π ou T.
4. Desenhar o circuito equivalente CA.

O processo de se utilizar superposição para analisar o circuito PDT está mostrado na Tabela 8-1.

302 Eletrônica

Tabela 8-1 — Circuitos equivalentes CC e CA para o PDT

Circuito original:

$V_{CC} = 10$ V; $R_1 = 10$ kΩ; $R_C = 3{,}6$ kΩ; $R_2 = 2{,}2$ kΩ; $R_E = 1$ kΩ; $R_L = 100$ kΩ.

Circuito CC:

- Abrir todos os capacitores de acoplamento e desvio.
- Redesenhar o circuito.
- Calcular o ponto Q do circuito CC:

  $V_B = 1{,}8$ V
  $V_E = 1{,}1$ V
  $I_E = 1{,}1$ mA
  $V_{EC} = 4{,}94$ V

Modelo π para CA:

$R_1 = 10$ kΩ; $R_2 = 2{,}2$ kΩ; $\beta r'_e$; $R_C = 3{,}6$ kΩ; $R_L = 100$ kΩ.

Modelo T para CA:

- Fechar todos os capacitores de acoplamento e desvio.
- Visualizar todas as fontes de tensão CC como um terra CA.
- Substituir o transistor pelo seu modelo π ou T.
- Desenhar o circuito equivalente CA.
- $r'_e = \dfrac{25\text{mV}}{I_{EQ}} = 22{,}7\,\Omega$

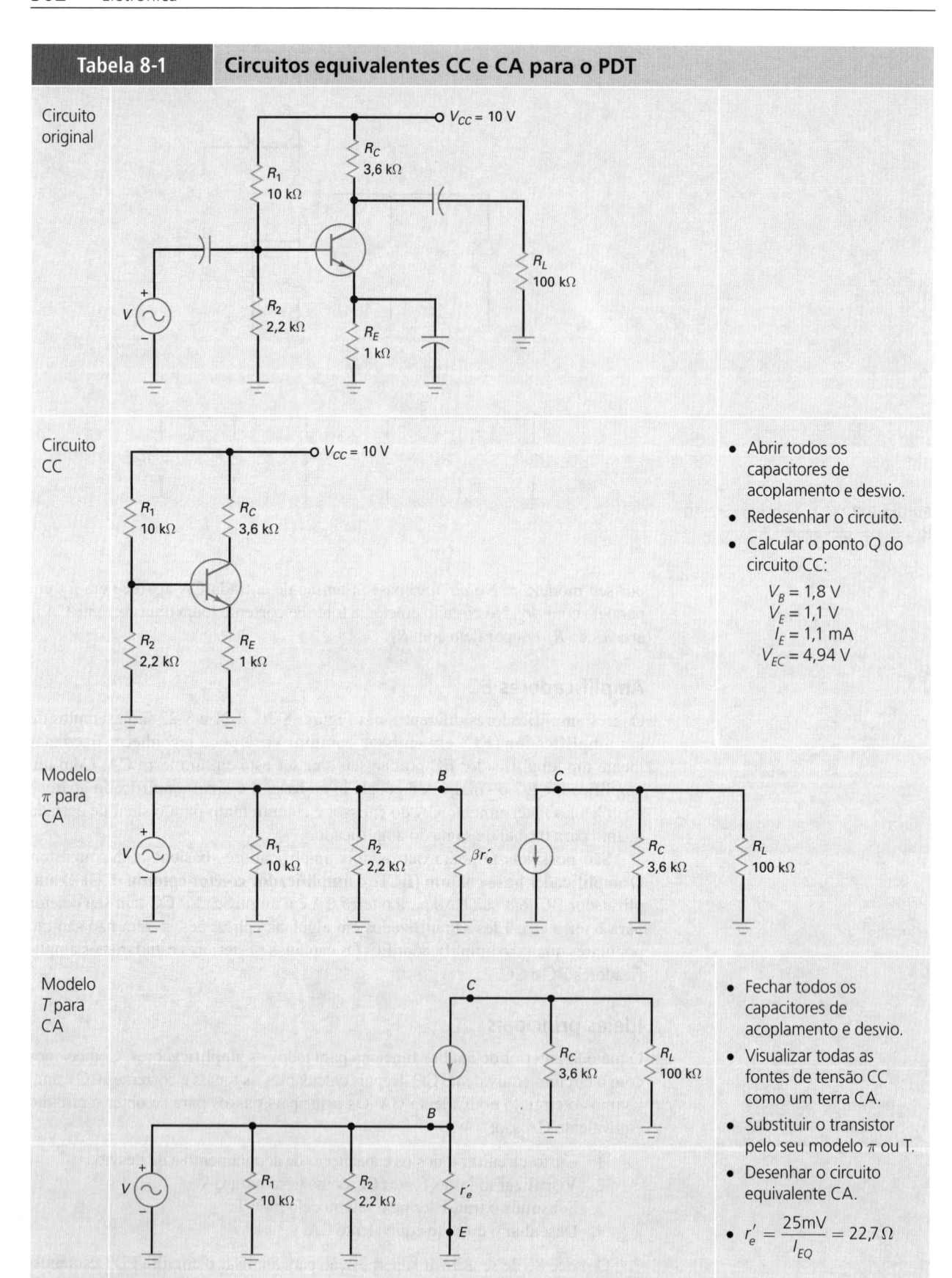

8-8 Valores CA nas folhas de dados

Consulte a folha de dados parcial de um 2N3904 na Figura 8-23 para o estudo a seguir. Os valores CA aparecem na seção Small-Signal Characteristics (Características em Pequeno Sinal). Nesta seção, você encontrará quatro valores novos denominados h_{fe}, h_{ie}, h_{re} e h_{oe}. Eles são chamados de parâmetros h.

Parâmetros *H*

Quando o transistor foi inventado, uma aproximação conhecida como parâmetros h era usada para analisar e projetar circuitos com transistor. Essa aproximação matemática modela o transistor sobre o que está acontecendo em seus terminais sem considerar o processo físico que ocorre dentro do transistor.

A aproximação mais prática é a que estamos utilizando. Ela é chamada de método de parâmetros r' e utiliza valores como β e r'_e. Com esta aproximação, você pode usar a lei de Ohm e outras ideias básicas na análise e projeto de circuitos com transistor. É por isso que os parâmetros r' são preferidos pela maioria das pessoas.

Contudo não significa que os parâmetros h não sejam usados. Eles têm sido mantidos nas folhas de dados porque são mais fáceis de serem medidos que os parâmetros r'. Quando você ler as folhas de dados, portanto, não procure por β, r'_e e outros parâmetros r'. Não os encontrará lá. Em vez disso, você encontrará h_{fe}, h_{ie}, h_{re} e h_{oe}. Esses quatros parâmetros h fornecem informações úteis quando transformados em parâmetros r'.

Relações entre os parâmetros R e H

Como exemplo, h_{fe} dado na folha de dados Small-Signed Characteristics (Características de Pequeno Sinal) é idêntico ao ganho de corrente CA. Em símbolos, ele é representado como:

$$\beta = h_{fe}$$

A folha de dados lista um h_{fe} mínimo de 100 e máximo de 400. Portanto, β pode ser tão baixo quanto 100 ou tão alto quanto 400. Esses valores são válidos quando a corrente no coletor for de 1 mA e a tensão coletor-emissor, de 10 V.

Um outro parâmetro h é o valor de h_{ie}, equivalente à impedância de entrada. A folha de dados fornece um h_{ie} mínimo de 1 kΩ e um máximo de 10 kΩ. O parâmetro h_{ie} está relacionado com os parâmetros r' do seguinte modo:

$$r'_e = \frac{h_{ie}}{h_{fe}} \qquad (8\text{-}13)$$

Por exemplo, os valores máximos de h_{ie} e h_{fe} são 10 kΩ e 400. Portanto:

$$r'_e = \frac{10\ \text{k}\Omega}{400} = 25\ \Omega$$

Os dois últimos parâmetros h, h_{re} e h_{oe}, não são necessários para o técnico em manutenção e para projetos básicos.

Outros valores

Outros valores listados em Small-Signal Characteristics (Características de Pequeno Sinal) incluem f_T, C_{ibo}, C_{obo} e NF. O primeiro, f_T, informa sobre as limitações de alta frequência de um 2N3904. O segundo e o terceiro parâmetros, C_{ibo} e C_{obo}, são as capacitâncias de entrada e de saída do dispositivo. O parâmetro final, NF, é uma figura de ruído, que indica a quantidade de ruído que o 2N3904 produz.

A folha de dados de um 2N3904 inclui vários gráficos, que são informações de piores casos. Por exemplo, o gráfico nas folhas de dados denominado *Current Gain* (Ganho de Corrente mostra que h_{fe} aumenta de 70 para 160 quando a corrente

2N3903, 2N3904

ELECTRICAL CHARACTERISTICS

Characteristic		Symbol	Min	Max	Unit
SMALL-SIGNAL CHARACTERISTICS					
Current-Gain-Bandwidth Product (I_C = 10 mAdc, V_{EC} = 20 Vdc, f = MHz) 2N3903		f_T	250	–	MHz
2N3904			300	–	
Output Capacitance (V_{CB} = 0,5 Vdc, I_E = 0, f = 1,0 MHz)		C_{obo}	–	4.0	pF
Input Capacitance (V_{CB} = 0,5 Vdc, I_E = 0, f = 1,0 MHz)		C_{ibo}	–	8.0	pF
Input Impedance (V_{EB} = 1.0 mAdc, V_{EC} = 10 Vdc, f = 1.0 kHz) 2N3903		h_{ie}	1.0	8.0	kΩ
2N3904			1.0	1.0	
Voltage Feedback Ratio (I_C = 1.0 mAdc, V_{EC} = 10 Vdc, f = 1.0 kHz) 2N3903		h_{re}	0.1	5.0	×10⁻⁴
2N3904			0.5	8.0	
Small-Signal Current Gain (I_C = 1.0 mAdc, V_{EC} = 10 Vdc, f = 1.0 kHz) 2N3903		h_{fe}	50	200	–
2N3904			100	400	
Output Admitance (I_C = 1.0 mAdc, V_{EC} = 10 Vdc, f = 1.0 kHz)		h_{oe}	1.0	40	μmhos
Noise Figure (I_C = 10 μAdc, V_{EC} = 5.0 Cdc, R_S = 1.0 kΩ, f = kHz) 2N3903		NF	–	6.0	dB
2N3904			–	5.0	

H PARAMETERS
V_{EC} = 10 Vdc, f = 1.0 kHz, T_A = 25°C

Current Gain

Output Admittance

Input Impedance

Voltage Feedback Ratio

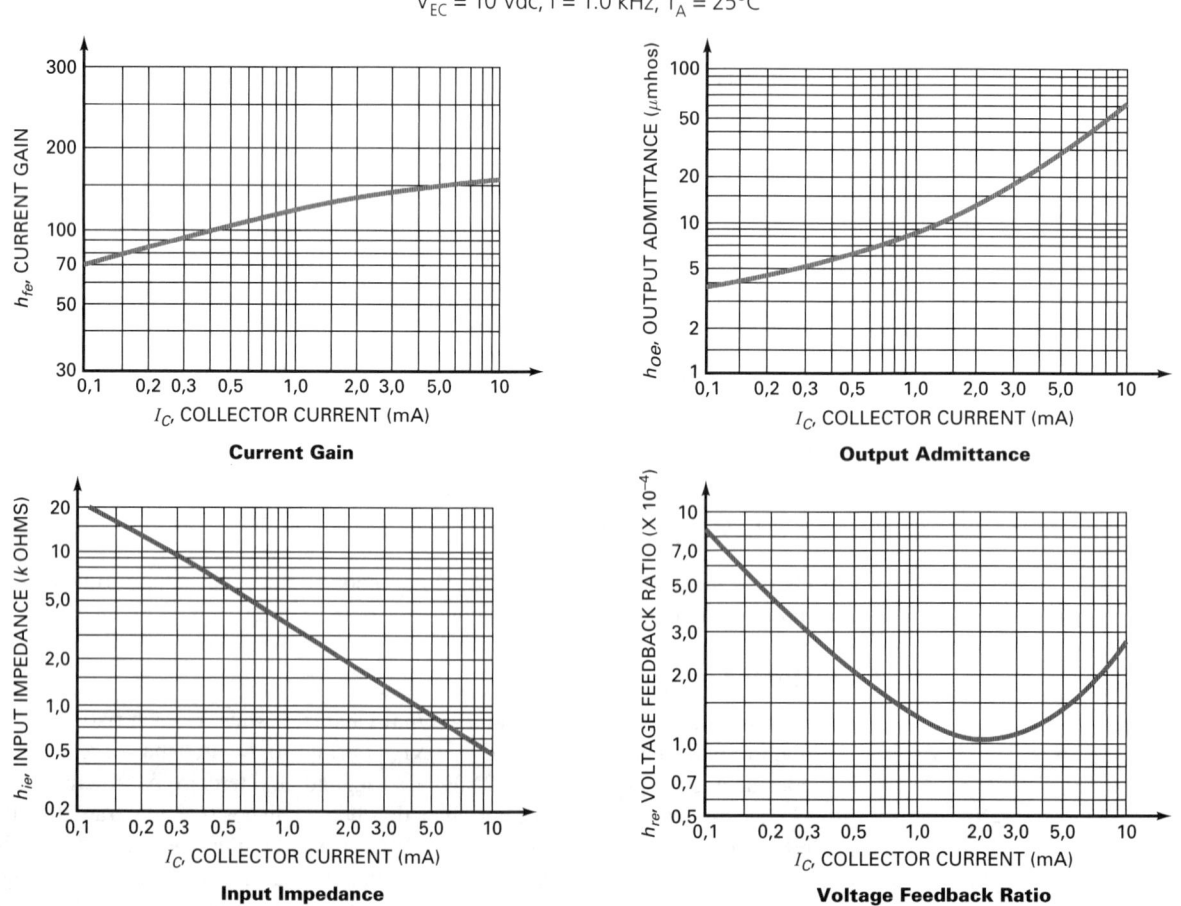

Figura 8-23 A folha de dados parcial. (Copyright Semiconductor Components Industries, LLC; usado com permissão.)

no coletor aumenta de 0,1 mA para 10 mA. Observe que h_{fe} é de aproximadamente 125 quando a corrente no coletor é de 1 mA. Esse gráfico é para um 2N3904 típico à temperatura ambiente. Lembre-se que os valores mínimo e máximo de h_{fe} foram dados como 100 e 400, então, pode ver que h_{fe} terá uma variação muito alta numa produção em massa. Vale a pena lembrar também que h_{fe} varia com a temperatura.

Dê uma olhada no gráfico denominado Input Impedance (Impedância de Entrada) na folha de dados do 2N3904. Observe como h_{ie} diminui de aproximadamente 20 kΩ para 500 Ω quando a corrente no coletor aumenta de 0,1 mA para 10 mA. A Equação (8-13) informa como calcular r'_e. Ou seja, dividir h_{ie}, por h_{fe} para obter r'_e. Vamos tentar. Se você ler o valor de h_{fe} e h_{ie} para uma corrente no coletor de 1 mA nos gráficos na folha de dados, obterá os seguintes valores aproximados: h_{fe} = 125 e h_{ie}, = 3,6 kΩ. Com a Equação (8-13):

$$r'_e = \frac{3,6 \text{ k}\Omega}{125} = 28,8 \text{ }\Omega$$

O valor ideal de r'_e é:

$$r'_e = \frac{25 \text{ mV}}{1 \text{ mA}} = 25 \text{ }\Omega$$

8-9 Ganho de tensão

A Figura 8-24a mostra um amplificador com polarização por divisor de tensão (PDT). O **ganho de tensão** foi definido como a tensão CA de saída dividida pela tensão CA de entrada. Com essa definição, podemos derivar outra equação para o ganho de tensão que é útil na verificação de defeitos.

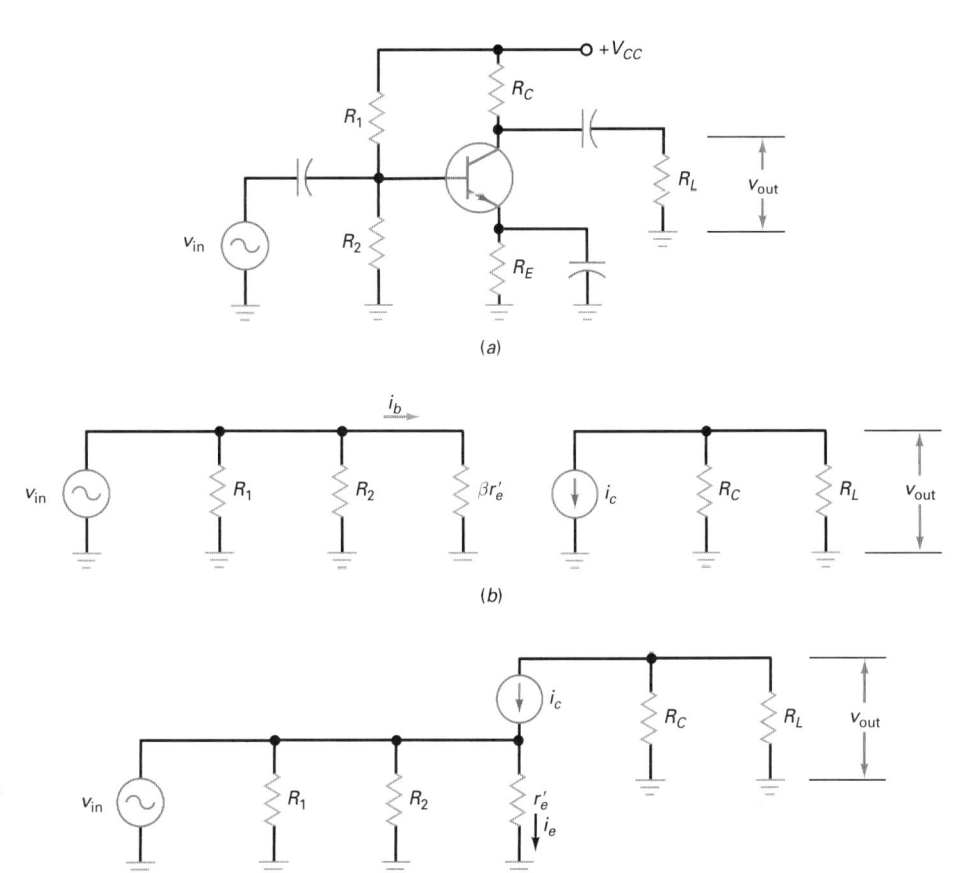

Figura 8-24 (a) Amplificador EC; (b) circuito equivalente CA com modelo π; (c) circuito equivalente CA com modelo T.

Derivada para o modelo π

A Figura 8-24b mostra o circuito equivalente causando o modelo π do transistor. A corrente CA na base i_b circula pela impedância de entrada da base ($\beta r_e'$). Com a lei de Ohm, podemos escrever:

$$v_{in} = i_b \beta r_e'$$

No circuito coletor, a fonte de corrente força uma corrente i_c a circular por uma conexão R_C em paralelo com R_L. Portanto, a tensão de saída CA é igual à:

$$v_{out} = i_c(R_C \parallel R_L) = \beta i_b(R_C \parallel R_L)$$

Agora podemos dividir v_{out} pela v_{in} para obter:

$$A_V = \frac{v_{out}}{v_{in}} = \frac{\beta i_b(R_C \parallel R_L)}{i_b \beta r_e'}$$

que pode ser simplificada para:

$$A_V = \frac{(R_C \parallel R_L)}{r_e'} \tag{8-14}$$

Resistência CA do coletor

Na Figura 8-24b, a resistência CA total da carga vista pelo coletor é a combinação em paralelo de R_C e R_L. Esta resistência total é chamada de **resistência CA do coletor**, simbolizada por r_c. Como definição:

$$r_c = R_C \parallel R_L \tag{8-15}$$

Agora podemos reescrever a Equação (8-14) como:

$$A_V = \frac{r_c}{r_e'} \tag{8-16}$$

Ou seja: o ganho de tensão é igual à resistência CA do coletor dividida pela resistência CA do diodo emissor.

Fórmula derivada para o modelo T

Os dois modelos equivalentes para o transistor dão o mesmo resultado. Mais tarde utilizaremos o modelo T quando analisarmos amplificadores diferenciais. Para praticarmos vamos derivar uma equação para o ganho de tensão utilizando o modelo T.

A Figura 8-24c mostra o circuito equivalente CA utilizando o modelo T para o transistor. A tensão de entrada v_{in} aparece em r_e'. Com a lei de Ohm podemos escrever:

$$v_{in} = i_e r_e'$$

No circuito do coletor, a fonte de corrente força a corrente CA i_c a circular pela resistência do coletor. Portanto, a tensão CA na saída é igual a:

$$v_{out} = i_c r_c$$

Agora podemos dividir v_{out} por v_{in} para obter:

$$A_V = \frac{v_{out}}{v_{in}} = \frac{i_c r_c}{i_e r_e'}$$

Como $i_c \approx i_e$, podemos simplificar a equação para obter:

$$A_V = \frac{r_c}{r_e'}$$

Essa equação é a mesma derivada do modelo π. Ela se aplica a todos os amplificadores EC, pois todos possuem uma resistência CA do coletor r_c e uma resistência CA do diodo emissor r_e'.

É ÚTIL SABER

O ganho de corrente A_i de um amplificador em emissor comum é igual à razão da corrente de saída i_{out} para a corrente de entrada i_{in}. A corrente de saída, contudo, não é i_c, como você está pensando. A corrente de saída i_{out} é a corrente que circula na carga, R_L. A equação para A_i é derivada como se segue:

$$A_i = \frac{V_{out}/R_L}{V_{in}/Z_{in}}$$

ou

$A_i = V_{out}/V_{in} \times Z_{in}/R_L$
Como $A_v = V_{out}/V_{in}$, então A_i pode ser escrita como
$A_i = A_v \times Z_{in}/R_L$.

Exemplo 8-7

Qual é o ganho de tensão na Figura 8-25a? E a tensão de saída no resistor de carga?

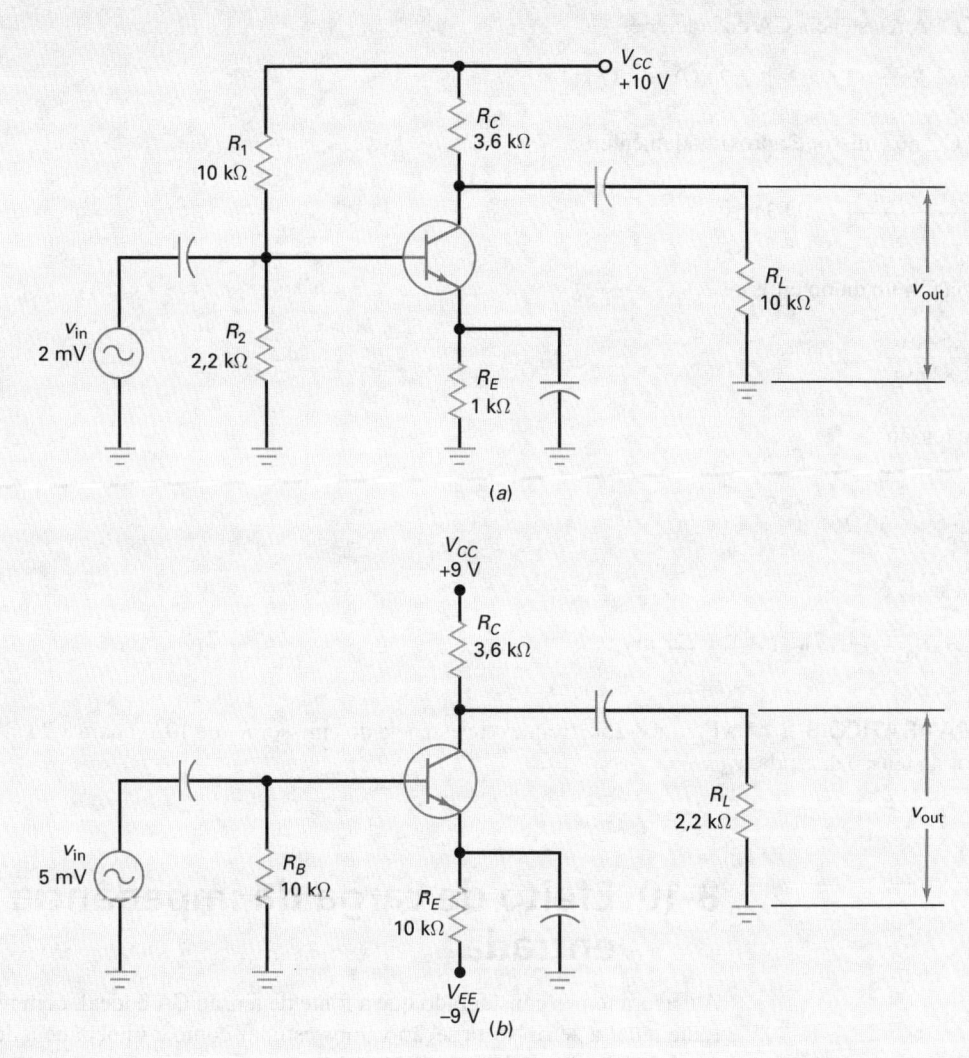

Figura 8-25 (a) Exemplo de amplificador PDT; (b) exemplo de amplificador PEFD.

SOLUÇÃO A resistência CA do coletor é:

$$r_c = R_C \parallel R_L (3,6 \text{ k}\Omega \parallel 10 \text{ k}\Omega) = 2,65 \text{ k}\Omega$$

No Exemplo 8-2, calculamos um valor de r'_e de 22,7 Ω, de modo que, o ganho de tensão é:

$$A_V = \frac{r_c}{r'_e} = \frac{2,65 \text{ k}\Omega}{22,7 \Omega} = 117$$

A tensão de saída é:

$$v_{\text{out}} = A_V v_{\text{in}} = (117)(2 \text{ mV}) = 234 \text{ mV}$$

PROBLEMA PRÁTICO 8-7 Utilizando a Figura 8-25a, mude o valor de R_L para 6,8 kΩ e calcule A_V.

Exemplo 8-8

Qual é o ganho de tensão na Figura 8-25b? E a tensão no resistor de carga?

SOLUÇÃO A resistência CA do coletor é:

$$r_c = R_C \parallel R_L = (3,6 \text{ k}\Omega \parallel 2,2 \text{ k}\Omega) = 1,37 \text{ k}\Omega$$

A corrente CC no emissor é aproximadamente:

$$I_E = \frac{9 \text{ V} - 0,7 \text{ V}}{10 \text{ k}\Omega} = 0,83 \text{ mA}$$

A resistência CA no diodo emissor é:

$$r'_e = \frac{25 \text{ mA}}{0,83 \text{ mA}} = 30 \text{ }\Omega$$

O ganho de tensão é:

$$A_V = \frac{r_c}{r'_e} = \frac{1,37 \text{ k}\Omega}{30 \text{ }\Omega} = 45,7$$

A tensão na saída é:

$$v_{\text{out}} = A_V v_{\text{in}} = (45,7)(5 \text{ mV}) = 228 \text{ mV}$$

PROBLEMA PRÁTICO 8-8 Na Figura 8-25b, troque o resistência do emissor R_E de 10 kΩ para 8,2 kΩ e calcule o novo valor da tensão de saída, v_{out}.

8-10 Efeito de carga da impedância de entrada

Até agora temos considerado que a fonte de tensão CA é ideal, com resistência da fonte igual a zero. Nesta seção vamos estudar como a impedância de entrada de um amplificador pode ser considerada uma carga para a fonte CA, isto é, reduzir a fonte CA que chega até o diodo emissor.

Impedância de entrada

Na Figura 8-26a, uma fonte de tensão CA v_g tem uma resistência interna de R_G. (O subscrito g representa o "gerador", um sinônimo para a *fonte*.) Quando o gerador CA não é estável, há uma queda de tensão CA da fonte em sua resistência interna. Isso implica que a tensão CA da fonte entre a base e o terra é menor que a ideal.

O gerador CA tem que alimentar impedância de entrada do estágio $z_{\text{in(estágio)}}$. Essa impedância de entrada inclui os efeitos dos resistores de polarização R_1 e R_2, em paralelo com a impedância de entrada da base $z_{\text{in(base)}}$. A Figura 8-26b mostra esta ideia. A impedância de entrada do estágio é igual à:

$$z_{\text{in(estágio)}} R_1 \parallel R_2 \parallel \beta r'_e$$

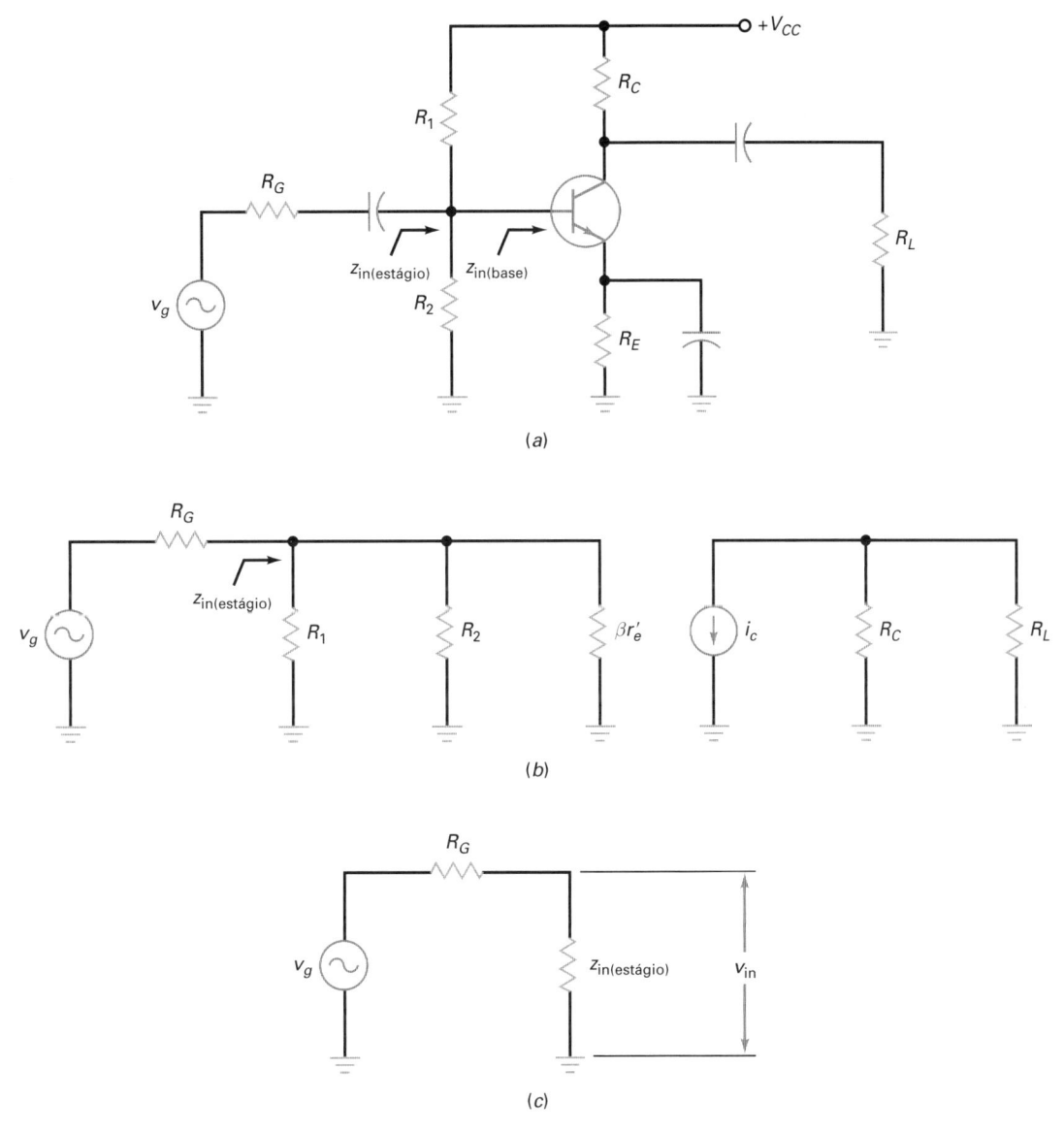

Figura 8-26 Amplificador EC. (a) Circuito; (b) circuito equivalente CA; (c) efeito da impedância de entrada.

Equação para a tensão de entrada

Quando o gerador não for estável, a tensão de entrada CA v_{in} na Figura 8-26c é menor que v_g. Com o teorema do divisor de tensão, podemos escrever:

$$v_{in} = \frac{z_{in(estágio)}}{R_G + z_{in(estágio)}} v_g \tag{8-17}$$

Essa equação é válida para qualquer amplificador. Após calcular ou estimar a impedância de entrada, você pode determinar o valor da tensão de entrada. Observação: O gerador é estável quando R_G for menor que $0{,}01 z_{in(estágio)}$.

Exemplo 8-9

Na Figura 8-27, o gerador CA tem uma resistência interna de 600 Ω. Qual é a tensão de saída na Figura 8-27 se $\beta = 300$?

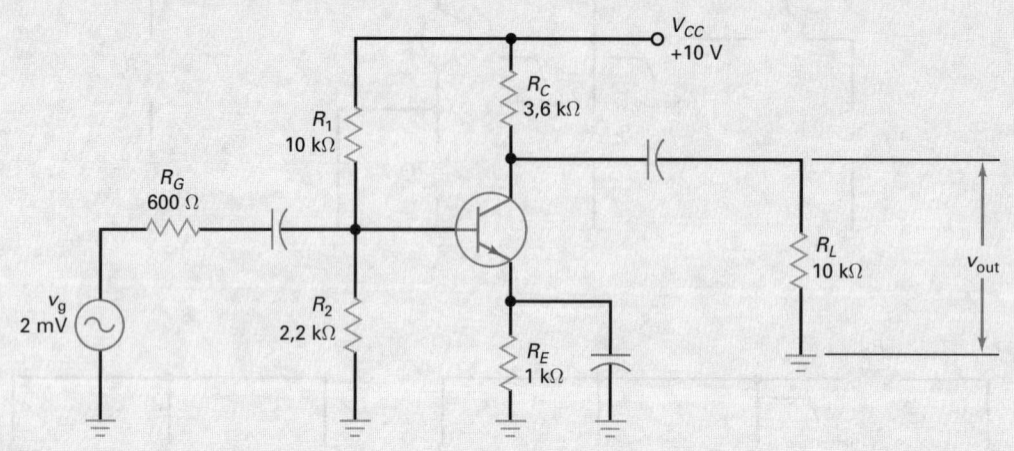

Figura 8-27 Exemplo.

SOLUÇÃO Aqui temos os dois valores calculados nos exemplos anteriores: $r'_e = 22,7\ \Omega$ e $A_V = 117$. Usaremos esses valores na solução do problema.

Quando $\beta = 300$, a impedância de entrada da base é:

$$z_{in(base)} = (300)(22,7\ \Omega) = 6,8\ k\Omega$$

A impedância de entrada do estágio é:

$$z_{in(base)} = 10\ k\Omega \parallel 2,2\ k\Omega \parallel 6,8\ k\Omega = 1,42\ k\Omega$$

Com a Equação 8-17, podemos calcular a tensão de entrada:

$$v_{in} = \frac{1,42\ \Omega}{600\ \Omega + 1,42\ \Omega} 2\ mV = 1,41\ mV$$

Essa é a tensão CA que aparece na base do transistor, equivalente ao valor da tensão no diodo emissor. A tensão amplificada na saída é igual a:

$$v_{out} = A_v v_{in} = (117)(1,41\ mV) = 165\ mV$$

PROBLEMA PRÁTICO 8-9 Troque o valor de R_G na Figura 8-27 para 50 Ω e calcule o novo valor da tensão amplificada na saída.

Exemplo 8-10

Repita o exemplo anterior para $\beta = 50$.

SOLUÇÃO Quando $\beta = 50$, a impedância de entrada da base diminui para:

$$z_{in(base)} = (50)(22,7\ \Omega) = 1,14\ k\Omega$$

A impedância de entrada do estágio diminui para:

$$z_{in(estágio)} = 10\ k\Omega \parallel 2,2\ k\Omega \parallel 1,14\ k\Omega = 698\ k\Omega$$

Com a Equação 8-27, podemos calcular a tensão de entrada:

$$v_{in} = \frac{698\ \Omega}{600\ \Omega + 698\ \Omega} 2\ mV = 1,08\ mV$$

A tensão na saída é igual a:

$$v_{out} = A_v v_{in} = (117)(1{,}08 \text{ mV}) = 126 \text{ mV}$$

Este exemplo mostra como o ganho de corrente CA do transistor pode mudar a tensão na saída. Quando β diminui, a impedância de entrada da base diminui, a impedância de entrada do estágio diminui, a tensão na entrada diminui e a tensão na saída diminui.

PROBLEMA PRÁTICO 8-10 Usando a Figura 8-27, mude o valor de β para 400 e calcule a tensão na saída.

8-11 Amplificador com realimentação parcial

O ganho de tensão de um amplificador EC varia com a corrente quiescente, temperatura e com a substituição do transistor, pois estes valores mudam r'_e e β.

Realimentação CA do emissor

Um modo de estabilizar o ganho de tensão é deixar parte da resistência do emissor sem desvio, como mostra a Figura 8-28a, produzindo uma **realimentação CA do emissor**. Quando a corrente CA do emissor circula pela resistência CA do emissor r_e sem o desvio, surge uma tensão CA em r_e. Isso produz uma *realimentação negativa* (descrita no Capítulo 8). A tensão CA em r_e se opõe à variação no ganho de tensão. A resistência r_e sem o desvio é chamada de **resistor de realimentação**, pois a tensão CA que surge entre seus terminais é oposta às variações no ganho de tensão.

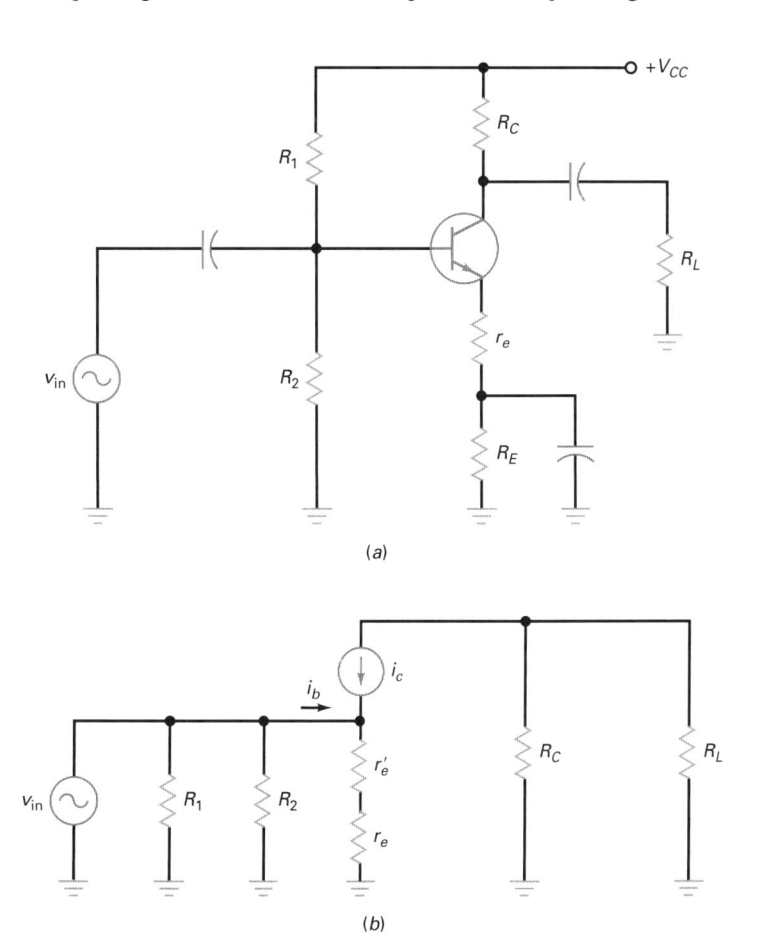

Figura 8-28 (a) Amplificador com realimentação parcial; (b) circuito equivalente CA.

Por exemplo, suponha que a corrente CA do coletor aumente por causa de um aumento na temperatura. Isso produzirá um aumento na tensão de saída, mas também produzirá um aumento na tensão CA em r_e. Como v_{be} é a diferença entre v_{in} e v_e, um aumento em v_e diminuirá v_{be}. Isso diminui a corrente CA no coletor. Como isso é oposto à variação original na corrente do coletor, temos uma realimentação negativa.

Ganho de tensão

A Figura 8-28b mostra o circuito equivalente CA com o modelo T para o transistor. Claramente, a corrente CA do emissor deve circular por r'_e e r_e. Com a lei de Ohm podemos escrever:

$$v_{in} = i_e(r_e + r'_e) = v_b$$

No circuito do coletor, a fonte de corrente força uma corrente CA i_c através da resistência do coletor. Portanto, a tensão CA na saída é igual a:

$$v_{out} = i_c r_c$$

Agora podemos dividir v_{out} por v_{in} para obter:

$$A_V = \frac{v_{out}}{v_{in}} = \frac{i_c r_c}{i_e(r_e + r'_e)} = \frac{v_c}{v_b}$$

Como $i_c \approx i_e$, podemos simplificar a equação para obter:

$$A_V = \frac{r_c}{r_e + r'_e} \tag{8-18}$$

Quando r_e for muito maior que r'_e, a equação anterior simplifica-se para:

$$A_V = \frac{r_c}{r_e} \tag{8-19}$$

Essa equação informa que o ganho de tensão é igual à resistência CA do coletor dividida pela resistência de realimentação. Como r'_e não aparece mais na equação do ganho de tensão, ele já não tem mais efeito sobre o ganho de tensão.

O que acabamos de explicar é um exemplo de **realimentação parcial**, ou seja, tomar uma grandeza muito maior que a segunda para eliminar as variações na segunda. Na Equação (8-18), um valor maior de r_e encobre as variações em r'_e. O resultado é um ganho de tensão estável, que não varia com a variação da temperatura ou com a substituição do transistor.

Impedância de entrada da base

A realimentação negativa não só estabiliza o ganho de tensão, mas também aumenta a impedância de entrada da base. Na Figura 8-28b, a impedância de entrada da base é:

$$z_{in(base)} = \frac{v_{in}}{i_b}$$

Aplicando a lei de Ohm no diodo emissor da Figura 8-28b, podemos escrever:

$$v_{in} = i_e(r_e + r'_e)$$

Substitua essa equação pela anterior para obter:

$$z_{in(base)} = \frac{v_{in}}{i_b} = \frac{i_e(r_e + r'_e)}{i_b}$$

Como $i_e \approx i_c$, a equação anterior torna-se:

$$z_{in(base)} = \beta(r_e + r'_e) \tag{8-20}$$

Em um **amplificador com realimentação parcial**, isto fica simplificado para:

$$z_{in(base)} = \beta r_e \tag{8-21}$$

Essa equação informa que a impedância de entrada da base é igual ao ganho de corrente multiplicado pela resistência de realimentação.

Menos distorção com grandes sinais

A não linearidade na curva do diodo emissor é a causa de uma grande distorção no sinal. Quando realimentamos parcialmente o diodo emissor, reduzimos o efeito que ele tem no ganho de tensão. Por sua vez, isso reduz a distorção que ocorre na operação em grande sinal.

Entenda desta forma: sem o resistor de realimentação o ganho de tensão é:

$$A_V = \frac{r_c}{r'_e}$$

Como r'_e é sensível à corrente, seu valor muda quando um grande sinal está presente. Isso quer dizer que o ganho de tensão muda durante o ciclo de um grande sinal. Em outras palavras, variações em r'_e é a causa da distorção com grandes sinais.

Com o resistor de realimentação, porém, o ganho de tensão com realimentação parcial é:

$$A_V = \frac{r_c}{r_e}$$

Como r'_e não está mais presente, a distorção em grandes sinais é eliminada. Um amplificador com realimentação parcial tem, portanto, três vantagens: ele estabiliza o ganho de tensão, aumenta a impedância de entrada da base e reduz a distorção em grandes sinais.

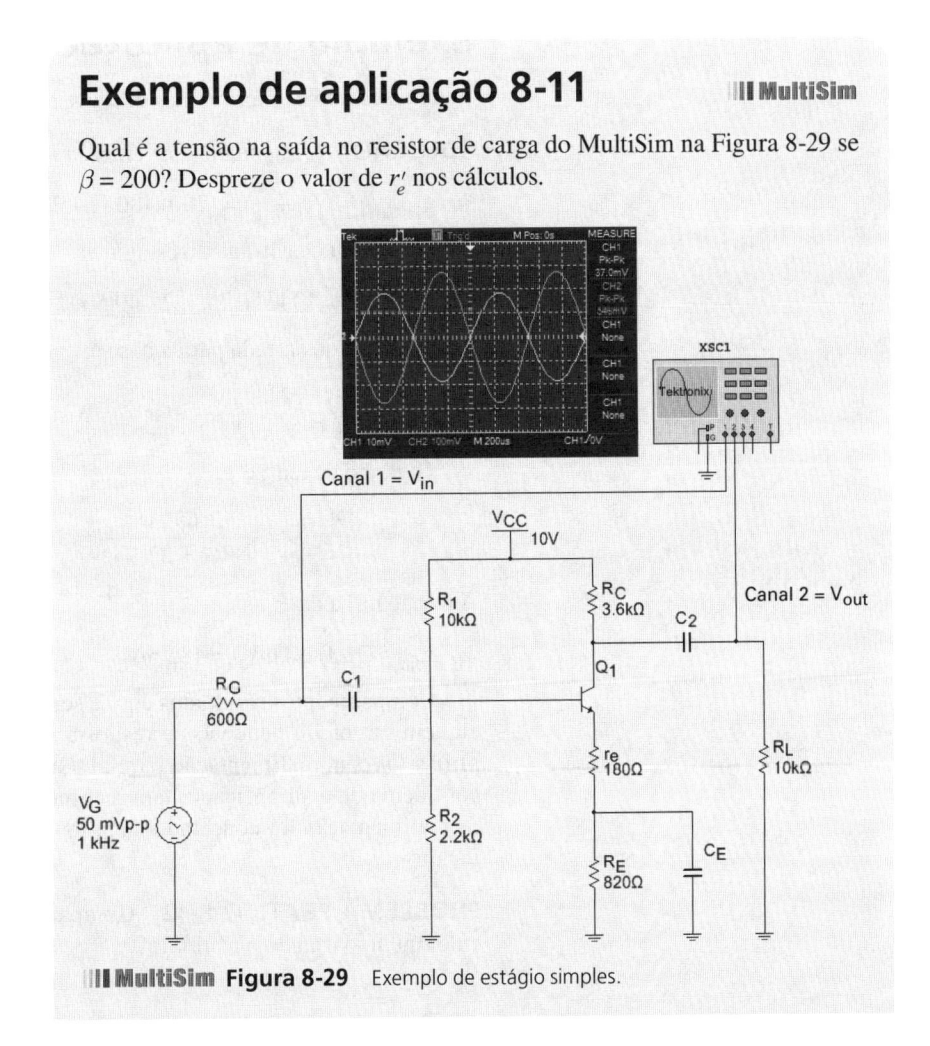

Exemplo de aplicação 8-11 ||| MultiSim

Qual é a tensão na saída no resistor de carga do MultiSim na Figura 8-29 se $\beta = 200$? Despreze o valor de r'_e nos cálculos.

||| MultiSim **Figura 8-29** Exemplo de estágio simples.

SOLUÇÃO A impedância de entrada da base é:

$$z_{in(base)} = \beta(r_e) = (200)(180\,\beta) = 36\text{ k}\Omega$$

A impedância de entrada do estágio é:

$$z_{in(estágio)} = 10\text{ k}\Omega \parallel 2{,}2\text{ k}\Omega \parallel 36\text{ k}\Omega = 1{,}71\text{ k}\Omega$$

A tensão CA de entrada para a base é:

$$v_{in} = \frac{1{,}71\text{ k}\Omega}{600\,\Omega + 1{,}71\text{ k}\Omega}\,50\text{ mV} = 37\text{ mV}$$

O ganho de tensão é:

$$A_V = \frac{r_c}{r_e} = \frac{2{,}65\text{ k}\Omega}{180\,\Omega} = 14{,}7$$

A tensão na saída é:

$$v_{out} = (14{,}7)(37\text{ mV}) = 544\text{ mV}$$

PROBLEMA PRÁTICO 8-11 Usando a Figura 8-29, mude o valor de β para 300 e calcule a tensão de saída na carga de 10 kΩ.

Exemplo de aplicação 8-12

Repita o exemplo anterior, mas desta vez inclua r'_e nos cálculos.

SOLUÇÃO A impedância de entrada da base é:

$$z_{in(base)} = \beta(r_e + r'_e) = (200)(180\,\Omega + 22{,}7\,\Omega) = 40{,}5\text{ k}\Omega$$

A impedância de entrada do estágio é:

$$z_{in(estágio)} = 10\text{ k}\Omega \parallel 2{,}2\text{ k}\Omega \parallel 40{,}5\text{ k}\Omega = 1{,}72\text{ k}\Omega$$

A tensão CA de entrada para a base é:

$$v_{in} = \frac{1{,}72\text{ k}\Omega}{600\,\Omega + 1{,}72\text{ k}\Omega}\,50\text{ mV} = 37\text{ mV}$$

O ganho de tensão é:

$$A_V = \frac{r_c}{r_e + r'_e} = \frac{2{,}65\text{ k}\Omega}{180\,\Omega + 22{,}7\,\Omega} = 13{,}1$$

A tensão na saída é

$$v_{out} = (13{,}1)(37\text{ mV}) = 485\text{ mV}$$

Comparando os resultados com e sem r'_e nos cálculos, podemos ver que ela tem um efeito pequeno na resposta final. Isso é esperado em um amplificador com realimentação parcial. Quando estiver verificando defeitos, considere que o amplificador tem realimentação parcial quando um resistor de realimentação for conectado no emissor. Se desejar maior precisão pode incluir r'_e.

PROBLEMA PRÁTICO 8-12 Compare o valor de v_{out} calculado com o valor medido usando o MultiSim.

8-12 Análise de defeito

Quando um amplificador com um estágio simples ou dois estágios não funcionar, a análise de defeito pode começar pela medição das tensões CC, inclusive das fontes de alimentação CC. Essas tensões são mentalmente estimadas conforme estudado anteriormente e depois as tensões podem ser medidas para verificar se estão aproximadamente corretas. Se as tensões CC forem muito diferentes dos valores estimados, os defeitos possíveis podem ser resistores abertos (queimados), resistores em curto (pontes de solda entre eles), fiação incorreta, capacitores em curto e transistores com defeito. Um curto em um capacitor de acoplamento ou de desvio mudará o circuito equivalente CC, o que implica tensões CC completamente diferentes.

Se todas as medições de tensões CC estiverem OK, a análise de defeito continua, considerando o que pode estar errado no circuito equivalente CA. Se houver um gerador de tensão, mas não existir uma tensão CA na base, algo pode estar aberto entre o gerador e a base. Pode ser um fio não conectado, ou talvez o capacitor de acoplamento de entrada esteja aberto. De modo similar, se não existir uma tensão final na saída mas se houver tensão CA no coletor, o capacitor de acoplamento da saída pode estar aberto ou uma conexão pode ter sido desfeita.

Normalmente, não há tensão CA entre o emissor e o terra quando o emissor está aterrado para CA. Quando um amplificador não está funcionando adequadamente, uma das verificações que o técnico em manutenção deve fazer com um osciloscópio é a tensão no emissor. Se não houver nenhuma tensão CA no capacitor de desvio do emissor, significa que o capacitor de desvio não está funcionando.

Por exemplo, um capacitor de desvio aberto indica que o emissor já não está mais aterrado para CA. Por isso, a corrente CA no emissor circula por R_E em vez de circular pelo capacitor de desvio. Isso produz uma tensão CA no emissor que você pode ver em um osciloscópio. Logo, se você vir uma tensão CA no emissor comparável em amplitude com a tensão CA da base, verifique o capacitor de desvio do emissor. Ele pode estar com defeito ou pode estar mal conectado.

Nas condições normais, a linha de alimentação é um ponto de terra para CA por causa do capacitor de filtro da fonte de alimentação. Se o capacitor de filtro estiver com defeito, a ondulação aumenta muito. A ondulação indesejada chega à base pelo divisor de tensão. Então ele é amplificado como se fosse o sinal do gerador. Essa ondulação amplificada produzirá um zumbido de 60 Hz ou 120 Hz quando o amplificador for conectado a um alto-falante. Logo, se você ouvir um zumbido excessivo vindo do alto-falante, uma das primeiras suspeitas é o capacitor de filtro da fonte de alimentação que deve estar aberto.

Exemplo 8-13

No amplificador EC na Figura 8-30 a tensão CA na carga é zero. Se a tensão CC no coletor for de 6 V e a tensão CA no coletor for de 70 mV, qual é o defeito?

SOLUÇÃO Como as tensões CC e CA estão normais, existem apenas dois componentes que podem estar com defeito: C_2 ou R_L. Se você fizer quatro perguntas do tipo, o que ocorre se, sobre estes componentes, poderá localizar o defeito. As quatro perguntas são:

O que ocorre se C_2 estiver em curto?
O que ocorre se C_2 estiver aberto?
O que ocorre se R_L estiver em curto?
O que ocorre se R_L estiver aberto?

As respostas são:

Com C_2 em curto, a tensão *CC* no coletor diminui significativamente.

Com C_2 aberto, não há caminho para CA, mas as tensões CC e CA não mudam no coletor.

Com R_L em curto, não há tensão CA no coletor.

Com R_L aberto, a tensão CA no coletor aumenta significativamente.

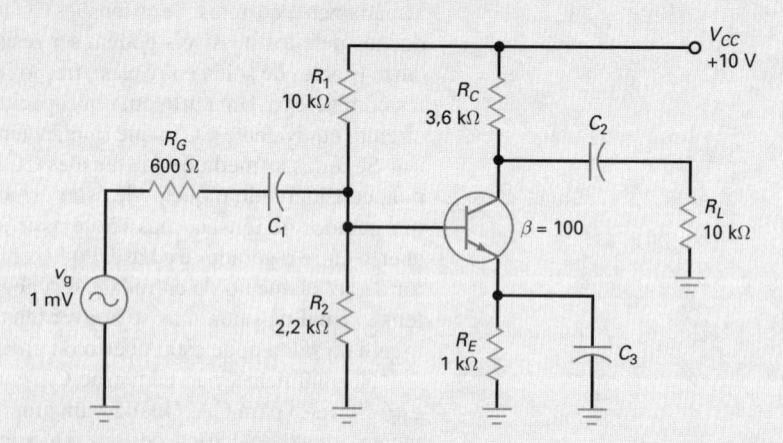

Figura 8-30 Exemplo para análise de defeito.

O defeito é o capacitor C_2 aberto. Ao iniciar a verificação de defeitos, você pode fazer a pergunta a si mesmo "o que ocorre se" para ajudar a isolar o defeito. Depois que você ganhar experiência, o processo torna-se automático. Um técnico experiente em manutenção deve encontrar esse defeito quase instantaneamente.

Exemplo 8-14

O amplificador EC na Figura 8-30 tem uma tensão CA no emissor de 0,75 mV e uma tensão CA no coletor de 2 mV. Qual é o problema?

SOLUÇÃO Como a manutenção é uma arte, faça a pergunta "o que ocorre se" de modo que ela tenha sentido para você e que o ajude a encontrar o defeito. Se você ainda não descobriu o defeito, comece com uma pergunta para cada componente e veja se pode localizar o defeito. Depois, leia o que vem a seguir.

Não importa que componente você tenha escolhido, suas perguntas não produzirão as indicações dadas aqui até que você chegue às seguintes questões:

O que ocorre se C_3 estiver em curto?
O que ocorre se C_3 estiver aberto?

O capacitor C_3 em curto não pode produzir o sintoma descrito, mas o capacitor C_3 aberto pode. Por quê? Porque com C_3 aberto, a impedância de entrada da base é muito maior e a tensão CA na base aumenta de 0,625 mV para 0,75 mV. Como o emissor não é mais um terra para CA, essa tensão de 0,75 mV aparece quase totalmente no emissor. Como o amplificador tem um ganho de tensão com realimentação parcial de 2,65, a tensão CA no coletor é de aproximadamente 2 mV.

PROBLEMA PRÁTICO 8-14 No amplificador EC na Figura 8-30, o que ocorreria com as tensões CC e CA do transistor se o diodo do transistor BE estiver aberto?

Resumo

SEÇÃO 8-1 AMPLIFICADOR COM POLARIZAÇÃO DA BASE

Um acoplamento bem projetado ocorre quando a reatância do capacitor de acoplamento é muito menor que a resistência na menor frequência da fonte CA. Em um amplificador com polarização da base, o sinal de entrada é acoplado na base. Isso produz uma tensão CA no coletor. A tensão CA no coletor é amplificada e invertida e depois acoplada na resistência de carga.

SEÇÃO 8-2 AMPLIFICADOR COM POLARIZAÇÃO DO EMISSOR

Um capacitor de desvio bem projetado ocorre quando a reatância do capacitor é muito menor que a resistência na menor frequência da fonte CA. O ponto de desvio é um terra para CA. Nos dois amplificadores PDT ou PEFD, o sinal CA é acoplado na base. O sinal CA é amplificado e depois acoplado na resistência de carga.

SEÇÃO 8-3 OPERAÇÃO EM PEQUENO SINAL

A tensão CA na base tem uma componente CC e uma componente CA. Eles ajustam as componentes CC e CA na corrente no emissor. Uma forma de evitar uma distorção excessiva é fazer com que o amplificador opere em pequeno sinal. Isso quer dizer manter a corrente de pico a pico no emissor menor que um décimo da corrente no emissor.

SEÇÃO 8-4 BETA CA

O beta CA de um transistor é definido como a corrente CA no coletor dividida pela corrente CA na base. Os valores de beta CA geralmente diferem pouco dos valores de beta CC. Quando verificar defeitos, você pode usar o mesmo valor para os dois betas. Nas folhas de dados, h_{FE} é equivalente a β_{cc} e h_{fe} é equivalente a β.

SEÇÃO 8-5 RESISTÊNCIA CA DO DIODO EMISSOR

A tensão base-emissor de um transistor tem uma componente CC V_{BEQ} e uma componente CA v_{be}. A tensão CA base-emissor produz uma corrente CA no emissor de i_e. A resistência CA do diodo emissor é definida como v_{be} dividida por i_e. Com matemática podemos provar que a resistência CA do diodo emissor é igual à 25 mV dividido pela corrente CC do emissor.

SEÇÃO 8-6 DOIS MODELOS PARA TRANSISTOR

Assim que o sinal CA é aplicado, o transistor pode ser substituído por qualquer um dos dois circuitos equivalentes: modelo π ou modelo T. O modelo π indica que a impedância de entrada da base é $b\, r'_e$.

SEÇÃO 8-7 ANÁLISE DE UM AMPLIFICADOR

O modo mais simples de analisar um amplificador é dividir a análise em duas partes: uma análise CC e uma análise CA. Na análise CC, os capacitores são abertos. Na análise CA os capacitores são curto-circuitados e os pontos das fontes CC são aterrados para CA.

SEÇÃO 8-8 VALORES CA NAS FOLHAS DE DADOS

Os parâmetros h são usados nas folhas de dados por que eles são mais fáceis de serem medidos do que os parâmetros r'. Os parâmetros r' são mais fáceis de usar nas análises porque podemos usar a lei de Ohm e outras ideias básicas. Os valores mais importantes nas folhas de dados são h_{fe} e h_{ie}. Eles podem ser facilmente convertidos em b e r'_e.

SEÇÃO 8-9 GANHO DE TENSÃO

O ganho de tensão de um EC é igual à resistência CA do coletor dividida pela resistência CA do diodo emissor.

SEÇÃO 8-10 EFEITO DE CARGA DA IMPEDÂNCIA DE ENTRADA

A impedância de entrada do estágio inclui os resistores de polarização e a impedância de entrada da base. Quando a fonte não for estável comparada com esta impedância de entrada, a tensão de entrada é menor que a da fonte de alimentação.

SEÇÃO 8-11 AMPLIFICADOR COM REALIMENTAÇÃO PARCIAL

Deixando uma parte da resistência do emissor sem o capacitor de desvio, obtemos uma realimentação negativa. Isso estabiliza o ganho de tensão, aumenta a impedância de entrada e reduz a distorção em grande sinal.

SEÇÃO 8-12 ANÁLISE DE DEFEITO

Com amplificadores de um ou mais estágios, comece a verificação de defeitos com as medições CC. Se isso não for suficiente para isolar o defeito, continue com as medições CA até localizá-lo.

Definições

(8-1) Um bom acoplamento:

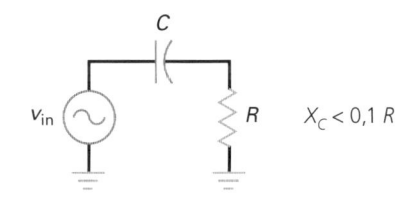

$X_C < 0{,}1\, R$

(8-2) Ganho de tensão:

$$A_V = \frac{V_{out}}{V_{in}}$$

(8-5) Um bom desvio:

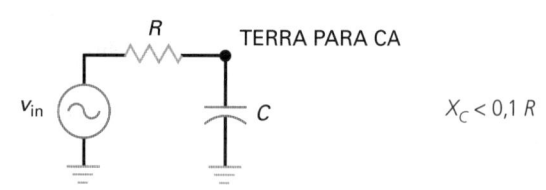

$X_C < 0{,}1\,R$

TERRA PARA CA

(8-6) Pequeno sinal:

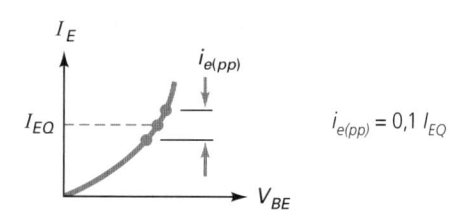

$i_{e(pp)} = 0{,}1\,I_{EQ}$

(8-7) Ganho de corrente CC:

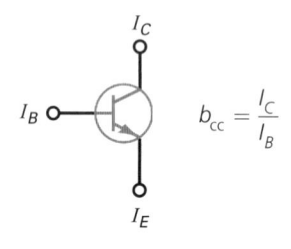

$b_{cc} = \dfrac{I_C}{I_B}$

(8-8) Ganho de corrente CA:

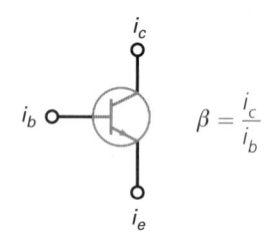

$\beta = \dfrac{i_c}{i_b}$

(8-9) Resistência CA:

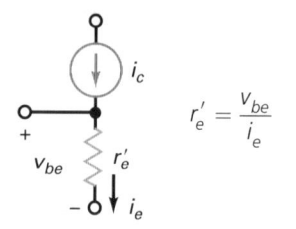

$r'_e = \dfrac{v_{be}}{i_e}$

(8-11) Impedância de entrada:

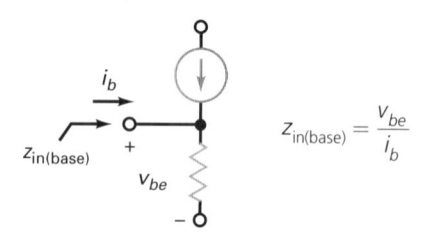

$z_{in(base)} = \dfrac{v_{be}}{i_b}$

(8-15) Resistência CA do coletor:

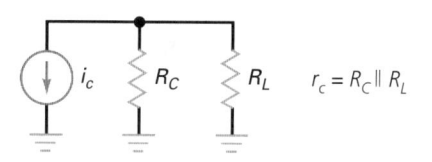

$r_c = R_C \parallel R_L$

Derivações

(8-3) Tensão de saída CA:

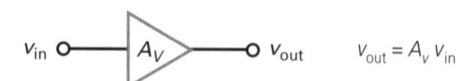

$v_{out} = A_v\, v_{in}$

(8-4) Tensão de entrada CA:

$v_{in} = \dfrac{v_{out}}{A_v}$

(8-10) Resistência CA:

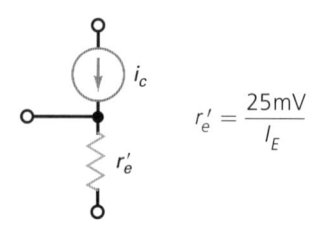

$r'_e = \dfrac{25\,mV}{I_E}$

(8-12) Impedância de entrada:

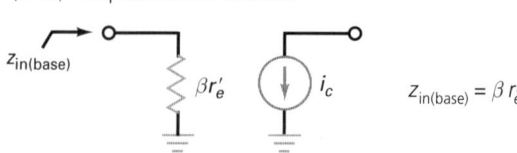

$z_{in(base)} = \beta\, r'_e$

(8-16) Ganho de tensão em EC:

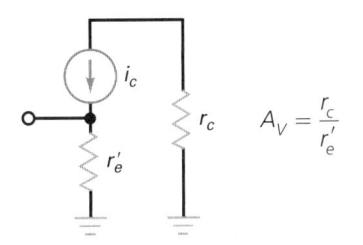

$$A_V = \frac{r_c}{r'_e}$$

(8-17) Efeito da carga:

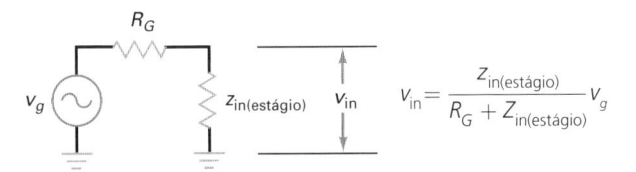

$$v_{in} = \frac{z_{in(estágio)}}{R_G + Z_{in(estágio)}} v_g$$

(8-18) Estágio simples com realimentação:

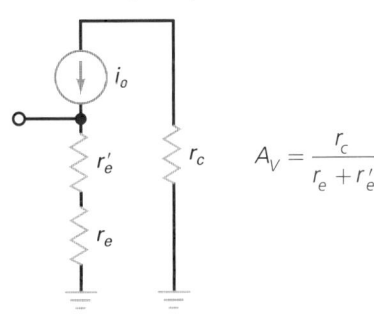

$$A_V = \frac{r_c}{r_e + r'_e}$$

(8-19) Amplificador com realimentação parcial:

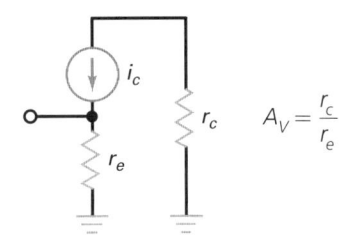

$$A_V = \frac{r_c}{r_e}$$

(8-20) Impedância de entrada:

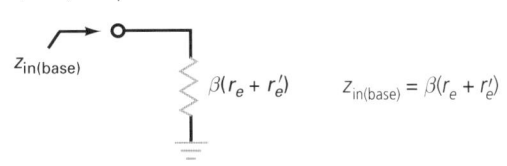

$$z_{in(base)} = \beta(r_e + r'_e)$$

(8-21) Impedância de entrada com realimentação parcial:

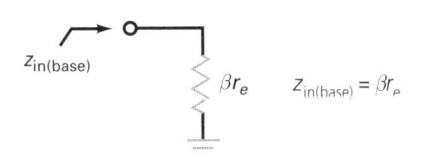

$$z_{in(base)} = \beta r_e$$

Exercícios

1. **A corrente num circuito de acoplamento em CC é**
   a. Zero
   b. Máxima
   c. Mínima
   d. Média

2. **A corrente num circuito de acoplamento em alta frequência é**
   a. Zero
   b. Máxima
   c. Mínima
   d. Média

3. **Um capacitor está**
   a. Em curto para CC
   b. Aberto para CA
   c. Aberto para CC e em curto para CA
   d. Em curto para CC e aberto para CA

4. **Num circuito com capacitor de desvio, um dos terminais está**
   a. Aberto
   b. Em curto
   c. Um terra para CA
   d. Um terra mecânico

5. **O capacitor que produz um terra CA é chamado de**
   a. Capacitor de desvio
   b. Capacitor de acoplamento
   c. Aberto para CC
   d. Aberto para CA

6. **Os capacitores de um amplificador em EC parecem estar**
   a. Abertos para CA
   b. Em curto para CC
   c. Abertos para a fonte de tensão
   d. Em curto para CA

7. **Reduzir todas as fontes CC a zero é um dos passos para obter**
   a. O circuito equivalente CC
   b. O circuito equivalente CA
   c. O circuito completo do amplificador
   d. O circuito de polarização por divisor de tensão

8. **O circuito equivalente CA é derivado do circuito original colocando-se em curto todos os**
   a. Resistores
   b. Capacitores
   c. Indutores
   d. Transistores

9. **Quando a tensão CA na base é muito alta, a corrente no emissor é**
   a. Senoidal
   b. Constante
   c. Distorcida
   d. Alternada

10. **Em um amplificador EC com um sinal alto na entrada, o semiciclo positivo da corrente CA no emissor é**
    a. Igual ao semiciclo negativo
    b. Menor que o semiciclo negativo
    c. Maior que o semiciclo negativo
    d. Igual ao semiciclo negativo

11. **A resistência equivalente CA é igual a 25 mV dividido pela**
    a. Corrente quiescente da base
    b. Corrente CC do emissor
    c. Corrente CA do emissor
    d. Variação da corrente no coletor

12. Para reduzir a distorção em um amplificador EC, reduza a
    a. Corrente CC do emissor
    b. Tensão base-emissor
    c. Corrente do coletor
    d. Tensão CA da base

13. Se a tensão CA no diodo emissor for de 1 mV e a corrente CA no emissor de 100 μA, a resistência CA do diodo emissor será de
    a. 1 Ω
    b. 10 Ω
    c. 100 Ω
    d. 1 kΩ

14. Um gráfico da corrente CA no emissor *versus* tensão CA na base-emissor se aplica
    a. Ao resistor
    b. Ao diodo emissor
    c. Ao diodo coletor
    d. À fonte de alimentação

15. A tensão de saída de um amplificador EC é
    a. Amplificada
    b. Invertida
    c. Defasada de 180° em relação à entrada
    d. Todas as respostas acima

16. O emissor de um amplificador EC não tem tensão CA por causa
    a. De sua tensão CC
    b. Do capacitor de desvio
    c. Do capacitor de acoplamento
    d. Do resistor de carga

17. A tensão no resistor de carga de amplificador EC com capacitor de acoplamento é
    a. CC e CA
    b. Apenas CC
    c. Apenas CA
    d. Nem CC nem CA

18. A corrente CA no coletor é aproximadamente igual à
    a. Corrente CA da base
    b. Corrente CA do emissor
    c. Corrente CA da fonte
    d. Corrente CA do capacitor de desvio

19. A corrente CA do emissor multiplicada pela resistência CA do emissor é igual à
    a. Tensão CC do emissor
    b. Tensão CA da base
    c. Tensão CA do coletor
    d. Tensão da fonte de alimentação

20. A corrente CA do coletor é igual à corrente da base multiplicada
    a. Pela resistência CA do coletor
    b. Pelo ganho de corrente CC
    c. Pelo ganho de corrente CA
    d. Pela tensão do gerador

21. Quando a resistência do emissor R_E dobra, a resistência CA do emissor
    a. Aumenta
    b. Diminui
    c. Permanece a mesma
    d. Não pode ser determinada

22. O emissor está aterrado para CA em um
    a. Estágio amplificador BC
    b. Estágio amplificador CC
    c. Estágio amplificador EC
    d. Nenhum desses

23. A tensão de saída de um estágio EC com capacitor de desvio no emissor é geralmente
    a. Constante
    b. Dependente de r'_e
    c. Baixa
    d. Menor que um

24. A impedância de entrada da base diminui quando
    a. β aumenta
    b. A fonte de alimentação aumenta
    c. β diminui
    d. A resistência CA do coletor aumenta

25. O ganho de tensão é diretamente proporcional a
    a. β
    b. r'_e
    c. Tensão CC do coletor
    d. Tensão CA do coletor

26. Comparada com a resistência CA do diodo emissor, a resistência de realimentação de um amplificador com realimentação parcial deve ser
    a. Menor   c. Maior
    b. Igual   d. Zero

27. Comparado com um estágio amplificador EC, um amplificador com realimentação parcial tem uma impedância de entrada
    a. Menor   c. Maior
    b. Igual   d. Zero

28. Para reduzir a distorção de um sinal amplificado, você pode aumentar
    a. A resistência do coletor
    b. A resistência de realimentação do emissor
    c. A resistência do gerador
    d. A resistência da carga

29. O emissor de um amplificador com realimentação parcial
    a. É aterrado
    b. Não tem tensão CC
    c. Tem tensão CA
    d. Não tem uma tensão CA

30. Um amplificador com realimentação parcial usa
    a. Polarização da base
    b. Realimentação positiva
    c. Realimentação negativa
    d. Um emissor aterrado

31. O resistor de realimentação
    a. Aumenta o ganho de tensão
    b. Reduz a distorção
    c. Diminui a resistência do coletor
    d. Diminuí a impedância de entrada

32. O resistor de realimentação
    a. Estabiliza o ganho de tensão
    b. Aumenta a distorção
    c. Aumenta a resistência do coletor
    d. Diminui a impedância de entrada

33. Se o capacitor de desvio do emissor abrir, a tensão CA na saída
    a. Diminuirá
    b. Aumentará
    c. Permanecerá a mesma
    d. Será igual a zero

34. Se a resistência de carga abrir, a tensão CA na saída
    a. Diminuirá
    b. Aumentará
    c. Permanecerá a mesma
    d. Será igual a zero

35. Se o capacitor de acoplamento de saída abrir, a tensão CA de entrada
    a. Diminuirá
    b. Aumentará
    c. Permanecerá a mesma
    d. Será igual a zero

36. Se o resistor do emissor abrir, a tensão CA na entrada da base
    a. Diminuirá
    b. Aumentará
    c. Permanecerá a mesma
    d. Será igual a zero

37. Se o resistor do coletor abrir, a tensão CA na entrada da base
    a. Diminuirá
    b. Aumentará
    c. Permanecerá o mesmo
    d. Será igual a zero

Problemas

SEÇÃO 8-1 AMPLIFICADOR COM POLARIZAÇÃO DA BASE

8-1 **|| MultiSim** Na Figura 8-31, Qual é o menor valor da frequência para que o capacitor de acoplamento funcione adequadamente?

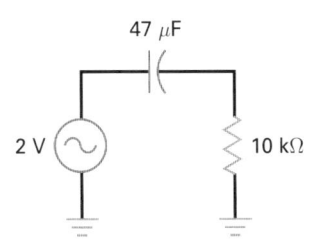

Figura 8-31

8-2 **|| MultiSim** Se a resistência da carga mudar para 1 kΩ na Figura 8-31, qual é o valor da menor frequência para que haja um bom acoplamento?

8-3 **|| MultiSim** Se o capacitor mudar para 100 μF na Figura 8-31, qual é o valor da menor frequência para que haja um bom acoplamento?

8-4 Se a menor frequência de entrada na Figura 8-31 for de 100 Hz, qual é o valor necessário de C para que exista um bom acoplamento?

SEÇÃO 8-2 AMPLIFICADOR COM POLARIZAÇÃO DO EMISSOR

8-5 Na Figura 8-32, qual é o menor valor da frequência para que o capacitor de desvio funcione adequadamente?

8-6 Se a resistência em série mudar para 10 kΩ na Figura 8-32, qual é o valor da menor frequência para que o capacitor de desvio funcione adequadamente?

8-7 Se o capacitor mudar para 47 μF na Figura 8-32, qual é o valor da menor frequência para que o capacitor de desvio funcione adequadamente?

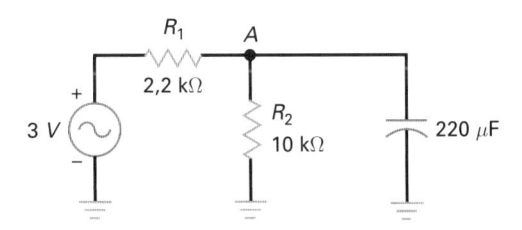

Figura 8-32

8-8 Se a menor frequência de entrada na Figura 8-32 for de 1 kHz, qual é o valor necessário de C para que exista um bom desvio?

SEÇÃO 8-3 OPERAÇÃO EM PEQUENO SINAL

8-9 Se quisermos uma operação em pequeno sinal na Figura 8-33, qual é o valor máximo permitido para a corrente CA do emissor?

8-10 O resistor do emissor na Figura 8-33 foi dobrado. Se quisermos uma operação em pequeno sinal na Figura 8-33, qual é o valor máximo permitido para a corrente CA do emissor?

SEÇÃO 8-4 BETA CA

8-11 Se uma corrente na base de 100 μA produzir uma corrente no coletor de 15 mA, qual é o valor de CA?

8-12 Se o valor de beta CA for de 200 e a corrente na base de 12,5 μA, qual é o valor da corrente CA no coletor?

8-13 Se a corrente no coletor for de 4 mA e beta CA for de 100, qual é o valor da corrente CA na base?

SEÇÃO 8-5 RESISTÊNCIA CA DO DIODO EMISSOR

8-14 **|| MultiSim** Qual é o valor da resistência CA do diodo emissor na Figura 8-33?

8-15 **|| MultiSim** Se a resistência do emissor na Figura 8-33 for dobrada, qual é o valor da resistência CA do diodo emissor?

SEÇÃO 8-6 DOIS MODELOS PARA TRANSISTOR

8-16 Qual é a impedância de entrada da base na Figura 8-33 se β = 200?

8-17 Se a resistência do emissor na Figura 8-33 for dobrada, qual é o valor da impedância de entrada da base com β = 200?

8-18 Se a resistência de 1,2 kΩ mudar para 680 Ω na Figura 8-33, qual é a impedância de entrada da base se β = 200?

SEÇÃO 8-7 ANÁLISE DE UM AMPLIFICADOR

8-19 **|| MultiSim** Desenhe o diagrama do circuito equivalente CA para a Figura 8-33 com β = 150.

8-20 Dobre todos os valores de resistências na Figura 8-33. Depois desenhe o circuito equivalente CA para um ganho de corrente de 300.

SEÇÃO 8-8 VALORES CA NAS FOLHAS DE DADOS

8-21 Quais são os valores mínimo e máximo listados em "Small-Signal Characteristics" na Figura 8-23 para o h_{fe} do 2N3903? Para que corrente no coletor esses valores são dados? Para que temperatura esses valores são dados?

8-22 Consulte a folha de dados de um 2N3904 para os seguintes valores. Qual é o valor típico de r'_e que você calcula dos parâ-

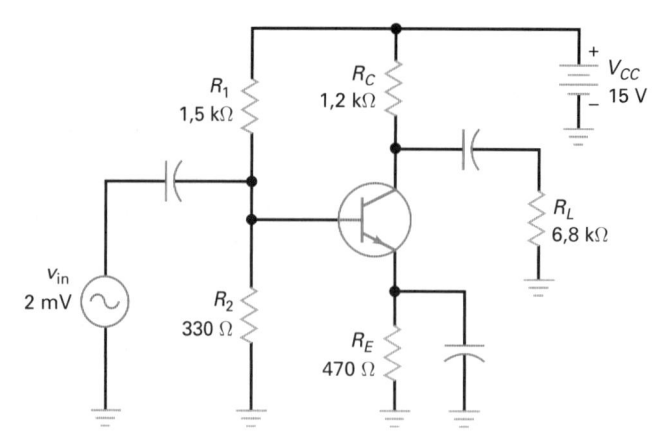

Figura 8-33

metros h se o transistor opera com uma corrente do coletor de 5 mA? Esse valor é maior ou menor que o valor ideal para r'_e calculado com 25 mV/I_E?

SEÇÃO 8-9 GANHO DE TENSÃO

8-23 |||MultiSim Se a resistência da fonte de tensão CA na Figura 8-34 dobrar de valor. Qual será o valor da tensão na saída?

8-24 |||MultiSim Se a resistência da carga for reduzida para a metade na Figura 8-34, qual será o valor do ganho de tensão na saída?

8-25 |||MultiSim A tensão de alimentação na Figura 8-34 aumenta para +15 V. Qual é a tensão na saída?

SEÇÃO 8-10 EFEITO DE CARGA DA IMPEDÂNCIA DE ENTRADA

8-26 |||MultiSim A tensão de alimentação na Figura 8-35 aumenta para +15 V. Qual é a tensão na saída?

8-27 |||MultiSim Se a resistência do emissor dobrar na Figura 8-35, qual será o valor da tensão na saída?

8-28 |||MultiSim Se a resistência do gerador na Figura 8-35 for reduzida pela metade, qual será o valor da tensão na saída?

SEÇÃO 8-11 AMPLIFICADOR COM REALIMENTAÇÃO PARCIAL

8-29 |||MultiSim Se a tensão do gerador na Figura 8-36 for reduzida à metade, qual será o valor da tensão de saída? Despreze r'_e.

8-30 |||MultiSim Se a resistência do gerador na Figura 8-36 for de 50 Ω, qual será a tensão na saída?

8-31 |||MultiSim A resistência da carga na Figura 8-36 é reduzida para 3,6 kΩ. Qual é o ganho de tensão?

8-32 |||MultiSim A tensão da fonte triplica na Figura 8-36. Qual é o ganho de tensão?

SEÇÃO 8-12 ANÁLISE DE DEFEITO

8-33 Na Figura 8-36, o capacitor de desvio do emissor está aberto no primeiro estágio. O que acontece com as tensões CC do primeiro estágio? E com a tensão CA de entrada do segundo estágio? E com a tensão de saída final?

8-34 Não há tensão CA na carga na Figura 8-36. A tensão CA na entrada do segundo estágio é de aproximadamente 20 mV. Cite alguns defeitos possíveis.

Raciocínio crítico

8-35 Suponha que alguém montou o circuito da Figura 8-31. Essa pessoa não pode entender por que uma tensão CC muito pequena está sendo medida no resistor de 10 kΩ quando a tensão da fonte é de 2 V com a frequência igual a zero. Você pode explicar o que está acontecendo?

8-36 Suponha que você esteja num laboratório testando o circuito da Figura 8-32. Quando você aumenta a frequência do gerador, a tensão no anodo A diminui até que ela se torna muito pequena para ser medida. Se você continua a aumentar a frequência, bem acima de 10 MHz, a tensão no anodo A começa a aumentar. Você pode explicar por que isso acontece?

8-37 Na Figura 8-33, a resistência equivalente de Thevenin vista pelo capacitor de desvio é de 30 Ω. Se o emissor está supostamente aterrado para CA sobre uma faixa de 20 Hz a 20 kHz, qual deve ser o valor do capacitor de desvio?

8-38 Todas as resistências foram dobradas na Figura 8-34. Qual é o ganho de tensão?

8-39 Se todas as resistências forem dobradas na Figura 8-35, qual é a tensão na saída?

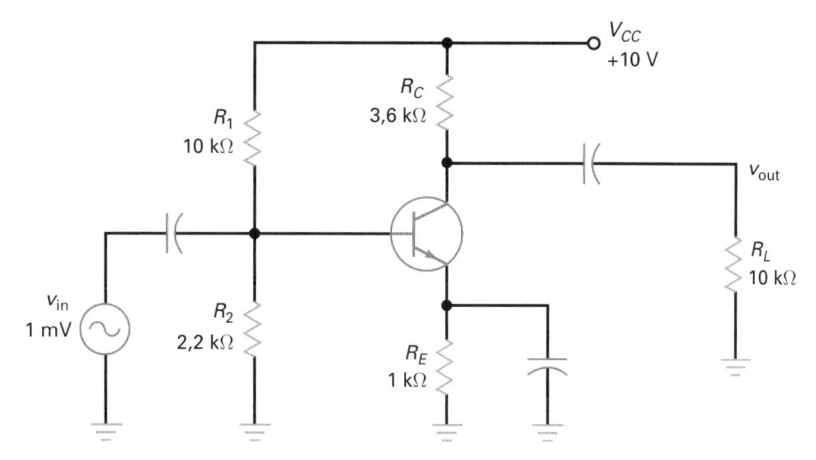

Figura 8-34

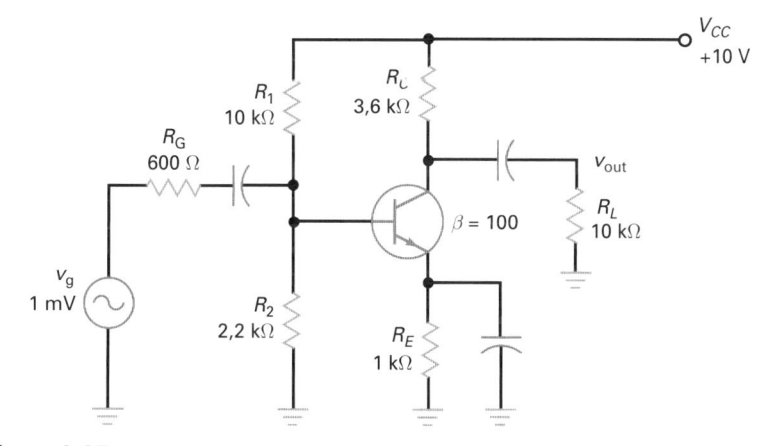

Figura 8-35

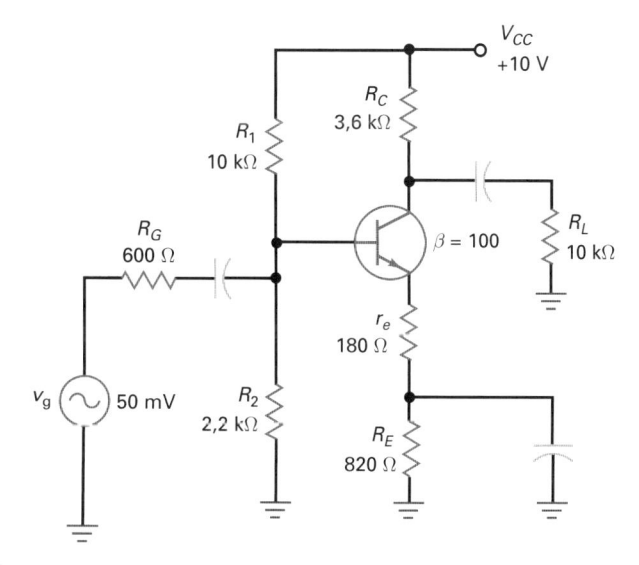

Figura 8-36

Análise de defeito

Consulte a Figura 8-37 para os seguintes problemas.
8-40 Localize os defeitos de 1 a 6.

8-41 Localize os defeitos de 7 a 12.

	V_B	V_E	V_C	v_b	v_e	v_c
OK	1,8	1,1	6	0,6 mV	0	73 mV
D 1	1,8	1,1	6	0	0	0
D 2	1,83	1,13	10	0,75 mV	0	0
D 3	1,1	0,4	10	0	0	0
D 4	0	0	10	0,8 mV	0	0
D 5	1,8	1,1	6	0,6 mV	0	98 mV
D 6	3,4	2,7	2,8	0	0	0
D 7	1,8	1,1	6	0,75 mV	0,75 mV	1,93 mV
D 8	1,1	0,4	0,5	0	0	0
D 9	0	0	0	0,75 mV	0	0
D 10	1,83	0	10	0,75 mV	0	0
D 11	2,1	2,1	2,1	0	0	0
D 12	1,8	1,1	6	0	0	0

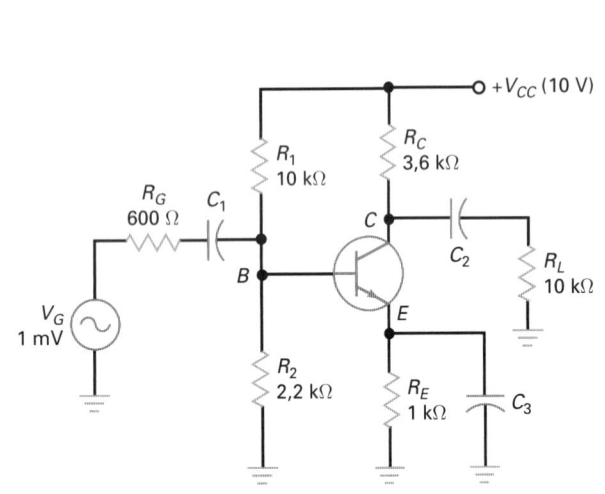

Figura 8-37 Análise de defeito.

Questões de entrevista

1. Por que usamos os capacitores de acoplamento e de desvio?
2. Desenhe um amplificador PDT com as formas de ondas. Depois explique as diferentes formas de ondas.
3. Explique o que significa *operação em pequeno sinal*. Faça desenhos para a sua explicação.
4. Por que é importante polarizar um transistor próximo do centro da reta de carga CA?
5. Faça uma comparação entre as semelhanças e diferenças dos capacitores de acoplamento e de desvio.
6. Desenhe um amplificador PDT. Agora explique como ele funciona. Inclua na sua explicação o ganho de tensão e a impedância de entrada.
7. Desenhe um amplificador com realimentação parcial. Qual é seu ganho de tensão e sua impedância de entrada? Por que ele estabiliza o ganho de tensão?
8. Quais são as três melhorias que a realimentação negativa apresenta em um amplificador?
9. Que efeito o resistor de realimentação tem sobre o ganho de tensão?
10. Que características são desejáveis em um amplificador de áudio e por quê?

Respostas dos exercícios

1. a
2. b
3. c
4. c
5. a
6. d
7. b
8. b
9. c
10. c
11. b
12. d
13. b
14. b
15. d
16. b
17. c
18. b
19. b
20. c
21. a
22. c
23. b
24. c
25. d
26. c
27. c
28. b
29. c
30. c
31. b
32. a
33. a
34. b
35. c
36. b
37. a

Respostas dos problemas práticos

8-1 $C = 1\ \mu F$

8-2 $C = 33\ \mu F$

8-3 $i_{e(pp)} = 86,7\ \mu A_{pp}$

8-6 $r'_e = 28,8\ \Omega$

8-7 $A_V = 104$

8-8 $V_{out} = 277$ mV

8-9 $V_{out} = 226$ mV

8-10 $V_{out} = 167$ mV

8-11 $V_{out} = 547$ mV

8-12 Valor calculado aproximadamente igual ao MultiSim.

9 Amplificadores CC, BC e de múltiplos estágios

- Quando o valor da resistência de carga for baixo em relação à resistência do coletor, o ganho de tensão de um estágio EC é baixo e o amplificador pode ficar sobrecarregado. Uma forma de evitar a sobrecarga é usar um amplificador em coletor comum (CC) ou seguidor do emissor. Esse tipo de amplificador tem alta impedância de entrada e pode acionar cargas com valores baixos de resistências. Além dos seguidores de emissor, este capítulo trata dos amplificadores de múltiplos estágios, amplificadores Darlington, uma melhoria na regulação de tensão e dos amplificadores em base comum (BC).

Objetivos de aprendizagem

Após o estudo deste capítulo você deverá ser capaz de:

- Desenhar o diagrama de um amplificador de dois estágios EC em cascata.
- Desenhar o diagrama de um seguidor de emissor e descrever suas vantagens.
- Analisar um seguidor de emissor com operação em CC e CA.
- Descrever a função dos amplificadores EC e CC em cascata.
- Citar as vantagens de um transistor Darlington.
- Desenhar o esquema de um seguidor Zener e descrever como ele aumenta a corrente de saída de um regulador Zener.
- Analisar um amplificador base-comum em operação CC e CA.
- Comparar as características dos amplificadores EC, CC e BC.
- Análise de falhas em amplificadores multiestágios.

Sumário

- **9-1** Amplificadores com estágios em cascata
- **9-2** Dois estágios com realimentação
- **9-3** Amplificador CC
- **9-4** Impedância de saída
- **9-5** EC em cascata com CC
- **9-6** Conexões Darlington
- **9-7** Regulação de tensão
- **9-8** Amplificador em base comum
- **9-9** Análise de falhas em amplificadores multiestágios

Termos-chave

- acoplamento direto
- amplificador em base comum (BC)
- amplificador em coletor comum (CC)
- amplificador multiestágio
- cascata
- conexão Darlington
- Darlington complementar
- dois estágios com realimentação
- ganho de tensão total
- par Darlington
- reforçador ou seguidor (buffer)
- seguidor de emissor
- seguidor Zener
- transistor Darlington

9-1 Amplificadores com estágios em cascata

Para obtermos um ganho de tensão maior, podemos criar um **amplificador com estágios em cascata** que pode ser com dois ou mais estágios amplificadores. Isso quer dizer ligar a saída do primeiro estágio como entrada para o segundo estágio. Por sua vez, a saída do segundo estágio pode ser usada como a entrada do terceiro estágio e assim por diante.

A Figura 9-1a mostra um amplificador com dois estágios. O sinal de saída amplificado e invertido do primeiro estágio é acoplado à base do segundo estágio. A saída amplificada e invertida do segundo estágio é depois acoplada à resistência da carga. O sinal na resistência da carga está em fase com o gerador de sinal. A razão é que cada estágio inverte o sinal por 180°. Portanto, dois estágios invertem o sinal por 360°, equivalente a 0° (em fase).

Ganho de tensão do primeiro estágio

A Figura 9-1b mostra o circuito equivalente CA. Observe que a impedância de entrada do segundo estágio é uma carga para o primeiro estágio. Em outras palavras, z_{in} do segundo estágio está em paralelo com R_C do primeiro estágio. A resistência CA do coletor do primeiro estágio é

Primeiro estágio: $r_c = R_C \| z_{in(estágio)}$

O ganho de tensão no primeiro estágio é:

$$A_{V1} = \frac{R_C \| z_{in(estágio)}}{r'_e}$$

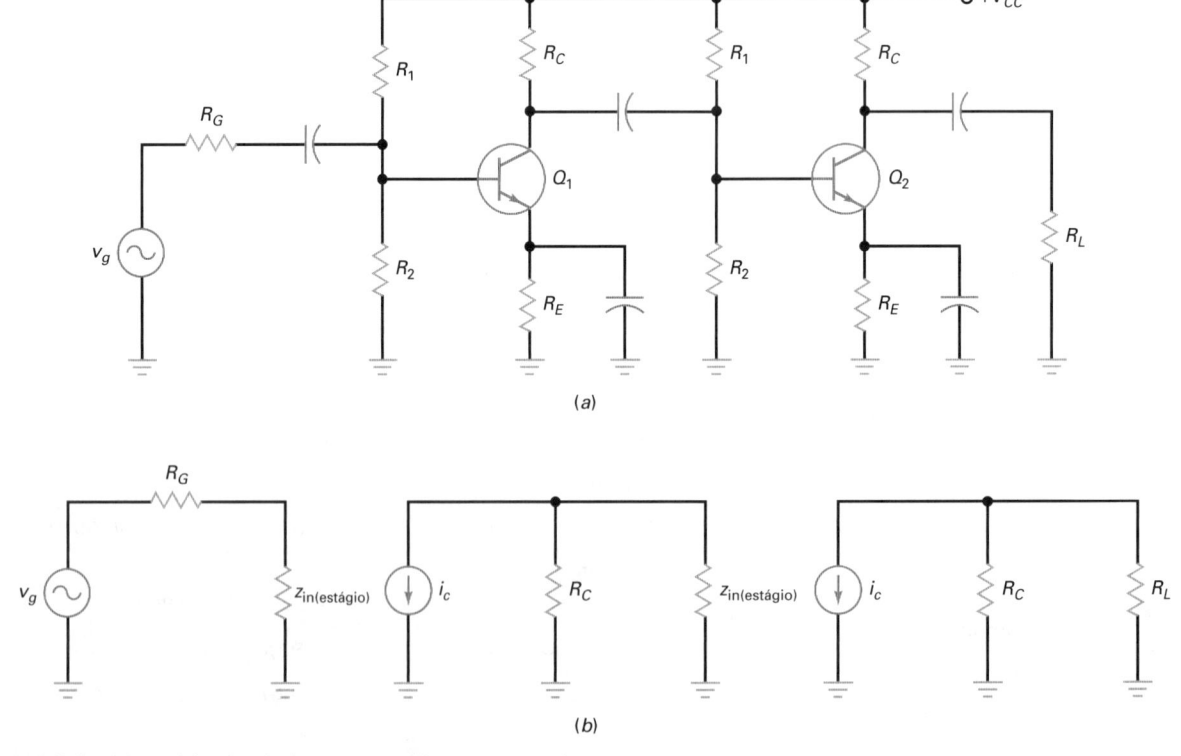

Figura 9-1 (a) Amplificador de dois estágios; (b) circuito equivalente CA.

Ganho de tensão do segundo estágio

A resistência CA do coletor do segundo estágio é:

$$r_c = R_C \| R_L$$

e o ganho de tensão é:

$$A_{V_2} = \frac{R_C \| R_L}{r_e'}$$

Ganho de tensão total

O **ganho de tensão total** do amplificador é dado pelo produto dos ganhos individuais:

$$A_V = (A_{V1})(A_{V2}) \tag{9-1}$$

Por exemplo, se cada estágio tiver um ganho de tensão de 50, o ganho de tensão total será de 2.500.

Exemplo 9-1

Qual é a tensão no coletor do primeiro estágio na Figura 9-2? E a tensão CA de saída no resistor de carga?

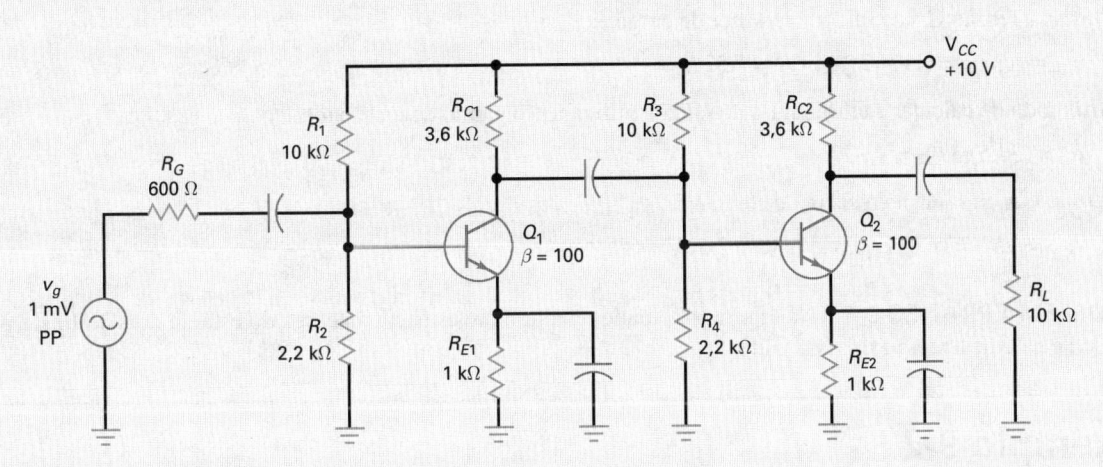

Figura 9-2 Exemplo.

SOLUÇÃO A partir de cálculos anteriores:
$V_B = 1,8$ V
$V_E = 1,1$ V
$V_{CE} = 4,94$ V
$I_E = 1,1$ mA
$r_e' = 22,7$ ohms

A impedância de entrada da primeira base é:

$$z_{in(base)} = (100)(22,7 \, \Omega) = 2,27 \text{ k}\Omega$$

A impedância de entrada do primeiro estágio é:

$$z_{in(estágio)} = 10 \text{ k}\Omega \| 2,2 \text{ k}\Omega \| 2,27 \text{ k}\Omega = 1 \text{ k}\Omega$$

O sinal de entrada da primeira base é:

$$v_{in} = \frac{1\,k\Omega}{600\,\Omega + 1\,k\Omega} 1\,mV = 0,625\,mV$$

A impedância de entrada da segunda base é a mesma do primeiro estágio:

$$z_{in(estágio)} = 10\,k\Omega \parallel 2,2\,k\Omega \parallel 2,27\,k\Omega = 1\,k\Omega$$

A impedância de entrada é a resistência da carga do primeiro estágio. Em outras palavras, a resistência no coletor CA no primeiro estágio é:

$$r_c = 3,6\,k\Omega \parallel 1\,k\Omega = 783\,\Omega$$

O ganho de tensão do primeiro estágio é:

$$A_{V_1} = \frac{783\,\Omega}{22,7\,\Omega} = 34,5$$

Portanto, a tensão CA no coletor do primeiro estágio é:

$$v_c = A_{v_1} v_{in} = (34,5)(0,625\,mV) = 21,6\,mV$$

A resistência CA do coletor no segundo estágio é:

$$r_c = 3,6\,k\Omega \parallel 10\,k\Omega = 2,65\,k\Omega$$

e o ganho de tensão é:

$$A_{V_2} = \frac{2,65\,k\Omega}{22,7\,\Omega} = 117$$

Portanto, a tensão CA de saída no resistor de carga é:

$$v_{out} = A_{v2} v_{b2} = (117)(21,6\,mV) = 2,52\,V$$

Outro modo de calcular a tensão final de saída é utilizando o ganho de tensão total:

$$A_V = (34,5)(117) = 4.037$$

A tensão CA de saída no resistor de carga é:

$$v_{out} = A_v v_{in} = (4.037)(0,625\,mV) = 2,52\,V$$

PROBLEMA PRÁTICO 9-1 Na Figura 9-2, mude o valor da resistência da carga do estágio dois de 10 kΩ para 6,8 kΩ e calcule a tensão final na saída.

Exemplo 9-2

Qual é o valor da tensão de saída no circuito da Fig. 9-2 se $\beta = 200$? Ignore r'_e nos cálculos.

SOLUÇÃO O primeiro estágio tem os seguintes valores:

$$z_{in(base)} = \beta r_e = (200)(180\,\Omega) = 36\,k\Omega$$

A impedância de entrada do estágio é:

$$z_{in(estágio)} = 10\,k\Omega \parallel 2,2\,k\Omega \parallel 36\,k\Omega = 1,71\,k\Omega$$

A tensão CA de entrada da primeira base é:

$$v_{in} = \frac{1,71\,k\Omega}{600\,\Omega + 1,71\,k\Omega} 1\,mV = 0,74\,mV$$

A impedância de entrada do segundo estágio é igual à do primeiro estágio $z_{in(estágio)} = 1,71\,k\Omega$. Portanto, a resistência CA do coletor do primeiro estágio é:

$$r_c = 3,6\,k\Omega \parallel 1,71\,k\Omega = 1,16\,k\Omega$$

e o ganho de tensão do primeiro estágio é:

$$A_{V_1} = \frac{1{,}16 \text{ k}\Omega}{180 \text{ }\Omega} = 6{,}44$$

A tensão CA amplificada e invertida no primeiro coletor e na segunda base é:

$$v_c = (6{,}44)(0{,}74 \text{ mV}) = 4{,}77 \text{ mV}$$

A resistência CA do coletor do segundo estágio é:

$$r_c = R_C \| R_L = 3{,}6 \text{ k}\Omega \| 10 \text{ k}\Omega = 2{,}65 \text{ k}\Omega$$

Portanto, o segundo estágio tem um ganho de:

$$A_{V_2} = \frac{2{,}65 \text{ k}\Omega}{180 \text{ }\Omega} = 14{,}7$$

A tensão final de saída é dada por:

$$v_{\text{out}} = (14{,}7)(4{,}77 \text{ mV}) = 70 \text{ mV}$$

Outra maneira de calcular o ganho de saída consiste em multiplicar os ganhos individuais:

$$A_V = (A_{V_1})(A_{V_2}) = (6{,}44)(14{,}7) = 95$$

E, então, temos:

$$v_{\text{out}} = A_V v_{\text{in}} = (95)(0{,}74 \text{ mV}) = 70 \text{ mV}$$

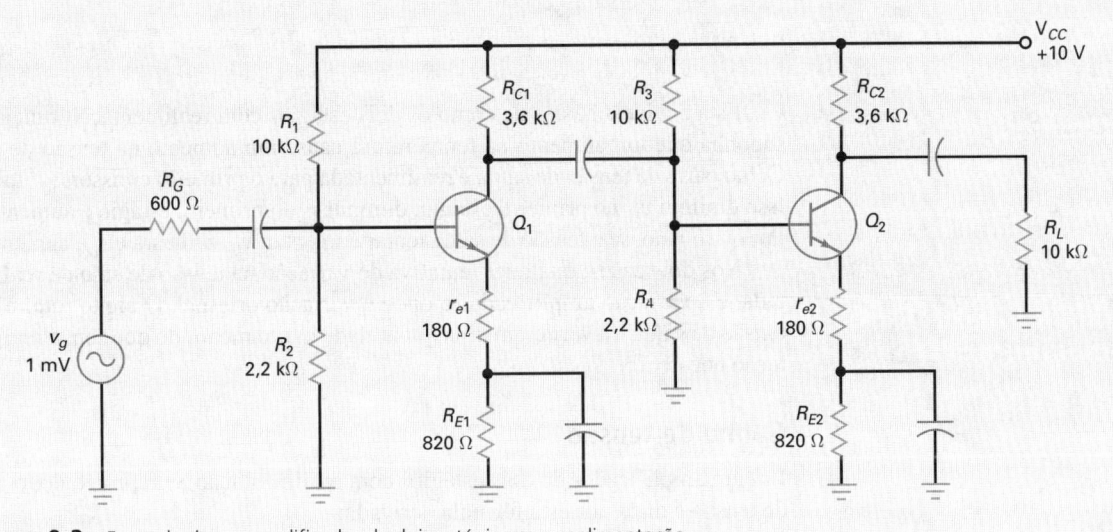

Figura 9-3 Exemplo de um amplificador de dois estágios com realimentação.

9-2 Dois estágios com realimentação

Um amplificador com realimentação parcial é um exemplo de um estágio simples com realimentação parcial. Ele funciona razoavelmente bem para estabilizar o ganho de tensão, aumentar a impedância de entrada e reduzir a distorção. O amplificador **com dois estágios com realimentação** funciona ainda melhor.

Ideia básica

A Figura 9-4 mostra um amplificador de dois estágios com realimentação. O primeiro estágio tem uma resistência de emissor sem desvio de r_e. O primeiro estágio normalmente é chamado de pré-amplificador. Ele é utilizado para captar o sinal

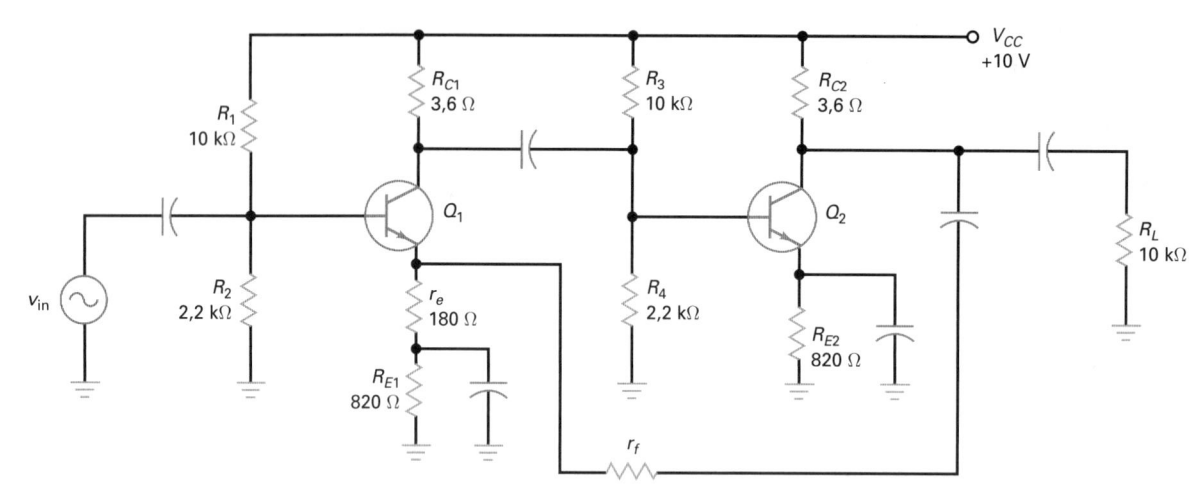

Figura 9-4 Amplificador de dois estágios com realimentação.

de entrada de uma fonte sem provocar um decréscimo no carregamento da mesma e repassar o sinal para o segundo estágio para uma nova amplificação. O segundo estágio é um EC, com o emissor aterrado para CA para produzir o ganho máximo neste estágio. O sinal de saída é acoplado de volta, por meio da resistência de realimentação r_f, para o primeiro emissor. Em virtude do divisor de tensão, a tensão CA entre o primeiro emissor e o terra é:

$$v_e = \frac{r_e}{r_f + r_e} v_{out}$$

Esta é a ideia básica de como os dois estágios com realimentação funcionam: suponha que um aumento na temperatura cause um aumento na tensão de saída. Como parte da tensão de saída é realimentada para o primeiro emissor, v_e aumenta. Isso diminui v_{be} no primeiro estágio, diminui v_c no primeiro estágio e aumenta v_{out}. Por outro lado, se a tensão de saída tentar aumentar, v_{be} aumenta e v_{out} aumenta.

Nos dois casos, qualquer tentativa de variação na tensão de saída é realimentada, e a variação amplificada se opõe à variação original. O efeito total é que a tensão de saída irá variar em uma quantidade muito menor do que sem a realimentação negativa.

Ganho de tensão

Em um amplificador de dois estágios com realimentação bem projetado, o ganho de tensão é dado por esta fórmula derivada:

$$A_V = \frac{r_f}{r_e} + 1 \tag{9-2}$$

Em muitos projetos, o primeiro termo dessa equação é muito maior que um, logo, a equação fica simplificada com:

$$A_V = \frac{r_f}{r_e}$$

Quando estudarmos os amps ops, analisaremos a realimentação negativa em detalhe. Nesta ocasião, você verá o que significa um *amplificador com realimentação bem projetado*.

O importante na Equação (9-2) é que *o ganho de tensão depende somente das resistências externas r_f e r_e*. Como os valores dessas resistências são fixos, o ganho de tensão é fixo.

Exemplo 9-3

Um resistor variável (potenciômetro) é usado na Figura 9-5. Ele pode variar de 0 a 10 kΩ. Qual é o valor mínimo do ganho de tensão do amplificador de dois estágios? E o máximo?

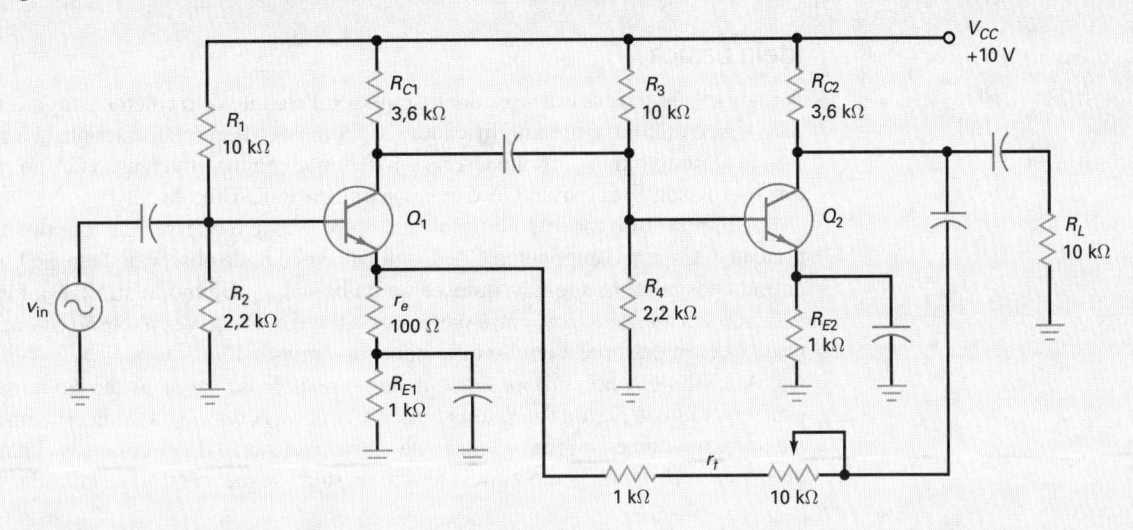

Figura 9-5 Exemplo de dois estágios com realimentação.

SOLUÇÃO A resistência de realimentação r_f é a soma de 1 kΩ mais o valor da resistência ajustada no potenciômetro. O ganho de tensão mínimo ocorre quando o potenciômetro está ajustado para zero:

$$A_V = \frac{r_f}{r_e} = \frac{1\,k\Omega}{100\,\Omega} = 10$$

O ganho de tensão máximo ocorre quando a resistência ajustada no potenciômetro de 10 kΩ é:

$$A_V = \frac{r_f}{r_e} = \frac{11\,k\Omega}{100\,\Omega} = 110$$

PROBLEMA PRÁTICO 9-3 Na Figura 9-5, qual é o valor da resistência que deve ser ajustado no potenciômetro para que o ganho de tensão seja de 50?

Exemplo de aplicação 9-4

Como deve ser modificado o circuito na Figura 9-5 para ser usado como um pré-amplificador para um microfone portátil?

SOLUÇÃO A fonte de alimentação de 10 V CC deve ser substituída por uma bateria de 9 V e uma chave liga/desliga. Faça a adaptação de um conector com tamanho adequado para o microfone ser acoplado na entrada do pré-amplificador com um capacitor e o terra. O microfone deveria ser idealmente do tipo dinâmico com baixa impedância. Se for usado o microfone de eletreto, será necessário conectá-lo à bateria por meio de um resistor em série. Para uma boa resposta em baixa frequência, os capacitores de acoplamento e de desvio deverão ter necessariamente uma baixa reatância capacitiva. Poderão ser usados capacitores de 47 µF para o acoplamento e 100 µF para cada capacitor de desvio. A carga na saída de 10 kΩ pode ser trocada por um potenciômetro de 10 kΩ para variar o nível na saída. Se for necessário um ganho maior de tensão, mude o potenciômetro de realimentação de 10 kΩ para outro de valor maior. A saída deverá ser capaz de acionar as entradas da linha CD/aux/tape de um amplificador estéreo comum. Verifique as especificações do seu sistema para a entrada adequada necessária. Colocando todos os componentes em uma caixa metálica e usando cabos coaxiais, podemos reduzir o ruído externo e a interferência.

9-3 Amplificador CC

O **seguidor de emissor** é chamado também de **amplificador coletor-comum (CC)**. O sinal de entrada é acoplado na base e o sinal de saída é retirado pelo emissor.

Ideia básica

A Figura 9-6a mostra um seguidor de emissor. Pelo fato de o coletor estar aterrado para CA, o circuito é um amplificador CC. A tensão de entrada é acoplada à base. Isso faz circular uma corrente CA no emissor que produz uma tensão CA no resistor do emissor. Esta tensão CA é então acoplada ao resistor de carga.

A Figura 9-6b mostra a tensão total entre a base e o terra. Ela tem um componente CC e um componente CA. Conforme você pode observar, a tensão CA na entrada passa sobre a tensão quiescente da base V_{BQ}. De modo similar, a Figura 9-6c mostra a tensão total entre o emissor e o terra. Desta vez a tensão CA na entrada é centrada sobre a tensão quiescente do emissor V_{EQ}.

A tensão CA no emissor é acoplada ao resistor da carga. A tensão na saída está mostrada na Figura 9-6d, uma tensão CA pura. A tensão na saída está em fase e é aproximadamente igual à tensão na entrada. A razão do circuito ser chamado de *seguidor de emissor* é porque a tensão na saída segue a tensão na entrada.

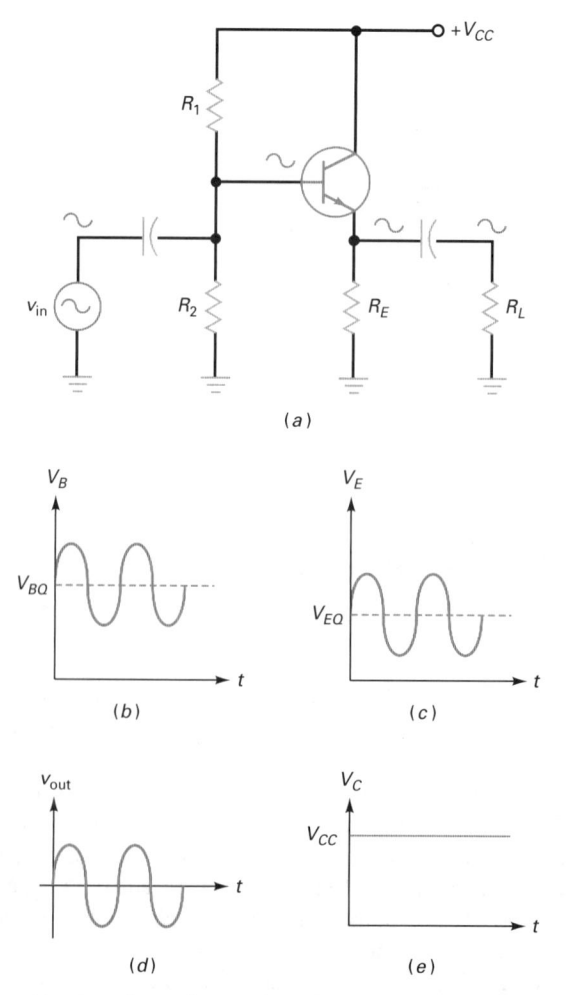

Figura 9-6 Seguidor de emissor e formas de onda.

Capítulo 9 • Amplificadores CC, BC e de múltiplos estágios   **335**

É ÚTIL SABER

Em alguns circuitos seguidores de emissor, uma resistência de baixo valor é conectada ao coletor para limitar a corrente CC no coletor do transistor caso ocorra um curto entre o emissor e o terra. Se for usada uma resistência de baixo valor R_C, o coletor terá um capacitor de desvio para o terra. O valor baixo de R_C terá apenas um ligeiro carregamento sobre a operação CC do circuito e não terá efeito no funcionamento do circuito em CA.

Como não há resistor no coletor, a tensão total entre o coletor e o terra é igual à tensão da alimentação. Se você observar a tensão do coletor com um osciloscópio, verá uma tensão CC constante como na Figura 9-6e. Não há sinal CA no coletor, pois ele é um ponto de terra para CA.

Realimentação negativa

Assim como um amplificador com realimentação parcial, o seguidor de emissor usa uma realimentação negativa. Mas com o seguidor de emissor, a realimentação negativa é total porque a resistência de realimentação é igual à resistência do emissor por completo. Com isso, o ganho de tensão é muito estável, a distorção é praticamente inexistente e a impedância de entrada da base é muito alta. Devido a essas características, muitas vezes o seguidor de emissor é utilizado como pré-amplificador. A contrapartida é o ganho de tensão que tem um valor máximo igual a 1.

Resistência CA do emissor

Na Figura 9-6a, o sinal CA que sai pelo emissor vê R_E em paralelo com R_L. Vamos definir a resistência CA do emissor como:

$$re = R_E \parallel R_L \tag{9-3}$$

Essa é a resistência externa CA do emissor, que é diferente da resistência interna CA do emissor

Ganho de tensão

A Figura 9-7a mostra o circuito equivalente CA com o modelo T. Usando a lei de ohm podemos escrever estas duas equações:

$$v_{\text{out}} = i_e r_e$$
$$v_{\text{in}} = i_e(r_e + r'_e)$$

Divida a primeira equação pela segunda, e você obterá o ganho de tensão do seguidor de emissor:

$$A_V = \frac{r_e}{r_e + r'_e} \tag{9-4}$$

Geralmente, um projetista faz r_e muito maior que r'_e, de modo que o ganho de tensão fica igual (ou aproximadamente igual) a 1. Esse é o valor a ser usado para todas as análises preliminares e verificação de defeitos.

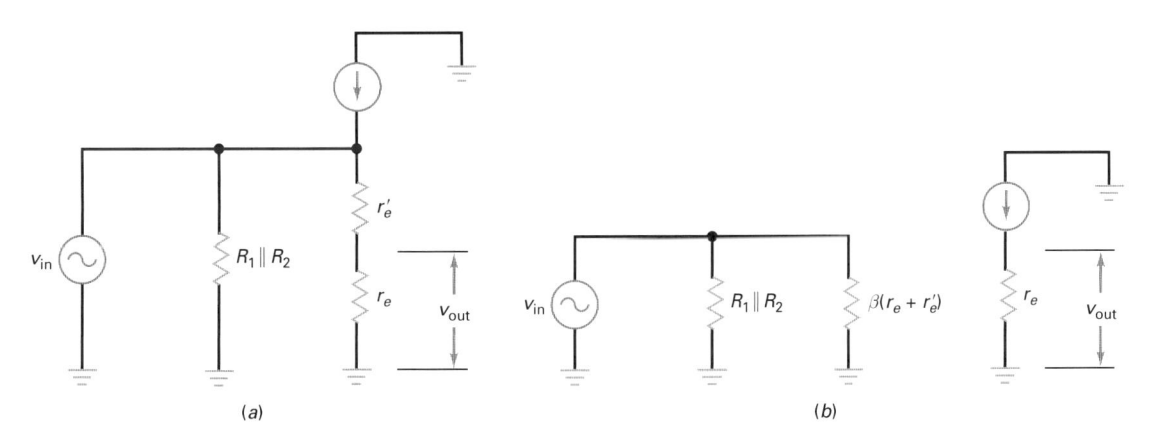

Figura 9-7 Circuitos equivalentes CA para o seguidor de emissor.

Por que um seguidor de emissor é chamado de *amplificador* se seu ganho de tensão é apenas 1? Porque ele tem um ganho de corrente de β. Os estágios próximos ao fim de um sistema necessitam produzir uma corrente maior porque a carga final é geralmente de baixa impedância. O seguidor de emissor pode produzir essa corrente maior necessária às cargas de baixa impedância. Resumindo, embora ele não seja um amplificador de tensão, o seguidor de emissor é um amplificador de corrente.

Impedância de entrada da base

A Figura 9-7b mostra o circuito equivalente CA com o modelo π do transistor. Tão logo a impedância da base exista, a ação é a mesma de um amplificador com realimentação parcial. O ganho de corrente eleva a resistência total do emissor por um fator de β. A fórmula derivada é, portanto, idêntica ao do amplificador com realimentação parcial:

$$z_{\text{in(base)}} = \beta(r_e + r_e') \tag{9-5}$$

Para a verificação de defeitos, você pode supor que r_e seja muito maior que r_e', o que significa que a impedância de entrada é aproximadamente βr_e.

A elevação do valor da impedância é a principal vantagem de um seguidor de emissor. As cargas com baixo valor que sobrecarregam um amplificador EC podem ser usadas com um seguidor de emissor porque ele aumenta impedância e evita sobrecargas.

Impedância de entrada do estágio

Quando a fonte CA não é firme, uma parte do sinal CA será perdida na resistência interna. Se quiser calcular o efeito da resistência interna, você precisa calcular a impedância de entrada do estágio, dado por:

$$z_{\text{in(estágio)}} = R_1 \parallel R_2 \parallel \beta(r_e + r_e') \tag{9-6}$$

Com impedância de entrada e a resistência da fonte você pode usar o divisor de tensão para calcular a tensão de entrada que chega à base. Os cálculos são os mesmos mostrados nos capítulos anteriores.

> **É ÚTIL SABER**
>
> Na Fig. 9-8, os resistores de polarização R_1 e R_2 diminuem o valor de z_{in} para um valor que não difere muito do valor de um amplificador EC com realimentação parcial. Essa desvantagem é superada na maioria dos projetos de seguidor de emissor simplesmente não se utilizando os resistores de polarização R_1 e R_2. Em vez disso, o seguidor de emissor tem sua polarização CC pelo estágio que aciona o seguidor de emissor.

Exemplo 9-5

Qual é a impedância de entrada da base na Figura 9-8 se $\beta = 200$? Qual é a impedância de entrada do estágio?

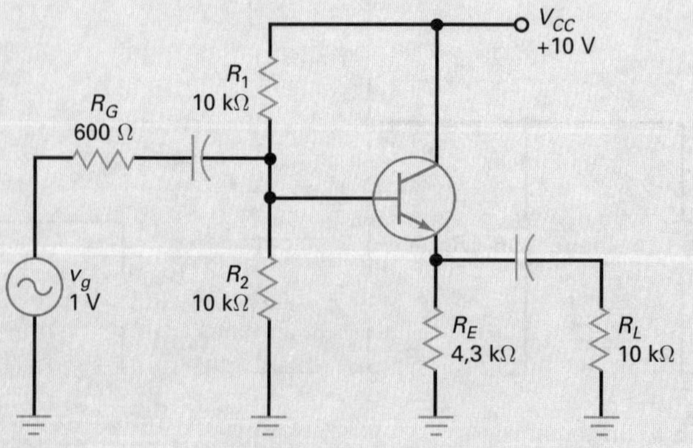

Figura 9-8 Exemplo.

SOLUÇÃO Pelo fato de cada resistência no divisor de tensão ser de 10 kΩ, a tensão CC na base é a metade da tensão de alimentação, ou seja, 5 V. A tensão CC no emissor é abaixo de 0,7 V ou 4,3 V. A corrente CC no emissor é 4,3 V dividido por 4,3 kΩ, ou 1 mA. Logo, a resistência CA do diodo emissor é

$$r'_e = \frac{25\,\text{mV}}{1\,\text{mA}} = 25\,\Omega$$

A resistência externa CA do emissor é a resistência equivalente de R_E em paralelo com R_L, que é:

$$r_e = 4,3\,\text{k}\Omega \,\|\, 10\,\text{k}\Omega = 3\,\text{k}\Omega$$

Como o transistor tem um ganho de corrente CA de 200, a impedância de entrada da base é:

$$z_{\text{in(base)}} = 200(3\,\text{k}\Omega + 25\,\Omega) = 605\,\text{k}\Omega$$

A impedância de entrada da base aparece em paralelo com os dois resistores de polarização. A impedância de entrada do estágio é:

$$z_{\text{in(estágio)}} = 10\,\text{k}\Omega \,\|\, 10\,\text{k}\Omega \,\|\, 605\,\text{k}\Omega = 4,96\,\text{k}\Omega$$

Como 605 kΩ é muito maior que 5 kΩ, o técnico em manutenção geralmente aproxima a impedância de entrada do estágio apenas como os dois resistores de polarização em paralelo:

$$z_{\text{in(estágio)}} = 10\,\text{k}\Omega \,\|\, 10\,\text{k}\Omega = 5\,\text{k}\Omega$$

PROBLEMA PRÁTICO 9-5 Calcule a impedância de entrada da base e do estágio, usando a Figura 9-8 se β for substituído por 100.

Exemplo 9-6 ||| MultiSim

Supondo o valor de β como 200, qual é a tensão CA de entrada para o seguidor de emissor na Figura 9-8?

SOLUÇÃO A Figura 9-9 mostra o circuito equivalente CA. A tensão na base aparece em z_{in}. Como a impedância de entrada do estágio é muito maior que a resistência do gerador, a maior parte da tensão do gerador aparece na base. Com o teorema do divisor de tensão:

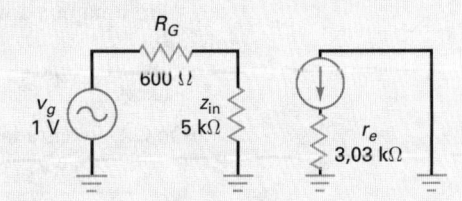

$$v_{\text{in}} = \frac{5\,\text{k}\Omega}{5\,\text{k}\Omega + 600\,\Omega}\, 1\,\text{V} = 0,893\,\text{V}$$

Figura 9-9 Exemplo.

PROBLEMA PRÁTICO 9-6 Se o valor de β for 100, calcule a tensão CA de entrada na Figura 9-8.

Exemplo 9-7 ■■ MultiSim

Qual é o ganho de tensão do seguidor de emissor na Figura 9-10? Se $\beta = 150$, qual é a tensão CA na carga?

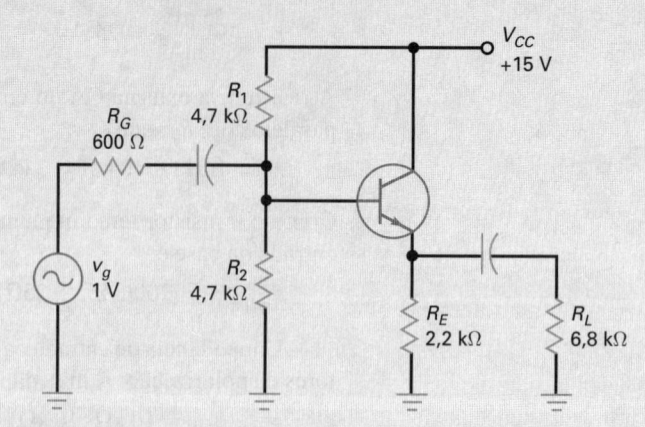

Figura 9-10 Exemplo.

SOLUÇÃO A tensão CC na base é a metade da tensão de alimentação:
$$V_B = 7,5\,\text{V}$$

A corrente CC no emissor é:
$$I_E = \frac{6,8\,\text{V}}{2,2\,\text{k}\Omega} = 3,09\,\text{mA}$$

e a resistência CA do diodo emissor é:
$$r'_e = \frac{25\,\text{mV}}{3,09\,\text{mA}} = 8,09\,\Omega$$

A resistência CA externa no emissor é:
$$r_e = 2,2\,\text{k}\Omega \parallel 6,8\,\text{k}\Omega = 1,66\,\text{k}\Omega$$

O ganho de tensão é igual à:
$$A_V = \frac{1,66\,\text{k}\Omega}{1,66\,\text{k}\Omega + 8,09\,\Omega} = 0,995$$

A impedância de entrada da base é:
$$z_{\text{in(base)}} = 150(1,66\,\text{k}\Omega + 8,09\,\text{k}\Omega) = 250\,\text{k}\Omega$$

Esse valor é muito maior que os valores dos resistores de polarização. Portanto, para uma boa aproximação, a impedância de entrada do seguidor de emissor é:
$$z_{\text{in(estágio)}} = 4,7\,\text{k}\Omega \parallel 4,7\,\text{k}\Omega = 2,35\,\text{k}\Omega$$

A tensão CA de entrada é:
$$v_{\text{in}} = \frac{2,35\,\text{k}\Omega}{600\,\Omega + 2,35\,\text{k}\Omega}1\,\text{V} = 0,797\,\text{V}$$

A tensão CA na saída é:
$$V_{\text{out}} = 0,995(0,797\,\text{V}) = 0,793\,\text{V}$$

PROBLEMA PRÁTICO 9-7 Repita o Exemplo 9-7 usando um valor de R_G de 50 Ω.

9-4 Impedância de saída

A impedância de saída de um amplificador é equivalente à sua impedância de Thevenin. Uma das vantagens de um seguidor de emissor é sua baixa impedância de saída.

Conforme você viu em seus cursos de eletrônica anteriores, a máxima transferência de potência ocorre quando a impedância da carga é *casada* (de mesmo valor) com a impedância da fonte (Thevenin). Algumas vezes, quando deseja a potência máxima para a carga, um projetista pode casar a baixa impedância da carga com a impedância de saída de um seguidor de emissor. Por exemplo, a baixa impedância de um alto-falante pode ser casada com a impedância de saída do seguidor de emissor para entregar a potência máxima para o alto-falante.

Ideia básica

A Figura 9-11a mostra um gerador CA acionando um amplificador. Se a fonte não for firme, haverá uma queda de tensão CA na resistência interna R_G. Nesse caso, será preciso analisar o divisor de tensão mostrado na Figura 9-11b para obter a tensão de entrada v_{in}.

Uma ideia similar pode ser usada para o lado da saída do amplificador. Na Figura 9-11c, podemos aplicar o teorema de Thevenin nos terminais da carga. Examinando a parte de trás do amplificador, vê-se a impedância de saída z_{out}. No circuito equivalente de Thevenin, a impedância de saída forma um divisor de tensão com a resistência da carga, como mostrado na Figura 9-11d. Se z_{out} for muito menor que R_L, a fonte de saída é firme e v_{out} é igual à v_{th}.

Amplificadores EC

A Figura 9-12a mostra o circuito equivalente CA para o lado da saída de um amplificador EC. Quando aplicamos o teorema de Thevenin, obtemos a Figura 9-12b. Em

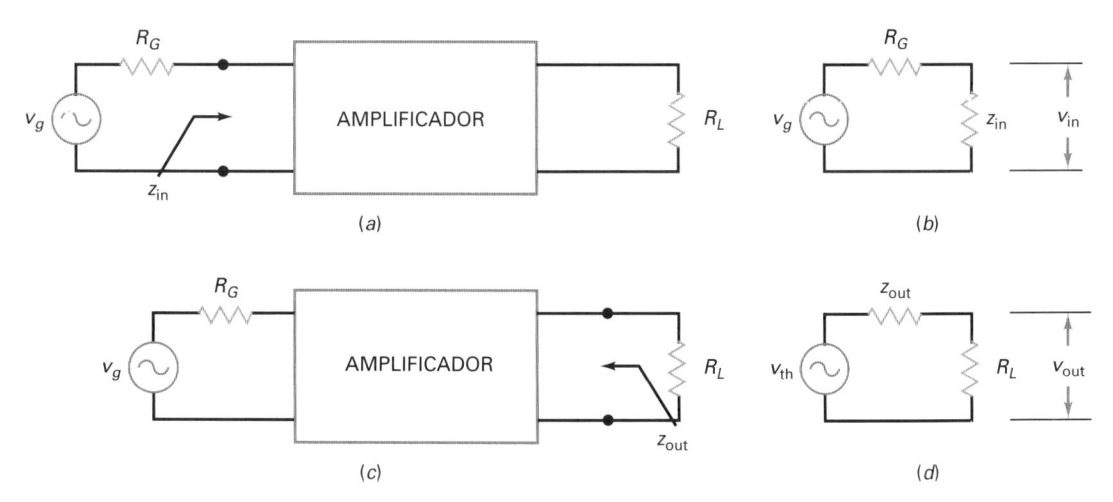

Figura 9-11 Impedâncias de entrada e de saída.

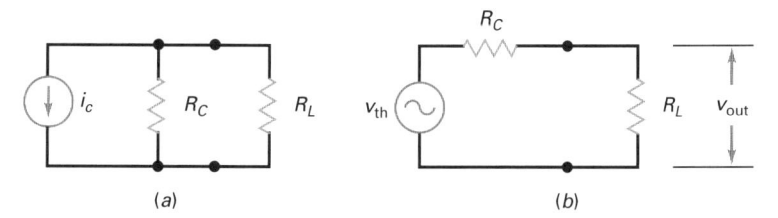

Figura 9-12 Impedância de saída do estágio EC.

outras palavras, impedância de saída vista pela resistência de carga é R_C. Como o ganho de tensão de um amplificador EC depende de R_C, um projetista não pode fazer o valor de R_C muito baixo sem perder o ganho de tensão. Dito de outro modo, é muito difícil obter uma impedância baixa na saída em um amplificador EC. Por isso, os amplificadores EC não são escolhidos para acionar resistências de carga de valor baixo.

Seguidor de emissor

A Figura 9-13a mostra um circuito equivalente CA de um seguidor de emissor. Quando aplicamos o teorema de Thevenin no ponto A, obtemos a Figura 9-13b. A impedância de saída z_{out} é muito menor do que o valor que podemos obter com um amplificador seguidor de emissor. Ela é igual à:

$$z_{out} = R_E \parallel \left(r_e' + \frac{R_G \parallel R_1 \parallel R_2}{\beta} \right) \quad (9\text{-}7)$$

A impedância do circuito na base é $R_G \parallel R_1 \parallel R_2$. O ganho de corrente do transistor baixa a impedância por um fator de β. O efeito é similar ao que obtemos com um amplificador linearizado (*swamped*), exceto que estamos movendo da base de volta para o emissor. Portanto, obtemos uma redução da impedância em vez de um aumento. A redução na impedância de $(R_G \parallel R_1 \parallel R_2)/\beta$ é em série com r_e' como indicado pela Equação (9-7).

Ação ideal

Em alguns projetos as resistências de polarização e a resistência CA do diodo emissor tornam-se desprezíveis. Nesse caso, a impedância na saída de um seguidor de emissor pode ser aproximada por:

$$z_{out} = \frac{R_G}{\beta} \quad (9\text{-}8)$$

Isso produz a ideia principal de um seguidor de emissor: reduz a impedância da fonte CA por um fator de β. Como resultado, o seguidor de emissor nos permite montar fontes CA firmes (estáveis). Em vez de usar uma fonte CA firme que maxi-

> **É ÚTIL SABER**
>
> Os transformadores podem ser usados também no casamento de impedâncias entre a fonte e a carga. Visto do transformador, Z_{in} pode ser encontrado por:
>
> $$Z_{in} = \left(\frac{N_p}{N_s} \right)^2 R_L$$

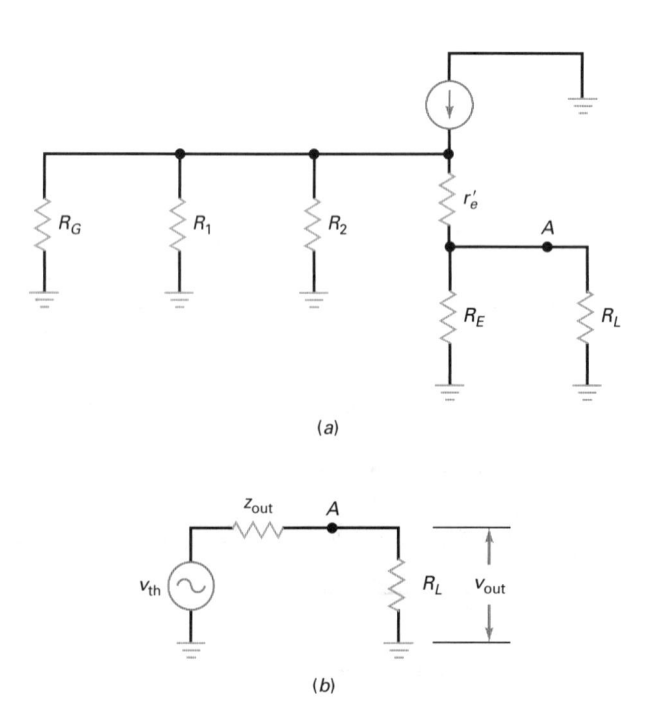

Figura 9-13 Impedância de saída do seguidor de emissor.

mize a tensão na carga, um projetista pode preferir maximizar a potência da carga. Neste caso, em vez de projetar:

$$z_{out} \ll R_L \quad \text{(fonte de tensão firme)}$$

o projetista escolherá os valores para obter:

$$z_{out} = R_L \quad \text{(máxima potência de transferência)}$$

Deste modo, o seguidor de emissor pode entregar a potência máxima para uma carga com baixa impedância, como no caso de um alto-falante estéreo. Removendo basicamente o efeito de R_L na tensão de saída, o circuito age como um reforçador entre a entrada e a saída.

A Equação (9-8) é uma fórmula ideal. Você pode usá-la para obter um valor aproximado para a impedância de saída do seguidor de emissor. Com circuitos distintos, a equação fornece geralmente um valor estimado da impedância de saída. Entretanto, ela é adequada para a verificação de defeitos e análises preliminares. Quando necessário, você pode usar a Equação (9-7) para obter um valor preciso para a impedância de saída.

Exemplo 9-8

Estime o valor da impedância de saída do seguidor de emissor na Figura 9-14a.

SOLUÇÃO Idealmente, a impedância na saída é igual à resistência do gerador dividida pelo ganho de corrente do transistor:

$$z_{out} = \frac{600\,\Omega}{300} = 2\,\Omega$$

A Figura 9-14b mostra o circuito equivalente na saída. A impedância de saída é muito menor que a resistência na carga, de modo que a maior parte do sinal fica no resistor de carga. Conforme você pode ver, a saída na fonte na Figura 9-14b é quase firme por que a razão da carga para a resistência da fonte é de 50.

PROBLEMA PRÁTICO 9-8 Usando a Figura 9-14, mude a resistência da fonte para 1 kΩ e solucione para um valor aproximado de z_{out}.

Exemplo 9-9

Calcule a impedância de saída na Figura 9-14a, usando a Equação (9-7).

SOLUÇÃO A tensão quiescente na base é de aproximadamente:

$$V_{BQ} = 15\,\text{V}$$

Desprezando o valor de V_{BE}, a corrente quiescente no emissor é de aproximadamente:

$$I_{EQ} = \frac{15\,\text{V}}{100\,\Omega} = 150\,\text{mA}$$

A resistência CA do diodo emissor é:

$$r'_e = \frac{25\,\text{mV}}{150\,\text{mA}} = 0{,}167\,\Omega$$

A impedância vista por detrás da base é:

$$R_G \parallel R_1 \parallel R_2 = 600\,\Omega \parallel 10\,\text{k}\Omega \parallel 10\,\text{k}\Omega = 536\,\Omega$$

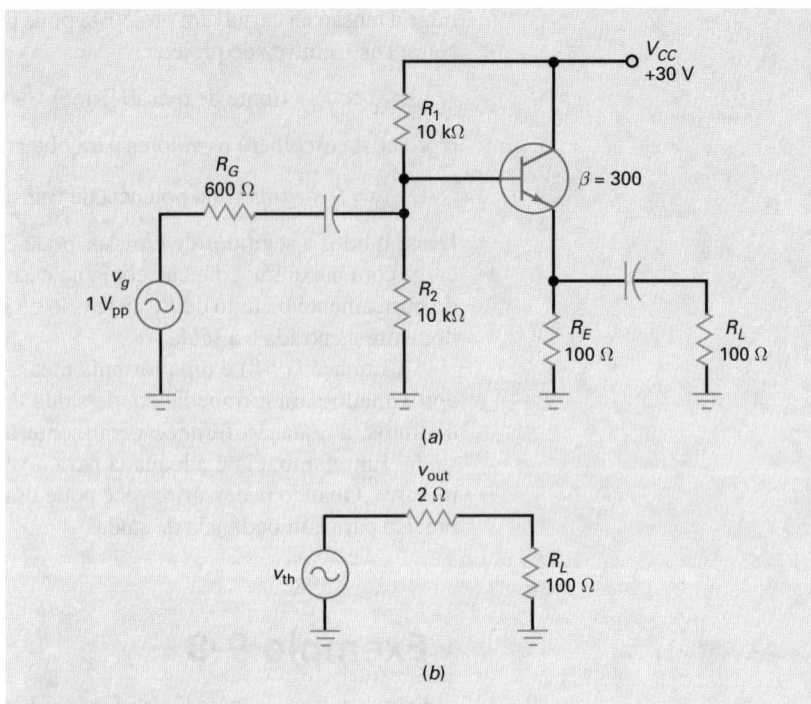

Figura 9-14 Exemplo.

O ganho de corrente reduz este valor para:

$$\frac{R_G \parallel R_1 \parallel R_2}{\beta} = \frac{536\,\Omega}{300} = 1,78\,\Omega$$

Ela está em série com r'_e, de modo que a impedância vista por detrás do emissor é:

$$r'_e + \frac{R_G \parallel R_1 \parallel R_2}{\beta} = 0,167\,\Omega + 1,78\,\Omega = 1,95\,\Omega$$

Ela está em paralelo com a resistência CC do emissor, de modo que a impedância de saída é:

$$z_{out} = R_E \parallel \left(r'_e + \frac{R_G \parallel R_1 \parallel R_2}{\beta}\right) = 100\,\Omega \parallel 1,95\,\Omega = 1,91\,\Omega$$

Essa resposta precisa é extremamente próxima da ideal que é 2 Ω. Tal resultado é típico para muitos projetos. Para análises preliminares e verificação de defeitos, você pode usar o método ideal e estimar a impedância de saída.

PROBLEMA PRÁTICO 9-9 Repita o Exemplo 9-9 usando R_G com valor de 1 kΩ.

9-5 EC em cascata com CC

Para ilustrar a ação de reforçador (*buffer*) de um amplificador CC, suponha uma resistência de carga de 270 Ω. Se tentarmos acoplar a saída de um amplificador EC diretamente a esta resistência de carga, poderíamos sobrecarregar o amplificador. Um modo de evitar a sobrecarga é usar um seguidor de emissor entre o amplificador EC e a resistência de carga. O sinal pode ser acoplado capacitivamente (isto é, por meio de capacitores de acoplamento), ou pode ser **acoplado diretamente** como mostra a Figura 9-15.

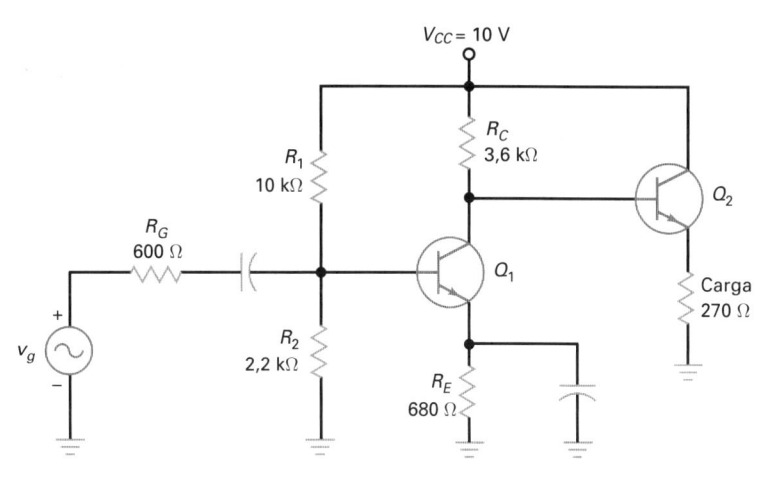

Figura 9-15 Estágio de saída com acoplamento direto.

Como você pode ver, a base do segundo transistor está conectada diretamente ao coletor do primeiro transistor. Por isso, a tensão CC do coletor do primeiro transistor é usada para polarizar o segundo transistor. Se o ganho de corrente CC do segundo transistor for 100, a resistência CC olhando para a base do segundo transistor é $R_{in} = 100\,(270\,\Omega) = 27\text{ k}\Omega$.

Como 27 kΩ é maior comparado a 3,6 kΩ, a tensão CC do coletor do primeiro estágio é ligeiramente alterada.

Na Figura 9-15, a tensão de saída amplificada do primeiro estágio aciona o seguidor de emissor e aparece na resistência de carga final de 270 Ω. Sem o seguidor de emissor, os 270 Ω sobrecarregariam o primeiro estágio. Mas com o seguidor de emissor, esse efeito de impedância é aumentado por um fator de β. Em vez de aparecer como 270 Ω, ele aparece agora como 27 kΩ nos dois circuitos equivalentes CC e CA.

Isso demonstra como um seguidor de emissor pode atuar como um **reforçador** entre uma impedância de saída alta e uma carga de baixa resistência.

Isso mostra os efeitos de sobrecarga de um amplificador EC. A resistência de carga deve ser maior que a resistência CC do coletor para se obter o ganho máximo de tensão. Fizemos justamente o oposto; a resistência da carga (270 Ω) é muito menor que a resistência CC do coletor (3,6 kΩ).

Exemplo de aplicação 9-10 ||| MultiSim

Qual é o ganho de tensão do estágio EC na Figura 9-15 para um β de 100?

SOLUÇÃO A tensão CC na base do estágio EC é de 1,8 V e a tensão CC no emissor é de 1,1 V. A corrente CC no emissor é $I_E = \dfrac{1,1\text{ V}}{680\,\Omega} = 1,61\text{ mA}$ e a resistência CA do diodo emissor é $r'_e = \dfrac{25\text{ mV}}{1,61\text{ mA}} = 15,5\,\Omega$. A seguir, precisamos calcular a impedância de entrada do seguidor de emissor. Como não existem resistores de polarização, a impedância de entrada é igual à impedância de entrada dentro da base: $z_{in} = (100)(270\,\Omega) = 27\text{ k}\Omega$. A resistência CA do coletor do amplificador EC é $r_c = 3,6\text{ k}\Omega \parallel 27\text{ k}\Omega = 3,18\text{ k}\Omega$ e o ganho de tensão do estágio é

$$A_v = \dfrac{3,18\text{ k}\Omega}{15,5\,\Omega} = 205$$

PROBLEMA PRÁTICO 9-10 Usando a Figura 9-15, calcule o ganho de tensão do estágio emissor comum para um β de 300.

Exemplo de aplicação 9-11 ‖ MultiSim

Suponha que o seguidor de emissor tenha sido retirado na Figura 9-15 e que um capacitor de acoplamento tenha sido conectado para acoplar o sinal CA ao resistor de carga. O que ocorrerá com o ganho de tensão do amplificador EC?

SOLUÇÃO O valor de r'_e permanece o mesmo do estágio EC: 15,5 Ω. Mas a resistência CA do coletor é muito menor. Inicialmente, a resistência CA do coletor é o paralelo das resistências de 3,6 kΩ e 270 Ω: r_c = 3,6 kΩ ‖ 270 Ω = 251 Ω.

Como esse valor é muito baixo, o ganho de tensão diminui para

$$A_v = \frac{251\,\Omega}{15,5\,\Omega} = 16,2$$

PROBLEMA PRÁTICO 9-11 Repita o Exemplo 9-11 usando uma resistência de carga de 100 Ω.

9-6 Conexões Darlington

Uma **conexão Darlington** é uma conexão de dois transistores cujo ganho de corrente total é igual ao produto dos ganhos de corrente individual. Como esse ganho de corrente é muito alto, uma conexão Darlington pode ter uma impedância de entrada muito alta e pode produzir altos valores de correntes de saídas. As conexões Darlington são muito utilizadas nos reguladores de tesão, amplificadores de potência e aplicações de chaveamento com valores de correntes altos.

Par Darlington

A Figura 9-16a mostra um **par Darlington**. Como a corrente no emissor de Q_1 é a corrente na base de Q_2, o par Darlington tem um ganho de corrente total de:

$$\beta = \beta_1 \beta_2 \tag{9-9}$$

Por exemplo, se cada transistor tiver um ganho de corrente de 200, o ganho de corrente total é:

$$\beta = (200)(200) = 40.000$$

Os fabricantes de semicondutores podem colocar um par Darlington em um só encapsulamento como na Figura 9-16b. Esse dispositivo, conhecido como **transistor Darlington**, funciona como um transistor simples com um ganho de corrente muito alto. Por exemplo, o 2N6725 é um transistor Darlington com um ganho de corrente de 25.000 em 200 mA. Outro exemplo, o TIP102 é um Darlington de potência com um ganho de corrente de 1.000 em 3 A.

Ele está na folha de dados da Figura 9-17. Observe que este dispositivo usa um encapsulamento tipo TO-220 e tem resistores em paralelo com as bases e os emis-

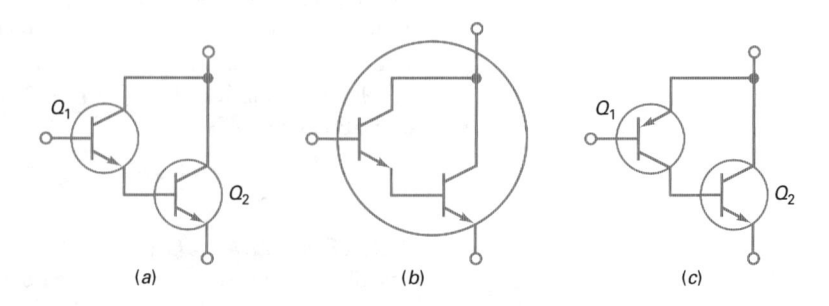

Figura 9-16 (a) Par Darlington; (b) transistor Darlington; (c) Darlington complementar.

FAIRCHILD
SEMICONDUCTOR®

October 2008

TIP100/TIP101/TIP102
NPN Epitaxial Silicon Darlington Transistor

- Monolithic Construction With Built In Base-Emitter Shunt Resistors
- High DC Current Gain : h_{FE}=1000 @ V_{CE}=4V, I_C=3A (Min.)
- Collector-Emitter Sustaining Voltage
- Low Collector-Emitter Saturation Voltage
- Industrial Use
- Complementary to TIP105/106/107

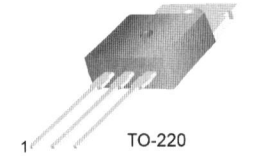

TO-220
1.Base 2.Collector 3.Emitter

Equivalent Circuit

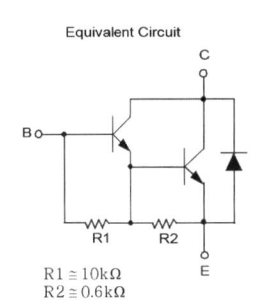

$R1 \cong 10k\Omega$
$R2 \cong 0.6k\Omega$

Absolute Maximum Ratings* T_a = 25°C unless otherwise noted

Symbol	Parameter		Ratings	Units
V_{CBO}	Collector-Base Voltage	: TIP100	60	V
		: TIP101	80	V
		: TIP102	100	V
V_{CEO}	Collector-Emitter Voltage	: TIP100	60	V
		: TIP101	80	V
		: TIP102	100	V
V_{EBO}	Emitter-Base Voltage		5	V
I_C	Collector Current (DC)		8	A
I_{CP}	Collector Current (Pulse)		15	A
I_B	Base Current (DC)		1	A
P_C	Collector Dissipation (T_a=25°C)		2	W
	Collector Dissipation (T_C=25°C)		80	W
T_J	Junction Temperature		150	°C
T_{STG}	Storage Temperature		-65 ~ 150	°C

* These ratings are limiting values above which the serviceability of any semiconductor device may be impaired.

Electrical Characteristics* T_a=25°C unless otherwise noted

Symbol	Parameter	Test Condition	Min.	Typ.	Max.	Units
V_{CEO}(sus)	Collector-Emitter Sustaining Voltage					
	: TIP100	I_C = 30mA, I_B = 0	60			V
	: TIP101		80			V
	: TIP102		100			V
I_{CEO}	Collector Cut-off Current					
	: TIP100	V_{CE} = 30V, I_B = 0			50	µA
	: TIP101	V_{CE} = 40V, I_B = 0			50	µA
	: TIP102	V_{CE} = 50V, I_B = 0			50	µA
I_{CBO}	Collector Cut-off Current					
	: TIP100	V_{CE} = 60V, I_E = 0			50	µA
	: TIP101	V_{CE} = 80V, I_E = 0			50	µA
	: TIP102	V_{CE} = 100V, I_E = 0			50	µA
I_{EBO}	Emitter Cut-off Current	V_{EB} = 5V, I_C = 0			2	mA
h_{FE}	DC Current Gain	V_{CE} = 4V, I_C = 3A	1000		20000	
		V_{CE} = 4V, I_C = 8A	200			
V_{CE}(sat)	Collector-Emitter Saturation Voltage	I_C = 3A, I_B = 8mA			2	V
		I_C = 8A, I_B = 80mA			2.5	V
V_{BE}(on)	Base-Emitter On Voltage	V_{CE} = 4V, I_C = 8A			2.8	V
C_{ob}	Output Capacitance	V_{CB} = 10V, I_E = 0, f = 0.1MHz			200	pF

* Pulse Test: Pulse Width≤300µs, Duty Cycle≤2%

© 2007 Fairchild Semiconductor Corporation
TIP100/TIP101/TIP102 Rev. 1.0.0

www.fairchildsemi.com

Figura 9-17 Transistor Darlington. (Cortesia da Fairchild Semiconductor Corporation)

sores embutidos, juntamente com um diodo interno. Os componentes internos devem ser levados em consideração ao testarmos o dispositivo com um ohmímetro.

A análise de um circuito com transistor Darlington é idêntica à análise do seguidor de emissor. Com o transistor Darlington, visto que existem dois transistores, existem duas quedas V_{BE}. A corrente na base de Q_2 é a mesma corrente no coletor de Q_1. Além disso, usando a Eq. 9-9, a impedância de entrada na base de Q_1 pode ser calculada por, ou determinada como:

$$z_{in(base)} \cong \beta r_e \qquad (9\text{-}10)$$

Exemplo 9-12
|||MultiSim

Se cada transistor na Figura 9-18 tiver um valor de beta de 100, qual é o ganho de corrente total, a corrente na base de Q_1 e a impedância de entrada na base de Q_1?

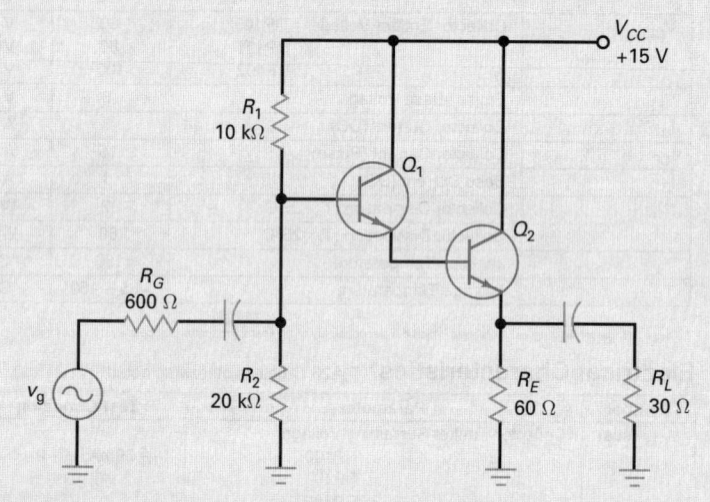

Figura 9-18 Exemplo.

SOLUÇÃO O ganho de corrente total é dado por:

$$\beta = \beta_1 \beta_2 = (100)(100) = 10.000$$

A corrente CC do emissor de Q_2 é:

$$I_{E2} = \frac{10\text{ V} - 1,4\text{ V}}{60\,\Omega} = 143\text{ mA}$$

A corrente no emissor de Q_1 é igual à corrente na base de Q_2. Isso é calculado como:

$$I_{E1} = I_{B2} = \frac{I_{E2}}{\beta_2} = \frac{143\text{ mA}}{100} = 1,43\text{ mA}$$

A corrente na base de Q_1 é:

$$I_{B1} = \frac{I_{E1}}{\beta_1} = \frac{143\text{ mA}}{100} = 1,43\,\mu\text{A}$$

Para calcular a impedância de entrada na base de Q_1, primeiro resolva para r_e. A resistência CA do emissor é:

$$r_e = 60\,\Omega \parallel 30\,\Omega = 20\,\Omega$$

A impedância de entrada na base de Q_1 é:

$$z_{in(base)} = (10.000)(20\,\Omega) = 200\,k\Omega$$

PROBLEMA PRÁTICO 9-12 Repita o Exemplo 9-12 usando um par Darlington com cada transistor tendo um ganho de corrente de 75.

Darlington complementar

A Figura 9-16c mostra outra conexão Darlington chamada de **Darlington complementar**, uma conexão com transistores *npn* e *pnp*. A corrente no coletor de Q_1 é a corrente na base de Q_2. Se o transistor *pnp* tiver um ganho de corrente de β_1 e o transistor *npn* na saída tiver um ganho de corrente de β_2, o Darlington complementar funciona como um transistor *pnp* simples com um ganho de corrente de $\beta_1\beta_2$.

Os transistores Darlington *npn* e *pnp* podem ser fabricados para um complementar o outro. Como exemplo, o TIP105/106/107 é uma série de transistores Darlington *pnp* e seu complementar é a série TIP101/102.

9-7 Regulação de tensão

Além de ser usado em circuitos reforçadores (*buffer*) e em casamento de impedância de amplificadores, o seguidor de emissor é largamente usado nos reguladores de tensão. Em conjunto com um diodo Zener, o seguidor de emissor pode produzir tensões de saída reguladas com correntes de saída de maiores valores.

Seguidor Zener

A Figura 9-19a mostra um **seguidor Zener**, um circuito que combina um regulador Zener e um seguidor de emissor. Aqui está como ele funciona: a tensão Zener é a entrada para a base do seguidor de emissor. A tensão CC na saída do seguidor de emissor:

$$V_{out} = V_Z - V_{BE} \tag{9-11}$$

A tensão de saída é fixa, de modo que ela é igual à tensão Zener menos a queda V_{BE} do transistor. Se a tensão da fonte variar, a tensão Zener permanece aproximadamente constante e, portanto, a tensão de saída também. Em outras palavras, o

É ÚTIL SABER

O transistor Darlington complementar na Figura 9-16c foi originalmente desenvolvido porque os transistores complementares de alta potência não estavam prontamente disponíveis. O transistor complementar é quase sempre usado em um estágio especial conhecido como *estágio de saída quase complementar*.

É ÚTIL SABER

Na Figura 9-19, o circuito seguidor de emissor reduz as variações na corrente Zener por um fator de β se compararmos as variações na corrente Zener que poderiam existir se o transistor não estivesse no circuito.

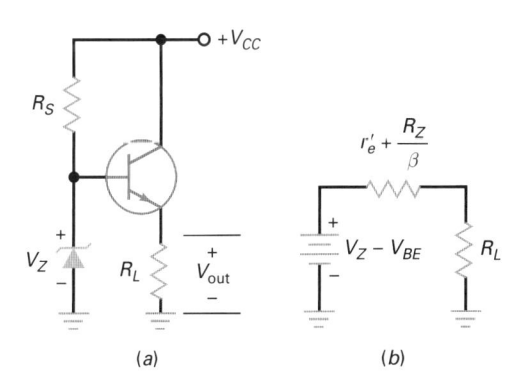

Figura 9-19 (a) Seguidor Zener; (b) circuito equivalente CA.

circuito funciona como um regulador de tensão porque a tensão na saída é sempre uma queda V_{BE} abaixo da tensão Zener.

O seguidor Zener tem duas vantagens em relação a um regulador Zener comum: primeiro, o diodo Zener na Figura 9-19 tem de produzir apenas uma corrente na carga de

$$I_B = \frac{I_{out}}{\beta_{cc}} \qquad (9\text{-}12)$$

Como esta corrente na base é muito menor que a corrente na saída, podemos usar um diodo Zener de menor potência.

Por exemplo, se você estiver tentando fornecer uma corrente de vários ampères a um resistor de carga, um regulador Zener comum requer um diodo Zener capaz de suportar vários ampères. Por outro lado, com o regulador melhorado na Figura 9-19a o diodo Zener precisa conduzir apenas alguns décimos de miliampères.

A segunda vantagem de um seguidor de emissor é sua baixa impedância de saída. Em um regulador Zener comum, o resistor de carga vê uma impedância de saída de aproximadamente R_Z, a impedância Zener. Mas, no seguidor Zener, a impedância de saída é:

$$z_{out} = r_e' + \frac{R_Z}{\beta_{cc}} \qquad (9\text{-}13)$$

A Figura 9-19b mostra o circuito equivalente de saída. Pelo fato de z_{out} ser geralmente muito menor que R_L, um seguidor de emissor pode manter a tensão CC de saída quase constante porque funciona como uma fonte estável.

Resumindo, o seguidor Zener fornece a regulação de um diodo Zener com a capacidade de conduzir correntes maiores que um seguidor de emissor

Regulador com dois transistores

A Figura 9-20 mostra outro regulador de tensão. A tensão CC na entrada v_{in} vem de uma fonte de alimentação não regulada como de uma ponte retificadora com um capacitor de filtro. Tipicamente, v_{in} tem uma ondulação de pico a pico de cerca de 10% da tensão CC. A tensão final de saída v_{out} quase não apresenta ondulação e seu valor é quase constante, embora a tensão na entrada e a corrente na carga possam variar por uma larga faixa.

Como ele funciona? Qualquer tentativa de variação na tensão de saída produz uma tensão de realimentação amplificada que se opõe à variação original. Por exemplo, suponha que a tensão na saída aumente. Logo, a tensão que aparece na base de Q_1 aumentará. Como Q_1 e R_2 formam um amplificador EC, a tensão no coletor de Q_1 diminuirá por causa do ganho de tensão.

Como a tensão no coletor de Q_1 diminuiu, a tensão na base de Q_2 diminui. Visto que Q_2 é um seguidor de emissor, a tensão na saída diminuirá. Em outras palavras, temos uma realimentação negativa. O aumento original na tensão de saída

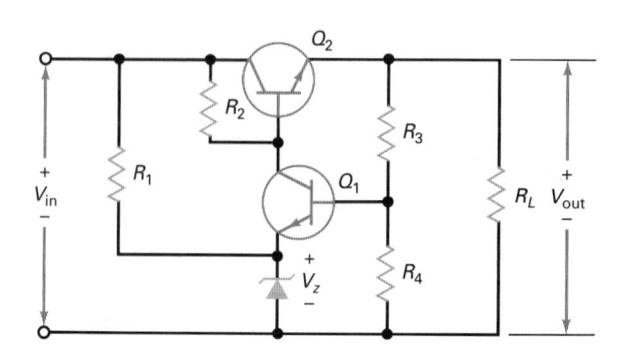

Figura 9-20 Regulador de tensão com transistor.

produz uma diminuição oposta na tensão de saída. O efeito total é que a tensão na saída aumenta apenas ligeiramente, muito menos do que poderia se não existisse a realimentação negativa.

Inversamente, se a tensão na saída tentar diminuir, a tensão na base de Q_1 será menor, a tensão no coletor de Q_1 aumentará e a tensão no coletor de Q_2 aumentará. Novamente, temos um retorno de tensão que se opõe à variação original na tensão de saída. Portanto, a tensão de saída diminuirá apenas um pouco, muito menos do que poderia se não existisse a realimentação negativa.

Por causa do diodo Zener, a tensão no emissor de Q_1 é igual V_Z. A tensão na base de Q_1 é uma queda V_{BE} acima. Portanto, a tensão em R_4 é:

$$V_4 = V_Z + V_{BE}$$

Com a lei de Ohm, a corrente em R_4 é:

$$I_4 = \frac{V_Z + V_{BE}}{R_4}$$

Como esta corrente circula por R_3 em série com R_4, a tensão na saída é:

$$V_{out} = I_4(R_3 + R_4)$$

Após expansão:

$$V_{out} = \frac{R_3 + R_4}{R_4}(V_Z + V_{BE}) \tag{9-14}$$

Exemplo 9-13

A Figura 9-21 mostra um seguidor Zener como é geralmente desenhado nos diagramas. Qual a tensão na saída? Qual a corrente no zener se $\beta_{cc} = 100$?

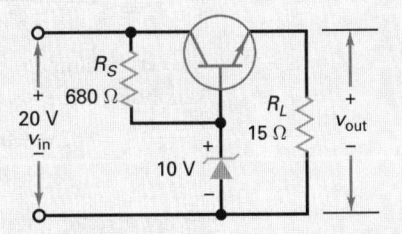

Figura 9-21 Exemplo.

SOLUÇÃO A tensão na saída é de aproximadamente:

$$V_{out} = 10\,V - 0,7\,V = 9,3\,V$$

Com uma resistência de carga de 15 Ω, a corrente na carga é:

$$I_{out} = \frac{9,3\,V}{15\,\Omega} = 0,62\,A$$

A corrente na base é:

$$I_B = \frac{0,62\,A}{100} = 6,2\,mA$$

A corrente no resistor em série é:

$$I_S = \frac{20\,V - 10\,V}{680\,\Omega} = 14{,}7\,mA$$

A corrente no Zener é:

$$I_Z = 14{,}7\,mA - 6{,}2\,mA = 8{,}5\,mA$$

PROBLEMA PRÁTICO 9-13 Repita o Exemplo 9-13 usando um diodo Zener de 8,2 V e uma tensão de entrada de 15 V.

Exemplo 9-14

MultiSim

Qual é a tensão de saída na Figura 9-22?

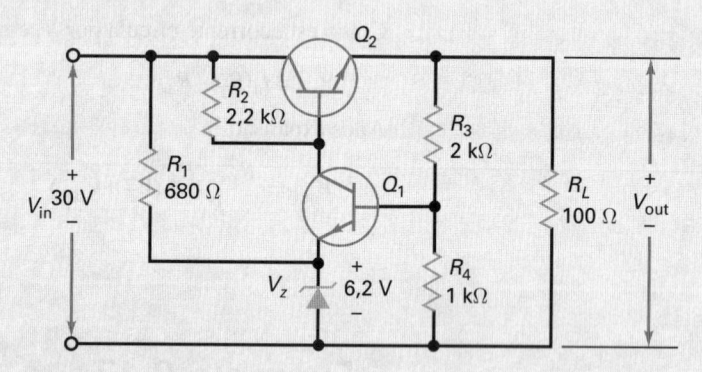

Figura 9-22 Exemplo.

SOLUÇÃO Com a Equação (9-14):

$$z_{out} = \frac{2\,k\Omega + 1\,k\Omega}{1\,k\Omega}(6{,}2\,V + 0{,}7\,V) = 20{,}7\,V$$

Você também pode resolver o problema como segue: a corrente no resistor de 1 kΩ é:

$$I_4 = \frac{6{,}2\,V + 0{,}7\,V}{1\,k\Omega} = 6{,}9\,mA$$

Essa corrente circula pela resistência total de 3 kΩ, o que significa que a tensão de saída é:

$$V_{out} = (6{,}9\,mA)(3\,k\Omega) = 20{,}7\,V$$

PROBLEMA PRÁTICO 9-14 Usando a Figura 9-22, mude o valor da tensão Zener para 5,6 V e calcule o novo valor de V_{out}.

9-8 Amplificador em base comum

A Figura 9-23a mostra um **amplificador em base comum (BC)** usando uma polaridade dupla ou uma fonte de alimentação simétrica. Como a base está aterrada, o circuito é chamado também de amplificador com base aterrada. O ponto Q é

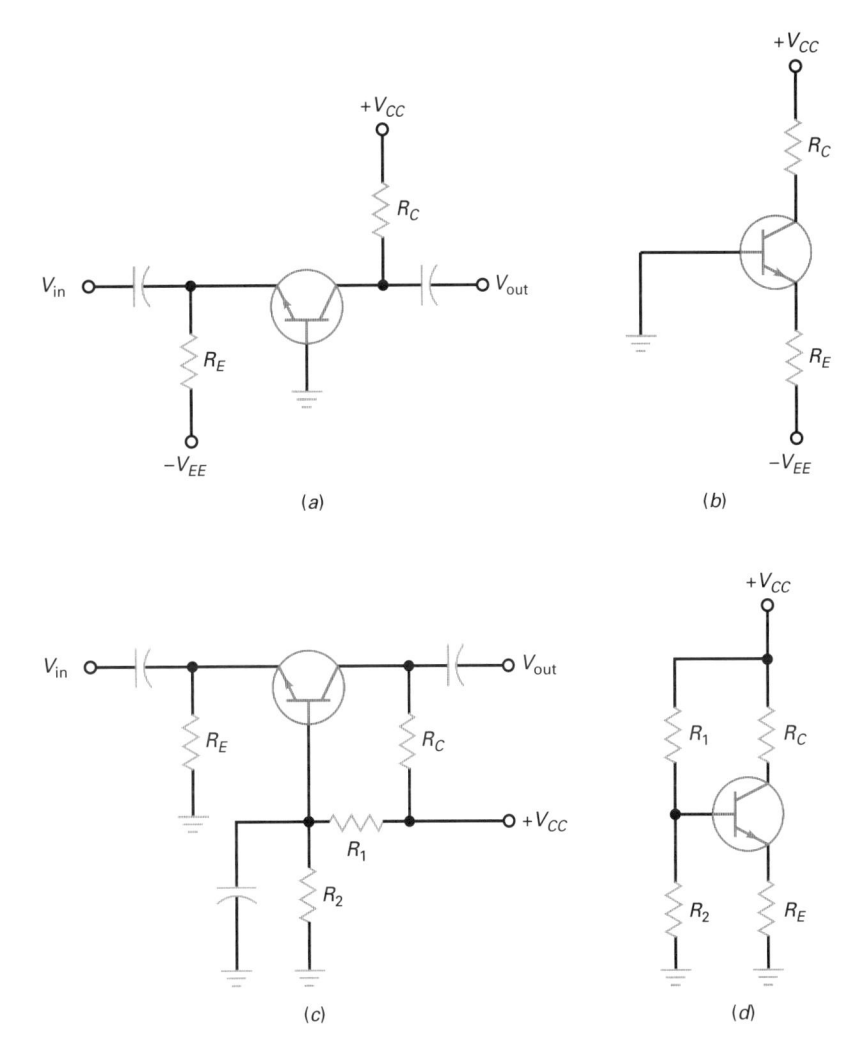

Capítulo 9 • Amplificadores CC, BC e de múltiplos estágios

Figura 9-23 Amplificador BC; (a) fonte simétrica; (b) circuito equivalente CC emissor polarizado; (c) fonte simples; (d) circuito equivalente CC divisor de tensão.

estabelecido pela polarização do emissor como mostrado pelo circuito CC equivalente da Figura 9-23b. Portanto, a corrente CC do emissor é calculada por:

$$I_E = \frac{V_{EE} - V_{BE}}{R_E} \qquad (9\text{-}15)$$

A Figura 9-23c mostra um amplificador BC com polarização por divisor de tensao usando uma fonte de alimentação simples. Observe o capacitor de desvio em paralelo com R_2. Ele faz com que a base fique aterrada para CA. Desenhando o circuito equivalente CC, como mostrado na Figura 9-23d, você pode reconhecer a configuração de polarização por divisor de tensão.

Nos dois amplificadores, a base é aterrada para CA. O sinal de entrada aciona o emissor e o sinal de saída é retirado pelo coletor. A Figura 9-24a mostra o circuito equivalente CA de um amplificador BC durante o semiciclo positivo da tensão de entrada. Nesse circuito, a tensão CA no coletor, ou v_{out} é igual à:

$$v_{out} \cong i_c r_c$$

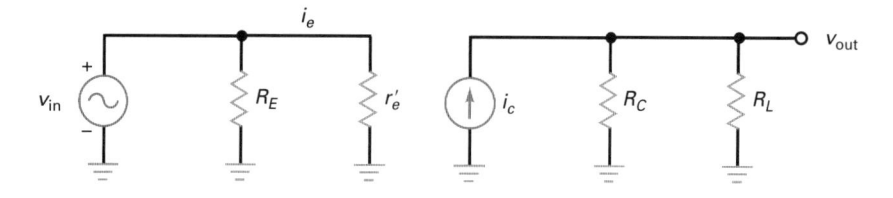

Figura 9-24 Circuito equivalente CA.

Ela está em fase com a tensão CA de entrada v_e. Como a tensão de entrada é igual à:

$$v_{in} = r_e\, r'_e$$

O ganho de tensão é:

$$A_V = \frac{v_{out}}{v_{in}} = \frac{i_c r_c}{i_e r'_e}$$

Como $i_c \cong i_e$, a equação fica simplificada para:

$$A_v = \frac{r_c}{r'_e} \qquad (9\text{-}16)$$

Observe que o ganho de tensão tem a mesma dimensão que teria se tivéssemos um amplificador EC com realimentação parcial. A diferença está apenas na fase da tensão de saída. Veja que o sinal de saída de um amplificador EC está 180º fora de fase com o sinal de entrada, enquanto a tensão de saída de um amplificador BC está em fase com o sinal de entrada.

Idealmente, a fonte de corrente do coletor na Figura 9-24 tem uma impedância interna infinita. Portanto, a impedância de saída de um amplificador BC é:

$$z_{out} \cong R_C \qquad (9\text{-}17)$$

Uma das principais diferenças entre o amplificador BC e outras configurações é sua baixa impedância de entrada. Examinando o emissor na Figura 9-24, observamos uma impedância de entrada de:

$$z_{in(emissor)} = \frac{v_e}{i_e} = \frac{i_e r'_e}{i_e} \text{ ou } z_{in(emissor)} = r'_e$$

A impedância de entrada do circuito é:

$$z_{in} = R_E \parallel r'_e$$

Como R_E é normalmente muito maior que r'_e, a impedância de entrada do circuito é de aproximadamente:

$$z_{in} \cong r'_e \qquad (9\text{-}18)$$

Como exemplo, se $I_E = 1$ mA, a impedância de entrada de um amplificador BC é apenas de 25 Ω. A não ser que a impedância de entrada da fonte CA seja muito baixa, a maior parte do sinal será perdida na resistência da fonte.

A impedância de entrada de um amplificador BC é normalmente tão baixa que ela sobrecarrega a maior parte do sinal da fonte. Por isso, um amplificador distinto BC não é tão utilizado em baixas frequências. Ele é utilizado principalmente em aplicações de altas frequências (acima de 10 MHz) em que as baixas impedâncias das fontes são comuns. Além disto, em altas frequências, a base separa a entrada e a saída resultando em menos oscilações nestas frequências.

Um circuito seguidor de emissor era usado em aplicações em que uma fonte de alta impedância precisava acionar uma carga de baixa impedância. Contrariamente, um circuito em base comum pode ser usado para acoplar uma fonte de baixa impedância a uma carga de alta impedância.

Exemplo 9-15

Qual a tensão na saída da Figura 9-25?

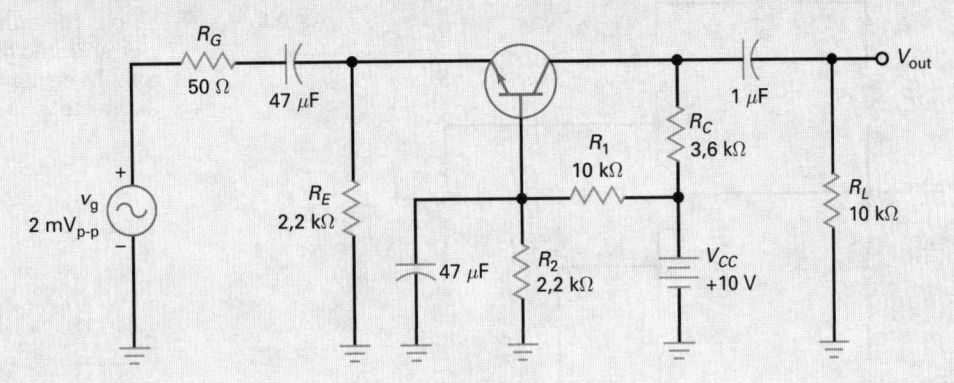

Figura 9-25 Exemplo.

SOLUÇÃO O circuito precisa ter seu ponto Q determinado.

$$V_B = \frac{2{,}2\,\text{k}\Omega}{10\,\text{k}\Omega + 2{,}2\,\text{k}\Omega}(+10\,\text{V}) = 1{,}8\,\text{V}$$

$$V_E = V_B - 0{,}7\,\text{V} = 1{,}8\,\text{V} - 0{,}7\,\text{V} = 1{,}1\,\text{V}$$

$$I_E = \frac{V_E}{R_E} = \frac{1{,}1\,\text{V}}{2{,}2\,\text{k}\Omega} = 500\,\mu\text{A}$$

Portanto, $r'_e = \dfrac{25\,\text{mV}}{500\,\mu\text{A}} = 50\,\Omega$

Agora, resolvendo para os valores CA do circuito:

$$z_{\text{in}} = R_E \parallel r'_e = 2{,}2\,\text{k}\Omega \parallel 50\,\Omega \cong 50\,\Omega$$

$$z_{\text{out}} = R_C = 3{,}6\,\Omega$$

$$A_V = \frac{r_c}{r'_e} = \frac{3{,}6\,\text{k}\Omega \parallel 10\,\text{k}\Omega}{50\,\Omega} = \frac{2{,}65\,\text{k}\Omega}{50\,\Omega} = 53$$

$$v_{\text{in(base)}} = \frac{r'_e}{R_G}(v_{\text{in}}) = \frac{50\,\Omega}{50\,\Omega + 50\,\Omega}(2\text{m V}_{\text{pp}}) = 1\,\text{mV}_{\text{pp}}$$

$$v_{\text{out}} = (A_v)(v_{\text{in(base)}}) = (53)(1\,\text{mVpp}) = 53\,\text{mVpp}$$

PROBLEMA PRÁTICO 9-15 Na Figura 9-25, mude V_{CC} para 20 V e calcule v_{out}.

Um resumo das quatro configurações de amplificador com transistor está mostrado na Tabela 9-1. É importante ser capaz de reconhecer a configuração de um amplificador, saber suas características básicas e entender suas aplicações comuns.

Tabela 9-1 — Configurações comuns dos amplificadores

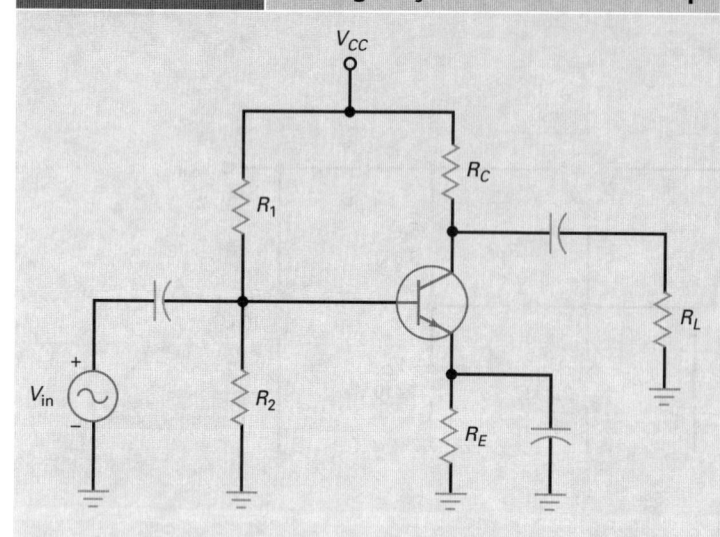

Circuito 1 (EC):
- Tipo: EC
- A_v: Médio-Alto
- A_i: β
- A_p: Alto
- Ø: 180°
- z_{in}: Média
- z_{out}: Média
- Aplicações: Amplificador de aplicação geral, com ganho de tensão e de corrente

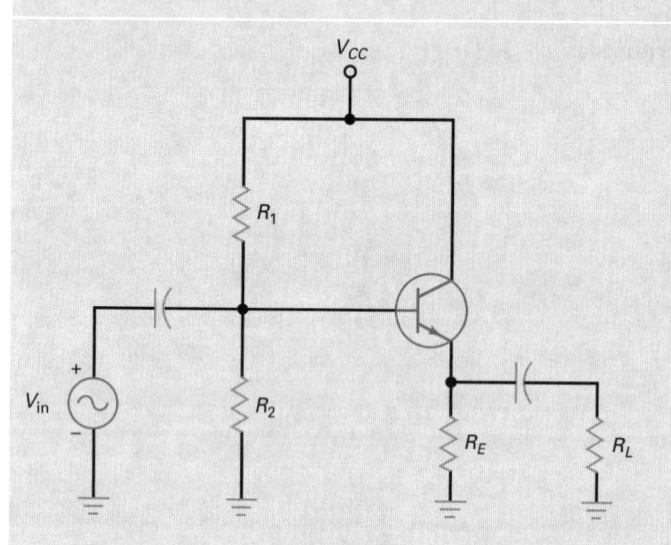

Circuito 2 (CC):
- Tipo: CC
- A_v: ≈ 1
- A_i: β
- A_p: Médio
- Ø: 0°
- z_{in}: Alta
- z_{out}: Baixa
- Aplicações: reforçadores, casamento de impedância, acionamento de altas correntes

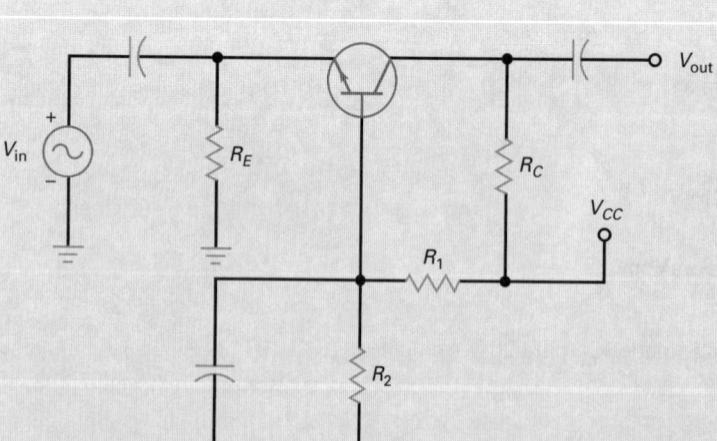

Circuito 3 (BC):
- Tipo: BC
- A_v: Médio-Alto
- A_i: ≈ 1
- A_p: Médio
- Ø: 0°
- z_{in}: Baixa
- z_{out}: Alta
- Aplicações: amplificador de alta frequência, casamento de impedância de baixa para alta

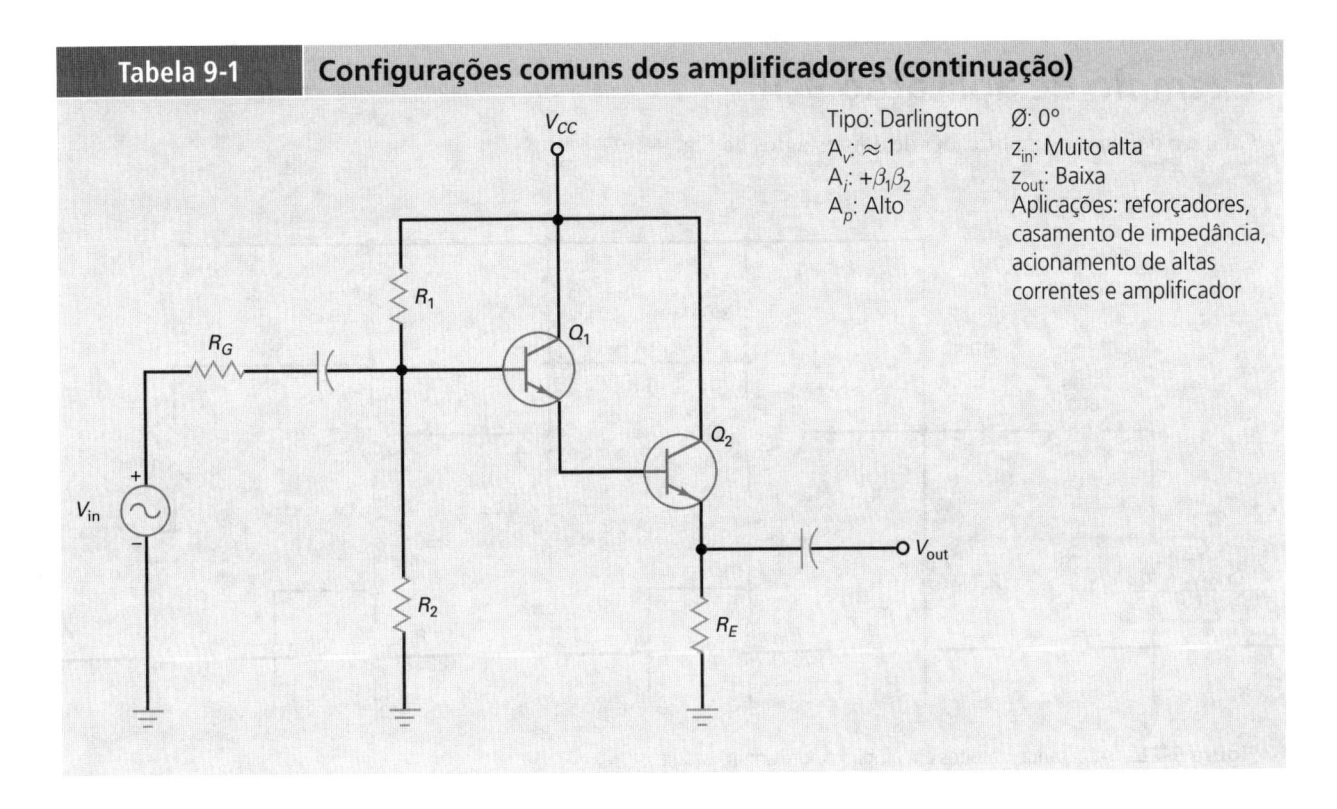

Tabela 9-1	Configurações comuns dos amplificadores (continuação)

Tipo: Darlington
A_v: ≈ 1
A_i: $+\beta_1\beta_2$
A_p: Alto
Ø: 0°
z_{in}: Muito alta
z_{out}: Baixa
Aplicações: reforçadores, casamento de impedância, acionamento de altas correntes e amplificador

9-9 Análise de falhas em amplificadores multiestágios

Quando um amplificador consiste de dois ou mais estágios, quais técnicas devem ser utilizadas para solucionarmos as falhas de forma eficiente? Em um amplificador de um único estágio podemos iniciar pela medição das tensões CC, incluindo as tensões da fonte de alimentação. Quando um amplificador tem dois ou mais estágios, medir todas as tensões CC do circuito não é uma solução inicial eficiente para resolver os problemas.

Em um amplificador multiestágio, é melhor isolar primeiramente o estágio defeituoso utilizando um traçador de sinais ou técnicas de injeção de sinais. Como exemplo, se o amplificador possui quatro estágios, divida-o em duas metades, seja medindo ou injetando um sinal na saída do segundo estágio. Fazendo isto, você poderá determinar se o defeito está antes ou depois deste ponto. Se o sinal medido na saída do segundo estágio estiver correto, isto significa que o problema está em um dos outros dois estágios da segunda metade, pois os dois primeiros (primeira metade) estão funcionando adequadamente. Em seguida, você deve analisar o ponto médio dos dois últimos estágios (ou seja, a segunda metade será dividida em dois estágios, quais sejam, o terceiro e o quarto estágio do circuito original). Dessa forma, você poderá determinar rapidamente o estágio defeituoso.

Uma vez determinado o estágio defeituoso, as tensões CC poderão ser medidas e verificadas se estão corretas. Se elas estiverem corretas, o próximo passo é descobrir o que está errado no circuito CA equivalente. Neste caso, é provável que o defeito seja um capacitor de acoplamento aberto e/ou um capacitor de desvio (bypass) que também pode estar aberto.

Finalmente, em um amplificador multiestágio, a saída de um determinado estágio sofre um decréscimo no carregamento (efeito de carga) devido à entrada do estágio seguinte. Um defeito na entrada do estágio seguinte pode causar um problema na saída do estágio anterior. Algumas vezes, poderá ser necessário abrir fisicamente a conexão entre os dois estágios para verificar se existe um problema de carregamento.

Exemplo de aplicação 9-16

Qual é o defeito no amplificador de dois estágios da Fig. 9-26?

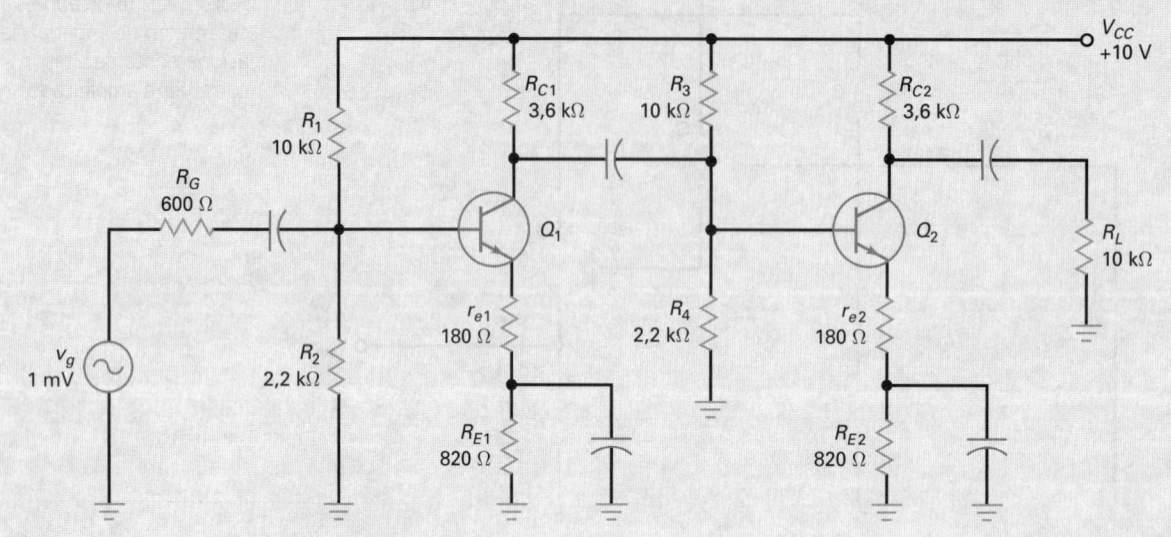

Figura 9-26 Analisando defeitos em amplificadores multiestágios.

SOLUÇÃO Examinando a Fig. 9-26, o primeiro estágio é um pré-amplificador em EC que recebe um sinal a partir de uma fonte de sinal e repassa esse sinal amplificado para o segundo estágio. O segundo estágio também tem configuração em EC e amplifica a saída de Q_1. O segundo estágio acopla a saída de Q_2 ao resistor de carga. No Exemplo 9-2, calculamos as tensões CA seguintes:

v_{in} = 0,74 mV
v_c = 4,74 mV (saída do primeiro estágio)
v_{out} = 70 mV

Essas são, aproximadamente, as tensões CA que você deverá medir quando o amplificador estiver funcionando adequadamente. (Algumas vezes, as tensões CA e CC são fornecidas em diagramas esquemáticos utilizados para análise de falhas.)

Quando você medir a tensão de saída do circuito, o sinal de saída sobre a carga de 10 kΩ será de somente 13mV. A tensão de entrada medida está normal em aproximadamente 0,74mV. Quais medições você deverá fazer em seguida?

Separando o circuito em duas metades e utilizando o traçador de sinais, meça a tensão CA no ponto médio do amplificador. Fazendo isto, a saída no coletor de Q_1 e a tensão de entrada na base de Q_2 apresentarão um valor de 4,90 mV, apenas um pouco maior do que o normal. Estas medições mostram que o primeiro estágio está funcionando corretamente. Portanto, a falha tem que estar no segundo estágio.

As medições CC nos três terminais de Q_2 estão todas normais. Isto indica que o estágio está operando corretamente para tensões CC e que o problema deve estar na operação CA do mesmo. O que pode causar isto? Medições CA posteriores mostram que existe uma tensão de aproximadamente 4mV sobre o resistor R_{E2} de 820 Ω. Removendo e testando o capacitor de desvio paralelo a R_{E2} verificamos que ele está aberto. Esta falha do capacitor causou uma queda significativa no ganho do estágio dois. Além disso, o capacitor aberto causou um aumento na impedância de entrada do estágio dois. Por este motivo, o sinal de saída do primeiro estágio estava um pouco maior do que o normal.

Independentemente de um amplificador ser projetado com dois ou mais estágios, a separação do mesmo em duas metades e a utilização da técnica de injeção de sinais ou o uso de um traçador de sinais são métodos eficientes na análise de falhas em circuitos amplificadores.

Resumo

SEÇÃO 9-1 AMPLIFICADORES COM ESTÁGIOS EM CASCATA

O ganho de tensão total é o produto dos ganhos de tensões individuais. A impedância de entrada do segundo estágio é a resistência de carga para o primeiro estágio. Dois estágios em EC resultam em um sinal amplificado em fase.

SEÇÃO 9-2 DOIS ESTÁGIOS COM REALIMENTAÇÃO

Podemos realimentar a tensão de saída do segundo coletor para o emissor do primeiro estágio por meio de um divisor de tensão. Isso produz uma realimentação negativa, que estabiliza o ganho de tensão do amplificador de dois estágios.

SEÇÃO 9-3 AMPLIFICADOR CC

Um amplificador CC, mais conhecido como seguidor de emissor, tem seu coletor aterrado para CA. O sinal de entrada aciona a base e o sinal de saída é pelo emissor. Por ele ser fortemente realimentado parcialmente, um seguidor de emissor tem um ganho de tensão estável, impedância de entrada alta e baixa distorção.

SEÇÃO 9-4 IMPEDÂNCIA DE SAÍDA

A impedância de saída de um amplificador é a mesma de sua impedância equivalente de Thevenin. Um seguidor de emissor tem uma impedância de saída baixa. O ganho de corrente de um transistor transforma a impedância da fonte que aciona a base em um valor muito mais baixo quando visto do emissor.

SEÇÃO 9-5 EC EM CASCATA COM CC

Quando uma carga de baixa resistência é conectada à saída de um amplificador EC, ele fica sobrecarregado resultando em um ganho de corrente muito baixo. Um amplificador CC conectado entre a saída de um EC e a carga reduzirá significativamente este efeito. Desse modo, o amplificador CC age como um reforçador (buffer).

SEÇÃO 9-6 CONEXÕES DARLINGTON

Dois transistores podem ser conectados como um par Darlington. O emissor do primeiro é conectado à base do segundo. Isso produz um ganho de corrente total que é igual ao produto dos ganhos de corrente individuais

SEÇÃO 9-7 REGULAÇÃO DE TENSÃO

Pela combinação de um diodo Zener e um seguidor de emissor, obtemos um seguidor Zener. Este circuito produz uma tensão de saída regulada com correntes altas na carga. A vantagem é que a corrente Zener é muito menor que a corrente da carga. Adicionando um estágio de ganho de tensão, podemos obter uma tensão regulada com valor maior na saída.

SEÇÃO 9-8 AMPLIFICADOR EM BASE COMUM

A configuração de um amplificador BC tem sua base aterrada para CA. O sinal de entrada aciona o emissor e o sinal de saída é retirado pelo coletor. Embora esse circuito não tenha ganho de corrente, ele produz um excelente ganho de tensão. O amplificador BC tem uma baixa impedância de entrada e alta impedância de saída e é usado em aplicações de alta frequência.

SEÇÃO 9-9 ANÁLISE DE FALHAS EM AMPLIFICADORES MULTIESTÁGIOS

A análise de falhas em amplificadores multiestágios utiliza traçador de sinais ou a técnica de injeção de sinais. A separação do amplificador em duas metades permite determinar rapidamente qual é o estágio defeituoso. A medição das tensões CC (incluindo a fonte de alimentação) permite descartar possíveis falhas causadoras do problema.

Definição

(9-3) Resistência CA do emissor:

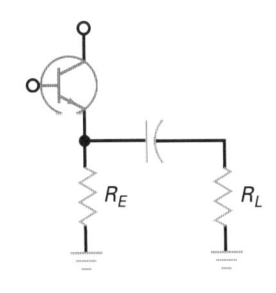

$$r_e = R_E \| R_L$$

Derivações

(9-1) Ganho de tensão para dois estágios:

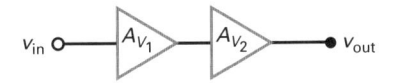

$$A_V = (A_{V_1})(A_{V_2})$$

(9-2) Ganho em amplificador com dois estágios com realimentação

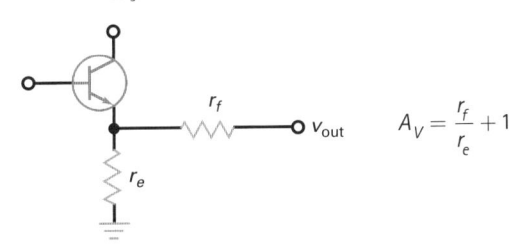

$$A_V = \frac{r_f}{r_e} + 1$$

(9-4) Ganho de tensão do seguidor de emissor:

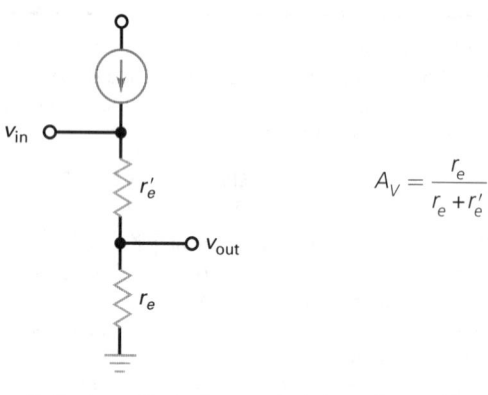

$$A_V = \frac{r_e}{r_e + r'_e}$$

(9-5) Impedância de entrada da base do seguidor de emissor:

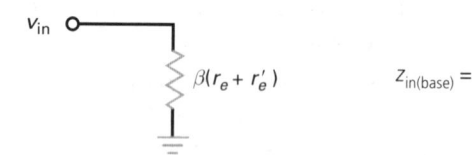

$$z_{in(base)} = \beta(r_e + r'_e)$$

(9-7) Impedância de saída do seguidor de emissor:

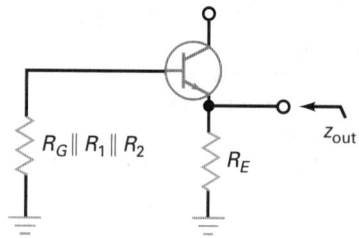

$$A_{out} = R_E \parallel \left(r'_e + \frac{R_G \parallel R_1 \parallel R_2}{\beta} \right)$$

(9-9) Ganho de corrente do par Darlington:

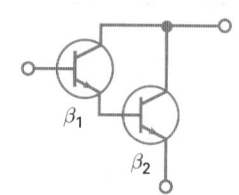

$$\beta = \beta_1 \beta_2$$

(9-11) Seguidor Zener:

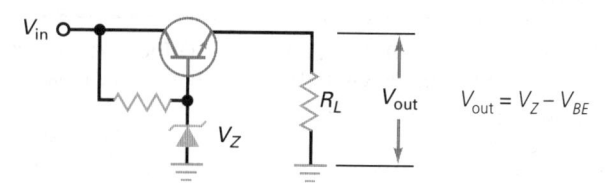

$$V_{out} = V_Z - V_{BE}$$

(9-14) Regulador de tensão:

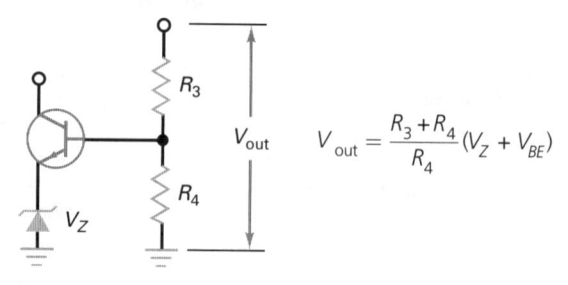

$$V_{out} = \frac{R_3 + R_4}{R_4}(V_Z + V_{BE})$$

(9-16) Ganho de tensão em base comum:

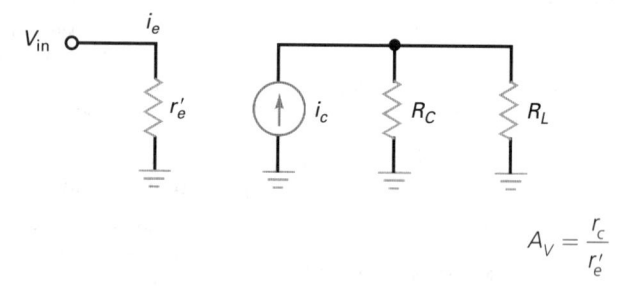

$$A_V = \frac{r_c}{r'_e}$$

(9-18) Impedância de entrada em base comum:

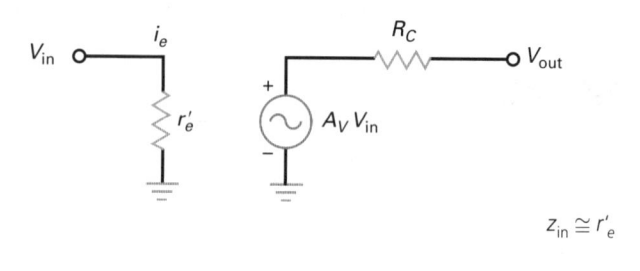

$$z_{in} \cong r'_e$$

Exercícios

1. Se a impedância de entrada do segundo estágio diminuir, o ganho de tensão do primeiro estágio
   a. Diminuirá
   b. Aumentará
   c. Permanecerá o mesmo
   d. Será igual a zero

2. Se o diodo BE do segundo estágio abrir, o ganho de tensão do primeiro estágio
   a. Diminuirá
   b. Aumentará
   c. Permanecerá o mesmo
   d. Será igual a zero

3. Se a resistência de carga do segundo estágio abrir, o ganho de tensão do primeiro estágio
   a. Diminuirá
   b. Aumentará
   c. Permanecerá o mesmo
   d. Será igual a zero

4. **Um seguidor de emissor tem ganho de tensão que é**
   a. Muito menor que um
   b. Aproximadamente igual a um
   c. Maior que um
   d. Zero

5. **A resistência CA total de um seguidor de emissor é igual a**
   a. r_e'
   b. r_e
   c. $r_e + r_e'$
   d. R_E

6. **A impedância de entrada da base de um seguidor de emissor é normalmente**
   a. Baixa
   b. Alta
   c. Aterrada
   d. Aberta

7. **O ganho de corrente CC de emissor para um seguidor de emissor é**
   a. 0
   b. ≈ 1
   c. β_{cc}
   d. Dependente de r_e'

8. **A tensão CA na base de um seguidor de emissor é a tensão no**
   a. Diodo emissor
   b. Resistor CC do emissor
   c. Resistor de carga
   d. Diodo emissor e da resistência CA externa de emissor

9. **A tensão de saída de um seguidor de emissor é a tensão através do**
   a. Diodo emissor
   b. Resistor CC do coletor
   c. Resistor de carga
   d. Diodo emissor e da resistência CA externa do emissor

10. **Se $\beta = 200$ e $r_e = 150\ \Omega$, a impedância de entrada da base é**
    a. 30 kΩ
    b. 600 Ω
    c. 3 kΩ
    d. 5 kΩ

11. **A tensão de entrada para um seguidor de emissor geralmente é**
    a. Menor que a tensão do gerador
    b. Aproximadamente igual à tensão do gerador
    c. Maior que a tensão do gerador
    d. Igual à tensão da fonte

12. **A corrente CA de emissor é mais próxima de**
    a. V_G dividida por r_e
    b. v_{in} dividida por r_e'
    c. V_G dividida por r_e
    d. v_{in} dividida por r_e

13. **A tensão de saída de um seguidor de emissor é de aproximadamente**
    a. 0
    b. V_G
    c. v_{in}
    d. V_{CC}

14. **A tensão na saída de um seguidor de emissor**
    a. Está em fase com v_{in}
    b. É muito maior que v_{in}
    c. Está defasado de 180°
    d. É geralmente muito menor que v_{in}

15. **Um seguidor de emissor reforçador é usado geralmente quando**
    a. $R_G \ll R_L$
    b. $R_G = R_L$
    c. $R_L \ll R_G$
    d. R_L é muito alta

16. **Para a máxima transferência de potência, um amplificador CC é projetado de modo que**
    a. $R_G \ll Z_{in}$
    b. $Z_{out} \gg R_L$
    c. $Z_{out} \ll R_L$
    d. $Z_{out} = R_L$

17. **Se um estágio EC for acoplado diretamente a um seguidor de emissor**
    a. As frequências baixas e altas passarão
    b. Apenas as frequências altas passarão
    c. Sinais de altas frequências serão bloqueados
    d. Sinais de baixas frequências serão bloqueados

18. **Se a resistência de carga de um seguidor de emissor é muito alta, a resistência CA externa do emissor é igual à**
    a. Resistência do gerador
    b. Impedância da base
    c. Resistência CC do emissor
    d. Resistência CC do coletor

19. **Se um seguidor de emissor tem $r_e' = 10\ \Omega$ e $r_e = 90\ \Omega$, o ganho de tensão é de aproximadamente**
    a. 0
    b. 0,5
    c. 0,9
    d. 1

20. **Um circuito seguidor de emissor sempre faz com que a impedância da fonte seja**
    a. β vezes menor
    b. β vezes maior
    c. Igual à da carga
    d. Zero

21. **Um transistor Darlington tem**
    a. Uma impedância de entrada muito baixa
    b. Três transistores
    c. Um ganho de corrente muito alto
    d. Uma queda com valor de V_{BE}

22. **A configuração de amplificador que produz uma defasagem de 180° é**
    a. BC
    b. CC
    c. EC
    d. Todas acima

23. **Se a tensão do gerador é 5 de mV em um seguidor de emissor, a tensão de saída na carga é mais próxima de**
    a. 5 mV
    b. 150 mV
    c. 0,25 V
    d. 0,5 V

24. **Se o resistor de carga do circuito da Figura 9-6a é curto-circuitado, quais dos seguintes valores são diferentes dos valores normais**
    a. Apenas as tensões CA
    b. Apenas as tensões CC
    c. As tensões CA e CC
    d. Nem a tensão CA nem a tensão CC

25. **Se R_1 estiver aberto em um seguidor de emissor, qual dessas alternativas é correta?**
    a. A tensão CC na base é V_{CC}
    b. A tensão CC no coletor é zero
    c. A tensão na saída é normal
    d. A tensão CC na base é zero

26. **Geralmente, a distorção em um seguidor de emissor é**
    a. Muito baixa
    b. Muito alta
    c. Alta
    d. Não aceitável

27. **A distorção em um seguidor de emissor é**
    a. Raramente baixa
    b. Muitas vezes alta
    c. Sempre baixa
    d. Alta quando ocorre ceifamento

28. Se um estágio EC é acoplado diretamente a um seguidor de emissor, quantos capacitores de acoplamento há entre os dois estágios?
    a. 0
    b. 1
    c. 2
    d. 3

29. Um transistor Darlington tem um β de 8.000. Se $R_E = 1\ k\Omega$ e $R_L = 100\ \Omega$, a impedância de entrada da base é mais próxima de
    a. 8 kΩ
    b. 80 kΩ
    c. 800 kΩ
    d. 8 MΩ

30. A resistência CA do emissor de um seguidor de emissor
    a. É igual à resistência CC do emissor
    b. É maior que a resistência da carga
    c. É β vezes menor que a resistência da carga
    d. É geralmente menor que a resistência da carga

31. Um amplificador em base comum tem um ganho de tensão que é
    a. Muito menor que um
    b. Aproximadamente igual a um
    c. Maior que um
    d. Zero

32. Aplicamos um amplificador em base comum quando
    a. $R_{fonte} \gg R_L$
    b. $R_{fonte} \ll R_L$
    c. É necessário um ganho de corrente alto
    d. Precisamos bloquear altas frequências

33. Um amplificador em base comum pode ser aplicado quando
    a. Há casamento de impedância baixa para alta
    b. É preciso um ganho de tensão sem ganho de corrente
    c. É preciso amplificar altas frequências
    d. Todas as anteriores

34. A corrente Zener em um seguidor Zener é
    a. Igual à corrente de saída
    b. Menor que a corrente de saída
    c. Maior que a corrente de saída
    d. É propícia para um disparo térmico

35. Em um regulador de tensão com dois transistores, a tensão na saída
    a. É regulada
    b. Tem muito mais ondulação que a tensão de entrada
    c. É maior que a tensão Zener
    d. Todas acima

36. Quando analisamos falhas em amplificadores, iniciamos
    a. Medindo todas as tensões CC
    b. Utilizando um traçador de sinais ou injetando sinais
    c. Medindo as resistências
    d. Substituindo os componentes

Problemas

SEÇÃO 9-1 AMPLIFICADORES COM ESTÁGIOS EM CASCATA

9-1 Na Figura 9-27, qual é a tensão CA na base do primeiro estágio? E na base do segundo estágio? E no resistor de carga?

9-2 Se a tensão da fonte CA dobrar na Figura 9-27, qual será o valor da tensão na saída?

9-3 Se $\beta = 300$ na Figura 9-27, qual é a tensão na saída?

SEÇÃO 9-2 DOIS ESTÁGIOS COM REALIMENTAÇÃO

9-4 Um amplificador com realimentação como o da Figura 9-4 tem $r_f = 5\ k\Omega$ e $r_e = 50\ \Omega$. Qual é o ganho de tensão?

9-5 Em um amplificador com realimentação como o da Figura 9-5, $r_e = 125\ \Omega$. Se você quiser um ganho de tensão de 100, qual deve ser o valor de r_f?

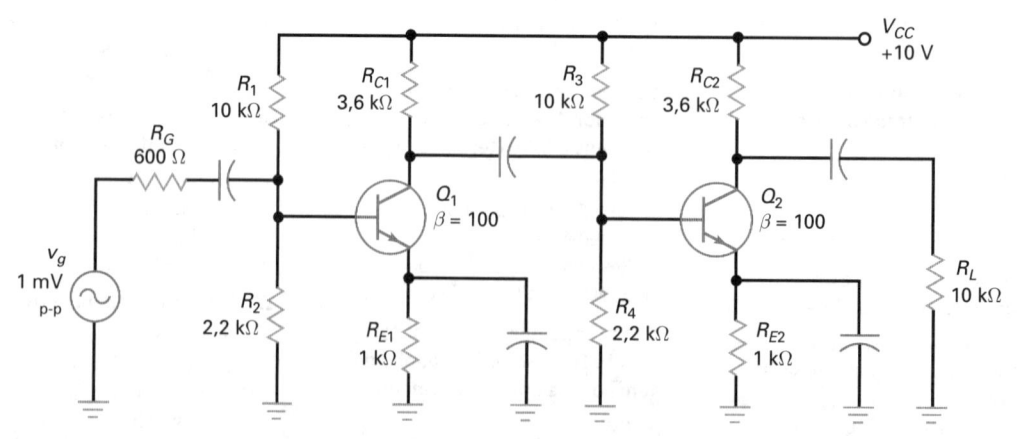

Figura 9-27

SEÇÃO 9-3 AMPLIFICADOR CC

9-6 Na Figura 9-28, qual a impedância de entrada da base se $\beta = 200$? E a impedância de entrada do estágio?

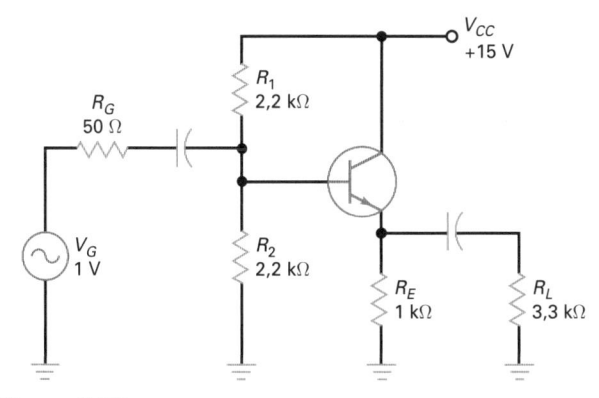

Figura 9-28

9-7 Se $\beta = 150$ na Figura 9-28, qual é a tensão de entrada do seguidor de emissor?

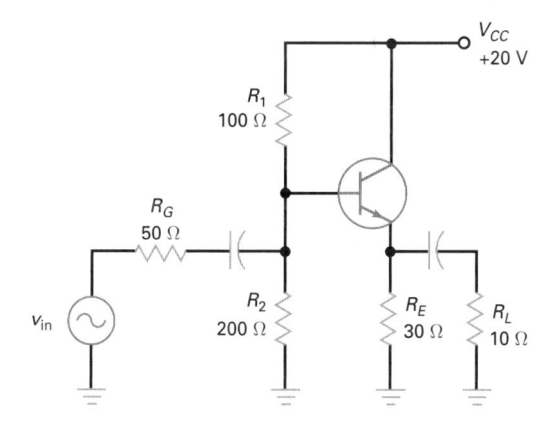

Figura 9-29

9-8 Qual é o ganho de tensão na Figura 9-28? Se $\beta = 175$, qual a tensão CA na carga?

9-9 Qual é a tensão de entrada na Figura 9-28 se β varia numa faixa de 50 a 300?

9-10 Todos os resistores tiveram seus valores dobrados na Figura 9-28. O que ocorre com a impedância de entrada do estágio se $\beta = 150$? E com a tensão de entrada?

9-11 Qual é a impedância de entrada da base se $\beta = 200$ na Figura 9-29? E a impedância de entrada do estágio?

9-12 Na Figura 9-29, qual é a tensão CA de entrada para o seguidor de emissor, se $\beta = 150$ e $v_{in} = 1$ V?

9-13 Qual é ganho de tensão na Figura 9-29? Se $\beta = 175$, qual é a tensão CA na carga?

SEÇÃO 9-4 IMPEDÂNCIA DE SAÍDA

9-14 Qual é a impedância de saída na Figura 9-28 se $\beta = 200$?

9-15 Qual é a impedância de saída na Figura 9-29 se $\beta = 100$?

SEÇÃO 9-5 EC EM CASCATA COM CC

9-16 Qual é o ganho de tensão do estágio EC na Figura 9-30 se o segundo transistor tem um ganho de corrente CC e CA de 200?

9-17 Se os dois transistores na Figura 9-30 têm ganhos de corrente CC e CA de 150, qual é a tensão de saída quando $V_G = 10$ mV?

9-18 Se os dois transistores têm ganhos de corrente CC e CA de 200 na Figura 9-30, qual o ganho de tensão do estágio EC se a resistência de carga diminuir para 125 Ω?

9-19 Na Figura 9-30, o que poderia acontecer com o ganho de tensão do amplificador EC se o estágio seguidor de emissor fosse retirado e o capacitor fosse usado para acoplar o sinal CA para a carga de 150 Ω?

SEÇÃO 9-6 CONEXÕES DARLINGTON

9-20 Se o par Darlington da Figura 9-31 tem um ganho de corrente total de 5.000, qual é a impedância de entrada da base de Q_1?

9-21 Na Figura 9-31 qual é a tensão CA na entrada da base de Q_1 se o par Darlington tem um ganho de corrente total de 7.000?

9-22 Os dois transistores têm um β de 150 na Figura 9-32. Qual a impedância de entrada da primeira base?

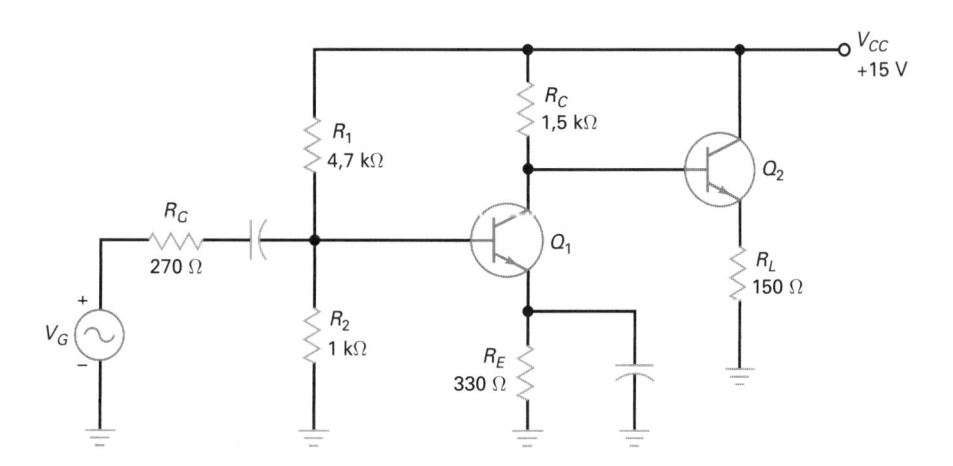

Figura 9-30

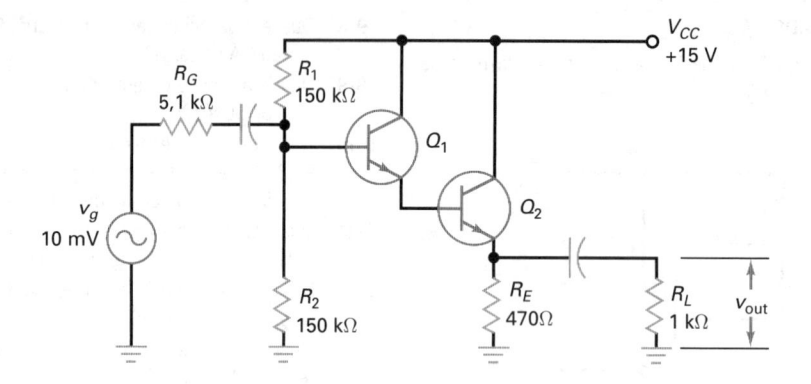

Figura 9-31

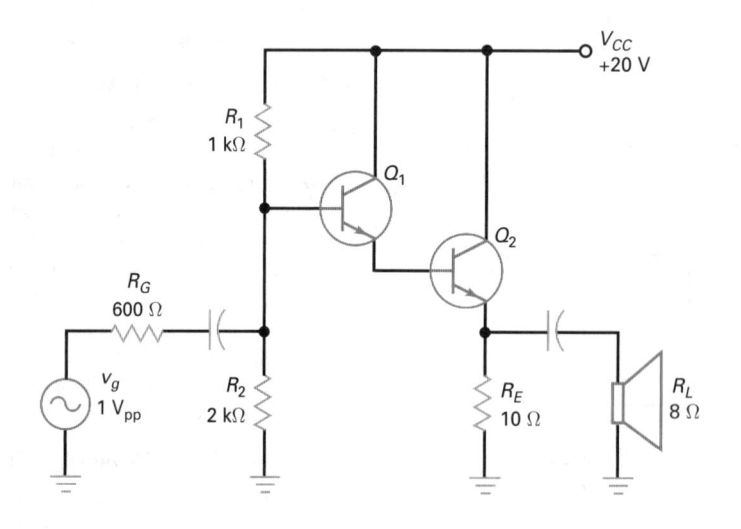

Figura 9-32

9-23 Na Figura 9-32, qual é a tensão CA na entrada da base de Q_1 se o par Darlington tem um ganho de corrente total de 2.000?

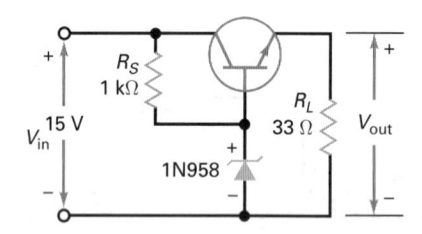

Figura 9-33

SEÇÃO 9-7 REGULAÇÃO DE TENSÃO

9-24 O transistor do circuito da Figura 9-33 tem um ganho de corrente de 150. Se o 1N958 tem uma tensão Zener de 7,5 V, Qual é a tensão de saída? Qual é a corrente no Zener?

9-25 Se a tensão de entrada na Figura 9-33 muda para 25 V, qual é a tensão na saída? E a corrente no Zener?

9-26 O potenciômetro na Figura 9-34 pode variar de 0 a 1 kΩ. Qual é a tensão na saída quando o cursor está no centro?

9-27 Qual é a tensão na saída na Figura 9-34 se o cursor estiver no seu ponto máximo superior? E se estiver no ponto máximo inferior?

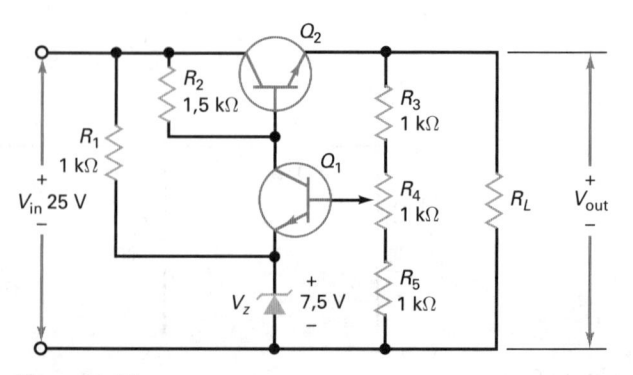

Figura 9-34

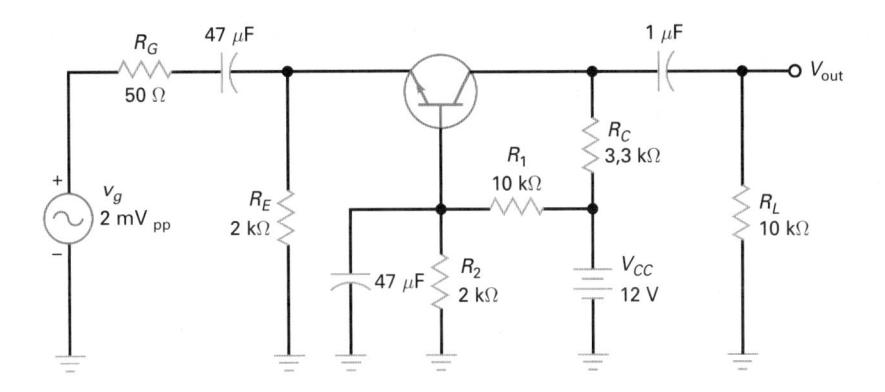

Figura 9-35

SEÇÃO 9-8   AMPLIFICADOR EM BASE COMUM

9-28 Na Figura 9-35, qual é a corrente no ponto Q?

9-29 Qual é o valor aproximado do ganho de tensão na Figura 9-35?

9-30 Na Figura 9-35, qual é a impedância de entrada vista pelo emissor? Qual é a impedância de entrada do estágio?

9-31 Na Figura 9-35, com uma entrada de 2 mV do gerador, qual é o valor de v_{out}?

9-32 Na Figura 9-35, se a tensão de alimentação V_{CC} for aumentada para 15 V, qual será o valor de v_{out}?

Raciocínio crítico

9-33 Na Figura 9-33, qual é a potência dissipada no transistor se o ganho de corrente for de 100 e a tensão Zener de 7,5 V?

9-34 Na Figura 9-36a, o transistor tem β_{cc} de 150. Calcule os seguintes valores de CC: V_B, V_E, V_C, I_E, I_C, I_B.

9-35 Se um sinal de entrada com 5 mV pico a pico acionar o circuito na Figura 9-36a, quais são as duas tensões CA de saída? Que finalidade você acha que tem este circuito?

9-36 A Figura 9-36b mostra um circuito cujo controle de tensão pode ser de 0 a +5 V. Se a tensão de entrada de áudio for de 10 mV, qual é a tensão de saída de áudio quando a tensão de controle for 0 V? E quando a tensão de controle for de +5 V? O que você acha que este circuito faz?

9-37 Na Figura 9-33, qual deve ser a tensão na saída se o diodo Zener estiver aberto? Use $\beta_{cc} = 200$.

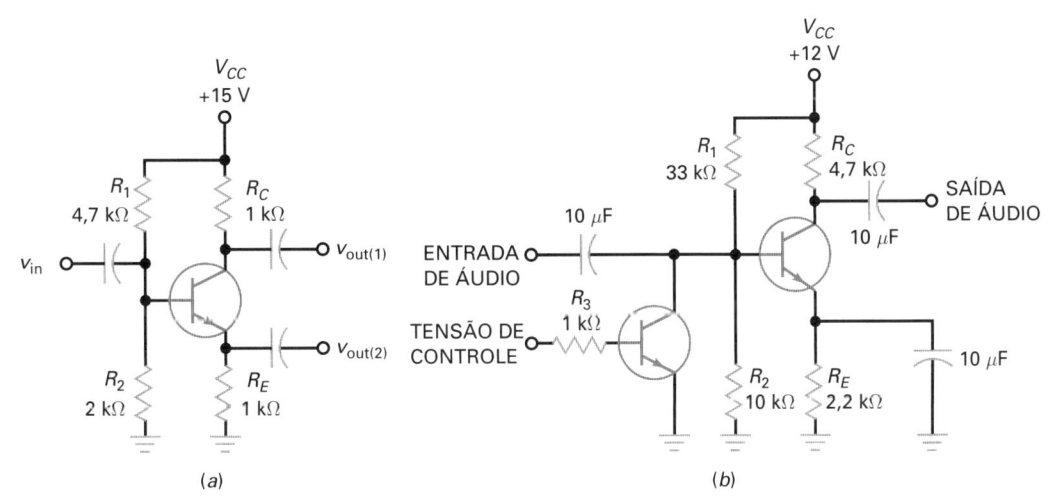

Figura 9-36

9-38 Na Figura 9-33, se a carga de 33 Ω entrar em curto, qual é a potência dissipada no transistor? Use $\beta_{cc} = 100$.

9-39 Na Figura 9-34, qual é a potência dissipada em Q_2 quando o cursor estiver no centro e a resistência de carga for de 100 Ω?

9-40 Usando a Figura 9-31, se os dois transistores tiverem um β de 100, qual é a impedância de saída aproximada do amplificador?

9-41 Na Figura 9-30, se a tensão de entrada do gerador for de 100 mV pp e o capacitor de desvio do emissor abrir, qual será a tensão de saída na carga?

9-42 Na Figura 9-35, qual é a tensão de saída se o capacitor de desvio da base entrar em curto?

Análise de defeito

Utilize a Figura 9-37 para os seguintes problemas. A tabela denominada "Milivolts CA" contém as medições da tensão expressas em milivolts. Para este exercício, todos os resistores estão OK. Os defeitos estão limitados aos capacitores abertos, conexões dos fios abertos e transistores abertos.

9-43 Determine os defeitos T1 a T3.

9-44 Determine os defeitos T4 a T7.

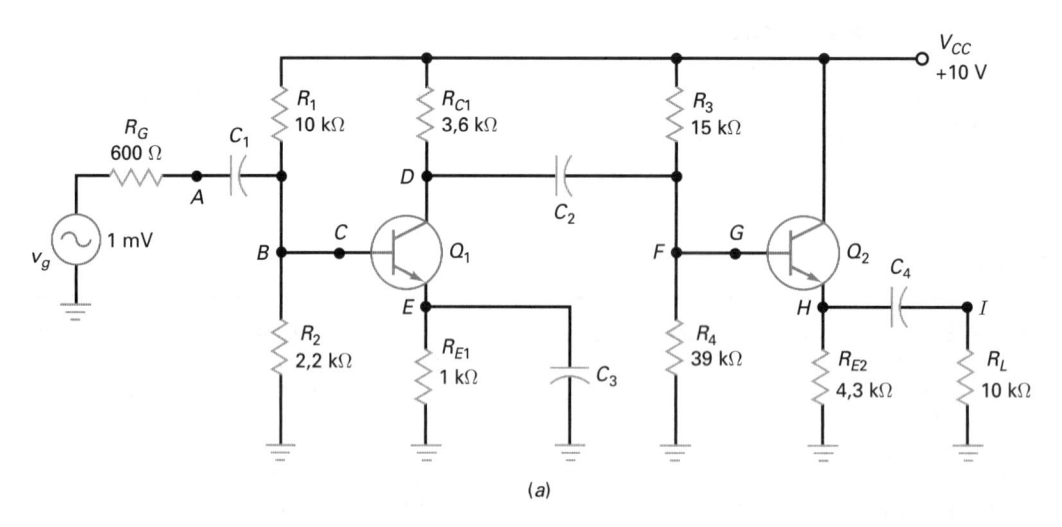

(a)

Millivolts CA

Problema	V_A	V_B	V_C	V_D	V_E	V_F	V_G	V_H	V_I
OK	0,6	0,6	0,6	70	0	70	70	70	70
T1	0,6	0,6	0,6	70	0	70	70	70	0
T2	0,6	0,6	0,6	70	0	70	0	0	0
T3	1	0	0	0	0	0	0	0	0
T4	0,75	0,75	0,75	2	0,75	2	2	2	2
T5	0,75	0,75	0	0	0	0	0	0	0
T6	0,6	0,6	0,6	95	0	0	0	0	0
T7	0,6	0,6	0,6	70	0	70	70	0	0

(b)

Figura 9-37

Questões de entrevista

1. Desenhe o diagrama de um seguidor de emissor. Explique por que este circuito é muito aplicado em amplificadores de potência e reguladores de tensão.
2. Fale tudo que você sabe a respeito da impedância de saída de um seguidor de emissor.
3. Desenhe um par Darlington e explique por que o ganho de corrente total é o produto dos ganhos de corrente individuais.
4. Desenhe um seguidor Zener e explique por que ele regula a tensão na saída para variações na tensão de entrada.
5. Qual é o ganho de tensão de um seguidor de emissor? Com este valor, que aplicação o circuito poderia ter?
6. Explique por que um par Darlington tem um ganho de potência maior que de um transistor simples.
7. Por que os circuitos "seguidores" são muito importantes em circuitos acústicos?
8. Qual é o ganho de tensão CA aproximado para um amplificador CC?
9. Qual é o outro nome dado para um amplificador em coletor comum?
10. Qual é a relação entre a fase do sinal CA (da saída para a entrada) e um amplificador em coletor comum?
11. Se um técnico medir um ganho de tensão com uma unidade de medida (tensão de saída dividida pela tensão de entrada) de um amplificador CC, qual é o problema?
12. O amplificador Darlington é usado no final do amplificador de potência (FAP) na maioria dos amplificadores de áudio de alta qualidade por que ele aumenta o ganho de potência. Como o amplificador Darlington aumenta o ganho de potência?

Respostas dos exercícios

1. a	7. c	13. c	19. c	25. d	31. c
2. b	8. d	14. a	20. a	26. a	32. b
3. c	9. c	15. c	21. c	27. d	33. d
4. b	10. a	16. d	22. c	28. a	34. b
5. c	11. a	17. a	23. a	29. c	35. d
6. b	12. d	18. c	24. a	30. d	36. b

Respostas dos problemas práticos

9-1 $V_{out} = 2{,}24$ V

9-3 $r_f = 4{,}9$ kΩ

9-5 $z_{in(base)} = 303$ kΩ; $Z_{in(estágio)} = 4{,}92$ kΩ

9-6 $v_{in} \approx 0{,}893$ V

9-7 $v_{in} = 0{,}979$ V; $V_{out} = 0{,}974$ V

9-8 $z_{out} = 3{,}33$ Ω

9-9 $z_{out} = 2{,}86$ Ω

9-10 $A_v = 222$

9-11 $A_v = 6{,}28$

9-12 $\beta = 5.625$; $I_{B1} = 14{,}3$ μA; $z_{in(base)} = 112{,}5$ kΩ

9-13 $V_{out} = 7{,}5$ V; $I_z = 5$ mA

9-14 $V_{out} = 18{,}9$ V

9-15 $V_{out} = 76{,}9$ mVpp

10 Amplificadores de potência

Na maioria das aplicações de sistemas eletrônicos, o sinal de entrada é baixo. Após vários estágios de ganho de tensão, o sinal torna-se maior e usa a reta de carga total. Neste último estágio de um sistema, as correntes no coletor são muito maiores porque as impedâncias da carga são menores. Um amplificador estéreo para alto-falantes, por exemplo, pode ter uma impedância de 8 Ω ou menos.

Os transistores de pequeno sinal têm uma faixa de potência de menos de 1 W, enquanto os transistores de potência estão na faixa de mais de 1 W. Os transistores de pequeno sinal são usados tipicamente no início dos sistemas, em que o sinal de potência é baixo, enquanto os transistores de potência são usados mais para o fim dos sistemas, pois os sinais de potência são altos.

Sumário

10-1 Classificação dos amplificadores
10-2 Duas retas de carga
10-3 Operação classe A
10-4 Operação classe B
10-5 Classe B com seguidor de emissor simétrico (*push-pull*)
10-6 Polarização dos amplificadores classe B/AB
10-7 Acionador classe B/AB
10-8 Operação classe C
10-9 Fórmulas para o classe C
10-10 Potência nominal do transistor

Objetivos de aprendizagem

Após o estudo deste capítulo, você deverá ser capaz de:

- Mostrar como a reta de carga CC, a reta de carga CA e o ponto Q são determinados para os amplificadores de potência EC e CC.
- Calcular o valor máximo de tensão CA, não ceifada, de pico a pico (MPP) que é possível com os amplificadores de potência EC e CC.
- Descrever as características dos amplificadores incluindo as classes de operação, tipos de acoplamento e faixas de frequência.
- Desenhar o esquema do amplificador classe B/AB simétrico e explicar seu funcionamento.
- Determinar a eficiência dos amplificadores de potência com transistor.
- Debater sobre os fatores que limitam a faixa de potência de um transistor e o que pode ser feito para melhorar a faixa de potência.

Termos-chave

- acoplamento capacitivo
- acoplamento direto
- amplificador de áudio
- amplificador de faixa estreita
- amplificador de faixa larga
- amplificador de potência
- amplificador de radiofrequência (RF)
- amplificador sintonizado RF
- ciclo de trabalho
- circuito simétrico (*push-pull*)
- compliance de saída CA
- diodos de compensação
- disparo térmico
- distorção de cruzamento (*crossover*)
- dreno de corrente
- eficiência
- estágio de acionamento (*driver*)
- ganho de potência
- harmônicas
- largura de faixa (BW)
- operação classe A
- operação classe AB
- operação classe B
- operação classe C
- operação em grande sinal
- pré-amplificador
- reta de carga CA
- transformador de acoplamento

É ÚTIL SABER

À medida que progredimos pelas letras A, B e C designando as várias classes de operação, podemos ver que a operação linear ocorre por intervalos cada vez menores de tempo. Um amplificador classe D é aquele cuja saída é chaveada, liga e desliga; isto é, ele leva um tempo praticamente zero durante cada ciclo de entrada na região linear da operação. Um amplificador classe D é quase sempre usado como um modulador de largura de pulso, que é um circuito cuja saída pulsa, tendo larguras proporcionais ao nível de amplitude dos amplificadores de pequeno sinal.

É ÚTIL SABER

A maioria dos circuitos amplificadores integrados usa o acoplamento direto entre os estágios.

10-1 Classificação dos amplificadores

Existem diferentes modos para descrever os amplificadores. Por exemplo, podemos descrevê-los por sua classe de operação, por seu acoplamento entre os estágios ou por sua faixa de frequência.

Classes de operação

A **operação classe A** de um amplificador significa que o transistor funciona na região ativa o tempo todo. Isso implica que a corrente no coletor circula pelos 360° do ciclo CA, como mostra a Figura 10-1a. Com um amplificador classe A o projetista tenta geralmente situar o ponto Q em algum ponto próximo da metade da reta de carga. Desse modo, o sinal pode movimentar-se livremente por toda a faixa máxima possível de modo que o transistor não entre em saturação ou em corte, o que distorceria o sinal.

A **operação classe B** é diferente. Ela significa que a corrente no coletor circula por apenas a metade do ciclo (180°), como mostra a Figura 10-1b. Para se obter esse tipo de operação, o projetista situa o ponto Q no corte. Portanto, apenas o semiciclo positivo da tensão CA na base pode produzir uma corrente no coletor. Isso reduz o calor perdido nos transistores de potência.

A **operação classe C** significa que a corrente no coletor circula por menos que 180° do ciclo CA como mostra a Figura 10-1c. Com a operação classe C, apenas parte do semiciclo positivo da tensão CA na base produz corrente no coletor. Isso resulta breves pulsos de corrente no coletor como na Figura 10-1c.

Tipos de acoplamento

A Figura 10-2a mostra um **acoplamento capacitivo**. O capacitor de acoplamento transmite a tensão CA amplificada para o próximo estágio. A Figura 10-2b ilustra um **transformador de acoplamento**. Aqui a tensão CA é acoplada pelo transformador para o próximo estágio. Acoplamento capacitivo e transformador de acoplamento são dois exemplos de acoplamento CA, que bloqueiam a tensão CC.

O **acoplamento direto** é diferente. Na Figura 10-2c existe uma conexão direta entre o coletor do primeiro transistor e a base do segundo. Por isso, as duas tensões CC e CA são acopladas. Como não existe limite de baixa frequência, o amplificador com acoplamento direto é também chamado de *amplificador CC*.

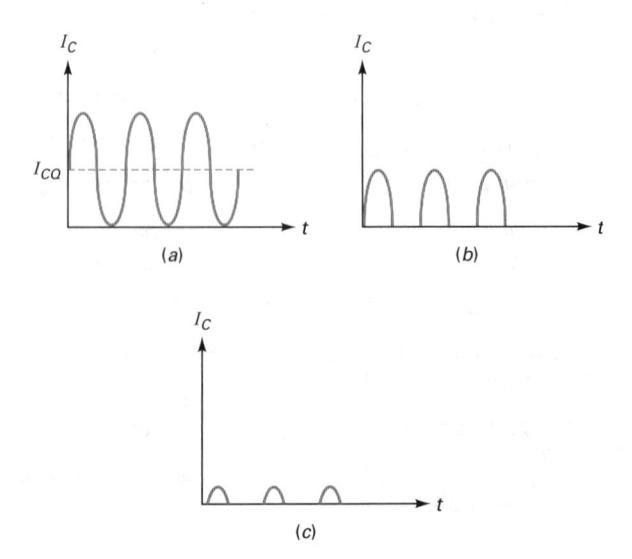

Figura 10-1 Corrente no coletor: (a) classe A; (b) classe B; (c) classe C.

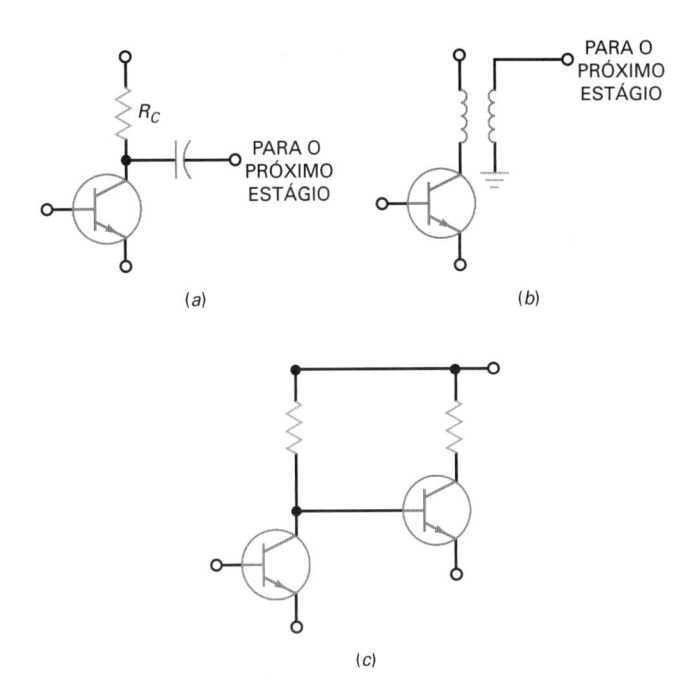

Figura 10-2 Tipos de acoplamento: (a) capacitivo; (b) com transformador; (c) direto.

Faixas de frequência

Outro modo de descrever os amplificadores é pela declaração de sua faixa de frequência. Por exemplo, um **amplificador de áudio** refere-se a um amplificador que opera na faixa de 20 Hz a 20 kHz. Por outro lado, um **amplificador de radiofrequência (RF)** é aquele que amplifica frequências acima de 20 kHz, geralmente muito acima. Por exemplo, os amplificadores de RF nos rádios AM amplificam frequências entre 535 kHz e 1.605 kHz e os amplificadores de RF em rádios FM amplificam frequências entre 88 MHz e 108 MHz.

Os amplificadores também são classificados como **banda estreita** (ou **faixa estreita**) ou **banda larga** (ou **faixa larga**). O amplificador de banda estreita funciona sobre uma faixa pequena de frequência como 450 kHz a 460 kHz. Um amplificador de banda larga opera sobre uma faixa de frequência maior como 0 a 1 MHz.

Os amplificadores de banda estreita são geralmente **amplificadores sintonizados RF**, o que significa que sua carga CA é um circuito tanque ressonante sintonizado de alto fator Q para uma emissora de rádio ou canal de televisão. Amplificadores de banda larga são geralmente não sintonizados; isto é, suas cargas CA são resistivas.

A Figura 10-3a é um exemplo de um amplificador RF sintonizado. O tanque LC é ressonante em certa frequência. Se o tanque tem um alto Q, a largura da faixa é estreita. A saída é capacitivamente acoplada para o próximo estágio.

A Figura 10-3b é outro exemplo de um amplificador RF sintonizado. Desta vez, o sinal de saída da banda estreita é acoplado por transformador para o próximo estágio.

Níveis de sinal

Já vimos as explicações sobre as *operações do transistor em pequenos sinais*, nas quais a oscilação pico a pico da corrente de coletor é menor do que dez por cento da corrente de operação (especificada para o coletor do transistor). Nas **operações em grandes sinais**, o valor pico a pico do sinal utiliza toda (ou quase toda) a reta de carga. Num sistema de áudio estéreo, um pequeno sinal proveniente do sintonizador ou do CD player (reprodutor de CD) é utilizado como entrada para o **pré-amplificador**. Um amplificador de baixo ruído é projetado para apresentar uma baixa impedância

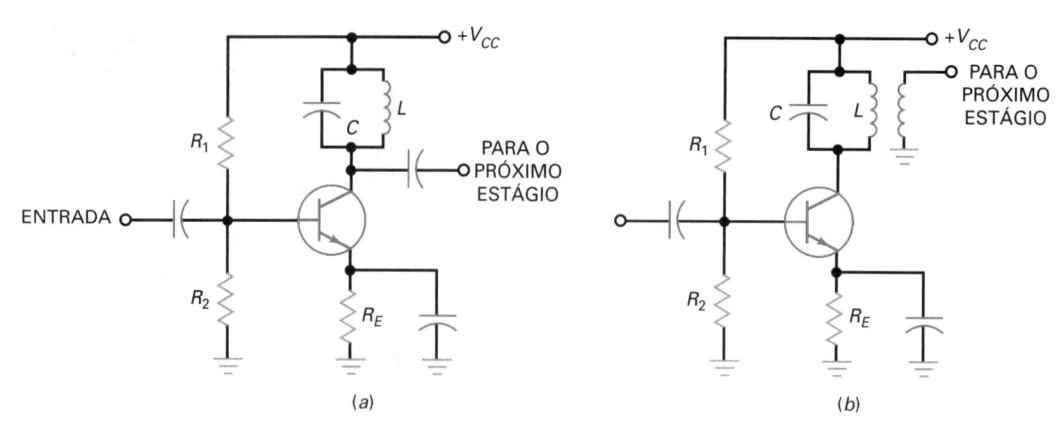

Figura 10-3 Amplificador RF sintonizados: (a) acoplamento capacitivo; (b) acoplamento com transformador.

de entrada e captar o sinal da fonte de entrada, fornecendo algum nível de amplificação e repassando a saída para o estágio seguinte. Após o estágio pré-amplificador, um ou mais estágios são utilizados para produzir uma saída de tensão adequada de modo a permitir o controle de tom e volume. Este sinal é, então, utilizado como entrada do **amplificador de potência**, o qual produz um sinal de saída que pode variar desde algumas centenas de miliwatts até algumas centenas de watts.

No restante deste capítulo, vamos estudar os amplificadores de potência e seus pontos principais como reta de carga CA, ganho de potência e eficiência.

10-2 Duas retas de carga

Todo amplificador tem um circuito equivalente CC e um circuito equivalente CA. Por isso, ele tem duas retas de carga: a reta de carga CC e a reta de carga CA. Para operação em pequeno sinal, o posicionamento do ponto Q não é crítico. Mas para amplificador de grande sinal, o ponto Q deve ficar situado na metade da reta de carga CA para se obter o maior alcance possível na saída.

Reta de carga CC

A Figura 10-4a é um amplificador baseado no divisor de tensão (BDT). Um modo de movimentar o ponto Q é variando o valor de R_2. Para valores R_2, muito altos de o transistor vai para saturação e sua corrente é de:

$$I_{C(sat)} = \frac{V_{CC}}{R_C + R_E} \quad (10\text{-}1)$$

Valores muito baixos de R_2 levam o transistor para o corte e suas tensões são dadas por:

$$V_{CE(corte)} = V_{CC} \quad (10\text{-}2)$$

A Figura 10-4b mostra a reta de carga CC com o ponto Q.

Reta de carga CA

A Figura 10-4c é o circuito equivalente CA para o amplificador BDT. Com o emissor aterrado para CA, R_E não tem efeito sobre a operação CA. Além disto, a resistência CA do coletor é menor que a resistência CC do coletor. Portanto, quando é aplicado um sinal CA, o ponto de operação instantaneamente move ao longo da **reta de carga CA** na Figura 10-4d. Em outras palavras, a corrente senoidal de pico a pico e a tensão são determinadas pela reta de carga CA.

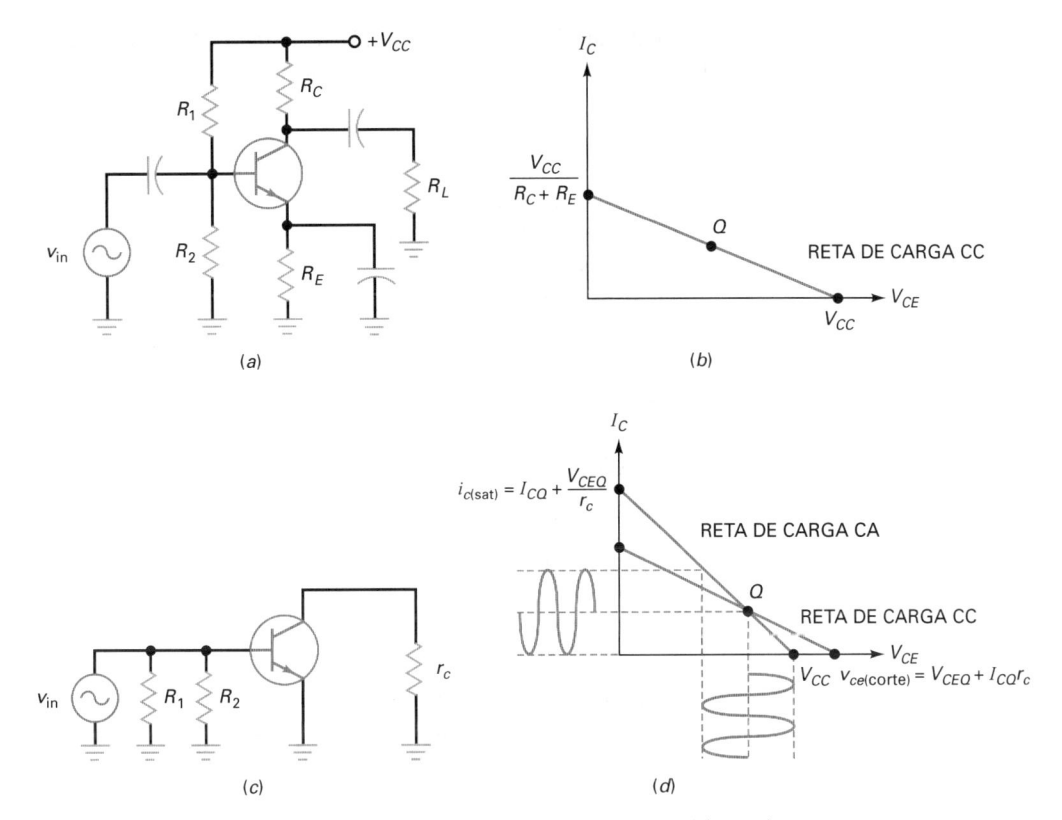

Figura 10-4 (a) Amplificador BDT; (b) reta de carga CC; (c) circuito equivalente CA; (d) reta de carga CA.

Como mostra a Figura 10-4d, os pontos de saturação e corte sobre a reta de carga CA não difere dos pontos da reta de carga CC. Pelo fato de as resistências CA do coletor e do emissor serem menores que sua respectiva resistência CC, a reta de carga CA é mais inclinada. É importante observar que as retas de carga CC e CA se interceptam no ponto Q. Isso acontece quando a tensão de entrada CA passa pelo zero.

Aqui está como determinar os pontos da reta de carga CA. Escrevendo uma malha tensão do coletor obtemos:

$$v_{ce} = i_c r_c = 0$$

ou

$$i_c = -\frac{v_{ce}}{r_c} \qquad (10\text{-}3)$$

A corrente CA no emissor é dada por:

$$i_c = \Delta I_C = I_C - I_{CQ}$$

E a tensão CA no coletor é:

$$v_{ce} = \Delta V_{CE} = V_{CE} - V_{CEQ}$$

Quando substituímos essas expressões na Equação (10-3) e rearranjamos, chegamos em:

$$I_C = I_{CQ} + \frac{V_{CEQ}}{r_c} - \frac{V_{CE}}{r_c} \qquad (10\text{-}4)$$

Essa é a equação da reta de carga CA. Quando o transistor vai para a saturação, V_{CE} é zero e a Equação (10-4) nos fornece:

$$i_{c(\text{sat})} = I_{CQ} + \frac{V_{CEQ}}{r_c} \tag{10-5}$$

onde $i_{c(\text{sat})}$ = corrente CA de saturação
I_{CQ} = corrente CC do coletor
V_{CEQ} = tensão CC coletor-emissor
r_c = resistência CA vista pelo coletor

Quando o transistor vai para o corte, I_c é igual à zero. Como

$$V_{ce(\text{corte})} = V_{CEQ} + \Delta V_{CE}$$

e

$$\Delta V_{CE} = (\Delta I_c)(r_c)$$

podemos substituir para obter:

$$\Delta V_{CE} = (I_{CQ} - 0A)(r_c)$$

Resultando em:

$$V_{ce(\text{corte})} = V_{CEQ} + I_{CQ}r_c \tag{10-6}$$

Pelo fato de a inclinação da reta de carga CA ser maior que a inclinação da reta de carga CC, o valor máximo de pico a pico (MPP) na saída é sempre menor que a tensão da fonte. Como uma fórmula:

$$\text{MPP} < V_{CC} \tag{10-7}$$

Por exemplo, se a tensão da fonte for de 10 V, a tensão senoidal máxima de pico a pico na saída será menor que 10 V.

Ceifamento de um grande sinal

Quando o ponto Q está na metade da reta de carga CC (Figura 10-4d), o sinal CA não pode usar toda a reta de carga CA sem que ocorra um ceifamento. Por exemplo, se o sinal CA aumentar, obteremos um ceifamento pelo corte mostrado na Figura 10-5a.

Se o ponto Q se mover acima do mostrado na Figura 10-5b, um sinal maior levará o transistor para a saturação. Nesse caso, obteremos o ceifamento por saturação. Os dois ceifamentos pelo corte e pela saturação são indesejáveis por que eles distorcem o sinal. Quando um sinal distorcido como este aciona um alto-falante, o som emitido é horrível.

Um amplificador de grande sinal bem projetado tem o ponto Q na metade da reta de carga CA (Figura 10-5c). Neste caso, obtemos o valor máximo pico a pico não ceifado na saída. A tensão CA máxima pico a pico não ceifada na saída é também chamada de **compliance de saída CA**.

Saída máxima

Quando o ponto Q está abaixo do centro na reta de carga, a tensão máxima de pico (mp) na saída é $I_{CQ}r_c$ como mostrado na Figura 10-6a. Por outro lado, se o ponto Q está acima do centro da reta de carga CA, o pico máximo na saída é V_{CEQ}, conforme mostrado na Figura 10-6b.

Para um ponto Q qualquer, portanto, o pico máximo na saída é:

$$\text{MP} = I_{CQ}r_c \text{ ou } V_{CEQ}, \text{ a que for menor} \tag{10-8}$$

e a saída máxima pico a pico é o dobro deste valor:

$$\text{MPP} = 2\text{MP} \tag{10-9}$$

As Equações (10-8) e (10-9) são úteis na verificação de defeitos para determinar o maior valor possível na saída sem ceifamento.

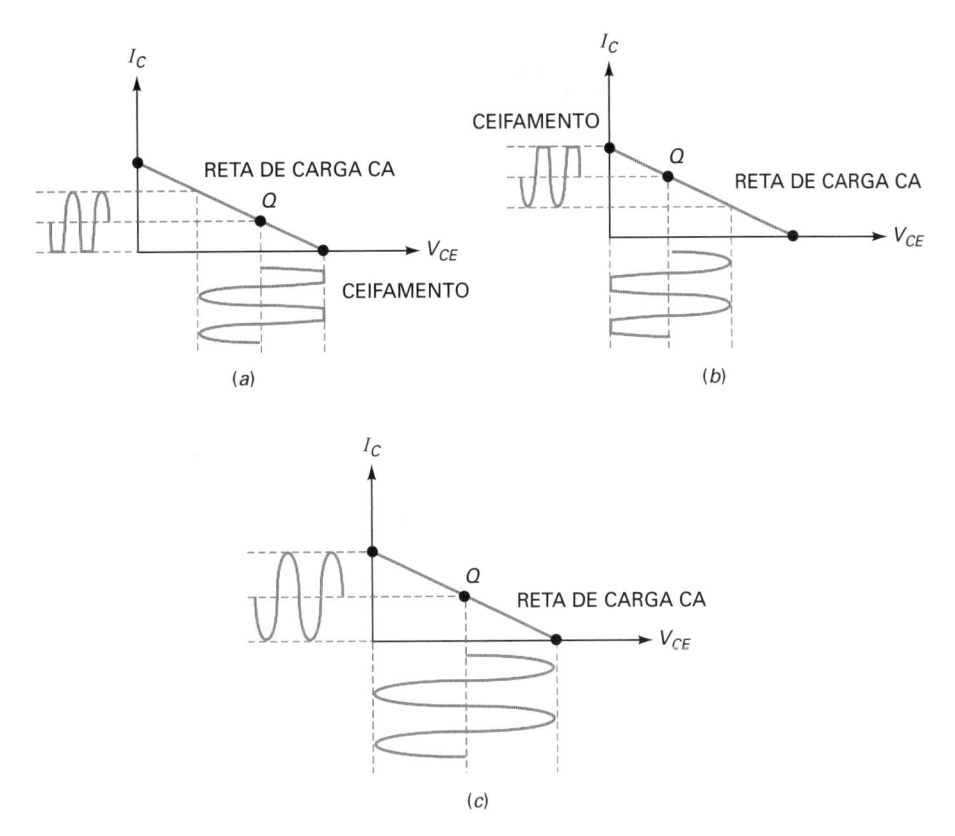

Figura 10-5 (a) Ceifamento no corte; (b) ceifamento na saturação; (c) ponto Q ótimo.

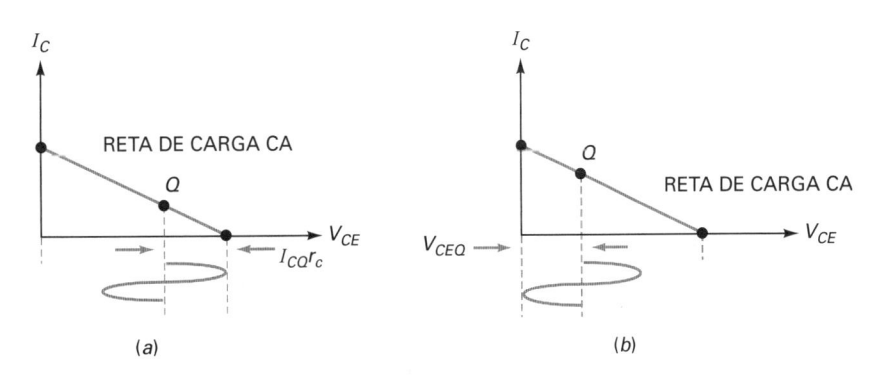

Figura 10-6 O ponto Q no centro da reta de carga CA.

Quando o ponto Q está na reta de carga CA:

$$I_{CQ}r_c = V_{CEQ} \tag{10-10}$$

Um projetista tenta satisfazer esta condição o mais próximo possível, levando em consideração a tolerância dos resistores de polarização. A resistência do emissor no circuito pode ser ajustada para encontrar o ponto Q ótimo. A fórmula que pode ser derivada para a resistência ótima do emissor é:

$$R_E = \frac{R_C + r_c}{V_{CC}/V_E - 1} \tag{10-11}$$

Exemplo 10-1

Quais são os valores de I_{CQ}, V_{CEQ} e R_c na Figura 10-7?

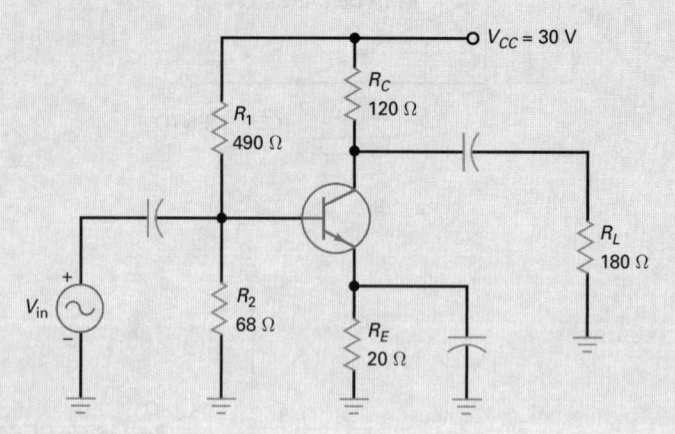

Figura 10-7 Exemplo.

SOLUÇÃO

$$V_B = \frac{68\,\Omega}{68\,\Omega + 490\,\Omega}(30\,\text{V}) = 3,7\,\text{V}$$

$$V_E = V_B - 0,7\text{V} = 3,7\text{V} - 0,7\text{V} = 3\text{V}$$

$$I_E = \frac{V_E}{R_E} = \frac{3\,\text{V}}{20\,\Omega} = 150\,\text{mA}$$

$$I_{CQ} \cong I_E = 150\,\text{mA}$$

$$V_{CEQ} = V_C - V_E = 12\,\text{V} - 3\,\text{V} = 9\,\text{V}$$

$$r_c = R_C \parallel R_L = 120\,\Omega \parallel 180\,\Omega = 72\,\Omega$$

PROBLEMA PRÁTICO 10-1 Na Figura 10-7, mude o valor de R_E de 20 Ω para 30 Ω. Resolva para I_{CQ} e V_{CEQ}.

Exemplo 10-2

Determine os pontos de saturação e corte da reta de carga CA na Figura 10-7. Calcule também a tensão máxima de pico a pico na saída.

SOLUÇÃO Com base no Exemplo 10-1, o ponto Q do transistor é

$$I_{CQ} = 150\,\text{mA} \quad \text{e} \quad V_{CEQ} = 9\,\text{V}$$

Para calcular os pontos de saturação e corte CA, determine primeiro a resistência CA do coletor, r_c:

$$r_c = R_C \parallel R_L = 120\,\Omega \parallel 180\,\Omega = 72\,\Omega$$

A seguir, calcule os pontos extremos da reta de carga CA:

$$i_{c(\text{sat})} = I_{CQ} + \frac{V_{CEQ}}{r_c} = 150\,\text{mA} + \frac{9\,\text{V}}{72\,\Omega} = 275\,\text{mA}$$

$$v_{ce(\text{corte})} = V_{CEQ} + I_{CQ}r_c = 9\text{ V} + (150\text{ mA})(72\text{ }\Omega) = 19,8\text{ V}$$

Determine agora, o valor MPP. Com a tensão de alimentação de 30 V:

MPP < 30 V

MP será o menor valor de:

$$I_{CQ}r_c = (150\text{ mA})(72\text{ }\Omega) = 10,8\text{ V}$$

ou

$$V_{CEQ} = 9\text{ V}$$

Portanto, MPP = 2(9 V) = 18 V

PROBLEMA PRÁTICO 10-2 Usando o Exemplo 10-2, mude R_E para 30 Ω e calcule $i_{c(\text{sat})}$, $v_{ce(\text{corte})}$ e MPP.

10-3 Operação classe A

O amplificador PDT na Figura 10-8a é um amplificador classe A enquanto o sinal de saída não for ceifado. Com este tipo de amplificador a corrente no coletor circula por todo o ciclo. Dito de outro modo, não há ceifamento no sinal de saída em momento algum durante o ciclo. Agora vamos ver algumas equações úteis na análise dos amplificadores classe A.

Ganho de potência

Além do ganho de tensão, qualquer amplificador tem um **ganho de potência**, definido como

$$A_p = \frac{p_{\text{out}}}{p_{\text{in}}} \qquad (10\text{-}12)$$

Em outras palavras, o ganho de potência é igual à potência CA na saída dividida pela potência CA na entrada.

> **É ÚTIL SABER**
>
> O ganho de potência de um amplificador emissor é igual a $A_v \times A_i$. Como A_i pode ser expresso por $A_i = A_v \times Z_{\text{in}}/R_L$, então A_p pode ser expresso por $A_p = A_v \times A_v \times Z_{\text{in}}/R_L$ ou $A_p = A^2_v \times Z_{\text{in}}/R_L$.

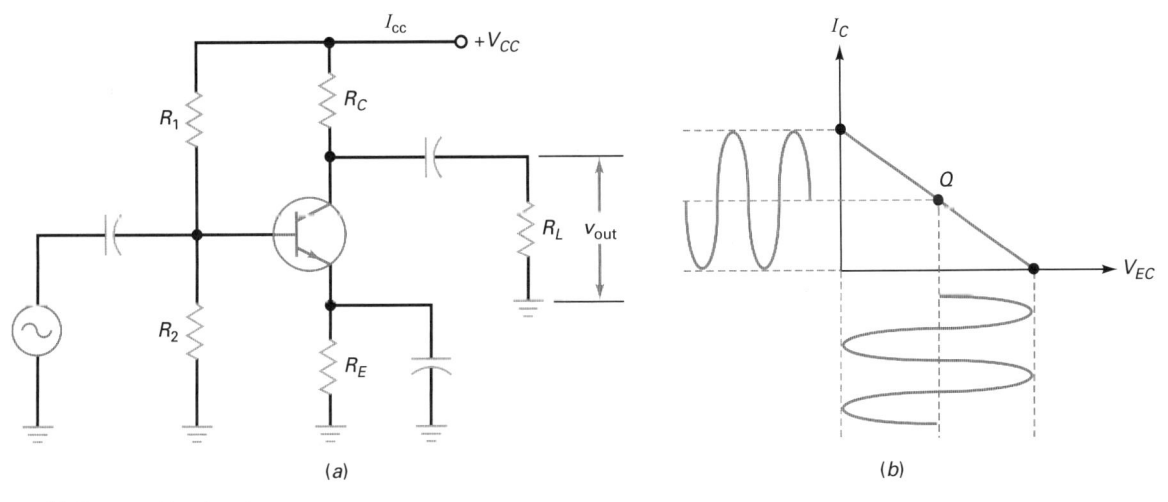

Figura 10-8 Amplificador classe A.

Por exemplo, se o amplificador na Figura 10-8a tiver uma potência na saída de 10 mW e uma potência na entrada de 10 μW, ele tem um ganho de corrente de:

$$A_p = \frac{10 \text{ mW}}{10 \text{ μW}} = 1000$$

Potência de saída

Se medirmos a tensão na saída da Figura 10-8a em volts rms, a potência na saída é dada por:

$$p_{out} = \frac{v_{rms}^2}{R_L} \tag{10-13}$$

Geralmente, medimos a tensão na saída em volts pico a pico com um osciloscópio. Nesse caso, uma equação mais conveniente para ser usada no cálculo da potência de saída é:

$$p_{out} = \frac{v_{out}^2}{8R_L} \tag{10-14}$$

O fator de 8 no denominador existe porque $v_{pp} = 2\sqrt{2}v_{rms}$. Quando você eleva $2\sqrt{2}$, ao quadrado, obtém 8.

A potência máxima na saída ocorre quando o amplificador está produzindo a tensão máxima de pico a pico na saída, como mostra a Figura 10-8b. Nesse caso, v_{pp} é igual à tensão máxima pico a pico na saída e a potência máxima na saída é:

$$p_{out(máx)} = \frac{MPP^2}{8R_L} \tag{10-15}$$

Dissipação de potência no transistor

Quando não há sinal acionando o amplificador da Figura 10-8a, a dissipação de potência quiescente é:

$$P_{DQ} = V_{CEQ}I_{CQ} \tag{10-16}$$

Isso faz sentido. Essa equação informa que a dissipação de potência quiescente é igual à tensão CC multiplicada pela corrente CC.

Quando um sinal está presente, a dissipação de potência de um transistor diminui, pois o transistor converte parte da potência quiescente para a potência do sinal. Por essa razão, a dissipação de potência quiescente é o pior caso. Portanto, a potência nominal de um transistor em um amplificador classe A deve ser maior que P_{DQ}; caso contrário, o transistor será danificado.

Dreno de corrente

Conforme mostra a Figura 10-8a, a fonte de tensão CC tem de fornecer uma corrente CC I_{cc} para o amplificador. A corrente CC tem duas componentes: a corrente de polarização do divisor de tensão e a corrente no coletor do transistor. A corrente CC é chamada de **dreno de corrente** do estágio. Se você tiver um amplificador com múltiplos estágios, deve adicionar os drenos de correntes individuais para obter o dreno de corrente total.

Eficiência

A potência CC fornecida para um amplificador pela fonte CC é:

$$P_{cc} = V_{CC}I_{cc} \tag{10-17}$$

Para comparar o projeto de amplificadores de potência, podemos usar a **eficiência**, definida por:

$$\eta = \frac{p_{out}}{p_{in}} \times 100\% \tag{10-18}$$

É ÚTIL SABER

A eficiência pode ser definida também como a capacidade de converter sua potência CC de entrada em uma potência CA útil na saída.

Essa equação informa que a eficiência é igual à potência CA de saída dividida pela potência CC de entrada.

A eficiência de qualquer amplificador é entre 0 e 100%. A eficiência nos fornece um meio de comparar dois projetos diferentes porque ela indica o melhor aproveitamento de um amplificador em converter a potência CC de entrada em potência CA de saída. Quanto maior a eficiência, melhor o amplificador em converter a potência CC em potência CA. Isso é importante para os equipamentos que operam com bateria porque alta eficiência significa que as baterias têm mais autonomia.

Como todos os resistores exceto o resistor de carga perdem potência, a eficiência é menor que 100% num amplificador classe A. Na realidade, pode ser mostrado que a eficiência máxima de um amplificador classe A com uma resistência CC no coletor e uma resistência de carga separada é de 25%.

Em algumas aplicações, a baixa eficiência de um classe A é inaceitável. Por exemplo, o estágio de baixo sinal próximo do início de um sistema geralmente trabalha bem com baixa eficiência por que a potência CC de entrada é baixa. De fato, se o estágio final de um sistema necessita fornecer apenas algumas centenas de miliwatts, o dreno de corrente da fonte de alimentação pode ainda ser baixo suficiente para ser aceito. Mas quando o estágio final necessita fornecer potência na faixa de watts, o dreno de corrente geralmente torna-se muito alto com uma operação classe A.

Exemplo 10-3

Se a tensão pico a pico de saída for de 18 V e a impedância de entrada da base for de 100 Ω, qual é o ganho de potência na Figura 10-9a?

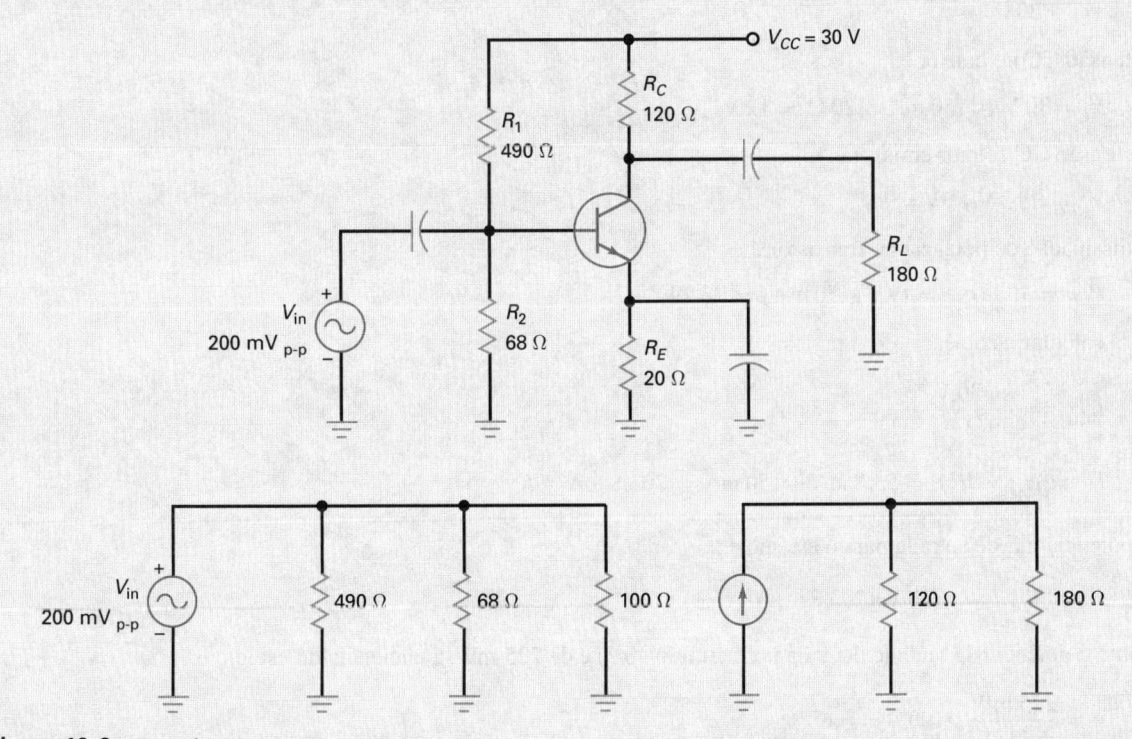

Figura 10-9 Exemplo.

SOLUÇÃO Conforme mostra a Figura 10-9b:

$$z_{in(estágio)} = 490\,\Omega \parallel 68\,\Omega \parallel 100\,\Omega = 37,4\,\Omega$$

A potência CA na entrada é:

$$P_{in} = \frac{(200\text{ mV})^2}{8(37,4\,\Omega)} = 133,7\,\mu W$$

A potência CA na saída é:

$$P_{out} = \frac{(18\text{ V})^2}{8(180\,\Omega)} = 225\text{ mW}$$

O ganho de potência é:

$$A_p = \frac{225\text{ mW}}{133,7\,\mu W} = 1.683$$

PROBLEMA PRÁTICO 10-3 Na Figura 10-9a, se R_L for de 120 Ω e a tensão de saída de pico a pico for de 12 V, qual é o ganho de potência?

Exemplo 10-4

Qual é a potência dissipada pelo transistor e a eficiência na Figura 10-9a?

SOLUÇÃO A corrente CC no emissor é:

$$I_E = \frac{3\text{ V}}{20\,\Omega} = 150\text{ mA}$$

A tensão CC no coletor é:

$$V_C = 30\text{ V} - (150\text{ mA})(120\,\Omega) = 12\text{ V}$$

e a tensão CC coletor-emissor é:

$$V_{CEQ} = 12\text{ V} - 3\text{V} = 9\text{ V}$$

A dissipação de potência no transistor é:

$$P_{DQ} = V_{CEQ}I_{CQ} = (9\text{ V})(150\text{ mA}) = 1,35\text{W}$$

Para calcular a eficiência do estágio:

$$I_{bias} = \frac{30\text{ V}}{490\,\Omega + 68\,\Omega} = 53,8\text{ mA}$$

$$I_{cc} = I_{bias} + I_{CQ} = 53,8\text{ mA} + 150\text{ mA} = 203,8\text{ mA}$$

A potência CC de entrada para o estágio é:

$$P_{cc} = V_{CC}I_{cc} = (30\text{ V})(203,8\text{ mA}) = 6,11\text{ mW}$$

Como a potência de saída (calculada no Exemplo 10-3) é de 225 mW, a eficiência do estágio é:

$$\eta = \frac{225\text{ mW}}{6,11\text{ W}} \times 100\% = 3,68\%$$

Exemplo de aplicação 10-5

Descreva o funcionamento do circuito na Figura 10-10.

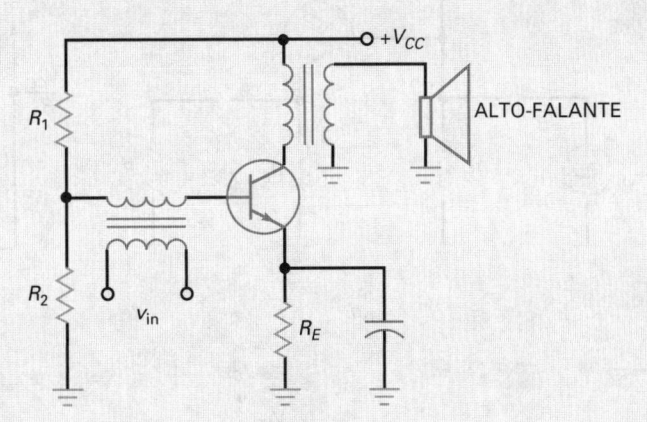

Figura 10-10 Amplificador de potência classe A.

SOLUÇÃO Este circuito é um amplificador classe A acionado um alto-falante. O amplificador tem uma polarização por divisor de tensão e o sinal de entrada é acoplado à base por um transformador. O transistor produz uma tensão e um ganho de potência para acionar o alto-falante por meio do transformador.

Um pequeno alto-falante com uma impedância de 3,2 Ω necessita de apenas 100 mW para funcionar. Um alto-falante ligeiramente maior com uma impedância de 8 Ω necessita de 300 mW a 500 mW para funcionar adequadamente. Portanto, um amplificador como o da Figura 10-10 pode ser adequado se o que deseja for apenas algumas centenas de miliwatts de potência na saída. Como a resistência de carga é também a resistência CA do coletor, a eficiência deste amplificador classe A é maior do que a do amplificador classe A estudado anteriormente. Usando a capacidade de impedância refletida do transformador, a resistência da carga do alto-falante torna-se $\left(\dfrac{N_P}{N_S}\right)^2$ vezes maior que a do coletor. Se a relação de espiras do transformador for de 10:1, um alto-falante de 32 Ω será visto pelo coletor como 320 Ω.

O amplificador classe A estudado anteriormente tem uma resistência separada do coletor de R_C e uma resistência de carga separada R_L. O melhor que você pode fazer neste caso é casar as impedâncias, $R_L = R_C$, para obter a eficiência máxima de 25%. Quando a resistência de carga torna-se o resistor do coletor ac, como mostrado na Figura 10-10, ele admite uma potência de até o dobro e a eficiência máxima aumenta para 50%.

PROBLEMA PRÁTICO 10-5 Na Figura 10-10, que resistência refletida para o coletor teria um alto-falante de 8 Ω se a razão de transformação do transformador fosse de 5:1?

Amplificador de potência com seguidor de emissor

Quando um seguidor de emissor é usado com amplificador de potência classe A no final de um sistema, um projetista geralmente posicionará o ponto Q no centro da reta de carga CA para obter o valor máximo de pico a pico (MPP) na saída.

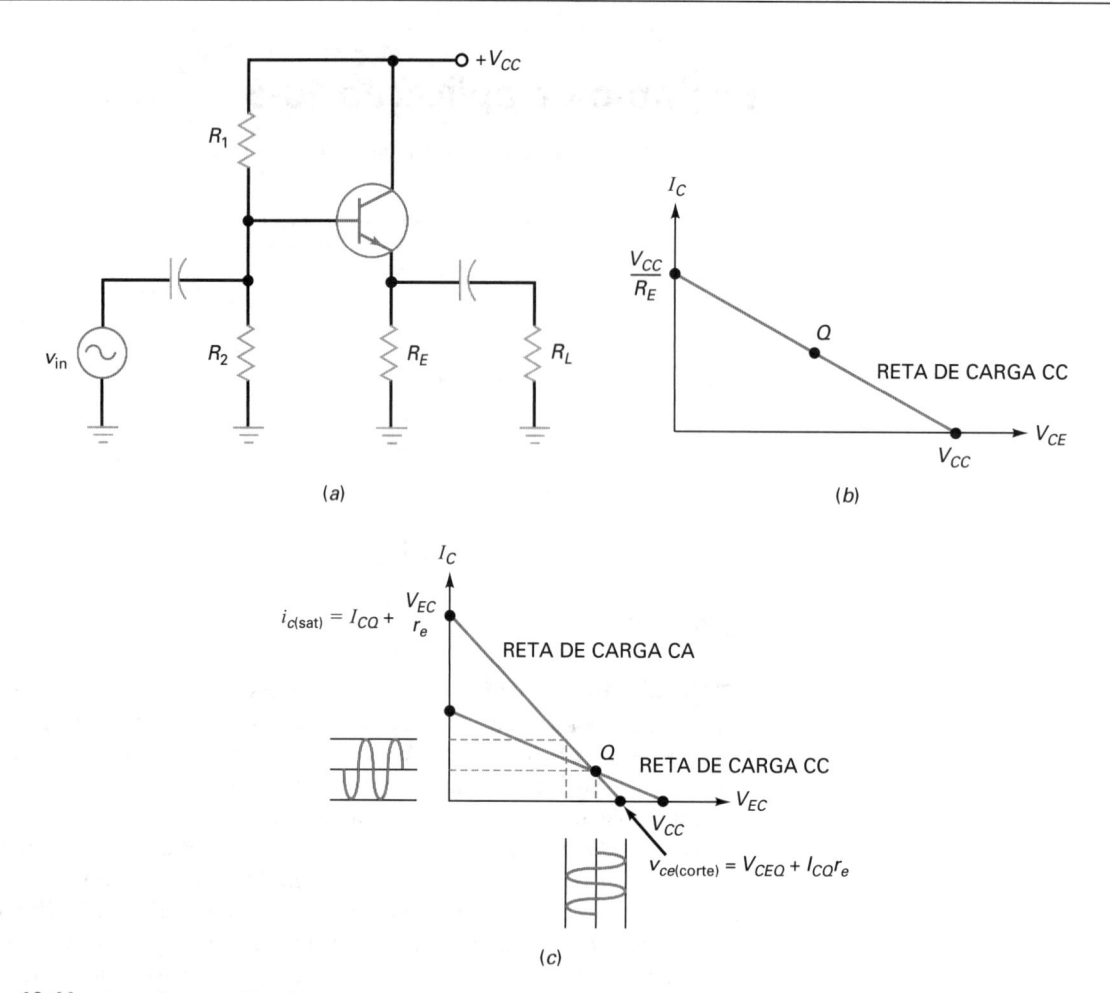

Figura 10-11 Retas de carga CC e CA.

Na Figura 10-11a, um aumento no valor de R_2 irá saturar o transistor, produzindo uma corrente de saturação de:

$$I_{C(\text{sat})} = \frac{V_{CC}}{R_E} \qquad (10\text{-}19)$$

Valores menores de R_2 levarão o transistor para o corte, produzindo uma tensão de corte de:

$$V_{EC(\text{corte})} = V_{CC} \qquad (10\text{-}20)$$

A Figura 10-11b mostra a reta de carga CC com um ponto Q.

Na Figura 10-11a, a resistência CA do emissor é menor que a resistência CC do emissor. Portanto, quando o sinal CA for aplicado, o ponto de operação instantâneo move-se ao longo da reta de carga CA na Figura 10-11c. A corrente e a tensão senoidal de pico a pico são determinadas pela reta de carga CA.

Como mostra a Figura 10-11c, os pontos extremos da reta de carga CA são calculados por:

$$i_{c(\text{sat})} = I_{CQ} + \frac{V_{CE}}{r_e} \qquad (10\text{-}21)$$

e

$$V_{EC(\text{corte})} = V_{CE} + I_{CQ} r_e \qquad (10\text{-}22)$$

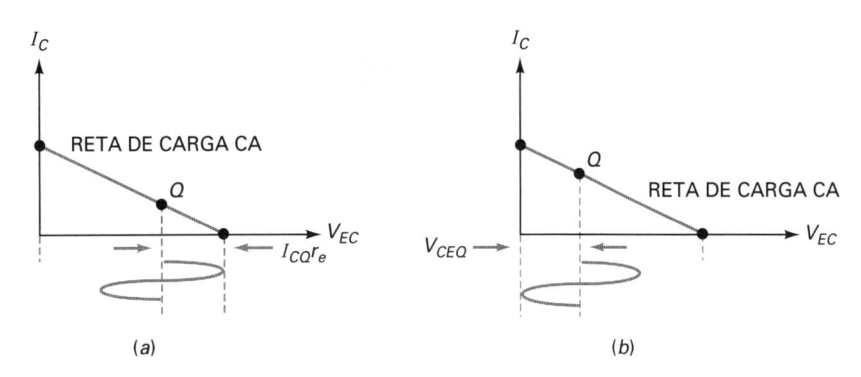

Figura 10-12 Excursão máxima de pico.

Pelo fato de a inclinação da reta de carga CA ser maior que a da reta de carga CC, o valor máximo de pico a pico na saída é sempre menor o valor da fonte de tensão. Como no amplificador classe A, MPP < V_{CC}.

Quando o ponto Q está abaixo do centro da reta de carga CA, o valor máximo de pico (MP) na saída é $I_{CQ}r_e$, como mostra a Figura 10-12a. Por outro lado, se o ponto Q está acima do centro da reta de carga CA, o valor máximo de pico na saída é V_{CEQ}, como mostra a Figura 10-12b.

Conforme você pode observar, a determinação do valor MPP de um amplificador seguidor de emissor é essencialmente o mesmo para um amplificador EC. A diferença é a necessidade de usar a resistência CA do emissor, r_e, em vez da resistência CA do coletor, r_c. Para aumentar o nível da potência de saída, o seguidor de emissor pode ser conectado também em uma configuração Darlington.

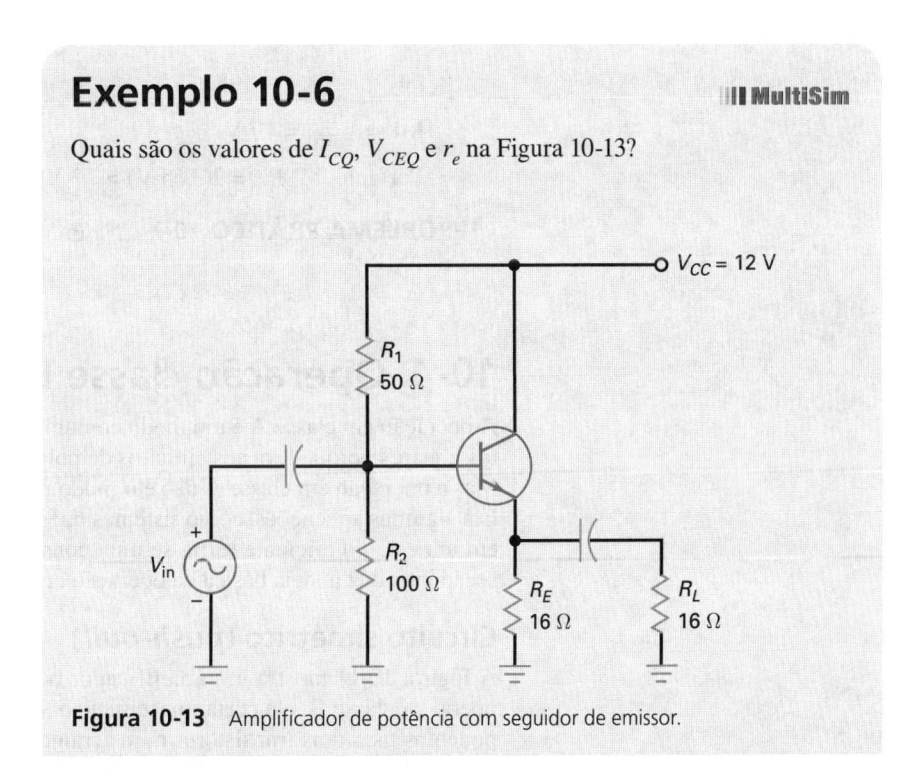

Exemplo 10-6

Quais são os valores de I_{CQ}, V_{CEQ} e r_e na Figura 10-13?

Figura 10-13 Amplificador de potência com seguidor de emissor.

SOLUÇÃO

$$I_{CQ} = \frac{8\,\text{V} - 0,7\,v}{16\,\Omega} = 456\,\text{mA}$$

$$V_{CEQ} = 12\,\text{V} - 7,3\,\text{V} = 4,7\,\text{V}$$

e

$$r_e = 16\,\Omega \parallel 16\,\Omega = 8\,\Omega$$

PROBLEMA PRÁTICO 10-6 Na Figura 10-13, mude R_1 para 100 Ω e calcule I_{CQ}, V_{CEQ} e r_e.

Exemplo 10-7

Determine os pontos de saturação e corte na Figura 10-13. Calcule também o valor da tensão MPP na saída do circuito.

SOLUÇÃO No Exemplo 10-6, o ponto Q da reta CC é

$$I_{CQ} = 456\,\text{mA} \quad \text{e} \quad V_{CEQ} = 4,7\,\text{V}$$

Os pontos de saturação e de corte da reta de carga CA são calculados por:

$$r_e = R_C \parallel R_L = 16\,\Omega \parallel 16\,\Omega = 8\,\Omega$$

$$i_{c(\text{sat})} = I_{CQ} + \frac{V_{EC}}{r_e} = 456\,\text{mA} + \frac{4,7\,\text{V}}{8\,\Omega} = 1,04\,\text{A}$$

$$v_{ce(\text{corte})} = V_{CEQ} + I_{CQ}r_e = 4,07\,\text{V} + (456\,\text{mA})(8\,\Omega) = 8,35\,\text{V}$$

O valor MPP é calculado pela determinação do menor valor de :

$$\text{MPP} = I_{CQ}r_e = (456\,\text{mA})(8\,\Omega) = 3,65\,\text{V}$$

ou

$$\text{MP} = V_{CEQ} = 4,7\,\text{V}$$

Portanto, MPP é = 2(3,65 V) = 7,3 V_{pp}.

PROBLEMA PRÁTICO 10-7 Na Figura 10-13, se $R_1 = 100\,\Omega$, calcule o valor MPP.

10-4 Operação classe B

A operação em classe A é um modo comum de funcionar um transistor em circuitos lineares porque leva aos circuitos de polarização mais estáveis e mais simples. Mas a operação em classe A não é o modo mais eficiente de operar um transistor. Em algumas aplicações, como sistemas operados com bateria, o dreno de corrente em um estágio eficiente torna-se uma consideração importante no projeto. Esta seção introduz a ideia básica da operação em classe B.

Circuito simétrico (*push-pull*)

A Figura 10-14 mostra um amplificador básico classe B. Quando um transistor opera em classe B, ele corta um semiciclo. Para evitarmos a distorção resultante, podemos usar dois transistores num arranjo simétrico (conhecido também como *push-pull*), como mostra a Figura 10-14. **Simétrico** significa que um transistor conduz durante um semiciclo enquanto o outro fica em corte e vice-versa.

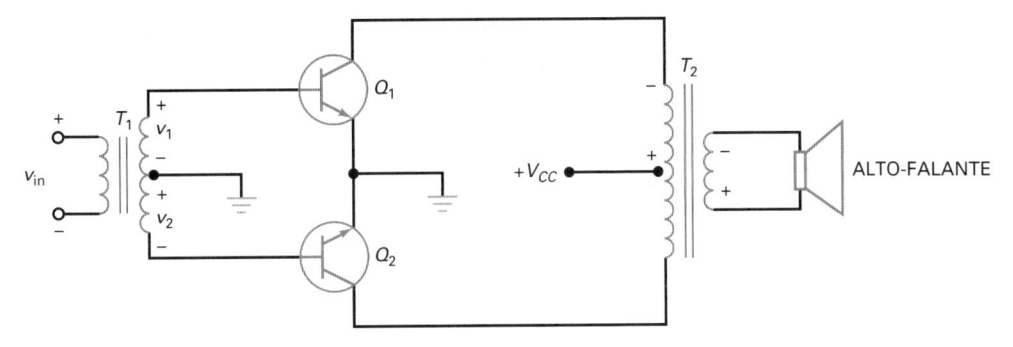

Figura 10-14 Amplificador simétrico (*push-pull*) classe B.

Veja a seguir como o circuito funciona. No semiciclo positivo da tensão de entrada, o enrolamento secundário de T_1 fornece v_1 e v_2, como mostrado. Portanto, o transistor de cima conduz e o debaixo está em corte. A corrente do coletor circula por Q_1 e pela metade do enrolamento primário de T_2, na saída. Isso produz uma tensão amplificada e invertida, que é acoplada por transformador para o alto-falante.

No próximo semiciclo da tensão de entrada, a polaridade inverte. Agora, o transistor debaixo entra em condução e o de cima entra em corte. O transistor inferior amplifica o sinal e o semiciclo alternado aparece no alto-falante.

Como cada transistor amplifica um semiciclo de entrada, o alto-falante recebe um ciclo completo do sinal amplificado.

Vantagens e desvantagens

Como não há polarização na Figura 10-14, cada transistor fica em corte quando não há sinal de entrada, uma vantagem, pois não há dreno de corrente quando o sinal for zero.

Outra vantagem é a melhoria na eficiência quando há sinal de entrada. A eficiência máxima de um amplificador simétrico classe B é de 78,5%; logo, um amplificador de potência simétrico é geralmente mais usado em um estágio de saída que um amplificador de potência classe A.

A principal desvantagem do amplificador da Figura 10-14 é o uso do transformador. Transformadores de áudio são volumosos e caros. Embora tenham sido muito utilizados anteriormente, um amplificador acoplado por transformador como o da Figura 10-14 não é mais popular. Os novos projetos eliminam a necessidade do transformador em muitas aplicações.

10-5 Classe B com seguidor de emissor simétrico (*push-pull*)

A *operação em classe B* significa que a corrente do coletor circula por apenas 180° do ciclo CA. Para isso acontecer, o ponto Q é situado no corte para as duas retas de carga CC e CA. A vantagem dos amplificadores classe B é o baixo valor de dreno da corrente e uma alta eficiência do estágio.

Circuito simétrico (*push-pull*)

A Figura 10-15*a* mostra um modo de conectar um classe B com seguidor de emissor simétrico. Aqui temos um seguidor de emissor *npn* e um seguidor de emissor *pnp* conectados num arranjo simétrico (*push-pull*).

Vamos começar a análise com o circuito equivalente CC na Figura 10-15*b*. O projetista escolhe os resistores de polarização para situar o ponto Q no corte. Isso polariza o diodo emissor de cada transistor entre 0,6 V e 0,7 V, de modo que ele fique no limiar de condução. Idealmente:

$I_{CQ} = 0$

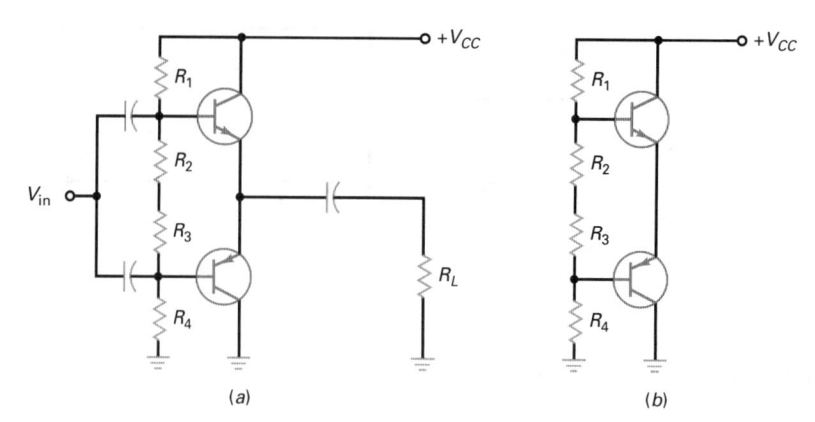

Figura 10-15 Classe B com seguidor de emissor simétrico: (a) Circuito completo, (b) circuito equivalente CC.

Como os resistores de polarização são iguais, cada diodo emissor é polarizado com o mesmo valor de tensão. Logo, metade da tensão de alimentação fica entre os terminais do coletor e do emissor de cada transistor. Isto é:

$$V_{CEQ} = \frac{V_{CC}}{2} \tag{10-23}$$

Reta de carga CC

Como não há resistência no circuito CC no coletor ou no emissor na Figura 10-15b, corrente CC de saturação é infinita. Isto significa que a reta de carga CC é vertical como mostra a Figura 10-16a. Se você acha que essa situação é perigosa, está certo. A parte mais difícil sobre o projeto de um amplificador classe B é situar um ponto Q estável no corte. A barreira de potencial de uma junção PN de silício decresce de 2mV para cada grau Celsius de aumento na temperatura. Quando um amplificador classe B está gerando um sinal de saída, sua temperatura aumenta. Qualquer diminuição significativa em V_{BE} pode mover o ponto Q para cima na reta de carga CC produzindo correntes perigosamente altas. Por enquanto, suponha que o ponto Q esteja estável no corte como mostra a Figura 10-16a.

Reta de carga CA

A Figura 10-16a mostra a reta de carga CA. Quando os transistores estão em condição, seu ponto de operação move-se para cima na reta de carga CA. A tensão no transistor em condução pode passar por todos os pontos do corte à saturação.

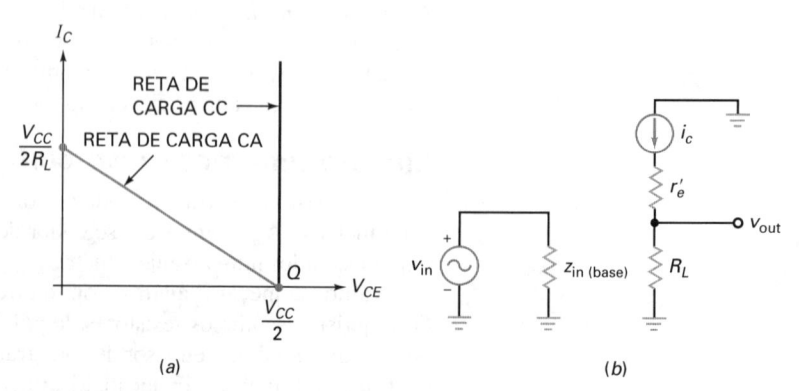

Figura 10-16 (a) Retas de carga CC e CA; (b) circuito equivalente CA.

No semiciclo alternado, o outro transistor funciona do mesmo jeito. Ou seja, o valor máximo de pico a pico na saída é:

$$\text{MPP} = V_{CC} \tag{10-24}$$

Análise CA

A Figura 10-16b mostra o circuito equivalente CA do transistor em condução. Ele é quase igual ao classe A com seguidor de emissor. Desprezando r'_e, o ganho de tensão é:

$$A_V \approx 1 \tag{10-25}$$

e a impedância de entrada da base é:

$$z_{\text{in(base)}} \approx \beta R_L \tag{10-26}$$

Funcionamento total

No semiciclo positivo da tensão de entrada, o transistor de cima na Figura 10-15a conduz e o de baixo fica em corte. O transistor de cima funciona como um seguidor de emissor comum, de modo que a tensão na saída é aproximadamente igual a tensão na entrada.

No semiciclo negativo da tensão de entrada, o transistor de cima está em corte e o transistor de baixo entra em condução. O transistor de baixo funciona como um seguidor de emissor comum e produz uma tensão na carga aproximadamente igual à tensão na entrada. O transistor de cima trabalha com o semiciclo positivo da tensão de entrada e o transistor de baixo cuida do semiciclo negativo. Durante os dois semiciclos, a fonte vê uma alta impedância de entrada olhando para as duas bases.

Distorção de cruzamento (*crossover*)

A Figura 10-17a mostra o circuito equivalente CA de um classe B com seguidor de emissor simétrico. Suponha que não seja aplicada uma polarização nos diodos

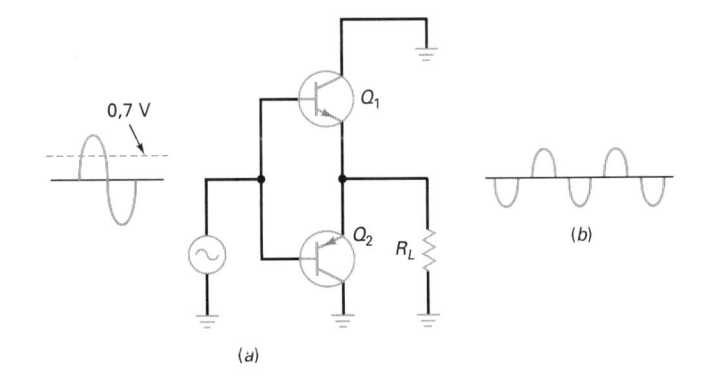

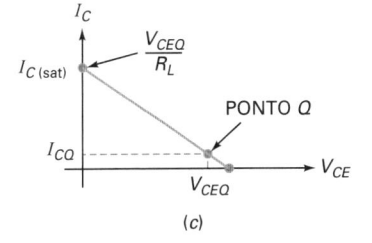

Figura 10-17 (a) Circuito equivalente CA; (b) distorção de cruzamento; (c) o ponto Q está ligeiramente acima do corte.

do emissor. Logo, a tensão CA na entrada precisa aumentar até 0,7 V aproximadamente para vencer as barreiras de potenciais dos diodos do emissor. Desse modo, não circula corrente por Q_1 quando o sinal for menor que 0,7 V.

O funcionamento no outro semiciclo é similar. Não circula corrente por Q_2 enquanto a tensão CA de entrada não for mais negativa que $-0,7$ V. Por esta razão, se não for aplicada uma polarização nos diodos do emissor, a saída de um classe B com seguidor de emissor simétrico fica como mostrado na Figura 10-17b.

Por causa do ceifamento entre os semiciclos, a saída é distorcida. Como o ceifamento ocorre entre o tempo de corte de um transistor enquanto o outro entra em condução, chamamos isto de **distorção de cruzamento (*crossover*)**. Para eliminar a distorção de cruzamento, precisamos aplicar uma ligeira polarização direta para cada diodo do emissor. Isto significa posicionar o ponto Q ligeiramente acima do corte como mostra a Figura 10-17c. Como regra, um I_{CQ} de 1 a 5% de $I_{C(sat)}$ é suficiente para eliminar a distorção de cruzamento.

Classe AB

Na Figura 10-17c, a ligeira polarização direta implica que o ângulo de condução será ligeiramente maior que 180° porque o transistor conduzirá um pouco mais que um semiciclo. Estritamente falando, já não temos uma operação classe B. Por isso, a operação é referida algumas vezes como **classe AB**, definida como um ângulo de condução entre 180° e 360°. Mas ele é apenas um classe AB. Por essa razão, muitas pessoas referem-se ainda ao circuito como um *amplificador simétrico classe B*. Porque a operação é muito próxima de classe B.

Fórmulas de potência

As fórmulas mostrada na Tabela 10-1 se aplicam a todas as classes de operação incluindo a operação do classe B simétrico.

Quando utilizar estas fórmulas para analisar seguidor de emissor simétrico classe B/AB lembre-se de que o amplificador simétrico classe B/AB tem a reta de carga CA e as formas de ondas na Figura 10-18a. Cada transistor fornece um semiciclo.

Dissipação de potência no transistor

Idealmente, a potência de dissipação no transistor é zero quando não há sinal de entrada porque os dois transistores estão em corte. Se houver uma ligeira polarização direta para evitar a distorção de cruzamento, a dissipação de potência quiescente em cada transistor ainda é muito baixa.

É ÚTIL SABER

Alguns amplificadores de potência são polarizados para operar como amplificadores classe AB a fim de melhorar a linearidade do sinal de saída. Um amplificador classe AB tem um ângulo de condução próximo de 210°. A melhoria da linearidade do sinal de saída não é obtida sem um custo — que é uma redução na eficiência do circuito.

Tabela 10-1	Fórmulas do amplificador de potência
Equação	**Valor**
$A_p = \dfrac{p_{out}}{p_{in}}$	Ganho de potência
$p_{out} = \dfrac{V_{out}^2}{8R_L}$	Potência CA na saída
$p_{out(máx)} = \dfrac{MPP^2}{8R_L}$	Potência máxima CA na saída
$P_{cc} = V_{CC} I_{cc}$	Potência CC na entrada
$\eta = \dfrac{p_{out}}{p_{cc}} \times 100\%$	Eficiência

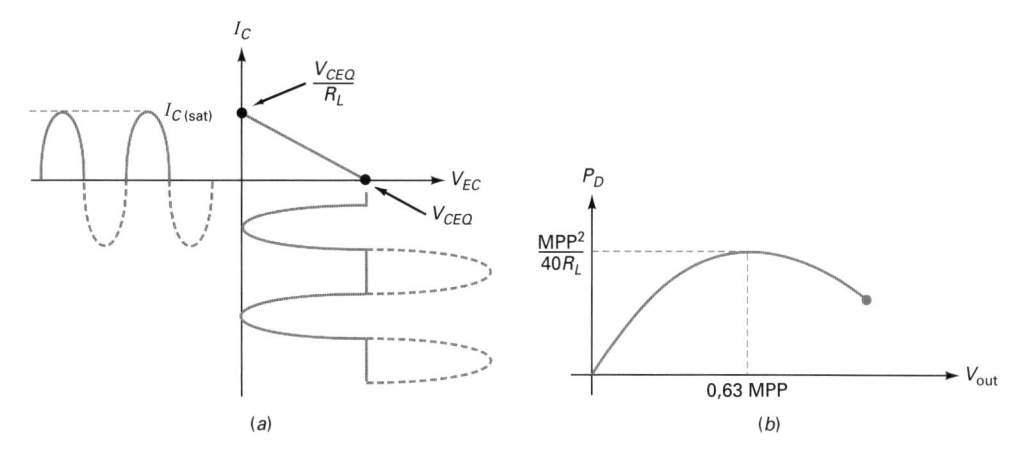

Figura 10-18 (a) Reta de carga do classe B; (b) dissipação de potência no transistor.

Quando um sinal CA está presente, a dissipação de potência no transistor torna-se significante. A dissipação de potência no transistor depende da porção usada na reta de carga CA. A máxima dissipação de potência em cada transistor é:

$$P_{D(\text{máx})} = \frac{MPP^2}{40R_L} \tag{10-27}$$

A Figura 10-18b mostra como a dissipação de potência no transistor varia conforme a tensão pico a pico na saída. Como indicado, P_D atinge o valor máximo quando o valor pico a pico na saída é de 63% de MPP. Como este é o pior caso, cada transistor no amplificador simétrico classe B/AB deve ter uma potência nominal de pelo menos $MPP^2/40\,R_L$.

Exemplo 10-8

O potenciômetro na Figura 10-19 ajusta os dois diodos do emissor para o limiar de condução. Qual é a dissipação máxima de potência no transistor? E a potência de saída máxima?

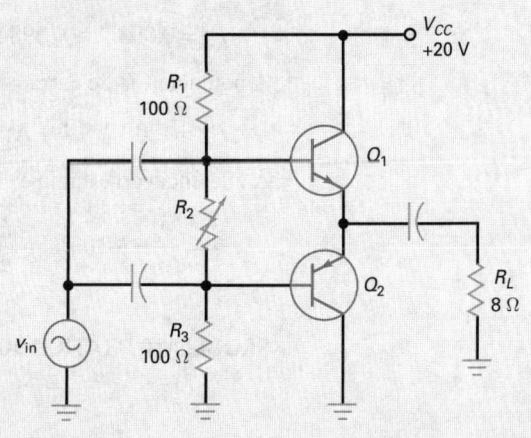

Figura 10-19 Exemplo.

SOLUÇÃO O valor máximo de pico a pico na saída é:

MPP = V_{CC} = 20 V

Com a Equação (10-27):

$$P_{out(máx)} = \frac{MPP^2}{40R_L} = \frac{(20\text{ V})^2}{40(8\,\Omega)} = 1,25\text{ W}$$

A potência máxima na saída é:

$$P_{out(máx)} = \frac{MPP^2}{8R_L} = \frac{(20\text{ V})^2}{8(8\,\Omega)} = 6,25\text{ W}$$

PROBLEMA PRÁTICO 10-8 Na Figura 10-19, mude V_{CC} para +30 V e calcule $P_{D(máx)}$ e $P_{out(máx)}$.

Exemplo 10-9

Se o potenciômetro for de 15 Ω, qual é a eficiência no exemplo anterior?

SOLUÇÃO A corrente CC nos resistores de polarização:

$$I_{bias} \approx \frac{20\text{ V}}{215\,\Omega} = 0,093\text{ A}$$

A seguir precisamos calcular a corrente no transistor superior. Aqui está o cálculo: conforme mostrado na Figura 10-18a, a corrente de saturação é

$$I_{C(sat)} = \frac{V_{CEQ}}{R_L} = \frac{10\text{ V}}{8\,\Omega} = 1,25\text{ A}$$

A corrente no coletor do transistor em condução é um sinal de meia onda com um valor de pico de $I_{C(sat)}$. Logo, ela tem um valor médio de:

$$I_{av} = \frac{I_{C(sat)}}{\pi} = \frac{1,25\text{ A}}{\pi} = 0,398\text{ A}$$

O dreno de corrente total é:

$$I_{cc} = 0,093\text{ A} + 0,398\text{ A} = 0,491\text{ A}$$

A potência CC de entrada é:

$$P_{cc} = (20\text{ V})(0,491\text{ A}) = 9,82\text{W}$$

A eficiência do estágio é:

$$\eta = \frac{P_{out}}{P_{cc}} \times 100\% = \frac{6,25\text{ W}}{9,82\text{ W}} \times 100\% = 63,6\%$$

PROBLEMA PRÁTICO 10-9 Repita o Exemplo 10-9 usando +30 V para V_{CC}.

10-6 Polarização dos amplificadores classe B/AB

Como mencionado anteriormente, a parte mais difícil sobre o projeto de um amplificador classe B/AB é ajustar um ponto Q estável próximo do corte. Esta seção estuda o problema e sua solução.

Polarização por divisor de tensão

A Figura 10-20 mostra a polarização por divisor de tensão para um circuito simétrico classe B/AB. Os dois transistores têm que ser complementares, isto é, eles precisam ter as curvas de V_{BE}, valores máximos nominais similares e assim por diante. Por exemplo, o 2N3904 Q_1 e o 2N3906 Q_2 são complementares, o primeiro é um transistor *npn* e o segundo, um *pnp*. Eles têm curvas de V_{BE}, valores máximos nominais similares e assim por diante. Pares complementares como esses estão disponíveis para o projeto de qualquer circuito simétrico classe B/AB.

Para evitarmos a distorção por cruzamento na Figura 10-20, ajustamos o ponto Q ligeiramente acima do corte, com o valor correto de V_{BE} entre 0,6 V e 0,7 V. Mas aqui está o maior problema: a corrente no coletor é muito sensível às variações em V_{BE}. As folhas de dados indicam que um aumento de 60 mV em VBE produz um aumento de dez vezes na corrente do coletor. Por isso, é necessário um potenciômetro para corrigir o ajuste no ponto Q.

Mas um potenciômetro não resolve o problema da temperatura mesmo que o ponto Q esteja em um ambiente perfeito de temperatura; ele irá avaliar quando a temperatura mudar. Como estudado anteriormente, V_{BE} diminui cerca de 2 mV para cada grau de aumento. À medida que a temperatura aumenta na Figura 10-20, a tensão fixa em cada diodo emissor força a corrente do coletor rapidamente. Se a temperatura aumentar 30°, a corrente no coletor aumenta por um fator de dez porque a polarização fixa é 60 mV maior. Portanto, o ponto Q é muito instável com a polarização por divisor de tensão.

O último perigo na Figura 10-20 é a **deriva térmica**. Quando a temperatura aumenta, a corrente no coletor aumenta. Como a corrente no coletor aumenta, a temperatura na junção aumenta ainda mais, além de reduzir o valor exato de V_{BE}. Esta situação de escalada significa que a corrente no coletor pode "disparar" em aumento até que uma potência excessiva danifique o transistor.

Para que um disparo térmico ocorra ou não, depende das propriedades térmicas do transistor, como ele está sendo refrigerado e o tipo de dissipador de calor usado. Na maioria das vezes a polarização por divisor de tensão como na Figura 10-20 produzirá um disparo térmico que danifica os transistores.

Polarização por diodos

Uma forma de evitar o disparo térmico é com diodos de polarização, mostrados na Figura 10-21. A ideia é usar os **diodos de compensação** para produzir a tensão de polarização para os diodos do emissor. Para este esquema funcionar, as curvas dos diodos devem casar com as curvas V_{BE} dos transistores. Então, qualquer aumento na temperatura reduz a tensão de polarização (bias) desenvolvida pela compensação dos diodos por uma quantidade certa de ajuste.

Por exemplo, suponha que uma tensão de polarização de 0,65 V produza uma corrente no coletor de 2 mA. Se a temperatura aumentar 32°C, a tensão em cada diodo de compensação cai 60 mV. Como o V_{BE} exigido também diminui de 60 mV, a corrente no coletor permanece fixa em 2 mA.

Para que os diodos de polarização sejam imunes a variações na temperatura, as curvas do diodo precisam casar com as curvas de V_{BE} sobre uma larga faixa de temperatura. Isso não é fácil de obter com circuitos distintos por causa da

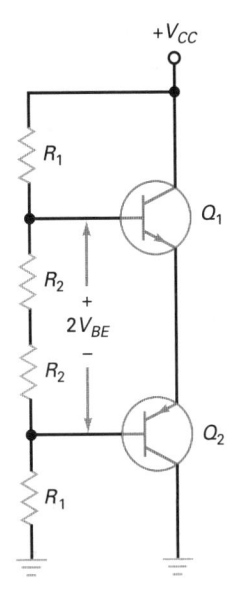

Figura 10-20 Polarização por divisor de tensão do amplificador simétrico classe B.

É ÚTIL SABER

Nos projetos atuais, são montados diodos de compensação no encapsulamento dos transistores de potência de modo que, com o aquecimento dos transistores, os diodos também aquecerão. Os diodos são geralmente montados nos transistores de potência com um adesivo isolante que tem uma boa característica de transferência térmica.

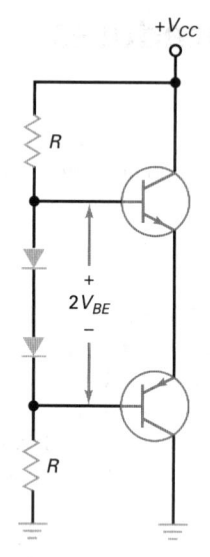

Figura 10-21 Diodos de polarização do amplificador simétrico classe B.

tolerância dos componentes. Mas o diodo de polarização é fácil de ser implementado nos circuitos integrados porque os diodos e os transistores estão na mesma pastilha, o que significa que eles têm curvas idênticas.

Com os diodos de polarização, a corrente de polarização que circula pelos diodos de compensação na Figura 10-21 é:

$$I_{bias} = \frac{V_{CC} - 2V_{BE}}{2R} \tag{10-28}$$

Quando os diodos de compensação têm suas curvas casadas com as curvas de V_{BE} dos transistores, I_{CQ} tem os mesmos valores de I_{bias}. Conforme mencionado anteriormente, I_{CQ} deve estar entre 1% e 5% de $I_{(sat)}$ para evitar a distorção por cruzamento.

Exemplo 10-10

Qual é o valor da corrente quiescente no coletor na Figura 10-22? E a eficiência máxima do amplificador?

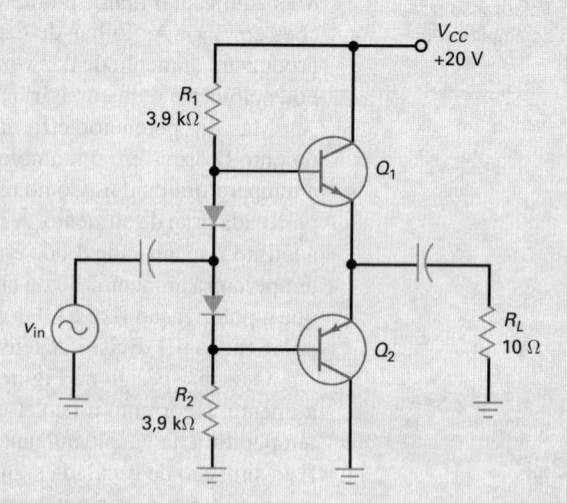

Figura 10-22 Exemplo.

SOLUÇÃO A corrente de polarização nos diodos de compensação é:

$$I_{bias} = \frac{20\,V - 1,4\,V}{2(3,9\,k\Omega)} = 2,38\,mA$$

Esse é o valor da corrente quiescente no coletor supondo que os diodos de compensação sejam casados com os diodos do emissor.

A corrente de saturação no coletor é:

$$I_{C(sat)} = \frac{V_{CEQ}}{R_L} = \frac{10\,V}{10\,\Omega} = 1\,A$$

O valor médio da corrente no coletor para meia onda é:

$$I_{av} = \frac{I_{C(sat)}}{\pi} = \frac{1\,A}{\pi} = 0,318\,A$$

O dreno de corrente total é:

$$I_{cc} = 2,38\,mA + 0,318\,A = 0,32\,A$$

A potência de entrada CC é:

$$P_{cc} = (20\ V)(0{,}32\ A) = 6{,}4\ W$$

A potência CA máxima na saída é:

$$p_{out(máx)} = \frac{MPP^2}{8R_L} = \frac{(20\ V)^2}{8(10\ \Omega)} = 5\ W$$

A eficiência do estágio é:

$$\eta = \frac{p_{out}}{p_{cc}} \times 100\% = \frac{5\ W}{6{,}4\ W} \times 100\% = 78{,}1\%$$

PROBLEMA PRÁTICO 10-10 Repita o Exemplo 10-10 usando +30 V para V_{CC}.

10-7 Acionador classe B/AB

No estudo anterior do classe B/AB com seguidor de emissor simétrico, o sinal CA era capacitivamente acoplado nas bases. Este não é o modo preferido para acionar um amplificador classe B/AB simétrico.

Acionador EC

O estágio que precede ao estágio de saída é chamado de **acionador**. Em vez de ser capacitivamente acoplado ao estágio de saída simétrico, podemos utilizar o acionador EC com acoplamento direto mostrado na Figura 10-23a. O transistor Q_1 é uma fonte de corrente que acerta a corrente CC de polarização pelos diodos. Ajustando R_2, podemos controlar a corrente CC do emissor por meio de R_4. Isso quer dizer que Q_1 fornece a corrente de polarização pelos diodos de compensação.

Quando um sinal CA aciona a base de Q_1, ele funciona como um amplificador com realimentação parcial. O sinal CA amplificado e invertido no coletor de Q_1 aciona as bases de Q_2 e Q_3. No semiciclo positivo, Q_2 conduz e Q_3 entra em corte. No semiciclo negativo, Q_2 entra em corte e Q_3 conduz. Pelo fato de o capacitor de acoplamento ser um curto para CA, o sinal CA é acoplado à resistência de carga.

A Fig. 10-23b mostra o circuito equivalente CA de um acionador em EC. Como os diodos estão polarizados pela corrente CC, seus emissores são substituídos pelas suas resistências CA de emissor, respectivamente. Em qualquer circuito prático r'_e é, pelo menos, 100 vezes menor do que R_3. Portanto, o circuito equivalente CA pode ser simplificado conforme a Fig. 10-23c.

Agora, podemos ver que o estágio do acionador é um amplificador com realimentação parcial cuja saída amplificada e invertida aciona as duas bases dos transistores de saída com o mesmo sinal. Na maioria das vezes, a impedância de entrada dos transistores de saída é muito alta e podemos aproximar o ganho de tensão do acionador por:

$$A_V = \frac{R_3}{R_4}$$

Resumindo, o estágio do acionador é um amplificador de tensão com realimentação parcial que produz um sinal maior para o amplificador simétrico da saída.

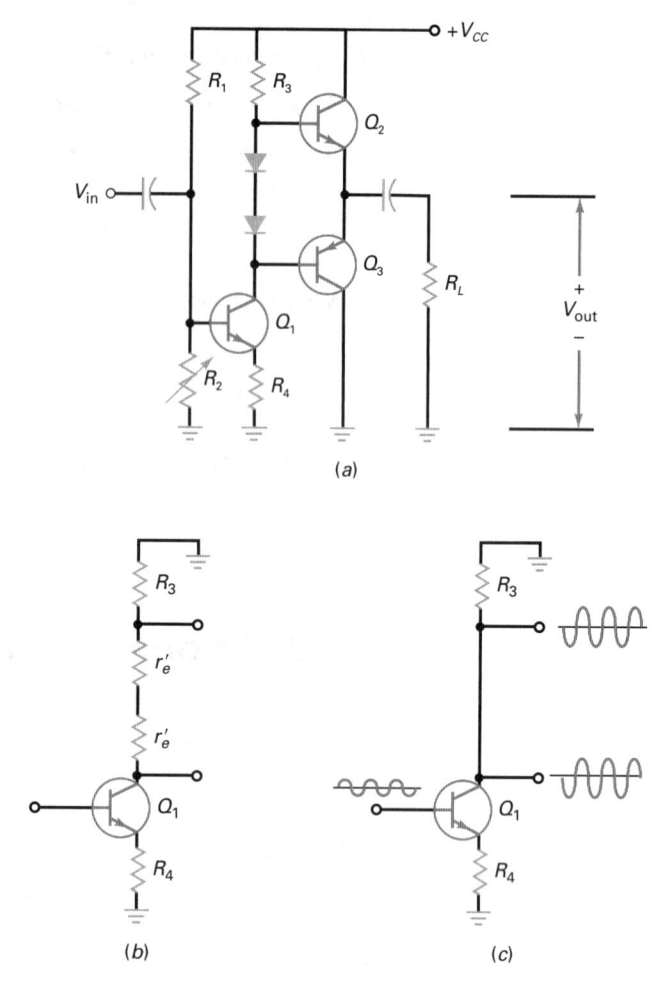

Figura 10-23 (a) Acionador EC com acoplamento direto; (b) circuito equivalente CA; (c) circuito equivalente simplificado.

Dois estágios com realimentação parcial

A Figura 10-24 é outro exemplo de aplicação do estágio EC em grande sinal para acionar um seguidor de emissor simétrico classe B/AB. O sinal de entrada é amplificado e invertido pelo acionador Q_1. O estágio simétrico então produz um ganho de corrente necessário para acionar a baixa impedância do alto-falante. Observe que o acionador EC tem seu emissor conectado ao terra. Por isso, o acionador tem um ganho de tensão maior que o do acionador da Figura 10-23a.

A resistência R_2 tem duas funções úteis. Primeiro, como ela está conectada em uma fonte de tensão CC de $+V_{CC}/2$, esta resistência estabelece a polarização CC de Q_1. Segundo, R_2 produz a realimentação negativa para o sinal CA. Um sinal crescente positivo na base de Q_1 produz um sinal crescente negativo no coletor de Q_1. A saída do seguidor de emissor é, portanto, crescente negativa. Quando realimentado por meio de R_2 para a base de Q_1, o sinal resultante se opõe ao sinal original de entrada. Isso é a realimentação negativa, que estabiliza a polarização e o ganho de tensão do amplificador total.

Os circuitos integrados (CI), com amplificador de áudio de potência são muitas vezes utilizados em aplicações de baixa ou média potência. Estes amplificadores, como o CI LM380, contêm transistores de saída polarizados em classe AB e serão estudados no Capítulo 16.

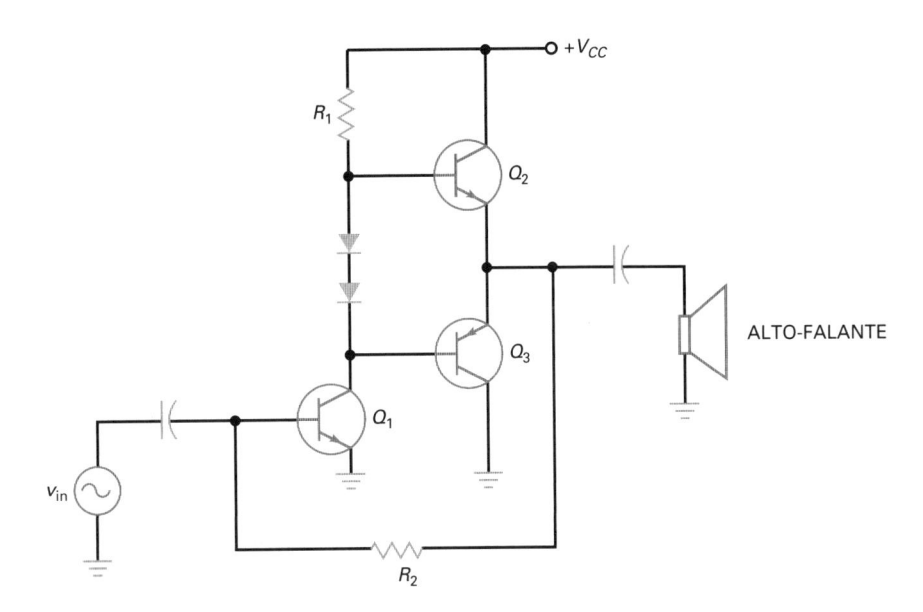

Figura 10-24 Dois estágios com realimentação negativa para o acionador EC.

10-8 Operação classe C

Com a operação em classe B, precisamos usar um arranjo simétrico (*push-pull*). É por isso que quase todos os amplificadores classe B são simétricos. Com a operação em classe C, precisamos usar um circuito ressonante para a carga. É por isso que quase todos os amplificadores classe C são amplificadores sintonizados.

Frequência ressonante

Com a operação em classe C, a corrente no coletor circula por menos de um semiciclo. Um circuito ressonante paralelo pode filtrar os pulsos de corrente do coletor e produzir uma tensão senoidal pura na saída. A principal aplicação para o classe C é nos amplificadores de RF sintonizados. A eficiência máxima de um amplificador classe C sintonizado é de 100%.

A Figura 10-25a mostra um amplificador de RF sintonizado. A tensão de entrada CA aciona a base e a tensão amplificada na saída apresenta-se no coletor. O sinal amplificado e invertido é então acoplado capacitivamente na resistência de carga. Em virtude do circuito ressonante em paralelo, a tensão na saída é máxima na frequência de ressonância, dada por:

$$f_r = \frac{1}{2\pi\sqrt{LC}} \tag{10-29}$$

Nos dois lados da frequência de ressonância f_r, o ganho de tensão cai como mostra a Figura 10-25b. Por essa razão, o amplificador classe C sintonizado é sempre planejado para amplificar uma banda ou (faixa) estreita de frequências. Isso o torna ideal para amplificação de sinais de rádio e televisão porque para cada emissora ou canal é designada uma banda estreita de frequências dos dois lados de uma frequência central.

O amplificador classe C não é polarizado, como mostrado no circuito equivalente CC na Figura 10-25c. A resistência R_S no circuito do coletor é a resistência em série com o indutor.

Retas de carga

A Figura 10-25d mostra as duas retas de carga. A reta de carga CC é aproximadamente vertical porque a resistência do enrolamento R_S de um indutor RF é muito

É ÚTIL SABER

A maioria dos amplificadores classe C é projetada de modo que o valor de pico da tensão de entrada é apenas suficiente para acionar o transistor na saturação.

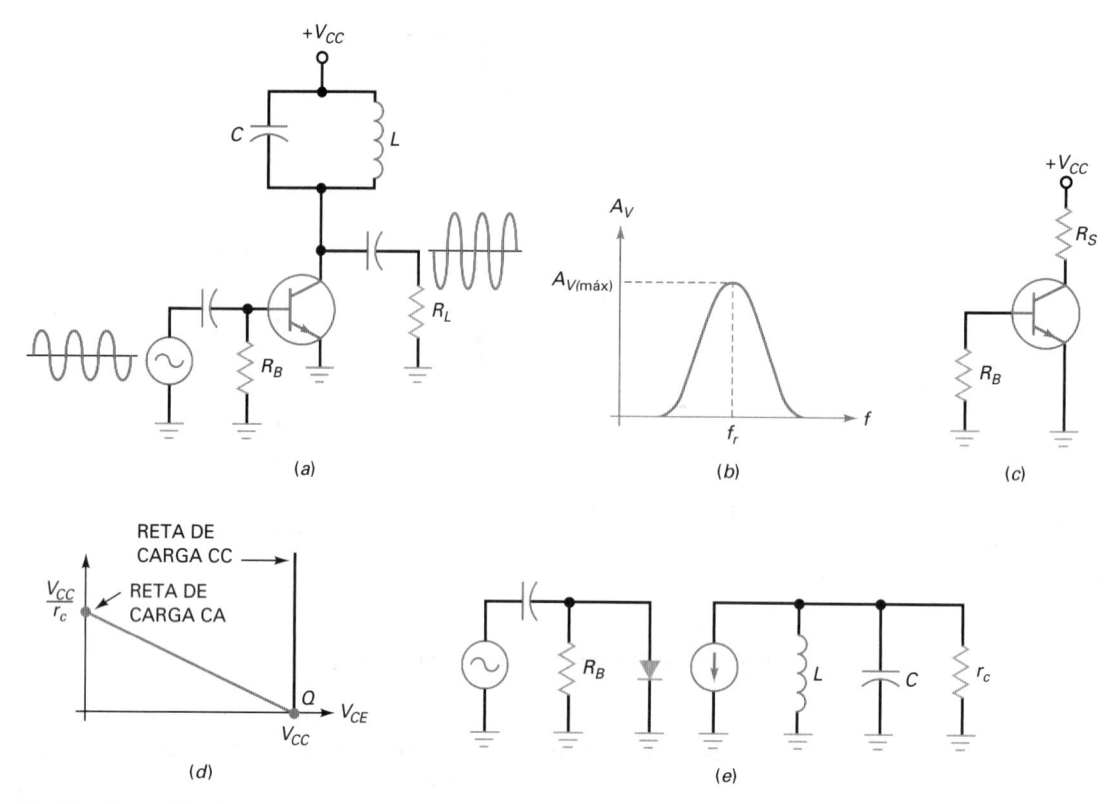

Figura 10-25 (a) Amplificador classe C sintonizado; (b) ganho de tensão *versus* frequência; (c) circuito equivalente CC não polarizado; (d) duas retas de carga; (e) circuito equivalente CA.

baixa. A reta de carga CC não é importante porque o transistor não é polarizado. O que é importante é a reta de carga CA. Conforme indicado, o ponto Q está no extremo inferior da reta de carga CA. Quando um sinal CA estiver presente, o ponto de operação instantâneo move-se para cima na reta de carga CA indo para o ponto de saturação. O pulso máximo da corrente de coletor é dado pela corrente de saturação V_{CC}/r_c.

Grampo CC do sinal de entrada

A Figura 10-25e é o circuito equivalente CA. O sinal de entrada aciona o diodo emissor e o pulso de corrente amplificado aciona o circuito tanque de ressonância. Em um amplificador classe C sintonizado o capacitor de entrada é parte de um grampeador CC negativo. Por essa razão, o sinal presente no diodo emissor é negativamente grampeado.

A Figura 10-26a ilustra o grampo negativo. Apenas os picos positivos do sinal de entrada podem fazer com que o diodo emissor entre em condução. Por isso, a corrente no coletor circula por breves pulsos como mostra a Figura 10-26b.

Filtrando as harmônicas

Uma forma de onda não senoidal como na Figura 10-26b é rica em **harmônicas**, isto é, múltiplas da frequência de entrada. Em outras palavras, os pulsos na Figura 10-26b são equivalentes a um grupo de ondas senoidais com frequências de f, $2f$, $3f$. . ., nf.

O circuito tanque ressonante na Figura 10-26c tem uma alta impedância apenas na frequência fundamental f. Isso produz um ganho de tensão maior na frequência fundamental. Por outro lado, o circuito tanque tem uma impedância muito baixa para harmônicas mais altas, produzindo um ganho de tensão muito baixo.

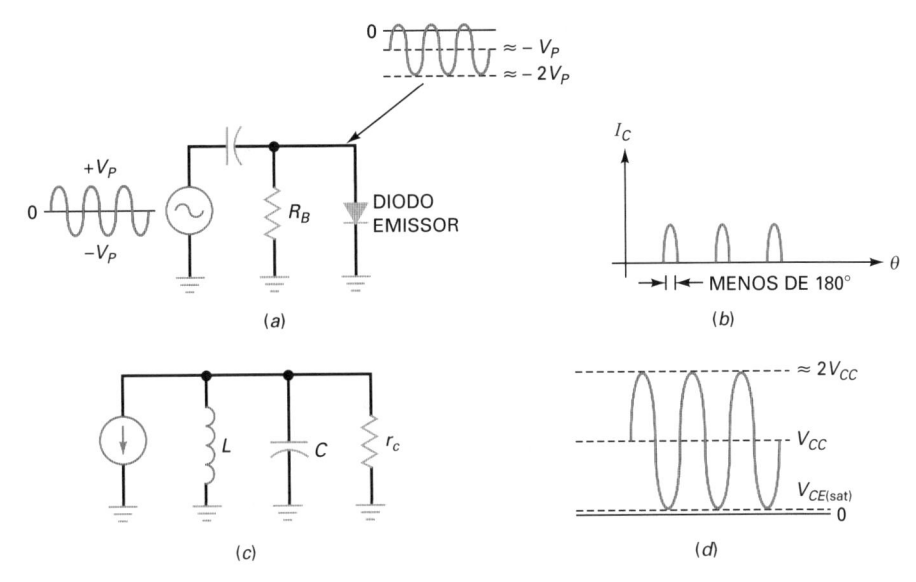

Figura 10-26 (a) Sinal entrada negativamente grampeado na base; (b) a corrente circula no coletor em pulsos; (c) circuito equivalente CA do coletor; (d) forma de onda da tensão no coletor.

É por isso que a tensão no tanque ressonante tem a aparência de uma onda senoidal pura como na Figura 10-26d. Como as harmônicas altas são filtradas, aparece apenas a frequência fundamental no circuito tanque.

Análise de defeito

Como o amplificador classe C sintonizado tem um sinal de entrada grampeado negativamente, você pode usar um voltímetro CC ou DMM de alta impedância para medir a tensão no diodo emissor. Se o circuito estiver funcionando corretamente, você deve ler uma tensão negativa aproximadamente igual ao valor de pico do sinal de entrada.

O teste do voltímetro que acabamos de citar só é útil quando não temos um osciloscópio disponível. Contudo se você tiver um osciloscópio, um teste muito melhor é observar o sinal no diodo emissor. Você deve ver uma forma de onda grampeada negativamente quando o circuito estiver funcionando corretamente. Para evitar o carregamento do circuito (efeito de carga), lembre-se de utilizar a ponta de prova 10x do osciloscópio.

Exemplo de aplicação 10-11

Descreva o funcionamento na Figura 10-27.

SOLUÇÃO O circuito tem uma frequência ressonante de:

$$f_r = \frac{1}{2\pi\sqrt{(2\ \mu H)(470\ pF)}} = 5{,}19\ \text{MHz}$$

Se o sinal de entrada tiver essa frequência, o circuito classe C sintonizado irá amplificar o sinal de entrada.

Na Figura 10-27, o sinal de entrada tem um valor pico a pico de 10 V. O sinal é negativamente grampeado na base do transistor com um valor de pico positivo de +0,7 V e um valor de pico negativo de –9,3 V. A tensão

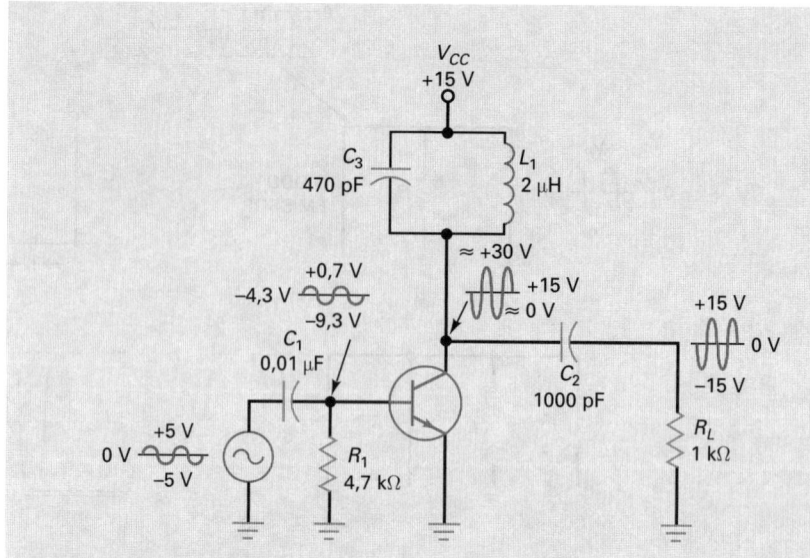

Figura 10-27 Aplicação do exemplo.

média na base é –4,3 V, que pode ser medida com um voltímetro CC de alta impedância.

O sinal do coletor é invertido por causa da conexão EC. A tensão CC ou média da forma de onda no coletor é +15 V, ou seja a tensão de alimentação. Portanto, a tensão pico a pico no coletor é de 30 V. Essa tensão é acoplada capacitivamente à resistência de carga. A tensão final na saída tem um valor de pico positivo de +15 V e um pico negativo de –15 V.

PROBLEMA PRÁTICO 10-11 Usando a Figura 10-27, mude o capacitor de 470 pF para 560 pF e V_{CC} para +12 V. Calcule os valores de f_r e v_{out} de pico a pico no circuito.

10-9 Fórmulas para o classe C

Um amplificador classe C sintonizado é geralmente um amplificador de banda estreita. O sinal de entrada em um circuito classe C é amplificado para se obter uma potência maior na saída com uma eficiência próxima de 100%.

Largura da banda

Conforme estudado nos cursos básicos, a **largura da banda** (*BW*) de um circuito ressonante é definida como:

$$BW = f_2 - f_1 \tag{10-30}$$

onde f_1 = frequência inferior na potência média
f_2 = frequência superior na potência média

As frequências na potência média são idênticas às frequências em que o ganho de tensão é igual a 0,707 multiplicado pelo ganho máximo, como mostra a Figura 10-28. O menor valor de *BW* é a banda estreita do amplificador.

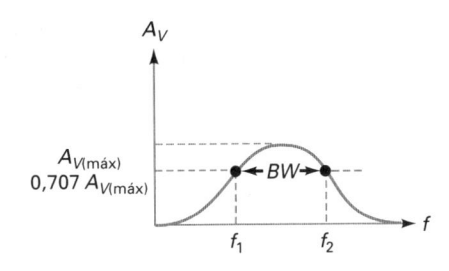

Figura 10-28 Largura da banda.

Com a Equação (10-30), é possível derivar esta nova fórmula para a largura de faixa:

$$BW = \frac{f_r}{Q} \tag{10-31}$$

onde Q é o fator de qualidade do circuito. A Equação (10-31) informa que a largura da faixa é inversamente proporcional a Q. Quanto maior o valor de Q do circuito, menor a largura da banda.

Os circuitos dos amplificadores classe C quase sempre apresentam um fator Q maior que 10. Ou seja, a largura da banda é menor que 10% da frequência de ressonância. Por isso, os amplificadores classe C são amplificadores de banda estreita. A saída de um amplificador de banda estreita é uma tensão senoidal de valor alto na frequência de ressonância com uma queda rápida acima e abaixo da ressonância.

Depressão da corrente na ressonância

Quando um circuito tanque é ressonante, a impedância CA na carga vista pela fonte de corrente do coletor é máxima e puramente resistiva. Portanto, a corrente no coletor é mínima na ressonância. Acima e abaixo da ressonância, a impedância CA da carga diminui e a corrente no coletor aumenta.

Um modo de sintonizar um circuito tanque é procurar diminuir a corrente CC fornecida ao circuito, como mostra a Figura 10-29. A ideia básica é medir a corrente CC da fonte de alimentação enquanto sintoniza o circuito (variando L ou C). Quando um circuito é ressonante na frequência de entrada, a leitura no amperímetro cairá para o valor mínimo. Ou seja, o circuito está sintonizado corretamente porque o tanque apresenta a impedância máxima neste ponto.

Resistência CA do coletor

Qualquer indutor tem uma resistência em série R_S, como indicado na Figura 10-30a. O fator Q do indutor é definido como:

$$Q_L = \frac{X_L}{R_S} \tag{10-32}$$

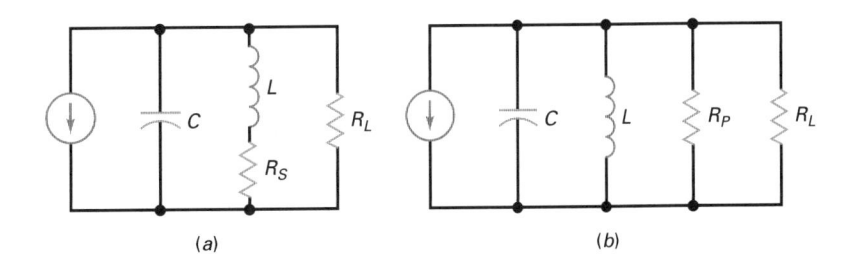

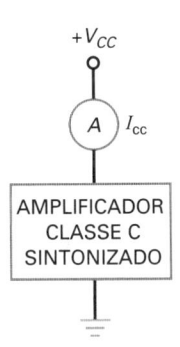

Figura 10-29 Depressão da corrente na ressonância.

Figura 10-30 (a) Resistência equivalente em série para o indutor; (b) resistência equivalente em paralelo para o indutor.

onde Q_L = fator de qualidade da bobina
X_L = reatância indutiva
R_S = resistência da bobina

Lembre-se de que isso é o fator Q da bobina somente. O circuito total tem um fator Q menor porque ele inclui o efeito da resistência de carga, assim como a resistência da bobina.

Conforme estudado nos cursos básicos de CA, a resistência em série do indutor pode ser substituída pela resistência em paralelo R_P, como mostra a Figura 10-30b. Quando o fator Q é maior que 10, a resistência equivalente é dada por:

$$R_P = Q_L X_L \tag{10-33}$$

Na Figura 10-30b, X_L cancela X_C na ressonância, deixando apenas R_P em paralelo com R_L. Portanto, a resistência CA vista pelo coletor na ressonância é:

$$r_c = R_P \parallel R_L \tag{10-34}$$

O fator Q *do circuito total* é dado por:

$$Q = \frac{r_c}{X_L} \tag{10-35}$$

O fator Q do circuito é menor que Q_L, que é o fator Q da bobina. Nos amplificadores práticos classe B, o fator Q da bobina é tipicamente de 50 ou mais e o fator Q do circuito é de 10 ou mais. Como o fator Q total é de 10 ou mais, a operação é em banda estreita.

Ciclo de trabalho

A breve condução do diodo emissor em cada pico positivo produz pulsos estreitos na corrente do coletor, como mostra a Figura 10-31a. Com pulsos como este, é conveniente definir o **ciclo de trabalho** como:

$$D = \frac{W}{T} \tag{10-36}$$

onde D = ciclo de trabalho
W = largura do pulso
T = período dos pulsos

Por exemplo, se um osciloscópio mostra uma largura de pulso de 0,2 μs e um período de 1,6 μs, o fator de trabalho é:

$$D = \frac{0,2\ \mu s}{1,6\ \mu s} = 0,125$$

Quanto menor valor de ciclo de trabalho, mais estreitos são os pulsos comparados com o período. O amplificador classe C típico tem um fator de trabalho baixo. Na verdade, a eficiência do amplificador classe C aumenta à medida que o ciclo de trabalho diminui.

Ângulo de condução

Um modo equivalente de declarar o ciclo de trabalho é usando o ângulo de condução ϕ, mostrado na Figura 10-31b:

$$D = \frac{\phi}{360°} \tag{10-37}$$

Por exemplo, se o ângulo de condução for de 18°, o fator de trabalho é:

$$D = \frac{18°}{360°} = 0,05$$

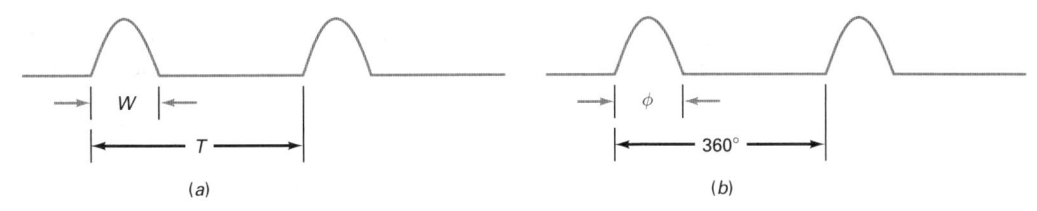

Figura 10-31 Ciclo de trabalho.

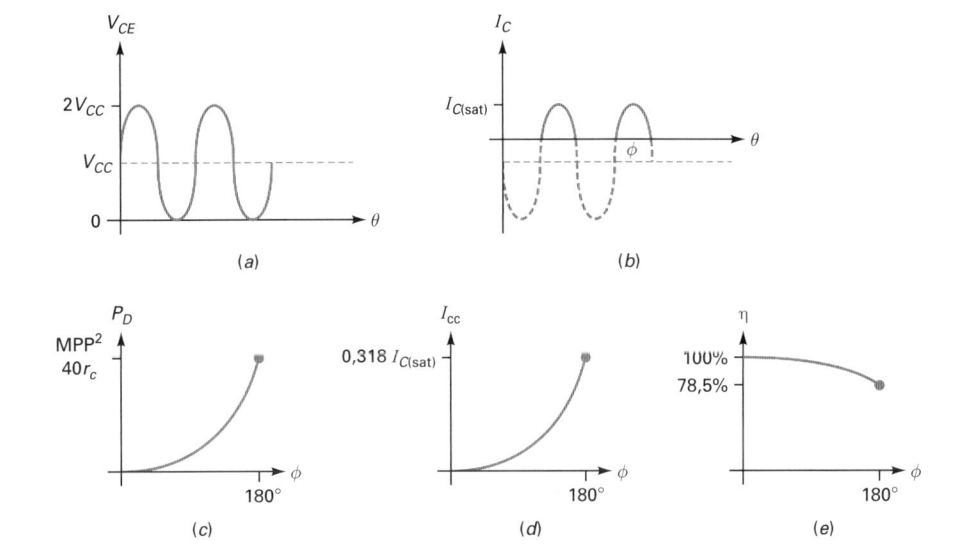

Figura 10-32 (a) Saída máxima; (b) ângulo de condução; (c) dissipação de potência no transistor; (d) dreno de corrente; (e) eficiência.

Dissipação de potência no transistor

A Figura 10-32a mostra a tensão coletor-emissor ideal em um amplificador classe C com transistor. Na Figura 10-32a, a saída máxima é dada por:

$$\text{MPP} = 2V_{CC} \tag{10-38}$$

Como a tensão máxima é de aproximadamente $2V_{CC}$, o transistor deve ter um valor nominal de V_{CEO} maior que $2 V_{CC}$.

A Figura 10-32b mostra a corrente no coletor para um amplificador classe C. Tipicamente, o ângulo de condução ϕ é maior que 180°. Observe que a corrente no coletor alcança um valor máximo de $I_{C(\text{sat})}$. O transistor deve ter uma corrente nominal de pico maior que este valor. A parte tracejada do ciclo representa o tempo que o transistor fica em corte.

A dissipação de potência no transistor depende do ângulo de condução. Como mostrado na Figura 10-32c, a dissipação de potência aumenta com o ângulo de condução até 180°. A dissipação máxima de potência no transistor pode ser deduzida usando-se o cálculo:

$$P_D = \frac{\text{MPP}^2}{40r_c} \tag{10-39}$$

A Equação (10-39) representa o pior caso. Um transistor operando em classe C deve ter uma potência nominal acima deste valor ou ele será danificado. Sob as condições normais de acionamento, o ângulo de condução será menor que 180° e a dissipação de potência no transistor será menor que $\text{MPP}^2/40r_c$.

Eficiência do estágio

A corrente CC no coletor depende do ângulo de condução. Para um ângulo de condução de 180° (um sinal de meia onda), a corrente CC no coletor ou média é

$I_{C(\text{sat})}/\pi$. Para ângulos de condução menores, a corrente CC no coletor é abaixo disso, como mostra a Figura 10-32d. A corrente CC no coletor é a única corrente drenada no amplificador classe C, pois ele não tem resistores de polarização.

Em um amplificador classe C, a maior parte da potência CC na entrada é convertida em potência CA na carga porque as perdas no transistor e a bobina são baixas. Por esta razão, um amplificador classe C tem uma eficiência do estágio alta.

A Figura 10-32e mostra como a eficiência ótima do estágio varia com o ângulo de condução. Quando o ângulo é de 180°, a eficiência do estágio é 78,5%, o mesmo valor teórico máximo para um amplificador classe B. Quando o ângulo de condução diminui, a eficiência do estágio aumenta. Como indicado, o classe C tem uma eficiência máxima de 100%, quando próximo de ângulos de condução muito pequenos.

Exemplo 10-12

Se Q_L for 100 na Figura 10-33, qual é a largura da banda do amplificador?

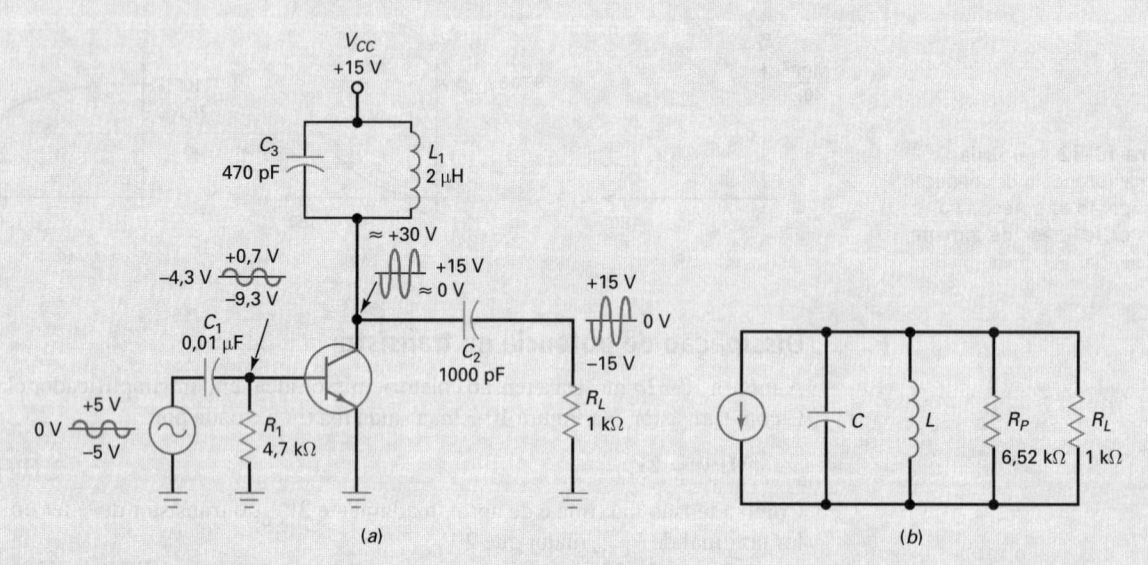

Figura 10-33 Exemplo.

SOLUÇÃO Na frequência ressonante (encontrada no Exemplo 10-11):

$$X_L = 2\pi fL = 2\pi(5{,}19 \text{ MHz})(2\mu\text{H}) = 65{,}2 \text{ }\Omega$$

Com a Equação (10-33) a resistência equivalente em paralelo da bobina é:

$$R_P = Q_L X_L = (100)(65{,}2 \text{ }\Omega) = 6{,}52 \text{ k}\Omega$$

A resistência está em paralelo com a resistência da carga como mostra a Figura 10-33b. Portanto, a resistência CA do coletor é:

$$r_c = 6{,}52 \text{ k}\Omega \parallel 1 \text{ k}\Omega = 867 \text{ }\Omega$$

Com a Equação (10-35), o fator Q do circuito total é:

$$Q = \frac{r_c}{X_L} = \frac{867 \text{ }\Omega}{65{,}2 \text{ }\Omega} = 13{,}3$$

Como a frequência ressonante é de 5,19 MHz, a largura da banda é:

$$BW = \frac{5{,}19 \text{ MHz}}{13{,}3} = 390 \text{ kHz}$$

Exemplo 10-13

Na Figura 10-33a, qual é o pior caso para a dissipação de potência?

SOLUÇÃO A saída máxima de pico a pico é:

$$\text{MPP} = 2V_{CC} = 2(15\text{ V}) = 30\text{ Vpp}$$

A Equação (10-39) nos fornece a dissipação de potência no transistor para o pior caso:

$$P_D = \frac{\text{MPP}^2}{40r_c} = \frac{(30\text{ V})^2}{40(867\ \Omega)} = 26\text{ mW}$$

PROBLEMA PRÁTICO 10-13 Na Figura 10-33, se V_{CC} for de +12 V, qual é o pior caso para a dissipação de potência?

A Tabela 10-2 ilustra as características dos amplificadores classe A, B/AB e C.

10-10 Potência nominal do transistor

A temperatura na junção do coletor estabelece um limite quanto à dissipação de potência admissível P_D. Dependendo do tipo de transistor, uma temperatura na junção na faixa de 150°C a 200°C danificará o transistor. As folhas de dados especificam essa temperatura máxima na junção como $T_{J(\text{máx})}$. Por exemplo, a folha de dados de um 2N3904 mostra uma $T_{J(\text{máx})}$ de 150°C; a folha de dados de um 2N3719 especifica uma $T_{J(\text{máx})}$ de 200°C.

Temperatura ambiente

O calor produzido na junção passa pelo encapsulamento (metal ou plástico) e é irradiado para o ar circundante. A temperatura deste ar, conhecido como *temperatura ambiente*, é em torno de 25°C, mas ela pode ser mais alta nos dias quentes. A temperatura ambiente pode ser mais alta dentro do componente de um equipamento eletrônico.

Fator de degradação

As folhas de dados sempre especificam o valor $P_{D(\text{máx})}$ de um transistor na temperatura ambiente de 25°C. Por exemplo, o 2N1936 tem uma $P_{D(\text{máx})}$ de 4 W para a temperatura ambiente de 25°C, isto significa que um 2N1936 usado em um amplificador classe A pode ter uma dissipação de potência quiescente de até 4 W. Enquanto a temperatura ambiente for de 25°C ou menos, o transistor está dentro da potência nominal especificada.

O que fazer se a temperatura ambiente for maior que 25°C? Você deve degradar (reduzir) a potência nominal. As folhas de dados costumam incluir uma *curva de degradação* como na Figura 10-34. Como você pode ver, a potência nominal diminui quando a temperatura ambiente aumenta. Por exemplo, numa temperatura ambiente de 100°C, a potência nominal é de 2 W.

Algumas folhas de dados não fornecem uma curva de degradação como na Figura 10-34. Em vez disso, elas listam um fator de degradação D. Por exemplo, o fator de degradação de um 2N1936 é de 26,7 mW/°C. Isso significa que você deve subtrair 26,7 mW para cada grau se a temperatura ambiente for acima de 25°C. Em símbolos:

É ÚTIL SABER

Nos circuitos integrados, onde existem vários transistores, não pode ser especificada uma temperatura máxima na junção. Portanto, a temperatura máxima no CI é dada pela temperatura do encapsulamento. Por exemplo, o CI amp op µA741 tem uma potência nominal de 500mW se seu encapsulamento for metálico, e de 310 mW se seu encapsulamento for de plástico (*dual-inline*), e de 570 mW se for com encapsulamento modular.

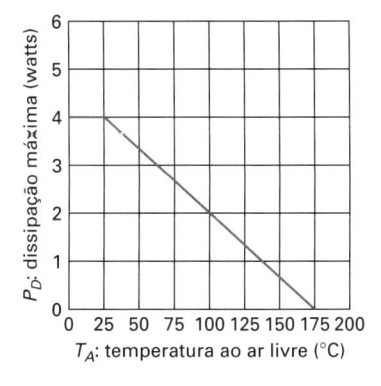

Figura 10-34 Potência nominal *versus* temperatura ambiente.

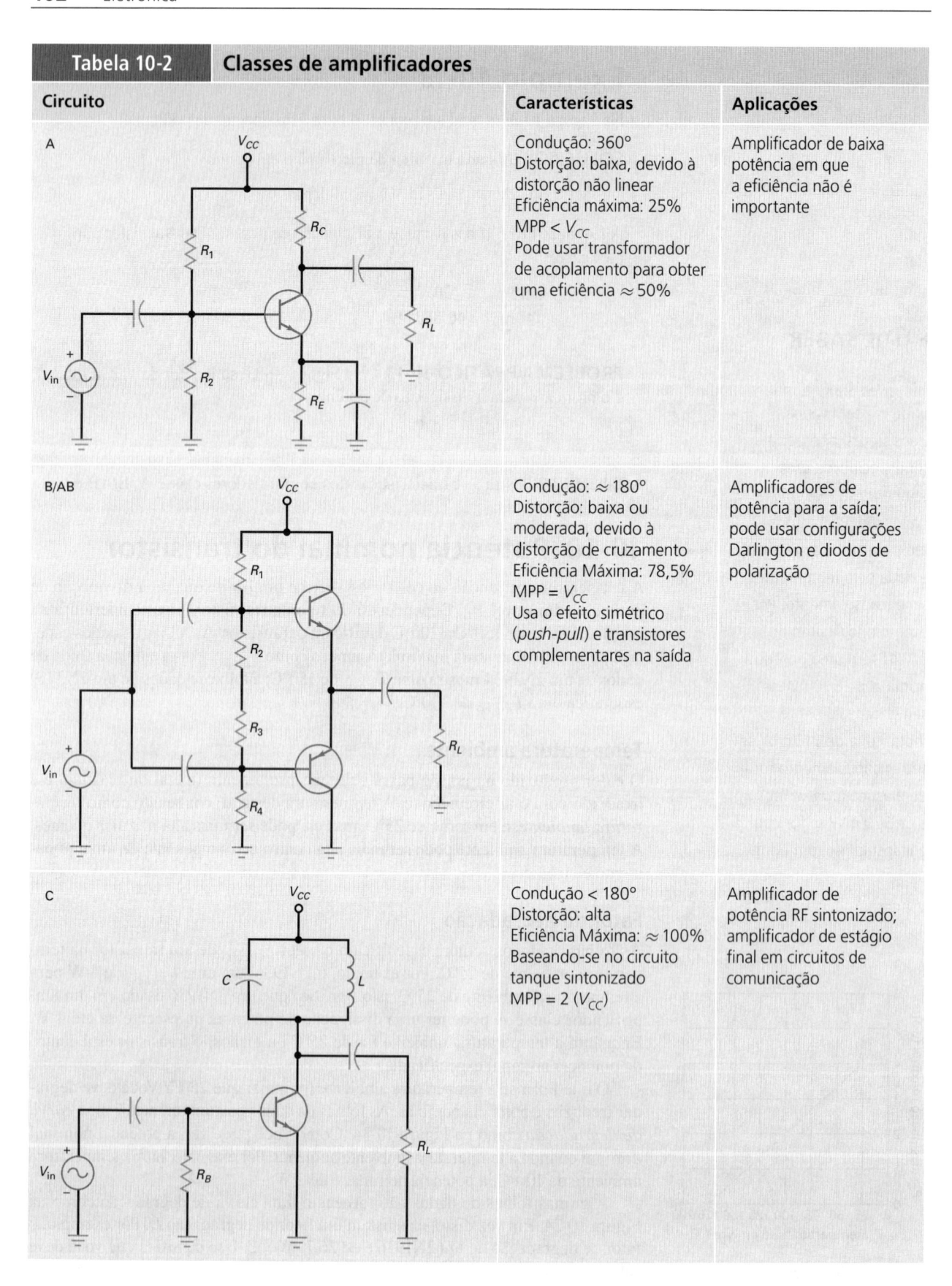

Tabela 10-2 — Classes de amplificadores

Circuito	Características	Aplicações
A	Condução: 360° Distorção: baixa, devido à distorção não linear Eficiência máxima: 25% MPP < V_{CC} Pode usar transformador de acoplamento para obter uma eficiência $\approx$ 50%	Amplificador de baixa potência em que a eficiência não é importante
B/AB	Condução: $\approx$ 180° Distorção: baixa ou moderada, devido à distorção de cruzamento Eficiência Máxima: 78,5% MPP = V_{CC} Usa o efeito simétrico (*push-pull*) e transistores complementares na saída	Amplificadores de potência para a saída; pode usar configurações Darlington e diodos de polarização
C	Condução < 180° Distorção: alta Eficiência Máxima: $\approx$ 100% Baseando-se no circuito tanque sintonizado MPP = 2 (V_{CC})	Amplificador de potência RF sintonizado; amplificador de estágio final em circuitos de comunicação

$$\Delta P = D(T_A - 25°C) \tag{10-40}$$

onde P = variação na potência nominal
 D = fator de degradação
 T_A = temperatura ambiente

Como exemplo, se a temperatura ambiente aumentar para 75°C, você deve reduzir a potência nominal para:

$$\Delta P = 26{,}7 \text{ mW}(75 - 25) = 1{,}34 \text{ W}$$

Como a potência nominal é de 4 W a 25°C, a nova potência nominal será:

$$P_{D(\text{máx})} = 4 \text{ W} - 1{,}34 \text{ W} = 2{,}66 \text{ W}$$

Isso concorda com a curva de degradação na Figura 10-34.

Se você obtiver uma redução na potência nominal a partir da curva de degradação, como na Figura 10-34 ou a partir da fórmula como na Equação (10-40), o principal fato a ser observado é a redução na potência nominal com o aumento da temperatura ambiente. Só porque um circuito trabalha bem a 25°C não significa que ele funcione bem sob uma faixa maior de temperatura. Quando você projeta um circuito, portanto, deve levar em conta a faixa de temperatura de operação considerando a degradação da curva de todos os transistores para o valor mais alto de temperatura ambiente esperado.

Dissipadores de calor

Um modo de aumentar a potência nominal de um transistor é livrar-se o mais rápido possível do calor. É por isso que são usados os dissipadores de calor. Se aumentarmos a superfície do encapsulamento do transistor, permitimos que o calor seja dissipado mais facilmente para o ar circundante. Veja na Figura 10-35a. Quando este tipo de dissipador de calor é encaixado no encapsulamento do transistor, o calor é irradiado mais rapidamente em virtude da área aumentada em suas aletas.

A Figura 10-35b mostra um transistor de potência com uma mesa metálica. A mesa de metal fornece um caminho para a saída do calor do transistor. Esta mesa de metal pode ser fixada ao chassi dos equipamentos eletrônicos. Como o chassi é uma massa dissipadora de calor, o calor pode ser facilmente retirado do transistor para o chassi.

Transistores de potências maiores como na Figura 10-35c têm o coletor conectado diretamente ao encapsulamento para permitir que o calor escape o mais facilmente possível. O encapsulamento do transistor é, então, fixado ao chassi. O diagrama de pinagem da Fig. 10-35c mostra as conexões vistas por baixo do transistor (observe que o coletor está conectado ao encapsulamento do transistor). Para evitar que o coletor entre em curto com o terra do chassi, uma arruela fina

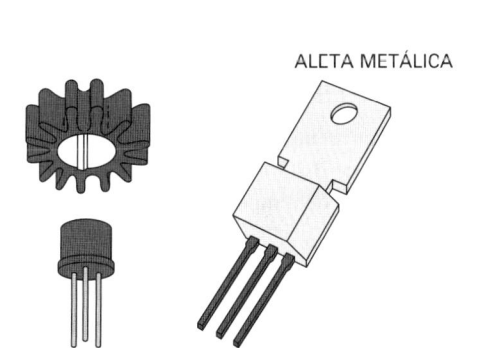

Figura 10-35 (a) Dissipador de calor de pressão; (b) transistor de potência com aleta metálica; (c) transistor de potência com o coletor conectado ao encapsulamento.

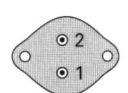

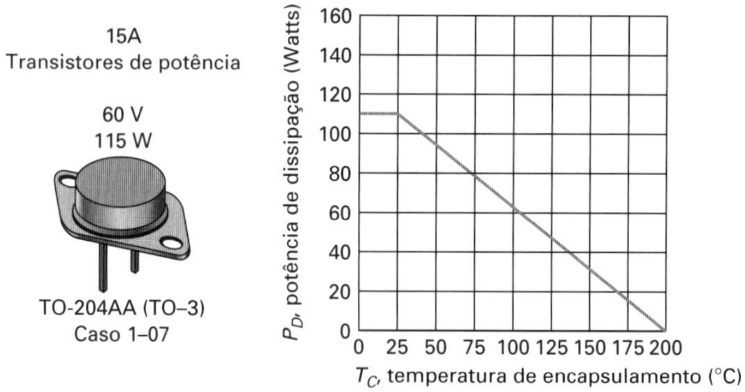

Figura 10-36 Curva de degradação do 2N3055. Usado com permissão de SCILLC dba ON Semiconductor.

isolante e uma pasta térmica condutora são usadas entre o encapsulamento do transistor e o chassi. A principal ideia aqui é que o calor possa sair do transistor mais rapidamente, o que significa que o transistor tem uma potência nominal maior na mesma temperatura ambiente.

Temperatura no encapsulamento

Quando o calor é retirado de um transistor, ele passa pelo encapsulamento do transistor e penetra no dissipador de calor, que por sua vez irradia o calor para o ar circundante. A temperatura do encapsulamento do transistor T_C será ligeiramente maior que a temperatura do dissipador de calor T_S, que por sua vez é ligeiramente maior que a temperatura ambiente T_A.

As folhas de dados dos transistores de potências maiores fornecem as curvas de degradação para a temperatura do encapsulamento em vez da temperatura ambiente. Por exemplo, a Figura 10-36 mostra a curva de degradação de um 2N3055. A potência nominal é de 115 W na temperatura do encapsulamento de 25°C; logo ela diminui linearmente com a temperatura até atingir zero para uma temperatura do encapsulamento de 200°C.

Algumas vezes você obtém um fator de degradação no lugar de uma curva de degradação. Nesse caso, você pode usar a seguinte equação para calcular a redução na potência nominal:

$$\Delta P = D(T_C - 25°C) \tag{10-41}$$

onde P = variação na potência nominal
D = fator de degradação
T_C = temperatura do encapsulamento

Para usar a curva de degradação de um transistor de alta potência, você precisa saber o valor da temperatura do encapsulamento no pior caso. Depois pode degradar a potência do transistor para chegar ao seu valor de potência nominal máxima.

Exemplo de aplicação 10-14

O circuito na Figura 10-37 pode funcionar a uma faixa de temperatura ambiente de 0 a 50°C. Qual é a potência nominal máxima do transistor para o pior caso de temperatura?

SOLUÇÃO O pior caso de temperatura é o maior valor porque você deve degradar a potência nominal dada na folha de dados. Se você observar na folha de dados de um 2N3904, verá a potência nominal máxima listada:

P_D = 625 mW a 25°C ambiente

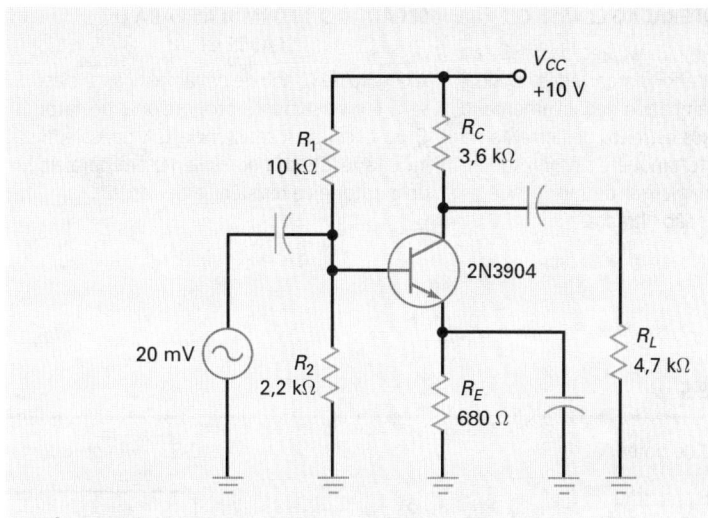

Figura 10-37 Aplicação do exemplo.

e o fator de degradação é dado:

$$D = 5 \text{ mW/°C}$$

Com a Equação (10-40), podemos calcular:

$$\Delta P = (5 \text{ mW})(50 - 25) = 125 \text{ mW}$$

Portanto, a potência nominal máxima a 50°C é:

$$P_D(\text{máx}) = 625 \text{ mW} - 125 \text{ mW} = 500 \text{ mW}$$

PROBLEMA PRÁTICO 10-14 No Exemplo 10-14, qual é a potência nominal do transistor quando a temperatura ambiente é 65°C?

Resumo

SEÇÃO 10-1 CLASSIFICAÇÃO DOS AMPLIFICADORES

As classes de operação são A, B e C. Os tipos de acoplamento são capacitivo, transformador e direto. Tipos da frequência incluem áudio, RF, banda estreita e largura da banda. Alguns tipos de amplificadores de áudio são pré-amplificadores e amplificadores de potência.

SEÇÃO 10-2 DUAS RETAS DE CARGA

Todo amplificador tem uma reta de carga CC e uma reta de carga CA. Para obter o valor máximo de pico a pico na saída, o ponto Q deve estar no centro da reta de carga CA.

SEÇÃO 10-3 OPERAÇÃO CLASSE A

O ganho de potência é igual à potência CA na saída dividida pela potência CA na entrada. A potência nominal de um transistor deve ser maior que a dissipação de potência quiescente. A eficiência de um estágio amplificador é igual à potência CA na saída dividida pela potência CC na entrada multiplicada por 100%. A eficiência máxima de um classe A com um coletor e resistor de carga é de 25%. Se o resistor de carga for o resistor do coletor ou usar um transformador, a eficiência máxima aumenta para 50%.

SEÇÃO 10-4 OPERAÇÃO CLASSE B

A maioria dos amplificadores classe B usa uma conexão simétrica (*push-pull*) de dois transistores. Quando um transistor conduz, o outro entra em corte e vice-versa. Cada transistor amplifica um semiciclo do ciclo CA. A eficiência máxima de um classe B é de 78,5%.

SEÇÃO 10-5 CLASSE B COM SEGUIDOR DE EMISSOR SIMÉTRICO (*PUSH-PULL*)

O classe B é mais eficiente que o classe A. Em um amplificador classe B simétrico com seguidor de emissor, são usados os transistores *npn* e *pnp* complementares. O transistor *npn* conduz um semiciclo e o transistor *pnp*, o outro semiciclo.

SEÇÃO 10-6 POLARIZAÇÃO DOS AMPLIFICADORES CLASSE B/AB

Para evitar a distorção de cruzamento, os transistores de um classe B simétrico com seguidor de emissor têm uma baixa corrente quiescente. Isso é chamado de classe AB. Com a polarização por divisor de tensão, o ponto Q é instável e pode resultar em um disparo térmico. Os diodos de polarização são preferidos porque produzem um ponto Q estável sobre uma larga faixa de temperatura.

SEÇÃO 10-7 ACIONADOR CLASSE B/AB

No lugar de um capacitor de acoplamento do sinal do estágio de saída, podemos usar um acoplamento direto. A corrente de saída no coletor do acionador eleva a corrente quiescente por meio dos diodos complementares.

SEÇÃO 10-8 OPERAÇÃO CLASSE C

A maioria dos amplificadores classe C são amplificadores de RF sintonizados. O sinal de entrada é grampeado negativamente, o que produz pulsos estreitos de corrente no coletor. O circuito tanque é sintonizado na frequência fundamental de modo que as harmônicas altas são filtradas.

SEÇÃO 10-9 FÓRMULAS PARA O CLASSE C

A largura de banda de um amplificador classe C é inversamente proporcional ao fator Q do circuito. A resistência CA do coletor inclui a resistência equivalente em paralelo do indutor e da resistência de carga.

SEÇÃO 10-10 POTÊNCIA NOMINAL DO TRANSISTOR

A potência nominal de um transistor diminui com o aumento da temperatura. As folhas de dados de um transistor listam um fator de degradação ou mostram um gráfico da potência nominal *versus* temperatura. Dissipadores de calor podem retirar o calor mais rapidamente, produzindo uma potência nominal maior.

Definições

(10-12) Ganho de potência:

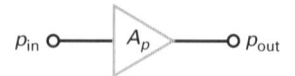

$$A_p = \frac{p_{out}}{p_{in}}$$

(10-18) Eficiência:

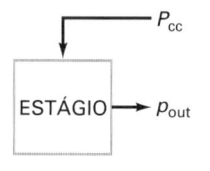

$$\eta = \frac{p_{out}}{P_{cc}} \times 100\%$$

(10-30) Largura da banda:

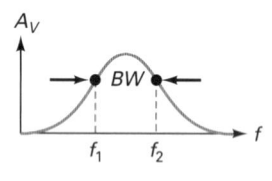

$$BW = f_2 - f_1$$

(10-32) Fator Q do indutor:

$$Q_L = \frac{X_L}{R_S}$$

(10-33) R equivalente em paralelo:

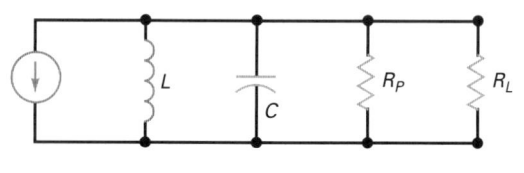

$$R_P = Q_L X_L$$

(10-34) Resistência CA do coletor:

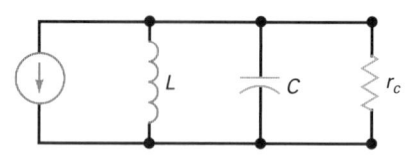

$$r_c = R_P \parallel R_L$$

(10-35) Fator Q do amplificador:

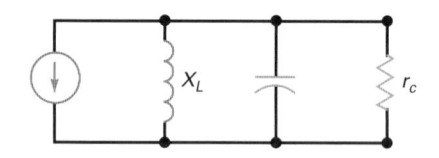

$$Q = \frac{r_c}{X_L}$$

(10-36) Ciclo de trabalho:

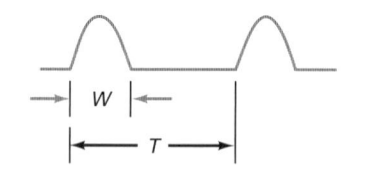

$$D = \frac{W}{T}$$

Derivações

(10-1) Corrente de saturação:

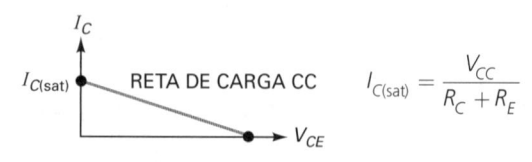

$$I_{C(sat)} = \frac{V_{CC}}{R_C + R_E}$$

(10-2) Tensão de corte:

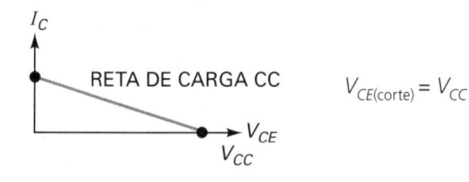

$$V_{CE(corte)} = V_{CC}$$

(10-7) Limite de saída:

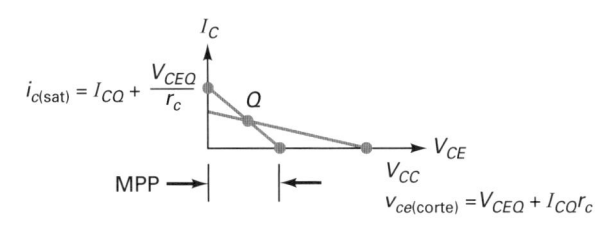

$$i_{c(sat)} = I_{CQ} + \frac{V_{CEQ}}{r_c}$$

$$v_{ce(corte)} = V_{CEQ} + I_{CQ}r_c$$

(10-8) Pico máximo:

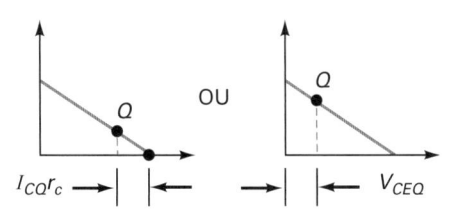

$$MP = I_{CQ}r_c \text{ ou } MP = V_{CEQ}$$

(10-9) Saída máxima de pico a pico:

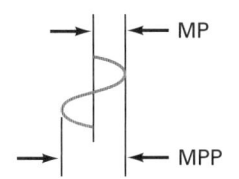

$$MPP = 2MP$$

(10-14) Potência na saída:

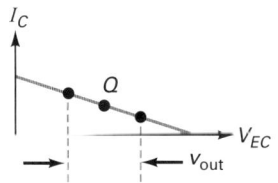

$$p_{out} = \frac{v_{out}^2}{8R_L}$$

(10-15) Saída máxima:

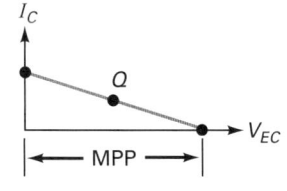

$$p_{out(máx)} = \frac{MPP^2}{8R_L}$$

(10-16) Transistor de potência:

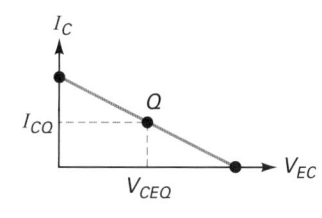

$$P_{DQ} = V_{CEQ}I_{CQ}$$

(10-17) Potência CC na entrada:

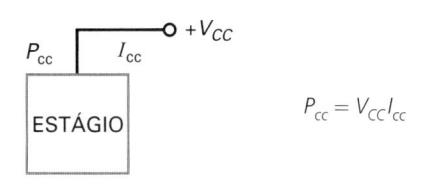

$$P_{CC} = V_{CC}I_{CC}$$

(10-24) Saída máxima em classe B:

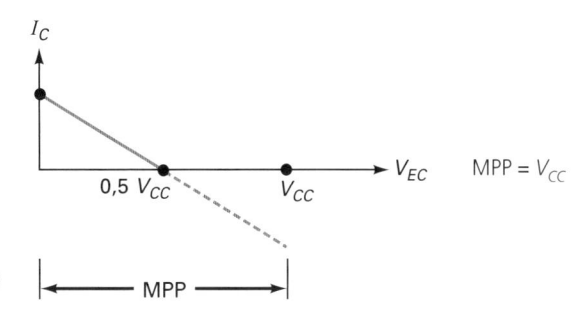

$$MPP = V_{CC}$$

(10-27) Saída com transistor classe B:

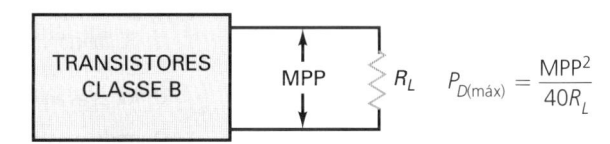

$$P_{D(máx)} = \frac{MPP^2}{40R_L}$$

(10-28) Polarização classe B:

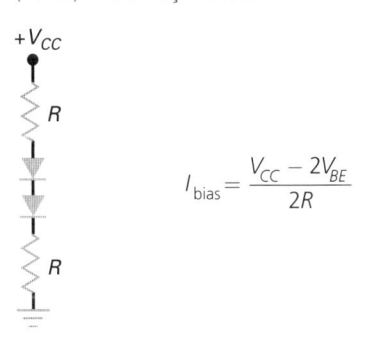

$$I_{bias} = \frac{V_{CC} - 2V_{BE}}{2R}$$

(10-29) Frequência ressonante:

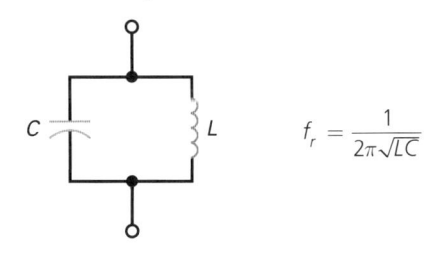

$$f_r = \frac{1}{2\pi\sqrt{LC}}$$

(10-31) Largura da banda:

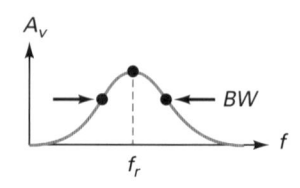

$$BW = \frac{f_r}{Q}$$

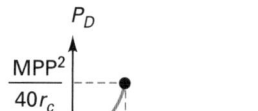

(10-38) Saída máxima:

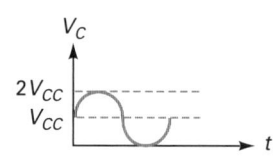

$$MPP = 2V_{CC}$$

(10-39) Dissipação de potência:

$$P_D = \frac{MPP^2}{40r_c}$$

Exercícios

1. Para a operação em classe B, a corrente no coletor circula por
   a. Um ciclo completo
   b. Um semiciclo
   c. Menos de um semiciclo
   d. Menos de um quarto de ciclo

2. Acoplamento com transformador é um exemplo de
   a. Acoplamento direto
   b. Acoplamento CA
   c. Acoplamento CC
   d. Acoplamento de impedância

3. Um amplificador de áudio opera na faixa de frequência de
   a. 0 a 20 Hz
   b. 20 Hz a 2 kHz
   c. 20 Hz a 20 kHz
   d. Acima de 20 kHz

4. Um amplificador de RF sintonizado é
   a. Banda estreita
   b. Largura de banda
   c. Acoplado diretamente
   d. Um amplificador CC

5. O primeiro estágio de um pré-amp é
   a. Um estágio RF sintonizado
   b. Grande sinal
   c. Pequeno sinal
   d. Amplificador CC

6. Para um valor máximo de pico a pico na tensão de saída, o ponto Q deve estar
   a. Próximo da saturação
   b. Próximo do corte
   c. No centro da reta de carga CC
   d. No centro da reta de carga CA

7. Um amplificador tem duas retas de carga porque
   a. Ele tem resistências CA e CC de coletor
   b. Ele tem dois circuitos equivalentes
   c. CC funciona de um modo e CA funciona de outro
   d. Todas as anteriores

8. Quando o ponto Q está no centro da reta de carga CA, o valor máximo de pico a pico na tensão de saída é igual a
   a. V_{CEO}
   b. $2V_{CEO}$
   c. I_{CO}
   d. $2I_{CO}$

9. O circuito simétrico é quase sempre usado com
   a. Classe A
   b. Classe B
   c. Classe C
   d. Todas as anteriores

10. Outra vantagem de um amplificador classe B simétrico é
    a. Dreno de corrente não quiescente
    b. Eficiência máxima de 78,5%
    c. A eficiência maior do que o classe A
    d. Todas as anteriores

11. Os amplificadores classe C são quase sempre
    a. Com acoplamento por transformador entre os estágios
    b. Operados em audiofrequências
    c. Amplificadores RF sintonizados
    d. Banda larga

12. O sinal de entrada de um amplificador classe C
    a. É grampeado negativamente na base
    b. É amplificado e invertido
    c. Produz breves pulsos de corrente no coletor
    d. Todas as anteriores

13. A corrente no coletor de um amplificador classe C
    a. É uma versão amplificada da tensão de entrada
    b. Tem harmônicas
    c. É grampeada negativamente
    d. Circula por um semiciclo

14. A largura de banda de um amplificador classe C diminui quando
    a. A frequência ressonante aumenta
    b. O fator Q aumenta
    c. X_L diminui
    d. A resistência de carga diminui

15. A dissipação de potência no transistor em um amplificador classe C diminui quando
    a. A frequência ressonante aumenta
    b. O fator Q na bobina aumenta
    c. A resistência de carga diminui
    d. A capacitância aumenta

16. A potência nominal de um transistor pode ser aumentada
    a. Aumentando a temperatura
    b. Usando um dissipador de calor
    c. Usando uma curva de degradação
    d. Operando sem sinal na entrada

17. A reta de carga CA é a mesma reta de carga CC quando a resistência CA do coletor for igual à
    a. Resistência CC do emissor
    b. Resistência CA do emissor
    c. Resistência CC do coletor
    d. Tensão da fonte dividida pela corrente do coletor

18. Se $R_C = 100\ \Omega$ e $R_L = 180\ \Omega$, a resistência CA da carga é igual a
    a. 64 Ω
    b. 100 Ω
    c. 90 Ω
    d. 180 Ω

19. A corrente quiescente do coletor é a mesma da corrente
    a. CC do coletor
    b. CA do coletor
    c. Total do coletor
    d. No divisor de tensão

20. A reta de carga CA é geralmente
    a. Igual à reta de carga CC
    b. Menos inclinada que a da reta de carga CC
    c. Mais inclinada que a reta de carga CC
    d. Horizontal

21. Para um ponto Q situado mais próximo do corte do que do ponto de saturação, em uma reta de carga CC de um EC, o ceifamento é mais provável de ocorrer
    a. No pico positivo da tensão de entrada
    b. No pico negativo da tensão de entrada
    c. No pico negativo da tensão de saída
    d. No pico negativo da tensão do emissor

22. Em um amplificador classe A, a corrente do coletor circula
    a. Menos de um semiciclo
    b. Um semiciclo
    c. Menos de um ciclo total
    d. Por um ciclo total

23. Com um amplificador classe A, o sinal de saída deve ser
    a. Não ceifado
    b. Ceifado no pico positivo da tensão
    c. Ceifado no pico negativo da tensão
    d. Ceifado no pico negativo da corrente

24. O ponto de operação instantâneo movimenta-se ao longo
    a. Da reta de carga CA
    b. Da reta de carga CC
    c. Nas duas retas de carga
    d. Em nenhuma das retas de carga

25. O dreno de corrente de um amplificador é
    a. A corrente CA total do gerador
    b. A corrente CC total da fonte
    c. O ganho de corrente da base para o coletor
    d. O ganho de corrente do coletor para a base

26. O ganho de potência de um amplificador é
    a. O mesmo do ganho de tensão
    b. Menor que o ganho de tensão
    c. Igual à potência de saída dividida pela potência de entrada
    d. Igual à potência da carga

27. Os dissipadores de calor reduzem a
    a. Potência do transistor
    b. Temperatura ambiente
    c. Temperatura da junção
    d. Corrente do coletor

28. Quando a temperatura ambiente aumenta, a potência nominal máxima do transistor
    a. Diminui
    b. Aumenta
    c. Permanece a mesma
    d. Nenhuma das anteriores

29. Se a potência na carga for de 300 mW e a potência CC de 1,5 W, a eficiência é
    a. 0
    b. 2%
    c. 3%
    d. 20%

30. A reta de carga CA de um seguidor de emissor geralmente é
    a. A mesma da reta de carga CC
    b. Vertical
    c. Mais horizontal do que na reta de carga CC
    d. Mais inclinada do que a reta de carga CC

31. Se um seguidor de emissor tiver $V_{CEO} = 6\ V$, $I_{CQ} = 200\ mA$ e $r_e = 10\ \Omega$, o valor máximo de pico a pico não ceifado na saída é
    a. 2 V
    b. 4 V
    c. 6 V
    d. 8 V

32. A resistência CA dos diodos de compensação
    a. Deve ser incluída
    b. É muito alta
    c. É geralmente baixa suficiente para ser desprezada
    d. Compensa as variações na temperatura

33. Se o ponto Q estiver no centro da reta de carga CC, o ceifamento ocorrerá primeiro quando estiver
    a. Movendo-se à esquerda da tensão
    b. Movendo-se para cima na corrente
    c. No semiciclo positivo da entrada
    d. No semiciclo negativo da entrada

34. A eficiência máxima de um amplificador classe B simétrico é de
    a. 25%
    b. 50%
    c. 78,5%
    d. 100%

35. Uma corrente quiescente de baixo valor é necessária para um amplificador simétrico classe AB para evitar
    a. A distorção de cruzamento
    b. Danos nos diodos de compensação
    c. Dreno excessivo de corrente
    d. Carregamento do estágio do acionador

Problemas

SEÇÃO 10-2 DUAS RETAS DE CARGA

10-1 Qual é a resistência CC no coletor na Figura 10-38? Qual é a corrente CC de saturação?

10-2 Na Figura 10-38, qual é a resistência CA do coletor? Qual é a corrente CA de saturação?

10-3 Qual é a saída máxima de pico a pico na Figura 10-38?

10-4 Todas as resistências foram dobradas na Figura 10-38. Qual é a resistência CA do coletor?

10-5 Todas as resistências foram triplicadas na Figura 10-38. Qual é o valor máximo de pico a pico na saída?

Figura 10-38

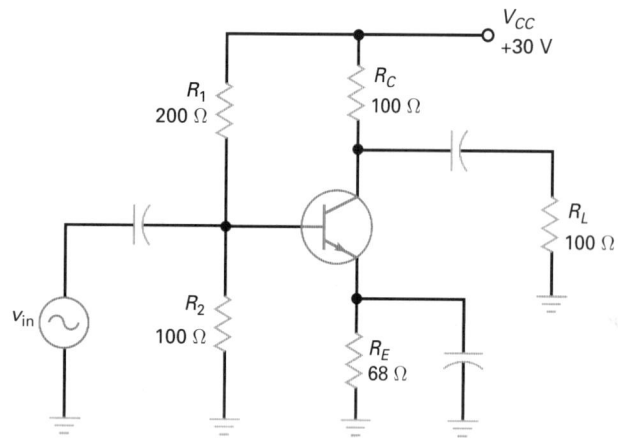

Figura 10-39

Figura 10-40

10-6 Qual é a resistência CC do coletor na Figura 10-39? Qual é a corrente CC de saturação?

10-7 Na Figura 10-39, qual é a resistência CA do coletor? Qual é a corrente CA de saturação?

10-8 Qual é o valor máximo de pico a pico na saída na Figura 10-39?

10-9 Todas as resistências foram dobradas na Figura 10-39. Qual é a resistência CA do coletor?

10-10 Todas as resistências foram triplicadas na Figura 10-39. Qual é o valor máximo de pico a pico na saída?

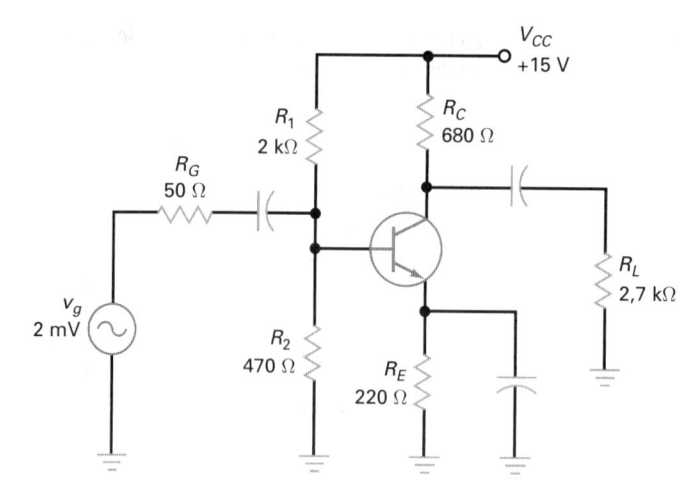

SEÇÃO 10-3 OPERAÇÃO CLASSE A

10-11 Um amplificador tem uma potência de entrada de 4 mW e uma potência de saída de 2 W. Qual é o ganho de potência?

10-12 Se um amplificador tem uma tensão de pico a pico na saída de 15 V com uma resistência de carga de 1 kΩ, qual é o ganho de potência se a potência de entrada for de 400 µW?

10-13 Qual é o dreno de corrente na Figura 10-38?

10-14 Qual é a potência CC fornecida para o amplificador na Figura 10-38?

10-15 O sinal de entrada na Figura 10-38 é aumentado até o valor máximo de tensão de pico a pico no resistor de carga. Qual é a eficiência?

10-16 Qual é a dissipação de potência quiescente na Figura 10-38?

10-17 Qual é o dreno de corrente na Figura 10-39?

10-18 Qual é a potência CC fornecida para o amplificador na Figura 10-38?

10-19 O sinal de entrada na Figura 10-39 é aumentado até o valor máximo de tensão de pico a pico no resistor de carga. Qual é a eficiência?

10-20 Qual é a dissipação de potência quiescente na Figura 10-39?

10-21 Se V_{BE} = 0,7V na Figura 10-40, qual é a corrente CC no emissor?

10-22 O alto-falante na Figura 10-40 é equivalente a uma resistência de carga de 3,2 Ω. Se a tensão no alto-falante for de 5 V pp, qual é a potência na saída? Qual é a eficiência no estágio?

SEÇÃO 10-6 POLARIZAÇÃO DOS AMPLIFICADORES CLASSE B/AB

10-23 A reta de carga CA de um classe B simétrico com seguidor de emissor tem uma tensão de corte de 12 V. Qual é o valor máximo da tensão de pico a pico?

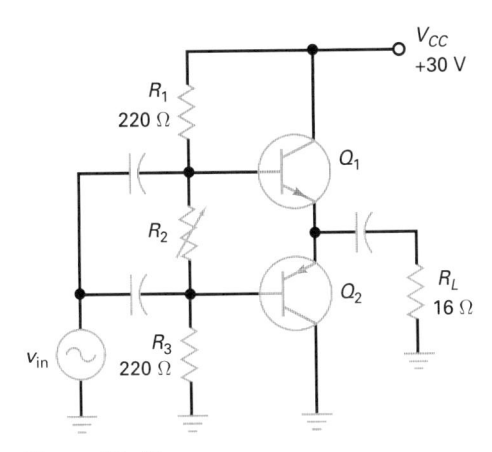

Figura 10-41

10-24 Qual é a dissipação máxima de potência em cada transistor na Figura 10-41?
10-25 Qual é a potência máxima na saída na Figura 10-41?
10-26 Qual é a corrente quiescente no coletor na Figura 10-42?
10-27 Na Figura 10-42, qual é a eficiência máxima do amplificador?

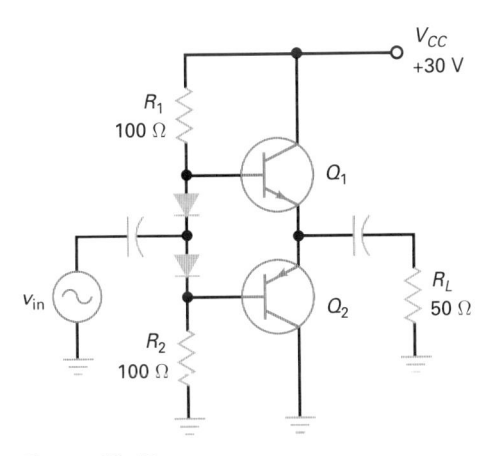

Figura 10-42

10-28 Se os resistores de polarização na Figura 10-42 forem trocados para 1 kΩ, qual é a corrente quiescente no coletor? E a eficiência do amplificador?

SEÇÃO 10-7 ACIONADOR CLASSE B/AB

10-29 Qual é a potência máxima na saída na Figura 10-43?
10-30 Na Figura 10-43, qual é o ganho de tensão do estágio pré-amplificador se $\beta = 200$?
10-31 Se os ganhos de corrente de Q_3 e Q_4 forem de 200 na Figura 10-43, qual é o ganho de tensão do segundo estágio?
10-32 Qual é a corrente quiescente no coletor na Figura 10-43 do estágio de potência de saída?
10-33 Qual é o ganho de tensão total para o amplificador de três estágios na Figura 10-43?

SEÇÃO 10-8 OPERAÇÃO CLASSE C

10-34 **MultiSim** Se a tensão na entrada for igual a 5 V rms na Figura 10-44, qual é a tensão de pico a pico na entrada? Se a tensão CC entre a base o terra fosse medida, que valor o DMM indicaria?
10-35 **MultiSim** Qual é a frequência de ressonância na Figura 10-44?
10-36 **MultiSim** Se a indutância for duplicada na Figura 10-44, qual é a frequência de ressonância?
10-37 **MultiSim** Qual é a ressonância na Figura 10-44 se a capacitância C_3 for trocada para 100 pF?

SEÇÃO 10-9 FÓRMULAS PARA O CLASSE C

10-38 Se o amplificador classe C na Figura 10-44 tiver uma potência de saída de 11 mW e uma potência de entrada de 50 μW, qual é o ganho de potência?
10-39 Qual é a potência de saída na Figura 10-44 se a tensão na saída for de 50 V pico a pico?
10-40 Qual é a potência CA máxima na saída na Figura 10-44?
10-41 Se o dreno de corrente na Figura 10-44 for de 0,5 mA, qual é a potência CC na entrada?
10-42 Qual é a eficiência na Figura 10-44 se o dreno de corrente é de 0,4 mA e a tensão na saída de 30 V pico a pico?

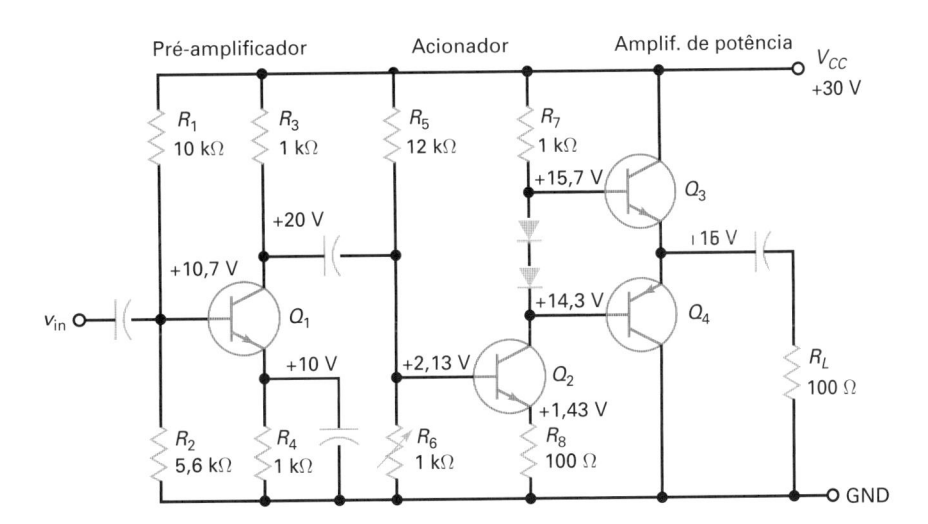

Figura 10-43

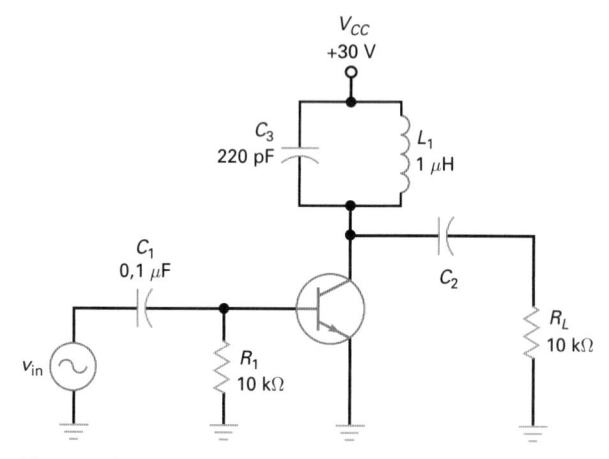

Figura 10-44

10-43 Se o fator Q do indutor for de 125 na Figura 10-44, qual é a largura da banda do amplificador?

10-44 Qual é o pior caso para a dissipação de potência do transistor na Figura 10-44 ($Q = 125$)?

SEÇÃO 10-10 POTÊNCIA NOMINAL DO TRANSISTOR

10-45 Um 2N3904 é usado na Figura 10-44. Se o circuito funciona em uma temperatura ambiente que varia na faixa de 0 a 100°C, qual é a potência nominal máxima do transistor no pior caso?

10-46 Um transistor tem a curva de degradação mostrada na Figura 10-34. Qual é a potência nominal máxima para uma temperatura ambiente de 100°C?

10-47 A folha de dados de um 2N3055 lista uma potência nominal de 115 W para uma temperatura do encapsulamento de 25°C. Se o fator de degradação for de 0,657 W/°C, qual é a $P_{D(máx)}$ quando a temperatura no encapsulamento for de 90°C?

Raciocínio crítico

10-48 A saída de um amplificador é uma onda quadrada embora o sinal de entrada seja senoidal. Qual é a explicação?

10-49 Um transistor de potência como o da Figura 10-36 é usado em um amplificador. Alguém lhe diz que o encapsulamento está aterrado, e desse modo pode tocá-lo com segurança. O que você pensa sobre isso?

10-50 Você está em uma livraria e lê o seguinte em um livro de eletrônica: "alguns amplificadores de potência podem ter uma eficiência de 125%". Você compraria este livro? Justifique sua resposta.

10-51 Normalmente, a reta de carga CA é mais vertical que a reta de carga CC. Dois de seus colegas estão propondo uma aposta que eles podem desenhar um circuito cuja reta de carga CA é menos vertical que a reta de carga CC. Você apostaria? Justifique.

10-52 Desenhe as retas de carga CC e CA para a Figura 10-38.

Questões de entrevista

1. Explique sobre as três classes de operação do amplificador. Ilustre as classes com desenhos das formas de ondas da corrente do coletor.
2. Faça rascunhos de esquemas mostrando os três tipos de acoplamentos usados entre os estágios do amplificador.
3. Desenhe um amplificador PDT. Depois, desenhe suas retas de cargas CC e CA. Suponha que o ponto Q esteja no centro da reta de carga CA, qual é a corrente CA de saturação? E a tensão CA de corte? E a saída máxima de pico a pico?
4. Desenhe o diagrama de um circuito amplificador com dois estágios e mostre como calcular o dreno de corrente total da fonte.
5. Desenhe o diagrama de um amplificador classe C sintonizado. Mostre como calcular a frequência de ressonância e explique o que ocorre com o sinal CA na base. Explique como é possível que o breve pulso de corrente no coletor possa produzir uma tensão senoidal no circuito tanque ressonante.
6. Qual é a aplicação mais comum de um amplificador classe C? Esse tipo de amplificador poderia ser usado para uma aplicação em áudio? Se não, por que não?
7. Explique a finalidade dos dissipadores de calor. Explique também por que colocamos arruelas isolantes entre o transistor e o dissipador de calor?
8. Qual é o significado para ciclo de trabalho? Como ele está relacionado com a potência fornecida pela fonte?
9. Defina o fator Q.
10. Qual é a classe de operação do amplificador mais eficiente? Por quê?
11. Você comprou um transistor e um dissipador de calor para substituição. Junto há uma embalagem contendo uma substância branca. Que substância é esta?
12. Comparando um amplificador classe A com um amplificador classe C, qual tem maior fidelidade? Justifique sua resposta.
13. Que tipo de amplificador é usado quando apenas uma pequena faixa de frequência deve ser amplificada?
14. Quais são os outros tipos de amplificadores aos quais você está familiarizado?

Respostas dos exercícios

1. b
2. b
3. c
4. a
5. c
6. d
7. d
8. b
9. b
10. d
11. c
12. d
13. b
14. b
15. b
16. b
17. c
18. a
19. a
20. c
21. b
22. d
23. a
24. a
25. b
26. c
27. c
28. a
29. d
30. d
31. b
32. c
33. d
34. c
35. a

Respostas dos problemas práticos

10-1 I_{CQ} = 100 mA; V_{CEQ} = 15 V

10-2 $i_{C(sat)}$ = 350 mA; $V_{EC(corte)}$ = 21 V; MPP = 12 V

10-3 A_p = 1122

10-5 R = 200 Ω

10-6 I_{CQ} = 331 mA; V_{CEQ} = 6,7 V; R_e = 8 Ω

10-7 MPP = 5,3 V

10-8 $P_{D(máx)}$ = 2,8 W; $P_{out(máx)}$ = 14 W

10-9 Eficiência = 63%

10-10 Eficiência = 78%

10-11 f_r = 4,76 MHz; V_{out} = 24 Vpp

10-13 P_D = 16,6 mW

10-14 $P_{D(máx)}$ = 425 mW

11 JFETs

O transistor de junção bipolar (BJT)* baseia-se em dois tipos de cargas: elétrons livres e lacunas. É por isso que ele é chamado de *bipolar*: o prefixo bi significa "dois". Este capítulo estuda outro tipo de transistor chamado de *transistor de efeito de campo (FET)*. Este tipo de dispositivo é *unipolar* porque seu funcionamento depende apenas de um tipo de carga, pode ser elétrons livres ou lacunas. Em outras palavras, um FET tem portadores majoritários, mas não tem portadores minoritários.

Para a maioria das aplicações lineares, o BJT é o dispositivo preferido. Mas existem algumas aplicações lineares em que o FET é a melhor escolha em virtude de sua alta impedância de entrada e outras propriedades. Além do mais, o FET é o dispositivo preferido para a maior parte das aplicações em chaveamento. Por quê? Porque não existem portadores minoritários em um FET. Portanto, ele pode entrar em corte mais rápido visto que não há carga armazenada para ser retirada da área da junção.

Existem dois tipos de transistores unipolares: FETs e MOSFETs. Este capítulo estuda o *transistor de efeito de campo de junção (JFET)* e suas aplicações. No Capítulo 12 vamos estudar o *FET de óxido de semicondutor e metal (MOSFET)* e suas aplicações.

---

* BJT é usado universalmente para o transistor de junção bipolar. Continuaremos a usar esta sigla e outras como FET para transistor de efeito de campo e MOSFET para transistor de efeito de campo de óxido de semicondutor e metal, pois todas as folhas de dados tratam estes dispositivos com estas iniciais.

Objetivos de aprendizagem

Após o estudo deste capítulo, você deverá ser capaz de:

- Descrever a construção básica de um JFET.
- Desenhar diagramas que mostram os arranjos básicos comuns.
- Identificar e descrever as regiões importantes das curvas do dreno do JFET e as curvas de transcondutância.
- Calcular a tensão de estrangulamento proporcional e determinar em que região um JFET está operando.
- Determinar o ponto de operação usando soluções ideais e gráficas.
- Determinar a transcondutância e usá-la para calcular o ganho dos amplificadores com JFET.
- Descrever várias aplicações para o JFET incluindo chaveamento, resistências variáveis e *choppers*.
- Testar JFETs para a correta operação.

Sumário

- **11-1** Ideias básicas
- **11-2** Curvas do dreno
- **11-3** Curva de transcondutância
- **11-4** Polarização na região ôhmica
- **11-5** Polarização na região ativa
- **11-6** Transcondutância
- **11-7** Amplificadores com JFET
- **11-8** JFET como chave analógica
- **11-9** Outras aplicações para o JFET
- **11-10** Interpretação das folhas de dados
- **11-11** Teste do JFET

Termos-chave

- *amplificador em fonte comum (FC)*
- *autopolarização*
- *canal*
- *chave em paralelo*
- *chave em série*
- *recortador (chopper)*
- *controle de ganho automático (AGC)*
- *curva de transcondutância*
- *dispositivo de tensão controlada*
- *dreno*
- *efeito de campo*
- *fonte*
- *polarização da porta*
- *polarização para fonte de corrente*
- *polarização por divisor de tensão*
- *porta (gate)*
- *região ôhmica*
- *seguidor de fonte*
- *tensão de corte porta-fonte*
- *tensão de estrangulamento (ou tensão de constrição)*
- *transcondutância*
- *transistor de efeito de campo (FET)*

> **É ÚTIL SABER**
>
> Em geral, os JFETs sofrem menos os efeitos da temperatura do que os transistores bipolares. Além disso, os JETs são tipicamente bem menores que os transistores bipolares. Essa diferença de tamanho torna-os particularmente adequados para a utilização nos CIs, em que o tamanho de cada componente é muito crítico.

11-1 Ideias básicas

A Figura 11-1a mostra uma pastilha de semicondutor tipo *n*. O terminal inferior é chamado de **fonte** (*source*), e o superior é chamado de **dreno** (*drain*). A tensão de alimentação V_{DD} força os elétrons livres a circular da fonte para o dreno. Para fabricar um JFET, um fabricante difunde duas áreas de semicondutor tipo *p* em um semicondutor tipo *n* como mostra a Figura 11-1b. Estas regiões *p* estão conectadas internamente para obter um único terminal externo simples chamado de **porta** (*gate*).

Efeito de campo

A Figura 11-2 mostra a tensão de polarização normal para um JFET. A tensão de alimentação no dreno é positiva e a tensão de polarização da porta é negativa. A expressão **efeito de campo** está relacionada com as camadas de depleção em torno de cada região *p*. As camadas de depleção existem porque os elétrons livres se difundem da região *n* para as regiões *p*. A recombinação dos elétrons livres e lacunas criam as camadas de depleção mostradas pelas áreas coloridas.

Polarização reversa da porta

Na Figura 11-2, a porta tipo *p* e a fonte tipo *n* formam o diodo porta-fonte. Com um JFET, o diodo porta-fonte fica sempre com *polarização reversa*. Em virtude da polarização reversa, a corrente de porta I_G é de aproximadamente zero, o que é equivalente dizer que o JFET tem uma resistência de entrada quase infinita.

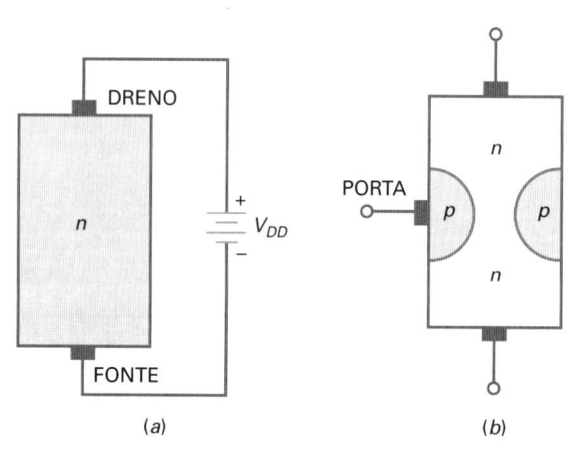

Figura 11-1 (a) Pastilha do JFET; (b) JFET com uma porta simples.

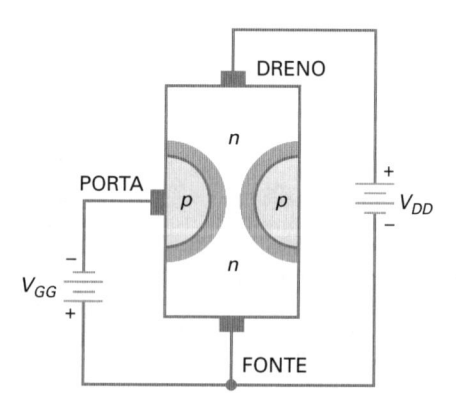

Figura 11-2 Polarização normal do JFET.

É ÚTIL SABER

As camadas de depleção são geralmente mais largas próximo da parte superior do material tipo *p* e mais estreitas na parte inferior. A razão para a variação na largura pode ser compreendida pela constatação de que a corrente no dreno I_D produzirá uma queda de tensão ao longo do comprimento do canal. Com relação à fonte, uma tensão mais positiva é presente quando se move para cima no canal em direção ao extremo do dreno. Como a largura de uma camada de depleção é proporcional ao valor da tensão de polarização reversa, a camada de depleção da junção *pn* deve ser mais larga na parte de cima, em que o valor da polarização reversa é maior.

Um JFET típico tem uma resistência de entrada de centenas de megaohms. Esta é a grande vantagem que um JFET tem sobre um transistor bipolar. É a razão pela qual os JFETs sobressaem em aplicações em que uma alta impedância de entrada é necessária. Uma das aplicações mais importantes do JFET é a de *seguidor de fonte*, um circuito como o seguidor de emissor, exceto que a impedância de entrada é centenas de megaohms em baixas frequências.

A tensão da porta controla a corrente de dreno

Na Figura 11-2, os elétrons que circulam da fonte para o dreno devem passar pelo estreito **canal** entre as camadas de depleção. Quando a tensão da porta torna-se mais negativa, as camadas de depleção se expandem e o canal de condução torna-se mais estreito. Quanto mais negativa for a tensão na porta, menor a corrente entre a fonte e o dreno.

O JEFT é um **dispositivo controlado por tensão** porque uma tensão na entrada controla uma corrente na saída. Em um JFET, a tensão porta-fonte V_{GS} determina a corrente que circula entre a fonte e o dreno. Quando V_{GS} é zero, circula a corrente máxima no dreno no JFET. É por isso que um JFET é citado como um dispositivo normalmente em condução. Por outro lado, se V_{GS} é negativa o suficiente, as camadas de depleção se tocam e a corrente de dreno é cortada.

Símbolo esquemático

O JFET da Figura 11-2 é um JFET *canal n* porque o canal entre a fonte e o dreno é um semicondutor tipo *n*. A Figura 11-3*a* mostra o símbolo esquemático para um JFET canal *n*. Em muitas aplicações de baixa frequência, a fonte e o dreno são intercambiáveis porque você pode usar um terminal como fonte e outro como dreno.

Os terminais fonte e dreno não são intercambiáveis em altas frequências. Os fabricantes, quase sempre, minimizam a capacitância interna do lado do dreno do JFET. Em outras palavras, a capacitância entre a porta e o dreno é menor que a capacitância entre a porta e a fonte. Você aprenderá mais sobre as capacitâncias internas e seus efeitos no funcionamento do circuito em capítulo posterior.

A Figura 11-3*b* mostra um símbolo alternativo para um JFET canal *n*. Esse símbolo com a porta deslocada é preferido por muitos engenheiros e técnicos. A porta deslocada aponta para o final da fonte no dispositivo, uma vantagem definida em circuitos complexos de multiestágios.

Existe também um JFET canal *p*. O símbolo esquemático para um JFET canal *p*, mostrado na Figura 11-3*c*, é similar ao do JFET canal *n*, exceto que a seta da porta aponta no sentido oposto. O funcionamento de um JFET canal *p* é complementar; isto é, todas as tensões e correntes são invertidas. Para polarizar um JFET canal *p* inversamente, a porta fica positiva em relação à fonte. Logo, V_{GS} torna-se positivo.

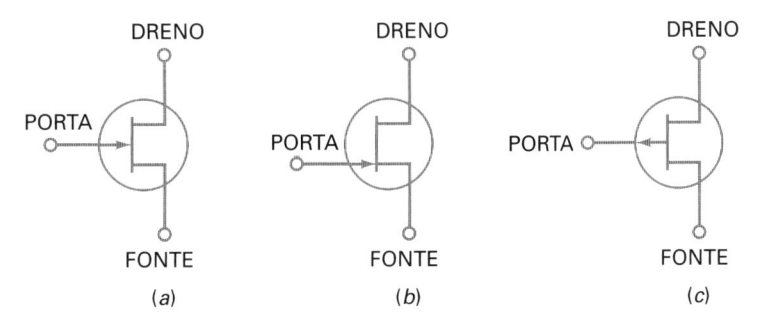

Figura 11-3 (*a*) Símbolo esquemático; (*b*) símbolo com a porta deslocada; (*c*) símbolo do canal *p*.

É ÚTIL SABER

A tensão de estrangulamento (ou constrição) V_p é o ponto em que aumentos maiores em V_{DS} são compensados por um aumento proporcional na resistência do canal. Isso quer dizer que se a resistência do canal está aumentando na proporção direta de V_{DS} acima de V_p, o valor de I_D deve permanecer o mesmo acima de V_p.

Exemplo 11-1

Um JFET 2N5486 tem uma corrente de porta de 1 nA quando a tensão reversa da porta é de 20 V. Qual é a resistência de entrada deste JFET?

SOLUÇÃO Use a Lei de Ohm para calcular:

$$R_{in} = \frac{20 \text{ V}}{1 \text{ nA}} = 20.000 \text{ M}\Omega$$

PROBLEMA PRÁTICO 11-1 No Exemplo 11-1, calcule a resistência de entrada se a corrente na porta do JFET for de 2 nA.

11-2 Curvas do dreno

A Figura 11-4a mostra um JFET com tensões de polarizações normais. Neste circuito, a tensão porta-fonte V_{GS} é igual à tensão de alimentação da porta V_{GG}, e a tensão dreno-fonte V_{DS} é igual à tensão de alimentação do dreno V_{DD}.

Corrente máxima de dreno

Se conectarmos a porta e o dreno em curto, como mostrado na Figura 11-4b, obteremos a corrente de dreno máxima porque $V_{GS} = 0$. A Figura 11-4c mostra o gráfico da corrente de dreno I_D *versus* tensão dreno-fonte V_{DS} para esta condição de porta em curto. Note como a corrente aumenta rapidamente e depois fica na horizontal quando V_{DS} torna-se maior que V_P.

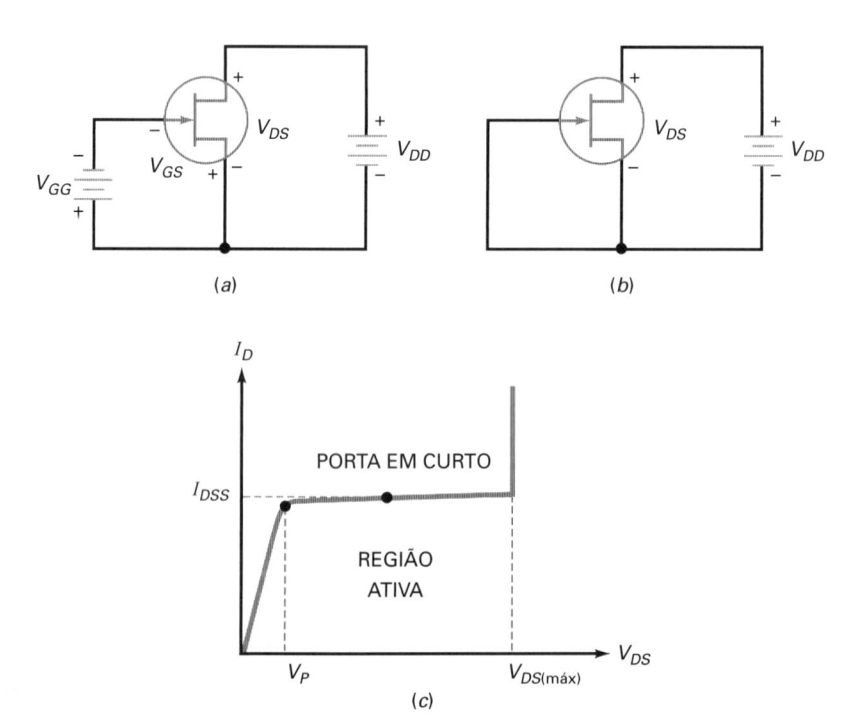

Figura 11-4 (a) Polarização normal; (b) tensão zero na porta; (c) corrente com a porta e o dreno em curto.

Por que a corrente de dreno permanece quase constante? Quando V_{DS} aumenta, as camadas de depleção se expandem. Quando $V_{DS} = V_p$, as camadas de depleção quase se tocam. O canal de condução estreito então estrangula ou evita que a corrente aumente. É por isso que a corrente tem um limite superior de I_{DSS}.

A região ativa de um JFET é entre V_P e $V_{DS(\text{máx})}$. A tensão mínima V_P é chamada de **tensão de estrangulamento ou tensão de constrição** e a tensão máxima $V_{DS(\text{máx})}$ é a *tensão de ruptura*. Entre o estrangulamento e a ruptura, o JFET funciona como uma fonte de corrente de aproximadamente I_{DSS} quando $V_{GS} = 0$.

I_{DSS} significa a corrente de dreno para a fonte com a porta em curto. Esse é o valor máximo de corrente de dreno que um JFET pode produzir. As folhas de dados de um JFET listam o valor de I_{DSS}. Esse valor dado é um dos mais importantes do JFET e você deve sempre procurar primeiro por ele porque é o limite superior da corrente do JFET.

A região ôhmica

Na Figura 11-5, a tensão de estrangulamento separa as duas principais regiões do JFET. A região quase horizontal é a região ativa. A parte quase vertical da curva de dreno abaixo do estrangulamento é chamada de **região ôhmica**.

Quando operando na região ôhmica, um JFET é equivalente a um resistor com um valor aproximado de:

$$R_{DS} = \frac{V_P}{I_{DSS}} \tag{11-1}$$

R_{DS} é chamada de *resistência ôhmica do JFET*. Na Figura 11-5, $V_P = 4$ V e $I_{DSS} = 10$ mA. Portanto, a resistência ôhmica é:

$$R_{DS} = \frac{4 \text{ V}}{10 \text{ mA}} = 400 \, \Omega$$

Se o JFET estiver funcionando em qualquer parte da região ôhmica, ele tem uma resistência ôhmica de 400 Ω.

Tensão de corte da porta

A Figura 11-5 mostra as curvas de dreno para um JFET com uma I_{DSS} de 10 mA. A curva de cima é sempre para $V_{GS} = 0$, a condição de porta em curto. Neste exemplo, a tensão de estrangulamento é de 4 V e a tensão de ruptura é de 30 V. A curva imediatamente abaixo é para $V_{GS} = -1$ V, a próxima para $V_{GS} = -2$ V, e assim por diante. Como você pode notar, quanto mais negativa a tensão porta-fonte, menor a corrente de dreno.

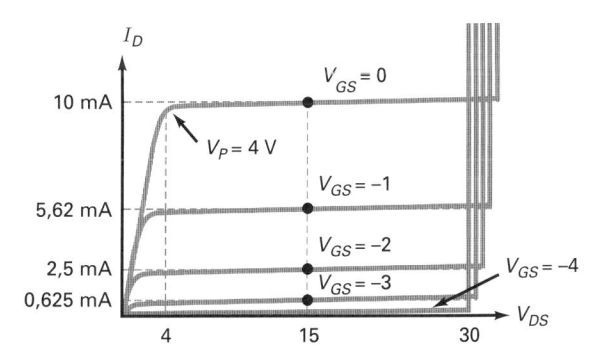

Figura 11-5 Curvas de dreno.

É ÚTIL SABER

Há quase sempre uma grande confusão nos livros de eletrônica e nas folhas de dados dos fabricantes em relação aos termos *corte* e *estrangulamento*. $V_{GS(corte)}$ é o valor de V_{GS} que estrangula completamente o canal, reduzindo portanto a corrente de dreno a zero. Por outro lado, a tensão de estrangulamento é o valor de V_{DS} que nivela I_D com o valor de $V_{GS} = 0$ V.

A parte debaixo da curva é importante. Observe que uma V_{GS} de –4 V reduz a corrente de dreno para quase zero. Essa tensão é chamada de **tensão porta-fonte de corte** e é representada por $V_{GS(corte)}$ nas folhas de dados. Nessa tensão de corte as camadas de depleção se tocam. Em consequência, o canal de condução desaparece. É por isso que a corrente de dreno é quase zero.

Na Figura 11-5, observe que

$$V_{GS(corte)} = -4\text{ V} \quad \text{e} \quad V_P = 4\text{ V}$$

Isso não é uma coincidência. As duas tensões sempre têm as mesmas grandezas porque estes valores representam onde as camadas de depleção se tocam ou quase se tocam. As folhas de dados podem fornecer os dois valores, e você pode notar que eles têm sempre os mesmos valores absolutos. Como forma de equação:

$$V_{GS(corte)} = -V_P \tag{11-2}$$

Exemplo 11-2

Um MPF4857 tem $V_P = 6$ V e $I_{DSS} = 100$ mA. Qual é a resistência ôhmica? E a tensão porta-fonte de corte?

SOLUÇÃO A resistência ôhmica é:

$$R_{DS} = \frac{6\text{ V}}{100\text{ mA}} = 60\,\Omega$$

Como a tensão de estrangulamento é de 6 V, a tensão porta-fonte de corte é:

$$V_{GS(corte)} = -6\text{ V}$$

PROBLEMA PRÁTICO 11-2 Um 2N5484 tem um $V_{GS(corte)} = -3{,}0$ V e $I_{DSS} = 5$ mA. Calcule os valores da resistência ôhmica e de V_P.

É ÚTIL SABER

A curva de transcondutância de um JFET não é afetada pelo circuito ou pela configuração que usa o JFET.

11-3 Curva de transcondutância

A **curva de transcondutância** de um JFET é um gráfico de I_D versus V_{GS}. Fazendo a leitura dos valores de I_D e V_{GS} para cada curva de dreno na Figura 11-5, podemos traçar a curva na Figura 11-6a. Observe que a curva não é linear porque a corrente aumenta mais rápido quando V_{GS} aproxima de zero.

Todo JFET tem uma curva de transcondutância como o da Figura 11-6b. Os pontos extremos da curva são $V_{GS(corte)}$ e I_{DSS}. A equação para este gráfico é:

$$I_D = I_{DSS}\left(1 - \frac{V_{GS}}{V_{GS(corte)}}\right)^2 \tag{11-3}$$

Em virtude da função elevada ao quadrado nesta equação, os JFETs são frequentemente chamados de *dispositivos quadráticos*. A função quadrática produz a curva não linear da Figura 11-6b.

A Figura 11-6c mostra uma *curva de transcondutância normalizada*. *Normalizada* significa que o gráfico é traçado usando razões como I_D/I_{DSS} e $V_{GS}/V_{GS(corte)}$.

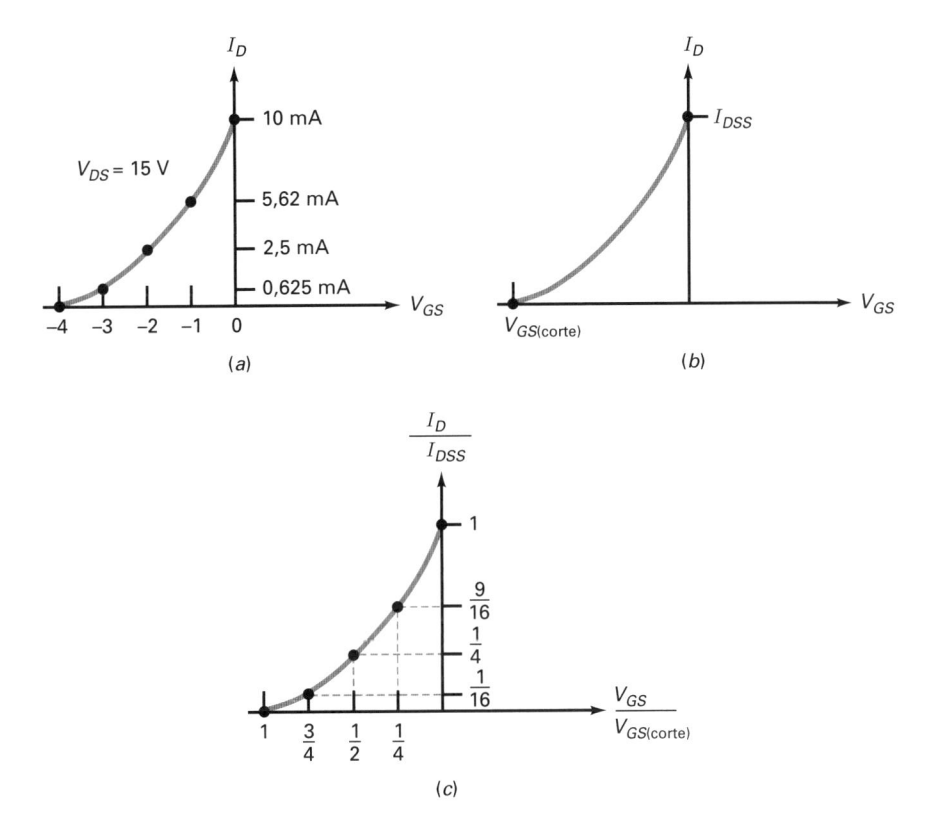

Figura 11-6 Curva de transcondutância.

Na Figura 11-6c, o ponto de meio corte

$$\frac{V_{GS}}{V_{GS(\text{corte})}} = \frac{1}{2}$$

produz uma corrente normalizada de:

$$\frac{I_D}{I_{DSS}} = \frac{1}{4}$$

Ou seja: Quando a tensão na porta é a metade da tensão de corte, a corrente no dreno é um quarto do valor máximo.

Exemplo 11-3

Um 2N5668 tem $V_{GS(\text{corte})} = -4$ V e $I_{DSS} = 5$ mA. Quais são os valores da tensão de porta e da corrente de dreno no ponto de meio corte?

SOLUÇÃO No ponto de meio corte:

$$V_{GS} = \frac{-4\,\text{V}}{2} = -2\,\text{V}$$

e a corrente de dreno é:

$$I_D = \frac{5\,\text{mA}}{4} = 1{,}25\,\text{mA}$$

Exemplo 11-4

O JFET 2N5459 tem $V_{GS(corte)} = -8$ V e $I_{DSS} = 16$ mA. Qual é a corrente no dreno no ponto de meio corte?

SOLUÇÃO A corrente no dreno é um quarto do valor máximo, ou:

$I_D = 4$ mA

A tensão porta-fonte que produz essa corrente é de -4 V, metade da tensão de corte.

PROBLEMA PRÁTICO 11-4 Repita o Exemplo 11-4 usando um JFET com $V_{GS(corte)} = -6$ V e $I_{DSS} = 12$ mA.

11-4 Polarização na região ôhmica

O JFET pode ser polarizado na região ôhmica ou na região ativa. Quando polarizado na região ôhmica, o JFET é equivalente a uma resistência. Quando polarizado na região ativa, o JFET é equivalente a uma fonte de corrente. Nesta seção, vamos estudar a polarização da porta, o método usado para polarizar um JFET na região ôhmica.

Polarização da porta

A Figura 11-7a mostra a **polarização da porta**. A tensão negativa na porta de $-V_{GG}$ é aplicada na porta por um resistor de polarização R_G. Isso estabelece uma corrente no dreno que é menor que I_{DSS}. Quando a corrente do dreno circula por R_D, ela estabelece uma tensão no dreno de:

$$V_D = V_{DD} - I_D R_D \tag{11-4}$$

A polarização da porta é o pior modo de polarizar um JFET na região ativa porque o ponto Q é muito instável.

Por exemplo, um JFET 2N5459 apresenta os seguintes dados entre os valores mínimo e máximo: I_{DSS} varia de 4 a 16 mA e $V_{GS(corte)}$ varia de -2 a -8 V. A Figura 11-7b mostra as curvas de transcondutância mínima e máxima. Se for usada uma polarização da porta de -1 V com este JFET, obteremos os pontos Q mínimo e máximo mostrado. Q_1 tem uma corrente de dreno de 12,3 mA e Q_2 tem uma corrente de dreno de apenas 1 mA.

Saturação forte

Embora não seja adequada para uma polarização na região ativa, a polarização da porta é perfeita para a polarização na região ôhmica, pois a estabilidade do ponto Q não importa. A Figura 11-7c mostra como polarizar um JFET na região ôhmica. O ponto superior da reta de carga CC tem uma corrente de saturação de dreno de:

$$I_{D(sat)} = \frac{V_{DD}}{R_D}$$

Para garantir que um JFET seja polarizado na região ôhmica, tudo o que precisamos fazer é estabelecer que $V_{GS} = 0$ e:

$$I_{D(sat)} \ll I_{DSS} \tag{11-5}$$

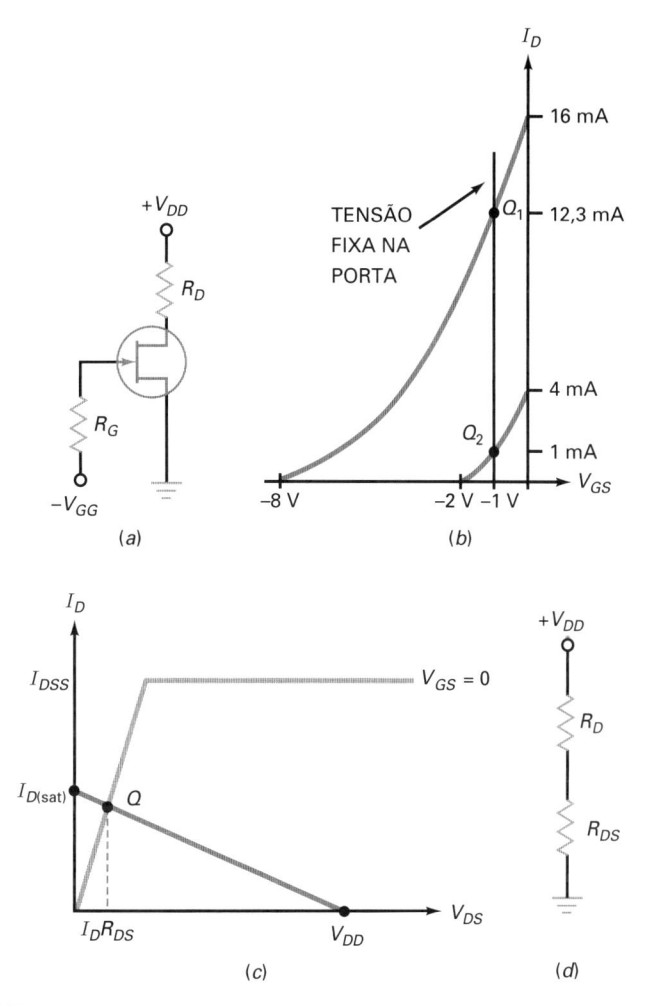

Figura 11-7 (a) Polarização da porta; (b) na região ativa o ponto Q é instável; (c) polarização na região ôhmica; (d) o JFET é equivalente a uma resistência

O símbolo ≪ significa "muito menor que". Essa equação informa que a corrente de dreno de saturação deve ser muito menor que a corrente de dreno máxima. Por exemplo, se um JFET tem $I_{DSS} = 10$ mA, a saturação forte ocorrerá se $V_{GS} = 0$ e $I_{D(sat)} = 1$ mA.

Quando um JFET está polarizado na região ôhmica, podemos substituí-lo por uma resistência R_{DS} como mostrado na Figura 11-7d. Com esse circuito equivalente, podemos calcular a tensão no dreno. Quando R_{DS} é muito menor que R_D, a tensão no dreno é próxima de zero.

Exemplo 11-5

Qual é a tensão no dreno na Figura 11-8a?

SOLUÇÃO Como $V_p = 4$ V, $V_{GS(corte)} = -4$ V. Antes do ponto A exato, a tensão na entrada é de -10 V e o JFET está no corte, neste caso, a tensão no dreno é:

$V_D = 10$ V

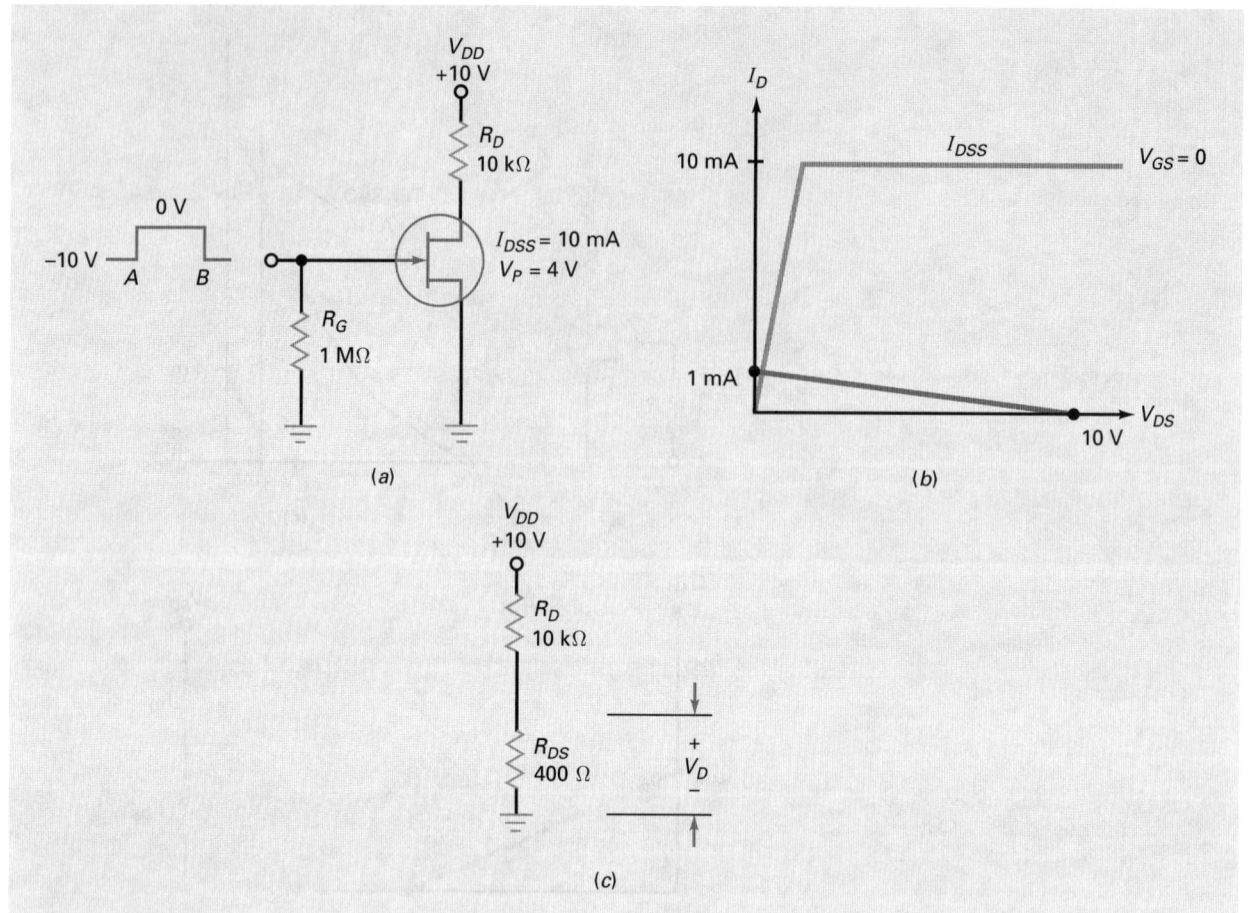

Figura 11-8 Exemplo.

Entre os pontos A e B, a tensão de entrada é de 0 V. O extremo superior da reta de carga CC tem uma corrente de saturação de:

$$I_{D(sat)} = \frac{10\ \text{V}}{10\ \text{k}\Omega} = 1\ \text{mA}$$

A Figura 11-8b mostra a reta de carga CC. Como $I_{D(sat)}$ é muito menor que I_{DSS}, o JFET está em saturação forte. A resistência ôhmica é:

$$R_{DS} = \frac{4\ \text{V}}{10\ \text{mA}} = 400\ \Omega$$

No circuito equivalente da Figura 11-8c, a tensão de dreno é:

$$V_D = \frac{400\ \Omega}{10\ \text{k}\Omega + 400\ \Omega} 10\ \text{V} = 0{,}385\ \text{V}$$

PROBLEMA PRÁTICO 11-5 Usando a Figura 11-8a, calcule R_{DS} e V_D se $V_p = 3$ V.

11-5 Polarização na região ativa

Amplificadores com JFET precisam ter o ponto na região ativa. Por causa da diversidade nos parâmetros do JFET, não podemos usar a polarização da porta. Em vez disso, precisamos usar outros métodos de polarização. Alguns são similares aos usados com os transistores bipolares.

A escolha da técnica de análise depende do nível de precisão exigido. Por exemplo, para análises preliminares e verificação de defeitos em circuitos de polarização, é melhor usar os valores ideais e aproximações do circuito. Nos circuitos com JFET, isso quer dizer quase sempre desprezarmos os valores de V_{GS}. Geralmente, as respostas ideais apresentam um erro menor que 10%. Quando for necessária uma melhor aproximação, poderemos usar as soluções gráficas para determinar o ponto Q do circuito. Se estiver projetando circuitos com JFET ou se precisar de uma maior precisão, você deve usar um simulador de circuito como o MultiSim.

Autopolarização

A Figura 11-9a mostra um circuito de **autopolarização**. Como a corrente no dreno circula pelo resistor da fonte R_S, existe uma tensão entre a fonte e o terra, dada por:

$$V_S = I_D R_S \tag{11-6}$$

Como V_G é 0,

$$V_{GS} = -I_D R_S \tag{11-7}$$

Essa equação informa que a tensão porta-fonte é igual à tensão negativa no resistor da fonte. Basicamente, o circuito cria sua própria polarização usando a tensão desenvolvida em R_S para inverter a polarização na porta.

A Figura 11-9b mostra o efeito dos diferentes valores dos resistores da fonte. Existe um valor médio de R_S para o qual a tensão porta-fonte é a metade da tensão de corte. Uma aproximação para determinar o valor médio desta resistência é:

$$R_S \approx R_{DS} \tag{11-8}$$

Essa equação informa que a resistência da fonte deve ser igual à resistência ôhmica do JFET. Quando essa condição é satisfeita, V_{GS} é grosseiramente metade da tensão de corte e a corrente no dreno é grosseiramente um quarto de I_{DSS}.

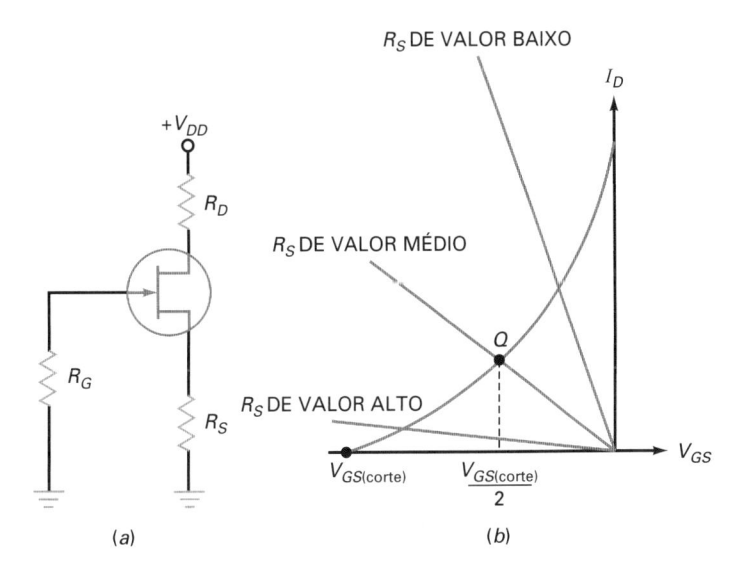

Figura 11-9 Autopolarização.

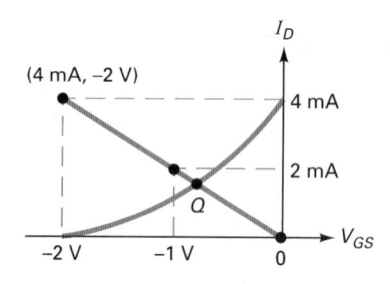

Figura 11-10 Ponto Q para autopolarização.

Quando as curvas de transcondutância de um JFET são conhecidas, podemos analisar o circuito de autopolarização usando os métodos gráficos. Suponha que um JFT com autopolarização tenha a curva de transcondutância mostrada na Figura 11-10. A corrente máxima de dreno é de 4 mA e a tensão de porta entre 0 e –2 V. Traçando o gráfico da Equação (11-7), podemos saber os interceptos da curva de transcondutância e determinar os valores de V_{GS} e I_D. Como a Equação (11-7) é linear, tudo que temos a fazer é plotar os dois pontos e traçar a reta por eles.

Suponha que a resistência da fonte seja de 500 Ω. Logo, a Equação (11-7) torna-se:

$$V_{GS} = I_D(500\Omega)$$

Como dois pontos quaisquer podem ser usados, escolhemos dois pontos convenientes correspondentes a I_D = –(0)(500 Ω) = 0, portanto, as coordenadas para o primeiro ponto são (0, 0), que é a origem. Para obter o segundo ponto, calculamos V_{GS} para $I_D = I_{DSS}$. Neste caso, I_D = 4 mA e V_{GS} = –(4 mA)(500 Ω) = –2 V, portanto, as coordenadas do segundo ponto estão em (4 mA, –2 V).

Agora temos dois pontos do gráfico da Equação (11-7). Os dois pontos são (0, 0) e (4 mA, –2 V). Plotando esses dois pontos como mostrado na Figura 11-10, podemos desenhar uma reta que passa pelos dois pontos. Essa reta irá, é claro, interceptar a curva de transcondutância. O ponto de intersecção é o ponto de operação do JFET autopolarizado. Como você pode ver, a corrente de dreno é ligeiramente menor que 2 mA e a tensão porta-fonte é ligeiramente menor que –1 V.

Resumindo, aqui está um processo para encontrar o ponto Q de qualquer JFET autopolarizado, desde que você tenha a curva de transcondutância. Se a curva não estiver disponível, você pode usar os valores nominais de $V_{GS(\text{corte})}$ e I_{DSS}, na Equação quadrática (11-3), para desenvolver uma:

1. Multiplique I_{DSS} por R_S para obter V_{GS} para o segundo ponto.
2. Plote o segundo ponto (I_{DSS}, V_{GS}).
3. Desenhe a reta pela origem e o segundo ponto.
4. Leia as coordenadas do ponto de intersecção.

O ponto Q com a autopolarização não é extremamente estável. Por isso, a autopolarização é usada apenas para os amplificadores de baixo sinal. É por isso que você pode ver circuitos com JFET autopolarizados no estágio inicial dos receptores de telecomunicação onde o sinal é baixo.

Exemplo 11-6

Na Figura 11-11a, qual é o valor da resistência da fonte média usando a regra citada anteriormente? Estime a tensão no dreno com esta resistência da fonte.

SOLUÇÃO Conforme estudado, a autopolarização funciona bem se você usar uma resistência da fonte igual ao valor da resistência ôhmica do JFET:

$$R_{DS} = \frac{4\,\text{V}}{10\,\text{mA}} = 400\,\Omega$$

A Figura 11-11b mostra uma resistência da fonte de 400 Ω. Nesse caso, a corrente no dreno é em torno de um quarto de 10 mA, ou seja, 2,5 mA, e a tensão de dreno é grosseiramente:

$$V_D = 30\,\text{V} - (2{,}5\,\text{mA})(2\,\text{k}\Omega) = 25\,\text{V}$$

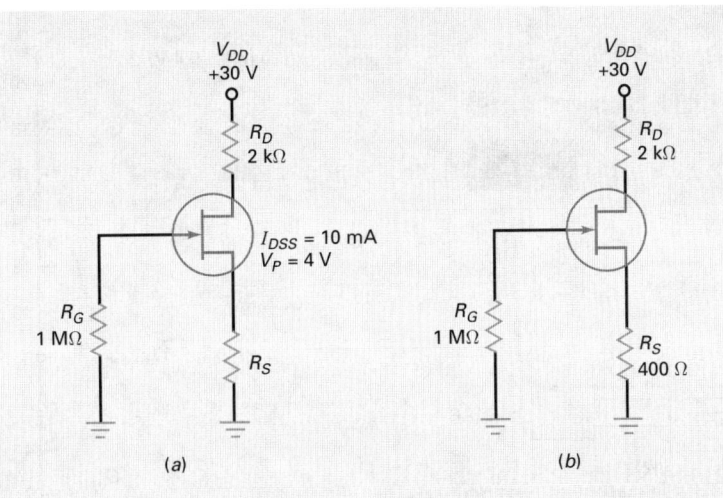

Figura 11-11 Exemplo.

PROBLEMA PRÁTICO 11-6 Repita o Exemplo 11-6 usando um JFET com $I_{DSS} = 8$ mA. Determine R_S e V_D.

Exemplo de aplicação 11-7

||| MultiSim

Usando o MultiSim para o circuito na Figura 11-12a, juntamente com as curvas de transcondutância mínima e máxima para o JFET 2N5486 mostrado na Figura 11-12b, determine a faixa de valores de V_{GS} e I_D do ponto Q. Qual seria o valor ótimo do resistor da fonte para este JFET?

SOLUÇÃO Primeiro, multiplique I_{DSS} por R_S para obter V_{GS}:

$$V_{GS} = -(20 \text{ mA})(270 \text{ } \Omega) = -5,4 \text{ V}$$

Segundo, plote o segundo ponto (I_{DSS}, V_{GS}):

(20 mA, −5,4 V)

Agora trace a reta passando pela origem (0, 0) e o segundo ponto. Depois leia as coordenadas dos pontos de interseção para os valores mínimo e máximo do ponto Q.

Ponto Q (mín) $V_{GS} = -0,8$ V $I_D = 2,8$ mA

Ponto Q (máx) $V_{GS} = -2,1$ V $I_D = 8,0$ mA

Observe que os valores medidos no MultiSim na Figura 11-12a estão entre os valores mínimo e máximo. O valor ótimo do resistor da fonte pode ser encontrado:

$$R_S = \frac{V_{GS(\text{corte})}}{I_{DSS}} \text{ ou } R_S = \frac{V_P}{I_{DSS}}$$

usando o valor mínimo:

$$R_S = \frac{2 \text{ V}}{8 \text{ mA}} = 250 \text{ } \Omega$$

usando o valor máximo:

$$R_S = \frac{6 \text{ V}}{20 \text{ mA}} = 300 \text{ } \Omega$$

Observe que o valor de R_S na Figura 11-12a é um valor aproximado do ponto médio entre $R_{S(\text{mín})}$ e $R_{S(\text{máx})}$.

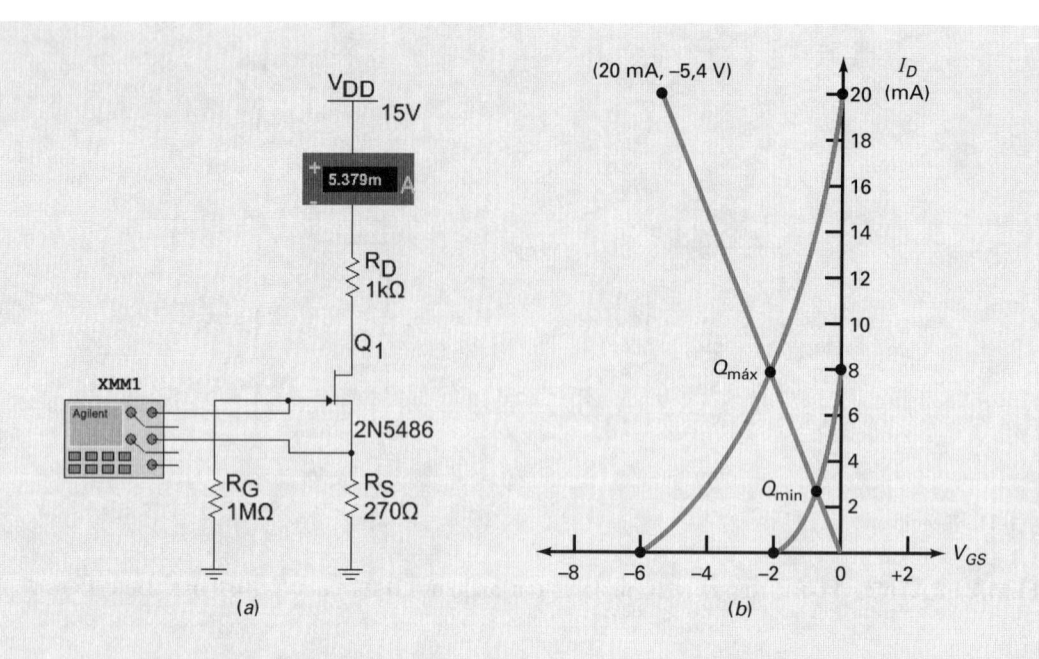

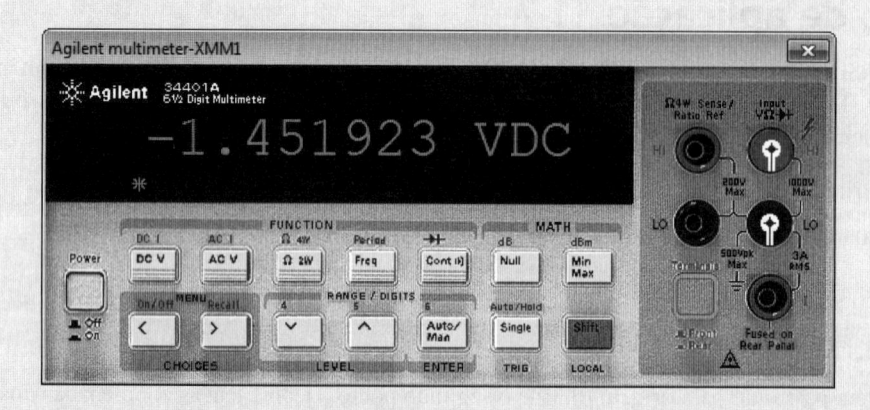

Figura 11-12 (a) Exemplo de autopolarização; (b) curvas de transcondutância.

PROBLEMA PRÁTICO 11-7 Na Figura 11-12a, mude R_S para 390 Ω e calcule os valores do ponto Q.

Polarização por divisor de tensão

A Figura 11-13a mostra um circuito com **polarização por divisor de tensão**, o divisor de tensão produz uma tensão que é uma fração da tensão de alimentação. Subtraindo a tensão porta-fonte, obtemos a tensão no resistor da fonte:

$$V_S = V_G - V_{GS} \tag{11-9}$$

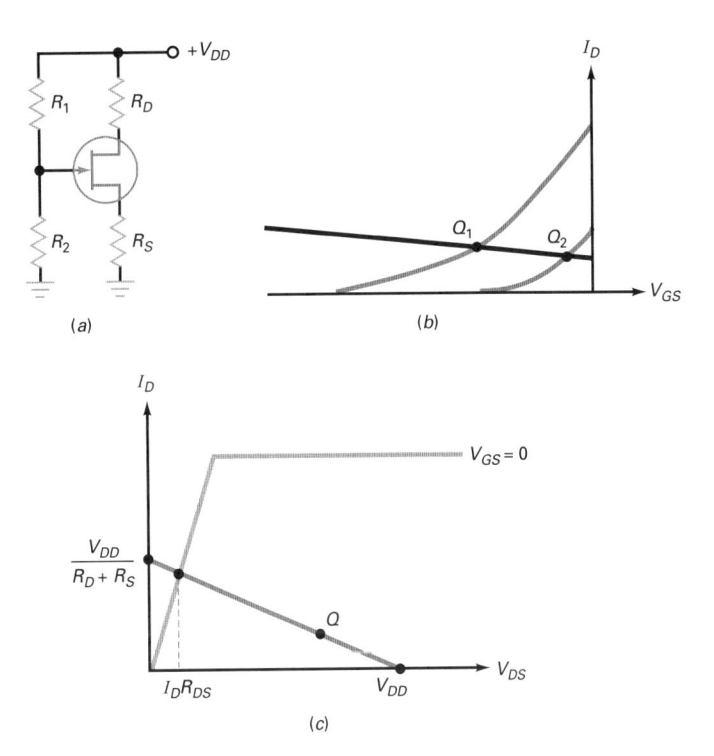

Figura 11-13 Polarização por divisor de tensão.

Como V_{GS} é um valor negativo, a tensão da fonte será ligeiramente maior que a tensão na porta. Quando você divide essa tensão da fonte pela resistência da fonte, obtém a corrente no dreno:

$$I_D = \frac{V_G - V_{GS}}{R_S} \approx \frac{V_G}{R_S} \tag{11-10}$$

Quando a tensão na porta for maior, ela pode encobrir as variações em V_{GS} de um JFET para o próximo. Idealmente, a corrente no dreno é igual à tensão na porta dividida pela resistência da fonte. Como resultado, a corrente no dreno é quase constante para qualquer JFET, como mostrado na Figura 11-13b.

A Figura 11-13c mostra a reta de carga CC. Para um amplificador, o ponto Q tem de estar na região ativa. Significa que V_{DS} deve ser maior que $I_D R_{DS}$ (região ôhmica) e menor que V_{DD} (corte). Quando uma tensão de alimentação maior for disponível, a polarização por divisor de tensão pode estabelecer um ponto Q estável.

Quando for necessária uma precisão maior na determinação do ponto Q para um circuito com polarização por divisor de tensão, podemos usar o método gráfico. Isso é particularmente verdadeiro quando os valores de V_{GS} mínimo e máximo para um JFET variarem por vários volts de um para o outro. Na Figura 11-13a, a tensão aplicada na porta é:

$$V_G = \frac{R_2}{R_1 + R_2}(V_{DD}) \tag{11-11}$$

Usando as curvas de transcondutância, como na Figura 11-14, traçar no gráfico o valor de V_G na horizontal, ou eixo x. Ele fica sendo um dos pontos da nossa reta de carga. Para obter o segundo ponto, use a Equação (11-10) com $V_{GS} = 0$ V para determinar I_D. Este segundo ponto em que $I_D = V_G/R_S$ é plotado na vertical, ou eixo y, da curva de transcondutância. A seguir, desenhe uma reta entre esses dois pontos e prolongue a reta de modo que ela intercepte as curvas de transcondutância. Finalmente, leia as coordenadas dos pontos de interseção.

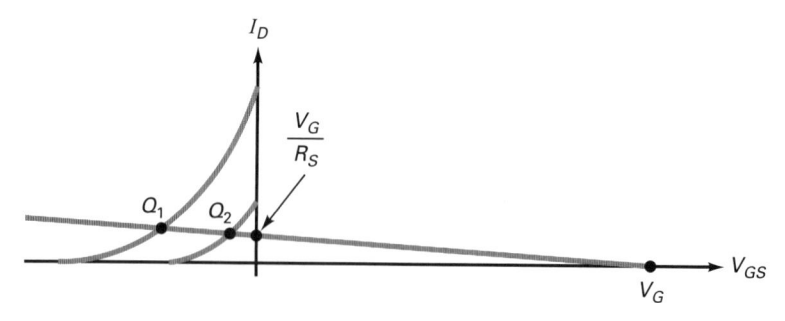

Figura 11-14 Ponto Q para a PDT.

Exemplo 11-8

Desenhe a reta de carga CC e o ponto Q para a Figura 11-15a usando o método ideal.

SOLUÇÃO O divisor de tensão está numa proporção de 3:1, produzindo uma tensão na porta 10 V. Idealmente, a tensão no resistor da fonte é:

$$V_S = 10 \text{ V}$$

A corrente no dreno é:

$$I_D = \frac{10 \text{ V}}{2 \text{ k}\Omega} = 5 \text{ mA}$$

e a tensão no dreno é:

$$V_D = 30 \text{ V} - (5 \text{ mA})(1 \text{ k}\Omega) = 25 \text{ V}$$

A tensão na porta-fonte é:

$$V_{DS} = 25 \text{ V} - 10 \text{ V} = 15 \text{ V}$$

A corrente de saturação é:

$$I_{D(\text{sat})} = \frac{30 \text{ V}}{3 \text{ k}\Omega} = 10 \text{ mA}$$

e a tensão de corte é:

$$V_{DS(\text{corte})} = 30 \text{ V}$$

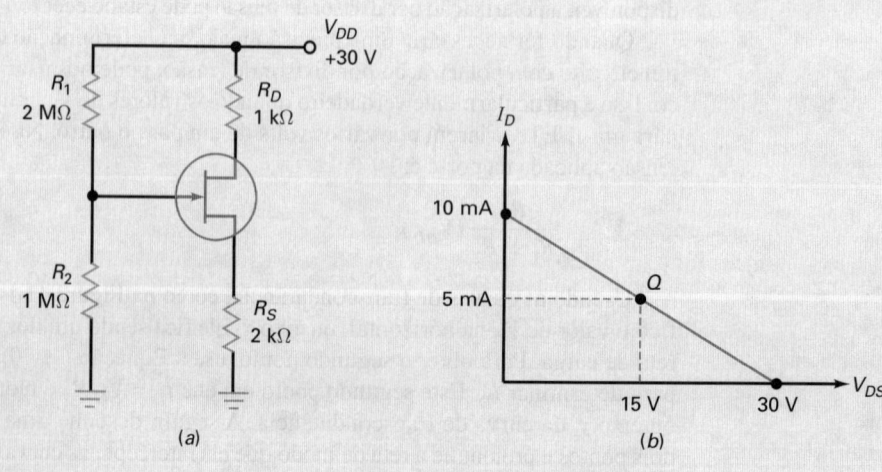

Figura 11-15 Exemplo.

A Figura 11-15b mostra a reta de carga CC e o ponto Q.

PROBLEMA PRÁTICO 11-8 Na Figura 11-15, mude o valor de V_{DD} para 24 V. Resolva para I_D e V_{DS} usando o método ideal.

Exemplo de aplicação 11-9

||| MultiSim

Usando a Figura 11-15a novamente, resolva para os valores mínimo e máximo do ponto Q usando o método gráfico e as curvas de transcondutância para o JFET 2N5486 mostrado na Figura 11-16a. Como isso pode ser comparado com os valores obtidos usando o MultiSim?

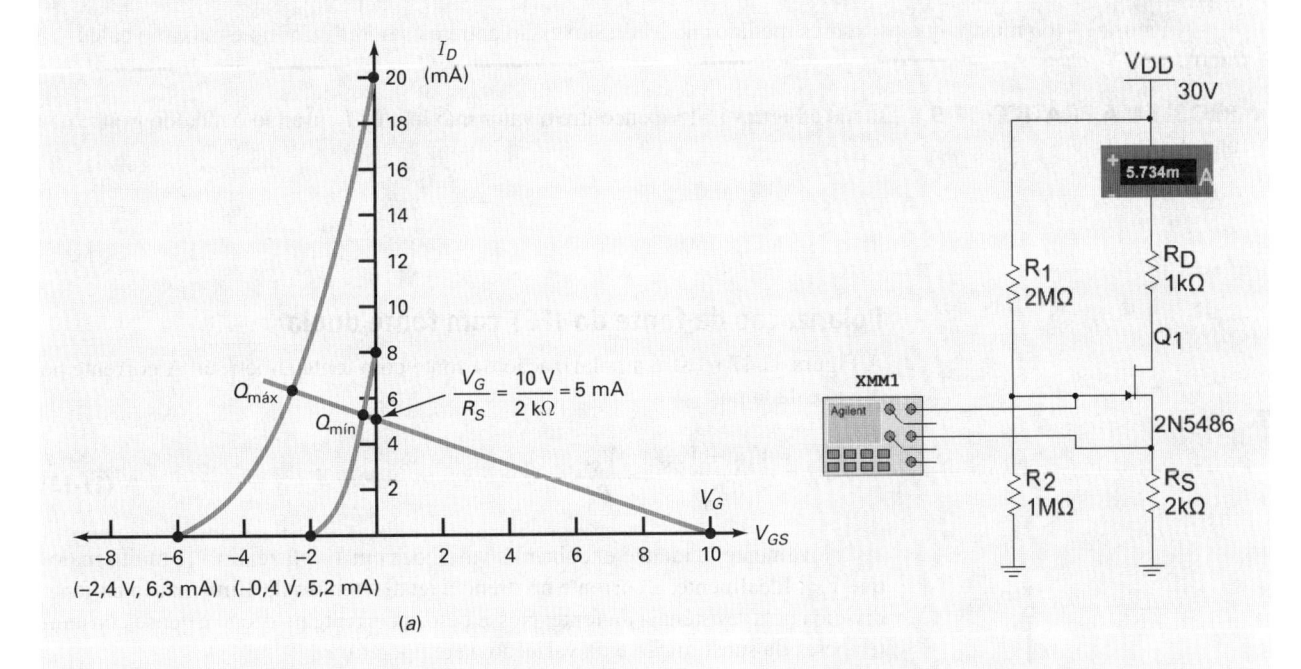

$$\frac{V_G}{R_S} = \frac{10\ V}{2\ k\Omega} = 5\ mA$$

$Q_{máx}$ (−2,4 V, 6,3 mA) $Q_{mín}$ (−0,4 V, 5,2 mA)

(a)

(b)

Figura 11-16 (a) Transcondutância; (b) medições com o MultiSim.

SOLUÇÃO Primeiro, o valor de V_G é calculado por:

$$V_G = \frac{1\,\text{M}\Omega}{2\,\text{M}\Omega + 1\,\text{M}\Omega}(30\,\text{V}) = 10\,\text{V}$$

Este valor é plotado no eixo x.
A seguir, encontre o segundo ponto:

$$I_D = \frac{V_G}{R_S} = \frac{10\,\text{V}}{2\,\text{K}} = 5\,\text{mA}$$

Este valor é plotado no eixo y.
Traçando uma reta por estes dois pontos e prolongando pelos valores mínimo e máximo das curvas de transcondutância, encontramos:

$$V_{GS(\text{mín})} = -0,4\,\text{V} \qquad I_{D(\text{mín})} = 5,2\,\text{mA}$$

e

$$V_{GS(\text{máx})} = -2,4\,\text{V} \qquad I_{D(\text{máx})} = 6,3\,\text{mA}$$

A Figura 11-16b mostra que os valores medidos no MultiSim estão entre os valores mínimo e máximo calculados.

PROBLEMA PRÁTICO 11-9 Usando a Figura 11-15a, encontre o valor máximo de I_D usando o método gráfico para $V_{DD} = 24$ V.

Polarização da fonte do JFET com fonte dupla

A Figura 11-17 mostra a polarização da fonte com fonte simétrica. A corrente no dreno é dada por:

$$I_D = \frac{V_{SS} - V_{GS}}{R_S} \approx \frac{V_{SS}}{R_S} \tag{11-12}$$

Novamente, a ideia é encobrir as variações em V_{GS} fazendo V_{SS} muito maior que V_{GS}. Idealmente, a corrente no dreno é igual à tensão de alimentação da fonte dividida pela resistência da fonte. Nesse caso, a corrente no dreno é quase constante apesar da substituição e da variação na temperatura.

Polarização por fonte de corrente

Quando a tensão de alimentação no dreno não for de valor maior, pode ser que não haja uma tensão na porta suficiente para encobrir as variações em V_{GS}. Nesse caso, um projetista pode preferir usar a **polarização por fonte de corrente** na Figura 11-18a. Neste circuito, o transistor de junção bipolar força uma corrente fixa pelo JFET. A corrente no dreno é dada por:

$$I_D = \frac{V_{EE} - V_{BE}}{R_E} \tag{11-13}$$

A Figura 11-18b ilustra a eficácia da polarização por fonte de corrente. Os dois pontos Q têm as mesmas correntes. Embora os valores de V_{GS} sejam diferentes para cada ponto Q, V_{GS} já não afeta o valor da corrente no dreno.

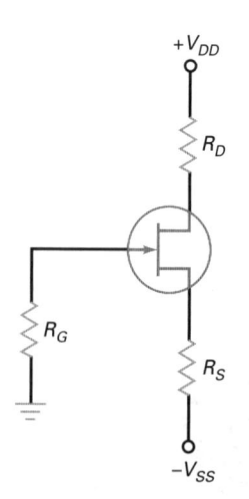

Figura 11-17 Polarização da fonte com fonte dupla.

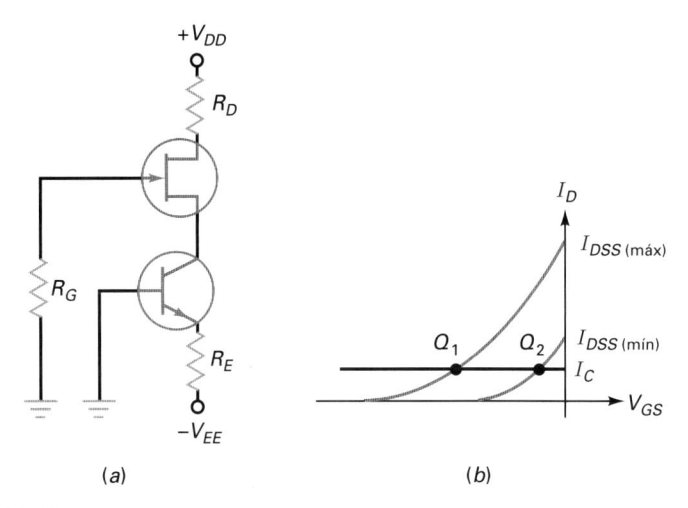

Figura 11-18 Polarização por fonte de corrente.

Exemplo 11-10

Qual é a corrente no dreno na Figura 11-19a? E a tensão entre o dreno e o terra?

SOLUÇÃO Idealmente, a tensão no resistor da fonte é de 15 V, produzindo uma corrente de dreno de:

$$I_D = \frac{15\text{ V}}{3\text{ k}\Omega} = 5\text{ mA}$$

A tensão no dreno é:

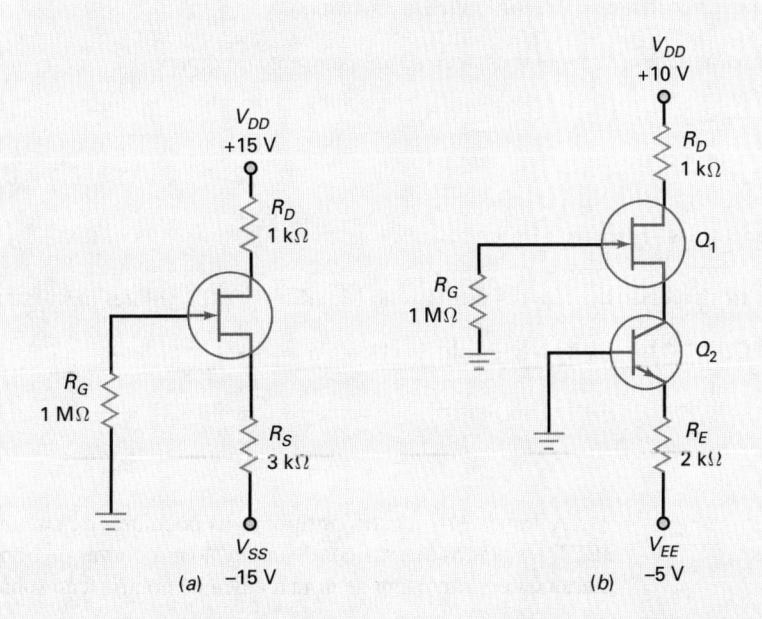

$$V_D = 15\text{V} - (5\text{ mA})(1\text{ k}\Omega) = 10\text{ V}$$

Figura 11-19 Exemplo.

Figura 11-19 (continuação).

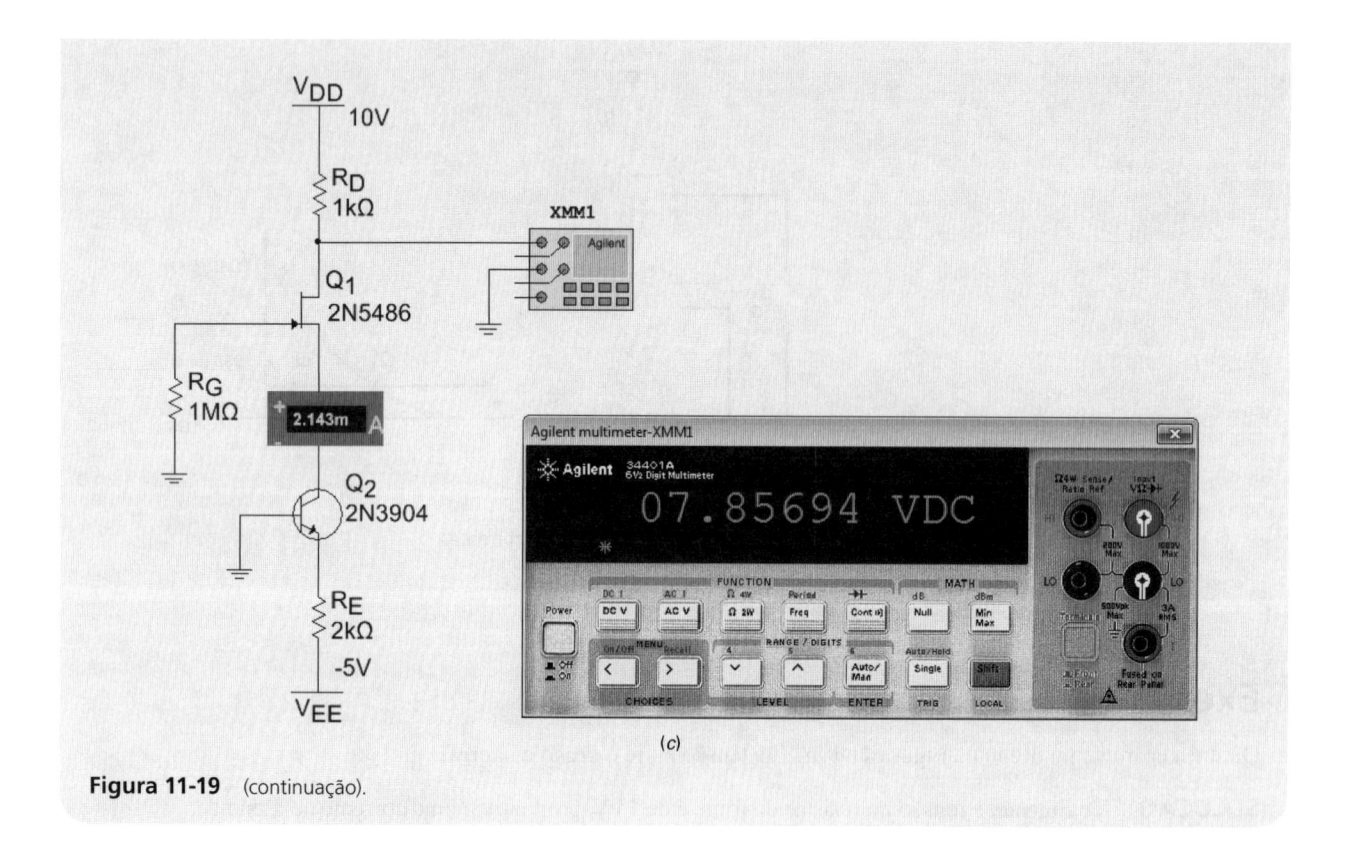

Exemplo de aplicação 11-11

Na Figura 11-19b, qual é a corrente no dreno? E a tensão no dreno?

SOLUÇÃO O transistor de junção bipolar estabelece uma corrente de dreno:

$$I_D = \frac{5\,\text{V} - 0{,}7\,\text{V}}{2\,\text{k}\Omega} = 2{,}15\,\text{mA}$$

A tensão no dreno é:

$$V_D = 10\,\text{V} - (2{,}15\,\text{mA})(1\,\text{k}\Omega) = 7{,}85\,\text{V}$$

A Figura 11-19c mostra a precisão dos valores medidos no MultiSim para os valores calculados.

PROBLEMA PRÁTICO 11-11 Repita o Exemplo 11-11 com $R_E = 1\,\text{k}\Omega$.

A Tabela 11-1 mostra os tipos mais populares de circuitos de polarização com JFET. Os pontos de gráficos de operação nas curvas de transcondutância mostram claramente a vantagem de uma técnica de polarização sobre a outra.

Tabela 11-1 Polarização do JFET

Tipo	Equações
Polarização da porta	$I_D = I_{DSS}\left(1 - \dfrac{V_{GS}}{V_{GS(\text{corte})}}\right)^2$ $V_{GS} = V_{GG}$ $V_D = V_{DD} - I_D R_D$
Autopolarização	$V_{GS} = -I_D(R_S)$ Segundo ponto $= (I_{DSS})(R_S)$
VDB	$V_G = \dfrac{R_1}{R_1 + R_2}(V_{DD})$ $I_D = \dfrac{V_G}{R_S}$ $V_{DS} = V_D - V_S$
Polarização por fonte de corrente	$I_D = \dfrac{V_{EE} - V_{BE}}{R_E}$ $V_D = V_{DD} - I_D R_D$

É ÚTIL SABER

Muitos anos atrás, em vez de transistores, utilizavam-se as válvulas triodo. A válvula é, também, um dispositivo controlado por uma tensão denominada V_{GK} (tensão porta-catodo) que, por sua vez, controlava uma corrente de saída I_P (corrente de placa). Portanto, a válvula triodo era formada por três elementos: porta, catodo e placa.

11-6 Transcondutância

Para analisarmos amplificadores JFET, precisamos estudar a **transcondutância**, designada g_m e definida como:

$$g_m = \frac{i_d}{v_{gs}} \tag{11-14}$$

Ela diz que a transcondutância é igual a corrente CA no dreno dividida pela tensão CA porta-fonte. A transcondutância nos informa sobre a eficácia da tensão porta-fonte no controle da corrente no dreno. Quanto maior a transcondutância, melhor o controle que a tensão tem sobre a corrente no dreno.

Por exemplo, se $i_d = 0{,}2$ mA pp quando $v_{gs} = 0{,}1$ V pp, então:

$$g_m = \frac{0{,}2 \text{ mA}}{0{,}1 \text{ V}} = 2(10^{-3}) \text{ mho} = 2.000 \ \mu\text{mho}$$

Por outro lado, se $i_d = 1$ mA pp quando $v_{gs} = 0{,}1$ V pp, então:

$$g_m = \frac{1 \text{ mA}}{0{,}1 \text{ V}} = 10.000 \ \mu\text{mho}$$

No segundo caso, uma transcondutância maior significa que a porta é mais eficaz no controle da corrente no dreno.

Siemens

A unidade *mho* é a razão da corrente para a tensão. Uma unidade equivalente e moderna para o *mho* é o *siemen (S)*, de modo que as respostas anteriores podem ser escritas como 2.000 μS e 10.000 μS. Nas folhas de dados as duas unidades (o *mho* ou siemen) podem ser usadas. As folhas de dados também podem usar o símbolo g_{fs} em vez de g_m. Como exemplo, a folha de dados de um 2N5451 lista um g_{fs} de 2.000 μS para uma corrente de dreno de 1 mA. Isso é idêntico a dizer que o 2N5451 tem uma g_m de 2.000 μmho para uma corrente de dreno de 1 mA.

Inclinação da curva de transcondutância

A Figura 11-20a ilustra o significado da g_m em termos da curva de transcondutância. Entre os pontos A e B, uma variação em V_{GS} produz uma variação em I_D. A variação em I_D dividida pela variação em V_{GS} é o valor de g_m entre A e B. Se escolhermos outro par de pontos acima na curva C e D, obtemos uma variação maior em I_D para a mesma variação em V_{GS}. Portanto, g_m tem valores maiores para pontos acima da curva. Outro modo de dizer isso é, g_m é a inclinação da curva de transcondutância. Quanto maior a inclinação da curva em relação ao ponto Q, maior é a transcondutância.

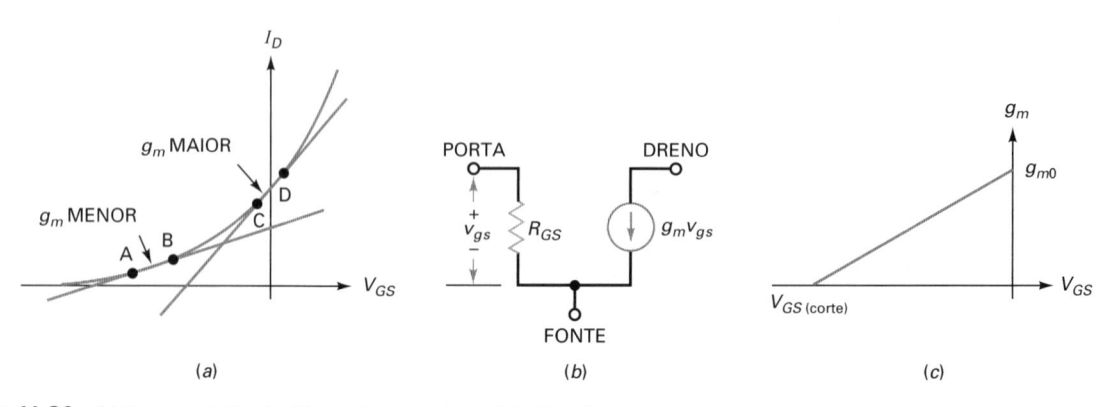

Figura 11-20 (a) Transcondutância; (b) circuito equivalente CA; (c) variação de g_m.

A Figura 11-20b mostra um circuito equivalente CA para um JFET. Uma resistência R_{GS} de valor alto está entre os terminais da porta e da fonte do JFET. O dreno de um JFET funciona como uma fonte de corrente com um valor de $g_m V_{gs}$. Dados os valores de g_m e V_{gs}, podemos calcular a corrente CA no dreno.

Transcondutância e tensão de corte porta-fonte

A grandeza $V_{GS(corte)}$ é difícil de ser medida com precisão. Por outro lado, I_{DSS} e g_{m0} são fáceis de medir com alta precisão. Por esta razão, $V_{GS(corte)}$ é sempre calculada com a seguinte equação:

$$V_{GS(corte)} = \frac{-2I_{DSS}}{g_{m0}} \qquad (11\text{-}15)$$

Nessa equação, g_{m0} é o valor da transcondutância quando $V_{GS} = 0$. Tipicamente, um fabricante usará a seguinte equação para calcular o valor de $V_{GS(corte)}$ para usar nas folhas de dados.

A grandeza g_{m0} é o valor máximo de g_m para um JFET porque ele ocorre quando $V_{GS} = 0$. Quando V_{GS} torna-se negativa, g_m diminui. Aqui temos uma equação para o cálculo de g_m para qualquer valor de V_{GS}:

$$g_m = g_{m0}\left(1 - \frac{V_{GS}}{V_{GS(corte)}}\right) \qquad (11\text{-}16)$$

Observe que g_m diminui linearmente quando V_{GS} torna-se mais negativa, conforme mostra a Figura 11-20c. Uma aplicação nas variações no valor de g_m é no *controle automático de ganho*, que será estudado mais tarde.

É ÚTIL SABER

Para cada JFET, existe um valor de v_{GS} próximo de $v_{GS(corte)}$ que resulta em um coeficiente de temperatura zero. Isso quer dizer que, para algum valor de v_{GS} próximo de $v_{GS(corte)}$, I_D não aumenta nem diminui com aumentos na temperatura.

Exemplo 11-12

Um 2N5457 tem $I_{DSS} = 5$ mA e $g_{m0} = 5.000\ \mu S$. Qual é o valor de $V_{GS(corte)}$? Qual é o valor de g_m quando $V_{GS} = -1$ V?

SOLUÇÃO Com a Equação (11-15):

$$V_{GS(corte)} = \frac{-2(5\text{ mA})}{5\ \mu S} = -2\text{ V}$$

A seguir, use a Equação (11-16) para obter:

$$g_m (5.000\mu S)\left(1 - \frac{1V}{2V}\right) = 2.500\mu S$$

PROBLEMA PRÁTICO 11-12 Repita o Exemplo 11-12 usando $I_{DSS} = 8$ mA e $V_{gs} = -2$ V

É ÚTIL SABER

Por causa da impedância de entrada extremamente alta do JFET, a corrente de entrada é geralmente considerada 0 μA, e o ganho de corrente de um amplificador com JFET é uma grandeza indefinida.

É ÚTIL SABER

Para qualquer amplificador de pequeno sinal com JFET, o sinal de entrada que aciona a porta nunca deveria atingir um ponto em que a junção porta-fonte fique polarizada diretamente.

11-7 Amplificadores com JFET

A Figura 11-21a mostra um **amplificador em fonte comum (FC)**. Os capacitores de acoplamento e de desvio estão em curto-circuito para CA. Por isso, o sinal é acoplado diretamente na porta. Como o terminal fonte do JFET é desviado para o terra, toda a tensão de entrada CA aparece nos terminais da porta e da fonte. Isso produz uma corrente CA no dreno. Como a corrente CA no dreno circula pelo resistor do dreno, obtemos uma tensão CA amplificada e invertida na saída. Esse sinal na saída é então acoplado no resistor de carga.

Ganho de tensão do amplificador FC

A Figura 11-21b mostra o circuito equivalente CA. A resistência CA de dreno r_d é definida como:

$$r_d = R_D \| R_L$$

O ganho de tensão é:

$$A_v = \frac{v_{out}}{v_{in}} = \frac{g_m v_{in} r_d}{v_{in}}$$

que podemos simplificar para:

$$A_v = g_m r_d \qquad (11\text{-}17)$$

Essa equação informa que o ganho de tensão de um amplificador FC é igual à transcondutância multiplicada pela resistência CA do dreno.

Impedâncias de entrada e saída de um amplificador em fonte comum (FC)

Como o JFET, normalmente, tem uma polarização reversa na junção fonte-porta, sua resistência de entrada R_{GS} na porta é muito grande e pode ser calculada de forma aproximada, utilizando-se valores fornecidos na folha de dados do fabricante do dispositivo. Assim, temos:

$$R_{GS} = \frac{V_{GS}}{I_{GSS}} \qquad (11\text{-}18)$$

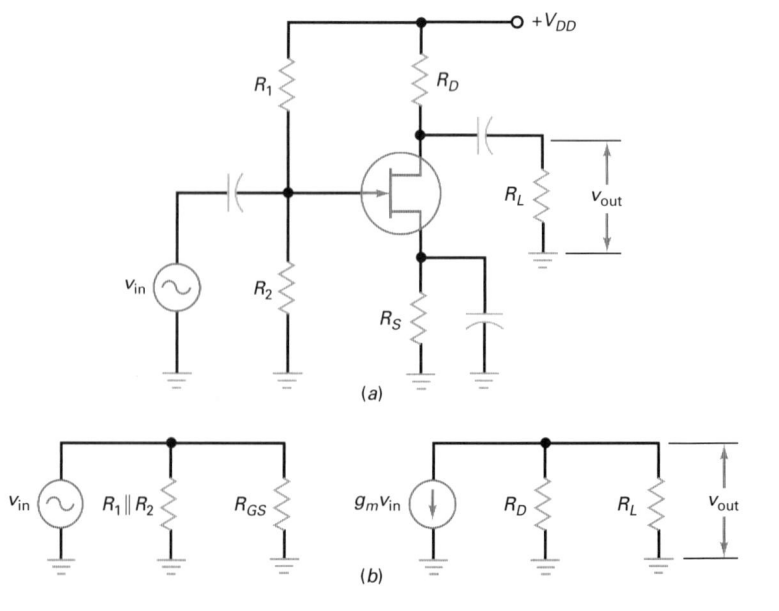

Figura 11-21 (a) Amplificador FC; (b) circuito equivalente CA.

Como exemplo, se I_{GSS} tem –2nA quando V_{GS} for –15V, R_{GS} será igual a 7500 MΩ.
Como mostrado na Fig. 11-21b, a impedância de entrada do estágio é:

$$z_{in(estágio)} = R_1 \parallel R_2 \parallel R_{GS}$$

Como R_{GS} é muito grande se comparado com os resistores de polarização de entrada, a impedância de entrada do estágio pode ser simplificada:

$$z_{in(estágio)} = R_1 \parallel R_1 \quad (11\text{-}19)$$

Em um amplificador FC, $z_{out(estágio)}$ parece "olhar" por trás do circuito a partir do resistor de carga R_L. Na Fig. 11-21b, o resistor de carga enxerga R_D em paralelo com uma fonte de corrente constante, a qual idealmente está aberta. Portanto:

$$z_{out(estágio)} = R_D \quad (11\text{-}20)$$

Seguidor de fonte (SF)

A Fig. 11-22a mostra um amplificador JFET na configuração DC (dreno-comum), também conhecido como **seguidor de fonte**. O sinal de entrada aciona a porta e o sinal de saída é acoplado da fonte para o resistor de carga. Assim como no seguidor de emissor, o seguidor de fonte tem um ganho de tensão menor do que 1. A principal vantagem do seguidor de fonte é sua altíssima resistência de entrada e sua baixa resistência de saída. Frequentemente, você verá um seguidor de fonte sendo utilizado como parte frontal de um sistema eletrônico, seguido por estágios bipolares de ganho de tensão.

Na Fig. 11-22b, a resistência da fonte CA é definida como:

$$r_s = R_S \parallel R_L$$

O ganho de tensão do seguidor de fonte é dado por:

$$A_v = \frac{v_{out}}{v_{in}} = \frac{i_d r_s}{v_{gs} + i_d r_s} = \frac{g_m v_{gs} r_s}{v_{gs} + g_m v_{gs} r_s} \quad \text{onde} \quad i_d = g_m v_{gs}$$

que pode ser reduzida para a seguinte forma simplificada:

$$A_v = \frac{g_m r_s}{1 + g_m r_s} \quad (11\text{-}21)$$

Pelo fato de o denominador ser sempre maior do que o numerador, o ganho de tensão é sempre menor do que 1.

A Fig. 11-22b mostra que a impedância de entrada do amplificador SF é a mesma do amplificador FC que é dada por:

$$z_{in(estágio)} = R_1 \parallel R_2 \parallel R_{GS}$$

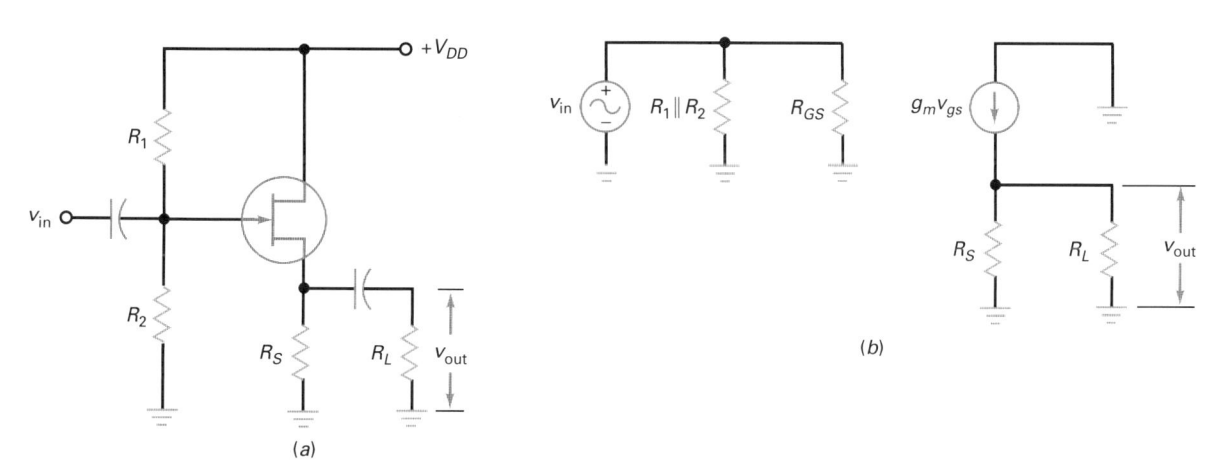

Figura 11-22 (a) Seguidor de fonte. (b) Circuito equivalente CA.

que pode ser simplificada para:

$$z_{in(estágio)} = R_1 \| R_2$$

A impedância de saída $z_{out(estágio)}$ parece "olhar" por trás do circuito a partir da carga:

$$z_{in(estágio)} = R_S \| R_{in(fonte)}$$

A resistência vista por dentro da fonte do JFET é dada por:

$$R_{in(fonte)} = \frac{v_{fonte}}{i_{fonte}} = \frac{v_{gs}}{i_s}$$

Como $v_{gs} = \frac{i_d}{g_m}$ e $i_d = i_s$, $R_{in(fonte)} = \frac{\frac{i_d}{g_m}}{i_d} = \frac{1}{g_m}$

Portanto, a impedância de saída do SF é dada por:

$$z_{out(estágio)} = R_S \| \frac{1}{g_m} \qquad (11\text{-}22)$$

Exemplo 11-13 ||| MultiSim

Se $g_m = 5.000\ \mu S$ na Figura 11-23, qual é a tensão na saída?

SOLUÇÃO A resistência CA do dreno é:

$$r_d = 3{,}6\ k\Omega \| 10\ k\Omega = 2{,}65\ k\Omega$$

O ganho de tensão é:

$$A_v = (5.000\ \mu S)(2{,}65\ k\Omega) = 13{,}3$$

Utilizando a Eq. (11-19) a impedância de entrada do estágio é 500 kΩ e o sinal de entrada na porta é de aproximadamente 1 mV. Portanto, a tensão na saída é

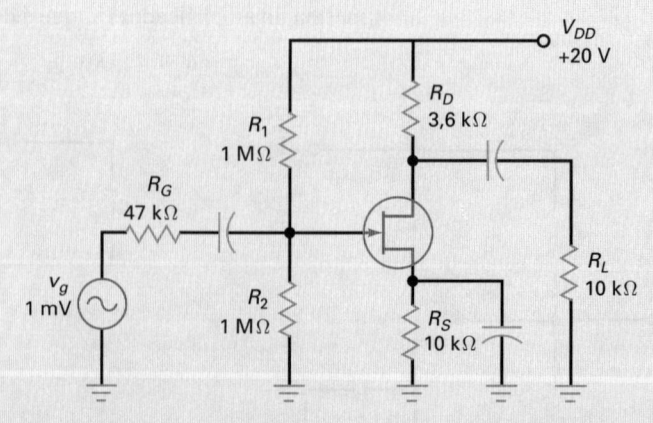

$$v_{out} = 13{,}3(1\ mV) = 13{,}3\ mV$$

Figura 11-23 Exemplo de amplificador FC.

PROBLEMA PRÁTICO 11-13 Usando a Figura 11-23, qual é a tensão na saída se $g_m = 2.000\ \mu S$?

Exemplo 11-14 ▍▍▍ MultiSim

Se $g_m = 250\ \mu S$ na Fig. 11-24, qual é a impedância do estágio de entrada, a impedância do estágio de saída e a tensão de saída do seguidor de fonte?

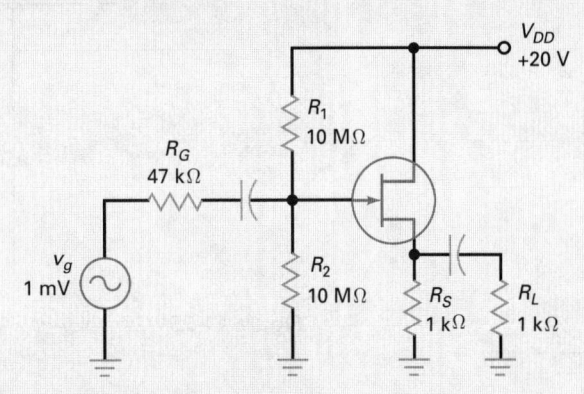

Figura 11-24 Exemplo de um seguidor de fonte.

SOLUÇÃO Utilizando a Eq. (11-19), a impedância do estágio de entrada é:

$$z_{in(estágio)} = R_1 \| R_2 = 10\ M\Omega \| 10\ M\Omega$$

$$z_{in(estágio)} = 5\ M\Omega$$

Utilizando a Eq. (11-22), a impedância do estágio de saída é:

$$z_{out(estágio)} = R_S \| \frac{1}{g_m} = 1\ k\Omega \| \frac{1}{2500\ \mu S} = 1\ k\Omega \| 400\ \Omega$$

$$z_{out(estágio)} = 286\ \Omega$$

A resistência CA da fonte é:

$$r_s = 1\ k\Omega \| 1\ k\Omega = 500\ \Omega$$

Utilizando a Eq. (11-21), o ganho de tensão é:

$$A_v = \frac{(2500\ \mu S)(500\ \Omega)}{1 + (2500\ \mu S)(500\ \Omega)} = 0{,}556$$

Pelo fato da impedância do estágio de entrada ser 5 MΩ a entrada de sinal na porta é de aproximadamente 1 mV. Portanto, a tensão de saída é dada por:

$$v_{out} = 0{,}556(1\ mV) = 0{,}556\ mV$$

PROBLEMA PRÁTICO 11-14 Qual é a tensão de saída do circuito da Fig. 11-24 se $g_m = 5000\ \mu S$?

Exemplo 11-15 ▍▍▍ MultiSim

A Figura 11-25 inclui um potenciômentro de 1 kΩ. Se ele for ajustado para 780 Ω, qual é o ganho de tensão?

SOLUÇÃO A resistência CC da fonte total é:

$$R_S = 780\ \Omega + 220\ \Omega = 1\ k\Omega$$

A resistência CA da fonte é:

$$r_s = 1\ k\Omega \| 3\ k\Omega = 750\ \Omega$$

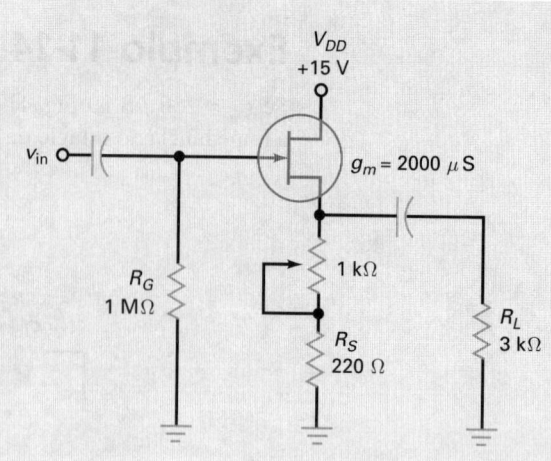

Figura 11-25 Exemplo.

O ganho de tensão é:

$$A_v = \frac{(2000\ \mu S)(750\ \Omega)}{1 + (2000\ \mu S)(750\ \Omega)} = 0,6$$

PROBLEMA PRÁTICO 11-15 Usando a Figura 11-25, qual é o ganho de tensão máximo possível que pode ser ajustado pelo potenciômentro?

Exemplo 11-16

||| MultiSim

Na Figura 11-26, qual é a corrente no dreno? E o ganho de tensão?

SOLUÇÃO O divisor de tensão de 3:1 produz uma tensão CC na porta de 10 V. Idealmente, a corrente no dreno é:

$$I_D = \frac{10V}{2,2\ k\Omega} = 4,55\ mA$$

A resistência CA da fonte é:

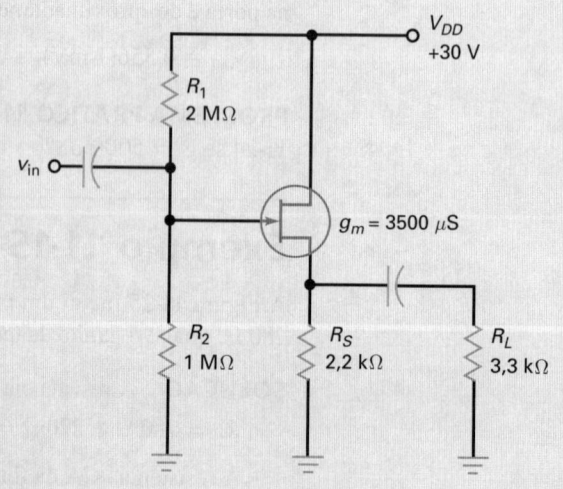

$$r_s = 2,2\ k\Omega\ \|\ 3,2\ k\Omega = 1,32\ k\Omega$$

Figura 11-26 Exemplo.

O ganho de tensão é:

$$A_v = \frac{(3500\ \mu S)(1{,}32\ k\Omega)}{1 + (3500\ \mu S)(1{,}32\ k\Omega)} = 0{,}822$$

PROBLEMA PRÁTICO 11-16 Na Figura 11-26, qual seria o valor de ganho de tensão se o resistor de 3,3 kΩ estivesse aberto?

A Tabela 11-2 mostra as configurações e as equações dos amplificadores em fonte comum e seguidor de fonte.

Tabela 11-2 — Amplificadores com JFET

Circuito	Características
Fonte comum	$V_G = \dfrac{R_1}{R_1 + R_2}(V_{DD})$ $V_S \approx V_G$ ou use o método gráfico $I_D = \dfrac{V_S}{R_S}$ $V_D = V_{DD} - I_D R_D$ $V_{GS(corte)} = \dfrac{-2 I_{DSS}}{g_{mo}}$ $g_m = g_{mo}\left(1 - \dfrac{V_{GS}}{V_{GS(corte)}}\right)$ $r_d = R_D \parallel R_L$ $A_V = g_m r_d$ $z_{in(estágio)} = R_1 \parallel R_2$ $z_{out(estágio)} = R_D$ Deslocamento de fase = 180°
Seguidor de fonte	$V_G = \dfrac{R_1}{R_1 + R_2}(V_{DD})$ $V_S \approx V_G$ ou use o método gráfico $I_D = \dfrac{V_S}{R_S}$ $V_{DS} = V_{DD} - VS$ $V_{GS(corte)} = \dfrac{-2 I_{DSS}}{g_{mo}}$ $g_m = g_{mo}\left(1 - \dfrac{V_{GS}}{V_{GS(corte)}}\right)$ $z_{in(estágio)} = R_1 \parallel R_2$ $A_V = \dfrac{g_m r_s}{1 + g_m r_s}$ $z_{out(estágio)} = R_S \parallel \dfrac{1}{g_m}$ Deslocamento de fase = 0°

É ÚTIL SABER

A resistência ôhmica de um JFET pode ser determinada para qualquer valor de V_{GS} pelo uso da seguinte equação

$$R_{DS} = \frac{RDS_{(lig)}}{1 - V_{GS}/V_{GS(corte)}}$$

onde $R_{DS(lig)}$ é uma resistência ôhmica quando o valor V_{DS} é baixo e $V_{GS} = 0$ V.

11-8 JFET como chave analógica

Além de seguidor de fonte, uma outra aplicação para o JFET é como *chaveamento analógico*. Nesta aplicação, o JFET funciona como uma chave que transmite ou bloqueia um pequeno sinal CA. Para obter esse tipo de funcionamento, a tensão porta-fonte V_{GS} tem apenas dois valores: zero ou um valor maior que $V_{GS(corte)}$. Nesse modo, o JFET opera na região ôhmica ou na região de corte.

Chave paralela

A Figura 11-27a mostra um JFET como **chave paralela**. O JFET pode estar em condução ou em corte, depende se V_{GS} for de valor alto ou baixo. Quando V_{GS} for alto (0 V), o JFET opera na região ôhmica. Quando V_{GS} for baixo, o JFET está em corte. Por isso, podemos usar a Figura 11-27b como um circuito equivalente.

Para funcionamento normal, a tensão CA na entrada deve ter um sinal baixo, tipicamente menor que 100 mV. Um pequeno sinal garante que o JFET permaneça na região ôhmica quando o sinal atingir seu valor de pico positivo. Além disso, R_D é muito maior que R_{DS} para garantir uma saturação forte:

$$R_D \gg R_{DS}$$

Quando o valor de V_{GS} é alto, o JFET opera na região ôhmica e a chave na Figura 11-27b fecha. Como R_{DS} é muito menor que R_D, v_{out} é muito menor que v_{in}. Quando o valor de V_{GS} é baixo, o JFET entra em corte e a chave na Figura 11-27b abre. Nesse caso, $v_{out} = v_{in}$. Portanto, o JFET como uma chave paralela transmite o sinal CA ou bloqueia o sinal.

Chave em série

A Figura 11-27c mostra um JFET como **chave em série** e a Figura 11-27d mostra o circuito equivalente. Quando V_{GS} é alta, a chave está fechada e o JFET é equivalente a uma resistência R_{DS}. Nesse caso, a saída é aproximadamente igual à entrada. Quando V_{GS} é baixa, o JFET está em corte e v_{out} é aproximadamente zero.

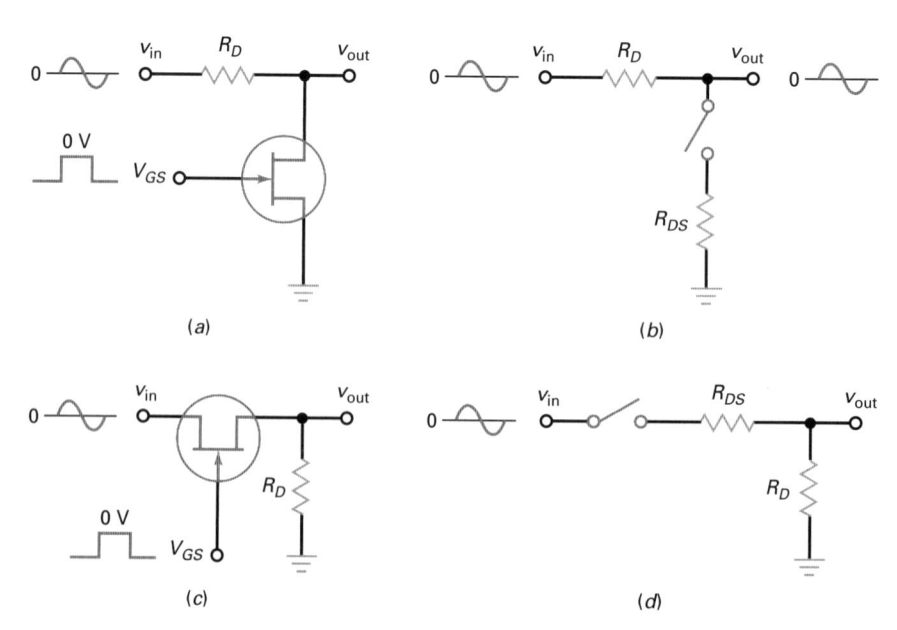

Figura 11-27 Chave analógica com JFET: (a) Tipo paralela; (b) circuito equivalente em paralelo; (c) tipo em série; (d) circuito em série equivalente.

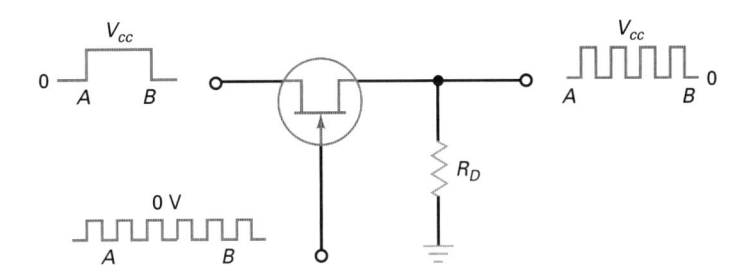

Figura 11-28 Recortador (*chopper*).

A relação liga-desliga de uma chave é definida como a tensão máxima na saída dividida pela tensão mínima na saída:

$$\text{Relação liga-desliga} = \frac{v_{\text{out(máx)}}}{v_{\text{in(min)}}} \qquad (11\text{-}23)$$

Quando uma relação liga-desliga é importante, o JFET em série é a melhor escolha porque sua relação liga-desliga é maior que a do JFET como chave em paralelo.

Recortador (*Chopper*)

A Figura 11-28 mostra um circuito chamado de **recortador** com JFET. A tensão na porta é uma onda quadrada que liga e desliga continuamente o JFET fazendo com que ele entre em corte e condução. A tensão na entrada é um pulso retangular com um valor V_{CC}. Por causa da onda quadrada na porta, a saída é *recortada* (chaveada para ligar e desligar), como mostrado.

Um circuito recortador com JFET pode ser usado como uma chave em série ou em paralelo. Basicamente, o circuito converte a tensão CC de entrada em uma onda quadrada na saída. O valor pico a pico da saída recortada é V_{CC}. Como será visto mais tarde, um circuito recortador pode ser usado para a montagem de um *amplificador CC*, um circuito capaz de amplificar frequências abaixo da frequência de entrada até frequência zero.

Exemplo 11-17

Um JFET usado como chave em paralelo tem $R_D = 10\ \text{k}\Omega$, $I_{DSS} = 10\ \text{mA}$ e $V_{GS(\text{corte})} = -2\ \text{V}$. Se $v_{\text{in}} = 10\ \text{mV pp}$, quais são as tensões na saída? Qual é a relação liga-desliga?

SOLUÇÃO A resistência ôhmica é:

$$R_{DS} = \frac{2\ \text{V}}{10\ \text{mA}} = 200\ \Omega$$

A Figura 11-29a mostra o circuito equivalente quando o JFET está em condução. A tensão na saída é:

$$v_{\text{out}} = \frac{200\ \Omega}{10{,}2\ \text{k}\Omega}(10\ \text{mV pp}) = 0{,}196\ \text{mV pp}$$

Quando o JFET está desligado:

$$v_{\text{out}} = 10\ \text{mV pp}$$

A relação liga-desliga é:

$$\text{relação de liga-desliga} = \frac{10\ \text{mV pp}}{0{,}196\ \text{mV pp}} = 51$$

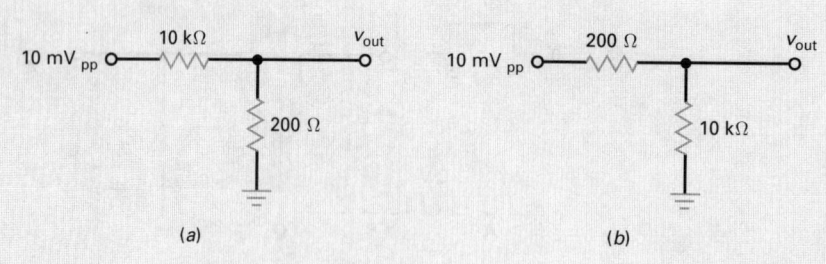

Figura 11-29 Exemplos.

PROBLEMA PRÁTICO 11-17 Repita o Exemplo 11-17 usando um valor de $V_{GS(corte)}$ de -4 V.

Exemplo 11-18

Um JFET usado como chave em série tem os mesmos dados do exemplo anterior. Quais são as tensões na saída? Se o JFET tiver uma resistência de 10 MΩ quando desligado, qual é a relação liga-desliga?

SOLUÇÃO A Figura 11-29b mostra o circuito equivalente quando o JFET está em condução. A tensão na saída é:

$$v_{out} = \frac{10\ k\Omega}{10{,}2\ k\Omega}(10\ mV\ pp) = 9{,}8\ mV\ pp$$

Quando o JFET está desligado:

$$v_{out} = \frac{10\ k\Omega}{10\ M\Omega}(10\ mV\ pp) = 10\ \mu V\ pp$$

A relação liga-desliga é:

$$\text{relação liga-desliga} = \frac{9{,}8\ mVpp}{10\ \mu Vpp} = 980$$

Compare este exemplo com o anterior, e poderá ver que a chave em série tem uma melhor relação de liga-desliga.

PROBLEMA PRÁTICO 11-18 Repita o Exemplo 11-18 usando um valor de $V_{GS(corte)}$ de -4 V.

Exemplo de aplicação 11-19

A onda quadrada na porta mostrada na Figura 11-30 tem uma frequência de 20 kHz. Qual é a frequência recortada na saída? Se o MPF4858 tiver uma R_{DS} de 50 Ω, qual é o valor da tensão de pico na saída do recortador?

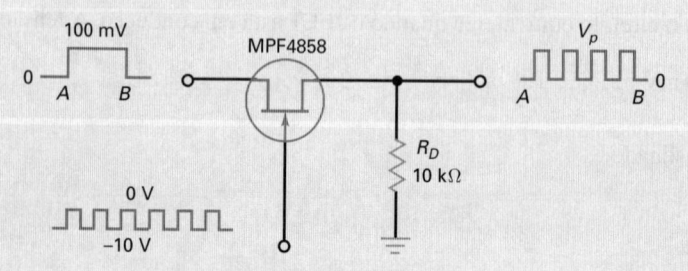

Figura 11-30 Exemplo do recortador.

SOLUÇÃO A frequência de saída é a mesma do recortador ou da porta:

$f_{out} = 20 \text{ kHz}$

Como 50 Ω é muito menor que 10 kΩ, a tensão de entrada quase que total passa para a saída:

$$V_{pico} = \frac{10 \text{ k}\Omega}{10 \text{ k}\Omega + 50 \text{ }\Omega}(100 \text{ mV}) = 99,5 \text{ mV}$$

PROBLEMA PRÁTICO 11-19 Usando a Figura 11-30 e um valor de R_{DS} de 100 Ω, determine o valor de pico na saída recortada.

11-9 Outras aplicações para o JFET

Um JFET não pode competir com um transistor bipolar para a maioria das aplicações de amplificações. Mas suas propriedades não usuais fazem dele a melhor escolha em aplicações especiais. Nesta seção, vamos estudar as aplicações em que o JFET leva uma vantagem clara sobre o transistor bipolar.

Multiplexação

Multiplexação significa "muitos em um". A Figura 11-31 mostra um *multiplexador analógico*, um circuito que guia um ou mais sinais de entrada para a linha de saída. Cada JFET funciona como uma chave em série. Os sinais de controle (V_1, V_2 e V_3) fazem os JFETs ligar e desligar. Quando um sinal de controle é alto, o sinal de entrada é transmitido para a saída.

Por exemplo, se V_1 for alto e os outros baixos, a saída será uma onda senoidal. Se V_2 for alto e os outros baixos, a saída será uma onda triangular. Quando a entrada V_3 for alta, a saída será uma onda quadrada. Normalmente, apenas um dos sinais de controle é alto; isto garante que apenas um dos sinais de entrada será transmitido para a saída.

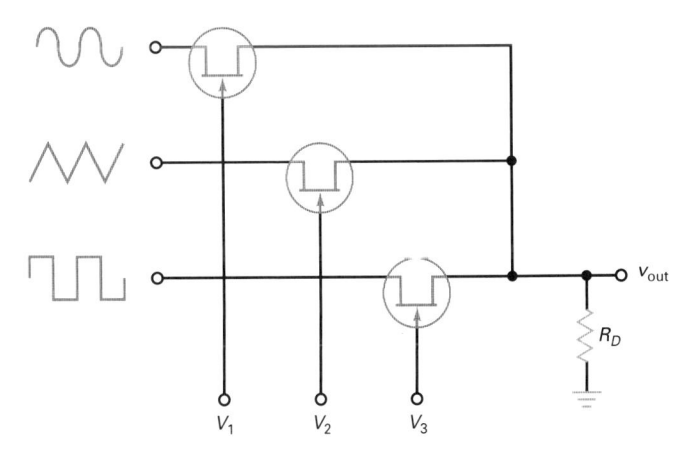

Figura 11-31 Multiplexador.

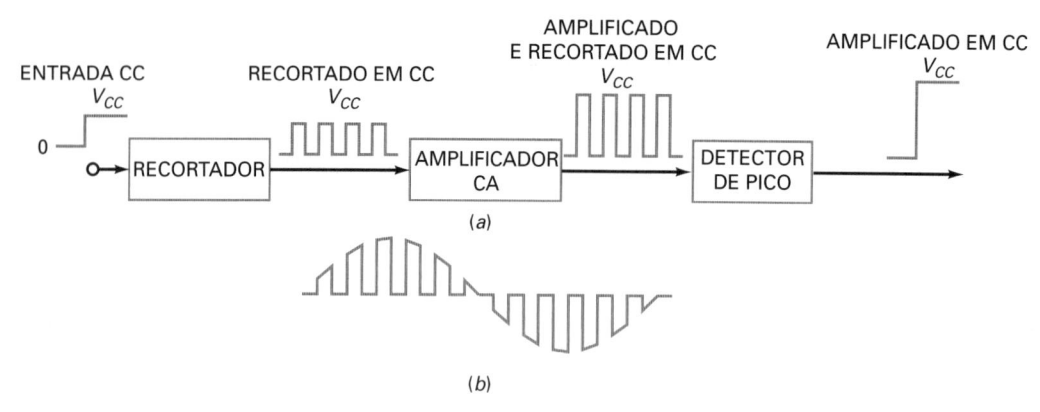

Figura 11-32 Amplificador recortador.

Amplificadores recortadores

Podemos montar um amplificador com acoplamento direto deixando fora os capacitores de acoplamento e de desvio e conectando a saída de cada estágio diretamente na entrada do próximo estágio. Desse modo, as tensões CC são acopladas, como se fossem tensões CA. Circuitos que podem amplificar sinais CC são chamados de *amplificadores CC*. A maior desvantagem do acoplamento direto é a *deriva (drift)*, um deslocamento baixo no final da tensão de saída CC produzida pelas mínimas variações na tensão da fonte, parâmetros do transistor e variações na temperatura.

A Figura 11-32a mostra um modo de superar o problema do disparo no acoplamento direto. Em vez de usarmos acoplamento direto, usamos um circuito recortador com JFET para converter a tensão CC na entrada em uma onda quadrada. O valor de pico desta onda quadrada é igual a V_{CC}. Como a onda quadrada é um sinal CA, podemos usar um amplificador CA convencional, aquele que tem os capacitores de acoplamento e de desvio. A saída amplificada pode então ser detectada no seu valor de pico para restabelecer um sinal CC amplificado.

Um amplificador recortador pode amplificar sinais de baixa frequência, assim como sinais CC. Se a entrada for um sinal de baixa frequência, ele fica recortado com a forma de onda CA mostrada na Figura 11-32b. Esse sinal recortado pode ser amplificado por um amplificador CA. O sinal amplificado pode então ter seu valor de pico detectado para restabelecer o sinal de entrada original.

Amplificador reforçador (*buffer*)

A Figura 11-33 mostra no amplificador reforçador um estágio que isola o estágio anterior do estágio seguinte. Idealmente, um reforçador deve ter uma alta impedância de entrada. Se for esse o caso, quase toda a tensão equivalente de Thevenin do estágio A aparece na entrada do reforçador. O reforçador deve ter também uma baixa impedância de saída. Isso garante que toda sua tensão de saída chegue até a entrada do estágio B.

Figura 11-33 Os amplificadores reforçadores isolam o estágio A do estágio B.

O seguidor de fonte é um excelente amplificador reforçador pela sua alta impedância de entrada (na ordem de megaohms em baixas frequências) e sua baixa impedância de saída (tipicamente de poucas centenas de ohms). Uma alta impedância de entrada significa que o efeito de carga do estágio A é leve. Uma baixa impedância de saída significa que o reforçador pode acionar cargas pesadas (resistências de carga de valores baixos).

Amplificador de baixo ruído

O *ruído* é qualquer distúrbio indesejável sobreposto ao sinal aplicado. O ruído interfere com a informação existente no sinal. Por exemplo, o ruído no receptor de televisão produz pequenos pontos brancos ou pretos na imagem. Um excesso de ruídos pode apagar a imagem quase que totalmente. De modo similar, o ruído nos receptores de rádio produzem estalos e zumbidos, que algumas vezes mascaram o sinal completamente. O ruído é independente do sinal, pois ele existe mesmo que o sinal seja retirado.

O JFET é um excelente dispositivo para baixo ruído porque produz muito menos ruído do que um transistor de junção bipolar. O baixo ruído é muito importante no estágio inicial dos receptores porque os estágios posteriores amplificam os ruídos do estágio anterior junto com o sinal. Se usarmos um amplificador com JFET no estágio inicial, obteremos ruídos menos amplificados na saída final.

Outros circuitos próximos do estágio inicial dos receptores incluem *misturadores (mixers) de frequência* e *osciladores*. Um misturador de frequência é um circuito que converte alta frequência em baixa frequência. Um oscilador é um circuito que gera um sinal CA. Os JFETs são quase sempre usados para amplificador de VHF/UHF, misturadores e osciladores. *VHF* significa "frequências muito altas" (de 30 a 300 MHz) e *UHF* significa "frequências ultra-altas" (de 300 a 3.000 MHz).

Resistência controlada por tensão

Quando um JFET opera na região ôhmica, ele tem geralmente $V_{GS} = 0$ para garantir uma saturação forte. Mas existe uma exceção. É possível operar um JFET na região ôhmica com valores de V_{GS} entre 0 e $V_{GS(corte)}$. Nesse caso, o JFET pode funcionar como uma *resistência controlada por tensão*.

A Figura 11-34 mostra as curvas de dreno de um 2N5951 próximas da origem com V_{DS} abaixo de 100 mV. Nessa região, a resistência de baixo sinal r_{ds} é definida como a tensão no dreno dividida pela corrente no dreno:

$$r_{ds} = \frac{V_{DS}}{I_D} \tag{11-24}$$

Na Figura 11-34, você pode ver que r_{ds} depende do valor usado para V_{GS} na curva. Para $V_{GS} = 0$, r_{ds} é mínima e igual a R_{DS}. À medida que V_{GS} fica mais negativa, r_{ds} aumenta e torna-se maior que R_{DS}.

Por exemplo, quando $V_{GS} = 0$ na Figura 11-34, podemos calcular:

$$r_{ds} = \frac{100\,\text{mV}}{0,8\,\text{mA}} = 125\,\Omega$$

Quando $V_{GS} = -2$ V:

$$r_{ds} = \frac{100\,\text{mV}}{0,4\,\text{mA}} = 250\,\Omega$$

Quando $V_{GS} = -4$ V:

$$r_{ds} = \frac{100\,\text{mV}}{0,1\,\text{mA}} = 1\,\text{k}\Omega$$

Isso significa que um JFET funciona como uma resistência controlada para tensão na região ôhmica.

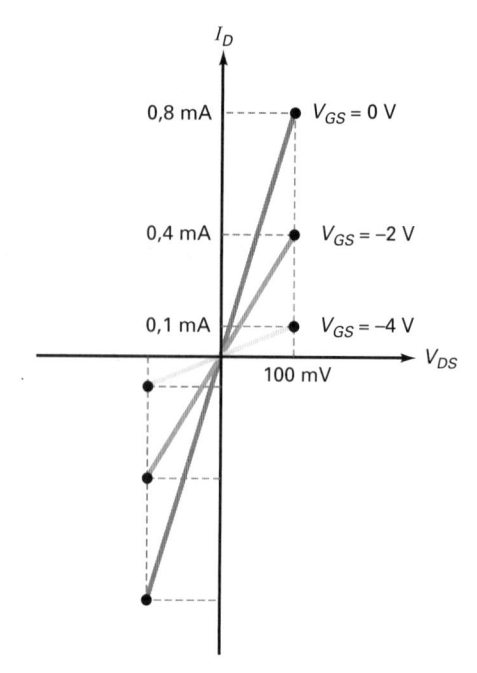

Figura 11-34 Em baixo sinal r_{ds} é controlada por tensão.

Lembre-se de que um JFET é um dispositivo simétrico em baixas frequências visto que os dois terminais podem funcionar como fonte ou dreno. É por isso que as curvas de dreno na Figura 11-34 se estendem para os dois lados da origem. Isso significa que um JFET pode ser usado como uma resistência controlada por tensão para pequenos sinais, tipicamente para sinais com valores de pico a pico abaixo de 200 mV. Quando usado desse modo, o JFET não precisa da tensão CC de dreno de uma fonte porque o baixo sinal CA fornece a tensão no dreno.

A Figura 11-35a mostra um circuito paralelo onde o JFET é usado como resistência controlada por tensão. O circuito é idêntico ao do JFET com chave em paralelo estudado anteriormente. A diferença é que a tensão de controle V_{GS} não muda

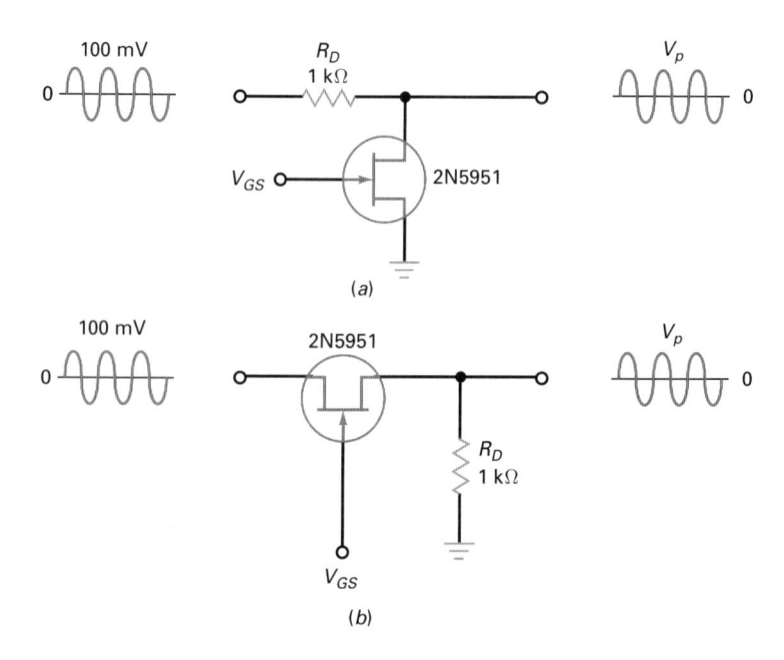

Figura 11-35 Exemplo de resistência controlada por tensão.

de 0 para um valor maior negativo. Em vez disso, V_{GS} pode variar continuamente; isto é, ela pode ter qualquer valor entre 0 e $V_{GS(corte)}$. Desse modo, V_{GS} controla a resistência do JFET, que por sua vez varia a tensão de pico na saída.

A Figura 11-35b é um circuito em série com um JFET usado como uma resistência controlada por tensão. A ideia básica é a mesma. Quando você varia V_{GS}, varia a resistência CA do JFET, que varia a tensão de pico na saída.

Como calculado anteriormente, quando $V_{GS} = 0$ V, o 2N5951 tem uma resistência em baixo sinal de:

$$r_{ds} = 125 \, \Omega$$

Na Figura 11-35a, isso significa que a tensão do divisor produz uma tensão de pico na saída de:

$$V_p = \frac{125 \, \Omega}{1,125 \, k\Omega}(100 \, mV) = 11,1 \, mV$$

Se V_{GS} for mudado para –2 V, r_{ds} aumenta para 250 Ω e a tensão de pico na saída aumenta para:

$$V_p = \frac{250 \, \Omega}{1,125 \, k\Omega}(100 \, mV) = 20 \, mV$$

Quando V_{GS} for mudado para –4 V, r_{ds} aumenta para 1 kΩ e a tensão de pico na saída aumenta para:

$$V_p = \frac{1 \, k\Omega}{2 \, k\Omega}(100 \, mV) = 50 \, mV$$

Controle automático de ganho

Quando um receptor sintonizado em uma emissora de sinal fraco passa para outra emissora de sinal forte, o alto-falante atinge um volume muito alto a não ser que você diminua imediatamente o volume. O volume pode também mudar devido ao enfraquecimento (*fade*), uma diminuição do sinal causada pela mudança no circuito entre o transmissor e o receptor. Para evitar essas mudanças indesejáveis no volume, a maioria dos receptores modernos usa o **controle automático de ganho (AGC)**.

A Figura 11-36 ilustra a ideia básica de um AGC. Um sinal de entrada v_{in} passa por um JFET usado como uma resistência controlada por tensão. O sinal é amplificado para se obter a tensão na saída v_{out}. O sinal na saída é realimentado para um detector de pico negativo. A saída deste detector de pico então fornece a V_{GS} para o JFET.

Se o sinal na entrada aumentar repentinamente em um valor alto, a tensão na saída diminuirá. Isso significa que uma alta tensão negativa sai do detector de pico. Como V_{GS} é mais negativos, o JFET tem uma resistência ôhmica maior que reduz o sinal para o amplificador e diminui o sinal na saída.

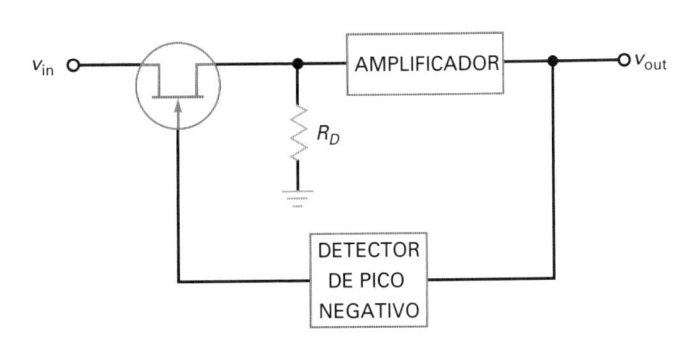

Figura 11-36 Controle automático de ganho.

Por outro lado, se o sinal na entrada enfraquece, a tensão na saída diminui e o detector de pico negativo produz uma saída menor. Como V_{GS} é menos negativa, o JFET transmite um sinal de tensão maior para o amplificador, que aumenta a saída final. Portanto, o efeito de qualquer variação súbita no sinal de entrada é compensado ou pelo menos resumido pela ação do AGC.

Exemplo de aplicação 11-20

Como o circuito da Figura 11-37b controla o ganho do receptor?

SOLUÇÃO Conforme mostrado anteriormente, a g_m de um JFET diminui quando V_{GS} torna-se mais negativa. A equação é:

$$g_m = g_{m0}\left(1 - \frac{V_{GS}}{V_{GS(\text{corte})}}\right)$$

Essa é uma equação linear. Quando seu gráfico é traçado, ele resulta na Figura 11-37a. Para um JFET, g_m atinge um valor máximo quando $V_{GS} = 0$. Como V_{GS} torna-se mais negativa, o valor de g_m diminui. Visto que um amplificador FC tem um ganho de tensão de:

$$A_v = g_m r_d$$

podemos controlar o ganho de tensão controlando o valor de g_m.

A Figura 11-37b mostra como isso é feito. Um amplificador com JFET está no estágio inicial de um receptor. Ele tem um ganho de tensão de $g_m r_d$. Os estágios subsequentes amplificam a saída do JFET. Esta saída amplificada entra no detector de pico negativo que produz a tensão V_{AGC}. Esta tensão negativa é aplicada à porta do amplificador FC.

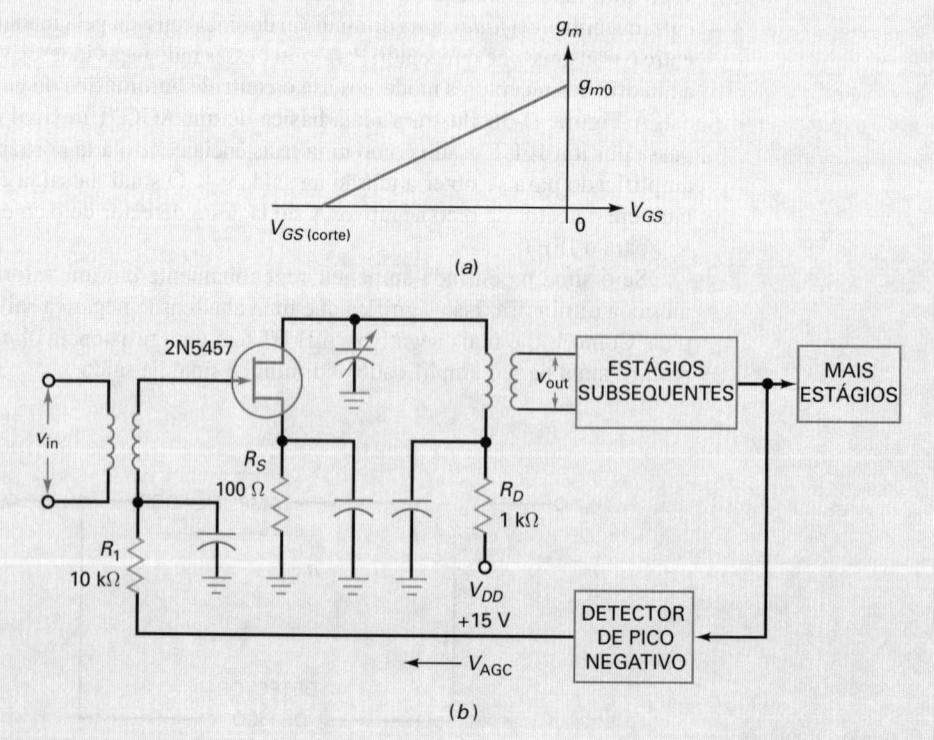

Figura 11-37 AGC usado com receptor.

Quando o receptor está sintonizado em uma emissora de sinal fraco e passa para uma estação de sinal forte, um sinal alto é detectado no pico e a V_{AGC} torna-se mais negativa. Isso reduz o ganho do amplificador com JFET. Inversamente, se o sinal enfraquece, uma tensão menor do AGC é aplicada à porta e o estágio com JFET produz um sinal de saída maior.

O efeito total é este: o sinal final na saída varia, mas não necessariamente no mesmo valor que variaria sem o AGC. Por exemplo, em alguns sistemas de AGC um aumento de 100% no sinal de entrada resulta em um aumento de menos de 1% no sinal de saída final.

Amplificador cascode

A Figura 11-38 é um exemplo de amplificador cascode. Pode ser mostrado que o ganho de tensão total desta conexão de dois FETs é:

$$A_v = g_m r_d$$

Esse ganho de tensão é o mesmo para o amplificador FC.

A vantagem do circuito é a sua baixa capacitância de entrada, que é importante para os sinais de VHF e UHF. Nessas frequências altas, a capacitância de entrada torna-se um fator de limitação sobre o ganho de tensão. Com um amplificador cascode, a baixa capacitância de entrada permite que o circuito amplifique frequências mais altas do que são possíveis com um amplificador FC apenas.

Fonte de corrente

Suponha que você tenha uma carga que exige uma corrente constante para seu funcionamento. Uma solução é usar um JFET com a porta aterrada com o dreno para fornecer uma corrente constante. A Figura 11-39a mostra a ideia básica. Se o ponto Q estiver na região ativa como mostrado na Figura 11-39b, a corrente na carga é igual à I_{DSS}. Se a carga puder tolerar uma variação em I_{DSS} quando JFETs forem substituídos, o circuito será uma excelente solução.

Por outro lado, se a corrente constante na carga tiver um valor específico, podemos usar um potenciômetro na fonte, como mostra a Figura 11-39c. A autopolarização produzirá valores negativos de V_{GS}. Ajustando-se o potenciômetro, podemos estabelecer diferentes posições do ponto Q, como mostra a Figura 11-39d.

Usar JFETs dessa forma é um modo simples de produzir uma corrente fixa na carga, uma corrente que é constante mesmo que a resistência na carga varie. Nos capítulos posteriores serão estudadas outras formas de produzir correntes fixas na carga usando um amp op.

Limitação de corrente

Em vez de fornecer uma corrente, um JFET pode limitar a corrente. A Figura 11-40a mostra como. Nesta aplicação, o JFET opera na região ôhmica em vez de na região ativa. Para garantir a operação na região ôhmica, o projetista escolhe os valores para obter a reta de carga CC da Figura 11-40b. O ponto Q normal é na região ôhmica e a corrente normal na carga é aproximadamente V_{DD}/R_D.

Se a carga entrar em curto, a reta de carga CC fica na vertical. Nesse caso, o ponto Q muda para uma nova posição mostrada na Figura 11-40b. Com esse ponto Q, a corrente fica limitada em I_{DSS}. O que deve ser lembrado é que uma carga em curto geralmente produz uma corrente excessiva. Mas com o JFET em série com a carga, a corrente fica limitada em um valor seguro.

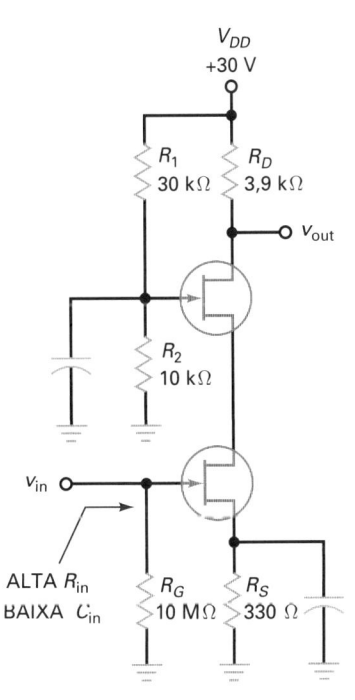

Figura 11-38 Amplificador cascode.

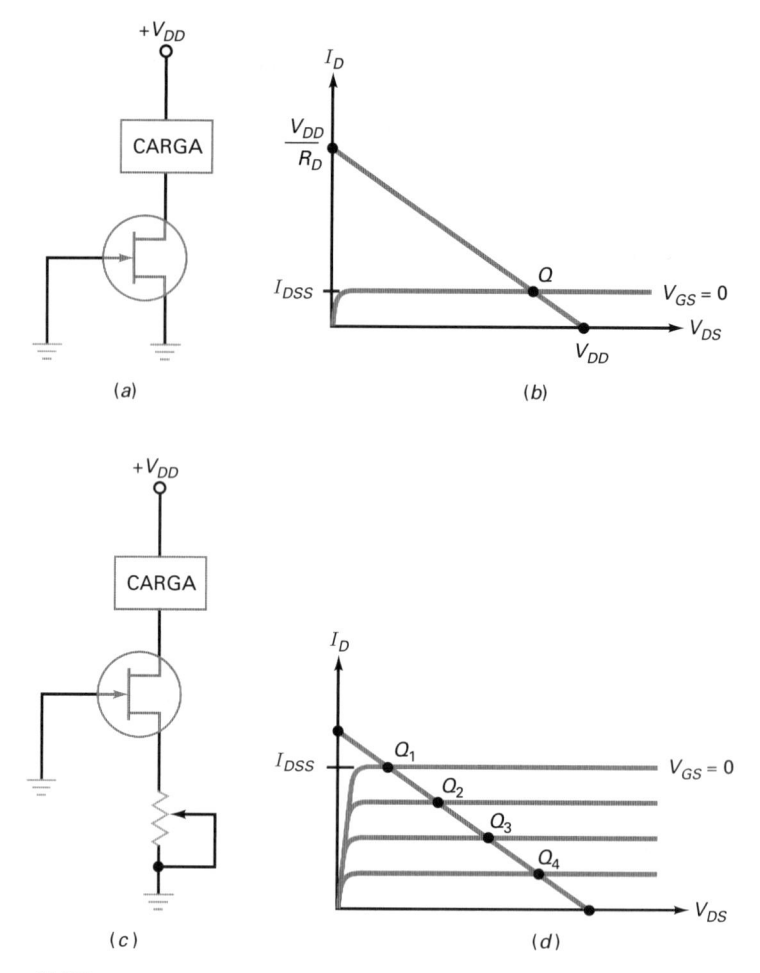

Figura 11-39 JFET usado como fonte de corrente.

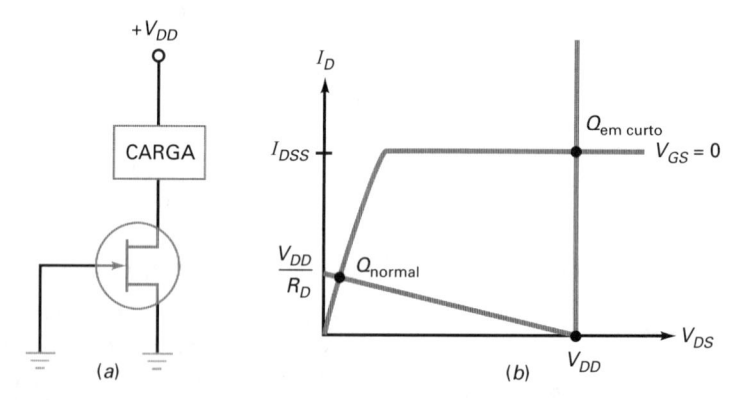

Figura 11-40 O JFET limita a corrente se a carga entrar em curto.

Conclusão

Observe a Tabela 11-3. Alguns termos são novos e serão estudados nos capítulos posteriores. O JFET reforçador tem a vantagem da alta impedância de entrada e da baixa impedância de saída. É essa a razão de o JFET ser uma escolha natural no estágio inicial dos voltímetros, osciloscópios e outros equipamentos similares em

Tabela 11-3	Aplicações do FET	
Aplicação	**Vantagem principal**	**Utilização**
Reforçador	Alta z_{in}, baixa z_{out}	Uso geral em equipamentos de medição, receptores
Amplificador de RF	Baixo ruído	Sintonizadores de FM, equipamentos de comunicação
Misturador de RF	Baixa distorção	Receptores de FM e televisão e equipamentos de comunicação
Amplificador AGC	Facilidade no controle do ganho	Receptores e geradores de sinais
Amplificador cascode	Baixa capacitância de entrada	Instrumentos de medição e equipamentos de teste
Amplificador recortador	Sem deriva (*drift*)	Amplificadores CC, sistemas de controle de orientação
Resistor variável	Tensão controlada	Amps op e controle de tons para órgãos
Amplificador de áudio	Capacitores de acoplamento de baixos valores	Auxílio na audição e transdutores indutivos
Oscilador RF	Frequência mínima de deriva	Frequências padronizadas e receptores

que é necessária uma alta impedância de entrada (de 10 MΩ ou mais). Como uma regra, a resistência de entrada na porta de um JFET é acima de 100 MΩ.

Quando um JFET é usado como amplificador de pequeno sinal, sua tensão de saída tem uma relação linear com a tensão de entrada porque é usada apenas uma pequena parte da curva de transcondutância. Próximo do estágio inicial dos receptores de rádio e televisão, os sinais são baixos. Portanto, os JFETs são quase sempre usados como amplificadores de RF.

Mas com sinais altos, é usada uma parte maior da curva de transcondutância, resultando em uma distorção pela lei quadrática. Essa distorção não linear é indesejada em um amplificador. Mas no caso de um circuito misturador de frequências, a distorção pela lei quadrática tem uma grande vantagem. É por isso que o JFET é preferido no lugar do transistor de junção bipolar para aplicações nos misturadores de FM e televisão.

Como indicado na Tabela 11-3, os JFETs são também utilizados em amplificador de AGC, amplificador cascode, recortadores, resistores controlados por tensão, amplificadores de áudio e osciladores.

11-10 Interpretação das folhas de dados

As folhas de dados de um JFET são similares às do transistor de junção bipolar. Você verá valores nominais máximos, características CC, características CA, dados mecânicos e outros. Como sempre, um bom ponto de partida para interpretação são os valores nominais máximos, pois eles são os limites de correntes, tensões e outras grandezas do JFET.

Valores nominais de ruptura

Conforme mostrado na Figura 11-41, a folha de dados do MPF102 fornece os seguintes valores nominais máximos:

V_{DS} 25 V
V_{GS} −25 V
P_D 350 mW

Como usual, um projeto seguro inclui um fator de segurança para todos esses valores nominais máximos.

MPF102

Preferred Devices

JFET VHF Amplifier
N–Channel – Depletion

Features

- Pb–Free Package is Available*

ON Semiconductor®

http://onsemi.com

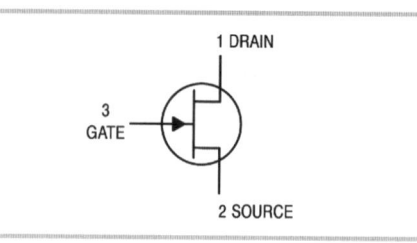

MAXIMUM RATINGS

Rating	Symbol	Value	Unit
Drain–Source Voltage	V_{DS}	25	Vdc
Drain–Gate Voltage	V_{DG}	25	Vdc
Gate–Source Voltage	V_{GS}	–25	Vdc
Gate Current	I_G	10	mAdc
Total Device Dissipation @ T_A = 25°C Derate above 25°C	P_D	350 2.8	mW mW/°C
Junction Temperature Range	T_J	125	°C
Storage Temperature Range	T_{stg}	–65 to +150	°C

Maximum ratings are those values beyond which device damage can occur. Maximum ratings applied to the device are individual stress limit values (not normal operating conditions) and are not valid simultaneously. If these limits are exceeded, device functional operation is not implied, damage may occur and reliability may be affected.

1 DRAIN
3 GATE
2 SOURCE

TO–92 (TO–226AA)
CASE 29–11
STYLE 5

MARKING DIAGRAM

MPF
102
AYWW •

MPF102 = Device Code
A = Assembly Location
Y = Year
WW = Work Week
• = Pb–Free Package
(Note: Microdot may be in either location)

ELECTRICAL CHARACTERISTICS (T_A = 25°C unless otherwise noted)

Characteristic	Symbol	Min	Max	Unit
OFF CHARACTERISTICS				
Gate–Source Breakdown Voltage (I_G = –10 μAdc, V_{DS} = 0)	$V_{(BR)GSS}$	–25	–	Vdc
Gate Reverse Current (V_{GS} = –15 Vdc, V_{DS} = 0) (V_{GS} = –15 Vdc, V_{DS} = 0, T_A = 100°C)	I_{GSS}	– –	–2.0 –2.0	nAdc μAdc
Gate–Source Cutoff Voltage (V_{DS} = 15 Vdc, I_D = 2.0 nAdc)	$V_{GS(off)}$	–	–8.0	Vdc
Gate–Source Voltage (V_{DS} = 15 Vdc, I_D = 0.2 mAdc)	V_{GS}	–0.5	–7.5	Vdc
ON CHARACTERISTICS				
Zero–Gate–Voltage Drain Current (Note 1) (V_{DS} = 15 Vdc, V_{GS} = 0 Vdc)	I_{DSS}	2.0	20	mAdc
SMALL–SIGNAL CHARACTERISTICS				
Forward Transfer Admittance (Note 1) (V_{DS} = 15 Vdc, V_{GS} = 0, f = 1.0 kHz) (V_{DS} = 15 Vdc, V_{GS} = 0, f = 100 MHz)	$|y_{fs}|$	2000 1600	7500 –	μmhos
Input Admittance (V_{DS} = 15 Vdc, V_{GS} = 0, f = 100 MHz)	$Re(y_{is})$	–	800	μmhos
Output Conductance (V_{DS} = 15 Vdc, V_{GS} = 0, f = 100 MHz)	$Re(y_{os})$	–	200	μmhos
Input Capacitance (V_{DS} = 15 Vdc, V_{GS} = 0, f = 1.0 MHz)	C_{iss}	–	7.0	pF
Reverse Transfer Capacitance (V_{DS} = 15 Vdc, V_{GS} = 0, f = 1.0 MHz)	C_{rss}	–	3.0	pF

1. Pulse Test; Pulse Width ≤ 630 ms, Duty Cycle ≤ 10%.

*For additional information on our Pb–Free strategy and soldering details, please download the ON Semiconductor Soldering and Mounting Techniques Reference Manual, SOLDERRM/D.

ORDERING INFORMATION

Device	Package	Shipping
MPF102	TO–92	1000 Units/Bulk
MPF102G	TO–92 (Pb–Free)	1000 Units/Bulk

Preferred devices are recommended choices for future use and best overall value.

© Semiconductor Components Industries, LLC, 2006
January, 2006 – Rev. 3

Publication Order Number:
MPF102/D

Figura 11-41 Folha de dados parcial do MPF102. (Usado com permissão de SCILLC dba ON Semiconductor.)

Tabela 11-4 — Tipos de JFET

Dispositivo	$V_{GS(corte)}$, V	I_{DSS}, mA	g_{m0}, µS	R_{DS}, Ω	Aplicações
J202	-4	4,5	2.250	888	Áudio
2N5668	-4	5	2.500	800	RF
MPF3222	-6	10	3.333	600	Áudio
2N5459	-8	16	4.000	500	Áudio
MPF102	-8	20	5.000	400	RF
J309	-4	30	15.000	133	RF
BF246B	-14	140	20.000	100	Chaveamento
MPF4857	-6	100	33.000	60	Chaveamento
MPF4858	-4	80	40.000	50	Chaveamento

Como estudado anteriormente, o fator de degradação nos informa em quanto podemos reduzir a potência nominal de um dispositivo. O fator de degradação do MPF102 é dado como 2,8 mW/°C. Isso significa que você deve reduzir a potência nominal de 2,8 mW para cada grau Celsius acima de 25°C.

I_{DSS} e $V_{GS(corte)}$

Duas das mais importantes partes da informação da folha de dados de um dispositivo no modo de depleção são a corrente máxima de dreno e a tensão de porta-fonte de corte. Esses valores constam na folha de dados do MPF102.

Símbolo	Mínimo	Máximo
$V_{GS(corte)}$	-	-8 V
I_{DSS}	2 mA	20 mA

Observe a expansão de 10:1 em I_{DSS}. A expansão dilatada é uma das razões para o uso de aproximações ideais nas análises preliminares dos circuitos com JFET. Outra razão para o uso das aproximações ideais é a seguinte: as folhas de dados sempre omitem valores, de modo que você não tem ideia quais sejam eles. Neste caso, o valor mínimo de $V_{GS(corte)}$ do MPF102 não está listado na folha de dados.

Outra característica estática importante de um JFET é I_{GSS}, que é a corrente na porta quando a junção porta-fonte está reversamente polarizada. Esse valor de corrente nos permite determinar a resistência de entrada CC de um JFET. Como mostrado na folha de dados, um MPF102 tem um valor de I_{GSS} de 2 nAcc quando $V_{GS} = -15$ V. Nessas condições a resistência porta-fonte é $R = 15$ V/2 nA = 7.500 MΩ.

Tabela de JFETs

A Tabela 11-4 mostra um exemplo de diferentes tipos de JFETs. Os dados estão colocados em ordem crescente para g_{m0}. As folhas de dados para estes JFETs mostram que alguns são otimizados para o uso em frequências de áudio e outros para o uso em frequências de RF. Os três últimos JFETs estão otimizados para aplicações de chaveamento.

Os JFETs são dispositivos de baixo sinal porque sua potência de dissipação geralmente é um watt ou menos. Em aplicações de áudio, os JFETs são quase sempre usados como seguidores de fonte. Em aplicações de RF, eles são usados como amplificadores VHF/UHF, misturadores e osciladores. Em aplicações de chaveamento, são usados tipicamente como chaves analógicas.

11-11 Teste do JFET

A folha de dados do MPF102 mostra uma corrente máxima na porta I_G de 10 mA. Esse é o valor máximo de corrente direta da porta para a fonte ou da porta para o dreno que o JFET pode operar. Isso pode ocorrer se a junção *pn* do canal na porta ficar diretamente polarizada. Se você estiver testando um JFET usando um ohmímetro ou multímetro digital na faixa de teste para diodo, procure certificar-se de que o medidor não force uma corrente excessiva pela porta. A maioria dos voltímetros analógicos fornece aproximadamente 100 mA na faixa de R × 1. A faixa de R × 100 geralmente resulta em uma corrente de 1-2 mA. Muitos multímetros digitais têm uma corrente constante na saída de 1-2 mA quando calibrados na faixa de teste de diodo. Isso deve permitir um teste seguro das junções *pn* da porta para a fonte e da porta para o dreno dos JFETs. Para testar a resistência do canal dreno para a fonte dos JFETs, conecte o terminal da porta ao outro terminal da fonte. Caso contrário, você obterá medições erradas devidas ao campo elétrico produzido no canal.

Se você tiver disponível um traçador de curva de semicondutores, o JFET pode ser testado para mostrar suas curvas de dreno. Um circuito simples de teste usando o MultiSim, exibido na Figura 11-42a, também pode ser usado para mostrar uma curva de dreno de cada vez. Usando a capacidade de muitos osciloscópios em mostrar os eixos *x-y*, uma curva de dreno similar ao da Figura 11-42b pode ser exibida. Variando a tensão de polarização reversa de V_1, você pode determinar os valores aproximados de I_{DSS} e $V_{GS(corte)}$.

Por exemplo, na Figura 11-42a, a entrada *y* do osciloscópio está conectada em um resistor da fonte de 10 Ω. Com a entrada vertical do osciloscópio ajustado para 50 mV/divisão, isso resulta na medição de uma corrente de dreno na vertical de:

$$I_D = \frac{50 \text{ mV/divisão}}{10 \, \Omega} = 5 \text{ mA/divisão}$$

Com V_1 ajustado para 0 V, o valor resultante de I_D (I_{DSS}) é de aproximadamente 12 mA. $V_{GS(corte)}$ pode ser encontrado aumentando V_1 até que I_D seja zero.

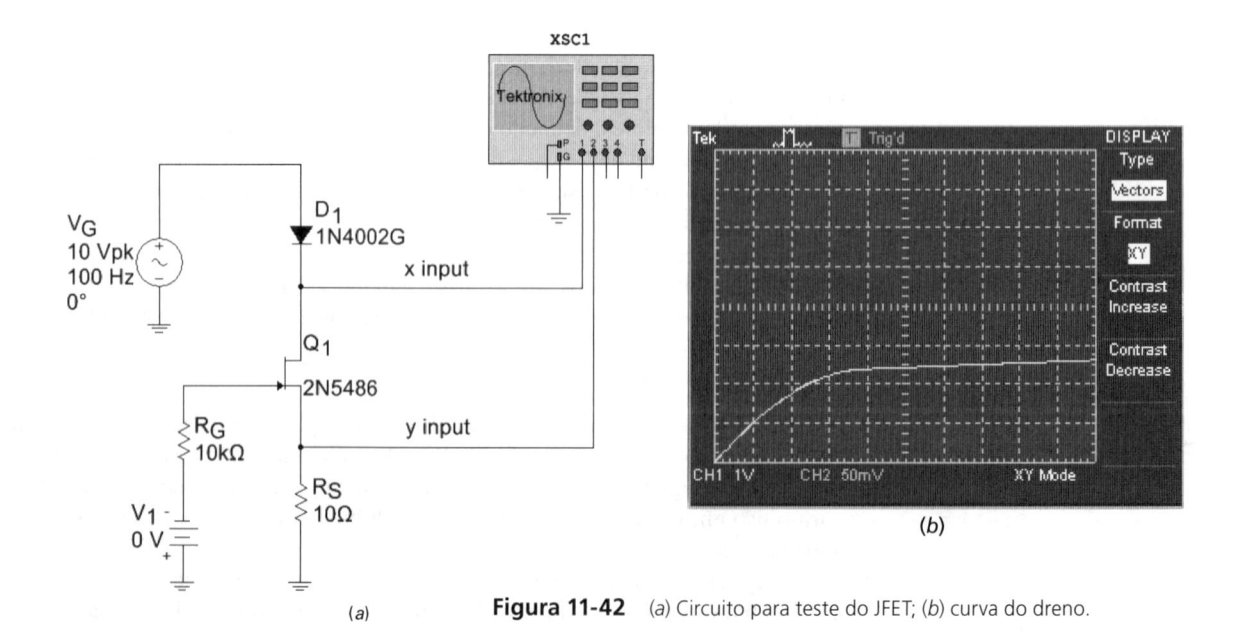

Figura 11-42 (a) Circuito para teste do JFET; (b) curva do dreno.

Resumo

SEÇÃO 11-1 IDEIAS BÁSICAS
O FET de junção abreviado por *JFET* tem os terminais de fonte porta e dreno. O JFET tem dois diodos: o diodo porta-fonte e o diodo porta-dreno. Para o funcionamento normal, o diodo porta-fonte é polarizado reversamente. Depois a tensão na porta controla a corrente no dreno.

SEÇÃO 11-2 CURVAS DO DRENO
A corrente no dreno é máxima quando a tensão porta-fonte é zero. A tensão de estrangulamento separa as regiões ativa e ôhmica para $V_{GS} = 0$. A tensão porta-fonte de corte tem o mesmo valor da tensão de estrangulamento. $V_{GS(corte)}$ faz com que o JFET entre em corte.

SEÇÃO 11-3 CURVA DE TRANSCONDUTÂNCIA
Ela é o gráfico da corrente no dreno *versus* tensão porta-fonte. A corrente no dreno aumenta rapidamente à medida que V_{GS} se aproxima de zero. Pelo fato de a equação da corrente no dreno conter uma grandeza quadrática, os JFETs são chamados de *dispositivos quadráticos*. A curva de transcondutância normalizada mostra que ID é igual a um quarto de seu valor máximo quando V_{GS} for igual à metade do valor da tensão de corte.

SEÇÃO 11-4 POLARIZAÇÃO NA REGIÃO ÔHMICA
A polarização da porta é usada para polarizar o JFET na região ôhmica. Quando ele opera na região ôhmica, o JFET é equivalente a uma resistência de baixo valor R_{DS}. Para garantir a operação na região ôhmica, o JFET é levado para a saturação forte pelo uso de $V_{GS} = 0$ e $I_{D(sat)} \ll I_{DSS}$.

SEÇÃO 11-5 POLARIZAÇÃO NA REGIÃO ATIVA
Quando a tensão porta-fonte for muito maior que V_{GS}, a polarização por divisor de tensão pode estabelecer um ponto Q estável na região ôhmica. Quando uma fonte simétrica for disponível, a polarização da fonte pode ser usada para encobrir as variações em V_{GS} e estabelecer um ponto Q estável. Quando as tensões de alimentação não forem muito altas, pode ser usada a polarização da fonte por corrente para se obter um ponto Q estável. A autopolarização é usada somente para amplificadores de pequenos sinais porque o ponto Q é menos estável do que com os outros métodos de polarização.

SEÇÃO 11-6 TRANSCONDUTÂNCIA
A transcondutância g_m nos indica a eficácia que a tensão na porta tem sobre a corrente no dreno. A grandeza g_m é a inclinação da curva de transcondutância, que aumenta à medida que V_{GS} se aproxima de zero. As folhas de dados podem listar o valor de g_{fs} em siemens que é equivalente a g_m em mhos.

SEÇÃO 11-7 AMPLIFICADORES COM JFET
Um amplificador em FC tem um ganho de tensão de $g_m r_d$ e produz um sinal de saída invertido. Uma das aplicações mais importantes de um amplificador com JFET é no circuito seguidor de emissor, que é quase sempre usado no estágio inicial dos sistemas devido a sua alta resistência de entrada.

SEÇÃO 11-8 JFET COMO CHAVE ANALÓGICA
Nesta aplicação, o JFET age como uma chave que transmite ou bloqueia um pequeno sinal CA. Para se obter este tipo de ação, o JFET é polarizado na saturação forte ou no corte, dependendo de a condição do valor de V_{GS} ser baixo ou alto. Podemos usar o JFET com chave em paralelo ou em série. Em série sua relação de liga-desliga é maior.

SEÇÃO 11-9 OUTRAS APLICAÇÕES PARA O JFET
Os JFETs são usados como multiplexadores (ôhmica), amplificadores recortadores ou *chopper* (ôhmica), amplificadores reforçadores ou *buffer* (ativa), resistores controlados por tensão (ôhmica), circuitos de AGC (ôhmica), amplificadores cascode (ativa) e limitadores de corrente (ôhmica e ativa).

SEÇÃO 11-10 INTERPRETAÇÃO DAS FOLHAS DE DADOS
Os JFETs são dispositivos utilizados principalmente em baixos sinais porque a maioria dos JFETs tem potências nominais na faixa de menos de 1 W. Quando interpretar folhas de dados, comece com os valores nominais máximos. Algumas vezes as folhas de dados omitem o valor mínimo de $V_{GS(corte)}$ ou outros parâmetros. A grande extensão nos parâmetros do JFET justifica o uso das aproximações ideal para as análises preliminares e verificação de defeitos.

SEÇÃO 11-11 TESTE DO JFET
Os JFETs podem ser testados usando-se um ohmímetro ou um voltímetro digital calibrados na faixa de teste de diodos. Deve-se tomar cuidado para não exceder os valores limites de corrente dos JFETs. Podemos usar os traçadores de curvas e circuitos para exibir as características dinâmicas dos JFETs.

Definições

(11-1) Resistência ôhmica no estrangulamento:

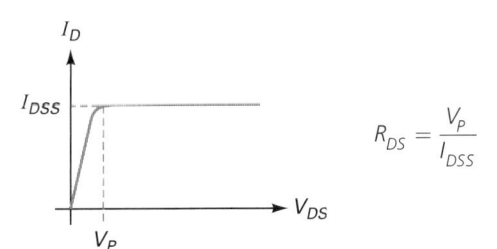

$$R_{DS} = \frac{V_P}{I_{DSS}}$$

(11-5) Saturação forte:

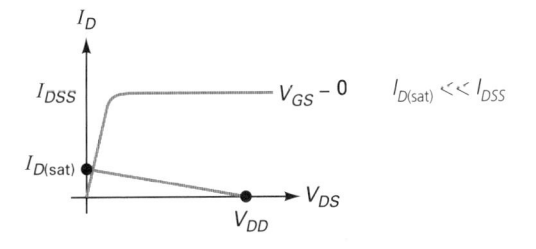

$$I_{D(sat)} \ll I_{DSS}$$

(11-13) Transcondutância:

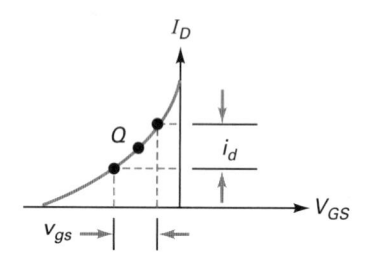

$$g_m = \frac{i_d}{v_{gs}}$$

(11-19) Resistência ôhmica próximo da origem:

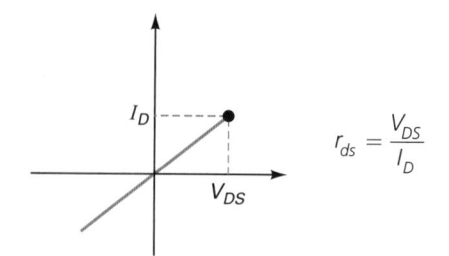

$$r_{ds} = \frac{V_{DS}}{I_D}$$

Derivações

(11-2) Tensão porta-fonte de corte:

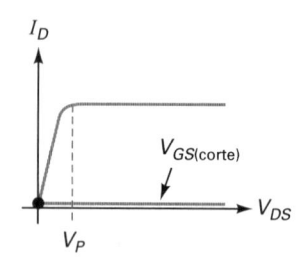

$$V_{GS(corte)} = -V_P$$

(11-12) Polarização da fonte:

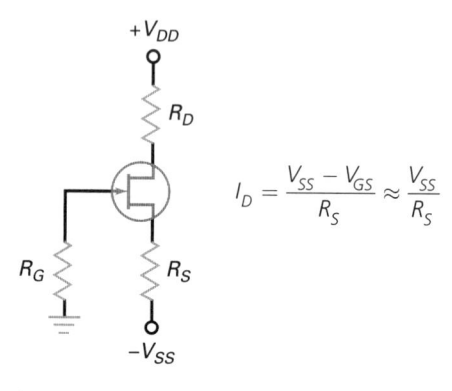

$$I_D = \frac{V_{SS} - V_{GS}}{R_S} \approx \frac{V_{SS}}{R_S}$$

(11-3) Corrente de dreno:

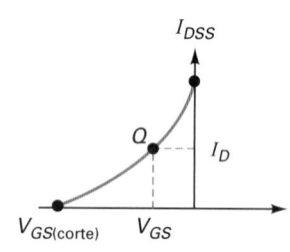

$$I_D = I_{DSS}\left(1 - \frac{V_{GS}}{V_{GS(corte)}}\right)^2$$

(11-13) Polarização por corrente na fonte:

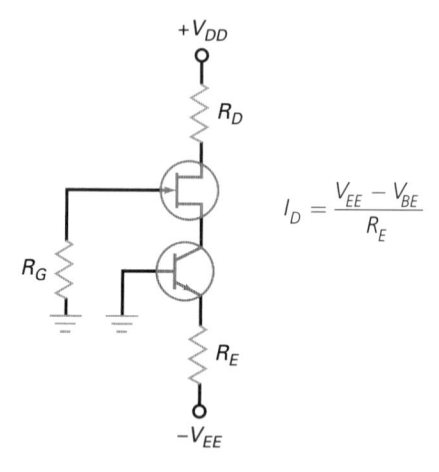

$$I_D = \frac{V_{EE} - V_{BE}}{R_E}$$

(11-7) Autopolarização:

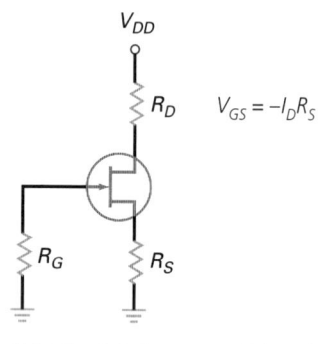

$$V_{GS} = -I_D R_S$$

(11-15) Tensão na porta de corte:

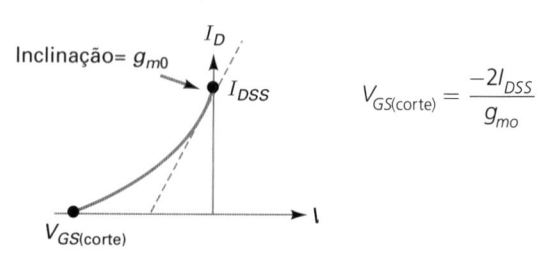

$$V_{GS(corte)} = \frac{-2I_{DSS}}{g_{mo}}$$

(11-10) Polarização por divisor de tensão:

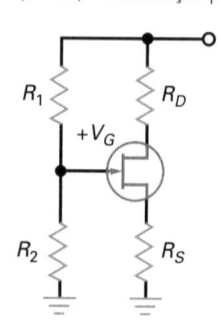

$$I_D = \frac{V_G - V_{GS}}{R_S} \approx \frac{V_G}{R_S}$$

(11-16) Transcondutância:

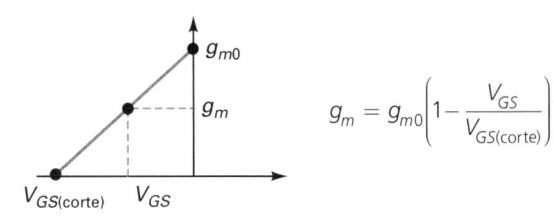

$$g_m = g_{m0}\left(1 - \frac{V_{GS}}{V_{GS(corte)}}\right)$$

(11-17) Ganho de tensão FC:

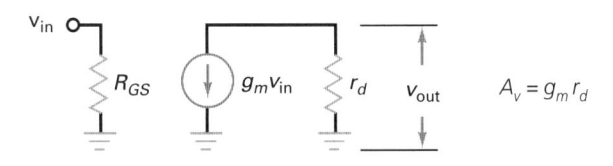

$$A_v = g_m r_d$$

(11-18) Seguidor de fonte:

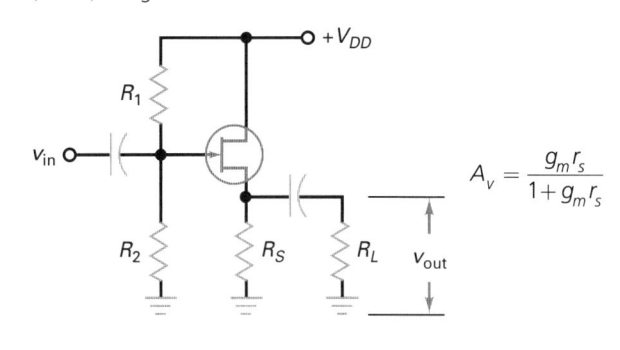

$$A_v = \frac{g_m r_s}{1 + g_m r_s}$$

Exercícios

1. **Um JFET**
   a. É um dispositivo controlado por tensão
   b. E um dispositivo controlado por corrente
   c. Tem uma impedância de entrada baixa
   d. Tem um ganho de tensão muito alto

2. **Um transistor bipolar usa**
   a. Os dois elétrons livres e lacunas
   b. Apenas elétrons livres
   c. Apenas lacunas
   d. Um ou outro, mas não os dois

3. **A impedância de entrada de um JFET**
   a. Aproxima-se de zero
   b. Aproxima-se de um
   c. Aproxima-se do infinito
   d. É impossível prever

4. **A porta controla**
   a. A largura do canal
   b. A corrente no dreno
   c. A tensão porta-fonte
   d. Todas as alternativas acima

5. **O diodo porta-fonte de um JFET deve ser**
   a. Diretamente polarizado
   b. Reversamente polarizado
   c. Diretamente ou reversamente polarizado
   d. Nenhuma das alternativas acima

6. **Comparado a um transistor de junção bipolar, o JFET tem**
   a. Um ganho de tensão muito maior
   b. Uma resistência de entrada muito maior
   c. Uma tensão de alimentação muito maior
   d. Uma corrente muito maior

7. **A tensão de estrangulamento é a mesma grandeza da**
   a. Tensão na porta
   b. Tensão fonte-dreno
   c. Tensão porta-fonte
   d. Tensão porta-fonte de corte

8. **Quando a corrente de saturação do dreno é menor que I_{DSS}, um JFET age como um**
   a. Transistor de junção bipolar
   b. Fonte de corrente
   c. Resistor
   d. Bateria

9. **R_{DS} é igual à tensão de estrangulamento dividida pela**
   a. Corrente no dreno
   b. Corrente na porta
   c. Corrente de dreno ideal
   d. Corrente de dreno com a tensão na porta zero

10. **A curva de transcondutância é**
    a. Linear
    b. Similar ao gráfico de um resistor
    c. Não linear
    d. Como uma única curva de dreno

11. **A transcondutância aumenta quando a corrente no dreno se aproxima de**
    a. 0
    b. $I_{D(sat)}$
    c. I_{DSS}
    d. I_S

12. **Um amplificador FC tem um ganho de tensão de**
    a. $g_m r_d$
    b. $g_m r_s$
    c. $g_m r_s/(1 + g_m r_s)$
    d. $g_m r_d/(1 + g_m r_d)$

13. **Um seguidor de fonte tem um ganho de tensão de**
    a. $g_m r_d$
    b. $g_m r_s$
    c. $g_m r_s/(1 + g_m r_s)$
    d. $g_m r_d/(1 + g_m r_d)$

14. **Quando o sinal de entrada é alto, um seguidor de fonte tem**
    a. Um ganho de tensão menor que 1
    b. Alguma distorção
    c. Uma alta resistência de entrada
    d. Todas acima

15. **O sinal de entrada usado com uma chave analógica JFET deve ser**
    a. Baixo
    b. Alto
    c. Uma onda quadrada
    d. Recortado

16. **Um amplificador cascode tem a vantagem de ter**
    a. Um alto ganho de tensão
    b. Uma baixa capacitância de entrada
    c. Uma baixa impedância de entrada
    d. g_m alta

17. **VHS significa frequências de**
    a. 300 kHz a 3 MHz
    b. 3 MHz a 30 MHz
    c. 30 MHz a 300 MHz
    d. 300 MHz a 3 GHz

18. **Quando um JFET está em corte, as camadas de depleção estão**
    a. Bem afastadas
    b. Bem juntas
    c. Se tocando
    d. Conduzindo

19. **Quando a tensão na porta se torna mais negativa em um JFET canal *n*, o canal entre as camadas de depleção torna-se**
    a. Estreito
    b. Largo
    c. Em condução
    d. Em corte

20. **Se um JFET tem I_{DSS} = 8 mA e V_p = 4V, então R_{DS} é igual a**
    a. 200 Ω
    b. 320 Ω
    c. 500 Ω
    d. 5 kΩ

21. **O modo mais simples de polarizar um JFET na região ôhmica é com a**
    a. Polarização por divisor de tensão
    b. Autopolarização
    c. Polarização da porta
    d. Polarização da fonte

22. **A autopolarização produz**
    a. Realimentação positiva
    b. Realimentação negativa
    c. Realimentação direta
    d. Realimentação inversa

23. **Para obter uma tensão negativa na porta-fonte em um circuito de autopolarização com JFET, você precisa ter um**
    a. Divisor de tensão
    b. Resistor da fonte
    c. Terra
    d. Tensão de alimentação negativa na porta

24. **A transcondutância é medida em**
    a. Ohms
    b. Ampères
    c. Volts
    d. Mhos ou siemens

25. **A transcondutância indica a eficácia da tensão de entrada em controlar**
    a. O ganho de tensão
    b. A resistência de entrada
    c. A tensão da fonte
    d. A corrente de saída

Problemas

SEÇÃO 11-1 IDEIAS BÁSICAS

11-1 Um 2N5458 tem uma corrente de porta de 1 nA quando a tensão reversa é de −15 V. Qual é a resistência de entrada da porta?

11-2 Um 2N5640 tem uma corrente de porta de 1 μA quando a tensão reversa é de −20 V em uma temperatura ambiente de 100°C. Qual é a resistência de entrada da porta?

SEÇÃO 11-2 CURVAS DO DRENO

11-3 Um JFET tem I_{DSS} = 20 mA e V_p = 4 V. Qual a máxima corrente de dreno? E a tensão porta-fonte de corte? E o valor de R_{DS}?

11-4 Um 2N5555 tem I_{DSS} = 16 mA e V_p = -2 V. Qual é a tensão de estrangulamento para este JFET? Qual é a resistência dreno-fonte R_{DS}?

11-5 Um 2N5457 tem I_{DSS} = 1 a 5 mA e $V_{GS(corte)}$ = −0,5 a −6 V. Quais são os valores mínimo e máximo de R_{DS}?

SEÇÃO 11-3 CURVA DE TRANSCONDUTÂNCIA

11-6 Um 2N5462 tem I_{DSS} = 16 mA e $V_{gs(corte)}$ = -6 V. Quais são a tensão na porta e a corrente no dreno no ponto de médio corte?

11-7 Um 2N5670 tem I_{DSS} = 10 mA e $V_{gs(corte)}$ = −4 V. Quais são a tensão na porta e a corrente no dreno no ponto de médio corte?

11-8 Um 2N5486 tem I_{DSS} = 14 mA e $V_{gs(corte)}$ = −4 V. Qual é a corrente no dreno quando V_{GS} = −1 V? E quando V_{GS} = -3 V?

SEÇÃO 11-4 POLARIZAÇÃO NA REGIÃO ÔHMICA

11-9 Qual é a corrente de saturação no dreno na Figura 11-43*a*? E a tensão no dreno?

11-10 Se o resistor de 10 kΩ na Figura 11-43*a* aumentar para 20 kΩ, qual será a tensão no dreno?

11-11 Qual é a tensão no dreno na Figura 11-43*b*?

11-12 Se o resistor de 20 kΩ na Figura 11-43*b* diminuir para 10 kΩ, qual será a corrente de saturação no dreno? E a tensão no dreno?

SEÇÃO 11-5 POLARIZAÇÃO NA REGIÃO ATIVA

Para os Problemas 11-13 a 11-20 use as análises preliminares.

11-13 Qual é o valor da tensão de dreno ideal na Figura 11-44*a*?

11-14 Desenhe a reta de carga CC e o ponto Q para a Figura 11-44*a*.

11-15 Qual é o valor da tensão de dreno ideal na Figura 11-44*b*?

11-16 Se o resistor de 18 kΩ na Fig Figura 11-44*b* for mudado para 30 kΩ, qual é a tensão no dreno?

11-17 Na Figura 11-45*a*, qual é a corrente no dreno? E a tensão no dreno?

11-18 Se o resistor de 7,5 kΩ na Figura 11-45*a* for mudado para 4,7 kΩ, qual é a corrente no dreno? E a tensão no dreno?

11-19 Na Figura 11-45*b*, a corrente no dreno é de 1,5 mA. Qual é o valor de V_{GS}? Qual é o valor de V_{DS}?

11-20 A tensão no resistor de 1 kΩ na Figura 11-45*b* é de 1,5 V. Qual é a tensão entre o dreno e o terra?

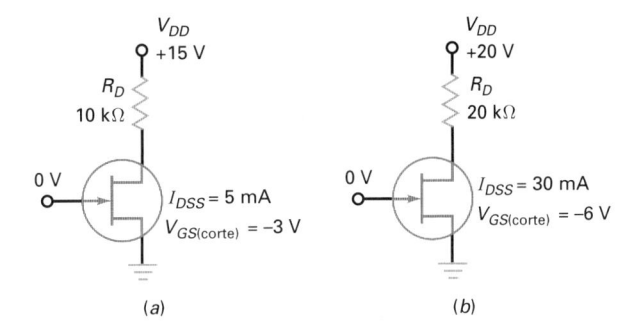

Figura 11-43

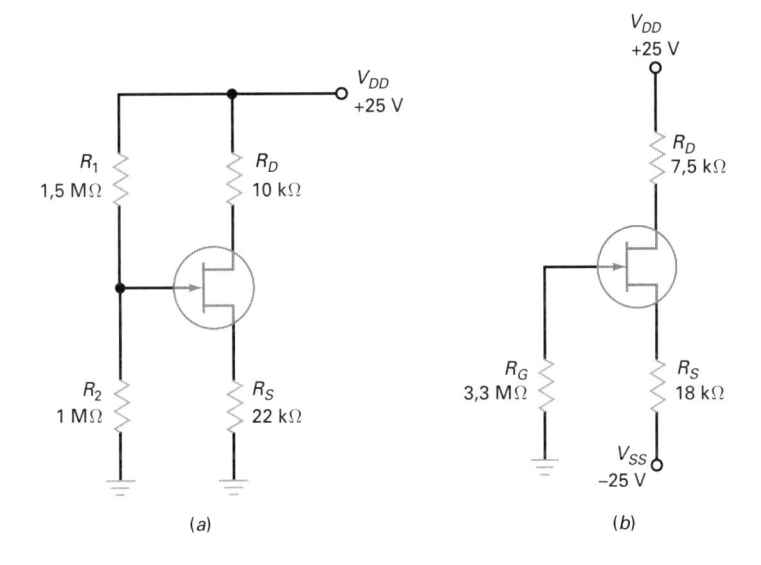

(a) V_{DD} +15 V; R_D 10 kΩ; 0 V; I_{DSS} = 5 mA; $V_{GS(corte)}$ = −3 V

(b) V_{DD} +20 V; R_D 20 kΩ; 0 V; I_{DSS} = 30 mA; $V_{GS(corte)}$ = −6 V

Figura 11-44

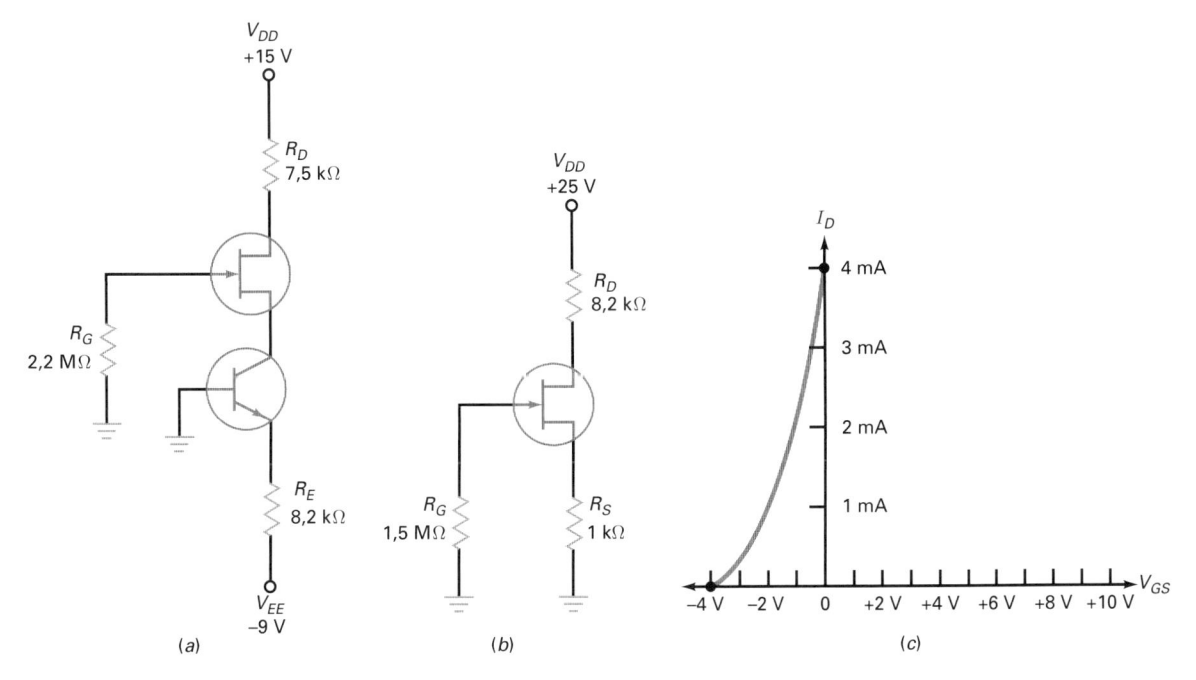

(a) V_{DD} +25 V; R_1 1,5 MΩ; R_D 10 kΩ; R_2 1 MΩ; R_S 22 kΩ

(b) V_{DD} +25 V; R_D 7,5 kΩ; R_G 3,3 MΩ; R_S 18 kΩ; V_{SS} −25 V

Figura 11-45

(a) V_{DD} +15 V; R_D 7,5 kΩ; R_G 2,2 MΩ; R_E 8,2 kΩ; V_{EE} −9 V

(b) V_{DD} +25 V; R_D 8,2 kΩ; R_G 1,5 MΩ; R_S 1 kΩ

(c) Curva I_D vs V_{GS}: 4 mA en $V_{GS}=0$; corte en $V_{GS}=-4$ V

Para os Problemas 11-21 a 11-24, use a Figura 11-45c e os métodos gráficos para encontrar suas respostas.

11-21 Na Figura 11-44a, calcule V_{GS} e I_D usando a curva de transcondutância da Figura 11-45c.

11-22 Na Figura 11-45a, calcule V_{GS} e V_D usando a curva de transcondutância da Figura 11-45c.

11-23 Na Figura 11-45b, calcule V_{GS} e I_D usando a curva de transcondutância da Figura 11-45c.

11-24 Mude o valor de R_S na Figura 11-45b de 1 kΩ para 2 kΩ. Use a curva da Figura 11-45c para calcular V_{GS}, I_D e V_{DS}.

SEÇÃO 11-6 TRANSCONDUTÂNCIA

11-25 Um 2N4416 tem I_{DSS} = 10 mA e g_{m0} = 4.000 µS. Qual é a sua tensão porta-fonte de corte? Qual é o valor de g_m para V_{GS} = –1 V?

11-26 Um 2N3370 tem I_{DSS} = 2,5 mA e g_{m0} = 1.500 µS. Qual é o valor de g_m para V_{GS} = –1 V?

11-27 O JFET na Figura 11-46a tem g_{m0} = 6.000 µS. Se I_{DSS} = 12 mA, qual é o valor aproximado de I_D para V_{GS} de –2 V? Calcule o valor de g_m para este valor de I_D.

SEÇÃO 11-7 AMPLIFICADORES COM JFET

11-28 Se g_m = 3.000 µS na Figura 11-46a, qual é a tensão CA na saída?

11-29 O amplificador com JFET na Figura 11-46a tem a curva de transcondutância da Figura 11-46b. Qual é a tensão CA na saída aproximada?

11-30 Se o seguidor de fonte na Figura 11-47a tiver g_m = 2.000 µS, qual é a tensão CA na saída?

11-31 O seguidor de fonte na Figura 11-47a tem a curva de transcondutância da Figura 11-47b. Qual é a tensão CA na saída?

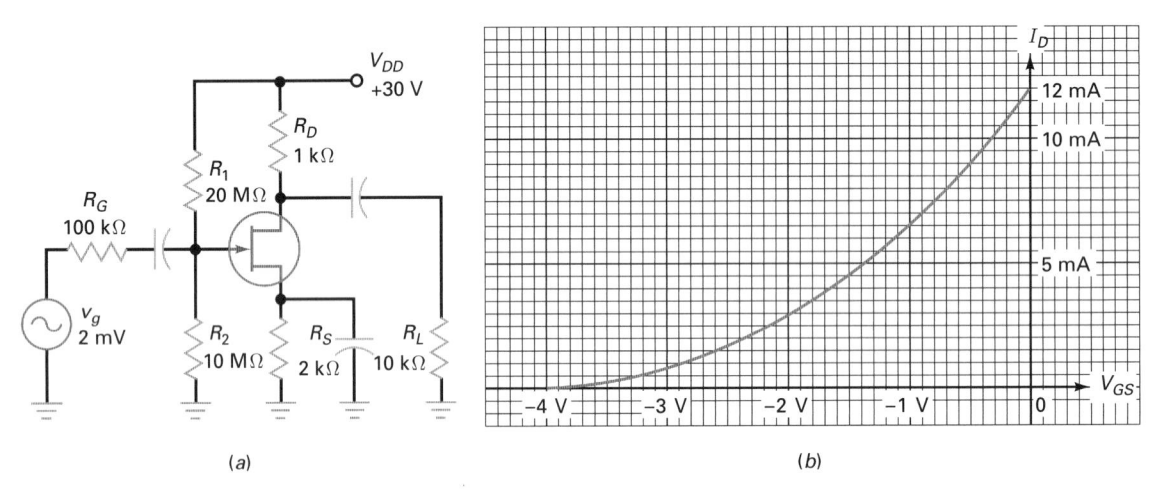

Figura 11-46

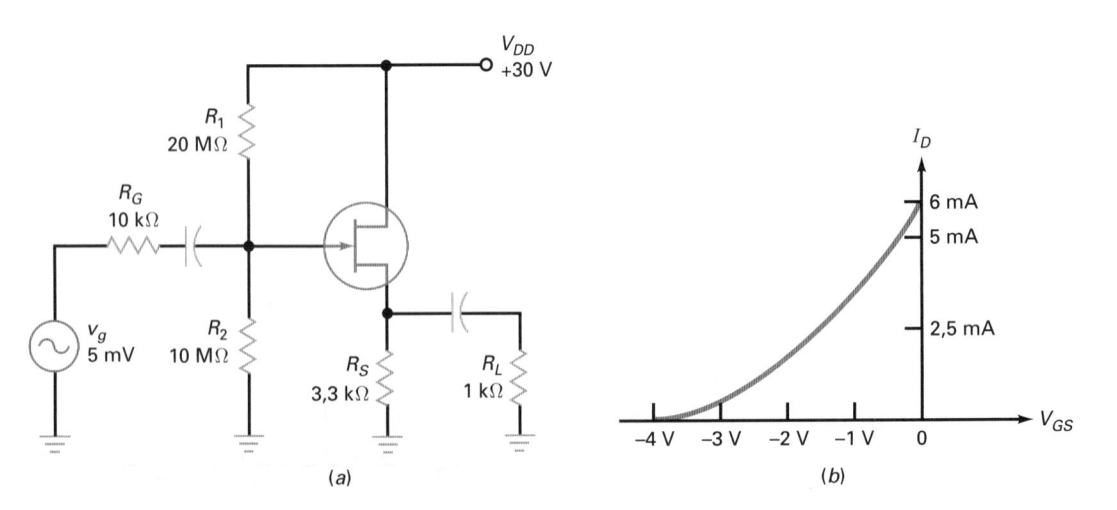

Figura 11-47

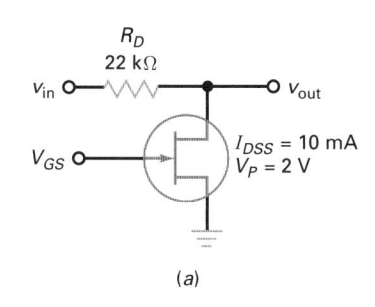

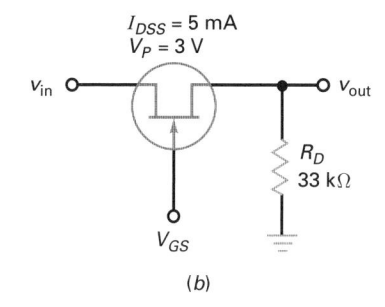

Figura 11-48

SEÇÃO 11-8 JFET COMO CHAVE ANALÓGICA

11-32 A tensão de entrada na Figura 11-48a é de 50 mV pp. Qual é a tensão na saída quando $V_{GS} = 0$ V? E quando $V_{GS} = -10$ V? Qual é a relação liga-desliga?

11-33 A tensão de entrada na Figura 11-48b é de 25 mV pp. Qual é a tensão na saída quando $V_{GS} = 0$ V? E quando $V_{GS} = -10$ V? Qual é a relação liga-desliga?

Raciocínio crítico

11-34 Se um JFET tem as curvas de dreno na Figura 11-49a, qual é o valor de I_{DSS}? Qual o valor de V_{DS} máximo na região ôhmica? Sob que faixa de valores de V_{DS} o JFET funciona como uma fonte de corrente?

11-35 Escreva a equação da transcondutância para o JFET cuja curva é mostrada na Figura 11-49b. Qual é o valor da corrente no dreno quando $V_{GS} = -4$ V? E quando $V_{GS} = -2$V?

11-36 Se um JFET tem uma curva quadrática semelhante à da Figura 11-49c, qual é o valor da corrente de dreno quando $V_{GS} = -1$V?

11-37 Qual é a tensão CC no dreno na Figura 11-50? E a tensão CA na saída se $g_m = 2.000$ μS?

11-38 A Figura 11-51 mostra um voltímetro CC. O ajuste de zero foi calibrado antes da medição. O ajuste é calibrado periodicamente para se obter a deflexão de fundo de escala quando $v_{in} = -2,5$ V. Um ajuste calibrado como este é feito para monitorar as variações de um FET para outro e os efeitos da ação do FET.
  a. A corrente no resistor de 510 Ω é igual a 4 mA. Qual é o valor da tensão CC medida da fonte para o dreno?
  b. Se não há corrente no amperímetro, que valor de tensão existe no cursor de ajuste de zero do potenciômetro?
  c. Se uma tensão de entrada de 2,5 V produz uma deflexão de 1 mA, que deflexão pode haver para uma tensão de 1,25 V?

11-39 Na Figura 11-52a, o JFET tem I_{DSS} de 16 mA e uma R_{DS} de 200 Ω. Se a resistência na carga for de 10 kΩ, quais são os valores da corrente na carga e da tensão no JFET? Se a carga entrar em curto acidentalmente, que valores teriam a corrente na carga e a tensão no JFET?

11-40 A Figura 11-52b mostra parte de um amplificador AGC. Uma tensão CC reallmenta do estágio de saida para o outro estágio anterior como mostrado aqui. A Figura 11-46b é a curva de transcondutância. Qual é o ganho de tensão para cada um dos seguintes valores?
  a. $V_{AGC} = 0$
  b. $V_{AGC} = -1$ V
  c. $V_{AGC} = -2$ V
  d. $V_{AGC} = -3$ V
  e. $V_{AGC} = -3,5$ V

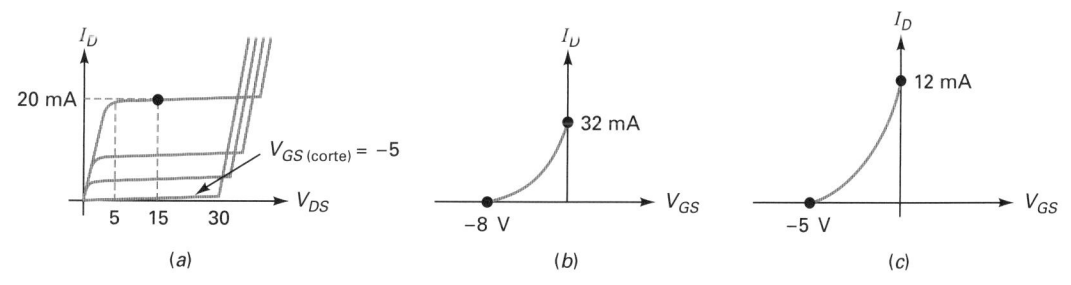

Figura 11-49

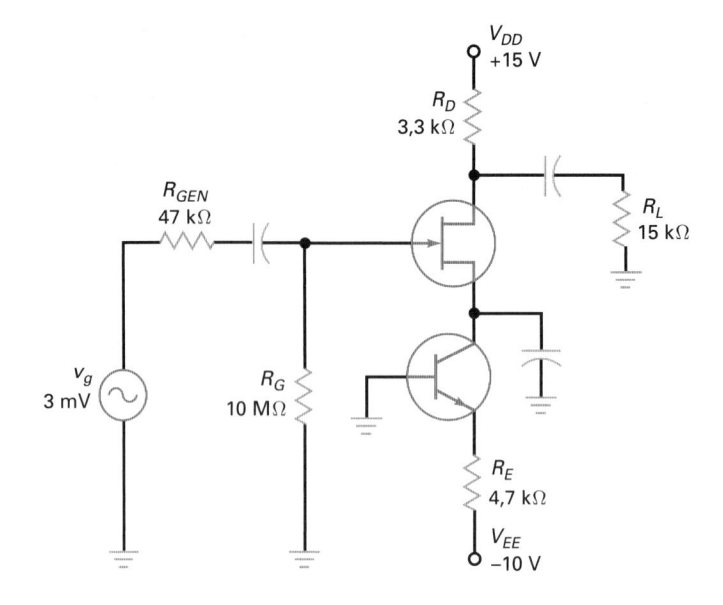

Figura 11-50

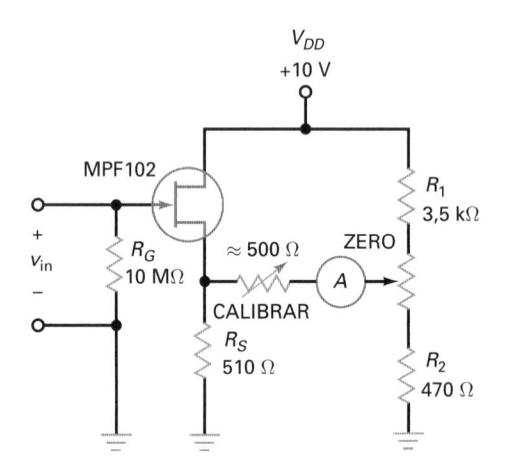

Figura 11-51

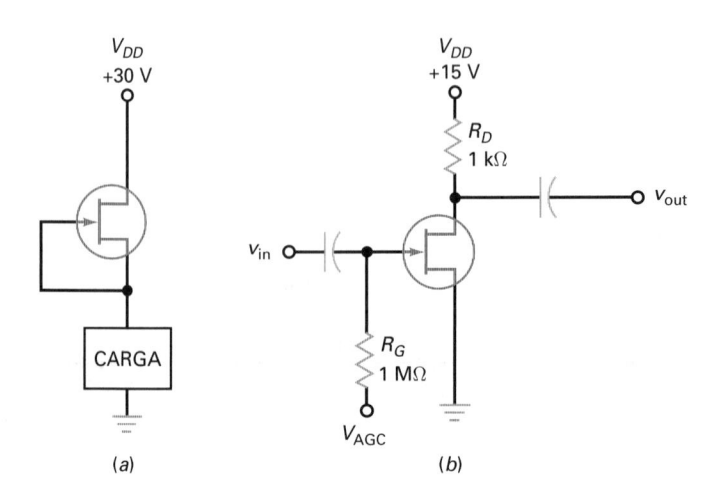

Figura 11-52

(a) (b)

Análise de defeito

Use a Figura 11-53 e a tabela de verificação de defeitos para solucionar os problemas restantes.

11-41 Determine o defeito *T1*.
11-42 Determine o defeito *T2*.
11-43 Determine o defeito *T3*.
11-44 Determine o defeito *T4*.
11-45 Determine o defeito *T5*.
11-46 Determine o defeito *T6*.
11-47 Determine o defeito *T7*.
11-48 Determine o defeito *T8*.

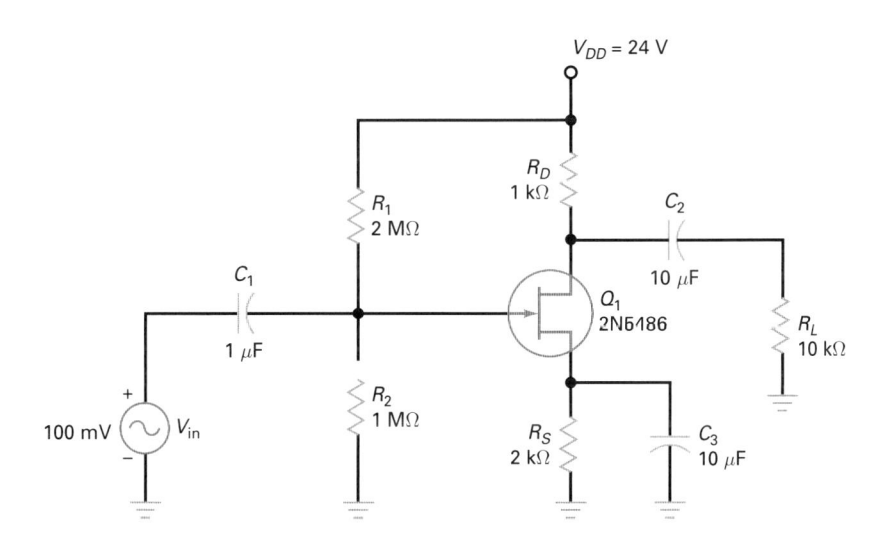

Defeito	V_{GS}	I_D	V_{DS}	V_g	V_s	V_d	V_{out}
OK	−1,6 V	4,8 mA	9,6 V	100 mV	0	357 mV	357 mV
D1	−2,75 V	1,38 mA	19,9 V	100 mV	0	200 mV	200 mV
D2	0,6 V	7,58 mA	1,25 V	100 mV	0	29 mV	29 mV
D3	0,56 V	0	0	100 mV	0	0	0
D4	−8 V	0	8 V	100 mV	0	0	0
D5	8 V	0	24 V	100 mV	0	0	0
D6	−1,6 V	4,8 mA	9,6 V	100 mV	87 mV	40 mV	40 mV
D7	−1,6 V	4,8 mA	9,6 V	100 mV	0	397 mV	0
D8	0	7,5 mA	1,5 V	1 mV	0	0	0

Figura 11-53 Análise de defeito.

Questões de entrevista

1. Explique como funciona um JFET, incluindo as tensões de estrangulamento e de porta-dreno de corte.
2. Desenhe as curvas do dreno e a curva de transcondutância para um JFET.
3. Compare o JFET com um transistor de junção bipolar. Nesta comparação procure incluir as vantagens e desvantagens de cada um.
4. Como você pode dizer se um FET está operando na região ôhmica ou na região ativa?
5. Desenhe um circuito seguidor de emissor com JFET e explique como ele funciona.
6. Desenhe um circuito de chave em paralelo com FET e uma chave em série com FET. Explique como cada um funciona.
7. Como podemos usar um JFET como chave para eletricidade estática?
8. Que grandeza de entrada controla a corrente de saída em um TJB? E em um JFET? Se as grandezas forem diferentes, justifique.
9. Um JFET é um dispositivo que controla o fluxo de corrente por meio de uma tensão na porta. Explique.
10. Qual é a vantagem de um amplificador cascode?
11. Diga por que os JFETs são algumas vezes encontrados como o primeiro dispositivo de amplificação no estágio inicial dos receptores de rádio.

Respostas dos exercícios

1. a
2. d
3. c
4. d
5. b
6. b
7. d
8. c
9. d
10. c
11. c
12. a
13. c
14. d
15. a
16. b
17. c
18. c
19. a
20. c
21. c
22. b
23. b
24. d
25. d

Respostas dos problemas práticos

11-1 $R_{in} = 10.000$ MΩ

11-2 $R_{DS} = 600$ Ω;
$V_p = 3,0$ V

11-4 $I_D = 3$ mA;
$R_{GS} = -3$ V

11-5 $R_{DS} = 300$ Ω;
$V_D = 0,291$ V

11-6 $R_S = 500$ Ω
$V_D = 26$ V

11-7 $V_{GS(mín)} = -0,85$ V;
$I_{D(min)} = 2,2$ mA;
$V_{GS(máx)} = -2,5$ V;
$I_{D(máx)} = 6,4$ mA

11-8 $I_D = 4$ mA;
$V_{GS} = 12$ V

11-9 $I_{D(máx)} = 5,6$ mA

11-11 $I_D = 4,3$ mA;
$V_D = 5,7$ V

11-12 $V_{GS(corte)} = -3,2$ V
$g_m = 1,875$ μS

11-13 $V_{out} = 5,3$ mV pp

11-14 $V_{out} = 0,714$ mV

11-15 $A_v = 0,634$

11-16 $A_v = 0,885$

11-17 $R_{DS} = 400$ Ω
relação liga-desl. = 26

11-18 $V_{out(lig)} = 9,6$ mV
$V_{out(desl)} = 10$ μV
relação liga-desl. = 960

11-19 $V_{pico} = 99,0$ mV

12 MOSFETs

O FET com óxido de semicondutor e metal, ou MOSFET, tem os terminais de fonte, porta e dreno. O MOSFET difere de um JFET, porém, no caso do MOSFET, a porta é isolada do canal. Por isso, a corrente na porta é ainda menor que em um JFET.

Existem dois tipos de MOSFET, o de modo de depleção e o de modo de crescimento. O MOSFET modo de crescimento é mais usado nos circuitos discretos e integrados. Nos circuitos discretos, a principal aplicação é em chaveamentos de potência, que significa a condução e o corte de correntes mais altas. Nos circuitos integrados, a principal ligação é no chaveamento digital, o processo básico por trás dos modernos computadores. Embora seu uso tenha diminuído, os MOSFETs no modo de depleção ainda são muito encontrados no estágio inicial dos circuitos de comunicação como os amplificadores de RF.

Sumário

12-1 MOSFET no modo de depleção
12-2 Curvas do MOSFET-D
12-3 Amplificadores com MOSFET no modo de depleção
12-4 MOSFET no modo de crescimento (intensificação)
12-5 Região ôhmica
12-6 Chaveamento digital
12-7 CMOS
12-8 FETs de potência
12-9 MOSFETs como comutadores de fonte para carga
12-10 Ponte H de MOSFETs
12-11 Amplificadores com MOSFET-E
12-12 Teste do MOSFET

Objetivos de aprendizagem

Após o estudo deste capítulo você deverá ser capaz de:

- Explicar as características e o funcionamento dos MOSFETs no modo de depleção e no modo de crescimento.
- Esboçar as curvas características para os MOSFETs-D e MOSFETs-E.
- Descrever como os MOSFETs-E são usados como chaves digitais.
- Desenhar o diagrama de um circuito de chaveamento digital com CMOS típico e explicar seu funcionamento.
- Comparar os FETs de potência com os transistores de junção bipolares de potência (TBJs).
- Nomear e descrever as várias aplicações para um FET de potência.
- Descrever a operação de comutadores de fonte para carga.
- Explicar a operação de circuitos em ponte H integrados e discretos.
- Analisar a operação CC e CA dos circuitos amplificadores com MOSFET-D e MOSFET-E.

Termos-chave

analógico

comutadores de fonte (high-side) para carga

conversores CC para CA

conversores CC para CC

corrente de energização

digital

diodo de corpo parasita

FET com óxido de semicondutor e metal (MOSFET)

FET de potência

fonte de alimentação sem interrupção (ininterrupta) (UPS)

interface

MOS (CMOS) complementares

MOSFET no modo de crescimento (intensificação)

MOSFET no modo de depleção

MOSFET vertical (VMOS)

polarização com realimentação no dreno

resistores de carga ativos

substrato

tensão de limiar

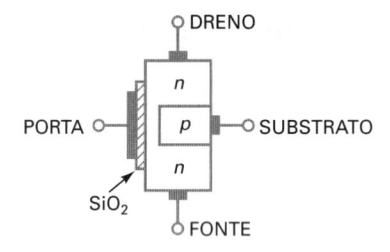

Figura 12-1 MOSFET no modo de depleção.

12-1 MOSFET no modo de depleção

A Figura 12-1 mostra um **MOSFET no modo de depleção**, uma pastilha de material n com uma porta isolada no lado esquerdo e uma região p no lado direito. A região p é chamada de **substrato**. Os elétrons que circulam da fonte para o dreno passam pelo estreito canal entre a porta e o substrato p.

Uma camada fina de dióxido de silício (SiO_2) é depositada no lado esquerdo do canal. O dióxido de silício é o mesmo que vidro, que é um isolante. Em um MOSFET a porta é metálica. Pelo fato de a porta metálica ser isolada do canal, circula uma corrente desprezível pela porta mesmo que a tensão na porta seja positiva.

A Figura 12-2a mostra um MOSFET no modo de depleção com uma tensão na porta negativa. A fonte V_{DD} força os elétrons livres a circular da fonte para o dreno. Esses elétrons circulam pelo estreito canal do lado esquerdo do substrato p. Como no caso do JFET, a tensão na porta controla a corrente no dreno. Quando a tensão é suficientemente negativa, a corrente no dreno é cortada. Portanto, o funcionamento de um MOSFET no modo de depleção é similar ao de um JFET quando V_{GS} é negativa.

Como a porta está isolada, podemos também usar uma tensão positiva na entrada, como mostra a Figura 12-2b. A tensão positiva na porta aumenta o número de elétrons livres que circulam pelo canal. Quanto mais positiva a tensão na porta, maior a condução da fonte para o dreno.

12-2 Curvas do MOSFET-D

A Figura 12-3a mostra uma família de curvas de dreno para um MOSFET no modo de depleção canal n típico. Observe que as curvas acima de $V_{GS} = 0$ são positivas e as curvas abaixo de $V_{GS} = 0$ são negativas. Como é um caso de JFET, a curva de baixo é para $V_{GS} = V_{GS\,(corte)}$ e a corrente no dreno será aproximadamente zero. Conforme mostrado, quando $V_{GS} = 0$ V, a corrente no dreno será igual à I_{DSS}. Isso demonstra que o MOSFET no modo de depleção, ou MOSFET-D, é um dispositivo *normalmente em condução*. Quando V_{GS} é negativa, a corrente no dreno será reduzida. Em comparação com um JFET canal n, o MOSFET canal n pode ter V_{GS} positiva e ainda assim funcionar corretamente. É por isso que não há junção pn para ele ficar diretamente polarizado. Quando V_{GS} tornar-se positiva, I_D aumentará seguindo a equação quadrática:

$$I_D = I_{DSS}\left(1 - \frac{V_{GS}}{V_{GS(corte)}}\right)^2 \tag{12-1}$$

É ÚTIL SABER

Assim como em um JFET, o MOSFET no modo de depleção é considerado um dispositivo normalmente em condução. Isto é, os dois dispositivos apresentam uma corrente no dreno quando $V_{GS} = 0$ V. Lembre-se de que para um JFET, I_{DSS} é a máxima corrente de dreno possível. Com um MOSFET no modo de depleção, a corrente no dreno pode exceder a I_{DSS} se a tensão na porta for de polaridade correta para aumentar o número de portadores de carga no canal. Para um MOSFET-D canal n, I_D é maior que I_{DSS} quando V_{GS} é positiva.

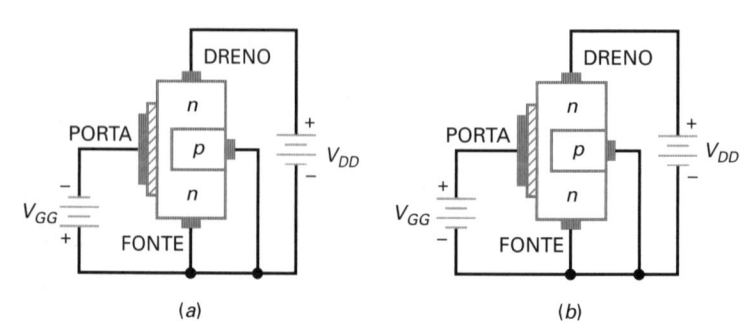

Figura 12-2 (a) MOSFET-D com porta negativa; (b) MOSFET-D com porta positiva.

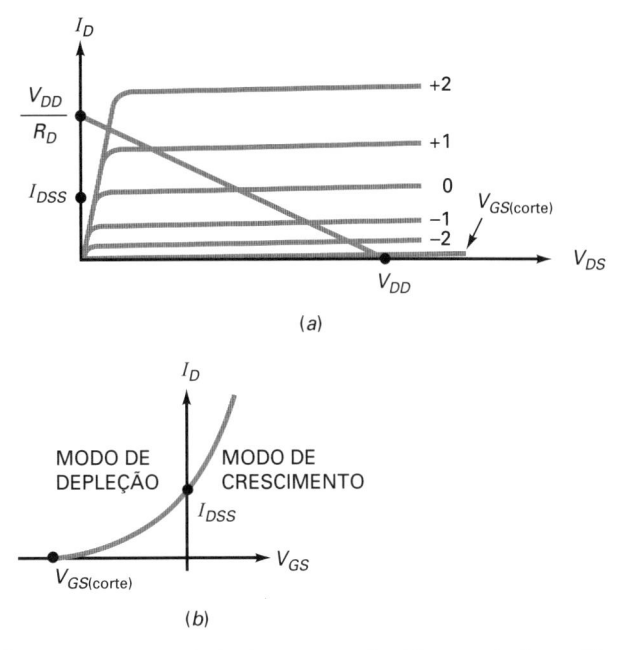

Figura 12-3 MOSFETs no modo de depleção canal *n*: (*a*) curvas do dreno; (*b*) curva de transcondutância.

Quando V_{GS} é negativa, o MOSFET-D está operando no modo de depleção. Quando V_{GS} é positiva, o MOSFET-D está operando no modo de crescimento. Assim como no JFET, as curvas do MOSFET-D mostram uma região ôhmica, uma região de fonte de corrente e uma região de corte.

A Figura 12-3*b* é a curva de transcondutância para um MOSFET-D. Novamente, I_{DSS} é a corrente no dreno com a porta em curto com a fonte. I_{DSS} já não é a corrente máxima possível no dreno. A curva parabólica de transcondutância segue a mesma relação quadrática que existe em um JFET. Isso significa que a análise de um MOSFET no modo de depleção é quase idêntica a de um circuito com JFET. A principal diferença é a possibilidade de V_{GS} ser relativa ou positiva.

Existe também um MOSFET-D canal *p*. Ele consiste em um canal *p* do dreno para a fonte, ao longo de um substrato tipo *n*. Novamente, a porta é isolada do canal. O funcionamento do MOSFET canal *p* é complementar ao do MOSFET canal *n*. Os símbolos esquemáticos para os MOSFETs-D canal *n* e canal *p* estão na Figura 12-4.

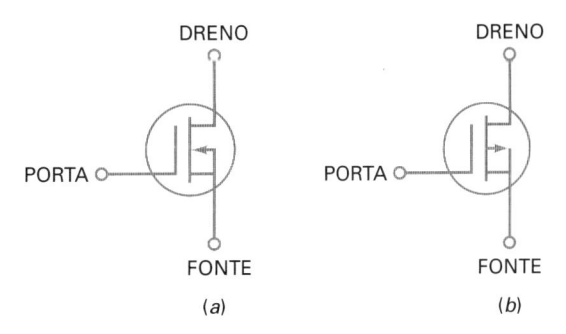

Figura 12-4 Símbolos esquemáticos do MOSFET-D: (*a*) canal *n*; (*b*) canal *p*.

Exemplo 12-1

Um MOSFET-D tem um valor de $V_{GS(corte)} = -3$ V e $I_{DSS} = 6$ mA. Quais serão os valores da corrente no dreno quando V_{GS} for igual a -1 V, -2 V, 0 V, $+1$ V e $+2$ V?

SOLUÇÃO   Seguindo a equação da lei quadrática (12-1), quando

$V_{GS} = -1$ V $I_D = 2{,}67$ mA

$V_{GS} = -2$ V $I_D = 0{,}667$ mA

$V_{GS} = 0$ V $I_D = 6$ mA

$V_{GS} = +1$ V $I_D = 10{,}7$ mA

$V_{GS} = -1$ V $I_D = 2{,}67$ mA

$V_{GS} = +2$ V $I_D = 16{,}7$ mA

PROBLEMA PRÁTICO 12-1   Repita o Exemplo 12-1 usando os valores de $V_{GS(corte)} = -4$ V e $I_{DSS} = 4$ mA.

12-3 Amplificadores com MOSFET no modo de depleção

Um MOSFET no modo de depleção é único porque pode operar com tensões na porta positiva ou negativa. Por isso, podemos estabelecer o ponto Q em $V_{GS} = 0$ V, como mostrado na Figura 12-5a. Quando o sinal de entrada é positivo, ele aumenta a I_D acima de I_{DSS}. Quando o sinal de entrada é negativo, ele diminui I_D abaixo de I_{DSS}. Pelo fato de não existir a junção *pn* a ser polarizada, a resistência de entrada do MOSFET permanece muito alta. A possibilidade de usar o valor zero para V_{GS} nos permite montar o circuito de polarização muito simples da Figura 12-5b. Pelo fato de I_G ser zero, $V_{GS} = 0$ V e $I_D = I_{DSS}$. A tensão no dreno é:

$$V_{DS} = V_{DD} - I_{DSS} R_D \qquad (12\text{-}2)$$

Pelo fato de o MOSFET-D ser um dispositivo normalmente em condução, é possível também usar a autopolarização adicionando-se um resistor de fonte. A operação fica semelhante à de um circuito JFET com autopolarização.

Exemplo 12-2

O amplificador com MOSFET-D mostrado na Figura 12-6 tem $V_{GS(corte)} = -2$ V, $I_{DSS} = 4$ mA e $g_{mo} = 2.000$ μS. Qual é a tensão na saída do circuito?

SOLUÇÃO   Com o terminal da fonte aterrado, $V_{GS} = 0$ V e $I_D = 4$ mA.

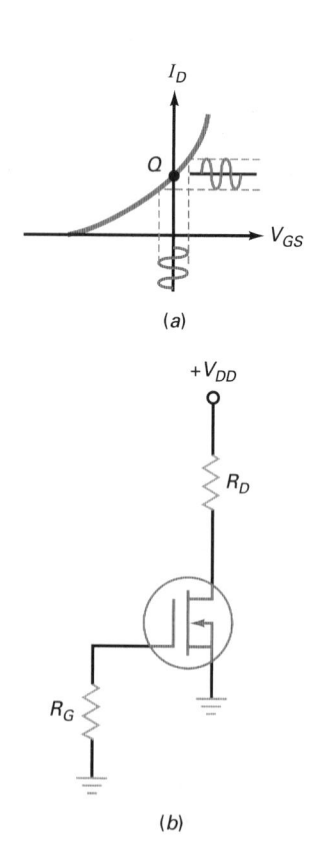

$V_{DS} = 15$ V $- (4$ mA$)(2$ k$\Omega) = 7$ V

Figura 12-5   Polarização zero.

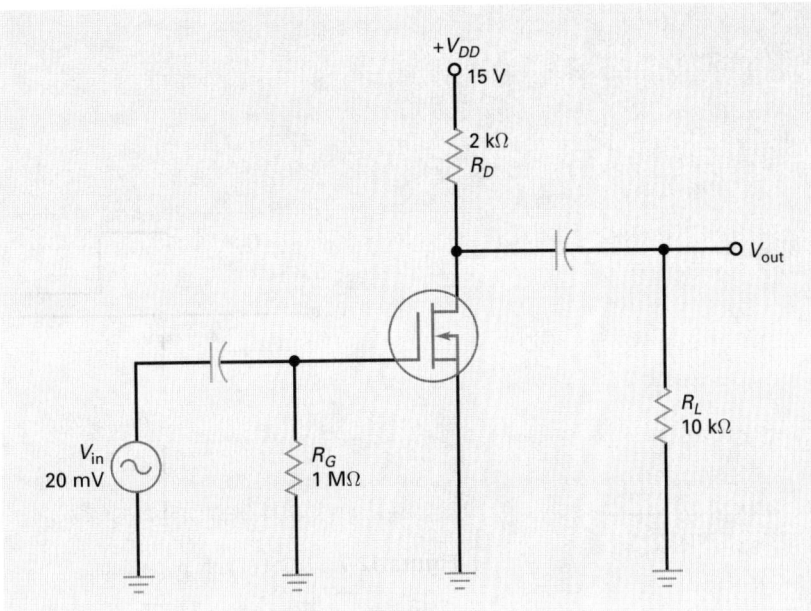

Figura 12-6 Amplificador com MOSFET-D.

Como $V_{GS} = 0$ V, $gm = g_{mo} = 2.000$ μS
O ganho de tensão do amplificador é calculado por:

$$A_V = g_m r_d$$

A resistência CA no dreno é igual a:

$$r_d = R_D \| R_L = 2\text{ k} \| 10\text{ k} = 1,67\text{ k}\Omega$$

e A_V é igual a:

$$A_V = (2000\text{ μS})(1,67\text{ k}\Omega) = 3,34$$

Portanto,

$$V_{out} = (V_{in})(A_V) = (20\text{ mV})(3,34) = 66,8\text{ mV}$$

PROBLEMA PRÁTICO 12-2 Na Figura 12-6, se o valor de g_{mo} do MOSFET for de 3.000 μS, qual será o valor de V_{out}?

Como mostrado pelo Exemplo 12-2, o MOSFET-D tem um ganho de tensão relativamente baixo. Uma das principais vantagens deste dispositivo é sua resistência de entrada extremamente alta. A resistência de entrada permanece alta quando V_{GS} é positiva ou negativa. Isso nos permite usar o dispositivo quando a carga para o circuito for um problema. Além disso, os MOSFETs têm a excelente propriedade de baixo ruído porque não são necessárias combinações de pares elétron-lacuna para o fluxo de corrente como em transistores de junção bipolar. Essa é a vantagem definitiva para qualquer estágio inicial de um sistema em que o sinal é fraco; é muito comum em muitos tipos de circuitos eletrônicos de comunicação.

Alguns MOSFETs-D, como o da Figura 12-7, são dispositivos de porta dupla. Uma porta pode servir como um ponto de entrada de sinal, enquanto a outra pode ser conectada a um circuito de controle de ganho de tensão CC automático. Isso permite que o ganho de tensão do MOSFET seja controlado e variado dependendo da intensidade do sinal de entrada.

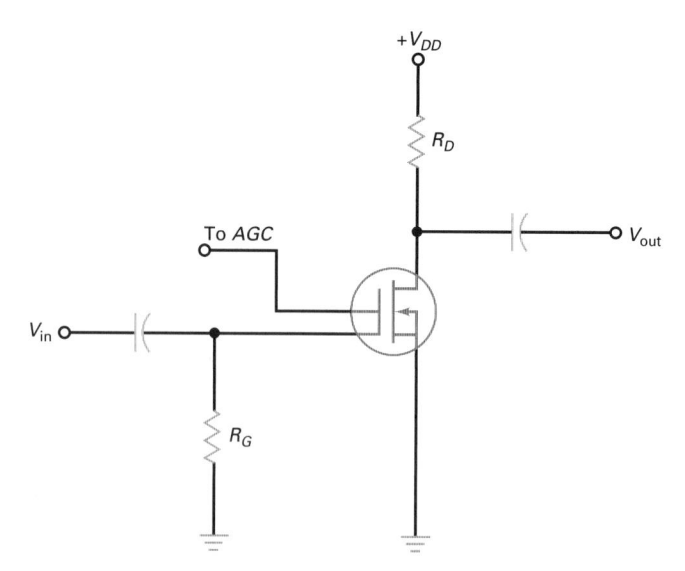

Figura 12-7 MOSFET com porta dupla.

12-4 MOSFET no modo de crescimento (intensificação)

O MOSFET no modo de depleção foi parte da evolução para se chegar ao **MOSFET modo de crescimento**, abreviado para *MOSFET-E*. Sem o MOSFET-E, os computadores pessoais que agora são largamente utilizados não existiriam.

Ideia básica

A Figura 12-8*a* mostra um MOSFET-E. O substrato p se estende agora por todo o dióxido de silício. Como você pode ver, já não existe um canal *n* entre a fonte e o dreno. Como funciona um MOSFET-E? A Figura 12-8*b* mostra as polaridades normais para a polarização. Quando a tensão na porta é zero, a corrente da fonte para o dreno é zero. Por essa razão, um MOSFET-E é *normalmente em corte* quando a tensão na porta é zero.

O único modo de obter corrente é com a tensão na porta positiva. Quando a porta é positiva, ela retira elétrons livres da região *p*. Os elétrons livres se recombinam com as lacunas próximas do dióxido de silício. Quando a tensão na porta é suficientemente positiva, todas as lacunas em contato com o dióxido de silício são preenchidas e os elétrons livres começam a circular da fonte para o dreno. O efeito é semelhante a criar uma camada fina de material tipo *n* próximo do diodo de silício.

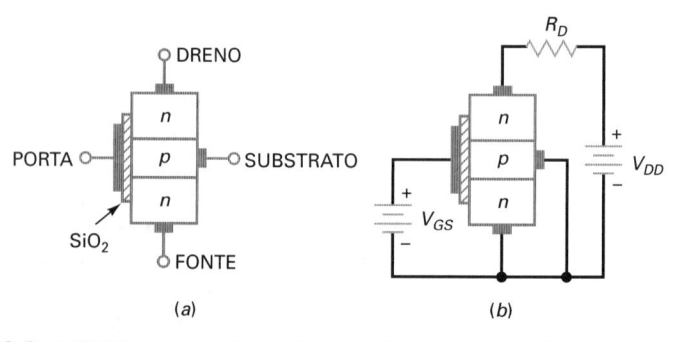

Figura 12-8 MOSFET no modo de crescimento: (*a*) não polarizado; (*b*) polarizado.

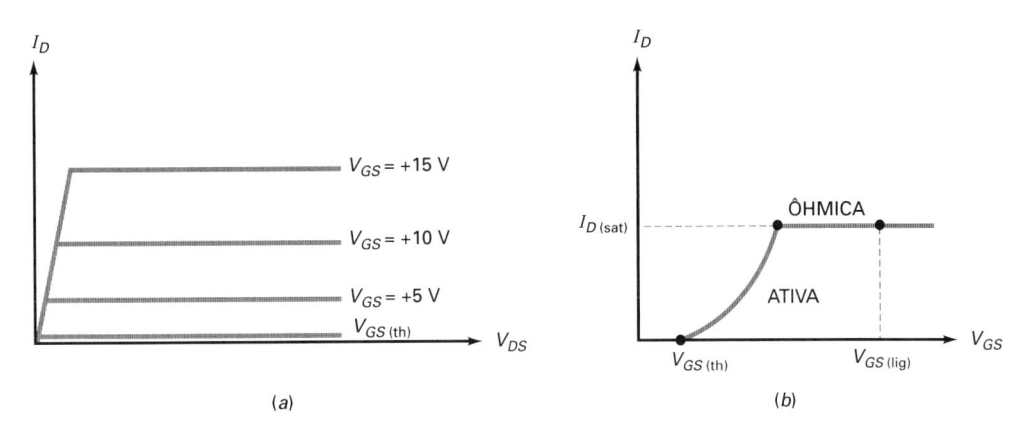

Figura 12-9 Gráficos do MOSFET-E (EMOS): (a) Curvas do dreno; (b) curva de transcondutância.

É ÚTIL SABER

Com o MOSFET-E, V_{GS} precisa ser maior que $V_{GS(th)}$ para se obter uma corrente qualquer. Portanto, quando os MOSFETs-E são polarizados, as polarizações como autopolarização, polarização por corrente na fonte e polarização zero não poderão ser usadas, pois eles dependem do modo de depleção para funcionar. Restam, portanto, polarização da porta, polarização por divisor de tensão e polarização da fonte como meio de polarização dos MOSFETs-E.

A camada fina de condução é chamada de *camada de inversão tipo n*. Quando ela existe, os elétrons livres podem circular facilmente da fonte para o dreno.

O valor de V_{GS} mínimo que cria a camada de inversão tipo *n* é chamado de **tensão de limiar (threshold)**, simbolizado por $V_{GS(th)}$. Quando V_{GS} é menor que $V_{GS(th)}$, a corrente no dreno é zero. Quando V_{GS} é maior que $V_{GS(th)}$, a camada de inversão tipo *n* conecta a fonte ao dreno e a corrente de dreno pode circular. Valores típicos de $V_{GS(th)}$ para dispositivos de baixo sinal são entre 1 V e 3 V.

O JFET é tratado como um *dispositivo no modo de depleção* porque sua condutividade depende da ação das camadas de depleção. O MOSFET-E é classificado como um *dispositivo no modo de crescimento* porque uma tensão na porta acima da tensão de limiar faz crescer sua condutividade. Com uma tensão zero na porta, um JFET está *em condução*, enquanto um MOSFET-E está *em corte*. Portanto, o MOSFET-E é considerado um dispositivo normalmente em corte.

Curvas do dreno

Um MOSFET-E para pequeno sinal tem uma potência nominal de 1 W ou menos. A Figura 12-9a mostra uma família de curvas do dreno para um MOSFET-E de pequeno sinal típico. A curva mais baixa é a curva de $V_{GS(th)}$. Quando V_{GS} for menor que $V_{GS(th)}$, entra em condução e a corrente no dreno é controlada pela tensão na porta.

A parte quase vertical do gráfico é a região ôhmica e as partes quase horizontais são a região ativa. Quando polarizado na região ôhmica, o MOSFET-E é equivalente a um resistor. Quando polarizado na região ativa, ele é equivalente a uma fonte de corrente. Embora o MOSFET-E possa ser operado na região ativa, o principal uso é na região ôhmica.

A Figura 12-9b mostra uma curva de transcondutância típica. Não há corrente no dreno enquanto V_{GS} não for igual à $V_{GS(th)}$. A corrente no dreno então aumenta rapidamente até atingir a corrente de saturação $I_{D(saturação)}$. Além desse ponto, o dispositivo fica polarizado na região ôhmica. Portanto, I_D não pode aumentar, mesmo que haja aumento em V_{GS}. Para garantir a saturação forte, é usada uma tensão na porta de $V_{GS(lig)}$ bem acima de $V_{GS(th)}$, como mostra a Figura 12-9b.

Símbolo

Quando $V_{GS} = 0$, o MOSFET-E está em corte porque não há um canal de condução entre a fonte e o dreno. O símbolo esquemático na Figura 12-10a tem uma linha tracejada para o canal que indica a condição de normalmente em corte. Como você sabe, a tensão na porta maior que a tensão de limiar cria uma camada de inversão do tipo *n* que conecta a fonte ao dreno. A seta aponta para a camada de inversão, que age como um canal *n* quando o dispositivo está conduzindo.

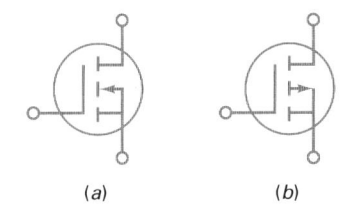

Figura 12-10 Símbolos esquemáticos para o EMOS: (a) dispositivo canal *n*; (b) dispositivo canal *p*.

> **É ÚTIL SABER**
>
> Os MOSFETs–E são sempre usados nos amplificadores classe AB, em que o MOSFET-E é polarizado com um valor de V_{GS} que excede ligeiramente o valor de $V_{GS(th)}$. Essa "polarização leve" evita a distorção por cruzamento. Os MOSFETs-D não são disponíveis para o uso nos amplificadores classe B ou classe AB porque a corrente que circula no dreno é alta quando $V_{GS} = 0$ V.

Existe também um MOSFET-E canal p. O símbolo esquemático é similar, com a diferença de que a seta aponta para fora, como mostra a Figura 12-10b.

O MOSFET-E canal p também é um dispositivo no modo de crescimento normalmente em corte. Para ligar um MOSFET-E canal p, a porta tem que ser negativa em relação à fonte. O valor $-V_{GS}$ tem que alcançar, ou exceder, o valor $-V_{GS(th)}$ para o MOSFET entrar em condução. Quando isso ocorre, uma camada de inversão tipo p é formada com as lacunas sendo os portadores majoritários. O MOSFET-E canal n usa elétrons como os portadores majoritários que têm maior mobilidade que as lacunas no canal p. Isso resulta em $R_{DS(lig)}$ menor e velocidades de comutação maiores para o MOSFET-E canal n.

Tensão porta-fonte máxima

Os MOSFETs têm uma camada fina de dióxido de silício, um isolante que impede uma circulação de corrente para tensões tanto positiva quanto negativa na porta. A camada isolante é mantida a mais fina possível para permitir um melhor controle da porta sobre a corrente no dreno. Pelo fato de a camada isolante ser tão fina, ela é facilmente danificada por uma tensão porta-fonte excessiva.

Por exemplo, um 2N7000 tem uma $V_{GS\,(máx)}$ nominal de ± 20 V. Se a tensão porta-fonte tornasse mais positiva que +20 V ou mais negativa que –20 V, a camada fina isolante seria danificada.

A não ser pela aplicação direta de uma V_{GS} excessiva, você pode danificar a camada fina de isolante de modo inconsciente. Se você retirar ou inserir um MOSFET em um circuito ainda energizado, as tensões transitórias causadas pelo retorno indutivo podem exceder o valor nominal de $V_{GS(máx)}$. Mesmo ao pegar um MOSFET, você pode estar com uma carga eletrostática e exceder $V_{GS(máx)}$ nominal. É por essa razão que os MOSFETs são sempre transportados com um anel metálico nos terminais, ou envolvidos em uma folha metálica fina, ou espetados em uma espuma condutora.

Alguns MOSFETs são protegidos por um diodo Zener interno em paralelo com a porta e a fonte. A tensão Zener é menor que $V_{GS(máx)}$ nominal. Portanto, o diodo Zener atinge a ruptura antes que qualquer dano possa ser causado à fina camada isolante. A desvantagem desses diodos internos é que eles reduzem a alta resistência de entrada dos MOSFETs. É preciso considerar o custo que ele tem em algumas aplicações porque os MOSFETs de preço elevado são facilmente danificados sem a proteção Zener.

Concluindo, os dispositivos com MOSFET são delicados e podem ser danificados facilmente. Você deve manuseá-los com cuidado. Além disso, nunca os conecte ou desconecte-os sem antes desligar a alimentação. Finalmente, antes de tocar um dispositivo com MOSFET, você deve aterrar seu corpo tocando no chassi do equipamento que estiver trabalhando.

12-5 Região ôhmica

Embora o MOSFET-E possa ser polarizado na região ativa, isto quase não é feito, pois ele é preliminarmente um dispositivo de chaveamento. A tensão típica de entrada é ou baixa ou alta. Uma tensão baixa é de 0 V e uma tensão alta é de $V_{GS(lig)}$, um valor especificado pelas folhas de dados.

Resistência dreno-fonte

Quando um MOSFET-E é polarizado na região ôhmica, ele é equivalente a uma resistência de $R_{DS(lig)}$. A maioria das folhas de dados lista o valor desta resistência para uma corrente de dreno específica e uma tensão porta-fonte.

A Figura 12-11 ilustra a ideia. Existe um ponto Q_{teste} na região ôhmica da curva de $V_{GS} = V_{GS(lig)}$. O fabricante mede $I_{D(lig)}$ e $V_{DS(lig)}$ neste ponto $Q_{(teste)}$. A partir daí, o fabricante calcula o valor de $R_{DS(lig)}$ usando esta definição:

$$R_{DS(lig)} = \frac{V_{DS(lig)}}{I_{D(lig)}} \tag{12-3}$$

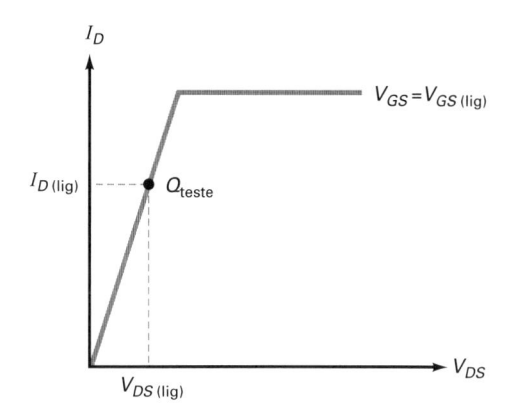

Figura 12-11 Medição de $R_{DS(\text{lig})}$.

Por exemplo, no ponto de teste, um VN2406L tem $V_{DS(\text{lig})} = 1$ V e $I_{D(\text{lig})} = 100$ mA. Com a Equação (12-3):

$$R_{DS(\text{lig})} = \frac{1\,\text{V}}{100\,\text{mA}} = 10\,\Omega$$

A Figura 12-12 mostra a folha de dados de um MOSFET-E canal *n*, 2N7000. Observe que este MOSFET-E pode ser encontrado também como um dispositivo para montagem em superfície. Note também o diodo interno entre os terminais de dreno e de fonte. Esse diodo é conhecido como *diodo de corpo* (ou *intrínseco*) *parasita* e é uma consequência do processo de fabricação do dispositivo. São listados os valores mínimos, máximos e típicos deste dispositivo. As especificações do dispositivo têm quase sempre uma larga faixa de valores.

Tabela de MOSFETs-E

A Tabela 12-1 é uma amostra de MOSFETs-E de pequeno sinal. Os valores típicos $V_{GS(\text{th})}$ são 1,5 a 3V. Os valores de $R_{DS(\text{lig})}$ são 0,3 Ω para 28 Ω, o que significa que o MOSFET-E tem uma resistência baixa quando polarizado na região ôhmica. Quando polarizado no corte, ele tem uma resistência muito alta, que se aproxima de um circuito aberto. Portanto, os MOSFETS-E têm excelentes especificações para operar em condições de liga/desliga (on-off).

Tabela 12-1	Amostra de EMOS para pequeno sinal					
Dispositivo	$V_{GS(\text{th})}$, V	$V_{GS(\text{lig})}$, V	$I_{D(\text{lig})}$	$R_{DS(\text{lig})}$, Ω	$I_{D(\text{máx})}$	$P_{D(\text{máx})}$
VN2406L	1,5	2,5	100 mA	10	200 mA	350 mW
BS107	1,75	2,6	20 mA	20	250 mA	350 mW
2N7000	2	4,5	75 mA	6	200 mA	350 mW
VN10LM	2,5	5	200 mA	7,5	300 mA	1 W
MPF930	2,5	10	1 A	0,8	2 A	1 W
IRFD120	3	10	600 mA	0,3	1,3 A	1 W

FAIRCHILD
SEMICONDUCTOR™

2N7000 / 2N7002 / NDS7002A
N-Channel Enhancement Mode Field Effect Transistor

General Description

These N-Channel enhancement mode field effect transistors are produced using Fairchild's proprietary, high cell density, DMOS technology. These products have been designed to minimize on-state resistance while provide rugged, reliable, and fast switching performance. They can be used in most applications requiring up to 400mA DC and can deliver pulsed currents up to 2A. These products are particularly suited for low voltage, low current applications such as small servo motor control, power MOSFET gate drivers, and other switching applications.

Features

- High density cell design for low $R_{DS(ON)}$.
- Voltage controlled small signal switch.
- Rugged and reliable.
- High saturation current capability.

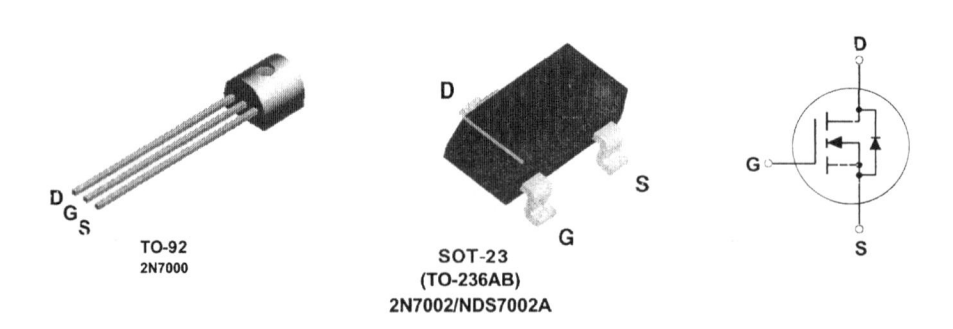

TO-92
2N7000

SOT-23
(TO-236AB)
2N7002/NDS7002A

Absolute Maximum Ratings $T_A = 25°C$ unless otherwise noted

Symbol	Parameter	2N7000	2N7002	NDS7002A	Units
V_{DSS}	Drain-Source Voltage	60			V
V_{DGR}	Drain-Gate Voltage ($R_{GS} \leq 1\ M\Omega$)	60			V
V_{GSS}	Gate-Source Voltage - Continuous	±20			V
	- Non Repetitive (tp < 50µs)	±40			
I_D	Maximum Drain Current - Continuous	200	115	280	mA
	- Pulsed	500	800	1500	
P_D	Maximum Power Dissipation	400	200	300	mW
	Derated above 25°C	3.2	1.6	2.4	mW/°C
T_J, T_{STG}	Operating and Storage Temperature Range	-55 to 150		-65 to 150	°C
T_L	Maximum Lead Temperature for Soldering Purposes, 1/16" from Case for 10 Seconds	300			°C
THERMAL CHARACTERISTICS					
$R_{\theta JA}$	Thermal Resistance, Junction-to-Ambient	312.5	625	417	°C/W

© 1997 Fairchild Semiconductor Corporation

2N7000.SAM Rev. A1

Figura 12-12   Folha parcial de dados do 2N7000. (Cortesia de Fairchild Semiconductor. Usado com permissão.)

Electrical Characteristics $T_A = 25°C$ unless otherwise noted

Symbol	Parameter	Conditions	Type	Min	Typ	Max	Units
OFF CHARACTERISTICS							
BV_{DSS}	Drain-Source Breakdown Voltage	$V_{GS} = 0$ V, $I_D = 10$ μA	All	60			V
I_{DSS}	Zero Gate Voltage Drain Current	$V_{DS} = 48$ V, $V_{GS} = 0$ V	2N7000			1	μA
		$T_J = 125°C$				1	mA
		$V_{DS} = 60$ V, $V_{GS} = 0$ V	2N7002 NDS7002A			1	μA
		$T_J = 125°C$				0.5	mA
I_{GSSF}	Gate - Body Leakage, Forward	$V_{GS} = 15$ V, $V_{DS} = 0$ V	2N7000			10	nA
		$V_{GS} = 20$ V, $V_{DS} = 0$ V	2N7002 NDS7002A			100	nA
I_{GSSR}	Gate - Body Leakage, Reverse	$V_{GS} = -15$ V, $V_{DS} = 0$ V	2N7000			-10	nA
		$V_{GS} = -20$ V, $V_{DS} = 0$ V	2N7002 NDS7002A			-100	nA
ON CHARACTERISTICS (Note 1)							
$V_{GS(th)}$	Gate Threshold Voltage	$V_{DS} = V_{GS}$, $I_D = 1$ mA	2N7000	0.8	2.1	3	V
		$V_{DS} = V_{GS}$, $I_D = 250$ μA	2N7002 NDS7002A	1	2.1	2.5	
$R_{DS(ON)}$	Static Drain-Source On-Resistance	$V_{GS} = 10$ V, $I_D = 500$ mA	2N7000		1.2	5	Ω
		$T_J = 125°C$			1.9	9	
		$V_{GS} = 4.5$ V, $I_D = 75$ mA			1.8	5.3	
		$V_{GS} = 10$ V, $I_D = 500$ mA	2N7002		1.2	7.5	
		$T_J = 100°C$			1.7	13.5	
		$V_{GS} = 5.0$ V, $I_D = 50$ mA			1.7	7.5	
		$T_J = 100C$			2.4	13.5	
		$V_{GS} = 10$ V, $I_D = 500$ mA	NDS7002A		1.2	2	
		$T_J = 125°C$			2	3.5	
		$V_{GS} = 5.0$ V, $I_D = 50$ mA			1.7	3	
		$T_J = 125°C$			2.8	5	
$V_{DS(ON)}$	Drain-Source On-Voltage	$V_{GS} = 10$ V, $I_D = 500$ mA	2N7000		0.6	2.5	V
		$V_{GS} = 4.5$ V, $I_D = 75$ mA			0.14	0.4	
		$V_{GS} = 10$ V, $I_D = 500$ mA	2N7002		0.6	3.75	
		$V_{GS} = 5.0$ V, $I_D = 50$ mA			0.09	1.5	
		$V_{GS} = 10$ V, $I_D = 500$ mA	NDS7002A		0.6	1	
		$V_{GS} = 5.0$ V, $I_D = 50$ mA			0.09	0.15	

Electrical Characteristics $T_A = 25°C$ unless otherwise noted

Symbol	Parameter	Conditions	Type	Min	Typ	Max	Units
ON CHARACTERISTICS Continued (Note 1)							
$I_{D(ON)}$	On-State Drain Current	$V_{GS} = 4.5$ V, $V_{DS} = 10$ V	2N7000	75	600		mA
		$V_{GS} = 10$ V, $V_{DS} \geq 2 V_{DS(on)}$	2N7002	500	2700		
		$V_{GS} = 10$ V, $V_{DS} \geq 2 V_{DS(on)}$	NDS7002A	500	2700		
g_{FS}	Forward Transconductance	$V_{DS} = 10$ V, $I_D = 200$ mA	2N7000	100	320		mS
		$V_{DS} \geq 2 V_{DS(on)}$, $I_D = 200$ mA	2N7002	80	320		
		$V_{DS} \geq 2 V_{DS(on)}$, $I_D = 200$ mA	NDS7002A	80	320		

Figura 12-12 Folha parcial de dados do 2N7000. (Cortesia de Fairchild Semiconductor. Usado com permissão.) (Continuação)

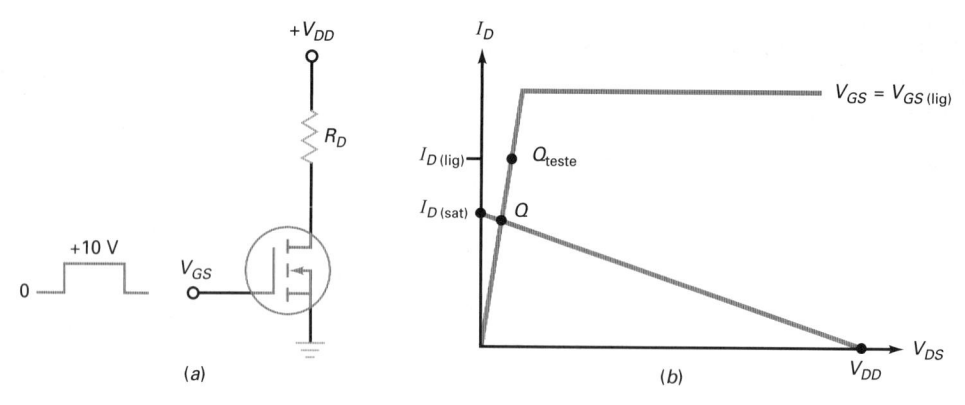

Figura 12-13 Garantia de saturação $I_{D(sat)}$ menor que $I_{D(lig)}$ com $V_{GS} = V_{GS(lig)}$.

Polarização na região ôhmica

Na Figura 12-13a, a corrente de saturação no dreno neste circuito é:

$$I_{D(sat)} = \frac{V_{DD}}{R_D} \tag{12-4}$$

e a tensão de corte no dreno é V_{DD}. A Figura 12-13b mostra a reta de carga CC entre a corrente de saturação de $I_{D(sat)}$ e a tensão de corte de V_{DD}.

Quando $V_{GS} = 0$, o ponto Q está no extremo inferior da reta de carga CC. Quando $V_{GS} = V_{GS(lig)}$, o ponto Q está no extremo superior da reta de carga CC. Quando o ponto Q está abaixo do ponto Q_{teste}, como mostra a Figura 12-13b, o dispositivo está polarizado na região ôhmica. Dito de outro modo, um MOSFET-E está polarizado na região ôhmica quando esta condição é satisfeita:

$$I_{D(sat)} < I_{D(lig)} \quad \text{quando} \quad V_{GS} = V_{GS(lig)} \tag{12-5}$$

A Equação (12-5) é importante. Ela nos informa se um MOSFET-E está operando na região ativa ou na região ôhmica. Dado um circuito com EMOS, podemos calcular o valor $I_{D(sat)}$. Se $I_{D(sat)}$ for menor que $I_{D(lig)}$, quando $V_{GS} = V_{GS(lig)}$, você saberá se o dispositivo está polarizado na região ôhmica e se é equivalente a uma resistência de baixo valor.

Exemplo 12-3

Qual é a tensão na saída na Figura 12-14a?

SOLUÇÃO Para o 2N7000, os valores mais importantes são:

$V_{GS(lig)} = 4,5\text{V}$

$I_{D(lig)} = 75\text{ mA}$

$R_{DS(lig)} = 6\Omega$

Como a tensão na entrada vai de 0 a 4,5 V, o 2N7000 é chaveado ligando e desligando.

A corrente de saturação no dreno na Figura 12-14a é:

$$I_{D(\text{sat})} = \frac{20\text{ V}}{1\text{ k}\Omega} = 20\text{ mA}$$

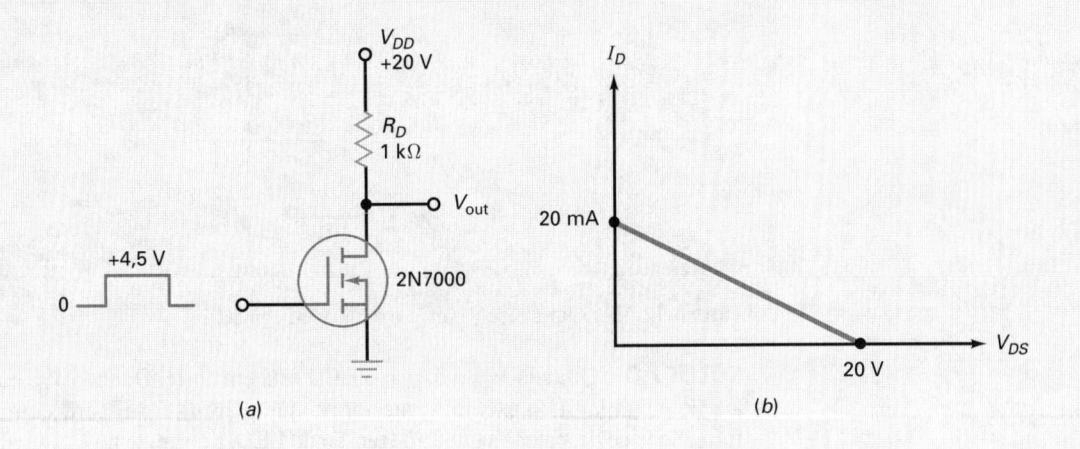

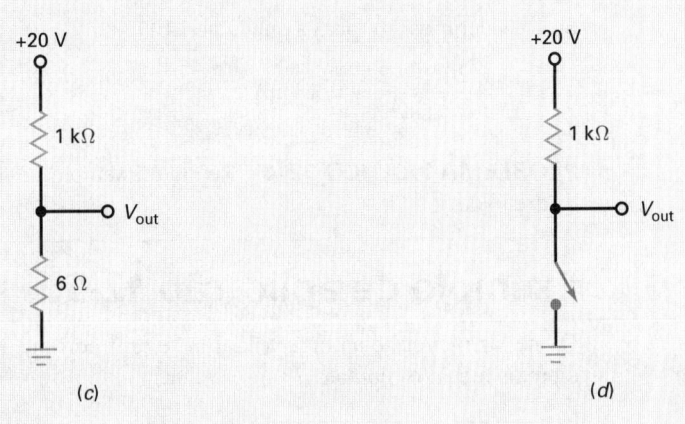

Figura 12-14 Chaveamento entre o corte e a saturação.

A Figura 12-14b é a reta de carga CC. Como a corrente 20 mA é menor que a de 75 mA, o valor de $I_{D(\text{lig})}$, o 2N7000 está polarizado na região ôhmica quando a tensão na porta for alta.

A Figura 12-14c é o circuito equivalente para uma tensão de entrada na porta alta. Como o MOSFET-E tem uma resistência de 6 Ω, a tensão na saída é:

$$V_{\text{out}} = \frac{6\ \Omega}{1\text{ k}\Omega\ |\ 6\ \Omega}(20\text{ V}) = 0{,}12\text{ V}$$

Por outro lado, quando V_{GS} for baixo, o MOSFET-E está em corte (Figura 12-14d) e a tensão na saída é sob a tensão da fonte:

$$V_{\text{out}} = 20\text{ V}$$

PROBLEMA PRÁTICO 12-3 Usando a Figura 12-14a, dobre o valor do resistor de dreno. Agora calcule $I_{D(\text{sat})}$ e a tensão de saída.

Exemplo de aplicação 12-4

Qual é a corrente no LED na Figura 12-15?

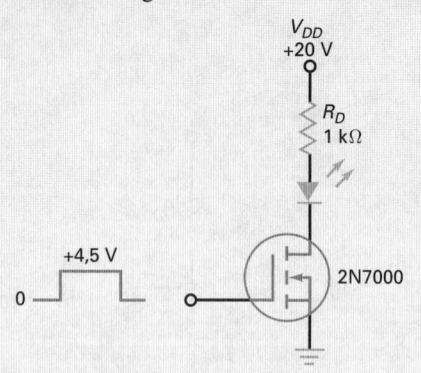

Figura 12-15 Chaveando (ligando e desligando) um LED.

SOLUÇÃO Quando V_{GS} é baixa, o LED está em corte. Quando V_{GS} é alta, a ação é similar à do exemplo anterior porque o 2N7000 vai para saturação forte. Se você desprezar a queda de tensão no LED, a corrente no LED será de:

$$I_D \approx 20 \text{ mA}$$

Se considerar os 2 V para a queda no LED:

$$I_D = \frac{20 \text{ V} - 2 \text{ V}}{1 \text{ k}\Omega} = 18 \text{ mA}$$

PROBLEMA PRÁTICO 12-4 Repita o Exemplo 12-4 usando um resistor de dreno de 560 Ω.

Exemplo de aplicação 12-5

O que faz o circuito na Figura 12-16a se uma corrente na bobina de 30 mA ou mais fechar os contatos?

SOLUÇÃO O MOSFET-E está sendo usado para ligar e desligar o relé. O resistor de 15 Ω representa uma variedade de tipos de cargas possíveis, incluindo um motor CA monofásico. Como a bobina do relé tem uma resistência de 500 Ω, a corrente de saturação é:

$$I_{D(\text{sat})} = \frac{24 \text{ V}}{500 \text{ }\Omega} = 48 \text{ mA}$$

Pelo fato de esse valor ser menor que $I_{D(\text{lig})}$ do VN2460L, o dispositivo tem uma resistência de apenas 10 Ω (veja a Tabela 12-1).

A Figura 12-16b mostra o circuito equivalente para um valor alto de V_{GS}. A corrente na bobina do relé é de 48 mA aproximadamente, mais que suficiente para acionar o relé. Quando o relé está acionado, o circuito do contato fica como na Figura 12-16c. Portanto, a corrente final na carga é de 8 A (120 V dividido por 15 Ω).

Na Figura 12-16a, uma tensão de apenas +2,5 V e uma corrente de quase zero controla uma carga de 120 V CA e uma corrente na carga de 8 A. O sinal de entrada poderia ser proveniente de um circuito de controle digital ou ainda um chip de microcontrolador. Um circuito como este é útil em controle remoto. A tensão na entrada poderia ser um sinal transmitido a longa distância por

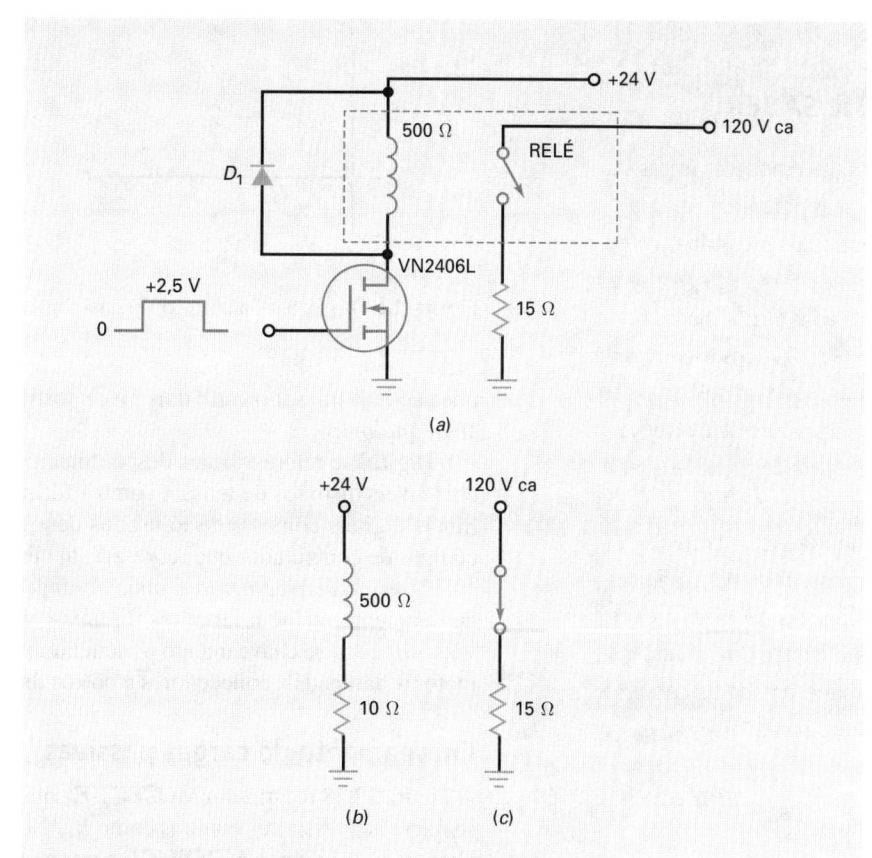

Figura 12-16 Um sinal de baixa corrente na entrada controla uma alta corrente na saída.

condutor de cobre, fibra óptica ou pelo espaço externo. O diodo D_1 na Figura 12-16a é denominado de *diodo roda livre* (*free-wheeling diode*). Quando o MOSFET desliga, o campo magnético em torno da bobina do relé entra em colapso rapidamente. Isso produz uma grande tensão induzida na bobina que se soma à fonte de +24 V. Essa tensão poderia danificar o MOSFET. A colocação de um diodo em paralelo com a bobina limita a tensão induzida a aproximadamente 0,7 V e protege o MOSFET.

12-6 Chaveamento digital

Por que o MOSFET-E revolucionou a indústria do computador? Em virtude de sua tensão de limiar ela é ideal para o uso como dispositivo de chaveamento. Quando a tensão na porta for bem acima da tensão de limiar, o dispositivo chaveia do corte para a saturação. Esta ação de ligar e desligar é o fator principal para o funcionamento do computador. Quando você estudar circuitos de computador, verá como um computador típico usa milhões de MOSFETs-E como chave de liga e desliga para processar um dado. (*Dados* incluem números, textos, gráficos e todas as informações que podem ser codificadas em números binários.)

Analógico, digital e circuitos de chaveamento

O termo **analógico** significa "contínuo", como uma onda senoidal. Quando falamos de um sinal analógico, estamos falando sobre sinais que mudam continuamente a tensão como o da Figura 12-17a. O sinal não precisa ser senoidal. Desde

É ÚTIL SABER

Muitas das grandezas físicas são analógicas por natureza e elas são quase sempre usadas como entrada e como saída para serem monitoradas e controladas por um sistema. Alguns exemplos de entradas e saídas analógicas são temperatura, pressão, nível de fluido e taxa de fluxo. Para ter a vantagem das técnicas digitais quando tratar com entradas analógicas, as grandezas físicas deverão ser convertidas em um formato digital. Um circuito que faz isso é chamado de *conversor analógico para digital (A/D)*.

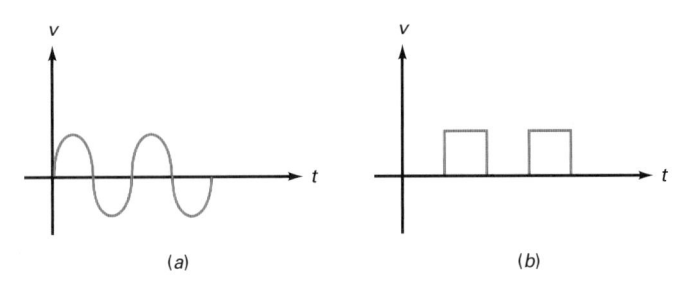

Figura 12-17 (a) Sinal analógico; (b) sinal digital.

que não haja um salto entre dois níveis distintos de tensão, o sinal é referido como *sinal analógico*.

Digital se refere a sinais descontínuos. Isso quer dizer que o sinal salta entre dois níveis distintos de tensão, como a forma de onda mostrada na Figura 12-17*b*. Sinais digitais como este são usados dentro dos computadores. Estes sinais são códigos de computador que representam números, letras e outros símbolos.

O termo *chaveamento* é mais abrangente que o termo *digital*. Circuitos de chaveamento incluem circuitos digitais como um subconjunto. Em outras palavras, circuitos de chaveamento podem também se referir a circuitos que controlam motores, lâmpadas, aquecedores e outros dispositivos de correntes elevadas.

Chaveamento de cargas passivas

A Figura 12-18 mostra um MOSFET-E com uma carga passiva. A palavra *passiva* se refere aos resistores comuns como R_D. Neste circuito, v_{in} pode ser baixa ou alta. Quando v_{in} é baixa, o MOSFET-E está em corte e v_{out} é igual à tensão da fonte de alimentação V_{DD}. Quando v_{in} é alta, o MOSFET-E satura e v_{out} cai para um valor baixo. Para um circuito funcionar corretamente, a corrente de saturação no dreno $I_{D(sat)}$ tem de ser menor que $I_{D(lig)}$ quando a tensão na saída for igual ou maior que $V_{GS(lig)}$. Isso equivale a dizer que a resistência na região ôhmica tem de ser muito menor que a resistência passiva no dreno. Em símbolos:

$$R_{DS(lig)} << R_D$$

Um circuito como o da Figura 12-18 é o mais simples que pode ser montado para computador. Ele é chamado de *inversor* porque a tensão na saída é a oposta a da tensão na entrada. Quando a tensão na entrada é baixa, a tensão na saída é alta. Quando a tensão na entrada é alta, a tensão na saída é baixa. Não é necessária uma precisão alta quando analisar circuitos de chaveamento. Tudo o que importa é que as tensões na entrada e na saída podem ser reconhecidas facilmente como baixa ou alta.

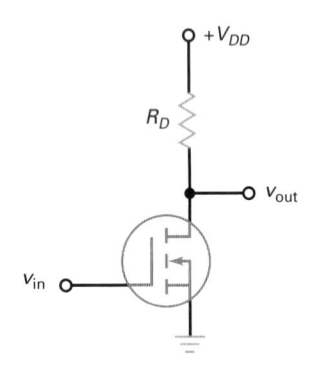

Figura 12-18 Carga passiva.

Chaveamento com carga ativa

Os circuitos integrados (CIs) consistem em centenas de transistores microscopicamente pequenos, que podem ser bipolar ou MOS. Os circuitos integrados anteriores usavam resistores como cargas passivas como na Figura 12-18. Mas a carga passiva com resistência apresenta um grande problema. Ela é fisicamente muito maior que um MOSFET. Por isso, os circuitos integrados de resistores com cargas passivas eram muito grandes, até que alguém inventou os **resistores com carga ativa**. Isso reduziu enormemente o tamanho dos circuitos integrados e também dos computadores pessoais atuais.

A ideia-chave era livrar-se das cargas passivas com resistores. A Figura 12-19*a* mostra a invenção: *chaveamento com carga ativa*. O MOSFET inferior age como uma chave, mas o MOSFET superior age como uma resistência de valor alto. Note

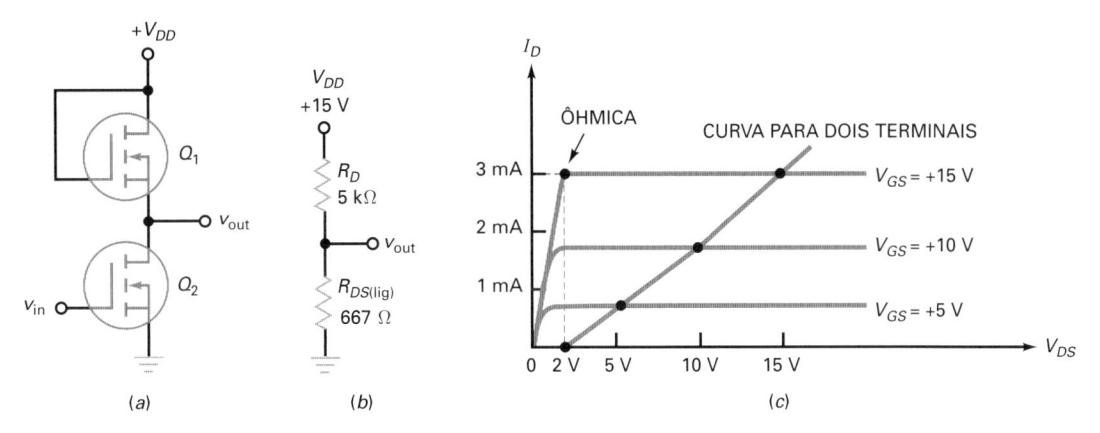

Figura 12-19 (a) Carga ativa; (b) circuito equivalente; (c) $V_{GS} = V_{DS}$ produz uma curva para dois terminais.

que o MOSFET superior tem sua porta conectada ao seu dreno. Por isso, ele se tornou em um *dispositivo de dois terminais* com uma resistência ativa de:

$$R_D = \frac{V_{DS(\text{ativa})}}{I_{D(\text{ativa})}} \tag{12-6}$$

onde $V_{DS(\text{ativa})}$ e $I_{D(\text{ativa})}$ são as tensões e correntes na região ativa.

Para o circuito trabalhar corretamente, a R_D do MOSFET superior tem de ser maior comparada com $R_{DS(\text{lig})}$ do MOSFET inferior. Por exemplo, se o MOSFET superior funciona como uma R_D de 5 kΩ e o inferior como uma $R_{D(\text{lig})}$ de 667 Ω, como mostra a Figura 12-19b, então a tensão na saída será baixa.

A Figura 12-19c mostra como calcular o valor de R_D para o MOSFET superior. Pelo fato de $V_{GS} = V_{DS}$, cada ponto de operação deste MOSFET tem de cair ao longo da curva para dois terminais como mostra a Figura 12-19c. Se você verificar cada ponto plotado nesta curva para dois terminais, verá que $V_{GS} = V_{DS}$.

A curva para dois terminais na Figura 12-19c significa que o MOSFET superior age como uma resistência de R_D. O valor de R_D mudará ligeiramente para pontos diferentes. Por exemplo, no ponto mais alto da Figura 12-19c, a curva para dois terminais tem $I_D = 3$ mA e $V_{DS} = 15$ V. Com a Equação (12-6), podemos calcular:

$$R_D = \frac{15 \text{ V}}{3 \text{ mA}} = 5 \text{ k}\Omega$$

O próximo ponto abaixo tem estes valores aproximados: $I_D = 1{,}6$ mA e $V_{DS} = 10$ V. Portanto:

$$R_D = \frac{10 \text{ V}}{1{,}6 \text{ mA}} = 6{,}25 \text{ k}\Omega$$

Por meio de um cálculo similar, o ponto mais baixo, onde $V_{DS} = 5$ V e $I_D = 0{,}7$ mA, tem um $R_D = 7{,}2$ kΩ.

Se o MOSFET inferior tem o mesmo conjunto de curvas de dreno como o do superior, então o MOSFET inferior tem uma $R_{DS(\text{lig})}$ de:

$$R_{DS(\text{lig})} = \frac{2 \text{ V}}{3 \text{ mA}} = 667 \text{ }\Omega$$

Esse é o valor mostrado na Figura 12-19b.

Como mencionado anteriormente, não importa o valor exato para os circuitos de chaveamento digital enquanto as tensões puderem ser distinguidas facilmente como baixa ou alta. Portanto, o valor exato de R_D é importante. Ela pode ser de 5 kΩ, 6,25 kΩ ou 7,2 kΩ. Qualquer um destes valores é alto suficiente para produzir uma tensão baixa na saída na Figura 12-19b.

Conclusão

A carga ativa com resistores são necessariamente para CIs digitais porque o pequeno tamanho físico é importante no caso. O projetista procura ter certeza de que R_D do MOSFET superior seja maior quando comparado com $R_{D(\text{lig})}$ do MOSFET inferior. Quando você vir um circuito como o da Figura 12-19a, tudo que tem a lembrar é a ideia básica: o circuito age como uma resistência de valor R_D em série com uma chave. Como resultado, a tensão na saída é alta ou baixa.

Exemplo 12-6 ||| MultiSim

Qual é a tensão na saída na Figura 12-20a quando a entrada é baixa? E quando ela é alta?

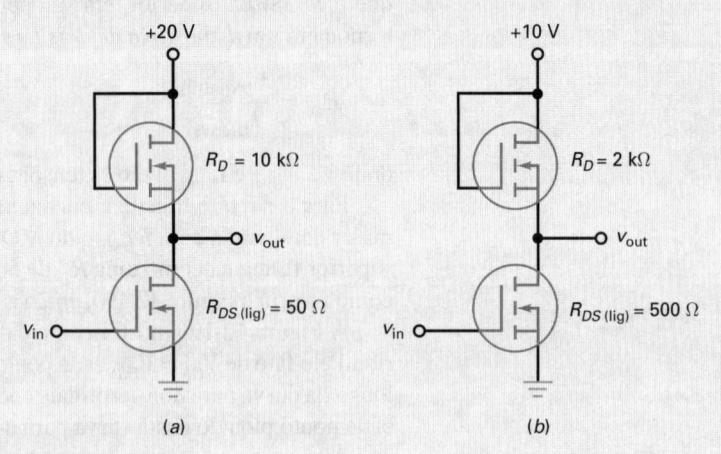

Figura 12-20 Exemplos.

SOLUÇÃO Quando a tensão de entrada é baixa, o MOSFET inferior está aberto e a tensão na saída sobe para a tensão da fonte:

$$v_{\text{out}} = 20 \text{ V}$$

Quando a tensão de entrada é alta, o MOSFET inferior tem uma resistência de 50 Ω. Neste caso, a tensão na saída cai para o valor do terra:

$$v_{\text{out}} = \frac{50 \, \Omega}{10 \text{ k}\Omega + 50 \, \Omega}(20 \text{ V}) = 100 \text{ mV}$$

PROBLEMA PRÁTICO 12-6 Repita o Exemplo 12-6 usando uma $R_{D(\text{lig})}$ com valor de 100 Ω.

Exemplo 12-7

Qual é a tensão na saída na Figura 12-20b?

SOLUÇÃO Quando a tensão na entrada é baixa:

$$v_{(\text{out})} = 10 \text{ V}$$

Quando a tensão na entrada é alta:

$$v_{out} = \frac{500\,\Omega}{2,5\,k\Omega}(10\,V) = 2\,V$$

Se você comparar este exemplo com o anterior, pode ver que a relação liga-desliga não é tão boa. Mas com circuitos digitais, uma relação liga-desliga alta não é importante. Neste exemplo, a tensão na saída é 2 V ou 10 V. Essas tensões são facilmente distinguíveis como baixas ou altas.

PROBLEMA PRÁTICO 12-7 Usando a Figura 12-20b, que valor alto $R_{DS(lig)}$ pode ter e um valor de V_{out} baixo com 1 V, quando V_{in} é alto?

12-7 CMOS

No chaveamento com carga ativa, a corrente de dreno quando a saída é baixa é igual à $I_{D(sat)}$ aproximadamente. Isso pode criar um problema para os equipamentos operados com bateria. Um modo de reduzir a corrente de dreno de um circuito digital é usando um **MOS complementar (CMOS)**. Neste método, o projetista de CI combina MOSFETs canal n com canal p.

A Figura 12-21a mostra esta ideia. Q_1 é um MOSFET canal p e Q_2 é um MOSFET canal n. Os dois dispositivos são complementares, isto é, eles têm valores iguais e opostos de $V_{GS(th)}$, $V_{GS(lig)}$, $I_{D(lig)}$ e assim por diante. O circuito é similar ao amplificador classe B por que um dos MOSFET conduz enquanto o outro está em corte.

Funcionamento básico

Quando um circuito com CMOS como na Figura 12-21a é usado em aplicações de chaveamento, a tensão na entrada é alta ($+V_{DD}$) ou baixa (0 V). Quando a tensão na entrada é alta, Q_1 está em corte e Q_2 está em condução. Neste caso, com Q_2 em curto a tensão na saída cai para o valor do potencial de terra. Por outro lado, quando a tensão na entrada é baixa, Q_1 conduz e Q_2 entra em corte. Agora, com Q_1 em curto a tensão na saída sobe para $+V_{DD}$. Como a tensão na saída é invertida, o circuito é chamado de *inversor CMOS*.

A Figura 12-21b mostra como a tensão na saída varia em função da tensão de entrada. Quando a tensão na entrada é zero, a tensão na saída é alta. Quando a tensão na entrada é alta, a tensão na saída é baixa. Entre os dois extremos, existe

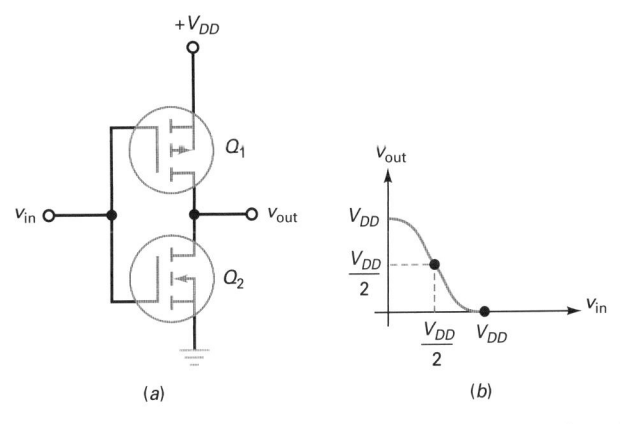

Figura 12-21 Inversor CMOS: (a) Circuito; (b) gráfico da tensão de entrada-saída.

um ponto de cruzamento onde a tensão na entrada é igual à $V_{DD}/2$. Nesse ponto, os dois MOSFETs têm resistências iguais e a tensão na saída é igual à $V_{DD}/2$.

Consumo de energia

A principal vantagem de um CMOS é seu consumo extremamente baixo de energia. Pelo fato de os dois MOSFETs estarem em série na Figura 12-21a, a corrente quiescente de dreno é determinada pelo dispositivo que não está conduzindo. Como sua resistência é em megaohms, o consumo de energia *quiescente* (sem carga) é zero.

O consumo de energia aumenta quando a tensão na entrada muda de um valor baixo para um valor alto e vice-versa. A razão é a seguinte: no ponto médio de uma transição de um valor baixo para alto e vice-versa, os dois MOSFETs estão em condução. Isso quer dizer que a corrente de dreno aumenta temporariamente. Como esta transição é muito rápida, ocorre apenas um pulso breve de corrente. O produto da tensão de alimentação do dreno e do breve pulso de corrente significa que o consumo de potência *dinâmico* é maior que o consumo de potência quiescente. Em outras palavras, um dispositivo CMOS dissipa uma potência média maior quando está em transição que quando está quiescente.

Como os pulsos de corrente são muito rápidos, contudo, a dissipação média de potência é muito baixa mesmo quando o dispositivo está em chaveamento. Na realidade, o consumo médio de energia é tão baixo que os circuitos CMOS são sempre usados para aplicações de equipamentos com baterias, como calculadoras, relógios digitais e recursos para audição.

Exemplo 12-8

Os MOSFETs na Figura 12-22a tem $R_{DS(lig)} = 100\ \Omega$ e $R_{DS(desl)} = 1\ M\Omega$. Qual é a forma de onda na saída?

SOLUÇÃO O sinal na entrada é um pulso retangular que chaveia de 0 a +15 V no ponto A e de +15 V para 0 no ponto B. Antes do ponto A exato, Q_1 está em condução e Q_2 está em corte. Como Q_1 tem uma resistência de 100 Ω comparada com a resistência de 1 MΩ de Q_2, a tensão na saída sobe para +15 V.

Entre os pontos A e B, a tensão na entrada é de +15 V. Isso corta Q_1, e Q_2 entra em condução. Neste caso, a resistência baixa de Q_2 leva a saída para o nível baixo de aproximadamente zero. A Figura 12-22b mostra a forma de onda.

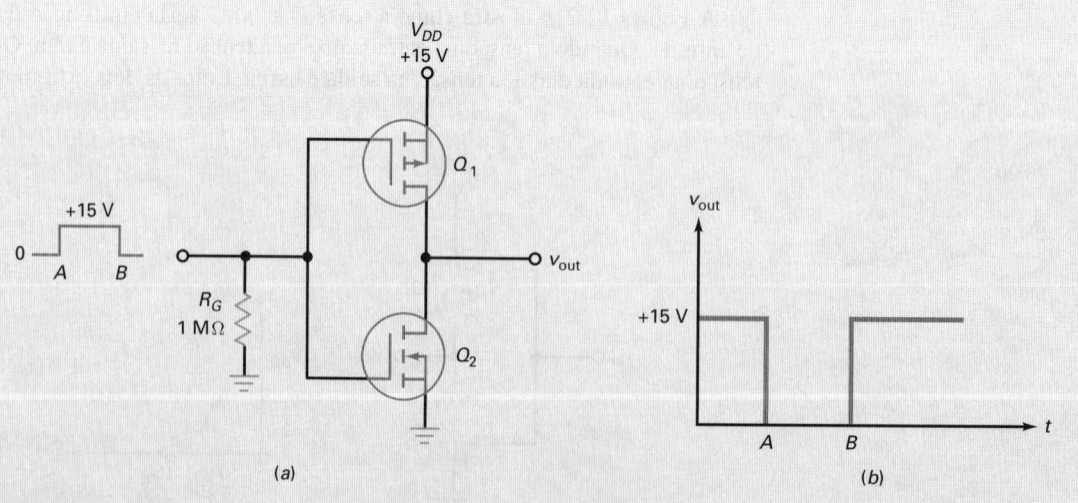

Figura 12-22 Exemplo.

PROBLEMA PRÁTICO 12-8 Repita o Exemplo 12-8 com V_{DD} igual a +10 V e V_{in} = +10 V pulsos entre A e B.

12-8 FETs de potência

Em nossos estudos anteriores, enfatizamos os MOSFETs-E para pequeno sinal. Isto é, MOSFETs de baixa potência. Embora alguns MOSFETs discretos de baixa potência sejam comercialmente disponíveis (veja a Tabela 12-1), o uso principal do EMOS de baixa potência é nos circuitos integrados digitais.

O EMOS de alta potência é diferente. Com o EMOS de alta potência, o MOSFET é um dispositivo discreto muito utilizado em aplicações de controle de motores, lâmpadas, acionadores de disco (*disk drives*), impressoras, fontes de alimentação e outros. Nessas aplicações, o MOSFET-E é chamado de **FET de potência**.

Dispositivos discretos

Os fabricantes produzem tipos diferentes de dispositivos como VMOS, TMOS, hexFET, MOSFET de vala (trench MOSFET), MOSFET de onda. Todos estes FETs de potência usam geometrias diferentes de canal para aumentar seus valores nominais máximos. Estes dispositivos têm correntes nominais de 1 A a mais de 200 A, e potências nominais na faixa de 1 W a mais de 500 W.

A Figura 12-23*a* mostra a estrutura de um MOSFET tipo crescimento em um circuito integrado. A fonte está do lado esquerdo, a porta no meio e o dreno no lado direito. Os elétrons livres circulam horizontalmente da fonte para o dreno quando V_{GS} é maior que $V_{GS(th)}$. Esta estrutura limita a corrente máxima porque os elétrons livres devem passar pela camada de inversão estreita, simbolizada pela linha tracejada. Pelo fato de o canal ser tão estreito, os dispositivos MOS convencionais têm correntes de dreno de baixo valor e de baixas potências nominais.

A Figura 12-23*b* mostra a estrutura de um dispositivo **MOS vertical (VMOS)**. Ele tem duas fontes na parte de cima, que estão geralmente conectadas e o substrato age como o dreno. Quando V_{GS} é maior que $V_{GS(th)}$, os elétrons livres circulam verticalmente para baixo das duas fontes para o dreno. Pelo fato de o canal de condução ser muito largo nos dois lados do entalhe em V, a corrente pode ser bem maior. Isso permite que o dispositivo VMOS funcione como um FET de potência.

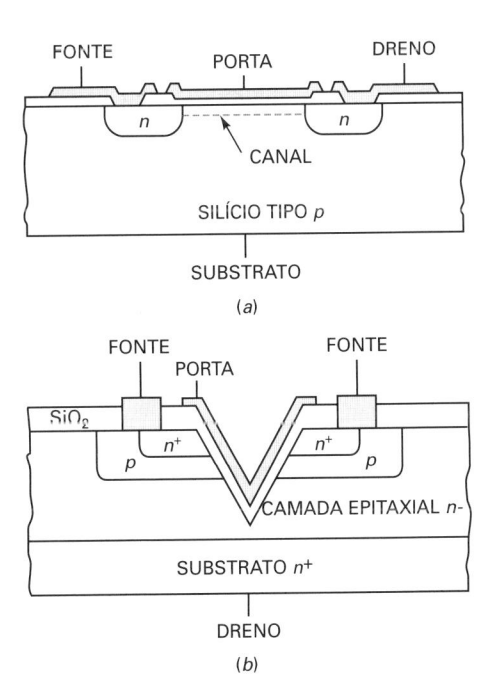

Figura 12-23 Estruturas do MOS: (*a*) estrutura do MOSFET convencional; (*b*) estrutura do VMOS.

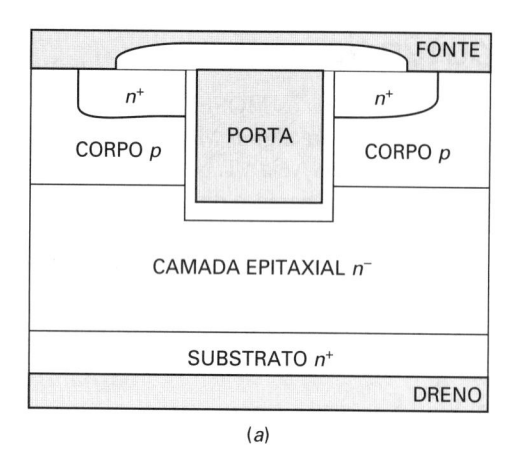

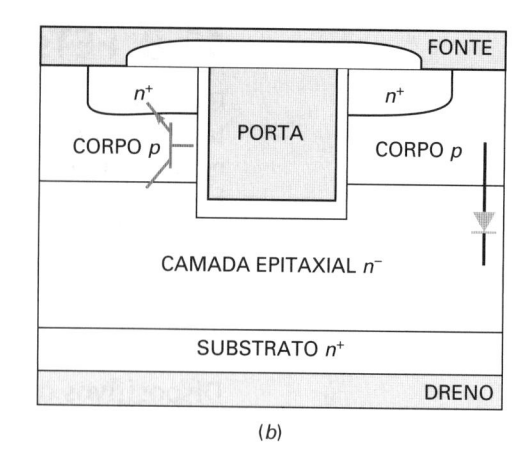

Figura 12-24 UMOSFET: (a) estrutura; (b) elementos parasitas.

Elementos parasitas

A Figura 12-24a mostra a estrutura de outro MOSFET de potência orientado verticalmente denominado UMOSFET. Este dispositivo implementa um entalhe em U abaixo da região da porta. Essa estrutura resulta em uma densidade de canal maior que reduz a resistência no estado ligado ($R_{DS(lig)}$).

Assim como na maioria dos outros MOSFETs de potência, a estrutura de quatro camadas inclui as regiões n^+, p, n^- e n^+. Devido à estrutura de semicondutor em camadas, existem elementos parasitas. Um dos elementos parasitas é um transistor TJB npn entre a fonte e o dreno. Como mostrado na Figura 12-24b, a região de corpo tipo p faz o papel da base, a região de fonte n^+ faz o papel do emissor e a região de dreno tipo n faz o papel do coletor.

Então, qual é o significado deste efeito? As primeiras versões dos MOSFETs de potência eram suscetíveis a uma ruptura por tensão em altas taxas de elevação da tensão dreno-fonte (dV/dt) e transientes de tensão. Quando isso ocorre, a capacitância da junção base-coletor parasita se carrega rapidamente. Isso age como uma corrente de base e coloca em condução o transistor parasita. Quando o transistor parasita conduz repentinamente, o dispositivo entra no estado de ruptura por avalanche. O MOSFET será destruído se a corrente de dreno não for limitada externamente. Para evitar que o transistor parasita entre em condução, a região de fonte n^+ é colocada em curto com a região de corpo tipo p pela metalização da fonte. Observe na Figura 12-24b como a região da fonte está conectada às camadas n^+ e corpo p. Isso efetivamente coloca em curto a junção base-emissor parasita, evitando que ele seja ligado. O resultado do curto entre essas duas camadas é a criação de um **diodo de corpo** (ou **intrínseco**) **parasita**, como mostrado na Figura 12-24b.

O diodo de corpo parasita em antiparalelo da maioria dos MOSFETs de potência será mostrado no símbolo esquemático do componente como na Figura 12-25a. Algumas vezes esse diodo de corpo será desenhado como um diodo zener. Devido a sua ampla área de junção, esse diodo tem um tempo de recuperação reversa longo. Isso limita o uso do diodo a aplicações de baixa frequência, como em circuitos de controle de motor, conversores de meia ponte e de ponte completa. Em aplicações de alta frequência, o diodo parasita é muitas vezes colocado em paralelo externamente por meio de um retificador ultrarrápido para evitar que ele seja ligado. Se for permitido que ele seja ligado, as perdas de recuperação reversa aumentarão a dissipação de potência do MOSFET.

Devido ao MOSFET de potência ser composto de múltiplas camadas semicondutoras, existirão capacitâncias em cada uma das junções pn. A Figura 12-25b mostra um modelo simplificado para as capacitâncias parasitas de um MOSFET

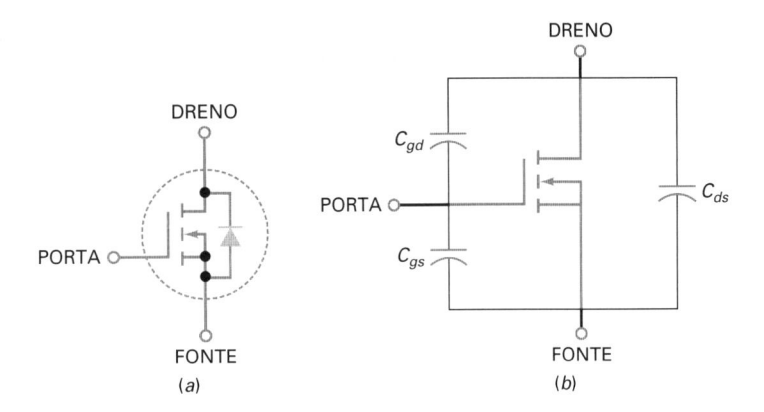

Figura 12-25 MOSFET de potência. (a) Símbolo esquemático com o diodo de corpo. (b) Capacitância parasita.

de potência. As folhas de dados muitas vezes listam a capacitância parasita de um MOSFET por meio de sua capacitância de entrada $C_{iss} = C_{gd} + C_{gs}$, capacitância de saída $C_{oss} = C_{gd} + C_{ds}$ e capacitância de transferência reversa $C_{rss} = C_{gd}$. Cada um desses valores são medidos pelos fabricantes sob condições CA de curto-circuito.

A carga e descarga dessas capacitâncias parasitas têm um efeito direto nos tempos de atraso para ligar e desligar o dispositivo, bem como a sua resposta de frequência global. O atraso de tempo para ligar, $t_{d(\text{lig})}$, é o tempo que leva para carregar a capacitância de entrada do MOSFET antes de iniciar a condução da corrente de dreno. Da mesma forma, o atraso de tempo para desligar, $t_{d(\text{deslig})}$, é o tempo que leva para descarregar a capacitância após o dispositivos ser desligado. Em circuitos de comutação de alta velocidade, devem ser usados circuitos acionadores especiais para carregar e descarregar rapidamente essas capacitâncias.

A Tabela 12-2 é uma amostra de FETs de potência disponíveis comercialmente. Observe que $V_{GS(\text{lig})}$ é 10 V para todos esses dispositivos. Devido eles serem dispositivos fisicamente maiores, necessitam de um $V_{GS(\text{lig})}$ maior para garantir a operação na região ôhmica. Como você pode ver, as especificações de potência destes dispositivos são significativas, capazes de lidar com altas correntes em aplicações como controles automotivos, iluminação e aquecimento.

A análise de um circuito de FET de potência é a mesma que para dispositivos de pequeno sinal. Quando acionado por um $V_{GS(\text{lig})}$ de 10 V, um FET de potência tem uma resistência $R_{DS(\text{lig})}$ pequena na região ôhmica. Como antes, um $I_{D(\text{sat})}$ menor do que $I_{D(\text{lig})}$ quando $V_{GS} = V_{GS(\text{lig})}$ garante que o dispositivo está polarizado na região ôhmica e se comporta como uma pequena resistência.

Inexistência de deriva térmica

Os transistores de junção bipolar podem ser danificados pela *deriva térmica*. O problema com os transistores bipolares é por causa do coeficiente de temperatura negativo de V_{BE}. Quando a temperatura interna aumenta, V_{BE} diminui. Isso

É ÚTIL SABER

Em muitos casos, os dispositivos bipolares e os dispositivos MOS são usados no mesmo circuito eletrônico. Um circuito de interface conecta a saída de um circuito à entrada do outro; sua função é tomar o sinal de saída do acionador e condicioná-lo de modo que se torne compatível com as exigências da carga.

Tabela 12-2	Tipos de FET de potência				
Dispositivo	$V_{GS(\text{lig})}$, V	$I_{D(\text{lig})}$, A	$R_{DS(\text{lig})}$, Ω	$I_{D(\text{máx})}$, A	$P_{D(\text{máx})}$, W
MTP4N80E	10	2	1,95	4	125
MTV10N100E	10	5	1,07	10	250
MTW24N40E	10	12	0,13	24	250
MTW45N10E	10	22,5	0,035	45	180
MTE125N20E	10	62,5	0,012	125	460

aumenta a corrente no coletor, forçando um aumento na temperatura. Mas uma temperatura maior reduz V_{BE} ainda mais. Se não houver um dissipador de calor adequado, o transistor bipolar entra em uma deriva térmica e é danificado.

Uma das principais vantagens dos FETs de potência sobre os transistores bipolares é a inexistência da deriva térmica. A $R_{DS(lig)}$ de um MOSFET tem um coeficiente de temperatura positivo. Quando a temperatura interna aumenta, $R_{DS(lig)}$ aumenta e reduz a corrente no dreno, que faz baixar a temperatura. Como resultado, os FETs de potência são dispositivos inerentemente de temperatura estável e não podem entrar em deriva térmica.

FETs de potência em paralelo

Os transistores de junção bipolar não podem ser conectados em paralelo porque suas quedas em V_{BE} não são exatamente as mesmas. Se você tentar conectá-los em paralelo, *ocorrerá a corrente de monopólio*. Isso quer dizer que o transistor com menor valor de V_{BE} terá uma corrente de coletor maior que a dos outros.

Os FETs de potência em paralelo não são afetados pelo problema da corrente de monopólio. Se um dos FETs de potência tentar monopolizar a corrente, sua temperatura interna aumentará. Isso aumenta seu valor de $R_{DS(lig)}$, que reduz a corrente no dreno. O efeito total é que todos os FETs de potência acabam tendo as mesmas correntes de dreno.

Desligamento rápido

Como mencionado anteriormente, os portadores minoritários dos transistores bipolares são armazenados na área da junção durante a polarização direta. Quando você tenta desligar um transistor bipolar, as cargas armazenadas continuam circulando por um tempo, evitando um corte rápido. Como um FET de potência não tem portadores minoritários, ele pode chavear uma corrente de valor elevado mais rápido que um transistor bipolar. Tipicamente, um FET de potência pode chavear correntes na faixa de ampères em décimos de segundos. Isso é 10 a 100 vezes mais rápido quando comparado ao transistor de junção bipolar.

FET de potência como interface

Os CIs digitais são dispositivos de baixa potência porque só podem fornecer correntes de baixos valores para as cargas. Se quisermos usar a saída de um CI digital para acionar uma carga de corrente elevada, podemos usar um FET de potência como uma **interface** (um dispositivo B que permite ao dispositivo A comunicar-se com ou controlar o dispositivo C).

A Figura 12-26 mostra como um CI digital pode controlar uma carga de potência elevada. A saída do CI digital aciona a porta do FET de potência. Quando a saída digital é alta, o FET de potência age como uma chave fechada. Quando a saída digital é baixa, o FET de potência age como uma chave aberta. Os CIs de interface (EMOS para pequenos sinais e CMOS) para acionar cargas de potências elevadas é uma das aplicações mais importante dos FETs de potência.

A Figura 12-27 é um exemplo de CI digital controlando uma carga armazenada de alta potência. Quando a saída do CMOS é alta, o FET de potência age como uma chave fechada. O enrolamento (bobinado) do motor é então alimentado com 12 V aproximadamente e o eixo do motor gira. Quando a saída digital é baixa, o FET de potência está aberto e o motor pára de girar.

Conversores CC/CA

Quando acontece uma falha repentina de energia, os computadores param de operar e um dado importante pode ser perdido. Uma solução é utilizar uma **fonte de alimentação sem interrupção (UPS)**. Uma UPS contém uma bateria e um conversor CC-CA. A ideia básica é a seguinte: quando houver uma falha na energia, a tensão da bateria é convertida para uma tensão CA para alimentar o computador.

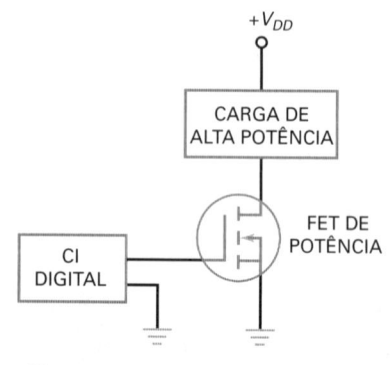

Figura 12-26 O FET de potência é a interface entre o CI digital de baixa potência e a carga de alta potência.

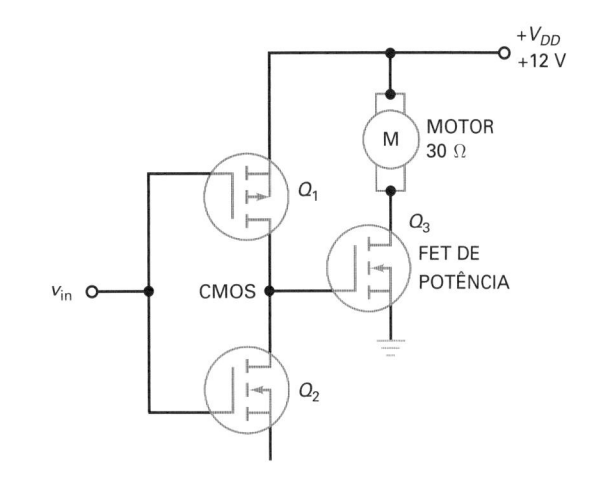

Figura 12-27 Usando um FET de potência para controlar um motor.

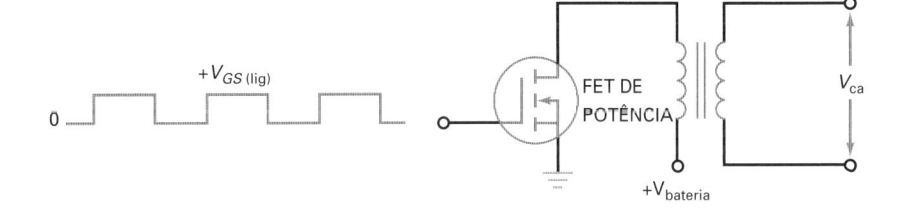

Figura 12-28 Conversor CC/CA elementar.

A Figura 12-28 mostra um **conversor CC/CA**, a ideia básica por trás de um UPS. Quando a energia falha, outros circuitos (amps ops, que serão estudados depois) são ativados e geram uma onda quadrada para acionar a porta. A onda quadrada de entrada chaveia (liga e desliga) o FET de potência. Como uma onda quadrada será transferida para o bobinado do transformador, o bobinado do secundário pode fornecer uma tensão CA necessária para manter o computador em funcionamento. Uma UPS fornecida comercialmente é mais complexa que este circuito, mas a ideia básica em converter CC em CA é a mesma.

Conversores CC/CC

A Figura 12-29 é um **conversor CC/CC**, um circuito que converte a tensão CC na entrada em uma tensão CA na saída que pode ser menor ou maior que a da entrada. O FET de potência chaveia ligando e desligando, produzindo uma onda quadrada no bobinado secundário do transformador. O retificador de meia onda e o capacitor de filtro produz a tensão CC na saída V_{out}. Utilizando diferentes números de espiras, podemos obter uma tensão CC na saída que pode ser maior ou menor que a tensão de entrada V_{in}. Para diminuirmos a ondulação podemos usar um retificador de onda completa em ponte ou com tomada central. O conversor CC/CC é uma das principais seções de um chaveamento ou de uma fonte de alimentação chaveada. Esta aplicação será estudada no Capítulo 22.

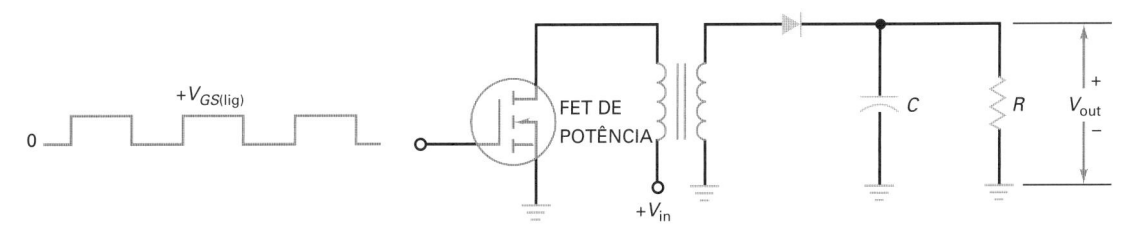

Figura 12-29 Conversor CC/CC elementar.

Exemplo de aplicação 12-9

Qual é a corrente na bobina do motor na Figura 12-30?

SOLUÇÃO Pela Tabela 12-2 $V_{GS(lig)} = 10$ V, $I_{D(lig)} = 2$ A e uma $R_{DS(lig)}$ de 1,95 Ω para o MTP4N80E. Na Figura 12-30, a corrente de saturação é:

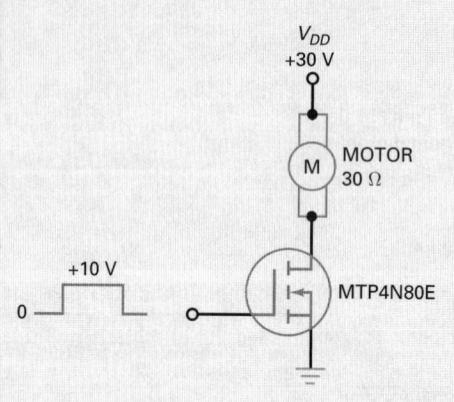

$$I_{D(sat)} = \frac{30\,V}{30\,\Omega} = 1\,A$$

Figura 12-30 Exemplo de um controle de motor.

Como esse valor é menor que 2 A, o FET de potência tem uma resistência equivalente a 1,95 Ω. Idealmente, a corrente no bobinado do motor é de 1 A. Se incluirmos o valor de 1,95 Ω nos cálculos, a corrente será de:

$$I_D = \frac{30\,V}{30\,\Omega + 1,95\,\Omega} = 0,939\,A$$

PROBLEMA PRÁTICO 12-9 Repita o Exemplo 12-9 usando um MTW-24N40E listado na Tabela 12-2.

Exemplo de aplicação 12-10

Durante o dia, o fotodiodo na Figura 12-31 está conduzindo intensamente e a tensão na porta é baixa. À noite, o fotodiodo está em corte e a tensão na porta sobe para +10 V. Portanto, o circuito liga a lâmpada automaticamente à noite. Qual é a corrente na lâmpada?

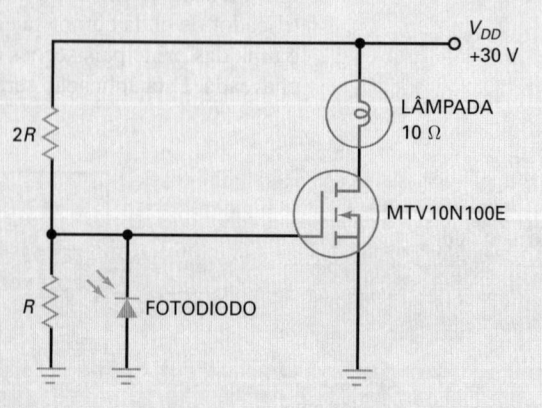

Figura 12-31 Controle automático de luz.

SOLUÇÃO A Tabela 12-2 lista $V_{GS\,(\text{lig})} = 10$ V, $I_{D(\text{lig})} = 5$ A e uma $R_{DS(\text{lig})}$ de 1,07 Ω para o MTV10N100E. Na Figura 12-31, a corrente de saturação é:

$$I_{D(\text{sat})} = \frac{30\text{ V}}{10\,\Omega} = 3\text{ A}$$

Como ela é menor que 5 A, o FET de potência tem uma resistência equivalente a 1,07 Ω e a corrente na lâmpada é de:

$$I_{D(\text{sat})} = \frac{30\text{ V}}{10\,\Omega + 1,07\,\Omega} = 2,71\text{ A}$$

PROBLEMA PRÁTICO 12-10 Calcule a corrente na lâmpada na Figura 12-31 usando um MTP4N80E listado na Tabela 12-2.

Exemplo de aplicação 12-11

O circuito na Figura 12-32 enche uma piscina automaticamente quando o nível da água está baixo. Quando o nível da água estiver abaixo das duas hastes de metal, a tensão na porta sobe para +10 V, o FET de potência conduz e a válvula de água abre enchendo a piscina.

Quando o nível de água sobe e alcança as duas hastes metálicas, a resistência das hastes fica com um valor muito baixo pelo fato de a água ser boa condutora. Nesse caso, a tensão na porta é baixa, o FET de potência entra em corte e a mola da válvula de água fecha.

Qual é a corrente na válvula de água na Figura 12-32 se o FET de potência opera na região ôhmica com uma $R_{DS(\text{lig})}$ de 0,5 Ω?

SOLUÇÃO A corrente na válvula é:

$$I_{D(\text{sat})} = \frac{10\text{ V}}{10\,\Omega + 0,5\,\Omega} = 0,952\text{ A}$$

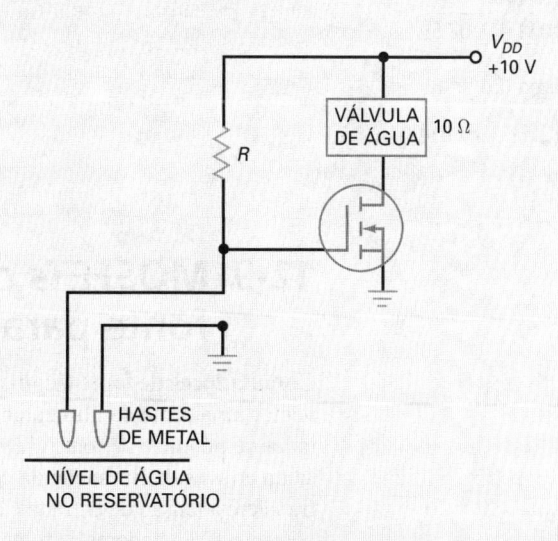

Figura 12-32 Controle automático para reservatório.

Exemplo de aplicação 12-12

O que faz o circuito na Figura 12-33a? Qual é a constante de tempo RC? Qual é a potência na lâmpada com o brilho total?

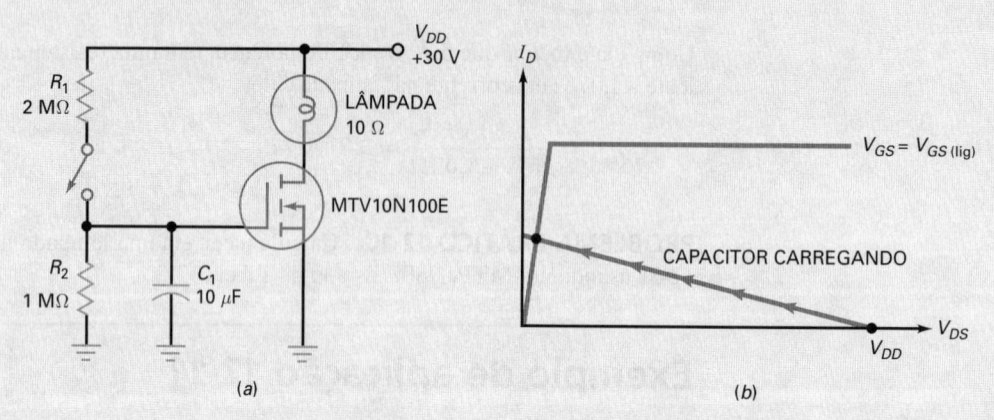

Figura 12-33 Controle suave do brilho da lâmpada.

SOLUÇÃO Quando a chave manual está fechada, o capacitor se carrega lentamente tendendo a 10 V. Como a tensão na porta aumenta acima de $V_{GS(th)}$, o FET de potência começa a conduzir. Como a tensão na porta está aumentando lentamente, o ponto de operação do FET de potência passa pela região ativa lentamente na Figura 12-33b. Por isso, a lâmpada aumenta o brilho gradualmente. Quando o ponto de operação do FET de potência atinge finalmente a região ôhmica, o brilho da lâmpada é máximo. O efeito total é um regulador suave do brilho da lâmpada (conhecido também como *dimmer*).

A resistência equivalente de Thevenin vista pelo capacitor é:

$$R_{TH} = 2\,M\Omega \| 1\,M\Omega = 667\,k\Omega$$

A constante de tempo RC é:

$$RC = (667\,k\Omega)(10\,\mu F) = 6{,}67\,s$$

Com a Tabela 12-2, $R_{DS(lig)}$ do MTV10N100E é de 1,07 Ω. A corrente na lâmpada é:

$$I_D = \frac{30\,V}{10\,\Omega + 1{,}07\,\Omega} = 2{,}71\,A$$

e a potência na lâmpada é:

$$P = (2{,}71\,A)^2 (10\,\Omega) = 73{,}4\,W$$

12-9 MOSFETs como comutadores de fonte para carga

Comutadores de fonte (*high-side*) para carga são usados para conectar ou desconectar uma fonte de alimentação à sua respectiva carga. Enquanto que um comutador de potência de fonte (*high-side*) é usado para controlar o nível de potência de saída através da limitação da corrente de saída, um comutador de fonte para carga transfere a tensão de entrada e a corrente para a carga sem a função de limitação de corrente. Comutadores de fonte para carga habilitam sistemas alimentados por bateria, como computadores notebook, celulares e sistemas portáteis de entretenimento, para tomar as decisões adequadas de gerenciamento de energia ligando e desligando sub-circuitos de sistemas conforme necessário para ampliar a vida útil da bateria.

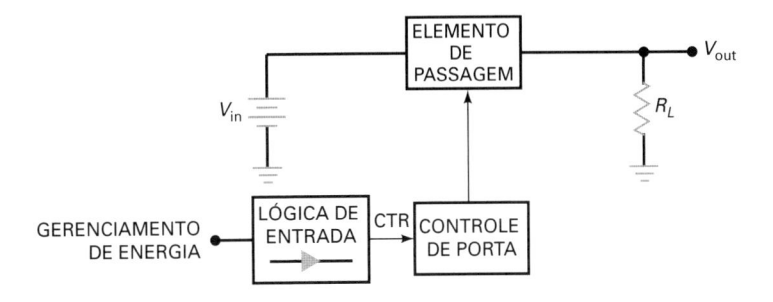

Figura 12-34 Diagrama em bloco de um circuito de comutação de fonte para carga.

A Figura 12-34 mostra os blocos de circuito principais de um comutador de fonte para carga. Ele consiste de um elemento de passagem, um bloco de controle de porta e um bloco de lógica de entrada. O elemento de passagem é geralmente um MOSFET-E de potência canal n ou p. O MOSFET canal n é preferencialmente o escolhido para aplicações de alta corrente devido a sua mobilidade (elétrons) de canal maior. Isso resulta em um valor de $R_{DS(lig)}$ menor e uma capacitância de entrada de porta menor para o FET de mesma área de pastilha. O MOSFET canal p tem a vantagem de usar um bloco de controle de porta simples. Este bloco gera a tensão de porta adequada que controla (CTR) o elemento de passagem ligando-o ou desligando-o completamente. O bloco lógico de entrada é controlado por um circuito de gerenciamento de energia, muitas vezes um chip de microcontrolador, e gera o sinal de controle (CTR) usado para disparar o bloco de controle da porta.

Comutador de fonte para carga canal *p*

Um exemplo de um simples circuito comutador de fonte para carga canal p é mostrado na Figura 12-35. O MOSFET de potência canal p tem seu terminal de fonte conectado diretamente na tensão de entrada V_{in} e o dreno conectado na carga. Para ligar o comutador de fonte para carga canal p, a tensão de porta deve ser menor do que V_{in} de modo que o transistor seja polarizado na região ôhmica e tenha um baixo valor de $R_{DS(lig)}$. Essa condição é satisfeita quando:

$$V_G \leq V_{in} - |V_{GS(lig)}| \tag{12-7}$$

Devido o $V_{GS(lig)}$ para um MOSFET canal p ser um valor negativo, a Equação (12-7) usa o valor absoluto para $V_{GS(lig)}$.

Na Figura 12-35, um sinal de controle (CTR) é gerado a partir do circuito de controle de gerenciamento de energia do sistema. Esse sinal aciona a porta de um MOSFET canal n de pequeno sinal. Quando CTR for $\geq V_{GS(lig)}$, o sinal de entrada de nível Alto liga Q_1 que leva a porta do transistor de passagem para o terra e o comutador de carga Q_2 liga.

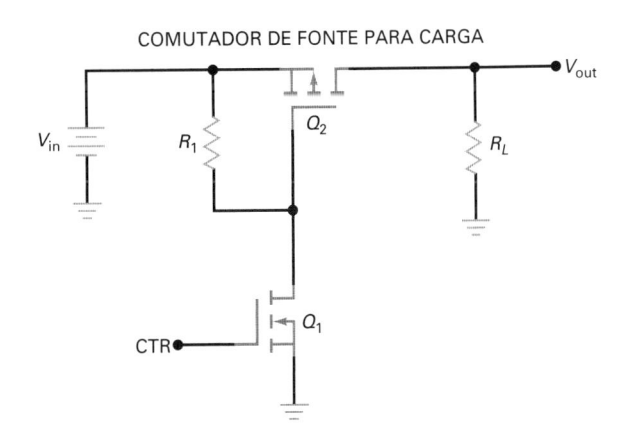

Figura 12-35 Comutador de fonte para carga canal *p*.

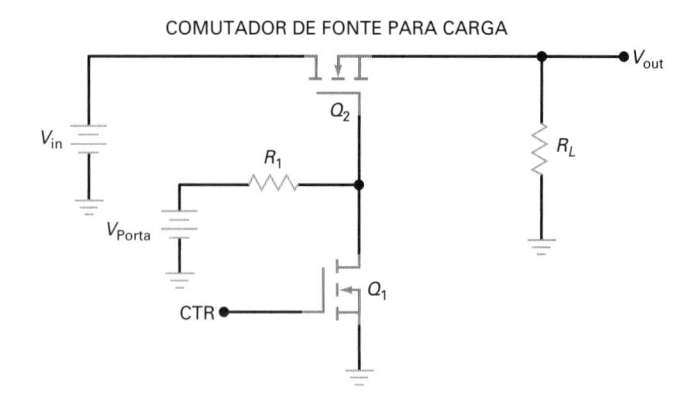

Figura 12-36 Comutador de fonte para carga canal *n*.

Se $R_{DS(on)}$ de Q_2 é muito baixo, quase todo o valor de V_{in} é transferido para a carga. Devido ao fato de toda a corrente da carga fluir através do transistor de passagem, a tensão de saída é

$$V_{out} = V_{in} - (I_{Carga})(R_{DS(lig)}) \qquad (12\text{-}8)$$

Quando CTR for nível baixo ($<V_{GS(th)}$), Q_1 desliga. A porta de Q_2 é levada para a tensão V_{in} através de R_1 e o comutador de fonte para carga desliga. V_{out} agora é aproximadamente zero volts.

Comutador de fonte para carga canal *n*

Um comutador de fonte para carga canal *n* é mostrado na Figura 12-36. Com essa configuração, o dreno do comutador de fonte para carga Q_2 está conectado na tensão de entrada V_{in} e o terminal da fonte está conectado à carga. Tal como acontece com o comutador de fonte para carga canal *p*, Q_1 é usado para ligar ou desligar totalmente o elemento de passagem Q_2. Mais uma vez, o sinal lógico do circuito de gerenciamento de energia do sistema é usado para disparar o bloco de controle da porta.

Então, qual é a finalidade de separar V_{porta} da tensão da fonte? Quando o comutador de fonte para carga liga, quase toda a tensão V_{in} passa para a carga. Visto que o terminal da fonte está conectado à carga, V_S agora é igual a V_{in}. Para manter o comutador de fonte para carga Q_2 totalmente ligado com um valor de $R_{DS(lig)}$ baixo, V_G tem que ser maior do que V_{out} o correspondente a uma tensão maior ou igual ao valor de $V_{GS(lig)}$. Portanto:

$$V_G \geq V_{out} + (V_{GS(lig)}) \qquad (12\text{-}9)$$

A tensão extra V_{porta} é necessária para deslocar o nível de V_G acima de V_{out}. Em alguns sistemas, a tensão adicional é obtida a partir da fonte V_{in} ou do sinal CTR usando um circuito especial denominado *bomba de carga*. O custo adicional da fonte de tensão extra é compensado pela habilidade do circuito de passar tensões de entrada baixas, próximas de zero volt, e reduzir as perdas de V_{DS}.

Na Figura 12-36, quando o sinal de entrada CTR for nível Baixo, Q_1 é desligado. A porta de Q_2 é levada para o nível da fonte V_{porta}. Q_2 liga passando quase toda a tensão V_{in} para a carga. Visto que a porta de Q_2 satisfaz o requisito de $V_G \geq V_{out} + V_{GS(lig)}$, Q_2 permanece totalmente ligado.

Quando o sinal de entrada CTR vai para nível Alto, Q_1 liga fazendo com que seu terminal de dreno seja aproximadamente zero volt. Isso desliga Q_2 e a tensão de saída sobre a carga é zero volt.

Outras considerações

Para ampliar a vida útil da bateria dos sistemas portáteis, a eficiência do comutador de fonte para carga se torna crucial. Visto que toda a corrente de carga flui através do MOSFET, o elemento de passagem, este se torna a principal fonte de perda de potência. Isso pode ser mostrado por meio de:

$$P_{Perda} = (I_{Carga})^2 (R_{DS(lig)}) \qquad (12\text{-}10)$$

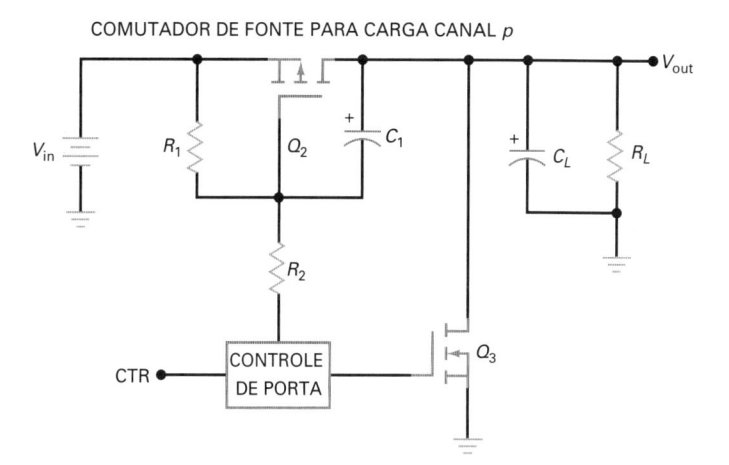

Figura 12-37 Comutador de fonte para carga com carga capacitiva.

Para uma determinada área de pastilha de semicondutor, o valor de $R_{DS(lig)}$ de um MOSFET canal *n* pode ser de 2 a 3 vezes menor do que a de um MOSFET canal *p*. Portanto, usando a Equação (12-10), suas perdas de potência são menores. Isso é particularmente verdade em altas correntes de carga. O dispositivo canal *p* tem a vantagem de não precisar de uma fonte de tensão adicional necessária para manter o transistor de passagem ligado quando estiver em condução. Isso se torna importante quando se passa um nível alto de tensão de entrada.

A velocidade na qual o comutador de fonte para carga é ligado e desligado constitui outra consideração, especialmente quando conectado a uma carga capacitiva C_L, como mostra a Figura 12-37. Antes do comutador de fonte para carga ligar, a tensão na carga é zero volt. Quando o comutador de fonte para carga passa a tensão de entrada para a carga capacitiva, um surto de corrente carrega C_L. Esse nível de corrente alto é denominado de **corrente de energização** e tem alguns efeitos negativos potenciais. Em primeiro lugar, a corrente de surto alta deve fluir através do transistor de passagem e poderia danificar o comutador de fonte para carga ou diminuir sua vida útil. Em segundo lugar, essa corrente de energização pode causar um pico negativo ou uma queda momentânea na tensão de alimentação. Isso pode gerar problemas para outros circuitos de subsistemas que estão conectados na mesma fonte V_{in}.

Na Figura 12-37, R_2 e C_1 são usados para criar uma função de "*partida suave*" para diminuir esses efeitos. Os componentes adicionais permitem que a tensão de porta do transistor de passagem varie em forma de rampa a uma taxa controlada que reduz a corrente de energização. Além disso, quando o comutador de carga desliga de forma abrupta, a carga existente na carga capacitiva não é descarregada de forma instantânea. Isso pode provocar um desligamento de carga incompleto. Para superar isso, o bloco de controle da porta pode fornecer um sinal usado para ligar uma carga ativa que é o transistor de descarga Q_3, conforme mostrado na Figura 12-37. Esse transistor descarregará a carga capacitiva quando o transistor de passagem for desligado. Q_1 está contido no bloco de controle

A maioria dos componentes do comutador de fonte para carga pode ser integrada em encapsulamentos de montagem em superfície de tamanho reduzido. Isso reduz bastante a área necessária em uma placa de circuito..

Exemplo 12-3

Na Figura 12-38, qual é a tensão de saída na carga? Qual é a potência de saída na carga? Qual é a perda de potência no transistor de passagem MOSFET quando o sinal EN vale 3,5 volts? E quando ele é 0 volts? Use um valor de $R_{DS(lig)} = 50$ milliohms para Q_2.

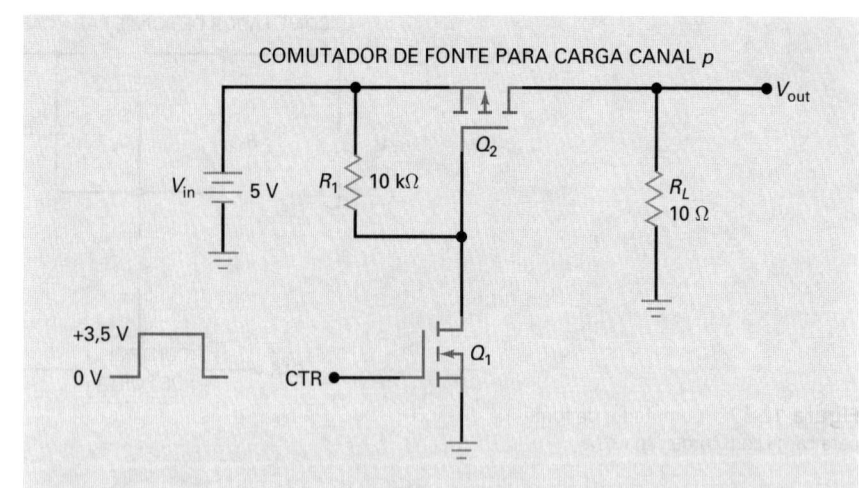

Figura 12-38 Exemplo de comutador de fonte para carga.

SOLUÇÃO Quando o sinal CTR for +3,5 V, Q_1 irá ligar. Isso leva a porta de Q_2 para o terra. Agora, o V_{GS} de Q_2 será aproximadamente –5 V. O transistor de passagem liga com um valor de $R_{DS(\text{lig})}$ de 50 mΩ.

A corrente de carga é determinada por:

$$I_{\text{Carga}} = \frac{V_{\text{in}}}{R_{DS(\text{lig})} + R_L} = \frac{5\text{ V}}{50\text{ m}\Omega + 10\text{ }\Omega} = 498\text{ mA}$$

Usando a Equação (12-8) para calcular V_{out}, temos:

$$V_{\text{out}} = 5\text{ V} - (498\text{ mA})(50\text{ m}\Omega) = 4,98\text{ V}$$

A potência fornecida para a carga é:

$$P_L = (I_L)(V_L) = (498\text{ mA})(4,98\text{ V}) = 2,48\text{ W}$$

Usando a Equação (12-10):

$$P_{\text{Perda}} = (498\text{ mA})^2 (50\text{ m}\Omega) = 12,4\text{ mW}$$

Quando o sinal CTR for 0 V, Q_1 desliga. Isso coloca 5 V na porta de Q_2 desligando o transistor de passagem. A tensão na carga, a potência na carga e a perda de potência no transistor de passagem são todas nulas.

PROBLEMA PRÁTICO 12-13 Na Figura 12-38, troque a resistência de carga por 1 Ω. Qual será a tensão na carga, a potência na carga e a perda de potência no transistor de passagem quando CTR for +3,5 V?

12-10 Ponte H de MOSFETs

Um circuito em ponte H simplificado é composto por quatro chaves eletrônicas (ou mecânicas). Duas chaves são conectadas em cada lado com a carga situada entre as junções centrais dos dois lados. Conforme mostrado na Figura 12-39a, essa configuração forma a letra "H", daí o seu nome. Algumas vezes essa configuração é denominada de ponte completa, em comparação com aplicações em que apenas um lado da ponte é usado e ela é denominada de meia ponte. S_1 e S_3 são denominadas de *comutadores de fonte* enquanto S_2 e S_4 são denominadas de *comutadores de terra*. Por meio do controle individual dos "comutadores", a corrente através da carga pode variar nos dois sentidos e em intensidade.

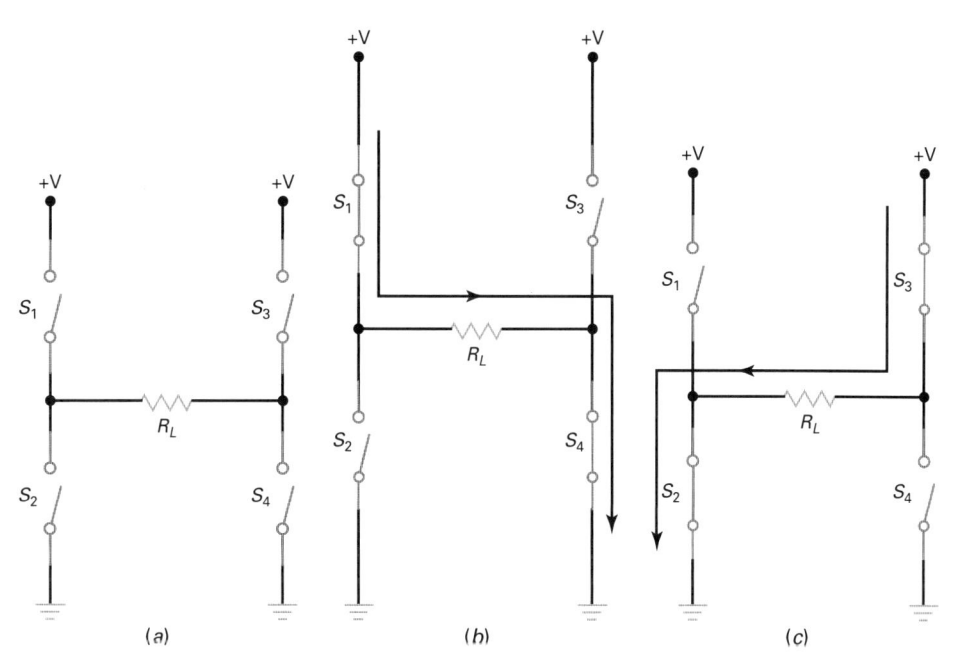

Figura 12-39 (a) Configuração "H"; (b) corrente da esquerda para a direita; (c) corrente da direita para a esquerda.

Na Figura 12-39b, os comutadores S_1 e S_4 estão fechados. Isso faz com que a corrente circule através da carga da esquerda para a direita. Abrindo S_1 e S_4, junto com o fechamento de S_2 e S_3, a corrente circula através da carga no sentido oposto, como mostrado na Figura 12-39c. A intensidade da corrente de carga pode ser alterada ajustando o nível de tensão +V aplicado ou, de preferência, controlando o tempo de liga/desliga (*on/off*) nos diversos comutadores. Se um par de comutadores for fechado (*on*) metade do tempo e aberto (*off*) a outra metade do tempo, isso produziria um ciclo de trabalho de 50% resultando em uma corrente de carga metade da corrente normal total. O controle dos tempos *on/off* efetivamente controla o ciclo de trabalho dos comutadores e é conhecido como modulação por largura de pulso (PWM – *pulse width modulation*). Deve-se ter o cuidado de não fechar simultaneamente os comutadores de um mesmo lado da ponte. Por exemplo, se S1 e S2 forem fechados, isso resultaria em uma alta corrente fluindo através das chaves de +V para o terra. Essa corrente de *curto* poderia danificar os comutadores ou a fonte de alimentação.

Na Figura 12-40, o resistor de carga foi substituído por um motor CC e cada lado usa uma fonte +V comum. O sentido de rotação e a velocidade do motor são controlados pelos comutadores. A Tabela 12-3 mostra algumas das combinações de comutadores que podem ser empregadas no controle do motor. Quando todos os comutadores estão abertos, o motor está desligado. Se essa condição ocorrer

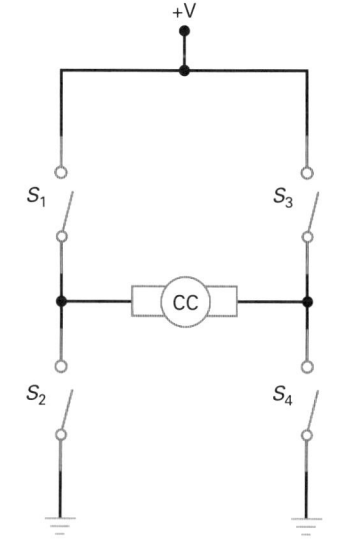

Figura 12-40 Ponte H com motor CC.

Tabela 12-3				Modos básicos de operação
S_1	S_2	S_3	S_4	Modo de operação do motor
aberto	aberto	aberto	aberto	motor desligado (giro livre)
fechado	aberto	aberto	fechado	sentido horário
aberto	fechado	fechado	aberto	sentido anti-horário
fechado	aberto	fechado	aberto	frenagem dinâmica
aberto	fechado	aberto	fechado	frenagem dinâmica

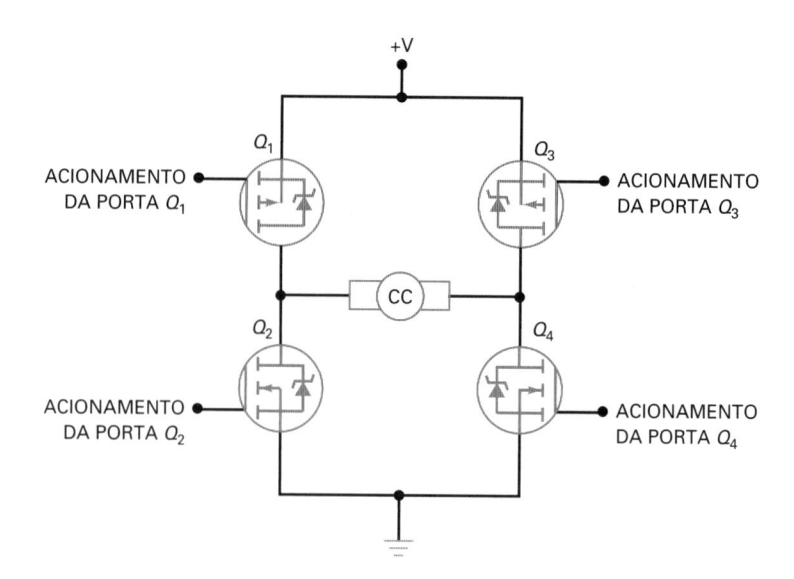

Figura 12-41 Comutadores de fonte canal *p* discretos.

quando o motor ainda estiver girando, ele irá demorar a parar ou irá *girar livre*. O fechamento adequado de cada par de comutadores, de fonte e de terra, resulta em um sentido de giro do motor. Fechando S_2 e S_3, com S_1 e S_4 abertos, resulta em um sentido anti-horário de giro do motor. Quando o motor está girando, qualquer par de comutadores, de fonte ou de terra, pode ser fechado. Devido o motor ainda estar girando, a tensão gerada por ele próprio atua efetivamente como um freio dinâmico que para o motor mais rapidamente.

Ponte H discreta

Conforme mostrado na Figura 12-41, as chaves simples de uma ponte H foram substituídas por MOSFETs-E de potência canais *n* e *p*. Embora transistores TJBs possam ser usados, MOSFETs-E de potência têm um controle de entrada menos complicado, velocidades de chaveamento mais rápidas e se assemelham mais a uma chave ideal. Os dois comutadores de fonte Q_1 e Q_3 são MOSFETs canal *p* enquanto que os comutadores de terra Q_2 e Q_4 são MOSFETs canal *n*. Devido os comutadores de fonte terem os terminais de fonte do dispositivo conectados à tensão de alimentação positiva, cada dispositivo canal *p* é colocado em um modo de condução apropriado quando suas tensões de acionamento de porta V_G são menores do que V_S, satisfazendo ao requisito $-V_{GS(lig)}$. Os MOSFETs de fonte podem ser desligados quando suas tensões de porta forem iguais às suas tensões nos terminais de fonte. Os dois comutadores de terra, Q_2 e Q_4, são MOSFETs canal *n*. Seus terminais de dreno são conectados à carga e os terminais de fonte são aterrados. Estes MOSFETs são ligados quando o requisito de $+V_{GS(lig)}$ for aplicado.

Em aplicações de alta potência, os MOSFETs canal *p* conectados à fonte são muitas vezes substituídos por MOSFETs canal *n* como mostrado na Figura 12-42. Os MOSFETs canal *n* têm um valor de $R_{DS(lig)}$ baixo, o que resulta em perdas de potência menores. Os MOSFETs canal *n* também têm velocidades de comutação maiores. Isso se torna especialmente importante quando se usa controle PWM de alta velocidade. Quando MOSFETs canal *n* são usados como comutadores de fonte, eles precisam de circuitos adicionais para fornecerem uma tensão de acionamento de porta maior do que a tensão de alimentação positiva conectada em seus terminais de dreno. Isso requer uma bomba de carga ou uma tensão com *bootstrap** para que o dispositivo seja plenamente ligado.

---

*N. de T.: O termo *bootstrap* ou *bootstrapping* significa em geral algo que se pode fazer por si só sem auxílio externo. Neste caso, a geração interna da tensão desejada.

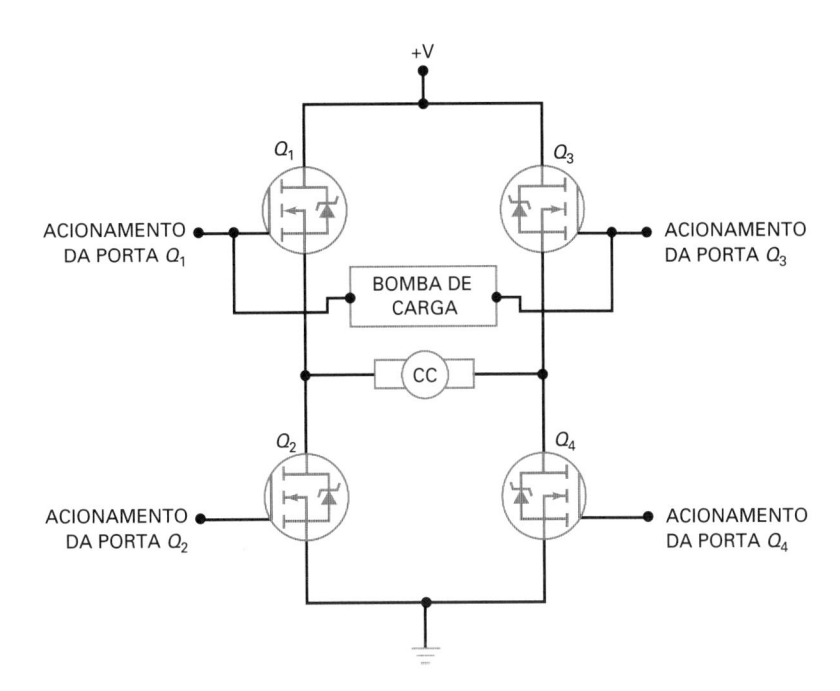

Figura 12-42 Comutadores de fonte canal *n* discretos.

Embora o uso de uma ponte H de MOSFETs discretos pareça ser uma solução simples, sua implementação não é simples. Existem muitos problemas que devem ser considerados. Devido os MOSFETs terem capacitância de entrada de porta, C_{iss}, implicará em atrasos para ligar e desligar estes dispositivos. Os circuitos de acionamento de porta devem ser capazes de interpretar os sinais de controle lógico de entrada e fornecerem uma corrente de acionamento de porta suficiente para carregar ou descarregar rapidamente a capacitância de entrada do MOSFET. Quando se altera o sentido de rotação do motor ou se realiza uma frenagem dinâmica, a temporização é importante para permitir que os MOSFETs envolvidos sejam totalmente desligados antes que os outros MOSFETs sejam ligados. Outras considerações, como proteção contra curto-circuito de saída, variações na fonte +V e sobreaquecimento dos MOSFETs de potência devem ser levadas em conta.

Ponte H em circuito integrado

Uma ponte H em circuito integrado é um circuito especial que combina a lógica de controle interna, acionamento de porta, bomba de carga e os MOSFETs de potência em um único substrato de silício. A Figura 12-43*a* mostra o encapsulamento de potência de montagem em superfície para a ponte H de 5,0 A do MC33886. Como todos os componentes internos necessários são fabricados no mesmo encapsulamento, é muito fácil prover o circuito de acionamento de porta necessário, adequadamente equiparado aos acionadores de saída, e associados a circuitos de proteção essenciais.

A Figura 12-43*b* mostra um diagrama simplificado do MC33886. A ponte H em CI necessita apenas de alguns componentes externos para operar adequadamente e usa um pequeno número de linhas de controle de entrada. A ponte H recebe quatro sinais de controle lógico de entrada a partir de uma unidade de microcontrolador (MCU). As entradas IN1 e IN2 controlam as saídas OUT1 e OUT2. D1 e $\overline{D2}$ são linhas de controle que desabilitam as saídas. Neste exemplo, a saída é conectada diretamente a um motor CC. O MC33886 tem uma linha de controle de saída $\overline{FS}$ que é levada para um estado ativo Baixo quando existe um defeito. O resistor externo, mostrado na Figura 12-43*b*, é usado para *pull up* (elevar o nível lógico) da saída de controle $\overline{FS}$ para um nível lógico Alto quando não há defeito.

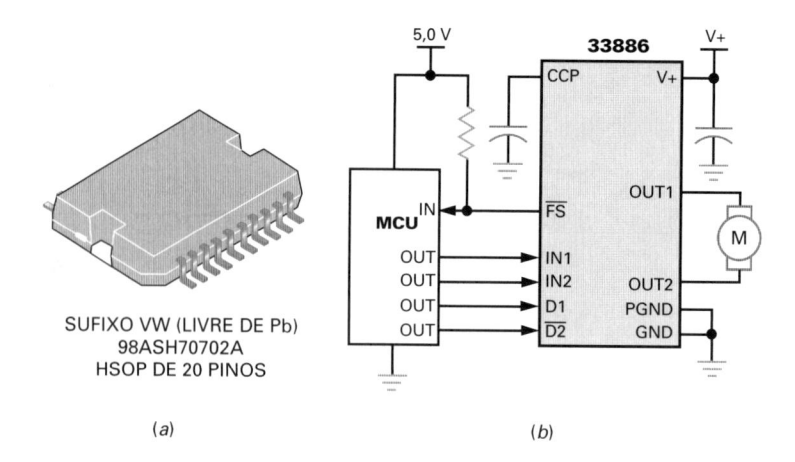

Figura 12-43 (a) Encapsulamento; (b) diagrama simplificado. Copyright 2014 da Freescale Semiconductor, Inc. Usado com a permissão da empresa.

O diagrama em bloco interno da ponte H em CI é mostrado na Figura 12-44. A tensão de alimentação V+ pode variar de 5,0 a 40 V. Quando se usa mais de 28 V, as especificações de deriva necessitam ser observadas. Um regulador de tensão interno produz a tensão necessária para o circuito lógico de controle. Dois terras separados são usados para evitar interferência do terra de potência (PGND) de alta corrente com o terra de sinal analógico (AGND) de baixa corrente. O circuito de acionamento de saída da ponte H usa quatro MOSFETs-E de potência canal n. Q_1 e Q_2 formam uma meia ponte enquanto Q_3 e Q_4 forma a outra meia ponte. Cada meia ponte pode ser independente da outra ou usadas juntas quando for necessária uma ponte completa. Devido aos comutadores de fonte serem MOSFETs canal n, é necessário um circuito de bomba de carga interno para fornecer o nível alto de tensão de porta necessário para manterem os transistores totalmente ligados quando estiverem em condução.

A Tabela 12-4 mostra uma tabela-verdade parcial para o MC33886. As linhas de controle de entrada IN1, IN2, D1 e $\overline{D2}$ são usadas para controlar o sentido de rotação e a velocidade do motor CC conectado. Essas entradas são TTL (que

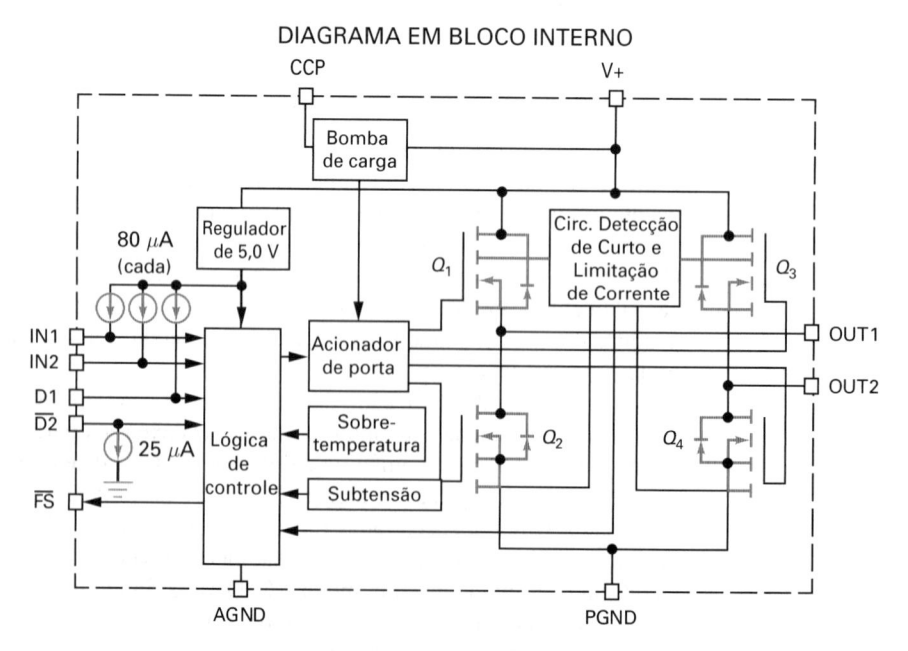

Figura 12-44 Diagrama em bloco interno do MC33886. Copyright 2014 da Freescale Semiconductor, Inc. Usado com a permissão da empresa.

Tabela 12-4 — Tabela-verdade

Estado do dispositivo	Condições de entrada				Indicador de defeito	Estado das saídas	
	D1	$\overline{D2}$	IN1	IN2	$\overline{FS}$	OUT1	OUT2
Sentido horário	L	H	H	L	H	H	L
Sentido anti-horário	L	H	L	H	H	L	H
Giro livre Baixo	L	H	L	L	H	L	L
Giro livre Alto	L	H	H	H	H	H	H
Desabilitar 1 (D1)	H	X	X	X	L	Z	Z
Desabilitar 2 ($\overline{D2}$)	X	L	X	X	L	Z	Z
IN1 Desconectado	L	H	Z	X	H	H	X
IN2 Desconectado	L	H	X	Z	H	X	H
D1 Desconectado	Z	X	X	X	L	Z	Z
$\overline{D2}$ Desconectado	X	Z	X	X	L	Z	Z
Subtensão	X	X	X	X	L	Z	Z
Sobretemperatura	X	X	X	X	L	Z	Z
Curto-Circuito	X	X	X	X	L	Z	Z

As condições de *tri-state* e a indicação de defeito são resetadas usando D1 e $\overline{D2}$. A tabela-verdade usa as seguintes notações: L = Baixo, H = Alto, X = Alto ou Baixo e Z = Alta impedância (todos os transistores de potência de saída são desligados).

Copyright 2014 da Freescale Semiconductor, Inc. Usado com a permissão da empresa.

significa *lógica transistor-transistor*, uma família de circuitos digitais) e compatíveis com CMOS, permitindo assim controle de entrada a partir de circuitos lógicos digitais ou de saídas de microcontroladores. IN1 e IN2 controlam as saídas OUT1 e OUT2, respectivamente, de forma independente fornecendo o controle para as saídas das duas meias pontes em configuração *totem-pole* (que lembra um poste de totens). Quando D1 está em nível lógico Alto ou $\overline{D2}$ está em nível lógico Baixo, as duas saídas da ponte H estão desabilitadas e colocadas no estado de alta impedância (*tri-state*), independente do estado das entradas IN1 e IN2.

Conforme mostrado na Tabela 12-4, quando IN1 está em nível lógico Alto e IN2 em nível lógico Baixo, o circuito de acionamento da porta liga Q_1 e Q_4 enquanto desliga Q_2 e Q_3. Portanto, OUT1 será nível Alto, definido como V+, e OUT2 será nível Baixo, aproximadamente 0 V. Isso fará com que o motor CC gire em um sentido. As saídas serão exatamente opostas quando IN1 for nível Baixo e IN2 for nível Alto. Essa condição de entrada liga Q_2 e Q_3 enquanto desliga Q_1 e Q_4. Agora, OUT2 é nível Alto e OUT1 é nível Baixo, o que faz com que o motor CC gire no sentido oposto. Quando os sinais de controle de IN1 e IN2 estiverem em nível Alto, o estado das saídas OUT1 e OUT2 serão nível Alto em cada uma. Da mesma forma, quando essas duas entradas estiverem em nível Baixo, as duas saídas serão nível Baixo. Cada uma dessas condições de entrada farão com que os comutadores de fonte ou de terra sejam ligados, permitindo que o motor CC sofra uma frenagem dinâmica.

A velocidade do motor CC conectado a OUT1 e OUT2 pode ser controlada usando a modulação por largura de pulso (PWM). Uma fonte externa ou o sinal de saída de um microcontrolador é conectado à entrada IN1 ou IN2 que recebem um trem de pulsos PWM que pode ter o seu ciclo de trabalho variado. A outra entrada é mantida em nível lógico Alto. Ao alterar o ciclo de trabalho do trem de pulsos de entrada, a velocidade do motor varia. Quanto maior for o ciclo de trabalho, maior a velocidade do motor. Trocando a entrada que recebe o trem de pulsos, a velocidade do motor pode ser controlada no sentido contrário de rotação. Devido a velocidade de chaveamento dos MOSFETs de saída e limites da bomba de carga do circuito, a frequência máxima do sinal PWM para o MC33886 é 10 kHz.

Conforme mostrado na Tabela 12-4, se as entradas D1 e $\overline{D2}$ não estiverem nos níveis Alto e Baixo, respectivamente, as duas saídas estarão no estado de alta impedância. O estado desabilitado da saída também ocorrerá se o MC33886 detectar uma condição de sobretemperatura, subtensão, limitação de corrente ou curto-circuito. Quando qualquer um destes eventos ocorrer, um sinal de indicação de defeito, em nível Baixo, será gerado e enviado ao microcontrolador.

Em comparação com os circuitos em ponte H discretos, as pontes na forma de CI, tal como o MC33886, são relativamente fáceis de implementar. Aplicações que usam motores CC de potência fracionária e solenoides podem ser encontradas em uma variedade de sistemas nos quais se incluem os automotivos, industriais e as indústrias de robôs.

12-11 Amplificadores com MOSFET-E

Conforme mencionado nas seções anteriores, o MOSFET-E é aplicado primeiro como uma chave. Contudo, existem aplicações em que este dispositivo é usado como um amplificador. Entre elas estão incluídos amplificadores de RF de alta frequência como estágio inicial usados em equipamentos de comunicação e MOSFET-E de potência usado como amplificador de potência classe AB.

Com MOSFETs-E, V_{GS} tem de ser maior que $V_{GS(th)}$ para que exista uma corrente no dreno. Isso elimina a autopolarização, polarização por corrente na fonte e a polarização zero porque todas elas têm uma operação no modo de depleção. Restam a polarização da porta e a polarização por divisor de tensão. Estas duas configurações de polarização funcionarão com os MOSFETs-E porque podem promover uma operação no modo de crescimento.

A Figura 12-45 mostra as curvas de dreno e a curva de transcondutância para um MOSFET-E canal n. A curva de transferência parabólica é similar à do MOSFET-D com algumas diferenças importantes. O MOSFET-E opera apenas no modo de crescimento. Além disso, a corrente no dreno não começa enquanto V_{GS}

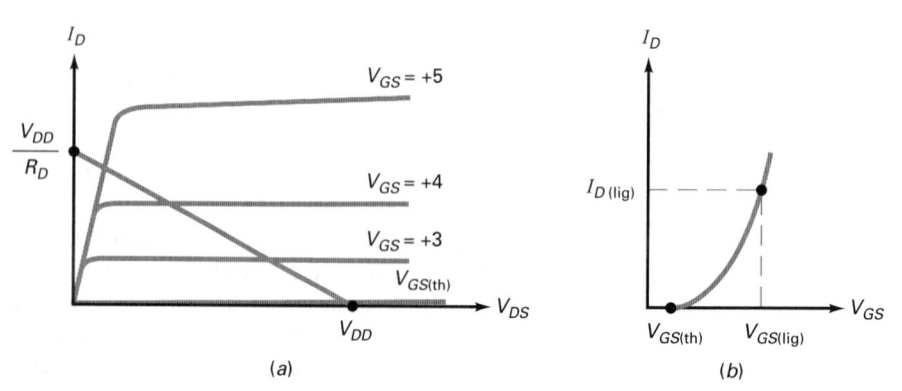

Figura 12-45 MOSFET-E canal *n*: (*a*) curvas do dreno; (*b*) curva de transcondutância.

não for igual a $V_{GS(th)}$. Novamente, isso demonstra que o MOSFET-E é um dispositivo controlado por tensão normalmente em corte. Pelo fato de a corrente no dreno ser zero quando $V_{GS} = 0$, a fórmula da transcondutância padrão não funcionará com o MOSFET-E. A corrente no dreno pode ser calculada por:

$$I_D = k[V_{GS} - V_{GS(th)}]^2 \qquad (12\text{-}11)$$

onde k é um valor constante para o MOSFET-E calculado por:

$$k = \frac{I_{D(\text{lig})}}{[V_{GS(\text{lig})} - V_{GS(th)}]^2} \qquad (12\text{-}12)$$

A folha de dados do FET canal n modo de crescimento 2N7000 está na Figura 12-12. Novamente, os valores importantes necessários são $I_{D(\text{lig})}$, $V_{GS(\text{lig})}$ e $V_{GS(th)}$. As especificações de 2N7000 mostram uma larga variação nos valores. Valores típicos serão usados nos seguintes cálculos. $I_{D(\text{lig})}$ está listado como 600 mA quando $V_{GS} = 4,5$ V. Portanto, use o valor de 4,5 V como valor de $V_{GS(\text{lig})}$. Está listado também $V_{GS(th)}$ com um valor típico de 2,1 V quando $V_{DS} = V_{GS(\text{lig})}$ e $I_D = 1$ mA.

Exemplo 12-14

Usando a folha de dados do 2N7000 e seus valores típicos, calcule os valores da constante k e de I_D com $V_{GS} = 3$ V e 4,5 V.

SOLUÇÃO Usando esses valores especificados e a Equação (12-12), k é calculado por:

$$k = \frac{600\,\text{mA}}{[4,5\,\text{V} - 2,1\,\text{V}]^2}$$

$$k = 104 \times 10^{-3} \text{A}/\text{V}^2$$

Sabendo o valor da constante k, você pode então resolver para I_D com vários valores de V_{GS}. Por exemplo, se $V_{GS} = 3$ V, I_D será:

$$I_D = (104 \times 10^{-3} \text{A}/\text{V}^2)[3\text{V} - 2,1\text{V}]^2$$

$$I_D = 84,4\,\text{mA}$$

e quando $V_{GS} = 4,5$ V, I_D será de:

$$I_D = (104 \times 10^{-3} \text{A}/\text{V}^2)[4,5\text{V} - 2,1\text{V}]^2$$

$$I_D = 600\,\text{mA}$$

PROBLEMA PRÁTICO 12-14 Usando a folha de dados do 2N7000 e seus valores mínimos e máximos de $I_{D(\text{lig})}$ e $V_{GS(\text{lig})}$, calcule os valores da constante k e de I_D com $V_{GS} = 3$ V.

A Figura 12-46a mostra outro método de polarização para os MOSFETs-E chamado de **polarização por realimentação do dreno**. Este método de polarização é similar ao método de polarização por realimentação do coletor usado com os transistores de junção bipolar. Quando o MOSFET está conduzindo, ele tem uma corrente de dreno de $I_{D(\text{lig})}$ e uma tensão de dreno de $V_{GS(\text{lig})}$. Pelo fato de não haver virtualmente uma corrente na porta, $V_{GS} = V_{DS(\text{lig})}$. Como no caso da reali-

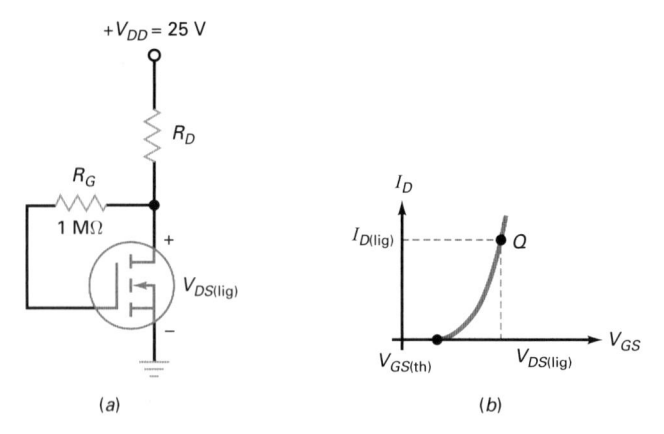

Figura 12-46 Polarização por realimentação do dreno: (a) método de polarização; (b) ponto Q.

mentação do coletor, a polarização por realimentação do dreno tende a compensar as variações nas características do FET. Por exemplo, se $I_{D(\text{lig})}$ tentar aumentar por alguma razão, $V_{GS(\text{lig})}$ diminui. Isso reduz V_{GS} e ajusta parcialmente o aumento original em $I_{D(\text{lig})}$.

A Figura 12-46b mostra o ponto Q na curva de transcondutância. O ponto Q tem as coordenadas de $I_{D(\text{lig})}$ e $V_{DS(\text{lig})}$. As folhas de dados do MOSFET-E sempre listam um valor de $I_{D(\text{lig})}$ para um $V_{GS} = V_{DS(\text{lig})}$. Quando projetar este circuito, escolha R_D que produz o valor especificado de V_{DS}. Ele pode ser calculado por:

$$R_D = \frac{V_{DD} - V_{DS(\text{lig})}}{I_{D(\text{lig})}} \qquad (12\text{-}13)$$

Exemplo 12-15

A folha de dados do MOSFET-E da Figura 12-46a especifica $I_{D(\text{lig})} = 3$ mA e $V_{DS(\text{lig})} = 10$ V. Se $V_{DD} = 25$ V, escolha um valor para R_D que permita que o MOSFET opere no ponto Q especificado.

SOLUÇÃO Calcule o valor de R_D usando a Equação (12-13):

$$R_D = \frac{25\text{ V} - 10\text{ V}}{3\text{ mA}}$$

$$R_D = 5\text{ k}\Omega$$

PROBLEMA PRÁTICO 12-15 Usando a Figura 12-46a, mude o valor de V_{DD} para +22 V e resolva para R_D.

O valor da transcondutância direta, g_{FS}, está listado na folha de dados de vários MOSFETs. Para o 2N7000, um valor mínimo e típico é dado quando $I_D = 200$ mA. O valor mínimo é de 100 mS e o valor típico é de 320 mS. O valor da transcondutância irá variar, dependendo do ponto Q do circuito, seguindo a relação de $I_D = k\,[V_{GS} - V_{GS(\text{th})}]^2$ e $g_m = \dfrac{\Delta I_D}{\Delta V_{GS}}$. Por meio dessas equações, pode-se determinar que:

$$g_m = 2\,k\,[V_{GS} - V_{GS(\text{th})}] \qquad (12\text{-}14)$$

Exemplo 12-16

Para o circuito na Figura 12-47, calcule V_{GS}, I_D, g_m e V_{out}. As especificações do MOSFET são $k = 104 \times 10^{-3}$ A/V², $I_{D(lig)} = 600$ mA e $V_{GS(th)} = 2{,}1$ V.

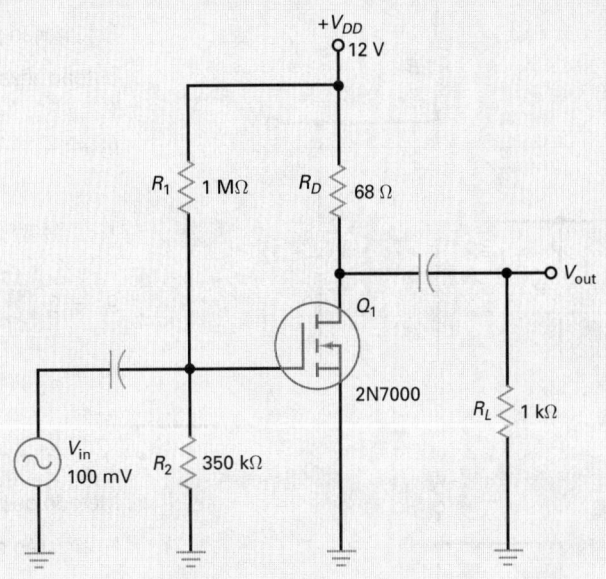

Figura 12-47 Amplificador com MOSFET-E.

SOLUÇÃO Primeiro, calcule o valor de V_{GS} por:

$$V_{GS} = V_G$$

$$V_{GS} = \frac{350 \text{ k}\Omega}{350 \text{ k}\Omega + 1 \text{ M}\Omega}(12 \text{ V}) = 3{,}11 \text{ V}$$

A seguir resolva para I_D:

$$I_D = (104 \times 10^{-3} \text{A}/\text{V}^2)[3{,}11 \text{ V} - 2{,}1 \text{ V}]^2 = 106 \text{ mA}$$

O valor da transcondutância, g_m, é calculado por:

$$g_m = 2k[3{,}11 \text{ V} - 2{,}1 \text{ V}] = 210 \text{ mS}$$

O ganho de tensão deste amplificador em fonte comum é o mesmo dos outros dispositivos FET:

$$A_V = g_m r_d$$

onde $r_d = R_D \parallel R_L = 68 \, \Omega \parallel 1 \text{ k}\Omega = 63{,}7 \, \Omega$

Portanto,

$$A_v = (210 \text{ mS})(63{,}7 \, \Omega) = 13{,}4$$

e

$$V_{out} = (A_V)(V_{in}) = (13{,}4)(100 \text{ mV}) = 1{,}34 \text{ V}$$

PROBLEMA PRÁTICO 12-16 Repita o Exemplo 12-16 com $R_2 = 330$ kΩ.

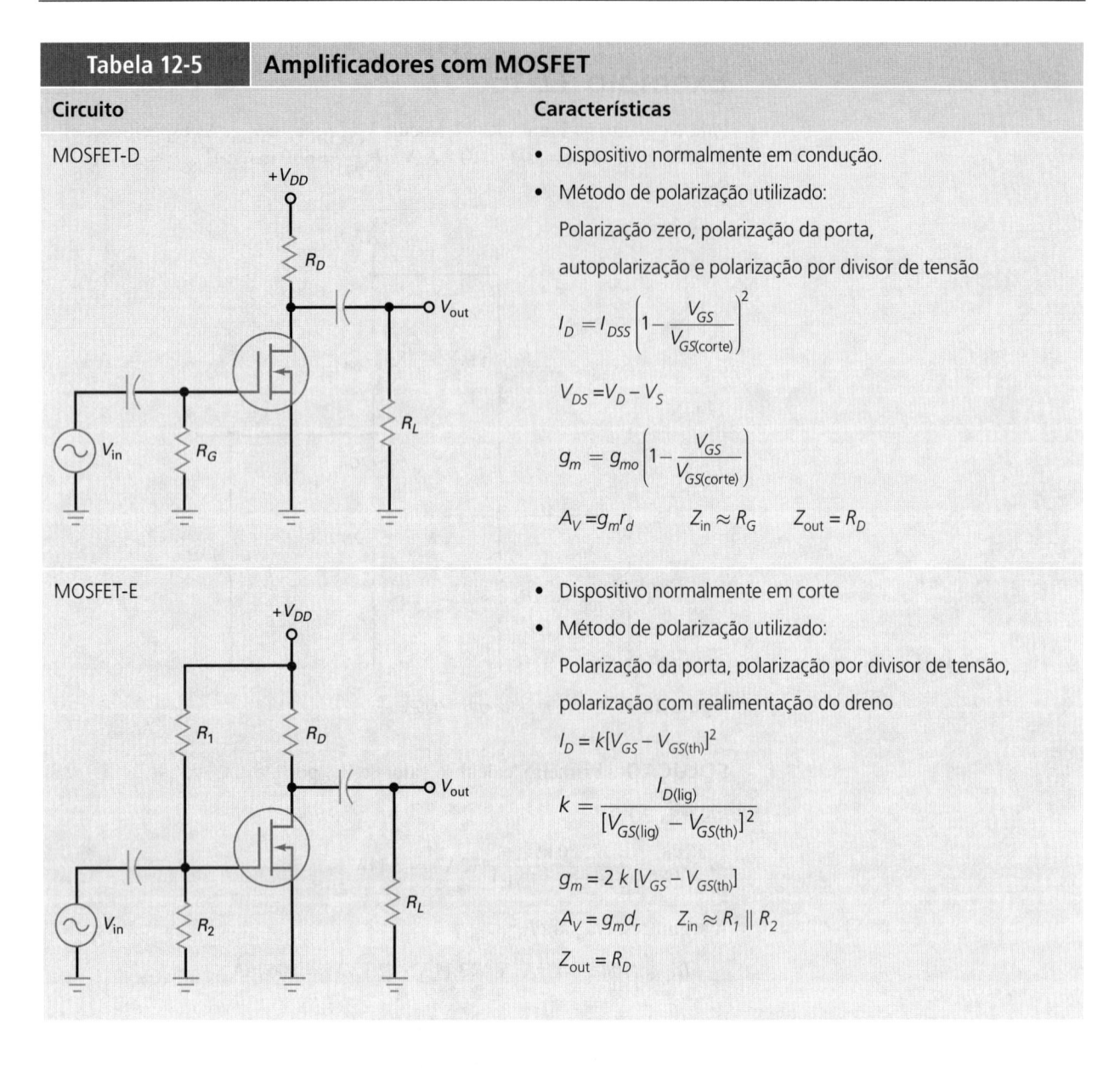

Tabela 12-5	Amplificadores com MOSFET
Circuito	Características
MOSFET-D	• Dispositivo normalmente em condução. • Método de polarização utilizado: Polarização zero, polarização da porta, autopolarização e polarização por divisor de tensão $$I_D = I_{DSS}\left(1 - \frac{V_{GS}}{V_{GS(corte)}}\right)^2$$ $$V_{DS} = V_D - V_S$$ $$g_m = g_{mo}\left(1 - \frac{V_{GS}}{V_{GS(corte)}}\right)$$ $A_V = g_m r_d \qquad Z_{in} \approx R_G \qquad Z_{out} = R_D$
MOSFET-E	• Dispositivo normalmente em corte • Método de polarização utilizado: Polarização da porta, polarização por divisor de tensão, polarização com realimentação do dreno $$I_D = k[V_{GS} - V_{GS(th)}]^2$$ $$k = \frac{I_{D(lig)}}{[V_{GS(lig)} - V_{GS(th)}]^2}$$ $$g_m = 2k[V_{GS} - V_{GS(th)}]$$ $A_V = g_m d_r \qquad Z_{in} \approx R_1 \parallel R_2$ $Z_{out} = R_D$

A Tabela 12-5 mostra os amplificadores com MOSFET-E e MOSFET-D e suas características básicas e equações.

12-12 Teste do MOSFET

Os dispositivos MOSFETs requerem um cuidado especial quando forem testados para uma operação adequada. Como dito anteriormente, a camada fina de dióxido de silício entre a porta e o canal pode ser danificada facilmente quando V_{GS} excede $V_{G(máx)}$. Pelo fato de a porta estar isolada, juntamente com a construção do canal, o teste de dispositivos MOSFET com um ohmímetro ou multímetro digital não é muito eficaz. Um bom modo de testar estes dispositivos é com um traçador de curvas de semicondutor. Se não houver um traçador de curvas disponível, é possível montar circuitos especiais para o teste. A Figura 12-48a mostra um circuito capaz de testar os dois tipos de MOSFETs no modo de depleção e no modo de crescimento. Mudando o nível de tensão e a polaridade de V_1, o dispositivo pode ser testado nos dois modos de operação, depleção e de crescimento. A curva

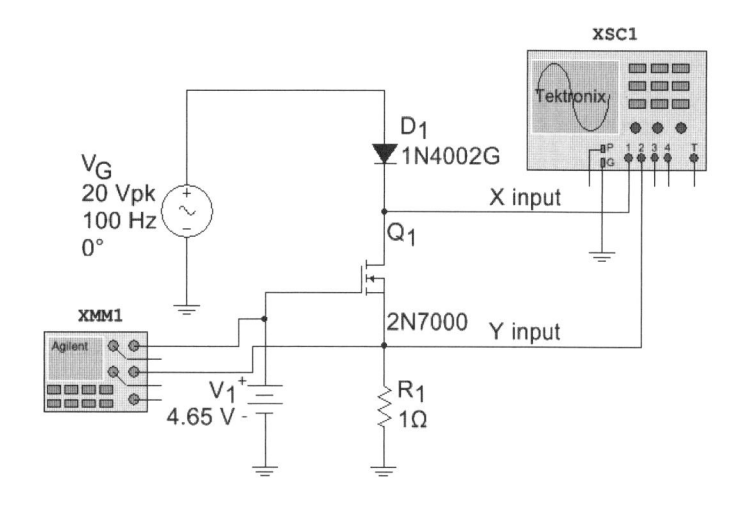

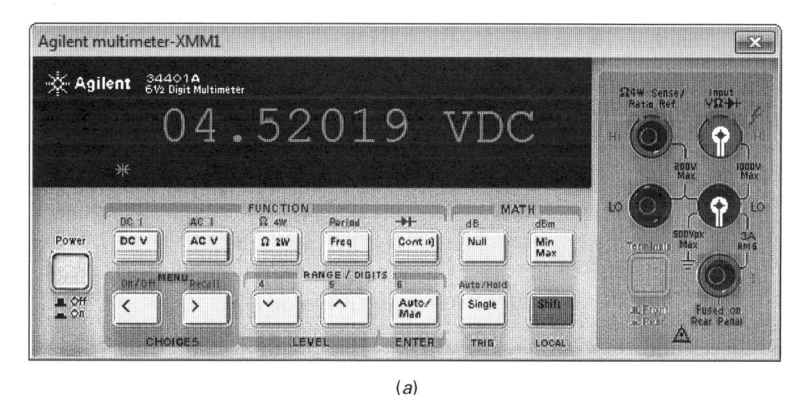

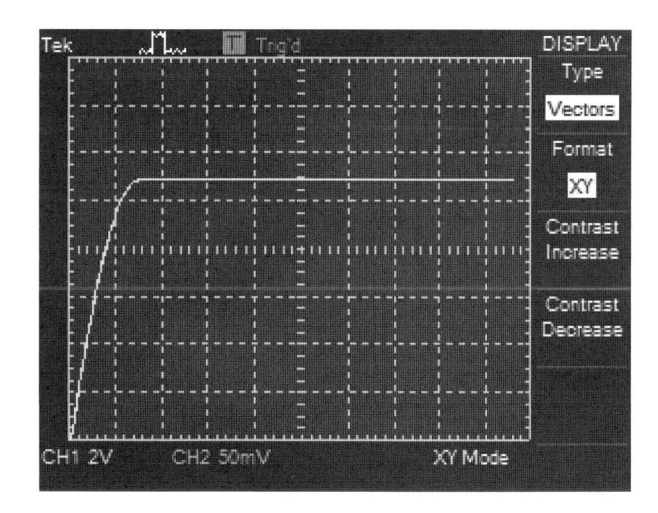

Figura 12-48 Circuito para teste do MOSFET.

do dreno da Figura 12-48*b* mostra o valor aproximado para a corrente de dreno de 275 mA quando V_{GS} = 4,52 V. O eixo *x* é ajustado para 50 mA/div.

Uma alternativa para o método de teste descrito é simplesmente usar a substituição do componente. Pela medição da tensão no circuito em funcionamento, é sempre possível deduzir se o MOSFET está com defeito. Substituir o dispositivo por um componente que se sabe estar em boas condições deve levá-lo a uma conclusão final.

Resumo

SEÇÃO 12-1 MOSFET NO MODO DE DEPLEÇÃO

O MOSFET no modo de depleção, abreviado por *MOSFET-D*, tem uma fonte, porta e o dreno. A porta é isolada do canal. Por isso, a resistência da entrada é muito alta. O MOSFET-D tem uso limitado, principalmente em circuitos de RF.

SEÇÃO 12-2 CURVAS DO MOSFET-D

As curvas de dreno do MOSFET-D são similares às de um JFET quando o dispositivo MOS opera no modo de depleção. De maneira diferente dos JFETs, os MOSFETs-D podem operar também no modo de crescimento. Quando operando no modo de crescimento, a corrente no dreno é maior que I_{DSS}.

SEÇÃO 12-3 AMPLIFICADORES COM MOSFET NO MODO DE DEPLEÇÃO

Os MOSFETs-D são usados principalmente como amplificadores de RF. Os MOSFETs-D apresentam boa resposta a altas frequências, geram baixos níveis de ruídos elétricos e mantêm altos valores de impedância de entrada quando V_{GS} é negativa ou positiva. Os MOSFETs-D de porta dupla podem ser usados em circuitos de controle de ganho automático (AGC).

SEÇÃO 12-4 MOSFET NO MODO DE CRESCIMENTO (INTENSIFICAÇÃO)

O MOSFET-E é normalmente em corte. Quando a tensão na porta é igual à tensão de limiar, uma camada de inversão tipo *n* conecta a fonte ao dreno. Quando a tensão na porta é muito maior que a tensão de limiar, o dispositivo conduz intensamente. Pelo fato de a camada isolante ser muito fina, os MOSFETs são facilmente danificados a não ser que você tome as devidas precauções ao manuseá-los.

SEÇÃO 12-5 REGIÃO ÔHMICA

Como o MOSFET-E é um dispositivo principalmente de chaveamento, ele opera em geral entre o corte e a saturação. Quando é polarizado na região ôhmica, ele age como uma resistência de baixo valor. Se $I_{D(sat)}$ for menor que $I_{D(lig)}$ quando $V_{GS} = V_{GS(lig)}$, o MOSFET-E opera na região ôhmica.

SEÇÃO 12-6 CHAVEAMENTO DIGITAL

O termo *analógico* significa que o sinal muda continuamente, isto é, sem salto repentino. O termo *digital* significa que o sinal salta entre dois níveis distintos de tensão. O chaveamento inclui circuitos de alta potência, assim como circuitos de digitais de baixo sinal. Chaveamento com carga ativa significa que um dos MOSFETs age como resistor de valor alto e o outro como uma chave.

SEÇÃO 12-7 CMOS

O CMOS usa dois MOSFETs complementares, de modo que enquanto um conduz o outro fica em corte. O inversor CMOS é um circuito básico digital. Os dispositivos CMOS têm a vantagem de serem de baixo consumo de potência.

SEÇÃO 12-8 FETS DE POTÊNCIA

Os MOSFETs-E discretos podem ser fabricados para conduzirem correntes elevadas. Conhecidos como *FETs de potência*, estes dispositivos são muito utilizados em controles automotivos, acionadores de disco (*disk drives*), conversores, impressoras, aquecimento, iluminação, motores e outras aplicações pesadas.

SEÇÃO 12-9 MOSFETS COMO COMUTADORES DE FONTE PARA CARGA

MOSFETs como comutadores de fonte para carga são usados para conectar ou desconectar uma fonte de alimentação para a sua carga.

SEÇÃO 12-10 PONTE H DE MOSFETS

Pontes H com dispositivos discretos e integrados podem ser usados para controlar o sentido e o nível da corrente através de uma determinada carga. O controle de um motor CC é uma aplicação comum.

SEÇÃO 12-11 AMPLIFICADORES COM MOSFET-E

Apesar de seu uso principal como chaves de potência, os MOSFETs-E encontram aplicações como amplificadores. A característica de normalmente desligado dos MOSFETs-E impõe que V_{GS} seja maior que $V_{GS(th)}$ quando usado como um amplificador. A polarização com realimentação do dreno é similar à da polarização com realimentação do coletor.

SEÇÃO 12-12 TESTE DO MOSFET

É difícil testar o dispositivo MOSFET com segurança usando um ohmímetro. Se um traçador de curvas de semicondutor não estiver disponível, os MOSFETs-E podem ser testados em circuitos de teste ou podem ser simplesmente substituídos.

Definições

(12-1) Corrente de dreno do MOSFET-D:

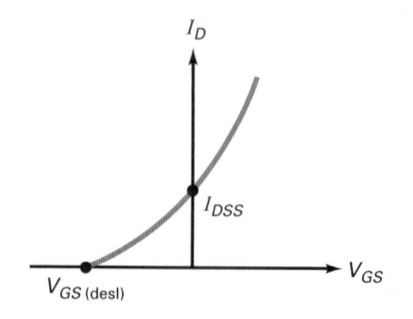

$$I_D = I_{DSS}\left(1 - \frac{V_{GS}}{V_{GS(corte)}}\right)^2$$

(12-3) Resistência com dispositivo ligado:

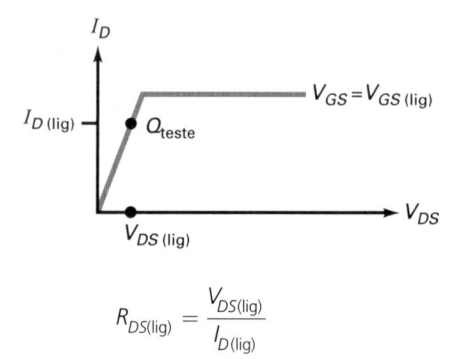

$$R_{DS(lig)} = \frac{V_{DS(lig)}}{I_{D(lig)}}$$

(12-6) Resistência de dois terminais:

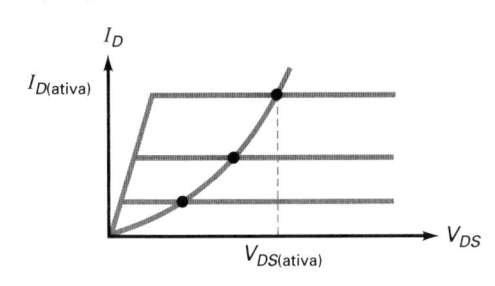

$$R_D = \frac{V_{DS(ativa)}}{I_{D(ativa)}}$$

(12-8) Constante k do MOSFET-E:

$$k = \frac{I_{D(lig)}}{[V_{GS(lig)} - V_{GS(th)}]^2}$$

(12-10) g_m do MOSFET-E:

$$g_m = 2k[V_{GS} - V_{GS(th)}]$$

Derivações

(12-2) Polarização zero do MOSFET-D:

$$V_{DS} = V_{DD} - I_{DSS}R_D$$

(12-4) Corrente de saturação:

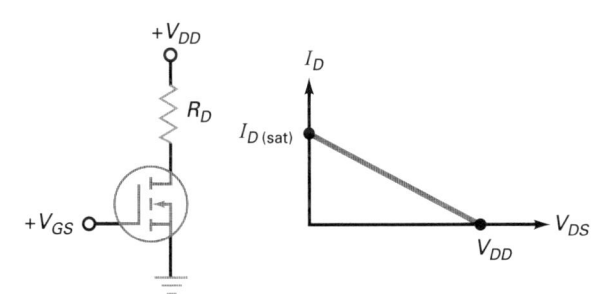

$$I_{D(sat)} = \frac{V_{DD}}{R_D}$$

(12-5) Região ôhmica:

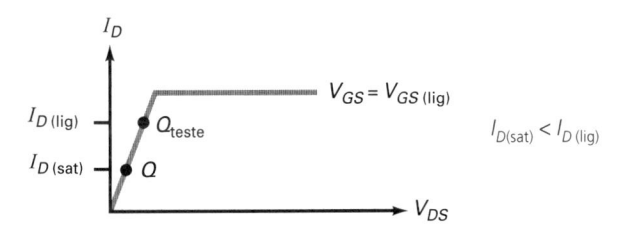

$I_{D(sat)} < I_{D(lig)}$

(12-7) Tensão de porta do comutador de fonte para carga canal p:

$$V_G \leq V_{in} - |V_{GS(lig)}|$$

(12-9) Tensão de porta do comutador de fonte para carga canal n:

$$V_G \geq V_{out} + V_{GS(lig)}$$

(12-11) Corrente de dreno do MOSFET-E:

$$I_D = k[V_{GS} - V_{GS(th)}]^2$$

(12-13) R_D para a polarização com realimentação do dreno:

$$R_D = \frac{V_{DD} - V_{DS(lig)}}{I_{D(lig)}}$$

Exercícios

1. Um MOSFET-D pode operar no
   a. Modo de depleção apenas
   b. Modo de crescimento apenas
   c. Modo de depleção e crescimento
   d. Modo de baixa impedância

2. Quando um MOSFET-D canal n tem $I_D > I_{DSS}$, ele
   a. É danificado
   b. Opera no modo de depleção
   c. Está polarizado diretamente
   d. Opera no modo de crescimento

3. O ganho de tensão de um amplificador com MOSFET-D é dependente de
   a. R_D
   b. R_L
   c. g_m
   d. Todas acima

4. Qual dos componentes a seguir revolucionou a indústria do computador?
   a. JFET
   b. MOSFET-D
   c. MOSFET-E
   d. FET de potência

5. A tensão que faz com que um dispositivo MOSFET-E entre em condução é
   a. Tensão de corte porta-fonte
   b. Tensão de estrangulamento
   c. Tensão de limiar
   d. Tensão de joelho

6. Qual destes dados pode aparecer em uma folha de dados para um MOSFET modo de crescimento?
   a. $V_{GS(th)}$
   b. $I_{D(lig)}$
   c. $V_{GS(lig)}$
   d. Todas acima

7. **O valor de $V_{GS(lig)}$ de um MOSFET-E canal *n* é**
   a. Menor que a tensão de limiar
   b. Igual à tensão de corte porta-fonte
   c. Maior que $V_{DS(lig)}$
   d. Maior que $V_{GS(th)}$

8. **Um resistor comum é um exemplo de**
   a. Dispositivo de três terminais
   b. Carga ativa
   c. Carga passiva
   d. Dispositivo de chaveamento

9. **Um MOSFET-E com sua porta conectada ao dreno é um exemplo de**
   a. Dispositivo de três terminais
   b. Carga ativa
   c. Carga passiva
   d. Dispositivo de chaveamento

10. **Um MOSFET-E que opera no corte ou na região ôhmica é um exemplo de**
    a. Fonte de corrente
    b. Carga ativa
    c. Carga passiva
    d. Dispositivo de chaveamento

11. **Os dispositivos VMOS geralmente**
    a. Entram em corte mais rápido que os TJBs
    b. Conduzem correntes de baixo valor
    c. Têm coeficiente de temperatura negativo
    d. São usados com inversores CMOS

12. **Um MOSFET-D é considerado um**
    a. Dispositivo normalmente em corte
    b. Dispositivo normalmente em condução
    c. Dispositivo controlado por corrente
    d. Chave de alta potência

13. **O termo CMOS significa**
    a. MOS comum
    b. Carga ativa de chaveamento
    c. Dispositivos canal *p* e canal *n*
    d. MOS complementar

14. **$V_{GS(lig)}$ é sempre**
    a. Menor que $V_{GS(th)}$
    b. Igual a $V_{GS(lig)}$
    c. Maior que $V_{GS(th)}$
    d. Negativa

15. **Com a carga ativa no chaveamento, o MOSFET-E superior é um**
    a. Dispositivo de dois terminais
    b. Dispositivo de três terminais
    c. Chave
    d. Resistência de baixo valor

16. **Os dispositivos CMOS usam**
    a. transistores bipolares
    b. MOSFETs-E complementares
    c. Operação em classe A
    d. Dispositivos de MOSFETs-D

17. **A vantagem principal de um CMOS é**
    a. Sua potência nominal alta
    b. Sua operação em baixo sinal
    c. Sua capacidade de chaveamento
    d. Seu consumo baixo de potência

18. **Os FETs de potência são**
    a. Circuitos integrados
    b. Dispositivos de baixo sinal
    c. Mais usados com sinais analógicos
    d. Usados como chave para altas correntes

19. **Quando a temperatura interna aumenta em um FET de potência, a**
    a. Tensão de limiar aumenta
    b. Corrente na porta diminui
    c. Corrente no dreno diminui
    d. Corrente de saturação aumenta

20. **A maioria dos MOSFETs-E de baixo sinal é encontrada em**
    a. Aplicações de corrente alta
    b. Circuitos discretos
    c. Acionadores de disco (*disk drives*)
    d. Circuitos integrados

21. **A maioria dos FETs de potência é usada em**
    a. Aplicações de alta potência
    b. Computadores digitais
    c. Estágios de RF
    d. Circuitos integrados

22. **Um MOSFET-E canal *n* conduz quando tem**
    a. $V_{GS} > V_P$
    b. Uma camada de inversão tipo *n*
    c. $V_{DS} > 0$
    d. Camadas de depleção

23. **No dispositivo CMOS o MOSFET superior**
    a. É uma carga passiva
    b. É uma carga ativa
    c. Não está em condução
    d. É complementar

24. **A saída alta de um inversor CMOS é**
    a. $V_{DD}/2$
    b. V_{GS}
    c. V_{DS}
    d. V_{DD}

25. **A $R_{DS(lig)}$ de um FET de potência**
    a. É sempre alta
    b. Tem um coeficiente de temperatura negativo
    c. Tem um coeficiente de temperatura positivo
    d. É uma carga ativa

26. **FETs de potência conectados à fonte canal *n* discretos necessitam de:**
    a. Uma tensão de porta negativa para ligar
    b. um circuito de acionamento de porta menor do que FETs canal *p*
    c. a tensão de dreno deve ser maior do que a tensão de porta para a condução
    d. uma bomba de carga

Problemas

SEÇÃO 12-2 CURVAS DO MOSFET-D

12-1 Um MOSFET-D canal *n* tem as especificações de $V_{GS(desl)} = -2V$ e $I_{DSS} = 4$ mA. Dados os valores de $V_{GS} = -0,5$ V, -10 V, -15 V, $+0,5$ V, $+10$ V e $+15$ V, determine o valor de I_D no modo de depleção apenas.

12-2 Dados os mesmos valores do problema anterior, calcule I_D para o modo de crescimento apenas.

12-3 Um MOSFET-D canal *p* tem $V_{GS(desl)} = +3$ V e $I_{DSS} = 12$ mA. Dados os valores de $V_{GS} = -1,0$ V, -2 V, 0 V, $+1,5$ V e $+2,5$ V, determine o valor de I_D no modo de depleção apenas.

SEÇÃO 12-3 AMPLIFICADORES COM MOSFET NO MODO DE DEPLEÇÃO

12-4 O MOSFET-D na Figura 12-49 tem $V_{GS(desl)} = -3$ V e $I_{DSS} = 12$ mA. Determine a corrente no dreno do circuito e os valores de V_{DS}.

12-5 Na Figura 12-49, quais são os valores de r_d, A_v e $v_{(out)}$ usando uma g_{mo} de 4.000 μS?

12-6 Usando a Figura 12-49, calcule r_d, A_v e $v_{(out)}$ se $R_D = 680$ Ω e $R_L = 10$ kΩ.

12-7 Qual é a impedância de entrada aproximada na Figura 12-49?

SEÇÃO 12-5 REGIÃO ÔHMICA

12-8 Calcule $R_{DS(lig)}$ para cada um destes valores do MOSFET-E:
  a. $V_{DS(lig)} = 0,1$ V e $V_{DS(lig)} = 10$ mA
  b. $V_{DS(lig)} = 0,25$ V e $V_{DS(lig)} = 45$ mA
  c. $V_{DS(lig)} = 0,75$ V e $V_{DS(lig)} = 100$ mA
  d. $V_{DS(lig)} = 0,15$ V e $V_{DS(lig)} = 200$ mA

12-9 Um MOSFET-E tem $R_{DS(lig)} = 2$ Ω quando $V_{GS(lig)} = 3$ e $I_{D(lig)} = 500$ mA. Se ele está polarizado na região ôhmica, qual é a tensão no componente para cada uma destas correntes de dreno:
  a. $I_{D(sat)} = 25$ mA   c. $I_{D(sat)} = 100$ mA
  b. $I_{D(sat)} = 50$ mA   d. $I_{D(sat)} = 200$ mA

12-10 ‖MultiSim Qual é a tensão no MOSFET-E na Figura 12-50a se $V_{GS} = 2,5$ V? (Use a Tabela 12-1.)

12-11 ‖MultiSim Calcule a tensão no dreno na Figura 12-50b para uma tensão na porta de +3 V. Suponha que $V_{DS(lig)}$ tenha aproximadamente o mesmo valor dado na Tabela 12-1.

12-12 Se o valor de V_{GS} for alto na Figura 12-50c, qual é a tensão no resistor de carga?

12-13 Calcule a tensão no MOSFET-E na Figura 12-50d para uma tensão alta na entrada.

12-14 Qual é a corrente LED na Figura 12-51a quando $V_{GS} = 5$ V?

12-15 O relé na Figura 12-51b fecha quando $V_{GS} = 2,6$ V. Qual é a corrente no MOSFET quando a tensão na porta é alta? E a corrente no resistor de carga final?

SEÇÃO 12-6 CHAVEAMENTO DIGITAL

12-16 Um MOSFET-E tem estes valores: $I_{D(ativa)} = 1$ mA e $V_{DS(ativa)} = 10$ V. Qual é o valor da resistência no dreno na região ativa?

12-17 Qual é a tensão na saída na Figura 12-52a quando a tensão na entrada é baixa? E quando ela é alta?

12-18 Na Figura 12-52b, a tensão na entrada é baixa. Qual é a tensão na saída? E se a entrada for alta?

12-19 Uma onda quadrada aciona a porta na Figura 12-52a. Se o valor pico a pico da onda for alto suficiente para acionar o MOSFET inferior na região ôhmica, qual é a forma de onda na saída?

SEÇÃO 12-7 CMOS

12-20 Os MOSFETs na Figura 12-53 têm $R_{DS(lig)} = 250$ Ω e $R_{DS(desl)} = 5$ MΩ. Qual é a forma de onda na saída.

12-21 O MOSFET superior na Figura 12-53 tem estes valores: $I_{D(lig)} = 1$ mA, $V_{DS(lig)} = 1$ V, $I_{D(desl)} = 1$ μA e $V_{DS(desl)} = 10$ V. Qual é a tensão na saída quando a tensão na entrada é baixa? E quando ela é alta?

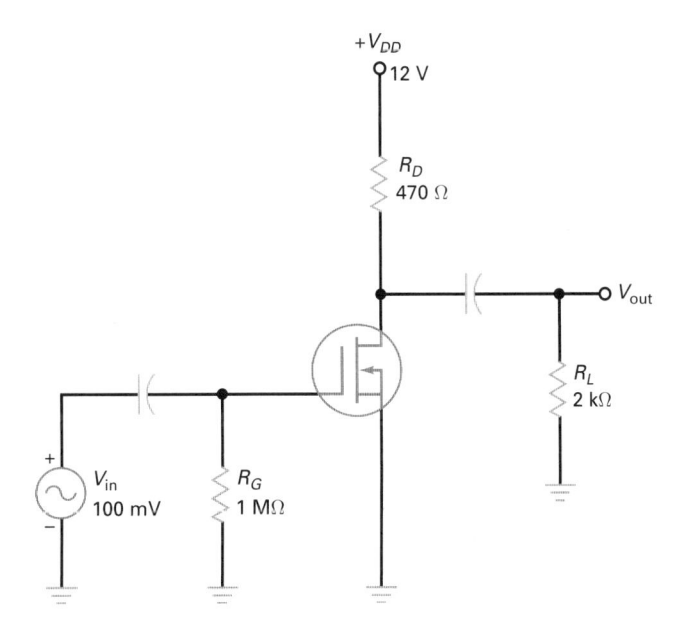

Figura 12-49

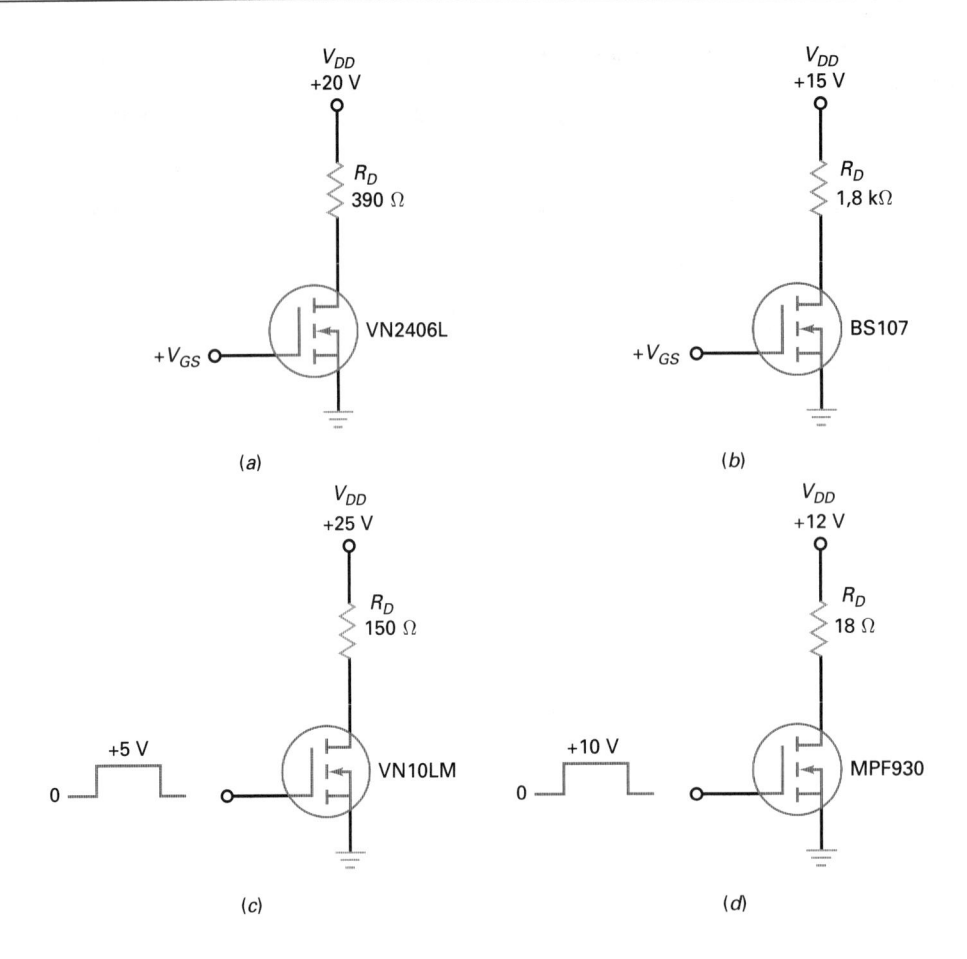

Figura 12-50

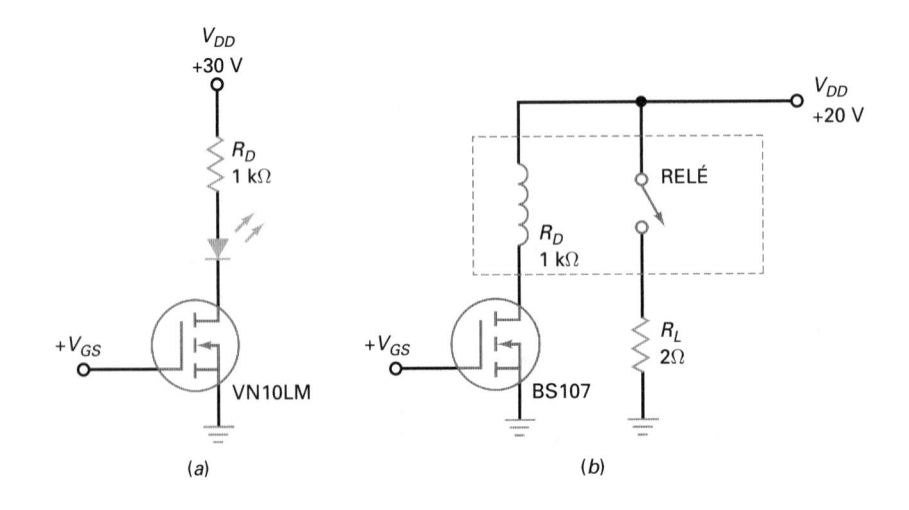

Figura 12-51

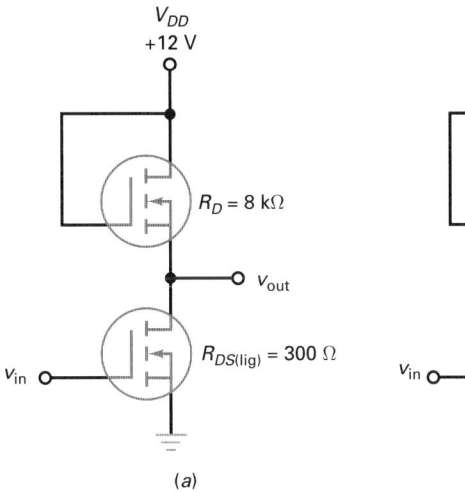

Figura 12-52

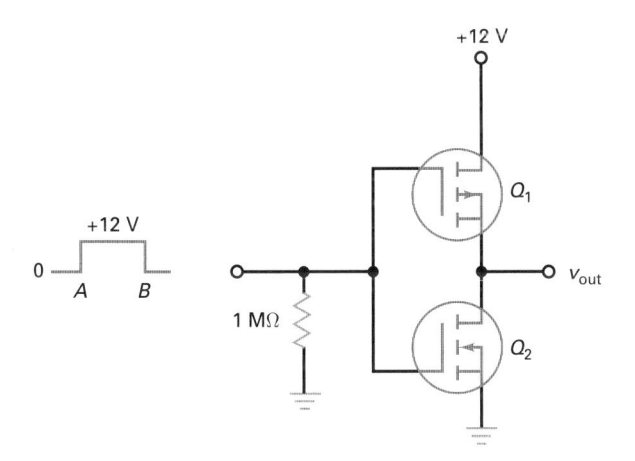

Figura 12-53

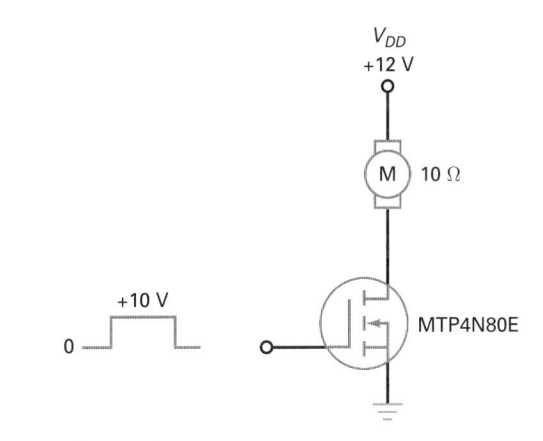

Figura 12-54

12-22 Uma forma de onda quadrada com valor de pico de 12 V e uma frequência de 1 kHz na entrada é a Figura 12-53. Descreva a forma de onda na saída.

12-23 Durante a transição de baixa para alta na Figura 12-53, a tensão na entrada é de 6 V por um momento. Nesse instante, os dois MOSFETs têm resistências ativas de $R_D = 5$ kΩ. Qual é a corrente no dreno neste instante?

SEÇÃO 12-8 FETS DE POTÊNCIA

12-24 Qual é a corrente no bobinado do motor na Figura 12-54, quando a tensão na porta é baixa? E quando ela é alta?

12-25 A bobina do motor na Figura 12-54 foi substituída por outra com uma resistência de 6 Ω. Qual é a corrente na bobina quando a tensão na porta é alta?

12-26 Qual é a corrente na lâmpada na Figura 12-55 quando a tensão na porta é baixa? E quando ela for de +10 V?

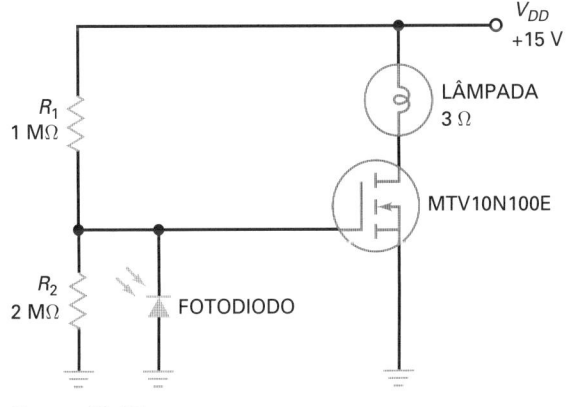

Figura 12-55

12-27 A lâmpada na Figura 12-55 é substituída por outra com uma resistência de 5 Ω. Qual é a potência na lâmpada no escuro?

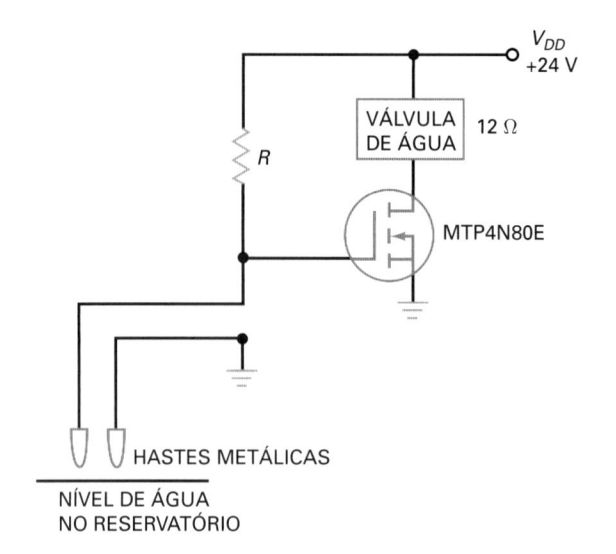

Figura 12-56

12-28 Qual é a corrente na válvula de água na Figura 12-43 quando a tensão na porta é alta? E quando ela é baixa?

12-29 A tensão de alimentação na Figura 12-56 é trocada para 12 V e a válvula de água é substituída por outra com uma resistência de 18 Ω. Qual é a corrente na válvula de água quando as hastes metálicas estiverem dentro d'água? E quando elas estiverem fora da água?

12-30 Qual é a constante de tempo RC na Figura 12-57? E a potência na lâmpada quando o brilho é máximo?

12-31 Na Figura 12-57, os valores das duas resistências no circuito da porta foram dobrados. Qual é a constante de tempo RC? Se a lâmpada for substituída por outra com resistência de 6 Ω, qual é a corrente na lâmpada quando o brilho é máximo?

SEÇÃO 12-9 MOSFETS COMO COMUTADORTES DE FONTE PARA CARGA

12-32 Na Figura 12-58, qual é a corrente de Q_1 quando o sinal de controle for zero volt? E quando o sinal de controle for +5,0 V?

12-33 Quando o sinal de controle da Figura 12-58 for +5.0 V, qual a tensão de saída na carga se Q_2 tiver um valor de $R_{DS(lig)}$ de 100 mΩ?

12-34 Com um valor de $R_{DS(lig)}$ de 100 mΩ, qual é a potência em Q_2 e na carga quando o sinal de controle estiver em +5,0 V?

SEÇÃO 12-11 AMPLIFICADORES COM MOSFET-E

12-35 Calcule o valor da constante k e I_D na Figura 12-59 usando os valores mínimos de $I_{D(lig)}$, $V_{GS(lig)}$ e $V_{GS(th)}$ para o 2N7000.

12-36 Determine os valores de g_m, A_v e $V_{(out)}$ na Figura 12-59 usando as especificações nominais mínimas.

12-37 Na Figura 12-59, mude R_D para 50 Ω. Calcule o valor da constante k e I_D usando os valores típicos de $R_{D(lig)}$, $V_{GS(lig)}$ e $V_{GS(th)}$ para o 2N7000.

12-38 Determine os valores de g_m, A_v e $V_{(out)}$ na Figura 12-59 usando as especificações típicas nominais, V_{DD} de +12 V e R_D = 15 Ω.

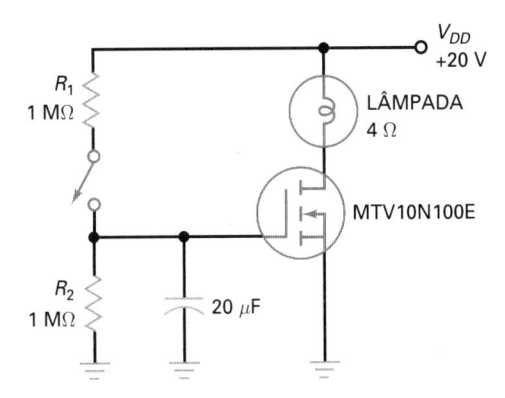

Figura 12-57

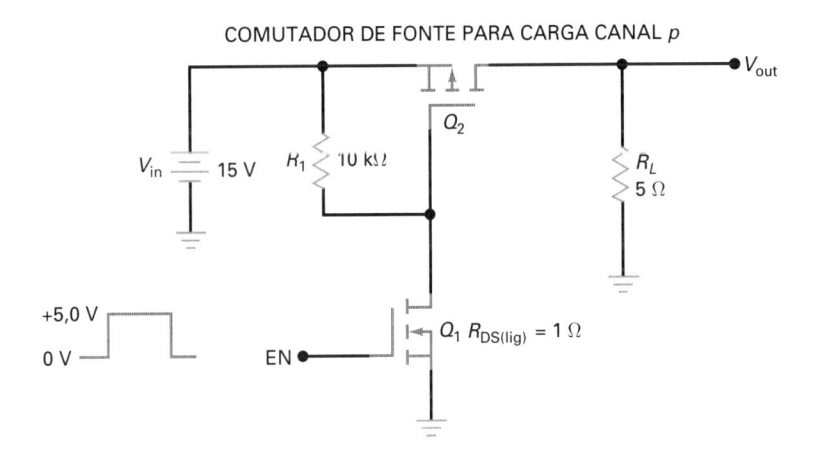

COMUTADOR DE FONTE PARA CARGA CANAL p

Figura 12-58

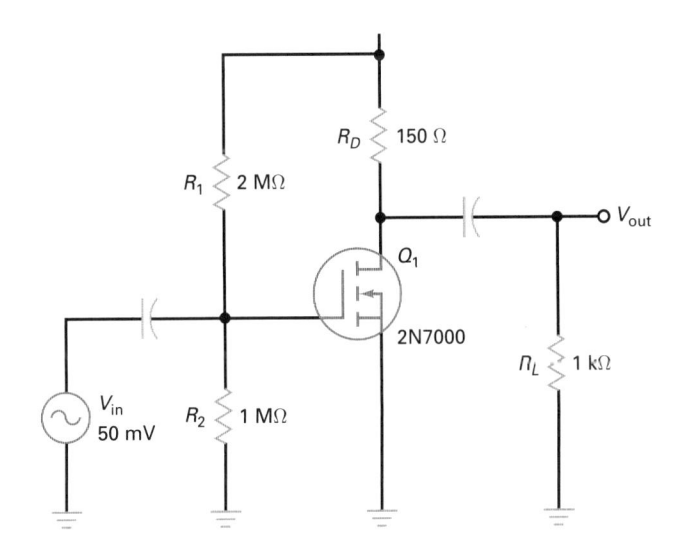

Figura 12-59

Raciocínio crítico

12-39 Na Figura 12-50c, a tensão de entrada na porta é uma onda quadrada com uma frequência de 1 kHz e uma tensão de pico de +5 V. Qual é a potência média dissipada no resistor da carga?

12-40 A tensão de entrada na porta na Figura 12-50d é uma série de pulsos retangulares com um ciclo de trabalho de 25%. Isso quer dizer que a tensão na porta é alta em 25% do ciclo e baixa o restante do tempo. Qual é a potência média dissipada no resistor de carga?

12-41 O inversor CMOS na Figura 12-53 usa MOSFETs com $R_{DS(lig)}$ = 100 Ω e $R_{DS(desl)}$ = 10 MΩ. Qual é o consumo de potência quiescente do circuito? Quando uma forma de onda quadrada é aplicada na entrada, a corrente média em Q_1 é de 50 μA. Qual é o valor da potência?

12-42 Se a tensão na porta na Figura 12-55 é de 3 V, qual é a corrente no fotodiodo?

12-43 A folha de dados de um MTP16N25E mostra um gráfico normalizado de $R_{DS(desl)}$ *versus* temperatura. O valor normalizado aumenta linearmente de 1 a 2,25 à medida que a temperatura aumenta de 25°C para 125°C. Se $R_{DS(lig)}$ = 0,17 Ω a 25°C, que valor ela terá a 100°C?

12-44 Na Figura 12-29, V_{in} = 12 V. O transformador tem uma relação de espiras de 4:1 e uma ondulação na saída muito baixa, qual é a tensão CC na saída V_{out}?

Questões de entrevista

1. Desenhe um MOSFET-E mostrando as regiões *p* e *n*. Depois explique o funcionamento de condução e corte.
2. Descreva como funciona o chaveamento com carga ativa. Use diagramas de circuito na sua explicação.
3. Desenhe um inversor CMOS e explique o funcionamento do circuito.
4. Desenhe um circuito qualquer que mostre um FET de potência controlando uma corrente alta na carga. Explique a ação de condução e corte. Inclua $R_{DS(lig)}$ na sua explicação.
5. Alguém lhe diz que a tecnologia MOS revolucionou o mundo da eletrônica. Por quê?
6. Liste e compare as vantagens e desvantagens dos amplificadores com TJB e FET.
7. Explique o que ocorre quando a corrente no dreno começa a aumentar em um FET de potência.
8. Por que devemos manusear com cuidado um MOSFET-E?
9. Por que um fio fino de metal é conectado aos terminais de um MOSFET durante o transporte?
10. Quais são as medidas de precaução tomadas quando trabalhamos com dispositivos MOS?
11. Por que um projetista escolhe geralmente um MOSFET em vez de um TBJ para a função de chaveamento de potência em uma fonte de alimentação chaveada?

Respostas dos exercícios

1. c
2. d
3. d
4. c
5. c
6. d
7. d
8. c
9. b
10. d
11. a
12. b
13. d
14. c
15. a
16. b
17. d
18. d
19. c
20. d
21. a
22. b
23. d
24. d
25. c
26. d

Respostas dos problemas práticos

12-1
V_{GS}	I_D
−1 V	2,25 mA
−2 V	1 mA
0 V	4 mA
+1 V	6,25 mA
+2 V	9 mA

12-2 V_{out} = 105,6 mV

12-3 $I_{D(sat)}$ = 10 mA; $V_{out(deslig)}$ = 20 V; $V_{out(lig)}$ = 0,06 V

12-4 I_{LED} = 32 mA

12-5 $V_{out(desl)}$ = 20 V; $V_{out(lig)}$ = 0,198 V

12-6 V_{out} = 20 V e 198 mV

12-7 $R_{DS(lig)} \cong 222\ \Omega$

12-8 Se $V_{in} > V_{GS(th)}$; V_{out} = +15 V_{pulso}

12-9 I_D = 0,996 A

12-10 I_L = 2,5 A

12-13 V_{carga} = 4,76 V; P_{carga} = 4,76 W; P_{loss} = 238 mW

12-14 $k = 5,48 \times 10^{-3}$ A/V²; I_D = 26 mA

12-15 R_D = 4 kΩ

12-16 V_{GS} = 2,98 V; I_D = 80 mA; g_m = 183 mS; A_V = 11,7; V_{out} = 1,17 V

13 Tiristores

A palavra **tiristor** vem do grego e significa "porta", usada no mesmo sentido de abrir-se uma porta e deixar alguém passar por ela. Um tiristor é um dispositivo semicondutor que usa uma realimentação interna para produzir uma ação de chaveamento. Os tiristores mais importantes são os retificadores controlados de silício (SCR) e o triac. Assim como os FETs de potência, o SCR e o triac podem chavear correntes de altos valores. Por isso, podem ser usados para proteção de sobretensão, controles de motor, aquecedores, sistemas de iluminação e outras cargas de correntes altas. Os transistores bipolares de porta isolada (IGBTs) não estão incluídos na família dos tiristores, mas são estudados neste capítulo como dispositivos de chaveamento de potência.

Objetivos de aprendizagem

Após o estudo deste capítulo, você deverá ser capaz de:

- Descrever o diodo de quatro camadas, como ele conduz e como ele entra em corte.
- Explicar as características dos SCRs.
- Demonstrar como testar os SCRs.
- Calcular os ângulos de disparo e de condução dos circuitos de controle de fase RC.
- Explicar as características dos triacs e dos diacs.
- Comparar o controle de chaveamento dos IGBTs para os MOSFETs de potência.
- Descrever as principais características do foto-SCR e da chave controlada de silício.
- Explicar a operação dos circuitos com UJT e com PUT.

Sumário

- **13-1** Diodo de quatro camadas
- **13-2** Retificador controlado de silício
- **13-3** Barra de proteção com SCR
- **13-4** Controle de fase com SCR
- **13-5** Tiristores bidirecionais
- **13-6** IGBTs
- **13-7** Outros tiristores
- **13-8** Análise de defeito

Termos-chave

- ângulo de condução
- ângulo de disparo
- chave unilateral de silício (SUS)
- corrente baixa de desligamento
- corrente de disparo no gatilho, (na porta) I_{GT}
- corrente de manutenção
- diac
- diodo de quatro camadas
- diodo Schockley
- disparo
- gerador de dente de serra
- SCR
- tensão do disparo no gatilho (na porta) V_{GT}
- tiristor
- transistor bipolar de porta isolada (IGBT)
- transistor de unijunção (UJT)
- transistor de unijunção programável (PUT)
- triac

13-1 Diodo de quatro camadas

O funcionamento do tiristor pode ser explicado em termos do circuito equivalente mostrado na Figura 13-1a. O transistor superior Q_1 é um dispositivo *pnp* e o transistor inferior Q_2 é um dispositivo *npn*. O coletor de Q_1 aciona a base de Q_2. De modo similar, o coletor de Q_2 aciona a base de Q_1.

Realimentação positiva

A conexão não usual na Figura 13-1a usa uma *realimentação positiva*. Qualquer variação na corrente da base de Q_2 é amplificada e realimentada por Q_1 para aumentar a variação original. Esta realimentação positiva continua mudando a corrente na base de Q_2 até que os dois transistores entrem em saturação ou em corte.

Por exemplo, se a corrente na base de Q_2 aumenta, a corrente no coletor de Q_2 aumenta. Isso aumenta a corrente na base de Q_1 e a corrente no coletor de Q_1. Uma corrente maior no coletor de Q_1 aumentará ainda mais a corrente na base de Q_2. A ação de amplificar e realimentar continua até que os dois transistores sejam levados à saturação. Nesse caso, o circuito total age como uma chave fechada (Figura 13-1b).

Por outro lado, se algo causar uma diminuição na corrente na base de Q_2, a corrente no coletor de Q_2 diminui, a corrente na base de Q_1 diminui, a corrente no coletor de Q_1 diminui e a corrente na base de Q_2 diminui mais ainda. Essa ação continua até que os dois transistores sejam levados para o corte. Logo, o circuito funciona como uma chave aberta (Figura 13-1c).

O circuito na Figura 13-1a é estável em qualquer um dos estados; *aberto* ou *fechado*. Ele permanecerá em um dos estados indefinidamente até que alguma força externa aja. Se o circuito está aberto, ele permanece aberto até que algo aumente a corrente na base de Q_2. Se o circuito está fechado, ele permanece fechado até que alguma coisa diminua a corrente na base de Q_2. Pelo fato de o circuito poder permanecer em um estado indefinidamente, ele é chamado de *trava (latch)*.

Fechando uma trava

A Figura 13-2a mostra uma trava conectada a um resistor de carga com uma fonte de tensão de V_{CC}. Suponha que a trava esteja aberta, como mostra a Figura 13-2b. Como não há corrente no resistor de carga, a tensão na trava é igual à tensão de alimentação. Então, o ponto de operação está no extremo inferior da reta de carga CC (Figura 13-2d).

O único modo de fechar a trava na Figura 13-2b é pelo **disparo** (*breakover*). Isso significa usar uma tensão de alimentação de V_{CC} suficientemente alta para

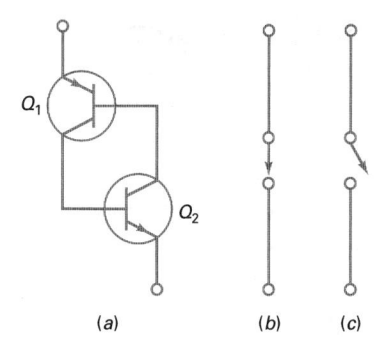

Figura 13-1 Trava com transistores.

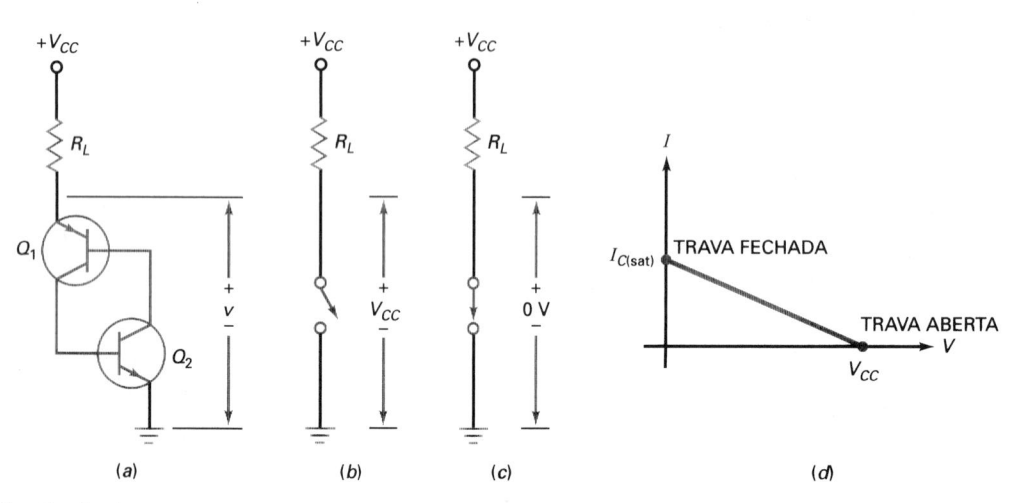

Figura 13-2 Circuito de travamento.

atingir a *ruptura* (*breakdown*) do diodo coletor Q_1. Como a corrente no coletor de Q_1 aumenta, a corrente na base de Q_2 dará início à realimentação positiva. Isso leva os dois transistores à saturação, como descrito anteriormente. Quando saturados, os dois transistores idealmente agem como um curto-circuito e a trava fica fechada (Figura 13-2c). Idealmente, a tensão na trava é zero quando ela está fechada e o ponto de operação está no extremo superior da reta de carga (Figura 13-2d).

Na Figura 13-2a, o disparo pode ocorrer também se Q_2 atingir a ruptura primeiro. Embora a ruptura tenha início em qualquer um dos diodos coletores, ela termina com os dois transistores no estado de saturação. Essa é a razão pela qual o termo *disparo* é usado em vez de *ruptura* para descrever este tipo de fechamento da trava.

Abrindo uma trava

Como abrimos a trava na Figura 13-2a? Reduzindo a tensão de alimentação V_{CC} a zero. Isso força os transistores a sair da saturação e entrar em corte. Chamamos esse tipo de abertura de **corrente baixa de desligamento** porque ela depende da redução da corrente na trava a um valor baixo suficiente para tirar o transistor fora da saturação.

Diodo Schockley

A Figura 13-3a era chamada originalmente de **diodo Schockley** em consideração ao inventor. São usados também vários outros nomes para este dispositivo: **diodo de quatro camadas**, *diodo pnpn* e **chave unilateral de silício (SUS)**. O dispositivo deixa a corrente circular em um sentido apenas.

O modo mais fácil de entender como ele funciona é visualizá-lo separado em duas partes, como mostra a Figura 13-3b. A metade da esquerda é um *transistor pnp* e a metade da direita é um *transistor npn*. Logo, o diodo de quatro camadas é equivalente à trava na Figura 13-3c.

A Figura 13-3d mostra o símbolo esquemático de um diodo de quatro camadas. O único modo de fechar o diodo de quatro camadas é pelo disparo. O único modo de abri-lo é pelo desligamento por corrente baixa, o que significa reduzir a corrente a um valor abaixo da **corrente de manutenção** (indicado nas folhas de dados). A corrente de manutenção é o valor baixo da corrente em que os transistores saem de saturação para o corte.

Após o disparo de um diodo de quatro camadas, a tensão no componente cai idealmente para zero. Na realidade, existe alguma tensão no diodo de trava. A Figura 13-3e mostra o gráfico da corrente *versus* tensão para o 1N5158 que está em condução. Como você pode ver, a tensão no dispositivo aumenta quando a corrente aumenta: 1 V com 0,2 A, 1,5 V com 0,95 A, 2 V com 1,8 A e assim por diante.

É ÚTIL SABER

O diodo de quatro camadas é raramente, ou nunca, usado nos circuitos modernos. Na realidade, a maioria dos fabricantes de dispositivos não o produz mais. Apesar do fato de que o dispositivo está quase obsoleto, ele é estudado em detalhes aqui porque a maioria dos princípios de funcionamento do diodo de quatro camadas pode ser aplicada em muitos dos tiristores mais comumente utilizados. De fato, a maioria dos tiristores não são nada mais que ligeiras variações do diodo de quatro camadas básico.

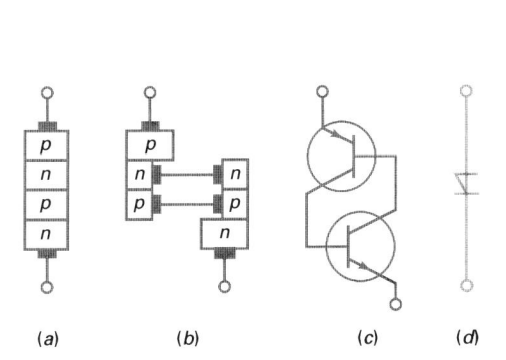

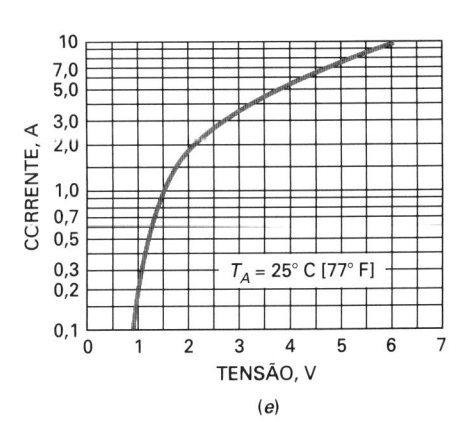

Figura 13-3 Diodo de quatro camadas.

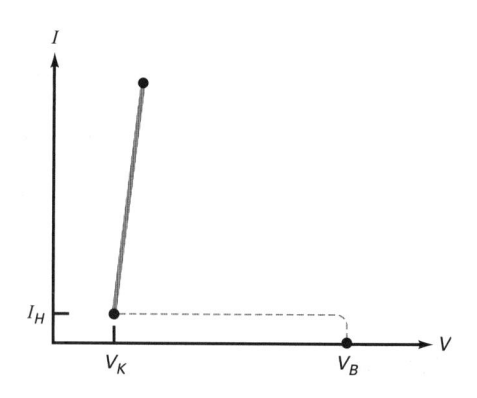

Figura 13-4 Característica de disparo.

Característica de disparo

A Figura 13-4 mostra o gráfico da corrente *versus* tensão de um diodo de quatro camadas. O dispositivo tem duas regiões de operação: corte e saturação. A linha tracejada é o caminho de transição entre o corte e a saturação. Ela é tracejada para indicar que o dispositivo chaveia rapidamente entre os estados de liga e desliga.

Quando o dispositivo está em corte, a corrente é zero. Se a tensão no diodo tentar exceder o valor de V_B, o dispositivo dispara e seu ponto de operação move-se rapidamente ao longo da linha tracejada indo para a região de saturação. Quando o diodo está em saturação, ele opera na linha de cima. Enquanto a corrente que circula por ele for maior que a corrente de manutenção I_H, o diodo permanece travado no estado de condução. Se a corrente tornar-se menor que I_H, o dispositivo assume o estado de corte.

A aproximação ideal para um diodo de quatro camadas é uma chave aberta quando em corte e uma chave fechada quando em saturação. A segunda aproximação inclui a tensão de joelho V_k, aproximadamente 0,7 V na Figura 13-4. Para maiores aproximações, use o programa de simulação para computador ou consulte as folhas de dados do diodo de quatro camadas.

Exemplo 13-1

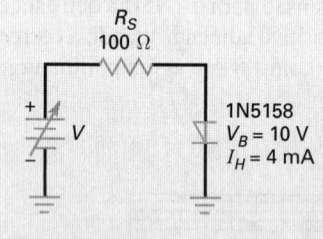

Figura 13-5 Exemplo.

O diodo na Figura 13-5 tem uma tensão de disparo de 10 V. Se a tensão de entrada na Figura 13-5 aumentar para +15 V, qual é a corrente no diodo?

SOLUÇÃO Como uma tensão na entrada de 15 V é maior que a tensão de disparo de 10 V, o diodo dispara. Idealmente, o diodo age como uma chave fechada, logo a corrente é:

$$I = \frac{15\,\text{V}}{100\,\Omega} = 150\,\text{mA}$$

Para uma segunda aproximação:

$$I = \frac{15\,\text{V} - 0,7\,\text{V}}{100\,\Omega} = 143\,\text{mA}$$

Para uma resposta mais precisa, veja na Figura 13-3e que a tensão é de 0,9 V quando a corrente é próxima de 150 mA. Portanto, uma reposta mais precisa é:

$$I = \frac{15\,\text{V} - 0,9\,\text{V}}{100\,\Omega} = 141\,\text{mA}$$

PROBLEMA PRÁTICO 13-1 Na Figura 13-5, determine a corrente no diodo se a tensão de entrada V é de 12 V. Use a segunda aproximação.

Exemplo 13-2

O diodo na Figura 13-5 tem uma corrente de manutenção de 4 mA. A tensão na entrada aumenta para 15 V para travar o diodo, depois diminui para desligá-lo. Qual é a tensão na entrada que desliga o diodo?

SOLUÇÃO O diodo entra em corte quando a corrente é ligeiramente menor que a corrente de manutenção, listada como 4 mA. Nesse valor baixo de corrente, a tensão no diodo é aproximadamente igual ao valor da tensão de joelho, 0,7 V. Como 4 mA circula pelo resistor de 100 Ω, a tensão na entrada é:

$$V_{in} = 0{,}7\ V + (4\ mA)(100\ \Omega) = 1{,}1\ V$$

Logo, a tensão na entrada deve ser reduzida de 15 V para pouco menos de 1,1 V para desligar o diodo.

PROBLEMA PRÁTICO 13-2 Repita o Exemplo 13-2 usando um diodo com uma corrente de manutenção de 10 mA.

Exemplo de aplicação 13-3

A Figura 13-6a mostra um **gerador dente de serra**. O capacitor carrega tendendo para a tensão de alimentação, como mostra a Figura 13-6b. Quando a tensão no capacitor atinge +10 V, o diodo dispara. Isso descarrega o capacitor, produzindo o reinício da forma de onda na saída (conhecido como *flyback*, uma queda repentina de tensão). Quando a tensão é idealmente zero, o diodo entra em corte e o capacitor inicia sua carga novamente. Desse modo, obtemos o dente de serra ideal conforme mostra a Figura 13-6b.

Qual é a constante de tempo *RC* para carregar o capacitor? Qual é a frequência da onda dente de serra se o período é aproximadamente de 20% da constante de tempo?

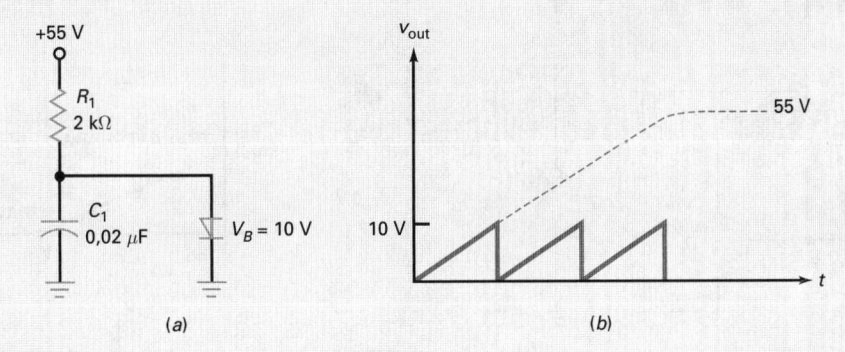

Figura 13-6 Gerador dente de serra.

SOLUÇÃO A constante de tempo *RC* é:

$$RC = (2\ k\Omega)(0{,}02\ \mu F) = 40\ \mu s$$

O período é aproximadamente de 20% da constante de tempo. Logo:

$$T = 0{,}2\ (40\ \mu s) = 8\ \mu s$$

A frequência é:

$$f = \frac{1}{8\mu s} = 125\ kHz$$

PROBLEMA PRÁTICO 13-3 Usando a Figura 13-6, mude o valor do resistor de 1 kΩ e calcule a frequência da onda dente de serra.

13-2 Retificador controlado de silício

O **SCR** é o tiristor mais utilizado. Ele pode chavear correntes de altos valores. Por isso, ele é sempre utilizado no controle de motores, fornos, condicionadores de ar e aquecedores de indução.

Disparando a trava

Pela adição de um terminal à base de Q_2, como mostra a Figura 13-7a, podemos criar um segundo modo de fechar a trava. Aqui está a teoria: quando a trava está aberta, como mostra a Figura 13-7b, o ponto de operação está no extremo inferior da reta de carga CC (Figura 13-7d). Para fechar a trava, podemos acoplar um *gatilho* ou *disparador* (pulso agudo) na corrente de base de Q_2, como mostra a Figura 13-7a. O gatilho aumenta momentaneamente a corrente na base de Q_2. Isso dá início à realimentação positiva, que leva os dois transistores para a saturação.

Quando saturados, os dois transistores idealmente agem como um curto-circuito, e a trava fecha (Figura 13-7c). Quando a trava está fechada, ela apresenta tensão zero medida nos seus terminais, e o ponto de operação vai para o extremo superior da reta de carga (Figura 13-7d).

Gatilho (porta) de disparo

A Figura 13-8a mostra a estrutura do SCR. O terminal de entrada é chamado de *porta* ou *gatilho*, o de cima é o *anodo* e o de baixo é o *catodo*. O SCR é muito mais utilizado que o diodo de quatro camadas porque o disparo pelo gatilho é muito mais fácil que pela ruptura.

> **É ÚTIL SABER**
>
> Os SCRs são projetados para funcionar com valores de corrente e de tensão maiores que os dos outros tipos de tiristores. Atualmente, alguns SCRs são capazes de controlar correntes de até 1,5 kA e tensões que excedem a 2 kV.

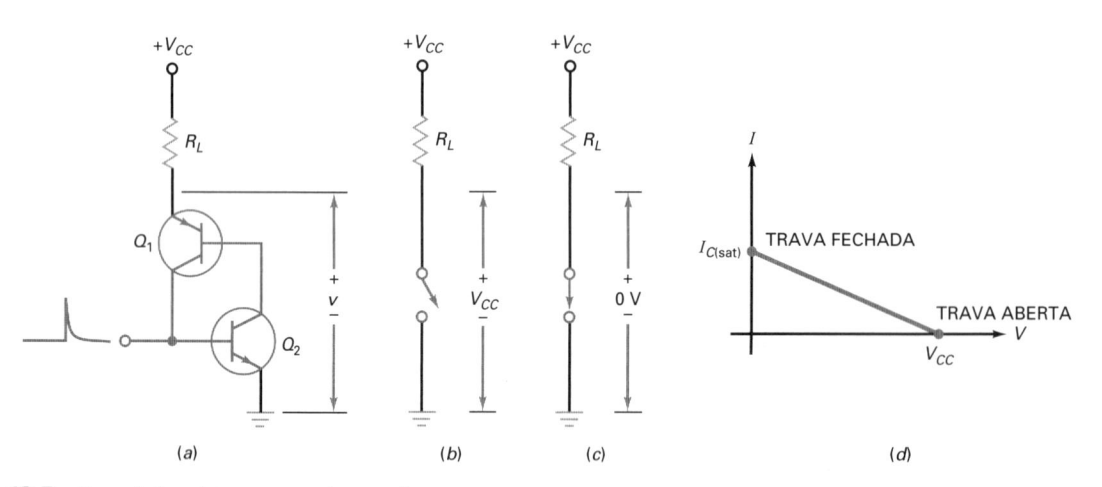

Figura 13-7 Trava de transistores e entrada para disparo.

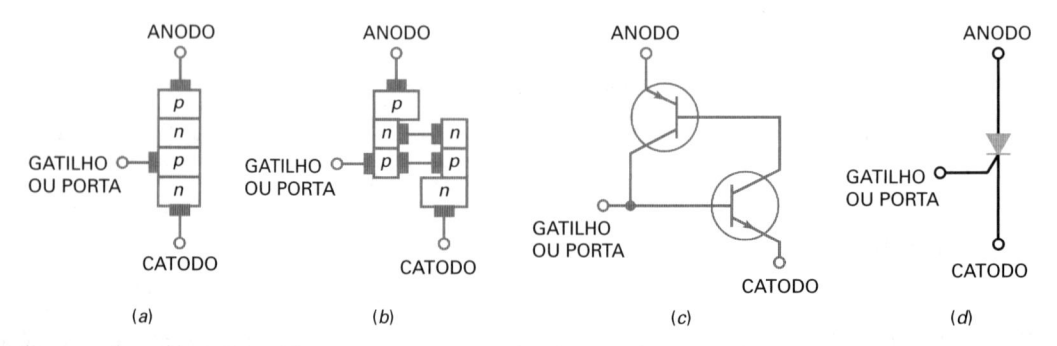

Figura 13-8 Retificador controlado de silício (SCR).

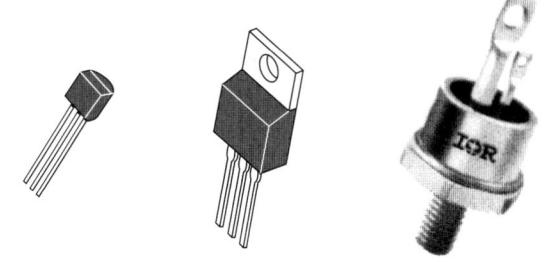

Figura 13-9 SCRs típicos.

Novamente, podemos visualizar as quatro regiões dopadas separadas em dois transistores, como mostra a Figura 13-8b. Portanto, o SCR é equivalente a uma trava com um gatilho de entrada para disparo (Figura 13-8c). Os diagramas esquemáticos usam o símbolo da Figura 13-8d. Ao ver esse símbolo, lembre-se de que ele é equivalente a uma trava com um gatilho de disparo. SCRs típicos estão na Figura 13-9.

Como o gatilho de um SCR está conectado à base de um transistor interno, ele precisa de pelo menos 0,7 V para disparar um SCR. As folhas de dados listam esse valor de tensão como **tensão de disparo do gatilho** V_{GT}. Em vez de especificar a resistência de entrada do gatilho, o fabricante fornece a corrente mínima de entrada necessária para fazer o SCR entrar em condução. As folhas de dados listam a corrente como **corrente de disparo do gatilho** I_{GT}.

A Figura 13-10 mostra uma folha de dados para um SCR de série 2N6504. Para essa série, ela apresenta os valores típicos de tensão e de corrente de:

$V_{GT} = 1,0$ V

$I_{GT} = 9,0$ mA

Isso quer dizer que a fonte que aciona o gatilho de um SCR da série 2N6504 típico tem de fornecer 9,0 mA com 1,0 V para disparar o SCR.

Além disso, a tensão de ruptura ou a tensão de bloqueio é especificada como valor de pico repetitivo no estado desligado da tensão direta, V_{DRM}, e seu valor de pico repetitivo no estado desligado da tensão reversa, V_{RRM}. Dependendo da série de SCR que estiver sendo usada, a faixa de tensão de ruptura varia de 50 V a 800 V.

Tensão de entrada exigida

Um SCR como o mostrado na Figura 13-11 tem uma tensão de gatilho de V_G. Quando ela é maior que V_{GT}, o SCR entra em condução e a tensão na saída cai de V_{CC} para um valor baixo. Algumas vezes, usamos um resistor no gatilho como mostrado aqui. Esse resistor limita a corrente no gatilho em um valor seguro. A tensão na entrada necessária para disparar um SCR tem de ser maior que:

$$V_{in} = V_{GT} + I_{GT}R_G \tag{13-1}$$

Nessa equação, V_{GT} e I_{GT} são a tensão e a corrente de disparo no gatilho do dispositivo. Por exemplo, a folha de dados de um 2N4441 fornece $V_{GT} = 0,75$ V e $I_{GT} = 10$ mA. Quando tiver o valor de R_G, o cálculo de V_{in} é imediato. Se um resistor de gatilho não for usado, R_G será a resistência equivalente de Thevenin do circuito que aciona o gatilho. A não ser que a Equação (13-1) seja satisfeita, o SCR não pode entrar em condução.

Reativando o SCR

Depois que um SCR entra em condução, ele permanece conduzindo mesmo que você reduza a alimentação do gatilho, V_{in}, a zero. Nesse caso, a saída permanece baixa indefinidamente. Para reativar o SCR, você deve reduzir a corrente do

2N6504 Series

Preferred Device

Silicon Controlled Rectifiers

Reverse Blocking Thyristors

Designed primarily for half-wave ac control applications, such as motor controls, heating controls and power supply crowbar circuits.

Features

- Glass Passivated Junctions with Center Gate Fire for Greater Parameter Uniformity and Stability
- Small, Rugged, Thermowatt Constructed for Low Thermal Resistance, High Heat Dissipation and Durability
- Blocking Voltage to 800 Volts
- 300 A Surge Current Capability
- Pb–Free Packages are Available*

ON Semiconductor

http://onsemi.com

SCRs
25 AMPERES RMS
50 thru 800 VOLTS

2N6504 Series

Voltage Current Characteristic of SCR

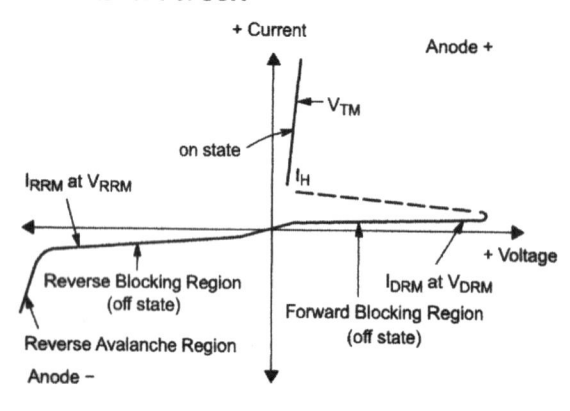

MARKING DIAGRAM

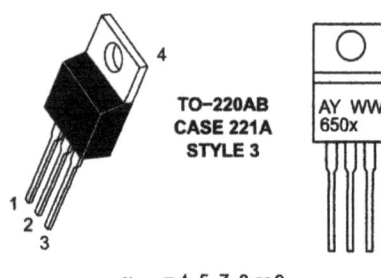

TO–220AB
CASE 221A
STYLE 3

AY WW
650x

x = 4, 5, 7, 8 or 9
A = Assembly Location
Y = Year
WW = Work Week

PIN ASSIGNMENT	
1	Cathode
2	Anode
3	Gate
4	Anode

Symbol	Parameter
V_{DRM}	Peak Repetitive Off State Forward Voltage
I_{DRM}	Peak Forward Blocking Current
V_{RRM}	Peak Repetitive Off State Reverse Voltage
I_{RRM}	Peak Reverse Blocking Current
V_{TM}	Peak On State Voltage
I_H	Holding Current

ORDERING INFORMATION

See detailed ordering and shipping information in the package dimensions section on page 3 of this data sheet.

Preferred devices are recommended choices for future use and best overall value.

*For additional information on our Pb–Free strategy and soldering details, please download the ON Semiconductor Soldering and Mounting Techniques Reference Manual, SOLDERRM/D.

© Semiconductor Components Industries, LLC, 2004
December, 2004 – Rev. 5

Publication Order Number:
2N6504/D

Figura 13-10 Folha de dados do SCR. (Usado com permissão de SCILLC dba ON Semiconductor).

2N6504 Series

MAXIMUM RATINGS (T_J = 25°C unless otherwise noted)

Rating	Symbol	Value	Unit
*Peak Repetitive Off-State Voltage (Note 1) (Gate Open, Sine Wave 50 to 60 Hz, T_J = 25 to 125°C) 2N6504 2N6505 2N6507 2N6508 2N6509	V_{DRM}, V_{RRM}	50 100 400 600 800	V
On-State Current RMS (180° Conduction Angles; T_C = 85°C)	$I_{T(RMS)}$	25	A
Average On-State Current (180° Conduction Angles; T_C = 85°C)	$I_{T(AV)}$	16	A
Peak Non-repetitive Surge Current (1/2 Cycle, Sine Wave 60 Hz, T_J = 100°C)	I_{TSM}	250	A
Forward Peak Gate Power (Pulse Width ≤ 1.0 μs, T_C = 85°C)	P_{GM}	20	W
Forward Average Gate Power (t = 8.3 ms, T_C = 85°C)	$P_{G(AV)}$	0.5	W
Forward Peak Gate Current (Pulse Width ≤ 1.0 μs, T_C = 85°C)	I_{GM}	2.0	A
Operating Junction Temperature Range	T_J	–40 to +125	°C
Storage Temperature Range	T_{stg}	–40 to +150	°C

Maximum ratings are those values beyond which device damage can occur. Maximum ratings applied to the device are individual stress limit values (not normal operating conditions) and are not valid simultaneously. If these limits are exceeded, device functional operation is not implied, damage may occur and reliability may be affected.

1. V_{DRM} and V_{RRM} for all types can be applied on a continuous basis. Ratings apply for zero or negative gate voltage; however, positive gate voltage shall not be applied concurrent with negative potential on the anode. Blocking voltages shall not be tested with a constant current source such that the voltage ratings of the devices are exceeded.

THERMAL CHARACTERISTICS

Characteristic	Symbol	Max	Unit
*Thermal Resistance, Junction-to-Case	$R_{\theta JC}$	1.5	°C/W
*Maximum Lead Temperature for Soldering Purposes 1/8 in from Case for 10 Seconds	T_L	260	°C

ELECTRICAL CHARACTERISTICS (T_C = 25°C unless otherwise noted.)

Characteristic	Symbol	Min	Typ	Max	Unit
OFF CHARACTERISTICS					
*Peak Repetitive Forward or Reverse Blocking Current (V_{AK} = Rated V_{DRM} or V_{RRM}, Gate Open) T_J = 25°C T_J = 125°C	I_{DRM}, I_{RRM}	– –	– –	10 2.0	μA mA
ON CHARACTERISTICS					
*Forward On-State Voltage (Note 2) (I_{TM} = 50 A)	V_{TM}	–	–	1.8	V
*Gate Trigger Current (Continuous dc) T_C = 25°C (V_{AK} = 12 Vdc, R_L = 100 Ω) T_C = –40°C	I_{GT}	– –	9.0 –	30 75	mA
*Gate Trigger Voltage (Continuous dc) (V_{AK} = 12 Vdc, R_L = 100 Ω, T_C = –40°C)	V_{GT}	–	1.0	1.5	V
Gate Non-Trigger Voltage (V_{AK} = 12 Vdc, R_L = 100 Ω, T_J = 125°C)	V_{GD}	0.2	–	–	V
*Holding Current T_C = 25°C (V_{AK} = 12 Vdc, Initiating Current = 200 mA, Gate Open) T_C = –40°C	I_H	– –	18 –	40 80	mA
*Turn-On Time (I_{TM} = 25 A, I_{GT} = 50 mAdc)	t_{gt}	–	1.5	2.0	μs
Turn-Off Time (V_{DRM} = rated voltage) (I_{TM} = 25 A, I_R = 25 A) (I_{TM} = 25 A, I_R = 25 A, T_J = 125°C)	t_q	– –	15 35	– –	μs
DYNAMIC CHARACTERISTICS					
Critical Rate of Rise of Off-State Voltage (Gate Open, Rated V_{DRM}, Exponential Waveform)	dv/dt	–	50	–	V/μs

*Indicates JEDEC Registered Data.
2. Pulse Test: Pulse Width ≤ 300 μs, Duty Cycle ≤ 2%.

Figura 13-10 Folha de dados do SCR. (Usado com permissão de SCILLC dba ON Semiconductor). (Continuação)

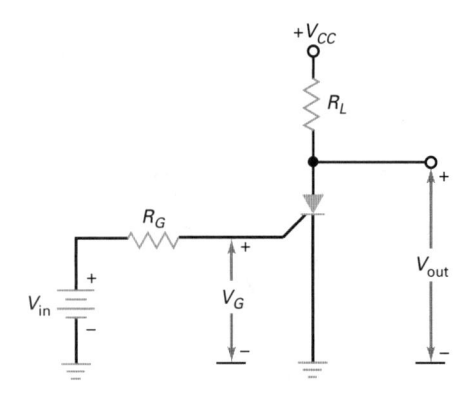

Figura 13-11 Circuito básico com SCR.

anodo para o catodo a um valor abaixo da corrente de manutenção, I_H. Isso pode ser feito reduzindo-se V_{CC} a um valor baixo. A folha de dados do 2N6504 lista um valor típico da corrente de manutenção de 18 mA. O SCR com valores nominais de potências menores ou maiores geralmente tem valores respectivos menores ou maiores de corrente de manutenção. Como a corrente de manutenção circula pelo resistor de carga na Figura 13-11, a tensão de alimentação para desligar tem de ser menor que:

$$V_{CC} = 0{,}7 \text{ V} + I_H R_L \qquad (13\text{-}2)$$

Além da redução de V_{CC}, outros métodos podem ser usados para reativar o SCR. Dois métodos comuns são a interrupção da corrente e uma comutação forçada. Tanto pela abertura da chave em série na Figura 13-12a como pelo fechamento da chave em paralelo na Figura 13-12b, a corrente de anodo para catodo cairá para um valor abaixo da corrente de manutenção e o SCR chaveará para seu estado de corte.

Outro método utilizado para reativar o SCR é forçando uma comutação, como mostra a Figura 13-12c. Quando a chave é acionada, uma tensão negativa V_{AK} é aplicada momentaneamente. Isso reduz a corrente direta de anodo para catodo a um valor abaixo de I_H desligando o SCR. Nos circuitos reais, a chave pode ser substituída por um dispositivo TJB ou FET.

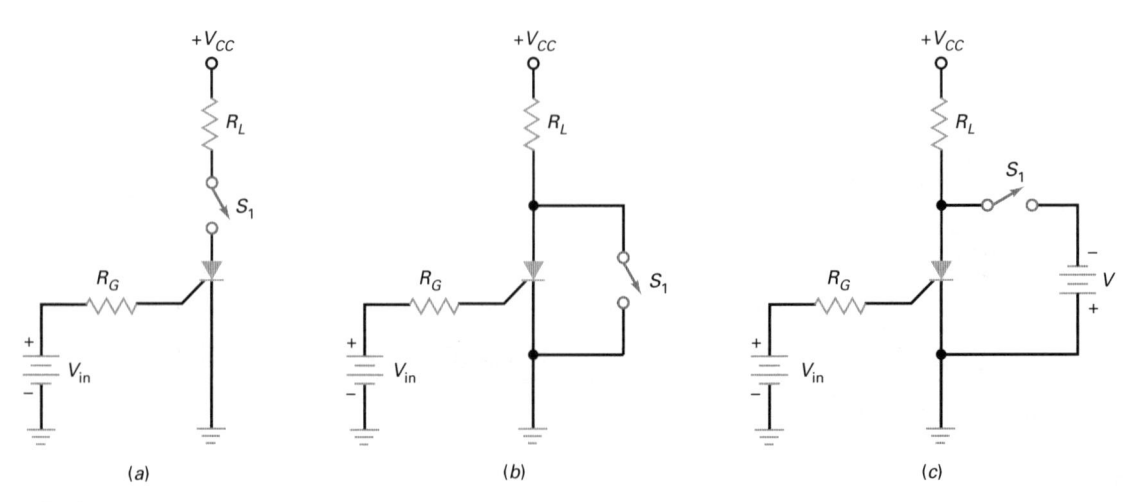

Figura 13-12 Reativando o SCR.

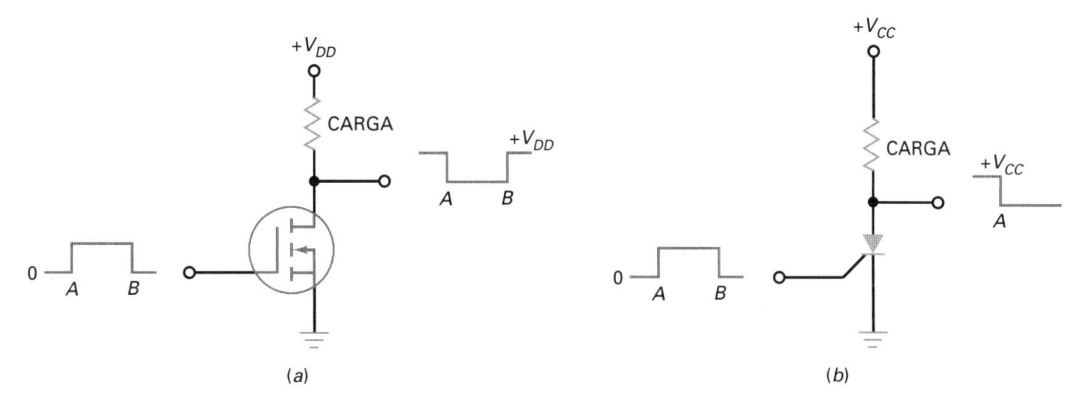

Figura 13-13 FET de potência *versus* SCR.

FET de potência *versus* SCR

Embora tanto o FET de potência como o SCR possam chavear correntes de valores altos, os dois dispositivos são fundamentalmente diferentes. A principal diferença está no modo pelo qual entram em corte. A tensão na porta de um FET de potência pode levá-lo à condução e ao corte. Esse não é o caso com um SCR. A tensão no gatilho pode apenas levá-lo à condução.

A Figura 13-13 ilustra a diferença. Na Figura 13-13*a*, quando a tensão na entrada do FET de potência é alta, a tensão na saída é baixa. Quando a tensão na entrada é baixa, a tensão na saída é alta. Em outras palavras, um pulso retangular na entrada produz um pulso retangular invertido na saída.

Na Figura 13-13*b*, quando a tensão na entrada do SCR é alta, a tensão na saída é baixa. Mas quando a tensão na entrada é baixa, a tensão na saída permanece baixa. Com um SCR, um pulso retangular na entrada produz um degrau com descida negativa na saída. O SCR não reativa.

Pelo fato de os dois dispositivos serem reativados de modos diferentes, as aplicações tendem a ser diferentes. Os FETs de potência respondem como se fossem botões de comando, enquanto os SCRs respondem como uma chave de um polo simples. Como é mais fácil controlar o FET de potência, você o verá com mais frequência como interface entre os CIs digitais e as cargas de maior potência. Em aplicações em que a trava é importante, você verá o SCR com mais frequência.

Exemplo 13-4 ⫶⫶ MultiSim

Na Figura 13-14, o SCR tem uma tensão de disparo de 0,75 V e uma corrente de disparo de 7 mA. Qual é a tensão na entrada que faz com que o SCR entre em condução? Se a corrente de manutenção é de 6 mA, qual é a tensão de alimentação que faz com que o SCR entre em corte?

SOLUÇÃO Com a Equação (13-1), a tensão mínima na entrada necessária para o disparo é:

$$V_{in} = 0{,}75 \text{ V} + (7 \text{ mA})(1 \text{ k}\Omega) = 7{,}75 \text{ V}$$

Com a Equação (13-2), a tensão de alimentação que leva o SCR para o corte é:

$$V_{CC} = 0{,}7 \text{ V} + (6 \text{ mA})(100 \text{ }\Omega) = 1{,}3 \text{ V}$$

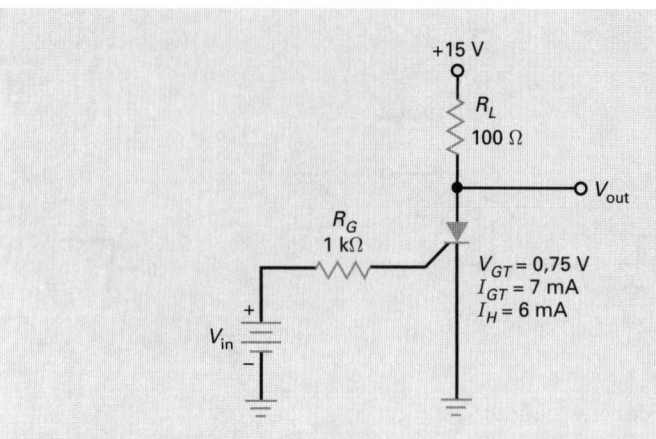

Figura 13-14 Exemplo.

PROBLEMA PRÁTICO 13-5 Na Figura 13-14, determine a tensão na entrada necessária para disparar o SCR e a tensão de alimentação que leva o SCR ao corte, usando os valores nominais típicos para um SCR 2N6504.

Exemplo de aplicação 13-5

O que faz o circuito da Figura 13-15a? Qual é a tensão de pico na saída? Qual é a frequência da onda dente de serra se seu período for de aproximadamente 20% da constante de tempo?

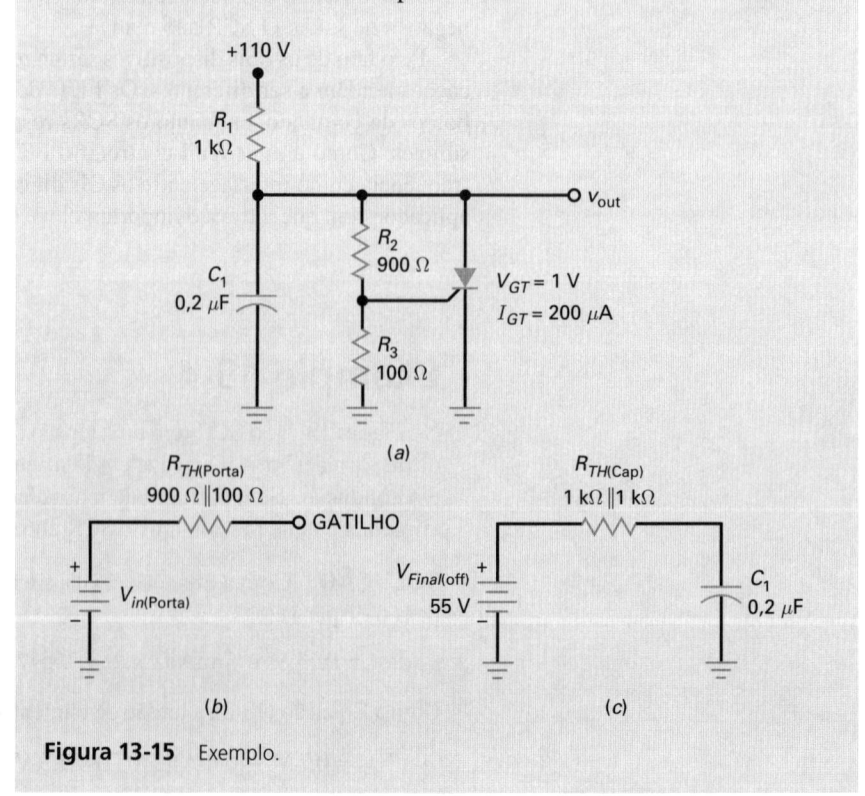

Figura 13-15 Exemplo.

SOLUÇÃO Como a tensão no capacitor aumenta, o SCR eventualmente dispara (conduz) e descarrega rapidamente o capacitor. Quando o SCR abre, o capacitor começa a carregar novamente. Portanto, a tensão na saída é uma onda dente de serra similar àquela na Figura 13-6b, estudada no Exemplo 13-3.

A Figura 13-15b mostra o circuito equivalente de Thevenin visto pelo gatilho. A resistência equivalente de Thevenin é:

$R_{TH} = 900\ \Omega\ \|\ 100\ \Omega = 90\ \Omega$

Com a Equação (13-11), a tensão na entrada necessária para disparar é:

$V_{in} = 1\ V + (200\ \mu A)(90\ \Omega) = 1\ V$

Pelo fato de o divisor de tensão ser de 10:1, a tensão no gatilho é de um décimo da tensão na saída. Portanto, a tensão na saída no ponto de disparo é:

$V_{pico} = 10(1\ V) = 10\ V$

A Figura 13-15c mostra o circuito equivalente de Thevenin visto do capacitor quando SCR está em corte. A partir daí, você pode ver que o capacitor tentará carregar-se até a tensão final de +50 V com uma constante de tempo de:

$RC = (500\ \Omega)(0{,}2\ \mu F) = 100\ \mu s$

Como o período da onda dente de serra é de aproximadamente 20% dele:

$T = 0{,}2(100\ \mu s) = 20\ \mu s$

A frequência é:

$f = \dfrac{1}{20\mu s} = 50\ kHz$

Teste dos SCRs

Os tiristores, como os SCRs, conduzem altos valores de corrente e podem bloquear valores altos de tensão. Por isso, eles podem falhar sob essas condições. As falhas comuns são A-K aberto, A-K em curto e sem controle no gatilho. A Figura 13-16a mostra um circuito que pode testar o funcionamento dos SCRs. Antes da chave S_1 ser pressionada, I_{AK} deve ser zero e V_{AK} deve ser aproximadamente igual a V_A. Quando S_1 for pressionada momentaneamente, I_{AK} deve aumentar até um nível próximo de V_A/R_L e V_{AK} deve cair para cerca de 1 V. Os valores de V_A e R_L devem ser escolhidos para fornecerem as correntes e os níveis de potência necessários. Quando S_1 é liberada, o SCR deve permanecer no estado de condução. A tensão de alimentação no anodo, V_A, pode então ser reduzida até que o SCR saia do estado de condução. Observando-se o valor da corrente no anodo imediatamente antes do SCR entrar em corte, você pode determinar a corrente de manutenção do SCR.

Outro método para testar os SCRs é pelo uso de um ohmímetro. O ohmímetro pode ser capaz de fornecer a tensão e a corrente de disparo necessárias para disparar o SCR, e, importantíssimo, fornecer a corrente de manutenção necessária para manter o SCR em condução. Muitos voltímetros analógicos são capazes de fornecer aproximadamente 1,5 V e 100 mA quando na faixa de R × 1. Na Figura 13-16b, o ohmímetro é ligado nos terminais de anodo-catodo. Com a conexão de ambas as polaridades, o resultado deve ser uma resistência muito alta. Com a ponta de teste positiva conectada no anodo e a ponta negativa conectada no catodo, faça uma ponte de fio conectada do anodo para o gatilho. O SCR deve entrar em condução e mostrar a leitura de um valor baixo de resistência. Quando o terminal do gatilho for desconectado o SCR deve permanecer no estado de condução. Desconectar momentaneamente o terminal do teste no anodo fará com que o SCR entre em corte.

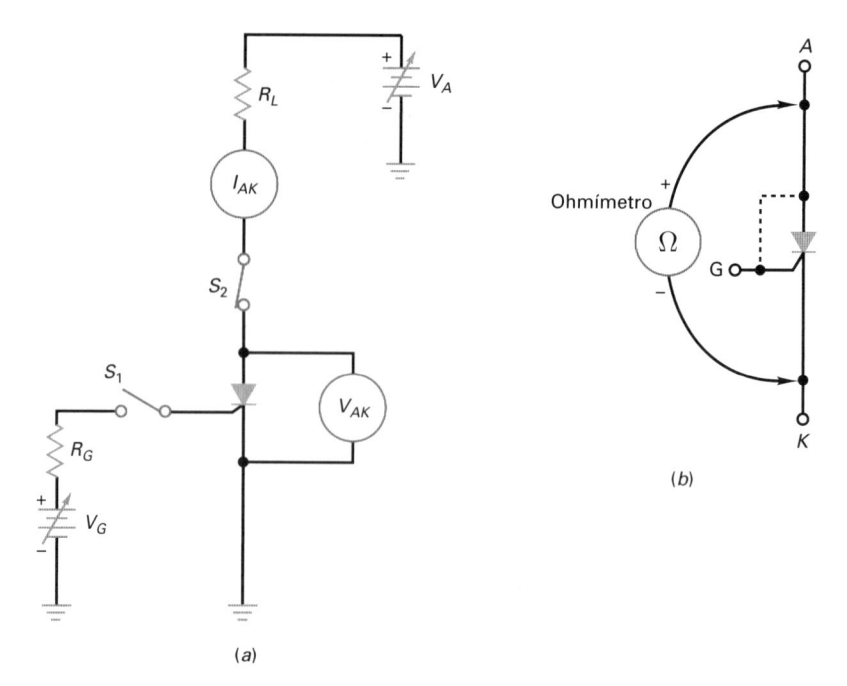

Figura 13-16 Testando os SCRs: (a) Circuito de teste; (b) ohmímetro.

13-3 Barra de proteção com SCR

Se não acontecer nada dentro de uma fonte de alimentação que cause um aumento excessivo na sua tensão de saída, o resultado pode ser desastroso. Por quê? Porque algumas cargas, como os CIs digitais de custo elevado não podem resistir a um valor muito alto de tensão da fonte sem serem danificados. Uma das aplicações mais importantes do SCR é a de proteger cargas delicadas e de custo elevado contra sobretensões da fonte de alimentação.

Protótipo

A Figura 13-17 mostra uma fonte de alimentação de V_{CC} aplicada em uma carga a ser protegida. Sob as condições normais, V_{CC} é muito menor que a tensão de ruptura do diodo Zener. Nesse caso, não há tensão em R, e o SCR permanece em corte. A carga recebe uma tensão V_{CC} e tudo funciona normalmente.

Agora suponha que a tensão na fonte aumente por uma razão qualquer. Quando V_{CC} é muito alta, o diodo Zener conduz e a tensão é transferida para R. Se essa tensão é maior que a tensão no gatilho do SCR, ele dispara e torna-se uma trava fechada. Essa ação é similar a atravessar uma *barra (crowbar)* nos dois terminais da

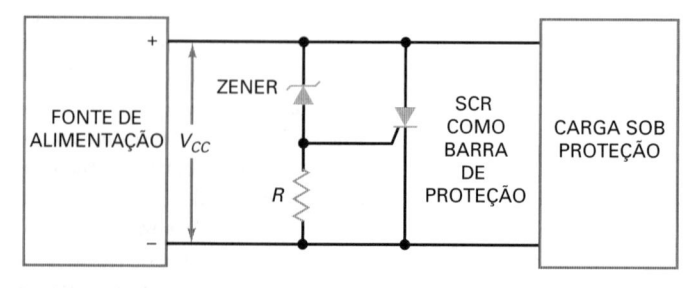

Figura 13-17 SCR usado como barra de proteção.

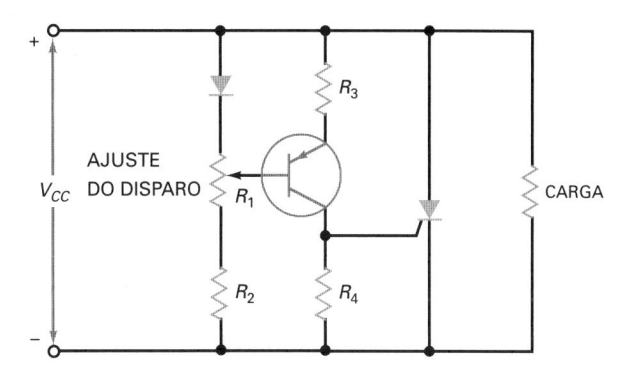

Figura 13-18 Adicionando o ganho do transistor para a barra de proteção.

carga. Pelo fato de o SCR entrar em condução rapidamente (1 μs para o 2N4441), a carga é protegida também rapidamente contra danos causados por uma sobretensão. O valor da sobretensão que dispara o SCR é:

$$V_{CC} = V_Z + V_{GT} \tag{13-3}$$

Esta forma drástica, que funciona como uma barra, é necessária em muitos CIs digitais porque eles não podem receber uma sobretensão. Em vez de destruir os CIs caros, então, podemos usar um SCR como barra para curto-circuitar os terminais da carga ao primeiro sinal de sobretensão. Com um SCR como barra, um fusível ou *limitador de corrente* (estudado posteriormente) é necessário para evitar danos na fonte de alimentação.

Adicionando um ganho de tensão

O circuito com SCR que funciona como barra na Figura 13-17 é um *protótipo*, um circuito básico que pode ser modificado e melhorado. Ele já é adequado para muitas aplicações como está. Mas está sujeito a um *disparo lento* porque o joelho na ruptura do Zener é uma curva disfarçada em vez de uma curva em quina. Quando levamos em consideração a tolerância nas tensões do Zener, o disparo lento pode resultar em uma tensão de alimentação perigosamente alta antes do disparo do SCR.

O único modo de superar o disparo lento é pela adição de um ganho de tensão, como mostra a Figura 13-18. Normalmente, o transistor está em corte. Mas quando a tensão na saída aumenta, o transistor consequentemente entra em condução e produz uma elevação de tensão em R_4. Como o transistor tem um ganho de tensão aproximado de R_4/R_3, um baixo valor de sobretensão pode disparar o SCR.

Observe que um diodo comum está sendo utilizado em vez de um diodo Zener. Esse diodo compensa o efeito da temperatura do diodo da base do transistor. O ajuste do *ponto de disparo* nos permite escolher o ponto de disparo do circuito, tipicamente em torno de 10% a 15% acima da tensão normal.

Ganho de tensão do CI

A Figura 13-19 mostra uma solução melhor. O símbolo em forma de triângulo é um CI amplificador chamado de *comparador* (estudado nos capítulos posteriores). Esse amplificador tem uma entrada não inversora (+) e uma entrada inversora (−). Quando a tensão na entrada não inversora é maior que na entrada inversora, a saída é positiva. Quando a tensão na entrada inversora é maior que na entrada não inversora a saída é negativa.

O amplificador tem um ganho de tensão muito alto, tipicamente de 100.000 ou mais. Em virtude desse alto ganho de tensão, o circuito pode detectar o menor sinal de sobretensão. O diodo Zener produz 10 V que é aplicado na entrada negativa do amplificador. Quando a tensão de alimentação é de 20 V (saída normal), o ajuste do gatilho é feito para produzir uma tensão ligeiramente abaixo de 10 V

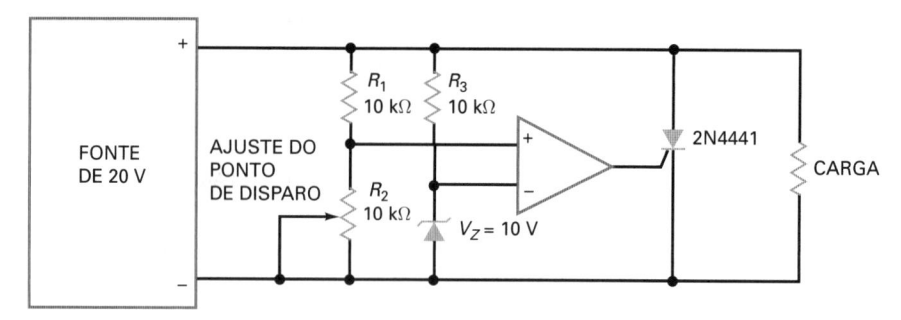

Figura 13-19 Adicionando um amplificador CI ao circuito com SCR como barra.

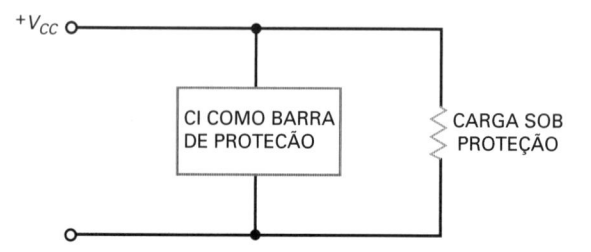

Figura 13-20 Circuito como barra de proteção com CI.

na entrada positiva. Como a tensão na entrada negativa é maior que na positiva, a saída do amplificador é negativa e o SCR está em corte.

Se a tensão de alimentação aumenta acima de 20 V, a tensão na entrada positiva do amplificador torna-se maior que 10 V. Então, a saída do amplificador torna-se positiva e o SCR dispara. Isso desvia a alimentação pela barra nos terminais da carga.

Circuito integrado como barra para proteção

A solução mais simples é usar um CI como uma barra de proteção, como mostra a Figura 13-20. Ele é um circuito integrado com um diodo Zener, transistores e um SCR internos. A série SK9345 da RCA é um exemplo de CI como barra de proteção, encontrado comercialmente. O SK9345 protege fontes de alimentação de +5 V, o SK9346 protege as de +12 V e o SK9347 protege as de +15 V.

Se um SK9345 for usado na Figura 13-20, ele protegerá a carga com uma fonte de alimentação de +5 V. A folha de dados de um SK9345 indica que ele dispara com +6,6 V com uma tolerância de ±0,2 V. Isso quer dizer que ele dispara entre 6,4 V e 6,8 V. Como 7 V é o valor nominal máximo de muitos CIs digitais, o SK9345 protege a carga sob todas as condições de operação.

Exemplo de aplicação 13-6 ⫶⫶ MultiSim

Calcule a tensão de alimentação que dispara a barra como proteção na Figura 13-21.

SOLUÇÃO O 1N4734A tem uma tensão de ruptura de 5,6 V e o 2N4441 tem uma tensão de disparo no gatilho de 0,75 V. Pela Equação (13-3):

$$V_{CC} = V_Z + V_{GT} = 5,6 \text{ V} + 0,75 \text{ V} = 6,35 \text{ V}$$

Quando a tensão de alimentação aumenta até esse nível, o SCR dispara.

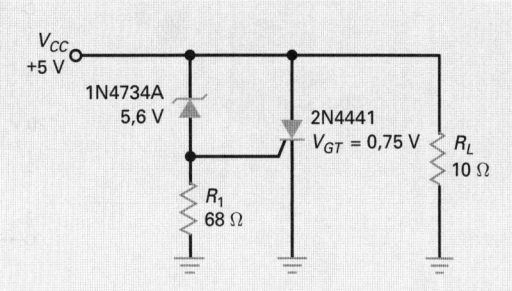

Figura 13-21 Exemplo.

O protótipo da barra de proteção funciona normalmente se a aplicação não for crítica sobre a tensão exata de alimentação que dispara o SCR. Por exemplo, o 1N4734A tem uma tolerância de ± 5%, o que significa que a tensão de disparo pode variar de 5,32 V a 5,88 V. Além disso, a tensão no gatilho de um 2N4441 tem um valor máximo de 1,5 V no pior caso. Logo, a sobretensão pode ser tão alta quanto:

$$V_{CC} = 5,88 \text{ V} + 1,5 \text{ V} = 7,38 \text{ V}$$

Como muitos CIs digitais têm um valor nominal máximo de 7 V, a barra simples na Figura 13-21 não pode ser usada para protegê-los.

PROBLEMA PRÁTICO 13-6 Repita o Exemplo 13-6 usando um diodo Zener 1N4733A. Esse diodo tem uma tensão Zener de 5,1 V ± 5%.

13-4 Controle de fase com SCR

A Tabela 13-1 mostra alguns SCRs disponíveis comercialmente. As tensões de disparo no gatilho variam de 0,8 a 2 V e as correntes de disparo no gatilho na faixa de 200 μA a 50 mA. Observe também que as correntes no anodo variam de 1,5 a 70 A. Dispositivos como esses podem controlar cargas industriais de maior valor de corrente pelo uso do controle de fase.

Circuito RC controla o ângulo de fase

A Figura 13-22a mostra a tensão CA de linha sendo aplicada em um circuito com SCR que controla a corrente na carga com valor alto de corrente. Nesse circuito, o potenciômetro R_1 e o capacitor C deslocam o ângulo de fase do sinal no gatilho. Quando R_1 é zero, a tensão no gatilho está em fase com a tensão de linha e o SCR age como um retificador de meia onda. R_2 limita a corrente a um nível seguro.

Tabela 13-1	Amostra de SCR			
Dispositivo	V_{GT}, V	I_{GT}	$I_{máx,}$ A	$V_{máx,}$ V
TCR22-2	0,8	200 μA	1,5	50
T106B1	0,8	200 μA	4	200
S4020L	1,5	15 mA	10	400
S6025L	1,5	39 mA	25	600
S1070W	2	50 mA	70	1000

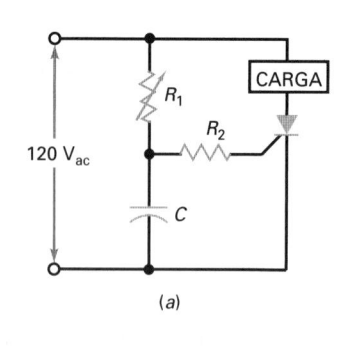

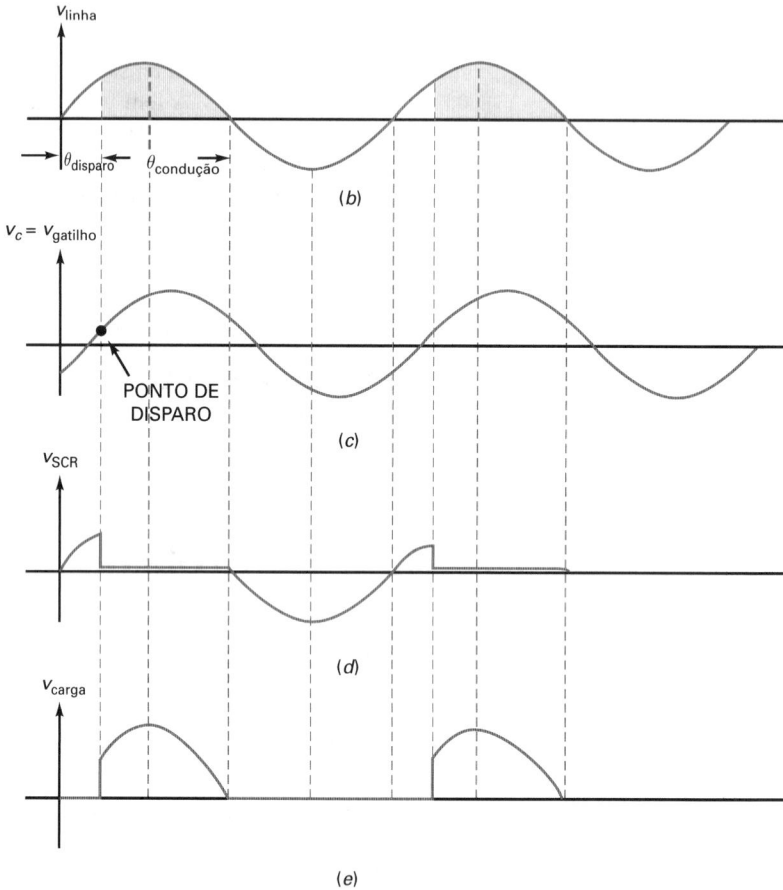

Figura 13-22 Controle de fase com SCR.

Quando R_1 aumenta, contudo, a tensão CA no gatilho atrasa a linha por um ângulo entre 0 e 90°C, como mostra as Figuras 13-22b e c. Antes do ponto de disparo da Figura 13-22c, o SCR está em corte e a corrente na carga é zero. No ponto de disparo, a tensão no capacitor é alta suficiente para disparar o SCR. Quando isso ocorre, quase toda a tensão de linha aparece na carga e a corrente na carga é alta. Idealmente, o SCR permanece travado até que a tensão de linha inverte de polaridade. Isso está nas Figuras 13-22c e d.

O ângulo em que o SCR dispara é chamado de **ângulo de disparo**, mostrado como $\theta_{disparo}$ na Figura 13-22a. O ângulo entre o início e o fim da condução é chamado de **ângulo de condução**, mostrado como $\theta_{condução}$. O controlador de fase RC na Figura 13-22a pode mudar o ângulo de disparo entre 0° e 90°, o que quer dizer que o ângulo de condução muda de 180° para 90°.

É ÚTIL SABER

Na Figura 13-22a, outra malha de deslocamento de fase RC pode ser adicionada para melhorar o controle de 0° a 180° aproximadamente.

A porção sombreada na Figura 13-22b mostra quando o SCR está conduzindo. Pelo fato de R_1 ser variável, o ângulo da fase da tensão no gatilho pode ser mudado. Isso nos permite controlar a porção sombreada da tensão de linha. Dito de outro modo: podemos controlar a corrente média na carga. Isso é útil para variar a rotação de um motor, o brilho de uma lâmpada ou a temperatura de um forno de indução.

Usando técnicas de análise de circuito estudada nos cursos básicos de eletricidade, podemos determinar a tensão aproximada da fase deslocada no capacitor. Isso nos dá os ângulos de disparo e de condução aproximados do circuito. Para determinar a tensão no capacitor, siga os seguintes passos:

Primeiro, calcule a reatância capacitiva de C por:

$$X_C = \frac{1}{2\pi fc}$$

A impedância e o ângulo de fase do circuito RC da fase deslocada é:

$$Z_T = \sqrt{R^2 + X_C^2} \qquad (13\text{-}4)$$

$$\theta_z = \angle - \operatorname{tg}^{-1}\frac{X_C}{R} \qquad (13\text{-}5)$$

Usando a tensão de entrada como nosso ponto de referência, a corrente em C é:

$$I_C \angle \theta = \frac{V_{in}\, 0°}{Z_T \angle \operatorname{tg}^{-1}\frac{X_C}{R}}$$

Agora, o valor da tensão e a fase no capacitor podem ser encontrados por:

$$V_C = (I_C \angle \theta)(X_C \angle -90°)$$

O atraso na fase deslocada será o ângulo de disparo aproximado do circuito. O ângulo de condução é encontrado subtraindo-se o ângulo de disparo de 180°.

Exemplo 13-7 ||| MultiSim

Usando a Figura 13-22a, calcule o ângulo de disparo aproximado e o ângulo de condução quando $R = 26$ kΩ.

SOLUÇÃO O ângulo de disparo aproximado pode ser calculado resolvendo-se o valor de tensão e sua fase deslocada no capacitor. Isso é calculado por:

$$X_C = \frac{1}{2\pi fc} = \frac{1}{(2\pi)(60\,\text{Hz})(0{,}1\,\mu\text{F})} = 26{,}5\,\text{k}\Omega$$

Como a reatância capacitiva tem um ângulo de –90°, $X_C = 26{,}5$ kΩ $\angle$ –90°.

A seguir, encontre a impedância total Z_T de RC e seu ângulo por:

$$Z_T = \sqrt{R^2 + X_C^2} = \sqrt{(26\,\text{k}\Omega)^2 + (26{,}5\,\text{k}\Omega)^2} = 37{,}1\,\text{k}\Omega$$

$$\theta_Z = \angle - \operatorname{tg}^{-1}\frac{X_C}{R} = \angle - \operatorname{tg}^{-1}\frac{26{,}5\,\text{k}\Omega}{26\,\text{k}\Omega} = -45{,}5°$$

Portanto, $Z_T = 37{,}1 \text{ k}\Omega \angle -45{,}5°$.

Usando a entrada CA como nossa referência, a corrente em C é:

$$I_C = \frac{V_{in}\angle 0°}{Z_T \angle \theta} = \frac{120 \text{ V}_{ca}\angle 0°}{37{,}1 \text{ k}\Omega \angle -45{,}5°} = 3{,}23 \text{ mA} \angle 45{,}5°$$

Agora, a tensão em C pode ser encontrada por:

$$V_C = (I_C \angle \theta)(X_C \angle -90°) = (3{,}23 \text{ mA} \angle 45{,}5°)(26{,}5 \, k\Omega \angle -90°)$$

$$V_C = 85{,}7 \text{V}_{ca} \angle -44{,}5°$$

Com a tensão na fase deslocada no capacitor de $-44{,}5°$, o ângulo de disparo do circuito é aproximadamente de $-45{,}5°$. Após o disparo do SCR, ele permanecerá em condução até que sua corrente caia abaixo de I_H. Isso ocorre quando a tensão CA na entrada é de aproximadamente zero Volt.

Portanto, o ângulo de condução é:

$$\theta_{condução} = 180° - 44{,}5° = 135{,}5°$$

PROBLEMA PRÁTICO 13-7 Usando a Figura 13-22a, calcule o ângulo de disparo aproximado e o ângulo de condução quando $R_1 = 50 \text{ k}\Omega$.

O controlador de fase RC na Figura 13-22a é um modo básico de controle da corrente média em uma carga. A faixa controlável da corrente é limitada porque o ângulo de fase só pode variar de $0°$ a $90°$. Com os amps op e circuitos RC mais sofisticados, podemos variar o ângulo de fase de $0°$ a $180°$. Isso nos permite variar a corrente média total de zero até o valor máximo.

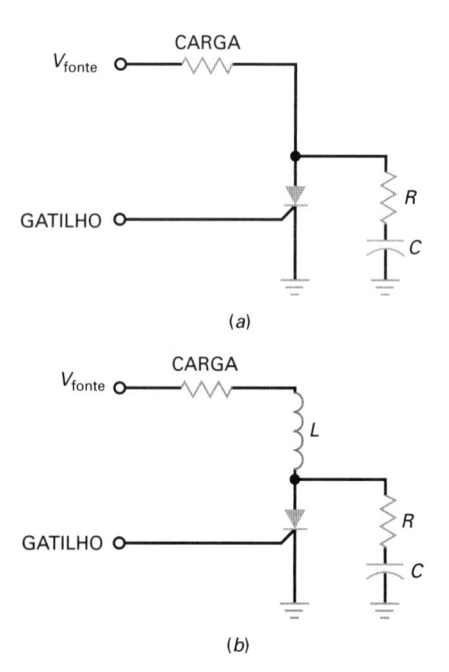

Figura 13-23 (a) O circuito RC snubber protege o SCR contra um aumento rápido da tensão; (b) o indutor protege o SCR contra um aumento rápido da corrente.

Taxa crítica de subida

Quando uma tensão CA é usada para alimentar o anodo de um SCR, é possível obter-se um disparo falso. Por causa das capacitâncias internas no SCR, uma mudança rápida na tensão de alimentação pode disparar o SCR. Para evitar falsos disparos no SCR, a taxa de variação na tensão não pode exceder a *taxa crítica de crescimento da tensão* especificada na folha de dados. Por exemplo, o 2N6504 tem uma taxa crítica de crescimento da tensão de 50 V/μs.

Os transientes no chaveamento são as principais causas de excesso da taxa crítica de subida da tensão. Um modo de reduzir o efeito dos transientes do chaveamento é com um circuito *RC snubber*, mostrado na Figura 13-23a. Se um transiente no chaveamento muito rápido aparecer na tensão de alimentação, sua taxa de subida será reduzida no anodo por causa da constante de tempo *RC*.

SCRs de valores altos também têm uma *taxa crítica da subida da corrente*. Por exemplo, o C701 tem uma taxa crítica de subida da corrente de 150 A/μs. Se a corrente no anodo tentar subir mais rápido que isso, o SCR será danificado. Incluir um indutor em série com a carga (Figura 13-23b) reduz a taxa de crescimento da corrente a um nível seguro.

13-5 Tiristores bidirecionais

Os dois dispositivos estudados anteriormente, o diodo de quatro camadas e o SCR, são unidirecionais porque a corrente só pode circular em um sentido. O **diac** e o **triac** são *tiristores bidirecionais*. Esses dispositivos podem conduzir nos dois sentidos, O diac é algumas vezes chamados. de *chave bidirecional de silício (SBS)*.

Diac

O diac pode manter-se em condução nos dois sentidos. O circuito equivalente do diac são dois diodos de quatro camadas em antiparalelo*, como mostra a Figura 13-24a, idealmente as mesmas travas na Figura 13-24b. O diac fica em corte enquanto a tensão aplicada nele não exceder ao valor da tensão de disparo em qualquer sentido.

Por exemplo, se a polaridade de *v* for como a indicada na Figura 13-24a, o diodo da esquerda conduz quando a tensão *v* exceder ao valor da tensão de disparo. Nesse caso, a trava da esquerda fecha, como mostra a Figura 13-24c. Quando *v* tem a polaridade invertida, a trava da direita fecha. A Figura 13-24d mostra o símbolo esquemático para o diac.

Triac

O triac funciona com dois SCRs em antiparalelo (Figura 13-25a), equivalente às duas travas da Figura 13-25b. Por isso, o triac pode controlar uma corrente nos dois sentidos. Se a polaridade de *v* for conforme mostra a Figura 13-25a, um disparo positivo

> **É ÚTIL SABER**
>
> Os triacs são sempre usados no controle de iluminação (*dimmer*).

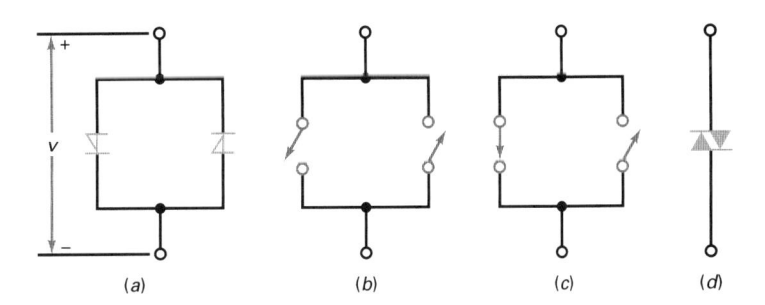

Figura 13-24 Diac.   (a)   (b)   (c)   (d)

---

*Quando dois componentes são ligados em paralelo, porém um contra o outro, é comum chamar este tipo de conexão de *antiparalelo*. Assim como quando ligamos dois componentes em série, mas um contra o outro, chamamos de *anti-série*.

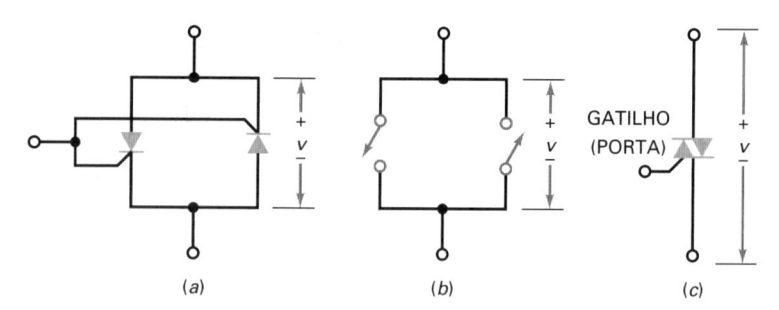

Figura 13-25 Triac.

faz o SCR da esquerda entrar em condução. Quando a polaridade de v for oposta, um disparo positivo faz o SCR da direita entrar em condução. A Figura 13-25c é o símbolo esquemático para o triac.

A Figura 13-26 mostra a folha de dados do triac FKPF8N80. Como o termo triac implica, ele é um tiristor triodo bidirecional (CA). Observe no final da folha de dados as definições de quadrantes ou modos de operação do triac. O triac opera normalmente nos quadrantes I e III durante as aplicações típicas de CA. Como o dispositivo é mais sensível no quadrante I, um diac é sempre usado com o triac para proporcionar uma condução simétrica em CA.

A Tabela 13-2 mostra alguns triacs disponíveis comercialmente. Em virtude de sua estrutura interna, os triacs têm valores de tensão e corrente maiores para os disparos no gatilho quando comparados com os SCRs. Como você pode ver, as tensões de disparo na Tabela 13-2 são de 2 V a 2,5 V e as correntes de disparo são de 10 mA a 50 mA. As correntes máximas de anodo são de 1 A a 15 A.

Controle de fase

A Figura 13-27a mostra um circuito RC que varia o ângulo de fase da tensão no gatilho para o triac. O circuito pode controlar a corrente em uma carga de valor elevado. As Figuras 13-27b e c mostram a tensão de linha e a tensão atrasada no gatilho. Quando a tensão no capacitor é alta suficiente para fornecer a corrente de disparo, o triac conduz. Uma vez em condução ele continua até que a tensão de linha retorne a zero. As Figuras 13-27d e 13-27e mostram as respectivas tensões no triac e na carga.

Embora os triacs possam conduzir valores elevados de correntes, eles não são da mesma classe dos SCRs, que têm valores nominais muito mais elevados de corrente. Contudo, por ser importante conduzir nos dois semiciclos, os triacs são dispositivos utilizados especialmente em aplicações industriais.

Tabela 13-2	Tipos de SCR			
Dispositivo	V_{GT}, V	I_{GT}, mA	$I_{máx}$, A	$V_{máx}$, V
Q201E3	2	10	1	200
Q4004L4	2,5	25	4	400
Q5010R5	2,5	50	10	500
Q6015R5	2,5	50	15	600

FAIRCHILD
SEMICONDUCTOR®

FKPF8N80

Application Explanation
- Switching mode power supply, light dimmer, electric flasher unit, hair drier
- TV sets, stereo, refrigerator, washing machine
- Electric blanket, solenoid driver, small motor control
- Photo copier, electric tool

TO-220F
1 2 3

1: T_1
2: T_2
3: Gate

Bi-Directional Triode Thyristor Planar Silicon

Absolute Maximum Ratings T_C=25°C unless otherwise noted

Symbol	Parameter	Rating	Units
V_{DRM}	Repetitive Peak Off-State Voltage (Note1)	800	V

Symbol	Parameter	Conditions		Rating	Units
$I_{T(RMS)}$	RMS On-State Current	Commercial frequency, sine full wave 360° conduction, T_C=91°C		8	A
I_{TSM}	Surge On-State Current	Sinewave 1 full cycle, peak value, non-repetitive	50Hz	80	A
			60Hz	88	A
I^2t	I^2t for Fusing	Value corresponding to 1 cycle of halfwave, surge on-state current, tp=10ms		32	A^2s
di/dt	Critical Rate of Rise of On-State Current	I_G = 2x I_{GT}, tr ≤ 100ns		50	A/μs
P_{GM}	Peak Gate Power Dissipation			5	W
$P_{G(AV)}$	Average Gate Power Dissipation			0.5	W
V_{GM}	Peak Gate Voltage			10	V
I_{GM}	Peak Gate Current			2	A
T_J	Junction Temperature			-40 ~ 125	°C
T_{STG}	Storage Temperature			-40 ~ 125	°C
V_{iso}	Isolation Voltage	Ta=25°C, AC 1 minute, T_1 T_2 G terminal to case		1500	V

Thermal Characteristic

Symbol	Parameter	Test Condition	Min.	Typ.	Max.	Units
$R_{th(J-C)}$	Thermal Resistance	Junction to case (Note 4)	-	-	3.6	°C/W

©2004 Fairchild Semiconductor Corporation

Rev. B1, April 2004

Figura 13-26 Folha de dados do triac. (Usado com permissão de Fairchild Semiconductor Corp.)

Electrical Characteristics $T_C=25°C$ unless otherwise noted

Symbol	Parameter		Test Condition		Min.	Typ.	Max.	Units
I_{DRM}	Repetieive Peak Off-State Current		V_{DRM} applied		-	-	20	μA
V_{TM}	On-State Voltage		$T_C=25°C$, $I_{TM}=12A$ Instantaneous measurement		-	-	1.5	V
V_{GT}	Gate Trigger Voltage (Note 2)	I	$V_D=12V$, $R_L=20\Omega$	T2(+), Gate (+)	-	-	1.5	V
		II		T2(+), Gate (-)	-	-	1.5	V
		III		T2(-), Gate (-)	-	-	1.5	V
I_{GT}	Gate Trigger Current (Note 2)	I	$V_D=12V$, $R_L=20\Omega$	T2(+), Gate (+)	-	-	30	mA
		II		T2(+), Gate (-)	-	-	30	mA
		III		T2(-), Gate (-)	-	-	30	mA
V_{GD}	Gate Non-Trigger Voltage		$T_J=125°C$, $V_D=1/2V_{DRM}$		0.2	-	-	V
I_H	Holding Current		$V_D = 12V$, $I_{TM} = 1A$				50	mA
I_L	Latching Current	I, III	$V_D = 12V$, $I_G = 1.2I_{GT}$				50	mA
		II					70	mA
dv/dt	Critical Rate of Rise of Off-State Voltag		V_{DRM} = Rated, $T_j = 125°C$, Exponential Rise			300		V/μs
$(dv/dt)_C$	Critical-Rate of Rise of Off-State Commutating Voltage (Note 3)				10	-	-	V/μs

Notes:
1. Gate Open
2. Measurement using the gate trigger characteristics measurement circuit
3. The critical-rate of rise of the off-state commutating voltage is shown in the table below
4. The contact thermal resistance $R_{TH(c-f)}$ in case of greasing is 0.5 °C/W

V_{DRM} (V)	Test Condition	Commutating voltage and current waveforms (inductive load)
FKPF8N80	1. Junction Temperature $T_J=125°C$ 2. Rate of decay of on-state commutating current $(di/dt)_C = -4.5A/ms$ 3. Peak off-state voltage $V_D = 400V$	Supply Voltage / Main Current / Main Voltage waveforms with $(di/dt)_C$, $(dv/dt)_C$, V_D

Quadrant Definitions for a Triac

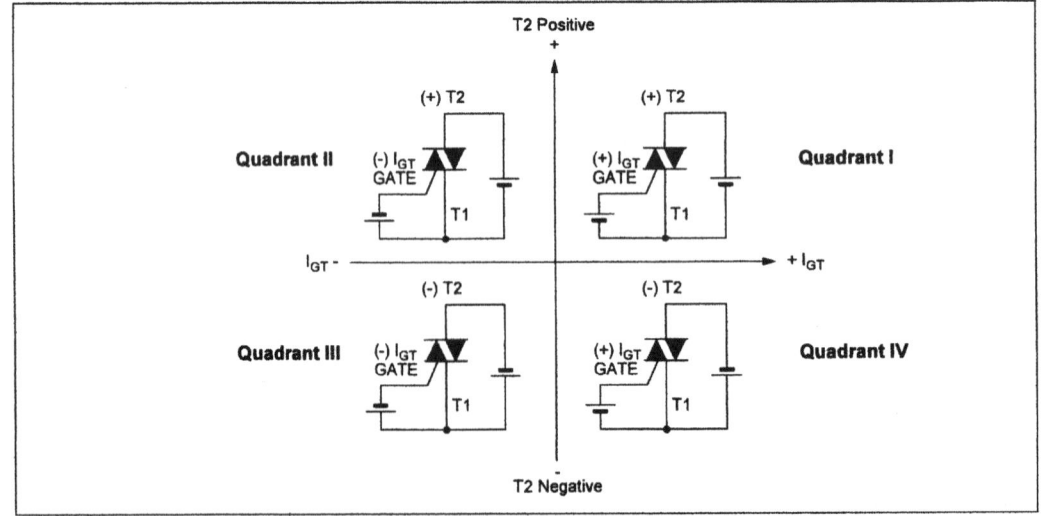

Quadrant II: (+) T2, (-) I_{GT} GATE, T1
Quadrant I: (+) T2, (+) I_{GT} GATE, T1
Quadrant III: (-) T2, (-) I_{GT} GATE, T1
Quadrant IV: (-) T2, (+) I_{GT} GATE, T1

©2004 Fairchild Semiconductor Corporation

Figura 13-26 Folha de dados do triac. (Usado com permissão de Fairchild Semiconductor Corp.) (Continuação)

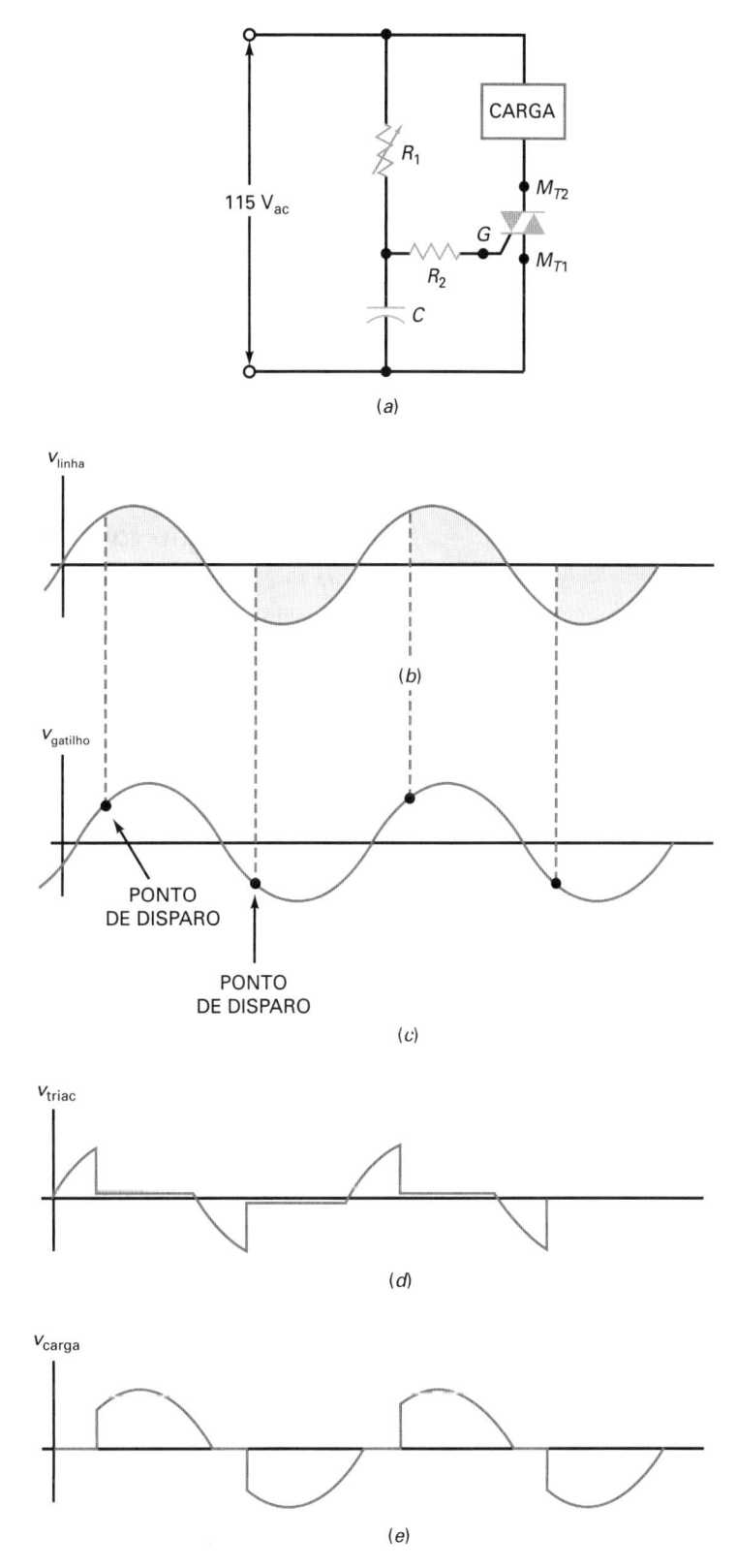

Figura 13-27 Controle de fase com triac.

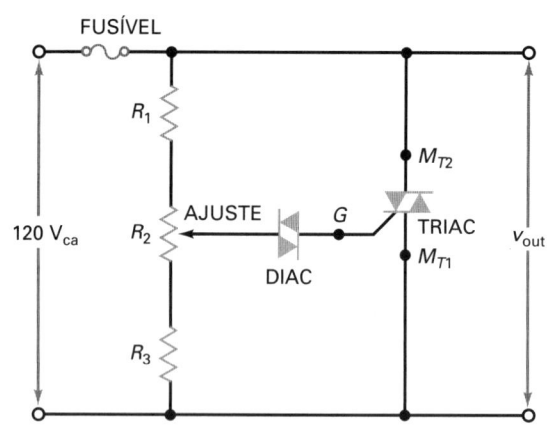

Figura 13-28 Barra de proteção com triac.

É ÚTIL SABER

O diac na Figura 13-28 é usado para garantir que o ponto de disparo seja o mesmo para as duas alternações da tensão aplicada.

Barra de proteção com Triac

A Figura 13-28 mostra uma barra de proteção com triac que pode ser usada para proteger equipamentos contra tensões excessivas na linha de alimentação. Se a tensão de linha tornar-se muito alta, o diac dispara e faz disparar também o triac. Quando o triac dispara, ele provoca a queima do fusível. O potenciômetro R_2 nos permite ajustar o ponto de disparo.

Exemplo 13-8 ⅢMultiSim

Na Figura 13-29, a chave está fechada. Se o triac disparar, qual é o valor aproximado da corrente no resistor de 2 Ω?

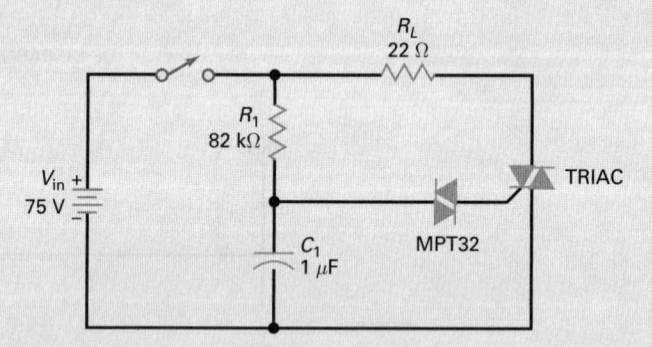

Figura 13-29 Exemplo.

SOLUÇÃO Idealmente, a tensão no triac quando em condução é zero. Portanto, a corrente no resistor de 22 Ω é:

$$I = \frac{75\,V}{22\,\Omega} = 3{,}41\,A$$

Se a tensão no triac for de 1 V ou 2 V, a corrente ainda é próxima de 3,41 A porque a tensão de alimentação de valor alto encobre o efeito da tensão no triac.

PROBLEMA PRÁTICO 13-8 Usando a Figura 13-29, mude V_{in} para 120 V e calcule a corrente aproximada no resistor de 22 Ω.

Exemplo 13-9

Na Figura 13-29, a chave está fechada. O MPT32 é um diac com uma tensão de ruptura de 32 V. Se a tensão de disparo do triac for de 1 V e a corrente de disparo de 10 mA, qual é a tensão no capacitor que dispara o triac?

SOLUÇÃO Como o capacitor carrega, a tensão no diac aumenta. Quando a tensão no diac é ligeiramente menor que 32 V, o diac está no limiar de ruptura. Como o triac tem uma tensão de disparo de 1 V, a tensão no capacitor é de:

$$V_{in} = 32\ V + 1\ V = 33\ V$$

Com essa tensão de entrada, o diac conduz e dispara o triac.

PROBLEMA PRÁTICO 13-9 Repita o Exemplo 13-9 usando um diac com um valor de tensão de ruptura de 24 V.

13-6 IGBTs

Construção básica

Os MOSFETs de potência e TBJs podem ser usados em aplicações de chaveamento de alta potência. O MOSFET tem a vantagem de ser mais rápido no chaveamento e o TBJ apresenta baixa perda na condução. Pela combinação da baixa perda na condução de um TBJ com o chaveamento rápido do MOSFET de potência, podemos nos aproximar de uma chave ideal.

Esse dispositivo híbrido existe e é chamado de **transistor bipolar com porta isolada (IGBT)**. O IGBT está essencialmente envolvido com a tecnologia do MOSFET de potência. Sua estrutura e operação são semelhantes às de um MOSFET. A Figura 13-30 mostra a estrutura básica de um IGBT canal n. Sua estrutura é semelhante a de um MOSFET de potência canal n construído com um substrato tipo p. Como mostrado, ele tem um terminal de porta, um de emissor e um de coletor.

As duas versões deste dispositivo são chamadas de IGBTs *punch through* (PT) e sem *punch-trough* (NPT). A Figura 13-30 mostra a estrutura de um IGBT PT. O IGBT PT tem uma camada isolante n^+ entre suas regiões p^+ e n^-, o dispositivo NPT não tem a camada isolante n^+.

As versões NPT têm valores de condução $V_{CE(lig)}$ mais altos que as versões PT e um coeficiente positivo de temperatura. O coeficiente positivo de temperatura faz do NPT o escolhido para conexões em paralelo. A versão PT, com uma camada extra n^+, tem a vantagem de uma alta velocidade de chaveamento. Ela tem um coeficiente negativo de temperatura. Além da estrutura básica mostrada na Fig.13-30, diversos IGBTs são fabricados com outras estruturas mais avançadas. Uma versão destes tipos avançados é o IGBT FS (Field-Stop IGBT – IGBT de re-

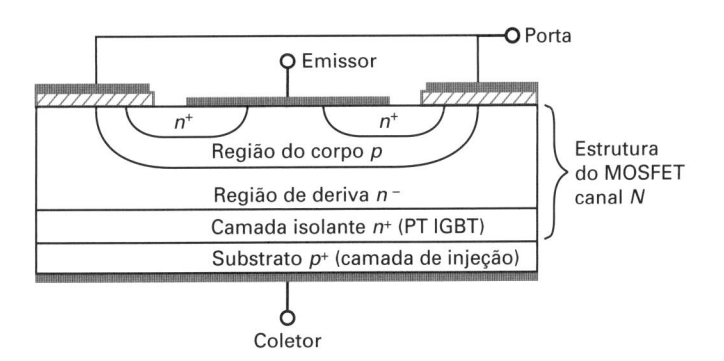

Figura 13-30 Estrutura básica do IGBT.

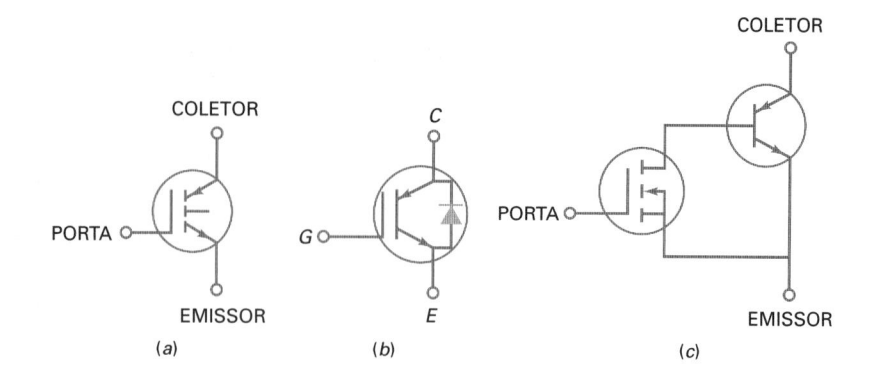

Figura 13-31 IGBTs: (a) e (b) símbolos; (c) circuito equivalente simplificado.

tenção de campo). O IGBT FS combina as vantagens do IGBT PT e do IGBT NTP e, ao mesmo tempo, eliminam as desvantagens dessas duas estruturas.

Controle do IGBT

As Figuras 13-31a e 13-31b, mostram dois símbolos esquemáticos comuns para um IGBT de canal N. Observe na Fig. 13-31b a presença do chamado diodo intrínseco. Este diodo construído no interior do IGBT é similar aos diodos implantados no interior dos FETs de potência. A Figura 13-31c mostra também um circuito equivalente simplificado para este dispositivo. Como você pode ver, o IGBT é essencialmente um MOSFET de potência no lado da entrada e um TBJ no lado da saída. A entrada de controle é uma tensão entre o terminal da porta e do emissor. Exatamente como no FET de potência, os circuitos de acionamento de porta para IGBT necessitam ter a habilidade de carregar e descarregar rapidamente a capacitância de entrada dos IGBT para aplicações em circuitos de alta velocidade de chaveamento. A saída é uma corrente entre os terminais coletor e emissor. Devido ao fato da saída do IGBT basear num transistor de junção bipolar, ocorre uma redução da rapidez no seu processo de desligamento em relação ao FET de potência.

O IGBT é um dispositivo normalmente em corte de alta impedância de entrada. Quando a tensão na entrada, V_{GE}, é alta o suficiente, a corrente no coletor começa a circular. Esse valor mínimo de tensão é a tensão de manutenção da porta, $V_{GE(th)}$. A Figura 13-32 mostra a folha de dados do IGBT FGL60N100BNTD usando a tecnologia Trench-NPT. O valor típico de $V_{GE(th)}$ para este dispositivo está listado como 5,0 V quando $I_C = 60$ mA. A corrente contínua máxima do coletor é de 60 A. Outra característica importante é sua tensão de coletor para o emissor de saturação, $V_{CE(sat)}$. O valor típico de $V_{CE(sat)}$, mostrado na folha de dados, é de 1,5 V com uma corrente de coletor de 10 A e 2,5 V com uma corrente de coletor de 60 A.

Vantagens do IGBT

As perdas na condução dos IGBTs estão relacionadas com a queda de tensão direta do dispositivo, e as perdas de condução nos MOSFETs são baseadas nos seus valores de $R_{DS(lig)}$. Para aplicações de baixa tensão, os MOSFETs de potência podem ter resistências $R_{D(lig)}$ extremamente baixas. Em aplicações de alta tensão, contudo, os MOSFETs têm valores maiores de $R_{DS(lig)}$ que aumentam suas perdas na condução. O IGBT não tem esta característica. Os IGBTs têm também uma tensão de ruptura do coletor para o emissor muito maior quando comparada com o valor de V_{DSS} máximo dos MOSFETs. Como mostra na folha de dados na Figura 13-32, o valor de V_{CES} é de 1.000 V. Isto é importante em aplicações que utilizam cargas indutivas de alta tensão, tal como em aplicações que envolvem processo de aquecimento indutivo. Isto faz do IGBT um dispositivo ideal para circuitos de pontes-H completas e meia-ponte de alta tensão.

Quando comparados com os TBJs, os IGBTs têm uma impedância de entrada muito maior e exigências de acionamento da porta muito simples. Embora o IGBT

FAIRCHILD
SEMICONDUCTOR®

IGBT

FGL60N100BNTD
NPT-Trench IGBT

General Description
Trench insulated gate bipolar transistors (IGBTs) with NPT technology show outstanding performance in conduction and switching characteristics as well as enhanced avalanche ruggedness. These devices are well suited for Induction Heating (I-H) applications

Features
- High Speed Switching
- Low Saturation Voltage : $V_{CE(sat)} = 2.5$ V @ $I_C = 60$A
- High Input Impedance
- Built-in Fast Recovery Diode

Application
Micro- Wave Oven, I-H Cooker, I-H Jar, Induction Heater, Home Appliance

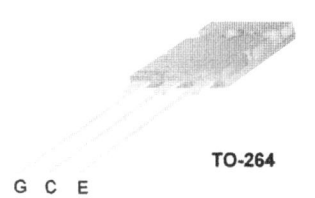

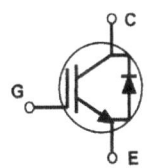

TO-264
G C E

Absolute Maximum Ratings
$T_C = 25°C$ unless otherwise noted

Symbol	Description		FGL60N100BNTD	Units
V_{CES}	Collector-Emitter Voltage		1000	V
V_{GES}	Gate-Emitter Voltage		± 25	V
I_C	Collector Current	@ $T_C = 25°C$	60	A
	Collector Current	@ $T_C = 100°C$	42	A
I_{CM} (1)	Pulsed Collector Current		120	A
I_F	Diode Continuous Forward Current	@ $T_C = 100°C$	15	A
P_D	Maximum Power Dissipation	@ $T_C = 25°C$	180	W
	Maximum Power Dissipation	@ $T_C = 100°C$	72	W
T_J	Operating Junction Temperature		-55 to +150	°C
T_{stg}	Storage Temperature Range		-55 to +150	°C
T_L	Maximum Lead Temp. for soldering Purposes, 1/8" from case for 5 seconds		300	°C

Notes :
(1) Repetitive rating : Pulse width limited by max. junction temperature

Thermal Characteristics

Symbol	Parameter	Typ.	Max.	Units
$R_{\theta JC}$(IGBT)	Thermal Resistance, Junction-to-Case	--	0.69	°C/W
$R_{\theta JC}$(DIODE)	Thermal Resistance, Junction-to-Case	--	2.08	°C/W
$R_{\theta JA}$	Thermal Resistance, Junction-to-Ambient	--	25	°C/W

©2004 Fairchild Semiconductor Corporation

Figura 13-32 Folha de dados do IGBT. (Usado com permissão de Fairchild Semiconductor Corp.)

FGL60N100BNTD

Electrical Characteristics of IGBT T_C = 25°C unless otherwise noted

Symbol	Parameter	Test Conditions	Min.	Typ.	Max.	Units
Off Characteristics						
BV_{CES}	Collector Emitter Breakdown Voltage	V_{GE} = 0V, I_C = 1mA	1000	--	--	V
I_{CES}	Collector Cut-Off Current	V_{CE} = 1000V, V_{GE} = 0V	--	--	1.0	mA
I_{GES}	G-E Leakage Current	V_{GE} = ± 25, V_{CE} = 0V	--	--	± 500	nA
On Characteristics						
$V_{GE(th)}$	G-E Threshold Voltage	I_C = 60mA, V_{CE} = V_{GE}	4.0	5.0	7.0	V
$V_{CE(sat)}$	Collector to Emitter Saturation Voltage	I_C = 10A, V_{GE} = 15V	--	1.5	1.8	V
		I_C = 60A, V_{GE} = 15V	--	2.5	2.9	V
Dynamic Characteristics						
C_{ies}	Input Capacitance	V_{CE}=10V, V_{GE} = 0V, f = 1MHz	--	6000	--	pF
C_{oes}	Output Capacitance		--	260	--	pF
C_{res}	Reverse Transfer Capacitance		--	200	--	pF
Switching Characteristics						
$t_{d(on)}$	Turn-On Delay Time	V_{CC} = 600 V, I_C = 60A, R_G = 51Ω, V_{GE}=15V, Resistive Load, T_C = 25°C	--	140	--	ns
t_r	Rise Time		--	320	--	ns
$t_{d(off)}$	Turn-Off Delay Time		--	630	--	ns
t_f	Fall Time		--	130	250	ns
Q_g	Total Gate Charge	V_{CE} = 600 V, I_C = 60A, V_{GE} = 15V , , T_C = 25°C	--	275	350	nC
Q_{ge}	Gate-Emitter Charge		--	45	--	nC
Q_{gc}	Gate-Collector Charge		--	95	--	nC

Electrical Characteristics of DIODE T_C = 25°C unless otherwise noted

Symbol	Parameter	Test Conditions	Min.	Typ.	Max.	Units
V_{FM}	Diode Forward Voltage	I_F = 15A	--	1.2	1.7	V
		I_F = 60A	--	1.8	2.1	V
t_{rr}	Diode Reverse Recovery Time	I_F = 60A di/dt = 20 A/us		1.2	1.5	us
I_R	Instantaneous Reverse Current	V_{RRM} = 1000V	--	0.05	2	uA

FGL60N100BNTD Rev. A

Figura 13-32 Folha de dados do IGBT. (Usado com permissão de Fairchild Semiconductor Corp.) (*Continuação*) não possa competir em velocidade de chaveamento com o MOSFET, estão sendo desenvolvidas novas famílias de IGBT, como o IGBT FS, para aplicações de alta frequência. Os IGBTs, são portanto, soluções eficazes para aplicações em altas tensões e correntes com frequências moderadas.

Exemplo de aplicação 13-10

O que o circuito da Fig.13-33 faz?

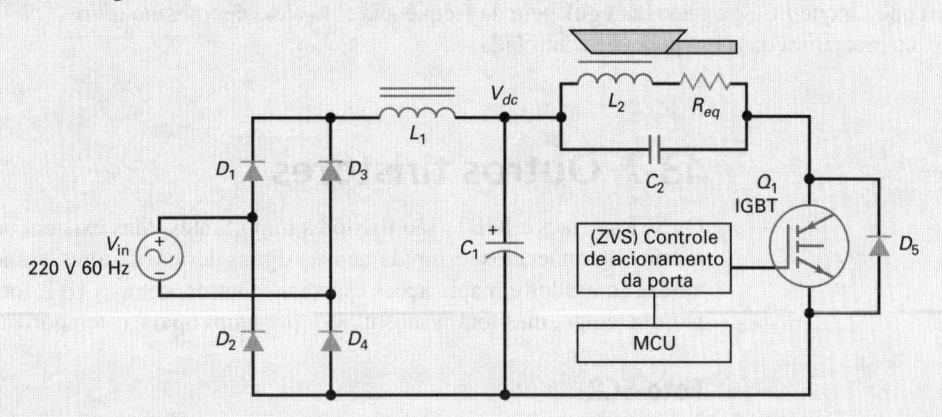

Figura 13-33 Exemplo de aplicação do IGBT.

SOLUÇÃO O diagrama esquemático simplificado da Fig.13-33 é um inversor ressonante com terminação única; ele pode ser utilizado para aquecimento indutivo graças ao seu eficiente uso de energia. Esse tipo de inversor pode ser encontrado em aparelhos eletrodomésticos, como forno de assar (fogões), panelas de cozimento de arroz e alguns tipos de fornos de microondas. Então, como este circuito funciona?

A entrada de 220 V_{CA} é retificada pela ponte retificadora formada pelos diodos D_1, D_2, D_3 e D_4. L_1 e C_1 formam um filtro passa-baixas na entrada do circuito. Na saída do filtro temos a tensão CC necessária para o inversor. A bobina primária L_2 está representada pelo seu modelo equivalente que consiste na resistência R_{eq} e no capacitor C_2. Ela cria um circuito tanque ressonante paralelo. L_2 também funciona como elemento primário de aquecimento do enrolamento de um transformador. O secundário deste transformador e sua carga é um elemento metálico ferromagnético com baixa resistência e alta permeabilidade magnética. Esta carga funciona, essencialmente, como um enrolamento secundário de um único enrolamento com uma carga curto-circuitada e, portanto, se torna uma "superfície" de aquecimento ou cozimento.

Q_1 é um IGBT com alta velocidade de chaveamento, baixo $V_{CE(Sat)}$ e alta tensão de bloqueio. D_5 pode ser tanto um diodo co-encapsulado e antiparalelo como pode ser um diodo intrínseco ao IGBT. A porta do IGBT é conectada ao circuito de controle de acionamento da porta. O circuito de acionamento de porta é, normalmente, controlado por uma unidade microcontrolador (MCU – *microcontroller unit*). Quando Q_1 recebe um sinal de entrada adequado à porta do mesmo, ele liga e permite o fluxo de uma corrente através de L_2 e pelo coletor e emissor do IGBT. A corrente através do primário de L_2 cria um campo magnético expandido o qual atravessa o enrolamento da carga do elemento secundário de aquecimento. Quando Q1 desliga, a energia armazenada no campo magnético de L_2 entra em colapso e simultaneamente carrega C_2. Isto cria uma alta tensão positiva no coletor de Q_1, o qual utiliza sua alta tensão de bloqueio para permanecer desligado. C_2 devolve sua energia descarregando-a através de L_2 na direção oposta, criando uma corrente oscilante paralela ressonante. A expansão e o colapso do campo magnético de L_2 atravessa a carga. Normalmente, as perdas por calor devido às correntes de Foucault (ou correntes de laço) são reduzidas pela utilização de lâminas metálicas de aço-silício. Como a carga não utiliza essas lâminas, esse calor perdido pode ser convertido em energia produtiva para aquecimento. Este é o princípio do aquecimento indutivo (IH – *indutive heating*). Para aumentar a eficiência do processo de aquecimento indutivo, os valores de L_2 e C_2 são escolhidos de modo a produzirem uma frequência de ressonância na faixa de 20kHz a 100kHz. Quanto maior for a frequência da corrente na bobina, maior será a corrente induzida que flui na superfície da carga. Esse efeito é denominado efeito pelicular (*skin-effect*).

A eficiência deste inversor ressonante é crítica. Uma das maiores causas das perdas de potência deste circuito é o processo de chaveamento do IGBT. Uma alta eficiência de conversão de energia pode ser obtida controlando a corrente ou a tensão no IGBT no instante do chaveamento. Isto é conhecido como chaveamento suave. A corrente ou a tensão aplicadas ao circuito de chaveamento pode ser aproximadamente zero utilizando o efeito de ressonância criado pelo circuito LC e os diodos antiparalelos colocados através do coletor-emissor do IGBT. O controle de chaveamento da porta feita pela unidade MCU tem a tensão V_{CE} do circuito de chaveamento ajustada em zero imediatamente antes do circuito ser ligado (ZVS) e tem o fluxo de corrente no IGBT próximo de zero (ZCS) imediatamente antes do desligamento do circuito.

A máxima potência é fornecida à carga quando o sinal de acionamento da porta está na frequência de ressonância do circuito tanque LC. Por meio da regulagem da frequência e do ciclo de trabalho (*duty cycle*) do acionador da porta, a temperatura da carga pode ser controlada.

13-7 Outros tiristores

Os SCRs, triacs e IGBTs são tiristores importantes. Mas existem outros que merecem ser conhecidos resumidamente. Alguns destes tiristores, como o foto-SCR, ainda são usados em aplicações especiais. Outros, como o UJT, foram populares por um tempo, mas foram substituídos por amps op e CIs temporizadores.

Foto-SCR

A Figura 13-34a mostra um *foto-SCR*, conhecido também como um *SCR ativado por luz*. As setas representam a entrada de luz que passa por uma lente e atinge a camada de depleção. Quando a luz é intensa o suficiente, os elétrons de valência são deslocados de suas órbitas e se tornam elétrons livres. O fluxo de elétrons livres dá início a uma realimentação positiva e o foto-SCR entra em condução.

Depois de ter sido disparado pela luz, o foto-SCR permanece em condução mesmo cessada a incidência de luz. Para a máxima sensibilidade à luz, o gatilho é deixado desconectado, como mostra a Figura 13-34a. Para se obter um ponto de disparo ajustável, podemos incluir o ajuste de disparo da Figura 13-34b. A resistência entre o gatilho e o terra desvia parte dos elétrons produzidos pela luz e reduz a sensibilidade do circuito à entrada da luz.

Chave controlada pelo gatilho

Como mencionado anteriormente, um modo normal de interromper a corrente em um SCR é pela diminuição da corrente. Mas a *chave controlada pelo gatilho* é projetada para ser desligada facilmente com uma polarização reversa no gatilho. Uma chave controlada pelo gatilho é fechada por um disparo positivo e aberta por um disparo negativo.

A Figura 13-35 mostra um circuito controlado pelo gatilho. Cada disparo positivo fecha a chave controlada pelo gatilho e cada disparo negativo abre a chave. Por isso, obtemos a onda quadrada mostrada na saída. A chave controlada pelo gatilho tem sido usada em contadores, circuitos digitais e outras aplicações em que se tenha disponível um disparo negativo.

Chave controlada de silício

A Figura 13-36a mostra as regiões dopadas de uma *chave controlada de silício*. Agora um terminal externo é conectado em cada região dopada. Visualize o dispositivo separado em duas metades (Figura 13-36b). Portanto, ele é equivalente à trava com acesso às duas bases (Figura 13-36c). Uma polarização direta em qualquer base fecha a chave controlada de silício. Do mesmo modo, uma polarização reversa em qualquer base abre a chave controlada de silício.

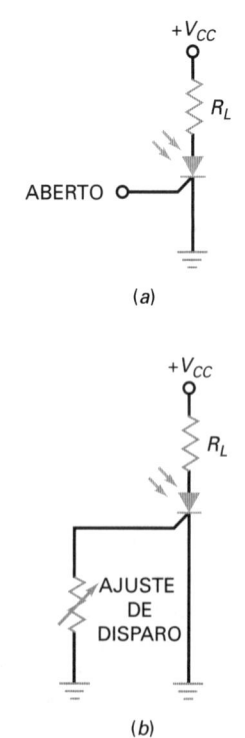

Figura 13-34 Foto-SCR.

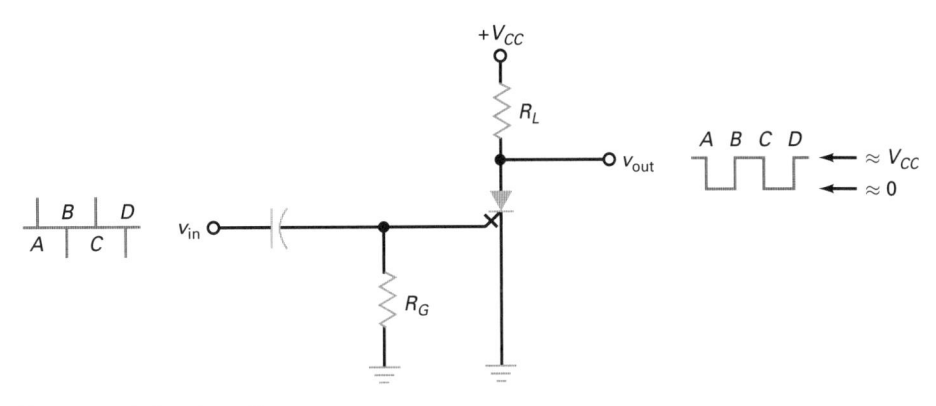

Figura 13-35 Chave controlada pelo gatilho.

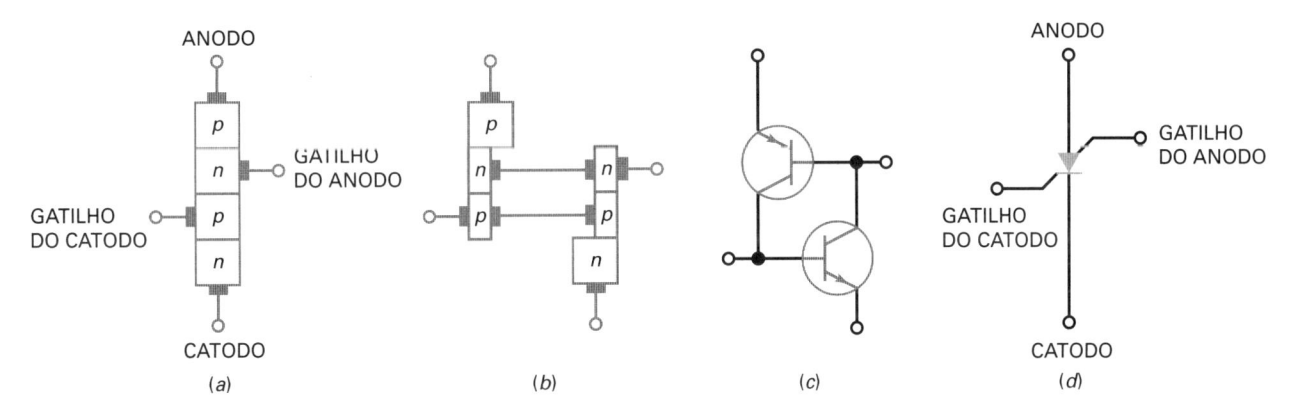

Figura 13-36 Chave controlada de silício.

A Figura 13-36d mostra o símbolo da chave controlada de silício. O gatilho inferior é chamado de *gatilho do catodo* e o de cima é o *gatilho do anodo*. A chave controlada de silício é um dispositivo de baixa potência comparado com o SCR. Ele conduz correntes na faixa de miliampères em vez de ampères.

Transistor de unijunção e PUT

O **transistor de unijunção (UJT)** tem duas regiões dopadas, como mostra a Figura 13-37a. Quando a tensão na entrada é zero, o dispositivo não conduz. Quando aumentamos a tensão na entrada acima da tensão de *afastamento* (dada na folha

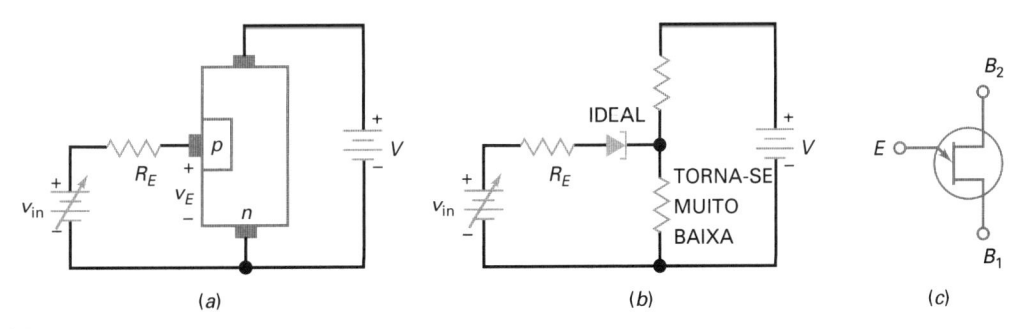

Figura 13-37 Transistor de unijunção.

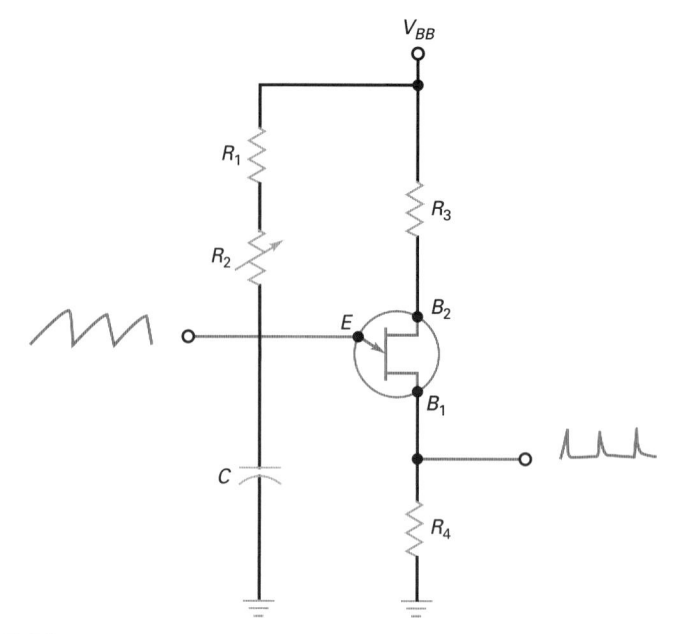

Figura 13-38 Oscilador de relaxação com UJT.

de dados), a resistência entre a região *p* e a região *n* inferior torna-se muito baixa, como mostra a Figura 13-37*b*. A Figura 13-37*c* é o símbolo do UJT.

O UJT pode ser usado para formar um circuito gerador de pulso chamado de oscilador de relaxação com UJT, como mostra a Figura 13-38. Neste circuito, o capacitor tende a se carregar até V_{BB}. Quando a tensão no capacitor atinge um valor igual à tensão de afastamento, o UJT conduz. A resistência interna da base inferior (região *n* inferior) tem seu valor reduzido rapidamente, permitindo que o capacitor se descarregue. O capacitor permanece descarregando até que a corrente caia abaixo do valor de manutenção. Quando isso acontece, o UJT pára de conduzir e o capacitor volta a se carregar tendendo para o valor de V_{BB}. A constante de tempo de carga *RC* é normalmente muito maior que a constante de tempo de descarga.

A forma de onda é um pulso agudo desenvolvido no resistor externo em B_1 que pode ser aplicado como uma fonte de disparo para controlar o ângulo de condução nos circuitos com SCR e triac. A forma de onda desenvolvida no capacitor pode ser usada em amplificações onde for necessário um gerador dente de serra.

O **transistor de unijunção programável (PUT)** é um dispositivo *pnpn* de quatro camadas usado para produzir pulsos de disparo e formas de onda similares às do circuito com UJT. Seu símbolo está na Figura 13-39*a*.

Sua construção básica, mostrada na Figura 13-39*b*, é muito diferente da de um UJT, e lembra aproximadamente a de um SCR. O terminal do gatilho é conectado à camada *n* próxima do anodo. A junção *pn* é usada para controlar os estados de liga e desliga do dispositivo. O terminal do catodo é conectado a um ponto de tensão abaixo do gatilho, tipicamente ao ponto de terra. Quando a tensão no anodo torna-se aproximadamente 0,7 V acima da tensão no gatilho, o PUT entra em condução. O dispositivo permanecerá em condução até que a corrente de anodo caia abaixo do valor da corrente nominal de manutenção, normalmente dado como corrente de vale, I_V. Quando isso acontece, o dispositivo retorna a seu estado de corte.

O PUT é considerado programável porque a tensão de gatilho pode ser determinada por um divisor de tensão externo. Isso está na Figura 13-39*c*. Os resistores externos, R_2 e R_3, estabelecem a tensão no gatilho, V_G. Mudando o valor desses resistores, a tensão no gatilho pode ser modificada ou "programada", mudando,

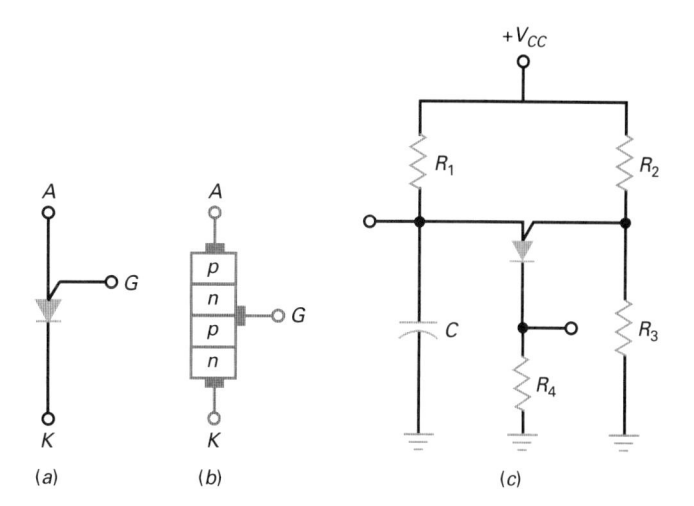

Figura 13-39 PUT: (a) símbolo; (b) estrutura: (c) circuito com PUT.

portanto, a tensão exigida no anodo para o disparo. Quando o capacitor se carrega por R_1, ele precisa atingir um valor de tensão de aproximadamente 0,7 V acima de V_G. Neste ponto, o PUT conduz e o capacitor se descarrega. Assim como o UJT, as formas de onda do pulso de disparo e dente de serra podem ser desenvolvidas para o controle dos tiristores.

Os UJTs e os PUTs foram populares anteriormente para a montagem de circuitos temporizadores, osciladores e outros. Mas como mencionado antes, os amps op e os CIs temporizadores (como o 555), junto com os microprocessadores, substituem estes dispositivo em muitas aplicações.

13-8 Análise de defeito

Ao verificar defeitos em um circuito para encontrar a falha em resistores, diodos, transistores e outros, você está fazendo uma verificação em relação a *componentes*. A verificação de defeitos nos capítulos anteriores serviu de prática em relação a componentes. A verificação de defeitos neste nível dá uma base excelente para verificar defeitos em níveis mais altos porque ela ensina a pensar logicamente, usando a lei de Ohm como guia.

Agora precisamos praticar a verificação de defeitos em *nível de sistema*. Isso significa pensar em termos de *blocos funcionais*, que são serviços menores sendo feitos por partes diferentes do circuito total. Para ter uma ideia deste nível alto de verificação de defeitos, veja a seção de verificação de defeitos no final deste capítulo (Figura 13-49).

Nela você vê um diagrama de blocos de uma fonte de alimentação com uma barra de proteção com SCR. A fonte de alimentação foi desenhada em termos de seus blocos funcionais. Se você medir as tensões nos diferentes pontos, pode sempre isolar o defeito em um bloco particular. Depois pode continuar a verificação de defeitos em relação a componentes, se necessário.

Um fabricante de manual de instrução quase sempre inclui o diagrama de blocos do equipamento no qual a função de cada bloco é especificada. Por exemplo, um aparelho de televisão pode ser desenhado em termos de seus blocos funcionais. Uma vez que você sabe o que os sinais de entrada e de saída de cada bloco podem fazer, pode fazer a manutenção no aparelho de televisão isolando o bloco defeituoso. Uma vez isolado o bloco defeituoso, você pode ou substituí-lo totalmente ou continuar a verificação de defeitos em relação a componentes.

Resumo

SEÇÃO 13-1 DIODO DE QUATRO CAMADAS

Um tiristor é um dispositivo semicondutor que usa realimentação positiva interna para produzir uma ação de travamento. O diodo de quatro camadas, conhecido também por diodo Schockley, é o tiristor mais simples que existe. Uma ruptura o faz conduzir e uma queda de corrente o faz entrar em corte.

SEÇÃO 13-2 RETIFICADOR CONTROLADO DE SILÍCIO

O retificador controlado de silício (SCR) é o tiristor mais utilizado. Ele é capaz de conduzir e interromper correntes de valores altos. Para fazê-lo conduzir, precisamos aplicar valores de tensão e de corrente mínimos no gatilho. Para interromper sua corrente de anodo precisamos diminuir a tensão de anodo quase a zero.

SEÇÃO 13-3 BARRA DE PROTEÇÃO COM SCR

Uma aplicação importante do SCR é a de proteger cargas delicadas e caras contra sobretensão na alimentação. Com uma barra de proteção com SCR, é necessário um fusível ou um circuito de limitação de corrente para evitar danos à fonte de alimentação.

SEÇÃO 13-4 CONTROLE DE FASE COM SCR

Um circuito RC pode variar o atraso do ângulo da tensão no gatilho de 0° a 90°. Isto nos permite controlar a corrente média na carga. Utilizando circuitos de controle de fase mais avançados, podemos variar o ângulo da fase de 0° a 180° e ter um controle melhor sobre a corrente média na carga.

SEÇÃO 13-5 TIRISTORES BIDIRECIONAIS

O diac pode travar uma corrente nos dois sentidos de condução. Ele fica em corte até que a tensão em seus terminais exceda ao valor da tensão de disparo. O triac é um dispositivo controlado pelo gatilho similar ao SCR. Um triac como um controlador de fase, permite controlar a corrente eficaz na carga em uma onda completa.

SEÇÃO 13-6 IGBTS

O IGBT é um dispositivo híbrido composto de um MOSFET de potência no lado da entrada e de um TBJ no lado da saída. Essa combinação produz um dispositivo que requer um acionamento simples no gatilho de entrada e baixa perda de condução na saída. Os IGBTs têm uma vantagem sobre os MOSFETs de potência em aplicações de alta tensão e chaveamento de altas correntes.

SEÇÃO 13-7 OUTROS TIRISTORES

O foto-SCR trava quando a luz incidente é intensa o suficiente. A chave controlada pelo gatilho é projetada para fechar com um dispositivo positivo e abrir com um dispositivo negativo. A chave controlada de silício tem duas entradas de dispositivo no gatilho, as duas podem fechar ou abrir o dispositivo. O transistor de unijunção tem sido usado para a montagem de circuitos osciladores e temporizadores.

SEÇÃO 13-8 ANÁLISE DE DEFEITO

Quando estiver com um circuito em manutenção para procurar defeitos em resistores, diodos, transistores e outros, você estará verificando defeitos em nível de componentes. Quando estiver verificando defeitos em blocos funcionais, estará verificando defeitos em nível de sistema.

Derivações

(13-1) Disparo do SCR:

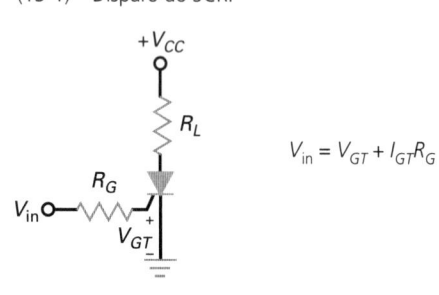

$$V_{in} = V_{GT} + I_{GT}R_G$$

(13-2) Desativando o SCR:

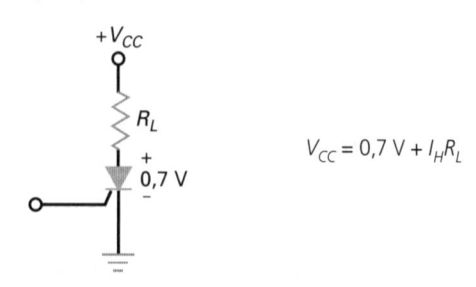

$$V_{CC} = 0{,}7\ V + I_H R_L$$

(13-3) Sobretensão:

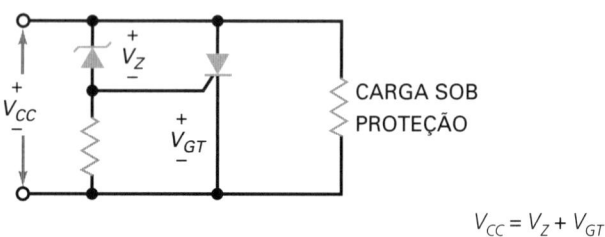

$$V_{CC} = V_Z + V_{GT}$$

(13-4) Impedância do controle de fase RC:

$$Z_T = \sqrt{R^2 + X_C^2}$$

(13-5) Controle do ângulo de fase com RC:

$$\theta_Z = -\arctg \frac{X_C}{R}$$

Exercícios

1. **Um tiristor pode ser usado como**
   a. Um resistor
   b. Um amplificador
   c. Uma chave
   d. Uma fonte de alimentação

2. **Realimentação positiva significa que o sinal que retorna**
   a. Opõe-se à variação original
   b. Soma-se à variação original
   c. É equivalente à realimentação negativa
   d. É amplificado

3. **Uma trava usa sempre**
   a. Transistores
   b. Realimentação negativa
   c. Corrente
   d. Realimentação positiva

4. **Para ligar um diodo de quatro camadas, você precisa de**
   a. Um disparo positivo
   b. Desligamento por baixa corrente
   c. Ruptura
   d. Disparo com polarização reversa

5. **A corrente mínima de entrada que pode ligar um tiristor é chamada de**
   a. Corrente de manutenção
   b. Corrente de disparo
   c. Corrente de ruptura
   d. Corrente baixa de desligamento

6. **A única forma de levar ao corte um diodo de quatro camadas que está conduzindo é com**
   a. Um disparo positivo
   b. Desligamento por corrente baixa
   c. Ruptura
   d. Disparo com polarização reversa

7. **A corrente mínima de anodo que mantém um tiristor conduzindo é chamada**
   a. Corrente de manutenção
   b. Corrente de disparo
   c. Corrente de ruptura
   d. Corrente baixa de desligamento

8. **Um retificador controlador de silício tem**
   a. Dois terminais externos
   b. Três terminais externos
   c. Quatro terminais externos
   d. Três regiões dopadas

9. **Um SCR é geralmente ligado por**
   a. Ruptura
   b. Um disparo no gatilho
   c. Disparo
   d. Corrente de manutenção

10. **Os SCRs são**
    a. Dispositivos de baixa potência
    b. Diodos de quatro camadas
    c. Dispositivos de alta corrente
    d. Bidirecionais

11. **A forma usual de proteger uma carga da tensão de alimentação excessiva é com**
    a. Uma barra de proteção com SCR
    b. Um diodo Zener
    c. Um diodo de quatro camadas
    d. Um tiristor

12. **Um circuito de amortecimento (snubber) protege um SCR contra**
    a. Sobretensões na alimentação
    b. Falso disparo
    c. Ruptura
    d. Ação de curto-circuito

13. **Quando uma barra de proteção é usada com uma fonte de alimentação, a fonte precisa ter um fusível ou**
    a. Corrente de disparo adequada
    b. Corrente de manutenção
    c. Filtro
    d. Limitação de corrente

14. **O foto-SCR responde à**
    a. Corrente
    b. Tensão
    c. Umidade
    d. Luz

15. **O diac é um**
    a. Transistor
    b. Dispositivo unidirecional
    c. Dispositivo de três camadas
    d. Dispositivo bidirecional

16. **O triac é equivalente a**
    a. Um diodo de quatro camadas
    b. Dois diacs em paralelo
    c. Um tiristor com um terminal de porta
    d. Dois SCRs em antiparalelo

17. **O transistor de unijunção funciona como**
    a. Um diodo de quatro camadas
    b. Um diac
    c. Um triac
    d. Uma trava

18. **Qualquer tiristor pode ser disparado com**
    a. Ruptura
    b. Disparo por polarização direta
    c. Corrente baixa de desligamento
    d. Disparo por polarização reversa

19. **Um diodo Shockley é o mesmo que um**
    a. Diodo de quatro camadas
    b. SCR
    c. Diac
    d. Triac

20. **A tensão de disparo de um SCR é próxima de**
    a. 0
    b. 0,7 V
    c. 4 V
    d. Tensão de ruptura

21. **Qualquer tiristor pode ser desligado com**
    a. A ruptura
    b. O disparo por polarização direta
    c. A corrente baixa de desligamento
    d. O disparo por polarização reversa

22. **Exceder à taxa crítica de subida produz**
    a. Uma dissipação de potência excessiva
    b. Um disparo falso
    c. Um desligamento por corrente baixa
    d. Um disparo por polarização reversa

23. **Um diodo de quatro camadas é chamado algumas vezes de**
    a. Transistor de unijunção
    b. Diac
    c. Diodo *pnpn*
    d. Chave

24. **Uma trava é baseada**
    a. Na realimentação negativa
    b. Na realimentação positiva
    c. No diodo de quatro camadas
    d. No funcionamento do SCR

25. **Um SCR pode entrar em condução se**
    a. A tensão de ruptura for excedida
    b. For aplicada uma I_{GT}
    c. A taxa crítica de subida da tensão for excedida
    d. Todas acima

26. **Para testar corretamente um SCR utilizando um ohmímetro**
    a. O ohmímetro deve fornecer a tensão de ruptura ao SCR
    b. O ohmímetro não pode fornecer mais que 0,7 V
    c. O ohmímetro deve fornecer a tensão de ruptura reversa ao SCR
    d. O ohmímetro deve fornecer a corrente de manutenção

27. **O ângulo de disparo máximo com circuito de controle de fase RC simples é**
    a. 45°
    b. 90°
    c. 180°
    d. 360°

28. **O triac geralmente é considerado mais sensível no**
    a. I quadrante
    b. II quadrante
    c. III quadrante
    d. IV quadrante

29. **Um IGBT é essencialmente um**
    a. TBJ na entrada e um MOSFET na saída
    b. MOSFET na entrada e um MOSFET na saída
    c. MOSFET na entrada e um TBJ na saída
    d. TBJ na entrada e um TBJ na saída

30. **A tensão máxima na saída de um IGBT no estado de condução é**
    a. $V_{GS(lig)}$
    b. $V_{ce(sat)}$
    c. $R_{DS(lig)}$
    d. V_{CES}

31. **Um PUT é considerado programável pela utilização de**
    a. Resistor externo no gatilho
    b. Aplicação de um nível de tensão ajustado no catodo
    c. Um capacitor externo
    d. Junções pn dopadas

Problemas

SEÇÃO 13-1 DIODO DE QUATRO CAMADAS

13-1 O 1N5160 da Figura 13-40a está em condução. Se deixarmos 0,7 V aplicados no diodo no ponto de limiar de desligamento, qual será o valor de V quando o diodo entrar em corte?

13-2 A tensão no capacitor da Figura 13-40b varia de 0,7 V a 12 V, fazendo com que o diodo de quatro camadas chegue ao disparo. Qual a corrente no resistor de 5 kΩ no limiar do disparo do diodo? Qual a corrente no resistor de 5 kΩ quando o diodo está em condução?

13-3 Qual é a constante de tempo na Figura 13-40b? O período da forma de onda em dente de serra é igual à constante de tempo. Qual é a frequência?

13-4 Se a tensão de ruptura na Figura 13-40a mudar para 20 V e a corrente de manutenção mudar para 3 mA, qual é a tensão V que faz o diodo entrar em condução?

13-5 Se a tensão de alimentação mudar para 50 V na Figura 13-40b, qual é a tensão máxima no capacitor? Qual é a constante de tempo se o valor da resistência for dobrado e a capacitância for triplicada?

SEÇÃO 13-2 RETIFICADOR CONTROLADO DE SILÍCIO

13-6 O SCR na Figura 13-41 tem V_{GT} = 1,0 V, I_{GT} = 2mA e I_H = 12 mA. Qual a tensão na saída quando o SCR está em corte? Qual a tensão na entrada que dispara o SCR? Se V_{cc} diminuir até que o SCR entre em corte, qual o valor de V_{cc}?

13-7 Os valores de todas as resistências são dobrados na Figura 13-41. Se a corrente de disparo do SCR é de 1,5 mA, qual a tensão na entrada que dispara o SCR?

13-8 Qual é a tensão de pico na saída na Figura 13-42 se R for ajustada para 500 Ω?

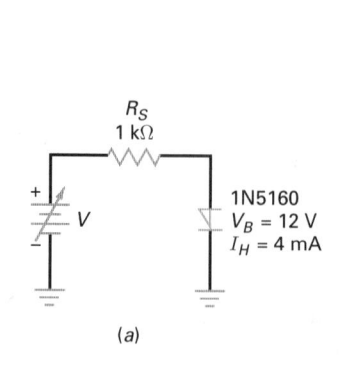

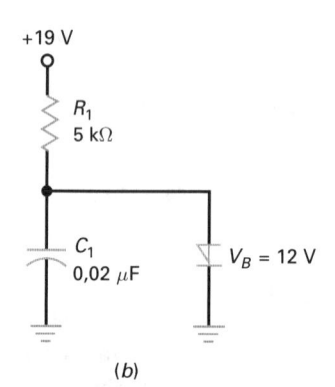

Figura 13-40

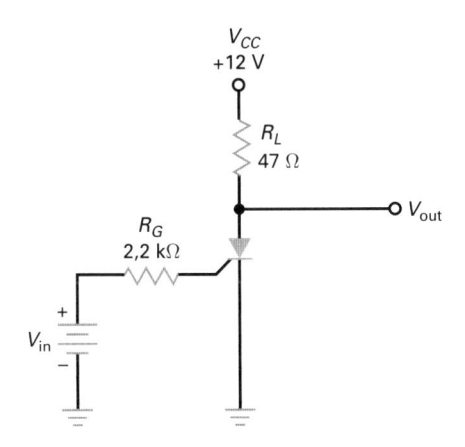

Figura 13-41

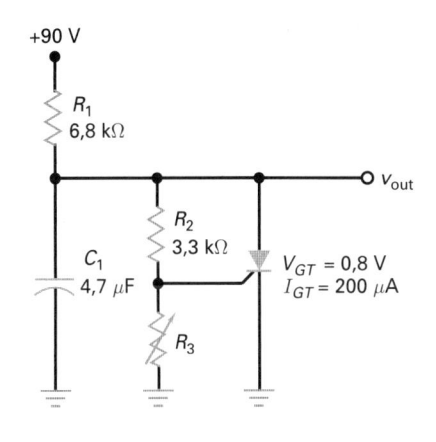

Figura 13-42

13-9 Se o SCR na Figura 13-41 tiver uma tensão de disparo de 1,5 V, uma corrente de disparo no gatilho de 15 mA e uma corrente de manutenção de 10 mA, qual é a tensão na entrada que dispara o SCR? E a tensão de alimentação que não mantém a condução?

13-10 Se a resistência na Figura 13-41 for triplicada, qual é a tensão na entrada que dispara o SCR se $V_{GT} = 2$ V e $I_{GT} = 8$ mA?

13-11 Na Figura 13-42, R é ajustada para 750 Ω. Qual é a constante de tempo de carga do capacitor? Qual é a resistência equivalente de Thevenin vista do gatilho?

13-12 O resistor R_2 na Figura 13-43 é ajustado para 4,6 kΩ. Quais são os ângulos de disparo e de condução aproximados para este circuito? Qual é o valor da tensão CA no capacitor?

13-13 Usando a Figura 13-43, quando R_2 é ajustado, quais são os valores dos ângulos de disparo mínimo e máximo?

13-14 Quais são os ângulos de condução mínimo e máximo do SCR na Figura 13-43?

SEÇÃO 13-3 BARRA DE PROTEÇÃO COM SCR

13-15 Calcule a tensão de alimentação que dispara o SCR da barra de proteção na Figura 13-44.

13-16 Se o diodo Zener na Figura 13-44 tiver uma tolerância de ±10% e se a tensão de disparo puder ser de até 1,5, qual é a tensão de alimentação máxima em que a ação da barra de proteção ocorre?

13-17 Se a tensão Zener na Figura 13-44 mudar de 10 V para 12 V, qual é a tensão que dispara o SCR?

13-18 O diodo Zener na Figura 13-44 foi substituído por um 1N4741A. Qual é a tensão de alimentação que dispara o SCR na barra de proteção?

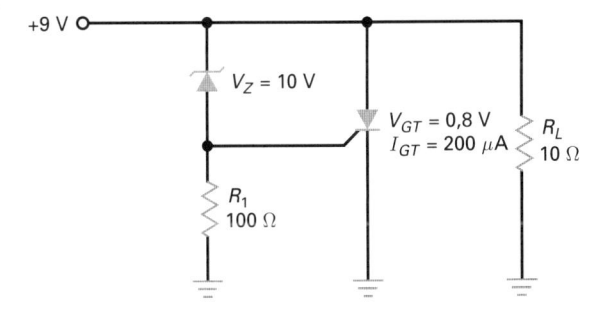

Figura 13-44

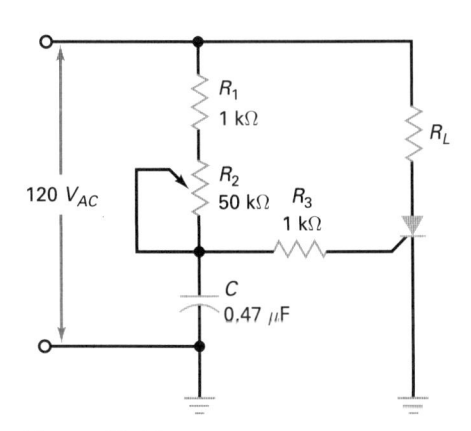

Figura 13-43

SEÇÃO 13-5 TIRISTORES BIDIRECIONAIS

13-19 O diac na Figura 13-45 tem uma tensão de ruptura de 20 V e o triac tem uma V_{GT} de 2,5 V. Qual é a tensão no capacitor que faz o triac conduzir?

13-20 Qual é a corrente na carga na Figura 13-45 quando o triac está conduzindo?

13-21 Todas as resistências na Figura 13-45 foram dobradas e a capacitância triplicada. Se a tensão de ruptura do diac for de 28 V e a tensão de disparo no gatilho do triac for de 2,5 V, qual é a tensão no capacitor que dispara o triac?

SEÇÃO 13-7 OUTROS TIRISTORES

13-22 Na Figura 13-46, quais são os valores da tensão no gatilho e no anodo quando o PUT dispara?

13-23 Qual será a tensão de pico ideal no resistor R_4 na Figura 13-46, quando o PUT dispara?

13-24 Na Figura 13-46, que aparência terá a forma de onda da tensão no capacitor? Quais serão os valores mínimo e máximo da tensão dessa forma de onda?

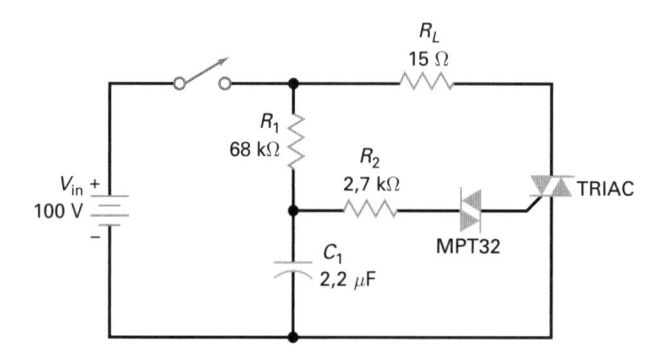

Figura 13-45

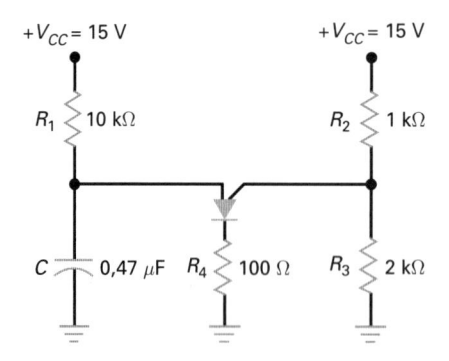

Figura 13-46

Raciocínio crítico

13-25 A Figura 13-47a mostra um indicador de sobretensão. Qual é o valor da tensão que liga a lâmpada?

13-26 Qual é o valor da tensão de pico na saída na Figura 13-47b?

13-27 Se o período da onda dente de serra for de 20% da constante de tempo, qual é a frequência mínima na Figura 13-47b? Qual é a frequência máxima?

13-28 O circuito na Figura 13-48 está em um quarto escuro. Qual é a tensão na saída? Quando a luz acende, o tiristor conduz. Qual é a tensão aproximada na saída? Qual é a corrente no resistor de 100 Ω?

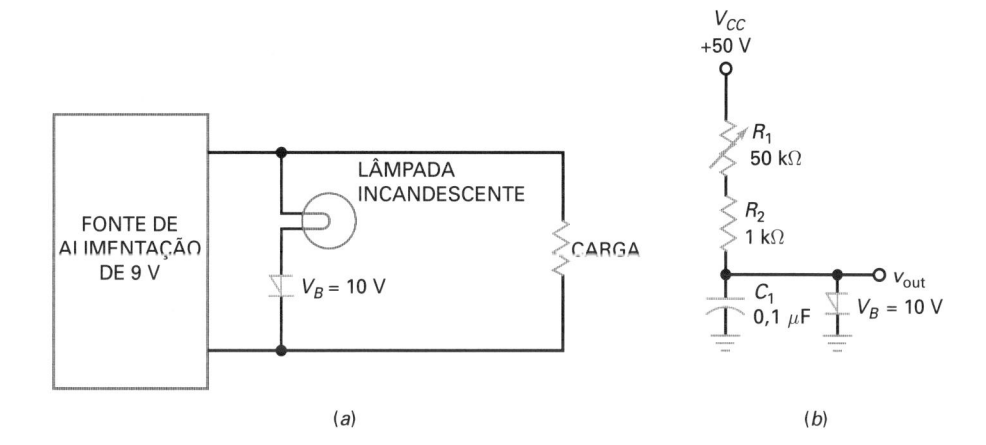

Figura 13-47

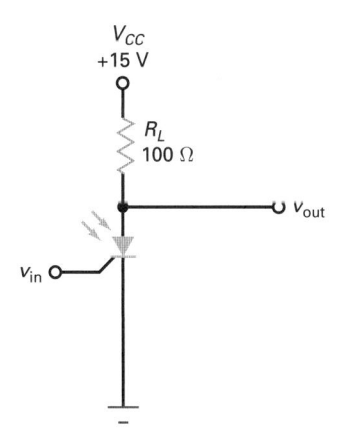

Figura 13-48

Análise de defeito

Use a Figura 13-49 para os problemas 13-29 e 13-30. A fonte de alimentação tem um retificador em ponte funcionando com capacitor de filtro. Logo, a tensão CC filtrada é aproximadamente igual à tensão de pico do secundário. Todos os valores listados estão em volts, a não ser quando indicado outro caso. Além disso, as tensões medidas nos pontos A, B e C são dadas em valores rms. As tensões medidas nos pontos D, E e F são dadas como tensões CC. Neste exercício, você verificará defeitos no sistema; isto é, irá localizar o bloco mais suspeito para outros testes posteriores. Por exemplo, se a tensão no ponto B estiver OK mas incorreta no ponto C, sua resposta deve ser *transformador com defeito*.

13-29 Encontre os defeitos 1 a 4.
13-30 Encontre os defeitos 5 a 8.

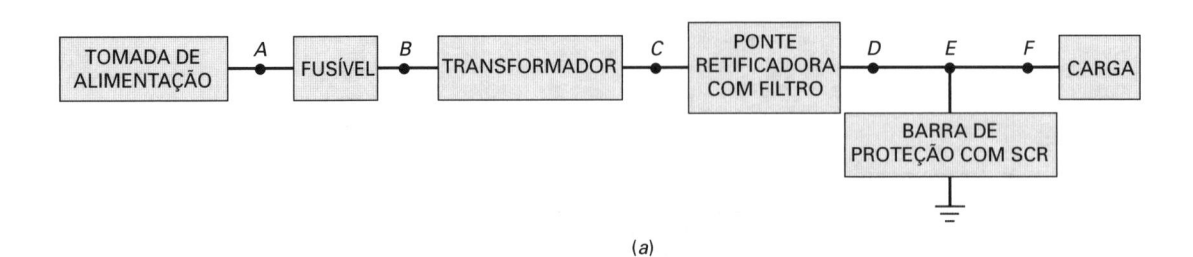

(a)

Análise de Defeito

Defeito	V_A	V_B	V_C	V_D	V_E	V_F	R_L	SCR
OK	115	115	12,7	18	18	18	100 Ω	Corte
D1	115	115	12,7	18	0	0	100 Ω	Corte
D2	0	0	0	0	0	0	100 Ω	Corte
D3	115	115	0	0	0	0	100 Ω	Corte
D4	115	0	0	0	0	0	0	Corte
D5	130	130	14,4	20,5	20,5	20,5	100 Ω	Corte
D6	115	115	12,7	0	0	0	100 Ω	Corte
D7	115	115	12,7	18	18	0	100 Ω	Corte
D8	115	0	0	0	0	0	100 Ω	Corte

(b)

Figura 13-49 Medições para análise de defeito.

Questões de entrevista

1. Desenhe uma trava com dois transistores. Depois explique como a realimentação pode acionar os transistores em saturação e em corte.
2. Desenhe um circuito básico de barra de proteção com SCR. Qual é a teoria de funcionamento a respeito deste circuito? Em outras palavras, fale a respeito de todos os detalhes de seu funcionamento.
3. Desenhe um circuito com controle de fase com SCR. Inclua as formas de onda da tensão de linha CA e da tensão no gatilho. Agora explique a teoria de funcionamento.
4. Nos circuitos com tiristores qual é a finalidade da malha de proteção (*snubber*)?
5. Como podemos aplicar um SCR num circuito de alarme? Por que este circuito é preferido em vez do uso de um disparo por transistor? Desenhe um diagrama simples.
6. Em que campo da eletrônica um técnico pode encontrar circuitos aplicando tiristores?
7. Compare um TJB de potência com um FET de potência e um SCR para uso em amplificação de alta potência.
8. Explique as diferenças de operações entre o diodo Schockley e um SCR.
9. Compare o MOSFET de potência com um IGBT usado em um circuito de chaveamento de alta potência.

Respostas dos exercícios

1. c
2. b
3. d
4. c
5. b
6. b
7. a
8. b
9. b
10. c
11. a
12. b
13. d
14. d
15. d
16. d
17. d
18. a
19. a
20. b
21. c
22. b
23. c
24. b
25. d
26. d
27. b
28. a
29. c
30. b
31. a

Respostas dos problemas práticos

13-1 $I_D = 113$ mA
13-2 $V_{in} = 1,7$ V
13-3 $F = 250$ Hz
13-4 $V_{in} = 10$ V; $V_{CC} = 2,5$ V
13-6 $V_{CC} = 6,86$ V (pior caso)
13-7 $\theta_{disparo} = 62°$; $\theta_{condução} = 118°$
13-8 $I_R = 5,45$ A
13-9 $V_{in} = 25$ V

Apêndice A

Os principais componentes semicondutores utilizados neste livro estão listados a seguir. Na área Material para o professor em www.grupoa.com.br podem ser encontrados os links para as folhas de dados dos fabricantes.

1N4001 to 1N4007 (diodos retificadores)

1N5221B Series (diodos Zener)

1N4728A Series (diodos Zener)

TLDR5400 (LEDs)

LUXEON TX (emissores de LED de alta potência)

2N3903, 2N3904 (transistores de silício de propósito geral: npn)

2N3906 (transistores de silício de propósito geral: pnp)

TIP 100/101/102 (transistor Darlington de silício)

MPF102 (JFET canal n para amplificador de RF)

2N7000 (MOSFET canal n para enriquecimento)

MC33866 (ponte H em circuito integrado)

2N6504 (retificadores controlados de silício)

FKPF8N80 (tiristor)

FGL60N100BNTD (IGBT com tecnologia Trench-NPT)

LM741 (amplificador operacional de propósito geral)

LM118/218/318 (amplificadores operacionais de precisão e alta velocidade)

LM48511 (amplificador de áudio classe C)

LM555 (temporizador)

XR-2206 (CI gerador de função)

LM78XX Series (reguladores de tensão de três terminais)

CAT4139 (conversor CC/CC)

Apéndice A

Apêndice B

Demonstrações matemáticas

Este apêndice contém algumas demonstrações selecionadas. Na área Material para o professor em www.grupoa.com.br estão disponíveis mais demonstrações.

Prova da Equação (8-10)

O ponto de partida para esta demonstração é a equação da junção pn retangular derivada por Schockley:

$$I = I_s(\epsilon^{Vq/kT} - 1) \tag{B-1}$$

onde I = corrente total no diodo
I_S = corrente de saturação reversa
V = tensão total na camada de depleção
q = carga de um elétron
k = constante de Boltzmann
T = temperatura absoluta, °C + 273

A Equação (B-1) *não* inclui a resistência de corpo nos dois lados da junção. Por esta razão, a equação se aplica ao diodo total apenas quando a tensão na resistência de corpo for desprezível.

Na temperatura ambiente, q/kT é aproximadamente igual à 40 e a Equação (B-1) torna-se:

$$I = I_s(\epsilon^{40V} - 1) \tag{B-2}$$

(Alguns autores consideram 39V, mas esta diferença é pouca.) Para obter r'_e, aplicamos a diferencial de I em relação a V:

$$\frac{dI}{dV} = 40 I_s \epsilon^{40V}$$

Usando a Equação (B-2), podemos reescrevê-la como:

$$\frac{dI}{dV} = 40(I + I_s)$$

Tomando o inverso dado para r'_e:

$$r'_e = \frac{dV}{dI} = \frac{1}{40(I + I_s)} = \frac{25\text{mV}}{I + I_s} \tag{B-3}$$

A Equação (B-3) inclui os efeito da corrente de saturação reversa. Em um amplificador linear prático, I é muito maior que I_S (caso contrário, a polarização fica instável). Por isto, o valor prático de r'_e é:

$$r'_e = \frac{25\,\text{mV}}{I}$$

Como estamos falando sobre a camada de depleção do emissor, adicionamos o subscrito E para obter:

$$r'_e = \frac{25\text{mV}}{I_E}$$

Prova da Equação (10-27)

Na Figura 10-18a, a dissipação de potência instantânea durante o tempo de condução do transistor é:

$$p = V_{CE}I_C$$
$$= V_{CEQ}(1 - \text{sen}\,\theta)I_{C(\text{sat})}\,\text{sen}\,\theta$$

Isto funciona para o semiciclo quando o transistor está *conduzindo*: durante o semiciclo de *corte*, $p = 0$, idealmente.

A dissipação de potência média é igual à:

$$p_{av} = \frac{\text{área}}{\text{período}} = \frac{1}{2\pi}\int_0^\pi V_{CEQ}(1 - \text{sen}\,\theta)I_{C(\text{sat})}\,\text{sen}\,\theta\,d\theta$$

Após o desenvolvimento definitivo da integral sobre o semiciclo nos limites de 0 a π e, dividindo pelo período 2π, obtemos a potência média sobre o *ciclo completo* para um transistor:

$$\boldsymbol{p_{av} = \frac{1}{2\pi}V_{CEQ}I_{(\text{sat})}\left[-\cos\theta - \frac{\theta}{2}\right]_0^\pi} \qquad \text{(B-4)}$$
$$= 0{,}068\,V_{CEQ}I_{C(\text{sat})}$$

Esta é a dissipação de potência em cada transistor pelo ciclo completo, supondo 100% de excursão sobre a reta de carga CC.

Se o sinal não excursionar por toda a reta de carga, a potência instantânea é igual a

$$p = V_{CE}I_C = V_{CEQ}(1 - k\,\text{sen}\,\theta)I_{C(\text{sat})}k\,\text{sen}\,\theta$$

onde k é uma constante entre 0 e 1; k representa a fração da reta de carga que está sendo usada. Após a integração:

$$p_{av} = \frac{1}{2\pi}\int_0^\pi p\,d\theta$$

Você obtém:

$$\boldsymbol{p_{av} = \frac{V_{CEQ}I_{C(\text{sat})}}{2\pi}\left(2\pi - \frac{\pi k^2}{2}\right)} \qquad \text{(B-5)}$$

Como p_{av} é uma função de k, podemos aplicar uma diferencial e ajustar dp_{av}/dk igual a zero para encontrar o valor máximo de k:

$$\frac{dp_{av}}{dk} = \frac{V_{CEQ}I_{C(\text{sat})}}{2\pi}(2 - k\pi) = 0$$

Resolvendo para k temos:

$$k = \frac{2}{\pi} = 0{,}636$$

Com este valor de k, a Equação (B-5) se reduz para

$$p_{av} = 0{,}107 V_{CEQ} I_{C(\text{sat})} \cong 0{,}1 V_{CEQ} I_{C(\text{sat})}$$

Visto que $I_{C(\text{sat})} = V_{CEQ}/R_L$ e $V_{CEQ} =$ MPP/2, a equação anterior pode ser escrita como:

$$P_{D(\text{máx})} = \frac{\text{MPP}^2}{40 R_L}$$

Prova das Equações (11-15) e (11-16)

Comece com a equação da transcondutância:

$$I_D = I_{DSS}\left[1 - \frac{V_{GS}}{V_{GS(\text{desl})}}\right]^2 \tag{B-6}$$

Sua derivada é:

$$\frac{dI_D}{dV_{GS}} = g_m = 2I_{DSS}\left[1 - \frac{V_{GS}}{V_{GS(\text{desl})}}\right]\left[-\frac{1}{V_{GS(\text{desl})}}\right]$$

ou

$$g_{m0} = -\frac{2I_{DSS}}{V_{GS(\text{desl})}}\left[1 - \frac{V_{GS}}{V_{GS(\text{desl})}}\right] \tag{B-7}$$

quando $V_{GS} = 0$, obtemos:

$$g_{m0} = -\frac{2I_{DSS}}{V_{GS(\text{desl})}} \tag{B-8}$$

ou rearranjando:

$$V_{GS(\text{desl})} = -\frac{2I_{DSS}}{g_{m0}}$$

Isto prova a Equação (11-15). Substituindo o membro da esquerda da Equação (B-8) na Equação (B-7):

$$g_m = g_{m0}\left[1 - \frac{V_{GS}}{V_{GS(\text{desl})}}\right]$$

Ela é a prova da Equação (11-16).

Apêndice C

Lista de tabelas selecionadas

1-1 Propriedades da fonte de tensão e da fonte de corrente
1-2 Valores de Thevenin e de Norton
1-3 Defeitos e pistas
2-1 Polarizações do diodo
3-1 Aproximações do diodo
4-1 Retificadores sem filtro
4-2 Retificadores com filtro com capacitor de entrada
4-3 Diagrama em blocos de uma fonte de alimentação
4-4 Defeitos típicos para os retificadores em ponte com filtro com capacitor
5-1 Analisando um regulador Zener com carga
5-2 Defeitos e indicações no regulador Zener
5-3 Dispositivos de função especial
6-1 Aproximações de circuito com transistor
6-2 Defeitos e sintomas
7-1 Polarização da base versus do emissor
7-2 Problemas e sintomas
7-3 Principais circuitos de polarização
7-4 Defeitos e sintomas
8-1 Circuitos equivalentes CC e CA para o PDT
9-1 Configurações comuns dos amplificadores
10-1 Fórmulas do amplificador de potência
10-2 Classes de amplificadores
11-1 Polarização do JFET
11-2 Amplificadores com JFET
11-3 Aplicações do FET
12-5 Amplificadores com MOSFET

Apêndice D

Sistema Trainer analógico/digital

Este diagrama esquemático do Sistema Trainer analógico/digital XK-700 é mencionado em muitos dos problemas de final de capítulo.

Apêndice D

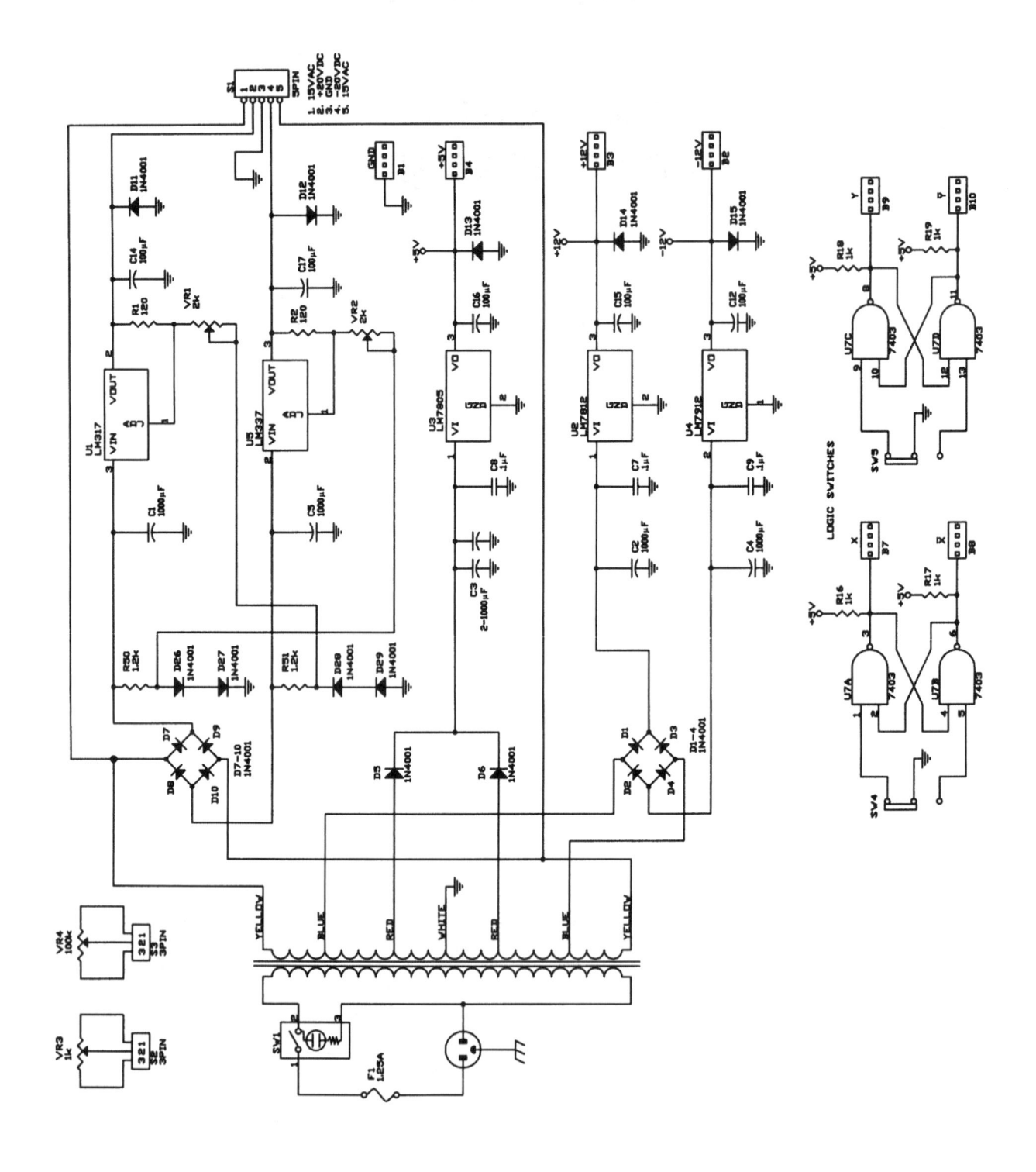

Apêndice D **D3**

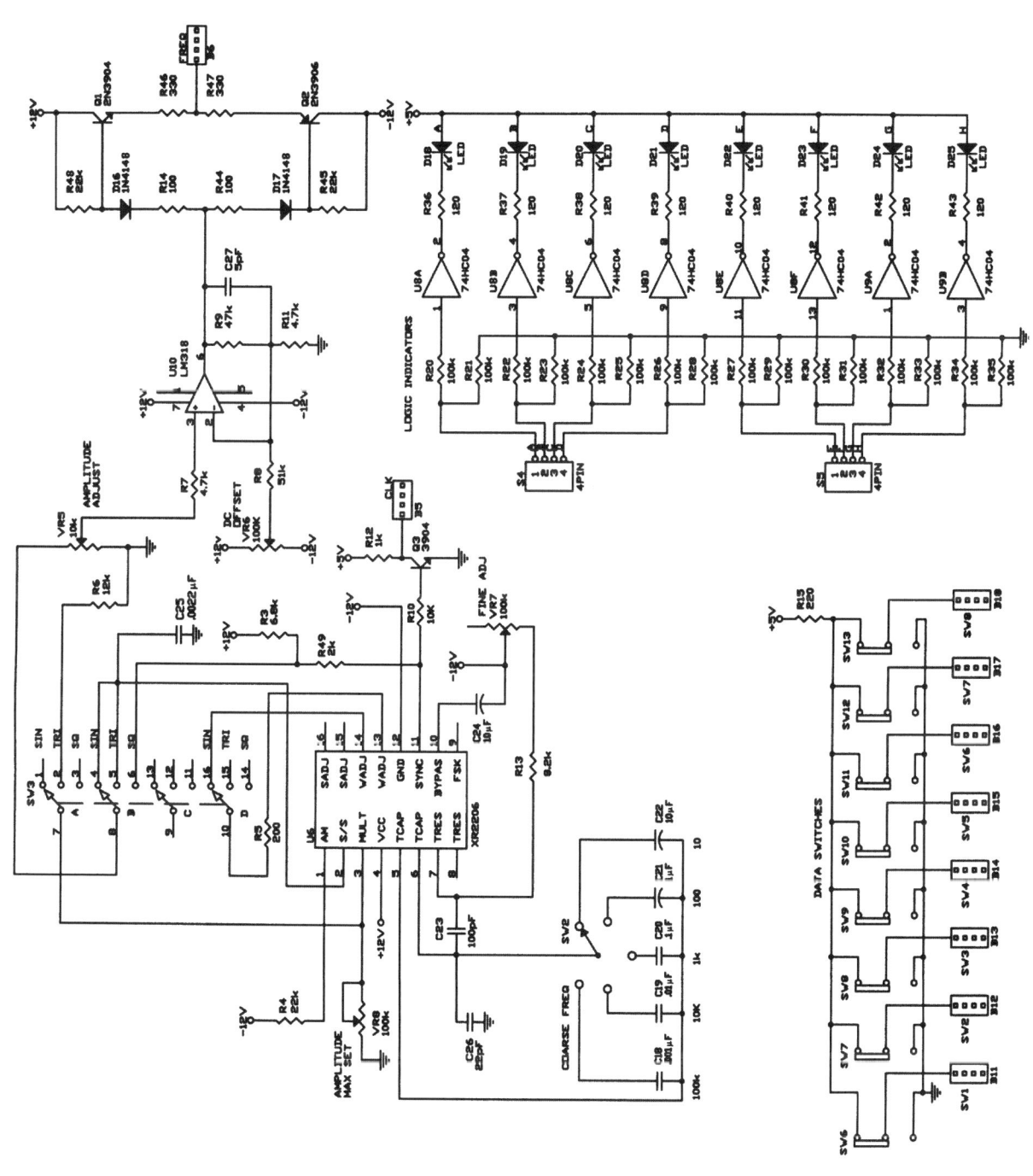

Figura D-1 Diagrama esquemático do Sistema Trainer analóg co/digital XK-700. (Cortesia da Elenco Electronics Inc. of Whelling Illinois.)

Glossário

A

Aberto Refere-se a um componente ou a um fio de conexão que não está conectado ao circuito, o que equivale a um valor alto de resistência que se aproxima do infinito.

Absorção (sink) Se você imaginar a água que desce e desaparece pelo ralo de uma pia de cozinha, terá uma ideia do que os engenheiros e técnicos querem dizer quando falam em (*sink*) de corrente. Este é o ponto que permite que a corrente circule entrando pelo terra ou saindo do terra.

Aceitador Um átomo trivalente, aquele que tem três elétrons de valência. Cada átomo trivalente produz uma lacuna no cristal de silício.

Acionador de LED (*driver*) Um circuito que pode fazer circular uma corrente suficiente em um LED para fazê-lo emitir luz.

Acionamento de proteção A diminuição dos efeitos da corrente de fuga e capacitância nos cabos pela blindagem boostrapping para o potencial em modo comum.

Acoplador óptico (optoacoplador) Uma combinação de um LED e um fotodiodo. Um sinal de entrada no LED é convertido em variação de luz que é detectado por um fotodiodo. A vantagem é uma resistência de isolamento muito alta entre a entrada e a saída.

Acoplamento direto Acoplamento que usa uma conexão direta entre estágios por meio de um condutor em vez de um capacitor de acoplamento. Para um bom funcionamento, o projetista tem de certificar-se de que as tensões CC dos dois pontos a serem conectados sejam aproximadamente iguais antes de as conexões serem feitas.

Alfa CC (α_{CC}) A corrente CC no coletor dividida pela corrente CC no emissor.

Amp.op BIFET Um CI amp op que combina FETs e transistores bipolares, geralmente com seguidores de fonte FET na entrada do dispositivo seguidos por um estágio de ganho com transistor bipolar.

Amplificador Um circuito que pode aumentar a tensão de pico a pico, corrente ou potência de um sinal.

Amplificador BC Uma configuração de amplificador em que o sinal de entrada alimenta o terminal do emissor e a saída é retirada pelo terminal do coletor.

Amplificador CC Um amplificador capaz de amplificar sinais e frequências muito baixas, inclusive CC. Este amplificador é conhecido também como capacitor de acoplamento direto.

Amplificador CC Uma configuração de amplificador em que o sinal de entrada alimenta o terminal da base e a saída é retirada pelo terminal do coletor. Chamado também de *seguidor de emissor*.

Amplificador classe D Uma configuração de amplificador em que os transistores de saída são levados para saturação e corte. Os dois estados da forma de onda na saída variam sua taxa de ciclo baseada nos níveis do sinal de entrada e é essencialmente modulada em largura de pulso. Isso resulta em uma dissipação de potência muito baixa pelos transistores de saída e em uma alta eficiência.

Amplificador de áudio Qualquer amplificador projetado para operar na faixa de frequências de 20 kHz a 20 kHz.

Amplificador de banda estreita Um amplificador projetado para operar sobre uma faixa de frequência baixa. Este tipo de amplificador é quase sempre usado em circuitos de comunicação RF.

Amplificador de banda larga Um amplificador projetado para operar sobre uma larga faixa de frequências. Este tipo de amplificador é geralmente não sintonizado usando cargas resistivas.

Amplificador de corrente Uma configuração de amplificador em que uma corrente na entrada produz uma corrente maior na saída. Um circuito amp op tem as características de uma impedância de entrada muito baixa e uma impedância de saída alta.

Amplificador de excursão máxima Um amp op cuja tensão na saída pode excursionar do valor positivo ao negativo da fonte simétrica. Em muitos amps op, a excursão na saída é limitada de 1-2 V abaixo da tensão de alimentação simétrica.

Amplificador de instrumentação É um amplificador diferencial com uma alta impedância de entrada e uma alta CMRR. Você encontra este tipo de amplificador como o estágio de entrada dos instrumentos de medição como osciloscópios.

Amplificador de multiestágios Uma configuração de amplificador que consiste em dois ou mais estágios individuais de amplificação cascateados juntos. A saída do primeiro estágio aciona a entrada do segundo estágio. A saída do segundo estágio pode ser usada como a entrada para o terceiro estágio.

Amplificador de pequeno sinal Este tipo de amplificador é usado na entrada dos receptores porque o sinal de entrada é muito fraco. (A corrente de pico a pico no emissor é menor que 10% da corrente CC no emissor.)

Amplificador de potência Um amplificador projetado para grande sinal para produzir potências na saída de alguns centésimos de miliwatts a várias centenas de watts.

Amplificador de radiofrequência (RF) Conhecido também como *presseletor*, este amplificador fornece um ganho inicial e uma seletividade.

Amplificador de tensão Um amplificador que tem no seu circuito valores projetados para produzir um ganho de tensão máximo.

Amplificador de transcondutância Um amplificador com a característica de transferência em que a tensão na entrada controla a corrente na saída. Ele é também conhecido como um conversor tensão-corrente ou circuito VCIS.

Amplificador de transresistência Um amplificador com a característica de transferência em que a corrente na entrada controla a tensão na saída. Ele também é conhecido como conversor corrente-tensão ou circuito ICVS.

Amplificador diferencial Um circuito de dois transistores cuja saída CA é uma versão amplificada do sinal entre as duas bases.

Amplificador EC A configuração mais aplicada de amplificador em que o sinal de entrada alimenta o terminal da base e a saída é retirada pelo terminal do coletor.

Amplificador em coletor comum É um amplificador cujo coletor é aterrado para CA. O sinal é aplicado na base e a saída é retirada do emissor.

Amplificador em fonte comum (FC) Um amplificador com FET em que o sinal é acoplado diretamente no terminal da porta e a tensão CA na entrada total aparece entre os terminais da porta e da fonte, produzindo uma tensão CA na saída amplificada e invertida.

Amplificador inversor de tensão Como o nome sugere, a tensão de saída amplificada é invertida em relação à tensão de entrada.

Amplificador linearizado (*swamped*) Um estágio EC com um resistor de realimentação no circuito do emissor. Esse resistor de realimentação é muito maior que a resistência CA do diodo emissor.

Amplificador reforçador ou seguidor (*buffer*) Este é um amplificador que você usa para isolar dois outros circuitos quando um sobrecarrega o outro. Um amplificador reforçador geralmente tem uma impedância de entrada muito alta, uma impedância de saída muito baixa e um ganho de tensão de 1. Essas qualidades significam que o amplificador reforçador transmite a saída do primeiro para o segundo circuito sem alteração no sinal.

Amplificador sintonizado de RF Um tipo de amplificador de banda estreita usando normalmente um alto fator Q no circuito tanque ressonante.

Amplitude É a grandeza de um sinal, geralmente seu valor de pico.

Amp-op Um amplificador CC de alto ganho que proporciona ganho de tensão utilizável para frequências de 0 a valores além de 1 MHz.

Análise de defeito Um método de determinação de falha em um circuito usando o conhecimento adquirido nas teorias de eletrônica.

Analogia A semelhança em alguns pontos entre coisas diferentes. A analogia entre transistores bipolares e JFETs é um exemplo. Como esses dispositivos são similares, muitas das suas equações são idênticas, exceto por uma mudança nos subíndices.

Analógico É o ramo da eletrônica que tem relação com a variação infinita da grandeza. Quase sempre chamada de eletrônica linear.

Ângulo de condução O ângulo ou o número de graus elétricos entre o início e o fim da condução para um tiristor com uma forma de onda CA aplicada.

Ângulo de disparo O ponto elétrico em grau ou ângulo em que um tiristor dispara e começa a conduzir com uma forma de onda CA aplicada na entrada.

Anodo O elemento de um dispositivo eletrônico que recebe o fluxo de elétrons da corrente.

Anodo comum Uma configuração de circuito em um indicador de sete seguimentos em que cada um dos anodos são conectados juntos e conectados também ao terminal positivo da fonte de alimentação CC.

Aproximação É a forma de usar o bom-senso com dispositivos semicondutores. As respostas exatas são trabalhosas, consumindo um tempo que quase nunca compensa os resultados proporcionados pelos componentes reais. Por outro lado, as aproximações nos dão respostas rápidas, geralmente adequadas à tarefa que executamos.

Aproximação elíptica Um filtro ativo com uma descida abrupta na região de transição, mas produz ondulações na banda passante e na rejeita-banda.

Aproximação ideal O circuito equivalente mais simples de um dispositivo. Ele inclui apenas algumas características básicas do dispositivo e desconsidera várias outras de menor importância.

Aproximação inversa de Chebyshev Um filtro ativo capaz de produzir uma resposta lisa na banda-passante e uma descida rápida. Ele tem a desvantagem de produzir ondulações na parada da banda.

Astável Um circuito de chaveamento digital sem um estado estável. Este circuito é também chamado de circuito *pêndulo*.

Atenuação Uma redução na intensidade do sinal, normalmente expressa em decibéis. O valor da redução do sinal é comparado com o nível do sinal na banda média do filtro. Ele é expresso matematicamente como

$$\text{atenuação} = \frac{v_{out}}{v_{out(med)}}$$ e atenuação em decibel = 20 log da atenuação.

Autopolarização A polarização que você obtém com um JFET devido à tensão produzida no resistor da fonte.

B

Banda de captura A faixa de frequências de entrada em que um circuito em malha de fase fechada (PLL) pode sincronizar para o sinal de entrada.

Banda de condução Uma banda de condução em um semicondutor em que os elétrons são livres para se movimentarem. Esta banda de energia está em um nível maior que a banda de valência.

Banda média Definida como $10 f_1$ a $0,1 f_2$. Nesta faixa de frequência, o ganho de tensão é de 0,5% do ganho de tensão máximo.

Barra Uma metáfora usada para descrever o funcionamento de um SCR quando aplicado para proteger uma carga contra sobretensão da fonte.

Barreira de potencial A tensão através da camada de depleção. Essa tensão é incorporada na junção porque ela é a diferença de potencial entre os íons dos dois lados da junção. Ela é igual a aproximadamente 0,7 V para um diodo de silício.

Base A parte central de um transistor. Ela é fina e levemente dopada. Isso permite que os elétrons do emissor passem através dela para o coletor.

Base comum (BC) Uma configuração de amplificador em que o sinal de entrada é aplicado no terminal do emissor e o sinal de saída é retirado pelo terminal do coletor.

Beta CC (β_{CC}) A razão entre a corrente CC no coletor e a corrente CC na base.

C

Camada de depleção A região na junção de semicondutores tipo p e tipo n. Devido à difusão, os elétrons livres e as lacunas se recombinam na junção. Isso cria um par de íons de cargas opostas em cada lado da junção. Essa região é depletada (fica com falta) de elétrons livres e lacunas.

Camada epitaxial Uma camada fina depositada no cristal que forma uma parte da estrutura elétrica de certos circuitos integrados e semicondutores.

Canal O material semicondutor tipo n ou tipo p que proporciona o caminho da corrente principal entre os terminais da fonte e do dreno de um transistor de efeito de campo.

Capacitância de montagem (parasita) A capacitância equivalente C_m de um cristal quando não está vibrando. Devido a sua construção física, o cristal é essencialmente duas placas de metal separadas por um dielétrico.

Capacitância interna Os valores de capacitâncias internas entre as junções pn de um transistor. Estes valores podem ser desprezados normalmente sob as condições de baixa frequência, mas poderão fornecer um caminho de desvio e perdas no ganho de tensão para um sinal CA de alta frequência.

Capacitância parasita de contato A capacitância indesejável entre a conexão do fio condutor com o terminal de terra.

Capacitor de acoplamento Um capacitor usado para transmitir um sinal CA de um nó para outro do circuito enquanto bloqueia o componente CC da forma de onda.

Capacitor de acoplamento Um capacitor usado para transmitir um sinal CA de um nó para outro do circuito.

Capacitor de compensação Um capacitor interno de um amp op que impede oscilações. Além disso, é qualquer capacitor que estabilize um amplificador com uma malha de realimentação negativa. Sem esse capacitor o amplificador oscila. O capacitor de compensação produz uma frequência crítica baixa e diminui o ganho de tensão a uma taxa de 20 dB por década acima da banda média. Na frequência de ganho unitário, o deslocamento de fase é próximo de 270°. Quando o deslocamento de fase chega a 360°, o ganho de tensão é menor que 1 e não ocorrem oscilações.

Capacitor de comutação Um capacitor usado para aumentar a velocidade de chaveamento de um circuito.

Capacitor de desvio (derivação) Um capacitor usado para aterrar um nó de um circuito em CA.

Capacitor de filtro de entrada Nada mais que um capacitor em paralelo com o resistor de carga. O tipo de filtro passivo mais comum.

Capacitor de realimentação Um capacitor localizado entre os terminais de entrada e de saída de um amplificador. Este capacitor alimenta uma porção do sinal de saída de

Glossário

volta à entrada e força o ganho de tensão e a resposta em frequência do amplificador.

Capacitores dominantes Os capacitores que são fatores principais na determinação dos pontos de corte de altas e baixas frequências do circuito.

Característica de transferência A resposta de entrada/saída de um circuito. A característica de transferência demonstra a efetividade de como a entrada controla a saída.

Carga ativa Isto se refere ao uso de um transistor bipolar ou MOS como uma resistência. Isto é feito a fim de economizar espaço ou para obter resistências difíceis com resistores passivos.

Carga em flutuação É a carga que não está conectada em um ponto referencial do circuito. Você pode localizá-la em um diagrama observando o fato de que nenhum de seus terminais está aterrado.

Catodo O elemento de um dispositivo eletrônico que fornece o fluxo de elétrons.

Catodo comum Uma configuração de circuito em um indicador de sete seguimentos em que todos os catodos são conectados juntos e conectados também ao terminal negativo da fonte de alimentação CC.

Ceifador Um circuito que retira uma parte de um sinal. O Ceifamento pode ser indesejável em um amplificador linear ou desejável em um circuito limitador.

Ceifador positivo ativo Um circuito com amp op ajustável usado para controlar precisamente o nível de tensão positiva na saída.

Chave em série Um tipo de chave analógica com JFET onde este está em série com o resistor de carga.

Chave paralela Um tipo de chave analógica com JFET onde este está em paralelo com o resistor de carga.

Chave unilateral de silício (SUS) Outro nome para o *diodo Schockley*. Este dispositivo só conduz em um sentido.

Chip Tem dois significados. Primeiro, um fabricante de CI produz centenas de circuitos em uma grande lâmina (*wafer*) de material semicondutor. Em seguida, a lâmina é cortada em chips individuais, cada um contendo um circuito monolítico. Nesse caso, não há terminais conectados ao chip. O chip ainda é um pedaço de semicondutor isolado. Segundo, quando o chip é colocado dentro de um encapsulamento e terminais externos são conectados a ele, você tem um CI pronto. Esse CI pronto também é denominado chip. Por exemplo, podemos chamar o 741C de chip.

CI híbrido Um circuito integrado de alta potência constituído de dois ou mais CIs monolíticos em um encapsulamento ou a combinação de circuitos em miniatura. Os CIs são sempre usados em aplicações de amplificador de áudio de alta potência.

CI monolítico Um circuito integrado completo em uma única pastilha de semicondutor (chip).

CI regulador de tensão Um circuito integrado projetado para manter uma tensão quase constante na saída mesmo com variação na tensão de entrada e na corrente da carga.

Ciclo de trabalho A largura de um pulso dividida pelo período entre os pulsos. Geralmente, você multiplica por 100% para obter a resposta em porcentagem.

Circuito de acoplamento Um circuito que acopla um sinal de um gerador para uma carga. O capacitor está em série com a resistência equivalente de Thevenin do gerador e com a resistência da carga.

Circuito de anulação Um circuito com amp-op externo usado para reduzir o efeito da corrente de compensação (*offset*) de entrada e da tensão de compensação (*offset*). Este circuito é usado quando um erro na saída não pode ser desprezado.

Circuito de atraso Um outro nome para circuito de derivação. A palavra atraso se refere ao ângulo do fasor da tensão de saída, que é negativo em relação ao ângulo de fase da tensão de entrada. O ângulo de fase pode variar de 0° a -90° (atrasado).

Circuito de avanço (adiantamento) Um outro nome para circuito de acoplamento. A palavra *avanço* ou *adiantamento* se refere ao ângulo do fasor da tensão de saída, que é positivo em relação ao ângulo de fase da tensão de entrada. O ângulo de fase pode variar de 0° a +90° (adiantado).

Circuito de avanço-atraso Um circuito que combina os circuitos de acoplamento e de derivação. O ângulo do fasor da tensão de saída pode ser positivo ou negativo em relação ao ângulo de fase da tensão de entrada. O ângulo de fase pode variar de -90° (atrasado) a +90° (adiantado).

Circuito de chaveamento Um circuito que opera um transistor nas regiões de saturação e corte. Duas regiões distintas de operação permitem que o dispositivo seja usado em circuitos digitais e de computador juntamente com as aplicações de controle de potência.

Circuito de desvio indesejado Um circuito que aparece nos lados da base ou coletor de um transistor por causa das capacitâncias internas do transistor e capacitâncias parasitas dos condutores.

Circuito discreto Um circuito cujos componentes, tais como resistores, transistores etc., são soldados ou conectados mecanicamente.

Circuito emissor comum Um circuito com transistor em que o emissor é comum ou aterrado.

Circuito equivalente CA Tudo o que resta de um circuito quando você reduz as fontes CC a zero e fecha em curto todos os capacitores.

Circuito equivalente CC O que resta de um circuito após você abrir todos os capacitores.

Circuito integrado Um dispositivo que contém transistores, resistores e diodos próprios. Um CI completo que usa esses componentes microscópicos pode ser produzido no espaço ocupado por um transistor discreto.

Circuito linear com amp-op É um circuito em que o amp op nunca satura sob condições normais de operação. Isso significa que a saída amplificada tem a mesma forma da entrada.

Circuito não linear Um circuito amplificador em que a porção do sinal de entrada aciona o amplificador para a saturação ou corte. A forma de onda resultante na saída é diferente da forma de onda na entrada.

Circuito silenciador (*squelch*) Um circuito especial usado em sistemas de comunicação em que o sinal de saída é automaticamente atenuado na ausência de sinal de entrada.

Código de deslocamento da frequência Uma técnica de modulação usada na transmissão de dados binários, em que um sinal na entrada produz um sinal na saída para variar em uma ou duas frequências distintas na saída.

Coeficiente de temperatura A taxa de variação de uma grandeza em relação à temperatura.

Coletor A parte maior de um transistor. É chamada de coletor porque coleta os portadores enviados para a base pelo emissor.

Comparador Um circuito ou dispositivo que detecta quando a tensão de entrada é maior que um valor predeterminado. A tensão na saída pode ser baixa ou alta. O valor predeterminado de tensão é chamado de *ponto de comutação*.

Comparador de janela Um circuito usado para detectar quando a tensão na entrada está entre dois valores limites pré-ajustados.

Comparador em coletor aberto Um circuito comparador com amp op que requer o uso de um resistor *elevador (pullup)* externo. Uma configuração em coletor aberto admite velocidades maiores de chaveamento na saída e permite o interfaceamento dos circuitos com diferentes níveis de tensão.

Compliance CA A excursão máxima de pico a pico na saída sem ceifamento que um amplificador de grande sinal admite com o ponto Q no centro da reta de carga CA.

Comutador de fonte para carga Dispositivo eletrônico ativo de comutação usado para transferir a tensão e a corrente de entrada para a carga sem qualquer função de limitação de corrente.

Conexão Darlington A conexão de dois transistores que produzem um ganho de corrente total igual ao produto dos ganhos de correntes individuais. Esta conexão de transistores pode apresentar uma impedância de entrada muito alta e pode produzir altas correntes na saída.

Conexão *push-pull* Uso de dois transistores em uma conexão que faz com que um deles conduza durante meio ciclo, enquanto o outro fica em corte. Desse modo, um dos transistores amplifica o primeiro semiciclo e o outro amplifica o segundo semiciclo.

Controle automático de ganho (AGC) Um circuito projetado para corrigir o ganho de um amplificador conforme a amplitude do sinal de entrada.

Conversor CC-CA Um circuito que tenha capacidade de converter a corrente CC, geralmente de uma bateria, em corrente CA. Este tipo de circuito é conhecido também como inversor e é a base das *fontes de alimentação sem interrupção*.

Conversor CC-CC Um circuito que converte uma tensão CC de um valor em uma tensão CC de outro valor. Geralmente a tensão CC de entrada é recortada (pulsada) ou transformada em uma tensão retangular. Ela é aumentada ou diminuída o necessário, retificada e filtrada para que a tensão CC de saída seja obtida.

Conversor corrente-tensão Um circuito que utiliza um valor de corrente de entrada e desenvolve uma tensão correspondente na saída. Em circuitos com amp op, ele é conhecido também como amplificador de transresistência ou circuito ICVS.

Conversor digital para analógico (D/A) Um circuito ou dispositivo usado para converter um sinal digital em seus dois terminais de entrada.

Conversor tensão-corrente Um circuito que é equivalente a uma fonte de corrente controlada. A tensão de entrada controla a corrente. Então, a corrente é constante e independente da resistência de carga.

Conversor tensão-frequência Um circuito que com uma tensão na entrada é capaz de controlar uma frequência na saída. Este circuito também é conhecido como *oscilador controlado por tensão*.

Corrente baixa de desligamento (*drop-out*) O chaveamento, liga-desliga, de um circuito com trava a semicondutor como um resultado da corrente de travamento diminuindo o suficiente para tirar os transistores de saturação.

Corrente de carga unidirecional A corrente que circula por uma carga em um sentido apenas como a que resulta de um retificador de meia onda ou de onda completa.

Corrente de cauda A corrente no resistor comum do emissor R_E de um amplificador diferencial. Quando os transistores são perfeitamente casados, as correntes individuais dos emissores são iguais e podem ser calculadas por $I_E = \dfrac{I_T}{2}$

Corrente de compensação (*offset*) de entrada A diferença das duas correntes de entrada de um amplificador diferencial ou um amp op.

Corrente de corte do coletor A pequena corrente do coletor que existe quando a corrente da base é zero em uma conexão EC. Idealmente, não haveria corrente alguma do coletor. Porém, existe por causa dos portadores minoritários e da corrente de fuga de superfície no diodo coletor.

Corrente de disparo do gatilho (I_{GT}) A corrente mínima da porta especificada para disparar um SCR.

Corrente de dreno A corrente CC total I_{cc} fornecida a um amplificador pela fonte de tensão CC. Esta corrente é a combinação da corrente de polarização com a corrente do coletor pelo transistor.

Corrente de energização Também chamada de corrente de partida. Corrente de surto de alto valor que ocorre quando uma carga capacitiva é carregada podendo resultar em danos aos componentes.

Corrente de fuga Expressão muitas vezes usada para denominar a corrente reversa total de um diodo. Inclui a corrente produzida termicamente, como também a corrente de fuga de superfície.

Corrente de fuga de superfície Uma corrente reversa que circula ao longo da superfície de um diodo. Ela aumenta quando você aumenta a tensão reversa.

Corrente de gatilho (disparo) A corrente mínima necessária para levar um tiristor à condução.

Corrente de manutenção A corrente mínima que circula em um tiristor que é capaz de mantê-lo travado no estado de condução.

Corrente de polarização de entrada A média das duas correntes de entrada de um amplificador diferencial ou um amp op.

Corrente de realimentação É um tipo de realimentação em que o sinal realimentado é proporcional à corrente na saída.

Corrente de saída em curto A máxima corrente de saída que um amp op pode produzir para um resistor de carga zero.

Corrente de saturação A corrente de saturação em um diodo reversamente polarizado causada pelos portadores minoritários produzidos termicamente.

Corrente de saturação reversa O mesmo que a corrente de portadores minoritários em um diodo. Esta corrente existe no sentido reverso.

Corrente de surto Uma alta corrente inicial que circula através dos diodos de um retificador. Ela é o resultado direto da carga do capacitor de filtro quando inicialmente descarregado.

Corrente direta máxima O valor máximo de corrente que um diodo diretamente polarizado pode suportar antes de ser danificado ou ser seriamente degradado.

Corte CA A extremidade inferior da reta de carga CA. Neste ponto, o transistor entra em corte e ceifa o sinal CA.

Corte térmico Uma característica encontrada nos CIs reguladores modernos de três terminais. Quando o regulador excede o valor seguro da temperatura de operação, o transistor de passagem entra em corte e a tensão na saída vai para zero. Quando o dispositivo esfria, o transistor de passagem volta a conduzir. Se a causa original da temperatura excessiva ainda existir, o dispositivo corta novamente. Se a causa for removida, o dispositivo funciona normalmente. Essa característica faz do regulador um componente indestrutível.

Cristal A estrutura geométrica que ocorre quando os átomos de silício se combinam. Cada átomo de silício tem quatro átomos vizinhos e isso resulta em uma forma especial chamada de *cristal*.

Curto CA Um capacitor de acoplamento ou de desvio, que pode ser tratado como um curto para CA se sua reatância capacitiva X_C for menor que 1/10 da resistência R. Isto pode ser declarado matematicamente como $X_C < 0{,}1R$.

Curto virtual Idealmente, devido ao alto ganho de tensão interno e da impedância de entrada extremamente alta de um amp op, a tensão em v_1-v_2 é zero e I_{ent} é zero para as duas entradas. Um curto virtual é um curto para tensão, mas um circuito aberto para corrente. Portanto, um circuito com amp op pode ser analisado do lado da entrada tendo um curto virtual entre as entradas não inversora e inversora.

Curto-circuito Um dos tipos mais comuns de defeitos que podem ocorrer. Um curto-circuito ocorre quando uma resistência extremamente pequena aproxima-se de zero. Por isso, a tensão através do curto-circuito também aproxima-se de zero, embora a corrente possa ser muito alta. Um componente pode ser curto-circuitado internamente ou pode ser curto-circuitado externamente por um respingo de solda ou uma ligação errada.

Curva de Bode Um gráfico que mostra a performance do ganho ou da fase de um circuito eletrônico em várias frequências.

Curva de transcondutância Um gráfico que mostra a relação de I_D versus V_{GS} para um transistor de efeito de campo. Este gráfico demonstra a característica não linear de um FET e como ele segue uma equação *quadrática*.

Curva universal Uma solução na forma de gráfico que resolve um problema para toda uma classe de circuitos. A curva universal para a autopolarização de JFETs é um exemplo. Nessa curva universal, I_D/I_{DSS} é relacionada para R_D/R_{DS}.

D

Darlington complementar Uma conexão Darlington composta por um transistor *npn* e *pnp*.

Década Um fator de 10. Normalmente é usado como uma razão de 10 na frequência, pois uma década em frequência significa uma variação de 10:1 na frequência.

Definição Uma fórmula inventada para um conceito novo baseada em observação científica.

Definição de fórmula Uma fórmula ou equação usada para definir ou dar um significado matemático de uma nova grandeza. Antes de ser usada pela primeira vez, a fórmula por definição de uma grandeza não aparece em nenhuma outra fórmula.

Degrau de tensão Uma variação repentina na tensão de entrada ou um transiente aplicado em um amplificador. A resposta de saída dependerá da taxa de variação da tensão do amplificador por unidade de tempo, também conhecido como sua taxa de subida.

Demodulador de FM Uma malha fechada em fase (PLL) usada como um circuito que restabelece um sinal de modulação de uma onda FM.

Deriva térmica Quando um transistor aquece, sua temperatura na junção aumenta. Isso aumenta a corrente no coletor, que força a temperatura na junção a aumentar ainda mais produzindo um aumento na corrente do coletor, e assim por diante até que o transistor seja danificado.

Derivação Uma fórmula produzida usando matemática por meio de outras fórmulas.

Deslocamento de fase A diferença no ângulo de fase entre o fasor de tensão nos pontos A e B. Para um oscilador funcionar, o deslocamento de fase no amplificador e na malha de realimentação na frequência de ressonância tem de ser igual a 360°, que equivale a 0°.

Deslocamento de fase linear A resposta de um circuito de filtro em que o deslocamento de fase aumenta linearmente com a frequência. Um destes filtros é o filtro de Bessel.

Detector de fase O circuito em uma malha de fase fechada (PLL) que produz uma tensão na saída proporcional à diferença de fase entre os dois sinais de entrada.

Detector de passagem por zero Um circuito comparador onde a tensão na entrada é comparada com uma tensão de referência de zero volt.

Detector de pico O mesmo que um retificador com filtro capacitivo de entrada. Idealmente, o capacitor se carrega com a tensão de pico de entrada. Essa tensão de pico é então usada como a tensão de saída de um detector de pico, o que justifica o termo de circuito detector de pico.

Detector de pico ativo Um circuito com amp op usado para detectar níveis de sinais baixos.

Diac Um dispositivo bilateral de silício usado para disparar outros dispositivos como os triacs.

Diferenciador Um circuito eletrônico, ativo ou passivo, cuja saída é proporcional à taxa de variação do tempo do seu sinal de entrada. Esse circuito tem a capacidade de executar uma operação de cálculo chamada diferenciação.

Diferenciador RC Um circuito RC usado para diferenciar um sinal de entrada de um pulso retangular de uma série de picos positivos e negativos.

Digital Um nível de sinal que é encontrado em dois estados diferentes. O conteúdo digital é útil em armazenagem, processamento e transmissão de informação.

Diodo Um cristal *pn*. Um dispositivo que conduz facilmente quando diretamente polarizado e muito pouco quando reversamente polarizado.

Diodo coletor O diodo formado pela base e o coletor de um transistor.

Diodo de corpo (ou intrínseco) parasita O diodo resultante formado em um MOSFET de potência devido às suas camadas de construção *pn* internas.

Diodo de quatro camadas Um componente semicondutor consistindo em uma estrutura de quatro camadas *pnpn*. Este diodo permite que a corrente circule por ele em um sentido apenas quando uma tensão de ruptura específica é atingida. A partir daí, ele permanecerá conduzindo até que a corrente por ele caia abaixo do valor da corrente de manutenção I_H.

Diodo de recuperação em degrau Um diodo tendo as propriedades "inverter instantaneamente" devido ao nível de dopagem mais leve próximo da junção. Este diodo é quase sempre utilizado em aplicações de multiplicadores de frequência.

Diodo de retaguarda Um diodo com propriedades que fazem dele um condutor melhor no sentido reverso que no sentido direto. Comumente usado na retificação de sinais fracos.

Diodo emissor de luz (LED) Um diodo que emite luz colorida como vermelho, verde, amarelo etc. ou luz invisível como infravermelho.

Diodo ideal A primeira aproximação de um diodo. O ponto de vista é imaginar o diodo como uma chave inteligente que se fecha quando diretamente polarizado e se abre quando reversamente polarizado.

Diodo laser Um dispositivo semicondutor laser com a sigla significando *amplificação de luz por emissão de radiação estimulada*. Este dispositivo de elétrons ativos converte a potência de entrada em um feixe intenso muito estreito de luz visível coerente ou luz infravermelho.

Diodo PIN Um diodo constituído por um material semicondutor intrínseco colocado entre os materiais tipo *n* e tipo *p*. Quando polarizado reversamente, o diodo PIN age como um capacitor fixo e uma resistência controlada por corrente quando polarizado reversamente.

Diodo regulador de corrente Um tipo especial de corrente que mantém a corrente constante que circula por ele com uma variação na tensão aplicada.

Diodo retificador Um diodo otimizado para ser capaz de converter CA em CC.

Diodo Schockley Outro nome para o *diodo de quatro camadas, diodo pnpn* e *chave unilateral de silício (SUS)* que é o nome do inventor.

Diodo Schottky Um diodo de aplicação especial sem camada de depleção, com tempo de recuperação reversa extremamente pequeno e capaz de retificar sinais de alta frequência.

Diodo túnel Um diodo com propriedades de um efeito de resistência negativo. O diodo tem uma tensão de ruptura que ocorre em 0 V. Usado em circuitos osciladores de alta frequência.

Diodo Zener Um diodo projetado para operar na região de ruptura reversa com uma queda de tensão muito estável.

Diodo-emissor O diodo formado pelo emissor e a base de um transistor.

Diodos de compensação São os diodos usados em um seguidor de emissor *push-pull* classe B. Estes diodos têm curvas tensão-corrente que se igualam às curvas do diodo-emissor. Por isso, os diodos compensam as variações de temperatura.

Disparador de Schmitt Um comparador com histerese. Ele tem dois pontos de disparo. Isto o torna imune a ruídos de tensão, desde que os valores de pico a pico sejam menores que a histerese.

Dispositivo aberto Um dispositivo que tem uma resistência resultante infinita com uma corrente zero.

Dispositivo controlado por tensão Um dispositivo como um JFET ou MOSFET cuja saída é controlada por uma tensão na entrada.

Dispositivo em curto Um dispositivo que tem uma resistência de zero ohmns resultando em uma queda de tensão de zero volts em seus terminais.

Dispositivo não linear Um dispositivo que tem um gráfico da corrente *versus* a tensão que não é uma linha reta. Um dispositivo que não pode ser tratado como um resistor comum.

Dissipação de potência O produto da tensão pela corrente em um resistor ou outro dispositivo não reativo. Taxa de calor produzido num dispositivo.

Dissipador de calor Uma estrutura de metal fixada no encapsulamento de um transistor para permitir que o calor interno se espalhe mais facilmente.

Distorção Uma modificação indesejável na forma ou na fase de um sinal ou de uma forma de onda. Quando isso acontece em um amplificador, a forma de onda na saída já não é uma réplica verdadeira da forma de onda na entrada.

Distorção harmônica A operação do transistor na extremidade superior da reta de carga com uma corrente na base que é um décimo da corrente no coletor. A razão desta supersaturação é garantir que o transistor permaneça saturado sobre quaisquer condições de operação, condição de temperatura, substituição do transistor etc.

Distorção por cruzamento A distorção na saída de um amplificador seguidor do emissor classe B resultante da polarização do transistor no corte. Esta distorção ocorre durante o período em que um transistor entra em corte e o outro transistor entra em condução. A distorção pode ser reduzida pela polarização dos transistores ligeiramente acima do corte, ou seja, classe AB.

Divisor de fase Um circuito que produz duas tensões de mesma amplitude, porém de fases opostas. Este circuito é útil no acionamento de amplificadores push-pull classe B. Se você imaginar um amplificador EC linearizado com um ganho de tensão de 1, então terá um divisor de fase, porque as tensões CA no coletor e nas resistências de emissor são iguais em magnitude e de fase oposta.

Divisor de tensão firme Um divisor de tensão cuja tensão na saída com carga está dentro de 1% de sua tensão de saída sem carga.

Doador Um átomo pentavalente, aquele que tem cinco elétrons de valência. Cada átomo pentavalente produz um elétron livre em um cristal de silício.

Dopagem O acréscimo de uma impureza, elemento químico, em um semicondutor intrínseco para alterar a condutividade do semicondutor. Impurezas doadoras ou pentavalentes aumentam o número de elétrons livres; impurezas aceitadoras ou trivalentes aumentam o número de lacunas.

Dreno O terminal de um transistor de efeito de campo que corresponde ao coletor de um transistor de junção bipolar.

E

Efeito avalanche Um fenômeno que ocorre em tensões reversas altas em uma junção *pn*. Os elétrons livres são acelerados a tal ponto que eles podem desalojar os elétrons de valência. Quando isto ocorre, os elétrons de valência tornam-se elétrons livres que desalojam outros elétrons de valência.

Efeito de campo O controle da largura da camada de depleção existente entre a porta e o canal de um transistor de efeito de campo. A largura deste campo controla a intensidade de corrente no dreno.

Efeito piezoelétrico Uma vibração que ocorre quando um cristal é excitado por um sinal CA aplicado em suas placas.

Efeito Zener Algumas vezes chamado de *emissão por efeito de campo alto*, ele ocorre quando a intensidade de campo elétrico torna-se alta o suficiente para desalojar elétrons de valência em um diodo reversamente polarizado.

Eficiência A potência CA na carga dividida pela potência CC fornecida ao circuito e multiplicada por 100%.

Eficiência luminosa A quantidade de potência elétrica usada para produzir uma determinada saída de luz. Normalmente especificada pela quantidade de fluxo luminoso (lm) por watt (W).

Eletroluminescência A energia luminosa irradiada a partir de um LED sob a forma de fótons, resultante dos elétrons que descem de um nível de energia maior para um menor.

Elétron livre Elétron que está fracamente preso a um átomo. Conhecido também como elétron da banda de condução, porque ele percorre uma órbita maior, que equivale a um nível de energia mais alto.

Emissor A parte de um transistor que é a fonte dos portadores de corrente. Para transistores *npn*, o emissor envia elétrons livres para a base. Para transistores *pnp*, o emissor envia lacunas para a base.

Energia térmica A energia cinética aleatória existente nos materiais semicondutores a uma temperatura finita.

Entrada diferencial A diferença entre os dois sinais de entrada nos terminais de entrada não inversora e inversora de um amplificador diferencial.

Entrada inversora A entrada de um amplificador diferencial ou amp op que produz uma saída invertida.

Entrada não inversora A entrada de um amplificador diferencial ou de um amp op que produz uma saída em fase.

Equalizador de atraso Um filtro ativo passa-todas usado para compensar o tempo de atraso de outro filtro.

Escada (*ladder*) R/2R Um circuito conversor de digital para analógico usando dois valores básicos de resistor arranjado em uma configuração como uma escada para reduzir o resultado do valor do resistor, melhorando a precisão da conversão e minimizando os efeitos de carregamentos.

Escala logarítmica Uma escala em que vários pontos são plotados de acordo com o logaritmo do número denominado. Esta escala comprime os valores muito altos e permite a plotagem de dados sobre muitas décadas.

Espelho de corrente Um circuito que funciona como uma fonte de corrente cujo valor é um reflexo da corrente que circula por um resistor e um diodo de polarização.

Estágio Uma parte funcional de um circuito contendo um ou mais dispositivos ativos podendo ser subdividida.

Estágio acionador Um amplificador projetado para fornecer um nível adequado de sinal de entrada para um amplificador de potência.

Estágios em cascata Conexão de dois ou mais estágios de modo que a saída de um estágio seja a entrada do próximo.

Extrínseco Refere-se a um semicondutor dopado.

F

Faixa de bloqueio A faixa de frequências na entrada sobre a qual um oscilador controlado por tensão (VCO) pode permanecer bloqueado até a frequência de entrada. A faixa de bloqueio é normalmente especificada como uma porcentagem da frequência VCO.

Fator de amortecimento A capacidade de um filtro em reduzir os picos ressonantes em sua saída. O fator de amortecimento α é inversamente proporcional ao fator Q do circuito.

Fator de atenuação da realimentação Uma indicação de quanto uma tensão na saída é atenuada antes de o sinal realimentado chegar à entrada.

Fator de correção Um número usado para descrever o quanto uma grandeza difere da outra. Este valor pode ser útil quando comparamos a corrente do emissor com a corrente no coletor e determinarmos a porcentagem de erro que poderia resultar.

Fator de degradação (fator de redução de capacidade) Um valor que informa quanto reduzir a especificação de potência para cada grau de temperatura acima da referência dada na folha de dados.

Fator de escala da frequência (FEF) A fórmula usada para escalonar os polos em frequências numa proporção direta; frequência de corte dividida por 1 kHz.

Fator de segurança A faixa de valores entre a corrente, a tensão etc. em operação atual e a especificação nominal máxima da folha de dados.

FET de óxido de Semicondutor e metal (MOSFET) Sempre usado em aplicações de chaveamento, este transistor tem uma dissipação de potência baixa mesmo com correntes altas.

FET de porta isolada (IGFET) Outro nome para o MOSFET, que tem uma porta isolada do canal, produzindo uma corrente de porta menor que em um JFET.

FET de potência Um MOSFET-E projetado para conduzir níveis de correntes adequados para o controle de motores, lâmpadas e fontes de alimentação chaveadas como comparado com o MOSFET-E de baixa potência usado em circuitos digitais.

Figuras de Lissajous Uma figura padrão que aparece em um osciloscópio quando relaciona sinais harmônicos aplicados nas entradas horizontal e vertical.

Filtro Uma malha eletrônica projetada para deixar passar ou rejeitar uma faixa ou uma banda de frequências.

Filtro ativo Antigamente os filtros eram feitos de componentes passivos como indutores e capacitores. Alguns filtros ainda são feitos desse modo. O problema é que em baixas frequências os indutores são volumosos no projeto de filtros passivos. Os amps op são outra opção para se montar filtros e eliminar o problema dos indutores volumosos e pesados em baixas frequências. Qualquer filtro usando amp op é chamado de filtro ativo.

Filtro biquadrático Um filtro ativo, conhecido também por *filtro TT ou duplo T (Tow-Thomas)*, com capacidade de sintonizar independentemente seu ganho de tensão, frequência de centro e largura da banda usando resistores separados.

Filtro Butterworth Este é um filtro projetado para produzir a resposta mais uniforme possível até a frequência de corte. Em outras palavras, a tensão de saída permanece constante por quase todo o percurso até a frequência de corte. Em seguida, ela diminui $20n$ dB por década, onde n é o número de polos do filtro.

Filtro Chebyshev Um filtro de alta seletividade. A taxa de atenuação é muito maior que a dos filtros de Butterworth. O principal problema com este filtro é a ondulação na banda passante.

Filtro de banda de passagem Um filtro capaz de deixar passar uma faixa de frequências de entrada com o mínimo de atenuação, mas bloqueando todas as frequências abaixo e acima das frequências de corte f_1 e f_2.

Filtro de banda estreita Um filtro passa-banda com um fator Q maior que 1 e deixa passar eficazmente frequências de uma faixa baixa.

Filtro de banda larga Um filtro passa-bandas com um fator Q menor que 1 e efetivamente deixa passar uma larga faixa de frequências.

Filtro de Bessel Filtro que fornece uma resposta na frequência desejada, mas com um atraso na constante de tempo no passa-banda.

Filtro de estado variável Um filtro ativo sintonizado que mantém o fator Q constante quando a frequência de centro varia.

Filtro de Sallen-key componentes iguais Um filtro ativo VCVS projetado usando dois valores de resistores iguais e dois valores de capacitores iguais. O fator Q do circuito é efetuado pelo ganho de tensão do circuito e determinado por $Q = \dfrac{1}{3 - Av}$.

Filtro notch Um filtro que bloqueia um sinal com pelo menos uma frequência.

Filtro notch Sallen-Key de segunda ordem Um filtro ativo rejeita-banda VCVS com a capacidade de corte com decaimento abrupto. O fator Q do circuito é dependente do ganho de tensão e é calculado por $Q = \dfrac{0,5}{2 - A}$.

Filtro passa-altas Um filtro capaz de bloquear uma faixa de frequências de zero a uma frequência de corte especificada f_c e deixando passar todas as frequências acima da frequência de corte.

Filtro passa-baixas Um filtro capaz de deixar passar uma faixa de frequências de zero a uma frequência especificada como f_c.

Filtro passa-baixas Sallen-Key Uma configuração de circuito de filtro ativo usando um amp op conectado como uma tensão controlada por fonte de tensão (VCVS). Este filtro tem a capacidade de implementar os filtros básicos de Butterworth, Chebyshev e aproximações de passa-baixas de Bessel.

Filtro passa-todas Um filtro especializado tendo a capacidade ideal de deixar passar todas as frequências entre zero e infinito. Este filtro é chamado também de *filtro de fase* por causa de sua capacidade de deslocar a fase do sinal de saída sem mudar a magnitude.

Filtro passivo Um filtro montado usando resistores, capacitores e indutores sem o uso de dispositivos de amplificação.

Filtro rejeita-faixa Um filtro capaz de rejeitar uma faixa de frequências de entrada deixando passar efetivamente todas as frequências abaixo e acima das frequências de corte f_1 e f_2. Este filtro é conhecido também como filtro de dente.

Flip-flop RS Um circuito eletrônico com dois estados. Conhecido também como *multivibrador*. Pode ser instável (como em um oscilador) ou pode exibir um ou dois estágios estáveis.

Fonte O terminal de um transistor de efeito de campo que pode ser comparado com o emissor de um transistor de junção bipolar.

Fonte de alimentação A seção de um sistema eletrônico que converte a tensão CA da linha em tensão CC. Esta seção fornece também a filtragem necessária e a regulação de tensão requerida pelo sistema.

Fonte de alimentação ininterrupta (UPS) Um dispositivo que contém uma bateria e um conversor CC-CA para ser usado durante uma falha de energia.

Fonte de corrente Idealmente, é uma fonte de energia que produz uma corrente constante através de uma resistência de carga de valor qualquer. Em uma segunda aproximação, inclui-se uma resistência de valor muito alto em paralelo com a fonte de energia.

Fonte de corrente controlada por corrente (ICIS) Um tipo de amplificador com realimentação negativa em que a corrente de entrada é amplificada para se obter uma corrente maior na saída, ideal por causa do ganho de corrente estabilizado, impedância de entrada zero, impedância de saída infinita.

Fonte de corrente firme Uma fonte de corrente cuja resistência interna é pelo menos 100 vezes maior que a resistência de carga.

Fonte de tensão Idealmente, é uma fonte de energia que produz uma tensão constante na carga para qualquer valor de resistência de carga. Uma segunda aproximação inclui uma pequena resistência interna em série com a fonte.

Fonte de tensão controlada por corrente (ICVS) Algumas vezes chamada de *amplificador de transresistência*, este tipo de amplificador com realimentação negativa tem uma corrente de entrada controlando a tensão na saída.

Fonte de tensão firme Uma fonte de tensão cuja resistência interna é pelo menos 100 vezes menor que a resistência de carga.

Fórmula Uma regra que relaciona grandezas. A regra pode ser uma equação, igualdade ou outra descrição matemática.

Fórmula experimental Uma fórmula ou uma equação encontrada por meio da experiência ou da observação. Ela representa uma lei existente na natureza.

Fórmulas derivadas Uma fórmula ou equação que é arranjada matematicamente de uma ou mais equações existentes.

Fotodiodo Um diodo reversamente polarizado que é sensível à luz. O aumento da intensidade luminosa aumenta os portadores minoritários que produzem a corrente reversa.

Fototransistor Um transistor com uma junção no coletor que fica exposta à luz apresentando maior sensibilidade à luz que um fotodiodo.

Fração de realimentação B A tensão realimentada dividida pela tensão na saída em um VCVS ou configuração de um amplificador não inversor.

Frequência crítica Conhecida também como *frequência de corte, frequência de quebra, frequência de quina* etc. Esta é a frequência na qual a resistência total de um circuito RC é igual à reatância capacitiva total.

Frequência de corte O mesmo que frequência crítica. O nome corte é mais usado quando você está discutindo filtros porque é o termo que a maioria das pessoas usa.

Frequência de corte (quina) A maior frequência na banda passante de um filtro passa-baixas. Por ela estar na quina da banda passante, ela é chamada também de frequência de quina. O valor da atenuação na frequência de corte pode ser especificado como menor que 3 dB.

Frequência de ganho unitário A frequência em que o ganho de tensão de um amp op é 1. Ela indica o maior valor de frequência que pode ser usado. Ela é importante porque é igual ao produto ganho-largura da banda.

Frequência de potência média A frequência em que a potência na carga é reduzida para a metade de seu valor máximo. Ela é chamada também de frequência de corte porque o ganho de tensão é igual a 0,707 de seu valor máximo neste ponto.

Frequência fundamental A menor frequência que um cristal pode vibrar eficazmente e produzir uma saída. Esta frequência é dependente do material da constante K do cristal e de sua espessura t onde $f = \dfrac{K}{t}$.

Frequência modulada ou modulação em frequência (FM) Uma técnica básica de comunicação eletrônica em que um sinal inteligente na entrada (modulação de sinal) causa uma variação em frequência na saída (sinal portador).

Frequência ressonante A frequência de um circuito de adiantamento-atraso ou a frequência de um circuito tanque LC onde o ganho de tensão e o deslocamento de fase são utilizáveis em oscilações.

Função de transferência As entradas e saídas de um circuito amp op podem ser tensões, correntes ou uma combinação das duas. Quando você usa números complexos para as grandezas de entrada e saída, a razão da saída para a entrada torna-se uma função da frequência. O nome para esta razão é a função de transferência.

G

Ganho de corrente Abreviado por A_i, este valor representa a razão da corrente na saída dividida pela corrente na entrada.

Ganho de corrente ativo O ganho de corrente de um transistor na região ativa. Este ganho é fornecido normalmente pelas folhas de dados e é o que a maioria das pessoas quer dizer quando fala a respeito do ganho de corrente. (Veja também *ganho de corrente na saturação*.)

Ganho de corrente CA A razão entre corrente CA no coletor e a corrente CA na base de um transistor.

Ganho de corrente saturada O ganho de corrente de um transistor na região de saturação. O valor é menor que o ganho de corrente na ativa. Para uma saturação fraca, o ganho de corrente é ligeiramente menor que o ganho de corrente na ativa. Para uma saturação forte, o ganho de corrente é de aproximadamente 10.

Ganho de malha O produto do ganho de tensão diferencial A pela fração de realimentação B. O valor deste produto é geralmente muito alto. Se tomarmos qualquer ponto em um amplificador com um caminho de realimentação, o ganho de tensão a partir deste ponto indo em torno da malha é o ganho de malha. O ganho de malha é geralmente feito de duas partes: o ganho do amplificador (maior que 1) e o ganho do circuito de realimentação. O produto destes dois ganhos é o ganho de malha.

Ganho de potência A razão entre a potência de saída e a potência de entrada.

Ganho de potência em decibel A razão entre a potência de saída e a potência de entrada. Matematicamente definida como $A_{p(dB)} = 10 \log \frac{P_{out}}{P_{in}}$.

Ganho de tensão Ele é definido como a tensão na saída dividida pela tensão na entrada. Seu valor indica de quanto o sinal é amplificado.

Ganho de tensão diferencial Uma quantidade de amplificação desejada para um sinal de entrada em um amplificador diferencial, em vez da tensão de entrada em modo comum.

Ganho de tensão em decibel É um ganho de tensão definida, dado por 20 vezes o logaritmo do ganho normal de tensão.

Ganho de tensão em malha aberta Representado como AV_{OL} ou $f_{2(OL)}$, esta especificação designa o ganho de tensão máximo de um amp op sem realimentação.

Ganho de tensão em malha fechada Representada por $A_{V(CL)}$ ou A_{CL}, esta especificação representa o ganho de tensão de um amp op com um caminho de realimentação entre a saída e a entrada.

Ganho de tensão medido O ganho de tensão que você calcula por meio dos valores medidos das tensões de entrada e de saída.

Ganho de tensão projetado O ganho de tensão que você calcula por meio dos valores dos componentes do circuito no diagrama esquemático. Para um estágio EC, ele é igual à resistência CA do coletor dividida pela resistência CA do diodo emissor.

Ganho de tensão total O ganho de tensão total de um amplificador determinado pelo produto dos ganhos dos estágios individuais. Matematicamente calculado como $A_V = (A_{v1})(A_{v2})(A_{vx})$

Gatilho (disparo) Um pulso agudo de tensão ocorrente que é usado para disparar um tiristor ou outro dispositivo de chaveamento.

Gerador de média Um circuito com amp op projetado para fornecer uma tensão de saída igual ao valor médio de todas as tensões de entradas.

Gerador dente de serra Um circuito capaz de produzir uma forma de onda caracterizada por um tempo de subida lento e linear e um tempo de descida virtualmente instantâneo.

Germânio Um dos primeiros materiais semicondutores a ser usado. Assim como o silício, ele tem quatro elétrons de valência.

Grampeador Um circuito para adicionar uma componente CC em um sinal CA. Conhecido também como *restaurador CC*.

Grampeador positivo Um circuito que produz um deslocamento CC positivo de um sinal movendo todo o sinal de entrada para cima até que os picos negativos estejam em zero e os picos positivos em $2V_p$.

Grampeador positivo ativo Um circuito com amp op usado para adicionar uma componente CC positiva a um sinal de entrada.

Grandeza em malha fechada O valor de qualquer grandeza como ganho de tensão, impedância de entrada e impedância de saída que é variada pela realimentação negativa.

H

Harmônicas Uma onda senoidal cuja frequência é um múltiplo inteiro de uma senóide fundamental.

Histerese A diferença entre os dois pontos de comutação de um disparador Schmitt. Quando usado em outra situação, histerese se refere à diferença entre os dois pontos de comutação na característica de transferência.

I

Impedância de saída Um outro termo usado para a impedância Thevenin de um amplificador. Isso quer dizer que o amplificador foi thevenizado, de modo que a carga vê apenas uma única resistência em série com o gerador Thevenin. Essa resistência única é a impedância Thevenin ou impedância de saída.

Inclinação inicial de uma onda senoidal A parte inicial de uma onda senoidal é uma reta. A inclinação desta reta é a inclinação inicial da senóide. Esta inclinação depende da frequência e do valor de pico da senóide.

Indicador (*flag*) Uma tensão que indica a ocorrência de um evento. Tipicamente, uma tensão baixa significa que o evento não ocorreu, enquanto uma tensão alta significa que ocorreu. A saída de um comparador é um exemplo de indicador.

Integração em escala muito alta (VLSI) A incrustação de milhares ou centenas de milhares de componentes em uma única pastilha (chip).

Integração em escala ultra-ampla (ULSI) A incrustação de mais de 1 milhão de componentes em uma única pastilha (chip).

Integrador Um circuito que desempenha a função matemática da integração. Uma aplicação comum é na geração de rampas por meio de pulsos retangulares. É assim que a base de tempo dos osciloscópios é gerada.

Intensidade luminosa A quantidade de luz, expressa em candelas, emitida a partir de uma fonte de luz.

Interface Um componente ou circuito eletrônico que permite um tipo de dispositivo ou circuito a se comunicar com ou controlar outro dispositivo ou circuito.

Interferência de radiofrequência (RFI) A interferência das ondas eletromagnéticas de alta frequência provenientes dos dispositivos eletrônicos.

Interferência eletromagnética (EMI) A potência CA na carga dividida pela potência CC fornecida ao circuito multiplicada por 100%.

Intrínseco Refere-se a um semicondutor puro. Um cristal que tenha somente átomos de silício é puro ou intrínseco.

Inversor CMOS Um circuito com transistores MOS complementares. A tensão de entrada é baixa ou alta e a tensão de saída pode ser alta ou baixa.

Inversor de sinal Um circuito com amp op que pode ser ajustado para ter um ganho de tensão de +1 ou -1. Matematicamente expresso por $-1 < A_v < 1$.

J

Junção O limite em que os semicondutores de tipo *p* e *n* se encontram. Alguns fenômenos especiais acontecem na junção *pn* tais como a camada de depleção, a barreira de potencial etc.

Junção de solda fria Uma conexão de solda que apresenta mau contato proveniente do calor insuficiente aplicado durante o processo de soldagem. A junção de solda fria pode agir como uma conexão intermitente ou mesmo perder a conexão.

Junção *pn* O encontro dos semicondutores tipo *p* e tipo *n*.

L

Lacuna Um lugar vago na órbita de valência. Por exemplo, cada átomo de um cristal de silício normalmente tem oito elétrons na órbita de valência. A energia térmica pode desalojar um dos elétrons de valência, produzindo uma lacuna.

Largura de banda A diferença entre as duas frequências críticas dominantes de um amplificador. Se o amplificador não tiver frequência crítica inferior, a largura de banda é igual à frequência crítica superior.

Largura da banda em malha aberta A resposta em frequência de um amp op sem um caminho de realimentação entre a saída e a entrada. A frequência de corte $f_{2(OL)}$ é normalmente muito baixa devido ao capacitor de compensação interna.

Largura de banda de potência (grandes sinais) A maior frequência que um amp op pode funcionar sem distorção no sinal de saída. A largura de banda para grandes sinais é inversamente proporcional ao valor de pico.

Laser reduzido Obtenção de um valor de resistor muito preciso pela retirada de áreas de resistência em uma pastilha de semicondutor usando laser.

Lei Resumo de uma relação que existe na natureza e pode ser verificada experimentalmente.

Ligação covalente Os elétrons compartilhados entre os átomos de silício em um cristal representam ligações covalentes porque os átomos adjacentes de silício atraem os elétrons compartilhados, semelhante a dois times num jogo de tração sobre uma corda.

Limiar (*thereshold*) O ponto de disparo ou valor de tensão de entrada de um comparador que provoca a mudança de estado da tensão de saída.

Limitação de corrente Redução eletrônica da tensão de alimentação de modo que a corrente não exceda um limite predeterminado. Isso é necessário para proteger diodos e transistores, que normalmente são danificados mais rapidamente que o fusível sob condições de carga curto-circuitada.

Limitação por retrocesso de corrente O limite de corrente simples permite que a corrente na carga alcance um valor máximo, enquanto a tensão é reduzida a zero. O limite de corrente desdobrado executa essa função com um passo a mais. Ele permite que a corrente alcance um valor máximo. Depois, se a resistência na carga diminuir ainda mais ele reduz a corrente na carga e a tensão na carga. A vantagem principal do limite desdobrado é uma dissipação de potência menor no transistor em série na condição de carga em curto.

Limitador positivo Um circuito que ceifa a parte positiva de um sinal de entrada.

Limite de alta frequência A frequência acima da qual um capacitor age como um curto para CA. Alem disso, é a frequência em que a reatância é um décimo da resistência em serie total.

Linear Geralmente se refere ao gráfico da corrente *versus* a tensão para um resistor.

Linearização O uso de um resistor ou outro componente para anular o efeito de outro componente do circuito. Um resistor de emissor sem desvio é geralmente utilizado para anular os efeitos do valor de r'_e do transistor.

Logaritmo natural O logaritmo de um número na base e. Os logaritmos naturais podem ser usados quando analisamos a carga e descarga dos capacitores.

LSI Integração em larga escala. Circuitos integrados com mais de 100 componentes integrados.

M

Malha de fase amarrado Um circuito eletrônico que usa realimentação e um comparador de fase para controlar a frequência ou a velocidade.

Malha de terra Se você usa mais de um ponto de terra em um amplificador de estágios múltiplos, a resistência entre os pontos de terra produzirão uma pequena tensão de realimentação indesejável. Isto é uma malha de terra. Ela pode causar oscilações indesejáveis em alguns amplificadores.

Média geométrica A frequência de centro f_0 de um filtro passa-banda calculada matematicamente por $f_o = \sqrt{f_1 f_2}$

Misturador de sinal (*mixer*) Um circuito amp op que pode ter um ganho de tensão diferencial para cada um dos vários sinais de entrada. O sinal total na saída é uma superposição dos sinais de entrada.

Modelo de Ebers-Moll Um modelo CA prematuro de um transistor conhecido também como *modelo T*.

Modelo T Um modelo CA para o transistor visto como um T do seu lado. O diodo emissor funciona como uma resistência CA e o diodo coletor como uma fonte de corrente.

Modelo Π Um modelo CA de um transistor que tem a forma da letra grega simbolizada por Π.

Modulação de sinal Uma frequência baixa ou um sinal de entrada inteligente (geralmente voz ou dados de informação) usado para controlar a amplitude, frequência, fase ou outra condição de um sinal de saída.

Modulação por largura de pulso Controle da largura de uma onda retangular com a finalidade de adicionar inteligência ou para controlar o valor CC médio.

Modulação por posição de pulso Um procedimento em que os pulsos mudam de posição de acordo com a amplitude do sinal analógico.

Monoestável Um circuito de chaveamento digital com um estado estável. Este circuito é chamado também de *disparo* e é usado em circuitos temporizadores.

Monotônico A descrição de um filtro que não apresenta ondulações no rejeita-faixas.

MOS complementar (CMOS) Um método de redução na corrente do dreno de um circuito digital pela combinação de MOSFETs canal n e canal p.

MOS vertical (VMOS) Um MOSFET de potência com um canal com uma forma geométrica em V que permite ao transistor conduzir correntes de valores altos e bloquear tensões altas.

MOSFET modo crescimento, intensificação ou enriquecimento Um FET com uma porta isolada que utiliza a camada de inversão para controlar a sua condutividade.

MOSFET no modo de depleção Um FET com uma porta isolada que utiliza a ação da camada de depleção para controlar a corrente no dreno.

Mostrador (display) de sete segmentos Um mostrador contendo sete LEDs retangulares.

MSI Integração em média escala. Circuitos que contêm de 10 a 100 componentes integrados.

Multiplexação Uma técnica que permite que mais de um sinal seja transmitido concorrentemente sobre um meio simples.

Multiplicador de tensão Um circuito de fonte de alimentação de corrente contínua usado para elevar a tensão CA sem transformador.

Multivibrador Um circuito com realimentação positiva e dois dispositivos ativos projetados de modo que um dispositivo conduz enquanto o outro está em corte. Existem três tipos: um astável, um flip-flop e um monoestável. O multivibrador astável ou oscilador produz uma saída retangular, semelhante a um oscilador de relaxação.

O

Oitava Um fator de 2. Muitas vezes usado com frequências de razão 2, pois uma oitava de frequência se refere a uma variação de 2:1 na frequência.

Ondulação (*ripple*) Com um filtro com capacitor de entrada, a elevação e diminuição da tensão na carga causada pela carga e descarga do capacitor.

Operação em classe A Significa que um transistor conduz por todo o ciclo CA sem entrar na saturação ou no corte.

Operação em classe AB Um amplificador de potência polarizado de modo que cada transistor conduza um pouco mais que 180° do sinal de entrada para reduzir a distorção por cruzamento.

Operação em classe B A polarização de um transistor de modo que ele conduza por apenas metade do ciclo CA.

Operação em classe C Polarização de um amplificador com transistor de modo que a corrente circule por menos de 180° do ciclo CA de entrada.

Operação em grande sinal Um amplificador em que o sinal CA de entrada de pico a pico faz com que o transistor utilize toda ou quase toda a reta de carga.

Operação em pequeno sinal Refere-se a uma tensão de entrada que produz apenas pequenas variações na corrente e na tensão. Nossa regra para um transistor que opera em pequeno sinal é que a corrente de pico a pico no emissor seja menor que 10% da corrente CC do emissor.

Optoeletrônica Uma tecnologia que combina óptica e eletrônica, incluindo vários dispositivos baseados na ação de uma junção *pn*. Exemplos de dispositivos optoeletrônicos são LEDs, fotodiodos e acopladores ópticos.

Ordem de um filtro Uma descrição básica da eficiência de um filtro. Geralmente, quanto maior a ordem de um filtro, mais próximo estará da resposta ideal. A ordem de um filtro passivo depende do número de indutores e capacitores. A ordem de um filtro ativo é determinada pelo número de circuitos RC ou polos que ele tem.

Oscilações Para um amplificador é a sua destruição. Quando um amplificador tem uma realimentação positiva, ele pode entrar em oscilações, o que é indesejado para sinais de alta frequência. Esse sinal não tem relação com o sinal de entrada amplificado. Por isso, as oscilações interferem no sinal desejado. As oscilações fazem com que um amplificador torne-se inútil. Esse é o motivo pelo qual um capacitor de compensação é usado com um amp op; ele evita que as oscilações aconteçam.

Oscilações parasitas São oscilações de frequências muito altas que fazem com que aconteçam todos os tipos de coisas estranhas. O circuito funciona de modo errado, osciladores podem produzir mais que uma frequência de saída, os amps op terão compensações incontáveis, a fonte de alimentação terá ondulações (ripples) inexplicáveis, os displays de vídeo apresentarão manchas de fundo parecidas com neve (efeito neve) etc.

Oscilador Armstrong Um circuito que pode ser identificado pelo uso de um transformador de acoplamento para o sinal de realimentação.

Oscilador clapp Uma configuração de um oscilador Colpitts com sintonia em série mencionada por sua ótima estabilidade.

Oscilador Colpitts Um dos osciladores *LC* mais amplamente usados. Ele consiste em um transistor bipolar ou FET e um circuito ressonante *LC*. Você pode identificá-lo porque ele possui dois capacitores no circuito-tanque. Ele funciona como um divisor de tensão capacitivo que produz uma tensão de realimentação.

Oscilador Colpitts com FET Um oscilador com FET em que o sinal de realimentação é aplicado no terminal da porta.

Oscilador com cristal de quartzo Um circuito oscilador preciso e muito estável que usa o efeito piezoelétrico de um cristal de quartzo para estabelecer sua frequência de oscilação.

Oscilador controlado por tensão (VCO) Um circuito oscilador em que a frequência de saída é uma função uma tensão de controle CC; também chamado de *conversor tensão frequência*.

Oscilador de cristal Pierce Uma configuração popular de oscilador que usa transistores de efeito de campo, mais usado devido à sua simplicidade.

Oscilador de Hartley Um circuito identificado por um circuito tanque derivado indutivamente.

Oscilador de relaxação Um circuito que cria ou gera um sinal CA de saída sem um sinal CA de entrada. Este tipo de oscilador depende da carga e descarga de um capacitor por um resistor.

Oscilador duplo T (*twin T*) Um oscilador que recebe a realimentação positiva para a entrada não inversora por um divisor de tensão e a realimentação negativa por um filtro duplo T (*twin T*).

Oscilador em ponte de Wien Um oscilador *RC* que consiste em um amplificador e uma ponte de Wien. Ele é ideal para gerar frequências de 5 Hz a 1 MHz.

P

Par Darlington Dois transistores conectados em uma configuração Darlington. O par pode ser montado por transistores individuais ou um par Darlington embutido em um único encapsulamento.

Parâmetros h Um método matemático prematuro para a representação do funcionamento de transistores. Ainda usado em folhas de dados.

Parâmetros r' Um modo de caracterizar um transistor. Este modelo usa grandezas como β e r'_e.

Passa bandas A faixa de frequências que pode passar eficazmente com mínimo de atenuação.

Periódico Um adjetivo que descreve uma forma de onda que repete a mesma forma básica de ciclo em ciclo.

Polarização com *pnp* invertido Quando você tem uma fonte de alimentação positiva e um transistor *pnp*, é comum desenhar o transistor invertido. Isso é especialmente útil quando o circuito usa os transistores *npn* e *pnp*.

Polarização com realimentação do dreno Um método de polarização do FET em que um resistor é conectado entre os terminais do dreno e da porta do transistor. Um aumento ou diminuição na corrente do dreno resulta em uma diminuição ou aumento correspondente na tensão do dreno. Essa tensão realimenta a porta que estabiliza o ponto Q.

Polarização da base A pior forma de polarizar um transistor para usá-lo na região ativa. Este tipo de polarização estabelece uma corrente de base de valor fixo.

Polarização da fonte de corrente Um método de polarização de FET que usa um transistor de junção bipolar, configurado como uma fonte de corrente constante, para controlar a corrente no dreno.

Polarização da porta Um método simplificado de polarizar um FET pela conexão de uma fonte de tensão com um resistor de fonte ao terminal da porta. Este método de polarização não é adequado para a polarização na região ativa devido à extensa faixa de valores nos parâmetros do FET. Este método de polarização é mais adequado para a polarização do FET na região ôhmica.

Polarização de emissor A melhor forma de polarizar um transistor para operar na região ativa. A ideia principal é estabelecer um valor fixo para a corrente do emissor.

Polarização direta A aplicação de uma tensão externa para vencer a barreira de potencial.

Polarização do emissor com fonte dupla (PEFD) Uma fonte de alimentação que produz as tensões positiva e negativa de alimentação.

Polarização por divisor de tensão (VDB) Um circuito de polarização em que o circuito da base contém um divisor de tensão que parece estável para a resistência de entrada da base.

Polarização por realimentação do coletor Uma tentativa de se estabilizar o ponto Q de um circuito com transistor pela conexão de um resistor entre os terminais do coletor e da base.

Polarização por realimentação do emissor Estabilização do ponto Q de um circuito de base polarizada pela adição de um resistor no emissor. O resistor no emissor proporciona uma realimentação negativa.

Polarização reversa Aplicação de uma tensão externa por um diodo para auxiliar a barreira de potencial. O resultado é uma corrente quase nula. A única exceção é quando você excede a tensão de ruptura. Se a tensão reversa é alta suficiente, ela pode produzir a ruptura por meio da avalanche ou do efeito Zener.

Polo de frequência Uma frequência especial usada nos cálculos dos filtros ativos de ordens superiores.

Polos O número de circuitos RC em um filtro ativo. O número de polos em um filtro ativo determina a ordem e a resposta do filtro.

Ponte de solda Um espirro de solda indesejável conectando duas linhas condutoras ou trilhas do circuito.

Ponto de corte Aproximadamente o mesmo que a extremidade inferior da reta de carga. O ponto exato do corte ocorre onde a corrente de base é igual a zero. Nesse ponto, há uma pequena corrente de fuga no coletor, o que significa que o ponto de corte está ligeiramente abaixo da extremidade inferior da reta de carga CC.

Ponto de disparo O valor da tensão de entrada que chaveia a saída de um comparador ou disparador de Schmitt.

Ponto de disparo mínimo (LTP) Uma das duas tensões de entrada em que a tensão de saída varia de estado. $LTP = -BV_{sat}$.

Ponto de disparo superior (PDS) Uma das duas tensões de entrada em que a tensão na saída muda de estado. $PDS = B_{V_{sat}}$.

Ponto de saturação Aproximadamente o mesmo que a extremidade superior da reta de carga. A localização exata do ponto de saturação é ligeiramente abaixo, porque a tensão coletor-emissor não é exatamente zero.

Ponto Q ótimo O ponto onde a reta de carga CA tem uma variação máxima no sinal igual nos dois semiciclos.

Ponto quiescente (ponto Q) O ponto de operação encontrado pela plotagem da corrente e tensão no coletor.

Porta O terminal de um transistor de efeito de campo que controla a corrente no dreno. Pode ser também o terminal de um tiristor usado para levar o componente ao estado de condução.

Portador majoritário Portadores que podem ser elétrons livres ou lacunas. Se os elétrons livres estão em maior número que as lacunas, os elétrons livres são os portadores majoritários. Se as lacunas estão em maior número que os elétrons livres, as lacunas são os portadores majoritários.

Portador minoritário Os portadores que estão em minoria. (Veja a definição de *portador majoritário*.)

Portadora O sinal de saída em alta frequência de um transmissor que faz variar em amplitude, frequência ou fase por uma modulação no sinal.

Potência na carga A potência CA no resistor de carga.

Potência nominal A potência máxima que pode ser dissipada em um componente ou dispositivo que opera de acordo com as especificações do fabricante.

Preamp Um amplificador projetado para operar com aplicação de níveis de sinais baixos. Suas funções principais são as de promover os valores de impedância de entrada necessários e para produzir um valor de sinal de saída exigido pelo próximo estágio amplificador.

Pré-distorção Uma diminuição no valor projetado do fator Q para compensar as limitações da largura da banda do amp op.

Pré-regulador O primeiro dos dois diodos Zener usado para acionar uma configuração de circuito regulador a Zener. O pré-regulador fornece uma entrada CC adequada para o regulador.

Princípio da dualidade Para qualquer teorema de análise de circuito elétrico existe um teorema dual (oposto) em que valores originais de um substituem valores originais duais ou opostos. Este princípio pode ser aplicado aos teoremas de Thevenin e Norton.

Produto ganho largura de banda (GBP) Uma frequência alta em que o ganho do amplificador é de 0 dB (unitário).

Proteção contra curto-circuito Uma característica da maioria das fontes de alimentação modernas. Essa característica geralmente significa que a fonte de alimentação tem algum tipo de limitação eletrônica de corrente que evita correntes excessivas de saída sob condições de curto-circuito.

Protótipo Um circuito básico que um projetista pode modificar para obter um circuito mais avançado.

R

Razão de rejeição da fonte de alimentação (RRFA) É a variação na tensão de compensação (*offset*) na entrada dividida pela variação na tensão de alimentação.

Razão de rejeição em modo comum (CMRR) A razão do ganho diferencial para o ganho em modo comum de um amplificador. É a medida da capacidade de rejeitar um sinal em modo comum e é geralmente expresso em decibéis.

Realimentação CA do emissor O sinal CA desenvolvido na resistência do emissor r_e sem desvio.

Realimentação de dois estágios Uma configuração de circuito em que uma parte do sinal de saída do segundo estágio é realimentada para o primeiro estágio para controlar o ganho total e a estabilidade.

Realimentação de tensão Este é um tipo de realimentação em que o sinal realimentado é proporcional à tensão de saída.

Realimentação múltipla (RM) Um filtro ativo projetado usando mais de um caminho para a realimentação. Os caminhos de realimentação são geralmente aplicados à entrada não inversora do amp op por meio de um resistor separado e capacitor.

Realimentação negativa A alimentação de um sinal que volta para a entrada de um amplificador que é proporcional ao sinal na saída. O sinal que retorna tem uma fase que é oposta a do sinal na entrada.

Realimentação positiva A realimentação na qual o retorno do sinal contribui para aumentar o efeito da tensão de entrada.

Recombinação A união de um elétron livre com uma lacuna.

Recortador Um circuito com JFET que usa uma chave em paralelo ou em série para converter a tensão CC de entrada em uma onda quadrada na saída

Referência de tensão Um circuito que produz uma tensão na saída extremamente precisa e estável. Este circuito é geralmente encapsulado como um CI de função especial.

Reforçador de corrente Um dispositivo, geralmente um transistor, que aumenta a corrente máxima admissível na carga de um circuito amp op.

Reforçador ou seguidor (*buffer*) Um amplificador de ganho unitário (seguidor de tensão) tendo uma alta impedância de entrada e uma baixa impedância de saída, usado primariamente para produzir um isolamento entre duas partes de um circuito.

Região ativa Algumas vezes chamada de *região linear*. Refere-se à parte da curva do coletor que é aproximadamente horizontal. Um transistor opera na região ativa quando ele é usado como amplificador. Na região ativa, o diodo emissor é polarizado diretamente, o diodo coletor é polarizado reversamente, a corrente no coletor é quase igual à corrente no emissor e a corrente na base é muito menor que ambas as correntes do emissor ou do coletor.

Região de corte A região onde a corrente de base é zero em uma configuração EC. Nessa região o diodo emissor e o diodo coletor não conduzem. A única corrente do coletor é uma corrente muito pequena produzida por portadores minoritários e pela corrente de fuga de superfície.

Região de fuga A região do gráfico de um diodo Zener polarizado reversamente entre a corrente zero e a ruptura.

Região de ruptura Para um diodo ou transistor, é a região onde ocorre a avalanche ou o efeito Zener. Com exceção do diodo Zener, a operação na região de ruptura deve ser evitada sob todas as circunstâncias porque ela normalmente destrói o dispositivo.

Região de saturação A parte das curvas do coletor que começa na origem e inclina-se para a direita até o início da região ativa ou horizontal. Quando um transistor opera na região de saturação, a tensão coletor-emissor é tipicamente de apenas alguns décimos de volt.

Região ôhmica A parte da curva de dreno que começa na origem e termina no ponto da tensão de constrição proporcional.

Regulação de carga A variação na tensão regulada na carga quando a corrente de carga varia do seu valor mínimo ao seu valor máximo especificado.

Regulação de fonte A variação na tensão de saída de uma fonte quando a tensão de entrada ou da fonte varia de um valor mínimo a um valor máximo especificado.

Regulação de linha Uma especificação de fonte de alimentação que indica quanto a tensão na saída irá variar para uma dada variação na tensão de linha de entrada.

Regulador buck-boast A topologia básica para um circuito regulador chaveado em que a tensão de saída é menor que a tensão de entrada.

Regulador chaveado Um regulador linear usa um transistor que opera na região linear. Um regulador chaveado usa um transistor que chaveia entre a saturação e o corte. Por isso, o transistor opera na região ativa apenas durante o tempo curto em que ele muda de estado. Isso quer dizer que a dissipação de potência do transistor de passagem é muito menor que no caso do regulador linear.

Regulador de tensão Um dispositivo ou circuito que mantém a tensão na carga praticamente constante, ainda que a corrente da carga e a tensão da rede variem. Idealmente, um regulador de tensão é uma fonte de tensão firme com uma resistência equivalente de Thevenin ou resistência de saída próxima de zero.

Regulador linear O regulador em série é um exemplo de um regulador linear. O que torna um regulador linear é o fato de que o transistor de passagem opera na região linear ou ativa. Outro exemplo de regulador linear é o regulador paralelo. Nesse tipo de regulador, um transistor é colocado em paralelo com a carga. Novamente, o transistor opera na região ativa, assim o regulador é classificado como um regulador linear.

Regulador paralelo Um circuito regulador de tensão em que o dispositivo de regulação está em paralelo com a carga. Ele pode ser um simples diodo Zener, Zener/transistor ou uma configuração que combina, Zener/transistor/amp op.

Regulador reforçador (*boost*) A topologia básica para um circuito regulador chaveado em que a tensão de saída é maior que a tensão de entrada.

Regulador reforçador de buck-boast A topologia básica para um circuito regulador chaveado em que a tensão positiva de entrada produz uma tensão negativa na saída.

Regulador série Este é o tipo mais comum de regulador linear. Ele usa um transistor em série com a carga. O regulador funciona devido a uma tensão de controle na base do transistor que altera sua corrente sua tensão o necessário para manter a tensão na carga praticamente constante.

Regulador Zener Um circuito formado por uma fonte de alimentação ou uma entrada CC conectada a um resistor em série e um diodo Zener. A tensão na saída deste circuito é menor que tensão de saída da fonte de alimentação. Ele também é conhecido como regulador de tensão Zener.

Rejeição à ondulação Usada em reguladores de tensão. Ela informa o quanto o regulador de tensão rejeita ou atenua a ondulação de entrada. As folhas de dados geralmente a apresentam em decibéis, em que cada 20 dB representa um fator de diminuição de 10 na ondulação.

Rejeita banda A faixa de frequências que é bloqueada efetivamente ou não pode passar da entrada para a saída.

Resistência CA A resistência de um dispositivo para um pequeno sinal CA. A razão entre uma variação na tensão para uma variação na corrente. A ideia principal aqui é a variação em torno do ponto de operação.

Resistência CA do coletor A resistência total da carga CA vista pelo circuito do coletor. Ela é sempre a combinação em paralelo de R_C e R_L. Este valor é importante para o ganho de tensão de um amplificador em base comum ou amplificador em emissor comum.

Resistência CA do emissor A tensão CA base-emissor dividida pela corrente CA no emissor. Este valor é normalmente listado com r_e' e pode ser calculado por $r_e' = \dfrac{25 \text{ mV}}{I_E}$. Este valor é importante para a determinação da impedância de entrada e para o ganho de um amplificador TJB.

Resistência de corpo A resistência ôhmica do material semicondutor.

Resistência negativa A propriedade de um componente eletrônico em que um aumento na tensão direta produz uma diminuição na corrente direta sobre a porção de sua curva característica V/I.

Resistência térmica Um valor característico da transferência de calor usado pelos projetistas para determinar a temperatura no encapsulamento dos semicondutores e a dissipação do calor necessário.

Resistência Zener A resistência de corpo de um diodo Zener. Ela é muito baixa se comparada com a resistência de limitação de corrente em série com o diodo Zener.

Resistor de carga ativa Um FET com sua porta conectada ao dreno. O que resulta em um dispositivo de dois terminais equivalente a um resistor.

Resistor de pullup (elevador) Um resistor que o técnico precisa adicionar a um dispositivo CI para fazê-lo operar corretamente. Um dos terminais do resistor de alimentação positiva é conectado ao dispositivo e o outro é conectado ao positivo da fonte de alimentação.

Resistor de realimentação Um resistor conectado em um circuito com a finalidade de desenvolver um sinal de realimentação negativa por ele. Este resistor é usado para controlar o ganho e a estabilidade de um amplificador.

Resistor sensor de corrente Um resistor de baixo valor conectado em série com um transistor, usado para controlar a corrente máxima de saída de um regulador de tensão em série. Este resistor desenvolve uma queda de tensão proporcional à corrente na carga. Se a corrente na carga for excessiva, a queda de tensão ativará um dispositivo que limitará a corrente na saída.

Resposta de primeira ordem A resposta em frequência de um filtro passivo ou ativo que tem um decaimento de 20 dB por década.

Resposta em frequência O gráfico do ganho de tensão *versus* frequência de um amplificador.

Reta de carga Um recurso utilizado para encontrar os valores exatos de corrente e tensão em um diodo.

Reta de carga CA O lugar exato dos pontos de operação instantâneo quando um sinal CA está acionando o transistor. Esta reta de carga é diferente da reta de carga CC uma vez que a resistência de carga CA é diferente da resistência de carga CC.

Retificador controlador de silício (SCR) Um tiristor com três terminais externos denominados anodo, catodo e gatilho. Por meio do gatilho, pode-se levar o SCR para a condução, porém não se pode levá-lo para o corte. Uma vez que o SCR esteja em condução, você tem de reduzir a sua corrente para um valor abaixo da corrente de manutenção para levá-lo ao corte.

Retificador de meia-onda Um retificador com apenas um diodo em série com o resistor de carga. A saída é uma tensão retificada de meia onda.

Retificador de meia onda ativo Um circuito com amp op capaz de retificar sinais com tensões de entrada abaixo de 0,7 V. Este circuito faz uso de um ganho em malha aberta muito alto de um amp op e é conhecido também como um retificador de precisão.

Retificador de onda completa Um retificador com derivação central (*center tap*) no enrolamento do secundário e dois diodos que funcionam como dois retificadores de meia onda, um de costas para o outro. Um diodo fornece um semiciclo para a saída e o outro diodo fornece o outro semiciclo. A saída é uma tensão retificada de onda completa.

Retificador em ponte O tipo mais comum de circuito retificador. Ele tem quatro diodos, dois dos quais conduzem ao mesmo tempo. Para um dado transformador, ele produz a maior tensão CC de saída com a menor ondulação (*ripple*).

Retificadores Circuitos pertencente a uma fonte de alimentação que permite que a corrente circule em apenas um sentido. Estes circuitos convertem a forma de onda CA na entrada em uma forma de onda pulsante CC na saída.

Retorno CC Refere-se a um caminho para a corrente direta. Muitos circuitos com transistor não funcionarão a menos que exista um caminho CC entre os três terminais e o terra. Um amplificador diferencial e um amp op são exemplos de dispositivos que precisam ter um caminho de retorno CC dos seus pinos de entrada para o terra.

Ruído térmico Um ruído gerado pelo movimento aleatório dos elétrons livres dentro de um resistor ou outro componente. Ele é também chamado de ruído de Jonhson.

Ruptura Quando um transistor conduz por tensão alta, a tensão nele permanece alta. Porém, em um tiristor, a ruptura direta leva-o à saturação. Em outras palavras, a avalanche direta se refere à forma como um tiristor chega à ruptura e imediatamente depois entra na saturação.

S

Saída de dois estados É a tensão na saída de um circuito digital ou de chaveamento. Ele é chamado de dois estados porque a saída tem somente dois estados estáveis: baixo e alto. A região entre as tensões baixa e alta é instável, pois o circuito não pode ter nenhum valor nesta faixa exceto temporariamente quando estiver chaveando entre os estados.

Saída diferencial O valor da tensão na saída de um amplificador diferencial que é a diferença entre as tensões nos dois coletores.

Saída simples A tensão na saída de um amplificador diferencial tomada a partir de um dos coletores em relação ao terra.

Saturação CA A extremidade superior na reta de carga CA. Neste ponto, o transistor entra em saturação e ceifa o sinal CA.

Saturação forte A operação de um transistor na extremidade superior da reta de carga com uma corrente de base que é um décimo da corrente de coletor. A razão da alta corrente de base é para certificar-se de que o transistor permanece saturado sob todas as condições de operação, condições de temperatura, substituição do transistor etc.

Saturação fraca A operação de um transistor na extremidade superior da reta de carga com uma corrente de base apenas suficiente para produzir a saturação.

Seguidor Uma função de "seguir" em que a tensão na entrada inversora aumenta ou diminui imediatamente no mesmo valor que a tensão na entrada não inversora inicia.

Seguidor de emissor O mesmo que um *amplificador CC*. O nome *seguidor de emissor* ficou mais conhecido porque ele descreve melhor como o circuito funciona. A tensão CA no emissor segue a tensão CA na base.

Seguidor de fonte O amplificador JFET mais importante. Ele é usado mais que qualquer outro amplificador com JFET

Seguidor de tensão Um circuito amp op que usa realimentação de tensão não invertida. O circuito tem uma impedância de entrada muito alta, uma impedância de saída muito baixa e um ganho de tensão de 1. Ele é ideal para ser usado como um reforçador (*buffer*).

Seguidor Zener Um circuito formado por um regulador Zener e um seguidor de emissor. O transistor permite que o diodo Zener opere com níveis de corrente muito baixos quando comparado com um regulador Zener comum. Este circuito apresenta também uma característica de baixa impedância de saída.

Segunda aproximação Uma aproximação que acrescenta algumas características a mais que a aproximação ideal. Para um diodo ou transistor, essa aproximação inclui a barreira de potencial no modelo do dispositivo. Para diodos ou transistores de silício, isso quer dizer 0,7 V a mais na análise.

Semicondutor Uma vasta categoria de materiais com quatro elétrons de valência e propriedades elétricas entre as do condutor e as do isolante.

Semicondutor tipo *n* Um semicondutor que contém mais elétrons livres que lacunas.

Semicondutor tipo *p* Um semicondutor no qual existem mais lacunas que elétrons livres.

Silício O material semicondutor mais usado. Ele tem 14 prótons e 14 elétrons em órbita. Um átomo de silício isolado tem quatro elétrons na órbita de valência. Um átomo de silício que faz parte de um cristal tem oito elétrons na órbita de valência por causa do compartilhamento dos quatro elétrons do átomo vizinho.

Sinal em modo comum Um sinal que é aplicado com a mesma amplitude nas duas entradas de um amplificador diferencial ou um amp op.

Sistemas eletrônicos A interconexão de circuitos eletrônicos e blocos funcionais agrupados para aplicações específicas.

Sobrecarga O uso de uma resistência de carga de valor muito baixo pode diminuir o ganho de tensão de um amplificador por uma quantidade observável. Em termos do teorema de Thevenin, o sobrecarregamento ocorre quando a resistência de carga é menor comparada com a resistência equivalente de Thevenin.

Somador Um circuito com amp op cuja tensão de saída é a soma de duas ou mais tensões de entrada.

SSI Integração em baixa escala. Refere-se aos circuitos integrados que contêm 10 componentes ou menos integrados em uma pastilha de semicondutor.

Substrato Uma região no MOSFET modo de depleção localizada do lado oposto da porta, formando um canal por onde os elétrons circulam da fonte para o dreno.

Superposição Quando existirem várias fontes de alimentação no circuito, você pode calcular o efeito produzido por cada fonte funcionando sozinha e em seguida somar os efeitos individuais para obter o efeito total das fontes funcionando simultaneamente.

T

Taxa de subida (*slew rate*) A taxa máxima de variação na tensão de saída de um amp op. Ela causa distorção em operações de alta frequência em grandes sinais.

Temperatura ambiente A temperatura do ar que envolve um componente.

Temperatura da junção A temperatura dentro de um semicondutor na junção *pn*. Esta temperatura é normalmente maior que a temperatura ambiente devido à recombinação dos pares elétron-lacuna.

Temperatura do encapsulamento É a temperatura do encapsulamento ou invólucro do transistor. Quando você toca em um transistor, entra em contato com o encapsulamento. Se o encapsulamento estiver quente, você sentirá a sua temperatura.

Tempo de subida É o tempo para a forma de onda aumentar de 10% a 90% de seu valor máximo. Abreviado por *TR*, o tempo de subida pode ser aplicado à resposta de frequência usando a equação $f_2 = \frac{0,35}{T_R}$.

Tempo de vida O tempo médio entre a geração e a recombinação de um elétron livre e uma lacuna.

Temporizador 555 Um circuito integrado muito utilizado que pode funcionar de dois modos: monoestável e astável. No modo monoestável, ele pode produzir tempos de atrasos precisos e em astável ele pode produzir ondas retangulares com um ciclo de trabalho variável.

Tensão controlada por fonte de corrente (VCIS) Algumas vezes chamado de *amplificador de transcondutância*, este tipo de amplificador com realimentação negativa tem uma corrente de entrada controlando uma tensão na saída.

Tensão controlada por fonte de tensão (VCVS) O amp op ideal, tendo um ganho de tensão infinito, frequência de ganho unitário infinita, impedância de entrada infinita e CMRR infinita, além disso uma resistência de saída zero, polarização zero e compensação (*offset*) zero.

Tensão de compensação (*offset*) de entrada Se você aterrar as duas entradas de um amp op, ainda terá uma tensão de compensação na saída. A tensão de compensação de entrada é definida como a tensão de entrada necessária para eliminar a tensão de compensação de saída. A causa da tensão de compensação de entrada é a diferença nas curvas de V_{BE} dos dois transistores de entrada.

Tensão de compensação (offset) de saída Qualquer desvio ou diferença na tensão de saída de um valor ideal.

Tensão de corte porta-fonte A tensão entre os terminais da fonte e da porta que reduz a corrente no dreno, de um dispositivo no modo de depleção, para zero.

Tensão de desligamento A diferença entre a tensão de entrada e a tensão de saída de um regulador em série com transistor ou um CI regulador de tensão de três terminais.

Tensão de desligamento (*dropout*) O valor limite mínimo de tensão necessário para o funcionamento correto de um CI regulador de tensão.

Tensão de entrada diferencial A tensão desejada na entrada de um amplificador diferencial em vez da tensão de entrada em modo comum.

Tensão de erro A tensão entre os dois terminais de entrada de um amp op. É o mesmo que a tensão diferencial de entrada de um amp op.

Tensão de erro na saída A tensão na saída de um circuito amp op quando a tensão na entrada é zero. Este valor deveria ser idealmente zero.

Tensão de estrangulamento ou constrição O limite entre a região ôhmica e a região de fonte de corrente de um dispositivo de modo depleção quando a tensão da porta é zero.

Tensão de estrangulamento proporcional O limite entre a região ôhmica e a região de fonte de corrente para qualquer tensão de porta.

Tensão de gatilho (disparo) A tensão mínima necessária para levar um tiristor à condução.

Tensão de joelho O ponto ou a área no gráfico da corrente do diodo *versus* tensão em que a corrente direta aumenta rapidamente. Ela é aproximadamente igual ao valor da barreira de potencial do diodo.

Tensão de limiar A tensão que leva um MOSFET de modo crescimento à condução. Nesta tensão, uma camada de inversão conecta a fonte ao dreno.

Tensão de linha A tensão da rede de alimentação. Ela tem nominalmente um valor de 115 V rms. Em alguns lugares ela pode variar de 105 a 125 V rms.

Tensão de pico inversa A tensão reversa máxima em um diodo de um circuito retificador.

Tensão de referência Geralmente, uma tensão muito estável e precisa derivada de um diodo Zener com uma tensão de ruptura entre 5 e 6 V. Nesta faixa, o coeficiente de temperatura do diodo Zener é aproximadamente zero, o que significa que sua tensão Zener é estável sobre uma larga faixa de temperatura.

Tensão de ruptura A tensão reversa máxima que um diodo pode resistir antes que ocorra a avalanche ou o efeito Zener.

Tensão Zener A tensão de ruptura de um diodo Zener. É a tensão aproximada na saída de um regulador de tensão Zener.

Teorema Uma derivação, em forma de declaração, que pode ser provada matematicamente.

Teorema de Miller Este teorema informa que um capacitor de realimentação é equivalente a duas novas capacitâncias, uma na entrada e outra na saída. O mais importante é que a capacitância de entrada é igual à capacitância de realimentação multiplicada pelo ganho de tensão de um amplificador. Isso presume um amplificador inversor.

Teorema de Norton Derivado do princípio da dualidade, o teorema de Norton declara que a tensão na carga é igual à corrente de Norton vezes a resistência de Norton em paralelo com a resistência da carga.

Teorema de Thevenin Um teorema fundamental que informa que qualquer circuito que aciona uma carga pode ser convertido em um único gerador e uma resistência em série.

Terceira aproximação Uma aproximação precisa de um diodo ou transistor. Usada por projetistas que têm de levar em conta tantos detalhes quantos possíveis.

Termistor Um dispositivo cuja resistência sofre grande variação com a temperatura.

Terra CA Um nó de um circuito que é desviado para o terra por meio de um capacitor. Neste nó não há tensão CA quando observado pelo osciloscópio acoplado para tensão CA, mas ele mostrará uma tensão CC quando medido com um voltímetro.

Terra virtual Um tipo de terra que aparece na entrada inversora de um amp op que usa realimentação negativa. Ele é chamado terra virtual porque tem algumas, mas não todas, das características do terra mecânico. Especificamente, ele é o terra para tensão, mas não para corrente. Um nó do circuito que é um terra virtual tem 0 V em relação ao terra, porém, esse nó não tem um caminho de corrente para o terra.

Teste passa/não passa Um teste ou medição onde as leituras são distintamente diferentes, de fato alta ou de fato baixa.

Tiristor Um dispositivo semicondutor de quatro camadas que funciona como uma trava.

Topologia Um termo usado para descrever a técnica ou o layout fundamental de um circuito regulador chaveado. As topologias comuns dos reguladores chaveados são regulador de *buck*, regulador *boost* e regulador *buck-boost*.

Traçador de curvas Um dispositivo eletrônico para mostrar as curvas características em um tubo de raios catódicos.

Transcondutância A razão entre a corrente CA na saída e a tensão CA na entrada. Uma medida de como a tensão na entrada controla efetivamente a corrente na saída.

Transdutor de entrada Um dispositivo que converte uma grandeza não elétrica, como luz, temperatura ou pressão em uma grandeza elétrica.

Transdutor de saída Um dispositivo que converte uma grandeza elétrica em uma grandeza não elétrica como temperatura, som, pressão ou luz.

Transformador abaixador Um transformador com mais espiras no primário que no secundário. Isto resulta em uma tensão menor no secundário que no primário.

Transformador de acoplamento O uso de um transformador para fazer passar o sinal CA de um estágio para o outro enquanto a componente CC da forma de onda é bloqueada. O transformador tem também a capacidade de casar as impedâncias entre os estágios.

Transição A região da descida na resposta em frequência de um filtro entre a frequência de corte f_c e o início do rejeita-banda f_s.

Transistor bipolar de porta isolada (IGBT) Um dispositivo semicondutor híbrido construído com características do FET no lado da entrada e características do FET no lado da saída. Este dispositivo é usado principalmente em aplicações de controle de chaveamento de alta potência.

Transistor Darlington Dois transistores conectados para obter um alto valor de β. O emissor do primeiro transistor aciona a base do segundo transistor.

Transistor de efeito de campo Um transistor que depende da ação de um campo elétrico para controlar sua condutividade.

Transistor de junção bipolar Um transistor em que os elétrons livres e as lacunas são necessários para uma operação normal.

Transistor de junção Um transistor que tem três seções alternadas de materiais do tipo *p* e do tipo *n*. Estas seções podem ser arranjadas como *pnp* ou *npn*.

Transistor de montagem em superfície Um tipo de encapsulamento de transistor que permite sua soldagem na placa de circuito impresso no lado do componente em vez de soldá-lo usando a tecnologia de furos com ilhas. A tecnologia de montagem em superfície (SMT) permite uma concentração maior de componentes na placa de circuito impresso.

Transistor de passagem O transistor que conduz a corrente principal em um regulador de tensão em série discreto. O transistor fica em série com a carga. Logo, a corrente total da carga passa por ele.

Transistor de pequeno sinal Um transistor que pode dissipar 0,5 W ou menos.

Transistor de potência Um transistor que pode dissipar mais de 0,5 W. Os transistores de potência são fisicamente maiores que os de pequeno sinal.

Transistor de unijunção Abreviado como UJT, este tiristor de baixa potência é útil em aplicações de temporização, geração de formas de onda e aplicações de controle.

Transistor de unijunção programável (PUT) Um dispositivo semicondutor com características de chaveamento similar a um UJT, exceto que sua razão intrínseca de relação pode ser determinada (programada) por um circuito externo.

Transistor externo Um transistor colocado em paralelo com um circuito de regulação para aumentar a intensidade da corrente de carga que o circuito total é capaz de regular. O transistor externo atua em um nível de corrente predeterminado e alimenta a corrente extra de que a carga necessita.

Transistor ideal A primeira aproximação de um transistor. Admite-se que um transistor tem apenas duas partes: um diodo emissor e um diodo coletor. O diodo emissor é tratado como um diodo ideal, enquanto o diodo coletor é uma fonte de corrente controlada. A corrente no diodo emissor controla a fonte de corrente no coletor.

Transistor pnp Um semicondutor disposto em camadas, como um sanduíche. Ele contém uma região *n* entre duas regiões *p*.

Trava Dois transistores conectados com realimentação positiva para simular o funcionamento de um tiristor.

Triac Um tiristor que pode conduzir nos dois sentidos. Por isso, ele é usado para o controle de corrente alternada. Ele é equivalente a dois SCRs em paralelo com polaridades opostas.

V

Valor absoluto O valor de uma expressão desprezando o sinal. Algumas vezes chamado de *magnitude*. Exemplo: Dados +5 e -5, o valor absoluto é 5.

Valor CC O mesmo que valor médio. Para um sinal que varia no tempo, o valor CC é igual ao valor médio para todos os pontos da forma de onda. Um voltímetro CC indica o valor médio de uma tensão que varia no tempo.

Valor de pico O maior valor instantâneo de uma tensão que varia no tempo.

Valor MPP Chamado também de *tensão oscilante na saída*. Ela é a tensão máxima de pico a pico não ceifada na saída de um amplificador. Em um amp op, o valor MPP é idealmente igual ao valor da tensão de alimentação simétrica.

Valor rms Usado em sinais que variam com o tempo. Também é conhecido como *valor eficaz* ou *valor de aquecimento*. O valor rms é o valor equivalente ao de uma fonte CC que produziria a mesma quantidade de calor ou potência em um ciclo completo de um sinal que varia com o tempo.

Varactor Um diodo otimizado para ter uma capacitância reversa. Quanto maior a tensão reversa, menor a capacitância.

Variável normalizada Uma variável que foi dividida por uma outra variável com as mesmas unidades ou dimensões.

Varistor Um dispositivo que funciona como dois diodos Zener em antiparalelo (voltados um de costas para o outro). Usado em paralelo com o enrolamento primário de um transformador de potência para evitar que os picos de alta amplitude, indesejados, cheguem à entrada dos equipamentos.

W

Wafer Uma fatia fina de cristal usada como chassi para os componentes integrados.

Respostas

Problemas com numeração ímpar

CAPÍTULO 1

- **1-1.** $R_L \geq 10\ \Omega$
- **1-3.** $R_L \geq 5\ k\Omega$
- **1-5.** 0,1 V
- **1-7.** $R_L \leq 100\ k\Omega$
- **1-9.** 1 kΩ
- **1-11.** 4,80 mA e a fonte de corrente não é quase ideal.
- **1-13.** 6 mA, 4 mA, 3 mA, 2,4 mA, 2 mA, 1,7 mA, 1,5 mA
- **1-15.** V_{TH} permanece o mesmoa e R_{TH} tem seu valor dobrado.
- **1-17.** $R_{TH} = 10\ k\Omega$; $V_{TH} = 100\ V$
- **1-19.** Em curto-circuito.
- **1-21.** A bateria ou a fiação de interconexão.
- **1-23.** 0,08 Ω
- **1-25.** Desconecto o resistor e meço a tensão.
- **1-27.** O teorema de Thevenin facilita a resolução de problemas para os quais existam muitos valores para um resistor.
- **1-29.** $R_S > 100\ k\Omega$. Use uma bateria de 100 V em série com 100 kΩ.
- **1-31.** $R_1 = 30\ k\Omega$, $R_2 = 15\ k\Omega$
- **1-33.** Primeiramente, meça a tensão entre os terminais – esta é a tensão de Thevenin. Em seguida, conecte um resistor entre os terminais. Depois, meça a tensão no resistor. Depois, calcule a corrente através do resistor de carga. A seguir subtraia a tensão de carga da tensão de Thevenin. Então, divida a diferença de tensão pela corrente. O resultado é a resistência de Thevenin.
- **1-35.** Defeito 1: R_1 em curto; Defeito 2. R_1 aberto ou R_2 em curto; Defeito 3: R_1 aberto ou R_2 em curto; Defeito 4: R_3 aberto; Defeito 5: R_3 em curto; Defeito 6: R_2 aberto ou aberto no ponto C; Defeito 7: R_4 aberto no ponto D; Defeito 8: R_2 aberto ou aberto no ponto C; Defeito 9: aberto no ponto E; Defeito 10: R_4 em curto; Defeito 11: R_4 aberto ou aberto no ponto D.

CAPÍTULO 2

- **2-1.** −2
- **2-3.** a. Semicondutor; b. condutor; c. semicondutor; d. condutor
- **2-5.** a. 5 mA; b. 5 mA; c. 5 mA
- **2-7.** Mínimo = 0,60 V, máximo = 0,75 V
- **2-9.** 0,53 µA; 4.47 µA
- **2-11.** Reduzir a corrente de saturação e minimizar a constante de tempo RC.

CAPÍTULO 3

- **3-1.** 27,3 mA
- **3-3.** 400 mA
- **3-5.** 10 mA
- **3-7.** 12,8 mA
- **3-9.** 19,3 mA, 19,3 V, 372 mW, 13,5 mW, 386 mW
- **3-11.** 24 mA, 11,3 V, 272 mW, 16,8 mW, 289 mW
- **3-13.** 0 mA, 12 V
- **3-15.** 9,65 mA
- **3-17.** 12 mA
- **3-19.** Aberto
- **3-21.** O diodo está em curto ou o resistor está aberto.
- **3-23.** A leitura de valor < 2,0 V no diodo reverso indica um diodo com fuga de corrente.
- **3-25.** Catodo. A seta aponta para o terminal da faixa.
- **3-27.** 1N914: $R = 100\ \Omega$ (direta), $R = 800\ M\Omega$ (reversa); 1N4001: $R = 1,1\ \Omega$ (direta), $R = 5\ M\Omega$ (reversa); 1N1185: $R = 0,095\ \Omega$ (direta), $R = 21,7\ k\Omega$ (reversa).
- **3-29.** 23 kΩ
- **3-31.** 4,47 µA
- **3-33.** Durante a operação normal, a fonte de 15-V fornece potência para a carga. O diodo esquerdo tem polarização direta, permitindo que a fonte de energia de 15-V forneça corrente à carga. O diodo direito tem polarização reversa porque 15 V são aplicados ao catodo e somente 12 V são aplicados ao anodo; isto bloqueia a bateria de 12-V. Tão logo a fonte de 15-V é desativada, o diodo direito não mais tem polaridade reversa e

a bateria de 12-V pode fornecer corrente à carga. O diodo esquerdo se tornará polarizado reversamente, impedindo que qualquer corrente entre na fonte de energia de 15-V.

CAPÍTULO 4

- **4-1.** 70,7 V, 22,5 V, 22,5 V
- **4-3.** 70,0 V, 22,3 V, 22,3 V
- **4-5.** 20 Vca, 28,3 Vp
- **4-7.** 21,21 V, 6,74 V
- **4-9.** 15 Vca, 21,2 Vp, 15 Vca
- **4-11.** 11,42 V, 7,26 V
- **4-13.** 19.81 V, 12.60 V
- **4-15.** 0,5 V
- **4-17.** 21,2 V, 752 mV
- **4-19.** O valor da ondulação (ripple) se duplicará.
- **4-21.** 18,85 V, 334 mV
- **4-23.** 18,85 V
- **4-25.** 17,8 V; 17,8 V; nenhum; maior.
- **4-27.** a. 0,212 mA; b. 2,76 mA
- **4-29.** 11,99 V
- **4-31.** O capacitor será destruído.
- **4-33.** 0,7 V, 50 V
- **4-35.** 1,4 V, −1,4 V
- **4-37.** 2,62 V
- **4-39.** 0,7 V, −59,3 V
- **4-41.** 3.393,6 V
- **4-43.** 4.746,4 V
- **4-45.** 10,6 V, −10,6 V
- **4-47.** Calcule a soma do valor de cada tensão em passos de 1°, depois divida a tensão total por 180.
- **4-49.** Aproximadamente 0 V. Cada capacitor se carregará até atingir uma tensão igual, mas de polaridade oposta.

CAPÍTULO 5

- **5-1.** 19,1 mA
- **5-3.** 20,2 mA
- **5-5.** $I_S = 19{,}2$ mA, $I_L = 10$ mA, $I_Z = 9{.}2$ mA
- **5-7.** 43,2 mA
- **5-9.** $V_L = 12$ V, $I_Z = 12{,}2$ mA
- **5-11.** 15,5 V a 15,16 V
- **5-13.** Sim, 167 Ω
- **5-15.** 783 Ω
- **5-17.** 0,1 W
- **5-19.** 14,25 V, 15,75 V
- **5-21.** a. 0 V; b. 18,3 V; c. 0 V; d. 0 V
- **5-23.** Um curto-circuito em R_S
- **5-25.** 5,91 mA
- **5-27.** 13 mA
- **5-29.** 15,13 V
- **5-31.** A tensão de Zener é igual a 6,8 V e R_S é menor do que 440 Ω.
- **5-33.** 27.37 mA
- **5-35.** 7,98 V
- **5-37.** Defeito 5: Aberto em A; Defeito 6: Aberto em R_L; Defeito 7: Aberto em E; Defeito 8: Zener está em curto-circuito.

CAPÍTULO 6

- **6-1.** 0,05 mA
- **6-3.** 4,5 mA
- **6-5.** 19,8 μA
- **6-7.** 20,8 μA
- **6-9.** 350 mW
- **6-11.** Ideal: 12,3 V, 27,9 mW Segunda aproximação: 12,7 V, 24,8 mW
- **6-13.** −55 a +150°C
- **6-15.** Possivelmente destruído
- **6-17.** 30
- **6-19.** 6,06 mA, 20 V
- **6-21.** O lado esquerdo da reta de carga se movimenta para baixo e o lado direito permanece no mesmo ponto.
- **6-23.** 10,64 mA, 5 V
- **6-25.** O lado esquerdo da reta diminuirá à metade, e o lado direito não se deslocará.
- **6-27.** Mínimo: 10,79 V; máximo: 19,23 V
- **6-29.** 4,55 V
- **6-31.** Mínimo: 3,95 V; máximo: 5,38 V
- **6-33.** a. Não está em saturação; b. não está em saturação; c. está em saturação; d. não está em saturação.
- **6-35.** a. Aumenta; b. aumenta; c. aumenta; d. diminui; e. aumenta; f. diminui.
- **6-37.** 165,67
- **6-39.** 463 kΩ
- **6-41.** 3,96 mA

CAPÍTULO 7

- **7-1.** 10 V, 1,8 V
- **7-3.** 5 V
- **7-5.** 4,36 V
- **7-7.** 13 mA
- **7-9.** R_C pode estar em curto; o transistor pode estar aberto no coletor emissor; R_B pode estar mantendo o transistor na região de corte; a base do circuito está aberta; o emissor do circuito está aberto.
- **7-11.** Transistor em curto; valor de R_B muito baixo; V_{BB} muito alto.
- **7-13.** Resistor do emissor aberto
- **7-15.** 3,81 V, 11,28 V
- **7-17.** 1,63 V, 5,21 V
- **7-18.** 4,12 V, 6,14 V
- **7-21.** 3,81 mA, 7,47 V
- **7-23.** 31.96 μA, 3,58 V
- **7-25.** 27,08 μA, 37,36 μA
- **7-27.** 1,13 mA, 6,69 V
- **7-29.** 6,13 V, 7,19 V
- **7-31.** a. Diminui; b. aumenta; c. diminui; d. aumenta; e. aumenta; f. permanece igual.
- **7-33.** a. 0 V; b. 7,83 V; c. 0 V; d. 10 V; e. 0 V
- **7-35.** −4,94 V
- **7-37.** −6,04 V, −1,1 V
- **7-39.** O transistor será destruído.
- **7-41.** R_1 em curto-circuito, aumente demasiadamente a corrente de base do transistor.
- **7-43.** 9,0 V, 8,97 V, 8,43 V
- **7-45.** 8,8 V
- **7-47.** 27,5 mA
- **7-49.** R_1 em curto-circuito
- **7-51.** Defeito 3: R_C está em curto; defeito 4: os terminais do transistor estão em curto entre si.
- **7-53.** Defeito 7: R_E aberto; defeito 8: R_2 está em curto

7-55. Defeito 11: a fonte de alimentação não está funcionando; defeito 12: diodo emissor-base do transistor está aberto

CAPÍTULO 8

- **8-1.** 3,39 Hz
- **8-3.** 1,59 Hz
- **8-5.** 4,0 Hz
- **8-7.** 18,8 Hz
- **8-9.** 0,426 mA
- **8-11.** 150
- **8-13.** 40 µA
- **8-15.** 11,7 Ω
- **8-17.** 2,34 kΩ
- **8-19.** Base: 207 Ω, coletor: 1,02 kΩ
- **8-21.** h_{fe} mínimo = 50, h_{fe} máximo = 200; a corrente é de 1 mA; a temperatura é de 25°C.
- **8-23.** 234 mV
- **8-25.** 212 mV
- **8-27.** 39,6 mV
- **8-29.** 269 mV
- **8-31.** 10
- **8-33.** Nenhuma mudança (CC), diminui (CA).
- **8-35.** Queda de tensão no resistor devido a corrente de fuga no capacitor.
- **8-37.** 2700 µF
- **8-39.** 72,6 mV
- **8-41.** Falha 7: C_3 aberto; falha 8: resistor do coletor aberto; falha 9: sem V_{CC}; falha 10: B-E do diodo está aberto; falha 11: transistor em curto; falha 12: R_G ou C_1 aberto.

CAPÍTULO 9

- **9-1.** 0,625 mV, 21,6 mV, 2,53 V
- **9-3.** 3,71 V
- **9-5.** 12,5 Ω
- **9-7.** 0,956 V
- **9-9.** 0,955 a 0,956 V
- **9-11.** z_{in}(base) = 1,51 kΩ; z_{in}(estágio) = 63,8 V
- **9-13.** A_v = 0,992; v_{out} = 0,555 V
- **9-15.** 0,342 Ω
- **9-17.** 3,27 V
- **9-19.** A_v cai para 31,9
- **9-21.** 9,34 mV
- **9-23.** 0,508 V
- **9-25.** V_{out} = 6,8 V; I_Z = 16,1 mA
- **9-27.** Superior = 12,3 V; inferior = 24,6 V
- **9-29.** 64,4
- **9-31.** 56 mV
- **9-33.** 1,69 W
- **9-35.** Ambas são 5 mV; sinais de polaridade opostos (180° fora de fase)
- **9-37.** V_{out} = 12,4 V
- **9-39.** 1,41 W
- **9-41.** 337 mV$_{p-p}$
- **9-43.** Falha 1: C_4 aberto; Falha 2: aberto entre F e G; Falha 3: C_1 aberto.

CAPÍTULO 10

- **10-1.** 680 Ω, 16,67 mA
- **10-3.** 10,62 V
- **10-5.** 10,62 V
- **10-7.** 50 Ω, 277 mA
- **10-9.** 100 Ω
- **10-11.** 500
- **10-13.** 15,84 mA
- **10-15.** 2,2%.
- **10-17.** 237 mA
- **10-19.** 3,3%
- **10-21.** 1,1 A
- **10-23.** 24 Vpp
- **10-25.** 7,03 W
- **10-27.** 31,5%.
- **10-29.** 1,13 W
- **10-31.** 9,36
- **10-33.** 1.679
- **10-35.** 10,73 MHz
- **10-37.** 15,92 MHz
- **10-39.** 31,25 mW
- **10-41.** 15 mW
- **10-43.** 85,84 kHz
- **10-45.** 250 mW
- **10-47.** 72,3 W
- **10-49.** Eletricamente, seria seguro tocar, mas pode estar quente e causar uma queimadura.
- **10-51.** Não, o coletor poderia ter uma carga indutiva.

CAPÍTULO 11

- **11-1.** 15 GΩ
- **11-3.** 20 mA, −4 V, 500 Ω
- **11-5.** 500 Ω, 1.1 kΩ
- **11-7.** −2 V, 2,5 mA
- **11-9.** 1,5 mA, 0,849 V
- **11-11.** 0,198 V
- **11-13.** 20,45 V
- **11-15.** 14,58 V
- **11-17.** 7,43 V, 1,01 mA
- **11-19.** 1,18 V, 11 V
- **11-21.** −2,5 V, 0,55 mA
- **11-23.** −1,5 V, 1,5 mA
- **11-25.** −5 V, 3.200 µS
- **11-27.** 3 mA, 3.000 µS
- **11-29.** 7,09 mV
- **11-31.** 3,06 mV
- **11-33.** 0 mV$_{pp}$, 24,55 mV$_{pp}$, ∞
- **11-35.** 8 mA, 18 mA
- **11-37.** 8,4 V, 16,2 mV
- **11-39.** 2,94 mA, 0,59 V, 16 mA, 30 V
- **11-41.** R_1 aberto.
- **11-43.** R_D aberto.
- **11-45.** G-S aberto.
- **11-47.** C_2 aberto.

CAPÍTULO 12

- **12-1.** 2,25 mA, 1 mA, 250 µA
- **12-3.** 3 mA, 333 µA
- **12-5.** 381 Ω, 1,52, 152 mV
- **12-7.** 1 MΩ
- **12-9.** a. 0,05 V; b. 0,1 V; c. 0,2 V; d. 0,4 V
- **12-11.** 0,23 V
- **12-13.** 0,57 V
- **12-15.** 19,5 mA, 10 A
- **12-17.** 12 V, 0,43 V
- **12-19.** Uma onda quadrada de +12 V a 0,43 V
- **12-21.** 12 V, 0,012 V
- **12-23.** 1,2 mA
- **12-25.** 1,51 A
- **12-27.** 30,5 W
- **12-29.** 0 A, 0,6 A
- **12-31.** 20 S, 2,83 A
- **12-33.** 14,7 V
- **12-35.** $5,48 \times 10^{-3}$ A/V^2, 26 mA
- **12-37.** 104×10^{-3} A/V^2, 84,4 mA
- **12-39.** 1,89 W
- **12-41.** 14,4 µW, 600 µW

CAPÍTULO 13

- **13-1.** 4,7 V
- **13-3.** 0,1 ms, 10 kHz
- **13-5.** 12 V, 0,6 ms
- **13-7.** 7.3 V

13-9. 34,5 V, 1,17 V
13-11. 11,9 ms, 611 Ω
13-13. +10°, +83,7°
13-15. 10,8 V
13-17. 12,8 V

13-19. 22.5 V
13-21. 30,5 V
13-23. 10 V
13-25. 10 V
13-27. 980 Hz, 50 kHz

13-29. T1: *DE* aberto; T2: sem tensão de alimentação; T3: transformador; T4: o fusível está aberto.

Índice

6dB por oitava, 592
abertura, 651
acionador de LED com polarização da base, 245-246
acionador de LED com polarização do emissor, 246
acionador de proteção, 762
acionador, definição, 391
acionador (driver) EC, 391-392
acionadores classe B/AB, 391-393
acoplador ótico, 171, 351
acoplamento capacitivo, 368, 370
acoplamento direto, 368-369
acoplamento por transformador, 368, 370
AGC. *Veja* controle automático de ganho (AGC)
ajuste, 762-763
ajuste do gatilho, 539
ajuste (offset) da base, 641
alarmes, 936-937
alfa CC, 193
amp. op. diferenciador, 886
amp. op. diferencial prático, 886
amp. op. integrador, 871
amplificador cascode, 453
amplificador de entrada diferencial, 671
amplificador de potência com seguidor de emissor, 379-382
amplificador não inversor, 686-690, 778
   circuito básico, 686-687
   curto-circuito virtual, 687
   ganho de tensão, 687-688
   outras quantidades, 688-689
   PPM reduz a tensão de erro de saída, 689
amplificador operacional (amp. op.) diferenciadores, 886
amplificador operacional (amp. op.) integradores, 871
amplificador push-pull classe B, 383, 386
amplificadores
   análise de, 298-302
   banda média dos, 571

base comum (BC), 301, 350-353
CA, 570
cascode, 453
CC, 369, 445, 448, 571-572
CC em cascata, 342-344
CE em cascata, 342-344
CI classe-D, 890-892
circuitos inversores, 742-744
circuitos não inversores, 744-747
classe AB, 386
classe B push-pull, 383, 386
classe B/AB, 389-391
classe D, 887-892
classes, 402
coletor comum (CC), 301, 334-338
com acoplamento CA, 742-745
com circuitos somadores, 763-767
com multiestágio, 328-331
com polarização classe B/AB, 389-391
com polarização da base, 282-286
com polarização do emissor, 287-289
com polarização do emissor com fonte simétrica (PEFS), 289, 300-301
com polarização por divisor de tensão (PDT), 288
com realimentação negativa discreto, 719
com transistor de efeito de campo de junção (JFET), 438-443
configurações comuns, 354
de áudio, 369, 699-700
de baixo ruído, 449
de banda estreita, 369
de banda larga, 369
de corrente, 725
de dois estágios com realimentação, 331-333
de frequência intermediária, 700

de pequeno sinal, 291
de potência, 370
de rádio frequência (RF), 369, 700
de tensão linearizado (swamp), 391
de transcondutância, 712
de transresistência, 712
de vídeo, 700
distribuidor de áudio, 745
divisor de tensão na base (BDT), 370-371
emissor comum (EC), 301, 305, 309, 339-340
estágio duplo, 328
fonte comum (FC), 438
fórmulas de potência, 386
ganho de potência, 375-376
ganho total de tensão, 329
ICIS, 725, 726
ICVS, 721-722
impedância de saída, 339-342
instrumentação, 759-763
integrados para instrumentação, 762-763
inversores, 596, 680-686, 722, 778
linearizados (swamp), 311-314, 331
manutenção de multiestágios, 355
MOSFET-D, 474-476, 512
MOSFET-E, 508-512
não inversores, 686-690, 778
operação classe A, 368, 375-382
operação classe B, 368, 382-383
operação classe C, 368, 393-396
para ganho de tensão, 286
preamp, 369
recortador (Chopper), 448
reforçador (buffer), 448-449
regulação de tensão do, 347-350
resposta em frequência do, 570

seguidor de emissor como, 334
seguidor de emissor de potência, 379-382
sintonizados classe C, 396-401
sintonizados RF, 369-370
somadores, 691-692
termos dos, 368-370
VCIS, 723-724
amplificadores baseados no divisor de tensão (BDT), 370-371
amplificadores classe C sintonizados, 396-401
amplificadores com realimentação em dois estágios, 328, 331-333
amplificadores de multi-estágios, 328-331
amplificadores de polarização de emissor com fonte simétrica (PEFS), 289, 300-301
amplificadores diferenciais (amps dif)
   análise CA dos, 634-640
   análise CC dos, 629-633
   análise ideal dos, 629-630
   com carga, 656-658
   função e operação dos, 626-629
   ganho de tensão dos, 634
   ganho diferencial na saída dos, 635-636
   ganho na saída dos amplificadores diferenciais simples, 635
   ganhos de tensão para os, 637
   impedância de entrada dos, 637
   montagem dos, 753-759
   segunda aproximação dos, 630
   teoria de operação, 634-635
amplificadores inversores, 596, 680-686
   com fonte simples, 778
   corrente de entrada dos, 722
   ganho de tensão dos, 681-682

impedância de entrada dos, 682
largura de banda, 682-683
polarização e offsets, 683-684
realimentação negativa inversora, 680
terra virtual, 680-681
amplificadores linearizados (swamped), 311-314, 331
ganho de tensão dos, 312
impedância de entrada da base, 312-313
menor distorção em grandes sinais, 313
realimentação de emissor CA, 311-312
amplificadores MOSFET-D, 474-476, 512
amplificadores operacionais (amps. op.), 741. *Veja também* amps. op.
amplificador inversor, 680-686
amplificador não inversor, 686-690
aplicações dos, 691-695
características de entrada, 640-647
características típicas, 669
compensação em, 597-598
compensação interna, 597
configurações básicas, 696
descrição dos, 572, 624
ICs lineares, 695-701
introdução ao, 668-670
limitadores com, 120
op amp 741, 670-679
para dispositivos de montagem em superfície, 701
produto ganho-largura de banda (GBP) do, 816-817
tabela dos, 696-699
amp-op trilho a trilho, 769-770
amps dif com carga, 656-658
amps. op. 741
carregamento ativo, 672
compensação de frequência, 672-673
corrente de curto circuito, 675
entrada dos amp. op. dif, 671
estágio final, 671-672
padrão industrial, 670-671
polarização e compensações, 673
razão de rejeição em modo comum (CMRR), 673-674
resposta em frequência, 675
saída máxima pico a pico, 674-675
taxa de subida, 675-677
amps. op. com fonte de alimentação simples, 778-779
analisador de distorção, 718-719
análise CA, 385-388, 634-640
análise CC dos amplificadores diferenciais, 629-633
análise de FETs em alta frequência, 611-612

análise em baixa frequência, 609-610
análise em frequência
de estágios com FET, 609-614
de estágios com TJB, 602-609
análise ideal de amps dif, 629-630
ângulo de condução, 398-399, 543
ângulo de disparo, 543
ângulo de fase, 593
gráfico de Bode do, 593-594
anodo, 58, 530
anodo comum, 170
aproximação de Bessel, 799-801
aproximação de Chebyshev, 797-797
aproximação de ondulações iguais. *Veja* aproximação de Chebyshev
aproximação ideal
da tensão coletor-emissor, 215
descrição da, 6-7
dos transistores, 203
aproximação inversa de Chebyshev, 797-798
aproximação plana máxima. *Veja* aproximação de Butterworth
aproximações de Butterworth, 795-796
aproximações diferentes de decaimento abrupto (roll-off), 801-802
aproximações do transistor, 203-204
aproximações *Veja também* segunda aproximação
atenuações de diferentes, 801-802
Butterworth, 795-796
de Bessel, 799-801
de Chebyshev, 796-797
do transistor, 203-204
dos filtros, 795-805
elíptica, 798-799
ideal, 6-7, 203
inversa de Chebyshev, 797-798
maiores, 204
para corrente do emissor, 257
relação das, 6
terceira, 7, 66
armazenagem de energia, 989
atenuação, 790, 794
atenuação do passa-bandas, 794-795
atenuação em decibel, 794
atenuação no rejeita banda, 794-795
átomo aceitador, 37
átomo de cobre, 30
átomos doadores, 36
átomos pentavalentes, 36
átomos trivalentes, 36-37
autopolarização, 265-266, 425-426
banda de condução, 45
banda média, 571, 590-591

banda morta, 866
bandas de energia, 44-46
bandas de energia tipo n, 45
bandas de energia tipo p, 45
barra de proteção
com SCR, 538-541
com triac, 550
integrada, 540
barreira de potencial, 39-40, 46, 120
barreira Schottky, 174
base, 190
base comum (BC), 195
base-emissor aberto (BEO), 249
beta CA, 292-293
beta CC, 194
BIFET (transistor de efeito de campo bipolar) amp. op., 669
biquadrado, 840
blocos funcionais, 559
bolachas (*wafers*), 651
bomba de carga, 500
buffering, 756
BV (tensão de ruptura reversa), 71

cabos de fibra ótica, 171
camada de inversão tipo n, 477
camada epitaxial, 651
camadas de depleção, 39, 41-42
canais, 417, 491
capacitância de montagem, 921
capacitância variável por tensão, 175-177
capacitâncias internas, 570
capacitâncias parasitas nos condutores, 570
capacitor de acoplamento de entrada, 602
capacitor de acoplamento de saída, 602
capacitor de compensação, 672
capacitor de comutação, 867-868
capacitor de desvio do emissor, 602-603
capacitor de realimentação, 597
intercambiado, 597
capacitor dominante, 571
capacitor polarizado, 107
capacitores de acoplamento, 282-283, 368
capacitores de desvio, 287
capacitores eletrolíticos, 107
características das fontes, 960-962
características de disparo, 528
características de entrada do amp. op., 640-647
características de transferência, 859
carga armazenada, 172
eliminação, 174
produz corrente reversa, 172-173
carga aterrada, 772
carga ativa, 672
carga em flutuação, 770-772

carga em ponte conectada (CPC), 889
carga estática, 478
casamento de impedância, 347, 581-583
cascata, 127
catodo comum, 170
catodos, 58, 530
cauda, 173
CC (coletor comum), 195
ceifador positivo, 119
ceifador positivo ativo, 883-884
ceifadores, 118-122
ceifadores firmes (estáveis), 120
ceifadores negativos, 120
ceifadores polarizados, 121-122
ceifamento de grandes sinais, 372
chapa de cristal, 920-921
chave controlada de silício, 556-557
chave controlada pela porta, 556
chave de carga com canal-n, 500
chave de carga de canal p, 499-500
chave para deslocamento de frequência (FSK), 944, 945
chave unilateral de silício, 527
chaveamento analógico, 444
chaveamento com carga passiva, 486
chaveamento de carga ativa, 486-487
chaveamento digital, 485-489
chaves de banda alta, 502
chaves de carga de banda alta, 498
chaves de carga MOSFET de banda alta, 498-502
chaves em paralelo, 444
chaves em série, 444
CI de ganho de tensão, 539-540
CI híbrido, 654
CI regulador, 978
CI regulador de tensão, 116, 978
CI temporizador, 924
ciclo do trabalho, 398
circuito amplificador não inversor, 744-747
circuito avanço-atraso, 906
circuito básico, 686-687
circuito de amplificação, 222, 283-285
circuito de anulação (zero), 673
circuito de desvio da base, 606-607
circuito de desvio do coletor, 605-606
circuito de polarização de emissor com fonte simétrica (PEFS), 289
circuito equivalente CC, 298-299
circuito não inversor, 867
circuitos amplificadores inversores, 742-744
circuitos amplificadores somadores, 763-767

circuitos analógicos, 485-486, 855-856
circuitos com diodo, 58-59
 análise de falhas, 116-118
 ceifadores e limitadores, 118-122
 filtro com capacitor de entrada, 103-110
 filtro de entrada com indutor, 101-103
 grampeadores, 123-125
 multiplicadores de tensão, 125-128
 outros tópicos sobre fontes de alimentação, 112-116
 retificador de meia onda, 88-91
 retificador de onda completa, 93-97
 retificador em ponte, 97-101
 tensão de pico inversa e corrente de surto, 110-112
 transformador, 91-93
circuitos com diodo ativo, 881-885
circuitos com o 555, 935-942
circuitos de anulação (zero), 645
circuitos de atraso, 591, 592, 905
circuitos de avanço, 906
circuitos de chaveamento, 201, 222, 226, 485-486
circuitos de dois estágios, 226
circuitos de Thevenin *versus* circuitos de Norton, 19-20
circuitos digitais, 225, 485-486
circuitos discretos *versus* integrados, 289
circuitos equivalentes CA
 do amplificador com realimentação parcial, 311
 do diodo polarizado reversamente, 175
 do diodo Zener, 151
 do filtro de entrada com bobina, 101
 do ganho com saída simples, 635
 do oscilador de Colppits, 913
 dos amplificadores, 299-301
 dos amplificadores BC, 352
 dos amplificadores de estágios múltiplos, 328
 dos amplificadores EC, 339-400
 dos amplificadores FC, 438
 dos amplificadores PDT, 300
 dos amplificadores PEFD, 301
 dos circuitos túnel, 177
 dos cristais, 921-922
 dos cristais de vibração, 921-922
 dos JFETs, 436-437
 dos transistores, 306
 para o seguidor de emissor, 335
 usando o modelo T, 306
circuitos integrados (CIs), 116, 188, 289, 651-654

circuitos inversor /não inversor, 748-753
circuitos não lineares, 850
circuitos Norton *versus* circuitos Thevenin, 17-20
circuitos para montagem em superfície, 615
circuitos push-pull
 operação classe B e, 382-383
 push-pull classe B com seguidor de emissor e, 383-384
cis com filme espesso, 653
cis com filme fino, 653
CIs geradores de função, 945-950
CIs monolíticos, 653
classes de operação, 368
CMOS (MOS complementar), 489-490
CMRR. *Veja* razão de rejeição em modo comum (CMRR)
coeficientes de temperatura, 147
coletor, 190
coletor comum (CC), 195-196
coletor-base aberto (CBO), 249
coletor-emissor aberto, 249
coletor-emissor em curto, 249
combinação de ceifador, 122
comparador com coletor aberto, 860
comparador de janela, 869-870
comparador quádruplo, 861
comparadores
 com histerese, 864-869
 com referência diferente de zero, 859-864
 com referência zero, 852-858
 região linear do, 855
comparadores com fonte de alimentação simples, 860
comparadores inversores, 853-854
compensação de um AOP, 597-598
complemento de Q, 928
compliância de saída, 372
comutação forçada, 534
comutadores de terra, 502
condições de partida dos osciladores, 913-914
condução leve, 498, 539
condução reversa, 173
condutores, 30-31
conexão BC, 914-916
conexão com solda fria, 20
conexão EC, 912-913
conexões Darlington, 344-347, 971
conexões em paralelo, 14
configurações das entradas diferenciais, 636-637
configurações das entradas inversoras, 636
constante de tempo de atraso, 800
consumo de energia, 490
consumo de potência no ponto quiescente, 490

consumo dinâmico de potência, 490
controle automático de ganho (AGC), 437, 451-452, 775-777
 áudio, 775-776
 vídeo de alta resolução, 776-777
 vídeo de baixa resolução, 776
controle da tensão de fase no triac, 546
controle de fase com rc, 541-544
controle de fase com SCR, 541-545
controle do ângulo de fase, 541-544
conversão de forma de onda, 873-877
conversor D/A em escada R/2R, 767
conversor D/A R/2R, 1063-1064
conversor de corrente para tensão, 712, 721-722
conversor digital-analógico (D/A), 765-767
conversores, 712
conversores CC-CA, 494-495
conversores CC-CC, 495, 986-988
conversores tensão-corrente, 712, 724
conversores tensão-frequência, 933
corrente
 de transistores, 193-195, 214
 derivação de, 194
 e temperatura, 214
corrente baixa de desligamento (drop out), 527
corrente bidirecional, 769
corrente CC direta, 60
corrente da base, 641-642
corrente de base fixa, 243
corrente de carga, 145
corrente de carga bidirecional, 769
corrente de carga unidirecional, 769
corrente de carga unidirecional, 88
corrente de cauda, 629-630, 655
corrente de compensação de entrada, 641, 642
corrente de corte do coletor, 200
corrente de curto circuito, 17
corrente de curto circuito na saída, 675
corrente de disparo, 503
corrente de disparo da porta (I_{GT}), 531
corrente de dreno, 376
corrente de dreno, 417, 418-419, 457
corrente de emissor fixa, 243
corrente de espelho, 654-656
corrente de fuga da superfície, 42, 48
corrente de manutenção, 527
corrente de monopólio, 494

corrente de Norton, 16-17
corrente de polarização de entrada, 640-641
corrente de portadores minoritários, 42
corrente de ramo, 922
corrente de saída, 772-773
corrente de saturação, 42
corrente de saturação reversa, 47-48
corrente de surto, 110-112
corrente de transiente, 47
corrente de Zener, 146
corrente direcionada para dentro, 501
corrente direta, 71
corrente direta máxima, 60, 71, 73
corrente direta retificada, 71
corrente máxima de dreno, 457
corrente máxima, diodos zener, 156
corrente no diodo, 114
corrente reversa, 74
 armazenamento de cargas produz, 172-173
corrente reversa máxima, 74
corrente série, 145
correntes no transistor, 193-195
CPC (carga em ponte conectada), 889
cristais, 32, 921
cristais de silício, 32-34
 bandas covalentes, 33
 lacunas, 34
 recombinação, 34
 saturação, 33-34
 tempo de vida, 34
cristais quartzo, 920-924
curto CA, 282, 288
curto mecânico, 687
curto virtual, 687
curva da base, 196-198
curva de degradação, 401, 404
curva normalizada de transcondutância, 420
curvas de Bode, 586-589, 590-596
curvas de Bode ideal, 588-589
curvas de transcondutância
 dos transistores de efeito de campo de junção (JFETs), 420-421
 inclinação das, 436-437
curvas do coletor, 198-203
curvas do dreno, 418-420, 477
curvas do MOSFET-D, 472-473

darlington complementar, 347
décadas, 587
decibéis (dBs)
 6 dB por oitava, 592
 acima da referência, 584-586
 definição de, 576
 frequência de 3 dB em, 814
 ganho de potência, 575-577
 matemática dos, 575-576
definição, 4

definição de classe AB, 386
degrau de tensão, 675
demodulador de FM, 944, 945
derivação, 5-6, 1011-1016
desligamento (dropout)dos CIs reguladores, 978
desligamento rápido, 494
deslocador de fase, 752-753
deslocador de fase, 800, 837
detector de carga ativa, 882-883
detector de cruzamento de passagem por zero, 852
detector de fase, 942
detector de limite, 860
detector de limite com saída dupla, 869
detector de pico, 125
detector de pico a pico, 125
detectores de temperatura resistivos (RTD), 757
diacs, 545
diagrama de bloco funcional, 926-927
diferenciação, 885
diferenciador rc, 885-886
diferencial, 885-887
difusão, 39
diodo coletor, 190
diodo coletor-base, 190
diodo com fuga, 69
diodo de avalanche, 146
diodo de junção, 38
diodo de portadores quentes, 174
diodo de quatro camadas, 526-529
diodo emissor-base, 190
diodo ideal, 61-62
diodo parasita, 492
diodo pnpn, 527
diodo polarizado reversamente, 47-48
diodo regulador de tensão, 143
diodo schokley, 527
diodo schottky, 172-175
    aplicações, 174-175
    armazenamento de carga, 172-173, 174
    desligamento ultra rápido, 174
    diodo de portador quente, 174
    retificação ruim em altas frequências, 173
    tempo de recuperação reversa, 173
diodo Zener ideal, 144
diodos, 38. *Veja também* termos específicos
    cálculo da resistência de corpo, 74-75
    de corte rápido (snap), 179
    de recuperação em degrau, 178-179
    de retaguarda, 179
    folha de dados, 71-74
    ideal, 61-62
    não polarizado, 38
    para montagem em superfície, 77-78
    PIN, 181
    polarização reversa, 47-48
    reguladores de corrente, 178
    resistência CC dos, 75
    retas de carga, 76-77
    segunda aproximação, 64
    sistemas electrônicos, 78-79
    tensão de ruptura, 43
    terceira aproximação, 66
    túnel, 179-180
    verificação de defeitos dos, 69-70
diodos de compensação, 389-390, 654
diodos de corrente constante, 178
diodos de pequeno sinal, 119
diodos de recuperação em degrau, 178-179
diodos de sintonia, 175-177
diodos emissor, 190
    resistência CA de emissor, 294
    resistência CA do, 293-296, 293f
diodos emissores de luz (LEDs)
    acionadores de, 245-248
    alta-potência, 168-169
    aplicações do acionador, 997-998
    brilho dos, 164
    cores dos, 44
    especificações e características, 164-166
    operação e função dos, 162-170
    tensão e corrente nos, 164
diodos grampeadores, 856
diodos laser, 171-172
diodos laser visíveis, 172
diodos rápidos, 179
diodos reguladores de corrente, 178
diodos retificadores, 118
diodos túnel, 179-180
diodos Zener
    corrente de carga, 145
    corrente máxima, 145
    corrente série, 145
    dissipação de potência, 156
    folha de dados dos, 156-159
    operação e função dos, 142-144
    operação na ruptura, 145
    segunda aproximação dos, 150-151
dipolo, 39
disparador de Schmitt (Schmitt trigger) não inversor, 867
disparador de Schmitt (trigger), 865-866
disparo, 526-527
disparo da porta, 530-531
disparo (descontrole) térmico, 389, 493-494
disparo (drift), 448, 922
disparo térmico, 673
dispositivo abertos, 20-21
dispositivo controlado por tensão, 417
dispositivo não linear, 58
dispositivo no modo de depleção, 477
dispositivo npn, 190
dispositivo pnp, 190
dispositivos com coletor aberto, 860-861
dispositivos de chaveamento, 478
dispositivos de dois terminais, 487
dispositivos de lei quadrática, 420
dispositivos de pequeno sinal, 457
dispositivos discretos, 491-492
dispositivos em curto, 21
dispositivos lineares, 58
dispositivos no modo de crescimento (enriquecimento), 477
dispositivos normalmente em condução, 472
dispositivos optoeletrônicos, 162-172, 250-252
dispositivos para montagem em superfície, ampop como, 701
dissipação de potência, 60, 376, 386-387, 399, 457, 970-971, 1012
    de diodos zener, 156
dissipação de potência no ponto quiescente, 376
dissipação de potência no transistor, 376, 386-387, 399
dissipadores de calor, 210, 403-404
distorção, 290
    harmônico, 718-719
    menor em grandes sinais, 313
    não linear, 718-719
    redução, 290-291
distorção da taxa de subida, 728
distorção harmonica total (THD), 890
distorção por cruzamento, 385-386
distribuição de amplificadores de áudio, 745
divisor de fase, 987-988
divisor de frequência, 858
divisor de tensão firme, 257
divisor de tensão firme (estável), 256
dobrador de tensão em onda completa, 127-128
dobradores de tensão, 125-126
dopagem, 34, 36-37
dreno, 416
duas retas de carga, 370-375
    corte de grandes sinais, 372
    linha de carga CA, 370-372, 380
    reta de carga CC, 370-371, 380
    saída máxima, 372-373

EC (emissor comum), 195-196
efeito CA da fonte de tensão CC, 299
efeito CA em uma fonte CC, 299
efeito de avalanche, 43
efeito de campo, 416
efeito de carga na impedância de entrada, 308-311
efeito de frequência nos circuitos de montagem e superfície, 615
efeito de Miller, 596-599, 672
efeito dos resistores na base, 630
efeito piezoelétrico, 920
efeito zener, 146
efeitos combinados, 644
eficiência
    definição de, 376, 377
    do amplificador classe A, 376-377
    do amplificador classe C sintonizada, 393
    do estágio, 399-400
    dos reguladores, 965, 968-969
    dos reguladores em série, 970-971
eficiência do estágio, 399-400
eficiência luminosa, 169
elementos parasitas, 492-493
eletroluminescência, 163
elétrons da base, 192
elétrons de ligação, 33-34
elétrons de valência, 31
elétrons do coletor, 192-193
elétrons do emissor, 191-192
elétrons livres, 31, 36
    fluxo de, 35, 40
eliminação da compensação (off-set) de saída, 872
EMI. *Veja* interferência eletromagnética (EMI)
emissão de campo forte, 146
emissor, 190
emissor comum (EC), 195-196
energia térmica, 34
energia térmica, 34
entrada de reset, 928
entrada diferencial, 626-627
entrada inversora, 626
entrada inversora dos amps op, 628
entrada não inversora, 626
entrada não inversora dos amps. op., 628
entrada set, 928
entradas reforçadas (isoladas), 756
epicap. *Veja* varactor
equação da reta de carga, 216
equação de transcondutância, 1013
equação linear, 216
equalizadores de atraso, 839
erro com carga, 15
escalas lineares, 587
escalas logarítmicas, 587
espaço, 938
espúlios (pulsos) de tensão, 177
espúrios (picos), 177

estabilidade do cristal, 922-923
estabilidade do ganho, 716-717
estado aberto, 526
estado de condução(fechado), 526
estágio ativo com resistor elevador (pullup), 861
estágio de saída quase complementar, 347
estágio passa-altas, 810-812
estágio passa-baixas, 809-810
estágio passa-todas de primeira ordem, 835
estágios, 262
estágios de primeira ordem, 809-813
estágios em cascata, 580
estrutura atômica, 30

faixa de captura, 944
faixa fechada do PLL, 944
faixas de frequência, 369
faixas de frequências, 369
fase, 904
fase do filtro, 835
fase em malha fechada, 942-945
fator de amortecimento, 807-808
fator de atenuação na realimentação, 714
fator de correção, 244
fator de escala para frequência (FSF), 821
fator de segurança, 71
fatores de degradação, 159, 210, 401, 403
FETs com óxido de semicondutor e metal (MOSFETs), 470, 489. *Veja também* MOSFETs (D-MOSFETs) no modo de depressão; MOSFETs (E-MOSFETs) no modo de crescimento
FETs de porta isolada (IGFETs), 470
FETs de potência
 como interface, 494
 em paralelo, 494
 operação e função dos, 491-498
 versus SCRs, 535
 versus transistor bipolar, 494
FETs. *Veja* transistores de efeito de campo (FETs)
figura de Lissajous, 853
filtrando harmônicas, 394-395
filtrando onda completa, 104-105
filtro
 aproximações para, 795-805
 ativo, 788, 795
 atraso máximo, 800
 banda-estreita, 792, 830-831
 biquadrático e estado variável, 840-843
 bobina de entrada, 101-103
 CI, 115-116
 de banda-larga, 792, 829-830
 de Bessel, 820-821
 de Butterworth, 819-820
 de Cauer, 798

de Chebyshev, 821-822
de entrada com capacitor, 103-110, 992
de ordem superior, 819-822
de ordem superior LC, 808-809
de Sallen-Key com componentes iguais, 822-823
KHN, 841
largura da banda, 791
MFB (realimentação múltipla), 829-833
notch de segunda ordem de Sallen-Key, 833-834
outros tipos de, 802-804
passa-altas, 826-829
passa-baixa com componentes iguais, 822-826
passa-baixas de Sallen-Key, 813
passa-baixas de segunda ordem com ganho unitário, 813-819
passa-banda, 791-792, 829-833
passa-bandas MFB, 829-833
passivos, 115, 788, 795, 805-809
ponto quiescente (ponto Q) dos, 792
rc, 115
rejeita-banda, 792-793, 833-835
resposta em fase dos, 793
resposta em frequência dos, 790
respostas aproximadas de, 793-805
respostas ideais dos, 790-793
VCVS, 813-819, 822-826
filtro com realimentaçao múltipla (MFB) multiplexando, 830
filtro de atraso, 835
filtro de entrada com bobina, 101-103, 990
filtro de estado variável, 841
filtro notch, 793, 908
filtro passa-baixas, 790
filtro passa-todas, 793, 835-840
filtro passa-todas de atraso de primeira ordem, 835
filtro passa-todas de atraso de segunda ordem MFB, 836
filtro passa-todas de avanço de primeira ordem, 835
filtro passa-todas de segunda ordem, 835-837
filtro plano de atraso máximo, 800
filtro t duplo (*twin-T*), 910
filtro TT (Tow-Thomas), 840
filtros de banda estreita, 792, 830-831
filtros de componentes iguais Sallen Key, 822
filtros de estados variáveis e biquadráticos, 840-843

filtros passa-altas, 790-791, 826-829
filtros passa-banda
 fator Q dos, 792
 largura da banda (BW) dos, 791
flip-flop rs, 927-928
flutuação, 127
fluxo, 35
 de elétrons livres, 35, 40
 de lacunas, 35
 de um elétron, 40
 tipos de, 36
folhas de dados, 43
 de transistores, 207-212
 descrição das, 71
 do IGBT, 553-554
 dos diodos Zener, 156-159
 dos MOSFETs-E, 480-481
 dos SCRs, 532-533
 fabricantes (links on-line), 1010
 grandezas CA nas, 303-305
 interpretando, 71-74, 114
 para os transistor de efeito de campo de junção (FETs), 455-458
 para os triacs, 547-548
 para transistores Darlington, 345
folhas de dados parcial do TLDR5400, 165
fonte, 416
fonte de alimentação
 características das, 960-962
 descrição das, 103
 melhoria da regulação nas, 964-965
 resistência de saída das, 961-962
 verificação de defeitos nas, 116-118
fonte de alimentação positiva, 269
fonte de alimentação sem interrupção (UPS), 494
fonte de corrente, 453
fonte de corrente CC, 10
fonte de corrente controlada por corrente (FCCC), 712
 amplificador, 725-726
fonte de corrente controlada por corrente (ICIS), 712
 amplificador, 725-726 amplificador
fonte de corrente controlada por tensão (VCIS), 712
 amplificador, 723-724
 carga aterrada, 772
 carga flutuante, 770-772
 corrente de saída, 772-773
 fonte de corrente de Howland, 773-774
fonte de corrente howland, 773-774
fonte de tensão CC ideal, 7

fonte de tensão controlada por corrente (ICVS), 712, 713
 amplificador, 721-722
fonte de tensão controlada por corrente (ICVS), 712, 713
 amplificador, 721-722
fonte de tensão controlada por tensão (VCVS), 669, 712, 713-719
 equações, 716-719
 ganho de tensão, 713-715
fonte de tensão firme (estável), 9-10, 255
fonte ideal de tensão
 segunda aproximação e, 8
fonte negativa, 268
fonte simétrica regulada, 980-981
fontes de corrente, 10-11
 quase ideal, 11
 símbolo esquemático, 11
fontes de corrente firmes (estáveis), 11
fontes de tensão, 7-10
 segunda aproximação e, 8
 ideal, 7-8
 quase ideal, 9-10
forma de onda ideal, 88-89
formas de onda, 88
formas de onda da polarização por divisor de tensão (PDT), 288
formas de onda da tensão, 285-286
fórmula, 4, 906-907
fórmula da ondulação, 105-106, 127
fórmulas de potência, 386
fórmulas para classe C, 396-401
 ângulo de condução, 398-399
 ciclo de trabalho, 398
 depressão da corrente na ressonância, 397
 dissipação de potência no transistor, 399
 eficiência do estágio, 399-400
 largura de banda (ou largura de faixa), 396-397
 resistência CA de coletor, 397-398
foto SCRs, 556
fotodiodos, 170-171
 vs. fototransistor, 250-251
fototransistores, 250-251
 vs. fotodiodos, 250-251
fração de realimentação B, 714
frequência de centro, 792
frequência de centro sintonizável, 832
frequência de corte, 588
frequência de corte, 795, 814
frequência de corte dominante, 598, 603, 606
frequência de corte (quina), 588
frequência de entrada, 943-944
frequência de ganho unitário, 589

frequência de livre varredura, 943-944
frequência de meia potência, 396, 571
frequência de polo, 814
frequência de saída, 89, 95
frequência fundamental, 921
frequência muito alta (VHF), 449
frequência ressonante
 de circuitos LC, 913
 de pico, 814-815
 definição da, 175
 dos amplificadores classe C, 393
 e Q, 806-807
 fórmula da, 906-907
frequência ressonante em paralelo, 922
frequência ressonante série, 222
frequência ultra alta (UHF), 449
frequências de corte, 571, 588, 590-591, 601, 795
frequências de vídeo, 776
função de partida do software, 501
fusíveis, 113, 118
fusíveis queimados, 118
fusíveis retardados, 113-114
fusível de corrente, 113

ganho ajustável, 750-751
ganho com saída simples, 635
ganho de corrente
 CA, 292-293
 dos transistores, 194, 214
 menor efeito do, 243-244
 na folha de dados, 303
 na região de saturação, 223
 nos parâmetros h, 211
 variação no, 243
 variações no, 214
ganho de malha, 714, 904
ganho de potência, 576, 577
 amplificadores classe A, 375-376
ganho de potência em decibel, 575-577
ganho de tensão
 adição de, 539
 derivado do modelo T, 306
 derivado do modelo π, 306
 do amplificador em fonte comum (fonte de corrente), 438
 do CI, 539-540
 do primeiro estágio, 328
 do seguidor de emissor, 335-336
 do segundo estágio, 329
 dos amplificadores, 286, 312
 dos amplificadores com realimentação em dois estágios, 332
 dos amplificadores linearizados (*swamped*), 332
 dos amps dif, 634, 637
 entre a banda média e o corte, 573, 590-591

gráfico de Bode, 591-592
resistência CA de coletor, 306
ganho de tensão diferencial, 754
ganho de tensão dos transistores de efeito de campo (JFET) chaveado, 745-746
ganho de tensão em decibel, 579-581, 587-588, 592
 definido, 579
 estágios em cascata, 580
 regras básicas, 579
ganho de tensão em malha aberta, 669
ganho de tensão em malha fechada, 681
ganho de tensão em malha fechada ideal, 714-715
ganho de tensão exato em malha fechada, 714
ganho de tensão total, 329
ganho em decibel, 582
ganho em modo comum, 647-650
ganho na saída diferencial, 635-636
ganho reversível e ajustável, 743-744
ganho reversivo, 751
ganho unitário do estágio de segunda ordem Sallen Key, 822
gatilho (porta) do catodo, 556
gatilho (porta) do anodo, 556-557
gatilho (*trigger*), 530, 926
geração de íon, 39
gerador de pulso, 948
gerador de rampa, 938-939, 948
gerador dente de serra, 529
geradores triangulares, 880-881
germânio, 31
 vs. silício, 48
gráfico *I versus V*, 142
grampeador positivo, 123-124
grampeador positivo ativo, 884-885
grampeadores, 123-125
grampeadores com diodo, 120-121, 854
grampeadores firmes (estáveis), 123-124
grampeadores negativos, 124-125
grande sinal, 372
grandezas CA em folha de dados, 303-305
 outras grandezas, 303-305
 parâmetros h, 303
 relação entre os parâmetros r e h, 303

harmônicas, 179, 394-395, 718
histerese, 866-867

I_{DSS}, 457
IGBT (transistor bipolar com porta isolada), 524
 construção dos, 551-552
 controle dos, 552

folha de dados dos, 553-554
 vantagens dos, 552, 556
I_{GSS}, 457
iluminação, 177
impedância de entrada, 682
 amplificador de BC, 352
 aumento da, 831-832
 da base, 297
 da base do amplificador linearizado, 336
 da base do seguidor de emissor, 336
 do estágio do seguidor de emissor, 336
 do não inversor, 722
 dos amps. dif, 637
 efeito de carga da, 308-311
 em malha fechada, 717-718
impedância de saída, 339-342
 com malha fechada, 718
 de amplificadores EC, 339-340
 formulação ideal, 340-341
 ideia básica, 339
 não inversor, 722
 seguidor de emissor, 340
impedância de saída em malha fechada, 718, 1013-1014
impedância de saída não inversora, 722
impedância Zener, 159
impedâncias de saída não inversora, 722
implementação de circuito, 813-814
impureza trivalente, 36
impurezas doadoras, 36
inclinação da corrente (dip) na ressonância, 397
indicador de queima de fusível, 168
integração, 870
integração em baixa escala (SSI), 654
integração em escala muito alta (VLSI), 654
integração em larga escala (LSI), 654
integração em média escala (MSI), 654
integração em ultra larga escala (ULSI), 654
integrador, 870-873
integrador Miller, 870
intensidade luminosa, 164
interface com FETs de potência, 494
interferência de rádio-frequência (RFI), 968
interferência eletromagnética (EMI), 890, 978
interrupção da corrente, 534
interrupção por temperatura, 979
intervalo de energia (gap), 48
inversor CMOS (MOS complementar), 489
inversor com realimentação negativa, 680
inversor de sinal, 750-751

inversor/não inversor chaveado, 748-749
inversores, 486
 com ganho ajustável, 750
isolação da camada de depleção, 653
isoladores óticos, 171

JFETs. *Veja* transistores de efeito de campo de junção (JFETs)
junção hiperabrupta, 176
junção pn, 38, 39, 46, 69, 229, 1011

KHN filtros, 841

lacunas, 34, 36-37
largura da banda constante, 832
largura da banda em circuito ressonante, 396-397
largura da banda em malha aberta, 682
largura da banda (largura da faixa) (BW)
 descrição de, 601
 do circuito ressonante, 396-397
 dos filtros passa-banda, 791
 e a distorção da taxa de subida, 728
 e realimentação negativa, 728-729
 malha aberta, 682
 potência, 677
 produto ganho largura da banda, 683, 727
 sinais grandes, 677
largura do pulso, 929, 930, 931, 932
LEDs de alta potência, 168-169
lei, 4-5
lei das correntes de Kirchhoff, 146, 193
lei de Coulomb, 5
lei de Moore, 654
lei de Ohm, 5-6, 143-144
ligações covalentes, 33
limiar, 927
 referência de, 854
limitação de corrente, 453, 971-973
limitadores, 117-122
linearização (swamping), 312
logaritmo natural, 878, 934
logaritmos, 575-576
lógica transistor-transistor (TTL), 507, 855-856, 862, 935
luz coerente, 171
luz e salto de elétron, 44
luz não coerente, 171

maiores aproximações, 89
média aritmética, 792
média geométrica, 792
médias, 765
melhor aproximação de transistores, 204
método da corrente de saturação, 223

método da tensão no coletor, 223
método de dividir em dois, 355
mho, 436
milewatt de referência, 584
minimização da transferência de potência, 339
misturador, definição, 692
misturadores de frequência, 449
modelo Ebers-Moll, 297
modelo T, 297-298
  e ganho de tensão, 306
modelo π, 298
modelos de dois transistores, 297-298
modelos de transistor, 297-298
  modelo T, 297-298
  modelo π, 298
modo astável, 924
modo de espectro amplo (SS), 892
modo de frequência fixa (FF), 892
modo FF (frequência fixa), 892
modulação de sinal, 937-938
modulação em frequência (FM), 944
modulação por largura de pulso (PPM), 938
modulação por largura de pulso (PWM), 503, 888, 890, 930, 937-938
moldando forma de onda, 122
monoestáveis, 924
monotônico, 797
MOS complementar (CMOS), 489-490
MOS (óxido de semicondutor e metal). *Veja* FETs de semicondutores de óxido metálico (MOSFETs)
MOS vertical (VMOS), 491
MOSFET (MOSFET-D) no modo de depleção, 470, 472, 509
  amplificadores com, 474-476
  curvas do, 472-473
MOSFET, testando, 512-512
MOSFETs, 470, 489
MOSFETs no modo de crescimento (MOSFETs-E)
  descrições dos, 470
  folha de dados dos, 480-481
  operação do, 476-478
  região ôhmica dos, 478-485
  símbolos dos, 477-478
  tabelas dos, 479
MOSFETs-D, 470, 472, 509
mostrador (display) de sete segmentos, 170
MPP tensão (máxima pico a pico), 372, 385
multímetro digital, 15, 69
multiplexação, 447
multiplexador analógico, 447
multiplicadores de tensão, 125-128
multivibrador, 926
multivibrador astável, 926

multivibrador astável, 926
multivibrador biestável, 928
multivibrador monoestável, 926
multivibrador monoestável, 926

níveis de dopagem, 190
níveis de energia, 43-46
níveis de sinais, 369-370
notação
  CC e CA, 293
  linha, 294
  subscrito duplo, 196
  subscrito simples, 196
notação com subscrito duplo, 196
notação com subscrito simples, 196
núcleo, 30, 31

oitavas, 586, 592
onda quadrada, 122, 854
onda triangular na saída, 946
ondas de pulso, 875-876
ondas retangulares, 873, 874-875
ondas senoidais
  conversor de, em onda quadrada, 854
  conversor de, em onda retangular, 874
ondas triangulares
  conversão de ondas retangulares em, 874-875
  conversão de pulsos em, 875-876
  geração de, 878-879
ondulação, 103, 151, 796-797
ondulação de saída, 151
operação astável, 926
  do temporizador 555, 931-935
operação classe A, 368, 375-382
operação classe AB, 386
operação classe B, 368, 382-383
operação classe C, 368, 393-396
operação com fonte de alimentação simples, 777-779
operação de ruptura, 145
operação em grande sinal, 369
operação em pequeno sinal, 290-292, 369
  distorção, 290
  ponto de operação instantâneo, 290
  redução de distorção, 290-291
  regra dos 10 por cento, 291
operação monoestável, 924-926, 928-930
operação trilho a trilho, 769
optoeletrônica, 162
órbitas, 30
órbitas, 30, 43-44
órbitas de valência, 30, 33
órbitas estáveis, 30
ordem dos filtros, 795
oscilação senoidal, 904-905
oscilações, 591
oscilador BC, 915
oscilador clapp, 919
oscilador com cristal-quartzo, 919-920

oscilador com ponte de Wien, 905-910
oscilador controlado por tensão (VCO), 933-934, 942
oscilador de Armstrong, 917-918
oscilador de Colpitts com FET, 916
oscilador de Colppits, 912-917
oscilador de Colppits com cristal, 923
oscilador de cristal pierce, 923
oscilador de relaxação, 877-878
oscilador deslocador de fase, 910, 911-912
oscilador Hartley, 918
osciladores, 180, 902-950
  acoplado com uma carga, 914
  Armstrong, 917-918
  BC, 915
  CI, 912, 917-920
  circuito equivalente CA dos, 913
  Clapp, 919
  Colppits, 912-917
  Colppits com cristal, 923
  Colppits com FET, 916
  condições de partida dos, 913-914
  controlado por tensão (VCO)
    operação do, 933-934
  cristal, 919-920, 923
  cristal pierce, 923
  cristal-quartzo, 919-920
  definição, 449
  deslocador de fase, 910, 911-912
  duplo T (twin-T), 910-911
  Hartley, 918
  ponte de Wien (Wien-bridge), 905-910
  rc, 910-912
  relaxação, 877-878
  tensão na saída do, 914
osciladores CI, 912, 917-920, 925
osciladores com T duplo, 910-911
osciladores de cristal, 919-920, 923
osciladores rc, 910-912, 925

par Darlington, 344-346
par de cauda longa, 629
parâmetros h, 211, 303
parâmetros r, 303
passa-bandas, 790
passivação, 651
pastilhas (chips), 654
pequeno sinal, 291
pinagem (números dos pinos), 763
PIV (tensão de ruptura reversa), 71
placa de protótipos para circuitos (protoboard) ou (breadbord), 15
plano s, 814
PLL (fase em malha fechada), 942-945
polaridade, 107

polarização
  com fonte de corrente, 432-433
  do emissor com fonte simétrica, 260-264
  do terminal fonte com fonte simétrica, 432
  outros tipos de, 264-266
polarização
  da região ativa, 425-434
  na região ôhmica, 422-423
  região ôhmica, 482
polarização com fonte simétrica, 432
polarização com realimentação do coletor, 265-266
polarização com realimentação do emissor, 264-265, 266
polarização da base, 215, 225
polarização da porta, 422
polarização de amplificadores classe B/AB, 389-391
polarização de emissor com fonte simétrica (PEFS), 260-264
  análise, 261-262
  tensão de base, 262
polarização direta, 40-41
polarização do diodo, 389-390
polarização do dreno com realimentação, 498, 509
polarização do emissor, 242-245, 260-264
polarização leve (*trickle*), 478
polarização por divisor de tensão (PDT)
  análise da, 255-258
  e JFETs, 428-430
  manutenção (análise de falhas), 266-267
  operação e função da, 253-255
  ponto quiescente (ponto *Q*), 258-259
  regra de projeto para, 259
  reta de carga, 259
polarização por fonte de corrente, 432-433
polarização reversa, 41-42, 416-417
polarização reversa (tensão reversa de ruptura), 71
polos, 795
ponta de prova para alta impedância, 742
ponte de solda, 20
ponte de Wheatstone, 756-757
ponte de Wien, 908
ponte H
  discreta, 504-505
  monolítica, 505-508
  MOSFET, 502-508
ponte H de MOSFET, 502-508
ponte H discreta, 504-505
ponte H monolítica, 505-508
ponto de 10 por cento, 599
ponto de 90 por cento, 599
ponto de comutação inferior (LTP), 866

ponto de comutação inferior (PDF), 866
ponto de comutação (referência de limiar), 539, 854, 859-860
ponto de corte, 77, 217
ponto de disparo superior (UTP), 866
ponto de operação, 216, 220-222
ponto de operação instantâneo, 290
ponto de quebra do Zener, 154-155
ponto de saturação, 76, 216-217
ponto quiescente (ponto Q)
   da polarização por divisor de tensão (PDT), 258-259
   descrição do, 77
   dos filtros passa-bandas, 792
   dos transistores, 220-221, 225-226
   dos transistores de efeito de campo de junção (JFETs), 426
   e frequência ressonante, 806-807
   e saturação, 222-224
   fórmulas, 221
   localização do, 242-243
   no centro da reta de carga, 259
   plotagem do, 220-221
   variações do, 221
ponto simples de regulação, 978
pontos de fase, 91-92
porcentagem da distorção harmônica total, 719
porta, 416-417, 530
portador, 938
portadores majoritários, 37
portadores minoritários, 37
portadores quentes, 174
potência da largura da banda, 677
potência de saída, 376
potência e corrente máximas, 210
potência no coletor, 199
potência nominal, 60
potência nominal do transistor, 401-405
potência nominal máxima, 199
potenciômetro de ajuste fino de laser, 762-763
preamp, 369
pré-distorção, 817
pré-regulador, 148
primeira aproximação, 6-7
princípio da dualidade, 17-18
projeto de carga em flutuação, 127
projeto de filtro, 822
proteção contra curto circuito, 965, 971, 985-986
protótipo, 240, 538-539, 794
push-pull, 382

quadruplicador de tensão, 127
quartzo, 920
queda de tensão direta, 74
quedas, 177

razão de rejeição das fontes de alimentação (PSRR), 696
razão de rejeição em modo comum (CMRR), 673-674, 753, 891
   cálculos de, 755-756
   de resistores externos, 754-755
   definição de, 648
   dos amp. op., 754
razão do número de espiras, 91, 92
realimentação
   CA do emissor, 335
   capacitor de, 597
   dois estágios com, 331-333
   dois estágios com realimentação negativa, 392-393
   fator de atenuação da, 714
   filtro com realimentação múltipla (MFB), 830
   fração de realimentação B, 714
   ganho de tensão com, 332
   negativa, 264, 335, 712-713
   negativa discreta, 719
   polarização do coletor com, 265-266
   polarização do dreno com, 509
   polarização do emissor com, 264-265, 266
   positiva, 526
   seguidor de emissor com, 335
realimentação em dois estágios, 331-332
   ganho de tensão do, 332
   ideia básica, 331-332
realimentação negativa
   descrição de, 264
   diagramas de, 713
   ideal, 712
   seguidor de emissor com, 335
   tabela de, 728-729
   tipos, 712-713
realimentação negativa em dois estágios, 392-393
realimentação negativa nos amplificadores discretos, 719
recombinação, 34
recortador (chopper), 445
referência zero
   comparadores com, 852-858
reforçador (booster) unidirecional, 768-769
reforçador (isolador), 343
reforçadores de corrente, 768-770, 985-986
região ativa, 199, 425-434
região de corte, 200
região de fuga, 142
região de ruptura, 199
região de saturação, 199, 223
região direta, 59
região linear, 201, 855
região ôhmica, 419
   descrição de, 419
   do MOSFET-E, 478-485

polarização na, 422
polarizando na, 482
regiões de operação, 199
regra dos 10 por cento, 291
regulação de carga, 960-961, 962, 963, 978-979
regulação de tensão, 347-350
regulação em cada placa, 978
regulador reforçador (buffer), 991-992
regulador Zener com carga, 145-149
reguladores
   abaixador-elevador, 992
   abaixador-elevador monolítico, 995-996
   abaixadores, 988-991
   ajustáveis, 981-982
   CI de baixa potência, 978
   com dois transistores, 348-349, 969-670
   com zener como carga, 145-149
   corpo monolítico, 992-994
   de chaveamento, 103, 968, 986, 988-999
   de tensão, 701, 979, 1000-1001
   de tensão da série LM7800, 979-980
   de tensão da série LM79XX, 980
   de tensão negativa, 980
   desligamento dos Cis, 978
   eficiência dos, 965, 968
   elevadores, 991-992
   elevadores monolíticos, 994-995
   em paralelo, 962-968, 969
   fixos, 980
   linear monolítico, 978-984
   regulação de linha dos, 961, 978-979
   tabela dos, 982-983
   tensão nos Cis, 116, 978
   tensão zener, 143
   tipos de CIs, 978
reguladores paralelo, 962-968, 969
   proteção contra curto circuito corrente de curto circuito, 965
   versus reguladores série, 969
reguladores série
   eficiência dos, 970-971
   limite de corrente dos, 971-973
   operação e função dos, 968-977
   regulação melhorada dos, 971
   tensão de saída dos, 970
   versus regulador paralelo, 969
reguladores Zener
   definição de, 143
   regulação na carga com, 962, 963
   regulador paralelo com, 962-963

versus seguidores Zener, 347-348
reiniciar, reinicializar, recomeçar (Reset), 883
rejeição da ondulação, 982
rejeita banda, 790
relação tempo de subida-largura da banda, 599-601
relógio (clock), 658, 937
relógio de 60 Hz (clock), 658
resistência, 5, 75
resistência CA do coletor, 306, 397-398
resistência CA do emissor
   do diodo emissor, 294
   fórmula, 295
resistência CA dos diodos emissores, 293-296, 293f
resistência CC
   dos diodos, 75
   versus resistência de corpo, 75
resistência com dreno-fonte em condução, 478-479
resistência controlada por tensão, 449-451
resistência da fonte, 7, 255-256
resistência de carga, 256
resistência de corpo
   cálculo da, 74-75
   dos diodos, 59-60, 66, 119
   versus resistência CC, 75
resistência de Norton, 17
resistência de saída, 961-962
resistência de Thevenin, 13, 688
resistência direta, 75
resistência interna, 7
resistência linear, 13
resistência negativa, 179-180
resistência ôhmica, 60, 419
resistência reversa, 75
resistência série equivalente (RSE), 891
resistência Zener, 142-143, 159
   efeito de tensão de carga, 150-151
resistências iguais na base, 644-645
resistências térmicas, 210
resistor de limitação de corrente, 142
resistor de realimentação, 312
resistor de surto, 111
resistor elevação (pullup), 861
resistor sensor de corrente, 972
resistores da base, 630
resistores de carga, 104
resistores de carga ativa, 486, 655-656
resistores de compensação, 856
resposta amortecida, 808
resposta de Chebyshev, 808
resposta de filtros ideal, 790-793
resposta de parede, 790
resposta de primeira ordem, 672
resposta do subamortecimento, 808
resposta em fase, 793

resposta em frequência
    do amp. op. 741, 675
    do amplificador, 570
    do amplificador CA, 570
    dos filtros, 790
resposta quinada (com quina), 814-815
resposta sobreamortecida, 808
respostas
    dos amplificadores CA, 570
    dos amplificadores CC, 571-572
respostas aproximadas dos filtros, 793-805
respostas de Bessel, 814, 838
respostas do Butterworth, 808, 814, 838-839
respostas do passa-banda, 803
respostas do rejeita-banda, 804
retas de carga
    CC e CA, 370-372, 384-385, 393-394
    dos diodos zener, 162
    dos resistores, 215-220, 243
    equação para, 76
    operação classe A, 379-381
    operação classe B, 384-385
    operação classe C, 393-394
    operação em função das, 76-77
    ponto Q, 77
    ponto Q no centro das, 259
retificação pobre em altas frequências, 173
retificador controlado de silício (SCR), 524, 530-538
    estrutura do, 530
    folhas de dados, 532-533
    reset do, 531, 534
    tensão exigida de entrada, 531
    teste do, 537-538
    versus FETs de potência, 535
retificador de meia onda ativo, 881-882
retificador de onda completa com tomada central (center tap), 99
retificador de onda completa convencional, 99
retificadores, 93-95
    controlados de silício, 530-538
    de meia onda, 88-91, 95, 110-111, 881-882
    de meia onda ativa, 881-882
    de onda completa, 93-97, 99, 111
    de onda completa com dois diodos, 99
    de onda completa com tomada central, 99
    de onda completa convencional, 99
    em ponte, 97-101, 111
    filtro de saída dos, 102-103
    valor CC dos, 95
    valor médio dos, 95
reversão instantânea, 178
rotação livre, 504

RSE (resistência série equivalente), 891
ruído, 449, 864
ruído térmico, 864
    e ganho de tensão, 905
ruídos de disparo, 865
ruídos leves, 978
ruptura, 527

saída diferencial, 626-627, 636
saída limitada, 856-857
saída máxima de pico a pico (MPP), 372, 385, 674-675
saída máxima de pico (MP), 372, 381
saída pico-a-pico máxima sem corte (PPM), redução da tensão de erro na saída, 689
saída senoidal, 935-936, 946
saída simples, 627-628
sais de Rochelle, 920
saturação, 33
saturação de valência, 33-34
saturação forte, 224, 422-423
saturação fraca, 224
SCR ativado por luz, 556
SCRs. Veja retificadores controlados de silício (SCRs)
seguidor (bootstrapping), 687
seguidor de emissor push-pull B/AB, 391-393
seguidor de emissor push-pull classe B, 383-388
    análise CA, 385
    circuito push-pull, 383-384
    classe AB, 386
    dissipação de potência no transistor, 386-387
    distorção de cruzamento, 385-386
    fórmulas de potência, 386
    funcionamento total, 385
    reta de carga CA, 384-385
    reta de carga CC, 384
seguidor de emissor. Veja também amplificador CC
    circuitos equivalentes CA para o, 335
    com realimentação negativa, 335
    como amplificador, 334
    como reforçador (buffer), 343
    e formas de ondas, 334
    ganho de tensão do, 335-336
    impedância de saída do, 340
    vs. seguidor de zener, 347-348
seguidor de fonte, 417, 439-440
seguidor de tensão, 692-693
seguidores de tensão Zener, 347-348, 969
segundas aproximações
    da corrente e tensão na carga, 64
    da tensão de meia onda, 89
    das tensões nos transistores, 249
    definição de, 7
    do diodo zener, 150-151

dos amps dif, 630
dos transistores, 203, 204
e ideal das fontes de tensão, 8
retificadores de onda completa, 95
semicondutor tipo n, 37-38
semicondutor tipo p, 38
semicondutores, 31-32, 36-37
    componentes, 1010
    dopagem, 36-37
    extrínseco, 36, 37-38
    fluxo através de, 35
    intrínseco, 35
    silício, 31-32
semicondutores laser, 171
siemens (S), 436
silício, 31-32, 48
    versus germânio, 48
símbolos, 11, 58
    dos MOSFETs-E, 477-478
    dos transistores de efeito de campo de junção (JFETs), 417
sinais analógicos, 485, 486
sinais digitais, 486
sinal acoplado diretamente, 342, 343
sinal de entrada dos grampeadores CC, 394
sinal de meia onda, 88, 89
sinal em modo comum, 647-648
sinal periódico, 874
sirenes, 936-937
sistema de treinamento digital/analógico XK-700, 1066-1067
sistemas eletrônicos, 78-79
sobretons, 921
SOT-23, 78
squelch circuit, 747
substrato, 472
subtrador, 763
supressor de transiente, 178

taxa crítica da subida da tensão, 545
taxa crítica de subida, 545
taxa de decaimento abrupto (roll-off), 795
taxa de subida, 675-677
taxa liga-desliga, 445
TBJ veja transistor de junção bipolar
temperatura
    e barreira de potencial, 46
    e corrente, 214
temperatura ambiente, 34, 46, 401
temperatura da junção, 46, 199
temperaturas de encapsulamento, 404-405
tempo de recuperação reversa, 173
tempo de subida, 599-600
tempo de vida, 34
tempo médio entre falhas (MTBF), 988
temporizador com 555, 924-931
    operação astável do, 931-935
    operação astável do

temporizadores
    ciclo de trabalho dos, 933
    diagrama de bloco funcional dos, 926-927
    disparo, 935-939
    redisparo, 935-939
tensão base emissor, 242
tensão CC na carga, 106
tensão CC na carga exata, 106
tensão Coletor-emissor, 215
tensão contra eletromotriz induzida, 990
tensão da entrada diferencial, 753-754
tensão de compensação de entrada, 643
tensão de compensação (offset), 120
tensão de corte porta-fonte, 419-420, 457
tensão de desligamento (dropout), 978
tensão de disparo, 417
tensão de disparo da porta, 531
tensão de entrada
    calculando, 286
    corrente de saída diretamente proporcional à, 772-773
    equação da, 309
tensão de erro, 908
tensão de erro na saída, 671, 689
tensão de estrangulamento, 419
tensão de joelho, 59
tensão de limiar, 477, 927
tensão de linha, 91
tensão de meia onda, 89
tensão de pico inversa, 110-112
tensão de referência, 747
tensão de ruptura, 43, 71, 419
tensão de ruptura reversa, 71
tensão de saída, 963-964
    dos amplificadores ICVS, 721
    dos osciladores, 914
    dos reguladores série, 970
    rampa da, 870, 871
tensão de saída alta, 963-964
tensão de Thevenin, 13
tensão em circuito aberto, 13
tensão inicial e ruído térmico, 905
tensão intrínseca, 557-558
tensão limite, 970-971
tensão na base, 242, 262
tensão na carga
    efeitos da resistência do zener na, 150-151
tensão na saída em rampa, 870, 871
tensão no coletor, 199, 243
tensão no emissor, 243
tensão no secundário, 91
tensão porta-fonte máxima, 478
tensão senoidal, 1013
tensão Zener, 963
tensões nos transistores, 248-249
teorema, 13
teorema da superposição, 298, 299

teorema de Miller, 597
teorema de Norton, 16-20
teorema de Thevenin, 13-14
terceira aproximação, 7, 66
terminal da porta, 416
termistor, 757
termos do amplificador, 368-370
   classes de operação, 368
   faixas de frequência, 369
   níveis de sinal, 369-370
   tipos de acoplamento, 368-369
terra CA, 287
terra mecânico, 680
terra virtual, 680-681
teste de circuito, 248
teste de corte, 249
teste e procedimento de teste, 537-538
teste fora do circuito, 229-230
thermopares, 757
tipos de encapsulamento, diodo, 58
tipos de encapsulamento do diodo, 58
tiristores, 524, 556-559
tiristores bidirecionais, 545-551
tolerâncias, 156
topologias, 989
traçador de curvas, 200
transcondutância, 436-437, 713
   e tensão de corte porta-fonte, 437
transdutor de entrada, 757
transdutor de saída, 757
transdutores, 757
transformadores, 91-93
transformadores abaixador, 92
transformadores com núcleo de ferro, 112
transformadores comerciais, 112-113
transformadores elevadores, 92
transição, 790
transistor bipolares com porta isolada (IGBTs), 524
   construção, 551-552
   controle do, 552
   folha de dados para o, 553-554
   vantagens, 552, 556
transistor de efeito de campo canal p (JFET), 417
transistor de efeito de campo de junção canal n (JFET), 417
transistor npn, 229, 527
transistor pnp, 230, 268-269, 527
transistor polarizado, 191-193
transistores bipolares
   versus FETs de potência, 493-494
   versus transistor de efeito de campo de junção (JFETs), 417

transistores bipolares, 414
transistores bipolares de junção, 188, 414
   corrente de monopólio do, 494
   estágios, 602-609
transistores de efeito de campo de junção (JFETs)
   acionadores (buffers) com, 454
   amplificadores, 438-443
   aplicações com, 447-452
   canal n, 417
   canal p, 417
   características estáticas dos, 457
   chaves com, 444
   como amplificadores RF, 455
   curva de transcondutância dos, 420-421
   folha de dados, 455-458
   I_{DSS}, 457
   inversores chaveados controlados com, 749
   operação dos, 416-417
   ponto Q dos, 426
   recortadores (choppers) com, 445
   resistência ôhmica dos, 419
   símbolo dos, 417
   tabela dos, 457-458
   teste dos, 458
   valores nominais de ruptura para, 455
   versus transistores bipolares, 417
   V_{GS}, 457
transistores de efeito de campo (FETs), 414. *Veja também* FETs com porta isolada (IGFETs); transistores de efeito de campo de junçao (JFETs); FETs com óxido de semicondutor e metal (MOSFETs); FETs de potência
   análise em alta frequência, 611-612
   análise em baixa frequência, 609-610
   análise em frequência dos estágios, 609-614
   entrada para, 15
   oscilador de Colpitts com FET, 916
transistores de pequeno sinal, 207
transistores, *veja também* transistores de efeito de campo (FETs); transistores bipolares com porta isolada (IGBTs)
   aproximação ideal dos, 203
   aproximações dos, 203-206
   aproximações mais precisas dos, 204

bipolares, 417, 493-494
corrente nos, 193-195
Darlington, 345
de junção bipolares, 188, 493-494
de montagem em superfície, 212-213
de passagem, 969, 970, 988
de pequeno sinal, 207
de unijunção, 557-559
derivações de corrente nos, 194
externos, 985
folhas de dados, 207-212
fora da placa, 985
fototransistores, 250-251
ganho de corrente do, 194, 214
lei das correntes de Kirchhoff, 193
lógica transistor-transistor, 855
meio ciclo, 1012
modelos dos, 297-298
não polarizados, 190-191
pnp, 268-269
polarização adequada, 215
polarização da base, 215
polarização dos, 191-193
ponto de corte, 217
ponto de operação, 216
ponto de saturação, 216-217
ponto Q para, 220-221
potência dos, 207
potência nominal dos, 401-405
regiões de operação dos, 201
regulador com dois transistores, 348-349, 969-670
reta de carga, 215-220, 243
segunda aproximação dos, 203
tensões nos, 248-249
transistor como chave, 225-226
transistor de unijunção programável (PUT), 557-559
unipolares, 414
valores nominais de ruptura dos, 207
verificação de defeitos dos, 227-230, 248-250
transresistência, 713
travas
   condução das, 526-527
   cortes das, 527
   disparo das, 530
triacs, 545-546
triplicador de tensão, 127
TTL(lógica transistor-transistor), 507, 855-856, 862, 935
turmalina, 920, 921
valores CC de um sinal, 89

valores nominais de ruptura
   dos transistores, 207
   dos transistores de efeito de campo de junção (JFETs), 455
varactor, 175-177
varicap, 175-177
varistor, 177-181
VCIS (fonte de corrente controlada por tensão), 712
   amplificador, 723-724
   carga aterrada, 772
   carga flutuante, 770-772
   corrente de saída, 772-773
   fonte de corrente Howland, 773-774
VCO (oscilador controlado por tensão), 933-934, 942
VCVS (fonte de tensão controlada por tensão), 712, 713-719
   equações, 716-719
   filtros, 813
   filtros passa-altas, 826-829
   filtros passa-baixas com componentes iguais, 822-826
   ganho de tensão, 713-715
   ganho unitário filtros passa--baixas de segunda ordem, 813-819
verificação de defeitos, 315
   a nível de componente, 559
   a nível de sistema, 559
   amplificadores de multiestágio, 355-356
   da polarização por divisor de tensão, 266-267
   de diodos, 69-70
   de fontes de alimentação, 116-118
   dispositivo aberto, 20-21
   dispositivo curto-circuitado, 21
   do amplificador classe C sintonizado, 395
   dos reguladores zener, 159-162
   dos transistores, 227-230, 248-250
   finalidade e aproximações de, 20-22
   método de dividir em duas partes, 355
   procedimentos, 21
   R_1 aberto, 21
   R_2 aberto, 21
   valores normais, 21
V_{GS}, 457
volt de referência, 584-585
voltímetro como carga, 267

XR-2206, 945-946, 949-950